U0319863

市政基础设施工程施工技术资料系列丛书

市政基础设施工程施工安全技术交底记录

主编单位　北京土木建筑学会

北　京
冶金工业出版社
2015

内 容 提 要

本书共分9章:第1章操作人员安全技术交底、第2章机械设备使用安全技术交底、第3章模板、脚手架工程安全技术交底、第4章现场临电、消防及冬雨季施工安全技术交底、第5章道路工程安全技术交底、第6章桥梁工程安全技术交底、第7章供热与燃气管道工程安全技术交底、第8章暗挖工程安全技术交底、第9章给水与排水工程安全技术交底。

本书内容广泛、插图精致,是施工管理人员和施工技术人员必备的工具书,也可作为培训教材和参考书。

图书在版编目(CIP)数据

市政基础设施工程施工安全技术交底记录 / 北京土木建筑学会主编. — 北京 : 冶金工业出版社, 2015.11
(市政基础设施工程施工技术资料系列丛书)
ISBN 978-7-5024-7139-2

Ⅰ. ①市… Ⅱ. ①北… Ⅲ. ①市政工程—基础设施—工程施工—安全技术 Ⅳ. ①TU99

中国版本图书馆 CIP 数据核字（2015）第 272953 号

出 版 人 谭学余
地　　址 北京市东城区嵩祝院北巷39号 邮编 100009 电话 (010)64027926
网　　址 www.cnmip.com.cn 电子信箱 yjcbs@cnmip.com.cn
责任编辑 肖 放 美术编辑 李达宁 版式设计 付海燕
责任校对 齐丽香 责任印制 牛晓波
ISBN 978-7-5024-7139-2
冶金工业出版社出版发行；各地新华书店经销；三河市双峰印刷装订有限公司印刷
2015年11月第1版，2015年11月第1次印刷
787mm×1092mm 1/16；48.75印张；1282千字；763页
95.00元

冶金工业出版社 投稿电话 (010)64027932 投稿信箱 tougao@cnmip.com.cn
冶金工业出版社营销中心 电话 (010)64044283 传真 (010)64027893
冶金书店 地址 北京市东四西大街46号(100010) 电话 (010)65289081(兼传真)
冶金工业出版社天猫旗舰店 yjgycbs.tmall.com
（本书如有印装质量问题，本社营销中心负责退换）

市政基础设施工程施工安全技术交底记录
编 委 会 名 单

前　言

随着我国社会经济的快速发展，工程建设尤其是基础设施建设领域蓬勃发展。国家政府积极推动的“亚洲基础设施投资银行”、“一带一路”等项目及宏伟规划，为市政基础设施工程领域的发展，创造了广阔的发展空间和宏伟蓝图。市政基础设施工程建设将获得新的飞跃和长足发展。市政基础设施工程施工资料，是在市政基础设施工程在建设过程中，形成的各种形式的信息记录。它既是反映市政基础设施工程质量的客观见证，又是对市政基础设施工程建设项目进行过程检查、竣工验收、质量评定、维修管理的依据，是城市建设档案的重要组成部分。

因此，市政基础设施工程施工资料实现规范化、标准化管理，既是提高工程建设质量的保障，体现施工企业的技术与管理水平、展现企业形象、提升企业市场竞争力，适应国内国际市政基础设施建设领域发展。

北京土木建筑学会依托为首都北京市政基础设施工程建设领域做出巨大贡献的国家特大型施工企业会员单位、专家学者、经验丰富的一线工程施工技术人员，根据市政基础设施工程现场施工实际情况，组织编制了《市政基础设施工程施工技术资料手册系列丛书》，包括《市政基础设施工程技术交底记录》、《市政基础设施工程施工组织设计与施工方案》、《市政基础设施工程资料表格填写范例》和《市政基础设施工程施工安全技术交底记录》4 个分册。

本套丛书按照“结合实际、强化管理、过程控制、合理分类、科学组卷”的指导原则，依据《城镇道路工程施工与质量验收规范》CJJ 1－2008、《城市桥梁工程施工与质量验收规范》CJJ 2－2008、《城镇供热管网工程施工及验收规范》CJJ 28－2014、《建设工程文件归档规范》GB 50328－2014、《建设工程监理规程》GB 50319－2013、《市政基础设施工程资料管理规程》DB11/T 808－2011 等标准规范和相关地方规定进行编制，力求做到科学性、规范性、适用性和可操作性。

本书《市政基础设施工程施工安全技术交底记录》主要内容包括：操作人员安全技术交底、机械设备使用安全技术交底、模板、脚手架工程安全技术交底、现场临电、消防及冬雨季施工安全技术交底、道路工程安全技术交底、桥梁工程安全技术交底、供热与燃气管道工程安全技术交底、暗挖工程安全技术交底、给水与排水工程安全技术交底。

本书在编写过程中，得到了行业内相关专家的指导，同时得到了众多专业人士的帮助，在此一并表示感谢。由于编者本身知识、阅历有限，本书难免有疏漏和不够准确之处，恳请广大读者和有关专家批评指正，以便我们不断修改完善。

编　者

2015 年 11 月

目　录

第1章

操作人员安全技术交底

1.0.1 市政工程操作人员通用安全技术交底

<table>
<tr><td colspan="2" rowspan="2">安全技术交底记录</td><td rowspan="2">编号</td><td>×××</td></tr>
<tr><td>共×页第×页</td></tr>
<tr><td>工程名称</td><td colspan="3">××市政基础设施工程××标段</td></tr>
<tr><td>施工单位</td><td colspan="3">××市政建设集团</td></tr>
<tr><td>交底提要</td><td>市政工程操作人员通用安全技术交底</td><td>交底日期</td><td>××年××月××日</td></tr>
</table>

交底内容：

1.作业人员必须经过安全技术培训，掌握本工种安全生产知识和技能。

2.汽车司机必须取得交通管理部门颁发的驾驶证后方可上岗。

3.沟槽边、作业点、道路口必须设明显安全标志，夜间必须设红色警示灯。

4.新工人或转岗工人必须经入场或转岗培训，考核合格后方可上岗，实习期间必须在有经验的工人带领下进行作业。

5.作业前必须检查工具、设备、现场环境等，确认安全后方可作业。

6.严禁在高压线下堆土、堆料、支搭临时设施和进行机械吊装作业。

7.非机械操作工和非电工严禁进行需专业人员操作的机械、电气作业。

8.特种作业人员必须经过安全技术培训，取得主管单位颁发的资质证后方可持证上岗。

9.作业前必须听取安全技术交底，掌握交底内容。作业中必须执行安全技术交底。没有安全技术交底严禁作业。

10.作业时必须按规定使用防护用品。进入施工现场的人员必须戴安全帽，严禁赤脚，严禁穿拖鞋。

11.大雨、大雪、大雾及风力六级（含）以上等恶劣天气时，应停止露天的起重、打桩、高处等作业。

12.水中筑围堰时，作业人员必须视水深、流速情况穿皮衩、救生衣，并佩戴安全绳等防护用品。

13.作业时应保持作业道路通畅、作业环境整洁。在雨、雪后和冬期，露天作业时必须先清除水、雪、霜、冰，并采取防滑措施。

14.临边作业时必须在作业区采取防坠落的措施。施工现场的井、洞、坑、池必须有防护栏或防护篦等防护设施和警示标志。

15.施工过程中必须保护现场管线、杆线、人防、消防设施和文物。

16.作业中出现危险征兆时，作业人员应暂停作业，撤至安全区域，并立即向上级报告。未经施工技术管理人员批准，严禁恢复作业。紧急处理时，必须在施工技术管理人员的指挥下进行作业。

<table>
<tr><td colspan="2">安全技术交底记录</td><td>编号</td><td>×××
共×页第×页</td></tr>
<tr><td>工程名称</td><td colspan="3">××市政基础设施工程××标段</td></tr>
<tr><td>施工单位</td><td colspan="3">××市政建设集团</td></tr>
<tr><td>交底提要</td><td>市政工程操作人员通用安全技术交底</td><td>交底日期</td><td>××年××月××日</td></tr>
</table>

17.雨期或春融季节深槽（坑）作业时，必须经常检查槽（坑）壁的稳定状况，确认安全。

18.下沟槽（坑）作业前必须检查槽（坑）壁的稳定状况和环境，确认安全。上下沟槽（坑）必须走马道或安全梯，通过沟槽必须走便桥。严禁在沟槽（坑）内休息。

19.对电动机械设备应采取防雨、防潮措施。

20.高处作业时，上下必须走马道（坡道）或安全梯。

21.高处作业、尘毒作业人员应定期参加体检。患有禁忌症者不得从事作业。

22.严禁从高处向下方抛扔或者从低处向高处投掷物料、工具。

23.严禁擅自拆改、移动安全防护设施。需临时拆除或变动安全防护设施时，必须经施工技术管理人员同意，并采取相应的可靠措施。

24.脚手架未经验收合格前严禁上架子作业。

25.夜间作业场所必须配备足够的照明设施。

26.作业时必须遵守劳动纪律，精神集中，不得打闹。严禁酒后作业。

27.作业中发生事故，必须及时抢救伤员，迅速报告上级，保护事故现场，并采取措施控制事故。如抢救工作可能造成事故扩大或人员伤亡时，必须在施工技术管理人员的指导下进行抢救。

审核人	交底人	接受交底人
×××	×××	×××、×××……

1.0.2 壮工施工安全技术交底

<table>
<tr><td colspan="2" rowspan="2">安全技术交底记录</td><td rowspan="2">编号</td><td>×××</td></tr>
<tr><td>共×页第×页</td></tr>
<tr><td>工程名称</td><td colspan="3">××市政基础设施工程××标段</td></tr>
<tr><td>施工单位</td><td colspan="3">××市政建设集团</td></tr>
<tr><td>交底提要</td><td>壮工施工安全技术交底</td><td>交底日期</td><td>××年××月××日</td></tr>
<tr><td colspan="4">交底内容：
1.人工挖土
（1）新工人必须参加入场安全教育，考试合格后方可上岗。
（2）作业时必须执行安全技术交底，服从带班人员指挥；配合其他专业工种人员作业时，必须服从该专业工种人员的指挥。
（3）作业前应按安全技术交底要求了解地下管线、人防及其他构筑物情况，按要求坑探，掌握构筑物的具体位置；地下构筑物外露时，应按交底要求进行加固保护；作业中应避开管线和构筑物；在现况电力、通讯电缆 2m 范围内和现况燃气、热力、给排水等管道 1m 范围内挖土时，必须在主管单位人员的监护下采取人工开挖。
（4）作业时必须根据作业要求，佩戴防护用品，并严格遵守劳动纪律，不得擅自动用各种机电设备。
（5）上、下沟槽必须走马道、安全梯。马道、安全梯间距不宜大于 50m。
（6）槽深大于 2.5m 时，应分层挖土，层高不得超过 2m，层间应设平台，平台宽度不得小于 0.5m；槽上堆土应距槽边 1m 以外，堆土高度不得超过 1.5m；堆土不得遮压检查井、消防井等设施。
（7）作业时两人横向间距不得小于 2m，纵向间距不得小于 3m；严禁掏洞挖土、搜底扩槽、在槽内休息。
（8）作业中发现地下管道等构筑物、文物、不明物时，必须立即停止作业，向带班人报告，并按要求处理或保护。
（9）挖槽（坑）时必须按安全技术交底要求放坡、支撑或护壁；遇边坡不稳、有坍塌危险征兆时，必须立即撤离现场。
（10）严禁在脚手架底部、构筑物近旁进行影响基础稳定性的开挖沟槽（坑）作业。
（11）在竖井（坑）内作业时，必须服从指挥人员的指挥；垂直运输时，作业人员必须立即撤至边缘安全位置。土斗落稳时方可靠近作业。
（12）隧道内掘土作业时，必须按照安全技术交底要求操作，严禁超挖；发现异常时必须立即处理，确认安全后方可继续作业；出现危险征兆时，必须立即停止作业，撤至安全位置，并向上级报告。</td></tr>
</table>

<table>
<tr><td rowspan="2">安全技术交底记录</td><td rowspan="2" colspan="2">编号</td><td>×××</td></tr>
<tr><td>共×页第×页</td></tr>
<tr><td>工程名称</td><td colspan="3">××市政基础设施工程××标段</td></tr>
<tr><td>施工单位</td><td colspan="3">××市政建设集团</td></tr>
<tr><td>交底提要</td><td>壮工施工安全技术交底</td><td>交底日期</td><td>××年××月××日</td></tr>
</table>

（13）使用钢钎破冻土、坚硬土时，扶钎人应在打锤人侧面用长把夹具扶钎，打锤范围内不得有其他人；锤顶应平整，锤头应安装牢固；钎子应直且不得有飞刺；打锤人不得戴手套。

（14）必须按安全技术交底要求保持与高压线、变压器、建筑物、构筑物等的安全距离。

2.人工回填土

（1）新工人必须参加入场安全教育，考试合格后方可上岗。

（2）作业时必须执行安全技术交底，服从带班人员指挥；配合其他专业工种人员作业时，必须服从该专业工种人员的指挥。

（3）作业时必须根据作业要求，佩戴防护用品，并严格遵守劳动纪律，不得擅自动用各种机电设备。

（4）回填沟槽（坑）时，应按安全技术交底要求在构造物胸腔两侧分层对称回填，两侧高差应符合规定要求。

（5）取用槽帮土回填时，必须自上而下台阶式取土，严禁掏洞取土。

（6）使用电夯时，必须由电工接装电源、闸箱，检查线路、接头、零线及绝缘情况，并经试夯确认安全后方可作业；人工打夯时应精神集中；两人打夯时应互相呼应，动作一致，用力均匀。

（7）蛙式夯应由两人操作，一人扶夯，一人牵线；两人必须穿绝缘鞋、戴绝缘手套。牵线人必须在夯后或侧面随机牵线，不得强力拉扯电线；电线绞缠时必须停止操作。严禁夯机砸线。严禁在夯机运行时隔夯扔线；转向或倒线有困难时，应停机；清除夯盘内的土块、杂物时必须停机，严禁在夯机运转中清掏。

（8）蛙式夯手把上的开关按钮应灵敏可靠，手把应缠裹绝缘胶布或套胶管。

（9）用小车向槽内卸土时，槽边必须设横木挡掩，待槽下人员撤至安全位置后方可倒土。倒土时应稳倾缓倒，严禁撒把倒土。

（10）人工抬、移蛙式夯时必须切断电源。

（11）作业后必须拉闸断电，盘好电线，把夯放在无水浸的非危险的地方，并盖好苫布。

3.人工搬运材料

（1）新工人必须参加入场安全教育，考试合格后方可上岗。

（2）作业时必须执行安全技术交底，服从带班人员指挥；并根据作业要求，佩戴防护用品；配合其他专业工种人员作业时，必须服从该专业工种人员的指挥；必须严格遵守劳动纪律，不得擅自动用各种机电设备。

安全技术交底记录		编号	××× 共×页第×页
工程名称	××市政基础设施工程××标段		
施工单位	××市政建设集团		
交底提要	壮工施工安全技术交底	交底日期	××年××月××日

（3）作业前应对运输道路进行平整，保持道路坚实、畅通；便桥应支搭牢固，桥面宽度应比小车宽1m，且不小于1.5m，便桥两侧必须设护栏和挡脚板。

（4）运输大石块、盖板等重物时，应事先确定装卸方法，并设专人指挥；装运块石时应插紧，并不得抛掷；人工抬运石料或盖板时，木杠、绳索应坚实，捆绑应牢固，抬运步伐应一致，起落应呼应。

（5）用架子车装运材料，应2人以上操作，保持架子车平稳，拐弯示意，车上不得乘人。

（6）卸材料时，前方、槽下不得有人；槽边卸料时，车轮应挡掩；卸土方和道路材料时，应待车挡板打开后方可扬把卸料。

（7）使用手推车运输材料时，在平地上前后车间距不得小于2m；下坡时应稳步推行，前后车间距应根据坡度确定，但不得小于10m。

（8）地上码放砖、砌块、模板的高度不得超过1.5m。架子上码砖、砌块、模板不超过3层。

（9）装卸材料应轻搬稳放，不得乱抛乱扔；运砖时应用砖夹子装卸、码放整齐，不得倾倒卸车；从料垛取料时，应自上而下阶梯状分层拿取。

（10）不得随意靠墙堆放物料；不得将材料堆放在管道的检查井、消防井、电信井、燃气抽水缸井等设施上。

（11）搬运袋装水泥时，必须按顺序逐层取运；堆放时，垫板应平稳、牢固，按层码垛整齐，高度不得超过10袋。

（12）使用手推车运输时应平稳推行，不得抢跑，空车应让重车；需在马道上作业时，马道应设防滑条和防护栏杆。

（13）用手推车运料，向搅拌机料斗内倒沙石料时，应设挡掩，不得撒把倒料；向搅拌机料斗内倒水泥时，脚不得蹬在料斗上。

（14）装、运、卸路缘石、大方砖等材料时，应按顺序搬运，码放平稳、整齐，卸车时严禁扬把倒料。

（15）运输石料时应符合以下要求：

1）运输块石宜用自卸车，人工卸料时，必须确认车箱内块石无滚落危险后，方可打开车帮卸车；汽车运输石料时，石料不应高出槽帮，车槽内不得乘人。

2）用手推车运料时，应平稳装卸，装车先装后面，卸车先卸前面，装车不得超载；拉车的绊绳不得短于3m，下坡时拉车人应在车后拉绳；卸车时，车前不得有人。

<table>
<tr><td colspan="2" rowspan="2">安全技术交底记录</td><td rowspan="2">编号</td><td>×××</td></tr>
<tr><td>共×页第×页</td></tr>
<tr><td>工程名称</td><td colspan="3">××市政基础设施工程××标段</td></tr>
<tr><td>施工单位</td><td colspan="3">××市政建设集团</td></tr>
<tr><td>交底提要</td><td>壮工施工安全技术交底</td><td>交底日期</td><td>××年××月××日</td></tr>
</table>

3）用手推车推运石料时，应稳步前进，在平道上两车前后间距应不小于2m，在坡道上应根据坡度大小确定，但不小于10m。

4）使用手推车在脚手架上推运石料时，必须人工搬卸，不得倾倒。

5）人工搬运石料时，作业人员应协调配合，动作一致；自石垛搬运石块时，必须自垛顶向下按45°角逐层进行。

6）小翻斗车运块石装车前，应检查并确认车头挂钩牢固；装车人员应相互配合；行进中两车前后间距平道上不得小于7m，坡道上应根据坡度大小确定，但不得小于15m；槽边卸料时，必须距槽边1m设置挡掩，沟槽下方不得有人。

7）垂直运输前，必须检查并确认吊具、吊笼、吊斗、绳索等牢固；作业时必须服从信号工的指挥。

8）自槽上向槽内卸块石时，下方区域内严禁有人。

（16）穿行社会道路必须遵守交通法规，听从指挥；应及时清扫落地材料，保持现场环境整洁。

（17）运输管子时应符合以下要求：

1）作业前应检查机具、绳索，确认安全；作业时应设专人指挥。

2）装运管子时，绳索必须系牢，并挡掩牢固。卸车前，必须确认管子无滚坍危险后方可松绳卸管。

3）人工推运混凝土管应设专人指挥，运输道路应平整坚实；推行速度不得超过人的行走速度；上坡道应指定专人备掩木，下坡道应用大绳控制速度，两管之间应保持5m以上的安全距离；管子转向时，作业人员不得站在管子的前方或贴靠两侧。

4）槽边放置管子的场地应坚实平整，不得在有坍塌危险的槽边放置管子；管子与槽边应保持2m以上的距离，码放高度不宜大于2m，同时应挡掩牢固。

5）人工从管垛向下放管时，必须先检查底层管的挡掩情况，确认安全后方可作业。作业时应设专人指挥，作业人员应协调一致，缓慢下放，放管时前方不得有人，放管速度应缓慢。直径大于600mm的管子不宜人工放管；放套环、短管等材料，必须采取防倾倒的措施。

6）自墙边向外推管时，必须在管子靠墙一侧进行牢固挡掩，推管人不得站在管子与墙之间。

7）用车辆运输管件时，必须绑扎、挡掩牢固，并设专人指挥；卸车前必须进行检查，确认管子无滚坍危险时方可卸管。

<table>
<tr><td colspan="2" rowspan="2">安全技术交底记录</td><td rowspan="2">编号</td><td>×××</td></tr>
<tr><td>共×页第×页</td></tr>
<tr><td>工程名称</td><td colspan="3">××市政基础设施工程××标段</td></tr>
<tr><td>施工单位</td><td colspan="3">××市政建设集团</td></tr>
<tr><td>交底提要</td><td>壮工施工安全技术交底</td><td>交底日期</td><td>××年××月××日</td></tr>
</table>

8）起重机装卸管子时应有信号工指挥，且在风力六级（含）以上时严禁作业；起重机作业时，起重臂下方严禁有人，高压线下严禁吊装作业；在高压线附近作业时，必须保持表4-1-3所列的最小安全距离。

（18）运输砂浆、砖时应符合以下要求：

1）人工用手推车运砖时，两车前后距离平地不得小于 2m，坡道不得小于 10m；装砖时应先取高处，后取低处，分层按顺序拿取。

2）垂直运输砂浆、砖时，应待吊篮停稳、放好别杠后方可取、放物料。

3）脚手架上堆砖不得超过三层，两根排木之间不得放两个灰槽。

4）运输中通过沟槽时应走便桥，便桥宽度不得小于1.5m。

5）吊车运输砂浆、砖时，装料量应低于料斗上沿10cm；吊物在架子上方下落时，作业人员应躲开。

6）向槽下运砖应使用溜槽，溜槽底部应垫软物，溜放时应协调配合，上下呼应。

7）基槽（坑）边1m之内不得堆放物料。

4.人机配合

（1）新工人必须参加入场安全教育，考试合格后方可上岗。

（2）作业时，必须执行安全技术交底，服从信号工指挥；吊装前必须撤至吊臂回转范围以外；配合其他专业工种人员作业时，必须服从该专业工种人员的指挥。

（3）给易滚、易滑吊物挡掩时，必须待吊物落稳、信号工指示后方可上前作业。

（4）作业时必须根据作业要求，佩戴防护用品，并严格遵守劳动纪律，不得擅自动用各种机电设备。

（5）配合推土机作业时，必须与驾驶员协调配合；作业人员应站在机械运行前方 5m或侧面1.5m以外；机械运行中，严禁作业人员上下机械。

（6）指挥推土机、压路机、挖掘机、平地机等施工机械转移之前必须先检查道路，排除地面及空中障碍，并做好井、坑等危险部位的安全防护。

（7）指挥推土机、压路机、挖掘机、平地机等施工机械转移，在行进中必须疏导交通；需通过便桥时，必须经施工技术负责人批准，确认安全后方可通过；穿行社会道路时必须遵守交通法规；作业人员不得倒退行走。

（8）指挥推土机、压路机、挖掘机、平地机等施工机械转移中需要在道路上垫木板等物时，必须与驾驶员协调配合，待垫物放稳、人员离开后，方可指挥机械通过。

（9）推土机、压路机、挖掘机、平地机等施工机械转移后，应及时清理路面，清扫压路机前方路面时，应与压路机保持8m以上的安全距离。

<table>
<tr><td colspan="2" rowspan="2">安全技术交底记录</td><td rowspan="2">编号</td><td>×××</td></tr>
<tr><td>共×页第×页</td></tr>
<tr><td>工程名称</td><td colspan="3">××市政基础设施工程××标段</td></tr>
<tr><td>施工单位</td><td colspan="3">××市政建设集团</td></tr>
<tr><td>交底提要</td><td>壮工施工安全技术交底</td><td>交底日期</td><td>××年××月××日</td></tr>
</table>

（10）配合挖土机作业时，严禁进入铲斗回转范围；必须待挖掘机停止作业后方可进入铲斗回转范围内清槽。

（11）配合汽车运输作业时必须服从指挥，装卸物料应轻搬稳放，不得乱扔；物料需捆绑时，必须捆绑牢固；作业人员完成指定作业后，应站在车辆的侧面；汽车启动后严禁攀登车辆。

5.支搭临时设施

（1）新工人必须参加入场安全教育，考试合格后方可上岗。

（2）作业时必须按安全技术交底要求的程序进行作业，服从带班人员指挥，分工明确，协调一致。配合其他专业工种人员作业时，必须服从该专业工种人员的指挥。

（3）作业时必须根据作业要求，佩戴防护用品，并严格遵守劳动纪律，不得擅自动用各种机电设备。

（4）支搭围挡作业时，围挡结构的部件必须安装齐全并连接牢固；在有社会车辆通行的地段作业时，必须设专人疏导交通。

（5）严禁在高压线下搭建临时设施；临时设施应远离危旧建筑物、沟槽（坑）。

（6）暂停作业时，必须检查所支搭的临时设施，确认稳固后方可离开现场。

（7）支搭工棚应符合下列要求：

1）安装屋架（梁）和上、下屋面作业时，必须使用临时支架和马凳。

2）安装立柱、板墙和屋架（梁）时必须做好临时支撑，连接件应齐全，连接螺栓应牢固。

3）在石棉瓦屋面上作业时，应铺设供作业用的木板，木板上应安装防滑条；严禁直接踩踏石棉瓦。

4）传递构件时必须上下呼应，待上、下方人员接稳后方可松手；严禁站在没有连接牢固的构件上作业。

6.砍伐树木

（1）新工人必须参加入场安全教育，考试合格后方可上岗。

（2）砍伐树木作业前必须检查现场环境，观察风向，排除地面和空中的危险物；应确定作业区域，并设专人警戒和疏导交通。

（3）应根据环境及风向选择树木倾倒方向，不得倒向墙、桥梁栏杆、房屋等构筑物；应检查工具和控制缆绳，符合安全要求后方可作业。

（4）作业时必须按安全技术交底要求的程序进行作业，服从带班人员指挥，分工明确，协调一致；配合其他专业工种人员作业时，必须服从该专业工种人员的指挥。

<table>
<tr><td colspan="2" rowspan="2">安全技术交底记录</td><td rowspan="2">编号</td><td>×××</td></tr>
<tr><td>共×页第×页</td></tr>
<tr><td>工程名称</td><td colspan="3">××市政基础设施工程××标段</td></tr>
<tr><td>施工单位</td><td colspan="3">××市政建设集团</td></tr>
<tr><td>交底提要</td><td>壮工施工安全技术交底</td><td>交底日期</td><td>××年××月××日</td></tr>
</table>

（5）作业时必须根据作业要求，佩戴防护用品，高处伐树枝时必须系安全带；严格遵守劳动纪律，不得擅自动用各种机电设备。

（6）必须将控制缆绳拴牢拉住后方可锯、砍树干，树木倾倒区域内不得有人；应先砍树枝，后伐树干；锯口必须与倾倒方向相反。

（7）必须及时清理作业区域，待道路上的杂物清理完成后，方可解除警戒，开放交通。

7.拆除构筑物

（1）新工人必须参加入场安全教育，考试合格后方可上岗。

（2）作业时必须按照安全技术交底的要求进行作业，服从带班人员指挥；2人作业时，应互相呼应、协调配合；多人作业时应设专人指挥。

（3）作业时必须根据作业要求，佩戴防护用品，并严格遵守劳动纪律，不得擅自动用各种机电设备。

（4）拆除作业区应设围挡，负责警戒的人员应坚守岗位，阻止非作业人员进入作业区。

（5）拆除旧路面和混凝土、圬工砌体等坚固构筑物前必须检查所用的机具，确认安全。

（6）高处作业时应站在平台或脚手架上，上、下平台或脚手架必须走马道或安全梯，拆除作业区域下方不得有人。

（7）用风镐拆除旧路面和混凝土、圬工砌体等坚固构筑物时，送风管的连接应牢固。作业时应佩戴防护用品，站立平稳，握牢风镐。

（8）用大锤、钎子拆除旧路面和混凝土、圬工砌体等坚固构筑物时，大锤必须安装牢固，钎子头上不得有飞刺。操作时，扶钎人应使用夹具，打锤人不得戴手套，不得与扶钎人面对面操作。

（9）拆除屋顶时，材料应溜放，严禁抛扔；拆檩木前必须将屋架支撑牢固；拆除中必须保持尚未拆除部分的稳定。

（10）拆墙时严禁挖掏墙根，严禁用人工晃动的方法推倒墙体。

（11）应及时清运拆除的物料、碎块，严禁在楼板上堆积大量物料。

审核人	交底人	接受交底人
×××	×××	×××、×××……

1.0.3 筑路工施工安全技术交底

<table>
<tr><td colspan="2" rowspan="2">安全技术交底记录</td><td rowspan="2">编号</td><td>×××</td></tr>
<tr><td>共×页第×页</td></tr>
<tr><td>工程名称</td><td colspan="3">××市政基础设施工程××标段</td></tr>
<tr><td>施工单位</td><td colspan="3">××市政建设集团</td></tr>
<tr><td>交底提要</td><td>筑路工施工安全技术交底</td><td>交底日期</td><td>××年××月××日</td></tr>
</table>

交底内容：

1.搬运材料安全要求

（1）新工人必须参加入场安全教育，考试合格后方可上岗。

（2）作业时必须按照安全技术交底的要求进行作业，服从带班人员指挥；2人作业时，应互相呼应、协调配合；多人作业时应设专人指挥。

（3）作业时必须根据作业要求，佩戴防护用品，并严格遵守劳动纪律，不得擅自动用各种机电设备。

（4）使用起重机搬运材料时，作业人员必须服从信号工的指挥；机械运转时，作业人员严禁攀登机械；完成指定作业后，必须站在起重机臂回转范围以外。

（5）使用汽车、机动翻斗车搬运材料时，必须设专人指挥；指挥人员应与司机密切配合。装卸作业人员必须服从指挥，作业中必须避开车辆，站位安全；当车辆启动后，作业人员严禁攀登车辆；完成指定作业后，必须站在规定的安全位置。

2.路基与基层施工安全要求

（1）新工人必须参加入场安全教育，考试合格后方可上岗。

（2）必须按照安全技术交底的要求，保护地下管线、杆线和其他构筑物。

（3）在有社会交通的现场施工时，必须遵守交通法规，并设专人疏导交通。

（4）清理路堑边坡突出的块石和修整边坡土方时，应自上而下进行，边坡下方不得有人。

（5）人工摊铺材料时，应设专人指挥；运料的手推车、小翻斗车应按规定路线行走，车辆、人员之间必须保持一定的距离。

（6）汽车在路基上装、卸料应设专人指挥；开关车辆槽帮应彼此呼应。

（7）指挥压路机作业的人员应与驾驶员协调配合，并指挥周围人员避让；指挥时严禁在压路机前倒行。

（8）使用推土机或平地机摊铺材料时，作业范围内不得有非作业的车辆、人员。

（9）碾压填土方时，碾轮外侧距填土外缘不得小于50cm。

（10）检查井、闸井、雨水口必须设置安全防护设施及安全标志。

3.沥青洒布机喷洒沥青施工安全要求

（1）新工人必须参加入场安全教育，考试合格后方可上岗。

<table>
<tr><td colspan="2" rowspan="2">安全技术交底记录</td><td rowspan="2">编号</td><td>×××</td></tr>
<tr><td>共×页第×页</td></tr>
<tr><td>工程名称</td><td colspan="3">××市政基础设施工程××标段</td></tr>
<tr><td>施工单位</td><td colspan="3">××市政建设集团</td></tr>
<tr><td>交底提要</td><td>筑路工施工安全技术交底</td><td>交底日期</td><td>××年××月××日</td></tr>
</table>

（2）洒布机作业时必须按照安全技术交底的要求进行作业，作业时应相互配合；多人作业时应设专人指挥。

（3）作业时必须根据作业要求，佩戴防护用品，并严格遵守劳动纪律，不得擅自动用各种机电设备。

（4）喷洒前，必须做好检查井、闸井、雨水口的安全防护。

（5）作业人员不得站在沥青洒布机的下风向，试喷时，油嘴正前方 3m 内不得有人。

（6）应设专人看管路口，指挥车辆和行人；严禁非作业人员进入洒布机作业范围。

（7）风力六级（含）以上时，不得作业。

4.热拌沥青混合料面层施工安全要求

（1）新工人必须参加入场安全教育，考试合格后方可上岗。

（2）热拌沥青混合料面层作业时，必须按照安全技术交底的要求进行作业，作业时应相互配合。

（3）沥青混合料运输车辆、沥青混凝土摊铺机、压路机等作业时，必须设专人指挥。

（4）作业人员应服从沥青混凝土摊铺机、沥青混合料运输车、压路机等机械指挥人员的指挥。沥青混凝土摊铺机、压路机运行时，不得攀登机械。沥青混合料运输车向沥青混凝土摊铺机卸料倒车时，车辆和机械之间严禁有人。

（5）摊铺前必须检查路面上方架空线路，沥青混合料车槽升起后与上方架空线必须保持表 4-1-3 中的安全距离。

（6）清除粘在车槽上的沥青混合料，必须使用长柄工具在车下进行，严禁在车槽升起时上车清除。

（7）跟碾人员应与司机协调配合，碾前行时跟后轮，碾倒行时跟前轮，并注意碾子转向。

（8）铁锹铲运沥青混合料时，作业人员必须按顺序行走，并注意铁锹避开人员。使用手推车运沥青混合料时，不得远扔装车。

（9）加热熔化沥青材料的地点与建筑物的距离不得小于 10m，并远离易燃易爆物。严禁使用敞口锅熬制沥青，加热设备应有烟尘处理装置，沥青锅盖应用钢质材料。

5.水泥混凝土面层施工安全要求

（1）新工人必须参加入场安全教育，考试合格后方可上岗。

（2）作业时必须按照安全技术交底的要求进行作业，服从指挥，协调配合。

（3）作业时必须根据作业要求，佩戴防护用品，并严格遵守劳动纪律，不得擅自动用各种机电设备。

<table>
<tr><td colspan="2" rowspan="2">安全技术交底记录</td><td rowspan="2">编号</td><td>×××</td></tr>
<tr><td>共×页第×页</td></tr>
<tr><td>工程名称</td><td colspan="3">××市政基础设施工程××标段</td></tr>
<tr><td>施工单位</td><td colspan="3">××市政建设集团</td></tr>
<tr><td>交底提要</td><td>筑路工施工安全技术交底</td><td>交底日期</td><td>××年××月××日</td></tr>
</table>

（4）装卸模板时应轻抬轻放，严禁抛掷。拆模板时，应将模板等料码放整齐。

（5）抹平机作业时，连接螺栓应安装牢固。作业中应有专人收放电缆，电缆不得打结，不被砸压，发现异常时应立即停机。

（6）摊铺水泥混凝土时，必须设专人指挥运输车辆；作业人员必须按安全用电要求使用振捣器、电抹子等电动工具。

（7）切缝机切缝时，刀片夹板的螺母应紧固，各连接部位和防护罩应完好，切缝前应开启冷却水，冷却水中断时应停止切缝。切缝时刀片应缓慢切入，并注意割切深度指示器，当遇有较大切割阻力时，应立即升起刀片检查。停止切缝时应将刀片提离板面后再停止运转。

（8）真空吸水作业时，必须由电工安装电气设备。作业人员必须按照使用说明书及安全用电要求操作。

（9）使用平板或行夯振捣器时应理顺电线，不得压折、扭结电线或将电线挂绕在导电物体上。移动振捣器时不得硬拉电线。工作暂停或收工时，必须切断电源。

（10）使用水泥混凝土摊铺机时，必须设专人指挥，作业人员与驾驶员要密切配合。

（11）薄膜养护时，必须按照材料使用说明书的要求贮运、调配材料。喷洒时，喷嘴不得对人，操作人员必须穿戴安全防护用品，站在上风向。操作现场严禁明火。

（12）用气泵等设备清除混凝土缝内杂物时，作业人员必须戴防护目镜和口罩。作业时严禁喷气管口对人。

（13）使用可燃材料配制填缝材料时，应远离易燃易爆物品。

（14）蒸汽养护前，蒸汽管道必须连接牢固，覆盖严密后方可通汽；养护区域应设置明显标志，严禁无关人员进入。浇水养护时，不得倒行拉胶管。

（15）覆盖养护时，混凝土预留孔洞、井口等部位必须设明显安全标志。火源应远离覆盖养护物。

（16）加热熔化沥青材料的地点与建筑物的距离不得小于10m，并远离易燃易爆物。严禁使用敞口锅熬制沥青，加热设备应有烟尘处理装置，沥青锅盖应用钢质材料；冷底子油宜用“冷配法”配制。

（17）混凝土搅拌机应安装在平整坚实的地方，并支垫平稳；启动前应检查机械、安全防护装置和滚筒，确认设备安全、滚筒内无工具、杂物；操作台应垫塑胶板或干燥木板。

（18）混凝土搅拌机进料过程中，严禁将头或手伸入料斗与机架之间查看或探摸；料斗升起时严禁在其下方作业。清理料坑前必须采取措施将料斗固定牢靠。

（19）搅拌混凝土时操作人员应精神集中，不得随意离岗。混凝土搅拌机发生故障时，应立即切断电源。

<table>
<tr><td colspan="2" rowspan="2">安全技术交底记录</td><td rowspan="2">编号</td><td>×××</td></tr>
<tr><td>共×页第×页</td></tr>
<tr><td>工程名称</td><td colspan="3">××市政基础设施工程××标段</td></tr>
<tr><td>施工单位</td><td colspan="3">××市政建设集团</td></tr>
<tr><td>交底提要</td><td>筑路工施工安全技术交底</td><td>交底日期</td><td>××年××月××日</td></tr>
<tr><td colspan="4">（20）混凝土搅拌机运转过程中不得将手或工具伸入搅拌机内；操作人员进入搅拌滚筒维修和清洗前，必须切断电源，卸下熔断器锁好电源箱，并设专人监护。
（21）搅拌混凝土作业后应将搅拌机料斗落至料斗坑，料斗升起时必须将料斗固定。
（22）混凝土运输时应符合以下要求：
1）作业前应检查运输道路和工具，确认安全。
2）搬运袋装水泥时，必须按顺序逐层取运。堆放时，垫板应平稳、牢固，按层码垛整齐，高度不得超过10袋。
3）使用手推车运输时应平稳推行，不得抢跑，空车应让重车。
4）使用汽车、罐车运送混凝土时，现场道路应平整坚实，必须设专人指挥，指挥人员应站在车辆侧面。卸料时，车轮应挡掩。
5）需在马道上作业时，马道应设防滑条和防护栏杆。
6）小车装运混凝土量应低于车厢5cm～10cm，向搅拌机料斗内倒沙石料时，应设挡掩，不得撒把倒料。
7）向搅拌机料斗内倒水泥时，脚不得蹬在料斗上。
8）运输混凝土小车通过或上下沟槽时必须走便桥或马道，便桥和马道的宽度应不小于1.5m。应随时清扫落在便桥或马道上的混凝土。途经的构筑物或洞口临边必须设置防护栏杆。
9）应及时清扫落地材料，保持现场环境整洁。
10）垂直运输时必须明确联系信号。用提升架运输时，车把不得伸出笼外，车轮应挡掩。中途停车时，必须用滚杠架住吊笼，吊笼运行时，严禁将头或手伸向吊笼的运行区域。用起重机运输时，机臂回转范围内不得有无关人员。</td></tr>
</table>

审核人	交底人	接受交底人
×××	×××	×××、×××……

1.0.4 下水道工施工安全技术交底

<table>
<tr><td colspan="2" rowspan="2">安全技术交底记录</td><td rowspan="2">编号</td><td>×××</td></tr>
<tr><td>共×页第×页</td></tr>
<tr><td>工程名称</td><td colspan="3">××市政基础设施工程××标段</td></tr>
<tr><td>施工单位</td><td colspan="3">××市政建设集团</td></tr>
<tr><td>交底提要</td><td>下水道工施工安全技术交底</td><td>交底日期</td><td>××年××月××日</td></tr>
</table>

交底内容：

1.一般要求

（1）作业前应检查工具、机械、电气设备及沟槽边坡、支撑等，确认安全。

（2）施工现场必须设明显的安全警示标志。有人员、车辆通行地段的沟槽必须设不低于1.2m的防护栏，防护栏的横杆不少于两道。

（3）应严格按照安全技术交底要求，做好沟槽的隔水、降水和排水工作。雨、雪后应及时排水、清除泥、雪，整修坡道，并采取防滑措施。

（4）作业中严禁掏洞挖土，应经常检查沟壁是否存在裂缝、脱落、冻融等情况，支撑有无松动、变形等现象，发现异常时必须立即停止作业，并报告上级。

（5）不得从槽上向下或者从槽下向上抛扔工具、物料，上下沟槽应走马道或安全梯。马道、安全梯间距不宜大于50m。严禁攀登撑木或乘吊运机械上、下沟槽。通过沟槽必须走便桥。作业中不得碰撞沟槽支撑。严禁在槽内、管内休息；不得直接向槽内倾倒材料。沟槽边1m内不得堆土、堆料、停放机具。

（6）金属管施工时，应掌握电焊、吊运、起重等工种的安全技术基本知识；手持电动砂轮、切管机等电动工具操作人员必须经过培训，考核合格后方可上岗；钢管内有人时，不得敲打管道。

（7）在配合混凝土工进行混凝土基础及管座施工时，要服从混凝土专人指挥，按照安全技术交底要求进行施工，协调配合。

2.管道勾头

（1）施工前必须经过安全技术培训合格方可上岗；必须按安全技术交底作业，未经交底严禁作业。

（2）作业前必须做好通风及井口的防护工作；并进行有毒、有害气体检测，确认安全。

（3）作业中发现异常情况，应立即停止作业，撤离现场，并及时报告上级。

（4）应设专人指挥，分工明确，并设专人进行安全监护。井下严禁明火。

3.下管、稳管

（1）新工人必须参加入场安全教育，考试合格后方可上岗。

（2）作业时必须根据作业要求，佩戴防护用品，并严格遵守劳动纪律，不得擅自动用各种机电设备。

<table>
<tr><td colspan="2" rowspan="2">安全技术交底记录</td><td rowspan="2">编号</td><td>×××</td></tr>
<tr><td>共×页第×页</td></tr>
<tr><td>工程名称</td><td colspan="3">××市政基础设施工程××标段</td></tr>
<tr><td>施工单位</td><td colspan="3">××市政建设集团</td></tr>
<tr><td>交底提要</td><td>下水道工施工安全技术交底</td><td>交底日期</td><td>××年××月××日</td></tr>
</table>

（3）作业前应检查机具、绳索，确认安全方可使用，作业时必须按照安全技术交底的要求进行作业，服从指挥，协调配合。

（4）在混凝土平基上稳管时，应立保险杠。使用撬棍窜管对口时，应相互呼应，管端两侧均应进行挡掩。管子就位后应挡掩牢固。

（5）人工推管作业时，管前及两侧均不得有非作业人员，预定位置应先放好挡木。推管、转管（包括套环）时必须设专人指挥，作业人员应协调配合，相互呼应，慢推慢转。

（6）“四合一”安管时，必须相互配合，协调一致。管节入位时，严禁将手指放在管节接缝之间，连接端严禁用手抬。

（7）在垫块上稳管时，垫块应放平稳，垫块两侧应立保险杠，使用撬棍撬管时，支垫物应坚实，作业人员应相互呼应。对口时，两侧人员应协调配合。管子稳定后，必须将管子挡掩牢固。

（8）稳管作业过程中，当管子两侧作业人员不通视时，应设专人指挥。

（9）人工下管应符合下列要求：

1）必须设专人指挥、统一信号、分工明确，协调配合。

2）直径 500mm 以下（含 500mm）的管子可采用溜绳法下管；直径 600mm 以上（含 600mm）的管子可采用压绳法下管；当管径大于 900mm（含 900mm）时，应设马道。

3）下管坡道的坡度不宜大于 1∶1，坡面宽度应大于管长 1m。下管时，管端距坡道边缘应大于 50cm。

4）压绳法下管作业时必须听从指挥，两根大绳用力应一致，保持管体平稳；应使用质地坚固、不断股、不糟朽、无夹心的大绳。

5）用三角架倒链下管时，必须搭设牢固平台，平台上应设防护栏。作业人员不得站在管上作业，管下严禁有人。

（10）使用起重机下管、稳管应符合下列要求：

1）听从信号工统一指挥，起重臂回转半径内严禁有无关人员。

2）使用起重机稳管时，应待管子下到离槽底 0.5m 时，作业人员方可站在管子两侧稳管，管子两侧应设掩木。管子就位后，应在两侧挡掩。

3）应根据现场及槽帮的稳定情况将起重机停放在平整坚实的地方，起重机的支腿或履带与槽边的距离应遵守安全技术交底的要求。

4）管子起吊速度应均匀，回转平稳，下落应慢速轻放，不得忽快忽慢或突然制动。管子下到沟槽底落稳牢固后方可摘钩。

<table>
<tr><td colspan="2" rowspan="2">安全技术交底记录</td><td rowspan="2">编号</td><td>×××</td></tr>
<tr><td>共×页第×页</td></tr>
<tr><td>工程名称</td><td colspan="3">××市政基础设施工程××标段</td></tr>
<tr><td>施工单位</td><td colspan="3">××市政建设集团</td></tr>
<tr><td>交底提要</td><td>下水道工施工安全技术交底</td><td>交底日期</td><td>××年××月××日</td></tr>
</table>

5）严禁在高压线下方作业，在高压线一侧作业时，必须符合表4-1-3的要求。

4.接口、养护

（1）管口凿毛时打锤应稳，用力不得过猛。

（2）柔性接口作业操作前应检查倒链、钢丝绳、索具等工具，确认安全；撞口作业时，手应离开管口位置。

（3）管径大于2m时，作业人员应使用安全梯上下管子。严禁从槽上或从槽帮上的安全梯跳到管顶。

（4）养护用的覆盖物用完后，应随时清理，集中到安全地点存放。

5.混凝土管的运输、码放

（1）新工人必须参加入场安全教育，考试合格后方可上岗。

（2）作业前应检查机具、绳索，确认安全方可使用，作业时必须按照安全技术交底的要求进行作业，服从指挥，协调配合。

（3）作业时必须根据作业要求，佩戴防护用品，并严格遵守劳动纪律，不得擅自动用各种机电设备。

（4）人工自管垛向下放管时，必须先检查底层管的挡掩情况，确认安全后方可作业。作业时应设专人指挥，作业人员应协调一致。放管时前方不得有人，放管速度应缓慢。直径大于600mm的管子不宜人工放管。

（5）槽边码放管子时，管子不得平行于沟槽，管端与槽边的距离不应小于2m，码放高度不宜超过2m，并挡掩牢固；槽边放置管子的场地应坚实平整，不得在有坍塌危险的槽边放置管子。

（6）自墙边向外推管时，必须在管子靠墙一侧进行牢固挡掩，推管人不得站在管子与墙之间。

（7）装运管子时，绳必须系牢，并挡掩牢固。卸车前，必须确认管子无滚坍危险后方可松绳卸管。

（8）人工推运混凝土管应设专人指挥，运输道路应平整坚实。推行速度不得超过人的行走速度。上坡道应指定专人备掩木，下坡道应用大绳控制速度，两管之间应保持5m以上的安全距离。管子转向时，作业人员不得站在管子的前方或贴靠两侧。

审核人	交底人	接受交底人
×××	×××	×××、×××……

1.0.5 管道工（金属管道工）施工安全技术交底

安全技术交底记录		编号	×××
			共×页第×页
工程名称	××市政基础设施工程××标段		
施工单位	××市政建设集团		
交底提要	管道工（金属管道工）施工安全技术交底	交底日期	××年××月××日

交底内容：

1.一般规定

（1）作业前应检查工具、机械、电气设备及沟槽边坡、支撑等，确认安全。

（2）施工现场必须设明显的安全警示标志。有人员、车辆通行地段的沟槽必须设不低于1.2m的防护栏，防护栏的横杆不少于两道。

（3）应严格按照安全技术交底要求，做好沟槽的隔水、降水和排水工作。雨、雪后应及时排水、清除泥、雪，整修坡道，并采取防滑措施。

（4）作业中严禁掏洞挖土，应经常检查沟壁是否存在裂缝、脱落、冻融等情况，支撑有无松动、变形等现象，发现异常时必须立即停止作业，并报告上级。

（5）不得从槽上向下或者从槽下向上抛扔工具、物料，上下沟槽应走马道或安全梯。马道、安全梯间距不宜大于50m。严禁攀登撑木或乘吊运机械上、下沟槽。通过沟槽必须走便桥。作业中不得碰撞沟槽支撑。严禁在槽内、管内休息；不得直接向槽内倾倒材料。沟槽边1m内不得堆土、堆料、停放机具。

（6）应掌握电焊、吊运、起重等工种的安全技术基本知识。

（7）手持电动砂轮、切管机等电动工具操作人员必须经过培训，考核合格后方可上岗。

（8）钢管内有人时，不得敲打管道。

2.钢管的除锈、防腐

（1）除锈作业应符合下列要求：

1）除锈作业人员必须经安全技术培训，考核合格后方可上岗。

2）喷砂除锈作业时，必须采取降尘措施。

3）喷砂除锈作业时，严禁将喷嘴对人及设备。

4）作业人员必须穿防护衣，戴防尘口罩、护目镜等。

（2）防腐作业应符合下列要求：

1）室内防腐作业必须通风良好。

2）泵送水泥砂浆时，管内、外应保证联络通畅。

3）作业中使用玻璃布时，必须戴护目镜、手套、口罩。

4）接触环氧煤沥青、固化剂、樟丹油等有毒物质时，必须戴胶皮手套，作业区域空气必须流通。

安全技术交底记录		编号	××× 共×页第×页
工程名称	××市政基础设施工程××标段		
施工单位	××市政建设集团		
交底提要	管道工（金属管道工）施工安全技术交底	交底日期	××年××月××日

5）热沥青防腐作业必须采取防烫伤的措施。

6）钢管内喷浆防腐作业时，电气设备必须由电工安装，经检查确认机械运转正常、管路接口牢固后，方可作业。管内应通风良好。作业中严禁将喷嘴对人。管路发生故障，必须立即卸压、停机。作业后，管内人员必须撤出。

7）轨道车输送水泥砂浆时，距轨道端头0.5m处应设牢固的车挡，运输车的制动装置应灵敏有效。

3.试压、吹扫、消毒、冲洗

（1）试压作业应符合下列要求：

1）作业前必须根据安全技术交底的要求检查后背的安全性。后背土体应稳定；材料应合格；后背与管堵应平行；后背、管堵与支撑柱应垂直；支撑柱应有托木。

2）打泵试压时，应明确联络信号，统一指挥。

3）打泵升压，管堵正前方严禁有人。

4）试压中，不得带压补焊或进行焊接作业。

5）试验压力超过0.4MPa时不得再紧固法兰螺栓。

6）试压时，发现管堵、后背异常，必须卸压后再进行修整。

7）高压管道试压时，应设专人警戒，严禁无关人员进入试压区。升压或降压应缓慢进行。

（2）冲洗作业应符合下列要求：

1）必须按安全技术交底的要求作业，并设专人指挥，专人巡线，由专人开启、关闭阀门。

2）放水口处应设明显标志、围栏，设专人值守，夜间设警示灯及照明灯具。

3）放水前应检查泄水线路，泄水线路不得影响交通、杆线、管道、建筑物及构筑物的安全。

4）配备通讯设备、规定联络方式，随时掌握冲洗情况。

（3）吹扫作业应符合下列要求：

1）应设专人指挥，分工明确。

2）吹扫前，必须对吹扫设备进行检查，确认安全。

3）吹扫出口的防护区域内严禁有人，并设专人值守。

（4）消毒作业应符合下列要求：

<table>
<tr><td colspan="2" rowspan="2">安全技术交底记录</td><td rowspan="2">编号</td><td>×××</td></tr>
<tr><td>共×页第×页</td></tr>
<tr><td>工程名称</td><td colspan="3">××市政基础设施工程××标段</td></tr>
<tr><td>施工单位</td><td colspan="3">××市政建设集团</td></tr>
<tr><td>交底提要</td><td>管道工（金属管道工）施工安全技术交底</td><td>交底日期</td><td>××年××月××日</td></tr>
</table>

1）操作人员必须佩戴口罩、手套等防护用品。

2）使用泵输送消毒液前，应检查泵，确认安全。

4.排管、下管

（1）下管作业应符合下列要求：

1）压绳法下管作业时必须设专人指挥，统一信号，分工明确；管前、槽内不得有人，作业人员应服从指挥，系放时两端用力应均匀，速度一致；马道坡度不宜大于 1∶1，坡道宽度至少大于管长 1m，下管时，管端距坡道边缘应不小于 50cm，下管前应检查绳索，绳索应完好，绳索的破断力必须大于管重的 6 倍。

2）使用三角架倒链下管时，不得站在管上操作。使用多个倒链下一根管子，应设专人指挥，倒链升降应同步。管下方严禁有人。

3）使用起重机下管作业时，必须听从信号工的指挥。待管子放至离槽底 0.5m 时，方可在管子两侧稳管。管子下至槽底落稳后方可摘钩；吊臂的回转范围内、管子下方严禁有人；起重机应停置在坚实平整的地方。起重机的支腿或履带与槽边的距离应符合安全技术交底的要求。严禁在高压线下使用起重机下管。在高压线一侧作业时，必须保持表 4-1-3 中的安全距离。

（2）排管作业应符合下列要求：

1）沟槽内纵向移管时，管子两侧必须采取防止横向滚动的措施。

2）在沟槽一侧排管，管子应与槽边保持 1m 以上的距离，并挡掩牢固。横担木两端在槽上与地面支承长度均不得少于 80cm。不得使用糟朽、开裂、有结疤的木材，严禁使用桦木用作横担木。金属管子在沟槽上架空排管所用横担木的断面尺寸、间距应符合安全技术交底要求。

5.非标管件的现场加工与安装

（1）安装作业前必须检查吊装设备、装置的安全状况，确认安全后方可作业。

（2）高处临边量测应站在有护栏的平台上；在沟槽内量测，当管道直径大于 1.2m 时，上、下管道应走安全梯。

（3）安装作业场地应平坦坚实，远离沟槽和临边，需在沟槽边或临边作业时，必须有防坠落的措施。

（4）使用三角架倒链下管时，不得站在管上操作。使用多个倒链下一根管子，应设专人指挥，倒链升降应同步。管下方严禁有人。

安全技术交底记录		编号	××× 共×页第×页
工程名称	××市政基础设施工程××标段		
施工单位	××市政建设集团		
交底提要	管道工（金属管道工）施工安全技术交底	交底日期	××年××月××日

（5）安装作业时必须设专人指挥，先把主管安稳定牢，再吊支管安装。管件（管节）焊接时，两端未焊牢前，严禁拆除管件（管节）的支撑，管子周围不得有非作业人员。

（6）辅助电焊工的作业人员必须戴防护镜、防护手套等防护用品。

（7）使用起重机安装作业时，应有信号工指挥。起重机作业时，起重臂下方严禁有人，高压线下严禁吊装作业。在高压线附近作业时，必须保持安全距离。风力六级（含）以上时严禁作业。

6.接口

（1）铅接口作业应符合下列要求：

1）作业时应设专人指挥，分工明确，互相呼应，协调配合。

2）安装卡箍前，必须将管口内的水分吹干。灌铅口必须留在管子的正上方。卡箍应安牢，四周必须用泥封严。

3）熔铅作业时，严禁将带水或潮湿的铅块放入已熔化的铅液内。

4）灌铅作业人员应戴防护面具，全身防护，站在管顶，将灌铅口朝外，从一侧徐徐灌入，随灌随排出气泡。一旦发生爆声，必须立即停止作业。

5）抬运铅液的道路应平坦，从槽上到灌铅管顶应搭设平稳、牢固的平台、马道，马道宽度应大于1.0m。容器灌装铅液量不得超过容器高度的三分之二。不得抬运铅液。

（2）钢管焊接接口作业时，使用电动工具打磨坡口的作业人员必须了解电动工具的性能，掌握安全操作知识；稳管对口点焊固定时，管道工必须戴护目镜，应背向施焊部位，并与焊工保持一定距离。

（3）拌和石棉水泥灰、填打石棉水泥时，必须佩戴手套、眼镜、口罩；作业前应检查锤子、錾子，锤头应连接牢固，锤柄无糟朽、裂痕，錾子无裂纹、毛刺。

（4）法兰接口：窜动管子对口时，手不得放在法兰接口处，动作应协调。

（5）蘸油麻时必须戴防护手套，使用夹具轻拿轻放；作业前应检查锤子、錾子，锤头应连接牢固，锤柄无糟朽、裂痕，錾子无裂纹、毛刺。

（6）操作前应检查倒链、钢丝绳、索具等工具，确认安全；撞口作业时，手应离开管口位置。

7.管材的运输、码放

（1）人工推运管材应设专人指挥，运输道路应坚实，推行速度不得超过人的行走速度，上坡道应指定专人负责准备掩木，下坡道应用大绳控制速度，两管之间应保持5m以上的安全距离，管子转向时，作业人员不得站在管子的前方或贴靠两侧。

<table>
<tr><td colspan="2" rowspan="2">安全技术交底记录</td><td rowspan="2">编号</td><td>×××</td></tr>
<tr><td>共×页第×页</td></tr>
<tr><td>工程名称</td><td colspan="3">××市政基础设施工程××标段</td></tr>
<tr><td>施工单位</td><td colspan="3">××市政建设集团</td></tr>
<tr><td>交底提要</td><td>管道工（金属管道工）施工安全技术交底</td><td>交底日期</td><td>××年××月××日</td></tr>
<tr><td colspan="4">（2）自墙边向外推管子时，必须在管子靠墙一侧进行牢固挡掩，推管人不得站在管子与墙之间。
（3）放套环、短管等材料，必须采取防倾倒的措施。
（4）人工自管垛向下放管时，必须先检查底层管挡掩情况，确认牢固后方可作业。作业时应设专人指挥，作业人员动作应协调一致，缓慢下放，管子滚动前方不得有人。
（5）用车辆运输管件时，必须绑扎、挡掩牢固，并设专人指挥。卸车前必须进行检查，确认管子无滚坍危险时方可卸管。
（6）码放管子的场地应平整坚实，管子与槽边应保持 2m 以上的距离，码放高度不宜大于 2m，同时应挡掩牢固。
（7）起重机装卸管子时应有信号工指挥。起重机作业时，起重臂下方严禁有人，高压线下严禁吊装作业。在高压线附近作业时，必须保持安全距离。风力六级（含）以上时严禁作业。</td></tr>
</table>

审核人	交底人	接受交底人
×××	×××	×××、×××……

1.0.6 顶管工施工安全技术交底

<table>
<tr><td colspan="2" rowspan="2">安全技术交底记录</td><td rowspan="2">编号</td><td>×××</td></tr>
<tr><td>共×页第×页</td></tr>
<tr><td>工程名称</td><td colspan="3">××市政基础设施工程××标段</td></tr>
<tr><td>施工单位</td><td colspan="3">××市政建设集团</td></tr>
<tr><td>交底提要</td><td>顶管工施工安全技术交底</td><td>交底日期</td><td>××年××月××日</td></tr>
<tr><td colspan="4">交底内容：
1.一般规定
（1）新工人必须参加入场安全教育，考试合格后方可上岗。
（2）作业前应检查机具、绳索，确认安全方可使用，作业时必须按照安全技术交底的要求进行作业，服从指挥，协调配合。
（3）作业时必须根据作业要求，佩戴防护用品，并严格遵守劳动纪律，不得擅自动用各种机电设备。
（4）顶管作业必须执行交接班制度；上下工作坑必须走安全梯，安全梯应固定在支撑上，并设置扶手或护圈。严禁运输料斗乘人。
（5）作业面遇不明构筑物（管道）时应立即停止作业，报告施工技术管理人员，经处理确认安全后方可继续作业。
（6）因故停顶后恢复顶进前，必须对支撑、平台、支架、电气设备、吊索具进行检查，并对氧气和有毒有害气体含量进行检测，确认安全后方可作业。
（7）作业中必须明确联络信号及报警方法；非机电人员不得从事机械、电气作业。
（8）作业中传递工具、材料必须轻拿轻放，稳妥传递，严禁从坑上向下或者从坑下向上抛扔。
（9）在顶管作业过程中必须按安全技术交底要求保护地下管线和构筑物，作业人员不得踩踏被保护的地下管线和构筑物。
2.运管、下管
（1）人工自管垛向下放管时，必须先检查底层管的挡掩情况，确认安全后方可作业。作业时应设专人指挥，作业人员应协调一致。放管时前方不得有人，放管速度应缓慢。直径大于600mm的管子不宜人工放管。
（2）槽边码放管子时，管子不得平行于沟槽，管端与槽边的距离不应小于2m，码放高度不宜超过2m，并挡掩牢固；槽边放置管子的场地应坚实平整，不得在有坍塌危险的槽边放置管子。
（3）自墙边向外推管时，必须在管子靠墙一侧进行牢固挡掩，推管人不得站在管子与墙之间。
（4）装运管子时，绳必须系牢，并挡掩牢固。卸车前，必须确认管子无滚坍危险后方可松绳卸管。</td></tr>
</table>

<table>
<tr><td colspan="2" rowspan="2">安全技术交底记录</td><td rowspan="2">编号</td><td>×××</td></tr>
<tr><td>共×页第×页</td></tr>
<tr><td>工程名称</td><td colspan="3">××市政基础设施工程××标段</td></tr>
<tr><td>施工单位</td><td colspan="3">××市政建设集团</td></tr>
<tr><td>交底提要</td><td>顶管工施工安全技术交底</td><td>交底日期</td><td>××年××月××日</td></tr>
</table>

（5）人工推运混凝土管应设专人指挥，运输道路应平整坚实。推行速度不得超过人的行走速度。上坡道应指定专人备掩木，下坡道应用大绳控制速度，两管之间应保持5m以上的安全距离。管子转向时，作业人员不得站在管子的前方或贴靠两侧。

（6）下管作业必须统一指挥。下管前必须检查起重设备、卡环、钢丝绳、吊钩、支架、平台等，确认安全后方可下管。

（7）吊运管子时，吊管的索具不得直接捆绑在管子上，应用可塑性材料衬垫。

（8）下管前应先在平台上试吊，确认安全后方可下管。

（9）下管时严禁管子下方有人。从活动平台下管时，应将管子吊起，稳定后开启活动平台检视坑底，确认安全后方可缓慢吊下。管至坑底30cm～50cm时，作业人员方可靠近管子进行稳管作业。作业过程中，严禁手扶钢丝绳。

（10）管子就位支稳后方可摘钩。作业人员避开吊索具后方可提升吊具。关闭活动平台后，坑下人员方可作业。

3.顶进

（1）顶进前应检查液压系统、顶铁、后背、导轨、支撑等，确认安全后方可顶进。

（2）按照安全技术交底的要求安装顶铁。顶铁必须保持中心受压，受力均匀。顶铁之间、顶铁与后背之间必须垫实。

（3）顶进前挖土人员必须在管内，并在顶进中观察管前情况。发现异常立即通知顶镐作业人员暂停处理。

（4）顶进中发现塌方、后背变形、顶铁扭翘、顶力突变等情况，必须立即停顶，采取措施，确认安全后方可继续作业。

（5）顶进作业中，顶镐操作人员必须听从挖土人员的指挥。顶进中，顶铁上及顶铁两侧不得有人。

（6）穿越铁路地段时，必须与铁路管理人员密切配合，遵守铁路管理单位对顶进的规定，列车通过时严禁顶进作业。

4.注浆

（1）制浆和注浆前，应检查空气压缩机、压浆罐、注浆泵的压力表、安全阀及管路等状况，确认正常后方可作业；注浆前应封堵掌子面与管道间空隙，加固顶进入口处的工作坑壁，并安装注浆管嘴。

（2）作业时，必须按安全技术交底要求的程序操作并控制压力，补浆必须由工作坑向顶进方向依次推进；必须设专人指挥，明确联络信号及人员分工，作业人员协调配合。

安全技术交底记录		编号	××× 共×页第×页
工程名称	××市政基础设施工程××标段		
施工单位	××市政建设集团		
交底提要	顶管工施工安全技术交底	交底日期	××年××月××日

（3）作业中应及时清理遗洒的浆液，并运至指定地点妥善处理；检修作业前，必须停机、卸压、切断电源。

5.掏挖、运输土方

（1）挖土人员应在管内进行掏挖作业，每次掏挖量：砂质土 20cm，粘性土 50cm。严禁超挖；管径大于 2000mm 时，人工掏挖应采取台阶法作业。

（2）作业时发现土体稳定性较差、有坍塌先兆时，必须立即采取措施。

作业时作业人员遇呼吸异常，有异味或发生流砂、渗水、塌方等情况，必须立即停止作业，撤出管外，立即报告上级。

（3）穿越铁路、河流、公路、构筑物等地段，管前掏挖量必须符合安全技术交底的要求。列车通过顶进段铁路时严禁掏挖作业。

（4）顶进长度超过 60m 时应采取强制通风措施。管内照明线路及其他设备必须紧靠管壁装设。

（5）卷扬机牵引小车运行时，管内严禁人员进出。严禁人员乘小车进出或上下。

（6）垂直运输时，作业人员应检查土车的四个吊点，并将四个吊钩挂好。吊钩必须有防脱钩装置。坑底人员撤至安全地带后方可起吊土车，并用长绳控制，土车在平台落稳后方可摘钩。

（7）用卷扬机水平牵引运输土车时，卷扬机操作人员必须服从挖土人员的指挥。

（8）必须经常检查吊索具、地锚、制动装置，确认安全。坑内、管内的照明电压不得高于 24V，潮湿时应用 12V。

6.平台、立架、工作棚

（1）安装平台作业时应按照安全技术的要求选用材料。主梁不得直接放置在坑壁土体上，支承结构应符合安全技术交底要求。平台方木应满铺，梁、方木必须固定，平台防护栏不得低于 1m。作业人员出入口应设不低于 1.2m 的护身栏；立架安装完成后，必须经验收合格后方可使用。

（2）顶管坑应设工作棚。工作棚应覆盖至工作坑防汛埂以外。

（3）利用四脚架吊运的工作坑必须设活动平台，活动平台必须设定位锁固装置。活动平台就位后必须立即锁固；支架的底脚必须固定在梁上，支架的横拉杆不得少于四道。

（4）拆除作业应按安全技术交底要求进行。拆除时必须设专人指挥，自上而下进行，工作坑内不得有人。平台上不得有非作业人员。

7.中继顶压站

<table>
<tr><td colspan="2" rowspan="2">安全技术交底记录</td><td rowspan="2">编号</td><td>×××</td></tr>
<tr><td>共×页第×页</td></tr>
<tr><td>工程名称</td><td colspan="3">××市政基础设施工程××标段</td></tr>
<tr><td>施工单位</td><td colspan="3">××市政建设集团</td></tr>
<tr><td>交底提要</td><td>顶管工施工安全技术交底</td><td>交底日期</td><td>××年××月××日</td></tr>
</table>

（1）安装中继顶压站设备时必须设专人指挥。作业人员分工明确，协调配合。

（2）每班启动机械设备前，应检查电气、液压系统和管路，确认连接正确、无漏电、无渗漏油后，方可进行顶进作业。

（3）顶进作业时，必须设专人协调指挥主顶压站与中继顶压站的顶进作业，并统一联系信号。

（4）顶进中作业人员不得在中继顶压站内操作和停留，且不得在安装油路的一侧操作。

（5）中继顶压站开始顶进时，千斤顶应与前后管道连接牢固，工作坑主顶压站与管道应处于紧密顶紧状态。

（6）中继顶压站每一循环顶进完成后，工作坑主顶压站开始下一个循环顶进前，中继顶压站千斤顶必须卸压，使其处于自由回程状态。工作坑主顶压站每一循环顶进的长度不得大于紧前中继顶压站千斤顶的行程。

（7）顶进作业时，中继顶压站及紧前中继顶压站必须安排专人监视千斤顶顶出和回缩的终端位置，其量不得超过安全技术交底要求的控制值。

（8）多级中继顶压站作业时，前中继顶压站的一个行程完全顶完后，千斤顶必须卸压处于自由回程状态，后中继顶压站方可开始顶进。

（9）作业中应及时清理遗洒的油料和杂物，并运至指定地点；严禁带电、带压进行设备检修作业。

（10）拆除作业应符合下列要求：

1）拆除设备前必须卸除油压，切断电源，拆除导向钢套的钢筒时，必须按安全技术交底的规定程序进行。

2）应有专人指挥，自上而下拆除。传接、搬运拆除的设备、部件时，作业人员应精神集中，协调配合。

3）管径大于1800mm时，应支搭操作平台。

4）空挡设计为推拢结构时，设备拆除及空挡推拢应在2h内完成。

8.工作坑

（1）拆除工作坑支撑作业时，无关人员不得在坑内。

（2）开挖工作坑土方前应按安全技术交底要求了解地下管线、人防等构筑物的情况，按要求坑探，掌握管线、构筑物的具体位置。作业中应避开管线和构筑物。在现况电力、通讯电缆2m范围内和现况燃气、热力、给排水等管道1m范围内开挖工作坑时，必须在主管单位人员的监护下采取人工开挖。

<table>
<tr><td colspan="2">安全技术交底记录</td><td>编号</td><td>×××
共×页第×页</td></tr>
<tr><td>工程名称</td><td colspan="3">××市政基础设施工程××标段</td></tr>
<tr><td>施工单位</td><td colspan="3">××市政建设集团</td></tr>
<tr><td>交底提要</td><td>顶管工施工安全技术交底</td><td>交底日期</td><td>××年××月××日</td></tr>
<tr><td colspan="4">（3）开挖工作坑土方作业前必须检查工作坑周围场地，场地应符合排管、运管、吊运、出土、排水、防汛的安全要求。
（4）工作坑必须按安全技术交底要求安装支撑。安装工作坑支撑时必须设专人指挥。工作坑四壁支撑框架必须牢固，支撑结构必须符合安全技术交底的要求。前方管口可拆卸支撑板必须使用整板。
（5）在挖土、支撑等作业中，不得碰撞已安装好的支撑件。发现有松动、变形情况，必须及时加固处理。
（6）撤除工作坑时必须按安全技术交底的要求进行。拆除工作坑支撑时必须设专人指挥，自下而上逐层进行，并按安全技术交底要求及时回填。在下层完成填土前严禁拆除上一层支撑，必要时应设临时支撑。拆撑确有困难或拆撑后可能影响附近建筑物（构筑物）安全时，应停止拆撑并报告施工技术管理人员。
（7）严禁在高压线下方设工作坑。在高压线附近设工作坑时，必须符合表4-1-3中的规定，保持安全距离。</td></tr>
</table>

审核人	交底人	接受交底人
×××	×××	×××、×××……

1.0.7 木工（模板工）施工安全技术交底

<table>
<tr><td colspan="2" rowspan="2">安全技术交底记录</td><td rowspan="2">编号</td><td>×××</td></tr>
<tr><td>共×页第×页</td></tr>
<tr><td>工程名称</td><td colspan="3">××市政基础设施工程××标段</td></tr>
<tr><td>施工单位</td><td colspan="3">××市政建设集团</td></tr>
<tr><td>交底提要</td><td>木工（模板工）施工安全技术交底</td><td>交底日期</td><td>××年××月××日</td></tr>
</table>

交底内容：

1.木料（模板）运输与码放

（1）作业前检查使用的运输工具是否存在隐患，经过检查，合格后方可使用。

（2）上下沟槽或构筑物应走马道或安全梯，严禁搭乘吊具、攀登脚手架上下。

（3）安全梯不得缺档，不得垫高。安全梯上端应绑牢，下端应有防滑措施，人字梯底脚必须拉牢。严禁 2 名以上作业人员在同一梯上作业。

（4）成品半成品木材应堆放整齐，不得任意乱放，不得存放在施工程范围之内，木材码放高度以不超过 1.2m 为宜。

（5）木工场和木质材料堆放场地严禁烟火，并按消防部门的要求配备消防器材。

（6）施工现场必须用火时，应事先申请用火证，并设专人监护。

（7）木料（模板）运输与码放应按照以下要求进行：

1）作业前应对运输道路进行平整，保持道路坚实、畅通。便桥应支搭牢固，桥面宽度应比小车宽至少 1m，且总宽度不得小于 1.5m，便桥两侧必须设置防护栏和挡脚板。

2）穿行社会道路必须遵守交通法规，听从指挥。

3）用架子车装运材料应 2 人以上配合操作，保持架子车平稳，拐弯要示意，车上不得乘人。

4）使用手推车运料时，在平地上前后车间距不得小于 2m，下坡时应稳步推行，前后车间距应根据坡度确定，但是不得小于 10m。

5）拼装、存放模板的场地必须平整坚实，不得积水。存放时，底部应垫方木，堆放应稳定，立放应支撑牢固。

6）地上码放模板的高度不得超过 1.5m，架子上码放模板不得超过 3 层。

7）不得将材料堆放在管道的检查井、消防井、电信井、燃气抽水缸井等设施上。

8）不得随意靠墙堆放材料。

9）使用起重机作业时必须服从信号工的指挥，与驾驶员协调配合，机臂回转范围内不得有无关人员。

10）运输木料、模板时，必须绑扎牢固，保持平衡。

2.木模板制作、安装

（1）作业前检查使用的工具是否存在隐患，如:手柄有无松动、断裂等情况，手持电动工具的漏电保护器应试机检查，合格后方可使用，操作时应戴绝缘手套。

安全技术交底记录		编号	××× 共×页第×页
工程名称	××市政基础设施工程××标段		
施工单位	××市政建设集团		
交底提要	木工（模板工）施工安全技术交底	交底日期	××年××月××日

（2）支、拆模板作业高度在2m以上（含2m）时，必须搭设脚手架，按要求系好安全带。

（3）高处作业时，材料必须码放平稳、整齐。手用工具应放入工具袋内，不得乱扔乱放，扳手应用小绳系在身上，使用的铁钉不得含在嘴中。

（4）上下沟槽或构筑物时应走马道或安全梯，严禁搭乘吊具、攀登脚手架上下。

（5）安全梯不得缺档，不得垫高。安全梯上端应绑牢，下端应有防滑措施，人字梯底脚必须拉牢。严禁2名以上作业人员在同一梯上作业。

（6）使用手锯时，锯条必须调紧适度，下班时要放松，防止再使用时突然断裂伤人。

（7）支搭大模板必须设专人指挥，模板工与起重机驾驶员应协调配合，做到稳起、稳落、稳就位。在起重机机臂回转范围内不得有无关人员。

（8）作业中应随时清扫木屑、刨花等杂物，并送到指定地点堆放。

（9）木工场和木质材料堆放场地严禁烟火，并按消防部门的要求配备消防器材。

（10）施工现场必须用火时，应事先申请用火证，并设专人监护。

（11）作业场地应平整坚实，不得积水，同时，应排除现场的不安全因素。

（12）作业前认真检查模板、支撑等构件是否符合要求，钢板有无严重锈蚀或变形，木模板及支撑材质是否合格。不得使用腐朽、劈裂、扭裂、弯曲等有缺陷的木材制作模板或支撑材料。

（13）使用旧木料前，必须清除钉子、水泥粘结块等。

（14）作业前应检查所用工具、设备，确认安全后方可作业。

（15）使用锛子砍料必须稳、准，不得用力过猛，对面2m内不得有人。

（16）必须按模板设计和安全技术交底的要求支模，不得盲目操作。

（17）槽内支模前，必须检查槽帮、支撑，确认无塌方危险。向槽内运料时，应使用绳索缓放，操作人员应互相呼应。支模作业时应随支随固定。

（18）使用支架支撑模板时，应平整压实地面，底部应垫5cm厚的木板。必须按安全技术要求将各结点拉杆、撑杆连接牢固。

（19）操作人员上、下架子必须走马道或安全梯，严禁利用模板支撑攀登上下，不得在墙顶、独立梁及其他高处狭窄而无防护的模板上行走。严禁从高处向下方抛物料。搬运模板时应稳拿轻放。

（20）支架支撑竖直偏差必须符合安全技术要求，支搭完成后必须验收合格方可进行支模作业。

<table>
<tr><td colspan="2" rowspan="2">安全技术交底记录</td><td rowspan="2">编号</td><td>×××</td></tr>
<tr><td>共×页第×页</td></tr>
<tr><td>工程名称</td><td colspan="3">××市政基础设施工程××标段</td></tr>
<tr><td>施工单位</td><td colspan="3">××市政建设集团</td></tr>
<tr><td>交底提要</td><td>木工（模板工）施工安全技术交底</td><td>交底日期</td><td>××年××月××日</td></tr>
</table>

（21）模板工程作业高度在2m和2m以上时必须设置安全防护设施。

（22）模板的立柱顶撑必须设牢固的拉杆，不得与门窗等不牢靠的临时物件相连接。模板安装过程中，不得间歇，柱头、搭头、立柱顶撑、拉杆等必须安装牢固成整体后，作业人员才可以离开。暂停作业时，必须进行检查，确认所支模板、撑杆及连接件稳固后方可离开现场。

（23）配合吊装机械作业时，必须服从信号工的统一指挥，与起重机驾驶员协调配合，机臂回转范围内不得有无关人员。支架、钢模板等构件就位后必须立即采取撑、拉等措施，固定牢靠后方可摘钩。

（24）在支架与模板间安置木楔等卸荷装置时，木楔必须对称安装，打紧钉牢。

（25）基础及地下工程模板安装之前，必须检查基坑土壁边坡的稳定状况，基坑上口边沿1m以内不得堆放模板及材料，向槽（坑）内运送模板构件时，严禁抛掷。使用溜槽或起重机械运进，下方操作人员必须远离危险区。

（26）组装立柱模板时，四周必须设牢固支撑，如柱模高度在6m以上，应将几个柱模连成整体，支设独立梁模板应搭设临时工作平台，不得站在柱模上操作，不得站在梁底板模上行走和立侧模。

（27）在浇筑混凝土过程中必须对模板进行监护，仔细观察模板的位移、变形情况，发现异常时必须及时采取稳固措施。当模板变位较大，可能倒塌时，必须立即通知现场作业人员离开危险区域，并及时报告上级。

3.模板拆除

（1）作业前检查使用的工具是否存在隐患，如:手柄有无松动、断裂等，手持电动工具的漏电保护器应试机检查，合格后方可使用，操作时应戴绝缘手套。

（2）拆模板作业高度在2m以上（含2m）时，必须搭设脚手架，按要求系好安全带。

（3）高处作业时，材料必须码放平稳、整齐。手用工具应放入工具袋内，不得乱扔乱放，扳手应用小绳系在身上，使用的铁钉不得含在嘴中。

（4）上下沟槽或构筑物应走马道或安全梯，严禁搭乘吊具、攀登脚手架上下。

（5）安全梯不得缺档，不得垫高。安全梯上端应绑牢，下端应有防滑措施，人字梯底脚必须拉牢。严禁2名以上作业人员在同一梯上作业。

（6）成品半成品木材应堆放整齐，不得任意乱放，不得存放到在施工程范围之内，木材码放高度不宜超过1.2m。

（7）使用手锯时，锯条必须调紧适度，下班时要放松，防止再使用时突然断裂伤人。

<table>
<tr><td colspan="2" rowspan="2">安全技术交底记录</td><td rowspan="2">编号</td><td>×××</td></tr>
<tr><td>共×页第×页</td></tr>
<tr><td>工程名称</td><td colspan="3">××市政基础设施工程××标段</td></tr>
<tr><td>施工单位</td><td colspan="3">××市政建设集团</td></tr>
<tr><td>交底提要</td><td>木工（模板工）施工安全技术交底</td><td>交底日期</td><td>××年××月××日</td></tr>
</table>

（8）拆除大模板必须设专人指挥，模板工与起重机驾驶员应协调配合，做到稳起、稳落、稳就位。在起重机机臂回转范围内不得有无关人员。

（9）拆木模板、起模板钉子、码垛作业时，不得穿胶底鞋，着装应紧身利索。

（10）拆除模板必须满足拆除时所需的混凝土强度，且经工程技术领导同意，不得因拆模而影响工程质量。

（11）必须按拆除方案和专项技术交底要求作业，统一指挥，分工明确。必须按程序作业，确保未拆部分处于稳定、牢固状态。应按照先支后拆、后支先拆的顺序，先拆非承重模板，后拆承重模板及支撑，在拆除用小钢模板支撑的顶板模板时，严禁将支柱全部拆除后，一次性拉拽拆除，已经拆活动的模板，必须一次连续拆完，方可停歇，严禁留下不安全隐患。

（12）严禁使用大面积拉、推的方法拆模。拆模板时，必须按专项技术交底要求先拆除卸荷装置。必须按规定程序拆除撑杆、模板和支架，严禁在模板下方用撬棍撞、撬模板。

（13）拆模板作业时，必须设警戒区，严禁下方有人进入，拆模板作业人员必须站在平稳可靠的地方，保持自身平衡，不得猛撬，以防失稳坠落。

（14）拆除电梯井及大型孔洞模板时，下层必须支搭安全网等可靠的防坠落安全措施。

（15）严禁使用吊车直接吊除没有撬松动的模板，吊运大型整体模板时必须拴结牢固，且吊点平衡，吊装、运大钢模板时必须用卡环连接，就位后必须拉接牢固方可卸除吊钩。

（16）使用吊装机械拆模时，必须服从信号工统一指挥，必须待吊具挂牢后方可拆支撑。模板、支承落地放稳后方可摘钩。

（17）应随时清理拆下的物料，并边拆、边清、边运、边按规格码放整齐。拆木模时，应随拆随起筏子。楼层高处拆除的模板严禁向下抛掷。暂停拆模时，必须将活动件支稳后方可离开现场。

4.木工机械

（1）操作人员应经过培训，了解机械设备的构造、性能和用途，掌握有关使用、维修、保养的安全技术知识。电路故障必须由专业电工排除。

（2）作业前试机，各部件运转正常后方可作业；作业后必须切断电源。

（3）作业时必须扎紧袖口、理好衣角、扣好衣扣，不得戴手套；作业人员长发不得外露；女工应戴工作帽。

（4）机械运转过程中出现故障时，必须立即停机、切断电源。

（5）链条、齿轮和皮带等传动部分，必须安装防护罩或防护板；必须使用单向开关，严禁使用倒顺开关。

<table>
<tr><td colspan="2" rowspan="2">安全技术交底记录</td><td rowspan="2">编号</td><td>×××</td></tr>
<tr><td>共×页第×页</td></tr>
<tr><td>工程名称</td><td colspan="3">××市政基础设施工程××标段</td></tr>
<tr><td>施工单位</td><td colspan="3">××市政建设集团</td></tr>
<tr><td>交底提要</td><td>木工（模板工）施工安全技术交底</td><td>交底日期</td><td>××年××月××日</td></tr>
</table>

（6）工作场所严禁烟火，必须按规定配备消防器材。

（7）应及时清理机器台面上的刨花、木屑。严禁直接用手清理。刨花、木屑应存放到指定地点。

（8）使用开榫机作业应符合下列要求：

1）必须侧身操作，严禁面对刀具。进料速度应均匀。

2）短料开榫必须使用垫板夹牢，严禁用手握料。长度大于 1.5m 的木料开榫必须 2 人操作。

3）刨渣或木片堵塞时，应用木棍清除，严禁手掏。

（9）使用压刨机作业应符合下列要求：

1）送料和接料应站在机械一侧，不得戴手套。

2）进料必须平直，发现木料走偏或卡住，应先停机降低台面，再调正木料。遇节疤应减慢送料速度。送料时手指必须与滚筒保持 20cm 以上距离。接料时，必须待料走出台面后方可上手。

3）刨料长度不得短于前后轧辊距离。厚度小于 1cm 的木料，必须垫压板。每次刨削量不得超过 3mm。

（10）使用刮边机作业应符合下列要求：

1）材料应按压在推车上，后端必须顶牢。应慢速送料，且每次进刀量不得超过 4mm。不得用手送料至刨口。

2）刀部必须设置坚固严密的防护罩。

3）严禁使用开口螺丝的刨刃。装刀时必须拧紧螺丝。

（11）使用平刨机作业应符合下列要求：

1）必须设置可靠的安全防护装置。

2）刨料时应保持身体平衡，双手操作。刨大面时，手应按在木料上面；刨小面时，手指应不低于料高的一半，并不得小于 3cm。

3）每次刨削量不得超过 1.5mm。进料速度应均匀。严禁在刨刃上方回料。

4）被刨木料的厚度小于 3cm，长度小于 40cm 时，应用压板或压棍推进。厚度小于 1.5cm、长度小于 25cm 的木料不得在平刨上加工。

5）刨旧料时必须先将铁钉、泥砂等清除干净。遇节疤、戗茬时应减慢送料速度，严禁手按节疤送料。

6）换刀片前必须拉闸断电。

<table>
<tr><td colspan="2" rowspan="2">安全技术交底记录</td><td rowspan="2">编号</td><td>×××</td></tr>
<tr><td>共×页第×页</td></tr>
<tr><td>工程名称</td><td colspan="3">××市政基础设施工程××标段</td></tr>
<tr><td>施工单位</td><td colspan="3">××市政建设集团</td></tr>
<tr><td>交底提要</td><td>木工（模板工）施工安全技术交底</td><td>交底日期</td><td>××年××月××日</td></tr>
<tr><td colspan="4">
7）同一台刨机的刀片重量、厚度必须一致，刀架与刀必须匹配。严禁使用不合格的刀具。紧固刀片的螺钉应嵌入槽内，且距离刀背不得小于 10mm。
（12）使用打眼机作业应符合下列要求：
1）必须使用夹料具，不得直接用手扶料。大于 1.5m 的长料打眼时必须使用托架。
2）凿芯被木渣挤塞时，应立即抬起手把。深度超过凿渣出口，应勤拔钻头。
3）应用刷子或吹风器清理木渣，严禁手掏。
（13）使用圆盘锯（包括吊截锯）作业应符合下列要求：
1）作业前应检查锯片不得有裂口，螺丝必须拧紧。
2）操作人员必须戴防护眼镜。作业时应站在锯片一侧，手臂不得跨越锯片。
3）必须紧贴靠山送料，不得用力过猛，遇硬节疤应慢推。必须待出料超过锯片 15cm 方可上手接料，不得用手硬拉。
4）短窄料应用推棍，接料使用刨钩。严禁锯小于 50cm 长的短料。
5）木料走偏时，应立即切断电源，停车调正后再锯，不得猛力推进或拉出。
6）锯片运转时间过长应用水冷却，直径 60cm 以上的锯片工作时应喷水冷却。
7）必须随时清除锯台面上的遗料，保持锯台整洁。清除遗料时，严禁直接用手清除。清除锯末及调整部件，必须先切断电源、待机械停止运转后方可进行。
8）严禁使用木棒或木块制动锯片的方法停车。
（14）使用裁口机作业应符合下列要求：
1）应根据材料规格调整盖板。作业时应一手按压、一手推进。刨或锯到头时，应将手移到刨刀或锯片的前面。
2）送料速度应缓慢、均匀，不得猛拉猛推，遇硬节应慢推。必须待出料超过刨口 15cm 方可接料。
3）裁硬木口时，每次深度不得超过 1.5cm，高度不得超过 5cm；裁松木口，每次深度不得超过 2cm，高度不得超过 6cm。严禁在中间插刀。
4）裁刨圆木料必须用圆形靠山，用手压牢，慢速送料。
5）机器运转时，严禁在防护罩和台面上放置任何物品。
</td></tr>
</table>

审核人	交底人	接受交底人
×××	×××	×××、×××……

1.0.8 钢筋工施工安全技术交底

<table>
<tr><td colspan="2" rowspan="2">安全技术交底记录</td><td rowspan="2">编号</td><td>×××</td></tr>
<tr><td>共×页第×页</td></tr>
<tr><td>工程名称</td><td colspan="3">××市政基础设施工程××标段</td></tr>
<tr><td>施工单位</td><td colspan="3">××市政建设集团</td></tr>
<tr><td>交底提要</td><td>钢筋工施工安全技术交底</td><td>交底日期</td><td>××年××月××日</td></tr>
</table>

交底内容：

1.冷拉钢筋操作

（1）操作人员应经过培训，了解机械设备的构造、性能和用途，掌握有关使用、维修、保养的安全技术知识。并应按照清洁、调整、紧固、防腐、润滑的要求，维修保养机械。

（2）每班作业前，必须检查卷扬机钢丝绳、滑轮组、拉钩、地锚、冷拉夹具夹齿、电气设备、照明设施等，拖拉小跑车应润滑灵活，地锚及防护装置应齐全牢靠，确认安全后方可作业。

（3）机械作业前应空车运转，调试正常后方可作业。机械的链条、齿轮和皮带等传动部分，必须安装防护罩或防护板。

（4）电动机械的电闸箱必须按照规定安装漏电保护器，并应灵敏有效。

（5）机械作业时必须扎紧袖口、理好衣角、扣好表扣，不得戴手套。作业人员长发不得外露，女工应戴工作帽。

（6）电动机械运行中停电时，应立即切断电源。收工前应按顺序停机，离开现场前必须切断电源，锁好闸箱，清理作业场所。电路故障应由专业电工排除，严禁非电工接、拆、修电器设备。

（7）卷扬机运转时，严禁人员靠近冷拉钢筋和牵引钢筋的钢丝绳。

（8）卷扬机前和冷拉钢筋两端必须装设防护挡板。

（9）冷拉时必须将钢筋卡牢，待人员离开后方可启动机械。发现滑丝等情况时，必须停机并放钢筋后，方可进行处理。

（10）冷拉场地两端地锚以外应设置警戒区，装设防护挡板及警告标志，严禁非生产人员在冷拉线两端停留，跨越或触动冷拉钢筋。操作人员作业时必须离开冷拉钢筋 2m 以外。

（11）冷拉时，应设专人值班看守。钢筋两侧 3m 以内及冷拉线两端严禁有人。严禁跨越钢筋或钢丝绳。

（12）每班冷拉完毕，必须将钢筋整理平直，不得相互乱压和单头挑出，未拉盘筋的引头应盘住，机具拉力部分均应放松。

（13）导向滑轮不得使用开口滑轮，与卷扬机的距离不得小于 5m。维修或停机，必须切断电源，锁好箱门。

安全技术交底记录		编号	×××
			共×页第×页
工程名称	××市政基础设施工程××标段		
施工单位	××市政建设集团		
交底提要	钢筋工施工安全技术交底	交底日期	××年××月××日

（14）用配重控制的设备必须与滑轮匹配，并有指示起落的记号或设专人指挥。配重框提起的高度应限制在离地面300mm以内。配重架四周应设栏杆及警告标志。

2.手工加工与绑扎

（1）作业前必须检查工作环境、照明设施等，并试运行符合安全要求后方可作业。上岗作业人员须经过安全培训考试合格。

（2）钢材、半成品必须按规格码放整齐。不得在脚手架上集中码放钢筋，应随使用随运送。

（3）切断长料时，应设专人扶稳钢筋，操作时动作应一致。钢筋短头应使用钢管套夹具夹住。钢筋短于30cm时，应使用钢管套夹具，严禁手扶。切断合金钢和直径10mm以上圆钢时应采用机械。

（4）手工切断钢筋时，夹具必须牢固。掌握切具的人与打锤人必须站成斜角，严禁面对面操作。抡锤作业区域内不得有其他人员。打锤人不得戴手套。

（5）作业人员长发不得外露，女工应戴工作帽。

（6）工作完毕后，应用工具将铁屑、钢筋头清除，严禁用手擦抹或用嘴吹。切好的钢材、半成品必须按规格码放整齐。

（7）抬运钢筋人员应协调配合，互相呼应。

（8）电动机械的电闸箱必须按照规定安装漏电保护器，并应灵敏有效。

（9）人工弯曲钢筋时，应放平扳手，用力不得过猛。

（10）展开盘条钢筋时，应卡牢端头。切断前应压稳，防止回弹伤人。

（11）在高处（2m或2m以上）、深坑（槽）绑扎立柱、墙体钢筋应搭投脚手架或操作平台，临边应搭设防护栏杆，作业时不得站在钢筋骨架上，不得攀登钢筋骨架上下。高于4m的钢筋骨架应撑稳或拉牢。

（12）下沟槽（坑）作业前必须检查沟槽（坑）壁的稳定性，槽边不应有易坠物，确认安全后方可作业。

（13）绑扎基础钢筋时，铺设走道板，作业人员应在走道板上行走，不得直接踩踏钢筋。深基础或夜间施工应使用低压照明灯具。

（14）绑扎钢筋的绑丝头，应弯回至骨架内侧；绑扎立柱和墙体钢筋时，不得站在钢筋骨架上或攀登骨架上下。

（15）抬运、吊装钢筋骨架时，必须服从指挥。

（16）暂停绑扎时，应检查所绑扎的钢筋或骨架，确认连接牢固后方可离开现场。

安全技术交底记录		编号	××× 共×页第×页
工程名称	××市政基础设施工程××标段		
施工单位	××市政建设集团		
交底提要	钢筋工施工安全技术交底	交底日期	××年××月××日

（17）吊装较长的钢筋骨架时，应设控制缆绳。持绳者不得站在骨架下方。

（18）吊装钢筋骨架时，下方不得有人。钢筋骨架距就位处在1m以内时，作业人员方可靠近辅助就位，就位后必须先支撑稳固后再摘钩。

（19）雪后露天加工钢筋，应先除雪防滑，清除泥泞后再作业。

（20）在高处楼层上拉钢筋或钢筋调向时，必须事先观察运行上方或周围附近是否有高压线，严防碰触。

（21）钢筋骨架安装，下方严禁站人，必须待骨架降落至楼、地面1m以内方准靠近，就位支撑好后方可摘钩。

（22）绑扎在建施工工程的圈梁、挑梁、挑檐、外墙和边柱等钢筋时，应站在脚手架或操作平台上作业。无脚手架必须搭设水平安全网。悬空大梁钢筋的绑扎，必须站在满铺脚手板或操作平台上操作。

（23）绑扎和安装钢筋，不得将工具、箍筋或短钢筋随意放在脚手架或模板上。

（24）绑扎基础钢筋，应设钢筋支架或马凳，深基础或夜间施工应使用低压照明灯具。

3.钢筋加工机械操作人员

（1）钢筋冷拉机操作人员安全操作要求：

1）根据钢筋的直径选择卷扬机。卷扬机出绳应使封闭式导向滑轮和被拉钢筋方向成直角。卷扬机的位置必须使操作人员能看见全部冷拉场地，距冷拉中线不得少于5m。

2）冷拉场地两端地锚以外应设置警戒区，装设防护挡板及警告标志，严禁非生产人员在冷拉线两端停留、跨越或触动冷拉钢筋。操作人员作业时必须离开冷拉钢筋2m以外。

3）用配重控制的设备必须与滑轮匹配，并有指示起落的记号或设专人指挥。配重框提起的高度应限制在离地面300mm以内。配重架四周应设栏杆及警告标志。

4）作业前应检查冷拉夹具夹齿是否完好，滑轮、拖拉小跑车应润滑灵活，拉钩、地锚及防护装置应齐全牢靠。确认后方可操作。

5）每班冷拉完毕，必须将钢筋整理平直，不得相互乱压和单头挑出，未拉盘筋的引头应盘住，机具拉力部分均应放松。

6）导向滑轮不得使用开口滑轮。维修或停机，必须切断电源，锁好箱门。

7）冷拉速度不宜过快，在基本拉直时应稍停，检查夹具是否牢固可靠，严格按安全技术交底要求控制伸长值、应力。运行中出现滑脱、绞断等情况时，应立即停机。

（2）调直机操作人员安全操作要求：

1）调直机安装必须平稳，料架料槽应平直，对准导向筒、调直筒和下刀切孔的中心线。电机必须设接零保护。

安全技术交底记录		编号	×××
			共×页第×页
工程名称	××市政基础设施工程××标段		
施工单位	××市政建设集团		
交底提要	钢筋工施工安全技术交底	交底日期	××年××月××日

2）使用调直机作业时，机械上不得堆放物料、工具等，避免震动落入机体。送钢筋时，手与轧辊应保持安全距离。机器运转中不得调整轧辊。严禁戴手套作业。

3）作业中机械周围不得有无关人员，严禁跨越牵引钢丝绳和正在调直的钢筋。钢筋调直到末端时，作业人员必须与钢筋保持安全距离。料盘中钢筋将要用完时，应采取措施防止端头弹出。

4）调直短于 2m 或直径大于 9mm 的钢筋时，必须低速运行。

5）喂料前应将不直的钢筋头切去，导向筒前应装一根 1m 长的钢管，钢筋必须先通过钢管再送入调直机前端的导孔内，当钢筋穿入后，手与压棍必须保持安全距离。

6）圆盘钢筋放入放圈架上要平稳，乱丝或钢筋脱架时，必须停机处理。已经调直的钢筋，必须按规格、根数分成小捆，散乱钢筋应随时清理堆放整齐。

（3）切断机操作人员安全操作要求：

1）操作前必须检查切断机刀口，确定安装正确，刀片无裂纹，刀架螺栓紧固，防护罩牢靠，然后拨动皮带轮检查齿轮间隙，调整刀刃间隙，空运转正常后再进行操作。

2）使用切断机作业时应摆直、紧握钢筋，应在活动切刀向后退时送料入刀口，并在固定切刀一侧压住钢筋。严禁在切刀向前运动时送料。严禁两手同时在切刀两侧握住钢筋俯身送料。

3）钢筋切断应在调直后进行，多根钢筋一次切断时总截面积应在规定的范围内。

4）切长料时应设置送料工作台，并设专人扶稳钢筋，操作时动作应一致。手握端的钢筋长度不得短于 40cm，手与切口间距不得小于 15cm。切断小于 40cm 长的钢筋时，应用钢导管或钳子夹牢钢筋。严禁直接用手送料。

5）作业中严禁用手清除铁屑、断头等杂物。机械运转中严禁进行检修、加油、更换部件。

6）发现机械运转异常、刀片歪斜等，应立即停机检修。在钢筋摆动范围内和刀口附近，非操作人员不得停留。

（4）除锈机操作人员安全操作要求：

1）除锈前先检查钢丝刷的固定螺栓有无松动，传动部分润滑和封闭式防护罩及排尘设备等是否情况完好。

2）使用除锈机作业时，应戴防尘口罩、护目镜和手套。

3）除锈应在钢筋调直后进行，带钩钢筋不得上除锈机。操作时应放平握紧钢筋，操作者应站在钢丝刷或喷沙器侧面，严禁在除锈机正面站人。

<table>
<tr><td colspan="2" rowspan="2">安全技术交底记录</td><td rowspan="2">编号</td><td>×××</td></tr>
<tr><td>共×页第×页</td></tr>
<tr><td>工程名称</td><td colspan="3">××市政基础设施工程××标段</td></tr>
<tr><td>施工单位</td><td colspan="3">××市政建设集团</td></tr>
<tr><td>交底提要</td><td>钢筋工施工安全技术交底</td><td>交底日期</td><td>××年××月××日</td></tr>
<tr><td colspan="4">4）整根长钢筋除锈时应2人配合操作，互相呼应。
（5）弯曲机操作人员安全操作要求：
1）工作台和弯曲工作盘台应保持水平，操作前应检查芯轴、成型轴、挡铁轴、可变挡架有无裂纹或损坏，防护罩是否牢固可靠，经空运转确认合格后，方可作业。
2）操作时应熟悉倒顺开关控制工作盘旋转方向，钢筋放置要和挡架、工作盘旋转方向相配合，不得放反。改变工作盘旋转方向时必须在停机后进行，即从正转—停—反转，不得直接从正转—反转或从反转—正转。
3）使用弯曲机作业当弯曲折点较多或钢筋较长时，应设置工作架，设专人指挥，操作人员应与辅助人员协同配合，互相呼应。弯曲未经冷拉或有锈皮的钢筋时，必须戴护目镜及口罩。
4）弯曲钢筋时，严禁超过该机对钢筋直径、根数及机械转速的规定。
5）严禁在弯曲钢筋的作业半径和机身不设固定销的一侧站人。弯曲好的钢筋应堆放整齐，弯钩不得朝上。
6）弯曲机运转中严禁更换芯轴、成型轴和变换角度及调速，严禁在运转中加油或清扫。清理工作必须在机械停稳后进行。</td></tr>
</table>

审核人	交底人	接受交底人
×××	×××	×××、×××……

1.0.9 预应力钢筋张拉工施工安全技术交底

<table>
<tr><td colspan="2" rowspan="2">安全技术交底记录</td><td rowspan="2">编号</td><td>×××</td></tr>
<tr><td>共×页第×页</td></tr>
<tr><td>工程名称</td><td colspan="3">××市政基础设施工程××标段</td></tr>
<tr><td>施工单位</td><td colspan="3">××市政建设集团</td></tr>
<tr><td>交底提要</td><td>预应力钢筋张拉工施工安全技术交底</td><td>交底日期</td><td>××年××月××日</td></tr>
</table>

交底内容：

1.预应力钢筋张拉工施工安全要求

（1）必须经过专业培训，掌握预应力张拉的安全技术知识并经考核合格后方可上岗。

（2）必须按照检测机构检验、编号的配套组使用张拉机具。

（3）张拉作业区域应设明显警示牌，非作业人员不得进入作业区。

（4）作业前应检查高压油泵与千斤顶之间的连接件，连接件必须完好、紧固，确认安全后方可作业。

（5）张拉时必须服从统一指挥，严格按照技术交底要求读表。油压不得超过技术交底规定值。发现油压异常等情况时，必须立即停机。

（6）高压油泵操作人员应戴护目镜。

（7）施加荷载时，严禁敲击、调整施力装置。

2.先张法

（1）张拉时，台座两端严禁有人，任何人不得进入张拉区域。张拉台座两端必须设置防护墙，沿台座外侧纵向每隔 2m～3m 设一个防护架。

（2）打紧夹具时，作业人员应站在横梁的上面或侧面，击打夹具中心。

（3）油泵必须放在台座的侧面，操作人员必须站在油泵的侧面。

3.后张法

（1）作业前必须在张拉端设置 5cm 厚的防护木板。

（2）张拉时千斤顶行程不得超过技术交底的规定值；操作千斤顶和测量伸长值的人员应站在千斤顶侧面操作，千斤顶顶力作用线方向不得有人。

（3）孔道灌浆作业，喷嘴插入孔道后，喷嘴后面的胶皮垫圈必须紧压在孔口上，胶皮管与灰浆泵必须连接牢固；堵灌浆孔时应站在孔的侧面。

（4）张拉完成后应及时灌浆、封锚；两端或分段张拉时，作业人员应明确联络信号，协调配合。

（5）高处张拉时，作业人员应在牢固、有防护栏的平台上作业，上下平台必须走安全梯或马道。

审核人	交底人	接受交底人
×××	×××	×××、×××……

1.0.10 电、气焊工施工安全技术交底

<table>
<tr><td colspan="2" rowspan="2">安全技术交底记录</td><td rowspan="2">编号</td><td>×××</td></tr>
<tr><td>共×页第×页</td></tr>
<tr><td>工程名称</td><td colspan="3">××市政基础设施工程××标段</td></tr>
<tr><td>施工单位</td><td colspan="3">××市政建设集团</td></tr>
<tr><td>交底提要</td><td>电、气焊工施工安全技术交底</td><td>交底日期</td><td>××年××月××日</td></tr>
</table>

交底内容：

1.电焊工

（1）电焊工必须经安全技术培训、考核，持证上岗。

（2）焊接作业现场周围10m范围内不得堆放易燃易爆物品。

（3）电焊工作业时应穿戴工作服、绝缘鞋、电焊手套、防护面罩、护目镜等防护用品，高处作业时需系安全带。

（4）作业前应检查焊机、线路、焊机外壳保护接零等，确认安全后方可作业。

（5）雨、雪、风力六级（含）以上天气不得露天作业。雨、雪后应清除积水、积雪后方可作业。

（6）在密封容器内施焊时，应采取通风措施。间歇作业时焊工应到外面休息。容器内照明电压不得超过12V。焊工身体应用绝缘材料与焊件隔离。焊接时必须设专人监护，监护人应熟知焊接操作规程和抢救方法。

（7）焊接曾储存易燃、易爆物品的容器时，应根据介质性质进行多次置换及清洗，并打开所有孔口，经检测确认安全后方可作业。

（8）焊接铜、铝、铅、锌等合金金属时，必须佩戴防护用品，在通风良好的地方作业。在有害介质场所进行焊接时，应采取防毒措施，必要时进行强制通风。

（9）高处作业时，必须符合下列要求：与电线的距离不得小于2.5m；必须使用标准的防火安全带，并系在可靠的构架上；必须在作业点正下方5m外设置护栏，并设专人值守。必须清除作业点下方区域易燃、易爆物品；必须使用盔式面罩。焊接电缆应绑紧在固定处，严禁绕在身上或搭在背上作业；必须在稳固的平台上作业。焊机必须放置平稳、牢固，设良好的接地保护装置。

（10）焊把线不得放在电弧附近或炽热的焊缝旁。不得碾轧焊把线。应采取防止焊把线被利器物损伤的措施。

（11）焊接时临时接地线头严禁浮搭，必须固定、压紧，用胶布包严；焊接电缆通过道路时，必须架高或采取其他保护措施。

（12）焊接时二次线必须双线到位，严禁用其他金属物作二次线回路。

（13）严禁在易燃易爆气体或液体扩散区域内、运行中的压力管道和装有易燃易爆物品的容器内以及受力构件上焊接和切割。

安全技术交底记录		编号	××× 共×页第×页
工程名称	××市政基础设施工程××标段		
施工单位	××市政建设集团		
交底提要	电、气焊工施工安全技术交底	交底日期	××年××月××日

（14）工作中遇下列情况应切断电源：改变电焊机接头；移动二次线；转移工作地点；检修电焊机；暂停焊接作业。

（15）施焊地点潮湿，焊工应在干燥的绝缘板或胶垫上作业，配合人员应穿绝缘鞋或站在绝缘板上。应定期检查绝缘鞋的绝缘情况。

（16）清除焊渣时应佩戴防护眼镜或面罩。焊条头应集中堆放；下班后必须拉闸断电，必须将地线和把线分开。

2.气焊工

（1）焊工必须经安全技术培训、考核，持证上岗。

（2）作业时应穿戴工作服、绝缘鞋、电焊手套、防护面罩、护目镜等防护用品，高处作业时按要求正确系好安全带。

（3）焊接作业现场周围10m范围内不得堆放易燃易爆物品。

（4）高处作业时，氧气瓶、乙炔瓶、液化气瓶不得放在作业区域正下方，应与作业点正下方保持在10m以上的距离。必须清除作业区域下方的易燃物。

（5）点燃焊（割）炬时，应先开乙炔阀点火，然后开氧气阀调整火焰。关闭时应先关闭乙炔阀，再关闭氧气阀；不得将橡胶软管背在背上操作。

（6）点火时，焊炬口不得对着人，不得将正在燃烧的焊炬放在工件或地面上。焊炬带有乙炔气和氧气时，不得放在金属容器内。

（7）作业中发现气路或气阀漏气时，必须立即停止作业。

（8）冬天露天作业时，如减压阀软管和流量计冻结，应使用热水（热水袋）、蒸汽或暖气设备化冻，严禁用火烘烤。

（9）作业后应卸下减压器；拧上气瓶安全帽；将软管盘起捆好，挂在室内干燥处；检查操作场地，确认无着火危险后方可离开。

（10）作业中若氧气管着火应立即关闭氧气阀门，不得折弯胶管断气；若乙炔管着火，应先关熄炬火，可用弯折前面一段软管的办法止火。

（11）雨、雪、风力六级（含）以上天气不得露天作业。雨、雪后应清除积水、积雪后方可作业。

3.电焊设备操作要求

（1）焊工必须经安全技术培训、考核，持证上岗。

（2）作业时应穿戴工作服、绝缘鞋、电焊手套、防护面罩、护目镜等防护用品，高处作业时需系安全带。

安全技术交底记录		编号	××× 共×页第×页
工程名称	××市政基础设施工程××标段		
施工单位	××市政建设集团		
交底提要	电、气焊工施工安全技术交底	交底日期	××年××月××日

（3）焊接作业现场周围10m范围内不得堆放易燃易爆物品。

（4）雨、雪、风力六级（含）以上天气不得露天作业。雨、雪后应清除积水、积雪后方可作业。

（5）使用电焊设备应按照如下要求进行操作：

1）电焊设备的安装、修理和检查必须由电工进行。焊机和线路发生故障时，应立即切断电源，并通知电工修理。

2）使用电焊机前，必须检查绝缘及接线情况，接线部分不得腐蚀、受潮及松动。

3）严禁用拖拉电缆的方法移动焊机，移动电焊机时，必须切断电源。焊接中途突然停电，必须立即切断电源。

4）电焊机的外壳必须有可靠的保护接零。必须定期检查电焊机的保护接零线。

5）电焊机必须安放在通风良好、干燥、无腐蚀介质、远离高温高湿和多粉尘的地方。露天使用的焊机应设防雨棚，焊机应用绝缘物垫起，垫起高度不得小于20cm，按要求配备消防器材。

6）电焊机的配电系统开关、漏电保护装置等必须灵敏有效，导线绝缘必须良好。

7）电焊机电源线必须绝缘良好，长度不得大于5m。

8）使用交流电焊机作业应按照下列要求进行操作：多台焊机接线时三相负载应平衡，初级线上必须有开关及熔断保护器。电焊机应绝缘良好。焊接变压器的一次线圈绕组与二次线圈绕组之间、绕组与外壳之间的绝缘电阻不得小于1MΩ。电焊机必须安装一、二次线接线保护罩。电焊机的工作应依照设计规定，不应超载运行。作业中应经常检查电焊机的温升，超过A级60℃、B级80℃时必须停止运转。

9）电源开关、自动断电装置必须放在防雨的闸箱内，装在便于操作之处，并留有安全通道。电焊机必须设单独的电源开关、自动断电装置。

10）调节焊接电流及极性开关应在空载下进行。直流焊机空载电压不得超过90V，交流焊机空载电压不得超过80V。电焊机启动后，必须空载运行一段时间。

11）使用硅整流电焊机作业应按照下列要求进行操作：使用硅整流电焊机时，必须开启风扇，运转中应无异响，电压表指示值应正常。应经常清洁硅整流器及各部件，清洁工作必须在关机断电后进行。

12）电焊机内部应保持清洁，定期吹净尘土。清扫时必须切断电源。

13）电焊机焊接电缆线必须使用多股细铜线电缆，其截面应根据电焊机使用要求选用。电缆外皮必须完好、柔软，其绝缘电阻不小于1MΩ。焊接电缆线长度不得大于30m。

<table>
<tr><td colspan="2" rowspan="2">安全技术交底记录</td><td rowspan="2">编号</td><td>×××</td></tr>
<tr><td>共×页第×页</td></tr>
<tr><td>工程名称</td><td colspan="3">××市政基础设施工程××标段</td></tr>
<tr><td>施工单位</td><td colspan="3">××市政建设集团</td></tr>
<tr><td>交底提要</td><td>电、气焊工施工安全技术交底</td><td>交底日期</td><td>××年××月××日</td></tr>
</table>

14）作业后应切断电源，关闭水源和气源。焊接人员必须及时脱去工作服，清洗手脸和外露的皮肤。

15）作业前应进行检查，焊丝的进给机构、电源的连接部分、二氧化碳气体的供应系统以及冷却水循环系统均应合乎要求。

16）使用埋弧自动、半自动焊机作业应按照下列要求进行操作：作业前应进行检查，送丝滚轮的沟槽及齿纹应完好，滚轮、导电嘴（块）必须接触良好，减速箱油槽中的润滑油应充量合格。软管式送丝机构的软管槽孔应保持清洁，定期吹洗。

17）焊接电缆接头应采用铜导体，且接触良好，安装牢固可靠。

（6）使用点焊机作业应按照下列要求进行操作：

1）作业前，必须清除上、下两电极的油污。通电后，检查机体外壳应无漏电。

2）启动前，应首先接通控制线路的转向开关并调整极数，然后接通水源、气源，最后接通电源。电极触头应保持光洁，漏电应立即更换。

3）作业时气路、水冷系统应畅通。气体必须保持干燥。排水温度不得超过40℃。

4）严禁加大引燃电路中的熔断器。当负载过小使引燃管内不能发生电弧时，不得闭合控制箱的引燃电路。

5）控制箱如长期停用，每月应通电加热 30min，如更换闸流管亦要预热 30min，正常工作的控制箱的预热时间不得少于 5min。

（7）使用二氧化碳气体保护焊机作业应按照下列要求进行操作：

1）作业前预热 15min，开气时，操作人员必须站在瓶嘴的侧面。

2）二氧化碳气体预热器端的电压不得高于 36V。

3）二氧化碳气瓶应放在阴凉处，不得靠近热源。最高温度不得超过30℃，并应放置牢靠。

（8）焊钳和焊接电缆应符合下列要求：

1）焊钳应保证任何斜度都能夹紧焊条，且便于更换焊条。

2）焊钳必须具有良好的绝缘、隔热能力。手柄绝热性能应良好。

3）焊钳与电缆的连接应简便可靠，导体不得外露。

4）焊钳弹簧失效，应立即更换。钳口处应经常保持清洁。

5）焊接电缆应具有良好的导电能力和绝缘外层。

6）焊接电缆的选择应根据焊接电流的大小和电缆的长度，按规定正确选用截面积尺寸。

（9）使用氩弧焊机作业应按照下列要求进行操作：

<table>
<tr><td colspan="2" rowspan="2">安全技术交底记录</td><td rowspan="2">编号</td><td>×××</td></tr>
<tr><td>共×页第×页</td></tr>
<tr><td>工程名称</td><td colspan="3">××市政基础设施工程××标段</td></tr>
<tr><td>施工单位</td><td colspan="3">××市政建设集团</td></tr>
<tr><td>交底提要</td><td>电、气焊工施工安全技术交底</td><td>交底日期</td><td>××年××月××日</td></tr>
</table>

1）工作前必须检查管路，气管、水管不得受压、泄漏。

2）氩气减压阀、管接头不得沾有油脂。安装后应试验，管路应无障碍、不漏气。

3）水冷型焊机冷却水应保持清洁，焊接中水流量应正常，严禁断水施焊。

4）高频引弧焊机，必须保证高频防护装置良好，不得发生短路。

5）更换钨极时，必须切断电源。磨削钨极必须戴手套和口罩。磨削下来的粉尘应及时清除。钍、铈钨极必须放置在密闭的铅盒内保存，不得随身携带。

6）氩气瓶内氩气不得用完，应保留 98kPa～226kPa。氩气瓶应直立、固定放置，不得倒放。

（10）使用对焊机作业应按照下列要求进行操作：

1）对焊机应有可靠的接零保护。多台对焊机并列安装时，间距不得小于 3m，并应接在不同的相线上，有各自的控制开关。

2）作业前应进行检查，对焊机的压力机构应灵活，夹具必须牢固，气、液压系统应无泄漏，正常后方可施焊。

3）焊接前应根据所焊钢筋截面，调整二次电压，不得焊接超过对焊机规定直径的钢筋。

4）应定期磨光断路器上的接触点、电极，定期紧固二次电路全部连接螺栓。冷却水温度不得超过 40℃。

5）焊接较长钢筋时应设置托架，焊接时必须防止火花烫伤其他人员。

4.气焊设备

（1）使用焊炬和割炬应符合下列要求：

1）使用焊炬和割炬前必须检查射吸情况，射吸不正常时，必须修理，正常后方可使用。

2）焊炬、割炬的气体通路均不得沾有油脂；焊嘴或割嘴不得过分受热，若温度过高，应放入水中冷却。

3）严禁在氧气阀门和乙炔阀门同时开启时用手或其他物体堵住焊嘴或割嘴。

4）焊炬和割炬点火前，应检查连接处和各气阀的严密性，连接处和气阀不得漏气；焊嘴、割嘴不得漏气、堵塞。使用过程中，如发现焊炬、割炬气体通路和气阀有漏气现象，应立即停止作业，修好后再使用。

（2）使用氧气瓶应符合下列要求：

1）氧气瓶应与其他易燃气瓶、油脂和易燃、易爆物品分别存放；存储高压气瓶时应旋紧瓶帽、放置整齐、留有通道，加以固定。

2）氧气瓶在运输时应平放，并加以固定，其高度不得超过车厢槽帮。

安全技术交底记录		编号	×××
			共×页第×页
工程名称	××市政基础设施工程××标段		
施工单位	××市政建设集团		
交底提要	电、气焊工施工安全技术交底	交底日期	××年××月××日

3）气瓶库房应与高温、明火地点保持10m以上的距离。库房内必须按规定配备消防器材。

4）氧气瓶阀不得沾有油脂、灰尘。不得用带油脂的工具、手套或工作服接触氧气瓶阀。

5）严禁用自行车、叉车或起重设备吊运高压钢瓶。

6）氧气瓶应设有防震圈和安全帽，搬运和使用时严禁撞击。

7）氧气瓶与焊炬、割炬、炉子和其他明火的距离应不小于10m。与乙炔瓶的距离不得小于5m。

8）氧气瓶不得在强烈日光下暴晒，夏季露天工作时，应搭设防晒罩、棚。

9）安装减压器时，应首先检查氧气瓶阀门，接头不得有油脂，并略开阀门清除污垢，然后安装减压器。作业人员不得正对氧气瓶阀门出气口。关闭氧气阀门时，必须先松开减压器的活门螺丝。

10）检查瓶口是否漏气时，应使用肥皂水涂在瓶口上观察，不得用明火试。冬季阀门被冻结时，可用温水或蒸汽加热，严禁用火烤。

11）开启氧气瓶阀门时，操作人员不得面对减压器，应用专用工具。开启动作要缓慢，压力表指针应灵敏、正常。氧气瓶中的氧气不得全部用尽，必须保持不小于49kPa的压强。

12）作业中，如发现氧气瓶阀门失灵或损坏不能关闭时，应待瓶内的氧气自动逸尽后，再行拆卸修理；严禁使用无减压器的氧气瓶作业。

（3）使用乙炔瓶应符合下列要求：

1）汽车运输乙炔瓶时，乙炔瓶应妥善固定。气瓶宜横向放置，头向一方。直立放置时，车厢高度不得低于瓶高的2/3。

2）应使用专用小车运送乙炔瓶。装卸乙炔瓶的动作应轻，不得抛、滑、滚、碰。严禁剧烈震动和撞击。

3）储存乙炔瓶时，乙炔瓶应直立，并必须采取防止倾斜的措施。严禁与氯气瓶、氧气瓶及其他易燃、易爆物同间储存。储存间必须设专人管理，应在醒目的地方设安全标志。

4）现场乙炔瓶储存量不得超过5瓶，5瓶以上应放在储存间。储存间与明火的距离不得小于15m，并应通风良好，设有降温设施、消防设施和通道，避免阳光直射。

5）乙炔瓶与热源的距离不得小于10m。乙炔瓶表面温度不得超过40℃。

6）乙炔瓶在使用时必须直立放置；乙炔瓶使用时必须装设专用减压器，减压器与瓶阀的连接应可靠，不得漏气。

7）严禁铜、银、汞等及其制品与乙炔接触；乙炔瓶内气体不得用尽，必须保留不小于98kPa的压强。

<table>
<tr><td colspan="2" rowspan="2">安全技术交底记录</td><td rowspan="2">编号</td><td>×××</td></tr>
<tr><td>共×页第×页</td></tr>
<tr><td>工程名称</td><td colspan="3">××市政基础设施工程××标段</td></tr>
<tr><td>施工单位</td><td colspan="3">××市政建设集团</td></tr>
<tr><td>交底提要</td><td>电、气焊工施工安全技术交底</td><td>交底日期</td><td>××年××月××日</td></tr>
</table>

（4）橡胶软管应符合下列要求：

使用中，氧气软管和乙炔软管不得沾有油脂，不得触及灼热金属或尖刃物体；橡胶软管必须能承受气体压力；各种气体的软管不得混用。胶管的长度不得小于 5m，以 10m～15m 为宜，氧气软管接头必须扎紧。

（5）使用减压器应符合下列要求：

1）安装减压器前，应略开氧气阀门，吹除污物。

2）安装减压器前应进行检查，减压器不得沾有油脂。

3）减压器冻结时应采用热水或蒸汽加热解冻，严禁用火烤。

4）减压器发生自流现象或漏气时，必须迅速关闭氧气瓶气阀，卸下减压器进行修理。

5）减压器出口接头与胶管应扎紧。

6）打开氧气阀门时，必须慢慢开启，不得用力过猛。

7）不同气体的减压器严禁混用。

（6）使用液化石油气瓶应符合下列要求：

1）液化石油气瓶必须放置在室内通风良好处，室内严禁烟火，并按规定配备消防器材。

2）气瓶不得倒置，严禁倒出残液；气瓶不得充满液体，应留出 10%～15%的气化空间。

3）使用时应先点火，后开气，使用后关闭全部阀门。

4）气瓶冬季加温时，可使用 40℃以下温水，严禁火烤或用沸水加热。

5）气瓶在运输、存储时必须直立放置，并加以固定，搬运时不得碰撞。

6）瓶阀管子不得漏气，丝堵、角阀丝扣不得锈蚀。

7）胶管和衬垫材料应采用耐油性材料。

审核人	交底人	接受交底人
×××	×××	×××、×××……

1.0.11 混凝土工施工安全技术交底

安全技术交底记录		编号	××× 共×页第×页
工程名称	××市政基础设施工程××标段		
施工单位	××市政建设集团		
交底提要	混凝土工施工安全技术交底	交底日期	××年××月××日

交底内容：

1.材料运输安全要求

（1）作业前应检查运输道路和工具，确认安全。

（2）用手推车运料，运送混凝土时，装运混凝土量应低于车厢 5cm～10cm；手推车运输时应平稳推行，不得抢跑，空车应让重车。向搅拌机料斗内倒沙石料时，应设挡掩，不得撒把倒料。向搅拌机料斗内倒水泥时，脚不得蹬在料斗上。

（3）使用汽车、罐车运送混凝土时，现场道路应平整坚实，现场指挥人员应站在车辆侧面。卸料时，车轮应挡掩。

（4）搬运袋装水泥时，必须按顺序逐层从上往下阶梯式搬运，严禁从下边抽取。水泥码放不得靠近墙壁，堆放时，垫板应平稳、牢固，按层码垛整齐，必须压碴码放，高度不得超过 10 袋。

（5）运输混凝土小车通过或上下沟槽时必须走便桥或马道，便桥和马道的宽度应不小于 1.5m，马道应设防滑条和防护栏杆。应随时清扫落在便桥或马道上的混凝土。途经的构筑物或洞口临边必须设置防护栏杆。

（6）用起重机运输时，机臂回转范围内不得有无关人员。垂直运输使用井架、龙门架、外用电梯运送混凝土时，必须明确联系信号。车把不得超出吊盘（笼）以外，车轮应当挡掩，稳起稳落，用塔吊运送混凝土时，小车必须焊有牢固吊环，吊点不得少于 4 个，并保持车身平衡；使用专用吊斗时吊环应牢固可靠，吊索具应符合起重机械安全规程要求。中途停车时，必须用滚杠架住吊笼。吊笼运行时，严禁将头或手伸向吊笼的运行区域。

（7）应及时清扫落地材料，保持现场环境整洁。

2.混凝土浇筑与振捣

（1）浇筑作业必须设专人指挥，分工明确。

（2）向模板内灌注混凝土时，作业人员应协调配合，灌注人员应听从振捣人员的指挥；浇筑混凝土作业时，模板仓内照明用电必须使用 12V 低压。

（3）在沟槽、基坑中浇筑混凝土前应检查槽帮，确认安全后方可作业。

（4）浇灌 2m 高度以上框架柱、梁混凝土应站在脚手架或平台上作业，不得直接站在模板或支撑上操作。浇灌人员不得直接在钢筋上踩踏、行走。

安全技术交底记录		编号	××× 共×页第×页
工程名称	××市政基础设施工程××标段		
施工单位	××市政建设集团		
交底提要	混凝土工施工安全技术交底	交底日期	××年××月××日

（5）沟槽深度大于 3m 时，应设置混凝土溜槽，溜槽间节必须连接可靠，操作部位应设防护栏，不得直接站在溜放槽帮上操作。溜放时作业人员应协调配合。

（6）浇筑拱型结构，应自两边拱脚对称同时进行，浇筑圈梁、雨棚、阳台应设置安全防护设施。

（7）混凝土振捣器使用前必须经过电工检查确认合格后方可使用，开关箱内必须装置漏电保护器，插座插头应完好无损，电源线不得破皮漏电；操作者必须穿绝缘鞋，戴绝缘手套。

（8）泵送混凝土时，宜设 2 名以上人员牵引布料杆。泵送管接口、安全阀、管架等必须安装牢固，输送前应试送，检修时必须卸压。

（9）预应力灌浆应严格按照规定压力进行，输浆管道应畅通，阀门接头应严密牢固。

3.混凝土养护

（1）使用软水管浇水养护时，应将水管接头连接牢固，移动水管不得猛拽，不得倒行拉移胶管。

（2）汽养护、操作和冬施测温人员，不得在混凝土养护坑（池）边沿站立或行走，应注意脚下孔洞与磕绊物等。加热用的蒸汽管应架高或使用保温材料包裹。

（3）使用电热毯养护应设警示牌、围栏，无关人员不得进入养护区域。严禁折叠使用电热毯，不得在电热毯上压重物，不得用金属丝捆绑电热毯。

（4）使用覆盖物养护混凝土时，预留孔洞必须按照规定设安全标志，加盖或设围栏，不得随意挪动安全标志及防护设施。

（5）覆盖物养护材料使用完毕后，应及时清理并存放到指定地点，码放整齐。

审核人	交底人	接受交底人
×××	×××	×××、×××……

1.0.12 架子工施工安全技术交底

<table>
<tr><td colspan="2" rowspan="2">安全技术交底记录</td><td rowspan="2">编号</td><td>×××</td></tr>
<tr><td>共×页第×页</td></tr>
<tr><td>工程名称</td><td colspan="3">××市政基础设施工程××标段</td></tr>
<tr><td>施工单位</td><td colspan="3">××市政建设集团</td></tr>
<tr><td>交底提要</td><td>架子工施工安全技术交底</td><td>交底日期</td><td>××年××月××日</td></tr>
</table>

交底内容：

1.架子工施工安全要求

（1）登高作业人员（架子工）必须经过安全技术培训并通过考核，持证上岗。架子工学徒工必须办理学习证，在技工带领、指导下操作，高处作业人员，不得患有高血压、心脏病、贫血、癫痫病、恐高症、眩晕等禁忌症。非架子工不得单独进行作业。

（2）班组接受任务后，必须组织全体人员认真领会脚手架专项施工组织设计和技术措施交底，研讨搭设方法，明确分工，由一名技术好、有经验的人员负责搭设技术指导和监护。

（3）严禁赤脚、穿拖鞋、穿硬底鞋作业。严禁在架子上打闹、休息，严禁酒后作业。正确使用安全防护用品，必须系安全带，着装灵便，穿防滑鞋。作业时精力集中，团结合作，互相呼应，统一指挥，不得走“过档”和跳跃架子。

（4）脚手架搭设前应清除障碍物、平整场地、夯实基土、做好排水，应符合脚手架专项施工组织设计（施工方案）和技术措施交底的要求，基础验收合格后，放线定位。支搭脚手架作业前应对杆、扣件及其配件进行检查，包括杆件及其配件是否存在焊口开裂、严重锈蚀、扭曲变形情况，配件是否齐全，符合要求后方可使用。

（5）作业中严格执行施工方案和技术交底，分工明确，听从指挥，协调配合；脚手架要结合进度搭设，搭设未完的脚手架，在离开作业岗位时，不得留有未固定的构件和不安全隐患，确保架子稳定。

（6）作业场地应平整、坚实，无杂物。夜间作业时，作业场所必须有足够的照明。

（7）架子组装、拆除作业必须 3 人以上配合操作，必须按照程序支搭、组装和拆除脚手架。严禁擅自拆卸任何固定扣件、杆件及连墙件。

（8）应经常检查脚手架底部及近旁有无开挖沟槽等作业，如有影响脚手架基础稳定的情况，应及时向施工负责人汇报。当脚手架下有车辆、行人通行时，必须设安全防护设施。在河道中的施工支架，应充分考虑洪水和漂浮物的影响。

（9）在带电设备附近搭、拆脚手架时，宜停电作业。在外电架空线路附近作业时，脚手架外侧边线与外电架空线路的边线之间的距离不得小于下表 1-1-1 中的数值。未经供电部门批准，严禁在高压线下作业。上、下脚手架的马道严禁搭设在有外电线路的一侧。

安全技术交底记录		编号	××× 共×页第×页
工程名称	××市政基础设施工程××标段		
施工单位	××市政建设集团		
交底提要	架子工施工安全技术交底	交底日期	××年××月××日

表 1-1-1 脚手架外侧与外电架空线路的边线之间的最小安全距离

外电线路电压等级（kV）	<1	1～10	35～110	220	330～500
最小安全操作距离（m）	4.0	6.0	8.0	10	15

（10）风力六级（含）以上、高温、大雨、大雪、大雾等恶劣天气，应停止露天高处作业。风、雨、雪后应对架子进行全面检查，发现倾斜、下沉、脱扣、崩扣等现象必须进行处理，经验收合格后方可使用。

（11）架子结构应符合下列要求：

1）非标准、新型和特殊承重架子，必须经过设计、试验、验收合格，并经工程总工程师批准后方可支搭、使用。

2）严禁利用结构架、装修架、防护架吊运重物。不得将模板支架、缆风绳、泵送砼和砂浆的输送管等固定在脚手架上。

3）严禁使用立杆沉陷或悬空、连接松动、歪斜、杆件变形、有探头板、马道无防滑条及存在其他不安全因素的架子。

4）起重吊装作业时，严禁碰撞或扯动脚手架；脚手架必须与稳定结构牢固拉结，拉结点之间的水平距离不得大于 6m，垂直距离不得大于 4m。

2.脚手架材料

（1）杉篙：以扒皮杉篙和其他坚韧的圆木为标准。不得使用杨木、柳木、桦木、椴木、油松和有腐朽、枯节、劈裂缺陷的木杆。标准的立杆、顺水杆、斜撑杆、剪刀撑杆的杆长为 4m～10m，小头有效直径不得小于 8cm。

（2）绑扎材料：木脚手架节点处绑扎应采用 8 号镀锌铁丝，某些受力不大的脚手架，也可用 10 号镀锌铁丝；无镀锌铁丝时，也可用直径 4mm 的钢丝代替，但使用前应进行回火处理；铁丝不得作为钢管脚手架的绑扎材料。

（3）木质脚手板：脚手板可采用钢、木两种材料，每块重量不宜大于 30kg。木脚手板应采用杉木或松木制作，长度为 2m～6m，厚 5cm，宽 23m～25cm。不得使用有腐朽、裂缝、有斜纹及大横透节的板材。两端应设直径为 4mm 的镀锌钢丝箍两道。

（4）木质排木：长度以 2m～3m 为标准，其小头有效直径不得小于 9cm。

（5）钢管脚手架材料应符合下列要求：

1）脚手架钢管：

安全技术交底记录		编号	××× 共×页第×页
工程名称	××市政基础设施工程××标段		
施工单位	××市政建设集团		
交底提要	架子工施工安全技术交底	交底日期	××年××月××日

采用外径48mm～51mm，壁厚3mm～3.5mm的管材。钢管应平直光滑，无裂缝、结疤、分层、错位、硬弯、毛刺、压痕和深的划道。钢管应有产品质量合格证，钢管必须涂有防锈漆并严禁打孔；每根脚手架钢管的最大重量不应大于25kg。

2）脚手板：

冲压新钢脚手板钢板必须有产品质量合格证。板长度为1.5m～3.6m，厚2mm～3mm，肋高5cm，宽23cm～25cm，其表面锈蚀斑点直径不大于5mm，并沿横截面方向不得多于3处。脚手板的一端应压有连接卡口，以便铺设时扣住另一块板的端部，板面应冲有防滑圆孔。

3）扣件及其他配件：

采用可锻造铸铁制作的扣件，新扣件必须有产品合格证。旧扣件使用前应进行质量检查，有裂缝、变形的严禁使用，出现滑丝的螺栓必须更换；扣件式钢管脚手架应采用可锻铸铁制作的扣件；采用其他材料制作的扣件，应经试验证明其质量符合该标准后方可使用；工具式钢管脚手架的杆件及配件必须符合规定的要求，严禁使用焊口开裂、严重锈蚀、扭曲变形的杆件及配件。

（6）安全网：

宽度不得小于3m，长度不得大于6m，网眼5cm左右但不得大于10cm。必须使用维纶、锦纶、尼龙等材料编制的符合国家标准的安全网，严禁使用损坏或腐朽的安全网和丙纶网。密目网、小眼网（密目安全网）和金属网只准做立网使用。

3.里脚手架

（1）搭设结构用里架要按照以下要求操作：

1）立杆间距不得大于1.5m，架子宽度不得小于1.3m。宽度大于1.7m时，必须加一排支柱。排木间距不得超过1m。

2）架子的尽端和墙角处应绑八字戗。剪刀撑和斜撑杆做法与结构外架子相同；顺水杆每步高度（1.2m）应低于每步砌筑墙高度20cm；高度超过2m时，每步绑一道护身栏，墙外侧离地面高度超过3m时，应采取外防护措施。

3）里脚手架应搭设人行马道或斜梯；斜梯高度超过5m时，须设休息平台；斜梯宽度不得小于1m，踏步高度不得大于30cm，并至少设两道护身栏；斜梯与地面夹角不得大于60°。

（2）搭设装修用的里架要按照以下要求操作：

1）立杆间距：杉篙不得大于2m；钢管不得大于1.5m。钢管立杆下脚应设垫板并绑扫地杆。顺水杆间距：杉篙不得大于1.8m；钢管不得大于1.5m。排木间距：杉篙不得大于1.5m；钢管不得大于1.2m。

安全技术交底记录		编号	××× 共×页第×页
工程名称	××市政基础设施工程××标段		
施工单位	××市政建设集团		
交底提要	架子工施工安全技术交底	交底日期	××年××月××日

2）距地面高度超过 2m 时，每步应绑两道护身栏和高度 18cm 以上的挡脚板，应设有行人马道或斜梯。

3）四面交圈架子，四角必须绑抱角戗杆，中间必须加剪刀撑。一面架子绑八字戗或剪刀撑和抛撑。

4.外脚手架

（1）结构承重用脚手架应符合下列要求：

1）单排立杆与墙的距离不得大于 1.8m，不得小于 1.5m，间距大于 1.8m 时必须支搭双排架，采用钢管排木的单排架，立杆与墙距离不得大于 1.2m，不得小于 1m；双排架外层立杆与墙的距离为 2m～2.5m，里层立杆离墙距离不得小于 50cm，但不得大于 60cm；木质脚手架的立杆根部埋深不得小于 50cm；立杆根部应有疏水措施。

2）剪刀撑宽度不得超过 7 根立杆，与地面夹角应在 45°～60°之间，斜杆与地面的夹角应为 45°，斜撑杆的间距不得超过 7 根立杆，超过三步高度时，每隔三步应绑一道马梁，并设反斜撑杆。

3）杆间距不得大于 1.5m，钢质顺水杆间距不得大于 1.2m，木质顺水杆间距不得大于 1.5m，排木间距不得大于 1m。

4）剪刀撑上桩（封顶）椽子应大头朝上，顶着立杆绑在顺水杆上；剪刀撑应贴绑在脚手架立杆的外侧，剪刀撑下桩杆应选用较粗大的杉篙，最下部桩杆的底部应距立杆 70cm，并埋入土中 30cm。

5）两杆搭接的有效搭接长度不得小于 1.5m，两杆搭接处绑扎不得小于 3 道，杉篙大头必须绑在十字交叉点上；相邻两杆的大头接点必须相互错开，水平及斜向接杆小头应压在大头上面。

6）顺水杆应绑在立杆内侧，绑第一步顺水杆时，必须检查立杆是否垂直，绑至四步时必须绑临时抛撑和剪刀撑。

7）高度大于 2m 的脚手架，每步应设一道护身栏和高度 18cm 以上的挡脚板；吊装梁柱用的脚手架，宽度不得小于 60cm，两侧必须设两道护身栏，满铺脚手板；结构外脚手架顶端高度必须超出构筑物顶端 1.2m，自最上层脚手板到顶端之间，应加绑两道护身栏并立挂安全网，安全网下口必须封绑牢固。

8）单排脚手架的排木，靠墙的一端必须插入墙内至少 14cm，对头搭脚手板的搭接处必须用双排木，两根排木的距离为 20cm～25cm，遇洞口的地方应绑吊杆或支柱，吊杆间距大于 1.5m 时必须增加支柱。

安全技术交底记录		编号	××× 共×页第×页
工程名称	××市政基础设施工程××标段		
施工单位	××市政建设集团		
交底提要	架子工施工安全技术交底	交底日期	××年××月××日

9）铺排木、脚手板时，排木必须按要求间距放正绑牢；脚手板应严密、牢固，两板搭接长度不得小于 15cm，严禁有 15cm 以上的探头板。作业面下面应留一层脚手板或设水平安全网。

（2）装修用外脚手架应符合下列要求：

1）立杆间距：杉篙不得大于 2m，钢管不得大于 1.5m，钢管立杆下脚应设垫板并绑扫地杆；排木间距：杉篙不得大于 1.5m，钢管不得大于 1.2m；顺水杆间距：杉篙不得大于 1.8m，钢管不得大于 1.5m。

2）斜撑杆间距不得大于 6 根立杆，与地面夹角为 45°～60°，与立杆之间必须绑 1～2 道马梁。钢管斜撑杆的下脚应设金属板墩，如不允许排木顶墙时，斜撑杆与立杆之间除绑马梁外，必须加绑反斜撑杆，马梁和反斜撑杆的节点应与顺水杆搭接部位处于同一高度。

3）剪刀撑间距不得大于 6 根立杆，与地面夹角为 45°～60°；脚手架防护和连接杆设置与承重外脚手架相同。

5.满堂红架子

（1）结构用承重的满堂红架子，立杆纵向、横向间距不得大于 1.5m；顺水杆每步间隔不得大于 1.4m，檩杆间距不得大于 75cm；立杆底部必须夯实、垫板；脚手板应铺严、铺齐。

（2）装修用满堂红架子，立杆纵向、横向间距不得超过 2m；靠墙的立杆应距墙面 50cm～60cm，搭设高度在 6m 以内的，可以花铺脚手板，两块脚手板之间间距应小于 20cm，板头必须用 12#～13#双股铁丝绑牢；搭设高度超过 6m 时，必须满铺脚手板；顺水杆每步间隔不得大于 1.7m，檩杆间距不得大于 1m。

（3）封顶架子立杆应绑双扣。立杆不得露出杆头，封顶处一根接杆应大头向上，运料应预留井口。井口四周应设护身栏或加盖板，下方支搭防护层。上人孔洞处应设爬梯。爬梯步距不得大于 30cm。

（4）满堂红架子的四角必须绑抱角戗，戗杆与地面夹角应为 45°～60°。中间每四排立杆应设一个剪刀撑，一直到顶。每隔两步，横向相隔四根立杆必须绑一道拉杆。

6.扣件式钢管脚手架

（1）扣件式钢管脚手架用作模板支架时，其立杆的构造应符合下列要求：

1）脚手架底层步距不应大于 2m；支架立杆应竖直设置，2m 高度的垂直允许偏差为 15mm；每根立杆底部应设置底座或垫板。

2）设在支架立杆根部的可调底座，当其伸长长度超过 300mm 时，应采取可靠措施固定。

<table>
<tr><td colspan="2" rowspan="2">安全技术交底记录</td><td rowspan="2">编号</td><td>×××</td></tr>
<tr><td>共×页第×页</td></tr>
<tr><td>工程名称</td><td colspan="3">××市政基础设施工程××标段</td></tr>
<tr><td>施工单位</td><td colspan="3">××市政建设集团</td></tr>
<tr><td>交底提要</td><td>架子工施工安全技术交底</td><td>交底日期</td><td>××年××月××日</td></tr>
</table>

3）当梁模板支架立杆采用单根立杆时，立杆应设在梁模板中心线处，其偏心距不应大于25mm。

4）立杆接长除顶层顶步可采用搭接外，其余各层各步接头必须采用对接扣件连接。对接、搭接应符合下列要求：立杆上的对接扣件应交错布置，两根相邻立杆的接头不应设置在同步内，同步内隔一根立杆的两个相隔接头在高度方向错开的距离不宜小于 500mm；各接头中心至主节点的距离不宜大于步距的 1/3；搭接长度不宜小于 1m，应采用不少于 2 个旋转扣件固定，端部扣件盖板的边缘至杆端的距离不应小于 100mm。

5）脚手架必须设置纵、横向扫地杆。纵向扫地杆应采用直角扣件固定在距底座上皮不大于 200mm 处的立杆上。横向扫地杆亦采用直角扣件固定在紧靠的纵向扫地杆下方立杆上。当立杆基础不在同一高度上时，必须将高处的纵向扫地杆向低处延长两个跨距并与立杆固定，高低差不应大于 1m。靠边坡上方的立杆轴线到边坡的距离不应大于 500mm。

（2）扣件式钢管脚手架支搭时应符合下列要求：

1）严禁将外径 48mm 与 51mm 的钢管混用；相邻立杆的对接扣件应错开设置，不应在同一高度内。

2）扣件螺栓拧紧扭力矩不得小于 40N·m，且不得大于 65N·m。安装后应用扭力扳手检查。

3）开始搭设立柱时，至少每隔 5m 设置一根临时抛撑，架子达到稳定要求后方可拆除临时抛撑。

4）封闭型架子的同一步水平杆必须四周交圈，用直角扣件与内、外角固定。

（3）扣件式钢管脚手架用作满堂模板支架时，其支撑的设置应符合下列要求：

1）满堂模板支架四边与中间每隔四排支架立杆应设置一道纵向剪刀撑，由底至顶连续设置。

2）高于 4m 的模板支架，其两端与中间每隔四排支架立杆从顶层开始向下每隔两步设置一道水平剪刀撑。

3）剪刀撑的设置应符合下列要求：

①每道剪刀撑跨越立杆的根数宜按下表的要求确定。每道剪刀撑跨度不应小于 4 跨，且不小于 6m，斜杆与地面的倾角宜在 40°～60°之间。

剪刀撑跨越立杆的最多根数

剪刀撑斜撑与地面的倾角 a45° 50° 60° 剪刀撑跨越立杆的最多根数 n765

<table>
<tr><td colspan="2">安全技术交底记录</td><td>编号</td><td>×××
共×页第×页</td></tr>
<tr><td>工程名称</td><td colspan="3">××市政基础设施工程××标段</td></tr>
<tr><td>施工单位</td><td colspan="3">××市政建设集团</td></tr>
<tr><td>交底提要</td><td>架子工施工安全技术交底</td><td>交底日期</td><td>××年××月××日</td></tr>
</table>

②剪刀撑斜杆应采用旋转扣件固定在与之相交的横向水平杆的伸出端或立杆上，旋转扣件中心线至主节点的距离不宜大于150mm。

③高度在24m以上的双排脚手架应在外侧立面的整个长度和高度上连续设置剪刀撑。

④高度在24m以下的单、双排脚手架，均必须在外侧立面的两端各设置一道剪刀撑，并由底层至顶连续设置；中间各道剪刀撑之间的净距离不应大于15m。

⑤剪刀撑斜杆的接长宜采用搭接，搭接应符合相应安全技术要求。

7.马道

（1）运料马道立杆、横杆间距应与结构架子相适应，独立马道的立、横杆间距不超过1.5m。杉篙立杆埋入地下的深度不小于50cm，埋入后覆土夯实。宽度不小于1.5m，坡度以1∶6为宜。转弯休息平台面积不小于6m^2，平台宽度不小于2m；人行马道宽度不小于1m，坡度为1∶3～3.5。转弯休息平台面积不小于3m^2，宽度不小于1.5m为宜。

（2）马道及平台必须设两道护身栏，并设18cm高度的挡脚板，里侧拐角及进出口处护身栏不得伸出端柱。

（3）脚手板应铺满、绑牢。搭接部分应用双排木，搭茬板的板端应搭过排木20cm，并用三角木填补板头凸楞。斜坡马道的脚手板均应设防滑木条，防滑条厚度3cm，间距不大于30cm。

（4）斜道必须三面设剪刀撑，中间每隔4～6根立杆设一组剪刀撑。

（5）排木间距不得超过1m。马道宽度超过2m时，排木中间应加吊杆，每隔一根立杆应在吊杆下加设托杆和八字戗。

8.拆除脚手架

（1）拆除前应勘察周围环境和脚手架情况，根据技术交底要求和作业条件制定拆除措施，明确分工；拆除时应划定作业区，设置围栏和警戒标志，并设专人监护。

（2）架子的拆除程序与搭设程序相反，先搭的后拆，后搭的先拆，应由上而下按层、按步拆除，先拆护身栏、脚手板和排木，再依次拆剪刀撑的上部绑扣和接杆；严禁用推、拉方法拆除脚手架；拆除全部剪刀撑、压栏子、斜撑杆以前，必须绑好临时斜支撑。

（3）拆杆和放杆时，必须由2～3人协同操作。拆顺水杆时应由站在中间的人将杆转向，将大头顺下，握住小头下递，得到下方人员的通知后再放手，严禁向下抛扔。

<table>
<tr><td colspan="2">安全技术交底记录</td><td>编号</td><td>×××
共×页第×页</td></tr>
<tr><td>工程名称</td><td colspan="3">××市政基础设施工程××标段</td></tr>
<tr><td>施工单位</td><td colspan="3">××市政建设集团</td></tr>
<tr><td>交底提要</td><td>架子工施工安全技术交底</td><td>交底日期</td><td>××年××月××日</td></tr>
<tr><td colspan="4">（4）连墙杆应随架子逐层拆除。架子在施工期间变形过大或连墙杆缺少、受力不均时，应在拆除前先做必要的加固或补设临时拉结点，确保拆除时架子的稳定。
（5）暂停拆除时，必须检查作业范围内未拆除部分的架子，确认稳定后方可离开现场。
（6）拆除过程中应注意架子缺扣、崩扣及不符合要求的部位，严禁踩在松动的杆件上。
（7）操作人员应系安全带，戴安全帽；拆除过程中，必须设专人指挥，作业人员必须听从指挥；拆除临近高压线的脚手架，必须满足所规定的最小安全距离。
（8）应随拆随及时清运脚手架材料，并分类堆放；运料人员必须与拆除人员协调配合。</td></tr>
</table>

审核人	交底人	接受交底人
×××	×××	×××、×××……

1.0.13 起重工（挂钩工、信号工）施工安全技术交底

安全技术交底记录		编号	××× 共×页第×页
工程名称	××市政基础设施工程××标段		
施工单位	××市政建设集团		
交底提要	起重工（挂钩工、信号工）施工安全技术交底	交底日期	××年××月××日

交底内容：

1.起重工（挂钩工、信号工）施工安全要求

（1）起重工应身体健康，两眼视力均不得低于1.0，无色盲、听力障碍、高血压、心脏病、癫痫、眩晕、突发性昏厥及其他影响起重吊装作业的疾病与生理缺陷；必须经过安全技术培训，持证上岗；严禁酒后作业。

（2）作业前必须检查作业环境、吊索具、防护用品；吊索具无缺陷，捆绑正确牢固，被吊物与其他物件无连接；吊装区域无闲散人员，障碍已排除，确认安全后方可作业。

（3）轮式或履带式起重机作业时必须确定吊装区域，并设警戒标志，必要时派人监护。

（4）大雨、大雪、大雾及风力六级（含）以上等恶劣天气，必须停止露天起重吊装作业；严禁在带电的高压线下作业。

（5）在下列情况下严禁进行吊装作业：

1）信号不清。

2）作业现场光线阴暗。

3）散物捆扎不牢。

4）吊装物质量不明。

5）吊装物上站人。

6）斜拉斜牵物。

7）吊装物下方有人。

8）零碎物无容器。

9）吊索具不符合规定。

10）立式构件、大模板不用卡环。

11）被吊物质量超过机械性能允许范围。

（6）需自制吊运物料容器（土斗、混凝土斗、砂浆斗等）时，必须按下列要求进行：

1）必须由专业技术人员设计，报项目经理部总工程师批准；荷载（包括自重）不得超过5000kg。

2）使用前必须由作业人员进行检查，确认焊缝不开裂，吊环不歪斜、开裂，容器完好。

<table>
<tr><td colspan="2">安全技术交底记录</td><td>编号</td><td>×××
共×页第×页</td></tr>
<tr><td>工程名称</td><td colspan="3">××市政基础设施工程××标段</td></tr>
<tr><td>施工单位</td><td colspan="3">××市政建设集团</td></tr>
<tr><td>交底提要</td><td>起重工（挂钩工、信号工）施工安全技术交底</td><td>交底日期</td><td>××年××月××日</td></tr>
</table>

3）焊制时，须选派技术水平高的焊工施焊，由质量管理人员跟踪检查，确保制作质量；制作完成后，须经项目经理部总工程师组织验收，并试吊，确认合格。

4）验收时必须将设计图纸和计算书交项目经理部主管部门存档，并由主管部门纳入管理范畴，定期检查、维护，遇有损坏及时修理，保持完好。

（7）在高压线一侧作业时，必须保持表4-1-3所列的最小安全距离。

（8）使用两台吊车抬吊大型构件时，吊车性能应一致，单机荷载应合理分配，且不得超过额定荷载的80%。作业时必须统一指挥，动作一致。

（9）使用起重机作业时，必须正确选择吊点位置，合理穿挂索具，经试吊无误后方可起吊。除指挥及挂钩人员外，严禁其他人员进入吊装作业区；作业时必须按照技术交底进行操作，听从统一指挥。

（10）穿绳：确定吊物重心，选好挂绳位置。穿绳应用铁钩，不得将手臂伸到吊物下面。吊运棱角坚硬或易滑的吊物，必须加衬垫、有套索。

（11）挂绳：应按顺序挂绳，吊绳不得相互挤压、交叉、扭压、绞拧。一般吊物可用兜挂法，必须保持吊物平衡。对于易滚、易滑或超长货物，宜采用索绳方法，使用卡环锁紧吊绳。

（12）试吊：吊绳套挂牢固，起重机缓慢起升，将吊绳绷紧稍停，起升不得过高。试吊中，信号工、挂钩工、司机必须协调配合。如发现吊物重心偏移或与其他物件粘连等情况时，必须立即停止起吊，采取措施并确认安全后方可起吊。

（13）摘绳：落绳、停稳、支稳后方可放松吊绳。对易滚、易滑、易散的吊物，摘绳要用安全钩。挂钩工不得站在吊物上面。如遇不易人工摘绳时，应选用其他机具辅助，严禁攀登吊物及绳索。

（14）抽绳：吊钩应与吊物重心保持垂直，缓慢起绳，不得斜拉、强拉，不得旋转吊臂抽绳。如遇吊绳被压，应立即停止抽绳，可采取提头试吊方法抽绳。吊运易损、易滚、易倒的吊物不得使用起重机抽绳。

（15）长期不用的起重、吊挂机具，必须进行检测、试吊，确认安全后方可使用；新起重工具、吊具应按说明书检验，经试吊无误后方可正式使用。

（16）捆绑作业应符合下列要求：

捆绑必须牢固；吊运集装箱等箱式吊物装车时，应使用捆绑工具将箱体与车连接牢固，并加垫防滑材料；管材、构件等必须用紧线器紧固；钢丝绳、套索等的安全系数不得小于8～10。

<table>
<tr><td colspan="2">安全技术交底记录</td><td>编号</td><td>×××
共×页第×页</td></tr>
<tr><td>工程名称</td><td colspan="3">××市政基础设施工程××标段</td></tr>
<tr><td>施工单位</td><td colspan="3">××市政建设集团</td></tr>
<tr><td>交底提要</td><td>起重工（挂钩工、信号工）施工安全技术交底</td><td>交底日期</td><td>××年××月××日</td></tr>
</table>

（17）吊挂作业应符合下列要求：

1）兜绳吊挂应保持吊点位置准确、兜绳不偏移、吊物平衡。

2）扁担吊挂时，吊点应对称于吊物重心。

3）卡具吊挂时应避免卡具在吊装中被碰撞。

4）锁绳吊挂应便于摘绳操作。

2.吊索具

（1）作业时必须根据吊物的重量、体积、形状等选用合适的吊索具。

（2）吊钩表面必须保持光滑，不得有裂纹。严禁在吊钩上补焊、打孔。板钩衬套磨损达原尺寸的50%时，应报废衬套。板钩心轴磨损达原尺寸的5%时，应报废心轴。严禁使用危险断面磨损程度达到原尺寸的10%、钩口开口度尺寸比原尺寸增大15%、扭转变形超过10%、危险断面或颈部产生塑性变形的吊钩；吊索的水平夹角应大于45°。

（3）编插段的长度不得小于钢丝绳直径的20倍，且不得小于300mm。编插钢丝绳的强度应按原钢丝绳强度的70%计算。

（4）使用卡环时，严禁卡环侧向受力，起吊前必须检查封闭销是否拧紧。不得使用有裂纹、变形的卡环。严禁用焊补方法修复卡环。

（5）凡有下列情况之一的钢丝绳不得继续使用：

1）断股或使用时断丝速度增大。

2）钢丝绳直径减少7%～10%；在一个节距内的断丝数量超过总丝数的10%。

3）钢丝绳表面钢丝磨损或腐蚀程度，达到表面钢丝直径的40%以上，或钢丝绳被腐蚀后，表面麻痕清晰可见，整根钢丝绳明显变硬。

4）出现拧扭死结、死弯、压扁、股松明显、波浪形、钢丝外飞、绳芯挤出以及断股等现象。

5）使用新购置的吊索具前应检查其合格证，并试吊，确认安全。

3.构件及设备的吊装

（1）作业前应检查被吊物、场地、作业空间等，确认安全后方可作业。

（2）作业时应缓起、缓转、缓移，并用控制绳保持吊物平稳。

（3）移动构件、设备时，构件、设备必须连接牢固，保持稳定。道路应坚实平整，作业人员必须听从统一指挥，协调一致。使用卷扬机移动构件或设备时，必须用慢速卷扬机；码放构件的场地应坚实平整。码放后应支撑牢固、稳定。

<table>
<tr><td colspan="2" rowspan="2">安全技术交底记录</td><td rowspan="2">编号</td><td>×××</td></tr>
<tr><td>共×页第×页</td></tr>
<tr><td>工程名称</td><td colspan="3">××市政基础设施工程××标段</td></tr>
<tr><td>施工单位</td><td colspan="3">××市政建设集团</td></tr>
<tr><td>交底提要</td><td>起重工（挂钩工、信号工）施工安全技术交底</td><td>交底日期</td><td>××年××月××日</td></tr>
</table>

（4）吊装大型构件使用千斤顶调整就位时，严禁两端千斤顶同时起落；一端使用两个千斤顶时，起落速度应一致；超长型构件运输中，悬出部分不得大于总长的1/4，并应采取防倾覆措施。

（5）暂停作业时，必须把构件、设备支撑稳定，连接牢固后方可离开现场。

4.三角架吊装

（1）作业前必须按技术交底要求选用机具、吊具、绳索及配套材料；作业前应将作业场地整平、压实；三角架底部应支垫牢固。

（2）吊装作业时必须设专人指挥。试吊时应检查各部件，确认安全后方可正式操作。

（3）三角架顶端绑扎绳以上伸出长度不得小于60cm，捆绑点以下三杆长度应相等并用钢丝绳连接牢固，底部三脚距离相等，且为架高的1/3～2/3。相邻两杆用排木连接，排木间距不得大于1.5m。

（4）移动三角架时必须设专人指挥，由3人以上操作。

审核人	交底人	接受交底人
×××	×××	×××、×××……

1.0.14 瓦工、抹灰工施工安全技术交底

安全技术交底记录		编号	××× 共×页第×页
工程名称	××市政基础设施工程××标段		
施工单位	××市政建设集团		
交底提要	瓦工、抹灰工施工安全技术交底	交底日期	××年××月××日

交底内容：

1.瓦工

（1）沟槽、基坑内作业前，必须检查槽帮的稳定性，确认无坍塌危险后方可作业，在深度超过1.5m砌基础时，应检查槽帮有无裂缝、水浸或坍塌的危险隐患。送料、砂浆要设有溜槽，严禁向下猛倒和抛掷物料工具等。

（2）距槽帮上口1m以内，严禁堆积土方和材料。砌筑2m以上深基础时，应设有梯或坡道，不得攀跳槽、沟、坑上下，不得站在墙上作业、行走。

（3）砌筑使用的脚手架，未经交接验收不得使用。验收以后不得随意拆改，严禁搭探头板。

（4）在同一垂直面上上下交叉作业时，必须设置安全隔离层。

（5）脚手架上推放料量不得超过规定荷载（均布荷载≤$3KN/m^2$，集中荷载不超过1.5kN)；放在脚手架上的工具应平稳，砌筑作业面下方不得有人。

（6）采用里脚手架砌墙时，不准站在墙上清扫墙面和检查大角垂直等作业。不准在刚砌好的墙上行走。

（7）在地坑、地沟砌砖时，严防塌方并注意地下管线、电缆等。在屋面坡度大于25°时，挂瓦必须使用移动板梯，板梯必须有牢固挂钩。檐口应搭设防护栏杆，并立挂密目安全网。

（8）用起重机吊运砖时，当采用砖笼往楼板上放砖时，要均匀分布，并必须预先在楼板底下加设支柱及横木承载。砖笼严禁直接放在脚手架上。

（9）在架子上用刨锛斩砖，操作人员必须面向里，把砖头斩在架子上。挂线用的坠物必须绑扎牢固。作业环境中的碎料、落地灰、杂物、工具集中下运，做到日产日清、自产自清、活完料净场地清。

（10）屋面上瓦应两坡同时进行，保持屋面受力均衡，瓦要放稳。屋面无望板时，应铺设通道，不准在桁条、瓦条上行走。

（11）在石棉瓦等不能承重的轻型屋面上作业时，必须搭设临时走道板，并应在屋架下弦搭设水平安全网，严禁在石棉瓦上作业和行走。

（12）上下检查井、脚手架和沟槽时必须走安全梯或马道，冬季施工有霜、雪时，应将脚手架上、沟槽内的霜、雪清除后方可作业，雨雪后作业时，应排除积水、清扫积雪并采取防滑措施。

<table>
<tr><td rowspan="2" colspan="2">安全技术交底记录</td><td rowspan="2">编号</td><td>×××</td></tr>
<tr><td>共×页第×页</td></tr>
<tr><td>工程名称</td><td colspan="3">××市政基础设施工程××标段</td></tr>
<tr><td>施工单位</td><td colspan="3">××市政建设集团</td></tr>
<tr><td>交底提要</td><td>瓦工、抹灰工施工安全技术交底</td><td>交底日期</td><td>××年××月××日</td></tr>
<tr><td colspan="4">2.抹灰工
（1）脚手架使用前应检查脚手板是否有空隙、探头板、护身栏、挡脚板，确认合格方可使用。吊篮架子升降由架子工负责，非架子工不得擅自拆改或升降。
（2）外装饰为多工种立体交叉作业，必须设置可靠的安全防护隔离层。贴面使用的预制件、大理石、瓷砖等，应堆放整齐、平稳，边用边运。安装时要稳拿稳放，待灌浆凝固稳定后，方可拆除临时支撑。余料、边角料严禁随意抛掷。
（3）脚手板不得搭设在门窗、暖气片、洗脸池等非承重的物器上。阳台通廊部位抹灰，外侧必须挂设安全网。严禁踩踏脚手架的护身栏杆和阳台栏板进行操作。
（4）使用电钻、砂轮等手持电动机具，必须装有漏电保护器，作业前应试机检查，作业时应戴绝缘手套。
（5）作业过程中遇有脚手架与建筑物之间拉接，未经领导同意，严禁拆除。必要时由架子工负责采取加固措施后，方可拆除。
（6）在高大门、窗旁作业时，必须将门窗扇关好，并插上插销。
（7）夜间或阴暗处作业，应用36V以下安全电压照明。
（8）室内推小车要稳，拐弯时不得猛拐。
（9）采用井字架、龙门架、外用电梯垂直运送材料时，预先检查卸料平台通道的两侧边安全防护是否齐全、牢固，吊盘（笼）内小推车必须加挡车掩，不得向井内探头张望。
（10）室内抹灰采用高凳上铺脚手板时，宽度不得少于两块（50cm）脚手板，间距不得大于2m，移动高凳时上面不得站人，作业人员最多不得超过2人。高度超过2m时，应由架子工搭设脚手架，脚手架上的工具、材料要分散放稳，不得超过允许荷载。
（11）瓷砖墙面作业时，瓷砖碎片不得向窗外抛扔。剔凿瓷砖应戴防护镜。
（12）遇有六级以上强风、大雨、大雾，应停止室外高处作业。</td></tr>
</table>

审核人	交底人	接受交底人
×××	×××	×××、×××……

1.0.15 石工施工安全技术交底

<table>
<tr><td colspan="2" rowspan="2">安全技术交底记录</td><td rowspan="2">编号</td><td>×××</td></tr>
<tr><td>共×页第×页</td></tr>
<tr><td>工程名称</td><td colspan="3">××市政基础设施工程××标段</td></tr>
<tr><td>施工单位</td><td colspan="3">××市政建设集团</td></tr>
<tr><td>交底提要</td><td>石工施工安全技术交底</td><td>交底日期</td><td>××年××月××日</td></tr>
<tr><td colspan="4">交底内容：
1.作业人员应经过安全技术培训、考核，持证上岗。工人必须熟知本工种的安全操作规程和施工现场的安全生产制度，服从领导和安全检查人员的指挥，自觉遵章守纪，做到“三不”伤害。
2.人工搬运块石时应先检查有无折、裂危险，确认安全后方可搬运。
3.沟槽、基坑内作业前，必须检查槽帮的稳定性，确认无坍塌危险后方可作业。
4.脚手架未经验收前不得使用。验收以后不得随意拆改，严禁搭探头板。
5.放在脚手架上的工具应平稳；砌筑作业面下方不得有人；不得在墙顶上作业、行走。
6.雨雪后作业时，应排除积水、清扫积雪并采取防滑措施。
7.上下检查井、脚手架和沟槽时必须走安全梯或马道。
8.冬季施工有霜、雪时，应将脚手架上、沟槽内的霜、雪清除后方可作业。
9.作业前必须检查工具，锤头必须安装牢固，钢钎、钢楔应盘头，且不得有飞刺；作业时，必须戴护目镜、护腿、鞋盖等防护用品。
10.打锤人与扶钎人严禁面对面操作，且应与周围人保持3m以上的距离；破石料时，应使用夹具扶楔，不得用手直接扶楔。
11.运输块石宜用自卸车。人工卸料时，必须确认车箱内块石无滚落危险后，方可打开车帮卸车；人工搬运石料时，作业人员应协调配合，动作一致。
12.用手推车运料时，应平稳装卸，装车先装后面，卸车先卸前面，装车不得超载。拉车的绊绳不得短于3m，下坡时拉车人应在车后拉绳。卸车时，车前不得有人。
13.汽车运输石料时，石料不应高出槽帮，车槽内不得乘人；自槽上向槽内卸块石时，下方区域内严禁有人。
14.用手推车推运石料时，应稳步前进，在平道上两车前后间距应不小于2m，在坡道上应根据坡度大小确定，但不小于10m。
15.小翻斗车运块石装车前，应检查并确认车头挂钩牢固。装车人员应相互配合。行进中两车前后间距平道上不得小于7m，坡道上应根据坡度大小确定，但不得小于15m。槽边卸料时，必须距槽边1m设置挡掩，沟槽下方不得有人。
16.垂直运输前，必须检查并确认吊具、吊笼、吊斗、绳索等牢固。作业时必须服从信号工的指挥。</td></tr>
</table>

<table>
<tr><td colspan="2">安全技术交底记录</td><td>编号</td><td>×××
共×页第×页</td></tr>
<tr><td>工程名称</td><td colspan="3">××市政基础设施工程××标段</td></tr>
<tr><td>施工单位</td><td colspan="3">××市政建设集团</td></tr>
<tr><td>交底提要</td><td>石工施工安全技术交底</td><td>交底日期</td><td>××年××月××日</td></tr>
<tr><td colspan="4">17.自石垛搬运石块时，必须自垛顶向下按 45° 角逐层进行；使用手推车在脚手架上推运石料时，必须人工搬卸，不得倾倒。
18.砌筑石板道路面时，不得直接用手抬石料就位；严禁站在墙上砌筑和在墙上行走。
19.严禁在脚手架上向外侧打石料；高处进行砌筑作业时，手用工具应放置稳妥。作业下方区域不得有人。
20.质量大于 40kg 的石块应由 2 人抬运就位，大于 80kg 的石块应采用倒链等吊装工具就位。
21.砌筑块石高度超过 1.2m 时，应支搭脚手架。向脚手架上运块石时，严禁投抛。脚手架上只能放一层石料，且不得集中堆放。
22.搬石块应稳拿稳放，待石块摆放平稳后方可松手。</td></tr>
</table>

审核人	交底人	接受交底人
×××	×××	×××、×××……

1.0.16 防水工施工安全技术交底

<table>
<tr><td colspan="2" rowspan="2">安全技术交底记录</td><td rowspan="2">编号</td><td>×××</td></tr>
<tr><td>共×页第×页</td></tr>
<tr><td>工程名称</td><td colspan="3">××市政基础设施工程××标段</td></tr>
<tr><td>施工单位</td><td colspan="3">××市政建设集团</td></tr>
<tr><td>交底提要</td><td>防水工施工安全技术交底</td><td>交底日期</td><td>××年××月××日</td></tr>
<tr><td colspan="4">交底内容：
1.作业人员应经过安全技术培训、考核，持证上岗。工人必须熟知本工种的安全操作规程和施工现场的安全生产制度，服从领导和安全检查人员的指挥，自觉遵章守纪，做到“三不”伤害。
2.进入施工现场必须正确戴好安全帽，系好下颏带；在没有可靠安全防护设施的高处[2m（含）以上]、悬崖和陡坡施工时，必须系好安全带。
3.着装要整齐，严禁赤脚穿拖鞋、高跟鞋进入施工现场；高处作业时不得穿硬底和带钉易滑的鞋。严禁酒后作业。
4.工作时思想集中，坚守作业岗位，对发现的危险情况必须立即报告，未经许可，不得从事非本工种作业。
5.不满 18 周岁的未成年工，不得从事市政工程施工工作。
6.确保施工现场和配料场地通风良好，操作人员应穿软底鞋、工作服、扎紧袖口，并应配戴手套及鞋盖。涂刷处理剂和胶粘剂时，必须戴防毒口罩和防护眼镜。外露皮肤应涂擦防护膏。操作时严禁用手直接揉擦皮肤。
7.施工现场的各种安全设施、设备和警告、安全标志等未经领导同意不得任意拆除和随意挪动。
8.上班作业前，应认真察看在施工程洞口、临边安全防护和脚手架护身栏、挡脚板、立网是否齐全、牢固；脚手板是否按要求间距放正、绑牢，有无探头板和空隙。
9.在沟、槽、坑内作业必须经常检查沟、槽、坑壁的稳定状况，上下沟、槽、坑必须走坡道或梯子。
10.材料存放于专人负责的库房内，严禁烟火并挂有醒目的警告标志和防火措施。
11.防水卷材采用热熔粘结，使用明火（如喷灯）操作时，应申请办理用火证，并设专人看火。配有灭火器材，周围 30m 以内不准有易燃物。
12.患有皮肤病、眼病、刺激过敏者，不得参加防水作业。施工过程中发生恶心、头晕、过敏情况等，应停止作业。
13.用热玛蹄脂粘铺卷材时，浇油和铺毡人员，应保持一定距离，浇油时，檐口下方不得有人行走或停留。
14.使用液化气喷枪及汽油喷灯，点火时，火嘴不准对人。汽油喷灯加油不得过满，打气不能过足。</td></tr>
</table>

<table>
<tr><td colspan="2" rowspan="2">安全技术交底记录</td><td rowspan="2">编号</td><td>×××</td></tr>
<tr><td>共×页第×页</td></tr>
<tr><td>工程名称</td><td colspan="3">××市政基础设施工程××标段</td></tr>
<tr><td>施工单位</td><td colspan="3">××市政建设集团</td></tr>
<tr><td>交底提要</td><td>防水工施工安全技术交底</td><td>交底日期</td><td>××年××月××日</td></tr>
<tr><td colspan="4">15.装卸溶剂（如苯、汽油等）的容器，必须配软垫，不准猛推猛撞。使用容器后，其容器盖必须及时盖严。
16.熬油的作业人员应严守岗位，注意沥青温度变化，随着沥青温度变化，应慢火升温。沥青熬制到由白烟转黄烟到红烟时，应立即停火。着火，应用锅盖或铁板覆盖。地面着火，应用灭火器、干砂等扑灭，严禁浇水。
17.下班清洗工具。未用完的溶剂，必须装入容器，并将盖盖严。
18.施工现场发生伤亡事故，必须立即报告领导，抢救伤员，保护现场。
19.在坡度较大的屋面运油，应穿防滑鞋，设置防滑梯，清扫屋面上的砂粒等。油桶下设桶垫，必须放置平稳。
20.炉灶附近严禁放置易燃、易爆物品，并应配备锅盖或铁板、灭火器、砂袋等消防器材。
21.加入锅内的沥青不得超过锅容量的3／4。
22.熬油炉灶必须距建筑物10m以上，上方不得有电线，地下5m内不得有电缆，炉灶应设在建筑物的下风方向。
23.配制、贮存、涂刷冷底子油的地点严禁烟火，并不得在30m以内进行电焊、气焊等明火作业。
24.装运油的桶壶，应用铁皮咬口制成，严禁用锡焊桶壶，并应设桶壶盖。
25.运输设备及工具，必须牢固可靠，竖直提升，平台的周边应有防护栏杆，提升时应拉牵引绳，防止油桶摇晃，吊运时油桶下方10m半径范围内严禁站人。
26.不允许2人抬送沥青，桶内装油不得超过桶高的2／3。</td></tr>
</table>

审核人	交底人	接受交底人
×××	×××	×××、×××……

1.0.17 油漆工、玻璃工施工安全技术交底

<table>
<tr><td colspan="2" rowspan="2">安全技术交底记录</td><td rowspan="2">编号</td><td>×××</td></tr>
<tr><td>共×页第×页</td></tr>
<tr><td>工程名称</td><td colspan="3">××市政基础设施工程××标段</td></tr>
<tr><td>施工单位</td><td colspan="3">××市政建设集团</td></tr>
<tr><td>交底提要</td><td>油漆工、玻璃工施工安全技术交底</td><td>交底日期</td><td>××年××月××日</td></tr>
</table>

交底内容：

1.作业人员必须经过安全技术培训，掌握本工种安全生产知识和技能。新工人或转岗工人必须经入场或转岗培训，考核合格后方可上岗，实习期间必须在有经验的工人带领下进行作业。

2.上班作业前应认真察看在施工程洞口、临边安全防护和脚手架护身栏、挡脚板、立网是否齐全、牢固；脚手板是否按要求间距放正、绑牢，有无探头板和空隙。

3.进入施工现场的作业人员，必须首先参加安全教育培训，考试合格后方可上岗作业，未经培训或考试不合格者，不得上岗作业；不满18周岁的未成年工，不得从事建筑工程施工工作。

4.施工现场的各种安全设施、设备和警告、安全标志等未经领导同意不得任意拆除和随意挪动。需临时拆除或变动安全防护设施时，必须经施工技术管理人员同意，并采取相应的可靠措施。

5.作业人员要服从领导和安全检查人员的指挥，工作时思想集中，坚守作业岗位，未经许可，不得从事非本工种作业，严禁酒后作业。

6.施工现场行走要注意安全，不得攀登脚手架上下，禁止乘坐非乘人的垂直运输设备上下。

7.施工中使用化学易燃物品时，应限额领料。禁止交叉作业；禁止在作业场所分装、调料。

8.作业中出现不安全险情时，必须立即停止作业，组织撤离危险区域，报告领导解决，不准冒险作业。

9.进入现场的人员必须正确戴好安全帽，系好下颏带；按照作业要求正确穿戴个人防护用品，着装要整齐；在没有可靠安全防护设施的高处［2m（含）以上］、悬崖和陡坡施工时，必须系好安全带；高处作业不得穿硬底和带钉易滑的鞋，不得向下投掷物料，严禁赤脚穿拖鞋、高跟鞋进入施工现场。

10.脚手架未经验收合格前严禁上架子作业；不得随意进入危险场所或触摸非本人操作设备、机具、电闸、阀门、开关等。夜间作业场所必须配备足够的照明设施。

11.施工现场用火，应申请办理用火证，并派专人看火，严禁在禁止烟火的地方吸烟动火，吸烟应到吸烟室。

安全技术交底记录		编号	××× 共×页第×页
工程名称	××市政基础设施工程××标段		
施工单位	××市政建设集团		
交底提要	油漆工、玻璃工施工安全技术交底	交底日期	××年××月××日

12.在高处作业的人员注意不伤害下面的人员，严禁从高处向下方投掷或者从低处向高处投掷物料、工具；手持工具和零星物料应随手放在工具袋内；安装或更换玻璃要有防止玻璃坠落措施，严禁往下扔碎玻璃。

13.油工施工前，应将易弄脏部位用塑料布、水泥袋或油毡纸遮挡好，不得把白灰浆、油漆、腻子洒到地上、玻璃上或墙上。

14.使用人字梯应遵守以下规定

（1）人字梯上搭铺脚手板，脚手板两端搭接长度不得少于20cm。脚手板中间不得同时两人操作，梯子挪动时，作业人员必须下来，严禁站在梯子上踩高跷式挪动。人字梯顶部铰轴不准站人、不准铺设脚手板。

（2）在高度2m以下作业（超过2m按规定搭设脚手架）使用的人字梯应四脚落地，摆放平稳，梯脚应设防滑橡皮垫和保险拉链。

（3）人字梯应经常检查，发现开裂、腐朽、榫头松动、缺挡等不得使用。

15.各种油漆材料（汽油、漆料、稀料）应单独存放在专用库房内，不得与其他材料混放。库房应通风良好。易挥发的汽油、稀料应装入密闭容器中，严禁在库内吸烟和使用任何明火。

16.从事有机溶剂、腐蚀剂和其他损坏皮肤的作业，应使用橡皮或塑料专用手套，不能用粉尘过滤器代替防毒过滤器，因为有机溶剂蒸汽，可以直接通过粉尘过滤器等。

17.油漆涂料的配制应遵守以下规定

（1）操作人员应进行体检，患有眼病、皮肤病、气管炎、结核病者不宜从事此项作业。

（2）调制油漆应在通风良好的房间内进行。调制有害油漆涂料时，应戴好防毒口罩、护目镜，穿好与之相适应的个人防护用品，工作完毕应冲洗干净。

（3）高处作业时必须支搭平台，平台下方不得有人。

（4）工作完毕，各种油漆涂料的溶剂桶（箱）要加盖封严。

18.喷涂人员作业时，如有头痛、恶心、胸闷和心悸等症状，应停止作业，到户外通风处换气。

19.刷坡度大于25°的铁皮层面时，应设置活动跳板、防护栏杆和安全网。

20.空气压缩机压力表和安全阀必须灵敏有效。高压气管各种接头应牢固，修理料斗气管时应关闭气门，试喷时不准对人。

<table>
<tr><td colspan="2" rowspan="2">安全技术交底记录</td><td rowspan="2">编号</td><td>×××</td></tr>
<tr><td>共×页第×页</td></tr>
<tr><td>工程名称</td><td colspan="3">××市政基础设施工程××标段</td></tr>
<tr><td>施工单位</td><td colspan="3">××市政建设集团</td></tr>
<tr><td>交底提要</td><td>油漆工、玻璃工施工安全技术交底</td><td>交底日期</td><td>××年××月××日</td></tr>
<tr><td colspan="4">21.刷模板等小构件的油漆时，必须将构件支放稳固；刷耐酸、耐腐蚀的过氧乙烯涂料时，应戴防毒口罩。打磨砂纸时必须戴口罩。
22.临边作业必须采取防坠落的措施。外墙、外窗、外楼梯等高处作业时，应系好安全带。安全带应高挂低用，挂在牢靠处。油漆窗户时，严禁站在或骑在窗栏上操作。刷封沿板或水落管时，应在脚手架或专用操作平台架上进行。
23.在室内或容器内喷涂，必须保持良好的通风。喷涂时严禁对着喷嘴查看。
24.作业后应及时清理现场遗料，运到指定位置存放。</td></tr>
</table>

审核人	交底人	接受交底人
×××	×××	×××、×××……

1.0.18 锚喷工施工安全技术交底

<table>
<tr><td colspan="2" rowspan="2">安全技术交底记录</td><td rowspan="2">编号</td><td>×××</td></tr>
<tr><td>共×页第×页</td></tr>
<tr><td>工程名称</td><td colspan="3">××市政基础设施工程××标段</td></tr>
<tr><td>施工单位</td><td colspan="3">××市政建设集团</td></tr>
<tr><td>交底提要</td><td>锚喷工施工安全技术交底</td><td>交底日期</td><td>××年××月××日</td></tr>
<tr><td colspan="4">交底内容：
1.新工人或转岗工人必须经入场或转岗培训，考核合格后方可上岗，实习期间必须在有经验的工人带领下进行作业；作业人员必须经过安全技术培训，掌握本工种安全生产知识和技能。
2.作业前必须检查道路、现场环境、管路、接头、压力表及安全阀，确认安全。
3.作业时身体不得裸露；喷射人员必须佩戴防尘口罩、护目镜、防护面罩等防护用品。
4.处理堵塞管路时，应理顺输料管，喷头应有专人看护，喷嘴前方及喷射区不得有人。
5.作业人员应协调配合，不得相互干扰；作业中应设专人指挥，设专人操作喷射设备。
6.作业时，应随时检查环境及围岩情况，清除松散及危裂的土、石块。
7.在隧道内作业时必须设通风换气装置，保持空气流通，并采取降尘措施。
8.喷射下风向不得有人，喷嘴在使用与放置时均不得对着人。
9.隧道内作业时必须采用 24V 以下低压照明。
10.严禁碾压、踩踏管路；人工手持喷射器作业时，应配备辅助支架，理顺管路。
11.锚喷高度超过 1.5m 时应在平台或脚手架上作业。
12.如果压力表指示超压，而安全阀不开启时，必须立即停泵检查，排除故障后再启动；喷射作业时必须按安全技术交底的要求控制压力。</td></tr>
</table>

审核人	交底人	接受交底人
×××	×××	×××、×××……

1.0.19 测量工、实验工施工安全技术交底

<table>
<tr><td colspan="2" rowspan="2">安全技术交底记录</td><td rowspan="2">编号</td><td>×××</td></tr>
<tr><td>共×页第×页</td></tr>
<tr><td>工程名称</td><td colspan="3">××市政基础设施工程××标段</td></tr>
<tr><td>施工单位</td><td colspan="3">××市政建设集团</td></tr>
<tr><td>交底提要</td><td>测量工、实验工施工安全技术交底</td><td>交底日期</td><td>××年××月××日</td></tr>
</table>

交底内容：

1.作业人员应经过安全技术培训、考核，持证上岗。工人必须熟知本工种的安全操作规程和施工现场的安全生产制度，服从领导和安全检查人员的指挥，自觉遵章守纪，做到“三不”伤害。

2.作业时必须避让机械，躲开坑、槽、井，选择安全的路线和地点；进入施工现场必须按规定配戴安全防护用品。

3.测量作业钉桩前应检查锤头的牢固性，作业时与其他人员协调配合。不得正对人员抡锤。

4.进入混凝土蒸汽养护区域测温作业时应走马道或安全梯。并备有足够的照明。

5.机械运转时，不得在机械运转范围内作业。

6.在社会道路上作业时必须遵守交通规则，并根据现场情况采取防护、警示措施，避让车辆，必要时设专人监护。

7.冬期施工不应在冰上进行作业。严冬期间需在冰上作业时，必须在作业前进行现场探测，充分掌握冰层厚度，确认安全后，方可在冰上作业。

8.上下沟槽、基坑应走安全梯或马道。在槽、基坑底作业前必须检查槽帮的稳定性，确认安全后再下槽、基坑作业。

9.高处作业必须走安全梯或马道，临边作业时必须采取防坠落的措施。

10.需在河流、湖泊等水中测量作业前，必须先征得主管单位的同意，掌握水深、流速等情况，并据现场情况采取防溺水措施。

11.进入井、深基坑（槽）及构筑物内作业时，应在地面进出口处设专人监护。

12.在沥青混合料施工中，需在沥青混合料运输车上测温时，事先必须与汽车司机协商，征得同意后方可上车测温。

审核人	交底人	接受交底人
×××	×××	×××、×××……

1.0.20 电工施工安全技术交底

<table>
<tr><td colspan="2" rowspan="2">安全技术交底记录</td><td rowspan="2">编号</td><td>×××</td></tr>
<tr><td>共×页第×页</td></tr>
<tr><td>工程名称</td><td colspan="3">××市政基础设施工程××标段</td></tr>
<tr><td>施工单位</td><td colspan="3">××市政建设集团</td></tr>
<tr><td>交底提要</td><td>电工施工安全技术交底</td><td>交底日期</td><td>××年××月××日</td></tr>
</table>

交底内容：

1.经医师鉴定无高血压、心脏病、神经病、癫痫病、聋哑、严重口吃、色盲症等妨碍电气作业的病症和缺陷。

2.必须掌握必要的电气知识，并经考试合格，持证上岗，在准许的工作范围内作业；持实习证人员不得独立作业，应在持操作证人员的监护下作业。

3.熟练掌握触电紧急救护方法。发生事故后应采取措施，抢救伤员，并及时报告。

4.电工按规定佩戴个人防护用品，使用和保管专用工具。

5.雨、雪及风力六级（含）以上等恶劣天气后应对供电线路、用电设施进行检查，确认安全后方可使用。

6.人工立杆应使用两副架腿，杆轴向与架腿顶部支点应保持同一直线，并位于架腿两支腿的中心，架腿受力应均衡。基坑填平夯实后方可拆除支腿。立水泥杆时，应采取防滑措施。

7.使用汽车起重机立、撤电杆时，应与信号工密切配合，吊点应在电杆重心的上方，距杆根的距离应大于杆长的 0.4 倍加 0.5m。

8.开挖电杆基坑作业前，应与有关单位取得联系，探明地下物状况并采取防护措施。在现场电力、通讯电缆 2m 范围内和现场燃气、热力、给水、排水等管道 1m 范围内必须在主管单位人员的监护下人工开挖。

9.搬运电杆时，必须统一指挥，协调一致，互相呼应。使用车辆搬运电杆时，必须将电杆绑扎牢固，并保持平衡。

10.杆上作业人员使用的工具和材料，应放在工具袋内，较大的工具应用绳子拴在牢固的构件上。

11.立、撤电杆作业必须设专人指挥，明确联系信号和人员分工，必要时设专人监护和疏导交通。

12.立、撤电杆时，应设置半径为 1.2 倍杆长的作业区域，无关人员不得进入作业区域。立杆作业时，坑内严禁有人。

13.邻近其他带电线路作业时，作业人员与带电线路的安全距离应不得小于表 4-1-4 中的数值。

14.撤线作业必须按规定程序操作。放线时应先用绳索将导线拴牢，剪断后徐徐下放。

15.蹬杆前应检查电杆埋设的牢固性，确认安全后方可蹬杆。

<table>
<tr><td colspan="2" rowspan="2">安全技术交底记录</td><td rowspan="2">编号</td><td>×××</td></tr>
<tr><td>共×页第×页</td></tr>
<tr><td>工程名称</td><td colspan="3">××市政基础设施工程××标段</td></tr>
<tr><td>施工单位</td><td colspan="3">××市政建设集团</td></tr>
<tr><td>交底提要</td><td>电工施工安全技术交底</td><td>交底日期</td><td>××年××月××日</td></tr>
</table>

16.变压器停电时，先停负荷侧，后停电源侧。送电时，先送电源侧，后送负荷侧。操作单极隔离开关及跌开式熔断器停电时，先拉中间相，后拉两边相；送电时，先合两边相，后合中间相。

17.紧、撤线前应先检查拉线、拉桩，确认安全后方可作业。在无拉线、拉桩的电杆上紧线，必须设置临时拉线。紧大截面导线应设专人监视拉线、拉桩，发现异常时必须立即停止作业。

18.巡视架空线路时，应沿线路上风侧行走。发现导线断落地面或悬挂空中，应采取防护措施，并及时处理。

19.用绝缘拉杆拉合高压隔离开关及跌开式熔断器，或经传动机构拉合高压隔离开关及高压负荷开关时，室内操作人员应戴绝缘手套，室外操作人员还应穿绝缘靴。

20.邻近带电路线或带电设备放、紧线作业时，应将导线接地，并用小绳拴好，指定专人拽住。

21.雨天不得进行室外高压作业；严禁带负荷拉合隔离开关及跌开式熔断器。

22.敷设电缆时应设专人指挥。在拐弯处敷设电缆时，作业人员应站在弯角外侧。

23.在变台上进行检修作业时，必须完成下列安全技术措施：停电、验电、挂临时接地线、挂标示牌和装设临时遮栏。

24.风力六级（含）以上、暴雨、雷电、大雾等恶劣天气，不得进行立杆和蹬杆作业。

25.施工现场的电气线路必须保持良好的绝缘状况，并有防止人踩、车轧、水泡、土埋及物砸的措施。

26.采用自备发电机作为备用电源时，备用电源断路设备与主电源断路设备之间必须装设联锁装置。

27.严禁在本单位不能控制的电气设备上挂接临时接地线作业；不用的线路应及时切断电源或拆除。

28.配电箱及开关箱内的闸器具必须完好无损，配电盘面上不得出现裸露带电体。

29.应避免带电作业。需低压带电作业时，必须设监护人，严禁独立作业。接线时必须先接中性线，后接相线，拆线时，先拆相线，后拆中性线。

30.在多台电焊机集中使用的场所，当拆除其中一台电焊机时，断电后应在其一次线侧先行验电，确认无压后方可进行拆除。

31.停电检修设备时，在可能来电的各方向必须有明显的断开点，并在开关操作手柄上悬挂“严禁合闸，有人作业”的标示牌。

安全技术交底记录		编号	××× 共×页第×页
工程名称	××市政基础设施工程××标段		
施工单位	××市政建设集团		
交底提要	电工施工安全技术交底	交底日期	××年××月××日

32.严禁在供电部门电度计量电流互感器二次回路上进行作业；停、送电前必须与各用电单位联系。

33.在装置式空气断路器或漏电保护开关下火接、拆用电设备时，必须逐相验电，确认安全后方可进行操作。

34.运行中的电气设备发生开关跳闸或熔断器熔断，未查清故障原因前不得合闸。

35.当发生严重威胁人身及设备安全的紧急情况时，可以越级拉开负荷开关，但在任何情况下，不得带负荷拉开隔离开关。

36.雨淋、水泡、受潮的电气设备应进行干燥处理，并摇测绝缘电阻，合格后方可使用。

37.工作梯使用安全要求

（1）工作梯使用前，应检查其牢固性，确认钢梯无开焊，铝合金梯子无变形或伤痕，竹、木、梯无劈裂，竹、木梯为榫连接。

（2）利用梯子上杆作业时，梯子上部与杆应捆绑牢固。

（3）不得将梯子置于箱、桶、平板车等不稳定的物体上。

（4）梯上作业人员必须将腿别在梯凳中间，不得探身或站在最上一凳上作业。

（5）作业时工作梯与地面的夹角以60°为宜，在光滑及浆冻地面上应有防滑措施。

（6）双梯下端应设有限制开度的拉链，高度超过4m时，下部应有人扶持。梯上有人作业时不得移动梯子，梯下方不得有人。

38.喷灯使用安全要求

（1）喷灯用完后应卸压；喷灯加油、放油及拆卸喷嘴和其他零件作业，必须熄灭火焰并待冷却后进行。

（2）在有带电体的场所使用喷灯时，喷灯火焰与带电部分的距离应符合下列要求：10kV及以下电压不得小于1.5m；10kV以上电压不得小于3m。

（3）严禁在有易燃易爆物质的场所使用喷灯。

（4）使用煤油或酒精的喷灯内严禁注入汽油。

（5）喷灯内油面不得高于容器高度的3/4，加油孔的螺栓应拧紧，喷灯不得有漏油现象。

39.移动式和手持式电动工具使用安全要求

（1）长期停用或在潮湿环境下使用的电动工具，在使用前应摇测绝缘电阻，其绝缘电阻值应符合现行国家标准的规定。

（2）作业时所有电动工具，必须装设漏电保护装置，金属外壳必须保护零线；电动工具的电源线必须采用铜芯绝缘护套软线。

<table>
<tr><td colspan="2">安全技术交底记录</td><td>编号</td><td>×××
共×页第×页</td></tr>
<tr><td>工程名称</td><td colspan="3">××市政基础设施工程××标段</td></tr>
<tr><td>施工单位</td><td colspan="3">××市政建设集团</td></tr>
<tr><td>交底提要</td><td>电工施工安全技术交底</td><td>交底日期</td><td>××年××月××日</td></tr>
</table>

（3）电源开关应采用双极或三级式；电动工具使用前应进行检查，确认开关安装牢固，动作灵活可靠。

（4）电动工具更换刃具时，必须待旋转停止并切断电源后进行，操作时不得戴线手套，不得用手指直接清除渣物。

40.脚扣、安全带使用安全要求

（1）系安全带时，必须先将钩环扣好，再将保险装置锁好后方可探身或后仰作业。

（2）使用脚扣前应检查有无裂纹、开焊、变形、皮带损伤情况，木杆脚扣齿部有无过度磨损，胶皮脚扣的胶皮有无脱落、离骨及过度磨损情况，小爪是否灵活可靠，确认安全后方可使用。

（3）安全带必须系在稳固处，严禁拴在横担、戗板、杆梢以及将要撤换的部件上。

（4）脚扣的规格应与电杆的直径相适应。

（5）使用安全带前，应检查有无腐朽、脆裂、老化、断股等情况，所有钩环是否牢固，确认安全。可开口钩环必须有防止自动脱钩的保险装置。

审核人	交底人	接受交底人
×××	×××	×××、×××……

1.0.21 司炉工施工安全技术交底

<table>
<tr><td colspan="2" rowspan="2">安全技术交底记录</td><td rowspan="2">编号</td><td>×××</td></tr>
<tr><td>共×页第×页</td></tr>
<tr><td>工程名称</td><td colspan="3">××市政基础设施工程××标段</td></tr>
<tr><td>施工单位</td><td colspan="3">××市政建设集团</td></tr>
<tr><td>交底提要</td><td>司炉工施工安全技术交底</td><td>交底日期</td><td>××年××月××日</td></tr>
<tr><td colspan="4">交底内容：
1.司炉工必须经安全技术培训、考核，持证上岗。
2.严禁擅离工作岗位，接班人员未到位前不得离岗，严禁酒后作业；作业时必须佩戴防护用品。
3.严禁常压锅炉带压运行；运行中严禁敲击锅炉受压元件。
4.锅炉如使用提升式上煤装置，在作业前应检查钢丝绳及连接，确认完好牢固。在料斗下方清扫作业前，必须将料斗固定。
5.停炉后进入炉膛清除积渣瘤时，应先清除上部积渣瘤。
6.锅炉自动报警装置在运行中发出报警信号时，应立即进行处理。
7.排污作业应在锅炉低负荷、高水位时进行。
8.运行中如发现锅筒变形，必须立即停炉处理。
9.锅炉运行中启闭阀门时，严禁身体正对着阀门操作。
10.燃油、燃气锅炉作业应符合下列要求：
（1）必须按设备使用说明书规定的程序操作。
（2）运行中程序系统发生故障时，应立即切断燃料源，并及时处理。
（3）运行中发生自锁，必须查明原因，排除故障，严禁用手动开关强行启动。
（4）锅炉房内严禁烟火。
11.压力表应符合下列要求：
（1）必须每半年将锅炉本体的压力表送具备检测资格的单位检验，检验合格后方可使用。
（2）必须每年将锅炉本体以外的其他部位的压力表送具备检测资格的单位检验，检验合格后方可使用。
（3）锅炉运行前，将锅炉工作压力值用红线标注在压力表的盘面上。严禁标注在玻璃表面。锅炉运行中应随时观察压力表，压力表的指针不得超过盘面上的红线。如安全阀在排汽而压力表尚未达到工作压力时应立即查明原因，进行处理。
（4）锅炉运行时，每班必须冲洗一次压力表连通管，保证连通管畅通，并做回零试验，确保压力表灵敏有效。
（5）锅炉运行中发现锅炉本体两阀压力表指示值相差 0.5MPa 时，应立即查明原因，采取措施。</td></tr>
</table>

<table>
<tr><td colspan="2" rowspan="2">安全技术交底记录</td><td rowspan="2">编号</td><td>×××</td></tr>
<tr><td>共×页第×页</td></tr>
<tr><td>工程名称</td><td colspan="3">××市政基础设施工程××标段</td></tr>
<tr><td>施工单位</td><td colspan="3">××市政建设集团</td></tr>
<tr><td>交底提要</td><td>司炉工施工安全技术交底</td><td>交底日期</td><td>××年××月××日</td></tr>
<tr><td colspan="4">12.安全阀应符合下列要求：
（1）必须将安全阀送具备检测资格的单位检验，检验合格后方可使用。
（2）锅炉运行期间必须按规程要求调试定压。
（3）锅炉运行期间必须每月进行一次升压试验，安全阀必须灵敏有效。
（4）必须每周进行一次手动试验。
13.水位计应符合下列要求：
（1）锅炉运行前，必须标明最高和最低水位线。
（2）锅炉运行时，必须严密观察水位计的水面，应经常保持在正常水位线之间并有轻微变动，如水位计中的水面呆滞不动时应立即查明原因，采取措施。
（3）锅炉运行时，水位计不得有泄露现象，每班必须冲洗水位计连通管，保持连通管畅通。</td></tr>
</table>

审核人	交底人	接受交底人
×××	×××	×××、×××……

1.0.22 动力机械操作工施工安全技术交底

<table>
<tr><td colspan="2" rowspan="2">安全技术交底记录</td><td rowspan="2">编号</td><td>×××</td></tr>
<tr><td>共×页第×页</td></tr>
<tr><td>工程名称</td><td colspan="3">××市政基础设施工程××标段</td></tr>
<tr><td>施工单位</td><td colspan="3">××市政建设集团</td></tr>
<tr><td>交底提要</td><td>动力机械操作工施工安全技术交底</td><td>交底日期</td><td>××年××月××日</td></tr>
</table>

交底内容：

1.操作人员必须经过安全技术培训，考核合格后方可上岗。

2.作业时长发不得外露，女工应戴工作帽，操作人员必须按规定佩戴安全防护用品。

3.机械运转时严禁接触运动部件、进行修理及保养作业。

4.应按规定的周期检查、调校安全防护装置；不得随意拆除机械设备照明、信号、仪表、报警和防护装置。

5.作业中应观察或巡视机械、周围人员及环境状况，不得擅自离开岗位。

6.机械设备外露的传动机构、转动部件和高温、带电部分应装设防护罩等安全防护设施和设有明显的安全警示标志。

7.患有碍安全操作的疾病和精神不正常者不得操作机械设备，酒后或服用镇静药物者不得操作机械设备，操作人员必须身体健康。

8.空气压缩机安全要求

（1）移动式空气压缩机机组应置于平整坚实的地面，并挡掩牢固，固定式空气压缩机必须安装稳固。

（2）电动空气压缩机及启动器的外壳的保护接零必须完好。

（3）机械运转时，操作人员应注意观察压力表，其压力不得超过规定值；如发生异常情况必须立即停机检查。

（4）储气罐安全阀每半个月应做一次手动试验，安全阀必须灵敏有效。

（5）使用压缩空气吹洗零件时，严禁风口对人。

9.内燃机安全要求

（1）排气管不得与可燃物接触，室内应有良好的通风条件，机房内不得存放易燃、易爆物品，安装在室内的内燃机排气管必须引出室外。

（2）添加燃油或润滑油时严禁烟火。

（3）使用明火加温柴油机时，必须由专人看管；严禁用明火加温汽油机。

（4）使用手拉绳启动内燃机时，严禁将绳端缠在手上；使用手摇柄启动内燃机时，应由下向上提动手摇柄。

（5）操作人员发现机械设备有异响、异味等不正常情况时，应立即停机检查。

<table>
<tr><td colspan="2" rowspan="2">安全技术交底记录</td><td rowspan="2">编号</td><td>×××</td></tr>
<tr><td>共×页第×页</td></tr>
<tr><td>工程名称</td><td colspan="3">××市政基础设施工程××标段</td></tr>
<tr><td>施工单位</td><td colspan="3">××市政建设集团</td></tr>
<tr><td>交底提要</td><td>动力机械操作工施工安全技术交底</td><td>交底日期</td><td>××年××月××日</td></tr>
<tr><td colspan="4">（6）打开水箱盖时，必须带手套操作，不得面对水箱加水口；当发动机过热时，不得立即打开水箱盖，应待温度降至正常后再打开。
（7）严禁用汽油或煤油清洗内燃机空气滤清器和芯。
10.发电机组安全要求
（1）发电机组房（棚）的地面应保持干燥，房（棚）内不得存放易燃、易爆物品；固定式机组必须安装在混凝土基础上。
（2）运转时严禁移动，移动式机组运转前必须支垫平稳，雨季使用时应有防雨设施。
（3）发电机组必须设保护接地装置，长期停用的发电机组在重新使用前，必须检查各部件，并测量绝缘电阻值，确认安全后方可使用。
（4）发电机组运转时，操作人员应经常检查仪表，如发现异常声响、过热等情况时，应立即停机检查。
（5）严禁用断合电闸的方法传递信号，严禁在一相熔丝断路时送电。</td></tr>
</table>

审核人	交底人	接受交底人
×××	×××	×××、×××……

1.0.23 土方施工机械操作工安全技术交底

安全技术交底记录		编号	××× 共×页第×页
工程名称	××市政基础设施工程××标段		
施工单位	××市政建设集团		
交底提要	土方施工机械操作工安全技术交底	交底日期	××年××月××日

交底内容：

1.操作人员必须身体健康。患有碍安全操作的疾病和精神不正常者不得操作机械设备。酒后或服用镇静药者不得操作机械设备。

2.推土机、挖掘机、平地机、装载机等操作人员必须经过安全技术培训，考核合格并取得主管单位颁发的资质证后持证上岗。

3.操作人员必须按规定佩戴安全防护用品。作业时长发不得外露，女工应戴工作帽。

4.不得随意拆除机械设备照明、信号、仪表、报警和防护装置。应按规定的周期检查、调校安全防护装置。

5.坡道停机时，不得横向停放。纵向停放时，必须挡掩，并将工作装置落地辅助制动，确认制动可靠后，操作人员方可离开。雨季应将机械停放在地势较高的坚实地面上。

6.机械作业时，人员不得上下机械。

7.作业中应观察或巡视机械、周围人员及环境状况，不得擅自离开岗位。

8.机械设备外露的传动机构、转动部件和高温、带电部分应装设防护罩等安全防护设施和设有明显的安全警示标志。

9.机械在社会道路上行驶时必须遵守交通管理部门的有关规定。

10.作业前应依照安全技术交底检查施工现场，查明地上、地下管线和构筑物的状况。不得在距现场电力、通讯电缆 2m 内使用机械作业。

11.自行式机械作业前，必须进行检查，制动、转向、信号及安全装置应齐全有效。

12.机械设备在沟槽附近行驶时应低速。作业中必须避开管线和构筑物，并与沟槽边保持不小于 1.5m 的安全距离。

13.机械操作人员应与配合人员协调一致；机械运转时严禁接触运行部件、进行修理及保养作业。

14.机械通过桥梁前，应了解桥梁的承载能力，确认安全后方可低速通过。严禁在桥面上急转向和紧急刹车。通过桥洞前必须注意限高，确认安全后方可通过。

15.机械设备在发电站、变电站、配电室等附近作业时，不得进入危险区域。在高压线附近工作时，机械设备机体及工作装置运动轨迹距高压线的距离应符合表 4-1-3 的规定。

<table>
<tr><td colspan="2">安全技术交底记录</td><td>编号</td><td>×××
共×页第×页</td></tr>
<tr><td>工程名称</td><td colspan="3">××市政基础设施工程××标段</td></tr>
<tr><td>施工单位</td><td colspan="3">××市政建设集团</td></tr>
<tr><td>交底提要</td><td>土方施工机械操作工安全技术交底</td><td>交底日期</td><td>××年××月××日</td></tr>
<tr><td colspan="4">16.平地机在行驶中，刮刀和耙齿离地面高度宜为25cm～30cm；在陡坡上作业时应锁定铰接机架；在陡坡上往返作业时，铲刀应始终朝下坡方面伸出。
17.作业中遇到下列情况应立即停工
（1）出现其他不能保证作业和运行安全的情况。
（2）填挖区土体不稳定，有坍塌可能。
（3）施工标记及防护设施被损坏。
（4）发生暴雨、雷雨、水位暴涨及山洪暴发。
18.钻孔机操作安全要求
（1）钻机基础应平整坚实，必要时应铺垫枕木或钢板。轮胎式钻机应用长度不小于4m的垫木垫至轮胎离开地面。
（2）钻孔机械移动的道路应平整坚实。
（3）作业时必须服从指挥，分工明确，协调配合。
（4）大雨、风力六级（含）以上天气不得架设钻机及进行高处作业。
（5）钻机作业时，钻机旋转部件周围、吊索具下方不得有人。
（6）钻机作业前应进行下列检查，确认安全:
1）卷扬提升机构运转正常，制动可靠，钢丝绳符合规定。
2）动力系统安全防护装置齐全。
3）各部件完整，连接牢固、正确。
4）钻架钢结构无裂纹损坏、严重锈蚀、开焊、变形。
5）电气系统接线可靠，仪表正常。
19.推土机操作安全要求
（1）推土机上坡坡度不得大于25°。下坡坡度不得大于35°。在坡上横向行驶时，机身横向倾斜不得大于10°。在坡道上应匀速行驶，严禁高速下坡、急拐弯、空挡滑行。下陡坡时，应将推铲放下，接触地面倒车下行。推土机在坡道上熄火时，应立即将推土机制动，并采取挡掩措施。
（2）保养、检修时必须放下推铲，关闭发动机。在推铲下面进行保养或检修时，必须用方木将推铲垫稳，除驾驶室外，推土机的任何部位严禁载人。
（3）推土机在水中行驶前，应察明水深及水底坚实情况，确认安全后方可行驶。
（4）操作人员离开驾驶室时，应将推铲落地并关闭发动机。
（5）需用推土机牵引重物时，应设专人指挥，危险区域内不得有人。
（6）推土机向沟槽内推土时应设专人指挥。推铲不得越过沟槽边缘。</td></tr>
</table>

<table>
<tr><td colspan="2" rowspan="2">安全技术交底记录</td><td rowspan="2">编号</td><td>×××</td></tr>
<tr><td>共×页第×页</td></tr>
<tr><td>工程名称</td><td colspan="3">××市政基础设施工程××标段</td></tr>
<tr><td>施工单位</td><td colspan="3">××市政建设集团</td></tr>
<tr><td>交底提要</td><td>土方施工机械操作工安全技术交底</td><td>交底日期</td><td>××年××月××日</td></tr>
<tr><td colspan="4">

（7）双机、多机推土作业时，应设专人指挥。作业时，两机前后距离应大于8m，左右距离应大于1.5m。

20.挖掘机操作安全要求

（1）使用挖掘机拆除构筑物时，操作人员应分析构筑物倒塌方向，在挖掘机驾驶室与被拆除构筑物之间留有构筑物倒塌的空间。

（2）挖槽时，应按安全技术交底要求放坡、堆土，严禁在机身下方掏挖，履带或轮胎应与沟槽边保持1.5m以上的安全距离。

（3）作业前应进行检查，确认大臂和铲斗运动范围内无障碍物及其他人员，鸣笛示警后方可作业。

（4）转弯不应过急，通过松软地面时应进行铺垫加固；行走时臂杆应与履带平行，并制动回转机构，铲斗离地面宜为1m；行走坡度不得超过机械允许最大坡度，下坡用慢速行驶，严禁空挡滑行。

（5）轮胎式挖掘机在斜坡上移动时，铲斗应转向高坡一边。

（6）严禁铲斗从汽车驾驶室顶上越过，装车作业时，应待运输车辆停稳后进行，铲斗应尽量放低，并不得砸撞车辆，严禁车箱内有人。

（7）发现运转异常时应立即停机，排除故障后方可继续作业；不得用铲斗吊运物料。

（8）操作人员离开驾驶室前，必须将铲斗落地并关闭发动机。

（9）挖掘机停放场地应平整坚实，停机时必须将行走机构制动。

21.装载机操作安全要求

（1）装卸作业应在平整地面进行；作业时铲斗下方严禁有人，严禁用铲斗载人。

（2）操作人员离开驾驶室前，必须将铲斗落地，停机制动；下坡应采用低速挡行进，不得空挡滑行。

（3）向汽车内卸料时，严禁将铲斗从驾驶室顶上越过，铲斗不得碰撞车厢，严禁车箱内有人；不得用铲斗吊运物料。

（4）将大臂升起进行维护、润滑时，必须将大臂支撑稳固。严禁利用铲斗作支撑提升底盘进行维修。

（5）在沟槽边卸料时，必须设专人指挥，装载机前轮应与沟槽边缘保持不少于2m的安全距离，并放置挡木；涉水后应立即进行连续制动，排除制动片内的水分。

</td></tr>
</table>

审核人	交底人	接受交底人
×××	×××	×××，×××……

1.0.24 筑路机械操作工施工安全技术交底

安全技术交底记录		编号	××× 共×页第×页
工程名称	××市政基础设施工程××标段		
施工单位	××市政建设集团		
交底提要	筑路机械操作工施工安全技术交底	交底日期	××年××月××日

交底内容：

1.操作人员必须经过安全技术培训，考核合格后方可上岗。

2.作业时长发不得外露，女工应戴工作帽，操作人员必须按规定佩戴安全防护用品。

3.作业中应观察或巡视机械、周围人员及环境状况，不得擅自离开岗位。

4.应按规定的周期检查、调校安全防护装置；不得随意拆除机械设备照明、信号、仪表、报警和防护装置。

5.患有碍安全操作的疾病和精神不正常者不得操作机械设备，酒后或服用镇静药物者不得操作机械设备，操作人员必须身体健康。

6.机械运转时严禁接触运动部件、进行修理及保养作业。

7.自行式机械作业前，必须进行检查，制动、转向、信号及安全装置应齐全有效。

8.机械设备外露的传动机构、转动部件和高温、带电部分应装设防护罩等安全防护设施和设有明显的安全警示标志。

9.机械通过桥梁前，应了解桥梁的承载能力，确认安全后方可低速通过。严禁在桥面上急转向和紧急刹车。

10.坡道停机时，不得横向停放。纵向停放时，必须挡掩，并将工作装置落地辅助制动，确认制动可靠后，操作人员方可离开。雨季应将机械停放在地势较高的坚实地面。

11.沥青洒布机、沥青混凝土摊铺机、压路机操作工必须取得主管单位颁发的资质证后持证上岗。

12.机械在社会道路上行驶时必须遵守交通管理部门的有关规定；通过桥洞前必须注意限高，确认安全后方可通过。

13.机械设备在发电站、变电站、配电室等附近作业时，不得进入危险区域。在高压线附近工作时，机械设备机体及工作装置运动轨迹距高压线的距离应符合表4-1-3的规定。

14.压路机操作安全要求

（1）在社会道路上短距离行驶时，应遵守交通规则，且时速不得超过5公里。

（2）对松软路基及傍山地段进行初压前，必须勘察现场，确认安全方可作业。

（3）作业中应随时观察作业环境，必须避开人员和障碍物。

（4）在碾压高填土方时，应从中间往两侧碾压，且距填土外侧距离不得小于50cm。

<table>
<tr><td colspan="2">安全技术交底记录</td><td>编号</td><td>×××
共×页第×页</td></tr>
<tr><td>工程名称</td><td colspan="3">××市政基础设施工程××标段</td></tr>
<tr><td>施工单位</td><td colspan="3">××市政建设集团</td></tr>
<tr><td>交底提要</td><td>筑路机械操作工施工安全技术交底</td><td>交底日期</td><td>××年××月××日</td></tr>
</table>

（5）压路机上、下坡应提前选好挡位，严禁在坡道上换挡。下坡时严禁空挡滑行。在坡道上纵队行驶时，两机间应保持一定的安全距离。

（6）多台压路机同时作业时，压路机前后间距应保持 3m 以上。

15.稳定土、石灰粉、煤灰类混合料拌和站安全要求

（1）维修设备或清理搅拌机内、料斗、输送皮带上的物料时，应停机，并切断电源，设专人监护。

（2）作业时控制室操作人员不得擅自离岗，无关人员不得进入控制室。

（3）作业后应切断电源，关闭、锁好操作室门窗。

（4）电气设备必须装设防雨、防潮设施。电气设备的维修保养应由专业电工进行。

（5）运转过程中应设专人检查，发现故障时应立即通知控制室操作人员。

（6）设备运转前应进行检查，各部分装置应完好，螺栓无松动，漏电保护装置应灵敏有效，电气设备接地应完好，输送皮带上、搅拌机内无凝固物料。

16.沥青混凝土摊铺机操作安全要求

（1）自卸车向摊铺机料斗卸料时，必须设专人在侧面指挥，料斗与自卸车之间不得有人，作业人员应协调配合，动作一致；行驶前应确认前方无人，并鸣笛示警。

（2）作业前应检查连接部件、安全防护装置及仪表，部件连接应正常，安全防护装置应齐全，仪表应灵敏、正常。

（3）使用燃气加热熨平板时。管道应正确连接，无泄漏；使用人工点火的加热装置，应使用专用器具，点火时人员应保持一定安全距离，加热时应有人看护。

（4）安装和拆除熨平板时应设专人指挥，作业人员应协调一致。

（5）清洗摊铺机工作装置必须使用工具，清洗料斗及螺旋输送器时必须停机，并严禁烟火。

17.稳定土拌和机操作安全要求

（1）保养、维修转子或更换刀齿时，应将拌和转子用方木垫稳。

（2）作业前操作人员应鸣笛示警，确认人员离开作业区后方可作业，作业前应检查拌和转子防护装置和作业环境，确认安全后方可作业；作业中严禁人员上下机械。

（3）作业后，拌和机应停放在平整坚实的地方，并将转子置于地面。

18.沥青洒布机操作安全要求

（1）喷洒作业应遵守下列规定：

<table>
<tr><td colspan="2">安全技术交底记录</td><td>编号</td><td>×××
共×页第×页</td></tr>
<tr><td>工程名称</td><td colspan="3">××市政基础设施工程××标段</td></tr>
<tr><td>施工单位</td><td colspan="3">××市政建设集团</td></tr>
<tr><td>交底提要</td><td>筑路机械操作工施工安全技术交底</td><td>交底日期</td><td>××年××月××日</td></tr>
<tr><td colspan="4">1）使用喷灯前必须检查油管，确认无漏油后方可点火。
2）加温沥青循环泵时，必须将汽车油箱用挡板隔开，并备好灭火器。
3）沥青喷洒管必须连接牢固后方可作业。
4）喷洒工必须站稳，上好保险链后方可通知司机作业。
5）喷洒沥青时，非作业人员必须距喷洒范围 10m 以外。
6）作业后必须对喷灯油管及喷洒管等部位进行检查，确认安全后方可驶离现场。
（2）沥青灌装作业应遵守下列规定：
1）灌装沥青时，必须将洒布机罐装口对准沥青出油口后方可打开截门。
2）灌装沥青时，必须启动循环泵。
3）灌装沥青时不得超载，灌装完毕必须将罐口盖严。
（3）司机作业应遵守下列规定：
1）作业前必须检查转向、制动、灯光系统、灭火器及加温油箱压力表，确认安全后方可作业。
2）在社会道路上行驶时，必须遵守交通规则。
3）加温油箱必须使用煤油，严禁使用汽油。</td></tr>
</table>

审核人	交底人	接受交底人
×××	×××	×××、×××……

1.0.25 沥青混合料拌和站操作工施工安全技术交底

安全技术交底记录		编号	××× 共×页第×页
工程名称	××市政基础设施工程××标段		
施工单位	××市政建设集团		
交底提要	沥青混合料拌和站操作工施工安全技术交底	交底日期	××年××月××日

交底内容：

1.操作人员必须经安全技术培训，考核合格后方可上岗；作业人员必须佩戴齐全防护用品，不得擅自离岗。

2.设备内部维修时，必须使用24V以下照明；严禁在回转体附近、放料口下操作、穿行和停留。

3.在沥青罐顶作业前，必须检查罐顶的安全防护装置，并设专人监护。

4.必须检查安全防护装置和周围环境，确认安全后方可开机。

5.检修、保养设备时，必须断电并挂安全警示牌，必要时设专人监护。严禁在运行中检修、保养等工作。

6.石粉供应安全要求

（1）球磨机作业时应遵守下列规定：

1）巡检人员应随时对设备进行巡视检查，发现问题及时和设备操作人员联系，并采取相应措施。

2）作业人员听到第一次开机信号后，必须迅速离开危险部位。

3）作业人员必须在安全线以外进行监控操作。

4）开机准备就绪，必须发出开机信号，待发出第二次信号后方可开机。

5）作业人员应随时与本班组及相关班组人员保持联系，发现问题及时采取措施。

6）旋转部位发生故障，必须停机。

7）作业结束后，必须切断电源。

（2）石粉输送作业时应符合下列要求：

1）石粉罐中存有石粉时，严禁进罐检查。

2）气力输送石粉装置的气压不得超过设备使用说明书的规定值。

3）螺旋输送装置的螺旋输送机、提升机在运行中严禁清理杂物。

7.沥青混合料拌和机操作安全要求

（1）操作时应符合下列要求：

1）应随时与本班组及相关班组人员保持联系，发现问题及时采取措施。

2）开机准备就绪，必须发出开机信号，待发出第二次信号后方可开机。

<table>
<tr><td colspan="2">安全技术交底记录</td><td>编号</td><td>×××
共×页第×页</td></tr>
<tr><td>工程名称</td><td colspan="3">××市政基础设施工程××标段</td></tr>
<tr><td>施工单位</td><td colspan="3">××市政建设集团</td></tr>
<tr><td>交底提要</td><td>沥青混合料拌和站操作工施工安全技术交底</td><td>交底日期</td><td>××年××月××日</td></tr>
</table>

3）作业结束后，必须切断电源，关闭燃油总截门。

4）自动点火设备两次点火不成功，应立即停机，严禁继续点火。

（2）巡检时应符合下列要求：

1）听到开机信号后必须迅速离开危险部位。

2）采用装载机供料时，清理料仓必须设专人监护。

3）人工点火时应按规定程序操作，严禁将身体正面对着点火口。

4）必须在运行中调整的部位、部件（干燥筒、皮带输送机等），调整作业时必须设专人监护。

5）应随时对设备进行巡视检查，发现问题及时和操作工联系并采取相应措施。

6）每周必须检测一次皮带输送机的紧急停止装置。

7）干燥筒内有积油时，必须及时与操作工联系，严禁点火操作。

8）观察燃烧工况时，必须距观察孔50cm外，并不得将身体正面对着火焰观察孔。

9）采用推土机供料时，清理供料口必须将料口坡度降至45°以下，并设专人监护。

8.乳化沥青生产设备操作安全要求

（1）作业人员不得直接接触乳化剂、加热的乳液、沥青及其管道。

（2）取样作业时，必须缓慢开启取样截门。

（3）严禁提升设备载人，并不得超载。

（4）严禁在提升设备下停留、穿行。

（5）在平台上作业时，不得将身体探出护栏。

（6）操作时应遵守下列规定：

1）开机前必须对操作盘仪器仪表、沥青上液位开关进行检查，符合要求后方可开机。

2）车间内作业时，必须启动通风装置。

3）维修沥青搅拌罐前，必须将罐内沥青放空，待罐内温度降至45℃以下时，方可进罐维修。

4）严禁采取沥青泵反转的方式清理过滤器。

5）启动前必须先对电磁阀门手动试验，正常后方可进入自动生产。

审核人	交底人	接受交底人
×××	×××	×××、×××……

1.0.26 混凝土机械操作工施工安全技术交底

<table>
<tr><td colspan="2" rowspan="2">安全技术交底记录</td><td rowspan="2">编号</td><td>×××</td></tr>
<tr><td>共×页第×页</td></tr>
<tr><td>工程名称</td><td colspan="3">××市政基础设施工程××标段</td></tr>
<tr><td>施工单位</td><td colspan="3">××市政建设集团</td></tr>
<tr><td>交底提要</td><td>混凝土机械操作工施工安全技术交底</td><td>交底日期</td><td>××年××月××日</td></tr>
<tr><td colspan="4">交底内容：
1.操作人员必须经过安全技术培训，考核合格后方可上岗。
2.作业中应观察或巡视机械、周围人员及环境状况，不得擅自离开岗位；操作人员长发不得外露，女工应戴工作帽，操作人员必须按规定佩戴安全防护用品。
3.应按规定的周期检查、调校安全防护装置；不得随意拆除机械设备的照明、信号、仪表、报警和防护装置。
4.患有碍安全操作的疾病和精神不正常者不得操作机械设备，酒后或服用镇静药物者不得操作机械设备，操作人员必须身体健康。
5.机械运转时严禁接触运动部件、进行修理及保养作业。
6.自行式机械作业前，必须进行检查，制动、转向、信号及安全装置应齐全有效。
7.机械在社会道路上行驶时必须遵守交通管理部门的有关规定；通过桥洞前必须注意限高，确认安全后方可通过。
8.严禁在桥面上急转向和紧急刹车；机械通过桥梁前，应了解桥梁的承载能力，确认安全后方可低速通过。
9.机械设备外露的传动机构、转动部件和高温、带电部分应装设防护罩等安全防护设施和设有明显的安全警示标志。
10.沥青洒布机、沥青混凝土摊铺机、压路机操作工必须取得主管单位颁发的资质证后持证上岗。
11.纵向停放时，必须挡掩，并将工作装置落地辅助制动，确认制动可靠后，操作人员方可离开；坡道停机时，不得横向停放；雨季应将机械停放在地势较高的坚实地面。
12.机械设备在发电站、变电站、配电室等附近作业时，不得进入危险区域。在高压线附近工作时，机械设备机体及工作装置运动轨迹距高压线的距离应符合表 4-1-3 的规定。
13.混凝土搅拌机安全要求
（1）混凝土搅拌机应安装在平整坚实的地方，并支垫平稳。操作台应垫塑胶板或干燥木板。
（2）料斗升起时严禁在其下方作业。清理料坑前必须采取措施将料斗固定牢靠。
（3）进料过程中，严禁将头或手伸入料斗与机架之间察看或探摸。</td></tr>
</table>

<table>
<tr><td colspan="2" rowspan="2">安全技术交底记录</td><td rowspan="2">编号</td><td>×××</td></tr>
<tr><td>共×页第×页</td></tr>
<tr><td>工程名称</td><td colspan="3">××市政基础设施工程××标段</td></tr>
<tr><td>施工单位</td><td colspan="3">××市政建设集团</td></tr>
<tr><td>交底提要</td><td>混凝土机械操作工施工安全技术交底</td><td>交底日期</td><td>××年××月××日</td></tr>
</table>

（4）启动前应检查机械、安全防护装置和滚筒，确认设备安全、滚筒内无工具、杂物。

（5）运转过程中不得将手或工具伸入搅拌机内。

（6）操作人员进入搅拌滚筒维修和清洗前，必须切断电源，卸下熔断器锁好电源箱，并设专人监护。

（7）作业时操作人员应精神集中，不得随意离岗。混凝土搅拌机发生故障时，应立即切断电源。

（8）作业后应将料斗落至料斗坑。料斗升起时必须将料斗固定。

14.混凝土输送泵车安全要求

（1）混凝土泵车应停放在平整坚实的地方，支腿底部应用垫木支架平稳。臂架转动范围内不得有障碍物。严禁在高压输电线路下作业。

（2）泵送作业中，操作者应注意观察施工作业区域和设备的工作状态。臂架工作范围内不得有人员停留。

（3）排除管道堵塞时，应疏散周围的人员。拆卸管道清洗前应采取反抽方法，消除输送管道内的压力。拆卸时严禁管口对人。

（4）作业中严禁接长输送管和软管。软管不得在地面拖行。

（5）严禁用臂架作起重工具。

（6）作业中严禁扳动液压支腿控制阀，如发现车体倾斜或其他不正常现象时，应立即停止作业，收回臂架检查，待排除故障后再继续作业。

（7）清洗管道时，操作人员应离开管道出口和弯管接头处。如用压缩空气清洗管道时，管道出口处10m内不得有人员和设备。

（8）作业中应严格按顺序打开臂架。风力大于六级（含）以上时严禁作业。

（9）泵送作业时，严禁跨越搅拌料斗。

（10）作业时不得取下料斗格栅网和其他安全装置。不得攀登和骑压输送管道，不得把手伸入阀体内。泵送时严禁拆卸管道。

（11）作业前应进行检查，确认安全。搅拌机构工作正常，传动机构应动作准确；管道连接处应密封良好；料斗筛网完好；输送管无裂纹、损坏、变形，输送管道磨损应在规定范围内；液压系统应工作正常；仪表、信号指示灯齐全完好，各种手动阀动作灵活、定位可靠。

15.混凝土搅拌运输车安全要求

（1）倒车卸料时，必须服从指挥，注意周围人员，发现异常立即停车。

<table>
<tr><td colspan="2" rowspan="2">安全技术交底记录</td><td rowspan="2">编号</td><td>×××</td></tr>
<tr><td>共×页第×页</td></tr>
<tr><td>工程名称</td><td colspan="3">××市政基础设施工程××标段</td></tr>
<tr><td>施工单位</td><td colspan="3">××市政建设集团</td></tr>
<tr><td>交底提要</td><td>混凝土机械操作工施工安全技术交底</td><td>交底日期</td><td>××年××月××日</td></tr>
</table>

（2）作业前必须进行检查，确认转向、制动、灯光、信号系统灵敏有效，搅拌运输车滚筒和溜槽无裂纹和严重损伤，搅拌叶片磨损在正常范围内，底盘和副车架之间的 U 形螺栓连接良好。

（3）选择行车路线和停车地点；了解施工要求和现场情况。

（4）作业时，严禁用手触摸旋转的滚筒和滚轮。

（5）严禁在高压线下进行清洗作业。

（6）转弯半径应符合使用说明书的要求，时速不大于 15 公里；进站时速不大于 5 公里；在社会道路上行驶必须遵守交通规则。

16.牵引式混凝土输送泵安全要求

（1）垂直管前应装不少于 10m 带逆止阀的水平管，严禁将垂直管直接放在混凝土输送泵的输出口，混凝土输送泵管接头应密封严紧，管卡应连接牢固。

（2）混凝土输送泵应安放在坚实平整的地面上，放下支腿，将机身安放平稳。

（3）拆卸时严禁管口对人，疏通堵塞管道时，应疏散周围人员。拆卸管道清洗前应采取反抽方法，消除输送管道的压力。

（4）如用压缩空气清洗管道时，管道出口处 10m 内不得有人员和设备，清洗管道时，操作人员应离开管道出口和弯管接头处。

（5）作业前应进行检查，确认电气设备和仪表正常，各部位开关按钮、手柄都在正确位置，机械部分各紧固点牢固、可靠，链条和皮带松紧度符合规定要求，传动部位运转正常。

（6）不得攀登和骑压输送管道，不得把手伸入阀体内工作，严禁在泵送时拆卸管道；作业时不得取下料斗格栅网和其他安全装置。

（7）作业后，将液压系统卸压，将全部控制开关回到原始位置。

17.混凝土喷射机安全要求

（1）作业过程中，混凝土喷射机喷嘴前及左右 5m 范围内不得有人，作业间歇时，喷嘴不得对人。

（2）作业前应进行检查，输送管道不得有泄漏和折弯，管道连接处应紧固密封，敷设的管道应有保护措施。

（3）输料管发生堵塞时，排除故障前必须停机。

（4）作业时，应先送压缩空气，确认电动机旋转方向正确后，方可向喷射机内加料。

18.混凝土搅拌站安全要求

<table>
<tr><td colspan="2" rowspan="2">安全技术交底记录</td><td rowspan="2">编号</td><td>×××</td></tr>
<tr><td>共×页第×页</td></tr>
<tr><td>工程名称</td><td colspan="3">××市政基础设施工程××标段</td></tr>
<tr><td>施工单位</td><td colspan="3">××市政建设集团</td></tr>
<tr><td>交底提要</td><td>混凝土机械操作工施工安全技术交底</td><td>交底日期</td><td>××年××月××日</td></tr>
<tr><td colspan="4">
（1）作业时应精神集中，注意观察各个仪表、指示器、皮带机、配料器的供料系统，发现有大块石料和异物时应及时清除；发现异常情况应立即停止生产；遇紧急情况应立即切断电源，并向有关人员报告。
（2）启动搅拌系统后，应先进行空运转，检查机械运转情况。确认搅拌系统正常后，方可自动循环生产。严禁带负荷停机或启动。
（3）维护、修理搅拌机顶层转料桶、清理搅拌机内衬及绞刀时，必须切断电源，并在电闸箱处设明显“严禁合闸”标志，设专人监护。在搅拌机内清理作业时，机门必须打开，并在门外设专人监护。
（4）在高空维护保养时，必须2人以上作业，并系安全带，采取必要的安全保护。遇大风、下雨、下雪等天气，不得在高空进行维护保养作业。
（5）操作人员必须按规定的程序操作，机械出现故障时，必须由专业人员维修。
（6）作业中严禁打开安全罩和搅拌盖检查、润滑，严禁将工具、棍棒伸入搅拌桶内扒料或清理。料斗提升时，严禁在其下方作业或穿行。
（7）作业时严禁非作业人员进入生产区域；在操作台上作业的人员必须戴安全帽。
（8）清除上料斗底部的物料时，必须把料斗提升到适当位置，将安全销插入轨道中；清除上料斗内部的残料时，必须切断电源且设专人监护。
（9）作业前应进行以下检查，确认安全：
1）搅拌站台结构部分连接必须紧固可靠。限位装置及制动器灵敏可靠。
2）电气、气动称量装置的控制系统安全有效，保险装置可靠。
3）站台保护接零、避雷装置完好。
4）输料装置的提升斗、拉铲钢丝绳和输送皮带无损伤。
5）进出料闸门开关灵活、到位。
6）空气压缩机和供气系统应运行正常，无异响和漏气现象，压力应保持在规定范围内。
7）操作区、储料区和作业区必须设明显标志。
（10）交接班时，必须交清当班情况，并做记录；作业后应切断电源，锁上操作室，将钥匙交专人保管。
</td></tr>
</table>

审核人	交底人	接受交底人
×××	×××	×××、×××……

1.0.27 起重运输机械操作工施工安全技术交底

<table>
<tr><td colspan="2" rowspan="2">安全技术交底记录</td><td rowspan="2">编号</td><td>×××</td></tr>
<tr><td>共×页第×页</td></tr>
<tr><td>工程名称</td><td colspan="3">××市政基础设施工程××标段</td></tr>
<tr><td>施工单位</td><td colspan="3">××市政建设集团</td></tr>
<tr><td>交底提要</td><td>起重运输机械操作工施工安全技术交底</td><td>交底日期</td><td>××年××月××日</td></tr>
<tr><td colspan="4">交底内容：
1.起重运输机械操作工操作安全要求
（1）操作人员必须身体健康。患有碍安全操作的疾病和精神不正常者不得操作机械设备。酒后或服用镇静药者不得操作机械设备。
（2）不得随意拆除机械设备照明、信号、仪表、报警和防护装置。应按规定的周期检查、调校安全防护装置。
（3）混凝土输送泵车、混凝土搅拌运输车操作人员必须经过安全技术培训，考核合格并且取得主管单位颁发的资质证后持证上岗。
（4）操作人员必须按规定佩戴安全防护用品。作业时长发不得外露，女工应戴工作帽。
（5）坡道停机时，不得横向停放。纵向停放时，必须挡掩，并将工作装置落地辅助制动，确认制动可靠后，操作人员方可离开。雨季应将机械停放在地势较高的坚实地面上。
（6）作业中应观察或巡视机械、周围人员及环境状况，不得擅自离开岗位。
（7）机械在社会道路上行驶时必须遵守交通管理部门的有关规定。
（8）自行式机械作业前，必须进行检查，制动、转向、信号及安全装置应齐全有效。
（9）机械运转时严禁接触运行部件、进行修理及保养作业；机械作业时，人员不得上下机械。
（10）机械设备外露的传动机构、转动部件和高温、带电部分应装设防护罩等安全防护设施和设有明显的安全警示标志。
（11）机械通过桥梁前，应了解桥梁的承载能力，确认安全后方可低速通过。严禁在桥面上急转向和紧急刹车。通过桥洞前必须注意限高，确认安全后方可通过。
（12）机械设备在发电站、变电站、配电室等附近作业时，不得进入危险区域。在高压线附近工作时，机械设备机体及工作装置运动轨迹距高压线的距离应符合表 4-1-3 的规定。
（13）作业前必须了解现场的道路、构筑物、架空电线及吊物的情况。起重机械臂杆起落及回转半径内应无障碍物及无关人员。
（14）作业时必须听从现场指挥人员、信号工的统一指挥，在下列情况下严禁进行吊装作业：
1）吊装物上站人。</td></tr>
</table>

<table>
<tr><td colspan="2">安全技术交底记录</td><td>编号</td><td>×××
共×页第×页</td></tr>
<tr><td>工程名称</td><td colspan="3">××市政基础设施工程××标段</td></tr>
<tr><td>施工单位</td><td colspan="3">××市政建设集团</td></tr>
<tr><td>交底提要</td><td>起重运输机械操作工施工安全技术交底</td><td>交底日期</td><td>××年××月××日</td></tr>
</table>

2）作业现场光线昏暗。

3）吊装物质量不明。

4）散物捆扎不牢。

5）立式构件、大模板不用卡环。

6）被吊物质量超过机械性能允许范围。

7）吊装物下方有人。

8）信号不清。

9）斜拉斜牵吊装物。

10）零碎物无容器。

11）吊索具不符合规定。

（15）作业前必须检查变幅指示器、力矩限制器、行程限位开关、防脱钩装置及吊索具，确认安全。

（16）不得随意拆改安全防护装置。严禁用限位装置代替制动。

（17）吊装零散物时，必须用吊笼。

（18）卷筒上的钢丝绳应连接牢固、排列整齐。放绳时，卷筒上的钢丝应保留3圈以上。钢丝绳必须符合国家标准规定。

（19）起吊时，应先将吊物吊离地面10cm～30cm，经确认安全以后方可再行提升。对可能晃动转动的重物，必须拴控制绳。

（20）严禁起重机械超载作业。严禁斜拉、斜吊和吊装埋入地下的物体。起吊现场浇筑的混凝土构件或模板前，必须确认混凝土构件或模板已全部松动。

（21）吊装作业时，严禁人员在吊物下方穿行或停留。

（22）起升和降落的速度应均匀，严禁忽快忽慢或突然制动。回转动作应平稳，回转未停稳前，不得做反向操作。

（23）运输车辆必须按要求配备消防器材。

2.自卸汽车司机注意安全事项

（1）自卸汽车驾驶员必须经过安全技术培训，考核合格并且取得主管单位颁发的资质证后持证上岗。

（2）不得随意拆除机械设备照明、信号、仪表、报警和防护装置。

（3）作业中应观察或巡视机械、周围人员及环境状况，不得擅自离开岗位。

<table>
<tr><td colspan="2" rowspan="2">安全技术交底记录</td><td rowspan="2">编号</td><td>×××</td></tr>
<tr><td>共×页第×页</td></tr>
<tr><td>工程名称</td><td colspan="3">××市政基础设施工程××标段</td></tr>
<tr><td>施工单位</td><td colspan="3">××市政建设集团</td></tr>
<tr><td>交底提要</td><td>起重运输机械操作工施工安全技术交底</td><td>交底日期</td><td>××年××月××日</td></tr>
</table>

（4）驾驶员必须身体健康。患有碍安全操作的疾病和精神不正常者不得驾驶自卸汽车。酒后或服用镇静药者不得驾驶自卸汽车。

（5）机械设备外露的传动机构、转动部件和高温、带电部分应装设防护罩等安全防护设施和设有明显的安全警示标志。

（6）驾驶人员必须按规定佩戴安全防护用品。作业时长发不得外露，女工应戴工作帽。

（7）机械运转时严禁接触运行部件、进行修理及保养作业；车厢内严禁载人。

（8）自卸汽车在沟槽边卸料时，应有专人指挥，卸料时汽车后轮距槽边不得小于1.5m，并设牢固挡掩。

（9）检修、保养车辆时，必须将车厢支撑牢固。

3.履带式起重机

（1）起重机作业场地应平整坚实，若地面松软，应夯实后用枕木横向垫于履带下方。起重机工作、行驶与停放时，应按安全技术交底的要求与沟渠、基坑保持安全距离，不得停放在斜坡上。

（2）转弯时，如转弯半径过小，应分次转弯。下坡时严禁空挡滑行。

（3）双机抬吊重物时，应使用性能相近的起重机。抬吊时应统一指挥，动作应协调一致。载荷应分配合理，单机荷载不得超过额定起重量的80%。

（4）起重机通过桥梁、管道（沟）前，必须听从施工人员的安全技术交底，确认安全后方可通过。通过铁路、地面电缆等设施时应铺设木板保护，通过时不得在上面转弯。

（5）需带载荷行走时，载荷不得超过额定起重量的70%。行走时，吊物应在起重机行走正前方向，离地高度不得超过50cm，行驶速度应缓慢。严禁带载荷长距离行驶。

（6）作业时，臂杆的最大仰角不得超过说明书的规定。无资料可查时，不得超过78°。

（7）起重机转移工地应用长板拖车运送。近距离自行转移时，必须卸支配重，拆短臂杆、制动回转机构、臂

杆、吊钩等。行走时主动轮在后面。

（8）作业时变幅应缓慢平稳。严禁在起重臂未停稳前变换挡位，满载荷或接近满载荷时严禁下落臂杆。

（9）作业后臂杆应转至顺风方向，并降至40°～60°之间，吊钩应提升到接近顶端的位置。各部制动器都应加保险固定，操作室和机棚应关闭上锁。

4.机动翻斗车司机注意安全事项

安全技术交底记录		编号	××× 共×页第×页
工程名称	××市政基础设施工程××标段		
施工单位	××市政建设集团		
交底提要	起重运输机械操作工施工安全技术交底	交底日期	××年××月××日

（1）下雪、结冰等情况下路面条件较差时，应低速行驶，不得紧急制动。

（2）机动翻斗车在施工现场行驶时，车斗的锁紧机构必须锁紧，时速不得超过5公里。

（3）在坑、沟槽边沿卸料时，轮胎应与坑、沟槽边沿保持1.5m以上的距离，并设置牢固挡掩。严禁直接向坑、沟槽内卸料。

（4）车辆停放时，应停放在平坦的地面上。在斜坡上停放时应用木楔打掩。驾驶员离开车辆时，必须将发动机熄火，并挂挡、拉紧手制动器。

（5）严禁驾驶室以外任何部位载人。

（6）使用装载机等机械装车时，驾驶员不得停留在驾驶室内。

（7）上下坡时应换低速挡行驶。下坡时严禁空挡滑行。重车下坡应倒车行驶。

（8）车斗装载物料的高度，不得影响司机视线，宽度不得超出斗宽。

5.载重汽车司机注意安全事项

（1）在施工现场行驶时应遵守现场的限速规定。无限速规定时，应根据现场道路及周围人员情况确定车速，但最大时速不得大于15公里。

（2）载重汽车在道路上行驶时必须遵守交通法规。

（3）在施工现场倒车应先鸣笛，确认安全以后方可倒车。

（4）载重汽车的安全防护装置必须齐全、灵敏有效。

（5）运载易燃、易爆、有毒、强腐蚀性等危险品时，应符合国家和本市的有关规定。

（6）使用起重机、装载机、挖掘机装卸车时，汽车驾驶员不得停留在驾驶室内。

6.油罐车司机注意安全事项

（1）作业中应观察或巡视机械、周围人员及环境状况，不得擅自离开岗位。

（2）油罐车驾驶员必须经过安全技术培训，考核合格并且取得主管单位颁发的资质证后持证上岗。

（3）驾驶员必须按规定佩戴安全防护用品。作业时长发不得外露，女工应戴工作帽。

（4）驾驶员必须身体健康。患有碍安全操作的疾病和精神不正常者不得驾驶油罐车。酒后或服用镇静药者不得驾驶油罐车。

（5）不得随意拆除机械设备照明、信号、仪表、报警和防护装置。应按规定的周期检查、调校安全防护装置。

（6）油罐汽车的化油器不得有回火现象。油罐汽车附近严禁明火操作，严禁吸烟。油罐汽车停放时应远离火源；炎热季节应选择阴凉处停放；雷雨天气不得将车停放在大树或高压线下。

<table>
<tr><td colspan="2" rowspan="2">安全技术交底记录</td><td rowspan="2">编号</td><td>×××</td></tr>
<tr><td>共×页第×页</td></tr>
<tr><td>工程名称</td><td colspan="3">××市政基础设施工程××标段</td></tr>
<tr><td>施工单位</td><td colspan="3">××市政建设集团</td></tr>
<tr><td>交底提要</td><td>起重运输机械操作工施工安全技术交底</td><td>交底日期</td><td>××年××月××日</td></tr>
</table>

（7）设备外露的传动机构、转动部件和高温、带电部分应装设防护罩等安全防护设施和设有明显的安全警示标志。

（8）油罐车的各种专用装置必须完好，油泵、油管、油罐接头、阀门、加油口等应密封良好无泄漏，通气孔应畅通，接地链条应符合规定。

（9）机械运转时严禁接触运行部件、进行修理及保养作业。

（10）检修人员检修车辆时，不得携带火种，不得穿带钉子的鞋。

7.叉车

（1）叉装作业严禁超载。严禁用叉齿拔埋入地下的物体。

（2）叉装作业时，物件应尽量靠近叉装架，其重心应在叉装架中心。物件提升离地后，应将叉装架后倾，货物离地尽可能低。在载物行驶时，起步应平稳。变换前进后退方向时，必须待机械停稳后方可进行。不得急转弯，行驶时不得紧急制动。

（3）严禁叉车载人。装卸及运输过程中，严禁任何人在货叉下穿行或停留。

（4）当叉装架后倾至极限位置或升至最大高度时，必须将操纵手柄置于中间位置。不得同时操纵两个手柄。

（5）内燃式叉车在室内作业时，应有良好的通风。严禁在存放易燃易爆物品的仓库内作业。

（6）当搬运大体积货物驾驶员视线被挡住时，必须倒车低速行驶。

8.卷扬机

（1）作业前应检查地锚的牢固性，并进行空载试验，确认安全后方可作业。

（2）严禁用卷扬机牵引吊笼载人升降。作业中严禁跨越钢丝绳。

（3）严禁超载。双卷筒圈扬机的两个卷筒同时工作时，每个卷筒的起重量不得超过其额定起重量的 50%。

（4）升降作业时，起重钢丝绳、导向滑轮及吊物运动情况都应在操作人员的视线范围内。

（5）卷扬机放绳时，卷筒上的钢丝绳必须保留 3 圈以上。排绳混乱时应停机处理。钢丝绳跨路部分应做保护。

（6）载物升降作业时，如无特殊情况不宜紧急制动。如遇停电等特殊情况时，应将重物放至地面，关闭电源。

（7）作业结束以后，垂直运输吊笼必须降至地面，切断电源，锁好电闸箱。

<table>
<tr><td colspan="2" rowspan="2">安全技术交底记录</td><td rowspan="2">编号</td><td>×××</td></tr>
<tr><td>共×页第×页</td></tr>
<tr><td>工程名称</td><td colspan="3">××市政基础设施工程××标段</td></tr>
<tr><td>施工单位</td><td colspan="3">××市政建设集团</td></tr>
<tr><td>交底提要</td><td>起重运输机械操作工施工安全技术交底</td><td>交底日期</td><td>××年××月××日</td></tr>
</table>

9.塔式起重机

（1）施工期内每周或雨后应对轨道基础检查一次，发现险情及时报告，排除险情后方可使用。

（2）作业前必须检查机械部件、安全装置、轨道、电气设备、吊索具等，确认安全后方可作业。

（3）多机同时作业时，两机任何接近部位（包括吊物）之间的安全距离不得小于5m。

（4）严禁用吊钩直接钩挂重物。工作中平移吊物时，吊物应高于所跨越障碍物1m以上。起重机应与轨道端头保持2m～3m的安全距离。

（5）如风力达到四级以上时不得进行顶升、安装、拆卸作业。作业时突然遇到风力加大，必须立即停止作业，将塔身固定。

（6）塔吊在停歇或中途停电时，应将吊物放至地面，不得将吊装的重物悬在空中。

（7）操纵控制器应从零位开始，严禁越挡操作，回零位后方可反向操作，严禁急开急停。

（8）作业后，应将所有控制器拨至零位。塔吊应停放在轨道中间，关闭门窗，切断电源，打开高空指示灯，锁紧夹轨器。

（9）自升塔式起重机，应符合下列要求：

1）顶升前必须检查液压顶升系统各部件的连接情况，并调整好爬升架滚轮与塔身的间隙，然后放松电缆，其长度略大于顶升高度，并紧固好电缆卷筒。

2）顶升时应把小车和平衡重心移至规定位置，保持被顶升部分处于平衡状态，并将回转部分制动住。顶升中发生故障，必须立即停止顶升进行检查，待排除故障后方可继续顶升。

3）在顶升时，必须设专人指挥，非作业人员不得登上顶升装置套架的操作台。

4）顶升作业结束后，必须有专人检查连接螺栓，确认连接牢固。

（10）塔式起重机电梯每次限乘2人。

10.汽车式、轮胎式起重机司机安全事项

（1）作业前应伸出全部支腿，撑脚板下必须垫方木。调整机体水平度，无荷载时水准泡居中。支腿的定位销必须插上。底盘为弹性悬挂的起重机，放支腿前应先收紧稳定器。

（2）伸缩臂式起重机在伸缩臂杆时，应按规定顺序进行。在伸臂的同时，应相应下放吊钩。当限位器发出警报时应立即停止伸臂。臂杆缩回时，仰角不宜过小。

（3）机械停放的地面应平整坚实。应按安全技术交底要求与沟渠、基坑保持安全距离。

安全技术交底记录		编号	×××
			共×页第×页
工程名称	××市政基础设施工程××标段		
施工单位	××市政建设集团		
交底提要	起重运输机械操作工施工安全技术交底	交底日期	××年××月××日

（4）起重机通过临时性桥梁（管沟）等构筑物前，必须听取施工技术人员交底，确认安全后方可通过。通过地面电缆时应铺设木板保护。通过时不得在上面转弯。

（5）作业中变幅应平稳，严禁猛起、猛落臂杆。

（6）作业中出现支腿沉陷、起重机倾斜等情况时，必须立即放下吊物，经调整、消除不安全因素后方可继续作业。

（7）作业时，臂杆仰角必须符合说明书的规定。伸缩式臂杆伸出后，出现前节臂杆的长度大于后节伸出长度时，必须经过调整，消除不正常情况后方可作业。

（8）作业后，伸缩臂式起重机的臂杆应全部缩回、放妥，并挂好吊钩。桁架式臂杆起重机应将臂杆转至起重机的前方，并降至 40° ～60° 之间。各机构的制动器必须制动牢固，操作室和机棚应关门上锁。

（9）在进行装卸作业时，运输车驾驶室内不得有人，吊物不得从运输车驾驶室上方通过；行驶时，在底盘走台上严禁有人或堆放物件。

（10）两台起重机抬吊作业时，两机性能应相近，单机载荷不得大于额定起重量的 80%。

（11）轮胎式起重机需短距离带载行走时，途经的道路必须平埋坚实，载荷必须符合使用说明书规定，吊物离地高度不得超过 50cm，并必须缓慢行驶。严禁带载长距离行驶。

（12）调整支腿作业必须在无载荷时进行，将已伸出的臂杆缩回并转至正前方或正后方。作业中严禁扳动支腿操纵阀。

（13）行驶前，必须收回臂杆、吊钩及支腿。行驶时保持中速，避免紧急制动。通过铁路道口或不平道路时，必须减速慢行。下坡时严禁空挡滑行，倒车时必须有人监护。

11.门式、桥式起重机

（1）开始起吊前，运行线路的地面有人或落放吊装物时，应鸣铃示警。严禁吊物从人员上方越过。吊车行驶时，吊物离周围障碍物的距离必须大于 50cm。停歇作业时，必须将吊物放至地面，不得将吊物悬在空中。

（2）严禁擅自拆卸起重机的限位器等安全防护装置。

（3）桥式起重机的步道及机构上不得堆放物品和工具。门式起重机上不得存放物品。

（4）当吊装的重物接近限位器，大、小车临近终端，大车邻近其他起重机时，应减速慢行。严禁用反向操作代替制动、用限位开关代替停车操作。严禁用紧急开关代替普通开关。

（5）门式起重机作业前，应确认轨道地基无沉陷，轨道无障碍物。行走时，应确认两侧允许同步，发现偏移，必须停车检查、调整。空车行驶时，吊钩应离地面 2.5m 以上。

安全技术交底记录		编号	×××
			共×页第×页
工程名称	××市政基础设施工程××标段		
施工单位	××市政建设集团		
交底提要	起重运输机械操作工施工安全技术交底	交底日期	××年××月××日

（6）操作人员应在规定的安全通道、专用站台或扶梯上行走或上下。大车轨道两侧除检修外不得行走。严禁在小车轨道上行走。严禁从一台起重机跨越到另一台起重机上。

（7）起重机吊装的重物重量接近额定载荷时，应先吊离地面进行试吊，确认吊挂平衡、制动良好、机构正常后，再缓慢提升、运行。严禁同时操作三个控制手柄。

（8）两台起重机吊运同一重物时，必须统一指挥，每台起重机的起重量不得超过其额定起重量的 80%。两台桥式起重机在同一轨道上作业时，两机之间距离应大于 3m。严禁用一台起重机顶推另一台起重机。

（9）起重机运行中突然停电时，必须将开关手柄放置到“0”位。吊物未放至地面或索具未脱钩前，操作人员不得离开操作室。

（10）运行时，不同层高轨道上的起重机错车时，上层起重机应主动避让。

（11）起重机运行时，严禁人员上下和检修设备。

（12）门式起重机吊运高大物件妨碍操作人员的视线时，应设专人监护和指挥。

（13）停止作业后，必须切断电源，锁紧夹轨器，锁好门窗。

12.电动葫芦

（1）作业前应进行空载试验，运转正常以后方可作业。

（2）作业结束以后，应将电葫芦停放在安全的位置，升起吊钩，切断电源。

（3）作业时吊点应与重物的重心垂线重合，必须垂直起吊。吊物行走时，吊物的高度必须超过地面物体 0.5m 以上，严禁从人员上方通过。吊物不得长时间悬空停留。

审核人	交底人	接受交底人
×××	×××	×××、×××……

1.0.28 盾构机操作工施工安全技术交底

安全技术交底记录		编号	×××
			共×页第×页
工程名称	××市政基础设施工程××标段		
施工单位	××市政建设集团		
交底提要	盾构机操作工施工安全技术交底	交底日期	××年××月××日

交底内容：

1.操作人员必须经过安全技术培训，考核合格后方可上岗。

2.施工现场严禁吸烟；进入施工现场必须按规定佩戴劳保用品；严禁擅自拆改安全装置。

3.进出隧道必须走人行道，避让过往车辆，严禁搭乘运输车辆。当隧道断面较小，设置专用人行道有困难时，作业人员必须在车辆停驶后方可进出隧道。

4.控制台

（1）启动前必须与拼装手、注浆人员、电瓶车司机等有关人员联系，确认安全后方可操作。

（2）作业前必须检查控制仪器、仪表及其他装置，确认处于安全状态。

（3）发现故障和异常情况，按规定要求处理、汇报；严格执行交接班制度。

（4）按规定程序开机，按安全技术交底要求设定和控制速度、注浆压力等技术参数。

（5）注浆作业前，必须与注浆操作人员、制浆人员取得联系，确认无误后方可启动注浆泵。

5.注浆

（1）作业前应检查管路，确认管路连接正确、牢固；必须服从控制台操作工指挥，及时正确开关阀门。

（2）冲洗管路作业必须 2 人操作，在没有接到注浆操作手发出的可以冲洗管路的指令前，不得启动冲洗泵。

（3）拆卸注浆混合器时，各注浆管路和冲洗管路阀门必须全部关闭后方可进行作业。

（4）发现管路堵塞时不得擅自处理，应及时通知专业人员修理。

6.拼装

（1）启动拼装机之前，拼装机操作人员应对旋转范围内空间进行观察，在确认没有人员及障碍物时方可操作；拼装机作业前应先进行试运转，确认安全后方可作业。

（2）拼装机旋转移动管片前，必须确认管片拼装人员已进入安全区域。拼装机旋转移动管片时，管片拼装人员严禁进入旋转区域。

（3）拼装管片过程中必须检查销子、螺栓，确认连接牢固。

（4）在用液压油缸固定管片时，不得站在液压油缸的顶脚和柱上。

<table>
<tr><td colspan="2" rowspan="2">安全技术交底记录</td><td rowspan="2">编号</td><td>×××</td></tr>
<tr><td>共×页第×页</td></tr>
<tr><td>工程名称</td><td colspan="3">××市政基础设施工程××标段</td></tr>
<tr><td>施工单位</td><td colspan="3">××市政建设集团</td></tr>
<tr><td>交底提要</td><td>盾构机操作工施工安全技术交底</td><td>交底日期</td><td>××年××月××日</td></tr>
</table>

7.运输

（1）电瓶车司机交接班时，必须仔细检查蓄电池、砂箱制动装置、车灯、喇叭等，确认完好后方可试运行；行驶中严禁用反向操作代替制动。

（2）行驶前应鸣笛，并注意机车前方的行人和障碍物。

（3）行驶中遇行人必须鸣笛，并做好刹车准备，发生故障必须立即停车处理。电瓶车驶入较大坡度隧道、弯道、道岔、行人较多地段应鸣笛、减速，并做好刹车准备。

（4）电瓶车控制手柄必须停放在电瓶车串、并联的最后位置。严禁将控制手柄停放在两速度位置中间。加速时应依次推动手把，不得推动过快。

（5）严禁电瓶车搭乘人员。发现有人蹬车、扒车时，必须停车制止。

（6）司机开车时必须坐在司机座位上，严禁探身车外。

（7）电瓶车脱轨时，必须立即断电停车进行处理。

（8）电瓶车司机离开座位时必须切断电源，收起转向手柄，制动车辆，但不得关闭车灯。

8.进入前仓

（1）必须按安全技术交底要求的程序作业；必须断开刀盘控制开关，切断电源。

（2）前仓作业人员必须听从统一指挥，并保持与后方人员的联系。

（3）打开人孔之前，必须从隔壁板上的球阀对前仓进行观察，确认前方无水。

审核人	交底人	接受交底人
×××	×××	×××、×××……

1.0.29 中小型机械操作工施工安全技术交底

安全技术交底记录		编号	××× 共×页第×页
工程名称	××市政基础设施工程××标段		
施工单位	××市政建设集团		
交底提要	中小型机械操作工施工安全技术交底	交底日期	××年××月××日

交底内容：

1.操作人员必须经过安全技术培训，考核合格后方可上岗。

2.作业时长发不得外露，女工应戴工作帽，操作人员必须按规定佩戴安全防护用品；不得随意拆除设备的安全防护装置。

3.机械设备外露的传动机构、转动部件和高温、带电部分应装设防护罩等安全防护设施和设有明显的安全警示标志。

4.作业中应观察或巡视机械、周围人员及环境状况，不得擅自离开岗位；机械运转时严禁接触运动部件、进行修理及保养作业。

5.应按规定的周期检查、调校安全防护装置；不得随意拆除机械设备照明、信号、仪表、报警和防护装置。

6.患有碍安全操作的疾病和精神不正常者不得操作机械设备，酒后或服用镇静药物者不得操作机械设备，操作人员必须身体健康。

7.蛙式夯

（1）作业前必须对机械各部位进行检查，连接件必须牢固，导线、电动机的绝缘和接地必须良好，蛙式夯手柄必须采取绝缘措施，确认安全后方可作业。

（2）蛙式夯前面不得有人，多台夯土机同时作业时，蛙式夯之间的横向距离不得小于5m，纵向间距不得小于10m。

（3）蛙式夯作业必须两人操作，一人扶夯，一人持电缆。操作人员和持线人员均应戴绝缘手套、穿绝缘鞋。

持线人员应跟在夯后或两侧，不得强拉电缆。作业时严禁夯机砸压导线。导线破损时必须及时更换。

（4）蛙式夯直线夯土时，应顺势轻扶掌握方向，转弯或夯打边坡时应握紧手柄；蛙式夯必须配有专用的开关箱，使用单向控制开关；导线长度不得大于50m。

（5）搬运蛙式夯时，必须切断电源，盘好导线。向槽内运送夯机时，应用绳索具缓缓放下，严禁推扔。

（6）作业后应切断电源，盘好导线，将夯机放在平整、安全的地方。

8.混凝土切缝机

<table>
<tr><td colspan="2">安全技术交底记录</td><td>编号</td><td>×××
共×页第×页</td></tr>
<tr><td>工程名称</td><td colspan="3">××市政基础设施工程××标段</td></tr>
<tr><td>施工单位</td><td colspan="3">××市政建设集团</td></tr>
<tr><td>交底提要</td><td>中小型机械操作工施工安全技术交底</td><td>交底日期</td><td>××年××月××日</td></tr>
</table>

（1）作业前应进行检查。刀片必须符合安全要求，刀片与刀架连接必须牢固可靠，安全防护罩应齐全有效。

（2）电动混凝土切缝机操作人员必须戴绝缘手套，穿绝缘鞋。切割机及电缆必须绝缘良好。作业后必须切断电源，盘好导线。

（3）进行切缝作业时，必须前进单向切缝。使用中发现异常状况时，应立即停机。

（4）操作人员，应站在刀片侧面操作；发动机运转时严禁添加燃料。

（5）发动机和刀片在停止转动前，严禁检查和搬动混凝土切缝机；严禁无冷却水时进行切缝作业。

（6）作业后或操作人员离开切缝机时，应将发动机关闭。

9.平板振动夯

（1）作业前，应检查各连接部位的紧固情况，确认牢固可靠后空车试运转3min～5min，运转正常后方可作业。

（2）运转中出现异常声响和发生故障时，应立即停机检修。

（3）保养发动机或添加油料作业，必须在内燃机熄火后进行。加油时严禁烟火。

（4）操作人员应在平板振动夯前进方向的后面和侧面进行操作。

10.灰浆搅拌机

（1）作业前应检查安全防护装置，确认安全。

（2）倒出灰浆时，必须使用手柄摇动搅拌筒，不得用手扳动搅拌筒。

（3）作业中，严禁将手或木棒等物伸入灰浆搅拌机内。

11.水泵

（1）作业前应进行检查，泵座应稳固。水泵应按规定装设电气保护装置。夜间作业时，工作区应有充分照明。

（2）提升或下降潜水泵时必须切断电源，使用绝缘材料。严禁提拉电缆。

（3）潜水泵必须做好保护接零并装设漏电保护装置。潜水泵工作水域30m内不得有人畜进入。

（4）水泵运转中严禁从泵上跨越。升降吸水管时，操作人员必须站在有护栏的平台上。

（5）运转中出现故障时应立即切断电源，排除故障后方可再次合闸开机。检修必须由专职电工进行。

（6）作业后，应将电源关闭，将水泵安放妥善。

<table>
<tr><td colspan="2" rowspan="2">安全技术交底记录</td><td rowspan="2">编号</td><td>×××</td></tr>
<tr><td>共×页第×页</td></tr>
<tr><td>工程名称</td><td colspan="3">××市政基础设施工程××标段</td></tr>
<tr><td>施工单位</td><td colspan="3">××市政建设集团</td></tr>
<tr><td>交底提要</td><td>中小型机械操作工施工安全技术交底</td><td>交底日期</td><td>××年××月××日</td></tr>
</table>

12.电动砂轮锯及砂轮机

（1）作业前，必须检查绝缘情况，保护接零应良好；必须根据切割的材质选择适用的砂轮片。

（2）操作时，发现漏电、温度过高、转速突然下降、有异响等情况时，必须立即切断电源。检修工作由电工进行。

（3）作业时，不得在深度方向及前进方向同时给进，给进力不得过猛，冷却水流量应适宜；必须佩戴防护镜等防护用品，站在砂轮片的侧面。

（4）作业后关停机械，切断电源，锁好闸箱。

13.灰浆泵

（1）作业前应检查传动部分和料斗格栅网，确认安全。

（2）故障停机时，应打开泄浆阀卸压。压力未降到零时，严禁拆卸空气室、压力安全阀和管道。

（3）作业中应注意观察压力表，超压时应立即停机。

审核人	交底人	接受交底人
×××	×××	×××、×××……

第2章

机械设备使用安全技术交底

2.1 起重机械

2.1.1 起重机械通用安全操作技术交底

安全技术交底记录		编号	×××
			共×页第×页
工程名称	××市政基础设施工程××标段		
施工单位	××市政建设集团		
交底提要	起重机械通用安全操作技术交底	交底日期	××年××月××日

交底内容：

1．起重机械进入施工现场应具备特种设备制造许可证、产品合格证、特种设备制造监督检验证明、备案证明、说明书和自检合格证明。

2．起重机械有下列情形之一时，不得出租和使用：

（1）属国家明令淘汰或禁止使用的品种、型号；

（2）超过安全技术标准或制造厂规定的使用年限；

（3）经检验达不到安全技术标准规定；

（4）没有完整安全技术档案；

（5）没有齐全有效的安全保护装置。

3．起重机械的安全技术档案应包括下列内容：

（1）购销合同、特种设备制造许可证、产品合格证、特种设备制造监督检验证明、安装使用说明书、备案证明等原始资料；

（2）定期检验报告、定期自行检查记录、定期维护保养记录、维修和技术改造记录、运行故障和生产安全事故记录、累积运转记录等运行资料；

（3）历次安装验收资料。

4．安装单位应当按照安全技术标准及起重机械性能要求，编制起重机械安装、拆卸工程专项施工方案，并由本单位技术负责人签字；专项施工方案，安装、拆卸人员名单，安装、拆卸时间等材料报施工总承包单位和监理单位审核后，告知工程所在地县级以上地方人民政府建设主管部门。

起重机械安装完毕后，安装单位应当按照安全技术标准及安装使用说明书的有关要求对起重机械进行自检、调试和试运转。自检合格的，应当出具自检合格证明，并向使用单位进行安全使用说明。使用单位应当组织出租、安装、监理等有关单位进行验收，或者委托具有相应资质的检验检测机构进行验收。起重机械经验收合格后方可投人使用，未经验收或者验收不合格的不得使用。

安全技术交底记录		编号	××× 共×页第×页
工程名称	××市政基础设施工程××标段		
施工单位	××市政建设集团		
交底提要	起重机械通用安全操作技术交底	交底日期	××年××月××日

5. 起重机械的装拆应由具有起重设备安装工程承包资质的单位施工，操作和维修人员应持证上岗。

6. 起重机械的内燃机、电动机和电气、液压装置部分，应按《建筑机械使用安全技术规程》JGJ33-2012 的规定执行。

7. 选用起重机械时，其主要性能参数、利用等级、载荷状态、工作级别等应与建筑工程相匹配。

8. 施工现场应提供符合起重机械作业要求的通道和电源等工作场地和作业环境。基础与地基承载能力应满足起重机械的安全使用要求。

9. 操作人员在作业前应对行驶道路、架空电线、建（构）筑物等现场环境以及起吊重物进行全面了解。

10. 起重机械应装有音响清晰的信号装置。在起重臂、吊钩、平衡重等转动物体上应有鲜明的色彩标志。

11. 起重机械的变幅限位器、力矩限制器、起重量限制器、防坠安全器、钢丝绳防脱装置、防脱钩装置以及各种行程限位开关等安全保护装置，必须齐全有效，严禁随意调整或拆除。严禁利用限制器和限位装置代替操纵机构。起重机械安全装置见表 2-1-1。

表 2-1-1 起重机械安全装置一览表

起重机械＼安全装置	变幅限位器	力矩限制器	起重量限制器	上限位器	下限位器	防坠安全器	钢丝绳防脱装置	防脱钩装置
塔式起重机	●	●	●	●	○	○	●	●
施工升降机	○	○	●	●	●	●	●	○
桅杆式起重机	●	●	●	○	○	○	●	●
桥（门）式起重机	○	○	●	●	○	○	○	●
电动葫芦	○	○	●	●	●	○	○	●
物料提升机	○	○	●	●	●	●	●	○

注：●表示该起重机械有此安全装置；

○表示该起重机械无此安全装置。

<table>
<tr><td colspan="2" rowspan="2">安全技术交底记录</td><td rowspan="2">编号</td><td>×××</td></tr>
<tr><td>共×页第×页</td></tr>
<tr><td>工程名称</td><td colspan="3">××市政基础设施工程××标段</td></tr>
<tr><td>施工单位</td><td colspan="3">××市政建设集团</td></tr>
<tr><td>交底提要</td><td>起重机械通用安全操作技术交底</td><td>交底日期</td><td>××年××月××日</td></tr>
</table>

12．起重机械安装工、司机、信号司索工作业时应密切配合，按规定的指挥信号执行。当信号不清或错误时，操作人员应拒绝执行。

13．施工现场应采用旗语、口哨、对讲机等有效的联络措施确保通信畅通。

14．在风速达到 9.0m/s 及以上或大雨、大雪、大雾等恶劣天气时，严禁进行起重机械的安装拆卸作业。

15．在风速达到 12.0m/s 及以上或大雨、大雪、大雾等恶劣天气时，应停止露天的起重吊装作业。重新作业前，应先试吊，并应确认各种安全装置灵敏可靠后进行作业。

16．操作人员进行起重机械回转、变幅、行走和吊钩升降等动作前，应发出音响信号示意。

17．起重机械作业时，应在臂长的水平投影覆盖范围外设置警戒区域，并应有监护措施；起重臂和重物下方不得有人停留、工作或通过。不得用吊车、物料提升机载运人员。

18．不得使用起重机械进行斜拉、斜吊和起吊埋设在地下或凝固在地面上的重物以及其他不明重量的物体。

19．起吊重物应绑扎平稳、牢固，不得在重物上再堆放或悬挂零星物件。易散落物件应使用吊笼吊运。标有绑扎位置的物件，应按标记绑扎后吊运。吊索的水平夹角宜为 45°～60°，不得小于 30°，吊索与物件棱角之间应加保护垫料。

20．起吊载荷达到起重机械额定起重量的 90%及以上时，应先将重物吊离地面不大于200mm，检查起重机械的稳定性和制动可靠性，并应在确认重物绑扎牢固平稳后再继续起吊。对大体积或易晃动的重物应拴拉绳。

21．重物的吊运速度应平稳、均匀，不得突然制动。回转未停稳前，不得反向操作。

22．起重机械作业时，在遇突发故障或突然停电时，应立即把所有控制器拨到零位，并及时关闭发动机或断开电源总开关，然后进行检修。起吊物不得长时间悬挂在空中，应采取措施将重物降落到安全位置。

23．起重机械的任何部位与架空输电导线的安全距离应符合现行行业标准《施工现场临时用电安全技术规范》JGJ46 的规定。

24．起重机械使用的钢丝绳，应有钢丝绳制造厂提供的质量合格证明文件。

25．起重机械使用的钢丝绳，其结构形式、强度、规格等应符合起重机使用说明书的要求。钢丝绳与卷筒应连接牢固，放出钢丝绳时，卷筒上应至少保留三圈，收放钢丝绳时应防止钢丝绳损坏、扭结、弯折和乱绳。

<table>
<tr><td colspan="2" rowspan="2">安全技术交底记录</td><td rowspan="2">编号</td><td>×××</td></tr>
<tr><td>共×页第×页</td></tr>
<tr><td>工程名称</td><td colspan="3">××市政基础设施工程××标段</td></tr>
<tr><td>施工单位</td><td colspan="3">××市政建设集团</td></tr>
<tr><td>交底提要</td><td>起重机械通用安全操作技术交底</td><td>交底日期</td><td>××年××月××日</td></tr>
</table>

26．钢丝绳采用编结固接时，编结部分的长度不得小于钢丝绳直径的 20 倍，并不应小于 300mm，其编结部分应用细钢丝捆扎。当采用绳卡固接时，与钢丝绳直径匹配的绳卡数量应符合表 2-1-2 的规定，绳卡间距应是 6 倍～7 倍钢丝绳直径，最后一个绳卡距绳头的长度不得小于 140mm。绳卡滑鞍（夹板）应在钢丝绳承载时受力的一侧，U 形螺栓应在钢丝绳的尾端，不得正反交错。绳卡初次固定后，应待钢丝绳受力再次紧固，并宜拧紧到使尾端钢丝绳受压处直径高度压扁 1/3。作业中应经常检查紧固情况。

表 2-1-2　与绳径匹配的绳卡数

钢筋绳公称直径（mm）	≤18	＞18～26	＞26～36	＞36～44	＞44～60
最少绳卡数（个）	3	4	5	6	7

27. 每班作业前，应检查钢丝绳及钢丝绳的连接部位。钢丝绳报废标准按现行国家标准《起重机钢丝绳保养、维护、安装、检验和报废》GB/T 5972 的规定执行。

28．在转动的卷筒上缠绕钢丝绳时，不得用手拉或脚踩引导钢丝绳，不得给正在运转的钢丝绳涂抹润滑脂。

29．建设部 2007 年第 659 号公告《建设部关于发布建设事业“十一五”推广应用和限用禁止使用技术（第一批）的公告》的规定，超过一定使用年限的塔式起重机：630kN・m（不含 630kN・m）、出厂年限超过 10 年（不含 10 年）的塔式起重机；630kN・m～1250kN・m（不含 1250kN・m）、出厂年限超过 15 年（不含 15 年）的塔式起重机；1250kN・m 以上、出厂年限超过 20 年（不含 20 年）的塔式起重机。由于使用年限过久，存在设备结构疲劳、锈蚀、变形等安全隐患。超过年限的由有资质评估机构评估合格后，可继续使用。超过一定使用年限的施工升降机：出厂年限超过 8 年（不含 8 年）的 SC 型施工升降机，传动系统磨损严重，钢结构疲劳、变形、腐蚀等较严重，存在安全隐患；出厂年限超过 5 年（不含 5 年）的 SS 型施工升降机，使用时间过长造成结构件疲劳、变形、腐蚀等较严重，运动件磨损严重，存在安全隐患。超过年限的由有资质评估机构评估合格后，可继续使用。

30．起重机械的吊钩和吊环严禁补焊，当出现下列情况之一时应更换：

（1）表面有裂纹、破口；

（2）危险断面及钩颈永久变形；

<table>
<tr><td colspan="2" rowspan="2">安全技术交底记录</td><td rowspan="2">编号</td><td>×××</td></tr>
<tr><td>共×页第×页</td></tr>
<tr><td>工程名称</td><td colspan="3">××市政基础设施工程××标段</td></tr>
<tr><td>施工单位</td><td colspan="3">××市政建设集团</td></tr>
<tr><td>交底提要</td><td>起重机械通用安全操作技术交底</td><td>交底日期</td><td>××年××月××日</td></tr>
<tr><td colspan="4">

（3）挂绳处断面磨损超过高度10%；

（4）吊钩衬套磨损超过原厚度50%；

（5）销轴磨损超过其直径的5%。

31．起重机械使用时，每班都应对制动器进行检查制动器的零件出现下列情况之一时，应作报废处理：

（1）裂纹；

（2）制动器摩擦片厚度磨损达原厚度50%；

（3）弹簧出现塑性变形；

（4）小轴或轴孔直径磨损达原直径的5%。

32．起重机械制动轮的制动摩擦面不应有妨碍制动性能的缺陷或沾染油污。制动轮出现下列情况之一时，应作报废处理：

（1）裂纹；

（2）起升、变幅机构的制动轮，轮缘厚度磨损大于原厚度的40%；

（3）其他机构的制动轮，轮缘厚度磨损大于原厚度的50%；

（4）轮面凹凸不平度达1.5mm～2.0mm（小直径取小值，大直径取大值）。

</td></tr>
</table>

审核人	交底人	接受交底人
×××	×××	×××、×××……

2.1.2 汽车、轮胎式起重机安全操作技术交底

<table>
<tr><td colspan="2" rowspan="2">安全技术交底记录</td><td rowspan="2">编号</td><td>×××</td></tr>
<tr><td>共×页第×页</td></tr>
<tr><td>工程名称</td><td colspan="3">××市政基础设施工程××标段</td></tr>
<tr><td>施工单位</td><td colspan="3">××市政建设集团</td></tr>
<tr><td>交底提要</td><td>汽车、轮胎式起重机安全操作技术交底</td><td>交底日期</td><td>××年××月××日</td></tr>
<tr><td colspan="4">交底内容：
1．起重机械工作的场地应保持平坦坚实，符合起重时的受力要求；起重机械应与沟渠、基坑保持安全距离。
2．起重机械启动前应重点检查下列项目，并应符合相应要求：
（1）各安全保护装置和指示仪表应齐全完好；
（2）钢丝绳及连接部位应符合规定；
（3）燃油、润滑油、液压油及冷却水应添加充足；
（4）各连接件不得松动；
（5）轮胎气压应符合规定；
（6）起重臂应可靠搁置在支架上。
3．起重机械启动前，应将各操纵杆放在空挡位置，手制动器应锁死，应按规定启动内燃机。应在怠速运转 3min～5min 后进行中高速运转，并应在检查各仪表指示值，确认运转正常后接合液压泵，液压达到规定值，油温超过 30℃时，方可作业。
4．作业前，应全部伸出支腿，调整机体使回转支撑面的倾斜度在无载荷时不大于 1/1000（水准居中）。支腿的定位销必须插上。底盘为弹性悬挂的起重机，插支腿前应先收紧稳定器。
5．作业中不得扳动支腿操纵阀。调整支腿时应在无载荷时进行，应先将起重臂转至正前方或正后方之后，再调整支腿。
6．起重作业前，应根据所吊重物的重量和起升高度，并应按起重性能曲线，调整起重臂长度和仰角；应估计吊索长度和重物本身的高度，留出适当起吊空间。
7．起重臂顺序伸缩时，应按使用说明书进行，在伸臂的同时应下降吊钩。当制动器发出警报时，应立即停止伸臂。
8．汽车式起重机变幅角度不得小于各长度所规定的仰角。
9．汽车式起重机起吊作业时，汽车驾驶室内不得有人，重物不得超越汽车驾驶室上方，且不得在车的前方起吊。
10．起吊重物达到额定起重量的 50%及以上时，应使用低速挡。
11．作业中发现起重机倾斜、支腿不稳等异常现象时，应在保证作业人员安全的情况下，将重物降至安全的位置。</td></tr>
</table>

<table>
<tr><td colspan="2" rowspan="2">安全技术交底记录</td><td rowspan="2">编号</td><td>×××</td></tr>
<tr><td>共×页第×页</td></tr>
<tr><td>工程名称</td><td colspan="3">××市政基础设施工程××标段</td></tr>
<tr><td>施工单位</td><td colspan="3">××市政建设集团</td></tr>
<tr><td>交底提要</td><td>汽车、轮胎式起重机安全操作技术交底</td><td>交底日期</td><td>××年××月××日</td></tr>
<tr><td colspan="4">
12．当重物在空中需停留较长时间时，应将起升卷筒制动锁住，操作人员不得离开操作室。
13．起吊重物达到额定起重量的90%以上时，严禁向下变幅，同时严禁进行两种及以上的操作动作。
14．起重机械带载回转时，操作应平稳，应避免急剧回转或急停，换向应在停稳后进行。
15．起重机械带载行走时，道路应平坦坚实，载荷应符合使用说明书的规定，重物离地面不得超过500mm，并应拴好拉绳，缓慢行驶。
16．作业后，应先将起重臂全部缩回放在支架上，再收回支腿；吊钩应使用钢丝绳挂牢；车架尾部两撑杆应分别撑在尾部下方的支座内，并应采用螺母固定；阻止机身旋转的销式制动器应插入销孔，并应将取力器操纵手柄放在脱开位置，最后应锁住起重操作室门。
17．起重机械行驶前，应检查确认各支腿收存牢固，轮胎气压应符合规定。行驶时，发动机水温应在80℃～90℃范围内，当水温未达到80℃时，不得高速行驶。
18．起重机械应保持中速行驶，不得紧急制动，过铁道口或起伏路面时应减速，下坡时严禁空挡滑行，倒车时应有人监护指挥。
19．行驶时，底盘走台上不得有人员站立或蹲坐，不得堆放物件。
</td></tr>
</table>

审核人	交底人	接受交底人
×××	×××	×××、×××……

2.1.3 履带式起重机安全操作技术交底

安全技术交底记录		编号	×××
			共×页第×页
工程名称	××市政基础设施工程××标段		
施工单位	××市政建设集团		
交底提要	履带式起重机安全操作技术交底	交底日期	××年××月××日

交底内容：

1. 起重机械应在平坦坚实的地面上作业，行走和停放。作业时，坡度不得大于3°，起重机械应与沟渠、基坑保持安全距离。

2. 起重机械启动前应重点检查下列项目，并应符合相应要求：

（1）各安全防护装置及各指示仪表应齐全完好；

（2）钢丝绳及连接部位应符合规定；

（3）燃油、润滑油、液压油、冷却水等应添加充足；

（4）各连接件不得松动；

（5）在回转空间范围内不得有障碍物。

3. 起重机械启动前应将主离合器分离，各操纵杆放在空挡位置。

4. 内燃机启动后，应检查各仪表指示值，应在运转正常后接合主离合器，空载运转时，应按顺序检查各工作机构及制动器，应在确认正常后作业。

5. 作业时，起重臂的最大仰角不得超过使用说明书的规定。当无资料可查时，不得超过78°。

6. 起重机的变幅机构一般采用蜗杆减速器和自动常闭带式制动器，这种制动器仅能起辅助作用，如果操作中在起重臂未停稳前即换挡，由于起重臂下降的惯性超过了辅助制动器的摩擦力，将造成起重臂失控摔坏的事故。

7. 起重机械工作时，在行走、起升、回转及变幅四种动作中，应只允许不超过两种动作的复合操作。当负荷超过该工况额定负荷的90%及以上时，应慢速升降重物，严禁超过两种动作的复合操作和下降起重臂。

8. 在重物起升过程中，操作人员应把脚放在制动踏板上，控制起升高度，防止吊钩冒顶。当重物悬停空中时，即使制动踏板被固定，仍应脚踩在制动踏板上。

9. 采用双机抬吊作业时，应选用起重性能相似的起重机进行。抬吊时应统一指挥，动作应配合协调，载荷应分配合理，起吊重量不得超过两台起重机在该工况下允许起重量总和的75%，单机的起吊载荷不得超过允许载荷的80%。在吊装过程中，两台起重机的吊钩滑轮组应保持垂直状态。

10. 起重机械行走时，转弯不应过急；当转弯半径过小时，应分次转弯。

<table>
<tr><td colspan="2">安全技术交底记录</td><td>编号</td><td>×××
共×页第×页</td></tr>
<tr><td>工程名称</td><td colspan="3">××市政基础设施工程××标段</td></tr>
<tr><td>施工单位</td><td colspan="3">××市政建设集团</td></tr>
<tr><td>交底提要</td><td>履带式起重机安全操作技术交底</td><td>交底日期</td><td>××年××月××日</td></tr>
<tr><td colspan="4">11．起重机械不宜长距离负载行驶。起重机械负载时应缓慢行驶，起重量不得超过相应工况额定起重量的70%，起重臂应位于行驶方向正前方，载荷离地面高度不得大于500mm，并应拴好拉绳。
12．起重机械上、下坡道时应无载行走，上坡时应将起重臂仰角适当放小，下坡时应将起重臂仰角适当放大。下坡严禁空挡滑行。在坡道上严禁带载回转。
13．作业结束后，起重臂应转至顺风方向，并应降至40°～60°之间，吊钩应提升到接近顶端的位置，关停内燃机，并应将各操纵杆放在空挡位置，各制动器应加保险固定，操作室和机棚应关门加锁。
14．起重机械转移工地，应采用火车或平板拖车运输，所用跳板的坡度不得大于15°；起重机械装上车后，应将回转、行止、变幅等机构制动，应采用木楔楔紧履带两端，并应绑扎牢固；吊钩不得悬空摆动。
15．起重机械自行转移时，应卸去配重，拆短起重臂，主动轮应在后面，机身、起重臂、吊钩等必须处于制动位置，并应加保险固定。
16．起重机械通过桥梁、水坝、排水沟等构筑物时，应先查明允许载荷后再通过，必要时应采取加固措施。通过铁路、地下水管、电缆等设施时，应铺设垫板保护，机械在上面行走时不得转弯。</td></tr>
</table>

审核人	交底人	接受交底人
×××	×××	×××、×××……

2.1.4 桅杆式起重机安全操作技术交底

安全技术交底记录		编号	×××
			共×页第×页
工程名称	××市政基础设施工程××标段		
施工单位	××市政建设集团		
交底提要	桅杆式起重机安全操作技术交底	交底日期	××年××月××日

交底内容：

1．桅杆式起重机应按现行国家标准《起重机设计规范》GB/T3811 的规定进行设计，确定其使用范围及工作环境。

2．桅杆式起重机专项方案必须按规定程序审批，并应经专家论证后实施。施工单位必须指定安全技术人员对桅杆式起重机的安装、使用和拆卸进行现场监督和监测。

3．专项方案应包含下列主要内容：

（1）工程概况、施工平面布置；

（2）编制依据；

（3）施工计划；

（4）施工技术参数、工艺流程；

（5）施工安全技术措施；

（6）劳动力计划；

（7）计算书及相关图纸。

4．桅杆式起重机的卷扬机应符合《建筑机械使用安全技术规程》JGJ33-2012 的有关规定。

5．桅杆式起重机的安装和拆卸应划出警戒区，清除周围的障碍物，在专人统一指挥下，应按使用说明书和装拆方案进行。

6．桅杆式起重机的基础应符合专项方案的要求。

7．缆风绳的规格、数量及地锚的拉力、埋设深度等应按照起重机性能经过计算确定，缆风绳与地面的夹角不得大于 60°，缆绳与桅杆和地锚的连接应牢固。地锚不得使用膨胀螺栓、定滑轮。

8．缆风绳的架设应避开架空电线。在靠近电线的附近，应设置绝缘材料搭设的护线架。

9．桅杆式起重机安装后应进行试运转，使用前应组织验收。

10．提升重物时，吊钩钢丝绳应垂直，操作应平稳；当重物吊起离开支承面时，应检查并确认各机构工作正常后，继续起吊。

11．在起吊额定起重量的 90%及以上重物前，应安排专人检查地锚的牢固程度。起吊时，缆风绳应受力均匀，主杆应保持直立状态。

<table>
<tr><td colspan="2">安全技术交底记录</td><td>编号</td><td>×××
共×页第×页</td></tr>
<tr><td>工程名称</td><td colspan="3">××市政基础设施工程××标段</td></tr>
<tr><td>施工单位</td><td colspan="3">××市政建设集团</td></tr>
<tr><td>交底提要</td><td>桅杆式起重机安全操作技术交底</td><td>交底日期</td><td>××年××月××日</td></tr>
<tr><td colspan="4">12．作业时，桅杆式起重机的回转钢丝绳应处于拉紧状态。回转装置应有安全制动控制器。
13．起重作业在小范围移动时，可以采用调整缆风绳长度的方法使主杆在直立状况下稳步移动。如距离较远时，由于缆风绳的限制，只能采用拆卸转运后重新安装。桅杆式起重机移动时，应用满足承重要求的枕木排和滚杠垫在底座，并将起重臂收紧处于移动方向的前方。移动时，桅杆不得倾斜，缆风绳的松紧应配合一致。
14．缆风钢丝绳安全系数不应小于3.5，起升、锚固、吊索钢丝绳安全系数不应小于8。</td></tr>
</table>

审核人	交底人	接受交底人
×××	×××	×××、×××……

2.1.5 门式、桥式起重机与电动葫芦安全操作技术交底

安全技术交底记录		编号	××× 共×页第×页
工程名称	××市政基础设施工程××标段		
施工单位	××市政建设集团		
交底提要	门式、桥式起重机与电动葫芦安全操作技术交底	交底日期	××年××月××日

交底内容：

1．起重机路基和轨道的铺设应符合使用说明书的规定，轨道接地电阻不得大于4Ω。

2．门式起重机的电缆应设有电缆卷筒，配电箱应设置在轨道中部。

3．用滑线供电的起重机应在滑线的两端标有鲜明的颜色，滑线应设置防护装置，防止人员及吊具钢丝绳与滑线意外接触。

4．轨道应平直，鱼尾板连接螺栓不得松动，轨道和起重机运行范围内不得有障碍物。

5．门式、桥式起重机作业前应重点检查下列项目，并应符合相应要求：

（1）机械结构外观应正常，各连接件不得松动；

（2）钢丝绳外表情况应良好，绳卡应牢固；

（3）各安全限位装置应齐全完好。

6．操作室内应垫木板或绝缘板，接通电源后应采用试电笔测试金属结构部分，并应确认无漏电现象；上、下操作室应使用专用扶梯。

7．作业前，应进行空载试运转，检查并确认各机构运转正常，制动可靠，各限位开关灵敏有效。

8．在提升大件时不得用快速，并应拴拉绳防止摆动。

9．吊运易燃、易爆、有害等危险品时，应经安全主管部门批准，并应有相应的安全措施。

10．吊运路线不得从人员、设备上面通过；空车行走时，吊钩应离地面2m以上。

11．吊运重物应平稳、慢速，行驶中不得突然变速或倒退。两台起重机同时作业时，应保持5m以上距离。不得用一台起重机顶推另一台起重机。

12．起重机行走时，两侧驱动轮应保持同步，发现偏移应及时停止作业，调整修理后继续使用。

13．作业中，人员不得从一台桥式起重机跨越到另一台桥式起重机。

14．操作人员进入桥架前应切断电源。

15．门式、桥式起重机的主梁挠度超过规定值时，应修复后使用。

16．作业后，门式起重机应停放在停机线上，用夹轨器锁紧；桥式起重机应将小车停放在两条轨道中间，吊钩提升到上部位置。吊钩上不得悬挂重物。

<table>
<tr><td colspan="2">安全技术交底记录</td><td>编号</td><td>×××
共×页第×页</td></tr>
<tr><td>工程名称</td><td colspan="3">××市政基础设施工程××标段</td></tr>
<tr><td>施工单位</td><td colspan="3">××市政建设集团</td></tr>
<tr><td>交底提要</td><td>门式、桥式起重机与电动葫芦安全操作技术交底</td><td>交底日期</td><td>××年××月××日</td></tr>
<tr><td colspan="4">17．作业后，应将控制器拨到零位，切断电源，应关闭并锁好操作室门窗。
18．电动葫芦使用前应检查机械部分和电气部分，钢丝绳、链条，吊钩、限位器等应完好，电气部分应无漏电，接地装置应良好。
19．电动葫芦应设缓冲器，轨道两端应设挡板。
20．第一次吊重物时，应在吊离地面 100mm 时停止上升，检查电动葫芦制动情况，确认完好后再正式作业。露天作业时，电动葫芦应没有防雨棚。
21．电动葫芦起吊时，手不得握在绳索与物体之间，吊物上升时应防止冲顶。
22．电动葫芦吊重物行走时，重物离地不宜超过 1.5m 高。工作间歇不得将重物悬挂在空中。
23．电动葫芦作业中发生异味、高温等异常情况时，应立即停机检查，排除故障后继续使用。
24．使用悬挂电缆电气控制开关时，绝缘应良好，滑动应自如，人站立位置的后方应有 2m 的空地，并应能正确操作电钮。
25．在起吊中，由于故障造成重物失控下滑时，应采取紧急措施，向无人处下放重物。
26．在起吊中不得急速升降。
27．电动葫芦在额定载荷制动时，下滑位移量不应大于 80mm。
28．作业完毕后，电动葫芦应停放在指定位置，吊钩升起，并切断电源，锁好开关箱。</td></tr>
</table>

审核人	交底人	接受交底人
×××	×××	×××、×××……

2.1.6 卷扬机安全操作技术交底

<table>
<tr><td colspan="2" rowspan="2">安全技术交底记录</td><td rowspan="2">编号</td><td>×××</td></tr>
<tr><td>共×页第×页</td></tr>
<tr><td>工程名称</td><td colspan="3">××市政基础设施工程××标段</td></tr>
<tr><td>施工单位</td><td colspan="3">××市政建设集团</td></tr>
<tr><td>交底提要</td><td>卷扬机安全操作技术交底</td><td>交底日期</td><td>××年××月××日</td></tr>
</table>

交底内容：

1．卷扬机地基与基础应平整、坚实，场地应排水畅通，地锚应设置可靠。卷扬机应搭设防护棚。

2．操作人员的位置应在安全区域，视线应良好。

3．卷扬机卷筒中心线与导向滑轮的轴线应垂直，且导向滑轮的轴线应在卷筒中心位置，钢丝绳的出绳偏角应符合表 2-1-3 的规定。

表 2-1-3　卷扬机钢丝绳出绳偏角限制

排绳方式	槽面卷筒	光面卷筒	
		自然排绳	排绳器排绳
出绳偏角	≤4°	≤2°	≤4°

4．作业前，应检查卷扬机与地面的固定、弹性联轴器的连接应牢固，并应检查安全装置、防护设施、电气线路、接零或接地装置、制动装置和钢丝绳等并确认全部合格后再使用。

5．卷扬机至少应装有一个常闭式制动器。

6．卷扬机的传动部分及外露的运动件应设防护罩。

7．卷扬机应在司机操作方便的地方安装能迅速切断总控制电源的紧急断电开关，并不得使用倒顺开关。

8．钢丝绳卷绕在卷筒上的安全圈数不得少于 3 圈。钢丝绳末端应固定可靠。不得用手拉钢丝绳的方法卷绕钢丝绳。

9．钢丝绳不得与机架、地面摩擦，通过道路时，应设过路保护装置，

10．建筑施工现场不得使用摩擦式卷扬机。

11．卷筒上的钢丝绳应排列整齐，当重叠或斜绕时，应停机重新排列，不得在转动中用手拉脚踩钢丝绳。

12．作业中，操作人员不得离开卷扬机，物件或吊笼下面不得有人员停留或通过。休息时，应将物件或吊笼降至地面。

13．作业中如发现异响、制动失灵、制动带或轴承等温度剧烈上升等异常情况时，应立即停机检查，排除故障后再使用。

14．作业中停电时，应将控制手柄或按钮置于零位，并应切断电源，将物件或吊笼降至地面。

15．作业完毕，应将物件或吊笼降至地面，并应切断电源，锁好开关箱。

审核人	交底人	接受交底人
×××	×××	×××、×××……

2.1.7 塔式起重机安全操作技术交底

<table>
<tr><td colspan="2" rowspan="2">安全技术交底记录</td><td rowspan="2">编号</td><td>×××</td></tr>
<tr><td>共×页第×页</td></tr>
<tr><td>工程名称</td><td colspan="3">××市政基础设施工程××标段</td></tr>
<tr><td>施工单位</td><td colspan="3">××市政建设集团</td></tr>
<tr><td>交底提要</td><td>塔式起重机安全操作技术交底</td><td>交底日期</td><td>××年××月××日</td></tr>
</table>

交底内容：

1．塔式起重机的安装

（1）安装前应根据专项施工方案，对塔式起重机基础的下列项目进行检查，确认合格后方可实施：

1）基础的位置、标高、尺寸、路基和轨道铺设；

2）基础的隐蔽工程验收记录和混凝土强度报告等相关资料；

3）安装辅助设备的基础、地基承载力、预埋件等；

4）基础的排水措施；

5）应对所安装塔式起重机的各机构、结构焊缝、重要部位螺栓、销轴、卷扬机构和钢丝绳、吊钩、吊具、电气设备、线路等；

6）应对自升塔式起重机顶升液压系统的液压缸和油管、顶升套架结构、导向轮、顶升支撑（爬爪）等进行检查；

7）安装人员应使用合格的工具、安全带、安全帽；

8）安装作业中配备的起重机械等辅助机械应状况，技术性能；

9）安装现场的电源电压、运输道路、作业场地等作业条件；

10）安全监督岗的设置及安全技术措施的贯彻落实。

（2）安装作业，应根据专项施工方案要求实施。安装作业人员应分工明确、职责清楚。安装前应对安装作业人员进行安全技术交底。

（3）安装辅助设备就位后，应对其机械和安全性能进行检验，合格后方可作业。

（4）安装所使用的钢丝绳、卡环、吊钩和辅助支架等起重机具均应符合规定，并应经检查合格后方可使用。

（5）安装作业中应统一指挥，明确指挥信号。当视线受阻、距离过远时，应采用对讲机或多级指挥。

（6）塔式起重机的独立高度、悬臂高度应符合使用说明书的要求。塔式起重机的独立高度指的是塔式起重机未附墙之前处于独立工作状态时的塔身高度；塔式起重机的悬臂高度指的是塔式起重机附墙后最上面一道附着点之上塔身部分的高度。

（7）雨雪、浓雾天气严禁进行安装作业。安装时塔式起重机最大高度处的风速应符合使用说明书的要求，且风速不得超过12m/s。

<table>
<tr><td colspan="2" rowspan="2">安全技术交底记录</td><td rowspan="2">编号</td><td>×××</td></tr>
<tr><td>共×页第×页</td></tr>
<tr><td>工程名称</td><td colspan="3">××市政基础设施工程××标段</td></tr>
<tr><td>施工单位</td><td colspan="3">××市政建设集团</td></tr>
<tr><td>交底提要</td><td>塔式起重机安全操作技术交底</td><td>交底日期</td><td>××年××月××日</td></tr>
</table>

（8）塔式起重机不宜在夜间进行安装作业；当需在夜间进行塔式起重机安装和拆卸作业时，应保证提供足够的照明。

（9）当遇特殊情况安装作业不能连续进行时，必须将已安装的部位固定牢靠并达到安全状态，经检查确认无隐患后，方可停止作业。

（10）电气设备应按使用说明书的要求进行安装，安装所用的电源线路应符合现行行业标准《施工现场临时用电安全技术规范》JGJ46 的要求。

（11）塔式起重机的安全装置必须齐全，并应按程序进行调试合格。

（12）连接件及其防松防脱件严禁用其他代用品代用。连接件及其防松防脱件应使用力矩扳手或专用工具紧固连接螺栓。

2．塔式起重机升降作业

（1）顶升系统必须完好；

（2）结构件必须完好；

（3）顶升前，塔式起重机下支座与顶升套架应可靠连接；

（4）顶升前，应确保顶升横梁搁置正确；

（5）顶升前，应将塔式起重机配平；顶升过程中，应确保塔式起重机的平衡；

（6）顶升加节的顺序，应符合使用说明书的规定；

（7）顶升过程中，不应进行起升、回转、变幅等操作；

（8）顶升结束后，应将标准节与回转下支座可靠连接；

（9）塔式起重机加节后需进行附着的，应按照先装附着装置、后顶升加节的顺序进行，附着装置的位置和支撑点的强度应符合要求；

（10）升降作业完毕后，应按规定扭力紧固各连接螺栓，应将液压操纵杆扳到中间位置，并应切断液压升降机构电源；

（11）升降作业应有专人指挥，专人操作液压系统，专人拆装螺栓。非作业人员不得登上顶升套架的操作平台。操作室内应只准一人操作；

（12）升降作业应在白天进行；

（13）顶升前应预先放松电缆，电缆长度应大于顶升总高度，并应紧固好电缆。下降时应适时收紧电缆；

（14）升降作业前，应对液压系统进行检查和试机，应在空载状态下将液压缸活塞杆伸缩 3 次～4 次，检查无误后，再将液压缸活塞杆通过顶升梁借助顶升套架的支撑，顶起载荷 100mm～150mm，停 10min，观察液压缸载荷是否有下滑现象；

安全技术交底记录		编号	×××
			共×页第×页
工程名称	××市政基础设施工程××标段		
施工单位	××市政建设集团		
交底提要	塔式起重机安全操作技术交底	交底日期	××年××月××日

（15）升降作业时，应调整好顶升套架滚轮与塔身标准节的间隙，并应按规定要求使起重臂和平衡臂处于平衡状态，将回转机构制动。当回转台与塔身标准节之间的最后一处连接螺栓（销轴）拆卸困难时，应将最后一处连接螺栓（销轴）对角方向的螺栓重新插入，再采取其他方法进行拆卸。不得用旋转起重臂的方法松动螺栓（销轴）；

（16）顶升撑脚（爬爪）就位后，应及时插上安全销，才能继续升降作业。

3．塔式起重机的附着

塔式起重机的附着装置应符合下列规定：

（1）附着建筑物的锚固点的承载能力应满足塔式起重机技术要求。附着装置的布置方式应按使用说明书的规定执行。当有变动时，应另行设计；

（2）附着杆件与附着支座（锚固点）应采取销轴铰接；

（3）安装附着框架和附着杆件时，应用经纬仪测量塔身垂直度，并应利用附着杆件进行调整，在最高锚固点以下垂直度允许偏差为2/1000；

（4）安装附着框架和附着支座时，各道附着装置所在平面与水平面的夹角不得超过10°；

（5）附着框架宜设置在塔身标准节连接处，并应箍紧塔身；

（6）塔身顶升到规定附着间距时，应及时增设附着装置。塔身高出附着装置的自由端高度，应符合使用说明书的规定；

（7）塔式起重机作业过程中，应经常检查附着装置，发现松动或异常情况时，应立即停止作业，故障未排除，不得继续作业；

（8）拆卸塔式起重机时，应随着降落塔身的进程拆卸相应的附着装置。严禁在落塔之前先拆附着装置；

（9）附着装置的安装、拆卸、检查和调整应有专人负责；

（10）行走式塔式起重机作固定式塔式起重机使用时，应提高轨道基础的承载能力，切断行走机构的电源，并应设置阻挡行走轮移动的支座。

4．塔式起重机内爬升

塔式起重机内爬升时应符合下列规定：

（1）内爬升作业时，信号联络应通畅；

（2）内爬升过程中，严禁进行塔式起重机的起升、回转、变幅等各项动作；

（3）塔式起重机爬升到指定楼层后，应立即拔出塔身底座的支承梁或支腿，通过内爬升框架及时固定在结构上，并应顶紧导向装置或用楔块塞紧；

（4）内爬升塔式起重机的塔身固定间距应符合使用说明书要求；

<table>
<tr><td colspan="2" rowspan="2">安全技术交底记录</td><td rowspan="2">编号</td><td>×××</td></tr>
<tr><td>共×页第×页</td></tr>
<tr><td>工程名称</td><td colspan="3">××市政基础设施工程××标段</td></tr>
<tr><td>施工单位</td><td colspan="3">××市政建设集团</td></tr>
<tr><td>交底提要</td><td>塔式起重机安全操作技术交底</td><td>交底日期</td><td>××年××月××日</td></tr>
<tr><td colspan="4">（5）应对设置内爬升框架的建筑结构进行承载力复核，并应根据计算结果采取相应的加固措施。
5．塔式起重机的使用
（1）塔式起重机起重司机、起重信号工、司索工等操作人员应取得特种作业人员资格证书，严禁无证上岗。
（2）塔式起重机使用前，应对起重司机、起重信号工、司索工等作业人员进行安全技术交底。
（3）塔式起重机的力矩限制器、重量限制器、变幅限位器、行走限位器、高度限位器等安全保护装置不得随意调整和拆除，严禁用限位装置代替操纵机构。
（4）塔式起重机回转、变幅、行走、起吊动作前应示意警示。起吊时应统一指挥，明确指挥信号；当指挥信号不清楚时，不得起吊。
（5）塔式起重机起吊前，当吊物与地面或其他物件之间存在吸附力或摩擦力而未采取处理措施时，不得起吊。
（6）塔式起重机起吊前，应对安全装置进行检查，确认合格后方可起吊；安全装置失灵时，不得起吊。
（7）塔式起重机起吊前，应对吊具与索具进行检查，确认合格后方可起吊；当吊具与索具不符合相关规定的，不得用于起吊作业。
（8）作业中遇突发故障，应采取措施将吊物降落到安全地点，严禁吊物长时间悬挂在空中。
（9）遇有风速在12m/s及以上的大风或大雨、大雪、大雾等恶劣天气时，应停止作业。雨雪过后，应先经过试吊，确认制动器灵敏可靠后方可进行作业。夜间施工应有足够照明，照明的安装应符合现行行业标准《施工现场临时用电安全技术规范》JGJ46的要求。
（10）塔式起重机不得起吊重量超过额定载荷的吊物，且不得起吊重量不明的吊物。
（11）在吊物载荷达到额定载荷的90%时，应先将吊物吊离地面200mm～500mm后，检查机械状况、制动性能、物件绑扎情况等，确认无误后方可起吊。对有晃动的物件，必须拴拉溜绳使之稳固。
（12）物件起吊时应绑扎牢固，不得在吊物上堆放或悬挂其他物件；零星材料起吊时，必须用吊笼或钢丝绳绑扎牢固。当吊物上站人时不得起吊。
（13）标有绑扎位置或记号的物件，应按标明位置绑扎。钢丝绳与物件的夹角宜为45°～60°，且不得小于30°。吊索与吊物棱角之间应有防护措施；未采取防护措施的，不得起吊。</td></tr>
</table>

<table>
<tr><td colspan="2" rowspan="2">安全技术交底记录</td><td rowspan="2">编号</td><td>×××</td></tr>
<tr><td>共×页第×页</td></tr>
<tr><td>工程名称</td><td colspan="3">××市政基础设施工程××标段</td></tr>
<tr><td>施工单位</td><td colspan="3">××市政建设集团</td></tr>
<tr><td>交底提要</td><td>塔式起重机安全操作技术交底</td><td>交底日期</td><td>××年××月××日</td></tr>
<tr><td colspan="4">（14）作业完毕后，应松开回转制动器，各部件应置于非工作状态，控制开关应置于零位，并应切断总电源。
（15）行走式塔式起重机停止作业时，应锁紧夹轨器。
（16）当塔式起重机使用高度超过 30m 时，应配置障碍灯，起重臂根部铰点高度超过 50m 时应配备风速仪。
（17）严禁在塔式起重机塔身上附加广告牌或其他标语牌。
（18）每班作业应作好例行保养，并应作好记录。记录的主要内容应包括结构件外观、安全装置、传动机构、连接件、制动器、索具、夹具、吊钩、滑轮、钢丝绳、液位、油位、油压、电源、电压等。
（19）实行多班作业的设备，应执行交接班制度，认真填写交接班记录，接班司机经检查确认无误后，方可开机作业。
（20）塔式起重机应实施各级保养。转场时，应作转场保养，并应有记录。
（21）塔式起重机的主要部件和安全装置等应进行经常性检查，每月不得少于一次，并应有记录；当发现有安全隐患时，应及时进行整改。
（22）当塔式起重机使用周期超过一年时，应进行一次全面检查，合格后方可继续使用。
（23）当使用过程中塔式起重机发生故障时，应及时维修，维修期间应停止作业。</td></tr>
</table>

审核人	交底人	接受交底人
×××	×××	×××、×××……

2.2 运输机械

2.2.1 运输机械通用安全操作技术交底

安全技术交底记录		编号	×××
			共×页第×页
工程名称	××市政基础设施工程××标段		
施工单位	××市政建设集团		
交底提要	运输机械通用安全操作技术交底	交底日期	××年××月××日

交底内容：

1．各类运输机械应有完整的机械产品合格证以及相关的技术资料。

2．启动前应重点检查下列项目，并应符合相应要求：

（1）车辆的各总成、零件、附件应按规定装配齐全，不得有脱焊、裂缝等缺陷。螺栓、铆钉连接紧固不得松动、缺损；

（2）各润滑装置应齐全并应清洁有效；

（3）离合器应结合平稳、工作可靠、操作灵活，踏板行程应符合规定；

（4）制动系统各部件应连接可靠，管路畅通；

（5）灯光、喇叭、指示仪表等应齐全完整；

（6）轮胎气压应符合要求；

（7）燃油、润滑油、冷却水等应添加充足；

（8）燃油箱应加锁；

（9）运输机械不得有漏水、漏油、漏气、漏电现象。

3．运输机械启动后，应观察各仪表指示值，检查内燃机运转情况，检查转向机构及制动器等性能，并确认正常，当水温达到 40℃以上、制动气压达到安全压力以上时，应低挡起步。起步时应检查周边环境，并确认安全。

4．装载的物品应捆绑稳固牢靠，整车重心高度应控制在规定范围内，轮式机具和圆形物件装运时应采取防止滚动的措施。

5．运输机械不得人货混装，运输过程中，料斗内不得载人。

6．运输超限物件时，应事先勘察路线，了解空中、地面上、地下障碍以及道路、桥梁等通过能力，并应制定运输方案，应按规定办理通行手续。在规定时间内按规定路线行驶。超限部分白天应插警示旗，夜间应挂警示灯。装卸人员及电工携带工具随行，保证运行安全。

7．运输机械水温未达到 70℃时，不得高速行驶。行驶中变速应逐级增减挡位，不得强推硬拉。前进和后退交替时，应在运输机械停稳后换挡。

<table>
<tr><td colspan="2">安全技术交底记录</td><td rowspan="2">编号</td><td>×××</td></tr>
<tr><td colspan="2"></td><td>共×页第×页</td></tr>
<tr><td>工程名称</td><td colspan="3">××市政基础设施工程××标段</td></tr>
<tr><td>施工单位</td><td colspan="3">××市政建设集团</td></tr>
<tr><td>交底提要</td><td>运输机械通用安全操作技术交底</td><td>交底日期</td><td>××年××月××日</td></tr>
<tr><td colspan="4">8．运输机械行驶中，应随时观察仪表的指示情况，当发现机油压力低于规定值，水温过高，有异响、异味等情况时，应立即停车检查，并应排除故障后继续运行。
9．运输机械运行时不得超速行驶，并应保持安全距离。进入施工现场应沿规定的路线行进。
10．车辆上、下坡应提前换人低速挡，不得中途换挡。下坡时，应以内燃机变速箱阻力控制车速，必要时，可间歇轻踏制动器。严禁空挡滑行。
11．在泥泞、冰雪道路上行驶时，应降低车速，并应采取防滑措施。
12．车辆涉水过河时，应先探明水深、流速和水底情况，水深不得超过排气管或曲轴皮带盘，并应低速直线行驶，不得在中途停车或换挡。涉水后，应缓行一段路程，轻踏制动器使浸水的制动片上的水分蒸发掉。
13．通过危险地区时，应先停车检查，确认可以通过后，应由有经验人员指挥前进。
14．运载易燃易爆、剧毒、腐蚀性等危险品时，应使用专用车辆按相应的安全规定运输，并应有专业随车人员。
15．爆破器材的运输，应符合现行国家法规《爆破安全规程》GB6722 的要求。起爆器材与炸药、不同种类的炸药严禁同车运输。车箱底部应铺软垫层，并应有专业押运人员，按指定路线行驶。不得在人口稠密处、交叉路口和桥上（下）停留。车厢应用帆布覆盖并设置明显标志。
16．装运氧气瓶的车厢不得有油污，氧气瓶严禁与油料或乙炔气瓶混装。氧气瓶上防振胶圈应齐全，运行过程中，氧气瓶不得滚动及相互撞击。
17．车辆停放时，应将内燃机熄火，拉紧手制动器，关锁车门。在下坡道停放时应挂倒挡，在上坡道停放时应挂一挡，并应使用三角木楔等楔紧轮胎。
18．平头型驾驶室需前倾时，应清理驾驶室内物件，关紧车门后前倾并锁定。平头型驾驶室复位后，应检查并确认驾驶室已锁定。
19．在车底进行保养、检修时，应将内燃机熄火，拉紧手制动器并将车轮楔牢。
20．车辆经修理后需要试车时，应由专业人员驾驶，当需在道路上试车时，应事先报经公安、公路等有关部门的批准。</td></tr>
</table>

审核人	交底人	接受交底人
×××	×××	×××、×××……

2.2.2 自卸汽车安全操作技术交底

<table>
<tr><td colspan="2" rowspan="2">安全技术交底记录</td><td rowspan="2">编号</td><td>×××</td></tr>
<tr><td>共×页第×页</td></tr>
<tr><td>工程名称</td><td colspan="3">××市政基础设施工程××标段</td></tr>
<tr><td>施工单位</td><td colspan="3">××市政建设集团</td></tr>
<tr><td>交底提要</td><td>自卸汽车安全操作技术交底</td><td>交底日期</td><td>××年××月××日</td></tr>
<tr><td colspan="4">交底内容：
1．自卸汽车应保持顶升液压系统完好，工作平稳。操纵应灵活，不得有卡阻现象。各节液压缸表面应保持清洁。
2．非顶升作业时，应将顶升操纵杆放在空挡位置。顶升前，应拔出车厢固定锁。作业后，应及时插入车厢固定锁。固定锁应无裂纹，插入或拔出应灵活、可靠。在行驶过程中车厢挡板不得自行打开。
3．自卸汽车配合挖掘机、装载机装料时，铲斗不得在汽车驾驶室上方越过，就位后应拉紧手制动器，如汽车驾驶室顶无防护，驾驶室内不得有人。
4．卸料时应听从现场专业人员指挥，车厢上方不得有障碍物，四周不得有人员来往，并应将车停稳。举升车厢时，应控制内燃机中速运转，当车厢升到顶点时，应降低内燃机转速，减少车厢振动。不得边卸边行驶。
5．向坑洼地区卸料时，应和坑边保持安全距离。在斜坡上不得侧向倾卸。
6．卸完料，车厢应及时复位，自卸汽车应在复位后行驶。
7．自卸汽车不得装运爆破器材。
8．车厢举升状态下，应将车厢支撑牢靠后，进入车厢下面进行检修、润滑等作业。
9．装运混凝土或黏性物料后，应将车厢清洗干净。
10．自卸汽车装运散料时，应有防止散落的措施。</td></tr>
</table>

审核人	交底人	接受交底人
×××	×××	×××、×××……

2.2.3 平板拖车安全操作技术交底

<table>
<tr><td colspan="2" rowspan="2">安全技术交底记录</td><td rowspan="2">编号</td><td>×××</td></tr>
<tr><td>共×页第×页</td></tr>
<tr><td>工程名称</td><td colspan="3">××市政基础设施工程××标段</td></tr>
<tr><td>施工单位</td><td colspan="3">××市政建设集团</td></tr>
<tr><td>交底提要</td><td>平板拖车安全操作技术交底</td><td>交底日期</td><td>××年××月××日</td></tr>
</table>

交底内容：

1．拖车的制动器、制动灯、转向灯等应配备齐全，并应与牵引车的灯光信号同时起作用。

2．行车前，应检查并确认拖挂装置、制动装置、电缆接头等连接良好。

3．拖车装卸机械时，应停在平坦坚实处，拖车应制动并用三角木摸紧车胎。装车时应调整好机械在车厢上的位置，各轴负荷分配应合理。

4．平板拖车的跳板应坚实，在装卸履带式起重机、挖掘机、压路机时，跳板与地面夹角不宜大于15°；在装卸履带式推土机、拖拉机时，跳板与地面夹角不宜大于25°。装卸时应由熟练的驾驶人员操作，并应统一指挥。上、下车动作应平稳，不得在跳板上调整方向。

5．装运履带式起重机时，履带式起重机起重臂应拆短，起重臂向后，吊钩不得自由晃动。

6．推土机的铲刀宽度超过平板拖车宽度时，应先拆除铲刀后再装运。

7．机械装车后，机械的制动器应锁定，保险装置应锁牢，履带或车轮应楔紧，机械应绑扎牢固。

8．使用随车卷扬机装卸物件时，应有专人指挥，拖车应制动锁定，并应将车轮楔紧，防止在装卸时车辆移动。

9．拖车长期停放或重车停放时间较长时，应将平板支起，轮胎不应承压。

审核人	交底人	接受交底人
×××	×××	×××、×××……

2.2.4 机动翻斗车安全操作技术交底

<table>
<tr><td colspan="2" rowspan="2">安全技术交底记录</td><td rowspan="2">编号</td><td>×××</td></tr>
<tr><td>共×页第×页</td></tr>
<tr><td>工程名称</td><td colspan="3">××市政基础设施工程××标段</td></tr>
<tr><td>施工单位</td><td colspan="3">××市政建设集团</td></tr>
<tr><td>交底提要</td><td>机动翻斗车安全操作技术交底</td><td>交底日期</td><td>××年××月××日</td></tr>
<tr><td colspan="4">交底内容：
1．机动翻斗车驾驶员应经考试合格，持有机动翻斗车专用驾驶证上岗。
2．机动翻斗车行驶前，应检查锁紧装置，并应将料斗锁牢。
3．机动翻斗车行驶时，不得用离合器处于半结合状态来控制车速。
4．在路面不良状况下行驶时，应低速缓行。机动翻斗车不得靠近路边或沟旁行驶，并应防侧滑。
5．在坑沟边缘卸料时，应设置安全挡块。车辆接近坑边时，应减速行驶，不得冲撞挡块。
6．上坡时，应提前换入低挡行驶；下坡时，不得空挡滑行；转弯时，应先减速，急转弯时，应先换入低挡。机动翻斗车不宜紧急刹车，应防止向前倾覆。
7．机动翻斗车不得在卸料工况下行驶。
8．内燃机运转或料斗内有载荷时，不得在车底下进行作业。
9．多台机动翻斗车纵队行驶时，前后车之间应保持安全距离。</td></tr>
</table>

审核人	交底人	接受交底人
×××	×××	×××、×××……

2.2.5 散装水泥车安全操作技术交底

<table>
<tr><td colspan="2" rowspan="2">安全技术交底记录</td><td rowspan="2">编号</td><td>×××</td></tr>
<tr><td>共×页第×页</td></tr>
<tr><td>工程名称</td><td colspan="3">××市政基础设施工程××标段</td></tr>
<tr><td>施工单位</td><td colspan="3">××市政建设集团</td></tr>
<tr><td>交底提要</td><td>散装水泥车安全操作技术交底</td><td>交底日期</td><td>××年××月××日</td></tr>
<tr><td colspan="4">交底内容：
1. 在装料前应检查并清除散装水泥车的罐体及料管内积灰和结渣等杂物，管道不得有堵塞和漏气现象；阀门开闭应灵活，部件连接应牢固可靠，压力表工作应正常。
2. 在打开装料口前，应先打开排气阀，排除罐内残余气压。
3. 装料完毕，应将装料口边缘上堆积的水泥清扫干净，盖好进料口，并锁紧。
4. 散装水泥车卸料时，应装好卸料管，关闭卸料管蝶阀和卸压管球阀，并应打开二次风管，接通压缩空气。空气压缩机应在无载情况下启动。
5. 在确认卸料阀处于关闭状态后，向罐内加压，当达到卸料压力时，应先稍开二次风嘴阀后再打开卸料阀，并用二次风嘴阀调整空气与水泥比例。
6. 卸料过程中，应注意观察压力表的变化情况，当发现压力突然上升，输气软管堵塞时，应停止送气，并应放出管内有压气体，及时排除故障。
7. 卸料作业时，空气压缩机应有专人管理，其他人员不得擅自操作。在进行加压卸料时，不得增加内燃机转速。
8. 卸料结束后，应打开放气阀，放尽罐内余气，并应关闭各部阀门。
9. 雨雪天气，散装水泥车进料口应关闭严密，并不得在露天装卸作业。</td></tr>
</table>

审核人	交底人	接受交底人
×××	×××	×××、×××……

2.2.6 皮带运输机安全操作技术交底

<table>
<tr><td colspan="2" rowspan="2">安全技术交底记录</td><td rowspan="2">编号</td><td>×××</td></tr>
<tr><td>共×页第×页</td></tr>
<tr><td>工程名称</td><td colspan="3">××市政基础设施工程××标段</td></tr>
<tr><td>施工单位</td><td colspan="3">××市政建设集团</td></tr>
<tr><td>交底提要</td><td>皮带运输机安全操作技术交底</td><td>交底日期</td><td>××年××月××日</td></tr>
<tr><td colspan="4">交底内容：
1. 固定式皮带运输机应安装在坚固的基础上，移动式皮带运输机在开动前应将轮子楔紧。
2. 皮带运输机在启动前，应调整好输送带的松紧度，带扣应牢固，各传动部什应灵活可靠，防护罩应齐全有效。电气系统应布置合理，绝缘及接零或接地应保护良好。
3. 输送带启动时，应先空载运转，在运转正常后，再均匀装料。不得先装料后启动。
4. 输送带上加料时，应对准中心，并宜降低加料高度，减少落料对输送带的冲击。
5. 作业中，应随时观察输送带运输情况，当发现带有松动、走偏或跳动现象时，应停机进行调整，
6. 作业时，人员不得从带上面跨越，或从带下面穿过。输送带打滑时，不得用手拉动。
7. 输送带输送大块物料时，输送带两侧应加装挡板或栅栏。
8. 多台皮带运输机串联作业时，应从卸料端按顺序启动；停机时，应从装料端开始按顺序停机。
9. 作业时需要停机时，应先停止装料，将带上物料卸完后，再停机。
10. 皮带运输机作业中突然停机时，应立即切断电源，清除运输带上的物料，检查并排除故障。
11. 作业完毕后，应将电源断开，锁好电源开关箱，清除输送机上的砂土，应采用防雨护罩将电动机盖好。</td></tr>
</table>

审核人	交底人	接受交底人
×××	×××	×××、×××……

2.3 桩工机械

2.3.1 桩工机械通用安全操作技术交底

<table>
<tr><td colspan="2" rowspan="2">安全技术交底记录</td><td rowspan="2">编号</td><td>×××</td></tr>
<tr><td>共×页第×页</td></tr>
<tr><td>工程名称</td><td colspan="3">××市政基础设施工程××标段</td></tr>
<tr><td>施工单位</td><td colspan="3">××市政建设集团</td></tr>
<tr><td>交底提要</td><td>桩工机械通用安全操作技术交底</td><td>交底日期</td><td>××年××月××日</td></tr>
<tr><td colspan="4">交底内容：
1．桩工机械类型应根据桩的类型、桩长、桩径、地质条件、施工工艺等综合考虑选择。
2．桩机上的起重部件应执行《建筑机械使用安全技术规程》JGJ33-2012 的有关规定。
3．施工现场应按桩机使用说明书的要求进行整平压实，地基承载力应满足桩机的使用要求。在基坑和围堰内打桩，应配置足够的排水设备。
4．桩机作业区内不得有妨碍作业的高压线路、地下管道和埋设电缆。作业区应有明显标志或围栏，非工作人员不得进入。
5．桩机电源供电距离宜在 200m 以内，工作电源电压的允许偏差为其公称值的±5%。电源容量与导线截面应符合设备施工技术要求。
6．作业前，应由项目负责人向作业人员作详细的安全技术交底。桩机的安装、试机、拆除应严格按设备使用说明书的要求进行。
7．安装桩锤时，应将桩锤运到立柱正前方 2m 以内，并不得斜吊。桩机的立柱导轨应按规定润滑。桩机的垂直度应符合使用说明书的规定。
8．作业前，应检查并确认桩机各部件连接牢靠，各传动机构、齿轮箱、防护罩、吊具、钢丝绳、制动器等应完好，起重机起升、变幅机构工作正常，润滑油、液压油的油位符合规定，液压系统无泄漏，液压缸动作灵敏，作业范围内不得有非工作人员或障碍物。
9．水上打桩时，应选择排水量比桩机重量大 4 倍以上的作业船或安装牢固的排架，桩机与船体或排架应可靠固定，并应采取有效的锚固措施。当打桩船或排架的偏斜度超过 3° 时，应停止作业。
10．桩机吊桩、吊锤、回转、行走等动作不应同时进行。吊桩时，应在桩上拴好拉绳，避免桩与桩锤或机架碰撞。桩机吊锤（桩）时，锤（桩）的最高点离立柱顶部的最小距离应确保安全。轨道式桩机吊桩时应夹紧夹轨器。桩机在吊有桩和锤的情况下，操作人员不得离开岗位。
11．桩机不得侧面吊桩或远距离拖桩。桩机在正前方吊桩时，混凝土预制桩与桩机立柱的水平距离不应大于 4m，钢桩不应大于 7m，并应防止桩与立柱碰撞。</td></tr>
</table>

安全技术交底记录		编号	××× 共×页第×页
工程名称	××市政基础设施工程××标段		
施工单位	××市政建设集团		
交底提要	桩工机械通用安全操作技术交底	交底日期	××年××月××日

12．使用双向立柱时，应在立柱转向到位，并应采用锁销将立柱与基杆锁住后起吊。

13．施打斜桩时，应先将桩锤提升到预定位置，并将桩吊起，套入桩帽，桩尖插入桩位后再后仰立柱。履带三支点式桩架在后倾打斜桩时，后支撑杆应顶紧；轨道式桩架应在平台后增加支撑，并夹紧夹轨器。立柱后仰时，桩机不得回转及行走。

14．桩机回转时，制动应缓慢，轨道式和步履式桩架同向连续回转不应大于一周。

15．桩锤在施打过程中，监视人员应在距离桩锤中心5m以外。

16．插桩后，应及时校正桩的垂直度。桩入土3m以上时，不得用桩机行走或回转动作来纠正桩的倾斜度。

17．拔送桩时，不得超过桩机起重能力；拔送载荷应符合下列规定：

（1）电动桩机拔送载荷不得超过电动机满载电流时的载荷；

（2）内燃机桩机拔送桩时，发现内燃机明显降速，应立即停止作业。

18．作业过程中，应经常检查设备的运转情况，当发生异响、吊索具破损、紧固螺栓松动、漏气、漏油、停电以及其他不正常情况时，应立即停机检查，排除故障。

19．桩机作业或行走时，除本机操作人员外，不应搭载其他人员。

20．桩机行走时，地面的平整度与坚实度应符合要求，并应有专人指挥。走管式桩机横移时，桩机距滚管终端的距离不应小于1m。桩机带锤行走时，应将桩锤放至最低位。履带式桩机行走时，驱动轮应置于尾部位置。

21．在有坡度的场地上，坡度应符合桩机使用说明书的规定，并应将桩机重心置于斜坡上方，沿纵坡方向作业和行走。桩机在斜坡上不得回转。在场地的软硬边际，桩机不应横跨软硬边际。

22．遇风速12.0m/s及以上的大风和雷雨、大雾、大雪等恶劣气候时，应停止作业。当风速达到13.9m/s及以上时，应将桩机顺风向停置，并应按使用说明书的要求，增设缆风绳，或将桩架放倒。桩机应有防雷措施，遇雷电时，人员应远离桩机。冬期作业应清除桩机上积雪，工作平台应有防滑措施。

23．桩孔成型后，当暂不浇注混凝土时，孔口必须及时封盖。

24．作业中，当停机时间较长时，应将桩锤落下垫稳。检修时，不得悬吊桩锤。

25．桩机在安装、转移和拆运时，不得强行弯曲液压管路。

26．作业后，应将桩机停放在坚实平整的地面上，将桩锤落下垫实，并切断动力电源。轨道式桩架应夹紧夹轨器。

审核人	交底人	接受交底人
×××	×××	×××、×××……

2.3.2 柴油打桩锤安全操作技术交底

<table>
<tr><td colspan="2" rowspan="2">安全技术交底记录</td><td rowspan="2">编号</td><td>×××</td></tr>
<tr><td>共×页第×页</td></tr>
<tr><td>工程名称</td><td colspan="3">××市政基础设施工程××标段</td></tr>
<tr><td>施工单位</td><td colspan="3">××市政建设集团</td></tr>
<tr><td>交底提要</td><td>柴油打桩锤安全操作技术交底</td><td>交底日期</td><td>××年××月××日</td></tr>
<tr><td colspan="4">交底内容：
1．作业前应检查导向板的固定与磨损情况，导向板不得有松动或缺件，导向面磨损不得大于7mm。
2．作业前应检查并确认起落架各工作机构安全可靠，启动钩与上活塞接触线距离应在5mm～10mm之间。
3．作业前应检查柴油锤与桩帽的连接，提起柴油锤，柴油锤脱出砧座后，柴油锤下滑长度不应超过使用说明书的规定值，超过时，应调整桩帽连接钢丝绳的长度。
4．作业前应检查缓冲胶垫，当砧座和橡胶垫的接触面小于原面积2/3时，或下汽缸法兰与砧座间隙小于使用说明书的规定值时，均应更换橡胶垫。
5．水冷式柴油锤应加满水箱，并应保证柴油锤连续工作时有足够的冷却水。冷却水应使用清洁的软水。冬期作业时应加温水。
6．桩帽上缓冲垫木的厚度应符合要求，垫木不得偏斜。金属桩的垫木厚度应为100mm～150mm；混凝土桩的垫木厚度应为200mm～250mm。
7．柴油锤启动前，柴油锤、桩帽和桩应在同一轴线上，不得偏心打桩。
8．在软土打桩时，应先关闭油门冷打，当每击贯入度小于100mm时，再启动柴油锤。
9．柴油锤运转时，冲击部分的跳起高度应符合使用说明书的要求，达到规定高度时，应减小油门，控制落距。
10．当上活塞下落而柴油锤未燃爆，上活塞发生短时间的起伏时，起落架不得落下，以防撞击碰块。
11．打桩过程中，应有专人负责拉好曲臂上的控制绳，在意外情况下，可使用控制绳紧急停锤。
12．柴油锤启动后，应提升起落架，在锤击过程中起落架与上汽缸顶部之间的距离不应小于2m。
13．筒式柴油锤上活塞跳起时，应观察是否有润滑油从泄油孔中流出。下活塞的润滑油应按使用说明书的要求加注。
14．柴油锤出现早燃时，应停止工作，并应按使用说明书的要求进行处理。
15．作业后，应将柴油锤放到最低位置，封盖上汽缸和吸排气孔，关闭燃料阀，将操作杆置于停机位置，起落架升至高于桩锤1m处，并应锁住安全限位装置。
16．长期停用的柴油锤，应从桩机上卸下，放掉冷却水、燃油及润滑油，将燃烧室及上、下活塞打击面清洗干净，并应做好防腐措施，盖上保护套，入库保存。</td></tr>
</table>

审核人	交底人	接受交底人
×××	×××	×××、×××……

2.3.3 振动桩锤安全操作技术交底

<table>
<tr><td colspan="2" rowspan="2">安全技术交底记录</td><td rowspan="2">编号</td><td>×××</td></tr>
<tr><td>共×页第×页</td></tr>
<tr><td>工程名称</td><td colspan="3">××市政基础设施工程××标段</td></tr>
<tr><td>施工单位</td><td colspan="3">××市政建设集团</td></tr>
<tr><td>交底提要</td><td>振动桩锤安全操作技术交底</td><td>交底日期</td><td>××年××月××日</td></tr>
<tr><td colspan="4">交底内容：
1. 作业前，应检查并确认振动桩锤各部位螺栓、销轴的连接牢靠，减振装置的弹簧、轴和导向套完好。
2. 作业前，应检查各传动胶带的松紧度，松紧度不符合规定时应及时调整，
3. 作业前，应检查夹持片的齿形。当齿形磨损超过 4mm 时，应更换或用堆焊修复。使用前，应在夹持片中间放一块 10mm～15mm 厚的钢板进行试夹。试夹中液压缸应无渗漏，系统压力应正常，夹持片之间无钢板时不得试夹。
4. 作业前，应检查并确认振动桩锤的导向装置牢固可靠。导向装置与立柱导轨的配合间隙应符合使用说明书的规定。
5. 悬挂振动桩锤的起重机吊钩应有防松脱的保护装置。振动桩锤悬挂钢架的耳环应加装保险钢丝绳。
6. 振动桩锤启动时间不应超过使用说明书的规定。当启动困难时，应查明原因，排除故障后继续启动。启动时应监视电流和电压，当启动后的电流降到正常值时，开始作业。
7. 夹桩时，夹紧装置和桩的头部之间不应有空隙。当液压系统工作压力稳定后，才能启动振动桩锤。
8. 沉桩前，应以桩的前端定位，并按使用说明书的要求调整导轨与桩的垂直度。
9. 沉桩时，应根据沉桩速度放松吊桩钢丝绳。沉桩速度、电机电流不得超过使用说明书的规定。沉桩速度过慢时，可在振动桩锤上按规定增加配重。当电流急剧上升时，应停机检查。
10. 拔桩时，当桩身埋入部分被拔起 1.0m～1.5m 时，应停止拔桩，在拴好吊桩用钢丝绳后，再起振拔桩。当桩尖离地面只有 1.0m～2.0m 时，应停止振动拔桩，由起重机直接拔桩。桩拔出后，吊桩钢丝绳未吊紧前，不得松开夹紧装置。
11. 拔桩应按沉桩的相反顺序起拔。夹紧装置在夹持板桩时，应靠近相邻一根。对工字桩应夹紧腹板的中央。当钢板桩和工字桩的头部有钻孔时，应将钻孔焊平或将钻孔以上割掉，或应在钻孔处焊接加强板，防止桩断裂。
12. 振动桩锤在正常振幅下仍不能拔桩时，应停止作业，改用功率较大的振动桩锤。拔桩时，拔桩力不应大于桩架的负荷能力。</td></tr>
</table>

<table>
<tr><td colspan="2" rowspan="2">安全技术交底记录</td><td rowspan="2">编号</td><td>×××</td></tr>
<tr><td>共×页第×页</td></tr>
<tr><td>工程名称</td><td colspan="3">××市政基础设施工程××标段</td></tr>
<tr><td>施工单位</td><td colspan="3">××市政建设集团</td></tr>
<tr><td>交底提要</td><td>振动桩锤安全操作技术交底</td><td>交底日期</td><td>××年××月××日</td></tr>
<tr><td colspan="4">13．振动桩锤作业时，减振装置各摩擦部位应具有良好的润滑。减振器横梁的振幅超过规定时，应停机查明原因。
14．作业中，当遇液压软管破损、液压操纵失灵或停电时，应立即停机，并应采取安全措施，不得让桩从夹紧装置中脱落。
15．停止作业时，在振动桩锤完全停止运转前不得松开夹紧装置。
16．作业后，应将振动桩锤沿导杆放至低处，并采用本块垫实，带桩管的振动桩锤可将桩管沉入土中3m以上。
17．振动桩锤长期停用时，应卸下振动桩锤。</td></tr>
</table>

审核人	交底人	接受交底人
×××	×××	×××、×××……

2.3.4 静力压桩机安全操作技术交底

安全技术交底记录		编号	×××
			共×页第×页
工程名称	××市政基础设施工程××标段		
施工单位	××市政建设集团		
交底提要	静力压桩机安全操作技术交底	交底日期	××年××月××日

交底内容：

1．桩机纵向行走时，不得单向操作一个手柄，应两个手柄一起动作。短船回转或横向行走时，不应碰触长船边缘。

2．桩机升降过程中，四个顶升缸中的两个一组，交替动作，每次行程不得超过 100mm。当单个顶升缸动作时，行程不得超过 50mm。压桩机在顶升过程中，船形轨道不宜压在已入土的单一桩顶上。

3．压桩作业时，应有统一指挥，压桩人员和吊桩人员应密切联系，相互配合。

4．起重机吊桩进入夹持机构，进行接桩或插桩作业后，操作人员在压桩前应确认吊钩已安全脱离桩体。

5．操作人员应按桩机技术性能作业，不得超载运行。操作时动作不应过猛，应避免冲击。

6．桩机发生浮机时，严禁起重机作业。如起重机已起吊物体，应立即将起吊物卸下，暂停压桩，在查明原因采取相应措施后，方可继续施工。

7．压桩时，非工作人员应离机 10m。起重机的起重臂及桩机配重下方严禁站人。

8．压桩时，操作人员的身体不得进入压桩台与机身的间隙之中。

9．压桩过程中，桩产生倾斜时，不得采用桩机行走的方法强行纠正，应先将桩拔起，清除地下障碍物后，重新插桩。

10．在压桩过程中，当夹持的桩出现打滑现象时，应通过提高液压缸压力增加夹持力，不得损坏桩，并应及时找出打滑原因，排除故障。

11．桩机接桩时，上一节桩应提升 350mm～400mm，并不得松开夹持板，

12．当桩的贯入阻力超过设计值时，增加配重应符合使用说明书的规定。

13．当桩压到设计要求时，不得用桩机行走的方式，将超过规定高度的桩顶部分强行推断。

14．作业完毕，桩机应停放在平整地面上，短船应运行至中间位置，其余液压缸应缩进回程，起重机吊钩应升至最高位置，各部制动器应制动，外露活塞杆应清理干净。

15．作业后，应将控制器放在“零位”，并依次切断各部电源，锁闭门窗，冬期应放尽各部积水。

16．转移工地时，应按规定程序拆卸桩机，所有油管接头处应加保护盖帽。

审核人	交底人	接受交底人
×××	×××	×××、×××……

2.3.5 转盘钻孔机安全操作技术交底

<table>
<tr><td colspan="2" rowspan="2">安全技术交底记录</td><td rowspan="2">编号</td><td>×××</td></tr>
<tr><td>共×页第×页</td></tr>
<tr><td>工程名称</td><td colspan="3">××市政基础设施工程××标段</td></tr>
<tr><td>施工单位</td><td colspan="3">××市政建设集团</td></tr>
<tr><td>交底提要</td><td>转盘钻孔机安全操作技术交底</td><td>交底日期</td><td>××年××月××日</td></tr>
<tr><td colspan="4">交底内容：
1．钻架的吊重中心、钻机的卡孔和护进管中心应在同一垂直线上，钻杆：中心偏差不应大于 20mm。
2．钻头和钻杆连接螺纹应良好，滑扣的不得使用。钻头焊接应牢固可靠，不得有裂纹。钻杆连接处应安装便于拆卸的垫圈。
3．作业前，应先将各部操纵手柄置于空挡位置，人力盘动时不得有卡阻现象，然后空载运转，确认一切正常后方可作业。
4．开钻时，应先送浆后开钻；停机时，应先停钻后停浆。泥浆泵应有专人看管，对泥浆质量和浆面高度应随时测量和调整，随时清除沉淀池中杂物，出现漏浆现象时应及时补充。
5．开钻时，钻压应轻，转速应慢。在钻进过程中，应根据地质情况和钻进深度，选择合适的钻压和钻速，均匀给进。
6．换挡时，应先停钻，挂上挡后再开钻。
7．加接钻杆时，应使用特制的连接螺栓紧固，并应做好连接处的清洁工作。
8．钻机下和井孔周围 2m 以内及高压胶管下，不得站人。钻杆不应在旋转时提升。
9．发生提钻受阻时，应先设法使钻具活动后再慢慢提升，不得强行提升。当钻进受阻时，应采用缓冲击法解除，并查明原因，采取措施继续钻进。
10．钻架、钻台平车、封口平车等的承载部位不得超载。
11．使用空气反循环的钻机，其循环方式与正循环相反，钻渣由钻杆中吸出，在钻进过程中向孔中补充循环水或泥浆，由于它具有十分强大的排渣能力，所以喷浆口应遮拦，管端应固定。
12．钻进结束时，应把钻头略为提起，降低转速，空转 5min～20min 后再停钻。停钻时，应先停钻后停风。
13．作业后，应对钻机进行清洗和润滑，并应将主要部位进行遮盖。</td></tr>
</table>

审核人	交底人	接受交底人
×××	×××	×××、×××……

2.3.6 螺旋钻孔机安全操作技术交底

<table>
<tr><td colspan="2" rowspan="2">安全技术交底记录</td><td rowspan="2">编号</td><td>×××</td></tr>
<tr><td>共×页第×页</td></tr>
<tr><td>工程名称</td><td colspan="3">××市政基础设施工程××标段</td></tr>
<tr><td>施工单位</td><td colspan="3">××市政建设集团</td></tr>
<tr><td>交底提要</td><td>螺旋钻孔机安全操作技术交底</td><td>交底日期</td><td>××年××月××日</td></tr>
<tr><td colspan="4">交底内容：
1. 安装前，应检查并确认钻杆及各部件不得有变形；安装后，钻杆与动力头中心线的偏斜度不应超过全长的1%。
2. 安装钻杆时，应从动力头开始，逐节往下安装。不得将所需长度的钻杆在地面上接好后一次起吊安装。
3. 钻机安装后，电源的频率与钻机控制箱的内频率应相同，不同时，应采用频率转换开关予以转换。
4. 钻机应放置在平稳、坚实的场地上，汽车式钻机应将轮胎支起，架好支腿，并应采用自动微调或线锤调整挺杆，使之保持垂直。
5. 启动前应检查并确认钻机各部件连接应牢固，传动带的松紧度应适当，减速箱内油位应符合规定，钻深限位报警装置应有效。
6. 启动前，应将操纵杆放在空挡位置。启动后，应进行空载运转试验，检查仪表、制动等各项，温度、声响应正常。
7. 钻孔时，应将钻杆缓慢放下，使钻头对准孔位，当电流表指针偏向无负荷状态时即可下钻。在钻孔过程中，当电流表超过额定电流时，应放慢下钻速度。
8. 钻机发出下钻限位报警信号时，应停钻，并将钻杆稍稍提升，在解除报警信号后，方可继续下钻。
9. 卡钻时，应立即停止下钻。查明原因前，不得强行启动。
10. 作业中，当需改变钻杆回转方向时，应在钻杆完全停转后再进行。
11. 作业中，当发现阻力过大、钻进困难、钻头发出异响或机架出现摇晃、移动、偏斜时，应立即停钻，在排除故障后，继续施钻。
12. 钻机运转时，应有专人看护，防止电缆线被缠入钻杆。
13. 钻孔时，不得用手清除螺旋片中的泥土。
14. 钻孔过程中，应经常检查钻头的磨损情况，当钻头磨损量超过使用说明书的允许值时，应予更换。
15. 作业中停电时，应将各控制器放置零位，切断电源，并应及时采取措施，将钻杆从孔内拔出。
16. 作业后，应将钻杆及钻头全部提升至孔外，先清除钻杆和螺旋叶片上的泥土，再将钻头放下接触地面，锁定各部制动，将操纵杆放到空挡位置，切断电源。</td></tr>
</table>

审核人	交底人	接受交底人
×××	×××	×××、×××……

2.3.7 全套管钻机安全操作技术交底

<table>
<tr><td colspan="2" rowspan="2">安全技术交底记录</td><td rowspan="2">编号</td><td>×××</td></tr>
<tr><td>共×页第×页</td></tr>
<tr><td>工程名称</td><td colspan="3">××市政基础设施工程××标段</td></tr>
<tr><td>施工单位</td><td colspan="3">××市政建设集团</td></tr>
<tr><td>交底提要</td><td>全套管钻机安全操作技术交底</td><td>交底日期</td><td>××年××月××日</td></tr>
</table>

交底内容：

1．作业前应检查并确认套管和浇注管内侧不得有损坏和明显变形，不得有混凝土粘结。

2．钻机内燃机启动后，应先怠速运转，再逐步加速至额定转速。钻机对位后，应进行试调，达到水平后，再进行作业。

3．第一节套管入土后，应随时调整套管的垂直度。当套管入土深度大于5m时，不得强行纠偏。

4．在套管内挖土碰到硬土层时，不得用锤式抓斗冲击硬土层，应采用十字凿锤将硬土层有效的破碎后，再继续挖掘。

5．用锤式抓斗挖掘管内土层时，应在套管上加装保护套管接头的喇叭口。

6．套管在对接时，接头螺栓应按出厂说明书规定的扭矩对称拧紧。接头螺栓拆下时，应立即洗净后浸入油中。

7．起吊套管时，不得用卡环直接吊在螺纹孔内，损坏套管螺纹，应使用专用工具吊装。

8．挖掘过程中，应保持套管的摆动。当发现套管不能摆动时，应拔出液压缸，将套管上提，再用起重机助拔，直至拔起部分套管能摆动为止。

9．浇注混凝土时，钻机操作应和灌注作业密切配合，应根据孔深、桩长适当配管，套管与浇注管保持同心，在浇注管埋入混凝土2m～4m之间时，应同步拔管和拆管。

10．上拔套管时，应左右摆动。套管分离时，下节套管头应用卡环保险，防止套管下滑。

11．作业后，应及时清除机体、锤式抓斗及套管等外表的混凝土和泥砂，将机架放回行走位置，将机组转移至安全场所。

审核人	交底人	接受交底人
×××	×××	×××、×××……

2.3.8 旋挖钻机安全操作技术交底

<table>
<tr><td colspan="2" rowspan="2">安全技术交底记录</td><td rowspan="2">编号</td><td>×××</td></tr>
<tr><td>共×页第×页</td></tr>
<tr><td>工程名称</td><td colspan="3">××市政基础设施工程××标段</td></tr>
<tr><td>施工单位</td><td colspan="3">××市政建设集团</td></tr>
<tr><td>交底提要</td><td>旋挖钻机安全操作技术交底</td><td>交底日期</td><td>××年××月××日</td></tr>
<tr><td colspan="4">交底内容：
1．作业地面应坚实平整，作业过程中地面不得下陷，工作坡度不得大于2°。
2．钻机驾驶员进出驾驶室时，应利用阶梯和扶手上下。在作业过程中，不得将操纵杆当扶手使用。
3．钻机行驶时，应将上车转台和底盘车架销住，履带式钻机还应锁定履带伸缩油缸的保护装置。
4．钻孔作业前，应检查并确认固定上车转台和底盘车架的销轴已拔出。履带式钻机应将履带的轨距伸至最大。
5．在钻机转移工作点、装卸钻具钻杆、收臂放塔和检修调试时，应有专人指挥，并确认附近不得有非作业人员和障碍。
6．卷扬机提升钻杆、钻头和其他钻具时，重物应位于桅杆正前方。卷扬机钢丝绳与桅杆夹角应符合使用说明书的规定。
7．开始钻孔时，钻杆应保持垂直，位置应正确，并应慢速钻进，在钻头进入土层后，再加快钻进。当钻斗穿过软硬土层交界处时，应慢速钻进。提钻时，钻头不得转动。
8．作业中，发生浮机现象时，应立即停止作业，查明原因并正确处理后，继续作业。
9．钻机移位时，应将钻桅及钻具提升到规定高度，并应检查钻杆，防止钻杆脱落。
10．作业中，钻机作业范围内不得有非工作人员进入。
11．钻机短时停机，钻桅可不放下，动力头及钻具应下放，并宜尽量接近地面。长时间停机，钻桅应按使用说明书的要求放置。
12．钻机保养时，应按使用说明书的要求进行，并应将钻机支撑牢靠。</td></tr>
</table>

审核人	交底人	接受交底人
×××	×××	×××、×××……

2.3.9 深层搅拌机安全操作技术交底

安全技术交底记录		编号	××× 共×页第×页
工程名称	××市政基础设施工程××标段		
施工单位	××市政建设集团		
交底提要	深层搅拌机安全操作技术交底	交底日期	××年××月××日

交底内容：

1．搅拌机就位后，应检查搅拌机的水平度和导向架的垂直度，并应符合使用说明书的要求。

2．作业前，应先空载试机，设备不得有异响，并应检查仪表、油泵等，确认正常后，正式开机运转。

3．吸浆、输浆管路或粉喷高压软管的各接头应连接紧固。泵送水泥浆前，管路应保持湿润。

4．作业中，应控制深层搅拌机的入土切削速度和提升搅拌的速度，并应检查电流表，电流不得超过规定。

5．发生卡钻、停钻或管路堵塞现象时，应立即停机，并应将搅拌头提离地面，查明原因，妥善处理后，重新开机施工。

6．作业中，搅拌机动力头的润滑应符合规定，动力头不得断油。

7．当喷浆式搅拌机停机超过 3h，应及时拆卸输浆管路，排除灰浆，清洗管道。

8．作业后，应按使用说明书的要求，做好清洁保养工作。

审核人	交底人	接受交底人
×××	×××	×××、×××……

2.3.10 成槽机安全操作技术交底

<table>
<tr><td colspan="2" rowspan="2">安全技术交底记录</td><td rowspan="2">编号</td><td>×××</td></tr>
<tr><td>共×页第×页</td></tr>
<tr><td>工程名称</td><td colspan="3">××市政基础设施工程××标段</td></tr>
<tr><td>施工单位</td><td colspan="3">××市政建设集团</td></tr>
<tr><td>交底提要</td><td>成槽机安全操作技术交底</td><td>交底日期</td><td>××年××月××日</td></tr>
<tr><td colspan="4">交底内容：
1．作业前，应检杳各传动机构、安全装置、钢丝绳等，并应确认安全可靠后，空载试车，试车运行中，应检查油缸、油管、油马达等液压元件，不得有渗漏油现象，油压应正常，油管盘、电缆盘应运转灵活，不得有卡滞现象，并应与起升速度保持同步。
2．成槽机回转应平稳，不得突然制动。
3．成槽机作业中，不得同时进行两种及以上动作。
4．钢丝绳应排列整齐，不得松乱。
5．成槽机起重性能参数应符合主机起重性能参数，不得超载。
6．安装时，成槽抓斗应放置在把杆铅锤线下方的地面上，把杆角度应为 75°～78°。起升把杆时，成槽抓斗应随着逐渐慢速提升，电缆与油管应同步卷起，以防油管与电缆损坏。接油管时应保持油管的清洁。
7．工作场地应平坦坚实，在松软地面作业时，应在履带下铺设厚度在 30mm 以上的钢板，钢板纵向间距不应大于 30mm。起重臂最大仰角不得超过 78°，并应经常检查钢丝绳、滑轮，不得有严重磨损及脱槽现象，传动部件、限位保险装置、油温等应正常。
8．成槽机行走履带应平行槽边，并应尽可能使主机远离槽边，以防槽段塌方。
9．成槽机工作时，把杆下不得有人员，人员不得用手触摸钢丝绳及滑轮。
10．成槽机工作时，应检查成槽的垂直度，并应及时纠偏。
11．成槽机工作完毕，应远离槽边，抓斗应着地，设备应及时清洁。
12．拆卸成槽机时，应将把杆置于 75°～78°位置，放落成槽抓斗，逐渐变幅把杆，同步下放起升钢丝绳、电缆与油管，并应防止电缆、油管拉断。
13．运输时，电缆及油管应卷绕整齐，并应垫高油管盘和电缆盘。</td></tr>
</table>

审核人	交底人	接受交底人
×××	×××	×××、×××……

2.3.11 冲孔桩机安全操作技术交底

<table>
<tr><td colspan="2" rowspan="2">安全技术交底记录</td><td rowspan="2">编号</td><td>×××</td></tr>
<tr><td>共×页第×页</td></tr>
<tr><td>工程名称</td><td colspan="3">××市政基础设施工程××标段</td></tr>
<tr><td>施工单位</td><td colspan="3">××市政建设集团</td></tr>
<tr><td>交底提要</td><td>冲孔桩机安全操作技术交底</td><td>交底日期</td><td>××年××月××日</td></tr>
</table>

交底内容：

1．冲孔桩机施工场地应平整坚实。

2．作业前应重点检查下列项目，并应符合相应要求：

（1）连接应牢固，离合器、制动器、棘轮停止器、导向轮等传动应灵活可靠；

（2）卷筒不得有裂纹，钢丝绳缠绕应正确，绳头应压紧，钢丝绳断丝、磨损不得超过规定；

（3）安全信号和安全装置应齐全良好；

（4）桩机应有可靠的接零或接地，电气部分应绝缘良好；

（5）开关应灵敏可靠。

3．卷扬机启动、停止或到达终点时，速度应平缓。

4．冲孔作业时，不得碰撞护筒、孔壁和钩挂护筒底缘；重锤提升时，应缓慢平稳。

5．卷扬机钢丝绳应按规定进行保养及更换。

6．卷扬机换向应在重锤停稳后进行，减少对钢丝绳的破坏。

7．钢丝绳上应设有标记，提升落锤高度应符合规定，防止提锤过高，击断锤齿。

8．停止作业时，冲锤应提出孔外，不得埋锤，并应及时切断电源；重锤落地前，司机不得离岗。

审核人	交底人	接受交底人
×××	×××	×××、×××……

2.4 混凝土机械

2.4.1 混凝土机械通用安全操作技术交底

<table>
<tr><td colspan="2" rowspan="2">安全技术交底记录</td><td rowspan="2">编号</td><td>×××</td></tr>
<tr><td>共×页第×页</td></tr>
<tr><td>工程名称</td><td colspan="3">××市政基础设施工程××标段</td></tr>
<tr><td>施工单位</td><td colspan="3">××市政建设集团</td></tr>
<tr><td>交底提要</td><td>混凝土机械通用安全操作技术交底</td><td>交底日期</td><td>××年××月××日</td></tr>
<tr><td colspan="4">交底内容：
1．混凝土机械的内燃机、电动机、空气压缩机等应符合《建筑机械使用安全技术规程》JGJ 33-2012 的有关规定。
2．液压系统的溢流阀、安全阀应齐全有效，调定压力应符合说明书要求。系统应无泄漏，工作应平稳，不得有异响。
3．混凝土机械的工作机构、制动器、离合器、各种仪表及安全装置应齐全完好。
4．电气设备作业应符合现行行业标准《施工现场临时用电安全技术规范》JGJ 46 的有关规定。插入式、平板式振捣器的漏电保护器应采用防溅型产品，其额定漏电动作电流不应大于 15mA；额定漏电动作时间不应大于 0.1s。
5．冬期施工，机械设备的管道、水泵及水冷却装置应采取防冻保温措施。</td></tr>
</table>

审核人	交底人	接受交底人
×××	×××	×××、×××……

2.4.2 混凝土搅拌机安全操作技术交底

安全技术交底记录		编号	×××
			共×页第×页
工程名称	××市政基础设施工程××标段		
施工单位	××市政建设集团		
交底提要	混凝土搅拌机安全操作技术交底	交底日期	××年××月××日

交底内容：

1．作业区应排水通畅，并应设置沉淀池及防尘设施。

2．操作人员视线应良好。操作台应铺设绝缘垫板。

3．作业前应重点检查下列项目，并应符合相应要求：

（1）料斗上、下限位装置应灵敏有效，保险销、保险链应齐全完好。钢丝绳报废应按现行国家标准《起重机钢丝绳保养、维护、安装、检验和报废》GB/T 5972 的规定执行；

（2）制动器、离合器应灵敏可靠；

（3）各传动机构、工作装置应正常。开式齿轮、皮带轮等传动装置的安全防护罩应齐全可靠。齿轮箱、液压油箱内的油质和油量应符合要求；

（4）搅拌筒与托轮接触应良好，不得窜动、跑偏；

（5）搅拌筒内叶片应紧固，不得松动，叶片与衬板间隙应符合说明书规定；

（6）搅拌机开关箱应设置在距搅拌机 5m 的范围内。

4．作业前应进行空载运转，确认搅拌筒或叶片运转方向正确。反转出料的搅拌机应进行正、反转运转。空载运转时，不得有冲击现象和异常声响。

5．供水系统的仪表计量应准确，水泵、管道等部件应连接可靠，不得有泄漏。

6．搅拌机不宜带载启动，在达到正常转速后上料，上料量及上料程序应符合使用说明书的规定。

7．料斗提升时，人员严禁在料斗下停留或通过；当需在料斗下方进行清理或检修时，应将料斗提升至上止点，并必须用保险销锁牢或用保险链挂牢。

8．搅拌机运转时，不得进行维修、清理工作。当作业人员需进入搅拌筒内作业时，应先切断电源，锁好开关箱，悬挂“禁止合闸”的警示牌，并应派专人监护。

9．作业完毕，宜将料斗降到最低位置，并应切断电源。

审核人	交底人	接受交底人
×××	×××	×××、×××……

2.4.3 混凝土搅拌运输车安全操作技术交底

<table>
<tr><td colspan="2" rowspan="2">安全技术交底记录</td><td rowspan="2">编号</td><td>×××</td></tr>
<tr><td>共×页第×页</td></tr>
<tr><td>工程名称</td><td colspan="3">××市政基础设施工程××标段</td></tr>
<tr><td>施工单位</td><td colspan="3">××市政建设集团</td></tr>
<tr><td>交底提要</td><td>混凝土搅拌运输车安全操作技术交底</td><td>交底日期</td><td>××年××月××日</td></tr>
<tr><td colspan="4">交底内容：
1．混凝土搅拌运输车的内燃机和行驶部分应《建筑机械使用安全技术规程》JGJ33-2012 的有关规定。
2．液压系统和气动装置的安全阀、溢流阀的调整压力应符合使用说明书的要求。卸料槽锁扣及搅拌筒的安全锁定装置应齐全完好。
3．燃油、润滑油、液压油、制动液及冷却液应添加充足，质量应符合要求，不得有渗漏。
4．搅拌筒及机架缓冲件应无裂纹或损伤，筒体与托轮应接触良好。搅拌叶片、进料斗、主辅卸料槽不得有严重磨损和变形。
5．装料前应先启动内燃机空载运转，并低速旋转搅拌筒 3min～5min，当各仪表指示正常、制动气压达到规定值时，并检查确认后装料。装载量不得超过规定值。
6．行驶前，应确认操作手柄处于“搅动”位置并锁定，卸料槽锁扣应扣牢。搅拌行驶时最高速度不得大于 50km/h。
7．出料作业时，应将搅拌运输车停靠在地势平坦处，应与基坑及输电线路保持安全距离，并应锁定制动系统。
8．进入搅拌筒维修、清理混凝土前，应将发动机熄火，操作杆置于空挡，将发动机钥匙取出，并应设专人监护，悬挂安全警示牌。</td></tr>
</table>

审核人	交底人	接受交底人
×××	×××	×××、×××……

2.4.4 混凝土输送泵安全操作技术交底

<table>
<tr><td colspan="2" rowspan="2">安全技术交底记录</td><td rowspan="2">编号</td><td>×××</td></tr>
<tr><td>共×页第×页</td></tr>
<tr><td>工程名称</td><td colspan="3">××市政基础设施工程××标段</td></tr>
<tr><td>施工单位</td><td colspan="3">××市政建设集团</td></tr>
<tr><td>交底提要</td><td>混凝土输送泵安全操作技术交底</td><td>交底日期</td><td>××年××月××日</td></tr>
</table>

交底内容：

1．混凝土泵应安放在平整、坚实的地面上，周围不得有障碍物，支腿应支设牢靠，机身应保持水平和稳定，轮胎应揳紧。

2．混凝土输送管道的敷设应符合下列规定：

（1）管道敷设前应检查并确认管壁的磨损量应符合使用说明书的要求，管道不得有裂纹、砂眼等缺陷。新管或磨损量较小的管道应敷设在泵出口处；

（2）管道应使用支架或与建筑结构固定牢固。泵出口处的管道底部应依据泵送高度、混凝土排量等设置独立的基础，并能承受相应荷载；

（3）敷设垂直向上的管道时，垂直管不得直接与泵的输出口连接，应在泵与垂直管之间敷设长度不小于15m的水平管，并加装逆止阀；

（4）敷设向下倾斜的管道时，应在泵与斜管之间敷设长度不小于5倍落差的水平管。当倾斜度大于7°时，应加装排气阀。

3．作业前应检查并确认管道连接处管卡扣牢，不得泄漏。混凝土泵的安全防护装置应齐全可靠，各部位操纵开关、手柄等位置应正确，搅拌斗防护网应完好牢固。

4．砂石粒径、水泥强度等级及配合比应符合出厂规定，并应满足混凝土泵的泵送要求。

5．混凝土泵启动后，应空载运转，观察各仪表的指示值，检查泵和搅拌装置的运转情况，并确认一切正常后作业。泵送前应向料斗加入清水和水泥砂浆润滑泵及管道。

6．混凝土泵在开始或停止泵送混凝土前，作业人员应与出料软管保持安全距离，作业人员不得在出料口下方停留。出料软管不得埋在混凝土中。

7．泵送棍凝土的排量、浇注顺序应符合混凝土浇筑施工方案的要求。施工荷载应控制在允许范围内。

8．混凝土泵工作时，料斗中混凝土应保持在搅拌轴线以上，不应吸空或无料泵送。

9．混凝土泵工作时，不得进行维修作业。

10．混凝土泵作业中，应对泵送设备和管路进行观察，发现隐患应及时处理。对磨损超过规定的管子、卡箍、密封圈等应及时更换。

11．混凝土泵作业后应将料斗和管道内的混凝土全部排出，并对泵、料斗、管道进行清洗。清洗作业应按说明书要求进行。不宜采用压缩空气进行清洗。

审核人	交底人	接受交底人
×××	×××	×××、×××……

2.4.5 混凝土泵车安全操作技术交底

<table>
<tr><td colspan="2" rowspan="2">安全技术交底记录</td><td rowspan="2">编号</td><td>×××</td></tr>
<tr><td>共×页第×页</td></tr>
<tr><td>工程名称</td><td colspan="3">××市政基础设施工程××标段</td></tr>
<tr><td>施工单位</td><td colspan="3">××市政建设集团</td></tr>
<tr><td>交底提要</td><td>混凝土泵车安全操作技术交底</td><td>交底日期</td><td>××年××月××日</td></tr>
<tr><td colspan="4">交底内容：
1. 混凝土泵车应停放在平整坚实的地方，与沟槽和基坑的安全距离应符合使用说明书的要求。臂架回转范围内不得有障碍物，与输电线路的安全距离应符合现行行业标准《施工现场临时用电安全技术规范》JGJ 46 的有关规定。
2. 混凝土泵车作业前，应将支腿打开，并应采用垫木垫平，车身的倾斜度不应大于 3°。
3. 作业前应重点检查下列项目，并应符合相应要求：
（1）安全装置应齐全有效，仪表应指示正常；
（2）液压系统、工作机构应运转正常；
（3）料斗网格应完好牢固；
（4）软管安全链与臂架连接应牢固。
4. 伸展布料杆应按出厂说明书的顺序进行。布料杆在升离支架前不得回转。不得用布料杆起吊或拖拉物件。
5. 当布料杆处于全伸状态时，不得移动车身。当需要移动车身时，应将上段布料杆折叠固定，移动速度不得超过 10km/h。
6. 不得接长布料配管和布料软管。</td></tr>
</table>

<table>
<tr><td>审核人</td><td>交底人</td><td>接受交底人</td></tr>
<tr><td>×××</td><td>×××</td><td>×××、×××……</td></tr>
</table>

2.4.6 插入式振捣器安全操作技术交底

<table>
<tr><td colspan="2" rowspan="2">安全技术交底记录</td><td rowspan="2">编号</td><td>×××</td></tr>
<tr><td>共×页第×页</td></tr>
<tr><td>工程名称</td><td colspan="3">××市政基础设施工程××标段</td></tr>
<tr><td>施工单位</td><td colspan="3">××市政建设集团</td></tr>
<tr><td>交底提要</td><td>插入式振捣器安全操作技术交底</td><td>交底日期</td><td>××年××月××日</td></tr>
</table>

交底内容：

1．作业前应检查电动机、软管、电缆线、控制开关等，并应确认处于完好状态。电缆线连接应正确。

2．操作人员作业时应穿戴符合要求的绝缘鞋和绝缘手套。

3．电缆线应采用耐候型橡皮护套铜芯软电缆，并不得有接头。

4．电缆线长度不应大于 30m。不得缠绕、扭结和挤压，并不得承受任何外力。

5．振捣器软管的弯曲半径不得小于 500mm，操作时应将振捣器垂直插入混凝土，深度不宜超过 600mm。

6. 振捣器不得在初凝的混凝土、脚手板和干硬的地面上进行试振。在检修或作业间断时，应切断电源。

7．作业完毕，应切断电源，并应将电动机、软管及振动棒清理干净。

审核人	交底人	接受交底人
×××	×××	×××、×××……

2.4.7 附着式、平板式振捣器安全操作技术交底

<table>
<tr><td colspan="2" rowspan="2">安全技术交底记录</td><td rowspan="2">编号</td><td>×××</td></tr>
<tr><td>共×页第×页</td></tr>
<tr><td>工程名称</td><td colspan="3">××市政基础设施工程××标段</td></tr>
<tr><td>施工单位</td><td colspan="3">××市政建设集团</td></tr>
<tr><td>交底提要</td><td>附着式、平板式振捣器安全操作技术交底</td><td>交底日期</td><td>××年××月××日</td></tr>
<tr><td colspan="4">交底内容：
1．作业前应检查电动机、电源线、控制开关等，并确认完好无破损。附着式振捣器的安装位置应正确，连接应牢固，并应安装减振装置。
2．操作人员穿戴应符合要求的绝缘鞋和绝缘手套。
3．平板式振捣器应采用耐气候型橡皮护套铜芯软电缆，并不得有接头和承受任何外力，其长度不应超过30m。
4．附着式、平板式振捣器的轴承不应承受轴向力，振捣器使用时，应保持振捣器电动机轴线在水平状态。
5．附着式、平板式振捣器不得在初凝的混凝土、脚手板和干硬的地面上进行试振。在检修或作业间断时，应切断电源。
6．平板式振捣器作业时应使用牵引绳控制移动速度，不得牵拉电缆。
7．在同一块混凝土模板上同时使用多台附着式振捣器时，各振动器的振频应一致，安装位置宜交错设置。
8．安装在混凝土模板上的附着式振捣器，每次作业时间应根据施工方案确定。
9．作业完毕，应切断电源，并应将振捣器清理干净。</td></tr>
</table>

审核人	交底人	接受交底人
×××	×××	×××、×××……

2.4.8 混凝土振动台安全操作技术交底

<table>
<tr><td colspan="2" rowspan="2">安全技术交底记录</td><td rowspan="2">编号</td><td>×××</td></tr>
<tr><td>共×页第×页</td></tr>
<tr><td>工程名称</td><td colspan="3">××市政基础设施工程××标段</td></tr>
<tr><td>施工单位</td><td colspan="3">××市政建设集团</td></tr>
<tr><td>交底提要</td><td>混凝土振动台安全操作技术交底</td><td>交底日期</td><td>××年××月××日</td></tr>
<tr><td colspan="4">交底内容：
1．作业前应检查电动机、传动及防护装置，并确认完好有效。轴承座、偏心块及机座螺栓应紧固牢靠。
2．振动台应设有可靠的锁紧夹，振动时应将混凝土槽锁紧，混凝土模板在振动台上不得无约束振动。
3．振动台电缆应穿在电管内，并预埋牢固。
4．作业前应检查并确认润滑油不得有泄漏，油温、传动装置应符合要求。
5．在作业过程中，不得调节预置拨码开关。
6．振动台应保持清洁。</td></tr>
</table>

审核人	交底人	接受交底人
×××	×××	×××、×××……

2.4.9 混凝土喷射机安全操作技术交底

<table>
<tr><td colspan="2" rowspan="2">安全技术交底记录</td><td rowspan="2">编号</td><td>×××</td></tr>
<tr><td>共×页第×页</td></tr>
<tr><td>工程名称</td><td colspan="3">××市政基础设施工程××标段</td></tr>
<tr><td>施工单位</td><td colspan="3">××市政建设集团</td></tr>
<tr><td>交底提要</td><td>混凝土喷射机安全操作技术交底</td><td>交底日期</td><td>××年××月××日</td></tr>
<tr><td colspan="4">交底内容：
1．喷射机风源、电源、水源、加料设备等应配套齐全。
2．管道应安装正确，连接处应紧固密封。当管道通过道路时，管道应有保护措施。
3．喷射机内部应保持干燥和清洁。应按出厂说明书规定的配合比配料，不得使用结块的水泥和未经筛选的砂石。
4．作业前应重点检查下列项目，并应符合相应要求：
（1）安全阀应灵敏可靠；
（2）电源线应无破损现象，接线应牢靠；
（3）各部密封件应密封良好，橡胶结合板和旋转板上出现的明显沟槽应及时修复；
（4）压力表指针显示应正常。应根据输送距离，及时调整风压的上限值；
（5）喷枪水环管应保持畅通。
5．启动时，应按顺序分别接通风、水、电。开启进气阀时，应逐步达到额定压力。启动电动机后，应空载试运转，确认一切正常后方可投料作业。
6．机械操作人员和喷射作业人员应有信号联系，送风、加料、停料、停风及发生堵塞时，应联系畅通，密切配合。
7．喷嘴前方不得有人员。
8．发生堵管时，应先停止喂料，敲击堵塞部位，使物料松散，然后用压缩空气吹通。操作人员作业时，应紧握喷嘴，不得甩动管道。
9．作业时，输送软管不得随地拖拉和折弯。
10．停机时，应先停止加料，再关闭电动机，然后停止供水，最后停送压缩空气，并应将仓内及输料管内的混合料全部喷出。
11．停机后，应将输料管、喷嘴拆下清洗干净，清除机身内外粘附的混凝土料及杂物，并应使密封件处于放松状态。</td></tr>
</table>

审核人	交底人	接受交底人
×××	×××	×××、×××……

2.4.10 混凝土布料机安全操作技术交底

<table>
<tr><td colspan="2" rowspan="2">安全技术交底记录</td><td rowspan="2">编号</td><td>×××</td></tr>
<tr><td>共×页第×页</td></tr>
<tr><td>工程名称</td><td colspan="3">××市政基础设施工程××标段</td></tr>
<tr><td>施工单位</td><td colspan="3">××市政建设集团</td></tr>
<tr><td>交底提要</td><td>混凝土布料机安全操作技术交底</td><td>交底日期</td><td>××年××月××日</td></tr>
<tr><td colspan="4">交底内容：
1. 设置混凝土布料机前，应确认现场有足够的作业空间，混凝土布料机任一部位与其他设备及构筑物的安全距离不应小于0.6m。
2. 混凝土布料机的支撑面应平整坚实。固定式混凝土布料机的支撑应符合使用说明书的要求，支撑结构应经设计计算，并应采取相应加固措施。
3. 手动式混凝土布料机应有可靠的防倾覆措施。
4. 混凝土布料机作业前应重点检查下列项目，并应符合相应要求：
（1）支腿应打开垫实，并应锁紧；
（2）塔架的垂直度应符合使用说明书要求；
（3）配重块应与臂架安装长度匹配；
（4）臂架回转机构润滑应充足，转动应灵活；
（5）机动混凝土布料机的动力装置、传动装置、安全及制动装置应符合要求；
（6）混凝土输送管道应连接牢固。
5. 手动混凝土布料机回转速度应缓慢均匀，牵引绳长度应满足安全距离的要求。
6. 输送管出料口与混凝土浇筑面宜保持1m的距离，不得被混凝土掩埋。
7. 人员不得在臂架下方停留。
8. 当风速达到10.8m/s及以上或大雨、大雾等恶劣天气应停止作业。</td></tr>
</table>

审核人	交底人	接受交底人
×××	×××	×××、×××……

2.5 钢筋加工机械

2.5.1 钢筋调直切断机安全操作技术交底

<table>
<tr><td colspan="2" rowspan="2">安全技术交底记录</td><td rowspan="2">编号</td><td>×××</td></tr>
<tr><td>共×页第×页</td></tr>
<tr><td>工程名称</td><td colspan="3">××市政基础设施工程××标段</td></tr>
<tr><td>施工单位</td><td colspan="3">××市政建设集团</td></tr>
<tr><td>交底提要</td><td>钢筋调直切断机安全操作技术交底</td><td>交底日期</td><td>××年××月××日</td></tr>
<tr><td colspan="4">交底内容：
1．料架、料槽应安装平直，并应与导向筒、调直筒和下切刀孔的中心线一致。
2．切断机安装后，应用手转动飞轮，检查传动机构和工作装置，并及时调整间隙，紧固螺栓。在检查并确认电气系统正常后，进行空运转。切断机空运转时，齿轮应啮合良好，并不得有异响，确认正常后开始作业。
3．作业时，应按钢筋的直径，选用适当的调直块、曳引轮槽及传动速度。调直块的孔径应比钢筋直径大 2mm～5mm，曳引轮槽宽应和所需调直钢筋的直径相符合。大直径钢筋宜选用较慢的传动速度。
4．在调直块未固定或防护罩未盖好前，不得送料。作业中，不得打开防护罩。
5．送料前，应将弯曲的钢筋端头切除。导向筒前应安装一根长度宜为 1m 的钢管。
6．钢筋送入后，手应与曳轮保持安全距离。
7．当调直后的钢筋仍有慢弯时，可逐渐加大调直块的偏移量，直到调直为止。
8．切断 3 根～4 根钢筋后，应停机检查钢筋长度，当超过允许偏差时，应及时调整限位开关或定尺板。</td></tr>
</table>

审核人	交底人	接受交底人
×××	×××	×××、×××……

2.5.2 钢筋切断机安全操作技术交底

安全技术交底记录		编号	×××
			共×页第×页
工程名称	××市政基础设施工程××标段		
施工单位	××市政建设集团		
交底提要	钢筋切断机安全操作技术交底	交底日期	××年××月××日

交底内容：

1．接送料的工作台面应和切刀下部保持水平，工作台的长度应根据加工材料长度确定。

2．启动前，应检查并确认切刀不得有裂纹，刀架螺栓应紧固，防护罩应牢靠。应用手转动皮带轮，检查齿轮啮合间隙，并及时调整。

3．启动后，应先空运转，检查并确认各传动部分及轴承运转正常后，开始作业。

4．机械未达到正常转速前，不得切料。操作人员应使用切刀的中、下部位切料，应紧握钢筋对准刃口迅速投入，并应站在固定刀片一侧用力压住钢筋，防止钢筋末端弹出伤人。不得用双手分在刀片两边握住钢筋切料。

5．操作人员不得剪切超过机械性能规定强度及直径的钢筋或烧红的钢筋。一次切断多根钢筋时，其总截面积应在规定范围内。

6．剪切低合金钢筋时，应更换高硬度切刀，剪切直径应符合机械性能的规定。

7．切断短料时，手和切刀之间的距离应大于 150mm，并应采用套管或夹具将切断的短料压住或夹牢。

8．机械运转中，不得用手直接清除切刀附近的断头和杂物。在钢筋摆动范围和机械周围，非操作人员不得停留。

9．当发现机械有异常响声或切刀歪斜等不正常现象时，应立即停机检修。

10．液压式切断机启动前，应检查并确认液压油位符合规定。切断机启动后，应空载运转，检查并确认电动机旋转方向应符合规定，并应打开放油阀，在排净液压缸体内的空气后开始作业。

11．手动液压式切断机使用前，应将放油阀按顺时针方向旋紧，作业完毕后，应立即按逆时针方向旋松。

审核人	交底人	接受交底人
×××	×××	×××、×××……

2.5.3 钢筋弯曲机安全操作技术交底

<table>
<tr><td colspan="2" rowspan="2">安全技术交底记录</td><td rowspan="2">编号</td><td>×××</td></tr>
<tr><td>共×页第×页</td></tr>
<tr><td>工程名称</td><td colspan="3">××市政基础设施工程××标段</td></tr>
<tr><td>施工单位</td><td colspan="3">××市政建设集团</td></tr>
<tr><td>交底提要</td><td>钢筋弯曲机安全操作技术交底</td><td>交底日期</td><td>××年××月××日</td></tr>
</table>

交底内容：

1．工作台和弯曲机台面应保持水平。

2．作业前应准备好各种芯轴及工具，并应按加工钢筋的直径和弯曲半径的要求，装好相应规格的芯轴和成型轴、挡铁轴。

3．芯轴直径应为钢筋直径的 2.5 倍。挡铁轴应有轴套。挡铁轴的直径和强度不得小于被弯钢筋的直径和强度。

4．启动前，应检查并确认芯轴、挡铁轴、转盘等不得有裂纹和损伤，防护罩应有效。在空载运转并确认正常后，开始作业。

5．作业时，应将需弯曲的一端钢筋插入在转盘固定销的间隙内，将另一端紧靠机身固定销，并用手压紧，在检查并确认机身固定销安放在挡住钢筋的一侧后，启动机械。

6．弯曲作业时，不得更换轴芯、销子和变换角度以及调速，不得进行清扫和加油。

7．对超过机械铭牌规定直径的钢筋不得进行弯曲。在弯曲未经冷拉或带有锈皮的钢筋时，应戴防护镜。

8．在弯曲高强度钢筋时，应进行钢筋直径换算，钢筋直径不得超过机械允许的最大弯曲能力，并应及时调换相应的芯轴。

9．操作人员应站在机身设有固定销的一侧。成品钢筋应堆放整齐，弯钩不得朝上。

10．转盘换向应在弯曲机停稳后进行。

审核人	交底人	接受交底人
×××	×××	×××、×××……

2.5.4 钢筋冷拉机安全操作技术交底

安全技术交底记录		编号	××× 共×页第×页
工程名称	××市政基础设施工程××标段		
施工单位	××市政建设集团		
交底提要	钢筋冷拉机安全操作技术交底	交底日期	××年××月××日

交底内容：

1．应根据冷拉钢筋的直径，合理选用冷拉卷扬机。卷扬钢丝绳应经封闭式导向滑轮，并应和被拉钢筋成直角。操作人员应能见到全部冷拉场地。卷扬机与冷拉中心线距离不得小于5m。

2．冷拉场地应设置警戒区，并应安装防护栏及警告标志。非操作人员不得进入警戒区。作业时，操作人员与受拉钢筋的距离应大于2m。

3．采用配重控制的冷拉机应有指示起落的记号或专人指挥。冷拉机的滑轮、钢丝绳应相匹配。配重提起时，配重离地高度应小于300mm。配重架四周应设置防护栏杆及警告标志。

4．作业前，应检查冷拉机，夹齿应完好；滑轮、拖拉小车应润滑灵活；拉钩、地锚及防护装置应齐全牢固。

5．采用延伸率控制的冷拉机，应设置明显的限位标志，并应有专人负责指挥。

6．照明设施宜设置在张拉警戒区外。当需设置在警戒区内时，照明设施安装高度应大于5m，并应有防护罩。

7．作业后，应放松卷扬钢丝绳，落下配重，切断电源，并锁好开关箱。

审核人	交底人	接受交底人
×××	×××	×××、×××……

2.5.5 钢筋冷拔机安全操作技术交底

<table>
<tr><td colspan="2">安全技术交底记录</td><td rowspan="2">编号</td><td>×××</td></tr>
<tr><td colspan="2"></td><td>共×页第×页</td></tr>
<tr><td>工程名称</td><td colspan="3">××市政基础设施工程××标段</td></tr>
<tr><td>施工单位</td><td colspan="3">××市政建设集团</td></tr>
<tr><td>交底提要</td><td>钢筋冷拔机安全操作技术交底</td><td>交底日期</td><td>××年××月××日</td></tr>
<tr><td colspan="4">交底内容：
1．启动机械前，应检查并确认机械各部连接应牢固，模具不得有裂纹，轧头与模具的规格应配套。
2．钢筋冷拔量应符合机械出厂说明书的规定。机械出厂说明书未作规定时，可按每次冷拔缩减模具孔径 0.5mm～1.0mm 进行。
3．轧头时，应先将钢筋的一端穿过模具，钢筋穿过的长度宜为 100mm～150mm，再用夹具夹牢。
4．作业时，操作人员的手与轧辊应保持 300mm～500mm 的距离。不得用手直接接触钢筋和滚筒。
5．冷拔模架中应随时加足润滑剂，润滑剂可采用石灰和肥皂水调和晒干后的粉末。
6．当钢筋的末端通过冷拔模后，应立即脱开离合器，同时用手闸挡住钢筋末端。
7．冷拔过程中，当出现断丝或钢筋打结乱盘时，应立即停机处理。</td></tr>
</table>

审核人	交底人	接受交底人
×××	×××	×××、×××……

2.5.6 钢筋螺纹成型机安全操作技术交底

<table>
<tr><td colspan="2" rowspan="2">安全技术交底记录</td><td rowspan="2">编号</td><td>×××</td></tr>
<tr><td>共×页第×页</td></tr>
<tr><td>工程名称</td><td colspan="3">××市政基础设施工程××标段</td></tr>
<tr><td>施工单位</td><td colspan="3">××市政建设集团</td></tr>
<tr><td>交底提要</td><td>钢筋螺纹成型机安全操作技术交底</td><td>交底日期</td><td>××年××月××日</td></tr>
<tr><td colspan="4">交底内容：
1．在机械使用前，应检查并确认刀具安装应正确，连接应牢固，运转部位润滑应良好，不得有漏电现象，空车试运转并确认正常后作业。
2．钢筋应先调直再下料。钢筋切口端面应与轴线垂直，不得用气割下料。
3．加工锥螺纹时，应采用水溶性切削润滑液。当气温低于0℃时，可掺入15%～20%亚硝酸钠。套丝作业时，不得用机油作润滑液或不加润滑液。
4．加工时，钢筋应夹持牢固。
5．机械在运转过程中，不得清扫刀片上面的积屑杂物和进行检修。
6．不得加工超过机械铭牌规定直径的钢筋。</td></tr>
</table>

审核人	交底人	接受交底人
×××	×××	×××、×××……

2.5.7 钢筋除锈机安全操作技术交底

安全技术交底记录		编号	××× 共×页第×页
工程名称	××市政基础设施工程××标段		
施工单位	××市政建设集团		
交底提要	钢筋除锈机安全操作技术交底	交底日期	××年××月××日

交底内容：

1．作业前应检查并确认钢丝刷应固定牢靠，传动部分应润滑充分，封闭式防护罩及排尘装置等应完好。

2．操作人员应束紧袖口，并应佩戴防尘口罩、手套和防护眼镜。

3．带弯钩的钢筋不得上机除锈。弯度较大的钢筋宜在调直后除锈。

4．操作时，应将钢筋放平，并侧身送料。不得在除锈机正面站人。较长钢筋除锈时，应有 2 人配合操作。

审核人	交底人	接受交底人
×××	×××	×××、×××……

2.6 木工机械

2.6.1 木工机械通用安全操作技术交底

<table>
<tr><td colspan="2" rowspan="2">安全技术交底记录</td><td rowspan="2">编号</td><td>×××</td></tr>
<tr><td>共×页第×页</td></tr>
<tr><td>工程名称</td><td colspan="3">××市政基础设施工程××标段</td></tr>
<tr><td>施工单位</td><td colspan="3">××市政建设集团</td></tr>
<tr><td>交底提要</td><td>木工机械通用安全操作技术交底</td><td>交底日期</td><td>××年××月××日</td></tr>
</table>

交底内容：

1. 机械操作人员应穿紧口衣裤，并束紧长发，不得系领带和戴手套。

2. 机械的电源安装和拆除及机械电气故障的排除，应由专业电工进行。机械应使用单向开关，不得使用倒顺双向开关。

3. 机械安全装置应齐全有效，传动部位应安装防护罩，各部件应连接紧固。

4. 机械作业场所应配备齐全可靠的消防器材。在工作场所，不得吸烟和动火，并不得混放其他易燃易爆物品。

5. 工作场所的木料应堆放整齐，道路应畅通。

6. 机械应保持清洁，工作台上不得放置杂物。

7. 机械的皮带轮、锯轮、刀轴、锯片、砂轮等高速转动部件的安装应平衡。

8. 各种刀具破损程度不得超过使用说明书的规定要求。

9. 加工前，应清除木料中的铁钉、铁丝等金属物。

10. 装设除尘装置的木工机械作业前，应先启动排尘装置，排尘管道不得变形、漏气。

11. 机械运行中，不得测量工件尺寸和清理木屑、刨花和杂物。

12. 机械运行中，不得跨越机械传动部分。排除故障、拆装刀具应在机械停止运转，并切断电源后进行。

13. 操作时，应根据木材的材质、粗细、湿度等选择合适的切削和进给速度。操作人员与辅助人员应密切配合，并应同步匀速接送料。

14. 使用多功能机械时，应只使用其中一种功能，其他功能的装置不得妨碍操作。

15. 作业后，应切断电源，锁好闸箱，并应进行清理、润滑。

16. 机械噪声不应超过建筑施工场界噪声限值；当机械噪声超过限值时，应采取降噪措施。机械操作人员应按规定佩戴个人防护用品。

审核人	交底人	接受交底人
×××	×××	×××、×××……

2.6.2 带锯机安全操作技术交底

安全技术交底记录		编号	××× 共×页第×页
工程名称	××市政基础设施工程××标段		
施工单位	××市政建设集团		
交底提要	带锯机安全操作技术交底	交底日期	××年××月××日

交底内容：

1．作业前，应对锯条及锯条安装质量进行检查。锯条齿侧或锯条接头处的裂纹长度超过 10mm、连续缺齿两个和接头超过两处的锯条不得使用。当锯条裂纹长度在 10mm 以下时，应在裂纹终端冲一止裂孔。锯条松紧度应调整适当。带锯机启动后，应空载试运转，并应确认运转正常，无串条现象后，开始作业。

2．作业中，操作人员应站在带锯机的两侧，跑车开动后，行程范围内的轨道周围不应站人，不应在运行中跑车。

3．原木进锯前，应调好尺寸，进锯后不得调整。进锯速度应均匀。

4．倒车应在木材的尾端越过锯条 500mm 后进行，倒车速度不宜过快。

5．平台式带锯作业时，送接料应配合一致。送料、接料时不得将手送进台面。锯短料时，应采用推棍送料。回送木料时，应离开锯条 50mm 及以上。

6．带锯机运转中，当木屑堵塞吸尘管口时，不得清理管口。

7．作业中，应根据锯条的宽度与厚度及时调节档位或增减带锯机的压砣（重锤）。当发生锯条口松或串条等现象时，不得用增加压砣（重锤）重量的办法进行调整。

审核人	交底人	接受交底人
×××	×××	×××、×××……

2.6.3 圆盘锯安全操作技术交底

<table>
<tr><td colspan="3" rowspan="2">安全技术交底记录</td><td rowspan="2">编号</td><td>×××</td></tr>
<tr><td>共×页第×页</td></tr>
<tr><td>工程名称</td><td colspan="4">××市政基础设施工程××标段</td></tr>
<tr><td>施工单位</td><td colspan="4">××市政建设集团</td></tr>
<tr><td>交底提要</td><td colspan="2">圆盘锯安全操作技术交底</td><td>交底日期</td><td>××年××月××日</td></tr>
<tr><td colspan="5">交底内容：
1．木工圆锯机上的旋转锯片必须设置防护罩。
2．安装锯片时，锯片应与轴同心，夹持锯片的法兰盘直径应为锯片直径的1/4。
3．锯片不得有裂纹。锯片不得有连续2个及以上的缺齿。
4．被锯木料的长度不应小于500mm。作业时，锯片应露出木料10mm～20mm。
5．送料时，不得将木料左右晃动或抬高；遇木节时，应缓慢送料；接近端头时，应采用推棍送料。
6．当锯线走偏时，应逐渐纠正，不得猛扳，以防止损坏锯片。
7．作业时，操作人员应戴防护眼镜，手臂不得跨越锯片，人员不得站在锯片的旋转方向。</td></tr>
<tr><td colspan="2">审核人</td><td colspan="2">交底人</td><td>接受交底人</td></tr>
<tr><td colspan="2">×××</td><td colspan="2">×××</td><td>×××、×××……</td></tr>
</table>

2.6.4 平面刨（手压刨）安全操作技术交底

<table>
<tr><td colspan="2" rowspan="2">安全技术交底记录</td><td rowspan="2">编号</td><td>×××</td></tr>
<tr><td>共×页第×页</td></tr>
<tr><td>工程名称</td><td colspan="3">××市政基础设施工程××标段</td></tr>
<tr><td>施工单位</td><td colspan="3">××市政建设集团</td></tr>
<tr><td>交底提要</td><td>平面刨（手压刨）安全操作技术交底</td><td>交底日期</td><td>××年××月××日</td></tr>
<tr><td colspan="4">交底内容：
1．刨料时，应保持身体平稳，用双手操作。刨大面时，手应按在木料上面；刨小料时，手指不得低于料高一半。不得手在料后推料。
2．当被刨木料的厚度小于30mm，或长度小于400mm时，应采用压板或推棍推进。厚度小于15mm，或长度小于250mm的木料，不得在平刨上加工。
3．刨旧料前，应将料上的钉子、泥砂清除干净。被刨木料如有破裂或硬节等缺陷时，应处理后再施刨。遇木槎、节疤应缓慢送料。不得将手按在节疤上强行送料。
4．刀片、刀片螺钉的厚度和重量应一致，刀架与夹板应吻合贴紧，刀片焊缝超出刀头或有裂缝的刀具不应使用。刀片紧固螺钉应嵌入刀片槽内。并离刀背不得小于10mm。刀片紧固力应符合使用说明书的规定。
5．机械运转时，不得将手伸进安全挡板里侧去移动挡板或拆除安全挡板。</td></tr>
</table>

审核人	交底人	接受交底人
×××	×××	×××、×××……

2.6.5 压刨床（单面和多面）安全操作技术交底

安全技术交底记录		编号	××× 共×页第×页
工程名称	××市政基础设施工程××标段		
施工单位	××市政建设集团		
交底提要	压刨床（单面和多面）安全操作技术交底	交底日期	××年××月××日

交底内容：

1．作业时，不得一次刨削两块不同材质或规格的木料，被刨木料的厚度不得超过使用说明书的规定。

2．操作者应站在进料的一侧。送料时应先进大头。接料人员应在被刨料离开料辊后接料。

3．刨刀与刨床台面的水平间隙应在10mm～30mm之间。不得使用带开口槽的刨刀。

4．每次进刀量宜为2mm～5mm。遇硬木或节疤，应减小进刀量，降低送料速度。

5．刨料的长度不得小于前后压辊之间距离。厚度小于10mm的薄板应垫托板作业。

6．压刨床的逆止爪装置应灵敏有效。进料齿辊及托料光辊应调整水平，上下距离应保持一致，齿辊应低于工件表面1mm～2mm，光辊应高出台面0.3mm～0.8mm。工作台面不得歪斜和高低不平。

7．刨削过程中，遇木料走横或卡住时，应先停机，再放低台面，取出木料，排除故障。

8．刀片、刀片螺钉的厚度和重量应一致，刀架与夹板应吻合贴紧，刀片焊缝超出刀头或有裂缝的刀具不应使用。刀片紧固螺钉应嵌入刀片槽内。并离刀背不得小于10mm。刀片紧固力应符合使用说明书的规定。

审核人	交底人	接受交底人
×××	×××	×××、×××……

2.6.6 木工车床安全操作技术交底

<table>
<tr><td colspan="2" rowspan="2">安全技术交底记录</td><td rowspan="2">编号</td><td>×××</td></tr>
<tr><td>共×页第×页</td></tr>
<tr><td>工程名称</td><td colspan="3">××市政基础设施工程××标段</td></tr>
<tr><td>施工单位</td><td colspan="3">××市政建设集团</td></tr>
<tr><td>交底提要</td><td>木工车床安全操作技术交底</td><td>交底日期</td><td>××年××月××日</td></tr>
<tr><td colspan="4">交底内容：
1．车削前，应对车床各部装置及工具、卡具进行检查，并确认安全可靠。工件应卡紧，并应采用顶针顶紧。应进行试运转，确认正常后，方可作业。应根据工件木质的硬度，选择适当的进刀量和转速。
2．车削过程中，不得用手摸的方法检查工件的光滑程度。当采用砂纸打磨时，应先将刀架移开。车床转动时，不得用手来制动。
3．方形木料应先加工成圆柱体，再上车床加工。不得切削有节疤或裂缝的木料。</td></tr>
</table>

审核人	交底人	接受交底人
×××	×××	×××、×××……

2.6.7 木工铣床（裁口机）安全操作技术交底

<table>
<tr><td colspan="2" rowspan="2">安全技术交底记录</td><td rowspan="2">编号</td><td>×××</td></tr>
<tr><td>共×页第×页</td></tr>
<tr><td>工程名称</td><td colspan="3">××市政基础设施工程××标段</td></tr>
<tr><td>施工单位</td><td colspan="3">××市政建设集团</td></tr>
<tr><td>交底提要</td><td>木工铣床（裁口机）安全操作技术交底</td><td>交底日期</td><td>××年××月××日</td></tr>
</table>

交底内容：

1．作业前，应对铣床各部件及铣刀安装进行检查，铣刀不得有裂纹或缺损，防护装置及定位止动装置应齐全可靠。

2．当木料有硬节时，应低速送料。应在木料送过铣刀口150mm后，再进行接料。

3．当木料铣切到端头时，应在已铣切的一端接料。送短料时，应用推料棍。

4．铣切量应按使用说明书的规定执行。不得在木料中间插刀。

5．卧式铣床的操作人员作业时，应站在刀刃侧面，不得面对刀刃。

审核人	交底人	接受交底人
×××	×××	×××、×××……

2.6.8 开榫机安全操作技术交底

<table>
<tr><td colspan="2" rowspan="2">安全技术交底记录</td><td rowspan="2">编号</td><td>×××</td></tr>
<tr><td>共×页第×页</td></tr>
<tr><td>工程名称</td><td colspan="3">××市政基础设施工程××标段</td></tr>
<tr><td>施工单位</td><td colspan="3">××市政建设集团</td></tr>
<tr><td>交底提要</td><td>开榫机安全操作技术交底</td><td>交底日期</td><td>××年××月××日</td></tr>
<tr><td colspan="4">交底内容：
1．作业前，应紧固好刨刀、锯片，并试运转 3min～5min，确认正常后作业。
2．作业时，应侧身操作，不得面对刀具。
3．切削时，应用压料杆将木料压紧，在切削完毕前，不得松开压料杆。短料开榫时，应用垫板将木料夹牢，不得用手直接握料作业。
4．不得上机加工有节疤的木料。</td></tr>
</table>

审核人	交底人	接受交底人
×××	×××	×××、×××……

2.6.9 打眼机安全操作技术交底

<table>
<tr><td colspan="2" rowspan="2">安全技术交底记录</td><td rowspan="2">编号</td><td>×××</td></tr>
<tr><td>共×页第×页</td></tr>
<tr><td>工程名称</td><td colspan="3">××市政基础设施工程××标段</td></tr>
<tr><td>施工单位</td><td colspan="3">××市政建设集团</td></tr>
<tr><td>交底提要</td><td>打眼机安全操作技术交底</td><td>交底日期</td><td>××年××月××日</td></tr>
<tr><td colspan="4">交底内容：
1. 作业前，应调整好机架和卡具，台面应平稳，钻头应垂直，凿心应在凿套中心卡牢，并应与加工的钻孔垂直。
2. 打眼时，应使用夹料器，不得用手直接扶料。遇节疤时，应缓慢压下，不得用力过猛。
3. 作业中，当凿心卡阻或冒烟时，应立即抬起手柄。不得用手直接清理钻出的木屑。
4. 更换凿心时，应先停车，切断电源，并应在平台上垫上木板后进行。</td></tr>
</table>

审核人	交底人	接受交底人
×××	×××	×××、×××……

2.6.10 锉锯机安全操作技术交底

<table>
<tr><td colspan="2" rowspan="2">安全技术交底记录</td><td rowspan="2">编号</td><td>×××</td></tr>
<tr><td>共×页第×页</td></tr>
<tr><td>工程名称</td><td colspan="3">××市政基础设施工程××标段</td></tr>
<tr><td>施工单位</td><td colspan="3">××市政建设集团</td></tr>
<tr><td>交底提要</td><td>锉锯机安全操作技术交底</td><td>交底日期</td><td>××年××月××日</td></tr>
<tr><td colspan="4">交底内容：
1．作业前，应检查并确认砂轮不得有裂缝和破损，并应安装牢固。
2．启动时，应先空运转，当有剧烈振动时，应找出偏重位置，调整平衡。
3．作业时，操作人员不得站在砂轮旋转时离心力方向一侧。
4．当撑齿钩遇到缺齿或撑钩妨碍锯条运动时，应及时处理。
5．锉磨锯齿的速度宜按下列规定执行：带锯应控制在 40 齿/min～70 齿/min；圆锯应控制在 26 齿/min～30 齿/min。
6．锯条焊接时应接合严密，平滑均匀，厚薄一致。</td></tr>
</table>

审核人	交底人	接受交底人
×××	×××	×××、×××……

2.6.11 磨光机安全操作技术交底

<table>
<tr><td colspan="2" rowspan="2">安全技术交底记录</td><td rowspan="2">编号</td><td>×××</td></tr>
<tr><td>共×页第×页</td></tr>
<tr><td>工程名称</td><td colspan="3">××市政基础设施工程××标段</td></tr>
<tr><td>施工单位</td><td colspan="3">××市政建设集团</td></tr>
<tr><td>交底提要</td><td>磨光机安全操作技术交底</td><td>交底日期</td><td>××年××月××日</td></tr>
<tr><td colspan="4">交底内容：
1．作业前，应对下列项目进行检查，并符合相应要求：
（1）盘式磨光机防护装置应齐全有效；
（2）砂轮应无裂纹破损；
（3）带式磨光机砂筒上砂带的张紧度应适当；
（4）各部轴承应润滑良好，紧固连接件应连接可靠。
2．磨削小面积工件时，宜尽量在台面整个宽度内排满工件，磨削时，应渐次连续进给。
3．带式磨光机作业时，压垫的压力应均匀。砂带纵向移动时，砂带应和工作台横向移动互相配合。
4．盘式磨光机作业时，工件应放在向下旋转的半面进行磨光。手不得靠近磨盘。</td></tr>
</table>

审核人	交底人	接受交底人
×××	×××	×××、×××……

2.7 土石方机械

2.7.1 土石方机械通用安全操作技术交底

<table>
<tr><td colspan="2" rowspan="2">安全技术交底记录</td><td rowspan="2">编号</td><td>×××</td></tr>
<tr><td>共×页第×页</td></tr>
<tr><td>工程名称</td><td colspan="3">××市政基础设施工程××标段</td></tr>
<tr><td>施工单位</td><td colspan="3">××市政建设集团</td></tr>
<tr><td>交底提要</td><td>土石方机械通用安全操作技术交底</td><td>交底日期</td><td>××年××月××日</td></tr>
<tr><td colspan="4">交底内容：
1．土石方机械的内燃机、电动机和液压装置的使用，应《建筑机械使用安全技术规程》JGJ 33-2012 的规定。
2．机械进入现场前，应查明行驶路线上的桥梁、涵洞的上部净空和下部承载能力，确保机械安全通过。
3．机械通过桥梁时，应采用低速挡慢行，在桥面上不得转向或制动。
4．作业前，必须查明施工场地内明、暗铺设的各类管线等设施，并应采用明显记号标识。严禁在离地下管线、承压管道 1m 距离以内进行大型机械作业。
5．作业中，应随时监视机械各部位的运转及仪表指示值，如发现异常，应立即停机检修。
6．机械运行中，不得接触转动部位。在修理工作装置时，应将工作装置降到最低位置，并应将悬空工作装置垫上垫木。
7．在电杆附近取土时，对不能取消的拉线、地垄和杆身，应留出土台，土台大小应根据电杆结构、掩埋深度和土质情况由技术人员确定。
8．机械与架空输电线路的安全距离应符合现行行业标准《施工现场临时用电安全技术规范》JGJ 46 的规定。
9．在施工中遇下列情况之一时应立即停工，必要时可将机械撤离至安全地带：
（1）填挖区土体不稳定，土体有可能坍塌；
（2）地面涌水冒浆，机械陷车，或因雨水机械在坡道打滑；
（3）遇大雨、雷电、浓雾等恶劣天气；
（4）施工标志及防护设施被损坏；
（5）工作面安全净空不足。
10．机械回转作业时，配合人员必须在机械回转半径以外作。当需在回转半径以内工作时，必须将机械停止回转并制动。
11．雨期施工时，机械应停放在地势较高的坚实位置。
12．机械作业不得破坏基坑支护系统。
13．行驶或作业中的机械，除驾驶室外的任何地方不得有乘员。</td></tr>
</table>

审核人	交底人	接受交底人
×××	×××	×××、×××……

2.7.2 单斗挖掘机安全操作技术交底

安全技术交底记录		编号	×××
			共×页第×页
工程名称	××市政基础设施工程××标段		
施工单位	××市政建设集团		
交底提要	单斗挖掘机安全操作技术交底	交底日期	××年××月××日

交底内容：

1．单斗挖掘机的作业和行走场地应平整坚实，松软地面应用枕木或垫板垫实，沼泽或淤泥场地应进行路基处理，或更换专用湿地履带。

2．轮胎式挖掘机使用前应支好支腿，并应保持水平位置，支腿应置于作业面的方向，转向驱动桥应置于作业面的后方。履带式挖掘机的驱动轮应置于作业面的后方。采用液压悬挂装置的挖掘机，应锁住两个悬挂液压缸。

3．作业前应重点检查下列项目，并应符合相应要求：

（1）照明、信号及报警装置等应齐全有效；

（2）燃油、润滑油、液压油应符合规定；

（3）各铰接部分应连接可靠；

（4）液压系统不得有泄漏现象；

（5）轮胎气压应符合规定。

4．启动前，应将主离合器分离，各操纵杆放在空挡位置，并应发出信号，确认安全后启动设备。

5．启动后，应先使液压系统从低速到高速空载循环 10min～20min，不得有吸空等不正常噪声，并应检查各仪表指示值，运转正常后再接合主离合器，再进行空载运转，顺序操纵各工作机构并测试各制动器，确认正常后开始作业。

6．作业时，挖掘机应保持水平位置，行走机构应制动，履带或轮胎应揳紧。

7．平整场地时，不得用铲斗进行横扫或用铲斗对地面进行夯实。

8．铲斗不能挖掘五类以上岩石及冻土。挖掘岩石时，应先进行爆破。挖掘冻土时，应采用破冰锤或爆破法使冻土层破碎。不得用铲斗破碎石块、冻土，或用单边斗齿硬啃。

9．挖掘机最大开挖高度和深度，不应超过机械本身性能规定。在拉铲或反铲作业时，履带式挖掘机的履带与工作面边缘距离应大于 1.0m，轮胎式挖掘机的轮胎与工作面边缘距离应大于 1.5m。

10．在坑边进行挖掘作业，当发现有塌方危险时，应立即处理险情，或将挖掘机撤至安全地带。坑边不得留有伞状边沿及松动的大块石。

11．挖掘机应停稳后再进行挖土作业。当铲斗未离开工作面时，不得作回转、行走等动作。应使用回转制动器进行回转制动，不得用转向离合器反转制动。

<table>
<tr><td colspan="2" rowspan="2">安全技术交底记录</td><td rowspan="2">编号</td><td>×××</td></tr>
<tr><td>共×页第×页</td></tr>
<tr><td>工程名称</td><td colspan="3">××市政基础设施工程××标段</td></tr>
<tr><td>施工单位</td><td colspan="3">××市政建设集团</td></tr>
<tr><td>交底提要</td><td>单斗挖掘机安全操作技术交底</td><td>交底日期</td><td>××年××月××日</td></tr>
</table>

12．作业时，各操纵过程应平稳，不宜紧急制动。铲斗升降不得过猛，下降时，不得撞碰车架或履带。

13．斗臂在抬高及回转时，不得碰到坑、沟侧壁或其他物体。

14．挖掘机向运土车辆装车时，应降低卸落高度，不得偏装或砸坏车厢。回转时，铲斗不得从运输车辆驾驶室顶上越过。

15．作业中，当液压缸将伸缩到极限位置时，应动作平稳，不得冲撞极限块。

16．作业中，当需制动时，应将变速阀置于低速挡位置。

17．作业中，当发现挖掘力突然变化，应停机检查，不得在为查明原因前调整分配阀的压力。

18．作业中，不得打开压力表开关，且不得将工况选择阀的操纵手柄放在高速挡位置。

19．挖掘机应停稳后再反铲作业，斗柄伸出长度应符合规定要求，提斗应平稳。

20．作业中，履带式挖掘机短距离行走时，主动轮应在后面，斗臂应在正前方与履带平行，并应制动回转机构。坡道坡度不得超过机械允许的最大坡度。下坡时应慢速行驶。不得在坡道上变速和空挡滑行。

21．轮胎式挖掘机行驶前，应收回支腿并固定可靠，监控仪表和报警信号灯应处于正常显示状态。轮胎气压应符合规定，工作装置应处于行驶方向，铲斗宜离地面1m。长距离行驶时，应将回转制动板踩下，并应采用固定销锁定回转平台。

22．挖掘机在坡道上行走时熄火，应立即制动，并应揳住履带或轮胎，重新发动后，再继续行走。

23．作业后，挖掘机不得停放在高边坡附近或填方区，应停放在坚实、平坦、安全的位置，并应将铲斗收回平放在地面，所有操纵杆置于中位，关闭操作室和机棚。

24．履带式挖掘机转移工地应采用平板拖车装运。短距离自行转移时，应低速行走。

25．保养或检修挖掘机时，应将内燃机熄火，并将液压系统卸荷，铲斗落地。

26．利用铲斗将底盘顶起进行检修时，应使用垫木将抬起的履带或轮胎垫稳，用木楔将落地履带或轮胎揳牢，然后再将液压系统卸荷，否则不得进入底盘下工作。

审核人	交底人	接受交底人
×××	×××	×××、×××……

2.7.3 挖掘装载机安全操作技术交底

<table>
<tr><td colspan="2" rowspan="2">安全技术交底记录</td><td rowspan="2">编号</td><td>×××</td></tr>
<tr><td>共×页第×页</td></tr>
<tr><td>工程名称</td><td colspan="3">××市政基础设施工程××标段</td></tr>
<tr><td>施工单位</td><td colspan="3">××市政建设集团</td></tr>
<tr><td>交底提要</td><td>挖掘装载机安全操作技术交底</td><td>交底日期</td><td>××年××月××日</td></tr>
<tr><td colspan="4">交底内容：
1．挖掘装载机的挖掘及装载作业应符合《建筑机械使用安全技术规程》JGJ33-2012 的规定。
2．挖掘作业前应先将装载斗翻转，使斗口朝地，并使前轮稍离开地面，踏下并锁住制动踏板，然后伸出支腿，使后轮离地并保持水平位置，以提高机械的稳定性。
3．挖掘装载机在边坡、壕沟、凹坑卸料时，应有专人指挥，挖掘装载机轮胎距边坡缘的距离应大于 1.5m。
4．动臂后端的缓冲块应保持完好；损坏时，应修复后使用。
5．作业时，应平稳操纵手柄；支臂下降时不宜中途制动。挖掘时不得使用高速挡。
6．应平稳回转挖掘装载机，并不得用装载斗砸实沟槽的侧面。
7．挖掘装载机移位时，应将挖掘装置处于中间运输状态，收起支腿，提起提升臂。
8．装载作业前，应将挖掘装置的回转机构置于中间位置，并应采用拉板固定。
9．在装载过程中，应使用低速挡。
10．铲斗提升臂在举升时，不应使用阀的浮动位置。
11．液压操纵系统的分配阀有前四阀和后四阀之分，前四阀操纵支腿、提升臂和装载斗等，用于支腿伸缩和装载作业；后四阀操纵铲斗、回转、动臂及斗柄等，用于回转和挖掘作业。机械的动力性能和液压系统的能力都不允许也不可能同时进行装载和挖掘作业。
12．行驶时，不应高速和急转弯。下坡时不得空挡滑行。
13．行驶时，支腿应完全收回，挖掘装置应固定牢靠，装载装置宜放低，铲斗和斗柄液压活塞杆应保持完全伸张位置。
14．挖掘装载机停放时间超过 1h，应支起支腿，使后轮离地；停放时间超过 1d 时，应使后轮离地，并应在后悬架下面用垫块支撑。</td></tr>
</table>

审核人	交底人	接受交底人
×××	×××	×××、×××……

2.7.4 推土机安全操作技术交底

<table>
<tr><td colspan="2" rowspan="2">安全技术交底记录</td><td rowspan="2">编号</td><td>×××</td></tr>
<tr><td>共×页第×页</td></tr>
<tr><td>工程名称</td><td colspan="3">××市政基础设施工程××标段</td></tr>
<tr><td>施工单位</td><td colspan="3">××市政建设集团</td></tr>
<tr><td>交底提要</td><td>推土机安全操作技术交底</td><td>交底日期</td><td>××年××月××日</td></tr>
</table>

交底内容：

1．推土机在坚硬土壤或多石土壤地带作业时，应先进行爆破或用松土器翻松。在沼泽地带作业时，应更换专用湿地履带板。

2．不得用推土机推石灰、烟灰等粉尘物料，不得进行碾碎石块的作业，这些物料很容易挤满行走机构，堵塞在驱动轮、引导轮和履带板之间，造成转动困难而损坏机件。

3．牵引其他机构设备时，应有专人负责指挥。钢丝绳的连接应牢固可靠。在坡道或长距离牵引时，应采用牵引杆连接。

4．作业前应重点检查下列项目，并应符合相应要求：

（1）各部件不得松动，应连接良好；

（2）燃油、润滑油、液压油等应符合规定；

（3）各系统管路不得有裂纹或泄漏；

（4）各操纵杆和制动踏板的行程、履带的松紧度或轮胎气压应符合要求。

5．启动前，应将主离合器分离，各操纵杆放在空挡位置，并应按规定启动内燃机，不得用拖、顶方式启动。

6．启动后应检查各仪表指示值、液压系统，并确认运转正常，当水温达到55℃、机油温度达到45℃时，全载荷作业。

7．推土机机械四周不得有障碍物，并确认安全后开动，工作时不得有人站在履带或刀片的支架上。

8．采用主离合器传动的推土机接合应平稳，起步不得过猛，不得使离合器处于半接合状态下运转；液力传动的推土机，应先解除变速杆的锁紧状态，踏下减速器踏板，变速杆应在低挡位，然后缓慢释放减速踏板。

9．在块石路面行驶时，应将履带张紧。当需要原地旋转或急转弯时，应采用低速挡。当行走机构夹入块石时，应采用正、反向往复行驶使块石排除。

10．在浅水地带行驶或作业时，应查明水深，冷却风扇叶不得接触水面，如冷却风扇叶接触到水面，风扇叶的高速旋转能使水飞溅到高温的内燃机各个表面，容易损坏机件，并有可能进入进气管和润滑油中，使内燃机不能正常运转而熄火。下水前和出水后，应对行走装置加注润滑脂。

<table>
<tr><td colspan="2" rowspan="2">安全技术交底记录</td><td rowspan="2">编号</td><td>×××</td></tr>
<tr><td>共×页第×页</td></tr>
<tr><td>工程名称</td><td colspan="3">××市政基础设施工程××标段</td></tr>
<tr><td>施工单位</td><td colspan="3">××市政建设集团</td></tr>
<tr><td>交底提要</td><td>推土机安全操作技术交底</td><td>交底日期</td><td>××年××月××日</td></tr>
</table>

11．推土机上、下坡或超过障碍物时应采用低速挡，推土机上坡坡度不得超过 25°，下坡坡度不得大于25°，横向坡度不得大于10°。在25°以上的陡坡上不得横向行驶，并不得急转弯。上坡时不得换挡，下坡不得空挡滑行。当需要在陡坡上推土时，应先进行填挖，使机身保持平衡。

12．在上坡途中，当内燃机突然熄灭，应立即放下铲刀，并锁住制动踏板。在推土机停稳后，将主离合器脱开，把变速杆放到空挡位置，并应用木块将履带或轮胎楔死后，重新启动内燃机。

13．下坡时，当推土机下行速度大于内燃机传动速度时，动力的传递已由内燃机驱动行走机构改变为行走机构带动内燃机，转向操纵的方向应与平地行走时操纵的方向相反，并不得使用制动器。

14．填沟作业驶近边坡时，铲刀不得越出边缘。后退时，应先换挡，后提升铲刀进行倒车。

15．在深沟、基坑或陡坡地区作业时，应有专人指挥，垂直边坡高度应小于2m。当大于2m时，应放出安全边坡，同时禁止用推土刀侧面推土。

16．推土或松土作业时，不得超载，各项操作应缓慢平稳，不得损坏铲刀、推土架、松土器等装置；无液力变矩器装置的推土机，在作业中有超载趋势时，应稍微提升刀片或变换低速挡。

17．不得顶推与地基基础连接的钢筋混凝土桩等建筑物。顶推树木等物体不得倒向推土机及高空架设物。

18．两台以上推土机在同一地区作业时，前后距离应大于8.0m；左右距离应大于1.5m。在狭窄道路上行驶时，未得前机同意，后机不得超越。

19．作业完毕后，宜将推土机开到平坦安全的地方，并应将铲刀、松土器落到地面。在坡道上停机时，应将变速杆挂低速挡，接合主离合器，锁住制动踏板，并将履带或轮胎楔住。

20．停机时，应先降低内燃机转速，变速杆放在空挡，锁紧液力传动的变速杆，分开主离合器，踏下制动踏板并锁紧，在水温降到75℃以下，油温降到90℃以下后熄火。

21．推土机长途转移工地时，应采用平板拖车装运。短途行走转移距离不宜超过10km，铲刀距地面宜为400mm，不得用高速挡行驶和进行急转弯，不得长距离倒退行驶。

22．在推土机下面检修时，内燃机应熄火，铲刀应落到地面或垫稳。

审核人	交底人	接受交底人
×××	×××	×××、×××……

2.7.5 拖式铲运机安全操作技术交底

<table>
<tr><td colspan="2" rowspan="2">安全技术交底记录</td><td rowspan="2">编号</td><td>×××</td></tr>
<tr><td>共×页第×页</td></tr>
<tr><td>工程名称</td><td colspan="3">××市政基础设施工程××标段</td></tr>
<tr><td>施工单位</td><td colspan="3">××市政建设集团</td></tr>
<tr><td>交底提要</td><td>拖式铲运机安全操作技术交底</td><td>交底日期</td><td>××年××月××日</td></tr>
<tr><td colspan="4">交底内容：
1．拖式铲运机牵引使用时应符合《建筑机械使用安全技术规程》JGJ33-2012 的有关规定。
2．铲运机作业时，应先采用松土器翻松。铲运作业区内不得有树根、大石块和大量杂草等。
3．铲运机行驶道路应平整坚实，路面宽度应比铲运机宽度大 2m。
4．启动前，应检查钢丝绳、轮胎气压、铲土斗及卸土板回缩弹簧、拖把万向接头、撑架以及各部滑轮等，并确认处于正常工作状态；液压式铲运机铲斗和拖拉机连接叉座与牵引连接块应锁定，各液压管路应连接可靠。
5．开动前，应使铲斗离开地面，机械周围不得有障碍物。
6．作业中，严禁人员上下机械，传递物件，以及在铲斗内，拖把或机架上坐立。
7．多台铲运机联合作业时，各机之间前后距离应大于 10m（铲土时应大于 5m），左右距离应大于 2m，并应遵守下坡让上坡、空载让重载、支线让干线的原则。
8．在狭窄地段运行时，未经前机同意，后机不得超越。两机交会或超车时应减速，两机左右间距应大于 0.5m。
9．铲运机上、下坡道时，应低速行驶，不得中途换挡，下坡时不得空挡滑行，行驶的横向坡度不得超过 6°，坡宽应大于铲运机宽度 2m。
10．在新填筑的土堤上作业时，离堤坡边缘应大于 1m。当需在斜坡横向作业时，应先将斜坡挖填平整，使机身保持平衡。
11．在坡道上不得进行检修作业。在陡坡上不得转弯、倒车或停车。在坡上熄火时，应将铲斗落地、制动牢靠后再启动。下陡坡时，应将铲斗触地行驶，辅助制动。
12．铲土时，铲土与机身应保持直线行驶。助铲时应有助铲装置，并应正确开启斗门，不得切土过深。两机动作应协调配合，平稳接触，等速助铲。
13．在下陡坡铲土时，铲斗装满后，在铲斗后轮未达到缓坡地段前，不得将铲斗提离地面，应防铲斗快速下滑冲击主机。
14．在不平地段行驶时，应放低铲斗，不得将铲斗提升到高位。
15．拖拉陷车时，应有专人指挥，前后操作人员应配合协调，确认安全后起步。</td></tr>
</table>

<table>
<tr><td colspan="2" rowspan="2">安全技术交底记录</td><td rowspan="2">编号</td><td>×××</td></tr>
<tr><td>共×页第×页</td></tr>
<tr><td>工程名称</td><td colspan="3">××市政基础设施工程××标段</td></tr>
<tr><td>施工单位</td><td colspan="3">××市政建设集团</td></tr>
<tr><td>交底提要</td><td>拖式铲运机安全操作技术交底</td><td>交底日期</td><td>××年××月××日</td></tr>
<tr><td colspan="4">16. 作业后，应将铲运机停放在平坦地面，并应将铲斗落在地面上。液压操纵的铲运机应将液压缸缩回，将操纵杆放在中间位置，进行清洁、润滑后，锁好门窗。
17. 非作业行驶时，铲斗应用锁紧链条挂牢在运输行驶位置上；拖式铲运机不得载人或装载易燃、易爆物品。
18. 修理斗门或在铲斗下检修作业时，应将铲斗提起后用销子或锁紧链条固定，再采用垫木将斗身顶住，并应采用木楔楔住轮胎。</td></tr>
</table>

审核人	交底人	接受交底人
×××	×××	×××、×××……

2.7.6 自行式铲运机安全操作技术交底

<table>
<tr><td colspan="2" rowspan="2">安全技术交底记录</td><td rowspan="2">编号</td><td>×××</td></tr>
<tr><td>共×页第×页</td></tr>
<tr><td>工程名称</td><td colspan="3">××市政基础设施工程××标段</td></tr>
<tr><td>施工单位</td><td colspan="3">××市政建设集团</td></tr>
<tr><td>交底提要</td><td>自行式铲运机安全操作技术交底</td><td>交底日期</td><td>××年××月××日</td></tr>
<tr><td colspan="4">交底内容：
1．自行式铲运机的行驶道路应平整坚实，单行道宽度不宜小于5.5m。
2．多台铲运机联合作业时，前后距离不得小于20m，左右距离不得小于2m。
3．作业前，应检查铲运机的转向和制动系统，并确认灵敏可靠。
4．铲土或在利用推土机助铲时，应随时微调转向盘，铲运机应始终保持直线前进。不得在转弯情况下铲土。
5．下坡时，不得空挡滑行，应踩下制动踏板辅助以内燃机制动，必要时可放下铲斗，以降低下滑速度。
6．转弯时，应采用较大回转半径低速转向，操纵转向盘不得过猛；当重载行驶或在弯道上、下坡时，应缓慢转向。
7．不得在大于15°的横坡上行驶，也不得在横坡上铲土。
8．沿沟边或填方边坡作业时，轮胎离路肩不得小于0.7m，并应放低铲斗，降速缓行。
9．在坡道上不得进行检修作业。遇在坡道上熄火时，应立即制动，下降铲斗，把变速杆放在空挡位置，然后启动内燃机。
10．穿越泥泞或松软地面时，铲运机应直线行驶，当一侧轮胎打滑时，可踏下差速器锁止踏板。当离开不良地面时，应停止使用差速器锁止踏板。不得在差速器锁止时转弯。
11．夜间作业时，前后照明应齐全完好，前大灯应能照至30m；非作业行驶时，铲斗应用锁紧链条挂牢在运输行驶位置上；拖式铲运机不得载人或装载易燃、易爆物品。</td></tr>
</table>

审核人	交底人	接受交底人
×××	×××	×××、×××……

2.7.7 静作用压路机安全操作技术交底

<table>
<tr><td colspan="2" rowspan="2">安全技术交底记录</td><td rowspan="2">编号</td><td>×××</td></tr>
<tr><td>共×页第×页</td></tr>
<tr><td>工程名称</td><td colspan="3">××市政基础设施工程××标段</td></tr>
<tr><td>施工单位</td><td colspan="3">××市政建设集团</td></tr>
<tr><td>交底提要</td><td>静作用压路机安全操作技术交底</td><td>交底日期</td><td>××年××月××日</td></tr>
<tr><td colspan="4">交底内容：
1．压路机碾压的工作面，应经过适当平整，对新填的松软土，应先用羊足碾或打夯机逐层碾压或夯实后，再用压路机碾压。
2．工作地段的纵坡不应超过压路机最大爬坡能力，横坡不应大于20°。
3．应根据碾压要求选择机种。当光轮压路机需要增加机重时，可在滚轮内加砂或水。当气温降至0℃及以下时，不得用水增重。
4．大块石基础层表面强度大，需要用线压力高的压轮，不要使用轮胎压路机。
5．作业前，应检查并确认滚轮的刮泥板应平整良好，各紧固件不得松动；轮胎压路机应检查轮胎气压，确认正常后启动。
6．启动后，应检查制动性能及转向功能并确认灵敏可靠。开动前，压路机周围不得有障碍物或人员。
7．不得用压路机拖拉任何机械或物件。
8．碾压时应低速行驶。速度宜控制在3km/h～4km/h范围内，在一个碾压行程中不得变速。碾压过程中应保持正确的行驶方向，碾压第二行时应与第一行重叠半个滚轮压痕。
9．变换压路机前进、后退方向应在滚轮停止运动后进行。不得将换向离合器当作制动器使用。
10．在新建场地上进行碾压时，应从中间向两侧碾压。碾压时，距场地边缘不应少于0.5m。
11．在坑边碾压施工时，应由里侧向外侧碾压，距坑边不应少于1m。
12．上下坡时，应事先选好挡位，不得在坡上换挡，下坡时不得空挡滑行。
13．两台以上压路机同时作业时，前后间距不得小于3m，在坡道上不得纵队行驶。
14．在行驶中，不得进行修理或加油。需要在机械底部进行修理时，应将内燃机熄火，刹车制动，并揳住滚轮。
15．对有差速器锁定装置的三轮压路机，当只有一只轮子打滑时，可使用差速器锁定装置，但不得转弯。
16．作业后，应将压路机停放在平坦坚实的场地，不得停放在软土路边缘及斜坡上，并不得妨碍交通，并应锁定制动。
17．严寒季节停机时，宜采用木板将滚轮垫离地面，应防止滚轮与地面冻结。
18．压路机转移距离较远时，应采用汽车或平板拖车装运。</td></tr>
</table>

审核人	交底人	接受交底人
×××	×××	×××、×××……

2.7.8 振动压路机安全操作技术交底

<table>
<tr><td colspan="2" rowspan="2">安全技术交底记录</td><td rowspan="2">编号</td><td>×××</td></tr>
<tr><td>共×页第×页</td></tr>
<tr><td>工程名称</td><td colspan="3">××市政基础设施工程××标段</td></tr>
<tr><td>施工单位</td><td colspan="3">××市政建设集团</td></tr>
<tr><td>交底提要</td><td>振动压路机安全操作技术交底</td><td>交底日期</td><td>××年××月××日</td></tr>
</table>

交底内容：

1．作业时，压路机应先起步后起振，内燃机应先置于中速，然后再调至高速。

2．压路机换向时应先停机；压路机变速时应降低内燃机转速。

3．压路机不得在坚实的地面上进行振动。

4．压路机碾压松软路基时，应先碾压 1 遍～2 遍后再振动碾压。

5．压路机碾压时，压路机振动频率应保持一致。

6．换向离合器、起振离合器和制动器的调整，应在主离合器脱开后进行。

7．上下坡时或急转弯时不得使用快速挡。铰接式振动压路机在转弯半径较小绕圈碾压时不得使用快速挡。

8．压路机在高速行驶时不得接合振动。

9．停机时应先停振，然后将换向机构置于中间位置，变速器置于空挡，最后拉起手制动操纵杆。

审核人	交底人	接受交底人
×××	×××	×××、×××……

2.7.9 平地机安全操作技术交底

<table>
<tr><td colspan="2" rowspan="2">安全技术交底记录</td><td rowspan="2">编号</td><td>×××</td></tr>
<tr><td>共×页第×页</td></tr>
<tr><td>工程名称</td><td colspan="3">××市政基础设施工程××标段</td></tr>
<tr><td>施工单位</td><td colspan="3">××市政建设集团</td></tr>
<tr><td>交底提要</td><td>平地机安全操作技术交底</td><td>交底日期</td><td>××年××月××日</td></tr>
<tr><td colspan="4">交底内容：
1．起伏较大的地面宜先用推土机推平，再用平地机平整。
2．平地机作业区内不得有树根、大石块等障碍物。
3．作业前应进行检查。
4．平地机不得用于拖拉其他机械。
5．启动内燃机后，应检查各仪表指示值并应符合要求。
6．开动平地机时，应鸣笛示意，并确认机械周围不得有障碍物及行人，用低速挡起步后，应测试并确认制动器灵敏有效。
7．作业时，应先将刮刀下降到接近地面，起步后再下降刮刀铲土。铲土时，应根据铲土阻力大小，随时调整刮刀的切土深度。
8．刮刀的回转、铲土角的调整及向机外侧斜，应在停机时进行；刮刀左右端的升降动作，可在机械行驶中调整。
9．刮刀角铲土和齿耙松地时应采用一挡速度行驶；刮土和平整作业时应用二、三挡速度行驶。
10．土质坚实的地面应先用齿耙翻松，翻松时应缓慢下齿。
11．使用平地机清除积雪时，应在轮胎上安装防滑链，并应探明工作面的深坑、沟槽位置。
12．平地机在转弯或调头时，应使用低速挡；在正常行驶时，应使用前轮转向；当场地特别狭小时，可使用前后轮同时转向。
13．平地机行驶时，应将刮刀和齿耙升到最高位置，并将刮刀斜放，刮刀两端不得超出后轮外侧。行驶速度不得超过使用说明书规定。下坡时，不得空挡滑行。
14．平地机作业中变矩器的油温不得超过120℃。
15．作业后，平地机应停放在平坦、安全的场地，在地面上，手制动器应拉紧。</td></tr>
</table>

审核人	交底人	接受交底人
×××	×××	×××、×××……

2.7.10 轮胎式装载机安全操作技术交底

安全技术交底记录		编号	×××
			共×页第×页
工程名称	××市政基础设施工程××标段		
施工单位	××市政建设集团		
交底提要	轮胎式装载机安全操作技术交底	交底日期	××年××月××日

交底内容：

1．装载机与汽车配合装运作业时，自卸汽车的车厢容积应与装载机铲斗容量相匹配。

2．装载机作业场地坡度应符合使用说明书的规定。作业区内不得有障碍物及无关人员。

3．轮胎式装载机作业场地和行驶道路应平坦坚实。在石块场地作业时，应在轮胎上加装保护链条。

4．作业前应进行检查。

5．装载机行驶前，应先鸣笛示意，铲斗宜提升，离地 0.5m。装载机行驶过程中应测试制动器的可靠性。装载机搭乘人员应符合规定。装载机铲斗不得载人。

6．装载机高速行驶时应采用前轮驱动；低速铲装时，应采用四轮驱动。铲斗装载后升起行驶时，不得急转弯或紧急制动。

7．装载机下坡时不得空挡滑行。

8．装载机的装载量应符合使用说明书的规定。装载机铲斗应从正面铲料，铲斗不得单边受力。装载机应低速缓慢举臂翻转铲斗卸料。

9．装载机操纵手柄换向应平稳。装载机满载时，铲臂应缓慢下降。

10．在松散不平的场地作业时，应把铲臂放在浮动位置，使铲斗平稳地推进；当推进阻力增大时，可稍微提升铲臂。

11．当铲臂运行到上下最大限度时，应立即将操纵杆回到空挡位置。

12．装载机运载物料时，铲臂下铰点宜保持离地面 0.5m，并保持平稳行驶。铲斗提升到最高位置时，不得运输物料。

13．铲装或挖掘时，铲斗不应偏载。铲斗装满后，应先举臂，再行走、转向、卸料。铲斗行走过程中不得收斗或举臂。

14．当铲装阻力较大，出现轮胎打滑时，应立即停止铲装，拆除过载后再铲装。

15．在向汽车装料时，铲斗不得在汽车驾驶室上方越过。如汽车驾驶室顶无防护，驾驶室内不得有人。

16．向汽车装料，宜降低铲斗高度，减小卸落冲击。汽车装载不得超载、偏载。

17．装载机在坡、沟边卸料时，轮胎离边缘应保留安全距离，安全距离宜大于 1.5m；铲斗不宜伸出坡、沟边缘。在大于 3° 的坡面上，装载机不得朝下坡方向俯身卸料。

<table>
<tr><td colspan="2">安全技术交底记录</td><td>编号</td><td>×××
共×页第×页</td></tr>
<tr><td>工程名称</td><td colspan="3">××市政基础设施工程××标段</td></tr>
<tr><td>施工单位</td><td colspan="3">××市政建设集团</td></tr>
<tr><td>交底提要</td><td>轮胎式装载机安全操作技术交底</td><td>交底日期</td><td>××年××月××日</td></tr>
<tr><td colspan="4">18．作业时，装载机变矩器油温不得超过110℃，超过时，应停机降温。
19．作业后，装载机应停放在安全场地，铲斗应平放在地面上，操纵杆应置于中位，制动应锁定。
20．装载机转向架未锁闭时，严禁站在前后车架之间进行检修保养。
21．装载机铲臂升起后，在进行润滑或检修等作业时，应先装好安全销，或先采取其他措施支住铲臂。
22．停车时，应使内燃机转速逐步降低，不得突然熄火，应防止液压油因惯性冲击而溢出油箱。</td></tr>
</table>

审核人	交底人	接受交底人
×××	×××	×××、×××……

2.7.11 蛙式夯实机安全操作技术交底

<table>
<tr><td colspan="2" rowspan="2">安全技术交底记录</td><td rowspan="2">编号</td><td>×××</td></tr>
<tr><td>共×页第×页</td></tr>
<tr><td>工程名称</td><td colspan="3">××市政基础设施工程××标段</td></tr>
<tr><td>施工单位</td><td colspan="3">××市政建设集团</td></tr>
<tr><td>交底提要</td><td>蛙式夯实机安全操作技术交底</td><td>交底日期</td><td>××年××月××日</td></tr>
</table>

交底内容：

1．蛙式夯实机宜适用于夯实灰土和素土。蛙式夯实机不得冒雨作业。

2．作业前应重点检查下列项目，并应符合相应要求：

（1）漏电保护器应灵敏有效，接零或接地及电缆线接头应绝缘良好；

（2）传动皮带应松紧合适，皮带轮与偏心块应安装牢固；

（3）转动部分应安装防护装置，并应进行试运转，确认正常；

（4）负荷线应采用耐气候型的四芯橡皮护套软电缆。电缆线长不应大于50m。

3．夯实机启动后，应检查电动机旋转方向，错误时应倒换相线。

4．作业时，夯实机扶手上的按钮开关和电动机的接线应绝缘良好。当发现有漏电现象时，应立即切断电源，进行检修。

5．夯实机作业时，应一人扶夯，一人传递电缆线，并应戴绝缘手套和穿绝缘鞋。递线人员应跟随夯机后或两侧调顺电缆线。电缆线不得扭结或缠绕，并应保持3m～4m的余量。

6．作业时，不得夯击电缆线。

7．作业时，应保持夯实机平衡，不得用力压扶手。转弯时应用力平稳，不得急转弯。

8．夯实填高松软土方时，应先在边缘以内100mm～150mm夯实2遍～3遍后，再夯实边缘。

9．不得在斜坡上夯行，以防夯头后折。

10．夯实房心土时，夯板应避开钢筋混凝土基础及地下管道等地下物。

11．在建筑物内部作业时，夯板或偏心块不得撞击墙壁。

12．多机作业时，其平行间距不得小于5m，前后间距不得小于10m。

13．夯实机作业时，夯实机四周2m范围内，不得有非夯实机操作人员。

14．夯实机电动机温升超过规定时，应停机降温。

15．作业时，当夯实机有异常响声时，应立即停机检查。

16．作业后，应切断电源，卷好电缆线，清理夯实机。夯实机保管应防水防潮。

审核人	交底人	接受交底人
×××	×××	×××、×××……

2.7.12 振动冲击夯安全操作技术交底

安全技术交底记录		编号	××× 共×页第×页
工程名称	××市政基础设施工程××标段		
施工单位	××市政建设集团		
交底提要	振动冲击夯安全操作技术交底	交底日期	××年××月××日

交底内容:

1. 振动冲击夯适用于压实黏性土、砂及砾石等散状物料，不得在水泥路面和其他坚硬地面作业。

2. 内燃机冲击夯作业前，应检查并确认有足够的润滑油，油门控制器应转动灵活。

3. 内燃机冲击夯启动后，应逐渐加大油门，夯机跳动稳定后开作业。

4. 振动冲击夯作业时，应正确掌握夯机，不得倾斜，手把不宜握得过紧，能控制夯机前进速度即可。

5. 正常作业时，不得使劲往下压手把，以免影响夯机跳起高度。夯实松软土或上坡时，可将手把稍向下压，并应能增加夯机前进速度。

6. 根据作业要求，内燃冲击夯应通过调整油门的大小，在一定范围内改变夯机振动频率。

7. 内燃冲击夯不宜在高速下连续作业。

8. 当短距离转移时，应先将冲击夯手把稍向上抬起，将运转轮装入冲击夯的挂钩内，再压一下手把，使重心后倾，再推动手把转移冲击夯。

审核人	交底人	接受交底人
×××	×××	×××、×××……

2.7.13 强夯机械安全操作技术交底

<table>
<tr><td colspan="2" rowspan="2">安全技术交底记录</td><td rowspan="2">编号</td><td>×××</td></tr>
<tr><td>共×页第×页</td></tr>
<tr><td>工程名称</td><td colspan="3">××市政基础设施工程××标段</td></tr>
<tr><td>施工单位</td><td colspan="3">××市政建设集团</td></tr>
<tr><td>交底提要</td><td>强夯机械安全操作技术交底</td><td>交底日期</td><td>××年××月××日</td></tr>
<tr><td colspan="4">交底内容：
1．担任强夯作业的主机，应按照强夯等级的要求经过计算选用。
2．强夯机械的门架、横梁、脱钩器等主要结构和部件的材料及制作质量，应经过严格检查，对不符合设计要求的，不得使用。
3．夯机驾驶室挡风玻璃前应增设防护网。
4．夯机的作业场地应平整，门架底座与夯机着地部位的场地不平度不得超过 100mm。
5．夯机在工作状态时，起重臂仰角应符合使用说明书的要求。
6．梯形门架支腿不得前后错位，门架支腿在未支稳垫实前，不得提锤。变换夯位后，应重新检查门架支腿，确认稳固可靠，然后再将锤提升 100mm～300mm，检查整机的稳定性，确认可靠后作业。
7．夯锤下落后，在吊钩尚未降至夯锤吊环附近前，操作人员严禁提前下坑挂钩。从坑中提锤时，严禁挂钩人员站在锤上随锤提升。
8．夯锤起吊后，地面操作人员应迅速撤至安全距离以外，非强夯施工人员不得进入夯点 30m 范围内。
9．夯锤升起如超过脱钩高度仍不能自动脱钩时，起重指挥应立即发出停车信号，将夯锤落下，应查明原因并正确处理后继续施工。
10．当夯锤留有的通气孔在作业中出现堵塞现象时，应及时清理，并不得在锤下作业。
11．当夯坑内有积水或因黏土产生的锤底吸附力增大时，应采取措施排除，不得强行提锤。
12．转移夯点时，夯锤应由辅机协助转移，门架随夯机移动前，支腿离地面高度不得超过 500mm。
13．作业后，应将夯锤下降，放在坚实稳固的地面上。在非作业时，不得将锤悬挂在空中。</td></tr>
</table>

审核人	交底人	接受交底人
×××	×××	×××、×××……

2.8 地下施工机械

2.8.1 地下施工机械通用安全操作技术交底

<table>
<tr><td colspan="2">安全技术交底记录</td><td>编号</td><td>×××
共×页第×页</td></tr>
<tr><td>工程名称</td><td colspan="3">××市政基础设施工程××标段</td></tr>
<tr><td>施工单位</td><td colspan="3">××市政建设集团</td></tr>
<tr><td>交底提要</td><td>地下施工机械通用安全操作技术交底</td><td>交底日期</td><td>××年××月××日</td></tr>
</table>

交底内容：

1. 地下施工机械选型和功能应满足施工地质条件和环境安全要求。

2. 地下施工机械及配套设施应在专业厂家制造，应符合设计要求，并应在总装调试合格后才能出厂。出厂时，应具有质量合格证书和产品使用说明书。

3. 作业前，应充分了解施工作业周边环境，对邻近建（构）筑物、地下管网等应进行监测，并应制定对建（构）筑物、地下管线保护的专项安全技术方案。

4. 作业中，应对有害气体及地下作业面通风量进行监测，并应符合职业健康安全标准的要求。

5. 作业中，应随时监视机械各运转部位的状态及参数，发现异常时，应立即停机检修。

6. 气动设备作业时，应按照相关设备使用说明书和气动设备的操作技术要求进行施工。

7. 应根据现场作业条件，合理选择水平及垂直运输设备，并应按相关规范执行。

8. 地下施工机械作业时，必须确保开挖土体稳定。

9. 地下施工机械施工过程中，当停机时间较长时，应采取措施，维持开挖面稳定。

10. 地下施工机械使用前，应确认其状态良好，满足作业要求。使用过程中，应按使用说明书的要求进行保养、维修，并应及时更换受损的零件。

11. 掘进过程中，遇到施工偏差过大、设备故障、意外的地质变化等情况时，必须暂停施工，经处理后再继续。

12. 地下大型施工机械设备的安装、拆卸应按使用说明书的规定进行，并应制定专项施工方案，由专业队伍进行施工，安装、拆卸过程中应有专业技术和安全人员监护。

审核人	交底人	接受交底人
×××	×××	×××、×××……

2.8.2 顶管机安全操作技术交底

<table>
<tr><td colspan="2" rowspan="2">安全技术交底记录</td><td rowspan="2">编号</td><td>×××</td></tr>
<tr><td>共×页第×页</td></tr>
<tr><td>工程名称</td><td colspan="3">××市政基础设施工程××标段</td></tr>
<tr><td>施工单位</td><td colspan="3">××市政建设集团</td></tr>
<tr><td>交底提要</td><td>顶管机安全操作技术交底</td><td>交底日期</td><td>××年××月××日</td></tr>
<tr><td colspan="4">交底内容：
1．选择顶管机，应根据管道所处土层性质、管径、地下水位、附近地上与地下建（构）筑物和各种设施等因素，经技术经济比较后确定。
2．导轨应选用钢质材料制作，安装后应牢固，不得在使用中产生位移，并应经常检查校核。
3．千斤顶的安装应符合下列规定：
（1）千斤顶宜固定在支撑架上，并应与管道中心线对称，其合力应作用在管道中心的垂面上；
（2）当千斤顶多于一台时，宜取偶数，且其规格宜相同；当规格不同时，其行程应同步，并应将同规格的千斤顶对称布置；
（3）千斤顶的油路应并联，每台千斤顶应有进油、回油的控制系统。
4．油泵和千斤顶的选型应相匹配，并应有备用油泵；油泵安装完毕，应进行试运转，并应在合格后使用。
5．顶进前，全部设备应经过检查并经过试运转确认合格。
6．顶进时，工作人员不得在顶铁上方及侧面停留，并应随时观察顶铁有无异常迹象。
7．顶进开始时，应先缓慢进行，在各接触部位密合后，再按正常顶进速度顶进。
8．千斤顶活塞退回时，油压不得过大，速度不得过快。
9．安装后的顶铁轴线应与管道轴线平行、对称。顶铁、导轨和顶铁之间的接触面不得有杂物。
10．顶铁与管口之间应采用缓冲材料衬垫。
11．管道顶进应连续作业。管道顶进过程中，遇下列情况之一时，应立即停止顶进，检查原因并经处理后继续顶进：
（1）工具管前方遇到障碍；
（2）后背墙变形严重；
（3）顶铁发生扭曲现象；
（4）管位偏差过大且校正无效；
（5）顶力超过管端的允许顶力；
（6）油泵、油路发生异常现象；</td></tr>
</table>

<table>
<tr><td colspan="2" rowspan="2">安全技术交底记录</td><td rowspan="2">编号</td><td>×××</td></tr>
<tr><td>共×页第×页</td></tr>
<tr><td>工程名称</td><td colspan="3">××市政基础设施工程××标段</td></tr>
<tr><td>施工单位</td><td colspan="3">××市政建设集团</td></tr>
<tr><td>交底提要</td><td>顶管机安全操作技术交底</td><td>交底日期</td><td>××年××月××日</td></tr>
<tr><td colspan="4">（7）管节接缝、中继间渗漏泥水、泥浆；
（8）地层、邻近建（构）筑物、管线等周围环境的变形量超出控制允许值。
12．使用中继间应符合下列规定：
（1）中继间安装时应将凸头安装在工具管方向，凹头安装在工作井一端；
（2）中继间应有专职人员进行操作，同时应随时观察有可能发生的问题；
（3）中继间使用时，油压、顶力不宜超过设计油压顶力，应避免引起中继间变形；
（4）中继间应安装行程限位装置，单次推进距离应控制在设计允许距离内；
（5）穿越中继间的高压进水管、排泥管等软管应与中继间保持一定距离，应避免中继间往返时损坏管线。</td></tr>
</table>

审核人	交底人	接受交底人
×××	×××	×××、×××……

2.8.3 盾构机安全操作技术交底

<table>
<tr><td colspan="2" rowspan="2">安全技术交底记录</td><td rowspan="2">编号</td><td>×××</td></tr>
<tr><td>共×页第×页</td></tr>
<tr><td>工程名称</td><td colspan="3">××市政基础设施工程××标段</td></tr>
<tr><td>施工单位</td><td colspan="3">××市政建设集团</td></tr>
<tr><td>交底提要</td><td>盾构机安全操作技术交底</td><td>交底日期</td><td>××年××月××日</td></tr>
</table>

交底内容：

1．盾构机组装前，应对推进千斤顶、拼装机、调节千斤顶进行试验验收。

2．盾构机组装前，应将防止盾构机后退的推进系统平衡阀、调节拼装机的回转平衡阀的二次溢流压力调到设计压力值。

3．盾构机组装前，应将液压系统各非标制品的阀组按设计要求进行密闭性试验。

4．盾构机组装完成后，应先对各部件、各系统进行空载、负载调试及验收，最后应进行整机空载和负载调试及验收。

5．盾构机始发、接收前，应落实盾构基座稳定措施，确保牢固。

6．盾构机应在空载调试运转正常后，开始盾构始发施工。在盾构始发阶段，应检查各部位润滑并记录油脂消耗情况；初始推进过程中，应对推进情况进行监测，并对监测反馈资料进行分析，不断调整盾构掘进施工参数。

7．盾构掘进中，每环掘进结束及中途停止掘进时，应按规定程序操作各种机电设备，

8．盾构掘进中，当遇有下列情况之一时，应暂停施工，并应在排除险情后继续施工：

（1）盾构位置偏离设计轴线过大；

（2）管片严重碎裂和渗漏水；

（3）开挖面发生坍塌或严重的地表隆起、沉降现象；

（4）遭遇地下不明障碍物或意外的地质变化；

（5）盾构旋转角度过大，影响正常施工；

（6）盾构扭矩或顶力异常。

9．盾构暂停掘进时，应按程序采取稳定开挖面的措施，确保暂停施工后盾构姿态稳定不变。暂停掘进前，应检查并确认推进液压系统不得有渗漏现象。

10．双圆盾构掘进时，双圆盾构两刀盘应相向旋转，并保持转速一致，不得接触和碰撞。

11．盾构带压开仓更换刀具时，应确保工作面稳定，并应进行持续充分的通风及毒气测试合格后，进行作业。地下情况较复杂时，作业人员应戴防毒面具。更换刀具时，应按专项方案和安全规定执行。

12．盾构切口与到达接收井距离小于 10m 时，应控制盾构推进速度、开挖面压力、排土量。

<table>
<tr><td colspan="2" rowspan="2">安全技术交底记录</td><td rowspan="2">编号</td><td>×××</td></tr>
<tr><td>共×页第×页</td></tr>
<tr><td>工程名称</td><td colspan="3">××市政基础设施工程××标段</td></tr>
<tr><td>施工单位</td><td colspan="3">××市政建设集团</td></tr>
<tr><td>交底提要</td><td>盾构机安全操作技术交底</td><td>交底日期</td><td>××年××月××日</td></tr>
</table>

13．盾构推进到冻结区域停止推进时，应每隔 10min 转动刀盘一次，每次转动时间不得少于 5min。

14．当盾构全部进入接收井内基座上后，应及时做好管片与洞圈间的密封。

15．盾构调头时应专人指挥，应设专人观察设备转向状态，避免方向偏离或设备碰撞。

16．管片拼装时，应按下列规定执行：

（1）管片拼装应落实专人负责指挥，拼装机操作人员应按照指挥人员的指令操作，不得擅自转动拼装机；

（2）举重臂旋转时，应鸣号警示，严禁施工人员进入举重臂回转范围内。拼装工应在全部就位后开始作业。在施工人员未撤离施工区域时，严禁启动拼装机；

（3）拼装管片时，拼装工必须站在安全可靠的位置，不得将手脚放在环缝和千斤顶的顶部；

（4）举重臂应在管片固定就位后复位。封顶拼装就位未完毕时，施工人员不得进入封顶块的下方；

（5）举重臂拼装头应拧紧到位，不得松动，发现有磨损情况时，应及时更换，不得冒险吊运；

（6）管片在旋转上升之前，应用举重臂小脚将管片固定，管片在旋转过程中不得晃动；

（7）当拼装头与管片预埋孔不能紧固连接时，应制作专用的拼装架。拼装架设计应经技术部门审批，并经过试验合格后开始使用；

（8）拼装管片应使用专用的拼装销，拼装销应有限位装置；

（9）装机回转时，在回转范围内，不得有人；

（10）管片吊起或升降架旋回到上方时，放置时间不应超过 3min。

17．盾构的保养与维修应坚持“预防为主、经常检测、强制保养、养修并重”的原则，并应由专业人员进行保养与维修。

18．盾构机拆除退场时，应按下列规定执行：

（1）机械结构部分应先按液压、泥水、注浆、电气系统顺序拆卸，最后拆卸机械结构件；

（2）吊装作业时，应仔细检查并确认盾构机各连接部件与盾构机已彻底拆开分离，千斤顶全部缩回到位，所有注浆、泥水系统的手动阀门已关闭；

（3）大刀盘应按要求位置停放，在井下分解后，应及时吊上地面；

<table>
<tr><td colspan="2">安全技术交底记录</td><td>编号</td><td>×××
共×页第×页</td></tr>
<tr><td>工程名称</td><td colspan="3">××市政基础设施工程××标段</td></tr>
<tr><td>施工单位</td><td colspan="3">××市政建设集团</td></tr>
<tr><td>交底提要</td><td>盾构机安全操作技术交底</td><td>交底日期</td><td>××年××月××日</td></tr>
<tr><td colspan="4">（4）拼装机按规定位置停放，举重钳应缩到底；提升横梁应烧焊马脚固定，同时在拼装机横梁底部应加焊接支撑，防止下坠。
19．盾构机转场运输时，应按下列规定执行：
（1）应根据设备的最大尺寸，对运输线路进行实地勘察；
（2）设备应与运输车辆有可靠固定措施；
（3）设备超宽、超高时，应按交通法规办理各类通行证。</td></tr>
</table>

审核人	交底人	接受交底人
×××	×××	×××、×××……

2.9 焊接机械

2.9.1 焊接机械通用安全操作技术交底

安全技术交底记录		编号	××× 共×页第×页
工程名称	××市政基础设施工程××标段		
施工单位	××市政建设集团		
交底提要	焊接机械通用安全操作技术交底	交底日期	××年××月××日

交底内容：

1．焊接（切割）前，应先进行动火审查，确认焊接（切割）现场防火措施符合要求，并应配备相应的消防器材和安全防护用品，落实监护人员后，开具动火证。

2．焊接设备应有完整的防护外壳，一、二次接线柱处应有保护罩。

3．现场使用的电焊机应设有防雨、防潮、防晒、防砸的措施。

4．焊割现场及高空焊割作业下方，严禁堆放油类、木材、氧气瓶、乙炔瓶、保温材料等易燃、易爆物品。

5．电焊机绝缘电阻不得小于0.5MΩ，电焊机导线绝缘电阻不得小于1MΩ，电焊机接地电阻不得大于4Ω。

6．电焊机导线和接地线不得搭在易燃、易爆、带有热源或有油的物品上；不得利用建（构）筑物的金属结构、管道、轨道或其他金属物体，搭接起来，形成焊接回路，并不得将电焊机和工件双重接地；严禁使用氧气、天然气等易燃易爆气体管道作为接地装置。

7．电焊机的一次侧电源线长度不应大于5m，二次线应采用防水橡皮护套铜芯软电缆，电缆长度不应大于30m，接头不得超过3个，并应双线到位。当需要加长导线时，应相应增加导线的截面积。当导线通过道路时，应架高，或穿入防护管内埋设在地下；当通过轨道时，应从轨道下面通过。当导线绝缘受损或断股时，应立即更换。

8．电焊钳应有良好的绝缘和隔热能力。电焊钳握柄应绝缘良好，握柄与导线连接应牢靠，连接处应采用绝缘布包好。操作人员不得用胳膊夹持电焊钳，并不得在水中i令却电焊钳。

9．对承压状态的压力容器和装有剧毒、易燃、易爆物品的容器，严禁进行焊接或切割作业。

10．当需焊割受压容器、密闭容器、粘有可燃气体和溶液的工件时，应先消除容器及管道内压力，清除可燃气体和溶液，并冲洗有毒、有害、易燃物质；对存有残余油脂的容器，宜用蒸汽、碱水冲洗，打开盖口，并确认容器清洗干净后，应灌满清水后进行焊割。

<table>
<tr><td colspan="2" rowspan="2">安全技术交底记录</td><td rowspan="2">编号</td><td>×××</td></tr>
<tr><td>共×页第×页</td></tr>
<tr><td>工程名称</td><td colspan="3">××市政基础设施工程××标段</td></tr>
<tr><td>施工单位</td><td colspan="3">××市政建设集团</td></tr>
<tr><td>交底提要</td><td>焊接机械通用安全操作技术交底</td><td>交底日期</td><td>××年××月××日</td></tr>
<tr><td colspan="4">11．在容器内和管道内焊割时，应采取防止触电、中毒和窒息的措施。焊、割密闭容器时，应留出气孔，必要时应在进、出气口处装设通风设备；容器内照明电压不得超过 12V；容器外应有专人监护。
12．焊割铜、铝、锌、锡等有色金属时，应通风良好，焊割人员应戴防毒面罩或采取其他防毒措施。
13．当预热焊件温度达 150℃～700℃时，应设挡板隔离焊件发出的辐射热，焊接人员应穿戴隔热的石棉服装和鞋、帽等。
14．雨雪天不得在露天电焊。在潮湿地带作业时，应铺设绝缘物品，操作人员应穿绝缘鞋。
15．电焊机应按额定焊接电流和暂载率操作，并应控制电焊机的温升。
16．当清除焊渣时，应戴防护眼镜，头部应避开焊渣飞溅方向。
17．交流电焊机应安装防二次侧触电保护装置。</td></tr>
</table>

审核人	交底人	接受交底人
×××	×××	×××、×××……

2.9.2 交（直）流焊机安全操作技术交底

<table>
<tr><td colspan="2" rowspan="2">安全技术交底记录</td><td rowspan="2">编号</td><td>×××</td></tr>
<tr><td>共×页第×页</td></tr>
<tr><td>工程名称</td><td colspan="3">××市政基础设施工程××标段</td></tr>
<tr><td>施工单位</td><td colspan="3">××市政建设集团</td></tr>
<tr><td>交底提要</td><td>交（直）流焊机安全操作技术交底</td><td>交底日期</td><td>××年××月××日</td></tr>
<tr><td colspan="4">交底内容：
1．使用前，应检查并确认初、次级线接线正确，输入电压符合电焊机的铭牌规定，接线螺母、螺栓及其他部件完好齐全，不得松动或损坏。直流焊机换向器与电刷接触应良好。
2．当多台焊机在同一场地作业时，相互间距不应小于600mm，应逐台启动，并应使三相负载保持平衡。多台焊机的接地装置不得串联。
3．移动电焊机或停电时，应切断电源，不得用拖拉电缆的方法移动焊机。
4．调节焊接电流和极性开关应在卸除负荷后进行。
5．硅整流直流电焊机主变压器的次级线圈和控制变压器的次级线圈不得用摇表测试。
6．长期停用的焊机启用时，应空载通电一定时间，进行干燥处理。</td></tr>
</table>

审核人	交底人	接受交底人
×××	×××	×××、×××……

2.9.3 氩弧焊机安全操作技术交底

<table>
<tr><td colspan="2" rowspan="2">安全技术交底记录</td><td rowspan="2">编号</td><td>×××</td></tr>
<tr><td>共×页第×页</td></tr>
<tr><td>工程名称</td><td colspan="3">××市政基础设施工程××标段</td></tr>
<tr><td>施工单位</td><td colspan="3">××市政建设集团</td></tr>
<tr><td>交底提要</td><td>氩弧焊机安全操作技术交底</td><td>交底日期</td><td>××年××月××日</td></tr>
<tr><td colspan="4">交底内容：
1．作业前，应检查并确认接地装置安全可靠，气管、水管应通畅，不得有外漏。工作场所应有良好的通风措施。
2．应先根据焊件的材质、尺寸、形状，确定极性，再选择焊机的电压、电流和氩气的流量。
3．安装氩气表、氩气减压阀、管接头等配件时，不得粘有油脂，并应拧紧丝扣（至少 5 扣）。开气时，严禁身体对准氩气表和气瓶节门，应防止氩气表和气瓶节门打开伤人。
4．水冷型焊机应保持冷却水清洁。在焊接过程中，冷却水的流量应正常，不得断水施焊。
5．焊机的高频防护装置应良好；振荡器电源线路中的连锁开关不得分接。
6．使用氩弧焊时，操作人员应戴防毒面罩。应根据焊接厚度确定钨极粗细，更换钨极时，必须切断电源。磨削钨极端头时，应设有通风装置，操作人员应佩戴手套和口罩，磨削下来的粉尘，应及时清除。钍、铈、钨极不得随身携带，应贮存在铅盒内。
7．焊机附近不宜有振动。焊机上及周围不得放置易燃、易爆或导电物品。
8．氮气瓶和氩气瓶与焊接地点应相距 3m 以上，并应直立固定放置。
9．作业后，应切断电源，关闭水源和气源。焊接人员应及时脱去工作服，清洗外露的皮肤。</td></tr>
</table>

审核人	交底人	接受交底人
×××	×××	×××、×××……

2.9.4 点焊机安全操作技术交底

<table>
<tr><td colspan="2" rowspan="2">安全技术交底记录</td><td rowspan="2">编号</td><td>×××</td></tr>
<tr><td>共×页第×页</td></tr>
<tr><td>工程名称</td><td colspan="3">××市政基础设施工程××标段</td></tr>
<tr><td>施工单位</td><td colspan="3">××市政建设集团</td></tr>
<tr><td>交底提要</td><td>点焊机安全操作技术交底</td><td>交底日期</td><td>××年××月××日</td></tr>
<tr><td colspan="4">交底内容：
1．作业前，应清除上下两电极的油污。
2．作业前，应先接通控制线路的转向开关和焊接电流的开关，调整好极数，再接通水源、气源，最后接通电源。
3．焊机通电后，应检查并确认电气设备、操作机构、冷却系统、气路系统工作正常，不得有漏电现象。
4．作业时，气路、水冷系统应畅通。气体应保持干燥。排水温度不得超过40℃，排水量可根据水温调节。
5．严禁在引燃电路中加大熔断器。当负载过小，引燃管内电弧不能发生时，不得闭合控制箱的引燃电路。
6．正常工作的控制箱的预热时间不得少于5min。当控制箱长期停用时，每月应通电加热30min。更换闸流管前，应预热30min。</td></tr>
</table>

审核人	交底人	接受交底人
×××	×××	×××、×××……

2.9.5 二氧化碳气体保护焊机安全操作技术交底

安全技术交底记录		编号	××× 共×页第×页
工程名称	××市政基础设施工程××标段		
施工单位	××市政建设集团		
交底提要	二氧化碳气体保护焊机安全操作技术交底	交底日期	××年××月××日

交底内容：

1．作业前，二氧化碳气体应按规定进行预热。开气时，操作人员必须站在瓶嘴的侧面。

2．作业前，应检查并确认焊丝的进给机构、电线的连接部分、二氧化碳气体的供应系统及冷却水循环系统符合要求，焊枪冷却水系统不得漏水。

3．二氧化碳气瓶宜存放在阴凉处，不得靠近热源，并应放置牢靠。

4．二氧化碳气体预热器端的电压，不得大于36V。

审核人	交底人	接受交底人
×××	×××	×××、×××……

2.9.6 埋弧焊机安全操作技术交底

<table>
<tr><td colspan="2" rowspan="2">安全技术交底记录</td><td rowspan="2">编号</td><td>×××</td></tr>
<tr><td>共×页第×页</td></tr>
<tr><td>工程名称</td><td colspan="3">××市政基础设施工程××标段</td></tr>
<tr><td>施工单位</td><td colspan="3">××市政建设集团</td></tr>
<tr><td>交底提要</td><td>埋弧焊机安全操作技术交底</td><td>交底日期</td><td>××年××月××日</td></tr>
<tr><td colspan="4">交底内容：
1．作业前，应检查并确认各导线连接应良好；控制箱的外壳和接线板上的罩壳应完好；送丝滚轮的沟槽及齿纹应完好；滚轮、导电嘴（块）不得有过度磨损，接触应良好；减速箱润滑油应正常。
2．软管式送丝机构的软管槽孔应保持清洁，并定期吹洗。
3．在焊接中，应保持焊剂连续覆盖，以免焊剂中断露出电弧。
4．在焊机工作时，手不得触及送丝机构的滚轮。
5．作业时，应及时排走焊接中产生的有害气体，在通风不良的室内或容器内作业时，应安装通风设备。</td></tr>
</table>

审核人	交底人	接受交底人
×××	×××	×××、×××……

2.9.7 对焊机安全操作技术交底

<table>
<tr><td colspan="2" rowspan="2">安全技术交底记录</td><td rowspan="2">编号</td><td>×××</td></tr>
<tr><td>共×页第×页</td></tr>
<tr><td>工程名称</td><td colspan="3">××市政基础设施工程××标段</td></tr>
<tr><td>施工单位</td><td colspan="3">××市政建设集团</td></tr>
<tr><td>交底提要</td><td>对焊机安全操作技术交底</td><td>交底日期</td><td>××年××月××日</td></tr>
<tr><td colspan="4">交底内容：
1．对焊机应安置在室内或防雨的工棚内，并应有可靠的接地或接零。当多台对焊机并列安装时，相互间距不得小于 3m，并应分别接在不同相位的电网上，分别设置各自的断路器。
2．焊接前，应检查并确认对焊机的压力机构应灵活，夹具应牢固，气压、液压系统不得有泄漏。
3．焊接前，应根据所焊接钢筋的截面，调整二次电压，不得焊接超过对焊机规定直径的钢筋。
4．断路器的接触点、电极应定期光磨，二次电路连接螺栓应定期紧固。冷却水温度不得超过 40℃；排水量应根据温度调节。
5．焊接较长钢筋时，应设置托架。
6．闪光区应设挡板，与焊接无关的人员不得入内。
7．冬期施焊时，温度不应低于 8℃。作业后，应放尽机内冷却水。</td></tr>
</table>

审核人	交底人	接受交底人
×××	×××	×××、×××……

2.9.8 竖向钢筋电渣压力焊机安全操作技术交底

<table>
<tr><td colspan="2" rowspan="2">安全技术交底记录</td><td rowspan="2">编号</td><td>×××</td></tr>
<tr><td>共×页第×页</td></tr>
<tr><td>工程名称</td><td colspan="3">××市政基础设施工程××标段</td></tr>
<tr><td>施工单位</td><td colspan="3">××市政建设集团</td></tr>
<tr><td>交底提要</td><td>竖向钢筋电渣压力焊机安全操作技术交底</td><td>交底日期</td><td>××年××月××日</td></tr>
</table>

交底内容：

1．应根据施焊钢筋直径选择具有足够输出电流的电焊机。电源电缆和控制电缆连接应正确、牢固。焊机及控制箱的外壳应接地或接零。

2．作业前，应检查供电电压并确认正常，当一次电压降大于 8%时，不宜焊接。焊接导线长度不得大于 30m。

3．作业前，应检查并确认控制电路正常，定时应准确，误差不得大于 5%，机具的传动系统、夹装系统及焊钳的转动部分应灵活自如，焊剂应已干燥，所需附件应齐全。

4．作业前，应按所焊钢筋的直径，根据参数表，标定好所需的电流和时间。

5．起弧前，上下钢筋应对齐，钢筋端头应接触良好。对锈蚀或粘有水泥等杂物的钢筋，应在焊接前用钢丝刷清除，并保证导电良好。

6．每个接头焊完后，应停留 5min～6min 保温，寒冷季节应适当延长保温时间。焊渣应在完全冷却后清除。

审核人	交底人	接受交底人
×××	×××	×××、×××……

2.9.9 气焊（割）设备安全操作技术交底

安全技术交底记录		编号	××× 共×页第×页
工程名称	××市政基础设施工程××标段		
施工单位	××市政建设集团		
交底提要	气焊（割）设备安全操作技术交底	交底日期	××年××月××日

交底内容：

1. 气瓶每三年应检验一次，使用期不应超过20年。气瓶压力表应灵敏正常。

2. 操作者不得正对气瓶阀门出气口，不得用明火检验是否漏气。

3. 现场使用的不同种类气瓶应装有不同的减压器，未安装减压器的氧气瓶不得使用。

4. 氧气瓶、压力表及其焊割机具上不得粘染油脂。氧气瓶安装减压器时，应先检查阀门接头，并略开氧气瓶阀门吹除污垢，然后安装减压器。

5. 开启氧气瓶阀门时，应采用专用工具，动作应缓慢。氧气瓶中的氧气不得全部用尽，应留49kPa以上的剩余压力。关闭氧气瓶阀门时，应先松开减压器的活门螺栓。

6. 乙炔钢瓶使用时，应设有防止回火的安全装置；同时使用两种气体作业时，不同气瓶都应安装单向阀，防止气体相互倒灌。

7. 作业时，乙炔瓶与氧气瓶之间的距离不得少于5m，气瓶与明火之间的距离不得少于10m。

8. 乙炔软管、氧气软管不得错装。乙炔气胶管、防止回火装置及气瓶冻结时，应用40℃以下热水加热解冻，不得用火烤。

9. 点火时，焊枪口不得对人。正在燃烧的焊枪不得放在工件或地面上。焊枪带有乙炔和氧气时，不得放在金属容器内，以防止气体逸出，发生爆燃事故。

10. 点燃焊（割）炬时，应先开乙炔阀点火，再开氧气阀调整火。关闭时，应先关闭乙炔阀，再关闭氧气阀。氢氧并用时，应先开乙炔气，再开氢气，最后开氧气，再点燃。灭火时，应先关氧气，再关氢气，最后关乙炔气。

11. 操作时，氢气瓶、乙炔瓶应直立放置，且应安放稳固。

12. 作业中，发现氧气瓶阀门失灵或损坏不能关闭时，应让瓶内的氧气自动放尽后，再进行拆卸修理。

13. 作业中，当氧气软管着火时，不得折弯软管断气，应迅速关闭氧气阀门，停止供氧。当乙炔软管着火时，应先关熄炬火，可弯折前面一段软管将火熄灭。

14. 工作完毕，应将氧气瓶、乙炔瓶气阀关好，拧上安全罩，检查操作场地，确认无着火危险，方准离开。

15. 氧气瓶应与其他气瓶、油脂等易燃、易爆物品分开存放，且不得同车运输。氧气瓶不得散装吊运。运输时，氧气瓶应装有防振圈和安全帽。

审核人	交底人	接受交底人
×××	×××	×××、×××……

2.9.10 等离子切割机安全操作技术交底

<table>
<tr><td colspan="2" rowspan="2">安全技术交底记录</td><td rowspan="2">编号</td><td>×××</td></tr>
<tr><td>共×页第×页</td></tr>
<tr><td>工程名称</td><td colspan="3">××市政基础设施工程××标段</td></tr>
<tr><td>施工单位</td><td colspan="3">××市政建设集团</td></tr>
<tr><td>交底提要</td><td>等离子切割机安全操作技术交底</td><td>交底日期</td><td>××年××月××日</td></tr>
<tr><td colspan="4">交底内容：
1．作业前，应检查并确认不得有漏电、漏气、漏水现象，接地或接零应安全可靠。应将工作台与地面绝缘，或在电气控制系统安装空载断路继电器。
2．小车、工件位置应适当，工件应接通切割电路正极，切割工作面下应设有熔渣坑。
3．应根据工件材质、种类和厚度选定喷嘴孔径，调整切割电源、气体流量和电极的内缩量。
4．自动切割小车应经空车运转，并应选定合适的切割速度。
5．操作人员应戴好防护面罩、电焊手套、帽子、滤膜防尘口罩和隔声耳罩。
6．切割时，操作人员应站在上风处操作。可从工作台下部抽风，并宜缩小操作台上的敞开面积。
7．切割时，当空载电压过高时，应检查电器接地或接零、割炬把手绝缘情况。
8．高频发生器应设有屏蔽护罩，用高频引弧后，应立即切断高频电路。
9．作业后，应切断电源，关闭气源和水源。</td></tr>
</table>

审核人	交底人	接受交底人
×××	×××	×××、×××……

2.10 中小型机械

<table>
<tr><td colspan="2" rowspan="2">安全技术交底记录</td><td rowspan="2">编号</td><td>×××</td></tr>
<tr><td>共×页第×页</td></tr>
<tr><td>工程名称</td><td colspan="3">××市政基础设施工程××标段</td></tr>
<tr><td>施工单位</td><td colspan="3">××市政建设集团</td></tr>
<tr><td>交底提要</td><td>中小型机械安全操作技术交底</td><td>交底日期</td><td>××年××月××日</td></tr>
</table>

交底内容：

1．一般规定

（1）中小型机械应安装稳固，用电应符合现行行业标准《施工现场临时用电安全技术规范》JGJ46 的有关规定。

（2）中小型机械上的外露传动部分和旋转部分应设有防护罩。室外使用的机械应搭设机械防护棚或采取其他防护措施。

2．咬口机

（1）不得用手触碰转动中的辊轮，工件送到末端时，手指应离开工件。

（2）工件长度、宽度不得超过机械允许加工的范围。

（3）作业中如有异物进入辊中，应及时停车处理。

3．剪板机

（1）启动前，应检查并确认各部润滑、紧固应完好，切刀不得有缺口。

（2）剪切钢板的厚度不得超过剪板机规定的能力。切窄板材时，应在被剪板材上压一块较宽钢板，使垂直压紧装置下落时，能压牢被剪板材。

（3）应根据剪切板材厚度，调整上下切刀间隙。正常切刀间隙不得大于板材厚度的 5%，斜口剪时，不得大于 7%。间隙调整后，应进行手转动及宅车运转试验。

（4）剪板机限位装置应齐全有效。制动装置应根据磨损情况，及时调整。

（5）多人作业时，应有专人指挥。

（6）应在上切刀停止运动后送料。送料时，应放正、放平、放稳，手指不得接近切刀和压板，并不得将手伸进垂直压紧装置的内侧。

4．折板机

（1）作业前，应先校对模具，按被折板厚的 1.5 倍～2 倍预留间隙，并进行试折，在检查并确认机械和模具装备正常后，再调整到折板规定的间隙，开始正式作业。

（2）作业中，应经常检查上模具的紧固件和液压或气压系统，当发现有松动或泄漏等情况，应立即停机，并妥善处理后，继续作业。

（3）批量生产时，应使用后标尺挡板进行对准和调整尺寸，并应空载运转，检查并确认其摆动应灵活可靠。

<table>
<tr><td colspan="3" rowspan="2">安全技术交底记录</td><td rowspan="2">编号</td><td>×××</td></tr>
<tr><td>共×页第×页</td></tr>
<tr><td>工程名称</td><td colspan="4">××市政基础设施工程××标段</td></tr>
<tr><td>施工单位</td><td colspan="4">××市政建设集团</td></tr>
<tr><td>交底提要</td><td colspan="2">中小型机械安全操作技术交底</td><td>交底日期</td><td>××年××月××日</td></tr>
</table>

5. 卷板机

（1）作业中，操作人员应站在工件的两侧，并应防止人手和衣服被卷入轧辊内。工件上不得站人。

（2）用样板检查圆度时，应在停机后进行。滚卷工件到末端时，应留一定的余量。

（3）滚卷较厚、直径较大的筒体或材料强度较大的工件时，应少量下降动轧辊，并应经多次滚卷成型。

（4）滚卷较窄的筒体时，应放在轧辊中间滚卷。

6. 坡口机

（1）刀排、刀具应稳定牢固。

（2）当工件过长时，应加装辅助托架。

（3）作业中，不得俯身近视工件。不得用手摸坡口及擦拭铁屑。

7. 法兰卷园机

（1）加工型钢规格不应超过机具的允许范围。

（2）当轧制的法兰不能进入第二道型辊时，不得用手直接推送，应使用专用工具送人。

（3）当加工法兰直径超过 1000mm 时，应采取加装托架等安全措施。

（4）作业时，人员不得靠近法兰尾端。

8. 套丝切管机

（1）应按加工管径选用板牙头和板牙，板牙应按顺序放入，板牙应充分润滑。

（2）当工件伸出卡盘端面的长度较长时，后部应加装辅助托架，并调整好高度。

（3）切断作业时，不得在旋转手柄上加长力臂。切平管端时，不得进刀过快。

（4）当加工件的管径或椭圆度较大时，应两次进刀。

9. 弯管机

（1）弯管机作业场所应设置围栏。

（2）应按加工管径选用管模，并应按顺序将管模放好。

（3）不得在管子和管模之间加油。

（4）作业时，应夹紧机件，导板支承机构应按弯管的方向及时进行换向。

10. 小型台钻

（1）多台钻床布置时，应保持合适安全距离。

（2）操作人员应按规定穿戴防护用品，并应扎紧袖口。不得围围巾及戴手套。

（3）启动前应检查下列各项，并应符合相应要求：

安全技术交底记录		编号	××× 共×页第×页
工程名称	××市政基础设施工程××标段		
施工单位	××市政建设集团		
交底提要	中小型机械安全操作技术交底	交底日期	××年××月××日

1）各部螺栓应紧固；

2）行程限位、信号等安全装置应齐全有效；

3）润滑系统应保持清洁，油量应充足；

4）电气开关、接地或接零应良好；

5）传动及电气部分的防护装置应完好牢固；

6）夹具、刀具不得有裂纹、破损。

（4）钻小件时，应用工具夹持；钻薄板时，应用虎钳夹紧，并应在工件下垫好木板。

（5）手动进钻退钻时，应逐渐增压或减压，不得用管子套在手柄上加压进钻。

（6）排屑困难时，进钻、退钻应反复交替进行。

（7）不得用手触摸旋转的刀具或将头部靠近机床旋转部分，不得在旋转着的刀具下翻转、卡压或测量工件。

11．喷浆机

（1）开机时，应先打开料桶开关，让石灰浆流入泵体内部后，再开动电动机带泵旋转。

（2）作业后，应往料斗注入清水，开泵清洗直到水清为止，再倒出泵内积水，清洗疏通喷头座及滤网，并将喷枪擦洗干净。

（3）长期存放前，应清除前、后轴承座内的灰浆积料，堵塞进浆口，从出浆口注入机油约 50mL 再堵塞出浆口，开机运转约 30s，使泵体内润滑防锈。

12．柱塞式、隔膜式灰浆泵

（1）输送管路应连接紧密，不得渗漏；垂直管道应固定牢固；管道上不得加压或悬挂重物。

（2）作业前应检查并确认球阀完好，泵内无干硬灰浆等物，安全阀已调整到预定的安全压力。

（3）泵送前，应先用水进行泵送试验，检查并确认各部位无渗漏。

（4）被输送的灰浆应搅拌均匀，不得混入石子或其他杂物，灰浆稠度应为 80mm～120mm。

（5）泵送时，应先开机后加料，并应先用泵压送适量石灰膏润滑输送管道，然后再加入稀灰浆，最后调整到所需稠度。

（6）泵送过程中，当泵送压力超过预定的 1.5MPa 时，应反向泵送；当反向泵送无效时，应停机卸压检查，不得强行泵送。

<table>
<tr><td colspan="2" rowspan="2">安全技术交底记录</td><td rowspan="2">编号</td><td>×××</td></tr>
<tr><td>共×页第×页</td></tr>
<tr><td>工程名称</td><td colspan="3">××市政基础设施工程××标段</td></tr>
<tr><td>施工单位</td><td colspan="3">××市政建设集团</td></tr>
<tr><td>交底提要</td><td>中小型机械安全操作技术交底</td><td>交底日期</td><td>××年××月××日</td></tr>
</table>

（7）当短时间内不需泵送时，可打开回浆阀使灰浆在泵体内循环运行。当停泵时间较长时，应每隔 3min～5min 泵送一次，泵送时间宜为 0.5min。

（8）当因故障停机时，应先打开泄浆阀使压力下降，然后排除故障。灰浆泵压力未达到零时，不得拆卸空气室、安全阀和管道。

（9）作业后，应先采用石灰膏或浓石灰水把输送管道里的灰浆全部泵出，再用清水将泵和输送管道清洗干净。

13．挤压式灰浆泵

（1）使用前，应先接好输送管道，往料斗加注清水，启动灰浆泵，当输送胶管出水时，应折起胶管，在升到额定压力时，停泵、观察各部位，不得有渗漏现象。

（2）作业前，应先用清水，再用白灰膏润滑输送管道后，再泵送灰浆。

（3）泵送过程中，当压力迅速上升，有堵管现象时，应反转泵送 2 转～3 转，使灰浆返回料斗，经搅拌后再泵送，当多次正反泵仍不能畅通时，应停机检查，排除堵塞。

（4）工作间歇时，应先停止送灰，后停止送气，并应防止气嘴被灰浆堵塞。

（5）作业后，应将泵机和管路系统全部清洗于净。

14．水磨石机

（1）水磨石机宜在混凝土达到设计强度 70%～80%时进行磨削作业。

（2）作业前，应检查并确认各连接件应紧固，磨石不得有裂纹、破损，冷却水管不得有渗漏现象。

（3）电缆线不得破损，保护接零或接地应良好。

（4）在接通电源、水源后，应先压扶把使磨盘离开地面，再启动电动机，然后应检查并确认磨盘旋转方向与箭头所示方向一致，在运转正常后，再缓慢放下磨盘，进行作业。

（5）作业中，使用的冷却水不得间断，用水量宜调至工作面不发干。

（6）作业中，当发现磨盘跳动或异响，应立即停机检修。停机时，应先提升磨盘后关机。

（7）作业后，应切断电源，清洗各部位的泥浆，并应将水磨石机放置在干燥处。

15．混凝土切割机

（1）使用前，应检查并确认电动机接线正确，接零或接地应良好，安全防护装置应有效，锯片选用应符合要求，并安装正确。

（2）启动后，应先空载运转，检查并确认锯片运转方向应正确，升降机构应灵活，一切正常后，开始作业。

<table>
<tr><td colspan="2">安全技术交底记录</td><td>编号</td><td>×××
共×页第×页</td></tr>
<tr><td>工程名称</td><td colspan="3">××市政基础设施工程××标段</td></tr>
<tr><td>施工单位</td><td colspan="3">××市政建设集团</td></tr>
<tr><td>交底提要</td><td>中小型机械安全操作技术交底</td><td>交底日期</td><td>××年××月××日</td></tr>
</table>

（3）电动机温升过高，电流突然增大；

（4）机械零件松动。

（5）水泵运转时，人员不得从机上跨越。

（6）水泵停止作业时，应先关闭压力表，再关闭出水阀，然后切断电源。冬期停用时，应放净水泵和水管中积水。

16．潜水泵

（1）潜水泵应直立于水中，水深不得小于 0.5m，不宜在含大量泥砂的水中使用。

（2）潜水泵放入水中或提出水面时，不得拉拽电缆或出水管，并应切断电源。

（3）潜水泵应装设保护接零和漏电保护装置，工作时，泵周围 30m 以内水面，不得有人、畜进入。

（4）启动前应进行检查，并应符合下列规定：

1）水管绑扎应牢固；

2）放气、放水、注油等螺塞应旋紧；

3）叶轮和进水节不得有杂物；

4）电气绝缘应良好。

（5）接通电源后，应先试运转，检查并确认旋转方向应正确，无水运转时间不得超过使用说明书规定。

（6）应经常观察水位变化，叶轮中心至水平面距离应在 0.5m～3.0m 之间，泵体不得陷入污泥或露出水面。电缆不得与井壁、池壁摩擦。

（7）潜水泵的启动电压应符合使用说明书的规定，电动机电流超过铭牌规定的限值时，应停机检查，并不得频繁开关机。

（8）潜水泵不用时，不得长期浸没于水中，应放置在干燥通风处。

（9）电动机定子绕组的绝缘电阻不得低于 0.5MΩ。

17．深井泵

（1）深井泵应使用在含砂量低于 0.01%的水中，泵房内设预润水箱。

（2）深井泵的叶轮在运转中，不得与壳体摩擦。

（3）深井泵在运转前，应将清水注入壳体内进行预润。

（4）深井泵启动前，应检查并确认：

1）底座基础螺栓应紧固；

2）轴向间隙应符合要求，调节螺栓的保险螺母应装好；

3）填料压盖应旋紧，并应经过润滑；

4）电动机轴承应进行润滑；

<table>
<tr><td colspan="2" rowspan="2">安全技术交底记录</td><td rowspan="2">编号</td><td>×××</td></tr>
<tr><td>共×页第×页</td></tr>
<tr><td>工程名称</td><td colspan="3">××市政基础设施工程××标段</td></tr>
<tr><td>施工单位</td><td colspan="3">××市政建设集团</td></tr>
<tr><td>交底提要</td><td>中小型机械安全操作技术交底</td><td>交底日期</td><td>××年××月××日</td></tr>
</table>

5）用手旋转电动机转子和止退机构，应灵活有效。

（5）深井泵不得在无水情况下空转。水泵的一、二级叶轮应浸入水位 1m 以下。运转中应经常观察井中水位的变化情况。

（6）当水泵振动较大时，应检查水泵的轴承或电动机填料处磨损情况，并应及时更换零件。

（7）停泵时，应先关闭出水阀，再切断电源，锁好开关箱。

18．泥浆泵

（1）泥浆泵应安装在稳固的基础架或地基上，不得松动。

（2）启动前应进行检查，并应符合下列规定：

1）各部位连接应牢固；

2）电动机旋转方向应正确；

3）离合器应灵活可靠；

4）管路连接应牢固，并应密封可靠，底阀应灵活有效。

（3）启动前，吸水管、底阀及泵体内应注满引水，压力表缓冲器上端应注满油。

（4）启动时，应先将活塞往复运动两次，并不得有阻梗，然后空载启动。

（5）运转中，应经常测试泥浆含砂量。泥浆含砂量不得超过 10%。

（6）有多档速度的泥浆泵，在每班运转中，应将几档速度分别运转，运转时间不得少于 30min。

（7）泥浆泵换档变速应在停泵后进行。

（8）运转中，当出现异响、电机明显温升或水量、压力不正常时，应停泵检查。

（9）泥浆泵应在空载时停泵。停泵时间较长时，应全部打开放水孔，并松开缸盖，提起底阀放水杆，放尽泵体及管道中的全部泥浆。

（10）当长期停用时，应清洗各部泥砂、油垢，放尽曲轴箱内的润滑油，并应采取防锈、防腐措施。

19．真空泵

（1）真空室内过滤网应完整，集水室通向真空泵的回水管上的旋塞开启应灵活，指示仪表应正常，进出水管应按出厂说明书要求连接。

（2）真空泵启动后，应检查并确认电机旋转方向与罩壳上箭头指向一致，然后应堵住进水口，检查泵机空载真空度，表值显示不应小于 96kPa。当不符合上述要求时，应检查泵组、管道及工作装置的密封情况，有损坏时，应及时修理或更换。

审核人	交底人	接受交底人
×××	×××	×××、×××……

2.11 手持电动工具

<table>
<tr><td colspan="2" rowspan="2">安全技术交底记录</td><td rowspan="2">编号</td><td>×××</td></tr>
<tr><td>共×页第×页</td></tr>
<tr><td>工程名称</td><td colspan="3">××市政基础设施工程××标段</td></tr>
<tr><td>施工单位</td><td colspan="3">××市政建设集团</td></tr>
<tr><td>交底提要</td><td>手持电动工具安全操作技术交底</td><td>交底日期</td><td>××年××月××日</td></tr>
</table>

交底内容：

1．使用手持电动工具时，应穿戴劳动防护用品。施工区域光线应充足。

2．刀具应保持锋利，并应完好无损；砂轮不得受潮、变形、破裂或接触过油、碱类，受潮的砂轮片不得自行烘干，应使用专用机具烘干。手持电动工具的砂轮和刀具的安装应稳固、配套，安装砂轮的螺母不得过紧。

3．在一般作业场所应使用Ⅰ类电动工具；在潮湿或金属构架等导电性能良好的作业场所应使用Ⅱ类电动工具；在锅炉、金属容器、管道内等作业场所应使用Ⅲ电动工具；Ⅱ、Ⅲ类电动工具开关箱、电源转换器应在作业场所外面；在狭窄作业场所操作时，应有专人监护。

4．使用Ⅰ类电动工具时，应安装额定漏电动作电流不大于 15mA、额定漏电动作时间不大于 0.1s 的防溅型漏电保护器。

5．在雨期施工前或电动工具受潮后，必须采用 500V 兆欧表检测电动工具绝缘电阻，且每年不少于 2 次。绝缘电阻不应小于表 2-11-1 的规定。

表 2-11-1　绝缘电阻

测量部位	绝缘电阻（MΩ）		
	Ⅰ类电动工具	Ⅱ类电动工具	Ⅲ类电动工具
带电零件与外壳之间	2	7	1

6．非金属壳体的电动机、电器，在存放和使用时不应受压、受潮，并不得接触汽油等溶剂。

7．手持电动工具的负荷线应采用耐气候型橡胶护套铜芯软电缆，并不得有接头，水平距离不宜大于 3m，负荷线插头插座应具备专用的保护触头。

8．作业前应重点检查下列项目，并应符合相应要求：

（1）外壳、手柄不得裂缝、破损；

（2）电缆软线及插头等应完好无损，保护接零连接应牢固可靠，开关动作应正常；

（3）各部防护罩装置应齐全牢固。

9．机具启动后，应空载运转，检查并确认机具转动应灵活无阻。

10．作业时，加力应平稳，不得超载使用。作业中应注意声响及温升，发现异常应立即停机检查。在作业时间过长，机具温升超过 60℃时，应停机冷却。

11．作业中，不得用手触摸刃具、模具和砂轮，发现其有磨钝、破损情况时，应立即停机修整或更换。

安全技术交底记录		编号	××× 共×页第×页
工程名称	××市政基础设施工程××标段		
施工单位	××市政建设集团		
交底提要	手持电动工具安全操作技术交底	交底日期	××年××月××日

12．停止作业时，应关闭电动工具，切断电源，并收好工具。

13．使用电钻、冲击钻或电锤时，应符合下列规定：

（1）机具启动后，应空载运转，应检查并确认机具联动灵活无阻；

（2）钻孔时，应先将钻头抵在工作表面，然后开动，用力应适度，不得晃动；转速急剧下降时，应减小用力，防止电机过载；不得用木杠加压钻孔；

（3）电钻和冲击钻或电锤实行40%断续工作制，不得长时间连续使用。

14．使用角向磨光机时，应符合下列要求：

（1）砂轮应选用增强纤维树脂型，其安全线速度不得小于 80m/s。配用的电缆与插头应具有加强绝缘性能，并不得任意更换；

（2）磨削作业时，应使砂轮与工件面保持 15°～30° 的倾斜位置；切削作业时，砂轮不得倾斜，并不得横向摆动。

15．使用电剪时，应符合下列规定：

（1）作业前，应先根据钢板厚度调节刀头间隙量，最大剪切厚度不得大于铭牌标定值；

（2）作业时，不得用力过猛，当遇阻力，轴往复次数急剧下降时，应立即减少推力；

（3）使用电剪时，不得用手摸刀片和工件边缘。

16．使用射钉枪时，应符合下列规定：

（1）不得用手掌推压钉管和将枪口对准人；

（2）击发时，应将射钉枪垂直压紧在工作面上。当两次扣动扳机，子弹不击发时，应保持原射击位置数秒钟后，再退出射钉弹；

（3）在更换零件或断开射钉枪之前，射枪内不得装有射钉弹。

17．使用拉铆枪时，应符合下列规定：

（1）被铆接物体上的铆钉孔应与铆钉相配合，过盈量不得太大；

（2）铆接时，可重复扣动扳机，直到铆钉被拉断为止，不得强行扭断或撬断；

（3）作业中，当接铆头子或并帽有松动时，应立即拧紧。

18．使用云（切）石机时，应符合下列规定：

（1）作业时应防止杂物、泥尘混入电动机内，并应随时观察机壳温度，当机壳温度过高及电刷产生火花时，应立即停机检查处理；

（2）切割过程中用力应均匀适当，推进刀片时不得用力过猛。当发生刀片卡死时，应立即停机，慢慢退出刀片，重新对正后再切割。

审核人	交底人	接受交底人
×××	×××	×××、×××……

第3章

模板、脚手架工程安全技术交底

3.1 模板工程

3.1.1 模板安装通用安全技术交底

安全技术交底记录		编号	×××
			共×页第×页
工程名称	××市政基础设施工程××标段		
施工单位	××市政建设集团		
交底提要	模板安装通用安全技术交底	交底日期	××年××月××日

交底内容：

1．模板安装前必须做好下列安全技术准备工作：

（1）应审查模板结构设计与施工说明书中的荷载、计算方法、节点构造和安全措施，设计审批手续应齐全。

（2）应进行全面的安全技术交底，操作班组应熟悉设计与施工说明书，并应做好模板安装作业的分工准备。采用爬模、飞模、隧道模等特殊模板施工时，所有参加作业人员必须经过专门技术培训，考核合格后方可上岗。

（3）应对模板和配件进行挑选、检测，不合格者应剔除，并应运至工地指定地点堆放。

（4）备齐操作所需的一切安全防护设施和器具。

2．模板构造与安装应符合下列规定：

（1）模板安装应按设计与施工说明书顺序拼装。木杆、钢管、门架等支架立柱不得混用。

（2）竖向模板和支架立柱支承部分安装在基土上时，应加设垫板，垫板应有足够强度和支承面积，且应中心承载。基土应坚实，并应有排水措施。对湿陷性黄土应有防水措施；对特别重要的结构工程可采用混凝土、打桩等措施防止支架柱下沉。对冻胀性土应有防冻融措施。

（3）当满堂或共享空间模板支架立柱高度超过 8m 时，若地基土达不到承载要求，无法防止立柱下沉，则应先施工地面下的工程，再分层回填夯实基土，浇筑地面混凝土垫层，达到强度后方可支模。

（4）模板及其支架在安装过程中，必须设置有效防倾覆的临时固定设施。

（5）现浇钢筋混凝土梁、板，当跨度大于 4m 时，模板应起拱；当设计无具体要求时，起拱高度宜为全跨长度的 1/1000～3/1000。

（6）现浇多层或高层房屋和构筑物，安装上层模板及其支架应符合下列规定：

1）下层楼板应具有承受上层施工荷载的承载能力，否则应加设支撑支架；

2）上层支架立柱应对准下层支架立柱，并应在立柱底铺设垫板；

安全技术交底记录		编号	××× 共×页第×页
工程名称	××市政基础设施工程××标段		
施工单位	××市政建设集团		
交底提要	模板安装通用安全技术交底	交底日期	××年××月××日

3）当采用悬臂吊模板、桁架支模方法时，其支撑结构的承载能力和刚度必须符合设计构造要求。

（7）当层间高度大于 5m 时，应选用桁架支模或钢管立柱支模。当层间高度小于或等于 5m 时，可采用木立柱支模。

3．安装模板应保证工程结构和构件各部分形状、尺寸和相互位置的正确，防止漏浆，构造应符合模板设计要求。

模板应具有足够的承载能力、刚度和稳定性，应能可靠承受新浇混凝土自重和侧压力以及施工过程中所产生的荷载。

4．拼装高度为 2m 以上的竖向模板，不得站在下层模板上拼装上层模板。安装过程中应设置临时固定设施。

5．当承重焊接钢筋骨架和模板一起安装时，应符合下列规定：

（1）梁的侧模、底模必须固定在承重焊接钢筋骨架的节点上。

（2）安装钢筋模板组合体时，吊索应按模板设计的吊点位置绑扎。

6．当支架立柱成一定角度倾斜，或其支架立柱的顶表面倾斜时，应采取可靠措施确保支点稳定，支撑底脚必须有防滑移的可靠措施。

7．除设计图另有规定者外，所有垂直支架柱应保证其垂直。

8．对梁和板安装二次支撑前，其上不得有施工荷载，支撑的位置必须正确。安装后所传给支撑或连接件的荷载不应超过其允许值。

9．支撑梁、板的支架立柱构造与安装应符合下列规定：

（1）梁和板的立柱，其纵横向间距应相等或成倍数。

（2）木立柱底部应设垫木，顶部应设支撑头。钢管立柱底部应设垫木和底座，顶部应设可调支托，U 形支托与楞梁两侧间如有间隙，必须楔紧，其螺杆伸出钢管顶部不得大于 200mm，螺杆外径与立柱钢管内径的间隙不得大于 3mm，安装时应保证上下同心。

（3）在立柱底距地面 200mm 高处，沿纵横水平方向应按纵下横上的程序设扫地杆。可调支托底部的立柱顶端应沿纵横向设置一道水平拉杆。扫地杆与顶部水平拉杆之间的间距，在满足模板设计所确定的水平拉杆步距要求条件下，进行平均分配确定步距后，在每一步距处纵横向应各设一道水平拉杆。当层高在 8～20m 时，在最顶步距两水平拉杆中间应加设一道水平拉杆；当层高大于 20m 时，在最顶两步距水平拉杆中间应分别增加一道水平拉杆。所有水平拉杆的端部均应与四周建筑物顶紧顶牢。无处可顶时，应在水平拉杆端部和中部沿竖向设置连续式剪刀撑。

安全技术交底记录		编号	×××
			共×页第×页
工程名称	××市政基础设施工程××标段		
施工单位	××市政建设集团		
交底提要	模板安装通用安全技术交底	交底日期	××年××月××日

（4）木立柱的扫地杆、水平拉杆、剪刀撑应采用40mm×50mm木条或25mm×80mm的木板条与木立柱钉牢。钢管立柱的扫地杆、水平拉杆、剪刀撑应采用ϕ48mm×3.5mm钢管，用扣件与钢管立柱扣牢。木扫地杆、水平拉杆、剪刀撑应采用搭接，并应采用铁钉钉牢。钢管扫地杆、水平拉杆应采用对接，剪刀撑应采用搭接，搭接长度不得小于500mm，并应采用2个旋转扣件分别在离杆端不小于100mm处进行固定。

10．施工时，在已安装好的模板上的实际荷载不得超过设计值。已承受荷载的支架和附件，不得随意拆除或移动。

11．组合钢模板、滑升模板等的构造与安装，尚应符合现行国家标准《组合钢模板技术规范》GB50214和《滑动模板工程技术规范》GB50113的相应规定。

12．安装模板时，安装所需各种配件应置于工具箱或工具袋内，严禁散放在模板或脚手板上；安装所用工具应系挂在作业人员身上或置于所配带的工具袋中，不得掉落。

13．当模板安装高度超过3.0m时，必须搭设脚手架，除操作人员外，脚手架下不得站其他人。

14．吊运模板时，必须符合下列规定：

（1）作业前应检查绳索、卡具、模板上的吊环，必须完整有效，在升降过程中应设专人指挥，统一信号，密切配合。

（2）吊运大块或整体模板时，竖向吊运不应少于2个吊点，水平吊运不应少于4个吊点。吊运必须使用卡环连接，并应稳起稳落，待模板就位连接牢固后，方可摘除卡环。

（3）吊运散装模板时，必须码放整齐，待捆绑牢固后方可起吊。

（4）严禁起重机在架空输电线路下面工作。

（5）遇5级及以上大风时，应停止一切吊运作业。

15．木料应堆放在下风向，离火源不得小于30m，且料场四周应设置灭火器材。

审核人	交底人	接受交底人
×××	×××	×××、×××……

3.1.2 支架立柱安装安全技术交底

<table>
<tr><td colspan="2" rowspan="2">安全技术交底记录</td><td rowspan="2">编号</td><td>××</td></tr>
<tr><td>共×页第×页</td></tr>
<tr><td>工程名称</td><td colspan="3">××市政基础设施工程××标段</td></tr>
<tr><td>施工单位</td><td colspan="3">××市政建设集团</td></tr>
<tr><td>交底提要</td><td>支架立柱安装安全技术交底</td><td>交底日期</td><td>××年××月××日</td></tr>
<tr><td colspan="4">交底内容：
1．梁式或桁架式支架的构造与安装应符合下列规定：
（1）采用伸缩式桁架时，其搭接长度不得小于500mm，上下弦连接销钉规格、数量应按设计规定，并应采用不少于 2 个 U 形卡或钢销钉销紧，2 个 U 形卡距或销距不得小于400mm。
（2）安装的梁式或桁架式支架的间距设置应与模板设计图一致。
（3）支承梁式或桁架式支架的建筑结构应具有足够强度，否则，应另设立柱支撑。
（4）若桁架采用多榀成组排放，在下弦折角处必须加设水平撑。
2．工具式立柱支撑的构造与安装应符合下列规定：
（1）工具式钢管单立柱支撑的间距应符合支撑设计的规定。
（2）立柱不得接长使用。
（3）所有夹具、螺栓、销子和其他配件应处在闭合或拧紧的位置。
3．木立柱支撑的构造与安装应符合下列规定：
（1）木立柱宜选用整料，当不能满足要求时，立柱的接头不宜超过 1 个，并应采用对接夹板接头方式。立柱底部可采用垫块垫高，但不得采用单码砖垫高，垫高高度不得超过300mm。
（2）木立柱底部与垫木之间应设置硬木对角楔调整标高，并应用铁钉将其固定在垫木上。
（3）木立柱间距、扫地杆、水平拉杆、剪刀撑的设置应符合设计方案及规范的规定，严禁使用板皮替代规定的拉杆。
（4）所有单立柱支撑应在底垫木和梁底模板的中心，并应与底部垫木和顶部梁底模板紧密接触，且不得承受偏心荷载。
（5）当仅为单排立柱时，应在单排立柱的两边每隔3m 加设斜支撑，且每边不得少于 2 根，斜支撑与地面的夹角应为60°。
4．当采用扣件式钢管作立柱支撑时，其构造与安装应符合下列规定：
（1）钢管规格、间距、扣件应符合设计要求。每根立柱底部应设置底座及垫板，垫板厚度不得小于 50mm。
（2）当立柱底部不在同一高度时，高处的纵向扫地杆应向低处延长不少于 2 跨，高低差不得大于 1m，立柱距边坡上方边缘不得小于 0.5m。</td></tr>
</table>

安全技术交底记录		编号	××× 共×页第×页
工程名称	××市政基础设施工程××标段		
施工单位	××市政建设集团		
交底提要	支架立柱安装安全技术交底	交底日期	××年××月××日

（3）立柱接长严禁搭接，必须采用对接扣件连接，相邻两立柱的对接接头不得在同步内，且对接接头沿竖向错开的距离不宜小于500mm，各接头中心距主节点不宜大于步距的1/3。

（4）严禁将上段的钢管立柱与下段钢管立柱错开固定在水平拉杆上。

（5）满堂模板和共享空间模板支架立柱，在外侧周围应设由下至上的竖向连续式剪刀撑；中间在纵横向应每隔10m左右设由下至上的竖向连续式剪刀撑，其宽度宜为4～6m，并在剪刀撑部位的顶部、扫地杆处设置水平剪刀撑（图3-1-1）。剪刀撑杆件的底端应与地面顶紧，夹角宜为45°～60°。当建筑层高在8～20m时，除应满足上述规定外，还应在纵横向相邻的两竖向连续式剪刀撑之间增加之字斜撑，在有水平剪刀撑的部位，应在每个剪刀撑中间处增加一道水平剪刀撑（图3-1-2）。当建筑层高超过20m时，在满足以上规定的基础上，应将所有之字斜撑全部改为连续式剪刀撑（图3-1-3）。

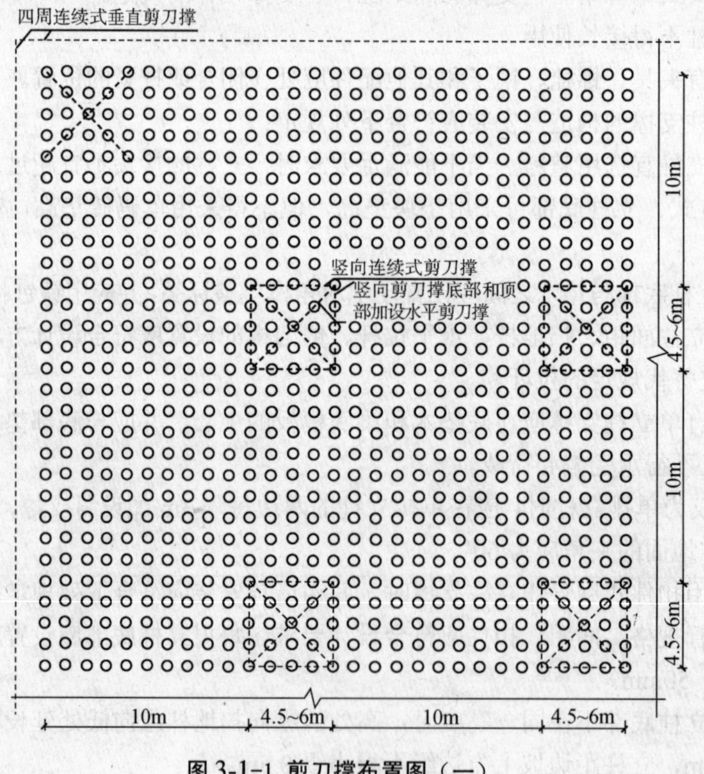

图3-1-1　剪刀撑布置图（一）

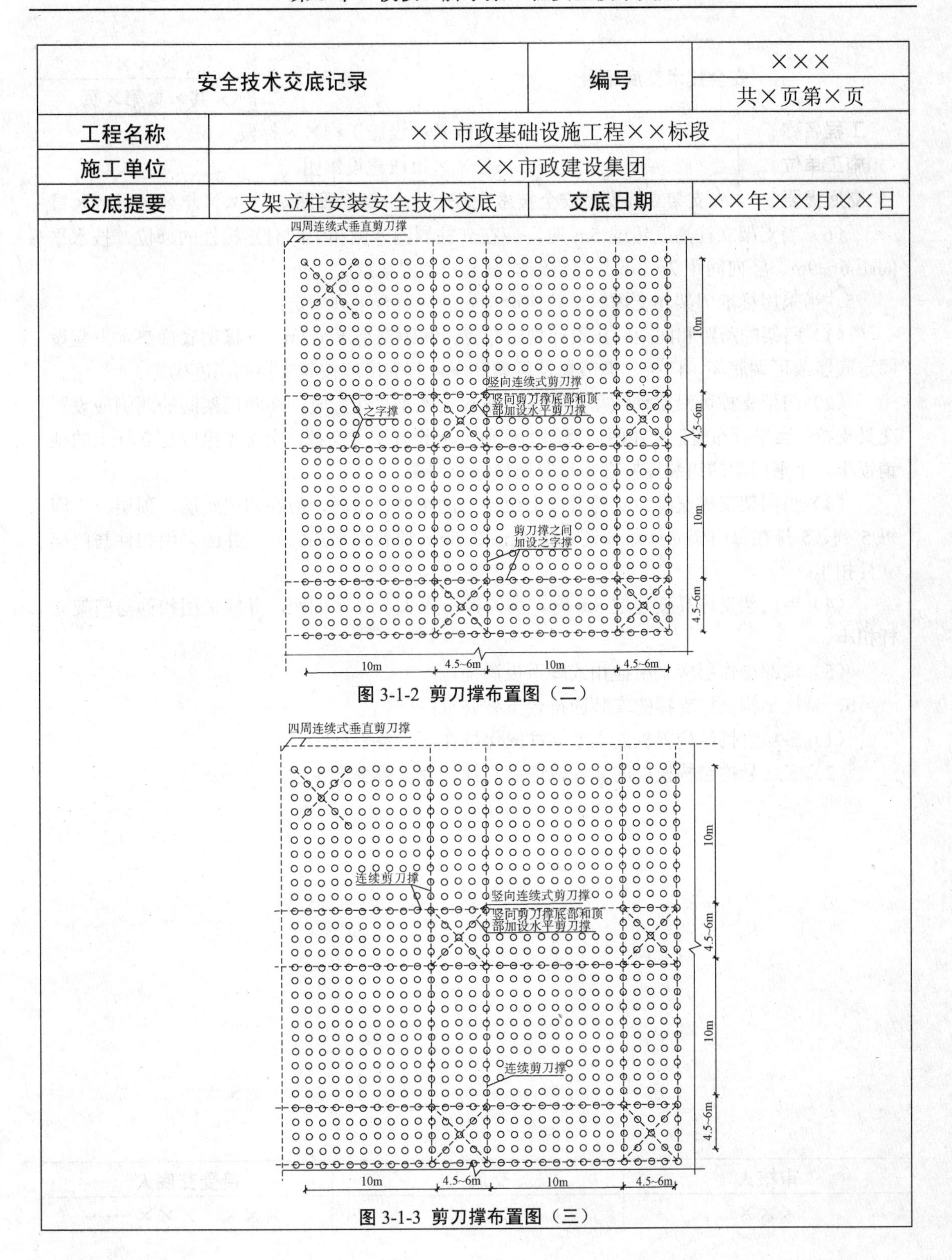

安全技术交底记录		编号	×××
			共×页第×页
工程名称	××市政基础设施工程××标段		
施工单位	××市政建设集团		
交底提要	支架立柱安装安全技术交底	交底日期	××年××月××日

图 3-1-2　剪刀撑布置图（二）

图 3-1-3　剪刀撑布置图（三）

<table>
<tr><td colspan="2" rowspan="2">安全技术交底记录</td><td rowspan="2">编号</td><td>×××</td></tr>
<tr><td>共×页第×页</td></tr>
<tr><td>工程名称</td><td colspan="3">××市政基础设施工程××标段</td></tr>
<tr><td>施工单位</td><td colspan="3">××市政建设集团</td></tr>
<tr><td>交底提要</td><td>支架立柱安装安全技术交底</td><td>交底日期</td><td>××年××月××日</td></tr>
</table>

（6）当支架立柱高度超过 5m 时，应在立柱周圈外侧和中间有结构柱的部位，按水平间距 6～9m、竖向间距 2～3m 与建筑结构设置一个固结点。

5．当采用标准门架作支撑时，其构造与安装应符合下列规定：

（1）门架的跨距和间距应按设计规定布置，间距宜小于 1.2m；支撑架底部垫木上应设固定底座或可调底座。门架、调节架及可调底座，其高度应按其支撑的高度确定。

（2）门架支撑可沿梁轴线垂直和平行布置。当垂直布置时，在两门架间的两侧应设置交叉支撑；当平行布置时，在两门架间的两侧亦应设置交叉支撑，交叉支撑应与立杆上的锁销锁牢，上下门架的组装连接必须设置连接棒及锁臂。

（3）当门架支撑宽度为 4 跨及以上或 5 个间距及以上时，应在周边底层、顶层、中间每 5 列、5 排在每门架立杆跟部设 ϕ48mm×3.5mm 通长水平加固杆，并应采用扣件与门架立杆扣牢。

（4）当门架支撑高度超过 8m 时，剪刀撑不应大于 4 个间距，并应采用扣件与门架立杆扣牢。

（5）顶部操作层应采用挂扣式脚手板满铺。

6．悬挑结构立柱支撑的安装应符合下列要求：

（1）多层悬挑结构模板的上下立柱应保持在同一条垂直线上。

（2）多层悬挑结构模板的立柱应连续支撑，并不得少于 3 层。

审核人	交底人	接受交底人
×××	×××	×××、×××……

3.1.3 普通模板安装安全技术交底

安全技术交底记录		编号	×××
			共×页第×页
工程名称	××市政基础设施工程××标段		
施工单位	××市政建设集团		
交底提要	普通模板安装安全技术交底	交底日期	××年××月××日

交底内容：

1．基础及地下工程模板应符合下列规定：

（1）地面以下支模应先检查土壁的稳定情况，当有裂纹及塌方危险迹象时，应采取安全防范措施后，方可下人作业。当深度超过2m时，操作人员应设梯上下。

（2）距基槽（坑）上口边缘1m内不得堆放模板。向基槽（坑）内运料应使用起重机、溜槽或绳索；运下的模板严禁立放在基槽（坑）土壁上。

（3）斜支撑与侧模的夹角不应小于45°，支在土壁的斜支撑应加设垫板，底部的对角楔木应与斜支撑连牢。高大长脖基础若采用分层支模时，其下层模板应经就位校正并支撑稳固后，方可进行上一层模板的安装。

（4）在有斜支撑的位置，应在两侧模间采用水平撑连成整体。

2．柱模板应符合下列规定：

（1）现场拼装柱模时，应适时地安设临时支撑进行固定，斜撑与地面的倾角宜为60°，严禁将大片模板系在柱子钢筋上。

（2）待四片柱模就位组拼经对角线校正无误后，应立即自下而上安装柱箍。

（3）若为整体预组合柱模，吊装时应采用卡环和柱模连接，不得采用钢筋钩代替。

（4）柱模校正（用四根斜支撑或用连接在柱模顶四角带花篮螺栓的揽风绳，底端与楼板钢筋拉环固定进行校正）后，应采用斜撑或水平撑进行四周支撑，以确保整体稳定。当高度超过4m时，应群体或成列同时支模，并应将支撑连成一体，形成整体框架体系。当需单根支模时，柱宽大于500mm应每边在同一标高上设置不得少于2根斜撑或水平撑。斜撑与地面的夹角宜为45°～60°，下端尚应有防滑移的措施。

（5）角柱模板的支撑，除满足上款要求外，还应在里侧设置能承受拉力和压力的斜撑。

3．墙模板应符合下列规定：

（1）当采用散拼定型模板支模时，应自下而上进行，必须在下一层模板全部紧固后，方可进行上一层安装。当下层不能独立安设支撑件时，应采取临时固定措施。

（2）当采用预拼装的大块墙模板进行支模安装时，严禁同时起吊2块模板，并应边就位、边校正、边连接，固定后方可摘钩。

（3）安装电梯井内墙模前，必须在板底下200mm处牢固地满铺一层脚手板。

（4）模板未安装对拉螺栓前，板面应向后倾一定角度。

（5）当钢楞长度需接长时，接头处应增加相同数量和不小于原规格的钢楞，其搭接长度不得小于墙模板宽或高的15%～20%。

<table>
<tr><td colspan="2" rowspan="2">安全技术交底记录</td><td rowspan="2">编号</td><td>×××</td></tr>
<tr><td>共×页第×页</td></tr>
<tr><td>工程名称</td><td colspan="3">××市政基础设施工程××标段</td></tr>
<tr><td>施工单位</td><td colspan="3">××市政建设集团</td></tr>
<tr><td>交底提要</td><td>普通模板安装安全技术交底</td><td>交底日期</td><td>××年××月××日</td></tr>
<tr><td colspan="4">（6）拼接时的U形卡应正反交替安装，间距不得大于300mm；2块模板对接接缝处的U形卡应满装。
（7）对拉螺栓与墙模板应垂直，松紧应一致，墙厚尺寸应正确。
（8）墙模板内外支撑必须坚固、可靠，应确保模板的整体稳定。当墙模板外面无法设置支撑时，应在里面设置能承受拉力和压力的支撑。多排并列且间距不大的墙模板，当其与支撑互成一体时，应采取措施，防止灌筑混凝土时引起临近模板变形。
4．独立梁和整体楼盖梁结构模板应符合下列规定：
（1）安装独立梁模板时应设安全操作平台，并严禁操作人员站在独立梁底模或柱模支架上操作及上下通行。
（2）底模与横楞应拉结好，横楞与支架、立柱应连接牢固。
（3）安装梁侧模时，应边安装边与底模连接，当侧模高度多于2块时，应采取临时固定措施。
（4）起拱应在侧模内外楞连固前进行。
（5）单片预组合梁模，钢楞与板面的拉结应按设计规定制作，并应按设计吊点试吊无误后，方可正式吊运安装，侧模与支架支撑稳定后方准摘钩。
5．楼板或平台板模板应符合下列规定：
（1）当预组合模板采用桁架支模时，桁架与支点的连接应固定牢靠，桁架支承应采用平直通长的型钢或木方。
（2）当预组合模板块较大时，应加钢楞后方可吊运。当组合模板为错缝拼配时，板下横楞应均匀布置，并应在模板端穿插销。
（3）单块模就位安装，必须待支架搭设稳固、板下横楞与支架连接牢固后进行。
（4）U形卡应按设计规定安装。
6．其他结构模板应符合下列规定：
（1）安装圈梁、阳台、雨篷及挑檐等模板时，其支撑应独立设置，不得支搭在施工脚手架上。
（2）安装悬挑结构模板时，应搭设脚手架或悬挑工作台，并应设置防护栏杆和安全网。作业处的下方不得有人通行或停留。
（3）烟囱、水塔及其他高大构筑物的模板，应编制专项施工设计和安全技术措施，并应详细地向操作人员进行交底后方可安装。
（4）在危险部位进行作业时，操作人员应系好安全带。</td></tr>
</table>

审核人	交底人	接受交底人
×××	×××	×××、×××……

3.1.4 爬升模板安装安全技术交底

<table>
<tr><td colspan="2" rowspan="2">安全技术交底记录</td><td rowspan="2">编号</td><td>×××</td></tr>
<tr><td>共×页第×页</td></tr>
<tr><td>工程名称</td><td colspan="3">××市政基础设施工程××标段</td></tr>
<tr><td>施工单位</td><td colspan="3">××市政建设集团</td></tr>
<tr><td>交底提要</td><td>爬升模板安装安全技术交底</td><td>交底日期</td><td>××年××月××日</td></tr>
<tr><td colspan="4">交底内容：
1．进入施工现场的爬升模板系统中的大模板、爬升支架、爬升设备、脚手架及附件等，应按施工组织设计及有关图纸验收，合格后方可使用。
2．爬升模板安装时，应统一指挥，设置警戒区与通信设施，做好原始记录。并应符合下列规定：
（1）检查工程结构上预埋螺栓孔的直径和位置，并应符合图纸要求。
（2）爬升模板的安装顺序应为底座、立柱、爬升设备、大模板、模板外侧吊脚手。
3．施工过程中爬升大模板及支架时，应符合下列规定：
（1）爬升前，应检查爬升设备的位置、牢固程度、吊钩及连接杆件等，确认无误后，拆除相邻大模板及脚手架间的连接杆件，使各个爬升模板单元彻底分开。
（2）爬升时，应先收紧千斤钢丝绳，吊住大模板或支架，然后拆卸穿墙螺栓，并检查再无任何连接，卡环和安全钩无问题，调整好大模板或支架的重心，保持垂直，开始爬升。爬升时，作业人员应站在固定件上，不得站在爬升件上爬升，爬升过程中应防止晃动与扭转。
（3）每个单元的爬升不宜中途交接班，不得隔夜再继续爬升。每单元爬升完毕应及时固定。
（4）大模板爬升时，新浇混凝土的强度不应低于1.2N/mm^2。支架爬升时的附墙架穿墙螺栓受力处的新浇混凝土强度应达到10N/mm^{2}以上。
（5）爬升设备每次使用前均应检查，液压设备应由专人操作。
4．作业人员应背工具袋，以便存放工具和拆下的零件，防止物件跌落。且严禁高空向下抛物。
5．每次爬升组合安装好的爬升模板、金属件应涂刷防锈漆，板面应涂刷脱模剂。
6．爬模的外附脚手架或悬挂脚手架应满铺脚手板，脚手架外侧应设防护栏杆和安全网。爬架底部亦应满铺脚手板和设置安全网。
7．每步脚手架间应设置爬梯，作业人员应由爬梯上下，进入爬架应在爬架内上下，严禁攀爬模板、脚手架和爬架外侧。
8．脚手架上不应堆放材料，脚手架上的垃圾应及时清除。如需临时堆放少量材料或机具，必须及时取走，且不得超过设计荷载的规定。
9．所有螺栓孔均应安装螺栓，螺栓应采用50～60N·m的扭矩紧固。一般每爬升一次应全数检查一次。</td></tr>
</table>

审核人	交底人	接受交底人
×××	×××	×××、×××……

3.1.5 飞模安装安全技术交底

<table>
<tr><td colspan="2" rowspan="2">安全技术交底记录</td><td rowspan="2">编号</td><td>×××</td></tr>
<tr><td>共×页第×页</td></tr>
<tr><td>工程名称</td><td colspan="3">××市政基础设施工程××标段</td></tr>
<tr><td>施工单位</td><td colspan="3">××市政建设集团</td></tr>
<tr><td>交底提要</td><td>飞模安装安全技术交底</td><td>交底日期</td><td>××年××月××日</td></tr>
<tr><td colspan="4">交底内容：
1．飞模的制作组装必须按设计图进行。运到施工现场后，应按设计要求检查合格后方可使用安装。安装前应进行一次试压和试吊，检验确认各部件无隐患。对利用组合钢模板、门式脚手架、钢管脚手架组装的飞模，所用的材料、部件应符合现行国家标准《组合钢模板技术规范》GB 50214、《冷弯薄壁型钢结构技术规范》GB 50018 以及其他专业技术规范的要求。凡属采用铝合金型材、木或竹塑胶合板组装的飞模，所用材料及部件应符合有关专业标准的要求。
2．飞模起吊时，应在吊离地面 0.5m 后停下，待飞模完全平衡后再起吊。吊装应使用安全卡环，不得使用吊钩。
3．飞模就位后，应立即在外侧设置防护栏，其高度不得小于 1.2m，外侧应另加设安全网，同时应设置楼层护栏。并应准确、牢固地搭设出模操作平台。外挑出模操作平台一般分为两种情况，一为框架结构时，可直接在飞模两端或一端的建筑物外直接搭设出模操作平台。二，因剪力墙或其他构件的障碍，使飞模不能从飞模两端的建筑物外一边或两边搭设出模平台，此时飞模就必须在预定出口处搭设出模操作平台，而将所有飞模都陆续推至一个或两个平台，然后再用吊车吊走。
4．当梁、板混凝土强度达到设计强度的 75%时方可拆模，先拆柱、梁模板（包括支架立柱）。然后松动飞模顶部和底部的调节螺栓，使台面下降至梁底以下 100mm。此时转运的具体准备工作为：对双肢柱管架式飞模应用撬棍将飞模撬起，在飞模底部木垫板下垫入 $\phi 50$ 钢管滚杠，每块垫板不少于 4 根。对钢管组合式飞模应将升降运输车推至飞模水平支撑下部合适位置，退出支垫木楔，拔出立柱伸缝腿插销，同时下降升降运输车，使飞模脱模并降低到离梁底 50mm。对门式架飞模在留下的 4 个底托处，安装 4 个升降装置，并放好地滚轮，开动升降机构，使飞模降落在地滚轮上。对支腿衍架式飞模在每榀桁架下放置 3 个地滚轮，操纵升降机构，使飞模同步下降，面板脱离混凝土，飞模落在地滚轮上。另外下面的信号工一般负责飞模推出、控制地滚轮、挂捆安全绳和挂钩、拆除安全网及起吊；上面的信号工一般负责平衡吊具的调整，指挥飞模就位和摘钩。当飞模在不同楼层转运时，上下层的信号人员应分工明确、统一指挥、统一信号，并应采用步话机联络。
5．当飞模转运采用地滚轮推出时，前滚轮应高出后滚轮 10～20mm，并应将飞模重心标画在旁侧，严禁外侧吊点在未挂钩前将飞模向外倾斜。</td></tr>
</table>

<table>
<tr><td colspan="2">安全技术交底记录</td><td>编号</td><td>×××
共×页第×页</td></tr>
<tr><td>工程名称</td><td colspan="3">××市政基础设施工程××标段</td></tr>
<tr><td>施工单位</td><td colspan="3">××市政建设集团</td></tr>
<tr><td>交底提要</td><td>飞模安装安全技术交底</td><td>交底日期</td><td>××年××月××日</td></tr>
<tr><td colspan="4">6. 飞模外推时，必须用多根安全绳一端牢固栓在飞模两侧，另一端围绕在飞模两侧建筑物的可靠部位上，并应设专人掌握；缓慢推出飞模，并松放安全绳，飞模外端吊点的钢丝绳应逐渐收紧，待内外端吊钩挂牢后再转运起吊。
7. 在飞模上操作的挂钩作业人员应穿防滑鞋，且应系好安全带，并应挂在上层的预埋铁环上。
8. 吊运时，飞模上不得站人和存放自由物料，操作电动平衡吊具的作业人员应站在楼面上，并不得斜拉歪吊。
9. 飞模出模时，下层应设安全网，且飞模每运转一次后应检查各部件的损坏情况，同时应对所有的连接螺栓重新进行紧固。</td></tr>
</table>

审核人	交底人	接受交底人
×××	×××	×××、×××……

3.1.6 隧道模安装安全技术交底

<table>
<tr><td colspan="2" rowspan="2">安全技术交底记录</td><td rowspan="2">编号</td><td>×××</td></tr>
<tr><td>共×页第×页</td></tr>
<tr><td>工程名称</td><td colspan="3">××市政基础设施工程××标段</td></tr>
<tr><td>施工单位</td><td colspan="3">××市政建设集团</td></tr>
<tr><td>交底提要</td><td>隧道模安装安全技术交底</td><td>交底日期</td><td>××年××月××日</td></tr>
</table>

交底内容：

1．在墙体钢筋绑扎后，检查预埋管线和留洞的位置、数量，并及时清除墙内杂物，组装好的半隧道模应按模板编号顺序吊装就位，并应将2个半隧道模顶板边缘的角钢用连接板和螺栓进行连接，连接板孔的中心距为84mm，以保持顶板间有2～4mm的间隙，以便拆模。如房间开间大于4m，顶板应考虑起拱1/1000。

2．合模后应采用千斤顶升降模板的底沿，按导墙上所确定的水准点调整到设计标高，并应采用斜支撑和垂直支撑调整模板的水平度和垂直度，再将连接螺栓拧紧。

当模板用千斤顶就位固定后，模板底梁上的滚轮距地面的净空不应小于25mm，同时旋转垂直支撑杆，使其离地面20～30mm不再受力，这时应使整个模板的自重及顶板上的活荷载都集中到底梁上的千斤顶上。

3．支卸平台构架的支设，必须符合下列规定：

（1）两个桁架上弦工字钢的水平方向中心距，必须比开间的净尺寸小400mm，即工字钢各离两侧横墙面200mm；桁架间的水平撑和剪刀撑必须与墙面相距150mm，便于支卸平台吊装就位，平台的受力应合理。

（2）平台桁架中立柱下面的垫板，必须落在楼板边缘以内400mm左右，并应在楼层下相应位置加设临时垂直支撑。

（3）支卸平台台面的顶面，必须和混凝土楼面齐平，并应紧贴楼面边缘。相邻支卸平台间的空隙不得过大。支卸平台外周边应设安全护栏和安全网。

4．山墙作业平台应符合下列规定：

（1）隧道模拆除吊离后，应将特制U形卡承托对准山墙的上排对拉螺栓孔，从外向内插入，并用螺帽紧固。U形卡承托的间距不得大于1.5m。

（2）将作业平台吊至已埋设的U形卡位置就位，并将平台每根垂直杆件上的$\phi 30$水平杆件落入U形卡内，平台下部靠墙的垂直支撑用穿墙螺栓紧固。

（3）每个山墙作业平台的长度不应超过7.5m，且不应小于2.5m，并应在端头分别增加外挑1.5m的三角平台。作业平台外周边应设安全护栏和安全网。

审核人	交底人	接受交底人
×××	×××	×××、×××……

3.1.7 模板拆除通用安全技术交底

安全技术交底记录		编号	×××
			共×页第×页
工程名称	××市政基础设施工程××标段		
施工单位	××市政建设集团		
交底提要	模板拆除通用安全技术交底	交底日期	××年××月××日

交底内容：

1．模板的拆除措施应经技术主管部门或负责人批准，拆除模板的时间可按现行国家标准《混凝土结构工程施工质量验收规范》GB 50204 的有关规定执行。冬期施工的拆模，应符合专门规定。

2．当混凝土未达到规定强度或已达到设计规定强度，需提前拆模或承受部分超设计荷载时，必须经过计算和技术主管确认其强度能足够承受此荷载后，方可拆除。

3．在承重焊接钢筋骨架作配筋的结构中，承受混凝土重量的模板，应在混凝土达到设计强度的 25%后方可拆除承重模板。当在已拆除模板的结构上加置荷载时，应另行核算。

4．大体积混凝土的拆模时间除应满足混凝土强度要求外，还应使混凝土内外温差降低到 25℃以下时方可拆模。否则应采取有效措施防止产生温度裂缝。

5．后张预应力混凝土结构的侧模宜在施加预应力前拆除，底模应在施加预应力后拆除。当设计有规定时，应按规定执行。

6．拆模前应检查所使用的工具有效和可靠，扳手等工具必须装入工具袋或系挂在身上，并应检查拆模场所范围内的安全措施。

7．模板的拆除工作应设专人指挥。作业区应设围栏，其内不得有其他工种作业，并应设专人负责监护。拆下的模板、零配件严禁抛掷。

8．拆模的顺序和方法应按模板的设计规定进行。当设计无规定时，可采取先支的后拆、后支的先拆、先拆非承重模板、后拆承重模板，并应从上而下进行拆除。拆下的模板不得抛扔，应按指定地点堆放。

9．多人同时操作时，应明确分工、统一信号或行动，应具有足够的操作面，人员应站在安全处。

10．高处拆除模板时，应符合有关高处作业的规定。严禁使用大锤和撬棍，操作层上临时拆下的模板堆放不能超过 3 层。

11．在提前拆除互相搭连并涉及其他后拆模板的支撑时，应补设临时支撑。拆模时，应逐块拆卸，不得成片撬落或拉倒。

12．拆模如遇中途停歇，应将已拆松动、悬空、浮吊的模板或支架进行临时支撑牢固或相互连接稳固。对活动部件必须一次拆除。

<table>
<tr><td colspan="2" rowspan="2">安全技术交底记录</td><td rowspan="2">编号</td><td>×××</td></tr>
<tr><td>共×页第×页</td></tr>
<tr><td>工程名称</td><td colspan="3">××市政基础设施工程××标段</td></tr>
<tr><td>施工单位</td><td colspan="3">××市政建设集团</td></tr>
<tr><td>交底提要</td><td>模板拆除通用安全技术交底</td><td>交底日期</td><td>××年××月××日</td></tr>
<tr><td colspan="4">13. 已拆除了模板的结构，应在混凝土强度达到设计强度值后方可承受全部设计荷载。若在未达到设计强度以前，需在结构上加置施工荷载时，应另行核算，强度不足时，应加设临时支撑。
14. 遇6级或6级以上大风时，应暂停室外的高处作业。雨、雪、霜后应先清扫施工现场，方可进行工作。
15. 拆除有洞口模板时，应采取防止操作人员坠落的措施。洞口模板拆除后，应按国家现行标准《建筑施工高处作业安全技术规范》JGJ 80的有关规定及时进行防护。</td></tr>
</table>

审核人	交底人	接受交底人
×××	×××	×××、×××……

3.1.8 支架立柱拆除安全技术交底

<table>
<tr><td colspan="2" rowspan="2">安全技术交底记录</td><td rowspan="2">编号</td><td>×××</td></tr>
<tr><td>共×页第×页</td></tr>
<tr><td>工程名称</td><td colspan="3">××市政基础设施工程××标段</td></tr>
<tr><td>施工单位</td><td colspan="3">××市政建设集团</td></tr>
<tr><td>交底提要</td><td>支架立柱拆除安全技术交底</td><td>交底日期</td><td>××年××月××日</td></tr>
<tr><td colspan="4">交底内容：
1．当拆除钢楞、木楞、钢桁架时，应在其下面临时搭设防护支架，使所拆楞梁及桁架先落在临时防护支架上。
2．当立柱的水平拉杆超出2层时，应首先拆除2层以上的拉杆。当拆除最后一道水平拉杆时，应和拆除立柱同时进行。
3．当拆除4～8m跨度的梁下立柱时，应先从跨中开始，对称地分别向两端拆除。拆除时，严禁采用连梁底板向旁侧一片拉倒的拆除方法。
4．对于多层楼板模板的立柱，当上层及以上楼板正在浇筑混凝土时，下层楼板立柱的拆除，应根据下层楼板结构混凝土强度的实际情况，经过计算确定。
5．拆除平台、楼板下的立柱时，作业人员应站在安全处。
6．对已拆下的钢楞、木楞、桁架、立柱及其他零配件应及时运到指定地点。对有芯钢管立柱运出前应先将芯管抽出或用销卡固定。</td></tr>
</table>

审核人	交底人	接受交底人
×××	×××	×××、×××……

3.1.9 普通模板拆除安全技术交底

<table>
<tr><td colspan="2" rowspan="2">安全技术交底记录</td><td rowspan="2">编号</td><td>×××</td></tr>
<tr><td>共×页第×页</td></tr>
<tr><td>工程名称</td><td colspan="3">××市政基础设施工程××标段</td></tr>
<tr><td>施工单位</td><td colspan="3">××市政建设集团</td></tr>
<tr><td>交底提要</td><td>普通模板拆除安全技术交底</td><td>交底日期</td><td>××年××月××日</td></tr>
</table>

交底内容：

1．拆除条形基础、杯形基础、独立基础或设备基础的模板时，应符合下列规定：

（1）拆除前应先检查基槽（坑）土壁的安全状况，发现有松软、龟裂等不安全因素时，应在采取安全防范措施后，方可进行作业。

（2）模板和支撑杆件等应随拆随运，不得在离槽（坑）上口边缘1m以内堆放。

（3）拆除模板时，施工人员必须站在安全地方。应先拆内外木楞、再拆木面板；钢模板应先拆钩头螺栓和内外钢楞，后拆U形卡和L形插销，拆下的钢模板应妥善传递或用绳钩放置地面，不得抛掷。拆下的小型零配件应装入工具袋内或小型箱笼内，不得随处乱扔。

2．拆除柱模应符合下列规定：

（1）柱模拆除应分别采用分散拆和分片拆2种方法。分散拆除的顺序应为：

拆除拉杆或斜撑、自上而下拆除柱箍或横楞、拆除竖楞，自上而下拆除配件及模板、运走分类堆放、清理、拔钉、钢模维修、刷防锈油或脱模剂、入库备用。

分片拆除的顺序应为：

拆除全部支撑系统、自上而下拆除柱箍及横楞、拆掉柱角U形卡、分2片或4片拆除模板、原地清理、刷防锈油或脱模剂、分片运至新支模地点备用。

（2）柱子拆下的模板及配件不得向地面抛掷。

3．拆除墙模应符合下列规定：

（1）墙模分散拆除顺序应为：

拆除斜撑或斜拉杆、自上而下拆除外楞及对拉螺栓、分层自上而下拆除木楞或钢楞及零配件和模板、运走分类堆放、拔钉清理或清理检修后刷防锈油或脱模剂、入库备用。

（2）预组拼大块墙模拆除顺序应为：

拆除全部支撑系统、拆卸大块墙模接缝处的连接型钢及零配件、拧去固定埋设件的螺栓及大部分对拉螺栓、挂上吊装绳扣并略拉紧吊绳后，拧下剩余对拉螺栓，用方木均匀敲击大块墙模立楞及钢模板，使其脱离墙体，用撬棍轻轻外撬大块墙模板使全部脱离，指挥起吊、运走、清理、刷防锈油或脱模剂备用。

（3）拆除每一大块墙模的最后2个对拉螺栓后，作业人员应撤离大模板下侧，以后的操作均应在上部进行。个别大块模板拆除后产生局部变形者应及时整修好。

（4）大块模板起吊时，速度要慢，应保持垂直，严禁模板碰撞墙体。

<table>
<tr><td colspan="2">安全技术交底记录</td><td>编号</td><td>×××
共×页第×页</td></tr>
<tr><td>工程名称</td><td colspan="3">××市政基础设施工程××标段</td></tr>
<tr><td>施工单位</td><td colspan="3">××市政建设集团</td></tr>
<tr><td>交底提要</td><td>普通模板拆除安全技术交底</td><td>交底日期</td><td>××年××月××日</td></tr>
<tr><td colspan="4">4．拆除梁、板模板应符合下列规定：
（1）梁、板模板应先拆梁侧模，再拆板底模，最后拆除梁底模，并应分段分片进行，严禁成片撬落或成片拉拆。
（2）拆除时，作业人员应站在安全的地方进行操作，严禁站在已拆或松动的模板上进行拆除作业。
（3）拆除模板时，严禁用铁棍或铁锤乱砸，已拆下的模板应妥善传递或用绳钩放至地面。
（4）严禁作业人员站在悬臂结构边缘敲拆下面的底模。
（5）待分片、分段的模板全部拆除后，方允许将模板、支架、零配件等按指定地点运出堆放，并进行拔钉、清理、整修、刷防锈油或脱模剂，入库备用。</td></tr>
</table>

审核人	交底人	接受交底人
×××	×××	×××、×××……

3.1.10 特殊模板拆除安全技术交底

<table>
<tr><td colspan="2" rowspan="2">安全技术交底记录</td><td rowspan="2">编号</td><td>×××</td></tr>
<tr><td>共×页第×页</td></tr>
<tr><td>工程名称</td><td colspan="3">××市政基础设施工程××标段</td></tr>
<tr><td>施工单位</td><td colspan="3">××市政建设集团</td></tr>
<tr><td>交底提要</td><td>特殊模板拆除安全技术交底</td><td>交底日期</td><td>××年××月××日</td></tr>
<tr><td colspan="4">交底内容：
1．对于拱、薄壳、圆穹屋顶和跨度大于 8m 的梁式结构，应按设计规定的程序和方式从中心沿环圈对称向外或从跨中对称向两边均匀放松模板支架立柱。
2．拆除圆形屋顶、筒仓下漏斗模板时，应从结构中心处的支架立柱开始，按同心圆层次对称地拆向结构的周边。
3．拆除带有拉杆拱的模板时，应在拆除前先将拉杆拉紧。以避免脱模后无水平拉杆来平衡拱的水平推力，导致上弦拱的混凝土断裂垮塌。</td></tr>
</table>

审核人	交底人	接受交底人
×××	×××	×××、×××……

3.1.11 爬升模板拆除安全技术交底

<table>
<tr><td colspan="2" rowspan="2">安全技术交底记录</td><td rowspan="2">编号</td><td>×××</td></tr>
<tr><td>共×页第×页</td></tr>
<tr><td>工程名称</td><td colspan="3">××市政基础设施工程××标段</td></tr>
<tr><td>施工单位</td><td colspan="3">××市政建设集团</td></tr>
<tr><td>交底提要</td><td>爬升模板拆除安全技术交底</td><td>交底日期</td><td>××年××月××日</td></tr>
</table>

交底内容：

1．拆除爬模应有拆除方案，且应由技术负责人签署意见，应向有关人员进行安全技术交底后，方可实施拆除。

2．拆除时应先清除脚手架上的垃圾杂物，并应设置警戒区由专人监护。

3．拆除时应设专人指挥，严禁交叉作业。拆除顺序应为：悬挂脚手架和模板、爬升设备、爬升支架。

（1）拆除悬挂脚手架和模板的顺序及方法如下：

1）应自下而上拆除悬挂脚手架和安全措施；

2）拆除分块模板间的拼接件；

3）用起重机或其他起吊设备吊住分块模板，并收紧起重索；

4）拆除模板爬升设备，使模板和爬架脱开；

5）将模板吊离墙面和爬架，并吊放至地面；

6）拆除过程中，操作人员必须站在爬架上，严禁站在被拆除的分块模板上。

（2）支架柱和附墙架的拆除应采用起重机或其他垂直运输机械进行，并符合以下的顺序和方法：

1）用绳索捆绑爬架，用吊钩吊住绳索，在建筑物内拆除附墙螺栓，如要进入爬架内拆除时，应用绳索拉住爬架，防止晃动。

2）若螺栓已拆除，必须待人离开爬架后方准将爬架吊放至地面进行拆卸。

4．已拆除的物件应及时清理、整修和保养，并运至指定地点备用。

5．遇 5 级以上大风应停止拆除作业。

审核人	交底人	接受交底人
×××	×××	×××、×××……

3.1.12 飞模拆除安全技术交底

<table>
<tr><td colspan="2" rowspan="2">安全技术交底记录</td><td rowspan="2">编号</td><td>×××</td></tr>
<tr><td>共×页第×页</td></tr>
<tr><td>工程名称</td><td colspan="3">××市政基础设施工程××标段</td></tr>
<tr><td>施工单位</td><td colspan="3">××市政建设集团</td></tr>
<tr><td>交底提要</td><td>飞模拆除安全技术交底</td><td>交底日期</td><td>××年××月××日</td></tr>
</table>

交底内容：

1．脱模时，梁、板混凝土强度等级不得小于设计强度的75%，或符合《混凝土结构工程施工质量验收规范》GB 50204 的规定后方可拆模。

2．飞模的拆除顺序、行走路线和运到下一个支模地点的位置，均应按飞模设计的有关规定进行。

飞模脱模转移应根据双支柱管架式飞模、钢管组合式飞模、门式架飞模、铝桁架式飞模、跨越式钢管桁架式飞模和悬架式飞模等各类型的特点作出规定执行。飞模推移至楼层口外约1.2m 时（重心仍处于楼层支点里面），将 4 根吊索与飞模吊耳扣牢，然后使安装在吊车主钩下的两只倒链收紧，先使靠外两根吊索受力，使外端处于略高于内的状态，随着主吊钩上升，外端倒链逐渐放松，里端倒链逐渐收紧，使飞模一直保持平衡状态外移。

3．拆除时应先用千斤顶顶住下部水平连接管，再拆去木楔或砖墩（或拔出钢套管连接螺栓，提起钢套管）。推入可任意转向的四轮台车，松千斤顶使飞模落在台车上，随后推运至主楼板外侧搭设的平台上，用塔吊吊至上层重复使用。若不需重复使用时，应按普通模板的方法拆除。

4．飞模拆除必须有专人统一指挥，飞模尾部应绑安全绳，安全绳的另一端应套在坚固的建筑结构上，且在推运时应徐徐放松。

5．飞模推出后，楼层外边缘应立即绑好护身栏。

审核人	交底人	接受交底人
×××	×××	×××、×××……

3.1.13 隧道模拆除安全技术交底

<table>
<tr><td colspan="2" rowspan="2">安全技术交底记录</td><td rowspan="2">编号</td><td>×××</td></tr>
<tr><td>共×页第×页</td></tr>
<tr><td>工程名称</td><td colspan="3">××市政基础设施工程××标段</td></tr>
<tr><td>施工单位</td><td colspan="3">××市政建设集团</td></tr>
<tr><td>交底提要</td><td>隧道模拆除安全技术交底</td><td>交底日期</td><td>××年××月××日</td></tr>
</table>

交底内容：

1．拆除前应对作业人员进行安全技术交底和技术培训。

2．拆除导墙模板时，应在新浇混凝土强度达到1.0N/mm^{2}后，方准拆模。

3．拆除隧道模应按下列顺序进行：

（1）新浇混凝土强度应在达到承重模板拆模要求后，方准拆模。

（2）应采用长柄手摇螺帽杆将连接顶板的连接板上的螺栓松开，并应将隧道模分成2个半隧道模。

（3）拔除穿墙螺栓，并旋转垂直支撑杆和墙体模板的螺旋千斤顶，让滚轮落地，使隧道模脱离顶板和墙面。

（4）放下支卸平台防护栏杆，先将一边的半隧道模推移至支卸平台上，然后再推另一边半隧道模。

（5）为使顶板不超过设计允许荷载，经设计核算后，应加设临时支撑柱。

4．半隧道模的吊运方法，可根据具体情况采用单点吊装法、两点吊装法、多点吊装法或鸭嘴形吊装法。

（1）单点吊装法：当房间进深不大或吊运单元角模时采用。采用单点吊装法，其吊点应设在模板重心的上方，即待模板重心吊点露出楼板外500mm时，塔吊吊具穿过模板顶板上的预留吊点孔与吊梁牢固连接，这时塔吊稍稍用力，待半隧道模全部推出楼板结构后，再吊至下一个流水段就位。

（2）两点吊装法：当房间开间比较大而进深不大时采用。吊运程序和单点吊装法基本相同，只是模板的吊点在重心的上方对称设置，塔吊吊运时必须同时挂钩。

（3）多点吊装法：当房间进深比较大时，需采用三点或四点吊装法，吊点的位置要通过计算来确定，吊运前先进行试吊，经验证无误后方可使用。吊点分两侧挂钩，当半隧道模向楼外推移至前排吊点露出楼板时，塔吊先挂上两个吊点，待半隧道模后排吊点露出楼外时，再挂后排吊点，全部吊点同时吃上力后，再将模板全部吊出楼外送至下一个流水段。

（4）鸭嘴形吊装法：半隧道模采用鸭嘴形吊梁作吊具，当模板降至预定的标高后，装卸平台护身栏放平，将鸭嘴形吊具插入模板，重心靠横墙模板的一侧，即可吊起半隧道模至楼外，运至下一流水段。

审核人	交底人	接受交底人
×××	×××	×××、×××……

3.1.14 模板工程现场管理安全技术交底

<table>
<tr><td colspan="2" rowspan="2">安全技术交底记录</td><td rowspan="2">编号</td><td>×××</td></tr>
<tr><td>共×页第×页</td></tr>
<tr><td>工程名称</td><td colspan="3">××市政基础设施工程××标段</td></tr>
<tr><td>施工单位</td><td colspan="3">××市政建设集团</td></tr>
<tr><td>交底提要</td><td>模板工程现场管理安全技术交底</td><td>交底日期</td><td>××年××月××日</td></tr>
<tr><td colspan="4">交底内容：
1．从事模板作业的人员，应经安全技术培训。从事高处作业人员，应定期体检，不符合要求的不得从事高处作业。
2．安装和拆除模板时，操作人员应配戴安全帽、系安全带、穿防滑鞋。安全帽和安全带应定期检查，不合格者严禁使用。
3．模板及配件进场应有出厂合格证或当年的检验报告，安装前应对所用部件（立柱、楞梁、吊环、扣件等）进行认真检查，不符合要求者不得使用。
4．模板工程应编制施工设计和安全技术措施，并应严格按施工设计与安全技术措施的规定进行施工。满堂模板、建筑层高 8m 及以上和梁跨大于或等于 15m 的模板，在安装、拆除作业前，工程技术人员应以书面形式向作业班组进行施工操作的安全技术交底，作业班组应对照书面交底进行上、下班的自检和互检。
5．施工过程中的检查项目应符合下列要求：
（1）立柱底部基土应回填夯实。
（2）垫木应满足设计要求。
（3）底座位置应正确，顶托螺杆伸出长度应符合规定。
（4）立杆的规格尺寸和垂直度应符合要求，不得出现偏心荷载。
（5）扫地杆、水平拉杆、剪刀撑等的设置应符合规定，固定应可靠。
（6）安全网和各种安全设施应符合要求。
6．在高处安装和拆除模板时，周围应设安全网或搭脚手架，并应加设防护栏杆。在临街面及交通要道地区，尚应设警示牌，派专人看管。
7．作业时，模板和配件不得随意堆放，模板应放平放稳，严防滑落。脚手架或操作平台上临时堆放的模板不宜超过 3 层，连接件应放在箱盒或工具袋中，不得散放在脚手板上。脚手架或操作平台上的施工总荷载不得超过其设计值。
8．对负荷面积大和高 4m 以上的支架立柱采用扣件式钢管、门式钢管脚手架时，除应有合格证外，对所用扣件应采用扭矩扳手进行抽检，其扭矩值必须达到 40～65N•m。
9．多人共同操作或扛抬组合钢模板时，必须密切配合、协调一致、互相呼应。</td></tr>
</table>

<table>
<tr><td colspan="2" rowspan="2">安全技术交底记录</td><td rowspan="2">编号</td><td>×××</td></tr>
<tr><td>共×页第×页</td></tr>
<tr><td>工程名称</td><td colspan="3">××市政基础设施工程××标段</td></tr>
<tr><td>施工单位</td><td colspan="3">××市政建设集团</td></tr>
<tr><td>交底提要</td><td>模板工程现场管理安全技术交底</td><td>交底日期</td><td>××年××月××日</td></tr>
</table>

10．施工用的临时照明和行灯的电压不得超过36V；当为满堂模板、钢支架及特别潮湿的环境时，不得超过12V。照明行灯及机电设备的移动线路应采用绝缘橡胶套电缆线。

11．有关避雷、防触电和架空输电线路的安全距离应符合国家现行标准《施工现场临时用电安全技术规范》JGJ 46的有关规定。施工用的临时照明和动力线应采用绝缘线和绝缘电缆线，且不得直接固定在钢模板上。夜间施工时，应有足够的照明，并应制定夜间施工的安全措施。施工用临时照明和机电设备线严禁非电工乱拉乱接。同时还应经常检查线路的完好情况，严防绝缘破损漏电伤人。

12．模板安装高度在2m及以上时，应符合国家现行标准《建筑施工高处作业安全技术规范》JGJ80的有关规定。

13．模板安装时，上下应有人接应，随装随运，严禁抛掷。且不得将模板支搭在门窗框上，也不得将脚手板支搭在模板上，并严禁将模板与上料井架及有车辆运行的脚手架或操作平台支成一体。

14．支模过程中如遇中途停歇，应将已就位模板或支架连接稳固，不得浮搁或悬空。拆模中途停歇时，应将已松扣或已拆松的模板、支架等拆下运走，防止构件坠落或作业人员扶空坠落伤人。

15．作业人员严禁攀登模板、斜撑杆、拉条或绳索等，不得在高处的墙顶、独立梁或在其模板上行走。高空作业人员应通过马道或专用爬梯以及电梯上下通行。

16．模板施工中应设专人负责安全检查，发现问题应报告有关人员处理。当遇险情时，应立即停工和采取应急措施；待修复或排除险情后，方可继续施工。模板安装应检查如下一些内容：

（1）检查模板和支架的布置和施工顺序是否符合施工设计和安全措施的规定；

（2）各种连接件、支承件的规格、质量和紧固情况；关键部位的紧固螺栓、支承扣件尚应使用扭矩扳手或其他专用工具检查；

（3）支承着力点和组合钢模板的整体稳定性；

（4）标高、轴线位置、内廓尺寸、全高垂直度偏差、侧向弯曲度偏差、起拱拱度、表面平整度、板块拼缝、预埋件和预留孔洞等。

17．寒冷地区冬期施工用钢模板时，不宜采用电热法加热混凝土，否则应采取防触电措施。

18．在大风地区或大风季节施工时，模板应有抗风的临时加固措施。

19．当钢模板高度超过15m时，应安设避雷设施，避雷设施的接地电阻不得大于4Ω。

<table>
<tr><td colspan="2">安全技术交底记录</td><td>编号</td><td>×××
共×页第×页</td></tr>
<tr><td>工程名称</td><td colspan="3">××市政基础设施工程××标段</td></tr>
<tr><td>施工单位</td><td colspan="3">××市政建设集团</td></tr>
<tr><td>交底提要</td><td>模板工程现场管理安全技术交底</td><td>交底日期</td><td>××年××月××日</td></tr>
</table>

20．当遇大雨、大雾、沙尘、大雪或6级以上大风等恶劣天气时，应停止露天高处作业。5级及以上风力时，应停止高空吊运作业。雨、雪停止后，应及时清除模板和地面上的积水及冰雪。

21．使用后的木模板应拔除铁钉，分类进库，堆放整齐。若为露天堆放，顶面应遮防雨篷布。

22．使用后的钢模、钢构件应符合下列规定：

（1）使用后的钢模、桁架、钢楞和立柱应将粘结物清理洁净，清理时严禁采用铁锤敲击的方法。

（2）清理后的钢模、桁架、钢楞、立柱，应逐块、逐榀、逐根进行检查，发现翘曲、变形、扭曲、开焊等必须修理完善。

（3）清理整修好的钢模、桁架、钢楞、立柱应刷防锈漆。

（4）钢模板及配件，使用后必须进行严格清理检查，已损坏断裂的应剔除，不能修复的应报废。螺栓的螺纹部分应整修上油，然后应分别按规格分类装在箱笼内备用。

（5）钢模板及配件等修复后，应进行检查验收。凡检查不合格者应重新整修。待合格后方准应用，其修复后的质量标准应符合表3-1-1的规定。

表3-1-1　钢模板及配件修复后的质量标准

<table>
<tr><td colspan="2">项目</td><td>允许偏差（mm）</td><td colspan="2">项目</td><td>允许偏差（mm）</td></tr>
<tr><td rowspan="5">钢结构</td><td>板面局部不平度</td><td>≤2.0</td><td rowspan="2">钢模板</td><td>板面锈皮麻面，背面粘混凝土</td><td>不允许</td></tr>
<tr><td>板面翘曲矢高</td><td>≤2.0</td><td>孔洞破裂</td><td>不允许</td></tr>
<tr><td>板侧凸棱面翘曲矢高</td><td>≤1.0</td><td rowspan="2">零配件</td><td>U形卡卡口残余变形</td><td>≤1.2</td></tr>
<tr><td>板肋平直度</td><td>≤2.0</td><td>钢楞及支柱长度方向弯曲度</td><td>≤L/1000</td></tr>
<tr><td>焊点脱焊</td><td>不允许</td><td>桁架</td><td>侧向平直度</td><td>≤2.0</td></tr>
</table>

<table>
<tr><td colspan="2" rowspan="2">安全技术交底记录</td><td rowspan="2">编号</td><td>×××</td></tr>
<tr><td>共×页第×页</td></tr>
<tr><td>工程名称</td><td colspan="3">××市政基础设施工程××标段</td></tr>
<tr><td>施工单位</td><td colspan="3">××市政建设集团</td></tr>
<tr><td>交底提要</td><td>模板工程现场管理安全技术交底</td><td>交底日期</td><td>××年××月××日</td></tr>
<tr><td colspan="4">（6）钢模板由拆模现场运至仓库或维修场地时，装车不宜超出车栏杆，少量高出部分必须拴牢，零配件应分类装箱，不得散装运输。
（7）经过维修、刷油、整理合格的钢模板及配件，如需运往其他施工现场或入库，必须分类装入集装箱内，杆应成捆、配件应成箱，清点数量，入库或接收单位验收。
（8）装车时，应轻搬轻放，不得相互碰撞。卸车时，严禁成捆从车上推下和拆散抛掷。
（9）钢模板及配件应放入室内或敞棚内，当需露天堆放时，应装入集装箱内，底部垫高100mm，顶面应遮盖防水篷布或塑料布，集装箱堆放高度不宜超过2层。</td></tr>
</table>

审核人	交底人	接受交底人
×××	×××	×××、×××……

3.2 扣件式钢管脚手架工程

安全技术交底记录		编号	×××
			共×页第×页
工程名称	××市政基础设施工程××标段		
施工单位	××市政建设集团		
交底提要	扣件式钢管脚手架施工安全技术交底	交底日期	××年××月××日

交底内容：

一、一般规定

（1）脚手架钢管宜采用Φ48.3×3.6 钢管。每根钢管的最大质量不应大于 25.8kg。

（2）扣件式钢管脚手架是用普通碳素钢管（或低合金钢管）和各种扣件连接而形成的通用型脚手架，脚手架的组成如图 3-2-1 所示。

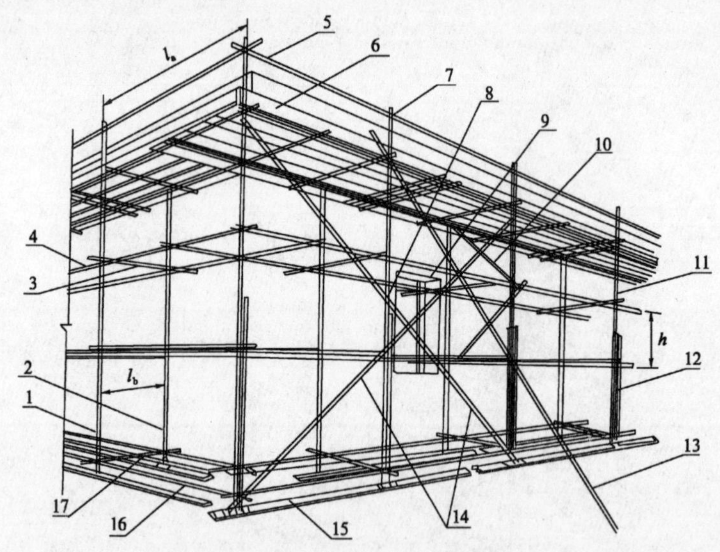

图 3-2-1 扣件式钢管脚手架各杆件位置

1-外立杆；2-内立杆；3-横向水平杆；4-纵向水平杆；5-栏杆；6-挡脚板；7-直角扣件；8-旋转扣件；9-连墙件；10-横向斜撑；11-主立杆；12-副立杆；13-抛撑；14-剪刀撑；15-垫板；16-纵向扫地杆；17-横向扫地杆；l_a-立杆纵距；l_b-立杆横距；h-步距

安全技术交底记录		编号	×××
			共×页第×页
工程名称	××市政基础设施工程××标段		
施工单位	××市政建设集团		
交底提要	扣件式钢管脚手架施工安全技术交底	交底日期	××年××月××日

二、设计计算

（一）设计计算项目

（1）脚手架的承载能力应按概率极限状态设计法的要求，采用分项系数设计表达式进行设计。可只进行下列设计计算：

1）纵向、横向水平杆等受弯构件的强度和连接扣件的抗滑承载力计算；

2）立杆的稳定性计算；

3）连墙件的强度、稳定性和连接强度的计算；

4）立杆地基承载力计算。

（2）计算构件的强度、稳定性与连接强度时，应采用荷载效应基本组合的设计值。永久荷载分项系数应取1.2，可变荷载分项系数应取1.4。

（二）纵向、横向水平杆计算

（1）纵向、横向水平杆的抗弯强度应按下式计算：

$$\sigma=\frac{M}{W}\leqslant f \tag{3-2-1}$$

式中：σ——弯曲正应力；

M——弯矩设计值（N·mm）；

W——截面模量（mm^3）；

f——钢材的抗弯强度设计值（N/mm^2）。

（2）纵向、横向水平杆弯矩设计值，应按下式计算：

$$M=1.2M_{Gk}+1.4\sum M_{Qk} \tag{3-2-2}$$

式中：M_{Gk}——脚手板自重产生的弯矩标准值（kN·m）；

M_{Qk}——施工荷载产生的弯矩标准值（kN·m）。

（3）纵向、横向水平杆的挠度应符合下式规定：

$$v\leqslant[v] \tag{3-2-3}$$

（4）计算纵向、横向水平杆的内力与挠度时，纵向水平杆宜按三跨连续梁计算，计算跨度取立杆纵距l_a；横向水平杆宜按简支梁计算，计算跨度l_o可按图3-2-2采用。

安全技术交底记录		编号	×××
			共×页第×页
工程名称	××市政基础设施工程××标段		
施工单位	××市政建设集团		
交底提要	扣件式钢管脚手架施工安全技术交底	交底日期	××年××月××日

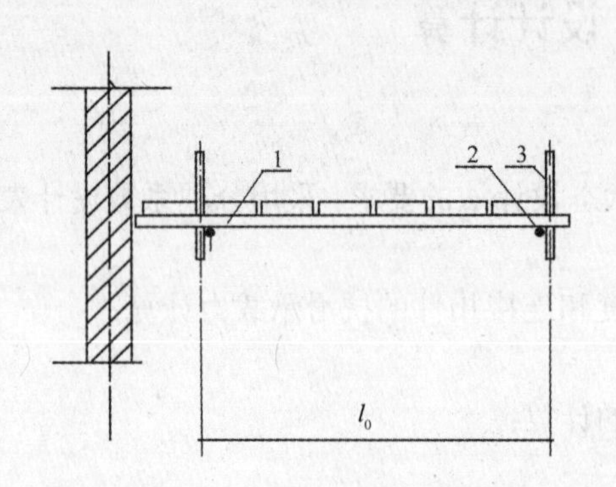

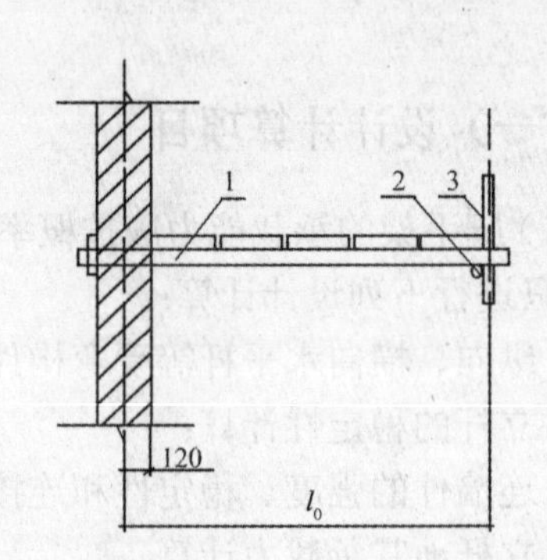

（a）双排脚手架（b）单排脚手架

图 3-2-2 横向水平杆计算跨度

1-横向水平杆；2-纵向水平杆；3-立杆

（5）纵向或横向水平杆与立杆连接时，其扣件的抗滑承载力应符合下式规定：

$$R \leqslant R_C \tag{3-2-4}$$

式中：R——纵向或横向水平杆传给立杆的竖向作用力设计值；

R_C——扣件抗滑承载力设计值。

（三）立杆计算

（1）立杆的稳定性应符合下列公式要求：

不组合风荷载时：

$$\frac{N}{\varphi A} \leqslant f \tag{3-2-5}$$

组合风荷载时：

$$\frac{N}{\varphi A} + \frac{M_w}{W} \leqslant f \tag{3-2-6}$$

式中：N——计算立杆段的轴向力设计值（N）；

ϕ——轴心受压构件的稳定系数；

安全技术交底记录		编号	×××
			共×页第×页
工程名称	××市政基础设施工程××标段		
施工单位	××市政建设集团		
交底提要	扣件式钢管脚手架施工安全技术交底	交底日期	××年××月××日

λ——长细比，$\lambda=\dfrac{l_0}{i}$；

l_o——计算长度（mm）；

i——截面回转半径（mm）；

A——立杆的截面面积（mm^2）；

M_W——计算立杆段由风荷载设计值产生的弯矩（N·mm）；

f——钢材的抗压强度设计值（N/mm^2）。

（2）计算立杆段的轴向力设计值 N，应按下列公式计算：

不组合风荷载时：

$$N=1.2(N_{G1k}+N_{G2k})+1.4\sum N_{Qk} \tag{3-2-7}$$

组合风荷载时：

$$N=1.2(N_{G1k}+N_{G2k})+0.9\times1.4\sum N_{Qk} \tag{3-2-8}$$

式中：N_{G1k}——脚手架结构自重产生的轴向力标准值；

N_{G2k}——构配件自重产生的轴向力标准值；

$\sum N_{Qk}$——施工荷载产生的轴向力标准值总和，内、外立杆各按一纵距内施工荷载总和的1/2 取值。

（3）立杆计算长度 l_o 应按下式计算：

$$l_o=k\mu h \tag{3-2-9}$$

式中：k——立杆计算长度附加系数，其值取 1.155，当验算立杆允许长细比时，取 k=1；

μ——考虑单、双排脚手架整体稳定因素的单杆计算长度系数；

h——步距。

（4）由风荷载产生的立杆段弯矩设计值 M_w，可按下式计算：

$$M_w=0.9\times1.4M_{wk}=\frac{0.9\times1.4w_k l_a h^2}{10} \tag{3-2-11}$$

式中：M_{wk}——风荷载产生的弯矩标准值（kN·m）；

w_k——风荷载标准值（kN/m^2）；

l_a——立杆纵距（m）。

安全技术交底记录		编号	×××
			共×页第×页
工程名称	××市政基础设施工程××标段		
施工单位	××市政建设集团		
交底提要	扣件式钢管脚手架施工安全技术交底	交底日期	××年××月××日

（四）连墙件计算

（1）连墙件杆件的强度及稳定应满足下列公式的要求：

强度：

$$\sigma=\frac{N_l}{A_c}\leqslant 0.85f \tag{3-2-12}$$

稳定：

$$\frac{N_l}{\varphi A}\leqslant 0.85f \tag{3-2-13}$$

$$N_l=N_{lw}+N_o \tag{3-2-14}$$

式中：σ——连墙件应力值（N/mm^2）；

A_c——连墙件的净截面面积（mm^2）；

A——连墙件的毛截面面积（mm^2）；

N_l——连墙件轴向力设计值（N）；

N_{lw}——风荷载产生的连墙件轴向力设计值；

N_o——连墙件约束脚手架平面外变形所产生的轴向力。单排架取2kN，双排架取3kN；

φ——连墙件的稳定系数；

f——连墙件钢材的强度设计值（N/mm^2）。

（2）由风荷载产生的连墙件的轴向力设计值，应按下式计算：

$$N_{lw}=1.4\cdot w_k\cdot A_w \tag{3-2-15}$$

式中：A_w——单个连墙件所覆盖的脚手架外侧面的迎风面积。

（3）连墙件与脚手架、连墙件与建筑结构连接的连接强度应按下式计算：

$$N_l\leqslant N_V \tag{3-2-16}$$

式中：N_V——连墙件与脚手架、连墙件与建筑结构连接的抗拉（压）承载力设计值，应根据相应规范规定计算。

（4）当采用钢管扣件做连墙件时，扣件抗滑承载力的验算，应满足下式要求：

$$N_l\leqslant R_c \tag{3-2-17}$$

式中：R_c——扣件抗滑承载力设计值，一个直角扣件应取8.0kN。

安全技术交底记录		编号	×××
			共×页第×页
工程名称	××市政基础设施工程××标段		
施工单位	××市政建设集团		
交底提要	扣件式钢管脚手架施工安全技术交底	交底日期	××年××月××日

（五）立杆地基承载力计算

（1）立杆基础底面的平均压力应满足下式的要求：

$$P_k = \frac{N_k}{A} \leqslant f_g \tag{3-2-18}$$

式中：P_k——立杆基础底面处的平均压力标准值（kPa）；

N_k——上部结构传至立杆基础顶面的轴向力标准值（kN）；

A——基础底面面积（m^2）；

f_g——地基承载力特征值（kPa）。

（2）地基承载力特征值的取值应符合下列规定：

1）当为天然地基时，应按地质勘察报告选用；当为回填土地基时，应对地质勘察报告提供的回填土地基承载力特征值乘以折减系数0.4；

2）由载荷试验或工程经验确定。

（3）对搭设在楼面等建筑结构上的脚手架，应对支撑架体的建筑结构进行承载力验算，当不能满足承载力要求时应采取可靠的加固措施。

三、构造

（一）水平杆

（1）纵向水平杆的构造应符合下列规定：

1）纵向水平杆宜设置在立杆内侧，其长度不宜小于3跨；

2）纵向水平杆接长应采用对接扣件连接或搭接。并应符合下列规定：

①两根相邻纵向水平杆的接头不宜设置在同步或同跨内；不同步或不同跨两个相邻接头在水平方向错开的距离不应小于500mm；各接头中心至最近主节点的距离不应大于纵距的1/3（图3-2-3）；

安全技术交底记录		编号	××× 共×页第×页
工程名称	××市政基础设施工程××标段		
施工单位	××市政建设集团		
交底提要	扣件式钢管脚手架施工安全技术交底	交底日期	××年××月××日

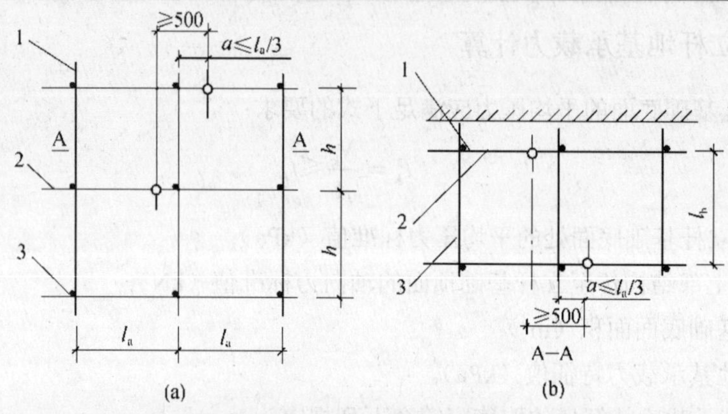

图 3-2-3 纵向水平杆对接接头布置

(a) 接头不在同步内（立面）；(b) 接头不在同跨内（平面）

1-立杆；2-纵向水平杆；3-横向水平杆

②搭接长度不应小于 1m，应等间距设置 3 个旋转扣件固定，端部扣件盖板边缘至搭接纵向水平杆杆端的距离不应小于 100mm。

3）当使用冲压钢脚手板、木脚手板、竹串片脚手板时，纵向水平杆应作为横向水平杆的支座，用直角扣件固定在立杆上；当使用竹笆脚手板时，纵向水平杆应采用直角扣件固定在横向水平杆上，并应等间距设置，间距不应大于 400mm（图 3-2-4）。

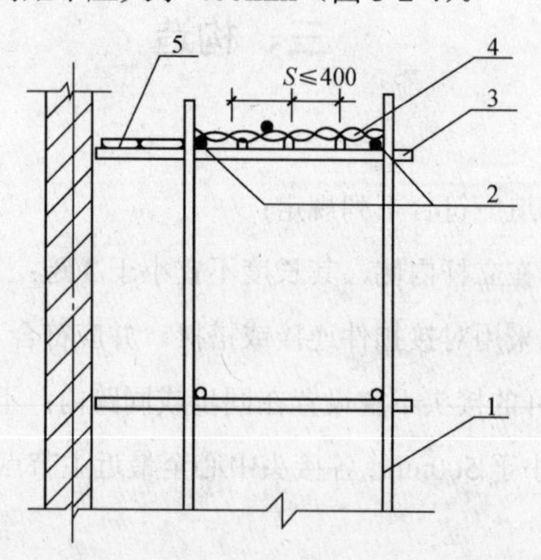

图 3-2-4 铺竹笆脚手板时纵向水平杆的构造

1-立杆；2-纵向水平杆；3-横向水平杆；4-竹笆脚手板；5-其他脚手板

<table>
<tr><td colspan="2" rowspan="2">安全技术交底记录</td><td rowspan="2">编号</td><td>×××</td></tr>
<tr><td>共×页第×页</td></tr>
<tr><td>工程名称</td><td colspan="3">××市政基础设施工程××标段</td></tr>
<tr><td>施工单位</td><td colspan="3">××市政建设集团</td></tr>
<tr><td>交底提要</td><td>扣件式钢管脚手架施工安全技术交底</td><td>交底日期</td><td>××年××月××日</td></tr>
</table>

（2）横向水平杆的构造应符合下列规定：

1）作业层上非主节点处的横向水平杆，宜根据支承脚手板的需要等间距设置，最大间距不应大于纵距的1/2;

2）当使用冲压钢脚手板、木脚手板、竹串片脚手板时，双排脚手架的横向水平杆两端均应采用直角扣件固定在纵向水平杆上；单排脚手架的横向水平杆的一端，应用直角扣件固定在纵向水平杆上，另一端应插入墙内，插入长度不应小于180mm。

3）当使用竹笆脚手板时，双排脚手架的横向水平杆两端，应用直角扣件固定在立杆上；单排脚手架的横向水平杆的一端，应用直角扣件固定在立杆上，另一端应插入墙内，插入长度亦不应小于180mm。

（3）主节点处必须设置一根横向水平杆，用直角扣件扣接且严禁拆除。

（二）立杆

（1）每根立杆底部应设置底座或垫板。当脚手架搭设在永久性建筑结构混凝土基面时，立杆下底座或垫板可根据情况不设置。

（2）脚手架必须设置纵、横向扫地杆。纵向扫地杆应采用直角扣件固定在距钢管底端不大于200mm处的立杆上。横向扫地杆亦应采用直角扣件固定在紧靠纵向扫地杆下方的立杆上。

（3）立杆基础不在同一高度上时，必须将高处的纵向扫地杆向低处延长两跨与立杆固定，高低差不应大于1m。靠边坡上方的立杆轴线到边坡的距离不应小于500mm（图3-2-5）。

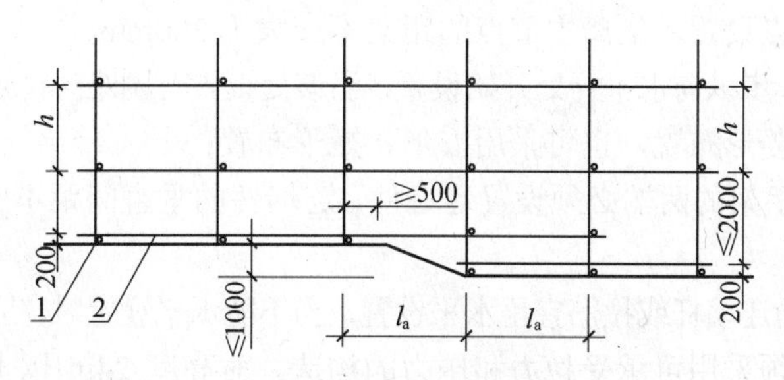

图3-2-5 纵、横向扫地杆构造

1-横向扫地杆；2-纵向扫地杆

（4）单、双排脚手架底层步距均不应大于2m。

（5）单排、双排与满足脚手架立杆接长除顶层顶步外，其余各层各步接头必须采用对接扣件连接。

<table>
<tr><td colspan="2" rowspan="2">安全技术交底记录</td><td rowspan="2">编号</td><td>×××</td></tr>
<tr><td>共×页第×页</td></tr>
<tr><td>工程名称</td><td colspan="3">××市政基础设施工程××标段</td></tr>
<tr><td>施工单位</td><td colspan="3">××市政建设集团</td></tr>
<tr><td>交底提要</td><td>扣件式钢管脚手架施工安全技术交底</td><td>交底日期</td><td>××年××月××日</td></tr>
</table>

（6）脚手架立杆的对接、搭接应符合下列规定：

1）当立杆采用对接接长时，立杆的对接扣件应交错布置，两根相邻立杆的接头不应设置在同步内，同步内隔一根立杆的两个相隔接头在高度方向错开的距离不宜小于 500mm；各接头中心至主节点的距离不宜大于步距的 1/3；

2）当立杆采用搭接接长时，搭接长度不应小于 1m，并应采用不少于 2 个旋转扣件固定。端部扣件盖板的边缘至杆端距离不应小于 100mm。

（7）立杆顶端宜高出女儿墙上端 1m，宜高出檐口上端 1.5m。

（三）连墙件

（1）脚手架连墙件设置的位置、数量应按专项施工方案确定。

（2）脚手架连墙件数量的设置除应满足计算要求外，尚应符合表 3-2-1 的规定。

表 3-2-1 连墙件布置最大间距

搭设方法	高度	竖向间距（h）	水平间距（l_a）	每根连墙件覆盖面积（m^2）
双排落地	≤50m	$3h$	$3l_a$	≤40
双排悬挑	＞50m	$2h$	$3l_a$	≤27
单排	≤24m	$3h$	$3l_a$	≤40

注：h–步距；l_a–纵距。

（3）连墙件的布置应符合下列规定：

1）应靠近主节点设置，偏离主节点的距离不应大于 300mm；

2）应从底层第一步纵向水平杆处开始设置，当该处设置有困难时，应采用其他可靠措施固定；

3）宜优先采用菱形布置，也可采用方形、矩形布置；

（4）开口型脚手架的两端必须设置连墙件，连墙件的垂直间距不应大于建筑物的层高，并且不应大于 4m。

（5）连墙件中的连墙杆或拉筋宜呈水平设置，当不能水平设置时，应向脚手架一端下斜连接；

（6）连墙件必须采用可承受拉力和压力的构造。对高度 24m 以上的双排脚手架，必须采用刚性连墙件与建筑物可靠连接。

（7）当脚手架下部暂不能设连墙件时应采取防倾措施。当设抛撑时，抛撑应采用通长杆件与脚手架可靠连接，与地面的倾角应在 45°～60°之间；连接点中心至主节点的距离不应大于 300mm。抛撑应在连墙件搭设后方可拆除。

<table>
<tr><td colspan="2" rowspan="2">安全技术交底记录</td><td rowspan="2">编号</td><td>×××</td></tr>
<tr><td>共×页第×页</td></tr>
<tr><td>工程名称</td><td colspan="3">××市政基础设施工程××标段</td></tr>
<tr><td>施工单位</td><td colspan="3">××市政建设集团</td></tr>
<tr><td>交底提要</td><td>扣件式钢管脚手架施工安全技术交底</td><td>交底日期</td><td>××年××月××日</td></tr>
</table>

（8）架高超过 40m 且有风涡流作用时，应采取抗上升翻流作用的连墙措施。

（四）剪刀撑及横向斜撑

（1）双排脚手架应设剪刀撑与横向斜撑，单排脚手架应设剪刀撑。

（2）单、双排脚手架剪刀撑的设置应符合下列规定：

1）每道剪刀撑跨越立杆的根数宜按表 3-2-2 的规定确定。每道剪刀撑宽度不应小于 4 跨，且不应小于 6m，斜杆与地面的倾角宜在 45°～60°之间；

表 3-2-2 剪刀撑跨越立杆的最多根数

剪刀撑斜杆与地面的倾角 α	45°	50°	60°
剪刀撑跨越立杆的最多根数 n	7	6	5

2）剪刀撑斜杆的接长宜采用搭接或对接，搭接应符合立杆搭接或对接的规定；

3）剪刀撑斜杆应用旋转扣件固定在与之相交的横向水平杆的伸出端或立杆上，旋转扣件中心线至主节点的距离不宜大于 150mm。

（3）高度在 24m 及以上的双排脚手架应在外侧全立面连续设置剪刀撑；高度在 24m 以下的单、双排脚手架，均必须在外侧两端、转角及中间间隔不超过 15m 的立面上，各设置一道剪刀撑，并应由底至顶连续设置（图 3-2-6）。

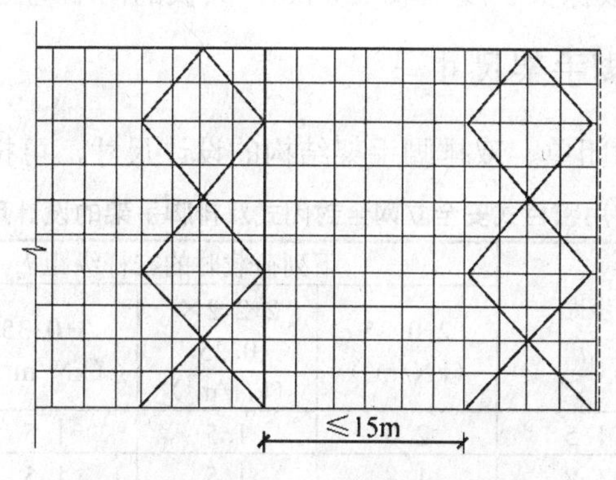

图 3-2-6 高度 24m 以下剪刀撑布置

<table>
<tr><td colspan="2" rowspan="2">安全技术交底记录</td><td rowspan="2">编号</td><td>×××</td></tr>
<tr><td>共×页第×页</td></tr>
<tr><td>工程名称</td><td colspan="3">××市政基础设施工程××标段</td></tr>
<tr><td>施工单位</td><td colspan="3">××市政建设集团</td></tr>
<tr><td>交底提要</td><td>扣件式钢管脚手架施工安全技术交底</td><td>交底日期</td><td>××年××月××日</td></tr>
</table>

（五）脚手板

（1）作业层脚手板应铺满、铺稳、铺实；

（2）冲压钢脚手板、木脚手板、竹串片脚手板等，应设置在三根横向水平杆上。当脚手板长度小于 2m 时，可采用两根横向水平杆支承，但应将脚手板两端与其可靠固定，严防倾翻。脚手板的铺设应采用对接平铺或搭接铺设。脚手板对接平铺时，接头处必须设两根横向水平杆，脚手板外伸长应取 130～150mm，两块脚手板外伸长度的和不应大于 300mm（图 3-2-7a）；脚手板搭接铺设时，接头应支在横向水平杆上，搭接长度应大于 200mm，其伸出横向水平杆的长度不应小于 100mm（图 3-2-7b）。

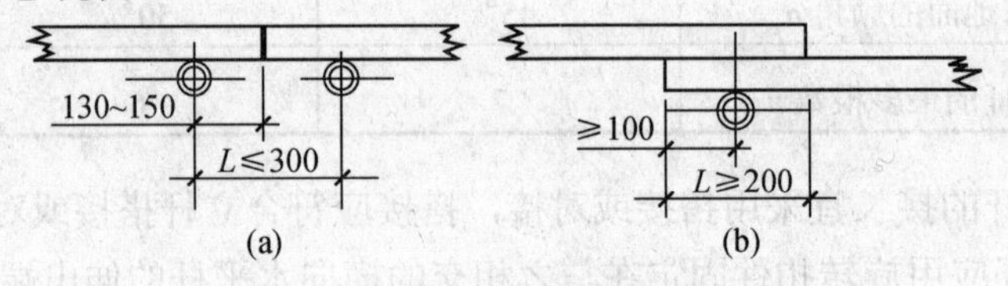

图 3-2-7 脚手板对接、搭接构造

（a）脚手板对接；（b）脚手板搭接

（3）竹笆脚手板应按其主竹筋垂直于纵向水平杆方向铺设，且采用对接平铺，四个角应用直径 1.2mm 的镀锌钢丝固定在纵向水平杆上。

（4）作业层端部脚手板探头长度应取 150mm，其板的两端均应固定于支承杆上。

（六）常用单双排脚手架尺寸

常用密目式安全网全封闭单、双排脚手架结构的设计尺寸，可按表 3-2-3、表 3-2-4 采用。

表 3-2-3 常用密目式安全立网全封闭式双排脚手架的设计尺寸（m）

<table>
<tr><th rowspan="2">连墙件设置</th><th rowspan="2">立杆横距 l_b</th><th rowspan="2">步距 h</th><th colspan="4">下列荷载时的立杆纵距 l_a（m）</th><th rowspan="2">脚手架允许搭设高度[H]</th></tr>
<tr><th>2+0.35（kN/m²）</th><th>2+2+2×0.35（kN/m²）</th><th>3+0.35（kN/m²）</th><th>3+2+2×0.35（kN/m²）</th></tr>
<tr><td rowspan="4">二步三跨</td><td rowspan="2">1.05</td><td>1.5</td><td>2.0</td><td>1.5</td><td>1.5</td><td>1.5</td><td>50</td></tr>
<tr><td>1.8</td><td>1.8</td><td>1.5</td><td>1.5</td><td>1.5</td><td>32</td></tr>
<tr><td rowspan="2">1.30</td><td>1.5</td><td>1.8</td><td>1.5</td><td>1.5</td><td>1.5</td><td>50</td></tr>
<tr><td>1.8</td><td>1.8</td><td>1.2</td><td>1.5</td><td>1.2</td><td>30</td></tr>
</table>

<table>
<tr><td rowspan="2">安全技术交底记录</td><td rowspan="2">编号</td><td>×××</td></tr>
<tr><td>共×页第×页</td></tr>
<tr><td>工程名称</td><td colspan="2">××市政基础设施工程××标段</td></tr>
<tr><td>施工单位</td><td colspan="2">××市政建设集团</td></tr>
<tr><td>交底提要</td><td>扣件式钢管脚手架施工安全技术交底</td><td>交底日期　××年××月××日</td></tr>
</table>

表 3-2-3　常用密目式安全立网全封闭式双排脚手架的设计尺寸（m）

连墙件设置	立杆横距 l_b	步距 h	下列荷载时的立杆纵距 l_a（m）				脚手架允许搭设高度[H]
			2+0.35（kN/m²）	2+2+2×0.35（kN/m²）	3+0.35（kN/m²）	3+2+2×0.35（kN/m²）	
二步三跨	1.55	1.5	1.8	1.5	1.5	1.5	38
		1.8	1.8	1.2	1.5	1.2	22
三步三跨	1.05	1.5	2.0	1.5	1.5	1.5	43
		1.8	1.8	1.2	1.5	1.2	24
	1.30	1.5	1.8	1.5	1.5	1.2	30
		1.8	1.8	1.2	1.5	1.2	17

注：1. 表中所示 2+2+2×0.35（kN/m²），包括下列荷载：2+2（kN/m²）为二层装修作业层施工荷载标准值；2×0.35（kN/m²）为二层作业层脚手板自重荷载标准。

2. 作业层横向水平杆间距，应按不大于 $l_a/2$ 设置。

3. 地面粗糙度为 B 类，基本风压 w_o=0.4kN/m²。

表 3-2-4　常用密目式安全立网全封闭式单排脚手架的设计尺寸（m）

连墙件设置	立杆横距 l_b	步距 h	下列荷载时的立杆纵距 l_a（m）		脚手架允许搭设高度[H]
			2+0.35（kN/m²）	3+0.35（kN/m²）	
二步三跨	1.20	1.5	2.0	1.8	24
		1.8	1.5	1.2	24
	1.40	1.5	1.8	1.5	24
		1.8	1.5	1.2	24
三步三跨	1.20	1.5	2.0	1.8	24
		1.8	1.2	1.2	24
	1.40	1.5	1.8	1.5	24
		1.8	1.2	1.2	24

注：同表 3-4。

（七）门洞

（1）单、双排脚手架门洞宜采用上升斜杆、平行弦杆桁架结构型式（图 3-2-8），斜杆与地面的倾角 α 应在 45°～60°之间。门洞桁架的型式宜按下列要求确定：

<table>
<tr><td colspan="2" rowspan="2">安全技术交底记录</td><td rowspan="2">编号</td><td>×××</td></tr>
<tr><td>共×页第×页</td></tr>
<tr><td>工程名称</td><td colspan="3">××市政基础设施工程××标段</td></tr>
<tr><td>施工单位</td><td colspan="3">××市政建设集团</td></tr>
<tr><td>交底提要</td><td>扣件式钢管脚手架
施工安全技术交底</td><td>交底日期</td><td>××年××月
××日</td></tr>
</table>

1）当步距（h）小于纵距（la）时，应采用A型；

2）当步距（h）大于纵距（la）时，应采用B型，并应符合下列规定：

①h=1.8m时，纵距不应大于1.5m；

②h=2.0m时，纵距不应大于1.2m。

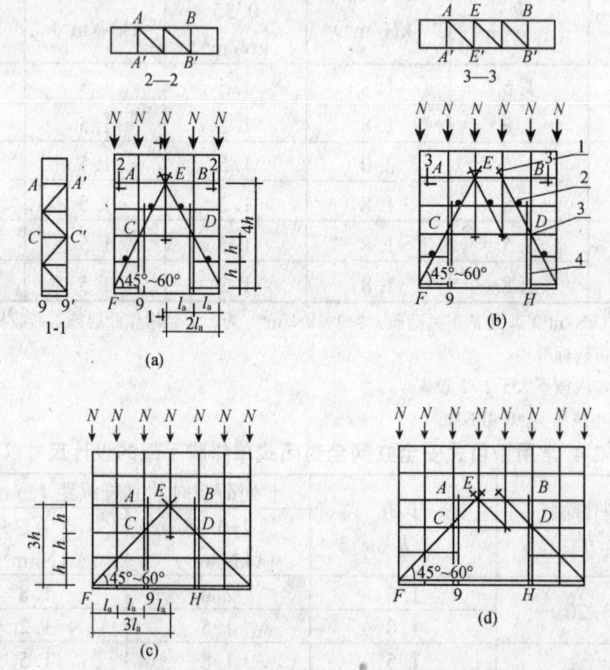

图3-2-8 门洞处上升斜杆、平行弦杆桁架

（a）挑空一根立杆（A型）；（b）挑空二根立杆（A）型；（c）挑空一根立杆（B型）；（d）挑空二根立杆（B型）

1-防滑扣件；2-增设的横向水平杆；3-副立杆；4-主立杆

（2）单、双排脚手架门洞桁架的构造应符合下列规定：

1）单排脚手架门洞处，应在平面桁架（图3-2-8中ABCD）的每一节间设置一根斜腹杆；双排脚手架门洞处的空间桁架，除下弦平面外，应在其余5个平面内的图示节间设置一根斜腹杆（图3-2-8中1-1、2-2、3-3剖面）；

2）斜腹杆宜采用旋转扣件固定在与之相交的横向水平杆的伸出端上，旋转扣件中心线至主节点的距离不宜大于150mm。当斜腹杆在1跨内跨越2个步距（图3-2-8A型）时，宜在相交的纵向水平杆处，增设一根横向水平杆，将斜腹杆固定在其伸出端上；

安全技术交底记录		编号	×××
			共×页第×页
工程名称	××市政基础设施工程××标段		
施工单位	××市政建设集团		
交底提要	扣件式钢管脚手架施工安全技术交底	交底日期	××年××月××日

3）斜腹杆宜采用通长杆件，当必须接长使用时，宜采用对接扣件连接，也可采用搭接。

（3）单排脚手架过窗洞时应增设立杆或增设一根纵向水平杆（图 3-2-9）。

（4）门洞桁架下的两侧立杆应为双管立杆，副立杆高度应高于门洞口 1～2 步。

（5）门洞桁架中伸出上下弦杆的杆件端头，均应增设一个防滑扣件（图 3-2-8），该扣件宜紧靠主节点处的扣件。

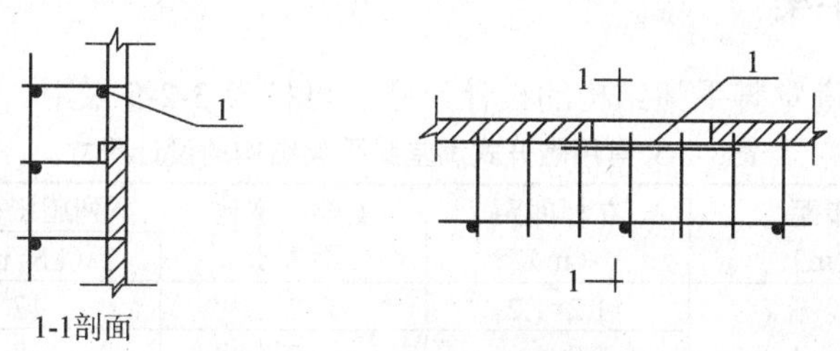

图 3-2-9 单排脚手架过窗洞构造

1-增设的纵向水平杆

（八）斜道

（1）人行并兼作材料运输的斜道的形式宜按下列要求确定：

1）高度不大于 6m 的脚手架，宜采用一字形斜道；

2）高度大于 6m 的脚手架，宜采用之字形斜道。

（2）斜道的构造应符合下列规定：

1）斜道宜附着外脚手架或建筑物设置；

2）运料斜道宽度不宜小于 1.5m，坡度不应大于 1∶6；人行斜道宽度不宜小于 1m，坡度不应大于 1∶3；

3）拐弯处应设置平台，其宽度不应小于斜道宽度；

4）斜道两侧及平台外围均应设置栏杆及挡脚板。栏杆高度应为 1.2m，挡脚板高度不应小于 180mm；

5）运料斜道两侧、平台外围和端部均应设置连墙件；每两步应加设水平斜杆；应按规定设置剪刀撑和横向斜撑。

（3）斜道脚手板构造应符合下列规定：

1）脚手板横铺时，应在横向水平杆下增设纵向支托杆，纵向支托杆间距不应大于 500mm；

<table>
<tr><td colspan="2" rowspan="2">安全技术交底记录</td><td rowspan="2">编号</td><td>×××</td></tr>
<tr><td>共×页第×页</td></tr>
<tr><td>工程名称</td><td colspan="3">××市政基础设施工程××标段</td></tr>
<tr><td>施工单位</td><td colspan="3">××市政建设集团</td></tr>
<tr><td>交底提要</td><td>扣件式钢管脚手架施工安全技术交底</td><td>交底日期</td><td>××年××月××日</td></tr>
</table>

2）脚手板顺铺时，接头宜采用搭接；下面的板头应压住上面的板头，板头的凸棱处宜采用三角木填顺；

3）人行斜道和运料斜道的脚手板上应每隔 250～300mm 设置一根防滑木条，木条厚度宜为 20～30mm。

（九）满堂脚手架

（1）常用敞开式满堂脚手架结构的设计尺寸，可按表 3-2-5 采用。

表 3-2-5 常用敞开式满堂脚手架结构的设计尺寸

序号	步距（m）	立杆间距（m）	支架高宽比不大于	下列施工荷载时最大允许高度（m）	
				2（kN/m^2）	3（kN/m^2）
1	1.7～1.8	1.2×1.2	2	17	9
2		1.0×1.0	2	30	24
3		0.9×0.9	2	36	36
4	1.5	1.3×1.3	2	18	9
5		1.2×1.2	2	23	16
6		1.0×1.0	2	36	31
7		0.9×0.9	2	36	36
8	1.2	1.3×1.3	2	20	13
9		1.2×1.2	2	24	19
10		1.0×1.0	2	36	32
11		0.9×0.9	2	36	36
12	0.9	1.0×1.0	2	36	33
13		0.9×0.9	2	36	36

注：1．脚手架自重标准值取 $0.35kN/m^2$。

2．地面粗糙度为 B 类，基本风压 $w_o=0.35kN/m^2$。

3．立杆间距不小于 1.2m×1.2m，施工荷载标准值不小于 $3kN/m^2$，立杆上应增设防滑扣件，防滑扣件应安装牢固，且顶紧立杆与水平杆连接的扣件。

（2）满堂脚手架立杆接长接头必须采用对接扣件连接。立杆对接扣件布置、水平杆的连接相关的规定，水平杆长度不宜小于 3 跨。

（3）满堂脚手架应在架体外侧四周及内部纵、横向每 6m～8m 由底至顶设置连续竖向剪刀撑。当架体搭设高度在 8m 以下时，应在架顶部设置连续水平剪刀撑；当架体搭设高度在 8m 及以上时，应在架体底部、顶部及竖向间隔不超过 8m 分别设置连续水平剪刀撑。水平剪刀撑宜在竖向剪刀撑斜杆相交平面设置。剪刀撑宽度应为 6～8m。

<table>
<tr><td colspan="2">安全技术交底记录</td><td>编号</td><td>×××
共×页第×页</td></tr>
<tr><td>工程名称</td><td colspan="3">××市政基础设施工程××标段</td></tr>
<tr><td>施工单位</td><td colspan="3">××市政建设集团</td></tr>
<tr><td>交底提要</td><td>扣件式钢管脚手架施工安全技术交底</td><td>交底日期</td><td>××年××月××日</td></tr>
</table>

（4）剪刀撑应用旋转扣件固定在与之相交的水平杆或立杆上，旋转扣件中心线至主节点的距离不宜大于150mm。

（5）满堂脚手架的高宽比不宜大于3，当高宽比大于2时，应在架体的外侧四周和内部水平间隔6～9m，竖向间隔4～6m设置连墙件与建筑结构拉结，当无法设置连墙件时，应采取设置钢丝绳张拉固定等措施。

（6）最少跨数为2、3跨的满堂脚手架，宜设置连墙件。

（7）当满堂脚手架局部承受集中荷载时，应按实际荷载计算并应局部加固。

（8）满堂脚手架应设爬梯，爬梯踏步间距不得大于300mm。

（9）满堂脚手架操作层支撑脚手板的水平杆间距不应大于1/2跨距。

（十）满堂支撑架

（1）满堂支撑架立杆伸出顶层水平杆中心线至支撑点的长度 a 不应超过0.5m。

（2）满堂支撑架立杆、水平杆的构造上述立杆、水平杆的规定。

（3）满堂支撑架应根据架体的类型设置剪刀撑，并应符合下列规定：

1）普通型：

①在架体外侧周边及内部纵、横向每5～8m，应由底至顶设置连续竖向剪刀撑，剪刀撑宽度应为5～8m（图3-2-10）。

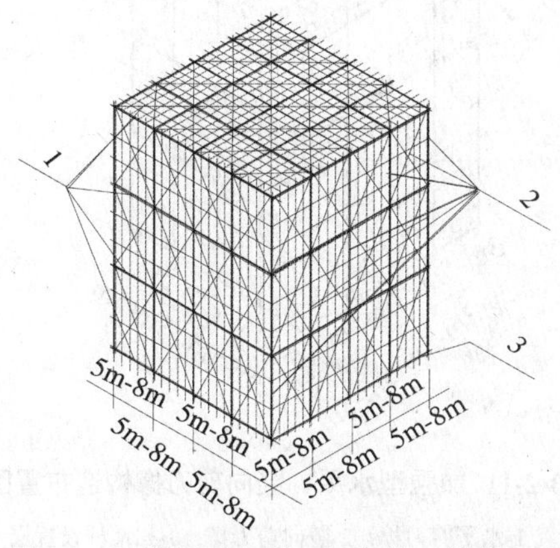

图3-2-10　普通型水平、竖向剪刀撑布置图

1-水平剪刀撑；2-竖向剪刀撑；3-扫地杆设置层

<table>
<tr><td colspan="2" rowspan="2">安全技术交底记录</td><td rowspan="2">编号</td><td>×××</td></tr>
<tr><td>共×页第×页</td></tr>
<tr><td>工程名称</td><td colspan="3">××市政基础设施工程××标段</td></tr>
<tr><td>施工单位</td><td colspan="3">××市政建设集团</td></tr>
<tr><td>交底提要</td><td>扣件式钢管脚手架
施工安全技术交底</td><td>交底日期</td><td>××年××月
××日</td></tr>
</table>

②在竖向剪刀撑顶部交点平面应设置连续水平剪刀撑。当支撑高度超过 8m，或施工总荷载大于 15kN/m^2，或集中线荷载大于 20kN/m 的支撑架，扫地杆的设置层应设置水平剪刀撑。水平剪刀撑至架体底平面距离与水平剪刀撑间距不宜超过 8m（图 3-2-10）。

2）加强型：

①当立杆纵、横间距为 0.9m×0.9m～1.2m×1.2m 时，在架体外侧周边及内部纵、横向每 4 跨（且不大于 5m），应由底至顶设置连续竖向剪刀撑，剪刀撑宽度应为 4 跨。

②当立杆纵、横间距为 0.6m×0.6m～0.9m×0.9m（含 0.6m×0.6m，0.9m×0.9m）时，在架体外侧周边及内部纵、横向每 5 跨（且不小于 3m），应由底至顶设置连续竖向剪刀撑，剪刀撑宽度应为 5 跨。

③当立杆纵、横间距为 0.4m×0.4m～0.6m×0.6m（含 0.4m×0.4m）时，在架体外侧周边及内部纵、横向每 3～3.2m 应由底至顶设置连续竖向剪刀撑，剪刀撑宽度应为 3～3.2m。

④在竖向剪刀撑顶部交点平面应设置水平剪刀撑，扫地杆的设置层水平剪刀撑的设置应符合上述剪刀撑及横向斜撑的规定，水平剪刀撑至架体底平面距离与水平剪刀撑间距不宜超过 6m，剪刀撑宽度应为 3～5m（图 3-2-11）。

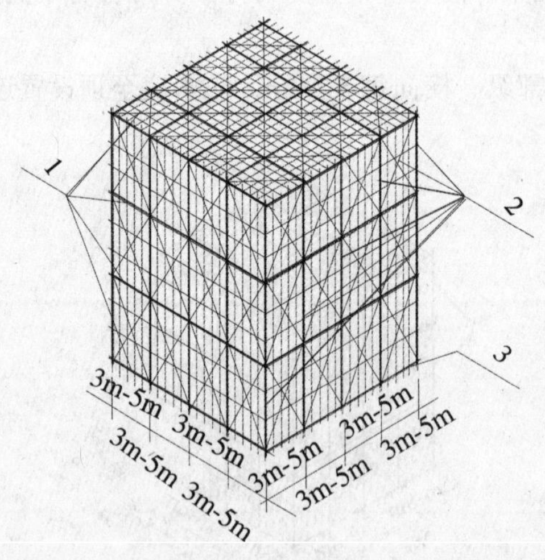

图 3-2-11 加强型水平、竖向剪刀撑构造布置图

1-水平剪刀撑；2-竖向剪刀撑；3-扫地杆设置层

（4）竖向剪刀撑斜杆与地面的倾角应为 45°～60°，水平剪刀撑与支架纵（或横）向夹角应为 45°～60°。

安全技术交底记录		编号	××× 共×页第×页
工程名称	××市政基础设施工程××标段		
施工单位	××市政建设集团		
交底提要	扣件式钢管脚手架施工安全技术交底	交底日期	××年××月××日

（5）满堂支撑架的可调底座、可调托撑螺杆伸出长度不宜超过 300mm，插入立杆内的长度不得小于 150mm。

（6）当满堂支撑架高宽比大于 2 或 2.5 时，满堂支撑架应在支架的四周和中部与结构柱进行刚性连接，连墙件水平间距应为 6～9m，竖向间距应为 2～3m。在无结构柱部位应采取预埋钢管等措施与建筑结构进行刚性连接，在有空间部位，满堂支撑架宜超出顶部加载区投影范围向外延伸布置 2～3 跨。支撑架高宽比不应大于 3。

四、施工准备

（一）技术准备

（1）根据现场情况、结构情况提出脚手架的选用方案。

（2）按本标准规定进行脚手架设计，完成相关图纸。

（3）编制详细的脚手架专项施工方案。

（4）编制安全作业指导书，对操作工人进行岗前培训及安全教育。

脚手架搭设前，应按专项施工方案向施工人员进行交底。

（二）材料准备

（1）应按的规定和脚手架专项施工方案要求对钢管、扣件、脚手板、可调托撑等进行检查验收，不合格产品不得使用。

（2）采用可锻铸铁制造的扣件。

（3）脚手板可采用钢、木、竹材料制作。

（4）连墙杆的材质可选用钢筋、钢管。

（5）经检验合格的构配件应按品种、规格分类，堆放整齐、平稳，堆放场地不得有积水。

（三）机具设备

（1）垂直运输设备：塔吊、人货电梯、施工井架。

（2）搭设工具：活动扳手、力矩扳手。

（3）检测工具：钢板尺、游标卡尺、水平尺、角尺、卷尺、扭力扳手。

（四）作业条件

安全技术交底记录		编号	×××
			共×页第×页
工程名称	××市政基础设施工程××标段		
施工单位	××市政建设集团		
交底提要	扣件式钢管脚手架施工安全技术交底	交底日期	××年××月××日

（1）脚手架的地基必须处理好，且要符合施工组织设计的要求。

（2）应清除搭设场地杂物，平整搭设场地，并应使排水畅通。

（3）脚手架施工方案已审批。

五、施工工艺

（一）工艺流程

在牢固的地基弹线、立杆定位→摆放扫地杆→竖立杆并与扫地杆扣紧→装扫地小横杆，并与立杆和扫地杆扣紧→装第一步大横杆并与各立杆扣紧→安第一步小横杆→安第二步大横杆→安第二步小横杆→加设临时斜撑杆，上端与第二步大横杆扣紧（装设连墙件后拆除）→安第三、四步大横杆和小横杆→安装连墙件→接立杆→加设剪刀撑→铺设脚手板、绑扎防护及档脚板、挂安全网

（二）施工作业技术要点

1．基本要求

（1）单、双排脚手架必须配合施工进度搭设，一次搭设高度不应超过相邻连墙件以上两步；如果超过相邻连墙件以上两步，无法设置连墙件时，应采取撑拉固定等措施与建筑结构拉结。

（2）每搭完一步脚手架后，应校正步距、纵距、横距及立杆的垂直度。

（3）脚手架剪刀撑与单、双排脚手架横向斜撑应随立杆、纵向和横向水平杆等同步搭设，不得滞后安装。

2．底座、垫板安放

（1）底座、垫板均应准确地放在定位线上；

（2）垫板应采用长度不少于2跨、厚度不小于50mm、宽度不小200mm的木垫板。

3．立杆搭设

（1）脚手架开始搭设立杆时，应每隔6跨设置一根抛撑，直至连墙件安装稳定后，方可根据情况拆除；

（2）当架体搭设至有连墙件的主节点时，在搭设完该处的立杆、纵向水平杆、横向水平杆后，应立即设置连墙件。

4．纵向、横向水平杆搭设

（1）脚手架纵向水平杆的搭设应符合下列规定：

<table>
<tr><td colspan="2" rowspan="2">安全技术交底记录</td><td rowspan="2">编号</td><td>×××</td></tr>
<tr><td>共×页第×页</td></tr>
<tr><td>工程名称</td><td colspan="3">××市政基础设施工程××标段</td></tr>
<tr><td>施工单位</td><td colspan="3">××市政建设集团</td></tr>
<tr><td>交底提要</td><td>扣件式钢管脚手架
施工安全技术交底</td><td>交底日期</td><td>××年××月
××日</td></tr>
</table>

1）脚手架纵向水平杆应随立杆按步搭设，并应采用直角扣件与立杆固定；

2）在封闭型脚手架的同一步中，纵向水平杆应四周交圈设置，并应用直角扣件与内外角部立杆固定。

（2）脚手架横向水平杆搭设应符合下列规定：

1）双排脚手架横向水平杆的靠墙一端至墙装饰面的距离不应大于100mm；

2）单排脚手架的横向水平杆不应设置在下列部位：

①设计上不允许留脚手眼的部位；

②过梁上与过梁两端成60°角的三角形范围内及过梁净跨度1/2的高度范围内；

③宽度小于1m的窗间墙；

④梁或梁垫下及其两侧各500mm的范围内；

⑤砖砌体的门窗洞口两侧200mm和转角处450mm的范围内，其他砌体的门窗洞口两侧300mm和转角处600mm的范围内；

⑥墙体厚度小于或等于180mm；

⑦独立或附墙砖柱，空斗砖墙、加气块墙等轻质墙体；

⑧砌筑砂浆强度等级小于或等于M2.5的砖墙。

5．脚手架连墙件安装

（1）连墙件的安装应随脚手架搭设同步进行，不得滞后安装；

（2）当单、双排脚手架施工操作层高出相邻连墙件以上二步时，应采取确保脚手架稳定的临时拉结措施，直到上一层连墙件安装完毕后再根据情况拆除。

6．扣件安装

（1）扣件规格应与钢管外径相同；

（2）螺栓拧紧扭力矩不应小于40N·m，且不应大于65N·m；

（3）在主节点处固定横向水平杆、纵向水平杆、剪刀撑、横向斜撑等用的直角扣件、旋转扣件的中心点的相互距离不应大于150mm；

（4）对接扣件开口应朝上或朝内；

（5）各杆件端头伸出扣件盖板边缘的长度不应小于100mm。

7．作业层、斜道的栏杆和挡脚板搭设

（1）栏杆和挡脚板均应搭设在外立杆的内侧（图3-2-12）；

（2）上栏杆上皮高度应为1.2m；

安全技术交底记录		编号	×××
			共×页第×页
工程名称	××市政基础设施工程××标段		
施工单位	××市政建设集团		
交底提要	扣件式钢管脚手架施工安全技术交底	交底日期	××年××月××日

（3）挡脚板高度不应小于180mm；

（4）中栏杆应居中设置。

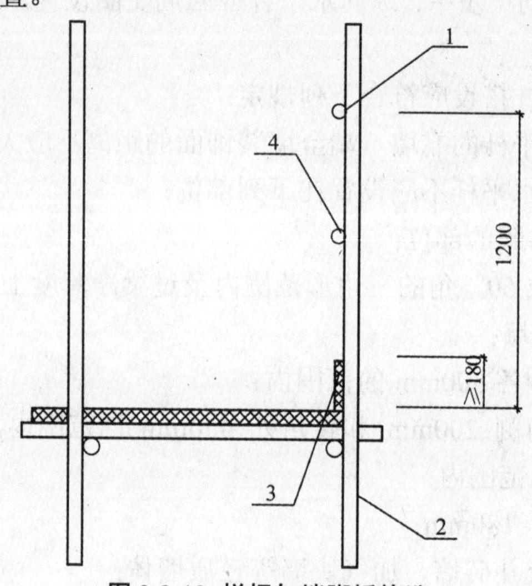

图3-2-12 栏杆与挡脚板构造

1-上栏杆；2-外立杆；3-挡脚板；4-中栏杆

8．脚手板铺设

（1）脚手板应铺满、铺稳，离墙面的距离不应大于150mm；

（2）脚手板探头应用直径3.2mm的镀锌钢丝固定在支承杆件上；

（3）在拐角、斜道平台口处的脚手板，应用镀锌钢丝固定在横向水平杆上，防止滑动。

（三）拆除作业技术要点

1．基本要求

（1）架体拆除作业应设专人指挥，当有多人同时操作时，应明确分工、统一行动，且应具有足够的操作面。

（2）卸料时各构配件严禁抛掷至地面。

（3）运至地面的构配件应及时检查、整修与保养，并应按品种、规格分别存放。

2．拆除前的准备工作

（1）应全面检查脚手架的扣件连接、连墙件、支撑体系等是否符合构造要求；

<table>
<tr><td colspan="2" rowspan="2">安全技术交底记录</td><td rowspan="2">编号</td><td>×××</td></tr>
<tr><td>共×页第×页</td></tr>
<tr><td>工程名称</td><td colspan="3">××市政基础设施工程××标段</td></tr>
<tr><td>施工单位</td><td colspan="3">××市政建设集团</td></tr>
<tr><td>交底提要</td><td>扣件式钢管脚手架施工安全技术交底</td><td>交底日期</td><td>××年××月××日</td></tr>
</table>

（2）应根据检查结果补充完善脚手架专项方案中的拆除顺序和措施，经审批后方可实施；

（3）拆除前应对施工人员进行交底；

（4）应清除脚手架上杂物及地面障碍物。

3．脚手架拆除作业

（1）单、双排脚手架拆除作业必须由上而下逐层进行，严禁上下同时作业；连墙件必须随脚手架逐层拆除，严禁先将连墙件整层或数层拆除后再拆脚手架；分段拆除高差大于两步时，应增设连墙件加固。

（2）当脚手架拆至下部最后一根长立杆的高度（约 6.5m）时，应先在适当位置搭设临时抛撑加固后，再拆除连墙件。当单、双排脚手架采取分段、分立面拆除时，对不拆除的脚手架两端，应先设置连墙件和横向斜撑加固。

六、脚手架验收

（一）脚手架验收

1．检查验收时间点

（1）基础完工后及脚手架搭设前，应进行质量检查与验收；

（2）作业层上施加荷载前，应进行质量检查与验收；

（3）每搭设完 6～8m 高度后，应进行质量检查与验收；

（4）达到设计高度后，应进行质量检查与验收；

（5）遇有六级强风及以上风或大雨后，冻结地区解冻后，应进行质量检查与验收；

（6）停用超过一个月，应进行质量检查与验收。

2．脚手架搭设的技术要求、允许偏差与检验方法

脚手架搭设的技术要求、允许偏差与检验方法，应符合表 3-2-6 的规定。

表 3-2-6 脚手架搭设的技术要求、允许偏差与检验方法

<table>
<tr><th>项次</th><th colspan="2">项目</th><th>技术要求</th><th>允许偏差Δ（mm）</th><th>示意图</th><th>检查方法与工具</th></tr>
<tr><td rowspan="5">1</td><td rowspan="5">地基基础</td><td>表面</td><td>坚实平整</td><td rowspan="4">—</td><td rowspan="5">—</td><td rowspan="5">观察</td></tr>
<tr><td>排水</td><td>不积水</td></tr>
<tr><td>垫板</td><td>不晃动</td></tr>
<tr><td rowspan="2">底座</td><td>不滑动</td></tr>
<tr><td>不沉降</td><td>-10</td></tr>
</table>

安全技术交底记录		编号	×××
			共×页第×页
工程名称	××市政基础设施工程××标段		
施工单位	××市政建设集团		
交底提要	扣件式钢管脚手架施工安全技术交底	交底日期	××年××月××日

续表

项次	项目		技术要求	允许偏差Δ（mm）	示意图	检查方法与工具
2	单、双排与满堂脚手架立杆垂直度	最后验收立杆垂直度（20～50）m	—	±100		用经纬仪或吊线和卷尺
		下列脚手架允许水平偏差（mm）				
		搭设中检查偏差的高度（m）	总高度			
			50m	40m	20m	
		H=2	±7	±7	±7	
		H=10	±20	±25	±50	
		H=20	±40	±50	±100	
		H=30	±60	±75		
		H=40	±80	±100		
		H=50	±100			
		中间档次用插入法				
3	满堂支撑架立杆垂直度	最后验收垂直度30m	—	±90	—	用经纬仪或吊线和卷尺
		下列满堂支撑架允许水平偏差（mm）				
		搭设中检查偏差的高度（m）			总高度	
					30m	
		H=2			±7	
		H=10			±30	
		H=20			±60	
		H=30			±90	
		中间档次用插入法				
4	单双排、满堂脚手架间距	步距 纵距 横距	—	±20 ±50 ±20	—	钢板尺
5	满堂支撑架间距	步距 立杆间距	—	±20 ±30	—	钢板尺

安全技术交底记录		编号	×××
			共×页第×页
工程名称	××市政基础设施工程××标段		
施工单位	××市政建设集团		
交底提要	扣件式钢管脚手架施工安全技术交底	交底日期	××年××月××日

续表

项次	项目		技术要求	允许偏差Δ（mm）	示意图	检查方法与工具
6	纵向水平杆高差	一根杆的两端	—	±20	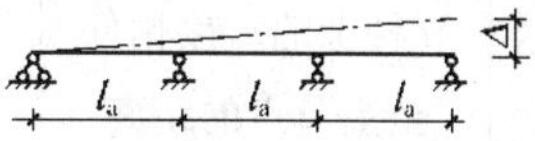	水平仪或水平尺
		同跨内两根纵向水平杆高差	—	±10	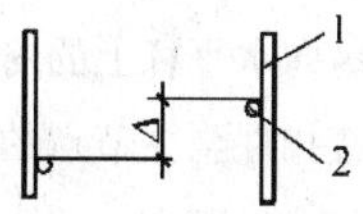	
7	剪刀撑斜杆与地面的倾角		45°～60°		—	角尺
8	脚手板外伸长度	对接	α=（130～150）mm l≤300mm	—	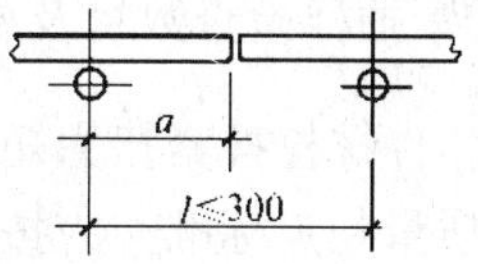	卷尺
		搭接	α≥100mm l≥200mm	—	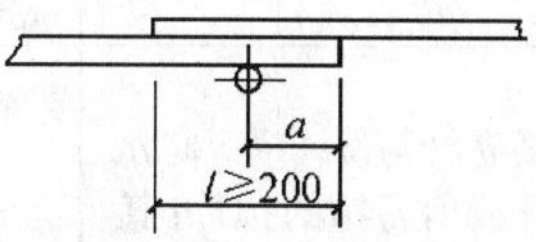	卷尺
9	扣件安装	主节点处各扣件中心点相互距离	a≤150mm	—	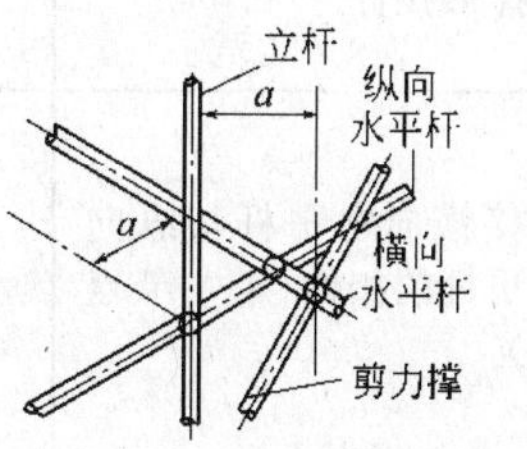	钢板尺

安全技术交底记录		编号	××× 共×页第×页
工程名称	××市政基础设施工程××标段		
施工单位	××市政建设集团		
交底提要	扣件式钢管脚手架施工安全技术交底	交底日期	××年××月××日

续表

9	扣件安装	同步立杆上两个相隔对接扣件的高差	$a \geqslant 150$mm	—	立杆 纵向水平杆 h a ① ② ③	钢卷尺
		立杆上的对接扣件至主节点的距离	$a \leqslant h/3$	—		
		纵向水平杆上的对接扣件至主节点的距离	$a \leqslant l_a/3$	—	纵向水平杆 立杆 a l	钢卷尺
		扣件螺栓拧紧扭力矩	(40～65)N·m	—	—	扭力板手

3．扣件拧紧抽样检查数目及质量判定

安装后的扣件螺栓拧紧扭力矩应采用扭力板手检查，抽样方法应按随机分布原则进行。抽样检查数目与质量判定标准，应按表3-2-7的规定确定。不合格的应重新拧紧至合格。

表3-2-7 扣件拧紧抽样检查数目及质量判定标准

项次	检查项目	安装扣件数量（个）	抽检数量（个）	允许的不合格数量（个）
1	连接立杆与纵（横）向水平杆或剪刀撑的扣件；接长立杆、纵向水平杆或剪刀撑的扣件	51～90	5	0
		91～150	8	1
		151～280	13	1
		281～500	20	2
		501～1200	32	3
		1201～3200	50	5
2	连接横向水平杆与纵向水平杆的扣件（非主节点处）	51～90	5	1
		91～150	8	2
		151～280	13	3
		281～500	20	5
		501～1200	32	7
		1201～3200	50	10

<table>
<tr><td colspan="2" rowspan="2">安全技术交底记录</td><td rowspan="2">编号</td><td>×××</td></tr>
<tr><td>共×页第×页</td></tr>
<tr><td>工程名称</td><td colspan="3">××市政基础设施工程××标段</td></tr>
<tr><td>施工单位</td><td colspan="3">××市政建设集团</td></tr>
<tr><td>交底提要</td><td>扣件式钢管脚手架施工安全技术交底</td><td>交底日期</td><td>××年××月××日</td></tr>
</table>

（二）脚手架使用检查

（1）杆件的设置和连接，连墙件、支撑、门洞桁架等的构造应符合专项施工方案的要求；

（2）地基应无积水，底座应无松动，立杆应无悬空；

（3）扣件螺栓应无松动；

（4）高度在24m以上的双排、满堂脚手架，其立杆的沉降与垂直度的偏差符合表3-11项次1、2的规定；高度在20m以上的满堂支撑架，其立的沉降与垂直度的偏差应符合表3-11项次1、3的规定；

（5）安全防护措施应符合规范要求；

（6）应无超载使用。

七、安全措施

1．作业人员的安全措施

（1）扣件式钢管脚手架安装与拆除人员必须是经考核合格的专业架子工。架子工应持证上岗。

（2）搭拆脚手架人员必须戴安全帽、系安全带、穿防滑鞋。

（3）钢管上严禁打孔。

2．架体荷载的安全措施

（1）作业层上的施工荷载应符合设计要求，不得超载。不得将模板支架、缆风绳、泵送混凝土和砂浆的输送管等固定在架体上；严禁悬挂起重设备，严禁拆除或移动架体上安全防护设施。

（2）满堂支撑架顶部的实际荷载不得超过设计规定。

3．架体搭设的安全措施

（1）满堂支撑架在使用过程中，应设有专人监护施工，当出现异常情况时，应立即停止施工，并应迅速撤离作业面上人员。应在采取确保安全的措施后，查明原因、做出判断和处理。

（2）脚手板应铺设牢靠、严实，并应用安全网双层兜底。施工层以下每隔10米应用安全网封闭。

（3）单、双排脚手架、悬挑式脚手架沿架体外围应用密目式安全网全封闭，密目式安全网宜设置在脚手架外立杆的内侧，并应与架体绑扎牢固。

（4）满堂脚手架与满堂支撑架在安装过程中，应采取防倾覆的临时固定措施。

<table>
<tr><td colspan="2" rowspan="2">安全技术交底记录</td><td rowspan="2">编号</td><td>×××</td></tr>
<tr><td>共×页第×页</td></tr>
<tr><td>工程名称</td><td colspan="3">××市政基础设施工程××标段</td></tr>
<tr><td>施工单位</td><td colspan="3">××市政建设集团</td></tr>
<tr><td>交底提要</td><td>扣件式钢管脚手架
施工安全技术交底</td><td>交底日期</td><td>××年××月
××日</td></tr>
<tr><td colspan="4">（5）搭拆脚手架时，地面应设围栏和警戒标志，并应派专人看守，严禁非操作人员入内。
（6）临街搭设脚手架时，外侧应有防止坠物伤人的防护措施。
（7）当有六级强风及以上风、浓雾、雨或雪天气时应停止脚手架搭设与拆除作业。雨、雪后上架作业应有防滑措施，并应扫除积雪。
（8）夜间不宜进行脚手架搭设与拆除作业。
（9）工地临时用电线路的架设及脚手架接地、避雷措施等，应按现行行业标准《施工现场临时用电安全技术规范》JGJ46 的有关规定执行。
4．脚手架使用安全措施
（1）在脚手架使用期间，严禁拆除下列杆件：
1）主节点处的纵、横向水平杆，纵、横向扫地杆；
2）连墙件。
（2）当在脚手架使用过程中开挖脚手架基础下的设备基础或管沟时，必须对脚手架采取加固措施。
（3）在脚手架上进行电、气焊作业时，应有防火措施和专人看守。</td></tr>
</table>

审核人	交底人	接受交底人
×××	×××	×××、×××……

3.3 碗扣式钢管脚手架工程

<table>
<tr><td colspan="2" rowspan="2">安全技术交底记录</td><td rowspan="2">编号</td><td>×××</td></tr>
<tr><td>共×页第×页</td></tr>
<tr><td>工程名称</td><td colspan="3">××市政基础设施工程××标段</td></tr>
<tr><td>施工单位</td><td colspan="3">××市政建设集团</td></tr>
<tr><td>交底提要</td><td>碗扣式钢管脚手架施工安全技术交底</td><td>交底日期</td><td>××年××月××日</td></tr>
</table>

交底内容：

一、一般规定

碗扣式钢管脚手架是一种由定型杆件和带齿的碗扣接头组成的轴心相交（接）的承插式多功能脚手架。立杆的碗扣节点应由上碗扣、下碗扣、横杆接头和上碗扣限位销等构成如图3-3-1所示。

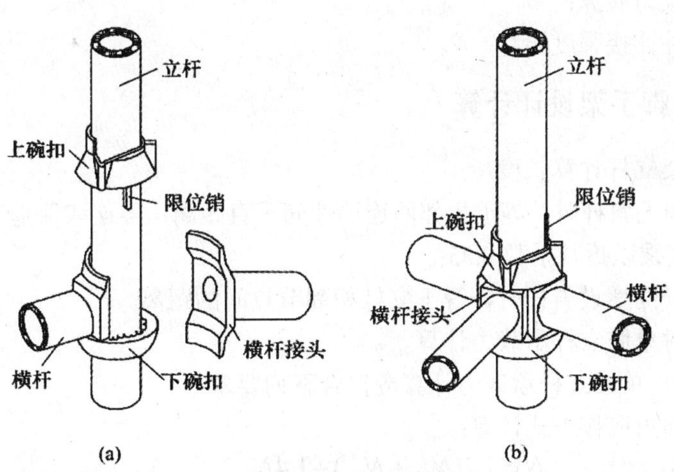

图3-3-1　碗扣节点构成

（a）连接前；（b）连接后

二、设计计算

（一）设计计算项目

1．双排脚手架计算项目

（1）按脚手架设计方案，分立面和剖面画出结构计算简图；

（2）计算单肢立杆轴向力和承载力；

安全技术交底记录		编号	××× 共×页第×页
工程名称	××市政基础设施工程××标段		
施工单位	××市政建设集团		
交底提要	碗扣式钢管脚手架施工安全技术交底	交底日期	××年××月××日

（3）计算风荷载在立杆中产生的弯矩及连墙件承载力；

（4）最不利立杆压弯承载力计算；

（5）验算地基承载力。

2．模板支撑架结构设计计算项目

（1）根据梁板结构平面图，绘制模板支撑架立杆平面布置图；

（2）绘制架体顶部梁板结构及顶杆剖面图；

（3）计算最不利单肢立杆轴向力及承载力；

（4）绘制架体风荷载结构计算简图，架体倾覆验算；

（5）地基承载力验算；

（6）斜杆扣件连接强度验算。

（二）双排脚手架设计计算

1．双排脚手架立杆计算长度

（1）两立杆间无斜杆时，等于相邻两连墙件间垂直距离；当连墙件垂直距离小于或等于4.2m时，计算长度乘以折减系数0.85；

（2）当两立杆间增设斜杆时，等于立杆相邻节点间的距离。

2．无风荷载时单肢立杆承载力计算

当无风荷载时，单肢立杆承载力计算应符合下列要求：

（1）立杆轴向力应按下式计算：

$$N = 1.2(N_{G1} + N_{G2}) + 1.4N_{Q1} \tag{3-3-1}$$

式中：N_{G1}——脚手架结构自重标准值产生的轴向力（kN）；

N_{G2}——脚手板及构配件等自重标准值产生的轴向力（kN）；

N_{Q1}——施工荷载产生的轴向力（kN）。

（2）单肢立杆轴向承载力应符合下列要求：

$$N \leqslant \varphi \cdot A \cdot f \tag{3-3-2}$$

式中：φ——轴心受压杆件稳定系数；

A——杆横截面面积（mm^2）；

f——钢材的抗拉、抗压、抗弯强度设计值。

3．组合风荷载时单肢立杆承载力计算

安全技术交底记录		编号	××× 共×页第×页
工程名称	××市政基础设施工程××标段		
施工单位	××市政建设集团		
交底提要	碗扣式钢管脚手架施工安全技术交底	交底日期	××年××月××日

组合风荷载时，单肢立杆承载力计算应符合下列要求：

（1）风荷载对立杆产生的弯矩：当连墙件竖向间距为二步时（见图 3-3-2），应按下列公式计算：

$$M_w = 1.4l_a \times l_0^2 \frac{w_k}{8} - P_r \frac{l_0}{4} \tag{3-3-3}$$

$$P_r = \frac{5}{16} \times 1.4 w_k l_a l_0 \tag{3-3-4}$$

式中：M_w——风荷载作用下单肢立杆弯矩（kN·m）；

l_a——立杆纵距（m）；

l_0——杆计算长度（m）；

w_k——风荷载标准值（kN/m^2）；

P_r——风荷载作用下内外排立杆间横杆的支承力（kN）。

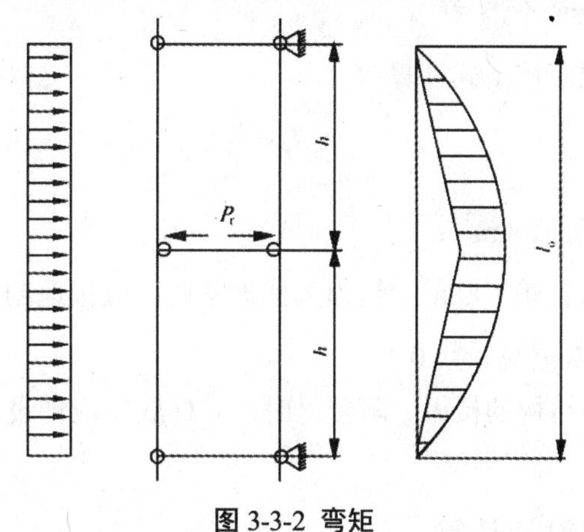

图 3-3-2　弯矩

（2）单肢立杆轴向力 N_w 应按下式计算：

$$N_w = 1.2(N_{G1} + N_{G2}) + 0.9 \times 1.4 N_{Q1} \tag{3-3-5}$$

（3）立杆压弯承载力（稳定性）应按下式计算：

$$\frac{N_w}{\varphi A} + 0.9 \frac{M_w}{W} \leqslant f \tag{3-3-6}$$

式中：W——立杆截面模量（cm^3）。

安全技术交底记录		编号	××× 共×页第×页
工程名称	××市政基础设施工程××标段		
施工单位	××市政建设集团		
交底提要	碗扣式钢管脚手架施工安全技术交底	交底日期	××年××月××日

4．连墙件计算

（1）风荷载作用下连墙件轴向力应按下式计算：

$$N_s=1.4w_kL_1H_1 \quad (3\text{-}3\text{-}7)$$

式中：N_s——风荷载作用下连墙件轴向力（kN）；

L_1、H_1——分别是连墙件间竖向及水平间距（m）。

（2）连墙件承载力及稳定应符合下列要求：

$$N_s+N_0\leqslant\varphi A_c f \quad (3\text{-}3\text{-}8)$$

式中：N_0——连墙件约束脚手架平面外变形所产生的轴向力，取 3kN；

A_c——连墙件的毛截面积（mm^2）。

（3）当采用钢管扣件连接时，应验算扣件抗滑承载力，扣件承载力设计值应取 8kN。

（三）立杆地基承载力计算

（1）立杆基础底面积应按下式计算：

$$A_g=\frac{N}{f_g} \quad (3\text{-}3\text{-}9)$$

式中：A_g——立杆基础底面积（m^2）；

f_g——地基承载力特征值（kPa）。当为天然地基时，应按地勘报告选用；当为回填土地基时，应乘以折减系数 0.4。

（2）当脚手架搭设在结构的楼板、阳台上时，立杆底座应铺设垫板，并应对楼板或阳台等的承载力进行验算。

（四）模板支撑架设计计算

1．单肢立杆轴向力和承载力计算

（1）不组合风荷载时单肢立杆轴向力：

$$N=1.2(Q_1+Q_2)+1.4(Q_3+Q_4)L_xL_y \quad (3\text{-}3\text{-}10)$$

式中：L_x——单肢立杆纵向间距（m）；

安全技术交底记录		编号	××× 共×页第×页
工程名称	××市政基础设施工程××标段		
施工单位	××市政建设集团		
交底提要	碗扣式钢管脚手架施工安全技术交底	交底日期	××年××月××日

L_y——单肢立杆横向间距（m）；

Q_1——模板及支撑架自重标准值（KN/m^2）；

Q_2——新浇混凝土自重（包括钢筋）标准值（KN/m^2）；

Q_3——施工人员及设备荷载标准值，按均布活荷载取 $1.0KN/m^2$；

Q_4——浇筑和振捣混凝土时产生的荷载标准值，可采用 $1.0KN/m^2$。

（2）组合风荷载时单肢立杆轴向力：

$$N=1.2(Q_1+Q_2)+0.9\times1.4[(Q_3+Q_4)L_xL_y+Q_5] \tag{3-3-11}$$

式中：Q_5——风荷载产生的轴向力（kN）。

2．模板支撑架立杆计算

模板支撑架立杆计算长度应按下列要求确定：

（1）在每行每列有斜杆的网格结构中按步距 h 计算；

（2）当外侧四周及中间设置了纵、横向剪刀撑并满足构造要求时，应按 $l_0=h+2a$ 计算，a 为立杆伸出顶层水平杆长度。

3．内力计算

当模板支撑架有风荷载作用时，应进行内力计算（见图 3-3-3），并应符合下列规定：

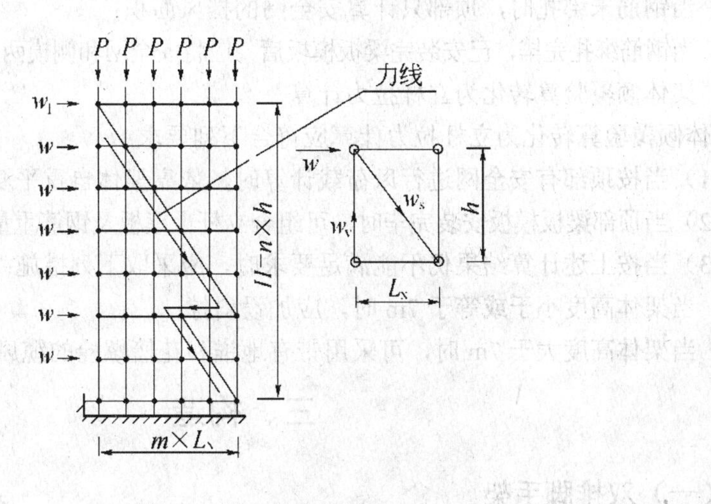

图 3-3-3 斜杆内力计算

安全技术交底记录		编号	×××
			共×页第×页
工程名称	××市政基础设施工程××标段		
施工单位	××市政建设集团		
交底提要	碗扣式钢管脚手架施工安全技术交底	交底日期	××年××月××日

（1）架体内力计算应将风荷载化解为每一节点的集中荷载 w；

（2）节点集中荷载 w 在立杆及斜杆中产生的内力 w_v、w_s 应按下式计算：

$$w_v = \frac{h}{L_x} w \tag{3-3-12}$$

$$w_s = \frac{\sqrt{h^2 + L_x^2}}{L_x} w \tag{3-3-13}$$

（3）当采用钢管扣件作斜杆时应验算扣件抗滑承载力，并应符合下列要求：

$$\sum_1^n w_s = w_{s1+}（n-1）w_s \leqslant Q_c \tag{3-3-14}$$

式中：$\sum_1^n w_s$——自上而下叠加在斜杆最下端处最大内力（kN）；

w_{s1}——顶端风荷载 w_1 产生的斜杆内力（kN）；

n——支撑架步数；

Q_c——扣件抗滑承载力，取 8kN。

（4）顶端风荷载（w_1）应按下列两种工况考虑：

1）当钢筋未绑扎时，顶部只计算安全网的挡风面积；

2）当钢筋绑扎完毕，已安装完梁板模板后，应将安全网和侧模两个挡风面积叠加计算。

5．架体倾覆验算转化为立杆拉力计算

架体倾覆验算转化为立杆拉力计算应符合下列要求：

（1）当按顶部有安全网进行风荷载计算时，依靠架体自重平衡，使其满足 $P \geqslant \sum w_v$；

（2）当顶部梁板模板安装完毕时，可组合立杆上模板及钢筋重量，使其满足 $P \geqslant \sum w_v$；

（3）当按上述计算结果仍不能满足要求时，应采取下列措施：

1）当架体高度小于或等于 7m 时，应加设斜撑；

2）当架体高度大于 7m 时，可采用带有地锚和花篮螺栓的缆风绳。

三、构造

（一）双排脚手架

<table>
<tr><td colspan="2" rowspan="2">安全技术交底记录</td><td rowspan="2">编号</td><td>×××</td></tr>
<tr><td>共×页第×页</td></tr>
<tr><td>工程名称</td><td colspan="3">××市政基础设施工程××标段</td></tr>
<tr><td>施工单位</td><td colspan="3">××市政建设集团</td></tr>
<tr><td>交底提要</td><td>碗扣式钢管脚手架施工安全技术交底</td><td>交底日期</td><td>××年××月××日</td></tr>
</table>

（1）当曲线布置的双排脚手架组架时，应按曲率要求使用不同长度的内外横杆组架，曲率半径应大于 2.4m。

（2）当双排脚手架拐角为直角时，宜采用横杆直接组架（见图 3-3-4a）；当双排脚手架拐角为非直角时，可采用钢管扣件组架（见图 3-3-4b）。

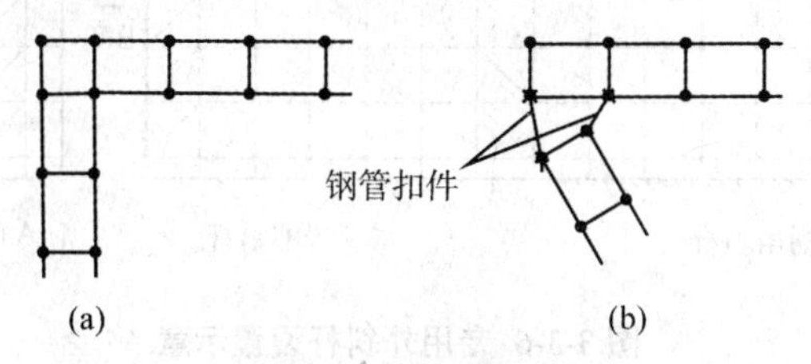

图 4-4 拐角组架

（a）横杆组架；（b）钢管扣件组架

（3）双排脚手架首层立杆应采用不同的长度交错布置，底层纵、横向横杆作为扫地杆距地面高度应小于或等于 350mm，严禁施工中拆除扫地杆，立杆应配置可调底座或固定底座（见图 3-3-5）。

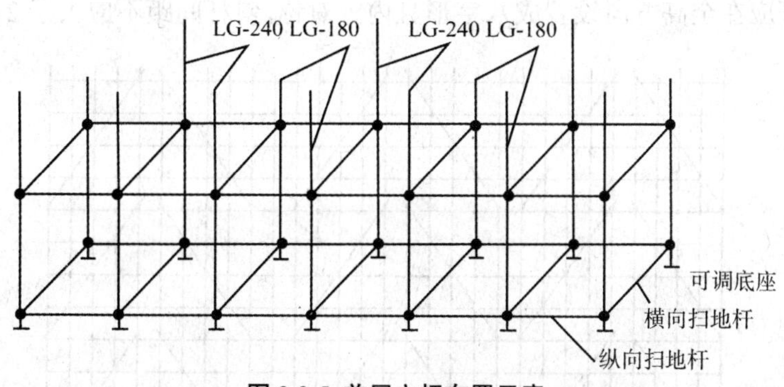

图 3-3-5 首层立杆布置示意

（4）双排脚手架专用外斜杆设置（见图 3-3-6）应符合下列规定：

1）斜杆应设置在有纵、横向横杆的碗扣节点上；

2）在封圈的脚手架拐角处及一字形脚手架端部应设置竖向通高斜杆；

3）当脚手架高度小于或等于 24m 时，每隔 5 跨应设置一组竖向通高斜杆；当脚手架高度大于 24m 时，每隔 3 跨应设置一组竖向通高斜杆；斜杆应对称设置；

<table>
<tr><td colspan="2">安全技术交底记录</td><td>编号</td><td>×××
共×页第×页</td></tr>
<tr><td>工程名称</td><td colspan="3">××市政基础设施工程××标段</td></tr>
<tr><td>施工单位</td><td colspan="3">××市政建设集团</td></tr>
<tr><td>交底提要</td><td>碗扣式钢管脚手架施工安全技术交底</td><td>交底日期</td><td>××年××月××日</td></tr>
</table>

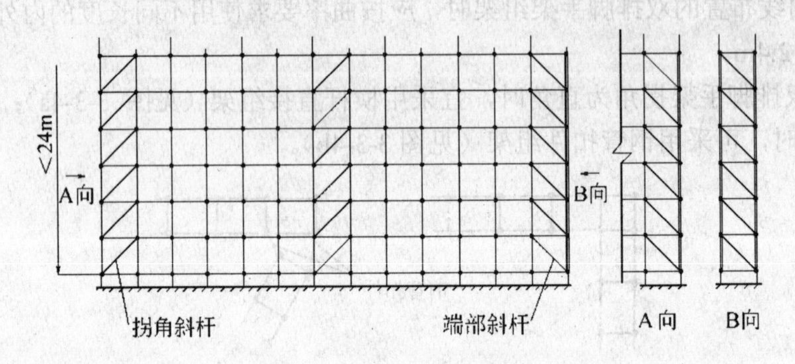

图 3-3-6 专用外斜杆设置示意

4）当斜杆临时拆除时，拆除前应在相邻立杆间设置相同数量的斜杆。

（5）当采用钢管扣件作斜杆时应符合下列规定：

1）斜杆应每步与立杆扣接，扣接点距碗扣节点的距离不应大于 150mm；当出现不能与立杆扣接时，应与横杆扣接，扣件扭紧力矩应为 40～65N・m；

2)纵向斜杆应在全高方向设置成八字形且内外对称,斜杆间距不应大于 2 跨(见图 3-3-7)。

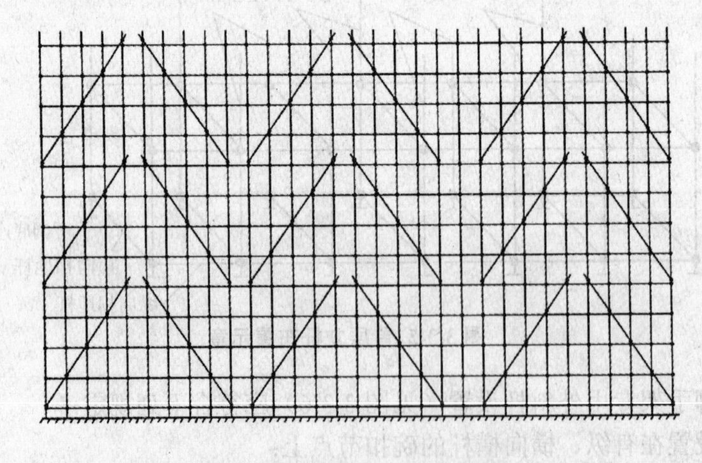

图 3-3-7 钢管扣件作斜杆设置

（6）连墙件的设置应符合下列规定：

安全技术交底记录		编号	×××
			共×页第×页
工程名称	××市政基础设施工程××标段		
施工单位	××市政建设集团		
交底提要	碗扣式钢管脚手架施工安全技术交底	交底日期	××年××月××日

1）连墙件应呈水平设置，当不能呈水平设置时，与脚手架连接的一端应下斜连接；

2）每层连墙件应在同一平面，其位置应由建筑结构和风荷载计算确定，且水平间距不应大于 4.5m；

3）连墙件应设置在有横向横杆的碗扣节点处，当采用钢管扣件做连墙件时，连墙件应与立杆连接，连接点距碗扣节点距离不应大于 150mm；

4）连墙件应采用可承受拉、压荷载的刚性结构，连接应牢固可靠。

（7）当脚手架高度大于 24m 时，顶部 24m 以下所有的连墙件层必须设置水平斜杆，水平斜杆应设置在纵向横杆之下（见图 3-3-8）。

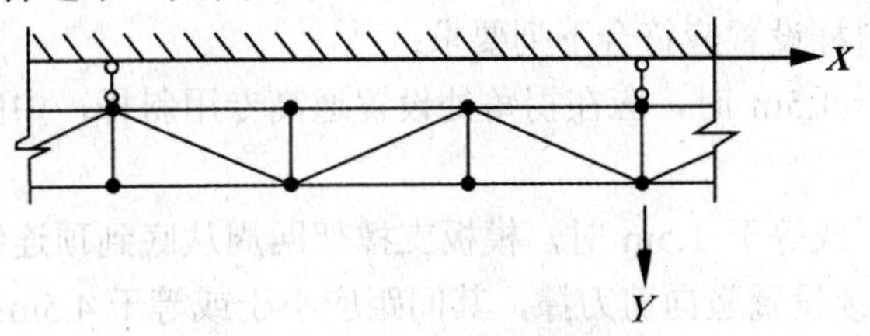

图 3-3-8 水平斜杆设置示意

（8）脚手板设置应符合下列规定：

1）工具式钢脚手板必须有挂钩，并带有自锁装置与廊道横杆锁紧，严禁浮放；

2）冲压钢脚手板、木脚手板、竹串片脚手板，两端应与横杆绑牢，作业层相邻两根廊道横杆间应加设间横杆，脚手板探头长度应小于或等于 150mm。

（9）人行通道坡度宜小于或等于 1∶3，并应在通道脚手板下增设横杆，通道可折线上升（见图 3-3-9）。

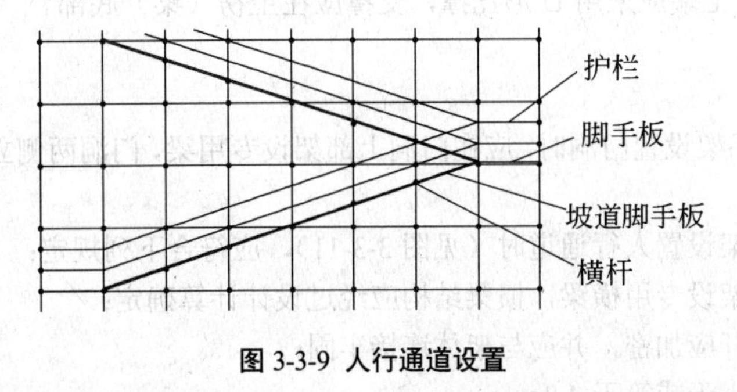

图 3-3-9 人行通道设置

<table>
<tr><td colspan="2">安全技术交底记录</td><td>编号</td><td>×××
共×页第×页</td></tr>
<tr><td>工程名称</td><td colspan="3">××市政基础设施工程××标段</td></tr>
<tr><td>施工单位</td><td colspan="3">××市政建设集团</td></tr>
<tr><td>交底提要</td><td>碗扣式钢管脚手架施工安全技术交底</td><td>交底日期</td><td>××年××月××日</td></tr>
</table>

（10）脚手架内立杆与建筑物距离应小于或等于150mm；当脚手架内立杆与建筑物距离大于150mm时，应按需要分别选用窄挑梁或宽挑梁设置作业平台。挑梁应单层挑出，严禁增加层数。

（二）模板支撑架

（1）模板支撑架应根据所承受的荷载选择立杆的间距和步距，底层纵、横向水平杆作为扫地杆，距地面高度应小于或等于350mm，立杆底部应设置可调底座或固定底座；立杆上端包括可调螺杆伸出顶层水平杆的长度不得大于0.7m。

（2）模板支撑架斜杆设置应符合下列要求：

1）当立杆间距大于1.5m时，应在拐角处设置通高专用斜杆，中间每排每列应设置通高八字形斜杆或剪刀撑；

2）当立杆间距小于或等于1.5m时，模板支撑架四周从底到顶连续设置竖向剪刀撑；中间纵、横向由底至顶连续设置竖向剪刀撑，其间距应小于或等于4.5m；

3）剪刀撑的斜杆与地面夹角应在45°～60°之间，斜杆应每步与立杆扣接。

（3）当模板支撑架高度大于4.8m时，顶端和底部必须设置水平剪刀撑，中间水平剪刀撑设置间距应小于或等于4.8m。

（4）当模板支撑架周围有主体结构时，应设置连墙件。

（5）模板支撑架高宽比应小于或等于2；当高宽比大于2时可采取扩大下部架体尺寸或采取其他构造措施。

（6）模板下方应放置次楞（梁）与主楞（梁），次楞（梁）与主楞（梁）应按受弯杆件设计计算。支架立杆上端应采用U形托撑，支撑应在主楞（梁）底部。

（三）门洞

（1）当双排脚手架设置门洞时，应在门洞上部架设专用梁，门洞两侧立杆应加设斜杆（见图3-3-10）。

（2）模板支撑架设置人行通道时（见图3-3-11），应符合下列规定：

1）通道上部应架设专用横梁，横梁结构应经过设计计算确定；

2）横梁下的立杆应加密，并应与架体连接牢固；

3）通道宽度应小于或等于4.8m；

安全技术交底记录		编号	××× 共×页第×页
工程名称	××市政基础设施工程××标段		
施工单位	××市政建设集团		
交底提要	碗扣式钢管脚手架施工安全技术交底	交底日期	××年××月××日

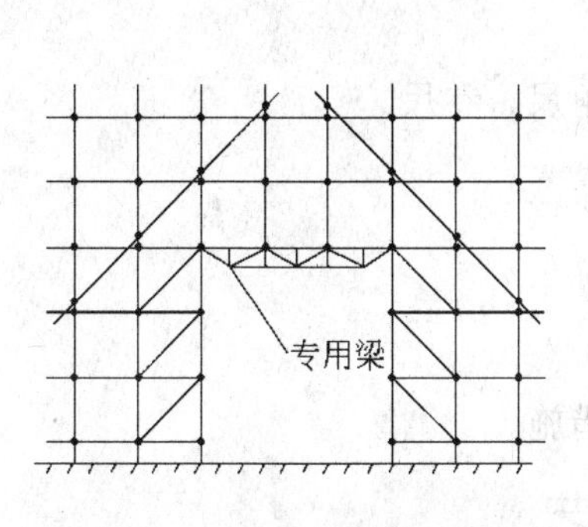

图 3-3-10 双排外脚手架门洞设置

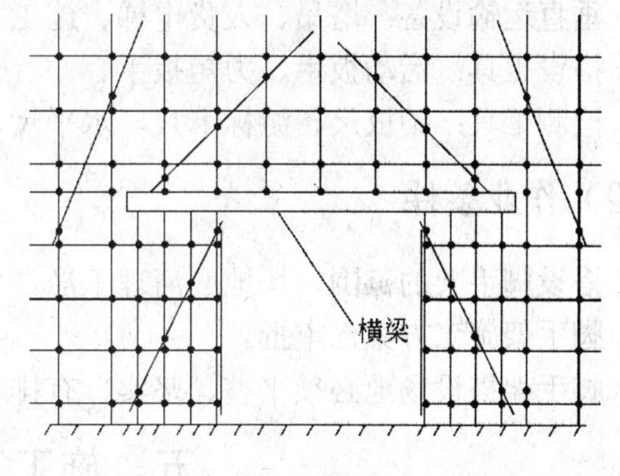

图 3-3-11 模板支撑架人行通道设置

4）门洞及通道顶部必须采用木板或其他硬质材料全封闭，两侧应设置安全网；

5）通行机动车的洞口，必须设置防撞击设施。

四、施工准备

（一）技术准备

（1）脚手架及模板支撑架施工前必须编制专项施工方案，并经批准后，方可实施。

（2）脚手架搭设前，施工管理人员应按双排脚手架专项施工方案的要求对操作人员进行技术交底。

（3）当连墙件采用预埋方式时，应提前与相关部门协商，按设计要求预埋。

（二）材料准备

（1）按脚手架布置（平、立面）方案，列出构配件用量明细表，制定供应计划。

（2）其他备用的钢管、扣件、焊接材料等。

（3）对进入现场的脚手架构配件，使用前应对其质量进行复检。

（4）对经检验合格的构配件应按品种、规格分类放置在堆料区内或码放在专用架上，清点好数量备用；堆放场地排水应畅通，不得有积水。

（三）机具设备

安全技术交底记录		编号	××× 共×页第×页
工程名称	××市政基础设施工程××标段		
施工单位	××市政建设集团		
交底提要	碗扣式钢管脚手架施工安全技术交底	交底日期	××年××月××日

（1）垂直运输设备：塔吊、人货电梯、施工井架。

（2）搭设工具：活动扳手、力矩扳手。

（3）检测工具：钢板尺、游标卡尺、水平尺、角尺、卷尺。

（四）作业条件

（1）搭设脚手架的范围，场地应清理干净。

（2）脚手架施工方案已审批。

（3）脚手架搭设场地必须平整、坚实、有排水措施。

五、施工工艺

（一）工艺流程

立杆底座→立杆→横杆→斜杆→接头锁紧→脚手板→上层立杆→立杆连接销→横杆……→斜撑杆连墙撑→检查、调整→按上层立杆、横杆→设剪刀撑→按架梯、铺脚手板、挡脚板→挂安全网→检查验收→投人使用

（二）施工作业技术要点

1．基本要求

（1）底座和垫板应准确地放置在定位线上；垫板宜采用长度不少于立杆二跨、厚度不小于 50mm 的木板；底座的轴心线应与地面垂直。

（2）当采用钢管扣件作加固件、连墙件、斜撑时，应符合国家现行标准《建筑施工扣件式钢管脚手架安全技术规范》JGJ130 的有关规定。

（3）连墙件必须随双排脚手架升高及时在规定的位置处设置，严禁任意拆除。

2．双排脚手架搭设

（1）双排脚手架搭设应按立杆、横杆、斜杆、连墙件的顺序逐层搭设，底层水平框架的纵向直线度偏差应小于 1/200 架体长度；横杆间水平度偏差应小于 1/400 架体长度。

（2）双排脚手架的搭设应分阶段进行，每段搭设后必须经检查验收合格后，方可投入使用。

（3）双排脚手架的搭设应与建筑物的施工同步上升，并应高于作业面 1.5m。

<table>
<tr><td colspan="2" rowspan="2">安全技术交底记录</td><td rowspan="2">编号</td><td>×××</td></tr>
<tr><td>共×页第×页</td></tr>
<tr><td>工程名称</td><td colspan="3">××市政基础设施工程××标段</td></tr>
<tr><td>施工单位</td><td colspan="3">××市政建设集团</td></tr>
<tr><td>交底提要</td><td>碗扣式钢管脚手架施工安全技术交底</td><td>交底日期</td><td>××年××月××日</td></tr>
</table>

（4）当双排脚手架高度 H 小于或等于 30m 时，垂直度偏差应小于或等于 $H/500$；当高度 H 大于 30m 时，垂直度偏差应小于或等于 $H/1000$。

（5）当双排脚手架内外侧加挑梁时，在一跨挑梁范围内不得超过一名施工人员操作，严禁堆放物料。

3．作业层搭设

1）脚手板必须铺满、铺实，外侧应设 180mm 挡脚板及 1200mm 高两道防护栏杆；

2）防护栏杆应在立杆 0.6m 和 1.2m 的碗扣接头处搭设两道；

3）作业层下部的水平安全网设置应符合国家现行标准《建筑施工安全检查标准》JGJ59 的规定。

4．模板支撑架搭设

（1）模板支撑架的搭设应按专项施工方案，在专人指挥下，统一进行。

（2）应按施工方案弹线定位，放置底座后应分别按先立杆后横杆再斜杆的顺序搭设。

（3）在多层楼板上连续设置模板支撑架时，应保证上下层支撑立杆在同一轴线上。

（三）拆除作业技术要点

1．基本要求

（1）拆除作业前，施工管理人员应对操作人员进行安全技术交底。拆除前应清理脚手架上的器具及多余的材料和杂物。

（2）拆除的构配件应采用起重设备吊运或人工传递到地面，严禁抛掷。拆除的构配件应分类堆放，以便于运输、维护和保管。

（3）拆除作业应从顶层开始，逐层向下进行，严禁上下层同时拆除。

2．双排脚手架拆除

（1）双排脚手架拆除时，必须按专项施工方案，在专人统一指挥下进行。

（2）双排脚手架拆除时必须划出安全区，并设置警戒标志，派专人看守。

（3）连墙件必须在双排脚手架拆到该层时方可拆除，严禁提前拆除。

（4）当双排脚手架采取分段、分立面拆除时，必须事先确定分界处的技术处理方案。

3．模板支撑架拆除

（1）模板支撑架拆除应符合现行国家标准《混凝土结构工程施工质量验收规范》GB 50204 中混凝土强度的有关规定。

安全技术交底记录		编号	××× 共×页第×页
工程名称	××市政基础设施工程××标段		
施工单位	××市政建设集团		
交底提要	碗扣式钢管脚手架施工安全技术交底	交底日期	××年××月××日

（2）架体拆除应按施工方案设计的顺序进行。

六、脚手架验收

1．脚手架搭设重点检查项目

（1）保证架体几何不变性的斜杆、连墙件等设置情况；

（2）基础的沉降，立杆底座与基础面的接触情况；

（3）上碗扣锁紧情况；

（4）立杆连接销的安装、斜杆扣接点、扣件拧紧程度。

2．双排脚手架搭设质量检验时间点

（1）首段高度达到 6m 时，应进行检查与验收；

（2）架体随施工进度升高应按结构层进行检查；

（3）架体高度大于 24m 时，在 24m 处或在设计高度 *H*/2 处及达到设计高度后，进行全面检查与验收；

（4）遇 6 级及以上大风、大雨、大雪后施工前检查；

（5）停工超过一个月恢复使用前。

3．架体组装质量检查

（1）立杆的上碗扣应能上下串动、转动灵活，不得有卡滞现象；

（2）立杆与立杆的连接孔处应能插入 10mm 连接销；

（3）碗扣节点上应在安装 1～4 个横杆时，上碗扣均能锁紧；

（4）当搭设不少于二步三跨 1.8m×1.8m×1.2m（步距×纵距×横距）的整体脚手架时，每一框架内横杆与立杆的垂直度偏差应小于 5mm。

4．脚手架验收技术文件

（1）专项施工方案及变更文件；

（2）安全技术交底文件；

（3）周转使用的脚手架构配件使用前的复验合格记录；

（4）搭设的施工记录和质量安全检查记录。

5．其他要求

（1）脚手架搭设过程中，应随时进行检查，及时解决存在的结构缺陷。

（2）模板支撑架浇筑混凝土时，应由专人全过程监督。

安全技术交底记录		编号	×××
			共×页第×页
工程名称	××市政基础设施工程××标段		
施工单位	××市政建设集团		
交底提要	碗扣式钢管脚手架施工安全技术交底	交底日期	××年××月××日

七、安全措施

1．作业人员的安全措施

（1）搭设脚手架人员必须持证上岗。上岗人员应定期体检，合格者方可持证上岗。

（2）搭设脚手架人员必须戴安全帽、系安全带、穿防滑鞋。

2．架体荷载的安全措施

作业层上的施工荷载应符合设计要求，不得超载，不得在脚手架上集中堆放模板、钢筋等物料。

3．安全作业的安全措施

（1）混凝土输送管、布料杆、缆风绳等不得固定在脚手架上。

（2）遇6级及以上大风、雨雪、大雾天气时，应停止脚手架的搭设与拆除作业。

（3）脚手架使用期间，严禁擅自拆除架体结构杆件；如需拆除必须经修改施工方案并报请原方案审批入批准，确定补救措施后方可实施。

（4）严禁在脚手架基础及邻近处进行挖掘作业。

（5）脚手架应与输电线路保持安全距离，施工现场临时用电线路架设及脚手架接地防雷措施等应按国家现行标准《施工现场临时用电安全技术规范》JGJ46的有关规定执行。

审核人	交底人	接受交底人
×××	×××	×××、×××……

3.4 门式钢管脚手架工程

安全技术交底记录		编号	××× 共×页第×页
工程名称	××市政基础设施工程××标段		
施工单位	××市政建设集团		
交底提要	门式钢管脚手架施工安全技术交底	交底日期	××年××月××日

交底内容：

一、一般规定

门式钢管脚手架是以门架为基本构件，与各种连接棒（杆）、配件组合而成的一种标准化多功能脚手架。其基本组成如图 3-4-1 所示。

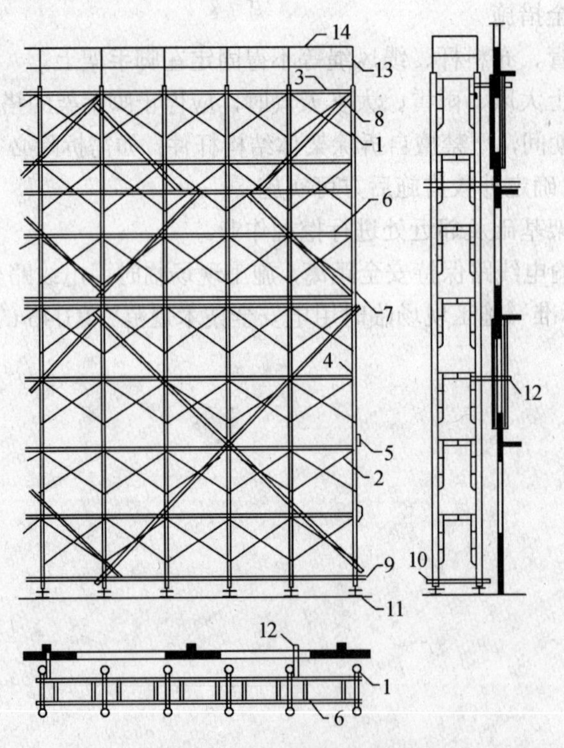

图 3-4-1 门式钢管脚手架的组成

1-门架；2-交叉支撑；3-脚手板；4-连接棒；5-锁臂；6-水平架；7-水平加固杆；8-剪刀撑；9-扫地杆；10-封口杆；11-底座；12-连墙件；13-栏杆；14-扶手

<table>
<tr><td colspan="2">安全技术交底记录</td><td rowspan="2">编号</td><td>×××</td></tr>
<tr><td colspan="2"></td><td>共×页第×页</td></tr>
<tr><td>工程名称</td><td colspan="3">××市政基础设施工程××标段</td></tr>
<tr><td>施工单位</td><td colspan="3">××市政建设集团</td></tr>
<tr><td>交底提要</td><td>门式钢管脚手架施工安全技术交底</td><td>交底日期</td><td>××年××月××日</td></tr>
</table>

二、设计计算

（一）设计计算项目

门式脚手架与模板支架应进行下列设计计算：

（1）门式脚手架：

1）稳定性及搭设高度；

2）脚手板的强度和刚度；

3）连墙件的强度、稳定性和连接强度。

（2）模板支架的稳定性；

（3）门式脚手架与模板支架门架立杆的地基承载力验算；

（4）满堂脚手架和模板支架必要时应进行抗倾覆验算。

（二）稳定性计算

（1）门式脚手架的稳定性应按下式计算：

$$N \leqslant N^{d} \tag{3-4-1}$$

式中：N——门式脚手架作用于一榀门架的轴向力设计值，应按式（3-4-2）、式（3-4-3）计算，并应取较大值；

N^{d}——一榀门架的稳定承载力设计值，应按式（3-4-6）计算。

（2）门式脚手架作用于一榀门架的轴向力设计值，应按下列公式计算：

1）不组合风荷载时：

$$N=1.2\left(N_{G1k}+N_{G2k}\right)H+1.4\sum N_{Qk} \tag{3-4-2}$$

式中：N_{G1k}——每米高度架体构配件自重产生的轴向力标准值；

N_{G2k}——每米高度架体附件自重产生的轴向力标准值；

H——门式脚手架搭设高度；

$\sum N_{Qk}$——作用于一榀门架的各层施工荷载标准值总和；

1.2、1.4——永久荷载与可变荷载的荷载分项系数。

2）组合风荷载时：

安全技术交底记录		编号	××× 共×页第×页
工程名称	××市政基础设施工程××标段		
施工单位	××市政建设集团		
交底提要	门式钢管脚手架施工安全技术交底	交底日期	××年××月××日

$$N=1.2(N_{G1k}+N_{G2k})H+0.9\times1.4\left(\sum N_{Qk}+\frac{2M_{wk}}{b}\right) \tag{3-4-3}$$

$$M_{wk}=\frac{q_{wk}H_1^2}{10} \tag{3-4-4}$$

$$q_{wk}=w_k l \tag{3-4-5}$$

式中：M_{wk}——门式脚手架风荷载产生的弯矩标准值；

q_{wk}——风线荷载标准值；

H_1——连墙件竖向间距；

l——门架跨距；

b——门架宽度；

0.9——可变荷载的组合系数。

（3）一榀门架的稳定承载力设计值应按下列公式计算：

$$N^d=\varphi\cdot A\cdot f \tag{3-4-6}$$

$$i=\sqrt{\frac{I}{A_1}} \tag{3-4-7}$$

对于 MFl219、MFl017 门架：

$$I=I_0+I_1\frac{h_1}{h_0} \tag{3-4-8}$$

对于 MF0817 门架：

$$I=[A_1(\frac{A_2b_2}{A_1+A_2})^2+A_2(\frac{A_1b_2}{A_1+A_2})^2]\times\frac{0.5h_1}{h_0} \tag{3-4-9}$$

式中：φ——门架立杆的稳定系数，根据立杆换算长细比 λ 值。对于 MF1219、MF1017 门架：$\lambda=kh_0/i$；对于 MF0817 门架：$\lambda=3kh_0/i$；

k——调整系数，应按表 3-4-1 取值；

i——门架立杆换算截面回转半径（mm）；

I——门架立杆换算截面惯性矩（mm^4）；

h_0——门架高度（mm）；

h_1——门架立杆加强杆的高度（mm）；

<table>
<tr><td colspan="2">安全技术交底记录</td><td>编号</td><td>×××
共×页第×页</td></tr>
<tr><td>工程名称</td><td colspan="3">××市政基础设施工程××标段</td></tr>
<tr><td>施工单位</td><td colspan="3">××市政建设集团</td></tr>
<tr><td>交底提要</td><td>门式钢管脚手架施工安全技术交底</td><td>交底日期</td><td>××年××月××日</td></tr>
</table>

I_0、A_1——分别为门架立杆的毛截面惯性矩和毛截面面积（mm^4、mm^2）；

I_1、A_2——分别为门架立杆加强杆的毛截面惯性矩和毛截面面积（mm^4、mm^2）；

b_2——门架立杆和立杆加强杆的中心距（mm）；

A——一榀门架立杆的毛截面面积（mm^2），$A=2A_1$；

f——门架钢材的抗压强度设计值。

表 3-4-1　调整系数 k

脚手架搭设高度（m）	≤30	＞30 且≤45	＞45 且≤55
k	1. 13	1. 17	1. 22

（三）门式脚手架搭设高度计算

门式脚手架的搭设高度应按下列公式计算，并应取其计算结果的较小者：

不组合风荷载时：

$$H^{d}=\frac{\varphi Af-1.4\sum N_{Qk}}{1.2(N_{G1k}+N_{G2k})} \tag{3-4-10}$$

组合风荷载时：

$$H_{w}^{d}=\frac{\varphi Af-0.9\times1.4(\sum N_{Qk}+\frac{2M_{wk}}{b})}{1.2(N_{G1k}+N_{G2k})} \tag{3-4-11}$$

式中：H^d——不组合风荷载时脚手架搭设高度；

H^d_w——组合风荷载时脚手架搭设高度。

（四）连墙件计算

（1）连墙件杆件的强度及稳定应满足下列公式的要求：

强度：

$$\sigma=\frac{N_l}{A_c}\leqslant0.85f \tag{3-4-12}$$

稳定：

安全技术交底记录		编号	××× 共×页第×页
工程名称	××市政基础设施工程××标段		
施工单位	××市政建设集团		
交底提要	门式钢管脚手架施工安全技术交底	交底日期	××年××月××日

$$\frac{N_l}{\varphi A} \leqslant 0.85f \qquad (3\text{-}4\text{-}13)$$

$$N_l = N_w + 3000\ (\mathrm{N}) \qquad (3\text{-}4\text{-}14)$$

式中：σ——连墙件应力值（N/mm^2）；

A_c——连墙件的净截面面积（mm^2），带螺纹的连墙件应取有效截面面积；

A——连墙件的毛截面面积（mm^2）；

N_l——风荷载及其他作用对连墙件产生的拉（压）轴向力设计值（N）；

N_w——风荷载作用于连墙件的拉（压）轴向力设计值（N），应按式（3-4-15）计算；

φ——连墙件的稳定系数；

f——连墙件钢材的抗压强度设计值。

（2）风荷载作用于连墙件的水平力设计值应按下式计算：

$$N_w = 1.4 w_k \cdot L_1 \cdot H_1 \qquad (3\text{-}4\text{-}15)$$

式中：L_1——连墙件水平间距；

H_1——连墙件竖向间距。

（3）连墙件与脚手架、连墙件与建筑结构连接的连接强度应按下式计算：

$$N_l \leqslant N_v \qquad (3\text{-}4\text{-}16)$$

式中：N_v——连墙件与脚手架、连墙件与建筑结构连接的抗拉（压）承载力设计值，应根据相应规范规定计算。

（4）当采用钢管扣件做连墙件时，扣件抗滑承载力的验算，应满足下式要求：

$$N_l \leqslant R_c \qquad (3\text{-}4\text{-}17)$$

式中：R_c——扣件抗滑承载力设计值，一个直角扣件应取 8.0kN。

（五）满堂脚手架计算

（1）满堂脚手架的架体稳定性计算，应选取最不利处的门架为计算单元。门架计算单元选取应同时符合下列规定：

1）当门架的跨距和间距相同时，应计算底层门架；

2）当门架的跨距和间距不相同时，应计算跨距或间距增大部位的底层门架；

3）当架体上有集中荷载作用时，尚应计算集中荷载作用范围内受力最大的门架。

<table>
<tr><td colspan="2" rowspan="2">安全技术交底记录</td><td rowspan="2">编号</td><td>×××</td></tr>
<tr><td>共×页第×页</td></tr>
<tr><td>工程名称</td><td colspan="3">××市政基础设施工程××标段</td></tr>
<tr><td>施工单位</td><td colspan="3">××市政建设集团</td></tr>
<tr><td>交底提要</td><td>门式钢管脚手架施工安全技术交底</td><td>交底日期</td><td>××年××月××日</td></tr>
</table>

（2）满堂脚手架作用于一榀门架的轴向力设计值，应按所选取门架计算单元的负荷面积计算，并应符合下列规定：

1）当不考虑风荷载作用时，应按下式计算：

$$N_j=1.2[（N_{G1k}+N_{G2k}）H+\sum_{i=3}^{n} N_{Gik}]+1.4\sum_{i=1}^{n} N_{Qik} \quad （3-4-18）$$

式中：N_j——满堂脚手架作用于一榀门架的轴向力设计值；

N_{G1k}、N_{G2k}——每米高度架体构配件、附件自重产生的轴向力标准值；

$\sum_{i=3}^{n} N_{Gik}$——满堂脚手架作用于一榀门架的除构配件和附件外的永久荷载标准值的总和；

$\sum_{i=1}^{n} N_{Gik}$——满堂脚手架作用于一榀门架的可变荷载标准值总和；

H——满堂脚手架的搭设高度。

2）当考虑风荷载作用时，应按下列公式计算，并应取其较大值：

$$N_j=1.2[（N_{G1k}+N_{G2k}）H+\sum_{i=3}^{n} N_{Gik}]+0.9\times1.4（\sum_{i=1}^{n} N_{Qik}+N_{wn}） \quad （3-4-19）$$

$$N_j=1.35[（N_{G1k}+N_{G2k}）H+\sum_{i=3}^{n} N_{Gik}]+1.4（0.7\sum_{i=1}^{n} N_{Qik}+0.6N_{wn}） \quad （3-4-20）$$

式中：N_{wn}——满堂脚手架一榀门架立杆风荷载作用的最大附加轴力标准值；

1.35——永久荷载分项系数；

0.7、0.6——可变荷载、风荷载组合系数。

（3）满堂脚手架的稳定性验算，应满足下式要求：

$$\frac{N_j}{\varphi A}\leqslant f \quad （3-4-21）$$

（六）模板支架稳定性计算

（1）模板支架设计计算时，应先确定计算单元，明确荷载传递路径，并应根据实际受力情况绘出计算简图。

（2）模板支架设计可根据建筑结构和荷载变化确定门架的布置方式，并按门架的不同布置方式，应分别选取各自有代表性的最不利的门架为计算单元进行计算。

安全技术交底记录		编号	××× 共×页第×页
工程名称	××市政基础设施工程××标段		
施工单位	××市政建设集团		
交底提要	门式钢管脚手架施工安全技术交底	交底日期	××年××月××日

（3）模板支架作用于一榀门架的轴向力设计值，应根据所选取门架计算单元的负荷面积计算，并应符合下列规定：

1）不考虑风荷载作用时，应按下式计算：

$$N_j = 1.2[(N_{G1k} + N_{G2k})H + \sum_{i=3}^{n} N_{Gik}] + 1.4N_{Q1k} \quad (3\text{-}4\text{-}22)$$

式中：N_j——模板支架作用于一榀门架的轴向力设计值；

N_{G1k}、N_{G2k}——每米高度架体构配件、附件自重产生的轴向力标准值；

$\sum_{i=3}^{n} N_{Gik}$——模板支架作用于一榀门架的除构配件和附件外的永久荷载标准值的总和；

N_{Q1k}——作用于一榀门架的混凝土振捣可变荷载标准值；

注：当作用于一榀门架范围内其他可变荷载标准值大于混凝土振捣可变荷载标准值时，应另选取最大的可变荷载标准值为 N_{Q1k}。

H——模板支架的搭设高度；

1.4——风荷载分项系数。

2）考虑风荷载作用时，应按下列公式计算，并应取其较大值：

$$N_j = 1.2[(N_{G1k} + N_{G2k})H + \sum_{i=3}^{n} N_{Gik}] + 0.9 \times 1.4(N_{Q1k} + N_{wn}) \quad (3\text{-}4\text{-}23)$$

$$N_j = 1.35[(N_{G1k} + N_{G2k})H + \sum_{i=3}^{n} N_{Gik}] + 1.4(0.7N_{Q1k} + 0.6N_{wn}) \quad (3\text{-}4\text{-}24)$$

式中：N_{wn}——模板支架一榀门架立杆风荷载作用的最大附加轴力标准值。

（4）模板支架的稳定性验算，应满足下式要求：

$$\frac{N_j}{\varphi A} \leqslant f \quad (3\text{-}4\text{-}25)$$

（七）门架立杆地基承载力验算

（1）门式脚手架与模板支架的门架立杆基础底面的平均压力，应满足下式要求：

$$P = \frac{N_k}{A_d} \leqslant f_a \quad (3\text{-}4\text{-}26)$$

式中：P——门架立杆基础底面的平均压力；

N_k——门式脚手架或模板支架作用于一榀门架的轴向力标准值；

安全技术交底记录		编号	×××
			共×页第×页
工程名称	××市政基础设施工程××标段		
施工单位	××市政建设集团		
交底提要	门式钢管脚手架施工安全技术交底	交底日期	××年××月××日

A_d——一榀门架下底座底面面积；

f_a——修正后的地基承载力特征值，应按式（3-4-31）计算。

（2）作用于一榀门架的轴向力标准值，应根据所取门架计算单元实际荷载按下列规定计算：

1）门式脚手架作用于一榀门架的轴向力标准值，应按下列公式计算，并应取较大者：

不组合风荷载时：

$$N_k=(N_{G1k}+N_{G2k})H+\sum N_{Qk} \tag{3-4-27}$$

组合风荷载时：

$$N_k=(N_{G1k}+N_{G2k})H+0.9(\sum N_{Qk}+\frac{2M_{wk}}{b}) \tag{3-4-28}$$

式中：N_k——门式脚手架作用于一榀门架的轴向力标准值。

2）满堂脚手架作用于一榀门架的轴向力标准值，应按下式计算：

$$N_k=(N_{G1k}+N_{G2k})H+\sum_{i=3}^{n}N_{Gik}+\sum_{i=1}^{n}N_{Qik}+0.6N_{wn} \tag{3-4-29}$$

式中：N_k——满堂脚手架作用于一榀门架的轴向力标准值。

3）模板支架作用于一榀门架的轴向力标准值，应按下式计算：

$$N_k=(N_{G1k}+N_{G2k})H+\sum_{i=3}^{n}N_{Gik}+\sum_{i=1}^{n}N_{Qik}+0.6N_{wn} \tag{3-4-30}$$

式中：N_k——模板支架作用于一榀门架的轴向力标准值；

$\sum_{i=1}^{n}N_{Qik}$——模板支架作用于一榀门架的可变荷载标准值总和。

（3）修正后的地基承载力特征值应按下式计算：

$$f_a=k_c\cdot f_{ak} \tag{3-4-31}$$

式中：k_c——地基承载力修正系数，应按表3-4-2取值；

f_{ak}——地基承载力特征值，按现行国家标准《建筑地基基础设计规范》GB50007的规定，可由载荷试验或其他原位测试、公式计算并结合工程实践经验等方法综合确定。

（4）地基承载力修正系数k_c，应按表3-4-2的规定取值。

<table>
<tr><td colspan="2" rowspan="2">安全技术交底记录</td><td rowspan="2">编号</td><td>×××</td></tr>
<tr><td>共×页第×页</td></tr>
<tr><td>工程名称</td><td colspan="3">××市政基础设施工程××标段</td></tr>
<tr><td>施工单位</td><td colspan="3">××市政建设集团</td></tr>
<tr><td>交底提要</td><td>门式钢管脚手架施工安全技术交底</td><td>交底日期</td><td>××年××月××日</td></tr>
</table>

表 3-4-2 地基承载力修正系数

地基土类别	修正系数（k_c）	
	原状土	分层回填夯实土
多年填积土	0.6	—
碎石土、砂土	0.8	0.4
粉土、黏土	0.7	0.5
岩石、混凝土	1.0	—

（5）对搭设在地下室顶板、楼面等建筑结构上的门式脚手架或模板支架，应对支承架体的建筑结构进行承载力验算，当不能满足承载力要求时，应采取可靠的加固措施。

三、构造

（一）门架与配件

1．门架

（1）门架应能配套使用，在不同组合情况下，均应保证连接方便、可靠，且应具有良好的互换性。不同型号的门架与配件严禁混合使用。

（2）上下榀门架立杆应在同一轴线位置上，门架立杆轴线的对接偏差不应大于 2mm。

（3）门式脚手架的内侧立杆离墙面净距不宜大于 150mm；当大于 150mm 时，应采取内设挑架板或其他隔离防护的安全措施。

（4）门式脚手架顶端栏杆宜高出女儿墙上端或檐口上端 1.5m。搭设时遇到有屋面挑檐的情况时，可采用承托搭设，设承托架的位置应设连墙件。

2．配件

（1）配件应与门架配套，并应与门架连接可靠。

（2）门式脚手架作业层应连续满铺与门架配套的挂扣式脚手板，并应有防止脚手板松动或脱落的措施。当脚手板上有孔洞时，孔洞的内切圆直径不应大于 25mm。

（3）可调底座和可调底座的调节螺杆直径不应小于 35mm，可调底座的调节螺杆伸出长度不应大于 200mm。

（二）架体加固

（1）门式脚手架剪刀撑的设置必须符合下列规定：

1）当门式脚手架搭设高度在 24m 及以下时，在脚手架的转角处、两端及中间间隔不超过 15m 的外侧立面必须各设置一道剪刀撑，并应由底至顶连续设置；

<table>
<tr><td colspan="2">安全技术交底记录</td><td>编号</td><td>×××
共×页第×页</td></tr>
<tr><td>工程名称</td><td colspan="3">××市政基础设施工程××标段</td></tr>
<tr><td>施工单位</td><td colspan="3">××市政建设集团</td></tr>
<tr><td>交底提要</td><td>门式钢管脚手架施工安全技术交底</td><td>交底日期</td><td>××年××月××日</td></tr>
</table>

2）当脚手架搭设高度超过24m时，在脚手架全外侧立面上必须设置连续剪刀撑；

3）对于悬挑脚手架，在脚手架全外侧立面上必须设置连续剪刀撑。

（2）剪刀撑的构造应符合下列规定（图3-4-2）：

1）剪刀撑斜杆与地面的倾角宜为45°～60°；

2）剪刀撑应采用旋转扣件与门架立杆扣紧；

3）剪刀撑斜杆应采用搭接接长，搭接长度不宜小于1000mm，搭接处应采用3个及以上旋转扣件扣紧；

4）每道剪刀撑的宽度不应大于6个跨距，且不应大于10m；也不应小于4个跨距，且不应小于6m。设置连续剪刀撑的斜杆水平间距宜为6～8m。

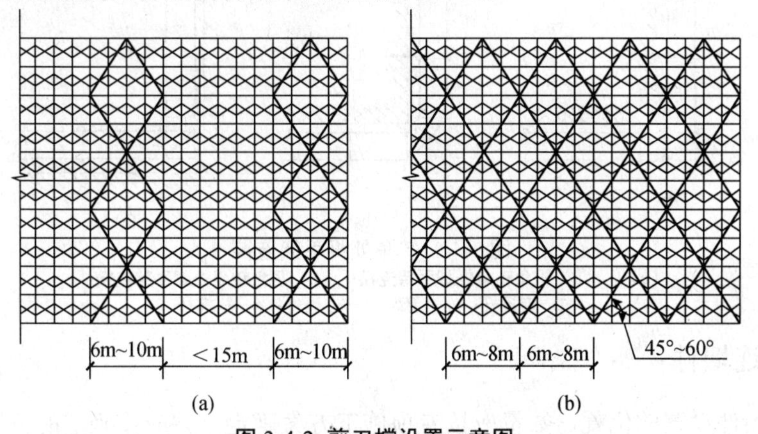

图3-4-2 剪刀撑设置示意图

（a）脚手架搭设高度24m及以下；（b）超过24m时剪刀撑设置

（3）门式脚手架应在门架两侧的立杆上设置纵向水平加固杆，并应采用扣件与门架立杆扣紧。水平加固杆设置应符合下列要求：

1）在顶层、连墙件设置层必须设置；

2）当脚手架每步铺设挂扣式脚手板时，至少每4步应设置一道，并宜在有连墙件的水平层设置；

3）当脚手架搭设高度小于或等于40m时，至少每两步门架应设置一道；当脚手架搭设高度大于40m时，每步门架应设置一道；

4）在脚手架的转角处、开口型脚手架端部的两个跨距内，每步门架应设置一道；

5）悬挑脚手架每步门架应设置一道；

6）在纵向水平加固杆设置层面上应连续设置。

<table>
<tr><td colspan="2">安全技术交底记录</td><td>编号</td><td>×××
共×页第×页</td></tr>
<tr><td>工程名称</td><td colspan="3">××市政基础设施工程××标段</td></tr>
<tr><td>施工单位</td><td colspan="3">××市政建设集团</td></tr>
<tr><td>交底提要</td><td>门式钢管脚手架施工安全技术交底</td><td>交底日期</td><td>××年××月××日</td></tr>
</table>

（4）门式脚手架的底层门架下端应设置纵、横向通长的扫地杆。纵向扫地杆应固定在距门架立杆底端不大于200mm处的门架立杆上，横向扫地杆宜固定在紧靠纵向扫地杆下方的门架立杆上。

（三）转角处门架

（1）在建筑物的转角处，门式脚手架内、外两侧立杆上应按步设置水平连接杆、斜撑杆，将转角处的两榀门架连成一体（图3-4-3）。

（2）连接杆、斜撑杆应采用钢管，其规格应与水平加固杆相同。连接杆、斜撑杆应采用扣件与门架立杆及水平加固杆扣紧。

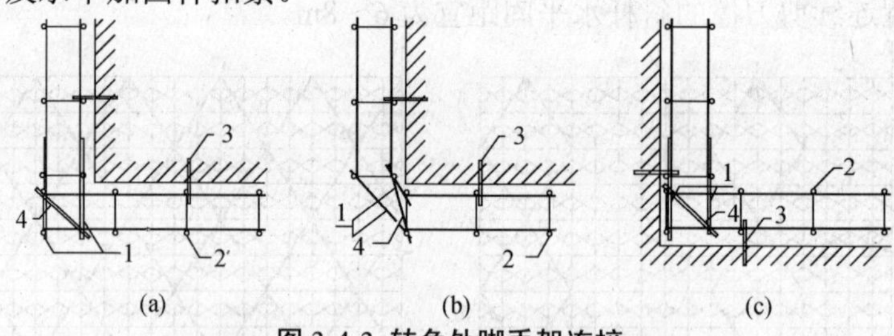

图3-4-3 转角处脚手架连接

（a）、（b）阳角转角处脚手架连接；（c）阴角转角处脚手架连接；
1—连接杆；2—门架；3—连墙件；4—斜撑杆

（四）连墙件

（1）连墙件设置的位置、数量应按专项施工方案确定，并应按确定的位置设置预埋件。

（2）连墙件的设置除应满足的计算要求外，尚应满足表3-4-3的要求。

表3-4-3 连墙件最大间距或最大覆盖面积

<table>
<tr><th rowspan="2">序号</th><th rowspan="2">脚手架搭设方式</th><th rowspan="2">脚手架高度（m）</th><th colspan="2">连墙件间距（m）</th><th rowspan="2">每根连墙件覆盖面积（m²）</th></tr>
<tr><th>竖向</th><th>水平向</th></tr>
<tr><td>1</td><td rowspan="3">落地、密目式安全网全封闭</td><td rowspan="2">≤40</td><td>3h</td><td>3l</td><td>≤40</td></tr>
<tr><td>2</td><td rowspan="2">2h</td><td rowspan="2">3l</td><td rowspan="2">≤27</td></tr>
<tr><td>3</td><td>>40</td></tr>
<tr><td>4</td><td rowspan="3">悬挑、密目式安全网全封闭</td><td>≤40</td><td>3h</td><td>3l</td><td>≤40</td></tr>
<tr><td>5</td><td>40～60</td><td>2h</td><td>3l</td><td>≤27</td></tr>
<tr><td>6</td><td>>60</td><td>2h</td><td>2l</td><td>≤20</td></tr>
</table>

注：1. 序号4～6为架体位于地面上高度；
2. 按每根连墙件覆盖面积选择连墙件设置时，连墙件的竖向间距不应大于6m；
3. 表中 h 为步距；l 为跨距。

<table>
<tr><td colspan="2">安全技术交底记录</td><td>编号</td><td>×××
共×页第×页</td></tr>
<tr><td>工程名称</td><td colspan="3">××市政基础设施工程××标段</td></tr>
<tr><td>施工单位</td><td colspan="3">××市政建设集团</td></tr>
<tr><td>交底提要</td><td>门式钢管脚手架施工安全技术交底</td><td>交底日期</td><td>××年××月××日</td></tr>
</table>

（3）在门式脚手架的转角处或开口型脚手架端部，必须增设连墙件，连墙件的垂直间距不应大于建筑物的层高，且不应大于4.0m。

（4）连墙件应靠近门架的横杆设置，距门架横杆不宜大于 200mm。连墙件应固定在门架的立杆上。

（5）连墙件宜水平设置，当不能水平设置时，与脚手架连接的一端，应低于与建筑结构连接的一端，连墙杆的坡度宜小于 1∶3。

（五）通道口

（1）门式脚手架通道口高度不宜大于 2 个门架高度，宽度不宜大于 1 个门架跨距。

（2）门式脚手架通道口应采取加固措施，并应符合下列规定：

1）当通道口宽度为一个门架跨距时，在通道口上方的内外侧应设置水平加固杆，水平加固杆应延伸至通道口两侧各一个门架跨距，并在两个上角内外侧应加设斜撑杆［图 3-4-4（a)］；

2）当通道口宽为两个及以上跨距时，在通道口上方应设置经专门设计和制作的托架梁，并应加强两侧的门架立杆［图 3-4-4（b)］。

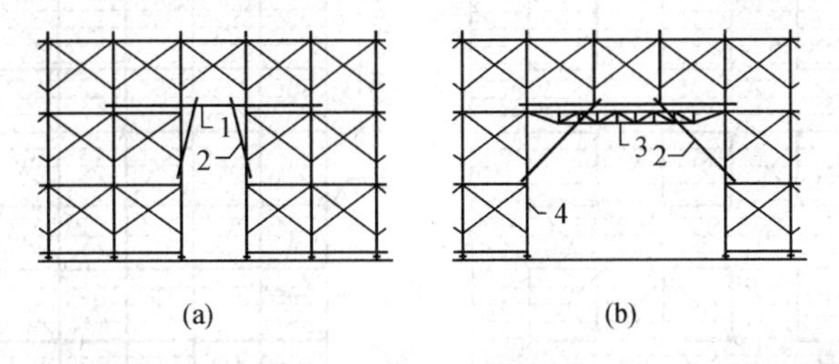

图 5-4　通道口加固示意

（a）通道口宽度为一个门架跨距；（b）两个及以上门架跨距加固示意

1—水平加固杆；2—斜撑杆；3—托架梁；4—加强杆

（六）斜梯

（1）作业人员上下脚手架的斜梯应采用挂扣式钢梯，并宜采用“之”字形设置，一个梯段宜跨越两步或三步门架再行转折。

（2）钢梯规格应与门架规格配套，并应与门架挂扣牢固。

（3）钢梯应设栏杆扶手、挡脚板。

（七）满堂脚手架

安全技术交底记录		编号	×××
			共×页第×页
工程名称	××市政基础设施工程××标段		
施工单位	××市政建设集团		
交底提要	门式钢管脚手架施工安全技术交底	交底日期	××年××月××日

（1）满堂脚手架的门架跨距和间距应根据实际荷载计算确定，门架净间距不宜超过1.2m。

（2）满堂脚手架的高宽比不应大于4，搭设高度不宜超过30m。

（3）满堂脚手架的构造设计，在门架立杆上宜设置底座和托梁，使门架立杆直接传递荷载。门架立杆上设置的托梁应具有足够的抗弯强度和刚度。

（4）满堂脚手架在每步门架两侧立杆上应设置纵向、横向水平加固杆，并应采用扣件与门架立杆扣紧。

（5）满堂脚手架的剪刀撑设置（图3-4-5）应符合下列要求：

1）搭设高度12m及以下时，在脚手架的周边应设置连续竖向剪刀撑；在脚手架的内部纵向、横向间隔不超过8m应设置一道竖向剪刀撑；在顶层应设置连续的水平剪刀撑；

2）搭设高度超过12m时，在脚手架的周边和内部纵向、横向间隔不超过8m应设置连续竖向剪刀撑；在顶层和竖向每隔4步应设置连续的水平剪刀撑；

3）竖向剪刀撑应由底至顶连续设置。

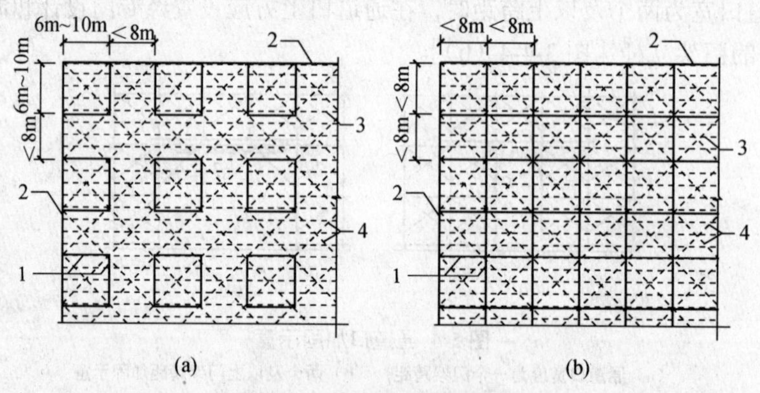

图3-4-5 剪刀撑设置示意图

（a）搭设高度12m及以下时剪刀撑设置；（b）搭设高度超过12m时剪刀撑设置

1-竖向剪刀撑；2-周边竖向剪刀撑；3-门架；4-水平剪刀撑

（6）在满堂脚手架的底层门架立杆上应分别设置纵向、横向扫地杆，并应采用扣件与门架立杆扣紧。

（7）满堂脚手架顶部作业区应满铺脚手板，并应采用可靠的连接方式与门架横杆固定。操作平台上的孔洞应按现行行业标准《建筑施工高处作业安全技术规范》JGJ 80的规定防护。操作平台周边应设置栏杆和挡脚板。

安全技术交底记录		编号	××× 共×页第×页
工程名称	××市政基础设施工程××标段		
施工单位	××市政建设集团		
交底提要	门式钢管脚手架施工安全技术交底	交底日期	××年××月××日

（8）对高宽比大于 2 的满堂脚手架，宜设置缆风绳或连墙件等有效措施防止架体倾覆，缆风绳或连墙件设置宜符合下列规定：

1）在架体端部及外侧周边水平间距不宜超过 10m 设置；宜与竖向剪刀撑位置对应设置；

2）竖向间距不宜超过 4 步设置。

（9）满堂脚手架中间设置通道口时，通道口底层门架可不设垂直通道方向的水平加固杆和扫地杆，通道口上部两侧应设置斜撑杆，并应按现行行业标准《建筑施工高处作业安全技术规范》（JGJ 80）的规定在通道口上部设置防护层。

（八）模板支架

（1）门架的跨距与间距应根据支架的高度、荷载由计算和构造要求确定，门架的跨距不宜超过 1.5m，门架的净间距不宜超过 1.2m。

（2）模板支架的高宽比不应大于 4，搭设高度不宜超过 24m。

（3）模板支架宜采用调节架、可调底座调整高度，可调底座调节螺杆的高度不宜超过 300mm。底座和底座与门架立杆轴线的偏差不应大于 2.0mm。

（4）用于支承梁模板的门架，可采用平行或垂直于梁轴线的布置方式（图 3-4-6）。

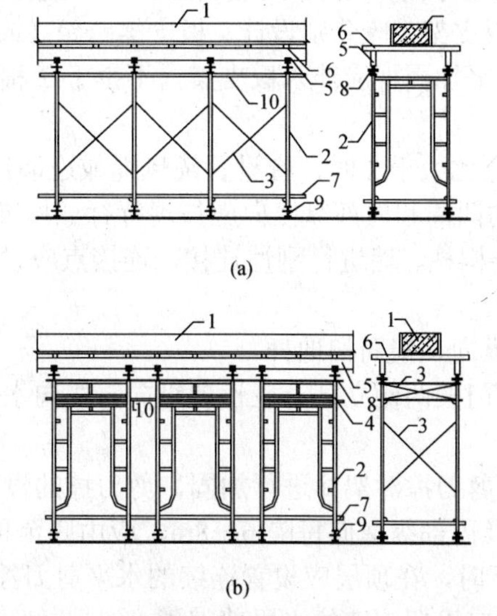

图 3-4-6　梁模板支架的布置方式（一）

（a）门架垂直于梁轴线布置；（b）门架平行于梁轴线布置

1-混凝土梁；2-门架；3-交叉支撑；4-调节架；5-托梁；6-小楞；7-扫地杆；8-可调托座；9-可调底座；10-水平加固杆

安全技术交底记录		编号	××× 共×页第×页
工程名称	××市政基础设施工程××标段		
施工单位	××市政建设集团		
交底提要	门式钢管脚手架施工安全技术交底	交底日期	××年××月××日

（5）当梁的模板支架高度较高或荷载较大时，门架可采用复式（重叠）的布置方式（图3-4-7）。

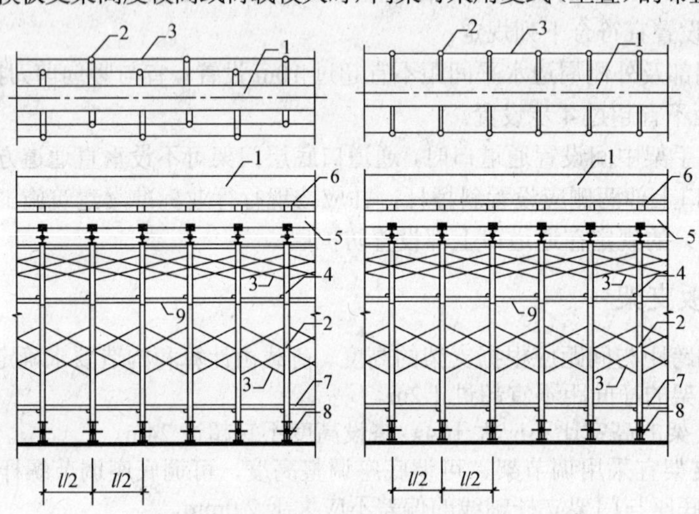

图3-4-7 梁模板支架的布置方式（二）

1-混凝土梁；2-门架；3-交叉支撑；4-调节架；5-托梁；6-小楞；7-扫地杆；8-可调底座；9-水平加固杆

（6）梁板类结构的模板支架，应分别设计。板支架跨距（或间距）宜是梁支架跨距（或间距）的倍数，梁下横向水平加固杆应伸入板支架内不少于2根门架立杆，并应与板下门架立杆扣紧。

（7）当模板支架的高宽比大于2时，宜设置缆风绳或连墙件。

（8）模板支架在支架的四周和内部纵横向应按现行行业标准《建筑施工模板安全技术规范》JGJ162的规定与建筑结构柱、墙进行刚性连接，连接点应设在水平剪刀撑或水平加固杆设置层，并应与水平杆连接。

（9）模板支架应设置纵向、横向扫地杆。

（10）模板支架在每步门架两侧立杆上应设置纵向、横向水平加固杆，并应采用扣件与门架立杆扣紧。

（11）模板支架应设置剪刀撑对架体进行加固，剪刀撑的设置应符合下列要求：

1）在支架的外侧周边及内部纵横向每隔6～8m，应由底至顶设置连续竖向剪刀撑；

2）搭设高度8m及以下时，在顶层应设置连续的水平剪刀撑；搭设高度超过8m时，在顶层和竖向每隔4步及以下应设置连续的水平剪刀撑；

3）水平剪刀撑宜在竖向剪刀撑斜杆交叉层设置。

<table>
<tr><td colspan="2" rowspan="2">安全技术交底记录</td><td rowspan="2">编号</td><td>×××</td></tr>
<tr><td>共×页第×页</td></tr>
<tr><td>工程名称</td><td colspan="3">××市政基础设施工程××标段</td></tr>
<tr><td>施工单位</td><td colspan="3">××市政建设集团</td></tr>
<tr><td>交底提要</td><td>门式钢管脚手架施工安全技术交底</td><td>交底日期</td><td>××年××月××日</td></tr>
</table>

四、施工准备

（一）技术准备

（1）门式脚手架与模板支架搭设与拆除前，应向搭拆和使用人员进行安全技术交底。

（2）门式脚手架与模板支架搭拆施工的专项施工方案，应包括下列内容：

1）工程概况、设计依据、搭设条件、搭设方案设计；

2）搭设施工图：架体的平、立、剖面图；脚手架连墙件的布置及构造图；脚手架转角、通道口的构造图；脚手架斜梯布置及构造图；重要节点构造图。

3）基础做法及要求；

4）架体搭设及拆除的程序和方法；

5）季节性施工措施；

6）质量保证措施；

7）架体搭设、使用、拆除的安全技术措施；

8）设计计算书；

9）悬挑脚手架搭设方案设计；

10）应急预案。

（二）材料准备

（1）门式脚手架与模板支架搭设前，对门架与配件的基本尺寸、质量和性能应按现行行业产品标准《门式钢管脚手架》JG13的规定进行检查和验收，确认合格后方可使用。

（2）经检验合格的构配件及材料应按品种、规格分类堆放整齐、平稳。

（三）机具设备

（1）垂直运输设备：塔吊、人货电梯、施工井架。

（2）搭设工具：活动扳手、力矩扳手。

（3）检测工具：钢板尺、游标卡尺、水平尺、角尺、卷尺、扭力扳手。

安全技术交底记录		编号	××× 共×页第×页
工程名称	××市政基础设施工程××标段		
施工单位	××市政建设集团		
交底提要	门式钢管脚手架施工安全技术交底	交底日期	××年××月××日

（四）作业条件

（1）对搭设场地应进行清理、平整，并应做好排水。

（2）在搭设前，应先在基础上弹出门架立杆位置线，垫板、底座安放位置应准确，标高应一致。

（3）当门式脚手架与模板支架搭设在楼面等建筑结构上时，门架立杆下宜铺设垫板。

（4）搭设前，应先在基础上弹出门架立杆位置线，垫板、底座安放位置应正确，标高应一致。

五、施工工艺

（一）工艺流程

（1）门式脚手架的组装，应自一端向另一端延伸，自下而上按步架设，并逐层改变搭设方向减少误差积累，不可自两端相向搭设或相间进行，以避免结合处错位，难于连接。

（2）门式脚手架搭设顺序：

铺设垫木（板）→安放底座→自一端起立门架并随即安装交叉支撑→安装水平架或脚手板→安装钢梯→安装水平加固杆→安装连墙杆→照上述步骤，逐层向上安装→按规定位置安装剪刀撑→装配顶步栏杆。

（二）搭设作业技术要点

1．门式脚手架与模板支架的搭设程序

（1）门式脚手架的搭设应与施工进度同步，一次搭设高度不宜超过最上层连墙件两步，且自由高度不应大于4m；

（2）满堂脚手架和模板支架应采用逐列、逐排和逐层的方法搭设；

（3）门架的组装应自一端向另一端延伸，应自下而上按步架设，并应逐层改变搭设方向；不应自两端相向搭设或自中间向两端搭设；

（4）每搭设完两步门架后，应校验门架的水平度及立杆的垂直度。

2．搭设门架及配件

（1）交叉支撑、脚手板应与门架同时安装；

安全技术交底记录		编号	××× 共×页第×页
工程名称	××市政基础设施工程××标段		
施工单位	××市政建设集团		
交底提要	门式钢管脚手架施工安全技术交底	交底日期	××年××月××日

（2）连接门架的锁臂、挂钩必须处于锁住状态；

（3）钢梯的设置应符合专项施工方案组装布置图的要求，底层钢梯底部应加设钢管并应采用扣件扣紧在门架立杆上；

（4）在施工作业层外侧周边应设置 180mm 高的挡脚板和两道栏杆，上道栏杆高度应为 1.2m，下道栏杆应居中设置。挡脚板和栏杆均应设置在门架立杆的内侧。

3．加固杆的搭设

（1）水平加固杆、剪刀撑等加固杆件必须与门架同步搭设；

（2）水平加固杆应设于门架立杆内侧，剪刀撑应设于门架立杆外侧。

4．门式脚手架连墙件的安装

（1）连墙件的安装必须随脚手架搭设同步进行，严禁滞后安装；

（2）当脚手架操作层高出相邻连墙件以上两步时，在连墙件安装完毕前必须采用确保脚手架稳定的临时拉结措施。

5．扣件连接

加固杆、连墙件等杆件与门架采用扣件连接时，应符合下列规定：

（1）扣件规格应与所连接钢管的外径相匹配；

（2）扣件螺栓拧紧扭力矩值应为 40～65N・m；

（3）杆件端头伸出扣件盖板边缘长度不应小于 100mm。

6．其他要求

（1）门式脚手架斜撑杆、托架梁及通道口两侧的门架立杆加强杆件应与门架同步搭设，严禁滞后安装。

（2）满堂脚手架与模板支架的可调底座、可调托座宜采取防止砂浆、水泥浆等污物填塞螺纹的措施。

（三）拆除作业技术要点

1．架体的拆除准备工作

（1）应对将拆除的架体进行拆除前的检查；

（2）根据拆除前的检查结果补充完善拆除方案；

（3）清除架体上的材料、杂物及作业面的障碍物。

2．拆除前应检查的项目

<table>
<tr><td colspan="2" rowspan="2">安全技术交底记录</td><td rowspan="2">编号</td><td>×××</td></tr>
<tr><td>共×页第×页</td></tr>
<tr><td>工程名称</td><td colspan="3">××市政基础设施工程××标段</td></tr>
<tr><td>施工单位</td><td colspan="3">××市政建设集团</td></tr>
<tr><td>交底提要</td><td>门式钢管脚手架施工安全技术交底</td><td>交底日期</td><td>××年××月××日</td></tr>
</table>

（1）门式脚手架在拆除前，应检查架体构造、连墙件设置、节点连接，当发现有连墙件、剪刀撑等加固杆件缺少、架体倾斜失稳或门架立杆悬空情况时，对架体应先行加固后再拆除。

（2）模板支架在拆除前，应检查架体各部位的连接构造、加固件的设置，应明确拆除顺序和拆除方法。

（3）在拆除作业前，对拆除作业场地及周围环境应进行检查，拆除作业区内应无障碍物，作业场地临近的输电线路等设施应采取防护措施。

3．拆除作业操作要点

（1）架体的拆除应从上而下逐层进行，严禁上下同时作业。

（2）同一层的构配件和加固杆件必须按先上后下、先外后内的顺序进行拆除。

（3）连墙件必须随脚手架逐层拆除，严禁先将连墙件整层或数层拆除后再拆架体。拆除作业过程中，当架体的自由高度大于两步时，必须加设临时拉结。

（4）连接门架的剪刀撑等加固杆件必须在拆卸该门架时拆除。

（5）拆卸连接部件时，应先将止退装置旋转至开启位置，然后拆除，不得硬拉，严禁敲击。拆除作业中，严禁使用手锤等硬物击打、撬别。

（6）当门式脚手架需分段拆除时，架体不拆除部分的两端应采取加固措施后再拆除。

（7）门架与配件应采用机械或人工运至地面，严禁抛投。

（8）拆卸的门架与配件、加固杆等不得集中堆放在未拆架体上，并应及时检查、整修与保养，并宜按品种、规格分别存放。

六、脚手架验收

（一）脚手架检查验收

1．基本要求

（1）门式脚手架与模板支架扣件拧紧力矩的检查与验收，应符合现行行业标准《建筑施工扣件式钢管脚手架安全技术规范》JGJ130-2011 的规定。

（2）搭设前，对门式脚手架或模板支架的地基与基础应进行检查，经验收合格后方可搭设。

（3）门式脚手架搭设完毕或每搭设 2 个楼层高度，满堂脚手架、模板支架搭设完毕或每搭设 4 步高度，应对搭设质量及安全进行一次检查，经检验合格后方可交付使用或继续搭设。

安全技术交底记录		编号	××× 共×页第×页
工程名称	××市政基础设施工程××标段		
施工单位	××市政建设集团		
交底提要	门式钢管脚手架施工安全技术交底	交底日期	××年××月××日

2．质量验收条件

在门式脚手架或模板支架搭设质量验收时，应具备下列文件：

（1）审批通过的专项施工方案；

（2）构配件与材料质量的检验记录；

（3）安全技术交底及搭设质量检验记录；

（4）门式脚手架或模板支架分项工程的施工验收报告。

3．重点验收项目

门式脚手架或模板支架分项工程的验收，除应检查验收文件外，还应对搭设质量进行现场核验，在对搭设质量进行全数检查的基础上，对下列项目应进行重点检验，并应记入施工验收报告：

（1）构配件和加固杆规格、品种应符合设计要求，应质量合格、设置齐全、连接和挂扣紧固可靠；

（2）基础应符合设计要求，应平整坚实，底座、支垫应符合规定；

（3）门架跨距、间距应符合设计要求；

（4）连墙件设置应符合设计要求，与建筑结构、架体应连接可靠；

（5）加固杆的设置应符合设计和JGJ128-2010的要求；

（6）门式脚手架的通道口、转角等部位搭设应符合构造要求；

（7）架体垂直度及水平度应合格；

（8）悬挑脚手架的悬挑支承结构及与建筑结构的连接固定应符合设计和JGJ128-2010的规定；

（9）安全网的张挂及防护栏杆的设置应齐全、牢固。

（二）脚手架使用检查

（1）门式脚手架与模板支架在使用过程中应进行日常检查，发现问题应及时处理。检查时，下列项目应进行检查：

1）加固杆、连墙件应无松动，架体应无明显变形；

2）地基应无积水，垫板及底座应无松动，门架立杆应无悬空；

3）锁臂、挂扣件、扣件螺栓应无松动；

4）安全防护设施应符合JGJ128-2010要求；

<table>
<tr><td colspan="2" rowspan="2">安全技术交底记录</td><td rowspan="2">编号</td><td>×××</td></tr>
<tr><td>共×页第×页</td></tr>
<tr><td>工程名称</td><td colspan="3">××市政基础设施工程××标段</td></tr>
<tr><td>施工单位</td><td colspan="3">××市政建设集团</td></tr>
<tr><td>交底提要</td><td>门式钢管脚手架施工安全技术交底</td><td>交底日期</td><td>××年××月××日</td></tr>
</table>

5）应无超载使用。

（2）门式脚手架与模板支架在使用过程中遇有下列情况时，应进行检查，确认安全后方可继续使用：

1）遇有 8 级以上大风或大雨过后；

2）冻结的地基土解冻后；

3）停用超过 1 个月；

4）架体遭受外力撞击等作用；

5）架体部分拆除；

6）其他特殊情况。

（3）满堂脚手架与模板支架在施加荷载或浇筑混凝土时，应设专人看护检查，发现异常情况应及时处理。

七、安全措施

1．作业人员的安全措施

（1）搭拆门式脚手架或模板支架应由专业架子工担任，并应按住房和城乡建设部特种作业人员考核管理规定考核合格，持证上岗。上岗人员应定期进行体检，凡不适合登高作业者，不得上架操作。

（2）搭拆架体时，施工作业层应铺设脚手板，操作人员应站在临时设置的脚手板上进行作业，并应按规定使用安全防护用品，穿防滑鞋。

（3）不得攀爬门式脚手架。

2．脚手架搭拆的安全措施

（1）六级及以上大风天气应停止架上作业；雨、雪、雾天应停止脚手架的搭拆作业；雨、雪、霜后上架作业应采取有效的防滑措施，并应扫除积雪。

（2）应避免装卸物料对门式脚手架或模板支架产生偏心、振动和冲击荷载。

（3）门式脚手架外侧应设置密目式安全网，网间应严密，防止坠物伤人。

（4）门式脚手架与架空输电线路的安全距离、工地临时用电线路架设及脚手架接地、防雷措施，应按现行行业标准《施工现场临时用电安全技术规范》JGJ 46 的有关规定执行。

（5）搭拆门式脚手架或模板支架作业时，必须设置警戒线、警戒标志，并应派专人看守，严禁非作业人员入内。

<table>
<tr><td colspan="2" rowspan="2">安全技术交底记录</td><td rowspan="2">编号</td><td>×××</td></tr>
<tr><td>共×页第×页</td></tr>
<tr><td>工程名称</td><td colspan="3">××市政基础设施工程××标段</td></tr>
<tr><td>施工单位</td><td colspan="3">××市政建设集团</td></tr>
<tr><td>交底提要</td><td>门式钢管脚手架施工安全技术交底</td><td>交底日期</td><td>××年××月××日</td></tr>
<tr><td colspan="4">3．脚手架使用的安全措施
（1）门式脚手架与模板支架作业层上严禁超载。
（2）在门式脚手架或模板支架上进行电、气焊作业时，必须有防火措施和专人看护。
（3）严禁将模板支架、缆风绳、混凝土泵管、卸料平台等固定在门式脚手架上。
（4）门式脚手架与模板支架在使用期间，当预见可能有强风天气所产生的风压值超出设计的基本风压值时，对架体应采取临时加固措施。
（5）在门式脚手架使用期间，脚手架基础附近严禁进行挖掘作业。
（6）满堂脚手架与模板支架的交叉支撑和加固杆，在施工期间禁止拆除。
（7）门式脚手架在使用期间，不应拆除加固杆、连墙件、转角处连接杆、通道口斜撑杆等加固杆件。
（8）当施工需要，脚手架的交叉支撑可在门架一侧局部临时拆除，但在该门架单元上下应设置水平加固杆或挂扣式脚手板，在施工完成后应立即恢复安装交叉支撑。
（9）对门式脚手架与模板支架应进行日常性的检查和维护，架体上的建筑垃圾或杂物应及时清理。</td></tr>
</table>

审核人	交底人	接受交底人
×××	×××	×××、×××……

3.5 承插型盘扣式钢管支架工程

<table>
<tr><td colspan="2" rowspan="2">安全技术交底记录</td><td rowspan="2">编号</td><td>×××</td></tr>
<tr><td>共×页第×页</td></tr>
<tr><td>工程名称</td><td colspan="3">××市政基础设施工程××标段</td></tr>
<tr><td>施工单位</td><td colspan="3">××市政建设集团</td></tr>
<tr><td>交底提要</td><td>承插型盘扣式钢管支架施工安全技术交底</td><td>交底日期</td><td>××年××月××日</td></tr>
</table>

交底内容：

一、一般规定

承插型盘扣式钢管支架由立杆、水平杆、斜杆、可调底座及可调托座等构配件构成。立杆采用套管承插连接，水平杆和斜杆采用杆端扣接头卡入连接盘，用楔形插销连接，形成结构几何不变体系的钢管支架（见图 3-5-1）。根据其用途可分为模板支架和脚手架两类。

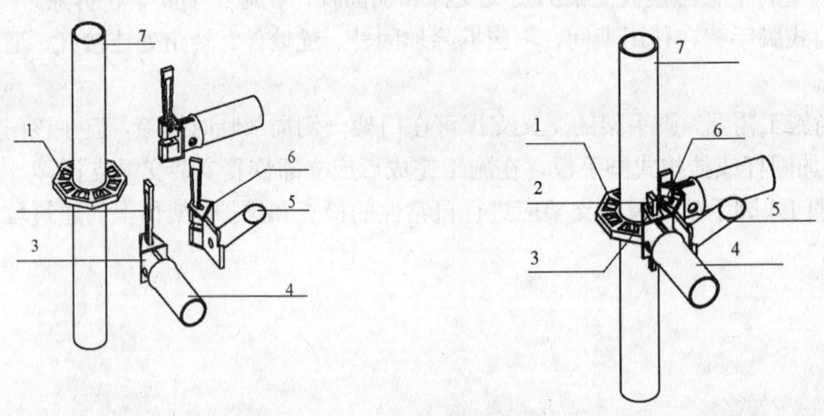

图 3-5-1 盘扣节点

1-连接盘；2-插销；3-水平杆杆端扣接头；4-水平杆；5-斜杆；6-斜杆杆端扣接头；7-立杆

二、设计计算

（一）设计计算项目

1．模板支架设计计算项目

（1）模板支架的稳定性计算；

（2）独立模板支架超出规定高宽比时的抗倾覆验算；

（3）纵、横向水平杆及竖向斜杆的承载力计算；

（4）通过立杆连接盘传力的连接盘抗剪承载力验算；

安全技术交底记录		编号	××× 共×页第×页
工程名称	××市政基础设施工程××标段		
施工单位	××市政建设集团		
交底提要	承插型盘扣式钢管支架施工安全技术交底	交底日期	××年××月××日

（5）立杆地基承载力计算。

2．脚手架设计计算项目

（1）立杆的稳定性计算；

（2）纵、横向水平杆的承载力计算；

（3）连墙件的强度、稳定性和连接强度的计算；

（4）立杆地基承载力计算。

（二）地基承载力计算

（1）立杆底部地基承载力应满足下列公式的要求：

$$p_k \leqslant f_g \qquad (3\text{-}5\text{-}1)$$

$$p_k = \frac{N_k}{A_g} \qquad (3\text{-}5\text{-}2)$$

式中：p_k——相应于荷载效应标准组合时，立杆基础底面处的平均压力（kPa）；

N_k——立杆传至基础顶面的轴向力标准组合值（kN）；

A_g——可调底座底板对应的基础底面面积（m^2）；

f_g——地基承载力特征值（kPa），应按现行国家标准《建筑地基基础设计规范》GB50007的规定确定。

（2）当支架搭设在结构楼面上时，应对支承架体的楼面结构进行承载力验算，当不能满足承载力要求时应采取楼面结构下方设置附架支撑等加固措施。

（三）模板支架计算

（1）支架立杆轴向力设计值应按下列公式计算：

不组合风荷载时：

$$N = 1.2\Sigma N_{GK} + 1.4\Sigma N_{QK} \qquad (3\text{-}5\text{-}3)$$

组合风荷载时：

$$N = 1.2\Sigma N_{GK} + 0.9\times 1.4\Sigma N_{QK} \qquad (3\text{-}5\text{-}4)$$

式中：N——立杆轴向力设计值（kN）；

ΣN_{GK}——模板及支架自重、新浇筑混凝土自重和钢筋自重标准值产生的轴向力总和（kN）；

ΣN_{QK}——施工人员及施工设备荷载标准值和风荷载标准值产生的轴向力总和（kN）。

（2）模板支架立杆计算长度应按下列公式计算，并应取其中的较大值：

安全技术交底记录		编号	××× 共×页第×页
工程名称	××市政基础设施工程××标段		
施工单位	××市政建设集团		
交底提要	承插型盘扣式钢管支架施工安全技术交底	交底日期	××年××月××日

$$l_0=\eta h \tag{3-5-5}$$

$$l_0=h'+2ka \tag{3-5-6}$$

式中：l_0——支架立杆计算长度（m）；

a——支架可调托座支撑点至顶层水平杆中心线的距离（m）；

h——支架立杆中间层水平杆最大竖向步距（m）；

h'——支架立杆顶层水平杆步距（m），宜比最大步距减少一个盘扣的距离；

η——支架立杆计算长度修正系数，水平杆步距为0.5m或1m时，可取1.60；水平杆步距为1.5m时，可取1.20；

k——悬臂端计算长度折减系数，可取0.7。

（3）立杆稳定性应按下列公式计算：

不组合风荷载时：

$$\frac{N}{\varphi A}\leqslant f \tag{3-5-7}$$

组合风荷载时：

$$\frac{N}{\varphi A}+\frac{M_w}{W}\leqslant f \tag{3-5-8}$$

式中：M_W——计算立杆段由风荷载设计值产生的弯矩（kN·m），可按式（3-5-14）计算；

f——钢材的抗拉、抗压和抗弯强度设计值（N/mm^2）；

φ——轴心受压构件的稳定系数，应根据立杆长细比 $\lambda=\frac{l_0}{i}$；

W——立杆截面模量（cm^3）；

A——立杆的截面面积（cm^2）。

（4）盘扣节点连接盘的抗剪承载力应按下列公式计算：

$$F_R\leqslant Q_b \tag{3-5-9}$$

式中：F_R——作用在盘扣节点处连接盘上的竖向设计值（kN）；

Q_b——连接盘抗剪承载力设计值（kN），可取40kN。

（5）高度在8m以上，高宽比大于3，四周无拉结的高大模板支架的独立架体，整体抗倾覆稳定性应按下式计算：

$$M_R\geqslant M_T \tag{3-5-10}$$

<table>
<tr><td colspan="2">安全技术交底记录</td><td>编号</td><td>×××
共×页第×页</td></tr>
<tr><td>工程名称</td><td colspan="3">××市政基础设施工程××标段</td></tr>
<tr><td>施工单位</td><td colspan="3">××市政建设集团</td></tr>
<tr><td>交底提要</td><td>承插型盘扣式钢管支架施工安全技术交底</td><td>交底日期</td><td>××年××月××日</td></tr>
</table>

式中：M_R——设计荷载下模板支架抗倾覆力矩（kN・m）；

M_T——设计荷载下模板支架倾覆力矩（kN・m）。

（四）双排外脚手架计算

1．无风荷载时立杆承载验算

（1）立杆轴向力设计值应按下式计算：

$$N=1.2\left(N_{G1K}+N_{G2K}\right)+1.4\sum N_{QK} \tag{3-5-11}$$

式中：N_{G1K}——脚手架结构自重标准值产生的轴力（kN）；

N_{G2K}——构配件自重标准值产生的轴力（kN）；

$\sum N_{QK}$——施工荷载标准值产生的轴向力总和（kN），内外立杆可按一纵距（跨）内施工荷载总和的 1/2 取值。

（2）立杆计算长度应按下式计算：

$$l_0=\mu h \tag{3-5-12}$$

式中：h——脚手架水平杆竖向最大步距（m）；

μ——考虑脚手架整体稳定性的单杆计算长度系数，应按表 3-5-1 的规定确定。

表 3-5-1 脚手架立杆计算长度系数

类别	连墙件布置	
	2 步 3 跨	3 步 3 跨
双排架	1.45	1.70

（3）立杆稳定性应按式（3-5-7）、（3-5-8）计算。

2．组合风荷载时立杆承载力计算

（1）立杆轴向力设计值：

$$N=1.2(N_{G1K}+N_{G2K})+0.9\times1.4\sum N_{QK} \tag{3-5-13}$$

（2）立杆段风荷载作用弯矩设计值：

$$M_W=0.9\times1.4M_{WK}=\frac{0.9\times1.4w_k l_a h^2}{10} \tag{3-5-14}$$

（3）立杆稳定性：

安全技术交底记录		编号	××× 共×页第×页
工程名称	××市政基础设施工程××标段		
施工单位	××市政建设集团		
交底提要	承插型盘扣式钢管支架施工安全技术交底	交底日期	××年××月××日

$$\frac{N}{\varphi A}+\frac{M_W}{W}\leqslant f \tag{3-5-15}$$

式中：$\sum N_{QK}$——施工荷载标准值产生的轴向力总和，内、外立杆各按一纵距内施工荷载总和的 1/2 取值；

M_{WK}——由风荷载产生的立杆段弯矩标准值（kN·m）；

l_a——立杆纵距（m）。

3．连墙件计算

（1）连墙件的轴向力设计值应按下式计算：

$$N_l=N_{lw}+N_0 \tag{3-5-16}$$

式中：N_l——连墙件轴向力设计值（kN）；

N_{lw}——风荷载产生的连墙件轴向力设计值；

N_0——连墙件约束脚手架平面外变形所产生的轴向力，双排架可取 3kN。

（2）连墙件的抗拉承载力应按下列要求：

$$\frac{N_l}{A_n}\leqslant f \tag{3-5-17}$$

式中：A_n——连墙件的净截面面积（mm^2）。

（3）连墙件的稳定性应按下式计算：

$$N_l\leqslant\varphi Af \tag{3-5-18}$$

式中：A——连墙件的毛截面面积（mm^2）；

φ——轴心受压构件的稳定系数。

（4）当采用钢管扣件做连墙件时，扣件抗滑承载力的验算，应满足下列要求：

$$N_l\leqslant R_c \tag{3-5-19}$$

式中：R_c——扣件抗滑承载力设计值（kN），一个直角扣件应取 8.0kN。

（5）螺栓、焊接连墙件与预埋件的设计承载力应按相应规范进行验算。

4．风荷载产生的连墙件的轴向力设计值

由风荷载产生的连墙件的轴向力设计值，应按下式计算：

$$N_{lw}=1.4\cdot w_k\cdot L_l\cdot H_l \tag{3-5-20}$$

式中：w_k——风荷载标准值（kN/m^2）；

安全技术交底记录		编号	×××
			共×页第×页
工程名称	××市政基础设施工程××标段		
施工单位	××市政建设集团		
交底提要	承插型盘扣式钢管支架施工安全技术交底	交底日期	××年××月××日

L_l——连墙件水平间距（m）；

H_l——连墙件竖向间距（m）。

三、构造

（一）模板支架

（1）模板支架应根据施工方案计算得出的立杆排架尺寸选用定长的水平杆，并应根据支撑高度组合套插的立杆段、可调托座和可调底座。

（2）模板支架的斜杆或剪刀撑设置应符合下列要求：

1）当搭设高度不超过 8m 的满堂模板支架时，步距不宜超过 1.5m，支架架体四周外立面向内的第一跨每层均应设置竖向斜杆，架体整体底层以及顶层均应设置竖向斜杆，并应在架体内部区域每隔 5 跨由底至顶纵、横向均设置竖向斜杆（图 3-5-2）或采用扣件钢管搭设的剪刀撑（图 3-5-3）。当满堂模板支架的架体高度不超过 4 个步距时，可不设置顶层水平斜杆；当架体高度超过 4 个步距时，应设置顶层水平斜杆或扣件钢管水平剪刀撑。

2）当搭设高度超过 8m 的满堂模板支架时，竖向斜杆应满布设置，水平杆的步距不得大于 1.5m，沿高度每隔 4～6 个标准步距应设置水平层斜杆或扣件钢管剪刀撑（图 3-5-4），周边有结构物时，宜与周边结构形成可靠拉结。

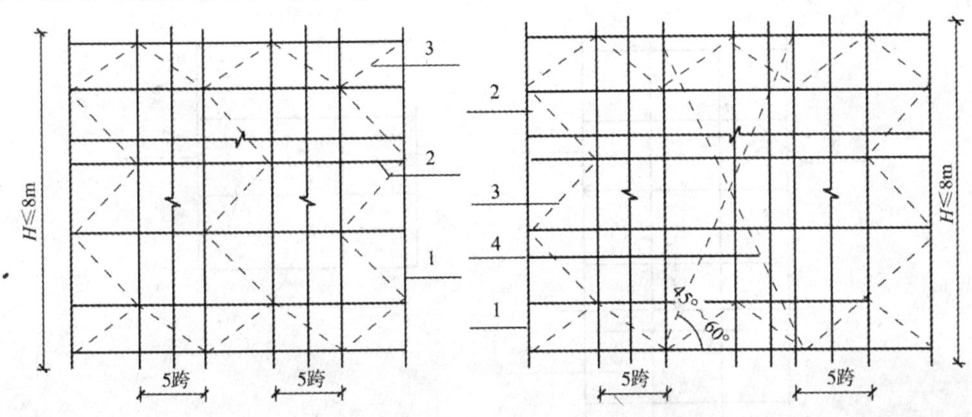

图 3-5-2 满堂架高度不大于 8m 斜杆设置立面图　　图 3-5-3 满堂架高度不大于 8m 剪刀撑设置立面图

1-立杆；2-水平杆；3-斜杆；4-扣件钢管剪刀撑

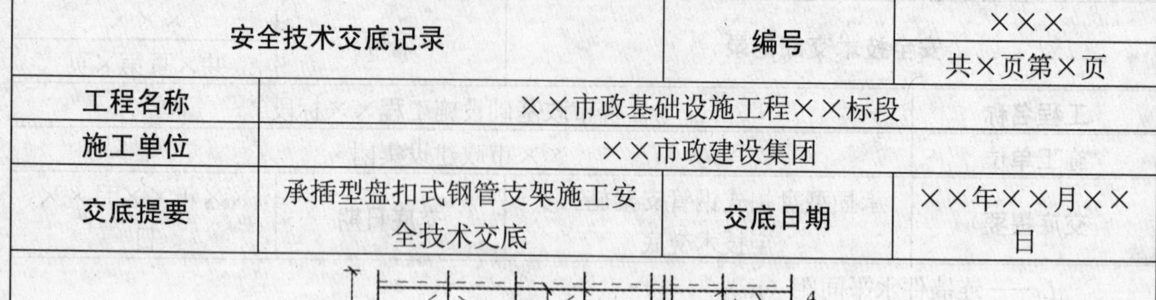

安全技术交底记录		编号	××× 共×页第×页
工程名称	××市政基础设施工程××标段		
施工单位	××市政建设集团		
交底提要	承插型盘扣式钢管支架施工安全技术交底	交底日期	××年××月××日

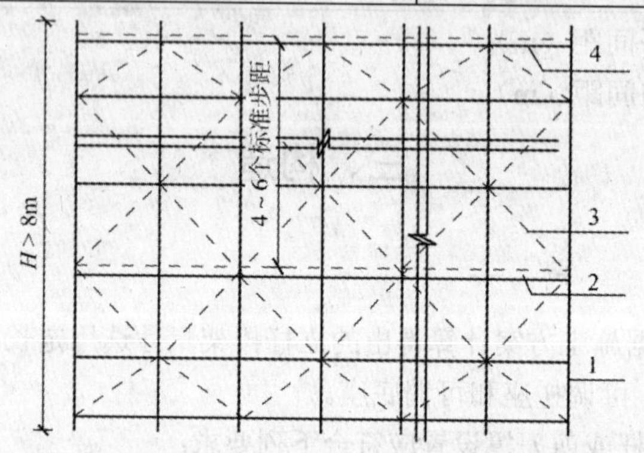

图 3-5-4　满堂架高度大于 8m 水平斜杆设置立面图

1-立杆；2-水平杆；3-斜杆；4-水平层斜杆或扣件钢管剪刀撑

3）当模板支架搭设成无侧向拉结构的独立塔状支架时，架体每个侧面每步距均应设竖向斜杆。当有防扭转要求时，可在顶层及每隔 3～4 个步距应增设水平层斜杆或钢管水平剪刀撑（图 3-5-5）。

（3）对长条状的独立高支模架，架体总高度与架体的宽度之比 H/B 不宜大于 3。

（4）模板支架可调托座伸出顶层水平杆或双槽钢托梁的悬臂长度（图 3-5-6）严禁超过 650mm，且丝杆外露长度严禁超过 400mm，可调托座插入立杆或双槽钢托梁长度不得小于 150mm。

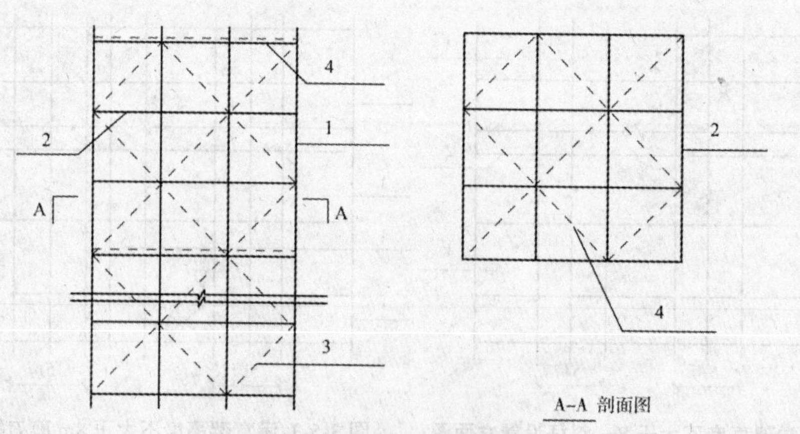

图 3-5-5　无侧向拉结塔状支模架

1-立杆；2-水平杆；3-斜杆；4-水平层斜杆

<table>
<tr><td colspan="2">安全技术交底记录</td><td rowspan="2">编号</td><td>×××</td></tr>
<tr><td colspan="2"></td><td>共×页第×页</td></tr>
<tr><td>工程名称</td><td colspan="3">××市政基础设施工程××标段</td></tr>
<tr><td>施工单位</td><td colspan="3">××市政建设集团</td></tr>
<tr><td>交底提要</td><td>承插型盘扣式钢管支架施工安全技术交底</td><td>交底日期</td><td>××年××月××日</td></tr>
</table>

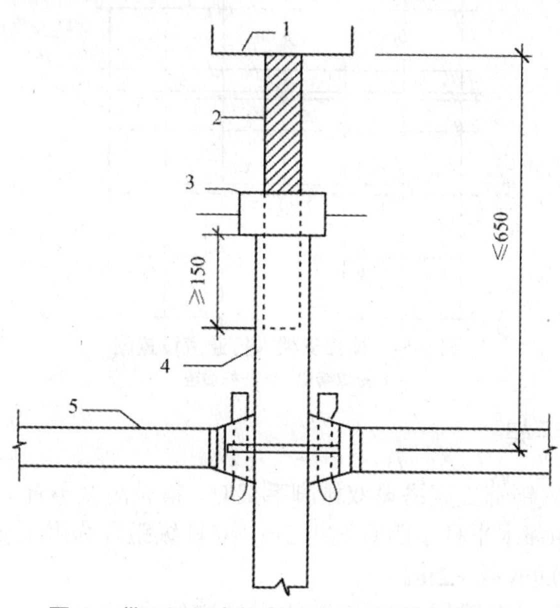

图 6-6 带可调托座伸出顶层水平杆的悬臂长度

1-可调托座；2-螺杆；3-调节螺母；4-立杆；5-水平杆

（5）高大模板支架最顶层的水平杆步距应比标准步距缩小一个盘扣间距。

（6）模板支架可调底座调节丝杆外露长度不应大于 300mm，作为扫地杆的最底层水平杆离地高度不应大于 550mm。当单肢立杆荷载设计值不大于 40kN 时，底层的水平杆步距可按标准步距设置，且应设置竖向斜杆；当单肢立杆荷载设计值大于 40kN 时，底层的水平杆应比标准步距缩小一个盘扣间距，且应设置竖向斜杆。

（7）模板支架宜与周围已建成的结构进行可靠连接。

（8）当模板支架体内设置与单肢水平杆同宽的人行通道时，可间隔抽除第一层水平杆和斜杆形成施工人员进出通道，与通道正交的两侧立杆间应设置竖向斜杆；当模板支架体内设置与单肢水平杆不同宽人行通道时，应在通道上部架设支撑横梁（图 3-5-7），横梁应按跨度和荷载确定。通道两侧支撑梁的立杆间距应根据计算设置，通道周围的模板支架应连成整体。洞口顶部应铺设封闭的防护板，两侧应设置安全网。通行机动车的洞口，必须设置安全警示和防撞设施。

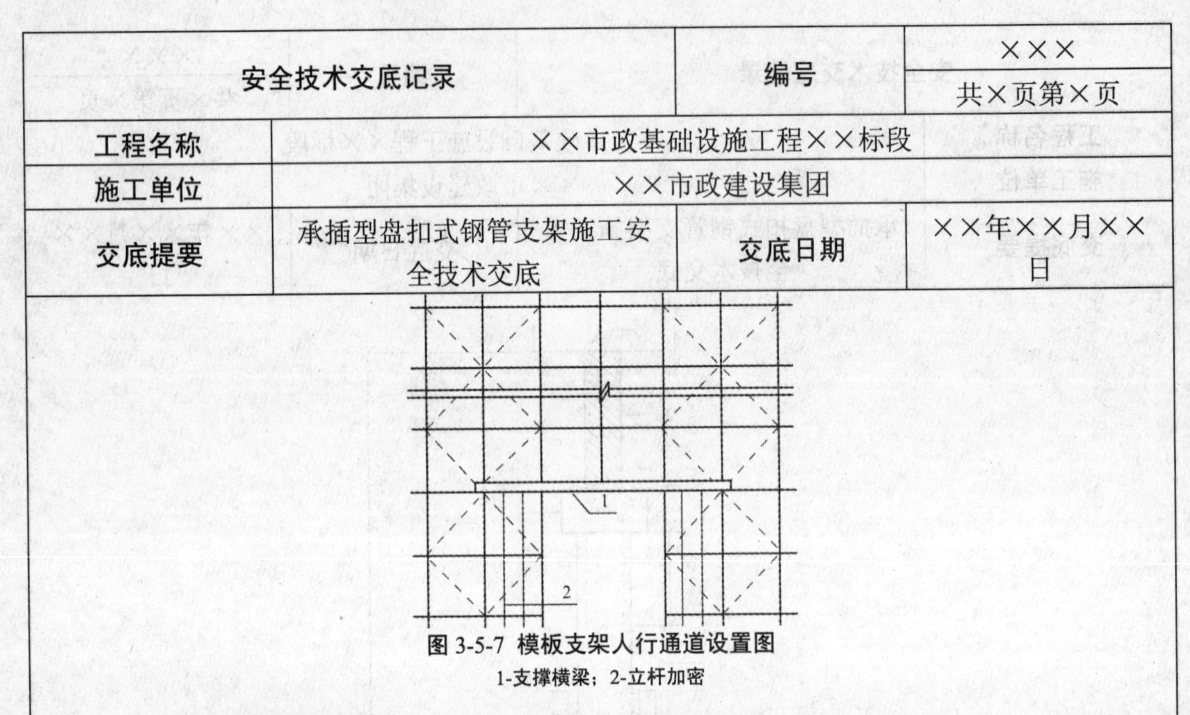

安全技术交底记录		编号	××× 共×页第×页
工程名称	××市政基础设施工程××标段		
施工单位	××市政建设集团		
交底提要	承插型盘扣式钢管支架施工安全技术交底	交底日期	××年××月××日

图 3-5-7 模板支架人行通道设置图

1-支撑横梁；2-立杆加密

（二）双排外脚手架

（1）用承插型盘扣式钢管支架搭设双排脚手架时，搭设高度不宜大于 24m。可根据使用要求选择架体几何尺寸，相邻水平杆步距宜选用 2m，立杆纵距宜选用 1.5m 或 1.8m，且不宜大于 2.1m，立杆横距宜选用 0.9m 或 1.2m。

（2）脚手架首层立杆宜采用不同长度的立杆交错布置，错开立杆竖向距离不应小于 500mm，当需设置人行通道时，立杆底部应配置可调底座。

（3）双排脚手架的斜杆或剪刀撑设置应符合下列要求：
沿架体外侧纵向每 5 跨每层应设置一根竖向斜杆（图 3-5-8）或每 5 跨间应设置扣件钢管剪刀撑（图 3-5-9），端跨的横向每层应设置竖向斜杆。

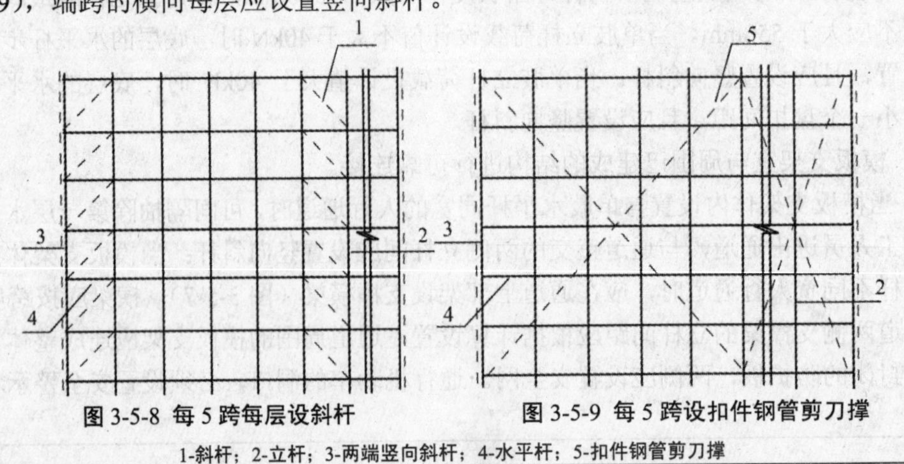

图 3-5-8 每 5 跨每层设斜杆　　图 3-5-9 每 5 跨设扣件钢管剪刀撑

1-斜杆；2-立杆；3-两端竖向斜杆；4-水平杆；5-扣件钢管剪刀撑

安全技术交底记录		编号	××× 共×页第×页
工程名称	××市政基础设施工程××标段		
施工单位	××市政建设集团		
交底提要	承插型盘扣式钢管支架施工安全技术交底	交底日期	××年××月××日

（4）承插型盘扣式钢管支架应由塔式单元扩大组合而成，拐角为直角的部位应设置立杆间的竖向斜杆。当作为外脚手架使用时，单跨立杆间可不设置斜杆。

（5）当设置双排脚手架人行通道时，应在通道上部架设支撑横梁，横梁截面大小应按跨度以及承受的荷载计算确定，通道两侧脚手架应加设斜杆；洞口顶部应铺设封闭的防护板，两侧应设置安全网；通行机动车的洞口，必须设置安全警示和防撞设施。

（6）对双排脚手架的每步水平杆层，当无挂扣钢脚手架板加强水平层刚度时，应每5跨设置水平斜杆（图3-5-10）。

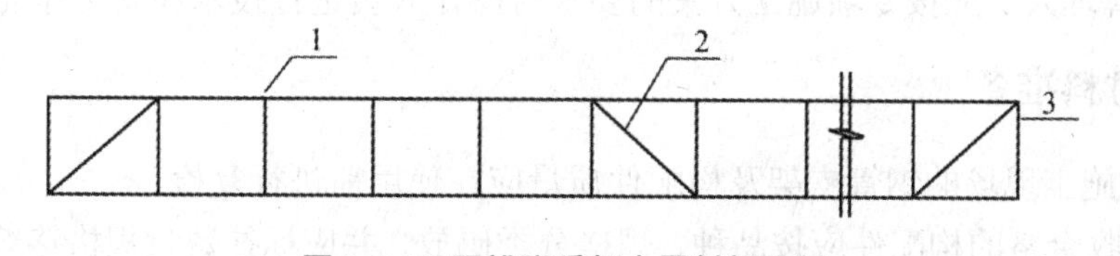

图3-5-10 双排脚手架水平斜杆设置

1-立杆；2-水平斜杆；3-水平杆

（7）连墙件的设置应符合下列规定：

1）连墙件必须采用可承受拉压荷载的刚性杆件，连墙件与脚手架立面及墙体应保持垂直，同一层连墙件宜在同一平面，水平间距不应大于3跨，与主体结构外侧面距离不宜大于300mm；

2）连墙件应设置在有水平杆的盘扣节点旁，连接点至盘扣节点距离不得大于300mm；采用钢管扣件作连墙杆时，连墙杆应采用直角扣件与立杆连接；

3）当脚手架下部暂不能搭设连墙件时，宜外扩搭设多排脚手架并设置斜杆形成外侧斜面状附加梯形架，待上部连墙件搭设后方可拆除附架梯形架。

（8）作业层设置应符合下列规定：

1）钢脚手板的挂钩必须完全扣在水平杆上，挂钩必须处于锁住状态，作业层脚手板应满铺；

2）作业层的脚手板架体外侧应设挡脚板、防护栏，并应在脚手架外侧立面满挂密目安全网；防护上栏杆宜设置在离作业层1000mm处，防护中栏杆宜设置在离作业层高度为500mm处；

3）当脚手架作业层与主体结构外侧面间间隙较大时，应设置挂扣在连接盘上的悬挑三角架，并应铺放能形成脚手架内侧封闭的脚手板。

（9）挂扣式钢梯宜设置在尺寸不小于0.9m×1.8m的脚手架框架内，钢梯宽度应为廊道宽度的1/2，钢梯可在一个框架高度内折线上升；钢架拐弯处应设置钢脚手板及扶手杆。

安全技术交底记录		编号	××× 共×页第×页
工程名称	××市政基础设施工程××标段		
施工单位	××市政建设集团		
交底提要	承插型盘扣式钢管支架施工安全技术交底	交底日期	××年××月××日

四、施工准备

（一）技术准备

（1）模板支架及脚手架施工前应根据施工对象情况、地基承载力、搭设高度，按 JGJ231-2010 的基本要求编制专项施工方案，并应经审核批准后方实施。

（2）搭设操作人员必须经过专业技术培训及专业考试合格，持证上岗。模板支架及脚手架搭设前，施工管理人员应按专项施工方案的要求对操作人员进行技术和安全作业交底。

（二）材料准备

（1）进入施工现场的钢管支架及构配件质量应在使用前进行复检。

（2）经验收合格的构配件应按品种、规格分类码放，并应标挂数量规格铭牌备用。构配件堆放场地排水应畅通，无积水。

（三）机具设备

（1）垂直运输设备：塔吊、人货电梯、施工井架。

（2）搭设工具：活动扳手、力矩扳手。

（3）检测工具：钢板尺、游标卡尺、水平尺、角尺、卷尺、扭力扳手。

（四）作业条件

（1）当采用预埋方式设置脚手架连墙件时，应提前与相关部门协商，并应按设计要求预埋。

（2）模板支架及脚手架搭设场地必须平整、竖实、有排水措施。

（3）脚手架地基与基础应达到下列要求：

1）模板支架与脚手架基础应按专项施工方案进行施工，并应按基础承载力要求进行验收。对脚手架搭设场地应进行清理、平整，并使排水通畅。回填土地面必须分层回填，逐层夯实，对脚手架基础可按表 2-27 的要求处理。当土质与表 2-27 中不符合时，应按现行国家标准《建筑地基基础设计规范》GB50007 的相关规定经计算确定。

2）土层地基上的立杆应采用可调底座和垫板，垫板的长度不宜少于 2 跨。

3）当地基高差较大时，可利用立杆 0.5m 节点位差配合可调底座进行调整（图 3-5-11）。

安全技术交底记录		编号	×××
			共×页第×页
工程名称	××市政基础设施工程××标段		
施工单位	××市政建设集团		
交底提要	承插型盘扣式钢管支架施工安全技术交底	交底日期	××年××月××日

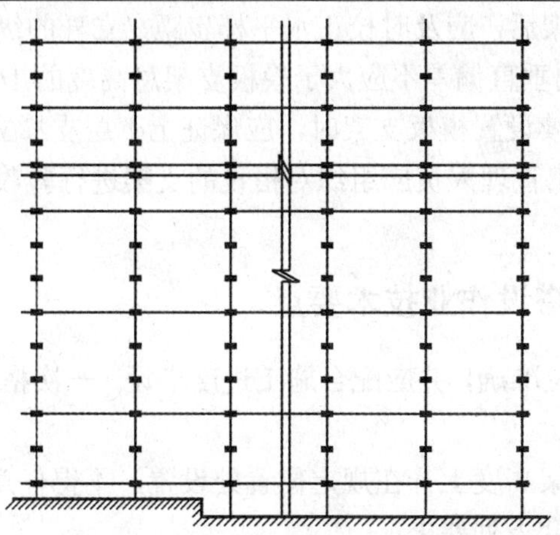

图 3-5-11 可调底座调整立杆连接示意

4）模板支架及脚手架应在地基基础验收合格后搭设。

五、施工工艺

（一）工艺流程

材料配备→定位设置通长垫板、底座→立杆→纵、横向扫地杆→纵、横向横杆→设置卸荷钢丝绳→立杆→纵、横向横杆→外斜杆/剪刀撑→连墙件→铺脚手板→扎防护栏杆→扎安全网

（二）模板支架搭设作业技术要点

（1）模板支架立杆搭设位置应按专项施工方案放线确定。

（2）模板支架搭设应根据立杆放置可调底座，应按先立杆后水平杆再斜杆的顺序搭设，形成基本的架体单元，应以此扩展搭设成整体支架体系。

（3）可调底座和土层基础上垫板应准确放置在定位线上，保持水平。垫板应平整、无翘曲，不得采用已开裂垫板。

（4）立杆应通过立杆连接套管连接，在同一水平高度内相邻立杆连接套管接头的位置宜错开，且错开高度不宜小于 75mm。模板支架高度大于 8m 时，错开高度不宜小于 500mm。

（5）水平杆扣接头与连接盘的插销应用铁锤击紧至规定插入深度的刻度线。

安全技术交底记录		编号	××× 共×页第×页
工程名称	××市政基础设施工程××标段		
施工单位	××市政建设集团		
交底提要	承插型盘扣式钢管支架施工安全技术交底	交底日期	××年××月××日

（6）每搭完一步支模架后，应及时校正水平杆步距，立杆的纵、横距，立杆的垂直偏差和水平杆的水平偏差。立杆的垂直偏差不应大于模板支架总高度的1/500，且不得大于50mm。

（7）在多层楼板上连续设置模板支架时，应保证上下层支撑立杆在同一轴线上。

（8）混凝土浇筑前施工管理人员应组织对搭设的支架进行验收，并应确认符合专项施工方案要求后浇筑混凝土。

（三）双排脚手架搭设作业技术要点

（1）脚手架立杆应定位准确，并应配合施工进度搭设，一次搭设高度不应超过相邻连墙件以上两步。

（2）连墙件应随脚手架高度上升在规定位置处设置，不得任意拆除。

（3）作业层设置应符合下列要求：

1）应满铺脚手板；

2）外侧应设挡脚板和防护栏杆，防护栏杆可在每层作业面立杆的 0.5m 和 1.0m 的盘扣节点处布置上、中两道水平杆，并应在外侧满挂密目安全网；

3）作业层与主体结构间的空隙应设置内侧防护网。

（4）加固件、斜杆应与脚手架同步搭设。采用扣件钢管做加固件、斜撑时应符合现行行业标准《建筑施工扣件式钢管脚手架安全技术规范》JGJ130 的有关规定。

（5）当脚手架搭设至顶层时，外侧防护栏杆高出顶层作业层的高度不应小于1500mm。

（6）当搭设悬挑外脚手架时，立杆的套管连接接长部位应采用螺栓作为立杆连接件固定。

（7）脚手架可分段搭设，分段使用，应由施工管理人员组织验收，并应确认符合方案要求后使用。

（四）拆除作业技术要点

（1）拆除作业应按先搭后拆，后搭先拆的原则，从顶层开始，逐层向下进行，严禁上下层同时拆除，严禁抛掷。

（2）分段、分立面拆除时，应确定分界处的技术处理方案，并应保证分段后架体稳定。

（3）脚手架应经单位工程负责人确认并签署拆除许可令后拆除。

（4）拆除时应划出安全区，设置警戒标志，派专人看管。

（5）拆除前应清理脚手架上的器具、多余的材料和杂物。

安全技术交底记录		编号	×××
			共×页第×页
工程名称	××市政基础设施工程××标段		
施工单位	××市政建设集团		
交底提要	承插型盘扣式钢管支架施工安全技术交底	交底日期	××年××月××日

（6）连墙件应随脚手架逐层拆除，分段拆除的高度差不应大于两步。如因作业条件限制，出现高度差大于两步时，应增设连墙件加固。

六、模板支架与双排脚手架验收

（一）模板支架验收

（1）模板支架应根据下列情况按进度分阶段进行检查和验收：

1）基础完工后及模板支架搭设前；

2）超过 8m 的高支模架搭设至一半高度后；

3）搭设高度达到设计高度后和混凝土浇筑前。

（2）模板支架应重点检查和验收的内容：

1）基础应符合设计要求，并应平整坚实，立杆与基础间应无松动、悬空现象，底座、支垫应符合规定；

2）搭设的架体三维尺寸应符合设计要求，搭设方法和斜杆，钢管剪刀撑等设置应符合《建筑施工承插型盘扣式钢管支架安全技术规程》JGJ 231-2010 规定：

3）可调托座和可调底座伸出水平杆的悬臂长度应符合设计限定要求；

4）水平杆扣接头与立杆连接盘的插销应击紧至所需插入深度的标志刻度。

（二）脚手架验收

（1）脚手架应根据下列情况按进度分阶段进行检查和验收：

1）基础完工后及脚手架搭设前；

2）首段高度达到 6m 时；

3）架体随施工进度逐层升高时；

4）搭设高度达到设计高度后。

（2）脚手架应重点检查和验收的内容：

1）搭设的架体三维尺寸应符合设计要求，斜杆和钢管剪刀撑设置应符合 JGJ231-2010 规定；

2）立杆基础不应有不均匀沉降，立杆可调底座与基础面的接触不应有松动和悬空现象；

3）连墙件设置应符合设计要求，应与主体结构，架体可靠连接；

4）外侧安全立网，内侧层间水平网的张挂及防护栏杆的设置应齐全、牢固；

安全技术交底记录		编号	××× 共×页第×页
工程名称	××市政基础设施工程××标段		
施工单位	××市政建设集团		
交底提要	承插型盘扣式钢管支架施工安全技术交底	交底日期	××年××月××日

5）周转使用的支架构配件使用前应作外观检查，并应作记录；

6）搭设的施工记录和质量检查记录应及时、齐全。

七、安全措施

1．人员要求

（1）模板支架和脚手架的搭设人员应持证上岗。

（2）支架搭设作业人员应正确佩戴安全帽、安全带和防滑鞋。

2．模板支架及脚手架的施工

（1）拆除的支架构件应安全地传递至地面，严禁抛掷。

（2）模板支架混凝土浇筑作业层上的施工荷载不应超过设计值。

（3）混凝土浇筑过程中，应派专人在安全区域内观测模板支架的工作状态，发生异常时观测人员应及时报告施工负责人，情况紧急时施工人员应迅速撤离，并应进行相应加固处理。

（4）模板支架及脚手架应与架空输电线路保持安全距离，工地临时用电线路架设及脚手架接地防雷击措施等应按现行行业标准《施工现场临时用电安全技术规范》JGJ46 的有关规定执行。

3．模板支架及脚手架的使用

（1）模板支架及脚手架使用期间，不得擅自拆除架体结构杆件。如需拆除时，必须报请工程项目技术负责人以及总监理工程师同意，确定防控措施后方可实施。

（2）严禁在模板支架及脚手架基础开挖深度影响范围内进行挖掘作业。

（3）高支模区域内，应设置安全警戒线，不得上下交叉作业。

（4）在脚手架或模板支架上进行电气焊作业时，必须有防火措施和专人监护。

审核人	交底人	接受交底人
×××	×××	×××、×××……

第 4 章

现场临电、消防及冬雨季施工安全技术交底

4.1 现场临时用电

4.1.1 外电线路及电气设备防护安全技术交底

<table>
<tr><td colspan="2" rowspan="2">安全技术交底记录</td><td rowspan="2">编号</td><td>×××</td></tr>
<tr><td>共×页第×页</td></tr>
<tr><td>工程名称</td><td colspan="3">××市政基础设施工程××标段</td></tr>
<tr><td>施工单位</td><td colspan="3">××市政建设集团</td></tr>
<tr><td>交底提要</td><td>外电线路及电气设备防护安全技术交底</td><td>交底日期</td><td>××年××月××日</td></tr>
</table>

交底内容：

一、外电线路防护

1．在建工程不得在外电架空线路正下方施工、搭设作业棚、建造生活设施或堆放构件、架具、材料及其他杂物等。

2．在建工程（含脚手架）的周边与外电架空线路的边线之间的最小安全操作距离应符合下表4-1-1规定。

表4-1-1 在建工程（含脚手架）的周边与架空线路的边线之间的最小安全操作距离

外电线路电压等级（kV）	<1	1～10	35～110	220	330～500
最小安全操作距离（m）	4.0	6.0	8.0	10	15

注：上、下脚手架的斜道不宜设在有外电线路的一侧。

3．施工现场的机动车道与外电架空线路交叉时，架空线路的最低点与路面的最小垂直距离应符合下表表4-1-2的规定。

表4-1-2 施工现场的机动车道与架空线路交叉时的最小垂直距离

外电线路电压等级（kV）	<1	1～10	35
最小垂直距离（m）	6.0	7.0	7.0

4．起重机严禁越过无防护设施的外电架空线路作业。在外电架空线路附近吊装时，起重机的任何部位或被吊物边缘在最大偏斜时与架空线路边线的最小安全距离应符合下表4-1-3的规定。

表4-1-3 起重机与架空线路边线的最小安全距离

电压（kV） 安全距离（m）	<1	10	35	110	220	330	500
沿垂直方向	1.5	3.0	4.0	5.0	6.0	7.0	8.5
沿水平方向	1.5	2.0	3.5	4.0	6.0	7.0	8.5

<table>
<tr><td colspan="2" rowspan="2">安全技术交底记录</td><td rowspan="2">编号</td><td>×××</td></tr>
<tr><td>共×页第×页</td></tr>
<tr><td>工程名称</td><td colspan="3">××市政基础设施工程××标段</td></tr>
<tr><td>施工单位</td><td colspan="3">××市政建设集团</td></tr>
<tr><td>交底提要</td><td>外电线路及电气设备防护安全技术交底</td><td>交底日期</td><td>××年××月××日</td></tr>
</table>

5．施工现场开挖沟槽边缘与外电埋地电缆沟槽边缘之间的距离不得小于 0.5m。

6．当达不到规定的安全距离时，必须采取绝缘隔离防护措施，并应悬挂醒目的警告标志。架设防护设施时，必须经有关部门批准，采用线路暂时停电或其他可靠的安全技术措施，并应有电气工程技术人员和专职安全人员监护。防护设施与外电线路之间的安全距离不应小于下表表 4-1-4 所列数值。防护设施应坚固、稳定，且对外电线路的隔离防护应达到 IP30 级。

表 4-1-4　防护设施与外电线路之间的最小安全距离

外电线路电压等级（kV）	≤10	35	110	220	330	500
最小安全操作距离（m）	1.7	2.0	2.5	4.0	5.0	6.0

7．当上述第 6 款中规定的防护措施无法实现时，必须与有关部门协商，采取停电、迁移外电线路或改变工程位置等措施，未采取上述措施的严禁施工。

8．在外电架空线路附近开挖沟槽时，必须会同有关部门采取加固措施，防止外电架空线路电杆倾斜、悬倒。

二、电气设备防护

1．电气设备防护应符合现行国家标准《用电安全导则》GB/T13869、《爆炸和火灾危险环境电力装置设计规范》GB50058 和《外壳防护等级（IP 代码）》GB4208 的规定。电气设备现场周围不得存放易燃易爆物、污源和腐蚀介质，否则应予清除或做防护处置，其防护等级必须与环境条件相适应。

2．电气设备设置场所应能避免物体打击和机械损伤，否则应做防护处置。

审核人	交底人	接受交底人
×××	×××	×××、×××……

4.1.2 接地与防雷安全技术交底

安全技术交底记录		编号	×××
			共×页第×页
工程名称	××市政基础设施工程××标段		
施工单位	××市政建设集团		
交底提要	接地与防雷安全技术交底	交底日期	××年××月××日

交底内容：

一、一般规定

1．在施工现场专用变压器的供电的 TN-S 接零保护系统中，电气设备的金属外壳必须与保护零线连接。保护零线应由工作接地线、配电室（总配电箱）电源侧零线或总漏电保护器电源侧零线处引出（图 4-1-1）。

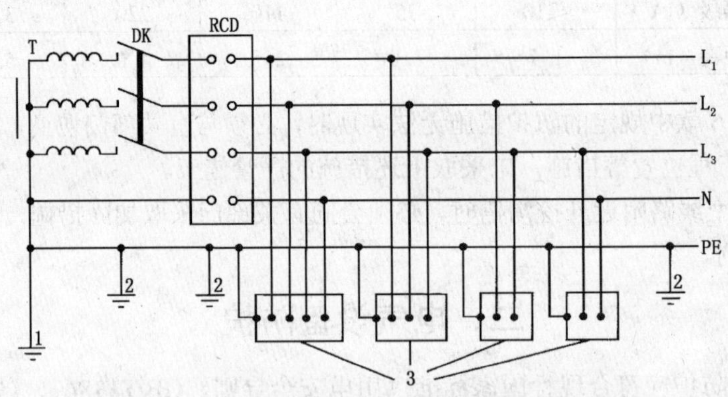

图 4-1-1 专用变压器供电时 TN-S 接零保护系统示意

1-工作接地；2-PE 线重复接地；3-电气设备金属外壳（正常不带电的外露可导电部分）；L_1、L_2、L_3-相线；N-工作零线；PE-保护零线；DK-总电源隔离开关；RCD-总漏电保护器（兼有短路、过载、漏电保护功能的漏电断路器）；T-变压器

2．当施工现场与外电线路共用同一供电系统时，电气设备的接地、接零保护应与原系统保护一致。不得一部分设备做保护接零，另一部分设备做保护接地。

采用 TN 系统做保护接零时，工作零线（N 线）必须通过总漏电保护器，保护零线（PE 线）必须由电源进线零线重复接地处或总漏电保护器电源侧零线处，引出形成局部 TN-S 接零保护系统（图 4-1-2）。

3．在 TN 接零保护系统中，通过总漏电保护器的工作零线与保护零线之间不得再做电气连接。

4．在 TN 接零保护系统中，PE 零线应单独敷设。重复接地线必须与 PE 线相连接，严禁与 N 线相连接。

5．使用一次侧由 50V 以上电压的接零保护系统供电，二次侧为 50V 及以下电压的安全隔离变压器时，二次侧不得接地，并应将二次线路用绝缘管保护或采用橡皮护套软线。

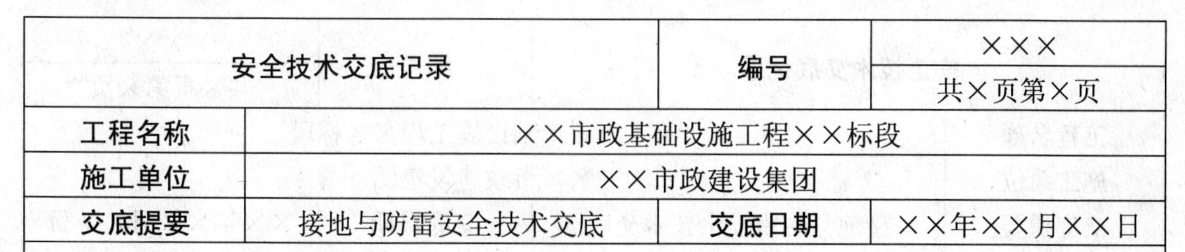

安全技术交底记录		编号	××× 共×页第×页
工程名称	××市政基础设施工程××标段		
施工单位	××市政建设集团		
交底提要	接地与防雷安全技术交底	交底日期	××年××月××日

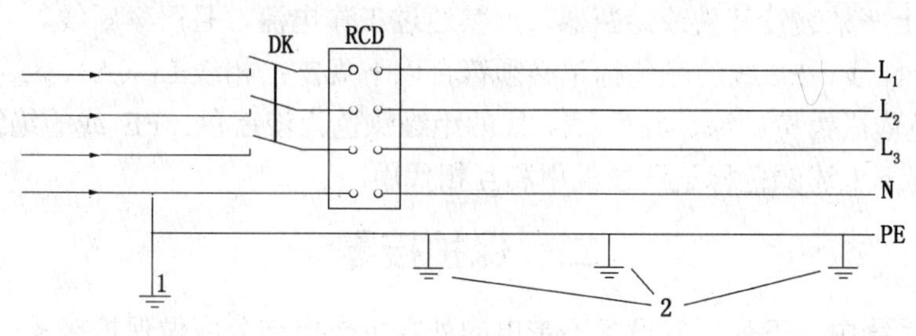

图 4-1-2 三相四线供电时局部 TN-S 接零保护系统保护零线引出示意

1－NPE 线重复接地；2－PE 线重复接地；L_1、L_2、L_3－相线；N－工作零线；PE－保护零线；DK－总电源隔离开关；RCD－总漏电保护器（兼有短路、过载、漏电保护功能的漏电断路器）

当采用普通隔离变压器时，其二次侧一端应接地，且变压器正常不带电的外露可导电部分应与一次回路保护零线相连接。

以上变压器尚应采取防直接接触带电体的保护措施。

6．施工现场的临时用电电力系统严禁利用大地做相线或零线。

7．接地装置的设置应考虑土壤干燥或冻结等季节变化的影响，并应符合表 4-1-5 的规定。但防雷装置的冲击接地电阻值只考虑在雷雨季节中土壤干燥状态的影响。

表 4-1-5　接地装置的季节系数 φ 值

埋深（m）	水平接地体	长 2～3m 的垂直接地体
0.5	1.4～1.8	1.2～1.4
0.8～1.0	1.25～1.45	1.15～1.3
2.5～3.0	1.0～1.1	1.0～1.1

注：大地比较干燥时，取表中较小值；比较潮湿时，取表中较大值。

8．PE 线所用材质与相线、工作零线（N 线）相同时，其最小截面应符合表 4-1-6 的规定。

表 4-1-6 PE 线截面与相线截面的关系

相线芯线截面 S（mm^2）	PE 线最小截面（mm^2）
S≤16	S
16<S≤35	16
S>35	S/2

9．保护零线必须采用绝缘导线。配电装置和电动机械相连接的 PE 线应为截面不小于 2.5mm^2 的绝缘多股铜线。手持式电动工具的 PE 线应为截面不小于 1.5mm^2 的绝缘多股铜线。

<table>
<tr><td colspan="2" rowspan="2">安全技术交底记录</td><td rowspan="2">编号</td><td>×××</td></tr>
<tr><td>共×页第×页</td></tr>
<tr><td>工程名称</td><td colspan="3">××市政基础设施工程××标段</td></tr>
<tr><td>施工单位</td><td colspan="3">××市政建设集团</td></tr>
<tr><td>交底提要</td><td>接地与防雷安全技术交底</td><td>交底日期</td><td>××年××月××日</td></tr>
</table>

10．PE 线上严禁装设开关或熔断器，严禁通过工作电流，且严禁断线。

11．相线、N 线、PE 线的颜色标记必须符合以下规定：相线 L_1（A）、L_2（B）、L_3（C）相序的绝缘颜色依次为黄、绿、红色；N 线的绝缘颜色为淡蓝色；PE 线的绝缘颜色为绿/黄双色。任何情况下上述颜色标记严禁混用和互相代用。

二、保护接零

1．在 TN 系统中，下列电气设备不带电的外露可导电部分应做保护接零：

（1）电机、变压器、电器、照明器具、手持式电动工具的金属外壳；

（2）电气设备传动装置的金属部件；

（3）配电柜与控制柜的金属框架；

（4）配电装置的金属箱体、框架及靠近带电部分的金属围栏和金属门；

（5）电力线路的金属保护管、敷线的钢索、起重机的底座和轨道、滑升模板金属操作平台等；

（6）安装在电力线路杆（塔）上的开关、电容器等电气装置的金属外壳及支架。

2．城防、人防、隧道等潮湿或条件特别恶劣施工现场的电气设备必须采用保护接零。

3．在 TN 系统中，下列电气设备不带电的外露可导电部分，可不做保护接零：

（1）在木质、沥青等不良导电地坪的干燥房间内，交流电压 380V 及以下的电气装置金属外壳（当维修人员可能同时触及电气设备金属外壳和接地金属物件时除外）；

（2）安装在配电柜、控制柜金属框架和配电箱的金属箱体上，且与其可靠电气连接的电气测量仪表、电流互感器、电器的金属外壳。

三、接地与接地电阻

1．单台容量超过 100kVA 或使用同一接地装置并联运行且总容量超过 100kVA 的电力变压器或发电机的工作接地电阻值不得大于 4Ω。

单台容量不超过 100kVA 或使用同一接地装置并联运行且总容量不超过 100kVA 的电力变压器或发电机的工作接地电阻值不得大于 10Ω。

在土壤电阻率大于 1000Ω•m 的地区，当达到上述接地电阻值有困难时，工作接地电阻值可提高到 30Ω。

2．TN 系统中的保护零线除必须在配电室或总配电箱处做重复接地外，还必须在配电系统的中间处和末端处做重复接地。

安全技术交底记录		编号	××× 共×页第×页
工程名称	××市政基础设施工程××标段		
施工单位	××市政建设集团		
交底提要	接地与防雷安全技术交底	交底日期	××年××月××日

在TN系统中，保护零线每一处重复接地装置的接地电阻值不应大于10Ω。在工作接地电阻值允许达到10Ω的电力系统中，所有重复接地的等效电阻值不应大于10Ω。

3．在TN系统中，严禁将单独敷设的工作零线再做重复接地。

4．每一接地装置的接地线应采用2根及以上导体，在不同点与接地体做电气连接。

不得采用铝导体做接地体或地下接地线。垂直接地体宜采用角钢、钢管或光面圆钢，不得采用螺纹钢。

接地可利用自然接地体，但应保证其电气连接和热稳定。

5．移动式发电机供电的用电设备，其金属外壳或底座应与发电机电源的接地装置有可靠的电气连接。

6．移动式发电机系统接地应符合电力变压器系统接地的要求。下列情况可不另做保护接零：

（1）移动式发电机和用电设备固定在同一金属支架上，且不供给其他设备用电时。

（2）不超过2台的用电设备由专用的移动式发电机供电，供、用电设备间距不超过50m，且供、用电设备的金属外壳之间有可靠的电气连接时。

7．在有静电的施工现场内，对集聚在机械设备上的静电应采取接地泄漏措施。每组专设的静电接地体的接地电阻值不应大于100Ω，高土壤电阻率地区不应大于1000Ω。

四、防雷

1．在土壤电阻率低于200Ω•m区域的电杆可不另设防雷接地装置，但在配电室的架空进线或出线处应将绝缘子铁脚与配电室的接地装置相连接。

2．施工现场内的起重机、井字架、龙门架等机械设备，以及钢脚手架和正在施工的在建工程等的金属结构，当在相邻建筑物、构筑物等设施的防雷装置接闪器的保护范围以外时，应按表4-1-7规定装防雷装置。

表4-1-7　施工现场内机械设备及高架设施需安装防雷装置的规定

地区年平均雷暴日（d）	机械设备高度（m）
≤15	≥50
＞15，＜40	≥32
≥40，＜90	≥20
≥90及雷害特别严重地区	≥12

当最高机械设备上避雷针（接闪器）的保护范围能覆盖其他设备，且又最后退出于现场，则其他设备可不设防雷装置。

<table>
<tr><td colspan="2" rowspan="2">安全技术交底记录</td><td rowspan="2">编号</td><td>×××</td></tr>
<tr><td>共×页第×页</td></tr>
<tr><td>工程名称</td><td colspan="3">××市政基础设施工程××标段</td></tr>
<tr><td>施工单位</td><td colspan="3">××市政建设集团</td></tr>
<tr><td>交底提要</td><td>接地与防雷安全技术交底</td><td>交底日期</td><td>××年××月××日</td></tr>
<tr><td colspan="4">3．机械设备或设施的防雷引下线可利用该设备或设施的金属结构体，但应保证电气连接。
4．机械设备上的避雷针（接闪器）长度应为1～2m。塔式起重机可不另设避雷针（接闪器）。
5．安装避雷针（接闪器）的机械设备，所有固定的动力、控制、照明、信号及通信线路，宜采用钢管敷设。钢管与该机械设备的金属结构体应做电气连接。
6．施工现场内所有防雷装置的冲击接地电阻值不得大于30Ω。
7．做防雷接地机械上的电气设备，所连接的PE线必须同时做重复接地，同一台机械电气设备的重复接地和机械的防雷接地可共用同一接地体，但接地电阻应符合重复接地电阻值的要求。</td></tr>
</table>

审核人	交底人	接受交底人
×××	×××	×××、×××……

4.1.3 配电室及自备电源安全技术交底

<table>
<tr><td colspan="2" rowspan="2">安全技术交底记录</td><td rowspan="2">编号</td><td>×××</td></tr>
<tr><td>共×页第×页</td></tr>
<tr><td>工程名称</td><td colspan="3">××市政基础设施工程××标段</td></tr>
<tr><td>施工单位</td><td colspan="3">××市政建设集团</td></tr>
<tr><td>交底提要</td><td>配电室及自备电源安全技术交底</td><td>交底日期</td><td>××年××月××日</td></tr>
</table>

交底内容：

一、配电室

1．配电室应靠近电源，并应设在灰尘少、潮气少、振动小、无腐蚀介质、无易燃易爆物及道路畅通的地方。

2．成列的配电柜和控制柜两端应与重复接地线及保护零线做电气连接。

3．配电室和控制室应能自然通风，并应采取防止雨雪侵入和动物进入的措施。

4．配电室布置应符合下列要求：

（1）配电柜正面的操作通道宽度，单列布置或双列背对背布置不小于 1.5m，双列面对面布置不小于 2m；

（2）配电柜后面的维护通道宽度，单列布置或双列面对面布置不小于 0.8m，双列背对背布置不小于 1.5m，个别地点有建筑物结构凸出的地方，则此点通道宽度可减少 0.2m；

（3）配电柜侧面的维护通道宽度不小于 1m；

（4）配电室的顶棚与地面的距离不低于 3m；

（5）配电室内设置值班或检修室时，该室边缘距配电柜的水平距离大于 1m，并采取屏障隔离；

（6）配电室内的裸母线与地面垂直距离小于 2.5m 时，采用遮栏隔离，遮栏下面通道的高度不小于 1.9m。

（7）配电室围栏上端与其正上方带电部分的净距不小于 0.075m；

（8）配电装置的上端距棚不小于 0.5m；

（9）配电室内的母线涂刷有色油漆，以标志相序；以柜正面方向为基准，其涂色符合表 4-1-8 规定；

表 4-1-8 母线涂色

相别	颜色	垂直排列	水平排列	引下排列
L_1（A）	黄	上	后	左
L_2（B）	绿	中	中	中
L_3（C）	红	下	前	右
N	淡蓝	—	—	—

<table>
<tr><td colspan="2">安全技术交底记录</td><td>编号</td><td>×××
共×页第×页</td></tr>
<tr><td>工程名称</td><td colspan="3">××市政基础设施工程××标段</td></tr>
<tr><td>施工单位</td><td colspan="3">××市政建设集团</td></tr>
<tr><td>交底提要</td><td>配电室及自备电源安全技术交底</td><td>交底日期</td><td>××年××月××日</td></tr>
</table>

（10）配电室的建筑物和构筑物的耐火等级不低于 3 级，室内配置砂箱和可用于扑灭电气火灾的灭火器；

（11）配电室的门向外开，并配锁；

（12）配电室的照明分别设置正常照明和事故照明。

5．配电柜应装设电度表，并应装设电流、电压表。电流表与计费电度表不得共用一组电流互感器。

6．配电柜应装设电源隔离开关及短路、过载、漏电保护电器。电源隔离开关分断时应有明显可见分断点。

7．配电柜应编号、并应有用途标记。

8．配电柜或配电线路停电维修时，应挂接地线，并应悬挂“禁止合闸、有人工作”停电标志牌。停送电必须由专人负责。

9．配电室应保持整洁，不得堆放任何妨碍操作、维修的杂物。

二、230/400V 自备发电机组

1．发电机组及其控制、配电、修理室等可分开设置；在保证电气安全距离和满足防火要求情况下可合并设置。

2．发电机组的排烟管道必须伸出室外。发电机组及其控制、配电室内必须配置可用于扑灭电气火灾的灭火器，严禁存放贮油桶。

3．发电机组电源必须与外电线路电源连锁，严禁并列运行。

4. 发电机组应采用电源中性点直接接地的三相四线制供电系统和独立设置 TN-S 接零保护系统。

5．发电机控制屏宜装设下列仪表：

（1）交流电压表；

（2）交流电流表；

（3）有功功率表；

（4）电度表；

（5）功率因数表；

（6）频率表；

<table>
<tr><td colspan="2" rowspan="2">安全技术交底记录</td><td rowspan="2">编号</td><td>×××</td></tr>
<tr><td>共×页第×页</td></tr>
<tr><td>工程名称</td><td colspan="3">××市政基础设施工程××标段</td></tr>
<tr><td>施工单位</td><td colspan="3">××市政建设集团</td></tr>
<tr><td>交底提要</td><td>配电室及自备电源安全技术交底</td><td>交底日期</td><td>××年××月××日</td></tr>
</table>

（7）直流电流表。

6．发电机供电系统应设置电源隔离开关及短路、过载、漏电保护电器。电源隔离开关分断时应有明显可见分断点。

7．发电机组并列运行时，必须装设同期装置，并在机组同步运行后再向负载供电。

审核人	交底人	接受交底人
×××	×××	×××、×××……

4.1.4 配电线路安全技术交底

安全技术交底记录		编号	××× 共×页第×页
工程名称	××市政基础设施工程××标段		
施工单位	××市政建设集团		
交底提要	配电线路安全技术交底	交底日期	××年××月××日

交底内容：

一、架空线路

1．架空线必须采用绝缘导线。

2．架空线必须架设在专用电杆上，严禁架设在树木、脚手架及其他设施上。

3．架空线导线截面的选择应符合下列要求：

（1）导线中的计算负荷电流不大于其长期连续负荷允许载流量。

（2）线路末端电压偏移不大于其额定电压的5%。

（3）三相四线制线路的N线和PE线截面不小于相线截面的50%，单相线路的零线截面与相线截面相同。

（4）按机械强度要求，绝缘铜线截面不小于10mm^2，绝缘铝线截面不小于16mm^2。

（5）在跨越铁路、公路、河流、电力线路档距内，绝缘铜线截面不小于16mm^2。绝缘铝线截面不小于25mm^2。

4．架空线在一个档距内，每层导线的接头数不得超过该层导线条数的50%，且一条导线应只有一个接头。

在跨越铁路、公路、河流、电力线路档距内，架空线不得有接头。

5．架空线路相序排列应符合下列规定：

（1）动力、照明线在同一横担上架设时，导线相序排列是：面向负荷从左侧起依次为L_1、N、L_2、L_3、PE；

（2）动力、照明线在二层横担上分别架设时，导线相序排列是：上层横担面向负荷从左侧起依为L_1、L_2、L_3；下层横担面向负荷从左侧起依次为L_1（L_2、L_3）、N、PE。

6．架空线路的档距不得大于35m。

7．架空线路的线间距不得小于0.3m，靠近电杆的两导线的间距不得小于0.5m。

8．架空线路横担间的最小垂直距离不得小于表4-1-9所列数值；横担宜采用角钢或方木、低压铁横担角钢应按表4-1-10选用，方木横担截面应按80mm×80mm选用；横担长度应按表4-1-11选用。

<table>
<tr><td colspan="2" rowspan="2">安全技术交底记录</td><td rowspan="2">编号</td><td>×××</td></tr>
<tr><td>共×页第×页</td></tr>
<tr><td>工程名称</td><td colspan="3">××市政基础设施工程××标段</td></tr>
<tr><td>施工单位</td><td colspan="3">××市政建设集团</td></tr>
<tr><td>交底提要</td><td>配电线路安全技术交底</td><td>交底日期</td><td>××年××月××日</td></tr>
</table>

表 4-1-9 横担间的最小垂直距离（m）

排列方式	直线杆	分支或转角杆
高压与低压	1.2	1.0
低压与低压	0.6	0.3

表 4-1-10 低压铁横担角钢选用

<table>
<tr><td rowspan="2">导线截面（mm²）</td><td rowspan="2">直线杆</td><td colspan="2">分支或转角杆</td></tr>
<tr><td>二线及三线</td><td>四线及以上</td></tr>
<tr><td>16
25
35
50</td><td>L50×5</td><td>2×L50×5</td><td>2×L63×5</td></tr>
<tr><td>70
95
120</td><td>L63×5</td><td>2×L63×5</td><td>2×L70×6</td></tr>
</table>

表 4-1-11 横担长度选用

<table>
<tr><td colspan="3">横担长度（m）</td></tr>
<tr><td>二线</td><td>三线、四线</td><td>五线</td></tr>
<tr><td>0.7</td><td>1.5</td><td>1.8</td></tr>
</table>

9．架空线路与邻近线路或固定物的距离应符合表 4-1-12 的规定。

10．架空线路宜采用钢筋混凝土杆或木杆。钢筋混凝土杆不得有露筋、宽度大于 0.4mm 的裂纹和扭曲；木杆不得腐朽，其梢径不应小于 140mm。

表 4-1-12 架空线路与邻近线路或固定物的距离

<table>
<tr><td>项目</td><td colspan="7">距离类别</td></tr>
<tr><td rowspan="2">最小净空距离（m）</td><td colspan="2">架空线路的过引线、接下线与邻线</td><td colspan="2">架空线与架空线电杆外缘</td><td colspan="3">架空线与摆动最大时树梢</td></tr>
<tr><td colspan="2">0.13</td><td colspan="2">0.05</td><td colspan="3">0.50</td></tr>
<tr><td rowspan="3">最小垂直距离（m）</td><td rowspan="2">架空线同杆架设下方的通信、广播线路</td><td colspan="3">架空线最大弧垂与地面</td><td rowspan="2">架空线最大弧垂与暂设工程顶端</td><td colspan="2">架空线与邻近电力线路交叉</td></tr>
<tr><td>施工现场</td><td>机动车道</td><td>铁路轨道</td><td>1kV 以下</td><td>1～10kV</td></tr>
<tr><td>1.0</td><td>4.0</td><td>6.0</td><td>7.5</td><td>2.5</td><td>1.2</td><td>2.5</td></tr>
<tr><td rowspan="2">最小水平距离（m）</td><td colspan="2">架空线电杆与路基边缘</td><td colspan="2">架空线电杆与铁路轨道边缘</td><td colspan="3">架空线边线与建筑物凸出部分</td></tr>
<tr><td colspan="2">1.0</td><td colspan="2">杆高（m）+3.0</td><td colspan="3">1.0</td></tr>
</table>

<table>
<tr><td colspan="2">安全技术交底记录</td><td>编号</td><td>×××
共×页第×页</td></tr>
<tr><td>工程名称</td><td colspan="3">××市政基础设施工程××标段</td></tr>
<tr><td>施工单位</td><td colspan="3">××市政建设集团</td></tr>
<tr><td>交底提要</td><td>配电线路安全技术交底</td><td>交底日期</td><td>××年××月××日</td></tr>
</table>

11．电杆埋设深度宜为杆长的 1/10 加 0.6m，回填土应分层夯实。在松软土质处宜加大埋入深度或采用卡盘等加固。

12．直线杆和 15°以下的转角杆，可采用单横担单绝缘子，但跨越机动车道时应采用单横担双绝缘子；15°到 45°的转角杆应采用双横担双绝缘子；45°以上的转角杆，应采用十字横担。

13．架空线路绝缘子应按下列原则选择：

（1）直线杆采用针式绝缘子；

（2）耐张杆采用蝶式绝缘子。

14．电杆的拉线宜采用不少于 3 根 D4.0mm 的镀锌钢丝。拉线与电杆的夹角应在 30°～45°之间。拉线埋设深度不得小于 1m。电杆拉线如从导线之间穿过，应在高于地面 2.5m 处装设拉线绝缘子。

15．因受地表环境限制不能装设拉线时，可采用撑杆代替拉线，撑杆埋设深度不得小于 0.8m，其底部应垫底盘或石块。撑杆与电杆的夹角宜为 30°。

16．接户线在档距内不得有接头，进线处离地高度不得小于 2.5m。接户线最小截面应符合表 4-1-13 规定。接衣线线间及与邻近线路间的距离应符合表 4-1-14 的要求。

表 4-1-13 接户线的最小截面

<table>
<tr><td rowspan="2">接户线架设方式</td><td rowspan="2">接户线长度（m）</td><td colspan="2">接户线截面（mm²）</td></tr>
<tr><td>铜线</td><td>铝线</td></tr>
<tr><td rowspan="2">架空或沿墙敷设</td><td>10～25</td><td>6.0</td><td>10.0</td></tr>
<tr><td>≤10</td><td>4.0</td><td>6.0</td></tr>
</table>

表 4-1-14 接户线线间及与邻近线路间的距离

<table>
<tr><td>接户线架设方式</td><td>接户线档距（m）</td><td>接户线线间距离（mm）</td></tr>
<tr><td rowspan="2">架空敷设</td><td>≤25</td><td>150</td></tr>
<tr><td>>25</td><td>200</td></tr>
<tr><td rowspan="2">沿墙敷设</td><td>≤6</td><td>100</td></tr>
<tr><td>>6</td><td>150</td></tr>
<tr><td colspan="2">架空接户线与广播电话线交叉时的距离（mm）</td><td>接户线在上部，600
接户线在下部，300</td></tr>
<tr><td colspan="2">架空或沿墙敷设的接户线零线和相线交叉时的距离（mm）</td><td>100</td></tr>
</table>

<table>
<tr><td colspan="2" rowspan="2">安全技术交底记录</td><td rowspan="2">编号</td><td>×××</td></tr>
<tr><td>共×页第×页</td></tr>
<tr><td>工程名称</td><td colspan="3">××市政基础设施工程××标段</td></tr>
<tr><td>施工单位</td><td colspan="3">××市政建设集团</td></tr>
<tr><td>交底提要</td><td>配电线路安全技术交底</td><td>交底日期</td><td>××年××月××日</td></tr>
</table>

17．架空线路必须有短路保护。

采用熔断器做短路保护时，其熔体额定电流不应大于明敷绝缘导线长期连续负荷允许载流量的 1.5 倍。

采用断路器做短路保护时，其瞬动过流脱扣器脱扣电流整定值应小于线路末端单相短路电流。

18．架空线路必须有过载保护。

采用熔断器或断路器做过载保护时，绝缘导线长期连续负荷允许载流量不应小于熔断器熔体额定电流或断路器长延时过流脱扣器脱扣电流整定值的 1.25 倍。

二、电缆线路

1．电缆中必须包含全部工作芯线和用作保护零线或保护线的芯线。需要三相四线制配电的电缆线路必须采用五芯电缆。

五芯电缆必须包含淡蓝、绿/黄二种颜色绝缘芯线。淡蓝色芯线必须用作 N 线；绿/黄双色芯线必须用作 PE 线，严禁混用。

2．电缆截面的选择应根据其长期连续负荷允许载流量和允许电压偏移确定。

3．电缆线路应采用埋地或架空敷设，严禁沿地面明设，并应避免机械损伤和介质腐蚀。埋地电缆路径应设方位标志。

4．电缆类型应根据敷设方式、环境条件选择。埋地敷设宜选用铠装电缆；当选用无铠装电缆时，应能防水、防腐。架空敷设宜选用无铠装电缆。

5．电缆直接埋地敷设的深度不应小于 0.7m，并应在电缆紧邻上、下、左、右侧均匀敷设不小于 50mm 厚的细砂，然后覆盖砖或混凝土板等硬质保护层。

6．埋地电缆在穿越建筑物、构筑物、道路、易受机械损伤、介质腐蚀场所及引出地面从 2.0m 高到地下 0.2m 处，必须加设防护套管，防护套管内径不应小于电缆外径的 1.5 倍。

7．埋地电缆与其附近外电电缆和管沟的平行间距不得小于 2m，交叉间距不得小于 1m。

8．埋地电缆的接头应设在地面上的接线盒内，接线盒应能防水、防尘、防机械损伤，并应远离易燃、易爆、易腐蚀场所。

9．架空电缆应沿电杆、支架或墙壁敷设，并采用绝缘子固定，绑扎线必须采用绝缘线，固定点间距应保证电缆能承受自重所带来的荷载，敷设高度应符合架空线路敷设高度的要求，但沿墙壁敷设时最大弧垂距地不得小于 2.0m。架空电缆严禁沿脚手架、树木或其他设施敷设。

安全技术交底记录		编号	×××
			共×页第×页
工程名称	××市政基础设施工程××标段		
施工单位	××市政建设集团		
交底提要	配电线路安全技术交底	交底日期	××年××月××日

10．在建工程内的电缆线路必须采用电缆埋地引入，严禁穿越脚手架引入。电缆垂直敷设应充分利用在建工程的竖井、垂直孔洞等，并宜靠近用电负荷中心，固定点每楼层不得少于一处。电缆水平敷设宜沿墙或门口刚性固定，最大弧垂距地不得小于 2.0m。

装饰装修工程或其他特殊阶段，应补充编制单项施工用电方案。电源线可沿墙角、地面敷设，但应采取防机械损伤和电火措施。

11．电缆线路必须有短路保护和过载保护，短路保护和过载保护电器与电缆的选配应符合要求。

三、室内配线

1．室内配线必须采绝缘导线或电缆。

2．室内配线应根据配线类型采用瓷瓶、瓷（塑料）夹、嵌绝缘槽、穿管或钢索敷设。

潮湿场所或埋地非电缆配线必须穿管敷设，管口和管接头应密封；当采用金属管敷设时，金属管必须做等电位连接，且必须与 PE 线相连接。

3．室内非埋地明敷主干线距地面高度不得小于 2.5m。

4．架空进户线的室外端应采用绝缘子固定，过墙处应穿管保护，距地面高度不得小于 2.5m，并应采取防雨措施。

5．室内配线所用导线或电缆的截面应根据用电设备或线路的计算负荷确定，但铜线截面不应小于 $1.5mm^2$，铝线截面不应小于 $2.5mm^2$。

6. 钢索配线的吊架间距不宜大于 12m。采用瓷夹固定导线时，导线间距不应小于 35mm，瓷夹间距不应大于 800mm；采用瓷瓶固定导线时，导线间距不应小于 100mm，瓷瓶间距不应大于 1.5m；采用护套绝缘导线或电缆时，可直接敷设于钢索上。

7．室内配线必须有短路保护和过载保护，短路保护和过载保护电器与绝缘导线、电缆的选配应符合要求。对穿管敷设的绝缘导线线路，其短路保护熔断器的熔体额定电流不应大于穿管绝缘导线长期连续负荷允许载流量的 2.5 倍。

审核人	交底人	接受交底人
×××	×××	×××、×××……

4.1.5 配电箱及开关箱安全技术交底

<table>
<tr><td colspan="2" rowspan="2">安全技术交底记录</td><td rowspan="2">编号</td><td>×××</td></tr>
<tr><td>共×页第×页</td></tr>
<tr><td>工程名称</td><td colspan="3">××市政基础设施工程××标段</td></tr>
<tr><td>施工单位</td><td colspan="3">××市政建设集团</td></tr>
<tr><td>交底提要</td><td>配电箱及开关箱安全技术交底</td><td>交底日期</td><td>××年××月××日</td></tr>
</table>

交底内容：

一、配电箱及开关箱的设置

1．配电系统应设置配电柜或总配电箱、分配电箱、开关箱，实行三级配电。

配电系统宜使三相负荷平衡。220V 或 380V 单相用电设备宜接入 220/380V 三相四线系统；当单相照明线路电流大于 30A 时，宜采用 220/380V 三相四线制供电。

2．总配电箱以下可设若干分配电箱；分配电箱以下可设若干开关箱。

总配电箱应设在靠近电源的区域，分配电箱应设在用电设备或负荷相对集中的区域，分配电箱与开关箱的距离不得超过 30m，开关箱与其控制的固定式用电设备的水平距离不宜超过 3m。

3．每台用电设备必须有各自专用的开关箱，严禁用同一个开关箱直接控制 2 台及 2 台以上用电设备（含插座）。

4．动力配电箱与照明配电箱宜分别设置。当合并设置为同一配电箱时，动力和照明应分路配电；动力开关箱与照明开关箱必须分设。

5．配电箱、开关箱应装设在干燥、通风及常温场所，不得装设在有严重损伤作用的瓦斯、烟气、潮气及其他有害介质中，亦不得装设在易受外来固体物撞击、强裂振动、液体浸溅及热源烘烤场所。否则，应予清除或做防护处理。

6．配电箱、开关箱周围应有足够 2 人同时工作的空间和通道，不得堆放任何妨碍操作、维修的物品，不得有灌木、杂草。

7．配电箱、开关箱应采用冷轧钢板或阻燃绝缘材料制作，钢板厚度应为 1.2～2.0mm，其中开关箱箱体钢板厚度不得小于 1.2mm，配电箱箱体钢板厚度不得小于 1.5mm，箱体表面应做防腐处理。

8．配电箱、开关箱应装设端正、牢固。固定式配电箱、开关箱的中心点与地面的垂直距离应为 1.4～1.6m。移动式配电箱、开关箱应装设在坚固、稳定的支架上。其中心点与地面的垂直距离宜为 0.8～1.6m。

9．配电箱、开关箱内的电器（含插座）应先安装在金属或非木质阻燃绝缘电器安装板上，然后方可整体紧固在配电箱、开关箱箱体内。

金属电器安装板与金属箱体应做电气连接。

<table>
<tr><td colspan="2" rowspan="2">安全技术交底记录</td><td rowspan="2">编号</td><td>×××</td></tr>
<tr><td>共×页第×页</td></tr>
<tr><td>工程名称</td><td colspan="3">××市政基础设施工程××标段</td></tr>
<tr><td>施工单位</td><td colspan="3">××市政建设集团</td></tr>
<tr><td>交底提要</td><td>配电箱及开关箱安全技术交底</td><td>交底日期</td><td>××年××月××日</td></tr>
</table>

10．配电箱、开关箱内的电器（含插座）应按其规定位置紧固在电器安装板上，不得歪斜和松动。

11．配电箱的电器安装板上必须分设 N 线端子板和 PE 线端子板。N 线端子板必须与金属电安装板绝缘；PE 线端子板必须与金属电器安装板做电气连接。

进出线中的 N 线必须通过 N 线端子板连接；PE 线必须通过 PE 线端子板连接。

12．配电箱、开关箱内的连接线必须采用铜芯绝缘导线。导线绝缘的颜色标志应排列整齐；导线分支接头不得采和螺栓压接，应采用焊接并做绝缘包扎，不得有外露带电部分。

13．配电箱、开关箱的金属箱体、金属电器安装板以及电器正常不带电的金属底座、外壳等必须通过 PE 线端子板与 PE 线做电气连接，金属箱门与金属箱必须通过采用编织软铜线做电气连接。

14．配电箱、开关箱的箱体尺寸应与箱内电器的数量和尺寸相适应，箱内电器安装板板面电器安装尺寸可按照表 4-1-15 确定。

表 4-1-15　配电箱、开关箱内电器安装尺寸选择值

间距名称	最小净距（mm）
并列电器（含单极熔断器）间	30
电器进、出线瓷管（塑胶管）孔与电器边沿间	15A，30 20～30A，50 60A 及以上，80
上、下排电器进出线瓷管（塑胶管）孔间	25
电器进、出线瓷管（塑胶管）孔至板边	40
电器至板边	40

15．配电箱、开关箱中导线的进线口和出线口应设在箱体的下底面。

16．配电箱、开关箱的进、出线口应配置固定线卡、进出线应加绝缘护套并成束卡在箱体上，不得与箱体直接接触。移动式配电箱、开关箱的进、出线应采用橡皮护套绝缘电缆，不得有接头。

17．配电箱、开关箱外形结构应能防雨、防尘。

二、电器装置的选择

1．配电箱、开关箱内的电器必须可靠、完好，严禁使用破损、不合格的电器。

2．总配电箱的电器应具备电源隔离，正常接通与分断电路，以及短路、过载、漏电保护功能。电器设置应符合下列原则：

（1）当总路设置总漏电保护器时，还应装设总隔离开关、分路隔离开关以及总断路器、分路断路器或总熔断器、分路熔断器。当所设总漏电保护器是同时具备短路、过载、漏电保护功能的漏电断路器时，可不设总断路器或总熔断器。

<table>
<tr><td colspan="2" rowspan="2">安全技术交底记录</td><td rowspan="2">编号</td><td>×××</td></tr>
<tr><td>共×页第×页</td></tr>
<tr><td>工程名称</td><td colspan="3">××市政基础设施工程××标段</td></tr>
<tr><td>施工单位</td><td colspan="3">××市政建设集团</td></tr>
<tr><td>交底提要</td><td>配电箱及开关箱安全技术交底</td><td>交底日期</td><td>××年××月××日</td></tr>
</table>

（2）当各分路设置分路漏电保护器时，还应装设总隔离开关、分路隔离开关以及总断路器、分路断路器或总熔断器、分路熔断器。当分路所设漏电保护器是同时具备短路、过载、漏电保护功能的漏电断路器时，可不设分路断路器或分路熔断器。

（3）隔离开关应设置于电源进线端，应采用分断时具有可见分断点，并能同时断开电源所有极的隔离电器。如采用分断时具有可见分断点的断路器，可不另设隔离开关。

（4）熔断器应选用具有可靠灭弧分断功能的产品。

（5）总开关电器的额定值、动作整定应与分路开关电器的额定值、动作整定值相适应。

3．总配电箱应装设电压表、总电流表、电度表及其他需要的仪表。专用电能计量仪表的装设应符合当地供用电管理部门的要求。

装设电流互感器时，其二次回路必须与保护零线有一个连接点，且严禁断开电路。

4．分配电箱应装设总隔离开关、分路隔离开关以及总断路器、分路断路器或总熔断器、分路熔断器。

5．开关箱必须装设隔离开关、断路器或熔断器，以及漏电保护器。当漏电保护器是同时具有短路、过载、漏电保护功能的漏电断路器时，可不装设断路或熔断器。隔离开关应采用分断时具有可见分断点，能同时断开电源所有极的隔离电器，并应设置于电源进线端。当断路器是具有可见分断点时，可不另设隔离开关。

6. 开关箱中的隔离开关只可直接控制照明电路和容量不大于3.0kW的动力电路，但不应频繁操作。容量大于3.0kW的动力电路应采用断路器控制，操作频繁时还应附设接触器或其他启动控制装置。

7. 开关箱中各种开关电器的额定值和动作整定值应与其控制用电设备的额定值和特性相适应。

8．漏电保护器应装设在总配电箱、开关箱靠近负荷的一侧，且不得用于启动电气设备的操作。

9．漏电保护器的选择应符合现行国家标准《剩余电流动作保护器的一般要求》GB6829和《漏电保护器安装和运行的要求》GB13955的规定。

10．开关箱中漏电保护器的额定漏电动作电流不应大于 30mA，额定漏电动作时间不应大于0.1s。

使用于潮湿或有腐蚀介质场所的漏电保护器应采用防溅型产品，其额定漏电动作电流不应大于15mA，额定漏电动作时间不应大于0.1s。

安全技术交底记录		编号	××× 共×页第×页
工程名称	××市政基础设施工程××标段		
施工单位	××市政建设集团		
交底提要	配电箱及开关箱安全技术交底	交底日期	××年××月××日

11．总配电箱中漏电保护器的额定漏电动作电流应大于30mA，额定漏电动作时间应大于0.1s，但其额定漏电动作电流与额定漏电动作时间的乘积不应大于30mA•s。

12．总配电箱和开关箱中漏电保护器的极数和线数必须与其负荷侧负荷的相数和线数一致。

13．配电箱、开关箱中的漏电保护器宜选用无辅助电源型（电磁式）产品，或选用辅助电源故障时能自动断开的辅助电源型（电子式）产品。当选用辅助电源故障时不能自动断开的辅助电源型（电子式）产品时，应同时设置缺相保护。

14．漏电保护器应按产品说明书安装、使用。对搁置已久重新使用或连续使用的漏电保护器应逐月检测其特性，发现问题应及时修理或更换。

漏电保护器的正确使用接线方法应按图4-1-3选用。

15．配电箱、开关箱的电源进线端严禁采用插头和插座做活动连接。

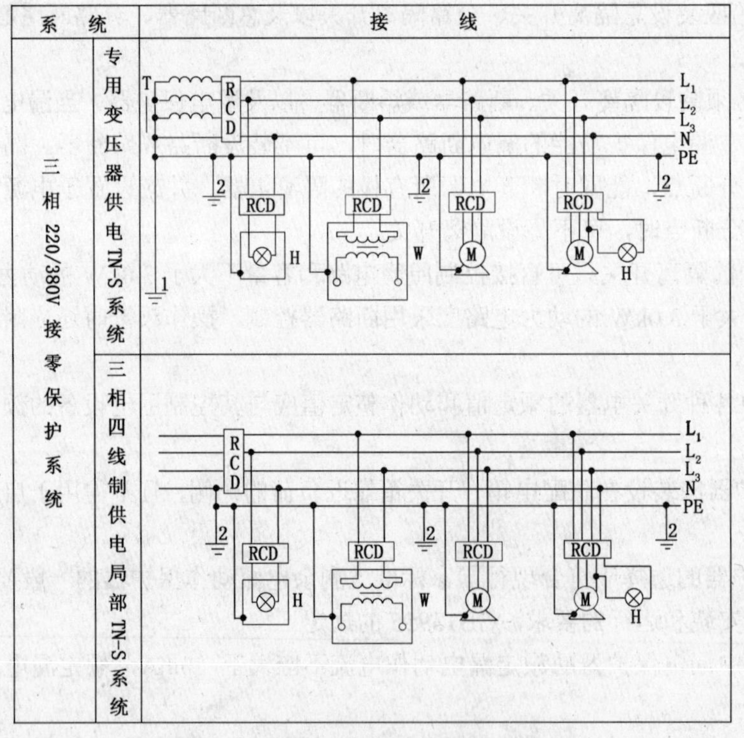

图4-1-3 漏电保护器使用接线方法示意

L_1、L_2、L_3—相线；N—工作零线；PE—保护零线、保护线；1—工作接地；2—重复接地；T—变压器；RCD—漏电保护器；H—照明器；W—电焊机；M—电动机

安全技术交底记录		编号	×××
			共×页第×页
工程名称	××市政基础设施工程××标段		
施工单位	××市政建设集团		
交底提要	配电箱及开关箱安全技术交底	交底日期	××年××月××日

三、使用与维护

1．配电箱、开关箱应有名称、用途、分路标记及系统接线图。

2．配电箱、开关箱箱门应配锁，并应由专人负责。

3．配电箱、开关箱应定期检查、维修。检查、维修人员必须是专业电工。检查、维修时必须按规定穿、戴绝缘鞋、手套，必须使用电工绝缘工具，并应做检查、维修工作记录。

4．对配电箱、开关箱进行定期维修、检查时，必须将其前一级相应的电源隔离开关分闸断电，并悬挂“禁止合闸、有人工作”停电标志牌，严禁带电作业。

5．配电箱、开关箱必须按照下列顺序操作：

（1）送电操作顺序为：总配电箱→分配电箱→开关箱；

（2）停电操作顺序为：开关箱→分配电箱→总配电箱。

但出现电气故障的紧急情况可除外。

6．施工现场停止作业 1 小时以上时，应将动力开关箱断电上锁。

7．配电箱、开关箱内不得放置任何杂物，并应保持整洁。

8．配电箱、开关箱内不得随意挂接其他用电设备。

9．配电箱、开关箱内的电器配置和接线严禁随意改动。

熔断器的熔体更换时，严禁采用不符合原规格的熔体代替。漏电保护器每天使用前应启动漏电试验按钮试跳一次，试跳不正常时严禁继续使用。

10．配电箱、开关箱的进线和出线严禁承受外力，严禁与金属尖锐断口、强腐蚀介质和易燃易爆物接触。

审核人	交底人	接受交底人
×××	×××	×××、×××……

4.1.6 电动建筑机械和手持式电动工具用电安全技术交底

安全技术交底记录		编号	×××
			共×页第×页
工程名称	××市政基础设施工程××标段		
施工单位	××市政建设集团		
交底提要	电动建筑机械和手持式电动工具用电安全技术交底	交底日期	××年××月××日

交底内容：

一、一般规定

1．施工现场中电动建筑机械和手持式电动工具的选购、使用、检查和维修应遵守下列规定：

（1）选购的电动建筑机械、手持式电动工具及其用电安全装置符合相应的国家现行有关强制性标准的规定，且具有产品合格证和使用说明书；

（2）建立和执行专人专机负责制，并定期检查和维修保养；

（3）接地符合要求，运行时产生振动的设备的金属基座、外壳与PE线的连接点不少于2处；

（4）按使用说明书使用、检查、维修。

2．塔式起重机、外用电梯、滑升模板的金属操作平台及需要设置避雷装置的物料提升机，除应连接PE线外，还应做重复接地。设备的金属结构构件之间应保证电气连接。

3．手持式电动工具中的塑料外壳Ⅱ类工具和一般场所手持式电动工具中的Ⅲ类工具可不连接PE线。

4．电动建筑机械和手持式电动工具的负荷线应按其计算负荷选用无接头的橡皮护套铜芯软电缆，其性能应符合现行国家标准《额定电压450/750V及以下橡皮绝缘电缆》GB 5013中第1部分（一般要求）和第4部分（软线和软电缆）的要求。

电缆芯线数应根据负荷及其控制电器的相数和线数确定：三相四线时，应选用五芯电缆；三相三线时，应选用四芯电缆；当三相用电设备中配置有单相用电器具时，应选用五芯电缆；单相二线时，应选用三芯电缆。

5．每一台电动建筑机械或手持式电动工具的开关箱内，除应装设过载、短路、漏电保护电器外，还应装设隔离开关或具有可见分断点的断路器，以及装设控制装置。正、反向运转控制装置中的控制电器应采用接触器、继电器等自动控制电器，不得采用手动双向转换开关作为控制电器。

<table>
<tr><td colspan="2" rowspan="2">安全技术交底记录</td><td rowspan="2">编号</td><td>×××</td></tr>
<tr><td>共×页第×页</td></tr>
<tr><td>工程名称</td><td colspan="3">××市政基础设施工程××标段</td></tr>
<tr><td>施工单位</td><td colspan="3">××市政建设集团</td></tr>
<tr><td>交底提要</td><td>电动建筑机械和手持式电动工具用电安全技术交底</td><td>交底日期</td><td>××年××月××日</td></tr>
</table>

二、起重机械

1．塔式起重机的电气设备应符合现行国家标准《塔式起重机安全规程》GB 5144 中的要求。

2．塔式起重机应按要求做重复接地和防雷接地。轨道式塔式起理机接地装置的设置应符合下列要求：

（1）轨道两端各设一组接地装置；

（2）轨道的接头处作电气连接，两条轨道端部做环形电气连接；

（3）较长轨道每隔不大于 30m 加一组接地装置。

3．塔式起重机与外电线路的安全距离应符合要求。

4．轨道式塔式起重机的电缆不得拖地行走。

5．需要夜间工作的塔式起重机，应设置正对工作面的投光灯。

6．塔身高于 30m 的塔式起重机，应在塔顶和臂架端部设红色信号灯。

7．在强电磁波源附近工作的塔式起重机，操作人员应戴绝缘手套和穿绝缘鞋，并应在叫钩与机体间采取绝缘隔离措施，或在吊钩吊装地面物体时，在吊钩上挂接临时接地装置。

8．外用电梯梯笼内、外均应安装紧急停止开关。

9．外用电梯和物料提升机的上、下极限位置应设置限位开关。

10．外用电梯和物料提升机在每日工作前必须对行程开关、限位开关、紧急停止开关、驱动机构和制动器等进行空载检查，正常后方可使用。检查时必须有防坠落措施。

三、桩工机械

1．潜水式钻孔机电机的密封性能应符合现行国家标准《外壳防护等级（IP 代码）》GB 4208 中的 IP68 级的规定。

2．潜水电机的负荷线应采用防水橡皮护套铜芯软电缆，长度不应小于 1.5m，且不得承受外力。

3．潜水式钻孔机开关箱中的漏电保护器必须符合潮湿场所选用漏电保护器的要求。

四、夯土机械

1．夯土机械开关箱中的漏电保护器必须符合潮湿场所选用漏电保护器的要求。

安全技术交底记录		编号	××× 共×页第×页
工程名称	××市政基础设施工程××标段		
施工单位	××市政建设集团		
交底提要	电动建筑机械和手持式电动工具用电安全技术交底	交底日期	××年××月××日

2．夯土机械 PE 线的连接点不得少于 2 处。

3．夯土机械的负荷线应采用耐气候型橡皮护套铜芯软电缆。

4．使用夯土机械必须按规定穿戴绝缘用品，使用过程应有专人调整电缆，电缆长度不应大于 50m。电缆严禁缠绕、扭结和被夯土机械跨越。

5．多台夯土机械并列工作时，其间距不得小于 5m；前后工作时，其间距不得小于 10m。

6．夯土机械的操作扶手必须绝缘。

五、焊接机械

1．电焊机械应放置在防雨、干燥和通风良好的地方。焊接现场不得有易燃、易爆物品。

2．交流弧焊机变压器的一次侧电源线长度不应大于 5m，其电源进线处必须设置防护罩。发电机式直流电焊机的换向器应经常检查和维护，应消除可能产生的异常电火花。

3．电焊机械开关箱中的漏电保护器必须符合要求。交流电焊机械应配装防二次侧触电保护器。

4．电焊机械的二次线应采用防水橡皮护套铜芯软电缆，电缆长度不应大于 30m，不得采用金属构件或结构钢筋代替二次线的地线。

5．使用电焊机械焊接时必须穿戴防护用品。严禁露天冒雨从事电焊作业。

六、手持式电动工具

1．空气湿度小于 75%的一般场所可选用Ⅰ类或Ⅱ类手持式电动工具，其金属外壳与 PE 线的连接点不得少于 2 处；除塑料外壳Ⅱ类工具外，相关开关箱中漏电保护器的额定漏电动作电流不应大于 15mA，额定漏电动作时间不应大于 0.1s，其负荷线插头应具备专用的保护触头。所用插座和插头在结构上应保持一致，避免导电触头和保护触头混用。

2．在潮湿场所和金属构架上操作时，必须选用Ⅱ类或由安全隔离变压器供电的Ⅲ类手持工电动工具。金属外壳Ⅱ类手持式电动工具使用时，必须符合要求；其开关箱和控制箱应设置在作业场所外面，在潮湿场所或金属构架上严禁使用Ⅰ类手持式电动工具。

3．狭窄场所必须选用由安全隔离变压器供电的Ⅲ类手持式电动工具，其开关箱和安全隔离变压器均应设置在狭窄场所外面，并连接 PE 线。操作过程中，应有人在外面监护。

4．手持式电动工具的负荷线应采用耐气候型的橡皮护套铜芯软电缆，并不得有接头。

<table>
<tr><td colspan="2" rowspan="2">安全技术交底记录</td><td rowspan="2">编号</td><td>×××</td></tr>
<tr><td>共×页第×页</td></tr>
<tr><td>工程名称</td><td colspan="3">××市政基础设施工程××标段</td></tr>
<tr><td>施工单位</td><td colspan="3">××市政建设集团</td></tr>
<tr><td>交底提要</td><td>电动建筑机械和手持式电动工具用电安全技术交底</td><td>交底日期</td><td>××年××月××日</td></tr>
</table>

5．手持式电动工具的外壳、手柄、插头、开关、负荷线等必须完好无损，使用前必须做绝缘检查和空载检查，在绝缘合格、空载运转正常后方可使用。绝缘电阻不应小于表4-1-16规定的数值。

表4-1-16 手持式电动工具绝缘电阻限值

测量部位	绝缘电阻（MΩ）		
	I类	II类	III类
带电零件与外壳之间	2	7	1

注：绝缘电阻用500V兆欧表测量。

6．使用手持式电动工具时，必须按规定穿、戴绝缘防护用品。

七、其他电动建筑机械

1．混凝土搅拌机、插入式振动器、平板振动器、地面抹光机、水磨石机、钢筋加工机械、木工机械、盾构机构、水泵等设备的漏电保护应符合要求。

2．混凝土搅拌机、插入式振动器、平板振动器、地面抹光机、水磨石机、钢筋加工机械、木工机械、盾构机械的负荷线必须采用耐气候型橡皮护套铜芯软电缆，并不得有任何破损和接头。

水泵的负荷线必须采用防水橡皮护套铜芯软电缆，严禁有任何破损和接头，并不得承受任何外力。

盾构机械的负荷线必须固定牢固，距地高度不得小于2.5m。

3．对混凝土搅拌机、钢筋加工机械、木工机械、盾构机械等设备进行清理、检查、维修时，必须首先将其开关箱分闸断电，呈现可见电源分断点，并关门上锁。

审核人	交底人	接受交底人
×××	×××	×××、×××……

4.1.7 照明工程安全技术交底

安全技术交底记录		编号	×××
			共×页第×页
工程名称	××市政基础设施工程××标段		
施工单位	××市政建设集团		
交底提要	照明工程安全技术交底	交底日期	××年××月××日

交底内容：

一、一般规定

1．在坑、洞、井内作业、夜间施工或厂房、道路、仓库、办公室、食堂、宿舍、料具堆放场及自然采光差等场所，应设一般照明、局部照明或混合照明。

在一个工作场所内，不得只设局部照明。

停电后，操作人员需及时撤离的施工现场，必须装设自备电源的应急照明。

2．现场照明应采用高光效、长寿命的照明光源。对需大面积照明的场所，应采用高压汞灯、高压钠灯或混光用的卤钨灯等。

3．照明器的选择必须按下列环境条件确定：

（1）正常湿度一般场所，选用开启式照明器；

（2）潮湿或特别潮湿场所，选用密闭型防水照明器或配有防水灯头的开启式照明器；

（3）含有大量尘埃但无爆炸和火灾危险的场所，选用防尘型照明器；

（4）有爆炸和火灾危险的场所，按危险场所等级选用防爆型照明器；

（5）存在较强振动的场所，选用防振型照明器；

（6）有酸碱等强腐蚀介质场所，选用耐酸碱型照明器。

4．照明器具和器材的质量应符合国家现行有关强制性标准的规定，不得使用绝缘老化或破损的器具和器材。

5．无自采光的地下大空间施工场所，应编制单项照明用电方案。

二、照明供电

1．一般场所宜适用额定电压为220V的照明器。

2．下列特殊场所应使用安全特低电压照明器：

（1）隧道、人防工程、高温、有导电灰尘、比较潮湿或灯具离地面高度低于2.5m等场所的照明，电源电压不应大于36V；

（2）潮湿和易触及带电体场所的照明，电源电压不得大于24V；

（3）特别潮湿场所、导电良好的地面、锅炉或金属容器内的照明，电源电压不得大于12V。

安全技术交底记录		编号	××× 共×页第×页
工程名称	××市政基础设施工程××标段		
施工单位	××市政建设集团		
交底提要	照明工程安全技术交底	交底日期	××年××月××日

3．使用行灯应符合下列要求：

（1）电源电压不大于 36V；

（2）灯体与手柄应坚固、绝缘良好并耐热耐潮湿；

（3）灯头与灯体结合牢固，灯头无开关；

（4）灯泡外部有金属保护网；

（5）金属网、反光罩、悬吊挂钩固定在灯具的绝缘部位上。

4．远离电源的小面积工作场地、道路照明、警卫照明或额定电压为 12～36V 照明的场所，其电压允许偏移值为额定电压值的-10%～5%；其余场所电压允许偏移值为额定电压值的±5%。

5．照明变压器必须使用双绕组型安全隔离变压器，严禁使用自耦变压器。

6．照明系统宜使三相负荷平衡，其中每一单相回路上，灯具和插座数量不宜超过 25 个，负荷电流不宜超过 15A。

7．携带式变压器的一次侧电源线应采用橡皮护套或塑料护套铜芯软电缆，中间不得有接头，长度不宜超过 3m，其中绿/黄双色线只可用 PE 线使用，电源插销应有保护触头。

8．工作零线截面应按下列规定选择：

（1）单相二线及二相二线线路中，零线截面与相线截面相同；

（2）三相四线制线路中，当照明器为白炽灯时，零线截面不小于相线截面的 50%；当照明器为气体放电灯时，零线截面按最大负载相的电流选择；

（3）在逐相切断的三相照明电路中，零线截面与最大负载相相线截面相同。

三、照明装置

1．照明灯具的金属外壳必须与 PE 线相连接，照明开关箱内必须装设隔离开关、短路与过载保护电器和漏电保护器。

2．室外 220V 灯具距地面不得低于 3m，室内 220V 灯具距地面不得低于 2.5m。

普通灯具与易燃物距离不宜小于 300mm；聚光灯、碘钨灯等高热灯具与易燃物距离不宜小于 500mm，且不得直接照射易燃物。达不到规定安全距离时，应采取隔热措施。

3．路灯的每个灯具应单独装设熔断器保护。灯头线应做防水弯。

4．荧光灯管应采用管座固定或用吊链悬挂，荧光灯的镇流器不得安装在易燃的结构物上。

5．碘钨灯及钠、铊、铟等金属卤化物灯具的安装高度宜在 3m 以上，灯线应固定在接线柱上，不得靠近灯具表面。

安全技术交底记录		编号	×××
			共×页第×页
工程名称	××市政基础设施工程××标段		
施工单位	××市政建设集团		
交底提要	照明工程安全技术交底	交底日期	××年××月××日

6．投光灯的底座应安装牢固，应按需要的光轴方向将枢轴拧紧固定。

7．螺口灯头及其接线应符合下列要求：

（1）灯头的绝缘外壳无损伤、无漏电；

（2）相线接在与中心触头相连的一端，零线接在与螺纹口相连的一端。

8．灯具内的接线必须牢固，灯具外的接线必须做可靠的防水绝缘包扎。

9．暂设工程的照明灯具宜采用拉线开关控制，开关安装位置宜符合下列要求：

（1）拉线开关距地面高度为 2～3m，与出入口的水平距离为 0.15～0.2m，拉线的出口向下；

（2）其他开关距地面高度为 1.3m，与出入口的水平距离为 0.15～0.2m。

10．灯具的相线必须经开关控制，不得将相线直接引入灯具。

11．对夜间影响飞机或车辆通行的在建工程及机械设备，必须设置醒目的红色信号灯，其电源应设在施工现场总电源开关的前侧，并应设置外电线路停止供电时的应急自备电源。

审核人	交底人	接受交底人
×××	×××	×××、×××……

4.1.8 特殊环境用电安全技术交底

<table>
<tr><td colspan="2" rowspan="2">安全技术交底记录</td><td rowspan="2">编号</td><td>×××</td></tr>
<tr><td>共×页第×页</td></tr>
<tr><td>工程名称</td><td colspan="3">××市政基础设施工程××标段</td></tr>
<tr><td>施工单位</td><td colspan="3">××市政建设集团</td></tr>
<tr><td>交底提要</td><td>特殊环境用电安全技术交底</td><td>交底日期</td><td>××年××月××日</td></tr>
</table>

交底内容：

一、易燃、易爆环境

1．施工现场供用电电气设备及电力线路的选型和安装，应符合现行国家标准《爆炸和火灾危险环境电力装置设计规范》GB 50058 及《电气装置安装工程爆炸和火灾危险环境电气装置施工及验收规范》GB 50257 的规定。

2．在易燃、易爆环境中，严禁产生火花。当不能满足要求时，应采取安全措施。

3．照明灯具应选用防爆型，导线应采用防爆橡胶绝缘线。

4．使用手持式或移动式电动工具应采取防爆措施。

5．严禁带电作业。更换灯泡应断开电源。

6．电气设备正常不带电的外露导电部分，必须接地或接零。保护零线不得随意断开；当需要断开时，应采取安全措施，工作完结后应立即恢复。

二、腐蚀环境

1．变电所、配电所宜设在全年最小频率风向的下风侧，不宜设在有腐蚀性物质装置的下风侧。

2．变电所、配电所与重腐蚀场所的最小距离应符合表 4-1-17 的规定。

表 4-1-17　变电所、配电所与重腐蚀场所的最小距离（m）

	Ⅰ类腐蚀环境	Ⅱ类腐蚀环境
露天变电所、配电所	50	80
室内变电所、配电所	30	50

注：Ⅰ类腐蚀环境和Ⅱ类腐蚀环境的确定应符合国家现行标准规范的规定。

3．6～10kV 配电装置设在户外时，应选用户外防腐型电气设备。

4．6～10kV 配电装置设在户内时，应选用户内防腐型电气设备。户内配电装置的户外部分，可选用高一级或两级电压的电气设备。

5．在腐蚀环境的 10kV 及以下线路采用架空线路时，应采用水泥杆、角钢横担和耐污绝缘子。绝缘子和穿墙套管的额定电压，应提高一级或两级。1kV 及以下架空线路，宜选用塑料绝缘电线或防腐铝绞线。1kV 以上架空线路，宜选用防腐钢芯铝绞线。

<table>
<tr><td colspan="2">安全技术交底记录</td><td>编号</td><td>×××
共×页第×页</td></tr>
<tr><td>工程名称</td><td colspan="3">××市政基础设施工程××标段</td></tr>
<tr><td>施工单位</td><td colspan="3">××市政建设集团</td></tr>
<tr><td>交底提要</td><td>特殊环境用电安全技术交底</td><td>交底日期</td><td>××年××月××日</td></tr>
</table>

6．配电线路宜采用全塑电缆明敷设。在Ⅰ类和Ⅱ类腐蚀环境中，不宜采用绝缘电线穿管的敷设方式或电缆沟敷设方式。

7．腐蚀环境中的电缆芯线中间不宜有接头。电缆芯线的端部，宜用接线鼻子与设备连接。

8．密封式配电箱、控制箱等设备的电缆进、出口处，应采取密封防腐措施。

9．重腐蚀环境中的架空线路应采用铜导线。

10．重腐蚀环境中的照明，应采用防腐密闭式灯具。

三、特别潮湿环境

1．在特别潮湿的环境中，电气设备、电缆、导线等，应选用封闭型或防潮型。

2．电气设备金属外壳、金属构架和管道均应接地良好。

3．移动式电动工具和手提式电动工具，应加装漏电保护器或选用双重绝缘设备。长期停用的电动工具，使用前应测绝缘。

4．行灯电压不应超过12V。

5．潮湿环境不宜带电作业，一般作业应穿绝缘靴或站在绝缘台上。

审核人	交底人	接受交底人
×××	×××	×××、×××……

4.2 现场消防

安全技术交底记录		编号	×××
			共×页第×页
工程名称	××市政基础设施工程××标段		
施工单位	××市政建设集团		
交底提要	现场消防安全技术交底	交底日期	××年××月××日

交底内容：

1.一般规定

（1）施工现场应按照国家和北京市消防工作的方针、政策和消防法规的规定，根据工程特点、规模和现场环境状况确定消防管理机构并配备专（兼）职消防管理人员，制定消防管理制度，对施工人员进行消防知识教育，对现场进行检查、防控，做好消防安全工作。

（2）施工组织设计中应根据施工中使用的机具、材料、气候和现场环境状况，分析施工过程中可能出现的消防隐患与可能出现的火灾事故（事件），制定相应的防火措施。

（3）施工现场应实行区域管理，作业区与生活区、库区应分开设置，并按规定配置相应的消防器材。

（4）施工现场使用的电气设备必须符合防火要求。临时用电必须安装过载保护装置，配电箱、开关箱不得使用易燃、可燃材料制作。

（5）现场一旦发生火灾事故（事件），必须立即组织人员扑救，及时准确地拨打火警电话，并保护现场，配合公安消防部门开展火灾原因调查，吸取教训，采取预防措施。

2.临时建筑

（1）临时建筑应采用阻燃材料。

（2）电力架空线路下方不得支搭临时建筑，需在其一侧搭建时，其水平距离不得小于 6m。

（3）临时建筑与铁路、火灾危险区，易燃易爆物品、仓库边缘的距离，不得小于 30m。

（4）施工现场厨房、锅炉房、汽车库、变电室之间的距离不得小于 15m。

（5）临时建筑应搭建在厨房、锅炉房等动火部位区域的上风方向。

（6）生活区临时建筑应分组布置，组与组间应保持防火安全距离；门窗应向外开，室内净高不得小于 2.5m。

（7）冬期施工由于条件限制，需采用铁制火炉供暖时，烟囱与房顶、电缆的距离不得小于 70cm；火炉周围应设阻燃材质的围挡，其距床铺等生活用具不得小于 1.5m；严禁使用柴油、汽油等引火。

（8）材料库设置应遵守下列规定：

1）各种材料应分类存放，易燃易爆和压缩可燃气容器等物品必须按其性质设置专用库房存放。

安全技术交底记录		编号	×××
			共×页第×页
工程名称	××市政基础设施工程××标段		
施工单位	××市政建设集团		
交底提要	现场消防安全技术交底	交底日期	××年××月××日

2）施工需用的易燃、易爆物品应根据施工计划限量进入现场。

3）现场需设油库时，库房应有良好的自然通风；房内净高不得小于3.5m；地面应具有耐火、防静电性能，坡度应为1%（向内）；门净高不得小于2m；门口应设内斜坡式门槛；照明必须采用外布线，灯具必须嵌人墙内；存放汽油时应采用防爆型灯具；油桶应按规定直立放置。

4）现场存放易燃材料的库房、木工加工场所、油漆配料房、防水和防腐作业场所，不得使用明露高热强光灯具。

3.用火管理

（1）施工现场必须建立用火管理制度。用火前，现场必须制定消防措施，并申请用火证；消防管理人员必须到现场检查验收，确认消防措施已落实，并形成文件，方可发放用火证；作业人员领取用火证后，方可在指定地点、时间内作业。

（2）材料库房、易燃材料堆放场、油库区必须设禁止烟火标志，严禁烟火。

（3）现场焊接（切割）作业应遵守下列规定：

1）焊工必须实行持证上岗制度，取得资质证书。

2）施焊前，必须办理用火审批手续，方可操作。

3）装过易燃液体或气体的管道、容器，未经彻底清除，严禁焊接（切割）。

4）焊（割）作业现场周围10m内的易燃、易爆物必须清除或采取隔离措施。

5）作业现场应配备足够的消防器材。

6）施焊（割）时，现场应设专人对消防、电气等安全状况进行监护。

7）焊（割）作业完毕，必须检查现场，确认无遗留火种后，方可离开。

（4）施工现场严禁人员在禁止烟火区域吸烟。

（5）在宿舍内不得躺在床上吸烟。吸烟后的烟头应立即熄灭，弃于指定地点，不得乱扔。

（6）冬期施工采用炉火养护混凝土时，必须设专人管理，并遵守有关规定。

（7）现场不得擅自使用电热器具，特殊需要时，应经消防管理人员批准，并采取相应的防护措施。

4.消防设施

（1）施工现场应设置消防通道，其宽度不得小于3.5m。消防通道不能环行时，应在适当地点修建回转车辆场地。

（2）施工现场必须配备足够的消防器材、设施，合理布局，并设标志，经常维护保养，按规定期限检查、更换，保持灵敏、有效。

<table>
<tr><td rowspan="2">安全技术交底记录</td><td rowspan="2">编号</td><td>×××</td></tr>
<tr><td>共×页第×页</td></tr>
<tr><td>工程名称</td><td colspan="2">××市政基础设施工程××标段</td></tr>
<tr><td>施工单位</td><td colspan="2">××市政建设集团</td></tr>
<tr><td>交底提要</td><td>现场消防安全技术交底</td><td>交底日期</td><td>××年××月××日</td></tr>
</table>

（3）施工现场设置的消防进水管直径不得小于100mm。消火栓应设置在消防通道附近。

（4）设置灭火器应遵守下列规定：

1）灭火器应设置在明显和便于取用的地点，且不得影响安全疏散。

2）灭火器应设置稳固，其铭牌必须朝外。

3）手提式灭火器应设置在挂钩、托架或灭火器箱内，其顶部距地面高度不得大于1.5m，底部距地面高度不宜小于15cm。

4）灭火器不得设置在潮湿和有腐蚀性的地点，须设置时，应有保护措施。设置在室外的灭火器，应设防雨淋、暴晒的设施。

5）灭火器不得设置在超出其使用温度范围的地点。

6）施工现场一个灭火器配置场所内的灭火器不得少于2具，要害部位配备的灭火器不得少于4具。

（5）选择灭火器应符合《建设工程施工现场消防安全技术规范》（GB 50720-2011）的要求，并遵守下列规定：

1）扑救含碳固体可燃物，如：木材、棉、麻、毛、纸张等A类火灾应选用水型、磷酸铵盐干粉（ABC）、卤代烷型灭火器；

2）扑救甲、乙、丙类液体，如：汽油、煤油、柴油等燃烧的B类火灾应选用干粉、泡沫、卤代烷、二氧化碳型灭火器，扑救极性溶剂B类火灾不得选用化学泡沫灭火器；

3）扑救可燃气体，如：煤气、天然气、甲烷、乙炔气等燃烧的C类火灾应选用干粉、卤代烷、二氧化碳型灭火器；

4）扑救可燃金属，如：钾、钠、镁、钛、锆、锂、铝镁合金等燃烧的D类火灾应选用专用灭火器；

5）扑救带电物体燃烧的火灾应选用卤代烷、二氧化碳、干粉型灭火器。

审核人	交底人	接受交底人
×××	×××	×××、×××……

4.3 冬雨季施工

<table>
<tr><td colspan="2" rowspan="2">安全技术交底记录</td><td rowspan="2">编号</td><td>×××</td></tr>
<tr><td>共×页第×页</td></tr>
<tr><td>工程名称</td><td colspan="3">××市政基础设施工程××标段</td></tr>
<tr><td>施工单位</td><td colspan="3">××市政建设集团</td></tr>
<tr><td>交底提要</td><td>冬雨季施工安全技术交底</td><td>交底日期</td><td>××年××月××日</td></tr>
</table>

交底内容：

1.一般规定

（1）施工前应根据工程规模、特点和现场环境状况编制冬雨期专项施工方案，确认施工部署、重点部位的施工方法和程序、进度计划、施工设备与物资供应计划以及相应的安全技术措施。

（2）施工前应根据施工方案要求对全体施工人员进行安全技术交底，掌握要点，明确责任要求。

（3）冬雨期施工中应与气象、水文等部门密切联系，及时掌握气温、雨情、汛情、雪情、风力、沙尘暴等预报，针对情况采取相应的防范措施，保持安全施工。

2.冬期施工

（1）冬期施工应采取以防火、防煤气中毒、防冻、防滑为重点的安全技术措施。

（2）入冬前应对临时生产、生活设施采取防寒、保暖措施。

（3）现场采用电气设备供暖时，必须选择有专业资质的企业生产的合格产品，具有合格证。使用前，必须检验，确认符合要求并记录。

（4）特殊情况下，由于条件限制，隧道外施工现场需采用煤炉供暖时，必须采取防火、防煤气中毒的措施。用火前必须申报，经消防管理人员检查、验收，确认消防措施落实并签发用火证后，方可生火供暖。

（5）施工中应对施工范围内的道路、竖井和工作坑顶部、隧（通）道出入口等施工人员出行和作业场地采取防滑措施，雪后应及时清除积雪。

3.雨期施工

（1）雨期施工应采取以防汛、防坍、防触电为重点的安全技术措施，并有重点部位的抢险预案。

（2）雨期施工不得进行穿越铁路、轨道交通的施工，需进行时，必须制定专项安全技术措施。

（3）雨期前应建立防汛指挥系统，成立抢险队伍，明确岗位责任，及时掌握天气预报信息，应急物资应到现场。

（4）雨期前应检查临时施工、生活设施的防雨状况，确认合格，发现屋顶防水层破损应及时修理，并经检查、验收，确认合格。

<table>
<tr><td colspan="2" rowspan="2">安全技术交底记录</td><td rowspan="2">编号</td><td>×××</td></tr>
<tr><td>共×页第×页</td></tr>
<tr><td>工程名称</td><td colspan="3">××市政基础设施工程××标段</td></tr>
<tr><td>施工单位</td><td colspan="3">××市政建设集团</td></tr>
<tr><td>交底提要</td><td>冬雨季施工安全技术交底</td><td>交底日期</td><td>××年××月××日</td></tr>
<tr><td colspan="4">（5）雨期施工前，应对施工现场的地形和原有排水系统的排洪能力进行调查，结合施工进度，制定排水方案和竖井、工作坑、隧（通）道出入口的防汛措施与相应的安全技术措施。
（6）雨期前和汛期，应对施工现场防汛措施落实情况和现况排水系统进行检查，确认措施符合要求，排水系统畅通。
（7）施工范围内的雨水管道（沟）应临时改移至施工范围以外，或对其采取防渗漏加固措施。
（8）汛期，竖井口和隧（管）道范围的地面与暗挖施工影响区内的雨、污水等管道、道路、房屋等建（构）筑物，应设人员巡视，发现险情应及时采取安全技术措施。</td></tr>
</table>

审核人	交底人	接受交底人
×××	×××	×××、×××……

第5章

道路工程安全技术交底

5.1 路基工程

5.1.1 施工通用安全技术交底

安全技术交底记录		编号	×××
			共×页第×页
工程名称	××市政基础设施工程××标段		
施工单位	××市政建设集团		
交底提要	施工通用安全技术交底	交底日期	××年××月××日

交底内容：

1.施工前，应邀请道路施工占地范围内有关现况管线等地下设施的管理单位召开施工配合会，了解各种设施的状况，核实位置，必要时应采取详探措施，并研究、确认加固或迁移方案；详探作业中，应采取措施使被探地下管线保持安全的状态。

2.施工前应清理现场，清除各种障碍物，平整地面，满足施工需要；施工现场使用的机具设备，使用前应检查、试运转，确认合格；施工中应定期检查，保持正常。

3.对于路基下的坟坑和废弃的水井、人防设施、地下管道等应在路基外封堵，并按技术规定及时处理，确认合格。

4.使用汽车、机动翻斗车运输工具、材料时，应严格按照运输车辆相关安全技术交底要求操作。

5.施工中，应对道路范围内的地下管线做周密计划，合理安排，道路结构以下的管线应先行施工，不得互相干扰；施工中由于设计变更等原因，使路基范围内的原地下管线等构筑物埋深较浅，作业中可能受到损坏时，应向监理工程师、设计单位和建设单位提出采取加固或迁移措施的要求，并办理手续。

6.路基地层中有水时，应将水排除疏干后，方可施工；道路扩建中，挖掘现况道路边缘进行接茬处理时，不得影响现况道路的稳定。

7.路基施工中，在场地狭小、机械和车辆作业繁忙的地段应设专人指挥交通，保持人员、机械、车辆安全作业。

8.路基内，新建地下管线等构筑物的沟槽回填完成，并验收合格形成文件后，应及时进行路基施工。

9.使用手推车应符合下列要求：

（1）运输杆件材料时，应捆绑牢固。

（2）装土等散状材料时，车应设挡板，运输中不得遗洒；在坡道上运输应缓慢行驶，控制速度，下坡前方不得有人。

<table>
<tr><td colspan="2" rowspan="2">安全技术交底记录</td><td rowspan="2">编号</td><td>×××</td></tr>
<tr><td>共×页第×页</td></tr>
<tr><td>工程名称</td><td colspan="3">××市政基础设施工程××标段</td></tr>
<tr><td>施工单位</td><td colspan="3">××市政建设集团</td></tr>
<tr><td>交底提要</td><td>施工通用安全技术交底</td><td>交底日期</td><td>××年××月××日</td></tr>
<tr><td colspan="4">（3）路堑、沟槽边卸料时，距堑、槽边缘不得小于1m，车轮应挡掩牢固，槽下不得有人；卸土等散状材料时，应待车辆挡板打开后，方可扬把卸料，严禁撒把。
（4）操作人员在施工作业中应严格按操作人员安全技术交底的要求进行施工。
10.采用土坡道运输应符合下列要求：
（1）坡道两侧边坡必须稳定。
（2）坡道应顺直，不宜设弯道。
（3）土体应稳定、坚实，表层宜硬化。
（4）作业中应对坡道采取防扬尘措施并维护、保持完好。
（5）坡道宽度应较运输车辆宽1m以上，纵坡不宜陡于1∶6。</td></tr>
</table>

审核人	交底人	接受交底人
×××	×××	×××、×××……

5.1.2 路基处理安全技术交底

<table>
<tr><td colspan="2" rowspan="2">安全技术交底记录</td><td rowspan="2">编号</td><td>×××</td></tr>
<tr><td>共×页第×页</td></tr>
<tr><td>工程名称</td><td colspan="3">××市政基础设施工程××标段</td></tr>
<tr><td>施工单位</td><td colspan="3">××市政建设集团</td></tr>
<tr><td>交底提要</td><td>路基处理安全技术交底</td><td>交底日期</td><td>××年××月××日</td></tr>
<tr><td colspan="4">交底内容：
1.施工前，应根据设计要求和工程地质情况编制施工方案，进行强夯试验，确定强夯等级、施工工艺和参数、效果检验方法，选择适用的强夯机械，采取相应的安全技术措施。
2.施工前，应查明施工范围内地下管线等构筑物的种类、位置和标高；在地下管线等构筑物上及其附近不得进行强夯施工。
3.当强夯机械施工所产生的振动，对邻近地上建（构）筑物或设备、地下管线等地下设施产生有害影响时，应采取防振或隔振措施，并设置监测点进行观测，确认安全。
4.严禁机械在架空线路下方作业。在电力架空线路一侧作业时，必须符合下表4-1-2的具体要求：
5.现场应划定作业区，非作业人员严禁入内；强夯施工应由主管施工技术人员主持，夯机作业必须由信号工指挥。
6.使用起重机起吊夯锤前，指挥人员必须检查现场，确认无人和机械等物，具备作业条件后，方可向起重机操作工发出起吊信号。
7.夯机的作业场地必须平整，门架底座应与夯机着地部位保持水平，当下沉超过10cm时，应重新垫高。
8.夯锤下落后，在吊钩尚未降至夯锤吊环附近前，操作人员不得提前下坑挂钩；从坑中提锤时，严禁挂钩人员站在锤上随锤提升。
9.现场组拼、拆卸强夯机械应由专人指挥；高处作业必须按要求架设作业平台。
10.夯锤上升接近规定高度时，必须注视自动脱钩器，发现脱钩器失效时，必须立即制动，进行处理。
11.现场进行效果检验作业时，应由专人指挥，按施工方案规定的程序进行，并执行相应的安全技术措施。
12.夯坑内有积水或因黏土产生的锤底吸附力增大时，应采取措施排除，不得强行提锤；夯锤留有相应的通气孔在作业中出现堵塞时，应随时清理，且严禁在锤下清理；夯锤自由下落至地面停稳，吊钩降至夯锤吊环附近后，指挥人员方可向测量、挂钩等人员发出进入作业点测量、挂钩等作业的信号；起重机操作工必须按指挥人员的信号操作，严禁擅自行动。
13.路基处理应按设计规定实施，并按施工质量管理规定进行验收，确认合格，形成文件。</td></tr>
</table>

安全技术交底记录		编号	××× 共×页第×页
工程名称	××市政基础设施工程××标段		
施工单位	××市政建设集团		
交底提要	路基处理安全技术交底	交底日期	××年××月××日

14.换填路基土应按照本交底挖土、土方运输、填土等相关要求进行施工。

15.采用砂桩、石灰桩、碎石桩、旋喷桩等处理土路基时，应根据工程地质、水文地质、桩径、桩长和环境状况编制专项施工方案，采取相应的安全技术措施。

16.路基处理完毕应进行检测、验收，确认合格，并形成文件，方可进行下一工序施工。

17.处理路基使用石灰时应符合下列要求：

（1）所用石灰宜为袋装磨细生石灰。

（2）需消解的生石灰应堆放于远离居民区、庄稼和易燃物的空旷场地，周围应设护栏，不得堆放在道路上。

（3）作业人员应按规定佩戴劳动保护用品。

（4）需采用块状石灰时应符合下列要求：

1）在灰堆内消解石灰，脚下必须垫木板；向灰堆插水管时，严禁喷水花管对向人。

2）作业人员应站在上风向操作，并应采取防扬尘措施；炎热天气宜早、晚作业。

3）消解石灰时，不得在浸水的同时边投料、边翻拌，人员不得触及正在消解的石灰。

4）施工中应采取环保、文明施工措施；装运散状石灰不宜在大风天气进行。

审核人	交底人	接受交底人
×××	×××	×××、×××……

5.1.3 填土施工安全技术交底

<table>
<tr><td colspan="2" rowspan="2">安全技术交底记录</td><td rowspan="2">编号</td><td>×××</td></tr>
<tr><td>共×页第×页</td></tr>
<tr><td>工程名称</td><td colspan="3">××市政基础设施工程××标段</td></tr>
<tr><td>施工单位</td><td colspan="3">××市政建设集团</td></tr>
<tr><td>交底提要</td><td>填土施工安全技术交底</td><td>交底日期</td><td>××年××月××日</td></tr>
</table>

交底内容：

1.填方前，应将原地表积水排干，淤泥、腐殖土、树根、杂物等挖除，并整平原地面；清除淤泥前应探明淤泥性质和深度，并采取相应的安全技术措施。

2.填土前，应根据工程规模、填土宽度和深度、地下管线等构筑物与现场环境状况制定填土方案，确定现状建（构）筑物、管线的改移和加固方法、填土方法和程序，并选择适宜的土方整平和碾压机械设备，制定相应的安全技术措施。

3.填土路基为土边坡时，每侧填土宽度应大于设计宽度 50cm；碾压高填土方时，应自路基边缘向中央进行，且与填土外侧距离不得小于 50cm。

4.路基填土应在影响施工的现状建（构）筑物和管线处理完毕、路基范围内新建地下管线沟槽回填完毕后进行；运输挖掘机械应根据运输的机械质量、结构形式、运输环境等选择相应的平板拖车，制定运输方案，采取相应的安全技术措施。

5.施工中使用推土机、压路机、蛙式夯实机等施工机械时，应按照相关的施工机械安全技术交底的要求进行操作。

6.路基外侧为挡土墙时，应先施工挡土墙；混凝土或砌体砂浆强度达到设计规定后，墙后方可填土。

7.填方边坡坡度应符合设计规定；填方破坏原排水系统时，应在填方前修筑新的排水系统，保持通畅。

8.填土地段的架空线路净高应满足施工要求。

9.路基下有管线时，管顶以上 50cm 范围内不得用压路机碾压；采用重型压实机械压实或有较重车辆在回填土上行驶时，管道顶部以上应有一定厚度的压实回填土，其最小厚度应根据机械和车辆的质量与管道的设计承载力等情况，经计算确定。

10.使用振动压路机碾压路基前，应对附近地上和地下建（构）筑物、管线可能造成的振动影响进行分析，确认安全。

11.借土填筑路基时，取土场应符合下列要求：

（1）取土场地宜选择在空旷、远离建（构）筑物、地势较高、不积水且不影响原有排水系统功能的地方。

安全技术交底记录		编号	××× 共×页第×页
工程名称	××市政基础设施工程××标段		
施工单位	××市政建设集团		
交底提要	填土施工安全技术交底	交底日期	××年××月××日

（2）场地上有架空线时，应对线杆和拉线采取预留土台等防护措施。土台半径应依线杆（拉线）结构、埋入深度和土质而定：线杆不得小于 1m；拉线不得小于 1.5m，并应根据土质情况设土台边坡。土台周围应设安全标志。

（3）需在建（构）筑物附近取土时，应对建（构）筑物采取安全技术措施，确认安全后方可取土；挖土边坡应根据土质和挖土深度情况确定，边坡应稳定；取土场周围应设护栏。

12.地下人行通道、涵洞和管道填土应符合下列要求：

（1）地下人行通道和涵洞的砌体砂浆强度达到 5MPa、现浇混凝土强度达到设计规定、预制顶板安装后，方可填土。

（2）管座混凝土、管道接口结构、井墙强度达到设计规定，方可填土。

（3）通道、涵洞和管顶 50cm 范围内不得使用压路机碾压；通道、涵洞和管顶两侧填土应分层对称进行，其高差不得大于 30cm。

13.轻型桥台背后填土应符合下列要求：

（1）填土前，盖板和支撑梁必须安装完毕并达设计规定强度。

（2）两侧台背填土应按技术规定分层对称进行，其高差不得大于 30cm。

（3）台身砌体砂浆或混凝土强度应达到设计规定，方可填土。

审核人	交底人	接受交底人
×××	×××	×××、×××……

5.1.4 爆破施工安全技术交底

<table>
<tr><td colspan="2">安全技术交底记录</td><td>编号</td><td>×××
共×页第×页</td></tr>
<tr><td>工程名称</td><td colspan="3">××市政基础设施工程××标段</td></tr>
<tr><td>施工单位</td><td colspan="3">××市政建设集团</td></tr>
<tr><td>交底提要</td><td>爆破施工安全技术交底</td><td>交底日期</td><td>××年××月××日</td></tr>
<tr><td colspan="4">交底内容：
1.施工前，应由建设单位邀请政府主管部门和附近建（构）筑物、管线等有关管理单位，协商研究爆破施工中对现场环境和相关设施应采取的安全防护措施。
2.施工前，应由具有相应爆破设计资质的企业进行爆破设计，编制爆破设计书或爆破说明书，并制定专项施工方案，规定相应的安全技术措施，经市、区政府主管部门批准，方可实施。
3.爆破前应根据爆破规模和环境状况建立爆破指挥系统及其人员分工，明确职责，进行充分的爆破准备工作，检查落实，确认合格，并记录。
4.爆破前必须根据设计规定的警戒范围，在边界设明显安全标志，并派专人警戒。警戒人员必须按规定的地点坚守岗位。
5.爆破前应对爆破区周围的环境状况进行调查，了解并掌握危及安全的不利环境因素，采取相应的安全防护措施。
6.施工前应根据爆破类别、等级和现场环境状况，由建设单位向当地有关部门、单位、居民发布书面爆破及其交通管制通告。
7.爆破施工应由具有相应爆破施工资质的企业承担，由经过爆破专业培训、具有爆破作业上岗资格的人员操作。
8.现场的爆破器材、炸药必须在专用库房存放，集中管理，建立领发等管理制度；施工前必须对爆破器材进行检查、试用，确认合格并记录。
9.启爆前，现场人员、设备等必须全部撤离爆破警戒区，警戒人员到位。
10.爆破完毕，安全等待时间过后，检查人员方可进入爆破警戒区内检查、清理，经检查并确认安全后，方可发出解除警戒信号。
11.露天爆破装药前，应与气象部门联系，及时掌握气象资料，遇能见度不超过100m大雾天气、雷电、暴雨雪来临时、风力大于六级（含）以上等恶劣天气，必须停止爆破作业。</td></tr>
</table>

审核人	交底人	接受交底人
×××	×××	×××、×××……

5.1.5 挖土施工安全技术交底

<table>
<tr><td colspan="2" rowspan="2">安全技术交底记录</td><td rowspan="2">编号</td><td>×××</td></tr>
<tr><td>共×页第×页</td></tr>
<tr><td>工程名称</td><td colspan="3">××市政基础设施工程××标段</td></tr>
<tr><td>施工单位</td><td colspan="3">××市政建设集团</td></tr>
<tr><td>交底提要</td><td>挖土施工安全技术交底</td><td>交底日期</td><td>××年××月××日</td></tr>
</table>

交底内容：

1.挖土前，应按施工组织设计规定对建（构）筑物、现状管线、排水设施实施迁移或加固；施工中，应对加固部位经常检查、维护，保持设施的安全运行；在施工范围内可不迁移的地下管线等设施，应坑探、标识，并采取保护措施。

2.路堑挖掘应自上而下分层进行，严禁掏洞挖土；挖土作业中断和作业后，其开挖面应设稳定的坡度；路堑边坡开挖应遵守设计文件的规定；当实际地质情况与原设计不符时，应及时向监理工程师、设计单位和建设单位提出变更设计要求，并办理手续；保持边坡稳定，施工安全。

3.施工中遇路堑边坡为易塌方土壤不能保持稳定时，应及时向监理工程师、设计单位和建设单位提出变更设计要求，并办理手续。

4.路堑边坡设混凝土灌注桩、地下连续墙等挡土墙结构时，应待挡土墙结构强度达设计规定后，方可开挖路堑土方。

5.在路堑底部边坡附近设临时道路时，临时道路边线与边坡线的距离应依路堑边坡坡度、地质条件、路堑高度而定，且不宜小于 2m；在路堑清方中发现瞎炮、残药、雷管时，必须由爆破操作工及时处理，并确认安全。

6.挖土中，遇文物、爆炸物、不明物和原设计图纸与管理单位未标注的地下管线、构筑物时，必须立即停止施工，保护现场，向上级报告，并和有关管理单位联系，研究处理措施，经妥善处理，确认安全并形成文件，方可恢复施工。

7.在天然湿度土质的地区开挖土方，砂土和砂砾石开挖深度不超过 1.0m、亚砂土和亚黏土开挖深度不超过 1.2m、黏土开挖深度不超过 1.5m 时，当地下水位低于开挖基面 50cm 以下，可挖直槽（坡度为 1∶0.05）。

8.由于附近建（构）筑物等条件所限，路堑坡度不能按设计规定挖掘时，应根据建（构）筑物、工程地质、水文地质、开挖深度等情况，向设计单位、监理工程师和建设单位提出对建（构）筑物采取加固措施的建议，并办理有关手续，保障建（构）筑物和施工安全。

9.机械挖掘时，必须避开建（构）筑物和管线，严禁碰撞；在距现状直埋缆线 2m 范围内，必须人工开挖，严禁机械开挖，并应邀请管理单位派人现场监护；在距各类管道 1m 范围内，应人工开挖，不得机械开挖，并宜邀请管理单位派人现场监护。

安全技术交底记录		编号	××× 共×页第×页
工程名称	××市政基础设施工程××标段		
施工单位	××市政建设集团		
交底提要	挖土施工安全技术交底	交底日期	××年××月××日

10.使用推土机时，要严格按照施工机械相关安全技术交底的要求施工，在陡坡或深路堑、沟槽区推土时，应有专人指挥，其垂直边坡高度不得大于2m。

11.运输挖掘机械应根据运输的机械质量、结构形式、运输环境等选择相应的平板拖车，制定运输方案，采取相应的安全技术措施。

12.施工中严禁在松动危石、有坍塌危险的边坡下方作业、休息和存放机具材料。

13.用挖掘机械挖土应符合下列要求：

（1）挖土作业应设专人指挥；指挥人员应在确认周围环境安全、机械回转范围内无人和障碍物后，方可向机械操作工发出启动信号；挖掘过程中，指挥人员应随时检查挖掘面和观察机械周围环境状况，确认安全。

（2）挖掘路堑边缘时，边坡不得留有伞沿和松动的大块石，发现有塌方征兆时，必须立即将挖掘机械撤至安全地带，并采取安全技术措施。

（3）机械行驶和作业场地应平整、坚实、无障碍物；地面松软时应结合现状采取加固措施。

（4）遇岩石需爆破时，现场所有人员、机械必须撤至安全地带，并采取安全保护措施，待爆破作业完成，解除警戒，确认安全后，方可继续开挖。

（5）严禁挖掘机在电力架空线路下方挖土，需在其一侧作业时，机械与架空线路必须保持相应的安全距离。

14.挖除旧道路结构应符合下列要求：

（1）施工前，应根据旧道路结构和现场环境状况，确定挖除方法和选择适用的机具；作业人员应避离运转中的机具；现场应划定作业区，设安全标志，非作业人员不得入内。

（2）采用风钻时，空压机操作工应服从风钻操作工的指令；使用液压振动锤时，严禁将锤对向人、设备和设施。

（3）挖除中，应采取措施保持作业区内道路上各现况管线及其检查井的完好；挖除后应及时清碴出场至规定地点。

15.人工挖土应符合下列要求：

（1）路堑开挖深度大于2.5m时，应分层开挖，每层的高度不得大于2.0m，层间应留平台。平台宽度，对不设支护的槽与直槽间不得小于80cm；设置井点时不得小于1.5m；其他情况不得小于50cm。

<table>
<tr><td colspan="2" rowspan="2">安全技术交底记录</td><td rowspan="2">编号</td><td>×××</td></tr>
<tr><td>共×页第×页</td></tr>
<tr><td>工程名称</td><td colspan="3">××市政基础设施工程××标段</td></tr>
<tr><td>施工单位</td><td colspan="3">××市政建设集团</td></tr>
<tr><td>交底提要</td><td>挖土施工安全技术交底</td><td>交底日期</td><td>××年××月××日</td></tr>
<tr><td colspan="4">（2）作业现场附近有管线等构筑物时，应在开挖前掌握其位置，并在开挖中对其采取保护措施，使管线等构筑物处于安全状态。
（3）严禁掏洞和在路堑底部边缘休息；作业人员之间的距离，横向不得小于 2m，纵向不得小于 3m。</td></tr>
</table>

审核人	交底人	接受交底人
×××	×××	×××、×××……

5.1.6 土方运输安全技术交底

安全技术交底记录		编号	×××
			共×页第×页
工程名称	××市政基础设施工程××标段		
施工单位	××市政建设集团		
交底提要	土方运输安全技术交底	交底日期	××年××月××日

交底内容：

1.施工前，应根据工程需要、运输车辆、交通量和现场状况，确定运输路线。

2.拖式铲运机行驶道路宽度应比机身宽 2m（含）以上，超车、会车时，两车净距不得小于 2m；多台作业时，前后距离不得小于 10m（铲土时 5m），左右距离不得小于 2m；自行式铲运机的行驶道路其单行道的宽度不得小于 5.5m，超车、会车时，两车净距不得小于 1m；多台作业时，前后距离不得小于 2m（铲土时 10m），左右距离不得小于 2m。

3.现场应尽量利用现况道路运输。道路沿线的桥涵、便桥、地下管线和构筑物应有足够的承载力，能满足运输要求；运输前应调查，必要时进行受力验算，确认安全；穿越桥涵和架空线路的净空应满足运输要求。

4.土方宜使用封闭式车辆运输，装土后应清除车辆外露面的遗土、杂物；场内运输应根据交通量、路况和周围环境状况规定车速。

5.施工现场的机动车道与外电架空线路交叉时，架空线路的最低点与路面的最小垂直距离必须符合表 5-1-1 的要求。

6.土方运输车辆应按规定路线行驶，速度均匀，不得忽快忽慢且不得遗洒；机动车、轮式机械在社会道路、公路上行驶应遵守现行《中华人民共和国道路交通安全法》、《中华人民共和国道路交通安全法实施条例》的有关规定。在施工现场道路上行驶时，应遵守现场限速等交通标识的管理规定。

7.自卸汽车、机动翻斗车等运输车辆，向路堑、沟槽边运卸土方时，应缓慢行驶，停车车轮与路堑、槽边距离应依据土质、边坡、堑（槽）深度确定，且不得小于 1.5m，车轮应挡掩牢固；作业后，运输车辆应停置在坚实、平整、不积水的地方，不得停在坡道上。

8.存土场不得积水；场地周围应设护栏，非施工人员不得入内；存土结束后应恢复原地貌。

9.选择弃土场应征得场地管理单位的同意；弃土场应避开建筑物、围墙和电力架空线路等；弃土不得妨碍各类地下管线、构筑物等的正常使用和维护，不得损坏各类检查（室）、消火栓等设施；弃土场堆土应及时整平，并应采取防扬尘的措施。

10.施工现场应根据工程特点和环境状况铺设施工现场运输道路，运输前应确认合格；施工中，应设专人维护管理，保持道路平坦、通畅，不翻浆，不扬尘；现场道路铺设应符合下列要求：

<table>
<tr><td colspan="2" rowspan="2">安全技术交底记录</td><td rowspan="2">编号</td><td>×××</td></tr>
<tr><td>共×页第×页</td></tr>
<tr><td>工程名称</td><td colspan="3">××市政基础设施工程××标段</td></tr>
<tr><td>施工单位</td><td colspan="3">××市政建设集团</td></tr>
<tr><td>交底提要</td><td>土方运输安全技术交底</td><td>交底日期</td><td>××年××月××日</td></tr>
<tr><td colspan="4">（1）道路应平整、坚实，能满足运输安全要求。
（2）道路宽度应根据现场交通量和运输车辆或行驶机械的宽度确定：汽车运输时，宽度不小于3.5m；机动翻斗车运输时，宽度不宜小于2.5m；手推车运输不宜小于1.5m。
（3）道路纵坡应根据运输车辆情况而定，手推车不宜陡于5%，机动车辆不宜陡于10%。
（4）道路的圆曲线半径：机动翻斗车运输时不宜小于8m；汽车运输时不宜小于15m；板拖车运输时不宜小于20m。
（5）机动车道路的路面宜进行硬化处理。
（6）现场应根据交通量、路况和环境状况确定车辆行驶速度，并于道路明显处设限速标志。
（7）沿沟槽铺设道路，路边与槽边的距离应依施工荷载、土质、槽深、槽壁支护情况经验算确定，且不得小于1.5m，并设防护栏杆和安全标志，夜间和阴暗时尚须加设警示灯。
（8）道路临近河岸、峭壁的一侧必须设置安全标志，夜间和阴暗时尚须加设警示灯。
（9）运输道路与社会道路、公路交叉时宜正交。在距社会道路、公路边20m处应设交通标志，并满足相应的视距要求。
（10）穿越各种架空管线处，其净空应满足运输安全要求，并在管线外设限高标志。
（11）穿越建（构）筑物处，其净空应满足运输安全要求，并在建（构）筑物外设限高、宽标志。</td></tr>
</table>

审核人	交底人	接受交底人
×××	×××	×××、×××……

5.1.7 排水施工安全技术交底

<table>
<tr><td colspan="2" rowspan="2">安全技术交底记录</td><td rowspan="2">编号</td><td>×××</td></tr>
<tr><td>共×页第×页</td></tr>
<tr><td>工程名称</td><td colspan="3">××市政基础设施工程××标段</td></tr>
<tr><td>施工单位</td><td colspan="3">××市政建设集团</td></tr>
<tr><td>交底提要</td><td>排水施工安全技术交底</td><td>交底日期</td><td>××年××月××日</td></tr>
<tr><td colspan="4">交底内容：
1.路基土层中需排水时，施工前应根据工程地质、水文地质、附近建（构）筑物、地下现状管线等情况进行综合分析，确定排水方案。排水方案必须满足路基施工安全和路基附近建（构）筑物与现状地下管线的安全要求。
2.安装水泵时，电气接线、检查、拆除必须由电工进行；作业中必须保护缆线完好无损，发现缆线损坏、漏电征兆时，必须立即停机，并由电工处理；潜水泵运行时，其周围 30m 水域内人、畜不得入内。
3.施工中，应经常检查、维护施工区域内的排水系统，确认畅通；施工范围内有地表水应及时排除，施工区水域周围应设护栏和安全标志；泵体、管路应安装牢固，进入水深超过 1.2m 水域内作业时，必须选派熟悉水性的人员，并应采取防止发生溺水事故的措施。
4.施工中遇河流、沟渠、农田、池塘等，需筑围堰时应编制专项施工设计，并应符合下列要求：
（1）围堰顶面应比施工期间可能出现的最高水位高 70cm；围堰断面应据水力状况确定，其强度、稳定性应满足最高水位、最大流速时的水力要求；围堰外形应根据水深、水速和河床断面变化所引起水流对围堰、河床冲刷等因素确定；围堰必须坚固、防水严密；堰内面积应满足作业安全和设置排水设施的要求；筑堰应自上游开始至下游合拢。
（2）在水深大于 1.2m 水域筑围堰时，必须选派熟悉水性的人员，并采取防止发生溺水的措施。
（3）采用土袋围堰应符合下列要求：
1）水深 1.5m 以内、流速 1.0m / s 以内、河床土质渗透系数较小时可采用土袋围堰。
2）堰顶宽宜为 1m～2m，围堰中心部分可填筑黏土和黏土芯墙；堰外边坡宜为 1∶1～1∶0.5；堰内边坡宜为 1∶0.5～1∶0.2；坡脚与基坑边缘距离应据河床土质和基坑深度而定，且不得小于 1m。
3）草袋或编织袋内应装填松散的黏土或砂夹黏土。
4）堆码土袋时，上下层和内外层应相互错缝、堆码密实且平整。
5）水流速度较大处，堰外边坡草袋或编织袋内宜装填粗砂砾或砾石。
6）黏土心墙的填土应分层夯实。</td></tr>
</table>

<table>
<tr><td colspan="2" rowspan="2">安全技术交底记录</td><td rowspan="2">编号</td><td>×××</td></tr>
<tr><td>共×页第×页</td></tr>
<tr><td>工程名称</td><td colspan="3">××市政基础设施工程××标段</td></tr>
<tr><td>施工单位</td><td colspan="3">××市政建设集团</td></tr>
<tr><td>交底提要</td><td>排水施工安全技术交底</td><td>交底日期</td><td>××年××月××日</td></tr>
<tr><td colspan="4">（4）采用土围堰应符合下列要求：
1）水深1.5m以内、流速50cm／s以内、河床土质渗透系数较小时，可筑土围堰。
2）堰顶宽度宜为 1m～2m，堰内坡脚与基坑边缘距离应据河床土质和基坑深度而定，且不得小于1m。
3）筑堰土质宜采用松散的粘性土或砂夹黏土，填土出水面后应进行夯实；填土应自上游开始至下游合拢。
4）由于筑堰引起流速增大，堰外坡面可能受冲刷危险时，应在围堰外坡用土袋、片石等防护。
（5）采用明沟排水应符合下列要求：
1）排水井应设置在低洼处；水泵抽水时，排水井水深应符合水泵运行要求。
2）设在排水沟侧面的排水井与排水沟的最小距离，应根据排水井深度与土质确定，其净距不得小于1m，保持排水井和排水沟的边坡稳定。
3）排水沟土质透水性较强，且排水有可能回渗时，应对排水沟采取防渗漏措施。
4）排除水应引至距离路基较远的地方，不得漫流。</td></tr>
</table>

审核人	交底人	接受交底人
×××	×××	×××、×××……

5.2 道路基层工程

安全技术交底记录		编号	××× 共×页第×页
工程名称	××市政基础设施工程××标段		
施工单位	××市政建设集团		
交底提要	道路基层工程安全技术交底	交底日期	××年××月××日

交底内容：

1.一般要求

（1）施工场地应坚实、平坦，无障碍物；路基经验收合格，并形成文件后，方可施工道路基层。

（2）现场调转推土机、平地机、压路机等机械时，应设专人指挥；指挥人员应事先踏勘行驶道路，确认道路平坦、坚实、畅通；沿途的桥涵、便桥、地下管线等构筑物应有足够的承载力，能满足机械通行的安全要求；架空线净高应满足机械通行要求，遇电力架空线时应符合施工用电安全技术交底具体要求；地面无障碍物。

（3）材料运输应符合路基工程土方运输相关安全交底的要求。

（4）使用手推车应符合下列要求：

1）运输杆件材料时，应捆绑牢固。

2）装土等散状材料时，车应设挡板，运输中不得遗洒。

3）在坡道上运输应缓慢行驶，控制速度，下坡前方不得有人。

4）卸土等散状材料时，应待车辆挡板打开后，方可扬把卸料，严禁撒把。

5）路堑、沟槽边卸料时，距堑、槽边缘不得小于 1m，车轮应挡掩牢固，槽下不得有人。

2.材料拌和施工安全要求

（1）在城区、居民区、乡镇、村庄、机关、学校、企业、事业等单位及其附近施工，不得在现场拌和石灰土、水泥土、石灰粉煤灰等类混合料。

（2）石灰土类结构道路，现场需使用石灰时，对石灰的选择、堆放、消解应符合下列要求：

1）所用石灰宜为袋装磨细生石灰。

2）需消解的生石灰应堆放于远离居民区、庄稼和易燃物的空旷场地，周围应设护栏，不得堆放在道路上。

3）作业人员应按规定佩戴劳动保护用品。

4）施工中应采取环保、文明施工措施。

5）装运散状石灰不宜在大风天气进行。

安全技术交底记录		编号	×××
			共×页第×页
工程名称	××市政基础设施工程××标段		
施工单位	××市政建设集团		
交底提要	道路基层工程安全技术交底	交底日期	××年××月××日

6）需采用块状石灰时应符合下列要求：

①在灰堆内消解石灰，脚下必须垫木板。

②向灰堆插水管时，严禁喷水花管对向人。

③消解石灰时，不得在浸水的同时边投料、边翻拌，人员不得触及正在消解的石灰。

④作业人员应站在上风向操作，并应采取防扬尘措施。

⑤炎热天气宜早、晚作业。

（3）现场需人工拌和石灰土、水泥土应符合下列要求：

1）作业中，应由作业组长统一指挥，作业人员应协调一致。

2）拌和作业应在较坚硬的场地上进行；作业人员之间应保持1m以上的安全距离。

3）摊铺、拌和石灰、水泥应轻拌、轻翻，严禁扬撒。

4）五级以上（含）风力不得施工；作业人员应站在上风向。

（4）使用机械拌石灰土、水泥土应符合下列要求：

1）非施工人员严禁进入拌和现场。

2）拌和过程中，严禁机械急转弯或原地转向或倒行作业。

3）机械发生故障必须停机后，方可检修。

4）拌和机运转过程中，严禁人员触摸传动机构。

（5）集中拌和基层材料应符合下列要求：

1）拌和场应根据材料种类、规模、工艺要求和现场状况进行专项设计，合理布置；各机具设备之间应设安全通道。机具设备支架及其基础应进行受力验算，其强度、刚度、稳定性应满足机具运行的安全要求。

2）拌和场不得设在电力架空线路下方，需设在其一侧时，应符合施工用电安全技术交底具体要求；拌和场周围应设围挡，实行封闭管理。

3）拌和机具设备发生故障或检修时，必须关机、断电后方可进行，并必须固锁电源闸箱，设专人监护。

4）拌和机应置于坚实的基础上，安装牢固，防护装置齐全有效，电气接线应符合施工用电安全技术交底的具体要求。

5）拌和机运转时，严禁人员触摸传动机构；拌和场地应采取降尘措施，空气中粉尘等有害物含量应符合国家现行规定。

6）拌和场应按消防安全规定配备消防器材。

3.摊铺与碾压施工安全要求

<table>
<tr><td colspan="2">安全技术交底记录</td><td>编号</td><td>×××
共×页第×页</td></tr>
<tr><td>工程名称</td><td colspan="3">××市政基础设施工程××标段</td></tr>
<tr><td>施工单位</td><td colspan="3">××市政建设集团</td></tr>
<tr><td>交底提要</td><td>道路基层工程安全技术交底</td><td>交底日期</td><td>××年××月××日</td></tr>
<tr><td colspan="4">（1）施工现场卸料应由专人指挥；卸料时，作业人员应位于安全地区；基层施工中，各种现状地下管线的检查井（室）应随各结构层相应升高或降低，严禁掩埋。
（2）人工摊铺基层材料应由作业组长统一指挥，协调摊铺人员和运料车辆与碾压机械操作工的相互配合关系；作业人员应相互协调，保持安全作业；作业人员之间应保持 1m 以上的安全距离；摊铺时不得扬撒。
（3）机械摊铺与碾压基层结构应符合下列要求：
1）作业中，应设专人指挥机械，协调各机械操作工、筑路工之间的相互配合关系，保持安全作业。
2）作业中，机械指挥人员应随时观察作业环境，使机械避开人员和障碍物，当人员妨碍机械作业时，必须及时疏导人员离开并撤至安全地方；机械运转时，严禁人员上下机械，严禁人员触摸机械的传动机构。
3）沥青碎石基层施工时，应符合热拌沥青混合料面层施工安全技术交底要求。
4）作业后，机械应停放在平坦、坚实的场地，不得停置于临边、低洼、坡度较大处。停放后必须熄火、制动。
5）使用推土机、平地机、压路机等在道路、公路上行驶时，应遵守现行《中华人民共和国道路交通安全法》、《中华人民共和国道路交通安全法实施条例》的有关规定。在施工现场道路上行驶时，应遵守现场限速等交通标识的管理规定。</td></tr>
</table>

审核人	交底人	接受交底人
×××	×××	×××、×××……

5.3 路面工程

5.3.1 水泥混凝土路面工程模板施工安全技术交底

安全技术交底记录		编号	××× 共×页第×页
工程名称	××市政基础设施工程××标段		
施工单位	××市政建设集团		
交底提要	水泥混凝土路面工程模板施工安全技术交底	交底日期	××年××月××日

交底内容：

1.施工前，应对模板进行施工设计。模板及其支架的强度、刚度和稳定性应满足各施工阶段荷载的要求，能承受浇筑混凝土的冲击力、混凝土的侧压力和施工中产生的各项荷载。

2.模板与支架宜采用标准件，需加工时，宜由有资质的企业集中生产制作，具有合格证。

3.支模使用的大锤应坚固、安装应牢固，锤顶平整、无飞刺。钢钎应直顺，顶部平整、无飞刺。

4.打锤时，扶钎人应在打锤人侧面，采用长柄夹具扶钎；打锤范围内不得有其他人员；模板、支架必须置于坚实的基础上。

5.支设、组装较大模板时，操作人员必须站位安全，且相互呼应；支撑系统安装完成前，必须采取临时支撑措施，保持稳定。

6.模板、支撑连接应牢固，支撑杆件不得撑在不稳定物体上；模板、支架不得使用腐朽、锈蚀、扭裂等劣质材料。

7.现场加工模板及其附件等应按规格码放整齐；废料、余料应及时清理，集中堆放，妥善处置。

8.高处安装模板必须设安全梯或斜道，上下高处或沟槽必须设攀登设施，严禁攀登模板和支架上下。

9.吊运组装模板时，吊点应合理布置，吊点构造应经计算确定；起吊时，吊装模板下方严禁有人。

10.装卸、搬运模板应轻抬轻放，严禁抛掷；模板支设、安装应稳固，符合施工设计要求。

11.槽内使用砖砌体做侧模应符合下列要求：

（1）施工前，应根据槽深、土质、现场环境状况等对侧模进行验算，其强度、稳定性应满足各施工阶段荷载的要求。

<table>
<tr><td colspan="2">安全技术交底记录</td><td>编号</td><td>×××
共×页第×页</td></tr>
<tr><td>工程名称</td><td colspan="3">××市政基础设施工程××标段</td></tr>
<tr><td>施工单位</td><td colspan="3">××市政建设集团</td></tr>
<tr><td>交底提要</td><td>水泥混凝土路面工程模板施工安全技术交底</td><td>交底日期</td><td>××年××月××日</td></tr>
</table>

（2）砌体未达到施工设计规定强度，侧模不得承受外力，作业人员不得进入槽内。

12.模板运输道路应平整、坚实，路宽和道路上的架空线净高应符合运输安全要求；车辆运输时应捆绑、打摽牢固；汽车、机动翻斗车运输时应符合运输机械相应的安全技术交底要求。

13.模板拆除应符合下列要求：

（1）模板拆除应待混凝土强度达设计规定后，方可进行。

（2）预拼装组合模板宜整体拆除。拆除时，应按规定方法和程序进行，不得随意撬、砸、摔和大面积拆落。

（3）使用起重机吊装模板应由信号工指挥。吊装前，指挥人员应检查吊点、吊索具和环境状况，确认安全，方可正式起吊；吊装时，吊臂回转范围内严禁有人；吊运模板未放稳定时，不得摘钩。

（4）暂停拆除模板时，必须将已活动的模板、拉杆、支撑等固定牢固，严禁留有松动或悬挂的模板、杆件。

（5）拆卸的模板应分类码放整齐。带钉的木模板必须集中码放，并及时拔钉、清理。

14.使用手推车应符合下列要求：

（1）运输杆件材料时，应捆绑牢固。

（2）装土等散状材料时，车应设挡板，运输中不得遗洒。

（3）在坡道上运输应缓慢行驶，控制速度，下坡前方不得有人。

（4）卸土方等散状材料时，应待车辆挡板打开后，方可扬把卸料，严禁撒把。

（5）路堑、沟槽边卸料时，距堑、槽边缘不得小于1m，车轮应挡掩牢固，槽下不得有人。

审核人	交底人	接受交底人
×××	×××	×××、×××……

5.3.2 水泥混凝土路面工程拌和混凝土施工安全技术交底

<table>
<tr><td colspan="2" rowspan="2">安全技术交底记录</td><td rowspan="2">编号</td><td>×××</td></tr>
<tr><td>共×页第×页</td></tr>
<tr><td>工程名称</td><td colspan="3">××市政基础设施工程××标段</td></tr>
<tr><td>施工单位</td><td colspan="3">××市政建设集团</td></tr>
<tr><td>交底提要</td><td>水泥混凝土路面工程拌和混凝土施工安全技术交底</td><td>交底日期</td><td>××年××月××日</td></tr>
</table>

交底内容：

1.现场在城区、居民区、乡镇、村庄、机关、学校、企业、事业等单位及其附近，不宜采用机械拌和混凝土，宜采用预拌混凝土。

2.现场需机械搅拌混凝土时，混凝土搅拌站搭设应符合下列要求：

（1）现场应设废水预处理设施。

（2）搅拌站不得搭设在电力架空线路下方。

（3）搅拌机等机械旁应设置机械操作程序牌。

（4）搅拌站应按消防部门的规定配置消防设施。

（5）搅拌站的作业平台应坚固、安装稳固并置于坚实的地基。

（6）搅拌机等机电设备应设工作棚，棚应具有防雨（雪）、防风功能。

（7）搅拌站搭设完成，应经检查、验收，确认合格，并形成文件后，方可使用。

（8）现场混凝土搅拌站应单独设置，具有良好的供电、供水、排水、通风等条件与环保措施，周围应设围挡。

（9）搅拌机、输送装置等应完好，防护装置应齐全有效，电气接线应符合施工用电安全技术交底的具体要求。

（10）现场应按施工组织设计的规定布置混凝土搅拌机、各种料仓和原材料输送、计量装置，并形成运输、消防通道。

（11）施工前，应对搅拌站进行施工设计。平台、支架、储料仓的强度、刚度、稳定性应满足搅拌站在拌和水泥混凝土过程中荷载的要求。

3.机械运转过程中，机械操作工应精神集中，不得离岗；机械发生故障必须立即停机、断电；作业人员向搅拌机料斗内倾倒水泥时，脚不得蹬踩料斗；混凝土拌和中，严禁人员进入贮料区和卸料斗下方。

4.需设作业平台时，平台结构应经计算确定，满足施工安全要求，支搭必须牢固；使用前应验收，确认合格，并形成文件；使用中应随时检查，确认安全。

5.搅拌站设置的各种电气设备必须由电工引接、拆卸；作业中发现漏电征兆、缆线破损等必须立即停机、断电，由电工处理。

6.需进入搅拌筒内作业时，必须先关机、断电、固锁电源闸箱，设安全标志，并在搅拌筒外设专人监护，严禁离开岗位。

<table>
<tr><td colspan="2">安全技术交底记录</td><td>编号</td><td>×××
共×页第×页</td></tr>
<tr><td>工程名称</td><td colspan="3">××市政基础设施工程××标段</td></tr>
<tr><td>施工单位</td><td colspan="3">××市政建设集团</td></tr>
<tr><td>交底提要</td><td>水泥混凝土路面工程拌和混凝土施工安全技术交底</td><td>交底日期</td><td>××年××月××日</td></tr>
</table>

7.搬运袋装水泥必须自上而下顺序取运。堆放时，垫板应平稳、牢固；按层码垛整齐，高度不得超过10袋。

8.固定式搅拌机的料斗在轨道上移动提升（降落）时，严禁其下方有人；料斗悬空放置时，必须锁固；搅拌机运转中不得将手或木棒、工具等伸进搅拌筒或在筒口清理混凝土。

9.手推车向搅拌机料斗内倾倒砂石料时，应设挡掩，严禁撒把倒料；手推车运输应平稳推行，空车让重车，不得抢道。

10.落地材料、积水应及时清扫，保持现场环境整洁；搅拌场地内的检查井应设人管理，井盖必须盖牢。

11.冬期混凝土施工中需使用外掺剂时，外掺剂必须集中管理，专人领取，正确使用，余料回库，严防误食。

审核人	交底人	接受交底人
×××	×××	×××、×××……

5.3.3 水泥混凝土路面工程混凝土运输安全技术交底

<table>
<tr><td colspan="2" rowspan="2">安全技术交底记录</td><td rowspan="2">编号</td><td>×××</td></tr>
<tr><td>共×页第×页</td></tr>
<tr><td>工程名称</td><td colspan="3">××市政基础设施工程××标段</td></tr>
<tr><td>施工单位</td><td colspan="3">××市政建设集团</td></tr>
<tr><td>交底提要</td><td>水泥混凝土路面工程混凝土运输安全技术交底</td><td>交底日期</td><td>××年××月××日</td></tr>
</table>

交底内容：

1.应根据运距、工程量和现场条件选定适宜的混凝土运输机具；运输机具应完好，防护装置应齐全有效。使用前应检查、试运行，确认合格，方可使用。

2.作业后应对运输车辆进行清洗，清除砂土和混凝土等粘结在料斗和车架上的脏物；污物应妥善处理，不得随意排放。

3.使用自卸汽车、机动翻斗车及混凝土搅拌运输车运输材料时，应符合相应的运输车辆安全技术交底的具体要求。

4.混凝土运输道路应平整、坚实，路宽和道路上的架空线净高应满足运输安全的要求；跨越河流、沟槽应架设临时便桥，并应符合下列要求：

（1）施工机械、机动车与行人便桥宽度应据现场交通量、机械和车辆的宽度，在施工设计中确定：人行便桥宽不得小于 80cm；手推车便桥宽不得小于 1.5m；机动翻斗车便桥宽不得小于 2.5m；汽车便桥宽不得小于 3.5m。

（2）便桥两侧必须设不低于 1.2m 的防护栏杆，其底部设挡脚板；栏杆、挡脚板应安设牢固。

（3）便桥桥面应具有良好的防滑性能，钢质桥面应设防滑层；便桥两端必须设限载标志。

（4）便桥搭设完成后应经验收，确认合格并形成文件后，方可使用。

（5）在使用过程中，应随时检查和维护，保持完好。

5.使用手推车应符合下列要求：

（1）运输杆件材料时，应捆绑牢固。

（2）装土等散状材料时，车应设挡板，运输中不得遗洒。

（3）在坡道上运输应缓慢行驶，控制速度，下坡前方不得有人。

（4）卸土方等散状材料时，应待车辆挡板打开后，方可扬把卸料，严禁撒把。

（5）路堑、沟槽边卸料时，距堑、槽边缘不得小于 1m，车轮应挡掩牢固，槽下不得有人。

审核人	交底人	接受交底人
×××	×××	×××、×××……

5.3.4 水泥混凝土路面工程混凝土浇筑与养护安全技术交底

<table>
<tr><td colspan="2" rowspan="2">安全技术交底记录</td><td rowspan="2">编号</td><td>×××</td></tr>
<tr><td>共×页第×页</td></tr>
<tr><td>工程名称</td><td colspan="3">××市政基础设施工程××标段</td></tr>
<tr><td>施工单位</td><td colspan="3">××市政建设集团</td></tr>
<tr><td>交底提要</td><td>水泥混凝土路面工程混凝土浇筑与养护安全技术交底</td><td>交底日期</td><td>××年××月××日</td></tr>
</table>

交底内容：

1.水泥混凝土浇筑应由作业组长统一指挥，协调运输与浇筑人员的配合关系，保持安全作业；施工前应复核雨水口顶部的高程，确认符合设计规定，路面不积水。

2.浇筑混凝土时应设电工值班，负责振动器、抹平机、切缝机等机具的电气接线、拆卸和出现电气故障的紧急处理，保持用电安全。

3.混凝土泵应置于平整、坚实的地面上，周围不得有障碍物，机身应保持水平和稳定，且轮胎挡掩牢固。作业中清洗的废水、废物应排置至规定地点，不得污染环境，不得堵塞雨污水排放设施。

4.混凝土搅拌运输车或自卸汽车、机动翻斗车运输混凝土时，车辆进入现场后应设专人指挥。指挥人员必须站在车辆的安全一侧。卸料时，车辆应挡掩牢固，作业人员必须避离卸料范围。

5.机动车、轮式机械在社会道路、公路上行驶应遵守现行《中华人民共和国道路交通安全法》、《中华人民共和国道路交通安全法实施条例》的有关规定。在施工现场道路上行驶时，应遵守现场限速等交通标识的管理规定。

6.使用混凝土泵车，作业前应根据工程特点和环境状况铺设施工现场运输道路，并应符合下列要求：

（1）道路应平整、坚实，能满足运输安全要求。

（2）道路宽度应根据现场交通量和运输车辆或行驶机械的宽度确定：汽车运输时，宽度不小于 3.5m；机动翻斗车运输时，宽度不宜小于 2.5m；手推车运输不宜小于 1.5m。

（3）道路纵坡应根据运输车辆情况而定，手推车不宜陡于 5%，机动车辆不宜陡于 10%。

（4）道路的圆曲线半径：机动翻斗车运输时不宜小于 8m；汽车运输时不宜小于 15m；板拖车运输时不宜小于 20m。

（5）机动车道路的路面宜进行硬化处理；泵车就位地点应平坦坚实，周围无障碍物，不得停放在斜坡上。

（6）现场应根据交通量、路况和环境状况确定车辆行驶速度，并于道路明显处设限速标志。

安全技术交底记录		编号	××× 共×页第×页
工程名称	××市政基础设施工程××标段		
施工单位	××市政建设集团		
交底提要	水泥混凝土路面工程混凝土浇筑与养护安全技术交底	交底日期	××年××月××日

（7）沿沟槽铺设道路，路边与槽边的距离应依施工荷载、土质、槽深、槽壁支护情况经验算确定，且不得小于1.5m，并设防护栏杆和安全标志，夜间和阴暗时尚须加设警示灯。

（8）道路临近河岸、峭壁的一侧必须设置安全标志，夜间和阴暗时尚须加设警示灯。

（9）运输道路与社会道路、公路交叉时宜正交；在距社会道路、公路边20m处应设交通标志，并满足相应的视距要求。

（10）穿越各种架空管线处，其净空应满足运输安全要求，并在管线外设限高标志。

（11）穿越建（构）筑物处，其净空应满足运输安全要求，并在建（构）筑物外设限高、宽标志。

（12）严禁泵车在电力架空线路下方作业，需在其一侧作业时，泵车与电力架空线路的最小距离必须符合表4-1-3的要求。

7.用抹平机作业时应符合下列要求：

（1）作业前，应检查并确认各连接件连接紧固，电缆线保护接地良好，电气接线符合施工用电安全技术交底的具体要求。

（2）作业人员应戴绝缘手套，穿绝缘胶鞋；使用前应经检查、试运转，确认合格；作业中，应设专人理顺缆线，采取防损伤缆线的措施。

（3）作业时，发现机械跳动或异响必须停机、断电，进行检修；作业后，必须切断电源，清洗各部位的泥浆污物，放置在干燥处，并遮盖。

8.水泥混凝土路面养护应符合下列要求：

（1）现场预留的雨水口、检查井口等孔洞必须盖牢，并设安全标志。

（2）养护用覆盖材料应具有阻燃性，使用完毕应及时清理，运至规定地点。

（3）作业中，养护和测温人员应选择安全行走路线；需设便桥时，必须支搭牢固,夜间照明应充足。

（4）水养护现场应设养护用水配水管线，其敷设不得影响车辆、人员和施工安全；用水应适量，不得造成施工场地积水；拉移输水胶管应顺直，不得扭结，不得倒退行走。

（5）薄膜养护应使用对人体无损伤、对环境无污染的合格材料；贮运、调配材料应符合材料使用说明书的规定；操作人员必须按规定佩戴劳动保护用品；作业时，施工人员必须站在上风向；喷洒时，严禁喷嘴对向人；作业现场严禁明火。

安全技术交底记录		编号	×××
			共×页第×页
工程名称	××市政基础设施工程××标段		
施工单位	××市政建设集团		
交底提要	水泥混凝土路面工程混凝土浇筑与养护安全技术交底	交底日期	××年××月××日

（6）使用电热毯养护现场应划定作业区；周围设护栏和安全标志，非作业人员和车辆不得入内；电热毯应在专用库房集中存放，专人管理；使用前应检验，确认完好，无漏电，并记录；电气接线、拆卸必须由电工负责，并应符合施工用电安全技术交底的具体要求；电热毯上下不得有坚硬、锋利物，上面不得承压重物，不得用金属丝捆绑，严禁折叠；养护完毕必须及时断电、拆除，并集中库房存放。

9.使用混凝土振动器应遵守下列规定：

（1）使用前应检查各部件，确认完好、连接牢固、旋转方向正确。

（2）操作人员必须经过用电安全技术培训；作业时必须戴绝缘手套、穿绝缘胶鞋。

（3）作业中应随时检查振动器及其接线，发现漏电征兆、缆线破损等必须立即停机、断电，由电工处理。

（4）电动机电源上必须安装漏电保护装置，接地或接零装置必须安全可靠，电气接线应符合施工用电安全技术交底的具体要求；使用前应检查，确认合格。

（5）移动振动器时，不得用缆线牵引；移动缆线受阻时，不得强拉。

10.用可燃材料配制填缝料时，必须按原材料产品说明书的要求操作，并采取防火措施。

11.填缝料施工不宜在现场熬制沥青，特殊情况下，由于条件限制，现场需明火熬制沥青应符合下列要求：

（1）熬制沥青的专项安全技术措施应经主管部门批准，并形成文件。

(2)沥青锅的前沿(有人操作的一面)应高出后沿10cm以上,并高出地面80cm～100cm。

（3）锅盖应采用钢质材料；严禁使用敞口锅；锅灶上方应设防雨棚，棚应采用阻燃材料。

（4）架空线路垂直下方不得设置锅灶；锅灶应远离易燃、易爆物20m以上，与建筑物的距离不得小于15m。

（5）沥青锅与烟囱的净距应大于80cm，锅与锅的净距应大于2m，火口顶部与锅边应设置高度70cm的隔离设施。

（6）用火前应进行用火申报，经现场消防管理人员检查、验收，确认消防措施落实并签发用火证后，方可熬制沥青。

（7）舀、盛热沥青的勺、桶、壶等不得锡焊。

12.明火预热桶装沥青应符合下列要求：

<table>
<tr><td colspan="2" rowspan="2">安全技术交底记录</td><td rowspan="2">编号</td><td>×××</td></tr>
<tr><td>共×页第×页</td></tr>
<tr><td>工程名称</td><td colspan="3">××市政基础设施工程××标段</td></tr>
<tr><td>施工单位</td><td colspan="3">××市政建设集团</td></tr>
<tr><td>交底提要</td><td>水泥混凝土路面工程混凝土浇筑与养护安全技术交底</td><td>交底日期</td><td>××年××月××日</td></tr>
<tr><td colspan="4">（1）作业结束后，必须熄火。
（2）沥青汇集槽应支搭牢固。流向沥青锅的通道应畅通。
（3）发现沥青从桶的砂眼中喷出，应在桶外侧面以湿泥堵封，不得直接用手堵封。
（4）预热前必须打开沥青桶的大小孔盖，遇仅一个孔盖时，必须在其相对方向另开一孔。桶内有积水，必须排除。
（5）加热时必须用微火，严禁猛火；现场应按消防部门规定配备消防器材；加热中发现沥青桶孔口堵塞时，操作人员必须站在侧面用热钢钎疏通。</td></tr>
</table>

审核人	交底人	接受交底人
×××	×××	×××、×××……

5.3.5 热拌沥青混合料路面工程混合料拌和施工安全技术交底

<table>
<tr><td colspan="2" rowspan="2">安全技术交底记录</td><td rowspan="2">编号</td><td>×××</td></tr>
<tr><td>共×页第×页</td></tr>
<tr><td>工程名称</td><td colspan="3">××市政基础设施工程××标段</td></tr>
<tr><td>施工单位</td><td colspan="3">××市政建设集团</td></tr>
<tr><td>交底提要</td><td>热拌沥青混合料路面工程混合料拌和施工安全技术交底</td><td>交底日期</td><td>××年××月××日</td></tr>
</table>

交底内容：

1.热拌沥青混合料宜由沥青混合料生产企业集中拌制。

2.施工前，应检查运输道路上方架空线路，确认路面与电力架空线路的垂直距离符合安全距离要求、通讯架空线的高度满足车辆的运输安全要求。

3.施工前应根据施工现场条件，确定沥青混合料运输和场内调运路线；运输道路应坚实、平整，宽度不宜小于 5m。

4.施工人员应按规定佩戴工作服、手套、鞋等劳动保护用品。

5.沥青混合料运输车和沥青洒布车到达现场后，必须设专人指挥；指挥人员应根据工程需要和现场环境状况，及时疏导交通，保持运输安全。

6.施工前应复核雨水口顶部的高程，确认符合设计规定，路面不积水；施工现场障碍物应在施工前清理完毕。

7.在城区、居民区、乡镇、村庄、机关、学校、企业、事业等单位及其附近不得设沥青混合料拌和站。

8.需在现场设置集中式沥青混合料拌和站时，支搭拌和站应符合下列要求：

（1）拌和站不得搭设在电力架空线路下方。

（2）拌和站应按消防部门的规定配置消防设施。

（3）拌和站的作业平台应坚固、安装稳固并置于坚实的地基。

（4）搅拌机等机电设备应设工作棚，棚应具有防雨（雪）、防风功能。

（5）搅拌机、输送装置等应完好，防护装置应齐全有效，电气接线应符合相关安全技术交底的要求。

（6）现场拌和站应单独设置，具有良好的供电、通风等条件与环保措施，周围应设围挡。

（7）现场应按施工组织设计的规定布置沥青混合料搅拌机、各种料仓和原材料输送、计量装置，并形成运输、消防通道。

（8）施工前，应对拌和站进行施工设计；平台、支架、储料仓的强度、刚度、稳定性应满足拌和站在拌和混合料过程中荷载的要求。

（9）搅拌机等机械旁应设置机械操作程序牌。

安全技术交底记录		编号	××× 共×页第×页
工程名称	××市政基础设施工程××标段		
施工单位	××市政建设集团		
交底提要	热拌沥青混合料路面工程混合料拌和施工安全技术交底	交底日期	××年××月××日

（10）拌和站搭设完成，应经检查、验收，确认合格，并形成文件后，方可使用。

9.使用手推车应符合下列安全要求：

（1）运输杆件材料时，应捆绑牢固。

（2）装土等散状材料时，车应设挡板，运输中不得遗洒。

（3）在坡道上运输应缓慢行驶，控制速度，下坡前方不得有人。

（4）卸土等散状材料时，应待车辆挡板打开后，方可扬把卸料，严禁撒把。

（5）路堑、沟槽边卸料时，距堑、槽边缘不得小于 1m，车轮应挡掩牢固，槽下不得有人。

10.使用机动翻斗车运输材料时，应符合运输机械安全技术交底要求；作业后，应将车厢内外粘结的沥青污物清除干净。

审核人	交底人	接受交底人
×××	×××	×××、×××……

5.3.6 热拌沥青混合料路面透层油与粘层油施工安全技术交底

安全技术交底记录		编号	×××
			共×页第×页
工程名称	××市政基础设施工程××标段		
施工单位	××市政建设集团		
交底提要	热拌沥青混合料路面透层油与粘层油施工安全技术交底	交底日期	××年××月××日

交底内容：

1.特殊情况下，由于条件限制，现场需明火熬制沥青时，应编制专项安全技术措施，并应经主管部门批准，并形成文件；用火前应进行用火申报，经现场消防管理人员检查、验收，确认消防措施落实并签发用火证后，方可熬制沥青。

2.洒布机作业必须由专人指挥；作业前，指挥人员应检查现场作业路段，确认检查井盖盖牢、人员和其他施工机械撤出作业路段后，方可向洒布机操作工发出作业指令。

3.现场使用沥青宜由有资质的生产企业配制的合格产品；需现场熬制时，应严格按照经主管部门批准的专项安全技术措施的要求进行操作。

4.施工前应根据施工现场条件，确定沥青混合料运输和场内调运路线；运输道路应坚实、平整，宽度不宜小于5m。

5.凡患有结膜炎、皮肤病和对沥青过敏反应者不宜从事沥青作业。

6.施工区域应设专人值守，非施工人员严禁入内；施工人员应按规定佩戴工作服、手套、鞋等劳动保护用品。

7.沥青喷洒前，必须对检查井、闸井、雨水口采取覆盖等安全防护措施；沥青洒布前应进行试喷，确认合格；试喷时，油嘴前方3m内不得有人。

8.人工装卸桶装沥青运输车应符合下列要求：

（1）运输车辆应停放在平坡地段制动，并设方木挡掩牢固。

（2）沥青桶在跳板上滚动时，应由专人指挥；沥青桶两端应系控制绳，收放两端控制绳时，应缓慢、同步进行；跳板应有足够的强度，坡度不得过陡。

（3）发现沥青桶泄漏，必须堵严后，方可搬运。

9.在道路上洒布透层油、粘层油应使用专用洒布机作业。

10.采用液态沥青车运送液态沥青时应符合下列要求：

（1）向储油罐注入沥青，当浮标指示达到允许最大容量时，应及时停止注入；用泵抽热沥青进出油罐时，作业人员应避开。

（2）满载运行时，遇有弯道、下坡应提前减速，不得紧急制动；油罐装载不满时，应始终保持中速行驶。

安全技术交底记录		编号	××× 共×页第×页
工程名称	××市政基础设施工程××标段		
施工单位	××市政建设集团		
交底提要	热拌沥青混合料路面透层油与粘层油施工安全技术交底	交底日期	××年××月××日

11.施工前，应检查运输道路上方架空线路，确认路面与电力架空线路的垂直距离符合安全距离要求、通讯架空线的高度满足车辆的运输安全要求。

12.块状沥青搬运宜在夜间和阴天，并应避开炎热时段；搬运时宜采用小型机械装卸，不宜直接用手装运。

13.远红外加热沥青应符合下列安全要求：

（1）加热设备应完好，防护装置应齐全有效，电气接线应符合施工用电安全技术交底的具体要求；使用前应检查，确认正常。

（2）输油完毕后应将电机反转，使管道中余油流回锅内，并立即用柴油清洗沥青泵和管道；清洗前，必须关闭相应阀门，严防柴油流入沥青锅。

14.人工运送液态沥青时，装油量不得超过容器容积的2／3。

15.沥青洒布时，施工人员应位于沥青洒布机的上风向，并宜距喷洒边缘2m以外。

16.吊装桶装沥青时应符合下列要求：

（1）吊装作业应设专人指挥，吊臂旋转范围内严禁有人，沥青桶的吊装应绑扎牢固。

（2）吊起的沥青桶不得从运输车辆的驾驶室上方越过、不得碰撞车体。

（3）沥青桶落地放稳后，作业人员方可靠近摘卸吊绳。

17.明火熬制沥青应符合下列要求：

（1）熬制沥青锅内不得有水和杂物，沥青投入量不得超过沥青锅容积的2／3，块状沥青应改小并装在铁丝瓢内入锅，不得直接向锅内抛掷，严禁烈火加热空锅时加入沥青。

（2）预热后的沥青宜用溜槽泄入沥青锅；用沥青桶直接倒入锅内时，桶口应尽量放低，不得使热沥青溅出伤人。

（3）沥青一旦着火，必须立即用锅盖将沥青锅盖上，并封炉熄火；外溢的沥青着火，必须立即用干砂、湿麻袋等灭火；严禁在着火的沥青中浇水；现场应按消防规定配备消防器材。

（4）熬制现场临时堆放的沥青和燃料不宜过多，堆放位置应距离沥青锅5m以外。

（5）熬制中应随时掌握沥青温度变化状况，发现白烟转为红、黄色时，应立即熄灭炉火。

（6）沥青脱水应缓慢加热，经常搅动，严禁猛火；沥青不得溢锅，发现漫油时应立即熄灭炉火。

（7）熬制过程中发现沥青锅漏油，必须立即熄灭炉火；舀取沥青应用长柄勺，并应经常检查，确认连接牢固。

安全技术交底记录		编号	××× 共×页第×页
工程名称	××市政基础设施工程××标段		
施工单位	××市政建设集团		
交底提要	热拌沥青混合料路面透层油与粘层油施工安全技术交底	交底日期	××年××月××日

(8)作业结束时，必须熄火、关闭炉门、盖牢锅盖。

18.六级（含）以上风力时，不得进行沥青洒布作业；透层油喷洒后应及时撒布石屑。

19.熬制沥青锅灶的设置应符合下列要求：

(1)锅灶应远离易燃、易爆物20m以上，与建筑物的距离不得小于15m；架空线路垂直下方不得设置锅灶。

(2)沥青锅的前沿(有人操作的一面)应高出后沿10cm以上，并高出地面80cm～100cm。

(3)沥青锅与烟囱的净距应大于80cm，锅与锅的净距应大于2m，火口顶部与锅边应设置高度70cm的隔离设施。

(4)锅盖应采用钢质材料，严禁使用敞口锅；锅灶上方应设防雨棚，棚应采用阻燃材料。

(5)舀、盛热沥青的勺、桶、壶等不得锡焊。

20.明火预热桶装沥青应符合下列要求：

(1)预热前必须打开沥青桶的大小孔盖，遇仅一个孔盖时，必须在其相对方向另开一孔；桶内有积水，必须排除。

(2)加热时必须用微火，严禁猛火。

(3)发现沥青从桶的砂眼中喷出，应在桶外侧面以湿泥堵封，不得直接用手堵封。

(4)加热中发现沥青桶孔口堵塞时，操作人员必须站在侧面用热钢钎疏通。

(5)沥青汇集槽应支搭牢固；流向沥青锅的通道应畅通。

(6)现场应按消防部门规定配备消防器材。

(7)作业结束后，必须熄火。

审核人	交底人	接受交底人
×××	×××	×××、×××……

5.3.7 热拌沥青混合料路面混合料摊铺与碾压施工安全技术交底

<table>
<tr><td colspan="2" rowspan="2">安全技术交底记录</td><td rowspan="2">编号</td><td>×××</td></tr>
<tr><td>共×页第×页</td></tr>
<tr><td>工程名称</td><td colspan="3">××市政基础设施工程××标段</td></tr>
<tr><td>施工单位</td><td colspan="3">××市政建设集团</td></tr>
<tr><td>交底提要</td><td>热拌沥青混合料路面混合料摊铺与碾压施工安全技术交底</td><td>交底日期</td><td>××年××月××日</td></tr>
</table>

交底内容：

1.混合料摊铺施工安全要求

（1）各种作业机械、车辆应按规定路线行驶，有序作业；沥青混合料摊铺过程中，应由作业组长统一指挥，协调作业人员、机械、车辆之间的相互配合关系。

（2）粘在车槽上的混合料应在车下使用长柄工具清除，不得在车槽顶升时，上车清除。

（3）指挥人员应随时检查车辆周围情况，确认安全后，方可向车辆操作工发出行驶、卸料指令；沥青混合料运输车辆在现场路段上行驶、卸车时，必须由专人指挥。

（4）特殊情况下，由于条件限制，现场需使用加热工具的火箱应符合下列要求：

1）用火前必须申报，经现场消防管理人员检查、验收，确认消防措施落实并签发用火证后，方可用火。

2）火箱应远离易燃、易爆物品 10m 以上；与施工用柴油桶距离不得小于 5m。

3）严禁火箱设置在架空线路下方；火箱应设专人管理，作业结束必须及时熄火。

（5）机械摊铺应符合下列要求：

1）摊铺路段的上方有架空线路时，其净空应满足摊铺机和运输车卸料的要求，机械应与架空线路保持安全距离。

2）沥青混凝土摊铺机作业，应由专人指挥；机械行驶前，指挥人员应检查周围环境，确认前后方无人和障碍后，方可向机械操作工发出行驶信号；机械行驶前应鸣笛示警。

3）沥青混合料运输车向摊铺机倒车靠近过程中，车辆和机械之间严禁有人。

4）沥青混凝土摊铺机运行中，现场人员不得攀登机械，严禁触摸机械的传动机构。

5）清洗摊铺机的料斗螺旋输送器必须使用工具；清洗时必须停机，严禁烟火。

6）摊铺机运行中，禁止对机械进行维护、保养工作。

（6）人工摊铺应符合下列要求：

1）铁锹铲运混合料时，作业人员应按顺序行走，铁锹必须避开他人，并不得扬锹摊铺。

2）手推车、机动翻斗车运料时，不得远扔装车。

3）摊铺作业在酷热时段应采取防暑措施。

2.混合料碾压施工安全要求

（1）沥青混合料碾压过程中，应由作业组长统一指挥，协调作业人员、机械、车辆之间的相互配合关系，保持安全作业。

<table>
<tr><td colspan="2" rowspan="2">安全技术交底记录</td><td rowspan="2">编号</td><td>×××</td></tr>
<tr><td>共×页第×页</td></tr>
<tr><td>工程名称</td><td colspan="3">××市政基础设施工程××标段</td></tr>
<tr><td>施工单位</td><td colspan="3">××市政建设集团</td></tr>
<tr><td>交底提要</td><td>热拌沥青混合料路面混合料摊铺与碾压施工安全技术交底</td><td>交底日期</td><td>××年××月××日</td></tr>
<tr><td colspan="4">（2）压路机运行时，现场人员不得攀登机械，严禁触摸机械的传动机构；两台以上压路机作业时，前后间距不得小于3m，左右间距不得小于1m。
（3）作业中必须设专人指挥压路机，指挥人员应与压路机操作工密切配合，根据现场环境状况及时向机械操作工发出正确信号，并及时疏导周围人员。
（4）施工现场应根据压路机的行驶速度，确定机械运行前方的危险区域，在危险区域内不得有人。
（5）使用压路机应符合相关的道路机械安全技术交底的具体要求。</td></tr>
</table>

审核人	交底人	接受交底人
×××	×××	×××、×××……

5.4 挡土墙工程

5.4.1 挡土墙工程施工通用安全技术交底

<table>
<tr><td colspan="2" rowspan="2">安全技术交底记录</td><td rowspan="2">编号</td><td>×××</td></tr>
<tr><td>共×页第×页</td></tr>
<tr><td>工程名称</td><td colspan="3">××市政基础设施工程××标段</td></tr>
<tr><td>施工单位</td><td colspan="3">××市政建设集团</td></tr>
<tr><td>交底提要</td><td>挡土墙工程施工通用安全技术交底</td><td>交底日期</td><td>××年××月××日</td></tr>
</table>

交底内容：

1.使用汽车、机动翻斗车应符合运输机械相关安全技术交底具体要求；使用手推车应符合下列要求：

（1）运输杆件材料时，应捆绑牢固。

（2）装土等散状材料时，车应设挡板，运输中不得遗洒。

（3）卸土等散状材料时，应待车辆挡板打开后，方可扬把卸料，严禁撒把。

（4）在坡道上运输应缓慢行驶，控制速度，下坡前方不得有人。

（5）路堑、沟槽边卸料时，距堑、槽边缘不得小于1m，车轮应挡掩牢固，槽下不得有人。

2.用斜道运输应符合下列要求：

（1）施工中应经常检查，确认安全；发现隐患必须立即处理，确认合格。

（2）支、拆斜道必须由架子工操作。使用前，必须检查验收，确认合格，并形成文件。

（3）斜道应坚实、直顺，不宜设弯道；斜道宽度应较运输车辆宽1m以上，坡度不宜陡于1∶6。

（4）斜道临边必须设防护栏杆，进出口处的栏杆不得伸出栏柱，防护栏杆的搭设应符合安全要求。

（5）施工前，应根据运输车辆的种类、宽度、载重和现场环境状况，对斜道结构进行施工设计，其强度、刚度、稳定性应满足各施工阶段荷载的要求。

3.在现况道路上施工时，应在施工前根据施工安排、现场交通与环境状况，编制交通疏导方案，经道路交通管理部门批准后实施。

4.在城区、居民区、乡镇、村庄、机关、学校、企业、事业单位及其附近施工时，应集中、快速和倒段施工，减少外露沟槽的时间，维护人行安全。

5.作业中使用金属吊索具应符合下列要求：

（1）严禁在吊钩上焊补、打孔；吊钩表面应光洁，无剥裂、锐角、毛刺、裂纹等。

安全技术交底记录		编号	××× 共×页第×页
工程名称	××市政基础设施工程××标段		
施工单位	××市政建设集团		
交底提要	挡土墙工程施工通用安全技术交底	交底日期	××年××月××日

（2）吊索具应由有资质的生产企业生产，具有合格证，并经试吊，确认合格。

（3）出现下列情况之一时，应报废：危险断面磨损达原尺寸的10%；开口度比原尺寸增加15%；扭转变形超过10°；危险断面或吊钩颈部产生塑性变形；板钩衬套磨损达原尺寸的50%，其心轴磨损达原尺寸的5%时，应分别报废。

（4）钢丝绳使用完毕，应及时清理干净、加油润滑、理顺盘好，放至库房妥善保管。

（5）编插钢丝绳索具宜用6×37的钢丝绳，编绳段的长度不得小于钢丝绳直径的20倍，且不得小于300mm，编插钢丝绳的强度应按原钢丝绳破断拉力的70%计。

（6）钢丝绳结构形式、规格和强度应符合说明书的规定，用于吊挂和捆绑时，安全系数不得小于6；用于卷扬机时，其安全系数不得小于5。

（7）严禁卡环侧向受力，起吊时封闭锁必须拧紧；不得使用有裂纹、变形的卡环；严禁用补焊方法修复卡环。

（8）钢丝绳切断时，应在切断的两端采取防止松散的措施。

6.进入基坑、沟槽和在边坡上施工应检查边坡土壁稳定状况，设攀登设施，确认安全，在施工过程中应随时检查，确认安全；施工现场应划定作业区，非作业人员不得入内。

7.使用三角架、倒链吊装应符合下列要求：

（1）倒链安装应牢固，使用前应检查吊架、吊钩、链条、轮轴、链盘等部件，确认完好。

（2）倒链使用完毕，应拆卸清洗干净，注加润滑油，组装完好，放至库房妥善保管，保持链条不锈蚀。

（3）三角架的支腿应根据被吊装物的质量进行受力计算确定；三角架支腿顶部连接点必须牢固。

（4）吊物需在空间暂时停留时，必须将小链拴系在大链上。

（5）使用的链葫芦外壳应有额定吨位标记，严禁超载。气温在10℃以下，不得超过其额定起重量的一半。

（6）作业中应经常检查棘爪、棘爪弹簧和齿轮状况，确认制动有效；齿轮应经常加油润滑。

（7）吊装过程中，吊物下方严禁有人。

（8）三角架应置于坚实的地基上，支垫稳固。底脚宜呈等边三角形，支腿应用横杆件连成整体，底脚处应加设木垫板。

<table>
<tr><td colspan="2" rowspan="2">安全技术交底记录</td><td rowspan="2">编号</td><td>×××</td></tr>
<tr><td>共×页第×页</td></tr>
<tr><td>工程名称</td><td colspan="3">××市政基础设施工程××标段</td></tr>
<tr><td>施工单位</td><td colspan="3">××市政建设集团</td></tr>
<tr><td>交底提要</td><td>挡土墙工程施工通用安全技术交底</td><td>交底日期</td><td>××年××月××日</td></tr>
</table>

（9）使用时，应先松链条、挂牢起吊物、缓慢拉动牵引链条；起重链条受力后，应检查齿轮啮合和自锁装置的工作状况，确认合格后，方可继续起吊作业。

（10）人工移动三脚架时，应先卸除倒链；移动时，必须由作业组长指挥，每支脚必须设人控制，移动应平稳、步调一致。

（11）拉动链条必须一人操作，严禁两人以上猛拉；作业时应均匀缓进，并与链轮方向一致，不得斜向拽动；严禁人员站在倒链的正下方。

（12）暂停作业时应将倒链降至地面或平台等安全处。

8.高处作业必须支搭作业平台，并符合下列要求：

（1）支搭、拆除脚手架应符合脚手架施工安全技术交底的具体要求。

（2）上下平台应设安全梯等设施供作业人员之用；作业中应随时检查，确认安全。

（3）脚手架宽度应满足施工安全的要求；在平台宽度范围必须铺满、铺稳脚手板。

（4）在砌体上固定栏杆柱时，可预先砌入规格相适应的设预埋件的预制块，按要求进行固定。

（5）栏杆的整体构造和栏杆柱的固定，应使防护栏杆在任何处能承受任何方向的1000N外力。

（6）在路堑、沟槽边缘固定栏杆柱时，可采用钢管并锤击沉入地下不小于50cm深；钢管离路堑、沟槽边沿的距离，不得小于50cm。

（7）防护栏杆的底部必须设置牢固的、高度不低于18cm的挡脚板；挡脚板下的空隙不得大于1cm；挡脚板上有孔眼时，孔径不得大于2.5cm。

（8）在混凝土结构上固定栏杆柱时，采用钢质材料时可用预埋件与钢管或钢筋焊牢；采用木栏杆时可在预埋件上焊接30cm长的50×5角钢，其上、下各设一孔，以直径10mm螺栓与木杆件拴牢。

（9）防护栏杆应由上、下两道栏杆和栏杆柱组成，上杆离地高度应为1.2m，下杆离地高度应为50cm～60cm；栏杆柱间距应经计算确定，且不得大于2m。

（10）木质栏杆上杆梢径不得小于7cm，下杆梢径不得小于6cm，栏杆柱梢径不得小于7.5cm，并以不小于12号的镀锌钢丝绑扎牢固，绑丝头应顺平向下；钢筋横杆上杆直径不得小于16mm，下杆直径不得小于14mm，栏杆柱直径不得小于18mm，采用焊接或镀锌钢丝绑扎牢固，绑丝头应顺平向下；钢管横杆、栏杆柱均应采用直径48mm×（2.75～3.5）mm的管材，以扣件固定或焊接牢固。

<table>
<tr><td colspan="2" rowspan="2">安全技术交底记录</td><td rowspan="2">编号</td><td>×××</td></tr>
<tr><td>共×页第×页</td></tr>
<tr><td>工程名称</td><td colspan="3">××市政基础设施工程××标段</td></tr>
<tr><td>施工单位</td><td colspan="3">××市政建设集团</td></tr>
<tr><td>交底提要</td><td>挡土墙工程施工通用安全技术交底</td><td>交底日期</td><td>××年××月××日</td></tr>
</table>

9.作业中使用天然和人造纤维吊索、吊带时，应符合下列要求：

（1）纤维吊索、吊带应由有资质的企业生产，具有合格证。

（2）人造纤维吊索、吊带的材质应是聚酰胺、聚酯、聚丙烯；大麻、椰子皮纤维不得制作吊索；直径小于16mm细绳不得用作吊索；直径大于48mm粗绳不宜用作吊索。

（3）使用中受力时，严禁超过材料使用说明书规定的允许拉力。

（4）用纤维吊索捆绑刚性物体时，应用柔性物衬垫。

（5）纤维绳穿过滑轮使用时，轮槽宽度不得小于绳径。

（6）使用潮湿聚酰胺纤维绳吊索、吊带时，其极限工作载荷应减少15%。

（7）纤维制品吊索应存放在远离热源、通风干燥、无腐蚀性化学物品场所。

（8）纤维吊索、吊带不得在地面拖拽摩擦，其表面不得沾污泥砂等锐利颗粒杂物。

（9）使用中，纤维吊索软索眼两绳间夹角不得超过30°，吊带软索眼连接处夹角不得超过20°。

（10）吊索和吊带受腐蚀性介质污染后，应及时用清水冲洗；潮湿后不得加热烘干，只能在自然循环空气中晾干。

（11）纤维绳索、吊带不得在产品使用说明书所规定温度以外环境使用，且不得在有热源、焊接作业场所使用。

（12）各类纤维吊索、吊带应与使用环境相适应，禁止与使用说明书中所规定的不可接触的物质相接触，防止受环境腐蚀；天然纤维不得接触酸、碱等腐蚀介质；人造纤维不得接触有机溶剂，聚酰胺纤维不得接触酸性溶液或气体，聚酯纤维不得接触碱性溶液。

（13）当纤维吊索出现下列情况之一时，应报废：

绳被切割、断股、严重擦伤、绳股松散或局部破裂；绳表面纤维严重磨损，局部绳径变细或任一绳股磨损达原绳股1/3；绳索捻距增大；绳索内部绳股间出现破断，有残存碎纤维或纤维颗粒；纤维出现软化或老化，表面粗糙纤维极易剥落，弹性变小、强度减弱；严重折弯或扭曲；绳索发霉变质、酸碱烧伤、热熔化或烧焦；绳索表面过多点状疏松、腐蚀；插接处破损、绳股拉出、索眼损坏；已报废的绳索严禁修补重新使用。

（14）当吊带出现下列情况之一时，应报废：织带（含保护套）严重磨损、穿孔、切口、撕断；承载接缝绽开、缝线磨断；吊带纤维软化、老化、弹性变小、强度减弱；纤维表面粗糙易剥落；吊带出现死结；吊带表面有过多的点状疏松、腐蚀、酸碱烧损以及热熔化或烧焦；带有红色警戒线吊带的警戒线裸露。

<table>
<tr><td colspan="2" rowspan="2">安全技术交底记录</td><td rowspan="2">编号</td><td>×××</td></tr>
<tr><td>共×页第×页</td></tr>
<tr><td>工程名称</td><td colspan="3">××市政基础设施工程××标段</td></tr>
<tr><td>施工单位</td><td colspan="3">××市政建设集团</td></tr>
<tr><td>交底提要</td><td>挡土墙工程施工通用安全技术交底</td><td>交底日期</td><td>××年××月××日</td></tr>
<tr><td colspan="4">
10.挖方地段的挡土墙应在土方挖至路基标高后施工，填方段的挡土墙应在填方前先行施工，并在挡土墙结构强度达设计规定后，方可填土。
11.用起重机吊运构件、混凝土、模板等符合下列要求：
（1）吊装作业应设信号工指挥；作业前，指挥人员必须检查吊索具、周围环境状况，确认安全。
（2）操作工和吊装指挥人员必须经安全技术培训，考试合格，持证上岗。
（3）起重机作业场地应坚实、平整，场地松软时必须加固，并确认合格；在临近沟槽、基坑边作业时，应根据土质、槽（坑）深、槽（坑）壁支护结构情况、起重机械及其吊装构件等质量和环境状况，确定安全距离，且不得小于1.5m。
（4）严禁起重机在电力架空线下方作业，需在线路一侧作业时，机械（含吊物、载物）与电力架空线路的最小距离必须符合表4-1-3的要求。
（5）作业前，应了解周围环境、行驶道路、架空线路、建（构）筑物和被吊物质量与形状等情况，掌握吊装要点。
（6）起吊较大的构件、模板等吊物应拴系拉绳。
</td></tr>
</table>

审核人	交底人	接受交底人
×××	×××	×××、×××……

5.4.2 钢筋施工安全技术交底

安全技术交底记录		编号	××× 共×页第×页
工程名称	××市政基础设施工程××标段		
施工单位	××市政建设集团		
交底提要	钢筋施工安全技术交底	交底日期	××年××月××日

交底内容：

1.使用车辆运输钢筋，钢筋必须捆绑、打摽牢固。现场应设专人指挥。指挥人员必须站位于车辆侧面安全处。

2.使用起重机吊运较长材料和骨架时，必须使用专用吊具捆绑牢固，并应采取控制摇摆的措施。严禁超载吊运。

3.人工搬运钢筋时，作业人员应相互呼应，动作协调；搬运过程中，应随时观察周围环境和架空物状况，确认环境安全；作业中应按指定地点卸料、堆放，码放整齐，不得乱扔、乱堆放；上下传递钢筋时，作业人员必须精神集中、站位安全，上下方人员不得站在同一竖直位置上；需在作业平台上码放钢筋时，必须依据平台的承重能力分散码放，不得超载。

4.钢筋加工宜集中进行，并应符合下列要求：

（1）现场需设钢筋场时，场地应平整、无障碍物；钢筋原材料、半成品等应按规格、型号码放整齐；余料等应集中堆放，妥善处置。

（2）应按设计规定的材质、型号、规格配料制作。

（3）钢筋原材料、半成品等应按规格、品种分类码放整齐。

（4）钢筋加工所使用的各种机械、设备，应由专人负责使用管理。

5.钢筋加工场搭设应符合下列要求：

（1）加工场不得设在电力架空线路下方。

（2）各机械旁应设置机械操作程序牌。

（3）操作台应坚固、安装稳固并置于坚实的地基上。

（4）加工机具应设工作棚，棚应具有防雨（雪）、防风功能。

（5）含有木材等易燃物的模板加工场，必须设置严禁吸烟和防火标识。

（6）加工场必须配置有效的消防器材，不得存放油、脂和棉丝等易燃品。

（7）加工场搭设完成，应经检查、验收，确认合格并形成文件后，方可使用。

（8）现场应按施工组织设计要求布置加工机具、料场与废料场，并形成运输、消防通道。

（9）加工场应单独设置，不得与材料库、生活区、办公区混合设置，场区周围应设围挡。

（10）加工机具应完好，防护装置应齐全有效，电气接线应符合施工用电安全技术交底的具体要求。

安全技术交底记录		编号	××× 共×页第×页
工程名称	××市政基础设施工程××标段		
施工单位	××市政建设集团		
交底提要	钢筋施工安全技术交底	交底日期	××年××月××日

6.钢筋焊接应符合下列要求：

（1）焊工必须经专业培训，持证上岗。

（2）作业人员应按规定佩戴防护镜、工作服、绝缘手套、绝缘鞋等劳动保护用品。

（3）施焊作业时，配合焊接的作业人员必须背向焊接处，并采取防止火花烫伤的措施。

（4）焊接前应按规定进行焊接性能试验，确认合格，并形成文件。

（5）接地线、焊把线不得搭在电弧、炽热焊件附近和锋利的物体上。

（6）焊接作业现场周围10m范围内不得堆放易燃、易爆物品；不能满足时，必须采取安全防护措施。

（7）作业后，必须关机、切断电源、固锁电闸箱、清理场地、灭绝火种，待消除焊料余热后，方可离开现场。

（8）作业中应随时检查周围环境，确认安全；施焊前必须履行用火申报手续，经消防管理人员检查，确认消防措施落实并签发用火证。

7.钢筋绑扎应符合下列要求：

（1）绑扎钢筋的绑丝头应弯向钢筋骨架内侧。

（2）绑扎横向钢筋时，应先固定两端，定位后方可全面绑扎。

（3）绑扎墙体竖向钢筋时，应采取临时支撑措施，确认稳固后方可作业。

（4）作业后应检查，并确认钢筋绑扎牢固、骨架稳定后，方可离开现场。

审核人	交底人	接受交底人
×××	×××	×××、×××……

5.4.3 模板施工安全技术交底

安全技术交底记录		编号	×××
			共×页第×页
工程名称	××市政基础设施工程××标段		
施工单位	××市政建设集团		
交底提要	模板施工安全技术交底	交底日期	××年××月××日

交底内容：

1.吊运组装模板时，吊点应合理布置，吊点构造应经计算确定；起吊时，吊装模板下方严禁有人。

2.模板拆除应符合下列要求：

（1）预拼装组合模板宜整体拆除，拆除时，应按规定方法和程序进行，不得随意撬、砸、摔和大面积拆落。

（2）拆除的模板和支撑应分类码放整齐，带钉木杆件应及时拔钉，尽快清出现场。

（3）暂停拆除模板时，必须将已活动的模板、拉杆、支撑等固定牢固，严禁留有松动或悬挂的模板、杆件。

（4）使用起重机吊装模板应由信号工指挥，吊装前，指挥人员应检查吊点、吊索具和环境状况，确认安全，方可正式起吊；吊装时，吊臂回转范围内严禁有人；吊运模板未放稳定时，不得摘钩。

（5）模板拆除应待混凝土强度达设计规定后，方可进行。

3.支设、组装较大模板时，操作人员必须站位安全，且相互呼应；支撑系统安装完成前，必须采取临时支撑措施，保持稳定。

4.施工前，应对挡土墙模板进行施工设计；模板及其支架的强度、刚度和稳定性应满足各施工阶段荷载的要求，能承受浇筑混凝土的冲击力、混凝土的侧压力和施工中产生的各项荷载。

5.模板、支撑连接应牢固，支撑杆件不得撑在不稳定物体上；模板、支架不得使用腐朽、锈蚀、扭裂等劣质材料；模板、支架必须置于坚实的基础上。

6.高处安装模板必须设安全梯或斜道，严禁攀登模板和支架上下，上下高处和沟槽必须设攀登设施，并应符合下列要求：

（1）人员上下梯子时，必须面向梯子，双手扶梯；梯子上有人时，他人不宜上梯。

（2）施工现场可根据环境状况修筑人行土坡道供施工人员使用；人行土坡道应符合下列要求：

1）宽度不宜小于 1m，纵坡不宜陡于 1∶3。

2）施工中应采取防扬尘措施，并经常维护，保持完好。

3）坡道土体应稳定、坚实，宜设阶梯，表层宜硬化处理，无障碍物。

<table>
<tr><td colspan="2" rowspan="2">安全技术交底记录</td><td rowspan="2">编号</td><td>×××</td></tr>
<tr><td>共×页第×页</td></tr>
<tr><td>工程名称</td><td colspan="3">××市政基础设施工程××标段</td></tr>
<tr><td>施工单位</td><td colspan="3">××市政建设集团</td></tr>
<tr><td>交底提要</td><td>模板施工安全技术交底</td><td>交底日期</td><td>××年××月××日</td></tr>
<tr><td colspan="4">4）两侧应设边坡，沟槽侧无条件设边坡时，应根据现场情况设防护栏杆。
（3）外采购的安全梯应符合现行国家标准；现场自制安全梯应符合下列要求：
梯子必须坚固，梯梁与踏板的连接必须牢固。梯子结构应根据材料性能经受力验算确定；梯子需接长使用时，必须有可靠的连接措施，且接头不得超过一处。连接后的梯梁强度、刚度，不得低于单梯梯梁的强度、刚度；梯脚应置于坚实基面上，放置牢固，不得垫高使用。梯子上端应有固定措施；攀登高度不宜超过 8m；梯子踏板间距宜为 30cm，不得缺档；梯子净宽宜为 40cm～50cm；梯子工作角度宜为 75°±5°。
（4）采用斜道（马道）时，脚手架必须置于坚固的地基上，斜道宽度不得小于 1m，纵坡不得陡于 1∶3，支搭必须牢固。
7.槽内使用砖砌体做侧模施工前，应根据槽深、土质、现场环境状况等对侧模进行验算，其强度、稳定性应满足各施工阶段荷载的要求；砌体未达到施工设计规定强度，侧模不得承受外力，作业人员不得进入槽内。
8.现场加工模板及其附件等应按规格码放整齐；废料、余料应及时清理，集中堆放，妥善处置。
9.模板与支架宜采用标准件，需加工时，宜由有资质的企业集中生产，具有合格证。</td></tr>
</table>

审核人	交底人	接受交底人
×××	×××	×××、×××……

5.4.4 现浇混凝土施工安全技术交底

<table>
<tr><td colspan="2" rowspan="2">安全技术交底记录</td><td rowspan="2">编号</td><td>×××</td></tr>
<tr><td>共×页第×页</td></tr>
<tr><td>工程名称</td><td colspan="3">××市政基础设施工程××标段</td></tr>
<tr><td>施工单位</td><td colspan="3">××市政建设集团</td></tr>
<tr><td>交底提要</td><td>现浇混凝土施工安全技术交底</td><td>交底日期</td><td>××年××月××日</td></tr>
<tr><td colspan="4">交底内容：
1.地下人行通道盖板达到设计规定强度后，方可拆除模板。
2.高处作业时支搭的脚手架、作业平台应牢固。支搭完成后应进行检查、验收，确认合格，并形成文件后，方可使用。
3.混凝土浇筑应符合下列要求：
（1）采用混凝土泵车输送混凝土时，严禁泵车在电力架空线路下方作业，需在其一侧作业时，应满足安全距离要求。
（2）车辆应行驶于安全路线，停置于安全处；混凝土运输车辆进入现场后，应设专人指挥。
（3）混凝土振动设备应完好；防护装置应齐全有效；电气接线、拆卸必须由电工负责，并应符合施工用电安全技术交底的具体要求，使用前应检查，确认安全；作业中应保护缆线，随时检查，发现漏电征兆、电缆破损等必须立即停止作业，由电工处理。
（4）从高处向模板仓内浇筑混凝土时，应使用溜槽或串筒；溜槽、串筒应坚固，串筒应连接牢固。严禁攀登溜槽或串筒作业。
（5）施工中，应配备模板操作工和架子操作工值守；模板、支撑、作业平台发生位移、变形、沉陷等倒塌征兆时，必须立即停止浇筑，施工人员撤出该作业区，经整修、加固，确认安全，方可恢复作业。
（6）严禁操作人员站在模板或支撑上进行浇筑作业。
（7）施工中，应根据施工组织设计规定的浇筑程序、分层连续浇筑。
（8）卸料时，车辆应挡掩牢固，卸料下方严禁有人；自卸汽车、机动翻斗车运输、卸料时，应设专人指挥；指挥人员应站位于车辆侧面安全处，卸料前应检查周围环境状况，确认安全后，方可向车辆操作工发出卸料指令。
（9）使用振动器的作业人员必须穿绝缘鞋、戴绝缘手套。
4.施工前，使用压缩空气等清除模板内杂物时，作业人员应按规定佩戴劳动保护用品，严禁喷嘴对向人，空压机操作工应经安全技术培训，考核合格；电气接线与拆卸必须由电工操作，并符合施工用电相关安全技术交底具体要求。
5.混凝土浇筑完成，应按施工组织设计规定的方法养护。覆盖养护应使用阻燃性材料，用后应及时清理，集中放至指定地点。
6.现浇混凝土应经模板、钢筋验收，确认合格并形成文件后方可进行浇筑。</td></tr>
</table>

审核人	交底人	接受交底人
×××	×××	×××、×××……

5.4.5 混凝土预制构件运输与安装施工安全技术交底

安全技术交底记录		编号	××× 共×页第×页
工程名称	××市政基础设施工程××标段		
施工单位	××市政建设集团		
交底提要	混凝土预制构件运输与安装施工安全技术交底	交底日期	××年××月××日

交底内容：

1.构件应使用起重机安装，由信号工指挥；构件安装后，吊环应切除，并与构件面齐平。

2.构件安装前，应检查其质量；不得有缺边、掉角、露筋等缺陷，有结构损坏、裂缝的构件不得使用。

3.施工前，应根据构件的外形尺寸、质量、现场环境状况，编制预制构件的运输与安装方案和相应的安全技术措施。

4.预制构件的运输、存放应符合下列要求：

（1）现场构件存放场地应平整、坚实、排水通畅；周围应设护栏和安全标志。

（2）构件运输时，其支撑位置、紧固方法应符合设计要求，并不得损伤预制构件。

（3）运输时，构件混凝土强度不得低于设计规定的吊装强度，且不得低于设计强度的75%。

（4）构件的运输与存放，必须根据构件形状、刚度确定放置方式，并支垫稳固；构件标识应清晰、外露。

（5）构件运输前，应检查吊运机具、吊索具，确认完好、防护装置齐全有效，并经试运行，确认正常。

5.现浇混凝土基础强度达设计强度75%后，方可安装墙板。

6.扶臂式墙板安装应符合下列要求：

（1）预埋件埋设应符合设计规定，安装前应将其表面除锈，并清理干净。

（2）安装时，墙板底部应用钢板支垫平稳，墙板应竖直，待墙板就位，并在连接钢板焊接牢固后，方可摘钩。

（3）连接板焊接完毕后，必须按设计规定采取防腐措施。

7.悬臂式墙板安装应符合下列要求：

（1）墙板就位后，必须在基础杯槽内设置楔块，待墙板固定后，方可摘钩；墙板固定后，应立即浇筑杯槽混凝土。

（2）杯槽灌填混凝土或砂浆后，应按技术规定及时养护，待确认强度达到设计规定，并形成文件后，方可填土。

（3）墙板安装应竖直，底部用钢板垫牢。

（4）安装墙板前，基础杯槽内泥土、杂物必须清理干净；连接部位的预埋件位置、数量应符合设计规定；预埋件表面应除锈，并清理干净。

审核人	交底人	接受交底人
×××	×××	×××、×××……

5.4.6 砌体施工安全技术交底

<table>
<tr><td colspan="2" rowspan="2">安全技术交底记录</td><td rowspan="2">编号</td><td>×××</td></tr>
<tr><td>共×页第×页</td></tr>
<tr><td>工程名称</td><td colspan="3">××市政基础设施工程××标段</td></tr>
<tr><td>施工单位</td><td colspan="3">××市政建设集团</td></tr>
<tr><td>交底提要</td><td>砌体施工安全技术交底</td><td>交底日期</td><td>××年××月××日</td></tr>
<tr><td colspan="4">交底内容：
1.距沟槽边1m内，不得堆放和推运砖、砌块、块石、砂浆等材料。
2.墙高大于1.2m时，必须支搭作业平台；作业平台上放砖不得超过3层，块石应随砌随供；两根排木间不得放2个灰槽，且总质量不得超过作业平台施工设计的承载力。
3.挡土墙的泄水通道结构和泄水孔位置应符合设计规定。
4.相邻段基础深度不一致时，应先砌筑深段，再砌筑浅段；砌筑中，不得在砌体上用大锤锤凿和砸碎石块。
5.搬运和砌筑砖、石块、预制块时，作业人员应精神集中，并应采取防止砸伤手脚和坠落砸伤他人的措施。
6.在作业平台上砌筑时，使用的工具、灰槽等应放在便于取用和稳妥处；作业中，应随时将墙和作业平台上的碎砖、碎砌块、碎石、硬结灰浆块等清理干净，工具放稳妥；作业平台下方不得有人。
7.上下作业平台必须设安全梯或斜道，不得在挡墙上操作或行走；上下高处和沟槽必须设攀登设施，并应符合下列要求：
（1）人员上下梯子时，必须面向梯子，双手扶梯；梯子上有人时，他人不宜上梯。
（2）采用斜道（马道）时，脚手架必须置于坚固的地基上，斜道宽度不得小于1m，纵坡不得陡于1∶3，支搭必须牢固。
（3）采购的安全梯应符合现行国家标准。现场自制安全梯子必须坚固，梯梁与踏板的连接必须牢固。梯子结构应根据材料性能经受力验算确定；攀登高度不宜超过8m；梯子踏板间距宜为30cm，不得缺档；梯子净宽宜为40cm～50cm；梯子工作角度宜为75°±5°；梯脚应置于坚实基面上，放置牢固，不得垫高使用；梯子上端应有固定措施；梯子需接长使用时，必须有可靠的连接措施，且接头不得超过一处；连接后的梯梁强度、刚度，不得低于单梯梯梁的强度、刚度。
(4)施工现场可根据环境状况修筑人行土坡道供施工人员使用。人行土坡道土体应稳定、坚实，宜设阶梯，表层宜硬化处理，无障碍物；宽度不宜小于1m，纵坡不宜陡于1∶3；两侧应设边坡，沟槽侧无条件设边坡时，应根据现场情况设防护栏杆；施工中应采取防扬尘措施，并经常维护，保持完好。</td></tr>
</table>

审核人	交底人	接受交底人
×××	×××	×××、×××……

5.4.7 加筋挡土墙工程钢筋施工安全技术交底

<table>
<tr><td colspan="2" rowspan="2">安全技术交底记录</td><td rowspan="2">编号</td><td>×××</td></tr>
<tr><td>共×页第×页</td></tr>
<tr><td>工程名称</td><td colspan="3">××市政基础设施工程××标段</td></tr>
<tr><td>施工单位</td><td colspan="3">××市政建设集团</td></tr>
<tr><td>交底提要</td><td>加筋挡土墙工程钢筋施工安全技术交底</td><td>交底日期</td><td>××年××月××日</td></tr>
<tr><td colspan="4">交底内容:
1.钢筋加工宜集中进行，并应符合下列要求：
（1）钢筋加工所使用的各种机械、设备，应由专人负责使用管理。
（2）钢筋原材料、半成品等应按规格、品种分类码放整齐。
（3）应按设计规定的材质、型号、规格配料制作。
（4）现场需设钢筋场时，场地应平整、无障碍物；钢筋原材料、半成品等应按规格、型号码放整齐；余料等应集中堆放，妥善处置。
（5）钢筋加工场搭设应符合下列要求：
1）各机械旁应设置机械操作程序牌。
2）加工场不得设在电力架空线路下方。
3）操作台应坚固、安装稳固并置于坚实的地基上。
4）加工机具应设工作棚，棚应具有防雨（雪）、防风功能。
5）放有木材等易燃物的模板加工场，必须设置严禁吸烟和防火标识。
6）加工场必须配置有效的消防器材，不得存放油、脂和棉丝等易燃品。
7）加工场搭设完成，应经检查、验收，确认合格并形成文件后，方可使用。
8）加工场应单独设置，不得与材料库、生活区、办公区混合设置，场区周围应设围挡。
9）现场应按施工组织设计要求布置加工机具、料场与废料场，并形成运输、消防通道。
10）加工机具应完好，防护装置应齐全有效，电气接线应符合施工用电安全技术交底的具体要求。
2.使用车辆运输钢筋，钢筋必须捆绑、打摽牢固；现场应设专人指挥。指挥人员必须站位于车辆侧面安全处。
3.钢筋绑扎应符合下列要求：
（1）绑扎钢筋的绑丝头应弯向钢筋骨架内侧。
（2）绑扎横向钢筋时，应先固定两端，定位后方可全面绑扎。
（3）作业后应检查，并确认钢筋绑扎牢固、骨架稳定后，方可离开现场。
（4）绑扎墙体竖向钢筋时，应采取临时支撑措施，确认稳固后方可作业。
4.使用起重机吊运较长材料和骨架时，必须使用专用吊具捆绑牢固，并应采取控制摇摆的措施。严禁超载吊运。</td></tr>
</table>

<table>
<tr><td colspan="2">安全技术交底记录</td><td>编号</td><td>×××
共×页第×页</td></tr>
<tr><td>工程名称</td><td colspan="3">××市政基础设施工程××标段</td></tr>
<tr><td>施工单位</td><td colspan="3">××市政建设集团</td></tr>
<tr><td>交底提要</td><td>加筋挡土墙工程钢筋施工安全技术交底</td><td>交底日期</td><td>××年××月××日</td></tr>
</table>

5.钢筋焊接应符合下列要求：

（1）焊工必须经专业培训，持证上岗。

（2）焊接前应按规定进行焊接性能试验，确认合格，并形成文件。

（3）接地线、焊把线不得搭在电弧、炽热焊件附近和锋利的物体上。

（4）作业人员应按规定佩戴防护镜、工作服、绝缘手套、绝缘鞋等劳动保护用品。

（5）施焊作业时，配合焊接的作业人员必须背向焊接处，并采取防止火花烫伤的措施。

（6）焊接作业现场周围 10m 范围内不得堆放易燃、易爆物品；不能满足时，必须采取安全防护措施。

（7）作业后，必须关机、切断电源、固锁电闸箱、清理场地、灭绝火种，待消除焊料余热后，方可离开现场。

（8）作业中应随时检查周围环境，确认安全；施焊前必须履行用火申报手续，经消防管理人员检查，确认消防措施落实并签发用火证。

6.人工搬运钢筋时，作业人员应相互呼应，动作协调；搬运过程中，应随时观察周围环境和架空物状况，确认环境安全；作业中应按指定地点卸料、堆放，码放整齐，不得乱扔、乱堆放；上下传递钢筋时，作业人员必须精神集中、站位安全，上下方人员不得站在同一竖直位置上；需在作业平台上码放钢筋时，必须依据平台的承重能力分散码放，不得超载。

审核人	交底人	接受交底人
×××	×××	×××、×××……

5.4.8 混凝土灌注桩挡土墙施工安全技术交底

安全技术交底记录		编号	××× 共×页第×页
工程名称	××市政基础设施工程××标段		
施工单位	××市政建设集团		
交底提要	混凝土灌注桩挡土墙施工安全技术交底	交底日期	××年××月××日

交底内容：

1.护壁泥浆应符合下列要求：

（1）泥浆残渣应及时清理并妥善处置，不得随意排放，污染环境；现场应设泥浆沉淀池，其周围应设护栏。

（2）泥浆原料应为性能合格的黏土或其他符合环保要求的材料；泥浆不断循环使用过程中应加强管理，始终保持泥浆性能符合要求。

2.应根据施工组织设计，结合桩径、桩深、工程地质、水文地质和现场环境状况等选择适宜的施工方法与机具，并落实相应的安全技术措施。

3.护筒应符合下列要求：

（1）护筒底端埋设深度，粘性土不宜小于原地面以下1.5m；砂性土应将护筒周围50cm～80cm和护筒底50cm范围内换填并夯实粘性土。

（2）护筒内径应比孔径大20cm以上；护筒应坚固、不漏水，内壁平滑、无凸起。

（3）护筒顶端高程应高于地下水位2.0m以上，且高出地面30cm。

4.钢筋骨架施工应符合下列要求：

（1）钢筋笼吊入桩孔时，不得碰撞孔壁；就位后应采取固定措施。

（2）骨架入孔后进行竖向焊接时，起重机不得摘钩、松绳，严禁操作工离开驾驶室。骨架焊接完成，经验收合格后，方可松绳、摘钩。

（3）钢筋骨架吊运长度超过10m时，应采取竖向临时加固措施；吊装前应根据钢筋骨架分节长度、质量选择适宜的起重机。

5.泥浆护壁成孔时，孔口应设护筒；埋设护筒后至钻孔之前，应在孔口设护栏和安全标志。

6.钻孔作业应符合下列要求：

（1）同时成孔的两孔间距和钻孔与未达到设计规定强度的灌注桩的间距，应根据工程地质、水文地质、孔深、地面荷载、现场环境等状况而定，且不宜小于5m。

（2）施工场地应平整、坚实，满足作业要求；现场应划定作业区，非作业人员禁止入内。

（3）钻孔过程中，应经常检查钻渣并与地质剖面图核对，发现不符时应及时采取安全技术措施。

<table>
<tr><td colspan="2" rowspan="2">安全技术交底记录</td><td rowspan="2">编号</td><td>×××</td></tr>
<tr><td>共×页第×页</td></tr>
<tr><td>工程名称</td><td colspan="3">××市政基础设施工程××标段</td></tr>
<tr><td>施工单位</td><td colspan="3">××市政建设集团</td></tr>
<tr><td>交底提要</td><td>混凝土灌注桩挡土墙施工安全技术交底</td><td>交底日期</td><td>××年××月××日</td></tr>
</table>

（4）采用泥浆护壁时，应间断的用钻具搅动泥浆，保持孔内护壁措施有效，孔口应采取防护措施；成孔后或因故障停钻时，应将钻具提至孔外置于地面上，关机、断电。

（5）钻孔作业中发生坍孔和护筒周围冒浆等故障时，必须立即停钻，钻机有倒塌危险时，必须立即将人员和钻机撤至安全位置，经技术处理并确认安全后，方可继续作业。

（6）拆套管时，应待被拆套管吊牢后方可拆除螺栓；使用全套管钻机钻孔时，配合起重机安装套管的人员应待套管吊至安装位置，方可靠近套管辅助就位，并安螺栓。

（7）冲抓钻机钻孔，当钻头提至接近护筒上口时，应减速、平稳提升，不得碰撞护筒，作业人员不得靠近护筒，钻具出土范围内严禁有人；施工中严禁人员进入孔内作业。

（8）钻孔运行中作业人员应位于安全处，严禁人员靠近和触摸钻杆；钻具悬空时，严禁下方有人；钻孔应连续作业，建立交接班制，并形成文件。

（9）严禁在架空线路下方进行机械钻孔。在电力架空线路附近作业时，机械边缘与电力线路的最小距离应符合表4-1-3的规定。

（10）螺旋钻机宜用于无地下水的细粒土层施工。

（11）正、反循环钻机钻孔均应减压钻进，即钻机的吊钩应始终承受部分钻具质量，避免弯孔、斜孔或扩孔。

7.水下混凝土浇筑应符合下列要求：

（1）架设漏斗的平台应根据施工荷载、台高和风力经施工设计确定，搭设完成，经验收确认合格，形成文件后，方可使用。

（2）混凝土的拌制、运输应符合混凝土拌制、运输安全技术交底的具体要求。

（3）水下混凝土必须连续浇筑，不得中断。

（4）浇筑混凝土作业必须由作业组长指挥。浇筑前作业组长应检查各项准备工作，确认合格后，方可发布浇筑混凝土的指令。

（5）浇筑水下混凝土漏斗的设置高度应依据孔径、孔深、导管内径等确定。

（6）提升导管的设备能力应能克服导管和导管内混凝土的自重、导管埋入部分内外壁与混凝土之间的粘接阻力，并有一定的安全储备。导管埋入混凝土的深度应符合技术规定。

（7）桩孔完成经验收合格后，应连续作业，尽快灌注水下混凝土。

（8）混凝土运输车辆进入现场后，应设专人指挥。卸料时，指挥人员必须站在车辆的侧面安全处，车辆轮胎应挡掩牢固。

（9）浇筑水下混凝土的导管宜采用起重机吊装，就位后应及时固定，待确认牢固方可摘钩。

<table>
<tr><td colspan="2" rowspan="2">安全技术交底记录</td><td rowspan="2">编号</td><td>×××</td></tr>
<tr><td>共×页第×页</td></tr>
<tr><td>工程名称</td><td colspan="3">××市政基础设施工程××标段</td></tr>
<tr><td>施工单位</td><td colspan="3">××市政建设集团</td></tr>
<tr><td>交底提要</td><td>混凝土灌注桩挡土墙施工安全技术交底</td><td>交底日期</td><td>××年××月××日</td></tr>
<tr><td colspan="4">（10）采用混凝土泵车输送混凝土，现场及其附近有电力架空线路时，应设专人监护，机械边缘与电力线路的最小距离应符合规定。
（11）在浇筑水下混凝土过程中，必须采取防止导管进水和阻塞、埋管、坍孔的措施。一旦发生上述情况，应判明原因，改进操作，并及时处理。坍孔严重时必须立即停止浇筑混凝土，提出导管和钢筋骨架，并按技术要求回填处理。出现断桩应向设计、建设（监理）单位报告，研究处理方案。
（12）大雨、大雪、大雾、沙尘暴和风力六级（含）以上等恶劣天气，不得进行水下混凝土施工。
（13）浇筑水下混凝土结束后，桩顶混凝土低于现状地面时，应设护栏和安全标志，浇筑过程中，从桩孔内溢出的泥浆应引流至规定地点，不得随意漫流。</td></tr>
</table>

审核人	交底人	接受交底人
×××	×××	×××、×××……

5.5 地下人行通道工程

5.5.1 地下人行通道工程施工安全通用技术交底

安全技术交底记录		编号	×××
			共×页第×页
工程名称	××市政基础设施工程××标段		
施工单位	××市政建设集团		
交底提要	地下人行通道工程施工安全通用技术交底	交底日期	××年××月××日

交底内容：

1.高处作业必须支搭作业平台，并符合下列要求：

（1）脚手架宽度应满足施工安全的要求；在平台宽度范围必须铺满、铺稳脚手板。

（2）木质栏杆上杆梢径不得小于 7cm，下杆梢径不得小于 6cm，栏杆柱梢径不得小于 7.5cm，并以不小于 12 号的镀锌钢丝绑扎牢固，绑丝头应顺平向下；钢筋横杆上杆直径不得小于 16mm，下杆直径不得小于 14mm，栏杆柱直径不得小于 18mm，采用焊接或镀锌钢丝绑扎牢固，绑丝头应顺平向下；钢管横杆、栏杆柱均应采用直径 48mm×（2.75～3.5）mm 的管材，以扣件固定或焊接牢固。

（3）上下平台应设安全梯等设施供作业人员之用；作业中应随时检查，确认安全。

（4）在砌体上固定栏杆柱时，可预先砌入规格相适应的设预埋件的预制块，并按要求进行固定。

（5）栏杆的整体构造和栏杆柱的固定，应使防护栏杆在任何处能承受任何方向的 1000N 外力。

（6）支搭、拆除脚手架应符合脚手架施工安全技术交底的具体要求。

（7）防护栏杆的底部必须设置牢固的、高度不低于 18cm 的挡脚板；挡脚板下的空隙不得大于 1cm；挡脚板上有孔眼时，孔径不得大于 2.5cm。

（8）在路堑、沟槽边缘固定栏杆柱时，可采用钢管并锤击沉入地下不小于 50cm 深；钢管离路堑、沟槽边沿的距离，不得小于 50cm。

（9）在混凝土结构上固定栏杆柱时，采用钢质材料时可用预埋件与钢管或钢筋焊牢；采用木栏杆时可在预埋件上焊接 30cm 长的 50×5 角钢，其上、下各设一孔，以直径 10mm 螺栓与木杆件拴牢。

（10）防护栏杆应由上、下两道栏杆和栏杆柱组成，上杆离地高度应为 1.2m，下杆离地高度应为 50cm～60cm。栏杆柱间距应经计算确定，且不得大于 2m。

<table>
<tr><td colspan="2" rowspan="2">安全技术交底记录</td><td rowspan="2">编号</td><td>×××</td></tr>
<tr><td>共×页第×页</td></tr>
<tr><td>工程名称</td><td colspan="3">××市政基础设施工程××标段</td></tr>
<tr><td>施工单位</td><td colspan="3">××市政建设集团</td></tr>
<tr><td>交底提要</td><td>地下人行通道工程施工安全通用技术交底</td><td>交底日期</td><td>××年××月××日</td></tr>
</table>

2.在现况道路上施工时，应在施工前根据施工安排、现场交通与环境状况，编制交通疏导方案，经道路交通管理部门批准后实施。

3.用斜道运输应符合下列要求：

（1）支、拆斜道必须由架子工操作。使用前，必须检查验收，确认合格，并形成文件。

（2）施工中应经常检查，确认安全；发现隐患必须立即处理，确认合格。

（3）斜道临边必须设防护栏杆，进出口处的栏杆不得伸出栏柱。

（4）施工前，应根据运输车辆的种类、宽度、载重和现场环境状况，对斜道结构进行施工设计，其强度、刚度、稳定性应满足各施工阶段荷载的要求。

（5）斜道应坚实、直顺，不宜设弯道；斜道宽度应较运输车辆宽1m以上，坡度不宜陡于1∶6。

（6）防护栏杆材料、搭设方法、固定措施等应符合安全要求。

4.作业中使用天然和人造纤维吊索、吊带时，应符合下列要求：

（1）纤维吊索、吊带应由有资质的企业生产，具有合格证。

（2）使用潮湿聚酰胺纤维绳吊索、吊带时，其极限工作载荷应减少15%。

（3）用纤维吊索捆绑刚性物体时，应用柔性物衬垫。

（4）各类纤维吊索、吊带应与使用环境相适应，禁止与使用说明书中所规定的不可接触的物质相接触，防止受环境腐蚀。天然纤维不得接触酸、碱等腐蚀介质；人造纤维不得接触有机溶剂，聚酰胺纤维不得接触酸性溶液或气体，聚酯纤维不得接触碱性溶液。

（5）纤维吊索、吊带不得在地面拖拽摩擦，其表面不得沾污泥砂等锐利颗粒杂物。

（6）使用中受力时，严禁超过材料使用说明书规定的允许拉力。

（7）吊索和吊带受腐蚀性介质污染后，应及时用清水冲洗；潮湿后不得加热烘干，只能在自然循环空气中晾干。

（8）使用中，纤维吊索软索眼两绳间夹角不得超过30°，吊带软索眼连接处夹角不得超过20°。

（9）纤维制品吊索应存放在远离热源、通风干燥、无腐蚀性化学物品场所。

（10）人造纤维吊索、吊带的材质应是聚酰胺、聚酯、聚丙烯；大麻、椰子皮纤维不得制作吊索；直径小于16mm细绳不得用作吊索；直径大于48mm粗绳不宜用作吊索。

（11）纤维绳穿过滑轮使用时，轮槽宽度不得小于绳径。

（12）当纤维吊索出现下列情况之一时，应报废：

<table>
<tr><td colspan="2" rowspan="2">安全技术交底记录</td><td rowspan="2">编号</td><td>×××</td></tr>
<tr><td>共×页第×页</td></tr>
<tr><td>工程名称</td><td colspan="3">××市政基础设施工程××标段</td></tr>
<tr><td>施工单位</td><td colspan="3">××市政建设集团</td></tr>
<tr><td>交底提要</td><td>地下人行通道工程施工安全通用技术交底</td><td>交底日期</td><td>××年××月××日</td></tr>
</table>

绳被切割、断股、严重擦伤、绳股松散或局部破裂；绳表面纤维严重磨损，局部绳径变细或任一绳股磨损达原绳股 1 / 3；绳索捻距增大；绳索内部绳股间出现破断，有残存碎纤维或纤维颗粒；纤维出现软化或老化，表面粗糙纤维极易剥落，弹性变小、强度减弱；严重折弯或扭曲；绳索发霉变质、酸碱烧伤、热熔化或烧焦；绳索表面过多点状疏松、腐蚀；插接处破损、绳股拉出、索眼损坏；已报废的绳索严禁修补重新使用。

（13）当吊带出现下列情况之一时，应报废：织带（含保护套）严重磨损、穿孔、切口、撕断；承载接缝绽开、缝线磨断；吊带纤维软化、老化、弹性变小、强度减弱；纤维表面粗糙易剥落；吊带出现死结；吊带表面有过多的点状疏松、腐蚀、酸碱烧损以及热熔化或烧焦；带有红色警戒线吊带的警戒线裸露。

（14）纤维制品吊索应存放在远离热源、通风干燥、无腐蚀性化学物品场所。

5.进入基坑、沟槽和在边坡上施工应检查边坡土壁稳定状况，设攀登设施，确认安全，在施工过程中应随时检查，确认安全；施工现场应划定作业区，非作业人员不得入内。

6.使用三角架、倒链吊装应符合下列要求：

（1）拉动链条必须一人操作，严禁两人以上猛拉；作业时应均匀缓进，并与链轮方向一致，不得斜向拽动。严禁人员站在倒链的正下方。

（2）倒链安装应牢固，使用前应检查吊架、吊钩、链条、轮轴、链盘等部件，确认完好。

（3）吊物需在空间暂时停留时，必须将小链拴系在大链上。

（4）使用时，应先松链条、挂牢起吊物、缓慢拉动牵引链条；起重链条受力后，应检查齿轮啮合和自锁装置的工作状况，确认合格后，方可继续起吊作业。

（5）三角架应置于坚实的地基上，支垫稳固；底脚宜呈等边三角形，支腿应用横杆件连成整体，底脚处应加设木垫板。

（6）作业中应经常检查棘爪、棘爪弹簧和齿轮状况，确认制动有效；齿轮应经常加油润滑。

（7）三角架的支腿应根据被吊装物的质量进行受力计算确定；三支腿顶部连接点必须牢固。

（8）使用的链葫芦外壳应有额定吨位标记，严禁超载；气温在 10℃以下，不得超过其额定起重量的一半。

（9）倒链使用完毕，应拆卸清洗干净，注加润滑油，组装完好，放至库房妥善保管，保持链条不锈蚀。

<table>
<tr><td colspan="2" rowspan="2">安全技术交底记录</td><td rowspan="2">编号</td><td>×××</td></tr>
<tr><td>共×页第×页</td></tr>
<tr><td>工程名称</td><td colspan="3">××市政基础设施工程××标段</td></tr>
<tr><td>施工单位</td><td colspan="3">××市政建设集团</td></tr>
<tr><td>交底提要</td><td>地下人行通道工程施工安全通用技术交底</td><td>交底日期</td><td>××年××月××日</td></tr>
</table>

（10）人工移动三脚架时，应先卸除倒链；移动时，必须由作业组长指挥，每支脚必须设人控制，移动应平稳、步调一致。

（11）吊装过程中，吊物下方严禁有人。

（12）暂停作业时应将倒链降至地面或平台等安全处。

7.在城区、居民区、乡镇、村庄、机关、学校、企业、事业单位及其附近施工时，应集中、快速和倒段施工，减少外露沟槽的时间，维护人行安全。

8.作业中使用金属吊索具应符合下列要求：

（1）严禁在吊钩上焊补、打孔；吊钩表面应光洁，无剥裂、锐角、毛刺、裂纹等。

（2）严禁卡环侧向受力，起吊时封闭锁必须拧紧；不得使用有裂纹、变形的卡环；严禁用补焊方法修复卡环。

（3）出现下列情况之一时，应报废：危险断面磨损达原尺寸的10%；开口度比原尺寸增加15%；扭转变形超过10°；危险断面或吊钩颈部产生塑性变形；板钩衬套磨损达原尺寸的50%，其心轴磨损达原尺寸的5%时，应分别报废。

（4）吊索具应由有资质的生产企业生产，具有合格证，并经试吊，确认合格。

（5）钢丝绳结构形式、规格和强度应符合说明书的规定，用于吊挂和捆绑时，安全系数不得小于6；用于卷扬机时，其安全系数不得小于5。

（6）钢丝绳切断时，应在切断的两端采取防止松散的措施。

（7）编插钢丝绳索具宜用6×37的钢丝绳，编绳段的长度不得小于钢丝绳直径的20倍，且不得小于300mm，编插钢丝绳的强度应按原钢丝绳破断拉力的70%计。

（8）钢丝绳使用完毕，应及时清理干净、加油润滑、理顺盘好，放至库房妥善保管。

9.用起重机吊运构件、混凝土、模板等符合下列要求：

（1）起重机作业场地应坚实、平整，场地松软时必须加固，并确认合格；在临近沟槽、基坑边作业时，应根据土质、槽（坑）深、槽（坑）壁支护结构情况、起重机械及其吊装构件等质量和环境状况，确定安全距离，且不得小于1.5m。

（2）操作工和吊装指挥人员必须经安全技术培训，考试合格，持证上岗。

（3）吊装作业应设信号工指挥；作业前，指挥人员必须检查吊索具、周围环境状况，确认安全。

（4）严禁起重机在电力架空线下方作业，需在线路一侧作业时，机械（含吊物、载物）与电力架空线路的最小距离必须符合表4-1-3的要求。

<table>
<tr><td colspan="2" rowspan="2">安全技术交底记录</td><td rowspan="2">编号</td><td>×××</td></tr>
<tr><td>共×页第×页</td></tr>
<tr><td>工程名称</td><td colspan="3">××市政基础设施工程××标段</td></tr>
<tr><td>施工单位</td><td colspan="3">××市政建设集团</td></tr>
<tr><td>交底提要</td><td>地下人行通道工程施工安全通用技术交底</td><td>交底日期</td><td>××年××月××日</td></tr>
<tr><td colspan="4">（5）起吊较大的构件、模板等吊物应拴系拉绳。
（6）作业前，应了解周围环境、行驶道路、架空线路、建（构）筑物和被吊物质量与形状等情况，掌握吊装要点。
10.使用汽车、机动翻斗车应符合运输机械相关安全技术交底具体要求；使用手推车应符合下列要求：
（1）运输杆件材料时，应捆绑牢固。
（2）路堑、沟槽边卸料时，距堑、槽边缘不得小于1m，车轮应挡掩牢固，槽下不得有人。
（3）在坡道上运输应缓慢行驶，控制速度，下坡前方不得有人。
（4）装土等散状材料时，车应设挡板，运输中不得遗洒。
（5）卸土等散状材料时，应待车辆挡板打开后，方可扬把卸料，严禁撒把。</td></tr>
</table>

审核人	交底人	接受交底人
×××	×××	×××、×××……

5.5.2 钢筋施工安全技术交底

<table>
<tr><td colspan="2" rowspan="2">安全技术交底记录</td><td rowspan="2">编号</td><td>×××</td></tr>
<tr><td>共×页第×页</td></tr>
<tr><td>工程名称</td><td colspan="3">××市政基础设施工程××标段</td></tr>
<tr><td>施工单位</td><td colspan="3">××市政建设集团</td></tr>
<tr><td>交底提要</td><td>钢筋施工安全技术交底</td><td>交底日期</td><td>××年××月××日</td></tr>
</table>

交底内容：

1.人工搬运钢筋时，作业人员应相互呼应，动作协调；搬运过程中，应随时观察周围环境和架空物状况，确认环境安全；作业中应按指定地点卸料、堆放，码放整齐，不得乱扔、乱堆放；上下传递钢筋时，作业人员必须精神集中、站位安全，上下方人员不得站在同一竖直位置上；需在作业平台上码放钢筋时，必须依据平台的承重能力分散码放，不得超载。

2.使用起重机吊运较长材料和骨架时，必须使用专用吊具捆绑牢固，并应采取控制摇摆的措施。严禁超载吊运。

3.使用车辆运输钢筋，钢筋必须捆绑、打摽牢固。现场应设专人指挥。指挥人员必须站位于车辆侧面安全处。

4.钢筋加工宜集中进行，并应符合下列要求：

（1）钢筋原材料、半成品等应按规格、品种分类码放整齐。

（2）钢筋加工所使用的各种机械、设备，应由专人负责使用管理。

（3）应按设计规定的材质、型号、规格配料制作。

（4）现场需设钢筋场时，场地应平整、无障碍物；钢筋原材料、半成品等应按规格、型号码放整齐；余料等应集中堆放，妥善处置。

（5）钢筋加工场搭设应符合下列要求：

1）各机械旁应设置机械操作程序牌。

2）加工场不得设在电力架空线路下方。

3）操作台应坚固、安装稳固并置于坚实的地基上。

4）加工机具应设工作棚，棚应具有防雨（雪）、防风功能。

5）加工场必须配置有效的消防器材，不得存放油、脂和棉丝等易燃品。

6）含有木材等易燃物的模板加工场，必须设置严禁吸烟和防火标识。

7）加工场搭设完成，应经检查、验收，确认合格并形成文件后，方可使用。

8）加工场应单独设置，不得与材料库、生活区、办公区混合设置，场区周围应设围挡。

9）现场应按施工组织设计要求布置加工机具、料场与废料场，并形成运输、消防通道。

10）加工机具应完好，防护装置应齐全有效，电气接线应符合施工用电安全技术交底的具体要求。

<table>
<tr><td colspan="2">安全技术交底记录</td><td>编号</td><td>×××
共×页第×页</td></tr>
<tr><td>工程名称</td><td colspan="3">××市政基础设施工程××标段</td></tr>
<tr><td>施工单位</td><td colspan="3">××市政建设集团</td></tr>
<tr><td>交底提要</td><td>钢筋施工安全技术交底</td><td>交底日期</td><td>××年××月××日</td></tr>
<tr><td colspan="4">5.钢筋绑扎应符合下列要求：
1）绑扎墙体竖向钢筋时，应采取临时支撑措施，确认稳固后方可作业。
2）绑扎横向钢筋时，应先固定两端，定位后方可全面绑扎。
3）绑扎钢筋的绑丝头应弯向钢筋骨架内侧。
4）作业后应检查，并确认钢筋绑扎牢固、骨架稳定后，方可离开现场。
6.钢筋焊接应符合下列要求：
1）作业人员应按规定佩戴防护镜、工作服、绝缘手套、绝缘鞋等劳动保护用品。
2）焊工必须经专业培训，持证上岗。
3）焊接前应按规定进行焊接性能试验，确认合格，并形成文件。
4）接地线、焊把线不得搭在电弧、炽热焊件附近和锋利的物体上。
5）施焊作业时，配合焊接的作业人员必须背向焊接处，并采取防止火花烫伤的措施。
6）焊接作业现场周围 10m 范围内不得堆放易燃、易爆物品；不能满足时，必须采取安全防护措施。
7）作业后，必须关机、切断电源、固锁电闸箱、清理场地、灭绝火种，待消除焊料余热后，方可离开现场。
8）作业中应随时检查周围环境，确认安全；施焊前必须履行用火申报手续，经消防管理人员检查，确认消防措施落实并签发用火证。</td></tr>
</table>

审核人	交底人	接受交底人
×××	×××	×××、×××……

5.5.3 模板施工安全技术交底

安全技术交底记录		编号	×××
			共×页第×页
工程名称	××市政基础设施工程××标段		
施工单位	××市政建设集团		
交底提要	模板施工安全技术交底	交底日期	××年××月××日

交底内容：

1.模板拆除应符合下列要求：

（1）使用起重机吊装模板应由信号工指挥，吊装前，指挥人员应检查吊点、吊索具和环境状况，确认安全，方可正式起吊；吊装时，吊臂回转范围内严禁有人；吊运模板未放稳定时，不得摘钩。

（2）模板拆除应待混凝土强度达设计规定后，方可进行。

（3）暂停拆除模板时，必须将已活动的模板、拉杆、支撑等固定牢固，严禁留有松动或悬挂的模板、杆件。

（4）预拼装组合模板宜整体拆除，拆除时，应按规定方法和程序进行，不得随意撬、砸、摔和大面积拆落。

（5）拆除的模板和支撑应分类码放整齐，带钉木杆件应及时拔钉，尽快清出现场。

2.现场加工模板及其附件等应按规格码放整齐；废料、余料应及时清理，集中堆放，妥善处置。

3.吊运组装模板时，吊点应合理布置，吊点构造应经计算确定；起吊时，吊装模板下方严禁有人。

4.支设、组装较大模板时，操作人员必须站位安全，且相互呼应；支撑系统安装完成前，必须采取临时支撑措施，保持稳定。

5.模板、支撑连接应牢固，支撑杆件不得撑在不稳定物体上；模板、支架不得使用腐朽、锈蚀、扭裂等劣质材料；模板、支架必须置于坚实的基础上。

6.高处安装模板必须设安全梯或斜道，严禁攀登模板和支架上下，上下高处和沟槽必须设攀登设施，并应符合下列要求：

（1）施工现场可根据环境状况修筑人行土坡道供施工人员使用；人行土坡道应符合下列要求：

坡道土体应稳定、坚实，宜设阶梯，表层宜硬化处理，无障碍物；宽度不宜小于1m，纵坡不宜陡于1∶3；两侧应设边坡，沟槽侧无条件设边坡时，应根据现场情况设防护栏杆；施工中应采取防扬尘措施，并经常维护，保持完好。

（2）人员上下梯子时，必须面向梯子，双手扶梯；梯子上有人时，他人不宜上梯。

<table>
<tr><td colspan="2">安全技术交底记录</td><td>编号</td><td>××
共×页第×页</td></tr>
<tr><td>工程名称</td><td colspan="3">××市政基础设施工程××标段</td></tr>
<tr><td>施工单位</td><td colspan="3">××市政建设集团</td></tr>
<tr><td>交底提要</td><td>模板施工安全技术交底</td><td>交底日期</td><td>××年××月××日</td></tr>
<tr><td colspan="4">

（3）采购的安全梯应符合现行国家标准；现场自制安全梯应符合下列要求：

梯子必须坚固，梯梁与踏板的连接必须牢固；梯子结构应根据材料性能经受力验算确定；梯子需接长使用时，必须有可靠的连接措施，且接头不得超过一处；连接后的梯梁强度、刚度，不得低于单梯梯梁的强度、刚度；梯脚应置于坚实基面上，放置牢固，不得垫高使用。梯子上端应有固定措施；攀登高度不宜超过 8m；梯子踏板间距宜为 30cm，不得缺档；梯子净宽宜为 40cm～50cm；梯子工作角度宜为 75°±5°。

（4）采用斜道（马道）时，脚手架必须置于坚固的地基上，斜道宽度不得小于 1m，纵坡不得陡于 1∶3，支搭必须牢固。

7.槽内使用砖砌体做侧模施工前，应根据槽深、土质、现场环境状况等对侧模进行验算，其强度、稳定性应满足各施工阶段荷载的要求；砌体未达到施工设计规定强度，侧模不得承受外力，作业人员不得进入槽内。

8.模板与支架宜采用标准件，需加工时，宜由有资质的企业集中生产，具有合格证。

9.施工前，应对地下人行通道侧立面挡土墙模板进行施工设计；模板及其支架的强度、刚度和稳定性应满足各施工阶段荷载的要求，能承受浇筑混凝土的冲击力、混凝土的侧压力和施工中产生的各项荷载。

</td></tr>
</table>

审核人	交底人	接受交底人
×××	×××	×××、×××……

5.5.4 现浇混凝土施工安全技术交底

<table>
<tr><td colspan="2" rowspan="2">安全技术交底记录</td><td rowspan="2">编号</td><td>×××</td></tr>
<tr><td>共×页第×页</td></tr>
<tr><td>工程名称</td><td colspan="3">××市政基础设施工程××标段</td></tr>
<tr><td>施工单位</td><td colspan="3">××市政建设集团</td></tr>
<tr><td>交底提要</td><td>现浇混凝土施工安全技术交底</td><td>交底日期</td><td>××年××月××日</td></tr>
<tr><td colspan="4">交底内容：
1.施工前，使用压缩空气等清除模板内杂物时，作业人员应按规定佩戴劳动保护用品，严禁喷嘴对向人，空压机操作工应经安全技术培训，考核合格；电气接线与拆卸必须由电工操作，并符合施工用电相关安全技术交底具体要求。
2.现浇混凝土应经模板、钢筋验收，确认合格并形成文件后方可进行浇筑。
3.地下人行通道盖板达到设计规定强度后，方可拆除模板。
4.混凝土浇筑应符合下列要求：
（1）车辆应行驶于安全路线，停置于安全处；混凝土运输车辆进入现场后，应设专人指挥。
（2）施工中，应根据施工组织设计规定的浇筑程序、分层连续浇筑。
（3）施工中，应配备模板操作工和架子操作工值守；模板、支撑、作业平台发生位移、变形、沉陷等倒塌征兆时，必须立即停止浇筑，施工人员撤出该作业区，经整修、加固，确认安全，方可恢复作业。
（4）卸料时，车辆应挡掩牢固，卸料下方严禁有人；自卸汽车、机动翻斗车运输、卸料时，应设专人指挥；指挥人员应站位于车辆侧面安全处，卸料前应检查周围环境状况，确认安全后，方可向车辆操作工发出卸料指令。
（5）严禁操作人员站在模板或支撑上进行浇筑作业。
（6）采用混凝土泵车输送混凝土时，严禁泵车在电力架空线路下方作业，需在其一侧作业时，应满足安全距离要求。
（7）从高处向模板仓内浇筑混凝土时，应使用溜槽或串筒；溜槽、串筒应坚固，串筒应连接牢固。严禁攀登溜槽或串筒作业。
（8）混凝土振动设备应完好；防护装置应齐全有效；电气接线、拆卸必须由电工负责，并应符合施工用电安全技术交底的具体要求，使用前应检查，确认安全；作业中应保护缆线，随时检查，发现漏电征兆、电缆破损等必须立即停止作业，由电工处理。
（9）使用振动器的作业人员必须穿绝缘鞋、戴绝缘手套。
5.混凝土浇筑完成，应按施工组织设计规定的方法养护；覆盖养护应使用阻燃性材料，用后应及时清理，集中放至指定地点。
6.高处作业时支搭的脚手架、作业平台应牢固；支搭完成后应进行检查、验收，确认合格，并形成文件后，方可使用。</td></tr>
</table>

审核人	交底人	接受交底人
×××	×××	×××、×××……

5.5.5 施工地袱与栏杆施工安全技术交底

<table>
<tr><td colspan="2" rowspan="2">安全技术交底记录</td><td rowspan="2">编号</td><td>×××</td></tr>
<tr><td>共×页第×页</td></tr>
<tr><td>工程名称</td><td colspan="3">××市政基础设施工程××标段</td></tr>
<tr><td>施工单位</td><td colspan="3">××市政建设集团</td></tr>
<tr><td>交底提要</td><td>施工地袱与栏杆施工安全技术交底</td><td>交底日期</td><td>××年××月××日</td></tr>
<tr><td colspan="4">交底内容：
1.地袱、栏杆施工前，应在墙外侧搭设作业平台，其宽度不得小于1m；地袱、栏杆施工过程中，应在墙下设防护区，有社会交通的施工区域应设专人疏导交通；地袱施工完毕应及时进行栏杆施工。
2.现浇混凝土栏杆和圬工砌体栏墙，在混凝土和砂浆达设计规定强度前应在内侧路面上设立并保持安全标志。
3.组焊加工的金属栏杆安装前，应将毛刺磨平；栏杆焊接必须由电焊工进行；作业前必须履行用火申报手续，经消防管理人员审查，确认防火措施落实并颁发用火证；作业中应随时检查周围环境，确认无火险；作业点及其下方10m范围内不得堆放易燃、易爆物。
4.混凝土预制栏杆应待砂浆达到规定强度后，方可拆除安全标志；钢制栏杆应焊接牢固后方可拆除安全标志；预制栏杆安装应随安装随固定，并在内侧路面上设安全标志。
5.用自制吊具安装构件时，应符合下列要求：
（1）使用前作业人员必须对其进行外观检查、试用，确认安全。
（2）自制吊具应由专业技术人员设计，由项目经理部技术负责人核准。
（3）自制吊具宜在加工厂由专业技工制作，经质量管理人员跟踪检查，确认各工序合格。
（4）自制吊具应纳入机具管理范畴，由专人管理，定期检修、维护，保持完好。
（5）制作完成后必须经验收、试吊，确认合格，并形成文件。</td></tr>
<tr><td colspan="2">审核人</td><td>交底人</td><td>接受交底人</td></tr>
<tr><td colspan="2">×××</td><td>×××</td><td>×××、×××……</td></tr>
</table>

5.6 边坡支护工程

5.6.1 边坡支护工程施工通用安全技术交底

<table>
<tr><td colspan="2" rowspan="2">安全技术交底记录</td><td rowspan="2">编号</td><td>×××</td></tr>
<tr><td>共×页第×页</td></tr>
<tr><td>工程名称</td><td colspan="3">××市政基础设施工程××标段</td></tr>
<tr><td>施工单位</td><td colspan="3">××市政建设集团</td></tr>
<tr><td>交底提要</td><td>边坡支护工程施工通用安全技术交底</td><td>交底日期</td><td>××年××月××日</td></tr>
</table>

交底内容：

1.边坡支护工程中使用天然和人造纤维吊索、吊带时，应符合下列要求：

（1）使用中受力时，严禁超过材料使用说明书规定的允许拉力。

（2）纤维吊索、吊带应由有资质的企业生产，具有合格证。

（3）用纤维吊索捆绑刚性物体时，应用柔性物衬垫。

（4）各类纤维吊索、吊带应与使用环境相适应，禁止与使用说明书中所规定的不可接触的物质相接触，防止受环境腐蚀。天然纤维不得接触酸、碱等腐蚀介质；人造纤维不得接触有机溶剂，聚酰胺纤维不得接触酸性溶液或气体，聚酯纤维不得接触碱性溶液。

（5）纤维吊索、吊带不得在地面拖拽摩擦，其表面不得沾污泥砂等锐利颗粒杂物。

（6）使用中，纤维吊索软索眼两绳间夹角不得超过 30°，吊带软索眼连接处夹角不得超过 20°。

（7）吊索和吊带受腐蚀性介质污染后，应及时用清水冲洗；潮湿后不得加热烘干，只能在自然循环空气中晾干。

（8）纤维制品吊索应存放在远离热源、通风干燥、无腐蚀性化学物品场所。

（9）使用潮湿聚酰胺纤维绳吊索、吊带时，其极限工作载荷应减少 15%。

（10）人造纤维吊索、吊带的材质应是聚酰胺、聚酯、聚丙烯；大麻、椰子皮纤维不得制作吊索；直径小于 16mm 细绳不得用作吊索；直径大于 48mm 粗绳不宜用作吊索。

（11）当纤维吊索出现下列情况之一时，应报废：

绳被切割、断股、严重擦伤、绳股松散或局部破裂；绳表面纤维严重磨损，局部绳径变细或任一绳股磨损达原绳股 1/3；绳索捻距增大；绳索内部绳股间出现破断，有残存碎纤维或纤维颗粒；纤维出现软化或老化，表面粗糙纤维极易剥落，弹性变小、强度减弱；严重折弯或扭曲；绳索发霉变质、酸碱烧伤、热熔化或烧焦；绳索表面过多点状疏松、腐蚀；插接处破损、绳股拉出、索眼损坏；已报废的绳索严禁修补重新使用。

<table>
<tr><td colspan="2" rowspan="2">安全技术交底记录</td><td rowspan="2">编号</td><td>×××</td></tr>
<tr><td>共×页第×页</td></tr>
<tr><td>工程名称</td><td colspan="3">××市政基础设施工程××标段</td></tr>
<tr><td>施工单位</td><td colspan="3">××市政建设集团</td></tr>
<tr><td>交底提要</td><td>边坡支护工程施工通用安全技术交底</td><td>交底日期</td><td>××年××月××日</td></tr>
</table>

（12）当吊带出现下列情况之一时，应报废：织带（含保护套）严重磨损、穿孔、切口、撕断；承载接缝绽开、缝线磨断；吊带纤维软化、老化、弹性变小、强度减弱；纤维表面粗糙易剥落；吊带出现死结；吊带表面有过多的点状疏松、腐蚀、酸碱烧损以及热熔化或烧焦；带有红色警戒线吊带的警戒线裸露。

（13）纤维绳穿过滑轮使用时，轮槽宽度不得小于绳径。

（14）纤维绳索、吊带不得在产品使用说明书所规定温度以外环境使用，且不得在有热源、焊接作业场所使用。

2.用斜道运输应符合下列要求：

（1）支、拆斜道必须由架子工操作。使用前，必须检查验收，确认合格，并形成文件。

（2）防护栏杆的材料、固定方式、搭设方法等要符合安全规定。

（3）斜道应坚实、直顺，不宜设弯道；斜道宽度应较运输车辆宽1m以上，坡度不宜陡于1∶6。

（4）斜道临边必须设防护栏杆，进出口处的栏杆不得伸出栏柱。

（5）施工前，应根据运输车辆的种类、宽度、载重和现场环境状况，对斜道结构进行施工设计，其强度、刚度、稳定性应满足各施工阶段荷载的要求。

（6）施工中应经常检查，确认安全；发现隐患必须立即处理，确认合格。

3.在城区、居民区、乡镇、村庄、机关、学校、企业、事业单位及其附近施工时，应集中、快速和倒段施工，减少外露沟槽的时间，维护人行安全。

4.高处作业必须支搭作业平台，并符合下列要求：

（1）脚手架宽度应满足施工安全的要求；在平台宽度范围必须铺满、铺稳脚手板。

（2）支搭、拆除脚手架应符合脚手架施工安全技术交底的具体要求。

（3）防护栏杆的底部必须设置牢固的、高度不低于18cm的挡脚板；挡脚板下的空隙不得大于1cm；挡脚板上有孔眼时，孔径不得大于2.5cm。

（4）防护栏杆应由上、下两道栏杆和栏杆柱组成，上杆离地高度应为1.2m，下杆离地高度应为50cm～60cm。栏杆柱间距应经计算确定，且不得大于2m。

（5）栏杆的整体构造和栏杆柱的固定，应使防护栏杆在任何处能承受任何方向的1000N外力。

（6）在路堑、沟槽边缘固定栏杆柱时，可采用钢管并锤击沉入地下不小于50cm深；钢管离路堑、沟槽边沿的距离，不得小于50cm。

<table>
<tr><td colspan="2" rowspan="2">安全技术交底记录</td><td rowspan="2">编号</td><td>×××</td></tr>
<tr><td>共×页第×页</td></tr>
<tr><td>工程名称</td><td colspan="3">××市政基础设施工程××标段</td></tr>
<tr><td>施工单位</td><td colspan="3">××市政建设集团</td></tr>
<tr><td>交底提要</td><td>边坡支护工程施工通用安全技术交底</td><td>交底日期</td><td>××年××月××日</td></tr>
</table>

（7）上下平台应设安全梯等设施供作业人员之用；作业中应随时检查，确认安全。

（8）在混凝土结构上固定栏杆柱时，采用钢质材料时可用预埋件与钢管或钢筋焊牢；采用木栏杆时可在预埋件上焊接 30cm 长的 50×5 角钢，其上、下各设一孔，以直径 10mm 螺栓与木杆件拴牢。

（9）在砌体上固定栏杆柱时，可预先砌入规格相适应的设预埋件的预制块，并按要求进行固定。

（10）木质栏杆上杆梢径不得小于 7cm，下杆梢径不得小于 6cm，栏杆柱梢径不得小于 7.5cm，并以不小于 12 号的镀锌钢丝绑扎牢固，绑丝头应顺平向下；钢筋横杆上杆直径不得小于 16mm，下杆直径不得小于 14mm，栏杆柱直径不得小于 18mm，采用焊接或镀锌钢丝绑扎牢固，绑丝头应顺平向下；钢管横杆、栏杆柱均应采用直径 48mm×（2.75～3.5）mm 的管材，以扣件固定或焊接牢固。

5.作业中使用金属吊索具应符合下列要求：

（1）严禁在吊钩上焊补、打孔；吊钩表面应光洁，无剥裂、锐角、毛刺、裂纹等。

（2）编插钢丝绳索具宜用 6×37 的钢丝绳，编绳段的长度不得小于钢丝绳直径的 20 倍，且不得小于 300mm，编插钢丝绳的强度应按原钢丝绳破断拉力的 70%计。

（3）严禁卡环侧向受力，起吊时封闭锁必须拧紧；不得使用有裂纹、变形的卡环；严禁用补焊方法修复卡环。

（4）吊索具应由有资质的生产企业生产，具有合格证，并经试吊，确认合格。

（5）钢丝绳切断时，应在切断的两端采取防止松散的措施。

（6）钢丝绳结构形式、规格和强度应符合说明书的规定，用于吊挂和捆绑时，安全系数不得小于 6；用于卷扬机时，其安全系数不得小于 5。

（7）出现下列情况之一时，应报废：危险断面磨损达原尺寸的 10%；开口度比原尺寸增加 15%；扭转变形超过 10°；危险断面或吊钩颈部产生塑性变形；板钩衬套磨损达原尺寸的 50%，其心轴磨损达原尺寸的 5%时，应分别报废。

（8）钢丝绳使用完毕，应及时清理干净、加油润滑、理顺盘好，放至库房妥善保管。

6.进入基坑、沟槽和在边坡上施工应检查边坡土壁稳定状况，设攀登设施，确认安全，在施工过程中应随时检查，确认安全；施工现场应划定作业区，非作业人员不得入内。

7.使用三角架、倒链吊装应符合下列要求：

（1）倒链安装应牢固，使用前应检查吊架、吊钩、链条、轮轴、链盘等部件，确认完好。

<table>
<tr><td colspan="2" rowspan="2">安全技术交底记录</td><td rowspan="2">编号</td><td>×××</td></tr>
<tr><td>共×页第×页</td></tr>
<tr><td>工程名称</td><td colspan="3">××市政基础设施工程××标段</td></tr>
<tr><td>施工单位</td><td colspan="3">××市政建设集团</td></tr>
<tr><td>交底提要</td><td>边坡支护工程施工通用安全技术交底</td><td>交底日期</td><td>××年××月××日</td></tr>
</table>

（2）倒链使用完毕，应拆卸清洗干净，注加润滑油，组装完好，放至库房妥善保管，保持链条不锈蚀。

（3）拉动链条必须一人操作，严禁两人以上猛拉；作业时应均匀缓进，并与链轮方向一致，不得斜向拽动；严禁人员站在倒链的正下方。

（4）人工移动三脚架时，应先卸除倒链；移动时，必须由作业组长指挥，每支脚必须设人控制，移动应平稳、步调一致。

（5）作业中应经常检查棘爪、棘爪弹簧和齿轮状况，确认制动有效；齿轮应经常加油润滑。

（6）吊物需在空间暂时停留时，必须将小链拴系在大链上。

（7）使用的链葫芦外壳应有额定吨位标记，严禁超载；气温在 10℃以下，不得超过其额定起重量的一半。

（8）使用时，应先松链条、挂牢起吊物、缓慢拉动牵引链条；起重链条受力后，应检查齿轮啮合和自锁装置的工作状况，确认合格后，方可继续起吊作业。

（9）吊装过程中，吊物下方严禁有人。

（10）三角架应置于坚实的地基上，支垫稳固；底脚宜呈等边三角形，支腿应用横杆件连成整体，底脚处应加设木垫板。

（11）三角架的支腿应根据被吊装物的质量进行受力计算确定；三支腿顶部连接点必须牢固。

（12）暂停作业时应将倒链降至地面或平台等安全处。

8.用起重机吊运构件、混凝土、模板等符合下列要求：

（1）操作工和吊装指挥人员必须经安全技术培训，考试合格，持证上岗。

（2）起重机作业场地应坚实、平整，场地松软时必须加固，并确认合格；在临近沟槽、基坑边作业时，应根据土质、槽（坑）深、槽（坑）壁支护结构情况、起重机械及其吊装构件等质量和环境状况，确定安全距离，且不得小于 1.5m。

（3）严禁起重机在电力架空线下方作业，需在线路一侧作业时，机械（含吊物、载物）与电力架空线路的最小距离必须符合表 4-1-3 的要求。

（4）吊装作业应设信号工指挥；作业前，指挥人员必须检查吊索具、周围环境状况，确认安全。

（5）起吊较大的构件、模板等吊物应拴系拉绳。

<table>
<tr><td colspan="2" rowspan="2">安全技术交底记录</td><td rowspan="2">编号</td><td>×××</td></tr>
<tr><td>共×页第×页</td></tr>
<tr><td>工程名称</td><td colspan="3">××市政基础设施工程××标段</td></tr>
<tr><td>施工单位</td><td colspan="3">××市政建设集团</td></tr>
<tr><td>交底提要</td><td>边坡支护工程施工通用安全技术交底</td><td>交底日期</td><td>××年××月××日</td></tr>
</table>

（6）作业前，应了解周围环境、行驶道路、架空线路、建（构）筑物和被吊物质量与形状等情况，掌握吊装要点。

9.使用汽车、机动翻斗车应符合运输机械相关安全技术交底具体要求；使用手推车应符合下列要求：

（1）运输杆件材料时，应捆绑牢固。

（2）装土等散状材料时，车应设挡板，运输中不得遗洒。

（3）卸土等散状材料时，应待车辆挡板打开后，方可扬把卸料，严禁撒把。

（4）在坡道上运输应缓慢行驶，控制速度，下坡前方不得有人。

（5）路堑、沟槽边卸料时，距堑、槽边缘不得小于 1m，车轮应挡掩牢固，槽下不得有人。

审核人	交底人	接受交底人
×××	×××	×××、×××……

5.6.2 钢筋施工安全技术交底

<table>
<tr><td colspan="2" rowspan="2">安全技术交底记录</td><td rowspan="2">编号</td><td>×××</td></tr>
<tr><td>共×页第×页</td></tr>
<tr><td>工程名称</td><td colspan="3">××市政基础设施工程××标段</td></tr>
<tr><td>施工单位</td><td colspan="3">××市政建设集团</td></tr>
<tr><td>交底提要</td><td>钢筋施工安全技术交底</td><td>交底日期</td><td>××年××月××日</td></tr>
<tr><td colspan="4">交底内容：
1.人工搬运钢筋时，作业人员应相互呼应，动作协调；搬运过程中，应随时观察周围环境和架空物状况，确认环境安全；作业中应按指定地点卸料、堆放，码放整齐，不得乱扔、乱堆放；上下传递钢筋时，作业人员必须精神集中、站位安全，上下方人员不得站在同一竖直位置上；需在作业平台上码放钢筋时，必须依据平台的承重能力分散码放，不得超载。
2.钢筋焊接应符合下列要求：
（1）焊接前应按规定进行焊接性能试验，确认合格，并形成文件。
（2）作业人员应按规定佩戴防护镜、工作服、绝缘手套、绝缘鞋等劳动保护用品。
（3）焊接作业现场周围 10m 范围内不得堆放易燃、易爆物品；不能满足时，必须采取安全防护措施。
（4）作业中应随时检查周围环境，确认安全；施焊前必须履行用火申报手续，经消防管理人员检查，确认消防措施落实并签发用火证。
（5）作业后，必须关机、切断电源、固锁电闸箱、清理场地、灭绝火种，待消除焊料余热后，方可离开现场。
（6）施焊作业时，配合焊接的作业人员必须背向焊接处，并采取防止火花烫伤的措施。
（7）焊工必须经专业培训，持证上岗。
（8）接地线、焊把线不得搭在电弧、炽热焊件附近和锋利的物体上。
3.使用车辆运输钢筋，钢筋必须捆绑、打摽牢固。现场应设专人指挥。指挥人员必须站位于车辆侧面安全处。
4.钢筋加工宜集中进行，并应符合下列要求：
（1）钢筋加工所使用的各种机械、设备，应由专人负责使用管理。
（2）钢筋原材料、半成品等应按规格、品种分类码放整齐。
（3）应按设计规定的材质、型号、规格配料制作。
（4）现场需设钢筋场时，场地应平整、无障碍物；钢筋原材料、半成品等应按规格、型号码放整齐；余料等应集中堆放，妥善处置。
（5）钢筋加工场搭设应符合下列要求：
1）加工场必须配置有效的消防器材，不得存放油、脂和棉丝等易燃品。</td></tr>
</table>

<table>
<tr><td colspan="2" rowspan="2">安全技术交底记录</td><td rowspan="2">编号</td><td>×××</td></tr>
<tr><td>共×页第×页</td></tr>
<tr><td>工程名称</td><td colspan="3">××市政基础设施工程××标段</td></tr>
<tr><td>施工单位</td><td colspan="3">××市政建设集团</td></tr>
<tr><td>交底提要</td><td>钢筋施工安全技术交底</td><td>交底日期</td><td>××年××月××日</td></tr>
<tr><td colspan="4">2）加工场不得设在电力架空线路下方。
3）加工场搭设完成，应经检查、验收，确认合格并形成文件后，方可使用。
4）现场应按施工组织设计要求布置加工机具、料场与废料场，并形成运输、消防通道。
5）各机械旁应设置机械操作程序牌。
6）加工机具应设工作棚，棚应具有防雨（雪）、防风功能。
7）含有木材等易燃物的模板加工场，必须设置严禁吸烟和防火标识。
8）操作台应坚固、安装稳固并置于坚实的地基上。
9）加工机具应完好，防护装置应齐全有效，电气接线应符合施工用电安全技术交底的具体要求。
10）加工场应单独设置，不得与材料库、生活区、办公区混合设置，场区周围应设围挡。
5.使用起重机吊运较长材料和骨架时，必须使用专用吊具捆绑牢固，并应采取控制摇摆的措施。严禁超载吊运。
6.钢筋绑扎应符合下列要求：
（1）作业后应检查，并确认钢筋绑扎牢固、骨架稳定后，方可离开现场。
（2）绑扎横向钢筋时，应先固定两端，定位后方可全面绑扎。
（3）绑扎墙体竖向钢筋时，应采取临时支撑措施，确认稳固后方可作业。
（4）绑扎钢筋的绑丝头应弯向钢筋骨架内侧。</td></tr>
</table>

审核人	交底人	接受交底人
×××	×××	×××、×××……

5.6.3 模板施工安全技术交底

安全技术交底记录		编号	×××
			共×页第×页
工程名称	××市政基础设施工程××标段		
施工单位	××市政建设集团		
交底提要	模板施工安全技术交底	交底日期	××年××月××日

交底内容：

1.施工前，应对边坡侧立面挡土墙模板进行施工设计。模板及其支架的强度、刚度和稳定性应满足各施工阶段荷载的要求，能承受浇筑混凝土的冲击力、混凝土的侧压力和施工中产生的各项荷载。

2.模板与支架宜采用标准件，需加工时，宜由有资质的企业集中生产，具有合格证。

3.模板、支撑连接应牢固，支撑杆件不得撑在不稳定物体上；模板、支架不得使用腐朽、锈蚀、扭裂等劣质材料；模板、支架必须置于坚实的基础上。

4.现场加工模板及其附件等应按规格码放整齐；废料、余料应及时清理，集中堆放，妥善处置。

5.支设、组装较大模板时，操作人员必须站位安全，且相互呼应；支撑系统安装完成前，必须采取临时支撑措施，保持稳定。

6.吊运组装模板时，吊点应合理布置，吊点构造应经计算确定；起吊时，吊装模板下方严禁有人。

7.高处安装模板必须设安全梯或斜道，严禁攀登模板和支架上下，上下高处和沟槽必须设攀登设施，并应符合下列要求：

（1）采购的安全梯应符合现行国家标准；现场自制安全梯应符合下列要求：

梯子必须坚固，梯梁与踏板的连接必须牢固；梯子结构应根据材料性能经受力验算确定；梯子需接长使用时，必须有可靠的连接措施，且接头不得超过一处；连接后的梯梁强度、刚度，不得低于单梯梯梁的强度、刚度；梯脚应置于坚实基面上，放置牢固，不得垫高使用；梯子上端应有固定措施；攀登高度不宜超过8m；梯子踏板间距宜为30cm，不得缺档；梯子净宽宜为40cm～50cm；梯子工作角度宜为75°±5°。

（2）人员上下梯子时，必须面向梯子，双手扶梯；梯子上有人时，他人不宜上梯。

（3）施工现场可根据环境状况修筑人行土坡道供施工人员使用；人行土坡道应符合下列要求：

坡道土体应稳定、坚实，宜设阶梯，表层宜硬化处理，无障碍物；宽度不宜小于1m，纵坡不宜陡于1∶3；两侧应设边坡，沟槽侧无条件设边坡时，应根据现场情况设防护栏杆；施工中应采取防扬尘措施，并经常维护，保持完好。

<table>
<tr><td colspan="2">安全技术交底记录</td><td>编号</td><td>×××
共×页第×页</td></tr>
<tr><td>工程名称</td><td colspan="3">××市政基础设施工程××标段</td></tr>
<tr><td>施工单位</td><td colspan="3">××市政建设集团</td></tr>
<tr><td>交底提要</td><td>模板施工安全技术交底</td><td>交底日期</td><td>××年××月××日</td></tr>
<tr><td colspan="4">（4）采用斜道（马道）时，脚手架必须置于坚固的地基上，斜道宽度不得小于1m，纵坡不得陡于1∶3，支搭必须牢固。
8.槽内使用砖砌体做侧模施工前，应根据槽深、土质、现场环境状况等对侧模进行验算，其强度、稳定性应满足各施工阶段荷载的要求；砌体未达到施工设计规定强度，侧模不得承受外力，作业人员不得进入槽内。
9.模板拆除应符合下列要求：
（1）模板拆除应待混凝土强度达设计规定后，方可进行。
（2）使用起重机吊装模板应由信号工指挥，吊装前，指挥人员应检查吊点、吊索具和环境状况，确认安全，方可正式起吊；吊装时，吊臂回转范围内严禁有人；吊运模板未放稳定时，不得摘钩。
（3）预拼装组合模板宜整体拆除，拆除时，应按规定方法和程序进行，不得随意撬、砸、摔和大面积拆落。
（4）暂停拆除模板时，必须将已活动的模板、拉杆、支撑等固定牢固，严禁留有松动或悬挂的模板、杆件。
（5）拆除的模板和支撑应分类码放整齐，带钉木杆件应及时拔钉，尽快清出现场。</td></tr>
<tr><td>审核人</td><td>交底人</td><td colspan="2">接受交底人</td></tr>
<tr><td>×××</td><td>×××</td><td colspan="2">×××、×××……</td></tr>
</table>

5.6.4 现浇混凝土施工安全技术交底

<table>
<tr><td colspan="2" rowspan="2">安全技术交底记录</td><td rowspan="2">编号</td><td>×××</td></tr>
<tr><td>共×页第×页</td></tr>
<tr><td>工程名称</td><td colspan="3">××市政基础设施工程××标段</td></tr>
<tr><td>施工单位</td><td colspan="3">××市政建设集团</td></tr>
<tr><td>交底提要</td><td>现浇混凝土施工安全技术交底</td><td>交底日期</td><td>××年××月××日</td></tr>
</table>

交底内容：

1.施工前，使用压缩空气等清除模板内杂物时，作业人员应按规定佩戴劳动保护用品，严禁喷嘴对向人，空压机操作工应经安全技术培训，考核合格；电气接线与拆卸必须由电工操作，并符合施工用电相关安全技术交底具体要求。

2.高处作业时支搭的脚手架、作业平台应牢固；支搭完成后应进行检查、验收，确认合格，并形成文件后，方可使用。

3.混凝土浇筑应符合下列要求：

（1）车辆应行驶于安全路线，停置于安全处；混凝土运输车辆进入现场后，应设专人指挥。

（2）施工中，应根据施工组织设计规定的浇筑程序、分层连续浇筑。

（3）卸料时，车辆应挡掩牢固，卸料下方严禁有人；自卸汽车、机动翻斗车运输、卸料时，应设专人指挥；指挥人员应站位于车辆侧面安全处，卸料前应检查周围环境状况，确认安全后，方可向车辆操作工发出卸料指令。

（4）从高处向模板仓内浇筑混凝土时，应使用溜槽或串筒；溜槽、串筒应坚固，串筒应连接牢固。严禁攀登溜槽或串筒作业。

（5）采用混凝土泵车输送混凝土时，严禁泵车在电力架空线路下方作业，需在其一侧作业时，应满足安全距离要求。

（6）混凝土振动设备应完好；防护装置应齐全有效；电气接线、拆卸必须由电工负责，并应符合施工用电安全技术交底的具体要求，使用前应检查，确认安全；作业中应保护缆线，随时检查，发现漏电征兆、电缆破损等必须立即停止作业，由电工处理。

（7）严禁操作人员站在模板或支撑上进行浇筑作业。

（8）施工中，应配备模板操作工和架子操作工值守；模板、支撑、作业平台发生位移、变形、沉陷等倒塌征兆时，必须立即停止浇筑，施工人员撤出该作业区，经整修、加固，确认安全，方可恢复作业。

（9）使用振动器的作业人员必须穿绝缘鞋、戴绝缘手套。

4.混凝土浇筑完成，应按施工组织设计规定的方法养护；覆盖养护应使用阻燃性材料，用后应及时清理，集中放至指定地点。

5.现浇混凝土应经模板、钢筋验收，确认合格并形成文件后方可进行浇筑。

审核人	交底人	接受交底人
×××	×××	×××、×××……

5.6.5 路堑边坡喷锚支护施工安全技术交底

<table>
<tr><td colspan="2" rowspan="2">安全技术交底记录</td><td rowspan="2">编号</td><td>×××</td></tr>
<tr><td>共×页第×页</td></tr>
<tr><td>工程名称</td><td colspan="3">××市政基础设施工程××标段</td></tr>
<tr><td>施工单位</td><td colspan="3">××市政建设集团</td></tr>
<tr><td>交底提要</td><td>路堑边坡喷锚支护施工安全技术交底</td><td>交底日期</td><td>××年××月××日</td></tr>
<tr><td colspan="4">交底内容：
1.喷锚机具应完好，管路接口应严密，防护装置必须齐全有效，电气接线应符合施工用电安全技术交底的具体要求。使用前应检查、试运行，确认正常。
2.边坡喷锚支护应依据设计规定自上而下分段、分层进行。
3.喷射混凝土应采用混凝土喷射机，并符合下列要求：
（1）作业时，操作人员应按规定佩戴防护用品，禁止裸露身体作业。
（2）作业后应卸下喷嘴清理干净，并将喷射机外粘附的混凝土清除干净。
（3）喷射手和机械操作工应有联系信号，送风、加料、停料、停风和发生堵塞时，应及时联系，密切配合。
（4）喷嘴前方严禁站人，喷嘴不得对向人和设备。
（5）作业中暂停时间超过 1h 和作业后，必须将仓内和输料管内的干混合料全部喷出。
（6）喷射机手必须经安全技术培训，经考核合格方可上岗。
4.支护作业应由作业组长指挥。采用空气压缩机时，其操作工应听从钻孔、注浆操作工的指令；机具发生障碍，必须停机、断电、卸压后方可处理。
5.在边坡支护施工过程中，道路上的车辆应限速行驶，并清除路面上的坚硬物；边坡支护的泄水通道结构和泄水孔位置应符合设计规定。
6.上层支护后，应待混凝土强度达到设计规定，方可开挖下层土方；有爆破作业时，喷射混凝土终凝距下次爆破间隔时间不得小于 3h。
7.施工中，作业面下方不得有人；边坡采用圬工砌体支护时，应符合下列要求：
（1）砂浆拌和、运输和砌体养护应符合相关安全技术交底的具体要求。
（2）砌筑施工过程应符合相应安全技术交底的具体要求。
（3）砌体材质、厚度、砂浆标号、砌体养护应符合相关的安全技术交底的具体要求。
（4）原材料、砂浆等不得堆放在作业区外。
8.安设钢筋（或型钢）骨架与挂网前应清理作业面松土和危石，确认土壁稳定；安骨架应与挖掘土方紧密结合，挖完一层土方后应及时安装骨架，每层骨架应及时形成闭合框架；挂网应及时，并与骨架连接牢固。
9.使用灰浆泵应符合下列要求：</td></tr>
</table>

安全技术交底记录		编号	××× 共×页第×页
工程名称	××市政基础设施工程××标段		
施工单位	××市政建设集团		
交底提要	路堑边坡喷锚支护施工安全技术交底	交底日期	××年××月××日

（1）作业前应检查并确认球阀完好，泵内无干硬灰浆等物，各连接件紧固牢靠，安全阀已调到预定安全压力。

（2）作业后应将输送管道中的灰浆全部泵出，并将泵和输送管道清洗干净。

（3）故障停机时，应先打开泄浆阀使压力下降，再排除故障；灰浆泵压力未达到零时，不得拆卸空气室、安全阀和管道。

10.用空气压缩机配合作业应符合下列要求：

（1）开启送气阀前应检查输气管道及其接口，确认畅通、无漏气，并通知有关人员后方可送气。出气口前不得有人。

（2）作业中贮气罐内最大压力不得超过铭牌规定，安全阀应灵敏有效；进、排气阀、轴承和各部件应无异响或过热现象。

（3）空压机作业环境应保持清洁和干燥；贮气罐必须放在通风良好处，半径15m以内不得进行焊接和热加工作业。

（4）运转中发现排气压力突然升高，排气阀、安全阀失效，机械有异响或电动机电刷发生强烈火花时，应立即停机检查，排除故障后方可继续作业。

11.在Ⅳ、Ⅴ级岩石中进行喷锚支护施工时，喷锚支护必须紧跟开挖面；作业中应设专人随时观察围岩变化情况，确认安全；应先喷后锚，喷射混凝土厚度不得小于5cm；锚杆施工应在喷射混凝土终凝3h后进行。

12.采用水平钻机钻孔时应符合下列要求：

（1）钻孔时，严禁人员触摸钻杆，人员应避离钻机后方和下方。

（2）钻孔时应连续作业直至达到设计要求。

（3）钻机采用轨道移位时，轨道应安装稳固、水平、顺直，两轨高差、轨距应符合说明书规定，钻机定位后应锁紧止轮器。

（4）采用高压射水辅助钻孔时，排出的泥水、残渣应及时清理，妥善处置，不得漫流。

（5）钻机应安设稳固，小型钻机需辅助后背时，应与后背支撑牢固。

（6）采用套管成孔，用顶推方法拔套管时，必须有牢固的后背；用倒链牵引方法拔套管时，必须有牢固的锚固点。后背与锚固结构应经受力验算，确认安全。

13.作业中，坡面出现坍塌征兆时，必须立即停止作业，待采取安全技术措施，确认安全后，方可恢复作业。

14.锚杆施工应符合下列要求：

<table>
<tr><td colspan="2" rowspan="2">安全技术交底记录</td><td rowspan="2">编号</td><td>×××</td></tr>
<tr><td>共×页第×页</td></tr>
<tr><td>工程名称</td><td colspan="3">××市政基础设施工程××标段</td></tr>
<tr><td>施工单位</td><td colspan="3">××市政建设集团</td></tr>
<tr><td>交底提要</td><td>路堑边坡喷锚支护施工安全技术交底</td><td>交底日期</td><td>××年××月××日</td></tr>
</table>

（1）锚杆进行拉拔试验、张拉时，应按规定程序进行，张拉前方严禁有人；锚杆注浆应连续作业，浆液应饱满，浆液配比应符合设计或施工设计的规定。

（2）锚杆应随喷射混凝土的完成，且达到规定强度后，方可自上而下分层施工。

（3）锚杆锁定48h内，发现有明显应力松弛应补张拉；孔内灌浆达到设计规定强度后，方可放张。

（4）钻孔和注浆前，应检查喷层表面，确认无异常裂缝；作业中应设专人监护支护稳定状况，发现异常必须立即停止作业，将人员撤至安全地带，待采取安全技术措施，确认支护稳定后，方可继续作业。

（5）搬运、安装锚杆时，不得碰撞人、设备；锚杆类型、间距、长度、排列方式和锚杆张拉时张拉程序、控制应力应符合设计的要求。

15.注浆作业应符合下列要求：

（1）作业和试验人员应按规定佩戴安全防护用品，严禁裸露身体作业。

（2）作业中注浆罐内应保持一定数量的浆液，防止放空后浆液喷出伤人。

（3）作业中遗洒的浆液和刷洗机具、器皿的废液，应及时清理，妥善处置。

（4）注浆机械操作工和浆液配制人员，必须经安全技术培训，考核合格方可上岗。

（5）浆液原材料中有强酸、强碱等时，必须储存在专用库房内，设专人管理，建立领发料制度，且余料必须及时退回。

（6）注浆应分级、逐步升压至控制压力，注浆初始压力不得大于0.1MPa；填充注浆压力宜控制在0.1MPa～0.3MPa。

（7）注浆的材料、配比和控制压力等，必须根据土质情况、施工工艺、设计要求，通过试验确定。浆液材料应符合环境保护要求。

16.喷锚支护施工中应采取减少粉尘浓度的措施。

审核人	交底人	接受交底人
×××	×××	×××、×××……

5.7 道路附属构筑物工程

<table>
<tr><td colspan="2" rowspan="2">安全技术交底记录</td><td rowspan="2">编号</td><td>×××</td></tr>
<tr><td>共×页第×页</td></tr>
<tr><td>工程名称</td><td colspan="3">××市政基础设施工程××标段</td></tr>
<tr><td>施工单位</td><td colspan="3">××市政建设集团</td></tr>
<tr><td>交底提要</td><td>道路附属构筑物工程施工安全技术交底</td><td>交底日期</td><td>××年××月××日</td></tr>
<tr><td colspan="4">交底内容：
1．道路附属构筑物应按道路施工总体部署，由下至上随道路结构层的施工相应的分段、分步完成，严禁在道路施工中掩埋地下管道检查井。
2．进入沟槽前必须检查槽壁的稳定状况，确认安全；作业中应随时观察，发现槽壁有不稳定征兆，必须立即撤离危险地段，处理完毕，确认安全后，方可恢复作业。
3．施工现场的各类检查井（室）应随施工工序相应升高（降低），并用相应专业的检查井井盖盖牢，严禁掩埋；不需保留的井、坑、孔必须及时按技术规定回填至其顶部；需暂时保留的，必须根据现场情况采取相应的安全技术措施；各种管线的井（室）盖不得盖错，井盖（箅）必须能承受道路上的交通荷载。
4．道路范围内的各类检查井（室）应设置水泥混凝土井圈。
5．作业区内不宜码放过多构件，应随安装随适量搬运，并码放整齐。
6．倒虹吸管完成后，应进行闭水试验和隐蔽工程验收，确认合格并形成文件，及时回填土；倒虹吸管两端的检查井在施工中和完成后，必须及时盖牢或设围挡。
7．手推车运输构件时，除应按顺序装卸、码放平稳，严禁扬把猛卸外，使用手推车应符合下列要求：
（1）装土等散状材料时，车应设挡板，运输中不得遗洒。
（2）运输杆件材料时，应捆绑牢固。
（3）在坡道上运输应缓慢行驶，控制速度，下坡前方不得有人。
（4）卸土等散状材料时，应待车辆挡板打开后，方可扬把卸料，严禁撒把。
（5）路堑、沟槽边卸料时，距堑、槽边缘不得小于 1m，车轮应挡掩牢固，槽下不得有人。
8．运输路缘石、隔离墩、方砖、混凝土管等构件时，应先检查其质量，有断裂危及人身安全者不得搬运。
9．用起重机吊装构件等作业时，应符合起重机吊装安全技术交底具体要求。
10．雨水支管采用 360° 混凝土全包封时，混凝土强度达 75%前，不得开放交通，需通行时，应采取保护措施。</td></tr>
</table>

<table>
<tr><td colspan="2" rowspan="2">安全技术交底记录</td><td rowspan="2">编号</td><td>×××</td></tr>
<tr><td>共×页第×页</td></tr>
<tr><td>工程名称</td><td colspan="3">××市政基础设施工程××标段</td></tr>
<tr><td>施工单位</td><td colspan="3">××市政建设集团</td></tr>
<tr><td>交底提要</td><td>道路附属构筑物工程施工安全技术交底</td><td>交底日期</td><td>××年××月××日</td></tr>
</table>

11．升降检查井、砌筑雨水口时，应符合下列要求：

（1）施工前，应在检查井周围设置安全标志，非作业人员不得入内。

（2）砌筑作业应集中、快速完成。

（3）升降现况的电力、信息管道等检查井时，应在管理单位人员现场监护下作业，并对井内设施采取保护措施。

（4）下井作业前，必须先打开拟进和相邻井的井盖通风，经检测，确认井内空气中氧气和有毒、有害气体浓度符合现行国家标准规定，并记录后方可进入作业；经检测确认其内空气质量合格后，应立即进入作业；如未立即进入，当再进入前，必须重新检测，确认合格，并记录；作业过程中，对其内空气质量必须进行动态监测，确认符合要求，并记录；操作人员应轮换作业，井外应设专人监护。

（5）检查井（室）、雨水口完成后，井（室）盖（箅）必须立即安牢，完成回填土，清理现场；下班前未完时，必须设围挡或护栏和安全标志。

（6）需在井内支设作业平台时，必须支搭牢固，临边必须设防护栏杆。

12．用斜道运输应符合下列要求：

（1）施工前，应根据运输车辆的种类、宽度、载重和现场环境状况，对斜道结构进行施工设计，其强度、刚度、稳定性应满足各施工阶段荷载的要求。

（2）斜道应坚实、直顺，不宜设弯道；斜道宽度应较运输车辆宽 1m 以上，坡度不宜陡于 1：6。

（3）斜道临边必须设防护栏杆，进出口处的栏杆不得伸出栏柱。

（4）支、拆斜道必须由架子工操作；使用前，必须检查验收，确认合格，并形成文件。

（5）施工中应经常检查，确认安全；发现隐患必须立即处理，确认合格。

13．沟槽作业时，必须设安全梯或土坡道、斜道等设施；上下高处和沟槽必须设攀登设施，并应符合下列要求：

（1）采购的安全梯应符合现行国家标准。

（2）现场自制安全梯应符合下列要求：

1）梯子必须坚固，梯梁与踏板的连接必须牢固；梯子结构应根据材料性能经受力验算确定。

2）攀登高度不宜超过 8m；梯子踏板间距宜为 30cm，不得缺档；梯子净宽宜为 40cm～50cm；梯子工作角度宜为 75° ±5° 。

<table>
<tr><td colspan="2">安全技术交底记录</td><td>编号</td><td>×××
共×页第×页</td></tr>
<tr><td>工程名称</td><td colspan="3">××市政基础设施工程××标段</td></tr>
<tr><td>施工单位</td><td colspan="3">××市政建设集团</td></tr>
<tr><td>交底提要</td><td>道路附属构筑物工程施工安全技术交底</td><td>交底日期</td><td>××年××月××日</td></tr>
</table>

3）梯脚应置于坚实基面上，放置牢固，不得垫高使用。梯子上端应有固定措施。

4）梯子需接长使用时，必须有可靠的连接措施，且接头不得超过一处；连接后的梯梁强度、刚度，不得低于单梯梯梁的强度、刚度。

（3）人员上下梯子时，必须面向梯子，双手扶梯；梯子上有人时，他人不宜上梯。

（4）施工现场可根据环境状况修筑人行土坡道供施工人员使用；人行土坡道应符合下列要求：

1）坡道土体应稳定、坚实，宜设阶梯，表层宜硬化处理，无障碍物。

2）宽度不宜小于1m，纵坡不宜陡于1∶3。

3）两侧应设边坡，沟槽侧无条件设边坡时，应根据现场情况设防护栏杆。

4）施工中应采取防扬尘措施，并经常维护，保持完好。

（5）采用斜道（马道）时，脚手架必须置于坚固的地基上，斜道宽度不得小于1m，纵坡不得陡于1∶3，支搭必须牢固。

14．路缘石、隔离墩安装、方砖铺砌应符合下列要求：

（1）路缘石、隔离墩、大方砖等构件质量超过25kg时，应使用专用工具，由两人或多人抬运，动作应协调一致。

（2）步行道方砖应平整、坚实、有粗糙度，铺砌平整、稳固。

（3）构件就位时，不得将手置于构件的接缝间；调整构件高程时，应相互呼应，并采取防止砸伤手脚的措施。

（4）切断构件宜采用机械方法，使用混凝土切割机进行；人工切断构件时，应精神集中，稳拿工具，用力适度；构件断开时，应采取承托措施，严禁直接落下。

15．高处作业必须设作业平台，并应符合下列要求：

（1）支搭、拆除脚手架应符合脚手架安全技术交底具体要求。

（2）在平台宽度范围必须铺满、铺稳脚手板；脚手架宽度应满足施工安全的要求。

（3）上下平台应设安全梯等设施供作业人员之用。

（4）作业中应随时检查，确认安全。

（5）临边作业必须设防护栏杆，并应符合下列要求：

1）防护栏杆应由上、下两道栏杆和栏杆柱组成，上杆离地高度应为1.2m，下杆离地高度应为50cm～60cm。栏杆柱间距应经计算确定，且不得大于2m。

2）杆件的规格与连接应符合下列要求：

<table>
<tr><td colspan="2" rowspan="2">安全技术交底记录</td><td rowspan="2">编号</td><td>×××</td></tr>
<tr><td>共×页第×页</td></tr>
<tr><td>工程名称</td><td colspan="3">××市政基础设施工程××标段</td></tr>
<tr><td>施工单位</td><td colspan="3">××市政建设集团</td></tr>
<tr><td>交底提要</td><td>道路附属构筑物工程施工安全技术交底</td><td>交底日期</td><td>××年××月××日</td></tr>
<tr><td colspan="4">
①木质栏杆上杆梢径不得小于7cm，下杆梢径不得小于6cm，栏杆柱梢径不得小于7.5cm，并以不小于12号的镀锌钢丝绑扎牢固，绑丝头应顺平向下。
②钢筋横杆上杆直径不得小于16mm，下杆直径不得小于14mm，栏杆柱直径不得小于18mm，采用焊接或镀锌钢丝绑扎牢固，绑丝头应顺平向下。
③钢管横杆、栏杆柱均应采用直径48mm×（2.75～3.5）mm的管材，以扣件固定或焊接牢固。
3）栏杆柱的固定应符合下列要求：
①在路堑、沟槽边缘固定时，可采用钢管并锤击沉入地下不小于50cm深；钢管离路堑、沟槽边沿的距离，不得小于50cm。
②在混凝土结构上固定，采用钢质材料时可用预埋件与钢管或钢筋焊牢；采用木栏杆时可在预埋件上焊接30cm长的50×5角钢，其上、下各设一孔，以直径10mm螺栓与木杆件拴牢。
③在砌体上固定时，可预先砌入规格相适应的设预埋件的预制块，采用钢质材料时可用预埋件与钢管或钢筋焊牢；采用木栏杆时可在预埋件上焊接30cm长的50×5角钢，其上、下各设一孔，以直径10mm螺栓与木杆件拴牢。
④栏杆的整体构造和栏杆柱的固定，应使防护栏杆在任何处能承受任何方向的1000N外力。
⑤防护栏杆的底部必须设置牢固的、高度不低于18cm的挡脚板；挡脚板下的空隙不得大于1cm；挡脚板上有孔眼时，孔径不得大于2.5cm。
</td></tr>
</table>

审核人	交底人	接受交底人
×××	×××	×××、×××……

5.8 改、扩建工程施工的交通疏导

<table>
<tr><td colspan="2" rowspan="2">安全技术交底记录</td><td rowspan="2">编号</td><td>×××</td></tr>
<tr><td>共×页第×页</td></tr>
<tr><td>工程名称</td><td colspan="3">××市政基础设施工程××标段</td></tr>
<tr><td>施工单位</td><td colspan="3">××市政建设集团</td></tr>
<tr><td>交底提要</td><td>改、扩建工程施工的交通疏导安全技术交底</td><td>交底日期</td><td>××年××月××日</td></tr>
<tr><td colspan="4">交底内容：
（1）开工前应对施工区域周边路网进行调查，掌握路网及其交通现况，根据施工部署安排和交通量状况，与道路交通管理部门协商研究，编制工程施工范围内在整个施工过程中的机动车、非机动车、人行交通疏导方案，经道路交通管理部门批准后实施。
（2）改、扩建工程施工宜采取封闭现况道路交通的方法进行施工。边通车、边施工路段应采取交通分流、限行、限速措施。需修筑临时道路时，施工前应根据交通疏导方案、道路交通管理部门的要求和现场环境状况对临时道路进行施工设计，经道路交通管理部门批准后实施。
（3）临时道路应坚实、平整、粗糙、不积水，满足交通、消防、安全、防汛、环境保护的要求。临时道路上应按道路交通管理部门的要求设交通标志、标线和充足的照明。临时道路修建完成，应经道路交通管理部门验收合格并形成文件后，方可使用。
（4）临时道路使用前，应根据交通量、现场环境状况与道路交通管理部门研究确定机动车行驶速度，并于临时道路进口、明显处设限速标志。
（5）临时道路验收合格、开放交通后，方可设施工区域围挡。施工区域与临时道路之间必须设围挡和警示灯。施工路段两端必须设围挡、警示灯，并设专人值守。快速路、高速路，尚应在围挡外500m、1000m道（公）路侧面，设交通标志、警示灯，一般道路、公路尚应在围挡外200m道（公）路侧面，设交通标志、警示灯。
（6）施工中，施工现场应建立交通疏导组织、制定管理制度、明确人员职责，与道路交通管理部门密切配合，经常分析交通安全状况，随时消除隐患。施工中应设专人对临时道路进行维护管理，采取防扬尘措施，保持路况、交通标志（线）良好，照明充足，道路畅通。
（7）施工中，施工现场应设专人对围挡、安全标志、警示灯进行管理，随时检查，确认完好，一旦损坏必须立即修整、更换，保持良好。
（8）改、扩建工程中，需挖除现况全部旧路进行重建的路段，边通车、边施工时，应遵守下列规定：
1）施工前，应根据交通疏导方案和现场环境状况，与道路交通管理部门协商研究，对临时道路交通采取限行措施，并确定临时道路的宽度、平曲线半径和施工过程中的分次导改方案，经道路交通管理部门批准后实施。</td></tr>
</table>

<table>
<tr><td colspan="2" rowspan="2">安全技术交底记录</td><td rowspan="2">编号</td><td>×××</td></tr>
<tr><td>共×页第×页</td></tr>
<tr><td>工程名称</td><td colspan="3">××市政基础设施工程××标段</td></tr>
<tr><td>施工单位</td><td colspan="3">××市政建设集团</td></tr>
<tr><td>交底提要</td><td>改、扩建工程施工的交通疏导安全技术交底</td><td>交底日期</td><td>××年××月××日</td></tr>
<tr><td colspan="4">2）利用辅路、步道作临时道路时，应结合设计文件综合考虑，尽量利用临时道路于工程中。实施中应根据交通荷载、交通量确定道路结构，并了解、分析现况地下管线状况，确认安全。
在交通荷载作用下可能损坏现况地下管线等构筑物时，必须对其进行加固或迁移。
（9）一侧或两侧拓宽的工程施工应遵守下列规定：
1）原况道路应先保留，维持交通。施工中，在原况道路上运送施工材料时，应满足社会交通的道路宽度要求，并在作业区与社会交通通行区之间设围挡、安全标志、警示灯。
2）分次导改交通时，临时道路的宽度、平曲线半径应根据交通量、车速和道路交通管理部门的要求确定。
（10）由于条件限制，施工现场采取单车道维持交通的施工路段，当路段不长，交通量不大时，宜在该路段的适当地点设置车辆会车处；当路段较长、交通量较大时，应采取限制交通措施，设专人并配备通讯器材，疏导交通。
（11）施工过程中，由于现场条件限制，需要占用临时道路施工时，必须在施工前与道路交通管理部门协商研究，经批准后方可施工，且施工时间应选择在深夜交通量小时进行。施工时，现场必须设围挡、安全标志、警示灯，并设专人疏导交通。施工完成后，必须撤除围挡、安全标志、警时灯，恢复原况。
（12）在居民区或公共场所附近施工，需断绝原通行道时，必须根据交通量和现场环境状况设临时通行道路、便桥，满足居民出行要求。道路应平整、坚实、不积水、照明充足。施工中，应对通行道路采取防扬尘措施。
（13）施工路段完成后，开放社会交通前必须按道路交通管理部门的规定，设交通标志和标线、照明，并经道路交通管理部门验收合格，形成文件。
（14）正式道路具备通车条件后，应与建设单位协商确定其相应的临时道路处理方案。需保留者，应经建设单位移交管理单位，并办理移交手续。需废弃者，应按工程合同规定办理。</td></tr>
</table>

审核人	交底人	接受交底人
×××	×××	×××、×××……

第6章

桥梁工程安全技术交底

6.1 明挖基础工程

6.1.1 基坑开挖与基坑排降水安全技术交底

安全技术交底记录		编号	×××
			共×页第×页
工程名称	××市政基础设施工程××标段		
施工单位	××市政建设集团		
交底提要	基坑开挖与基坑排降水安全技术交底	交底日期	××年××月××日

交底内容：

1.基坑尺寸应能满足基础安全施工和排水要求，基坑顶面应有良好的运输通道。

2.施工中遇有危险物、不明物和文物应立即停止作业、保护现场，报告上级和主管单位，经处理后方可恢复作业；严禁敲击和擅自处理。

3.基坑开挖中，与直埋电缆线距离小于2m（含），与其他管线距离小于1m（含）时，应采取人工开挖，并注意标志管线的警示标识，严禁损坏管线；开挖时宜邀请管理单位派人监护。

4.开挖中，出现基坑顶部地面裂缝、坑壁坍塌或涌水、涌沙时，必须立即停止施工，人员撤离危险区，待采取措施确认安全后，方可恢复施工。

5.土层中有水时，应在开挖前进行排降水，先疏干再开挖，不得带水挖土。

6.基坑邻近有各类管线、建（构）筑物时，开挖前应按施工组织设计的规定实施拆移、加固或保护措施，经检查符合规定后，方可开挖。

7.挖掘机作业应符合挖掘机施工安全技术交底的具体要求；严禁挖掘机在电力架空线路下方作业，需在其一侧作业时，机械与电力架空线路的最小距离必须符合表4-1-3要求。

8.在基坑外堆土时，堆土应距基坑边缘1m以外，堆土高度不得超过1.5m。

9.基坑开挖与支撑、支护交叉进行时，严禁开挖作业碰撞、破坏基坑的支护结构。

10.人工清基应在挖掘机停止运转，且挖掘机指挥人员同意后进行，严禁在机械回转范围内作业。

11.基坑内应设安全梯或土坡道等攀登设施。

12.机械开挖基坑时，当坑底无地下水，坑深在5m以内，且边坡坡度符合下表6-1-1规定时，可不加支撑；当挖土深度超过5m或发现有地下水和土质发生特殊变化，不符合下表6-1-1规定时，应根据现场实际情况确定边坡坡度或采取支护措施。

安全技术交底记录		编号	××× 共×页第×页
工程名称	××市政基础设施工程××标段		
施工单位	××市政建设集团		
交底提要	基坑开挖与基坑排降水安全技术交底	交底日期	××年××月××日

表 6-1-1 边坡坡度比例

土壤性质	在坑底挖土	在坑上边挖土
砂土回填	1000 750	1000 1000
土粉土砾石土	1000 500	1000 750
粉质黏土	1000 330	1000 750
黏土	1000 250	1000 750
干黄土	1000 100	1000 330

13.使用起重机吊运土方，应按照起重机安全技术交底的具体要求进行操作，现场作业一定要符合下列要求：

（1）作业前施工技术人员应了解现场环境、电力和通讯等架空线路、附近建（构）筑物等状况，选择适宜的起重机，并确定对吊装影响范围的架空线、建（构）筑物采取的挪移或保护措施。

（2）吊装作业必须设信号工指挥；指挥人员必须检查吊索具、环境等状况，确认安全。

安全技术交底记录		编号	××× 共×页第×页
工程名称	××市政基础设施工程××标段		
施工单位	××市政建设集团		
交底提要	基坑开挖与基坑排降水安全技术交底	交底日期	××年××月××日

（3）作业场地应平整、坚实。地面承载力不能满足起重机作业要求时，必须对地基进行加固处理，并经验收确认合格。

（4）现场及其附近有电力架空线路时应设专人监护，确认起重机作业与电力架空线路的最小距离必须符合要求。

（5）吊装时，吊臂、吊钩运行范围，严禁人员入内；吊装中严禁超载。

（6）现场配合吊运土方的全体作业人员应站位于安全地方，待吊钩和吊斗离就位点距离50cm时方可靠近作业，严禁位于起重机臂下。

（7）吊装中遇地基沉陷、机体倾斜、吊具损坏或吊装困难等，必须立即停止作业，待处理并确认安全后方可继续作业。

（8）吊装时应先试吊，确认正常后方可正式吊装；构件吊装就位，必须待构件稳固后，作业人员方可离开现场。

（9）大雨、大雪、大雾、沙尘暴和风力六级（含）以上等恶劣天气，不得进行露天吊装。

14.在坡道上用卷扬机牵引小车，从基坑内往外运送土方应符合下列要求：

（1）装土小车应完好。作业前应检查，确认坚固。

（2）小车应用小钢丝绳牵引，其安全系数不得小于5。

（3）坡道的坡面应坚实、平整，宽度应比小车宽1.5m以上，纵坡不宜陡于1∶2。

（4）使用卷扬机应符合卷扬机安全技术交底的具体要求。

15.需挖除道路结构时应符合下列要求：

（1）施工前应根据旧路结构和现场环境，选择适宜的机具。

（2）使用液压振动锤应避离人、设备和设施。

（3）现场应划定作业区，设安全标志，非作业人员不得入内。

（4）作业人员应避离运转中的机具；挖除的渣块应及时清运出场。

16.基坑排降水要注意以下安全要求：

（1）基坑范围内有地表水时，应设水泵排除；在水深超过1.2m的水域作业，必须选派熟悉水性的人员，并应采取防止溺水的措施。

（2）基坑中设排水井时，排水井和排水沟的边坡应稳定，且不得扰动基坑边坡；水泵应安设稳固。

（3）基坑排降水应连续进行，工程结构施工至地下水位以上50cm时，方可停止排降水。

审核人	交底人	接受交底人
×××	×××	×××、×××……

6.1.2 土方运输安全技术交底

<table>
<tr><td colspan="2" rowspan="2">安全技术交底记录</td><td rowspan="2">编号</td><td>×××</td></tr>
<tr><td>共×页第×页</td></tr>
<tr><td>工程名称</td><td colspan="3">××市政基础设施工程××标段</td></tr>
<tr><td>施工单位</td><td colspan="3">××市政建设集团</td></tr>
<tr><td>交底提要</td><td>土方运输安全技术交底</td><td>交底日期</td><td>××年××月××日</td></tr>
<tr><td colspan="4">交底内容：
1.现场应尽量利用现况道路运输；穿越桥涵和架空线路的净空应满足运输安全要求；遇电力架空线路时，其净高应符合安全高度需要；道路沿线的桥涵、便桥、地下管线等构筑物应有足够的承载力，能满足运输要求；运输前应调查，必要时应进行受力验算，确认安全。
2.土方外弃时，施工前应根据工程需要、运输车辆、交通量和现场状况，确定运输路线。
3.施工现场应根据工程特点和环境状况铺设施工现场运输道路，并应符合下列安全技术要求：
（1）道路的圆曲线半径：机动翻斗车运输时不宜小于8m；汽车运输时不宜小于15m；平板拖车运输时不宜小于20m。
（2）沿沟槽铺设道路，路边与槽边的距离应依施工荷载、土质、槽深、槽壁支护情况经验算确定，且不得小于1.5m，并设防护栏杆和安全标志，夜间和阴暗时尚须加设警示灯。
（3）道路纵坡应根据运输车辆情况而定，手推车不宜陡于5%，机动车辆不宜陡于10%。
（4）道路临近河岸、峭壁的一侧必须设置安全标志，夜间和阴暗时尚须加设警示灯；机动车道路的路面宜进行硬化处理。
（5）穿越建（构）筑物处，其净空应满足运输安全要求，并在建（构）筑物外设限高、宽标志；穿越各种架空管线处，其净空应满足运输安全要求，并在管线外设限高标志。
（6）运输前应确认合格；施工中，应设专人维护管理，保持道路平坦、通畅，不翻浆，不扬尘；道路应平整、坚实，能满足运输安全要求。
（7）道路宽度应根据现场交通量和运输车辆或行驶机械的宽度确定：汽车运输时，宽度不宜小于3.5m；机动翻斗车运输时，宽度不宜小于2.5m；手推车运输不宜小于1.5m。
（8）运输道路与社会道路、公路交叉时宜正交；在距社会道路、公路边20m处应设交通标志，并满足相应的视距要求。
（9）现场应根据交通量、路况和环境状况确定车辆行驶速度，并于道路明显处设限速标识。
4.外运土方宜使用封闭式车辆运输，装土后应清除车辆外露面的遗土、杂物；场内运输应根据交通量、路况和周围环境状况规定车速。
5.弃土场应符合下列要求：</td></tr>
</table>

<table>
<tr><td colspan="2" rowspan="2">安全技术交底记录</td><td rowspan="2">编号</td><td>×××</td></tr>
<tr><td>共×页第×页</td></tr>
<tr><td>工程名称</td><td colspan="3">××市政基础设施工程××标段</td></tr>
<tr><td>施工单位</td><td colspan="3">××市政建设集团</td></tr>
<tr><td>交底提要</td><td>土方运输安全技术交底</td><td>交底日期</td><td>××年××月××日</td></tr>
<tr><td colspan="4">（1）弃土不得妨碍各类地下管线、构筑物等的正常使用和维护，不得损坏各类检查井（室）、消火栓等设施；堆土应及时整平。
（2）弃土场应避开建筑物、围墙和电力架空线路等。
（3）选择弃土场应征得场地管理单位的同意；弃土场应采取防扬尘的措施。
6.土方运输车辆应按规定路线行驶，速度均匀，不得忽快忽慢；在社会道路、公路上行驶时，不得遗撒，且应遵守现行《中华人民共和国道路交通安全法》、《中华人民共和国道路交通安全法实施条例》的有关规定；在施工现场道路上行驶时，应遵守其限速等交通标识的管理规定。</td></tr>
</table>

审核人	交底人	接受交底人
×××	×××	×××、×××……

6.1.3 基坑支护安全技术交底

<table>
<tr><td colspan="2" rowspan="2">安全技术交底记录</td><td rowspan="2">编号</td><td>×××</td></tr>
<tr><td>共×页第×页</td></tr>
<tr><td>工程名称</td><td colspan="3">××市政基础设施工程××标段</td></tr>
<tr><td>施工单位</td><td colspan="3">××市政建设集团</td></tr>
<tr><td>交底提要</td><td>基坑支护安全技术交底</td><td>交底日期</td><td>××年××月××日</td></tr>
</table>

交底内容：

1.土钉墙支护应符合下列要求：

（1）土钉必须和面层有效连接，应设置承压板或加强钢筋等构造措施，承压板、加强钢筋应分别与土钉螺栓、钢筋焊接连接。

（2）遇有不稳定的土体，应根据现场实际情况采取防坍塌措施，在修坡后应立即喷射一层砂浆、素混凝土或挂网喷射混凝土，待其达规定强度后方可设置土钉；支护面层背后的土层中有滞水时，应设水平排水管，并将水引出支护层外；加强现场观测，掌握土体变化情况，及时采取应急措施。

（3）施工中每一工序完成后，应隐蔽验收，确认合格并形成文件后，方可进入下一工序。

（4）土钉墙墙面坡度不宜大于1∶0.1；施工前，应根据土质、坑深、施工荷载对支护结构进行施工设计。土钉抗拉承载力、土钉墙整体稳定性应满足施工各个阶段荷载的要求。

（5）土钉钢筋宜采用Ⅱ、Ⅲ级钢筋，钢筋直径为16mm～32mm，钻孔直径宜为70mm～120mm；土钉的长度宜为开挖深度的0.5～1.2倍，间距宜为1m～2m，与水平面夹角宜为5°～20°。

（6）土钉墙支护应按施工设计规定的开挖顺序自上而下分层进行，随开挖随支护。

（7）土钉支护施工完成后，应按施工设计的规定设置监测点，并设专人监测，发现异常必须及时采取安全技术措施。施工中应随时观测土体状况，发现坍塌征兆必须立即撤离基坑内和顶部危险区，并及时处理，确认安全。

（8）土钉墙的土钉注浆和喷射混凝土层达到设计强度的70%后，方可开挖下层土方；注浆材料宜采用水泥浆或水泥砂浆，其强度等级不宜低于M10。

（9）土钉墙支护适用于无地下水的基坑；在砂土、虚填土、房渣土等松散土质中，严禁使用土钉墙支护；当基坑范围有地下水时，应在施工前采取排降水措施降低地下水。

（10）喷射混凝土面层宜配置钢筋网，钢筋直径宜为6mm～10mm，间距宜为15cm～30cm；喷射混凝土强度等级不宜低于C20，面层厚度不宜小于8cm。

（11）土钉施工宜在喷射混凝土终凝3h后进行，土钉类型、间距、长度和排列方式应符合施工设计的规定；钻孔作业时，严禁人员触摸钻杆；搬运、安装土钉时，不得碰撞人、设备；注浆作业应连续进行；使用灰浆泵应符合相应的安全技术交底的具体要求。

<table>
<tr><td colspan="2" rowspan="2">安全技术交底记录</td><td rowspan="2">编号</td><td>×××</td></tr>
<tr><td>共×页第×页</td></tr>
<tr><td>工程名称</td><td colspan="3">××市政基础设施工程××标段</td></tr>
<tr><td>施工单位</td><td colspan="3">××市政建设集团</td></tr>
<tr><td>交底提要</td><td>基坑支护安全技术交底</td><td>交底日期</td><td>××年××月××日</td></tr>
</table>

（12）喷射混凝土和注浆应符合施工设计要求；喷射混凝土前，应清除坡面虚土。喷层中挂网位置应准确。喷射时，严禁将喷嘴对向人、设备、设施。

（13）坡面上下段钢筋网搭接长度应大于30cm。

2.人工锤击木桩支护应符合下列要求：

（1）高处作业支搭作业平台的脚手板必须铺满、铺稳；用前应经检查、验收，确认合格并形成文件。使用中应随时检查，确认安全；上下作业平台必须设安全梯、斜道等攀登设施，作业平台临边必须设防护栏杆。

（2）作业中应随时检查锤击工具的完好状况，并及时修理、更换，确认安全。

（3）锤击桩必须由作业组长指挥，作业人员应动作协调，非作业人员禁止靠近；锤击桩时严禁手扶桩或桩帽。

3.临边作业平台防护栏杆应符合下列要求：

（1）栏杆的整体构造和栏杆柱的固定，应使防护栏杆在任何处能承受任何方向的1000N外力。

（2）防护栏杆的底部必须设置牢固的、高度不低于18cm的挡脚板；挡脚板下的空隙不得大于1cm；挡脚板上有孔眼时，孔径不得大于2.5cm。

（3）防护栏杆应由上、下两道栏杆和栏杆柱组成，上杆离地高度应为1.2m，下杆离地高度应为50cm～60cm。栏杆柱间距应经计算确定，且不得大于2m。

（4）高处临街的防护栏杆应加挂安全网，或采取其他全封闭措施。

4.栏杆柱的固定应符合下列要求：

（1）在基坑四周固定时，可采用钢管并锤击沉入地下不小于50cm深。钢管离基坑边沿的距离，不得小于50cm。

（2）在砌体上固定时，可预先砌入规格相适应的设预埋件的预制块，并按要求进行固定。

（3）在混凝土结构上固定，采用钢质材料时可用预埋件与钢管或钢筋焊牢；采用木栏杆时可在预埋件上焊接30cm长的50×5角钢，其上、下各设一孔，以直径10mm螺栓与木杆件拴牢。

5.受条件限制基坑不能按规定放坡时，应采取支护措施；支护结构完成后，应进行检查、验收，确认合格并形成文件后，方可进入基坑作业。

6.压浆混凝土桩支护应符合下列要求：

安全技术交底记录		编号	×××
			共×页第×页
工程名称	××市政基础设施工程××标段		
施工单位	××市政建设集团		
交底提要	基坑支护安全技术交底	交底日期	××年××月××日

（1）钻孔作业应符合下列要求：

1）钻孔过程中，应经常检查钻渣并与地质剖面图核对，发现不符时应及时采取安全技术措施。

2）钻孔作业中发生坍孔和护筒周围冒浆等故障时，必须立即停钻；钻机有倒塌危险时，必须立即将人员和钻机撤至安全位置，经技术处理并确认安全后，方可继续作业。

3）成孔后或因故停钻时，应将钻具提至孔外置于地面上，关机、断电并应保持孔内护壁措施有效，孔口应采取防护措施。

4）使用全套管钻机钻孔时，配合起重机安套管人员应待套管吊至安装位置，方可靠近套管辅助就位，安装螺栓；拆套管时，应待被拆管节吊牢后方可拆除螺栓。

5）正、反循环钻机钻孔均应减压钻进，即钻机的吊钩应始终承受部分钻具质量，避免弯孔、斜孔或扩孔。

6）钻机运行中作业人员应位于安全处，严禁人员靠近和触摸钻杆；钻具悬空时严禁下方有人。

7）施工场地应平整、坚实；现场应划定作业区，非施工人员禁止入内；钻孔应连续作业，建立交接班制，并形成文件。

8）严禁机械在电力架空线路下方作业，需在其一侧作业时，施工中应设专人监护，确认机械与电力架空线路的最小距离必须符合表4-1-3的要求。

9）冲抓钻机钻孔，当钻头提至接近护筒上口时，应减速、平稳提升，不得碰撞护筒，作业人员不得靠近护筒，钻具出土范围内严禁有人；施工中严禁人员进入孔内作业。

10）螺旋钻机宜用于无地下水的细粒土层中施工。

（2）成孔后，应及时安装钢筋笼；向孔内置入钢筋笼前，必须检查笼内侧的注浆管，确认浆管顺直、接头严密、喷孔畅通。

（3）压浆作业应符合下列要求：

1）压浆作业应逐级升压至控制值，不得超压；水泥浆必须搅拌均匀，经过滤网后方可注入压浆管。

2）拆除压浆管前必须卸压、断电。

3）压浆应分两次进行；首次压浆应边提钻、边下料、边进行，二次压浆应在成桩后进行，两次压浆间隔不得超过45min。

（4）利用起重机吊钢筋笼时应按照起重机安全技术交底的具体要求操作，在吊钢筋笼时应符合下列要求：

安全技术交底记录		编号	×××
			共×页第×页
工程名称	××市政基础设施工程××标段		
施工单位	××市政建设集团		
交底提要	基坑支护安全技术交底	交底日期	××年××月××日

1）作业场地应平整、坚实；地面承载力不能满足起重机作业要求时，必须对地基进行加固处理，并经验收确认合格。

2）吊装中严禁超载，吊臂、吊钩运行范围，严禁人员入内。

3）吊装时应先试吊，确认正常后方可正式吊装。

4）吊钢筋笼作业前应划定作业区，设护栏和安全标志，严禁非作业人员入内。

5）吊装作业必须设信号工指挥；指挥人员必须检查吊索具、环境等状况，确认安全。

6）吊装中遇地基沉陷、机体倾斜、吊具损坏或吊装困难等，必须立即停止作业，待处理并确认安全后方可继续作业。

7）作业前施工技术人员应了解现场环境、电力和通讯等架空线路、附近建（构）筑物和被吊梁等状况，选择适宜的起重机，并确定对吊装影响范围的架空线、建（构）筑物采取的挪移或保护措施。

8）构件吊装就位，必须待构件稳固后，作业人员方可离开现场。

9）现场配合吊钢筋笼的全体作业人员应站位于安全地方，待吊钩和梁体离就位点距离50cm时方可靠近作业，严禁位于起重机臂下。

10）现场及其附近有电力架空线路时应设专人监护，确认起重机作业符合安全用电的相关要求。

11）大雨、大雪、大雾、沙尘暴和风力六级（含）以上等恶劣天气，不得进行露天吊装。

7.预钻孔埋置桩支护应符合下列要求：

（1）钻孔、埋桩不能连续作业时，孔口必须采取防护措施；桩就位后应及时填充桩周空隙至顶面；向孔内送桩时严禁手脚伸入桩与孔之间。

（2）钻孔应连续完成，成孔后应及时吊桩入孔；钻出的泥土应随时清理运弃，保持作业面清洁。

（3）使用起重机吊桩必须由信号工指挥；吊点应正确；吊桩就位时应缓起、缓移，并用控制绳保持桩的平稳；现场作业应符合下列要求：

1）作业场地应平整、坚实。地面承载力不能满足起重机作业要求时，必须对地基进行加固处理，并经验收确认合格。

2）现场及其附近有电力架空线路时应设专人监护。

3）吊装作业前应划定作业区，设护栏和安全标志，严禁非作业人员入内。

<table>
<tr><td colspan="2" rowspan="2">安全技术交底记录</td><td rowspan="2">编号</td><td>×××</td></tr>
<tr><td>共×页第×页</td></tr>
<tr><td>工程名称</td><td colspan="3">××市政基础设施工程××标段</td></tr>
<tr><td>施工单位</td><td colspan="3">××市政建设集团</td></tr>
<tr><td>交底提要</td><td>基坑支护安全技术交底</td><td>交底日期</td><td>××年××月××日</td></tr>
</table>

4）吊装作业必须设信号工指挥。指挥人员必须检查吊索具、环境等状况，确认安全。

5）吊装中严禁超载；吊装时，吊臂、吊钩运行范围，严禁人员入内。

6）作业前施工技术人员应了解现场环境、电力和通讯等架空线路、附近建（构）筑物和被吊桩等状况，选择适宜的起重机，并确定对吊装影响范围的架空线、建（构）筑物采取的挪移或保护措施。

8.构件吊运就位，必须待构件稳固后，作业人员方可离开现场。

9.吊运中遇地基沉陷、机体倾斜、吊具损坏或吊装困难等，必须立即停止作业，待处理并确认安全后方可继续作业。

10.杆件的规格与连接应符合下列要求：

（1）钢筋横杆上直径不得小于16mm，下杆直径不得小于14mm，栏杆柱直径不得小于18mm，采用焊接或镀锌钢丝绑扎牢固，绑丝头应顺平向下。

（2）木质栏杆上杆梢径不得小于 7cm，下杆梢径不得小于 6cm，栏杆柱梢径不得小于7.5cm，并以不小于 12 号的镀锌钢丝绑扎牢固，绑丝头应顺平向下。

（3）钢管横杆、栏杆柱均应采用直径48mm×（2.75～3.5）mm 的管材，以扣件固定或焊接牢固。

11.现场配合吊运的全体作业人员应站位于安全地方，待吊钩和构件离就位点距离 50cm时方可靠近作业，严禁位于起重机臂下。

12.大雨、大雪、大雾、沙尘暴和风力六级（含）以上等恶劣天气，不得进行露天吊装。

13.吊运时应先试吊，确认正常后方可正式吊运。

审核人	交底人	接受交底人
×××	×××	×××、×××……

6.1.4 导流施工安全技术交底

安全技术交底记录		编号	×××
			共×页第×页
工程名称	××市政基础设施工程××标段		
施工单位	××市政建设集团		
交底提要	导流施工安全技术交底	交底日期	××年××月××日

交底内容：

1.工程与河湖交叉，采用导流施工宜在枯水季节进行；施工前应向河湖管理部门申办施工手续，并经批准。

2.进入水深超过 1.2m 的水域作业时，必须选派熟悉水性的人员，并采取防止溺水的安全措施；遇水体危及施工安全时，坝和围堰内施工人员、设备必须立即撤出；拆除坝和围堰时，应先清除施工区域内影响航行和污染水体的物质；围堰应拆除干净，不得阻碍水流和航道。

3.导流管施工应符合下列要求：

（1）筑坝范围必须满足基坑施工安全的要求。

（2）导流管为两排及以上时，其净距应等于或大于 2 倍管径；导流管过水断面、筑坝高度和断面应经水力计算确定。坝顶高度应高出施工期间最高洪水位 70cm 以上。

（3）导流管应采用钢管，并稳定地嵌固于坝体中；管外壁在上下游的坝体范围内应设止水环。

（4）导流钢管吊装应采用起重机进行，人工推移时，钢管前方严禁有人，就位后应挡掩牢固。

（5）现场使用起重机吊装作业应符合下列要求：

1）作业前施工技术人员应了解现场环境、电力和通讯等架空线路、附近建（构）筑物和被吊导流管等状况，选择适宜的起重机，并确定对吊装影响范围的架空线、建（构）筑物采取的挪移或保护措施。

2）吊装作业必须设信号工指挥；指挥人员必须检查吊索具、环境等状况，确认安全。

3）现场及其附近有电力架空线路时应设专人监护，确认机械与电力架空线路的最小距离必须符合表 4-1-3 的要求。

4）吊装作业前应划定作业区，设护栏和安全标志，严禁非作业人员入内；吊装时，吊臂、吊钩运行范围，严禁人员入内；吊装中严禁超载；吊装时应先试吊，确认正常后方可正式吊装。

5）作业场地应平整、坚实。地面承载力不能满足起重机作业要求时，必须对地基进行加固处理，并经验收确认合格。

<table>
<tr><td colspan="2" rowspan="2">安全技术交底记录</td><td rowspan="2">编号</td><td>×××</td></tr>
<tr><td>共×页第×页</td></tr>
<tr><td>工程名称</td><td colspan="3">××市政基础设施工程××标段</td></tr>
<tr><td>施工单位</td><td colspan="3">××市政建设集团</td></tr>
<tr><td>交底提要</td><td>导流施工安全技术交底</td><td>交底日期</td><td>××年××月××日</td></tr>
</table>

6）吊装中遇地基沉陷、机体倾斜、吊具损坏或吊装困难等，必须立即停止作业，待处理并确认安全后方可继续作业。

7）构件吊装就位，必须待构件稳固后，作业人员方可离开现场。

8）现场配合吊运的全体作业人员应站位于安全地方，待吊钩和导流管离就位点距离50cm 时方可靠近作业，严禁位于起重机臂下。

9）大雨、大雪、大雾、沙尘暴和风力六级（含）以上等恶劣天气，不得进行露天吊装。

（6）施工中钢管焊接所使用的焊接设备，应符合焊接安全技术交底的具体要求；现场焊接作业时，应符合下列要求：

1）焊接作业现场应按消防部门的规定配置消防器材；焊接作业现场周围 10m 范围内不得堆放易燃易爆物品，不能满足时，必须采取隔离措施。

2）焊接作业现场应设安全标志，非作业人员不得入内；焊接作业现场应通风良好，能及时排除有害气体、灰尘、烟雾。

3）二氧化碳气体保护焊露天焊接时，应设挡风屏板；焊接辐射区，有他人作业时，应用不可燃屏板隔离；露天焊接作业，焊接设备应设防护棚。

4）焊接前必须办理用火申报手续，经消防管理人员检查确认焊接作业安全技术措施落实，颁发用火证后，方可进行焊接作业。

5）所有焊缝必须进行外观检查，不得有裂纹、未熔合、夹碴、未填满弧坑和超出规定的缺陷；零部（杆）件的焊缝应在焊接 24h 后按技术规定进行无损检验。

（7）焊接作业应符合下列要求：

1）操作者必须经专业培训，持证上岗。数控、自动、半自动焊接设备应实行专人专机制度。

2）作业时，电缆线应理顺，不得身背、臂夹、缠绕身体，严禁搭在电弧和炽热焊件附近与锋利的物体上。

3）电焊机、电缆线、电焊钳应完好，绝缘性能良好，焊机防护装置齐全有效；使用前应检查，确认符合要求。

4）电焊机的二次引出线、焊把线、电焊钳等的接头必须牢固。

5）焊工作业时必须使用带有滤光镜的头罩或手持防护面罩，戴耐火的防护手套，穿焊接防护服，穿绝缘、阻燃、抗热防护鞋；清除焊渣时应戴护目镜。

6）长期停用的电焊机，使用前必须检验，绝缘电阻不得小于 0.5MΩ，接线部分不得有腐蚀和受潮现象。

<table>
<tr><td colspan="2" rowspan="2">安全技术交底记录</td><td rowspan="2">编号</td><td>×××</td></tr>
<tr><td>共×页第×页</td></tr>
<tr><td>工程名称</td><td colspan="3">××市政基础设施工程××标段</td></tr>
<tr><td>施工单位</td><td colspan="3">××市政建设集团</td></tr>
<tr><td>交底提要</td><td>导流施工安全技术交底</td><td>交底日期</td><td>××年××月××日</td></tr>
</table>

7）作业中电机出现声响异常、电缆线破损、漏电征兆时，必须立即关机断电，停止使用，维修后经检查确认安全，方可继续使用。

8）电焊机的电源缆线长不得大于5m，二次引出线长不得大于30m。

9）作业时不得使用受潮焊条；更换焊条必须戴绝缘手套；合开关时必须戴干燥的绝缘手套，且不得面向开关。

10）使用中的焊接设备应随时检查，发现安全隐患必须立即停止使用；维修后的焊接设备，经检查确认安全后，方可继续使用。

11）在狭小空间作业时必须采取通风措施，经检测确认氧气和有毒、有害气体浓度符合安全要求并记录后，方可进入作业；出入口必须设人监护，内外呼应，确认安全；作业人员应轮换作业；照明电压不得大于12V。

12）作业后必须关机断电，并锁闭电闸箱。

4.采用土袋围堰施工应符合下列要求：

（1）水深1.5m以内、流速1.0m / s以内、河床土质渗透系数较小时可采用土袋围堰；围堰内的面积应满足基坑的施工和设置排水设施的要求；围堰断面应根据河湖水深、流速等经水力计算确定。围堰不得渗漏。

（2）水流速度较大处，堰外边坡草袋或编织袋内宜装填粗砂砾或砾石；堆码土袋时，上下层和内外层应相互错缝，堆码密实、平整。

（3）草袋或编织袋内应装填松散的黏土或砂夹黏土；围堰顶高应高出施工期间可能出现的最高水位70cm以上；围堰外侧迎水面应采取防冲刷措施。

（4）堰顶宽度宜为1m～2m，围堰中心部分可填筑黏土和黏土芯墙。堰外边坡宜为1∶1～1∶0.5；堰内边坡宜为 1∶0.5～1∶0.2,坡脚与基坑边缘距离应据河床土质和基坑深度而定，且不得小于1m。

（5）筑堰应自上游起，至下游合拢；黏土心墙的填土应分层夯实。

5.围堰断面应根据河湖水深、流速等经水力计算确定，围堰不得渗漏；围堰内的面积应满足基坑的施工和设置排水设施的要求；围堰外侧迎水面应采取防冲刷措施；围堰顶高应高出施工期间可能出现的最高水位70cm以上；筑堰应自上游起，至下游合拢。

6.采用钢板桩围堰施工应符合下列要求：

（1）沉桩作业应符合相关安全技术交底具体要求。

<table>
<tr><td colspan="2" rowspan="2">安全技术交底记录</td><td rowspan="2">编号</td><td>×××</td></tr>
<tr><td>共×页第×页</td></tr>
<tr><td>工程名称</td><td colspan="3">××市政基础设施工程××标段</td></tr>
<tr><td>施工单位</td><td colspan="3">××市政建设集团</td></tr>
<tr><td>交底提要</td><td>导流施工安全技术交底</td><td>交底日期</td><td>××年××月××日</td></tr>
<tr><td colspan="4">（2）围堰断面应根据河湖水深、流速等经水力计算确定；围堰外侧迎水面应采取防冲刷措施；围堰不得渗漏，围堰内的面积应满足基坑的施工和设置排水设施的要求；围堰顶高应高出施工期间可能出现的最高水位70cm以上；筑堰应自上游起，至下游合拢。
（3）钢板桩沉入后，应及时检查，确认平面位置正确、桩身垂直；发现倾斜，应立即纠正或拔出重打；接长的钢板桩，其相邻两钢板桩的接头位置应上下错开。
（4）拔桩应从下游开始，拔除钢板桩时宜向围堰内灌水，使堰内外水位相等。</td></tr>
<tr><td colspan="4">审核人　｜　交底人　｜　接受交底人</td></tr>
<tr><td colspan="4">×××　｜　×××　｜　×××、×××……</td></tr>
</table>

6.1.5 地基处理安全技术交底

<table>
<tr><td colspan="2" rowspan="2">安全技术交底记录</td><td rowspan="2">编号</td><td>×××</td></tr>
<tr><td>共×页第×页</td></tr>
<tr><td>工程名称</td><td colspan="3">××市政基础设施工程××标段</td></tr>
<tr><td>施工单位</td><td colspan="3">××市政建设集团</td></tr>
<tr><td>交底提要</td><td>地基处理安全技术交底</td><td>交底日期</td><td>××年××月××日</td></tr>
</table>

交底内容：

1.未风化的岩层，岩面倾斜超过15°时，应凿成台阶状，使持力层与重力线垂直；风化的岩层，应凿除已风化部分。

2.人工凿除岩层时，锤柄必须安装牢固，持锤手不得戴手套。

3.注浆加固地基时，其材料应符合环保要求；用卵石、碎石、砂石处理地基时，运、卸料和夯实碾压应按相关的安全技术交底的具体要求施工。

4.爆破岩石应符合下列要求：

（1）施工前，必须由具有相应爆破设计资质的企业进行爆破设计，编制爆破设计书或爆破说明书，并制定专项施工方案，规定相应的安全技术措施，经市、区政府主管部门批准，方可实施。

（2）露天爆破装药前，应与气象部门联系，及时掌握气象资料，遇雷电、暴雨雪来临；大雾天气，能见度不超过100m；风力大于六级（含）等恶劣天气时，必须停止爆破作业。

（3）爆破前应根据爆破规模和环境状况建立爆破指挥系统及其人员分工，明确职责，进行充分的爆破准备工作，检查落实，确认合格，并记录。

（4）爆破前应对爆破区周围的环境状况进行调查，了解并掌握危及安全的不利环境因素，采取相应的安全防护措施。

（5）爆破前必须根据设计规定的警戒范围，在边界设明显安全标志，并派专人警戒。警戒人员必须按规定的地点坚守岗位。

（6）施工前，应由建设单位邀请政府主管部门和附近建（构）筑物、管线等有关管理单位，协商研究爆破施工中应对现场环境和相关设施采取的安全防护措施。

（7）爆破施工必须由具有相应爆破施工资质的企业承担，由经过爆破专业培训，具有爆破作业上岗资格的人员操作。

（8）施工前必须对爆破器材进行检查、试用，确认合格并记录。

（9）爆破完毕，安全等待时间过后，检查人员方可进入爆破警戒区内检查，经检查并确认安全后，方可发出解除警戒信号。

5.现场使用斜道（马道）运输应符合下列要求：

（1）施工前应根据运输车辆的载重、宽度和现场环境对斜道进行施工设计，其强度、刚度、稳定性应满足各施工阶段荷载的要求。

<table>
<tr><td colspan="2">安全技术交底记录</td><td>编号</td><td>×××
共×页第×页</td></tr>
<tr><td>工程名称</td><td colspan="3">××市政基础设施工程××标段</td></tr>
<tr><td>施工单位</td><td colspan="3">××市政建设集团</td></tr>
<tr><td>交底提要</td><td>地基处理安全技术交底</td><td>交底日期</td><td>××年××月××日</td></tr>
<tr><td colspan="4">（2）斜道应直顺，不宜设弯道。
（3）斜道脚手架必须置于坚实地基上，支搭必须牢固。
（4）斜道两侧应设防护栏杆，进出口处横栏杆不得伸出栏杆柱。
（5）斜道宽度应较运输车辆宽1m以上，坡度不宜陡于1∶6。
（6）使用过程中应随时检查、维护，发现隐患必须及时采取措施，保持施工安全。
6.现场使用土坡道运输应符合下列要求：
（1）坡道土体应稳定、坚实，坡面宜硬化处理。
（2）坡道应顺直，不宜设弯道；坡道两侧边坡必须稳定。
（3）坡道宽度应较运输车辆宽1m以上，坡度不宜陡于1∶6。
（4）作业中应经常维护，保持完好，并应采取防扬尘措施。</td></tr>
</table>

审核人	交底人	接受交底人
×××	×××	×××、×××……

6.1.6 基础结构施工安全技术交底

安全技术交底记录		编号	××× 共×页第×页
工程名称	××市政基础设施工程××标段		
施工单位	××市政建设集团		
交底提要	基础结构施工安全技术交底	交底日期	××年××月××日

交底内容：

1.向基坑内运送模板和工具时，应用溜槽或绳索系放，不得抛掷。

2.基坑开挖或基础处理完毕后，应对基底进行检查，经验收合格，并形成文件后，方可进行结构施工。

3.临边作业设防护栏杆应符合下列要求：

（1）木质栏杆上杆梢径不得小于 7cm，下杆梢径不得小于 6cm，栏杆柱梢径不得小于 7.5cm，并以不小于 12 号的镀锌钢丝绑扎牢固，绑丝头应顺平向下。

（2）防护栏杆的底部必须设置牢固的、高度不低于 18cm 的挡脚板；挡脚板下的空隙不得大于 1cm；挡脚板上有孔眼时，孔径不得大于 2.5cm。

（3）高处临街的防护栏杆应加挂安全网，或采取其他全封闭措施。

（4）钢管横杆、栏杆柱均应采用直径 48mm×（2.75～3.5）mm 的管材，以扣件固定或焊接牢固。

（5）栏杆的整体构造和栏杆柱的固定，应使防护栏杆在任何处能承受任何方向的 1000N 外力。

（6）钢筋横杆上直径不得小于 16mm，下杆直径不得小于 14mm，栏杆柱直径不得小于 18mm，采用焊接或镀锌钢丝绑扎牢固，绑丝头应顺平向下。

（7）防护栏杆应由上、下两道栏杆和栏杆柱组成，上杆离地高度应为 1.2m，下杆离地高度应为 50cm～60cm。栏杆柱间距应经计算确定，且不得大于 2m。

（8）栏杆柱的固定应符合下列要求：

1）在混凝土结构上固定，采用钢质材料时可用预埋件与钢管或钢筋焊牢；采用木栏杆时可在预埋件上焊接 30cm 长的 50×5 角钢，其上、下各设一孔，以直径 10mm 螺栓与木杆件拴牢。

2）在基坑四周固定时，可采用钢管并锤击沉入地下不小于 50cm 深；钢管离基坑边沿的距离，不得小于 50cm。

3）在砌体上固定时，可预先砌入规格相适应的设预埋件的预制块，并按要求进行固定。

4.大体积混凝土中填放块石时，填放数量不得超过混凝土体积的 25%。块石应分层均匀码放，不得无序抛掷。

<table>
<tr><td colspan="2" rowspan="2">安全技术交底记录</td><td rowspan="2">编号</td><td>×××</td></tr>
<tr><td>共×页第×页</td></tr>
<tr><td>工程名称</td><td colspan="3">××市政基础设施工程××标段</td></tr>
<tr><td>施工单位</td><td colspan="3">××市政建设集团</td></tr>
<tr><td>交底提要</td><td>基础结构施工安全技术交底</td><td>交底日期</td><td>××年××月××日</td></tr>
<tr><td colspan="4">5.卸料需支搭作业平台时不得影响坑壁和支护结构的稳定，搭设与拆除脚手架应按照脚手架安全技术交底相关要求操作；作业平台的脚手板必须铺满、铺稳；使用前应经检查、验收，确认合格并形成文件，使用中应随时检查，确认安全；作业平台临边必须设防护栏杆、安全梯、斜道等攀登设施。
6.用起重机向基坑内运送材料时，停机位置与基坑边的安全距离应根据施工荷载、土质、坑深和支护情况，经验算确定，且不得小于1.5m；现场使用起重机进行吊装作业时，应符合下列要求：
（1）作业前施工技术人员应了解现场环境、电力和通讯等架空线路、附近建（构）筑物等状况，选择适宜的起重机，并确定对吊装影响范围的架空线、建（构）筑物采取的挪移或保护措施。
（2）现场及其附近有电力架空线路时应设专人监护，确认机械与电力架空线路的最小距离必须符合表4-1-3的要求。
（3）吊运材料作业前应划定作业区，设护栏和安全标志，严禁非作业人员入内；吊运作业必须设信号工指挥；指挥人员必须检查吊索具、环境等状况，确认安全。
（4）作业场地应平整、坚实；地面承载力不能满足起重机作业要求时，必须对地基进行加固处理，并经验收确认合格。
（5）现场配合吊运材料的全体作业人员应站位于安全地方，待吊运材料的容器离就位点距离50cm时方可靠近作业，严禁位于起重机臂下。
（6）吊运材料中遇地基沉陷、机体倾斜、吊具损坏或吊运困难等，必须立即停止作业，待处理并确认安全后方可继续作业。
（7）大雨、大雪、大雾、沙尘暴和风力六级（含）以上等恶劣天气，不得进行露天吊运作业。
（8）吊运材料时，吊臂、吊钩运行范围，严禁人员入内；正式起吊前应先试吊，确认正常后方可正式吊装；吊装中严禁超载。
7.进入基坑内，施工前和施工过程中应随时检查边坡或支护的稳定状况，确认安全。</td></tr>
</table>

审核人	交底人	接受交底人
×××	×××	×××、×××……

6.1.7 回填土作业安全技术交底

安全技术交底记录		编号	×××
			共×页第×页
工程名称	××市政基础设施工程××标段		
施工单位	××市政建设集团		
交底提要	回填土作业安全技术交底	交底日期	××年××月××日

交底内容：

1.回填土应自下而上分层进行，基坑有支护时，回填土必须和支护结构的拆除协调一致，不得破坏支护结构。

2.电动夯实机具必须由电工接线与拆卸，并随时检查机具、缆线和接头，确认无漏电；使用夯实机具必须按规定配置操作人员，操作人员应经过安全技术培训，且人员相对固定。

3.使用推土机向基坑内推土时，应设专人指挥，指挥人员应站在推土机侧面，确认基坑内人员已撤至安全位置，方可向推土机操作工发出向基坑内推土的指令。

4.使用压路机时，指挥人员应走行于机械行驶方向后面或安全的一侧，并与压路机操作工密切配合，及时疏导周围人员至安全地带；运行中，现场人员不得攀登机械和触摸机械传动部位。

5.用手推车、自卸汽车、机动翻斗车、装载机等向基坑内卸土时，基坑内人员必须位于安全位置；基坑边必须对车轮设牢固挡掩；手推车严禁撒把倒土；卸土时应设专人指挥，指挥人员必须站位于车辆、机械侧面；卸土前指挥人员必须检查挡掩和坑下人员情况，确认安全后，方可向车辆、机械操作工发出卸车信号。

6.现场使用土坡道运输应符合下列要求：

（1）坡道土体应稳定、坚实，坡面宜硬化处理。

（2）坡道宽度应较运输车辆宽 1m 以上，坡度不宜陡于 1∶6。

（3）坡道应顺直，不宜设弯道。

（4）坡道两侧边坡必须稳定。

（5）作业中应经常维护，保持完好，并应采取防扬尘措施。

审核人	交底人	接受交底人
×××	×××	×××、×××……

6.2 灌注桩基础工程

6.2.1 机械钻孔安全技术交底

<table>
<tr><td colspan="2" rowspan="2">安全技术交底记录</td><td rowspan="2">编号</td><td>×××</td></tr>
<tr><td>共×页第×页</td></tr>
<tr><td>工程名称</td><td colspan="3">××市政基础设施工程××标段</td></tr>
<tr><td>施工单位</td><td colspan="3">××市政建设集团</td></tr>
<tr><td>交底提要</td><td>机械钻孔安全技术交底</td><td>交底日期</td><td>××年××月××日</td></tr>
</table>

交底内容：

1.施工场地应能满足钻孔机作业的要求。旱地区域地基应平整、坚实；浅水区域应采用筑岛方法施工；深水河湖中必须搭设水上作业平台，作业平台应根据施工荷载、水深、水流、工程地质状况进行施工设计，其高程应比施工期间的最高水位高 70cm 以上。

2.同时钻孔施工的相邻桩孔净距不得小于 5m；两桩（地下部分）之间净距小于 5m 时，待一桩所浇筑的混凝土强度达 5MPa 后，方可进行另桩钻孔施工。

3.泥浆护壁成孔时，孔口应设护筒；埋设护筒后至钻孔之前，应在孔口设护栏和安全标志。

4.护壁泥浆原料应为性能合格的黏土或其他符合环保要求的材料；现场应设泥浆沉淀池，泥浆残渣应及时清理并妥善处理，不得随意排放，污染环境；泥浆不断循环使用过程中应加强管理，始终保持泥浆性能符合要求；泥浆沉淀池周围应设防护栏杆和安全标志。

5.旱地和浅水域，护筒埋深不宜小于原地面以下 1.5m；砂性土应将护筒周围 50cm～80cm 和护筒底 50cm 范围内换填并夯实粘性土；深水域的长护筒，粘性土应沉入河床局部冲刷线以下 1.5m；细砂或软土应沉入冲刷线以下至少 4m。

6.护筒应坚固、不漏水，内壁平滑、无凸起；护筒顶端高程应高于地下水位或施工期间的最高河湖水位 2.0m 以上，旱地钻孔护筒顶端高程应高出地面 30cm；护筒内径应比孔径大 20cm 以上。

7.钻孔作业应符合下列要求：

（1）施工场地应平整、坚实；现场应划定作业区，非施工人员禁止入内。

（2）钻孔应连续作业，建立交接班制，并形成文件；施工中严禁人员进入孔内作业。

（3）使用全套管钻机钻孔时，配合起重机安套管人员应待套管吊至安装位置，方可靠近套管辅助就位，安装螺栓；拆套管时，应待被拆管节吊牢后方可拆除螺栓。

（4）钻孔作业中发生坍孔和护筒周围冒浆等故障时，必须立即停钻；钻机有倒塌危险时，必须立即将人员和钻机撤至安全位置，经技术处理并确认安全后，方可继续作业。

<table>
<tr><td colspan="2" rowspan="2">安全技术交底记录</td><td rowspan="2">编号</td><td>×××</td></tr>
<tr><td>共×页第×页</td></tr>
<tr><td>工程名称</td><td colspan="3">××市政基础设施工程××标段</td></tr>
<tr><td>施工单位</td><td colspan="3">××市政建设集团</td></tr>
<tr><td>交底提要</td><td>机械钻孔安全技术交底</td><td>交底日期</td><td>××年××月××日</td></tr>
<tr><td colspan="4">（5）成孔后或因故停钻时，应将钻具提至孔外置于地面上，关机、断电并应保持孔内护壁措施有效，孔口应采取防护措施。
（6）冲抓钻机钻孔，当钻头提至接近护筒上口时，应减速、平稳提升，不得碰撞护筒，作业人员不得靠近护筒，钻具出土范围内严禁有人。
（7）钻机运行中作业人员应位于安全处，严禁人员靠近和触摸钻杆；钻具悬空时严禁下方有人。
（8）钻孔过程中，应经常检查钻渣并与地质剖面图核对，发现不符时应及时采取安全技术措施。
（9）正、反循环钻机钻孔均应减压钻进，即钻机的吊钩应始终承受部分钻具质量，避免弯孔、斜孔或扩孔。
（10）施工现场附近有电力架空线路时，施工中应设专人监护，确认机械与电力架空线路的最小距离必须符合表 4-1-3 的要求。
（11）螺旋钻机宜用于无地下水的细粒土层中施工。</td></tr>
</table>

审核人	交底人	接受交底人
×××	×××	×××、×××……

6.2.2 人工挖孔桩施工安全技术交底

<table>
<tr><td colspan="2" rowspan="2">安全技术交底记录</td><td rowspan="2">编号</td><td>×××</td></tr>
<tr><td>共×页第×页</td></tr>
<tr><td>工程名称</td><td colspan="3">××市政基础设施工程××标段</td></tr>
<tr><td>施工单位</td><td colspan="3">××市政建设集团</td></tr>
<tr><td>交底提要</td><td>人工挖孔桩施工安全技术交底</td><td>交底日期</td><td>××年××月××日</td></tr>
<tr><td colspan="4">交底内容：
1.从事挖孔桩的作业人员必须视力、嗅觉、听觉、心脏、血压正常，必须经过安全技术培训，考核合格方可上岗。
2.人工挖孔桩施工适用于桩径800mm～2000mm、桩深不超过25m的桩。
3.人工挖孔桩施工前，应根据桩的直径、桩深、土质、现场环境等状况进行混凝土护壁结构的设计，编制施工方案相应的安全技术措施，并经企业负责人和技术负责人签字批准。
4.人工挖孔桩施工过程中，现场应设作业区，其边界必须设围挡和安全标志、警示灯，非施工人员禁止入内。
5.施工前，总承包的施工企业应和具有资质的分包企业签订专业分包合同，合同中必须规定双方的安全责任。
6.人工挖孔桩施工前应对现场环境进行调查，掌握地下管线位置、埋深和现况；地下构筑物（人防、化粪池、渗水池、坟墓等）的位置、埋深和现况；施工现场周围建（构）筑物、交通、地表排水、振动源等情况；高压电气影响范围。
7.施工现场应配有急救用品（氧气等）；遇塌孔、地下水涌出、有害气体等异常情况，必须立即停止作业，将孔内处人员立即撤离危险区；严禁擅自处理、冒险作业。
8.人工挖孔桩施工前，工程项目经理部的主管施工技术人员必须向承担施工的专业分包负责人进行安全技术交底并形成文件。
9.施工中孔口需用垫板时，垫板两端搭放长度不得小于1m，垫板宽度不得小于30cm，板厚不得小于5cm。孔径大于1m时，孔口作业人员应系安全带并扣牢保险钩，安全带必须有牢固的固定点。
10.施工前应检查施工物资准备情况，确认符合要求，施工材料充足，能保证正常地、不间断地施工；施工所需的工具设备（辘轳、绳索、挂钩、料斗、模板、软梯、空压机和通风管、低压变压器、手把灯等）必须完好、有效；系入孔内的料斗应由柔性材料制作。
11.人工挖孔桩必须采用混凝土护壁，混凝土等级不得低于C20，厚度不得小于10cm，必要时可在护壁内沿竖向和环向配置直径不小于6mm、间距为200mm钢筋；首节护壁应高于地面20cm，并形成沿口护圈，护圈的壁厚不得小于20cm；相邻护壁节间应用锚筋相连。护壁强度达5MPa后方可开挖下层土方。施工中必须按施工设计规定的层深，挖一层土方施做一层护壁，严禁超规定开挖、后补做护壁的冒险作业。</td></tr>
</table>

安全技术交底记录		编号	××× 共×页第×页
工程名称	××市政基础设施工程××标段		
施工单位	××市政建设集团		
交底提要	人工挖孔桩施工安全技术交底	交底日期	××年××月××日

12.挖孔施工中遇岩石需爆破时，孔口应覆盖防护。

13.人工挖孔作业应符合下列要求：

（1）每孔必须两人配合施工，轮换作业；孔下人员连续作业不得超过 2h，孔口作业人员必须监护孔内人员的安全。

（2）土方应随挖随运，暂不运的土应堆在孔口 1m 以外，高度不得超过 1m；孔口 1m 范围内不得堆放任何材料。

（3）作业人员上下井孔必须走软梯；孔下操作人员必须戴安全帽。

（4）严禁孔口上作业人员离开岗位，每次装卸土、料时间不得超过 1min。

（5）孔口上作业人员必须按孔内人员指令操作辘轳；向孔内传送工具等必须用料斗系放，严禁投扔。

（6）桩孔周围 2m 范围内必须设护栏和安全标志，非作业人员禁止入内；3m 内不得行驶或停放机动车。

（7）料斗装土、料不得过满，每斗重量不得大于 50kg。

（8）必须自上而下逐层开挖，每层挖土深度不得大于 100cm，松软土质不得大于 50cm。严禁超挖。

（9）暂停作业时，孔口必须设围挡和安全标志或用盖板盖牢，阴暗时和夜间应设警示灯。

14.两桩净距小于 5m 时，不得同时施工，且一孔浇筑混凝土的强度达 5MPa 后，另一孔方可开挖。

15.料斗和吊索具应具有轻、柔、软性能，并有防坠装置；每班作业前应检查桩孔和工具，确认安全。

16.人工挖孔过程中，必须设安全管理人员对施工现场进行检查监控，掌握各桩孔的安全状况，消除隐患，保持安全施工。

17.人工挖孔作业中，应检测孔内空气质量，孔内空气中氧气浓度及有毒有害气体浓度应符合现行相关标准的具体规定；开孔后，每班作业前必须打开孔盖通风，经检测氧气、有毒有害气体浓度在规定范围内并记录，方可下孔作业；检测合格后未立即进入孔内作业时，应在进入作业前重新进行检测，确认合格并记录；现场必须配备专用气体检测仪器；孔深超过 2m 后，作业中应每 2h 对孔内气体至少检测一次，确认符合规定并记录；孔深超过 5m 后，作业中应强制通风。

<table>
<tr><td colspan="2" rowspan="2">安全技术交底记录</td><td rowspan="2">编号</td><td>×××</td></tr>
<tr><td>共×页第×页</td></tr>
<tr><td>工程名称</td><td colspan="3">××市政基础设施工程××标段</td></tr>
<tr><td>施工单位</td><td colspan="3">××市政建设集团</td></tr>
<tr><td>交底提要</td><td>人工挖孔桩施工安全技术交底</td><td>交底日期</td><td>××年××月××日</td></tr>
<tr><td colspan="4">18.当土层中有水时，必须采取措施疏干后方可施工；成孔验收合格后应立即浇筑混凝土至规定高程；桩顶混凝土低于现状地面时，应设护栏和安全标志。
19.孔内照明必须使用 36V（含）以下安全电压；夜间不得进行人工挖孔施工。</td></tr>
</table>

审核人	交底人	接受交底人
×××	×××	×××、×××……

6.2.3 钢筋骨架施工安全技术交底

安全技术交底记录		编号	×××
			共×页第×页
工程名称	××市政基础设施工程××标段		
施工单位	××市政建设集团		
交底提要	钢筋骨架施工安全技术交底	交底日期	××年××月××日

交底内容：

1.钢筋焊接前应履行用火申报手续，经消防管理人员检查，确认防火措施落实，符合消防要求，并签发用火证后，方可施焊，所有焊缝必须进行外观检查，不得有裂纹、未熔合、夹碴、未填满弧坑和超出规定的缺陷；零部（杆）件的焊缝应在焊接24h后按技术规定进行无损检验。

2.钢筋骨架制作和运输应按照钢筋工安全技术交底相关要求施工。

3.使用起重机吊装钢筋笼入孔时，不得碰撞孔壁；就位后应采取固定措施；应使用起重机，现场作业应符合下列要求：

（1）现场配合吊运的全体作业人员应站位于安全地方，待吊钩和吊运物离就位点距离50cm时方可靠近作业，严禁位于起重机臂下。

（2）作业前施工技术人员应了解现场环境、电力和通讯等架空线路、附近建（构）筑物等状况，选择适宜的起重机，并确定对吊装影响范围的架空线、建（构）筑物采取的挪移或保护措施。

（3）现场及其附近有电力架空线路时应设专人监护，确认机械与电力架空线路的最小距离必须符合表4-1-3的要求。

（4）钢筋笼吊装就位，必须待钢筋笼稳固后，作业人员方可离开现场。

（5）吊装中遇地基沉陷、机体倾斜、吊具损坏或吊装困难等，必须立即停止作业，待处理并确认安全后方可继续作业。

（6）作业场地应平整、坚实；地面承载力不能满足起重机作业要求时，必须对地基进行加固处理，并经验收确认合格。

（7）大雨、大雪、大雾、沙尘暴和风力六级（含）以上等恶劣天气，不得进行露天吊运施工。

（8）吊装作业必须设信号工指挥；指挥人员必须检查吊索具、环境等状况，确认安全；吊运作业前应划定作业区，设护栏和安全标志，严禁非作业人员入内；吊装时，吊臂、吊钩运行范围，严禁人员入内；吊装中严禁超载；吊装时应先试吊，确认正常后方可正式吊装。

4.钢筋骨架吊运长度超过10m时，应采取竖向临时加固措施。

5.焊接作业应符合下列要求：

<table>
<tr><td colspan="2" rowspan="2">安全技术交底记录</td><td rowspan="2">编号</td><td>×××</td></tr>
<tr><td>共×页第×页</td></tr>
<tr><td>工程名称</td><td colspan="3">××市政基础设施工程××标段</td></tr>
<tr><td>施工单位</td><td colspan="3">××市政建设集团</td></tr>
<tr><td>交底提要</td><td>钢筋骨架施工安全技术交底</td><td>交底日期</td><td>××年××月××日</td></tr>
</table>

（1）作业时，电缆线应理顺，不得身背、臂夹、缠绕身体，严禁搭在电弧和炽热焊件附近与锋利的物体上。

（2）作业后必须关机断电，并锁闭电闸箱。

（3）电焊机、电缆线、电焊钳应完好，绝缘性能良好，焊机防护装置齐全有效；使用前应检查，确认符合要求。

（4）作业时不得使用受潮焊条；更换焊条必须戴绝缘手套；合开关时必须戴干燥的绝缘手套，且不得面向开关。

（5）焊工作业时必须使用带有滤光镜的头罩或手持防护面罩，戴耐火的防护手套，穿焊接防护服，穿绝缘、阻燃、抗热防护鞋；清除焊渣时应戴护目镜。

（6）长期停用的电焊机，使用前必须检验，绝缘电阻不得小于 0.5MΩ，接线部分不得有腐蚀和受潮现象。

（7）使用中的焊接设备应随时检查，发现安全隐患必须立即停止使用；维修后的焊接设备，经检查确认安全后，方可继续使用。

（8）在狭小空间作业时必须采取通风措施，经检测确认氧气和有毒、有害气体浓度符合安全要求并记录后，方可进入作业；出入口必须设人监护，内外呼应，确认安全；作业人员应轮换作业；照明电压不得大于 12V。

（9）操作者必须经专业培训，持证上岗；数控、自动、半自动焊接设备应实行专人专机制度。

（10）电焊机的电源缆线长不得大于 5m，二次引出线长不得大于 30m。

（11）作业中电机出现声响异常、电缆线破损、漏电征兆时，必须立即关机断电，停止使用，维修后经检查确认安全，方可继续使用。

（12）电焊机的二次引出线、焊把线、电焊钳等的接头必须牢固。

6.骨架入孔后进行竖向焊接时，起重机不得摘钩、松绳，严禁操作工离开驾驶室。骨架焊接完成，经验收合格后，方可松绳、摘钩。

7.焊接作业现场应符合下列要求：

（1）焊接作业现场周围 10m 范围内不得堆放易燃易爆物品，不能满足时，必须采取隔离措施。

（2）焊接辐射区，有他人作业时，应用不可燃屏板隔离。

（3）焊接作业现场应按消防部门的规定配置消防器材。

<table>
<tr><td colspan="2" rowspan="2">安全技术交底记录</td><td rowspan="2">编号</td><td>×××</td></tr>
<tr><td>共×页第×页</td></tr>
<tr><td>工程名称</td><td colspan="3">××市政基础设施工程××标段</td></tr>
<tr><td>施工单位</td><td colspan="3">××市政建设集团</td></tr>
<tr><td>交底提要</td><td>钢筋骨架施工安全技术交底</td><td>交底日期</td><td>××年××月××日</td></tr>
<tr><td colspan="4">（4）焊接作业现场应设安全标志，非作业人员不得入内。
（5）焊接作业现场应通风良好，能及时排除有害气体、灰尘、烟雾。
（6）露天焊接作业，焊接设备应设防护棚。
（7）二氧化碳气体保护焊露天焊接时，应设挡风屏板。
8.吊装前应根据钢筋骨架分节长度、质量选择适宜的起重机。</td></tr>
</table>

审核人	交底人	接受交底人
×××	×××	×××、×××……

6.2.4 水下混凝土浇筑施工安全技术交底

<table>
<tr><td colspan="2" rowspan="2">安全技术交底记录</td><td rowspan="2">编号</td><td>×××</td></tr>
<tr><td>共×页第×页</td></tr>
<tr><td>工程名称</td><td colspan="3">××市政基础设施工程××标段</td></tr>
<tr><td>施工单位</td><td colspan="3">××市政建设集团</td></tr>
<tr><td>交底提要</td><td>水下混凝土浇筑施工安全技术交底</td><td>交底日期</td><td>××年××月××日</td></tr>
<tr><td colspan="4">交底内容：
1.在浇筑水下混凝土过程中，必须采取防止导管进水和阻塞、埋管、坍孔的措施；一旦发生上述情况，应判明原因，改进操作，并及时处理。坍孔严重必须立即停止浇筑混凝土，提出导管和钢筋骨架，并按技术要求回填；出现断桩应与设计、建设（监理）研究处理方案。
2.提升导管的设备能力应能克服导管和导管内混凝土的自重与导管埋入部分内外壁与混凝土之间的粘接阻力，并有一定的安全储备；导管埋入混凝土的深度应符合技术规定。
3.吊装导管、混凝土应采用起重机进行，现场作业应符合下列要求：
（1）大雨、大雪、大雾、沙尘暴和风力六级（含）以上等恶劣天气，不得进行露天吊装。
（2）吊装时，吊臂、吊钩运行范围，严禁人员入内；吊装中严禁超载。
（3）作业场地应平整、坚实，地面承载力不能满足起重机作业要求时，必须对地基进行加固处理，并经验收确认合格。
（4）吊装作业必须设信号工指挥；指挥人员必须检查吊索具、环境等状况，确认安全。
（5）现场配合吊运的全体作业人员应站位于安全地方，待吊钩和所吊运的材料离就位点距离50cm时方可靠近作业，严禁位于起重机臂下。
（6）构件吊装就位，必须待构件稳固后，作业人员方可离开现场。
（7）吊运作业前应划定作业区，设护栏和安全标志，严禁非作业人员入内。
（8）作业前施工技术人员应了解现场环境、电力和通讯等架空线路、附近建（构）筑物等状况，选择适宜的起重机，并确定对吊装影响范围的架空线、建（构）筑物采取的挪移或保护措施。
（9）现场及其附近有电力架空线路时应设专人监护，认机械与电力架空线路的最小距离必须符合表4-1-3的要求。
（10）吊装中遇地基沉陷、机体倾斜、吊具损坏或吊装困难等，必须立即停止作业，待处理并确认安全后方可继续作业；正式起吊前应先试吊，确认正常后方可正式起吊。
4.浇筑混凝土作业必须由作业组长指挥；浇筑前作业组长应检查各项准备工作，确认合格后，方可发布浇筑混凝土的指令。</td></tr>
</table>

<table>
<tr><td colspan="2">安全技术交底记录</td><td>编号</td><td>×××
共×页第×页</td></tr>
<tr><td>工程名称</td><td colspan="3">××市政基础设施工程××标段</td></tr>
<tr><td>施工单位</td><td colspan="3">××市政建设集团</td></tr>
<tr><td>交底提要</td><td>水下混凝土浇筑施工安全技术交底</td><td>交底日期</td><td>××年××月××日</td></tr>
</table>

5.架设漏斗的平台应根据施工荷载、台高和风力经施工设计确定，搭设完成，经验收合格形成文件后，方可使用。

6.水下混凝土必须连续浇筑，不得中断；水下混凝土浇筑过程中，从桩孔内溢出的泥浆应引流至规定地点，不得随意漫流；浇筑水下混凝土结束后，桩顶混凝土低于现状地面时，应设护栏和安全标志。

7.浇筑水下混凝土漏斗的设置高度应依据孔径、孔深、导管内径等确定；浇筑水下混凝土的导管宜采用起重机吊装，就位后必须临时固定牢固方可摘钩。

8.桩孔完成经验收合格后，应连续作业，尽快灌注水下混凝土。

9.大雨、大雪、大雾、沙尘暴和风力六级（含）以上等恶劣天气，不得进行水下混凝土施工。

审核人	交底人	接受交底人
×××	×××	×××、×××……

6.3 沉井基础工程

6.3.1 沉井制作施工安全技术交底

安全技术交底记录		编号	×××
			共×页第×页
工程名称	××市政基础设施工程××标段		
施工单位	××市政建设集团		
交底提要	沉井制作施工安全技术交底	交底日期	××年××月××日

交底内容：

1.接高沉井时必须停止除土作业，在沉井偏斜情况下严禁接高沉井。

2.高处作业必须支搭作业平台，作业平台的脚手板必须铺满、铺稳；上下作业平台必须设安全梯、斜道等攀登设施；作业平台临边必须设防护栏杆；使用前应经检查、验收，确认合格并形成文件，使用中应随时检查，确认安全。

3.拆除支垫应符合下列要求：混凝土强度应满足设计规定的抽垫要求；抽出垫木后应用砂性土回填、捣实；抽垫时应采取防止沉井偏斜的措施；抽垫时应由作业组长指挥，分区域，按规定顺序进行；定位支垫处的垫木应按设计规定程序最后抽出，且不得遗留。

4.沉井侧模应在混凝土强度达到25%时方可拆除，刃脚模板应在混凝土强度达到75%时方可拆除；沉井分节预制时，分节预制高度应依其下沉过程中的稳定性和摩阻状况，由设计或施工设计确定。底节沉井的最小高度应满足拆除垫木后的竖向挠曲强度要求。

5.沉井制作场地应符合下列要求：

（1）岛标高应高出施工期间可能出现的最高水位 70cm 以上。

（2）筑岛应能承受水流对岛体的冲刷，确保岛体稳定。

（3）筑岛的平面尺寸应满足沉井制作和抽垫等施工要求，沉井周围应有 2m 以上的护道。

（4）筑岛材料应为透水性好、易于压实和开挖的无大块颗粒的砂土或碎石土等。

（5）在浅水区域或可能淹没的旱地、浅滩应筑岛制作沉井。

6.制作沉井时应同步完成直爬梯或梯道预埋件的安设；直爬梯和梯道应符合下列要求：

（1）梯道宽度不宜小于 70cm；坡度不宜陡于 50°；梯道宜使用钢材焊制，钢材不得腐蚀、断裂、变形；每步高度不宜大于 25cm，严禁用钢筋做踏板；梯道临边侧必须设防护栏杆。

（2）采用斜道（马道）时，脚手架必须置于坚固的地基上，斜道宽度不得小于 1m，纵坡不得陡于 1∶3，支搭必须牢固。

（3）采用固定式直爬梯时，爬梯应用金属材料制成；梯宽且为 50cm，埋设与焊接必须牢固。梯子顶端应设 1.0m～1.5m 高的扶手；攀登高度超过 7m 以上部分宜加设护笼；超过 13m 时，必须设梯间平台。

（4）人员上下梯子时，必须面向梯子，双手扶梯；梯子上有人时，他人不宜上梯。

安全技术交底记录		编号	×××
			共×页第×页
工程名称	××市政基础设施工程××标段		
施工单位	××市政建设集团		
交底提要	沉井制作施工安全技术交底	交底日期	××年××月××日

（5）采购的安全梯应符合现行国家标准；现场自制安全梯应符合下列要求：

1）攀登高度不宜超过 8m；梯子踏板间距宜为 30cm，不得缺档；梯子净宽宜为 40cm～50cm；梯子工作角度宜为 75°±5°。

2）梯子需接长使用时，必须有可靠的连接措施，且接头不得超过一处。连接后的梯梁强度、刚度，不得低于单梯梯梁的强度、刚度。

3）梯脚应置于坚实基面上，放置牢固，不得垫高使用；梯子上端应有固定措施。

4）梯子结构必须坚固，梯梁与踏板的连接必须牢固；梯子结构应根据材料性能进行受力验算，经计算确定。

（6）基坑施工现场可根据环境状况修筑人行土坡道供施工人员使用，人行土坡道应符合下列要求：

1）施工中应采取防扬尘措施，并经常维护，保持完好。

2）两侧应设边坡，沟槽（基坑）侧无条件设边坡时，应根据现场情况设防护栏杆。

3）坡道土体应稳定、坚实，宜设阶梯，表层宜硬化处理，无障碍物。

4）宽度不宜小于 1m，纵坡不宜陡于 1：3。

7.临边作业必须设防护栏杆，并应符合下列要求：

（1）木质栏杆上杆梢径不得小于 7cm，下杆梢径不得小于 6cm，栏杆柱梢径不得小于 7.5cm，并以不小于 12 号的镀锌钢丝绑扎牢固，绑丝头应顺平向下；钢筋横杆上直径不得小于 16mm，下杆直径不得小于 14mm，栏杆柱直径不得小于 18mm，采用焊接或镀锌钢丝绑扎牢固，绑丝头应顺平向下；钢管横杆、栏杆柱均应采用直径 48mm×（2.75～3.5）mm 的管材，以扣件固定或焊接牢固。

（2）防护栏杆应由上、下两道栏杆和栏杆柱组成，上杆离地高度应为 1.2m，下杆离地高度应为 50cm～60cm。栏杆柱间距应经计算确定，且不得大于 2m。

（3）栏杆柱在基坑四周固定时，可采用钢管并锤击沉入地下不小于 50cm 深。钢管离基坑边沿的距离，不得小于 50cm；栏杆柱在混凝土结构上固定，采用钢质材料时可用预埋件与钢管或钢筋焊牢；采用木栏杆时可在预埋件上焊接 30cm 长的 50×5 角钢，其上、下各设一孔，以直径 10mm 螺栓与木杆件拴牢；栏杆柱在砌体上固定时，可预先砌入规格相适应的设预埋件的预制块，并固定。

（4）防护栏杆的底部必须设置牢固的、高度不低于 18cm 的挡脚板；挡脚板下的空隙不得大于 1cm；挡脚板上有孔眼时，孔径不得大于 2.5cm。

（5）栏杆的整体构造和栏杆柱的固定，应使防护栏杆在任何处能承受任何方向的 1000N 外力。

（6）高处临街的防护栏杆应加挂安全网，或采取其他全封闭措施。

审核人	交底人	接受交底人
×××	×××	×××、×××……

6.3.2 沉井下沉施工安全技术交底

<table>
<tr><td colspan="2" rowspan="2">安全技术交底记录</td><td rowspan="2">编号</td><td>×××</td></tr>
<tr><td>共×页第×页</td></tr>
<tr><td>工程名称</td><td colspan="3">××市政基础设施工程××标段</td></tr>
<tr><td>施工单位</td><td colspan="3">××市政建设集团</td></tr>
<tr><td>交底提要</td><td>沉井下沉施工安全技术交底</td><td>交底日期</td><td>××年××月××日</td></tr>
</table>

交底内容：

1.在沉井顶部作业时，应支搭作业平台；作业平台结构应依跨度、荷载经计算确定，支搭必须牢固，临边必须设防护栏杆，临边作业防护栏杆应符合下列要求：

（1）防护栏杆的底部必须设置牢固的、高度不低于 18cm 的挡脚板；挡脚板下的空隙不得大于 1cm；挡脚板上有孔眼时，孔径不得大于 2.5cm。

（2）栏杆的整体构造和栏杆柱的固定，应使防护栏杆在任何处能承受任何方向的 1000N 外力。

（3）高处临街的防护栏杆应加挂安全网，或采取其他全封闭措施。

（4）防护栏杆应由上、下两道栏杆和栏杆柱组成，上杆离地高度应为 1.2m，下杆离地高度应为 50cm～60cm。栏杆柱间距应经计算确定，且不得大于 2m。

2.沉井下沉前应将井壁上影响下沉的螺栓、插筋等突出物割除，并应经验收，确认结构强度等符合设计要求，并形成文件。

3.杆件的规格与连接应符合下列要求：

（1）钢筋横杆上直径不得小于 16mm，下杆直径不得小于 14mm，栏杆柱直径不得小于 18mm，采用焊接或镀锌钢丝绑扎牢固，绑丝头应顺平向下。

（2）钢管横杆、栏杆柱均应采用直径 48mm×（2.75～3.5）mm 的管材，以扣件固定或焊接牢固。

（3）木质栏杆上杆梢径不得小于 7cm，下杆梢径不得小于 6cm，栏杆柱梢径不得小于 7.5cm，并以不小于 12 号的镀锌钢丝绑扎牢固，绑丝头应顺平向下。

4.沉井下沉中应随时观察下沉情况，根据土质、入土深度和偏差情况及时调整除土位置、方法，保持偏差符合要求；沉井应连续下沉，尽量减少中途停顿时间。

5.栏杆柱的固定应符合下列要求：

（1）在砌体上固定时，可预先砌入规格相适应的设预埋件的预制块。并按要求进行固定。

（2）在混凝土结构上固定，采用钢质材料时可用预埋件与钢管或钢筋焊牢；采用木栏杆时可在预埋件上焊接 30cm 长的 50×5 角钢，其上、下各设一孔，以直径 10mm 螺栓与木杆件拴牢。

（3）在基坑四周固定时，可采用钢管并锤击沉入地下不小于 50cm 深。钢管离基坑边沿的距离，不得小于 50cm。

<table>
<tr><td colspan="2">安全技术交底记录</td><td>编号</td><td>×××
共×页第×页</td></tr>
<tr><td>工程名称</td><td colspan="3">××市政基础设施工程××标段</td></tr>
<tr><td>施工单位</td><td colspan="3">××市政建设集团</td></tr>
<tr><td>交底提要</td><td>沉井下沉施工安全技术交底</td><td>交底日期</td><td>××年××月××日</td></tr>
</table>

6.不排水下沉时，机械除土的最大深度不得超过刃脚标高下 2m，并应均匀、对称进行。松软土质不得直接在刃脚处除土；粉砂、细砂土层，不得降低井内水位，且必须保持井内水头高于井外 1m 以上。

7.排水下沉应符合下列要求：

（1）土方提升时应设专人指挥，井下人员必须撤至安全处，采用抓斗除土时，井内禁止有人；除土过程中应设专人排除地下水。

（2）提升架应进行施工设计，其强度、刚度、稳定性应满足施工安全的要求。使用前应经验收，确认合格并形成文件。

（3）人工除土应符合下列要求：

1）在刃脚处除土应均匀、对称，保持沉井均衡下沉。

2）劳动组织应合理，井内人员不宜过多。

3）井内应有充足照明。

4）作业中应在沉井口设专人监护，确认安全。

5）沉井内应设安全梯和安全绳；沉井为双室或多室时，各室均应设安全梯和安全绳。

6）人员不得在刃脚和隔墙附近停留、休息。

7）涌水、涌沙量大时不宜人工除土。

（4）使用起重机吊运土方等，现场作业应符合下列要求：

1）现场配合吊运土方的全体作业人员应站位于安全地方，待吊钩和吊斗离就位点距离 50cm 时方可靠近作业，严禁位于起重机臂下。

2）现场及其附近有电力架空线路时应设专人监护，确认起重机与电力架空线路的最小距离必须符合表 4-1-3 的要求。

3）作业场地应平整、坚实。地面承载力不能满足起重机作业要求时，必须对地基进行加固处理，并经验收确认合格。

4）作业前施工技术人员应了解现场环境、电力和通讯等架空线路、附近建（构）筑物等状况，选择适宜的起重机，并确定对吊装影响范围的架空线、建（构）筑物采取的挪移或保护措施。

5）吊运作业前应划定作业区，设护栏和安全标志，严禁非作业人员入内；吊装时，吊臂、吊钩运行范围，严禁人员入内；吊运作业必须设信号工指挥，指挥人员必须检查吊索具、环境等状况，确认安全；正式起吊之前应先试吊，确认正常后方可正式起吊；吊装中严禁超载。

<table>
<tr><td colspan="2" rowspan="2">安全技术交底记录</td><td rowspan="2">编号</td><td>×××</td></tr>
<tr><td>共×页第×页</td></tr>
<tr><td>工程名称</td><td colspan="3">××市政基础设施工程××标段</td></tr>
<tr><td>施工单位</td><td colspan="3">××市政建设集团</td></tr>
<tr><td>交底提要</td><td>沉井下沉施工安全技术交底</td><td>交底日期</td><td>××年××月××日</td></tr>
</table>

6）大雨、大雪、大雾、沙尘暴和风力六级（含）以上等恶劣天气，不得进行露天吊装。

7）吊装中遇地基沉陷、机体倾斜、吊具损坏或吊装困难等，必须立即停止作业，待处理并确认安全后方可继续作业。

8.沉井下沉完成后，其顶端低于地面或高于地面 1m 以下时，必须在井口四周边缘及时支设防护栏杆和安全标志。

9.泥浆套应设地表围圈防护；作业前应检查，确认合格；压浆泵应完好，压力表必须经校验、标定，压浆系统各接口应连接牢固；井内外水位应一致，或井内水位略高于井外；压浆管应通畅，且不可直接冲刷土层；在沉井下沉中应随时补充泥浆，满足需要；现场应设泥浆沉淀池，其周围应设防护栏杆，对水泥残渣应妥善处置，不得漫流。

10.采取偏出土和施加外力纠正沉井倾斜时，应在密切观察沉井下沉情况下逐级加载。沉井下沉需配重时，配重应堆码整齐，放置稳固。

11.沉井下沉中，现场需潜水作业时应符合下列要求：

（1）潜水作业时，沉井内及其附近不得进行起重吊装作业，在沉井外 2000m 内不得进行爆破作业，在沉井外 200m 内不得进行振动、锤击沉桩作业。

（2）沉井内吸泥清基时，吸泥机和高压射水枪的闸阀必须设专人值守，并服从潜水员的指挥；潜水员用手扶持吸泥机作业时，不得用手、脚去探摸吸泥机头部或骑在吸泥机弯头上。

（3）作业前工程项目经理部负责人和主管施工技术人员必须向潜水员进行作业任务、环境和安全技术交底，并形成文件；潜水作业应由潜水员操作，潜水员必须经专业培训，持证上岗。

（4）潜水作业条件比较困难的情况下应设一名备用潜水员，必要时下水协助或救援。

（5）潜水作业必须配备供潜水员与地面指挥人员联系的通讯器材，通讯器材必须完好、有效，作业前必须检查试用，确认合格。

（6）潜水作业时，沉井各室内的水位应一致，沉井内的水位应高于井外的水位；潜水作业前，必须进行试作业，确认正常。

（7）潜水作业必须由工程项目经理部负责人现场指挥。作业过程中，指挥人员必须随时与潜水员联系，掌握其安全状况，确认正常；发现异常，必须立即采取安全措施或指令潜水员浮出水面。

（8）施工前应根据下潜任务、下潜环境、工作部位、水深等情况制定潜水作业方案和相应的安全技术措施，并按施工组织设计管理规定的审批程序批准后实施。

<table>
<tr><td colspan="2" rowspan="2">安全技术交底记录</td><td rowspan="2">编号</td><td>×××</td></tr>
<tr><td>共×页第×页</td></tr>
<tr><td>工程名称</td><td colspan="3">××市政基础设施工程××标段</td></tr>
<tr><td>施工单位</td><td colspan="3">××市政建设集团</td></tr>
<tr><td>交底提要</td><td>沉井下沉施工安全技术交底</td><td>交底日期</td><td>××年××月××日</td></tr>
<tr><td colspan="4">（9）使用氧气呼吸器的潜水深度不得超过 10m，使用空气呼吸器的潜水深度不得超过 40m。
（10）多室沉井潜水作业时，严禁潜水员穿越邻室；沉井壁上不得有钢筋等外露物。
（11）潜水和加压前应对潜水设备进行检查，确认合格后，方可进行作业；潜水员的潜水时间应依潜水深度计算确定。
（12）水下爆破作业，尚应符合下列要求：
1）炸药包密封后，潜水员应将炸药包随身带入水下，不得用绳传递。
2）引爆导线与电源之间应安装闸刀开关，设专人值守。
3）发生“瞎炮”时，应切断电源，待 15min 无异常后，方可下潜处理。
4）潜水员应熟悉爆破器材的性能、操作技术和安全要求。
5）同一次起爆中，不得使用不同型号的雷管。
12.高压泵应完好，压力表使用前必须经校验、标定，高压胶管及其接口应严密。作业前应检查，确认合格；下沉作业应由作业组长指挥。高压射水压力宜控制在 1MPa～2.5MPa；作业前，指挥人员应检查各项准备工作和机械设备，确认安全后，方可向高压泵操作工发出作业指令；严禁射水嘴对向人、设备和设施。</td></tr>
</table>

审核人	交底人	接受交底人
×××	×××	×××、×××……

6.3.3 沉井封底与填充施工安全技术交底

<table>
<tr><td colspan="2" rowspan="2">安全技术交底记录</td><td rowspan="2">编号</td><td>×××</td></tr>
<tr><td>共×页第×页</td></tr>
<tr><td>工程名称</td><td colspan="3">××市政基础设施工程××标段</td></tr>
<tr><td>施工单位</td><td colspan="3">××市政建设集团</td></tr>
<tr><td>交底提要</td><td>沉井封底与填充施工安全技术交底</td><td>交底日期</td><td>××年××月××日</td></tr>
</table>

交底内容：

1.沉井具备填充混凝土施工条件时，应及时进行填充混凝土施工，作业前应检查作业平台，确认合格；漏斗、下料串管连接应牢固。使用前应检查，确认合格；下料人员应听从井内作业人员的指令。

2.封底作业前应在沉井顶部设作业平台，作业平台结构应依跨度、荷载经计算确定，支搭必须牢固，临边必须设防护栏杆，作业前应进行检查，经验收确认合格并形成文件。

3.沉井下沉完成后，应及时清除浮渣、平整基底，沉井基底经检查验收合格后应及时封底。

4.潜水检查或清理不排水沉井的基底时，应采取防止沉井突然下沉或歪斜的措施。

5.现场需潜水作业时应符合下列要求：

（1）潜水员必须按规定配备潜水设备；潜水和加压前应对潜水设备进行检查，确认合格后，方可进行作业；潜水员的潜水时间应依潜水深度计算确定；使用氧气呼吸器的潜水深度不得超过10m，使用空气呼吸器的潜水深度不得超过40m。

（2）潜水作业条件比较困难的情况下应设一名备用潜水员，必要时下水协助或救援。潜水作业应由潜水员操作，潜水员必须经专业培训，持证上岗。潜水作业必须配备供潜水员与地面指挥人员联系的通讯器材。通讯器材必须完好、有效，作业前必须检查试用，确认合格。

（3）潜水作业必须由工程项目经理部负责人现场指挥。作业过程中，指挥人员必须随时与潜水员联系，掌握其安全状况，确认正常；发现异常，必须立即采取安全措施或指令潜水员浮出水面。

（4）多室沉井潜水作业时，严禁潜水员穿越邻室；沉井壁上不得有钢筋等外露物。

（5）潜水作业时，沉井各室内的水位应一致，沉井内的水位应高于井外的水位；潜水作业前，必须进行试作业，确认正常。

（6）潜水作业时，沉井内及其附近不得进行起重吊装作业，在沉井外2000m内不得进行爆破作业，在沉井外200m内不得进行振动、锤击沉桩作业。

（7）水下爆破作业潜水员应熟悉爆破器材的性能、操作技术和安全要求；炸药包密封后，潜水员应将炸药包随身带入水下，不得用绳传递；同一次起爆中，不得使用不同型号的雷管；引爆导线与电源之间应安装闸刀开关，设专人值守；发生“瞎炮”时，应切断电源，待15min无异常后，方可下潜处理。

（8）沉井内吸泥清基时，吸泥机和高压射水枪的闸阀必须设专人值守，并服从潜水员的指挥；潜水员用手扶持吸泥机作业时，不得用手、脚去探摸吸泥机头部或骑在吸泥机弯头上。

审核人	交底人	接受交底人
×××	×××	×××、×××……

6.4 沉入桩基础工程

<table>
<tr><td colspan="2" rowspan="2">安全技术交底记录</td><td rowspan="2">编号</td><td>×××</td></tr>
<tr><td>共×页第×页</td></tr>
<tr><td>工程名称</td><td colspan="3">××市政基础设施工程××标段</td></tr>
<tr><td>施工单位</td><td colspan="3">××市政建设集团</td></tr>
<tr><td>交底提要</td><td>沉入桩基础施工安全技术交底</td><td>交底日期</td><td>××年××月××日</td></tr>
<tr><td colspan="4">交底内容：
1.桩的吊运、堆放
（1）混凝土桩支点应与吊点在一条竖直线上，堆放时应上下对准：堆放层数不宜超过4层；钢桩堆放支点应布置合理，防止变形；钢管桩应采取防滚动的措施，堆放高度不得超过三层。
（2）施工前应根据桩的长度、质量选择适宜的起重机和运输车辆；桩的堆放场地应平整、坚实，不积水。
（3）起重机吊桩应缓起，宜设拉绳保持稳定，桩长超过运输车厢时，车辆转弯应速度缓、半径大，并应观察周围环境，确认安全；现场吊装使用起重机应符合下列要求：
1）作业场地应平整、坚实，地面承载力不能满足起重机作业要求时，必须对地基进行加固处理，并经验收确认合格。
2）现场配合吊桩的全体作业人员应站位于安全地方，待吊钩和桩体离就位点距离50cm时方可靠近作业，严禁位于起重机臂下。
3）构件吊装就位，必须待构件稳固后，作业人员方可离开现场。
4）作业前施工技术人员应了解现场环境、电力和通讯等架空线路、附近建（构）筑物和被吊桩等状况，选择适宜的起重机，并确定对吊装影响范围的架空线、建（构）筑物采取的挪移或保护措施。
5）大雨、大雪、大雾、沙尘暴和风力六级（含）以上等恶劣天气，不得进行露天吊装。
6）吊装中遇地基沉陷、机体倾斜、吊具损坏或吊装困难等，必须立即停止作业，待处理并确认安全后方可继续作业。
7）现场及其附近有电力架空线路时应设专人监护，确认起重机与电力架空线路的最小距离必须符合表4-1-3的要求。
8）吊桩作业前应划定作业区，设护栏和安全标志，严禁非作业人员入内；吊桩作业必须设信号工指挥，指挥人员必须检查吊索具、环境等状况，确认安全；吊装时，吊臂、吊钩运行范围，严禁人员入内；吊桩中严禁超载；吊桩时应先试吊，确认正常后方可正式起吊。
（4）桩的吊点位置应符合设计或施工设计规定；预制混凝土桩起吊时的强度应符合设计规定，设计无规定时，混凝土应达到设计强度的75%以上。</td></tr>
</table>

<table>
<tr><td colspan="2" rowspan="2">安全技术交底记录</td><td rowspan="2">编号</td><td>×××</td></tr>
<tr><td>共×页第×页</td></tr>
<tr><td>工程名称</td><td colspan="3">××市政基础设施工程××标段</td></tr>
<tr><td>施工单位</td><td colspan="3">××市政建设集团</td></tr>
<tr><td>交底提要</td><td>沉入桩基础施工安全技术交底</td><td>交底日期</td><td>××年××月××日</td></tr>
</table>

2.桩的制作：用重叠法浇筑混凝土桩时，桩与邻桩、底模之间应铺贴隔离层，防止粘接；必须在下层桩和邻桩的混凝土强度达到设计强度的 30%后，方可浇筑；平卧重叠层数不宜超过 4 层。

3.沉桩

（1）严禁在架空线路下方进行机械沉桩作业；在电力架空线路附近作业时，沉桩机边缘（含吊物）与电力架空线路的最小距离必须符合安全要求。

（2）在桥梁改、扩建工程中，桩基施工不宜采用振动沉桩方法进行，靠近现况桥梁部位的桩基不得采用射水方法辅助沉桩。

（3）振动沉桩必须考虑振动对周边环境的影响，并采取相应的防护措施；振动沉桩机、机座、桩帽应连接牢固，沉桩机和桩的中心应保持在同一轴线上；开始沉桩应以自重下沉，待桩身稳定后方可振动下沉；用起重机悬吊振动桩锤沉桩时，其吊钩上必须有防松脱的保护装置，并应控制吊钩下降速度与沉桩速度一致，保持桩身稳定。

（4）在施工组织设计中，应根据桩的设计承载力、桩深、工程地质、桩的破坏临界值和现场环境等状况选择适宜的沉桩方法和机具，并规定相应的安全技术措施。

（5）在地下管线、建（构）筑物附近沉桩时，必须预先对管线、建（构）筑物结构状况进行调查和分析，确认安全；需要采取加固或保护措施时，必须在加固、保护措施完成，经检查、验收合格，并形成文件后方可沉桩。

（6）沉桩作业应由具有经验的技术工人指挥，作业前指挥人员必须检查各岗位人员的准备工作情况和周围环境，确认安全后，方可向操作人员发出指令，作业时严禁人员在桩机作业范围和起吊的桩和桩锤下穿行。

（7）射水沉桩尚应根据土质选择高压水泵的压力和射水量，并应防止急剧下沉造成桩机倾斜；高压水泵的压力表、安全阀，输水管路应完好；压力表和安全阀必须经检测部门检验、标定后方可使用；开始沉桩应以自重下沉，待桩身稳定后方可射水下沉；在地势低洼处沉桩时，应有排水设施，保持排水正常；施工中严禁射水管口对向人、设备和设施。

（8）在城区、居民区、乡镇、村庄、机关、学校、企业、事业单位等人员密集区不得采用锤击、振动沉桩施工。

（9）施工场地应平整坚实，坡度不大于 3%，沉桩机应安装稳固，并设缆绳，保持机身稳定。

（10）钢筋混凝土或预应力混凝土桩达到设计强度后，方可沉桩。

<table>
<tr><td colspan="2" rowspan="2">安全技术交底记录</td><td rowspan="2">编号</td><td>×××</td></tr>
<tr><td>共×页第×页</td></tr>
<tr><td>工程名称</td><td colspan="3">××市政基础设施工程××标段</td></tr>
<tr><td>施工单位</td><td colspan="3">××市政建设集团</td></tr>
<tr><td>交底提要</td><td>沉入桩基础施工安全技术交底</td><td>交底日期</td><td>××年××月××日</td></tr>
<tr><td colspan="4">（11）工程开工前，应由建设单位召开工程范围内的有关地上建（构）筑物和电力、信息、燃气、热力、给水、排水等管线与人防、地下铁道等设施管理单位的调查配合会，由产权管理单位指认其所属设施及其准确位置，并设置明显标志；必要时应由产权管理单位人员指导坑探，确定其准确位置。确认沉桩不危及地下设施安全。
（12）沉桩过程中发现贯入度发生突变；桩身突然倾斜；桩头或桩身破坏；地面隆起；桩身上浮等情况时应暂停施工，经采取措施确认安全后，方可继续沉桩。
（13）施工前应划定作业区，并设安全标志，非作业人员禁止入内。</td></tr>
</table>

审核人	交底人	接受交底人
×××	×××	×××、×××……

6.5 墩台工程

6.5.1 墩台施工通用安全技术交底

<table>
<tr><td colspan="2" rowspan="2">安全技术交底记录</td><td rowspan="2">编号</td><td>×××</td></tr>
<tr><td>共×页第×页</td></tr>
<tr><td>工程名称</td><td colspan="3">××市政基础设施工程××标段</td></tr>
<tr><td>施工单位</td><td colspan="3">××市政建设集团</td></tr>
<tr><td>交底提要</td><td>墩台施工通用安全技术交底</td><td>交底日期</td><td>××年××月××日</td></tr>
</table>

交底内容：

1.上下作业平台必须设安全梯、斜道等攀登设施，攀登设施应符合下列要求：

（1）基坑施工现场可根据环境状况修筑人行土坡道供施工人员使用，人行土坡道土体应稳定、坚实，宜设阶梯，表层宜硬化处理，无障碍物；宽度不宜小于 1m，纵坡不宜陡于 1∶3；两侧应设边坡，沟槽（基坑）侧无条件设边坡时，应根据现场情况设防护栏杆；施工中应采取防扬尘措施，并经常维护，保持完好。

（2）采用固定式直爬梯时，爬梯应用金属材料制成；梯宽且为 50cm，埋设与焊接必须牢固。梯子顶端应设 1.0m～1.5m 高的扶手；攀登高度超过 7m 以上部分宜加设护笼；超过 13m 时，必须设梯间平台。

（3）现场自制安全梯梯子结构必须坚固，梯梁与踏板的连接必须牢固；梯子结构应根据材料性能进行受力验算，经计算确定；攀登高度不宜超过 8m；梯子踏板间距宜为 30cm，不得缺档；梯子净宽宜为 40cm～50cm；梯子工作角度宜为 75°±5°；梯脚应置于坚实基面上，放置牢固，不得垫高使用，梯子上端应有固定措施；梯子需接长使用时，必须有可靠的连接措施，且接头不得超过一处，连接后的梯梁强度、刚度，不得低于单梯梯梁的强度、刚度。

（4）采用斜道（马道）时，脚手架必须置于坚固的地基上，斜道宽度不得小于 1m，纵坡不得陡于 1∶3，支搭必须牢固。人员上下梯子时，必须面向梯子，双手扶梯；梯子上有人时，他人不宜上梯。

2.高处作业必须搭设作业平台，作业平台临边必须设防护栏杆，应符合下列要求：

（1）使用前应经检查、验收，确认合格并形成文件，使用中应随时检查，确认安全。

（2）搭设与拆除脚手架应符合脚手架相关安全技术要求；作业平台的脚手板必须铺满、铺稳。

（3）作业平台临边必须设防护栏杆，应符合下列要求：

<table>
<tr><td colspan="2" rowspan="2">安全技术交底记录</td><td rowspan="2">编号</td><td>×××</td></tr>
<tr><td>共×页第×页</td></tr>
<tr><td>工程名称</td><td colspan="3">××市政基础设施工程××标段</td></tr>
<tr><td>施工单位</td><td colspan="3">××市政建设集团</td></tr>
<tr><td>交底提要</td><td>墩台施工通用安全技术交底</td><td>交底日期</td><td>××年××月××日</td></tr>
<tr><td colspan="4">1）在基坑四周固定栏杆柱时，可采用钢管并锤击沉入地下不小于 50cm 深。钢管离基坑边沿的距离，不得小于 50cm；在混凝土结构上固定栏杆柱时，采用钢质材料时可用预埋件与钢管或钢筋焊牢；采用木栏杆时可在预埋件上焊接 30cm 长的 50×5 角钢，其上、下各设一孔，以直径 10mm 螺栓与木杆件拴牢；在砌体上固定栏杆柱时，可预先砌入规格相适应的设预埋件的预制块。
2）栏杆的整体构造和栏杆柱的固定，应使防护栏杆在任何处能承受任何方向的 1000N 外力。防护栏杆的底部必须设置牢固的、高度不低于 18cm 的挡脚板；挡脚板下的空隙不得大于 1cm；挡脚板上有孔眼时，孔径不得大于 2.5cm。
3)木质栏杆上杆梢径不得小于 7cm，下杆梢径不得小于 6cm，栏杆柱梢径不得小于 7.5cm，并以不小于 12 号的镀锌钢丝绑扎牢固，绑丝头应顺平向下；钢筋横杆上直径不得小于 16mm，下杆直径不得小于 14mm，栏杆柱直径不得小于 18mm，采用焊接或镀锌钢丝绑扎牢固，绑丝头应顺平向下；钢管横杆、栏杆柱均应采用直径 48mm×（2.75～3.5）mm 的管材，以扣件固定或焊接牢固。
4）高处临街的防护栏杆应加挂安全网，或采取其他全封闭措施。
5）防护栏杆应由上、下两道栏杆和栏杆柱组成，上杆离地高度应为 1.2m，下杆离地高度应为 50cm～60cm。栏杆柱间距应经计算确定，且不得大于 2m。
3.使用起重机吊装材料、构件，现场作业应符合下列要求：
（1）现场配合吊运材料的全体作业人员应站位于安全地方，待吊钩和所吊运材料离就位点距离 50cm 时方可靠近作业，严禁位于起重机臂下。
（2）构件吊装就位，必须待构件稳固后，作业人员方可离开现场。
（3）作业场地应平整、坚实，地面承载力不能满足起重机作业要求时，必须对地基进行加固处理，并经验收确认合格。
（4）大雨、大雪、大雾、沙尘暴和风力六级（含）以上等恶劣天气，不得进行露天吊装。
（5）吊运作业前应划定作业区，设护栏和安全标志，严禁非作业人员入内；吊运前应先试吊，确认正常后方可正式起吊；吊装时，吊臂、吊钩运行范围，严禁人员入内；吊运作业必须设信号工指挥。指挥人员必须检查吊索具、环境等状况，确认安全；吊运中严禁超载。
（6）作业前施工技术人员应了解现场环境、电力和通讯等架空线路、附近建（构）筑物和被吊梁等状况，选择适宜的起重机，并确定对吊装影响范围的架空线、建（构）筑物采取的挪移或保护措施。</td></tr>
</table>

<table>
<tr><td colspan="2">安全技术交底记录</td><td>编号</td><td>×××
共×页第×页</td></tr>
<tr><td>工程名称</td><td colspan="3">××市政基础设施工程××标段</td></tr>
<tr><td>施工单位</td><td colspan="3">××市政建设集团</td></tr>
<tr><td>交底提要</td><td>墩台施工通用安全技术交底</td><td>交底日期</td><td>××年××月××日</td></tr>
</table>

（7）吊装中遇地基沉陷、机体倾斜、吊具损坏或吊装困难等，必须立即停止作业，待处理并确认安全后方可继续作业。

（8）现场及其附近有电力架空线路时应设专人监护，确认起重机与电力架空线路的最小距离必须符合表4-1-3的要求。

4.现场使用斜道（马道）运输施工前应根据运输车辆的载重、宽度和现场环境对斜道进行施工设计，其强度、刚度、稳定性应满足各施工阶段荷载的要求；斜道两侧应设防护栏杆，进出口处横栏杆不得伸出栏柱；斜道宽度应较运输车辆宽1m以上，坡度不宜陡于1∶6，斜道应直顺，不宜设弯道，斜道脚手架必须置于坚实地基上，支搭必须牢固；使用过程中应随时检查、维护，发现隐患必须及时采取措施，保持施工安全。

审核人	交底人	接受交底人
×××	×××	×××、×××……

6.5.2 现浇混凝土墩台施工安全技术交底

安全技术交底记录		编号	×××
			共×页第×页
工程名称	××市政基础设施工程××标段		
施工单位	××市政建设集团		
交底提要	现浇混凝土墩台施工安全技术交底	交底日期	××年××月××日

交底内容：

1.桥台结构强度达到设计规定后，方可进行台背和锥坡回填土；台背与锥坡应同时回填土。

2.支座安设中使用环氧树脂砂浆或浆液时，应按设计和原材料使用说明书的要求配置，配置现场应通风良好，作业人员应按规定佩戴防护用品。

3.作业平台不得和模板、支架相连接。

4.改建工程中，现况混凝土墩台改建时，应符合下列要求：

（1）主梁顶升后进行墩台加高施工时，顶升（卸落）用的千斤顶应完好、有效。使用前应进行检查、试用，确认合格；千斤顶顶升（卸落）作业时，必须备保险垫木，当主梁顶升（卸落）高度符合要求时，立即在墩台上放入保险垫木，待确认垫木稳固后，方可落梁，严禁千斤顶长时间承重；同一端顶升（卸落）使用的千斤顶规格、型号应一致，顶升（卸落）时，起落速度应均匀、一致，每次升降行程不得大于10cm；两端主梁顶升（卸落）应对称、交错进行，不得同步升（降）；新浇筑的墩台混凝土达到设计规定强度后，方可安装主梁。

（2）主梁拆移后进行施工时，吊梁应采用起重机进行，现场使用起重机时应按相关安全技术要求操作。

（3）采用凿岩机凿除原墩台混凝土时，应符合机械相关安全技术要求；原墩台不全部拆除时，不宜采用爆破方法进行；需采取爆破方法拆除时，应符合爆破作业相关安全要求。

5.起重机安设墩柱准确就位后应用硬木楔或钢楔固定，并应采取支撑措施，经检查柱体稳定并符合要求后，方可摘除吊钩。

6.在墩柱上安装预制盖梁，应对墩柱采取临时稳固措施。

7.轻型桥台应待盖板和支撑梁安装完成并达到规定强度后，方可进行台背回填土，二端桥台的台背回填土应对称进行，高差不得大于30cm。

8.较重的支座应采用起重机吊装。吊装支座时，当支座吊至距支承面上50cm时，支座安装人员方可靠近，利用工具配合支座就位。现场作业中起重机吊装应符合下列要求：

（1）作业前施工技术人员应了解现场环境、电力和通讯等架空线路、附近建（构）筑物等状况，选择适宜的起重机，并确定对吊装影响范围的架空线、建（构）筑物采取的挪移或保护措施。

<table>
<tr><td colspan="2">安全技术交底记录</td><td rowspan="2">编号</td><td>×××</td></tr>
<tr><td colspan="2"></td><td>共×页第×页</td></tr>
<tr><td>工程名称</td><td colspan="3">××市政基础设施工程××标段</td></tr>
<tr><td>施工单位</td><td colspan="3">××市政建设集团</td></tr>
<tr><td>交底提要</td><td>现浇混凝土墩台施工安全技术交底</td><td>交底日期</td><td>××年××月××日</td></tr>
</table>

（2）现场及其附近有电力架空线路时应设专人监护，确认起重机与电力架空线路的最小距离必须符合表4-1-3的要求。

（3）吊装作业必须设信号工指挥，指挥人员必须检查吊索具、环境等状况，确认安全。

（4）吊装中遇地基沉陷、机体倾斜、吊具损坏或吊装困难等，必须立即停止作业，待处理并确认安全后方可继续作业。

（5）吊运支座作业前应划定作业区，设护栏和安全标志，严禁非作业人员入内；吊装时，吊臂、吊钩运行范围，严禁人员入内；吊装中严禁超载；吊装时应先试吊，确认正常后方可正式吊装。

（6）作业场地应平整、坚实，地面承载力不能满足起重机作业要求时，必须对地基进行加固处理，并经验收确认合格。

（7）支座吊装就位，必须待构件稳固后，作业人员方可离开现场。

（8）现场配合吊运支座的全体作业人员应站位于安全地方，待吊钩和支座离就位点距离50cm时方可靠近作业，严禁位于起重机臂下。

（9）大雨、大雪、大雾、沙尘暴和风力六级（含）以上等恶劣天气，不得进行露天吊装。

9.墩柱安装后应立即浇筑杯口一次混凝土；待混凝土达规定强度后，方可拆除硬楔，浇筑二次混凝土；待杯口全部混凝土达到设计强度的75%后，方可安装盖梁和拆除支撑。

10.安装支座遇焊接作业时，焊接区域下方严禁有人和易燃物，焊接施工应符合下列要求：

（1）在狭小空间作业时必须采取通风措施，经检测确认氧气和有毒、有害气体浓度符合安全要求并记录后，方可进入作业；出入口必须设人监护，内外呼应，确认安全；作业人员应轮换作业；照明电压不得大于12V。

（2）操作者必须经专业培训，持证上岗，数控、自动、半自动焊接设备应实行专人专机制度。

（3）露天焊接作业，焊接设备应设防护棚。

（4）作业时，电缆线应理顺，不得身背、臂夹、缠绕身体，严禁搭在电弧和炽热焊件附近与锋利的物体上。

（5）焊接作业现场应按消防部门的规定配置消防器材。

（6）作业时不得使用受潮焊条；更换焊条必须戴绝缘手套；合开关时必须戴干燥的绝缘手套，且不得面向开关。

<table>
<tr><td colspan="2" rowspan="2">安全技术交底记录</td><td rowspan="2">编号</td><td>×××</td></tr>
<tr><td>共×页第×页</td></tr>
<tr><td>工程名称</td><td colspan="3">××市政基础设施工程××标段</td></tr>
<tr><td>施工单位</td><td colspan="3">××市政建设集团</td></tr>
<tr><td>交底提要</td><td>现浇混凝土墩台施工安全技术交底</td><td>交底日期</td><td>××年××月××日</td></tr>
</table>

(7) 焊接作业现场应通风良好，能及时排除有害气体、灰尘、烟雾。

(8) 焊接作业现场应设安全标志，非作业人员不得入内。

(9) 焊接辐射区，有他人作业时，应用不可燃屏板隔离。

(10) 使用中的焊接设备应随时检查，发现安全隐患必须立即停止使用；维修后的焊接设备，经检查确认安全后，方可继续使用。

(11) 焊接作业现场周围 10m 范围内不得堆放易燃易爆物品，不能满足时，必须采取隔离措施。

(12) 作业中电机出现声响异常、电缆线破损、漏电征兆时，必须立即关机断电，停止使用，维修后经检查确认安全，方可继续使用。

(13) 电焊机的电源缆线长不得大于 5m，二次引出线长不得大于 30m。

(14) 二氧化碳气体保护焊露天焊接时，应设挡风屏板。

(15) 长期停用的电焊机，使用前必须检验，绝缘电阻不得小于 0.5MΩ，接线部分不得有腐蚀和受潮现象。

(16) 作业后必须关机断电，并锁闭电闸箱。

(17) 电焊机、电缆线、电焊钳应完好，绝缘性能良好，焊机防护装置齐全有效；使用前应检查，确认符合要求。

(18) 焊接前必须办理用火申报手续，经消防管理人员检查确认焊接作业安全技术措施落实，颁发用火证后，方可进行焊接作业。

(19) 所有焊缝必须进行外观检查，不得有裂纹、未熔合、夹碴、未填满弧坑和超出规定的缺陷；零部（杆）件的焊缝应在焊接 24h 后按技术规定进行无损检验。

(20) 电焊机的二次引出线、焊把线、电焊钳等的接头必须牢固。

(21) 焊工作业时必须使用带有滤光镜的头罩或手持防护面罩，戴耐火的防护手套，穿焊接防护服，穿绝缘、阻燃、抗热防护鞋；清除焊渣时应戴护目镜。

11.支座应在架梁前安装完成，并验收合格，形成文件。

12.采用液压滑动模板施工应符合下列要求：

(1) 液压滑动模板应由具有资质的企业加工，具有合格证和全部技术文件，进场前应经验收确认合格，并形成文件。

(2) 采用滑模施工的墩台周围必须划定防护区，警戒线至墩台的距离不得小于结构物高度的 1/10，且不得小于 10m；不能满足要求时，应采取有效的安全防护措施，滑模系统应由专业作业组操作，经常维护，发现问题及时处理。

安全技术交底记录		编号	××× 共×页第×页
工程名称	××市政基础设施工程××标段		
施工单位	××市政建设集团		
交底提要	现浇混凝土墩台施工安全技术交底	交底日期	××年××月××日

（3）滑模施工应根据墩台结构、滑模工艺、使用机具和环境状况对滑模进行施工设计，制定专项施工方案，采取相应的安全技术措施。

（4）浇筑和振捣混凝土时不得冲击、振动模板及其支撑；滑升模板时不得进行振捣作业。

（5）滑升作业前，应检查模板和平台系统，确认符合设计要求；检查电气接线，确认符合安全用电相关要求；检查液压系统，确认各部油管连接牢固、无渗漏，并经试运行确认。

（6）滑升过程中，应随时检查，保持作业平台和模板的水平上升，发现问题应及时采取措施。

（7）夜间施工应有足够的照明。便携式照明应采用 36V（含）以下的安全电压。固定照明灯具距平台不得低于 2.5m。

（8）参加滑模作业的人员必须进行安全技术培训，考核合格方可上岗。

（9）滑模施工中应经常与当地气象台、站取得联系，遇有雷雨、六级（含）以上大风时，必须停止施工，并将作业平台上的设备、工具、材料等固定牢固，人员撤离，切断通向平台的电源。

13.施工组织设计中，应根据支座的种类、质量、安装高度规定支座安装方法、使用机具和相应的安全技术措施。

14.预制盖梁就位后，应及时浇筑接头混凝土；接头混凝土达到设计强度后方可拆除墩柱的临时稳固设施。

15.现浇混凝土柱式墩台施工尚应符合下列要求：

（1）在墩柱上设预埋件支承模板时，预埋件构件应由计算确定。

（2）帽梁的悬臂部分混凝土应从悬臂端开始浇筑。

（3）V 型柱混凝土应对称浇筑。

（4）人员在狭小模板内振捣混凝土，应轮换作业，并设人监护。

（5）混凝土入模时，卸料位置下方严禁有人。

16.采用预制混凝土管做柱墩外模时，混凝土管节安装就位后，应对其采取竖向稳固措施，保持浇筑混凝土时管模的稳定。

17.墩台混凝土中填放块石时，填放数量不得超过混凝土体积的 25%。块石应分层均匀码放，不得无序抛掷。

18.门形刚构应两端对称、同步回填土；拱桥台背填土宜在主拱安装或砌筑前完成。

审核人	交底人	接受交底人
×××	×××	×××、×××……

6.6 桥梁钢筋工程

6.6.1 桥梁钢筋工程施工安全技术交底

安全技术交底记录		编号	×××
			共×页第×页
工程名称	××市政基础设施工程××标段		
施工单位	××市政建设集团		
交底提要	桥梁钢筋工程施工安全技术交底	交底日期	××年××月××日

交底内容：

1.一般要求

（1）钢筋加工场设置符合下列要求：

1）各机械旁应设置机械操作程序牌。

2）加工场不得设在电力架空线路下方。

3）操作台应坚固、安装稳固并置于坚实的地基上。

4）加工机具应设工作棚，棚应具防雨（雪）、防风功能。

5）含有木材等易燃物的模板加工场，必须设置严禁吸烟和防火标志。

6）加工场必须配置有效的消防器材，不得存放油、脂和棉丝等易燃品。

7）加工场搭设完成，应经检查、验收，确认合格并形成文件后，方可使用。

8）加工机具应完好，防护装置应齐全有效，电气接线应符合施工用电安全技术交底的具体要求。

9）现场应按施工组织设计要求布置加工机具、料场与废料场，并形成运输、消防通道。

10）加工场应单独设置，不得与材料库、生活区、办公区混合设置，场区周围应设围挡。

（2）使用起重机吊装钢筋，现场作业应符合下列安全要求：

1）作业前施工技术人员应了解现场环境、电力和通讯等架空线路、附近建（构）筑物等状况，选择适宜的起重机，并确定对吊装影响范围的架空线、建（构）筑物采取的挪移或保护措施。

2）现场配合吊装的全体作业人员应站位于安全地方，待吊钩和被吊钢筋离就位点距离50cm时方可靠近作业，严禁位于起重机臂下。

3）作业场地应平整、坚实；地面承载力不能满足起重机作业要求时，必须对地基进行加固处理，并经验收确认合格。

4）吊装中遇地基沉陷、机体倾斜、吊具损坏或吊装困难等，必须立即停止作业，待处理并确认安全后方可继续作业。

<table>
<tr><td colspan="2" rowspan="2">安全技术交底记录</td><td rowspan="2">编号</td><td>×××</td></tr>
<tr><td>共×页第×页</td></tr>
<tr><td>工程名称</td><td colspan="3">××市政基础设施工程××标段</td></tr>
<tr><td>施工单位</td><td colspan="3">××市政建设集团</td></tr>
<tr><td>交底提要</td><td>桥梁钢筋工程施工安全技术交底</td><td>交底日期</td><td>××年××月××日</td></tr>
</table>

5）吊装作业必须设信号工指挥。指挥人员必须检查吊索具、环境等状况，确认安全；吊梁作业前应划定作业区，设护栏和安全标志，严禁非作业人员入内；吊装时，吊臂、吊钩运行范围，严禁人员入内；吊装中严禁超载；吊装时应先试吊，确认正常后方可正式吊装。

6）构件吊装就位，必须待构件稳固后，作业人员方可离开现场。

7）大雨、大雪、大雾、沙尘暴和风力六级（含）以上等恶劣天气，不得进行露天吊装。

8）现场及其附近有电力架空线路时应设专人监护，确认机械与电力架空线路的最小距离必须符合表4-1-3的要求。

（3）钢筋码放应符合下列要求：

1）钢筋码放应符合施工平面布置图的要求。

2）整捆码垛高度不宜超过2m，散捆码垛高度不宜超过1.2m。

3）码放应稳固，并应采取防止锈蚀和污染的措施，不得损坏标牌。

4）钢筋网与钢筋骨架等的码放高度不得超过2m，钢筋笼的码放层数不宜超过2层。

5）钢筋应按级别、种类、直径、钢号、批号、生产企业等情况分别堆放，并设分类标牌。

（4）预制构件的吊环，必须采用未经冷拉的Ⅰ级热轧钢筋制作，严禁以其他钢筋代替。

2.钢筋加工

（1）钢筋除锈现场应通风良好；操作人员应戴防尘口罩、防护眼镜和手套；操作人员应站在钢丝刷的侧面，严禁触摸旋转的钢刷；除锈应在钢筋调直后进行，带钩钢筋不得使用除锈机除锈。

（2）钢筋需冷拉时，冷拉作业应符合下列要求：

1）当温度低于-15℃时，不宜进行冷拉作业。

2）卷扬机操作工必须能看到全部冷拉场地。

3）冷拉场夜间工作照明设施应采取防护措施。

4）采用控制冷拉率的方法冷拉钢筋时，必须设限位装置。

5）使用卷扬机应符合卷扬机相关安全技术交底的具体要求。

6）作业中，发现滑丝等情况，必须立即停机，放松后方可处理。

7）在冷拉场两端地锚外应设防护挡板和安全标志，严禁人员在此停留。

8）卷扬机及其地锚必须安装稳固，经验收合格，并形成文件后方可进行冷拉作业。

9）作业时，应设专人值守，严禁钢筋两侧2m内和冷拉线两端有人，严禁跨越受拉钢筋。

<table>
<tr><td colspan="2" rowspan="2">安全技术交底记录</td><td rowspan="2">编号</td><td>×××</td></tr>
<tr><td>共×页第×页</td></tr>
<tr><td>工程名称</td><td colspan="3">××市政基础设施工程××标段</td></tr>
<tr><td>施工单位</td><td colspan="3">××市政建设集团</td></tr>
<tr><td>交底提要</td><td>桥梁钢筋工程施工安全技术交底</td><td>交底日期</td><td>××年××月××日</td></tr>
</table>

10）冷拉作业必须设专人指挥，作业前，指挥人员必须检查卡具和环境，确认钢筋卡牢、环境安全后，方可向卷扬机操作工发出冷拉信号。

（3）采用机具加工钢筋应符合下列要求：

1）机具运行中，严禁作业人员触摸其传动部位。

2）使用范围、操作程序应符合机械使用说明书的规定。

3）加工机具应设专人管理，定期保养和维修，保持其完好的技术性能，不得超载和带病运转。

4）作业中遇停电和下班后，应关机，并切断机械电源；机具运行中，发现异常必须立即关机断电，方可检修。

5）加工机具应完好、安装稳固、保持机身水平，防护装置应齐全有效，电气接线应符合施工用电相关安全技术交底具体要求；使用前应经检查、试运行，确认正常。

3.钢筋连接

（1）钢筋连接应遵守设计规定，宜采用焊接（电弧焊、闪光对焊、电渣压力焊、气压焊）；钢筋与钢板的T型焊接宜采用埋弧压力焊或电弧焊；钢筋骨架和钢筋网片的交叉点宜采用电阻点焊。

（2）焊工必须经专业培训，持证上岗；钢筋焊接前应进行现场条件下的焊接性能试验，确认合格，并形成文件。

（3）轴心受压和偏心受压构件中的受压钢筋，当直径大于32mm时应焊接。

（4）进行闪光对焊、电渣压力焊、电阻点焊或埋弧压力焊时，应随时观测电源电压的波动情况。当电压下降在5%～8%时，应采取提高焊接变压级数的措施；当电压下降≥8%时，不得进行焊接。

（5）焊接作业现场周围10m范围内不得堆放易燃、易爆物品；不能满足时，必须采取安全防护措施。

（6）对焊和手工电弧焊作业应设作业区，其边缘应设挡板，非作业人员不得入内；配合搬运钢筋的作业人员，在焊接时应背向焊接处，并采取防止火花烫伤的措施。

（7）轴心受拉和小偏心受拉构件中的主钢筋应焊接，不得采用绑扎连接；冷拔低碳钢丝应绑扎连接。

（8）手工电弧焊应符合下列要求：

1）操作者必须经专业培训，持证上岗；数控、自动、半自动焊接设备应实行专人专机制度。

<table>
<tr><td colspan="2">安全技术交底记录</td><td>编号</td><td>×××
共×页第×页</td></tr>
<tr><td>工程名称</td><td colspan="3">××市政基础设施工程××标段</td></tr>
<tr><td>施工单位</td><td colspan="3">××市政建设集团</td></tr>
<tr><td>交底提要</td><td>桥梁钢筋工程施工安全技术交底</td><td>交底日期</td><td>××年××月××日</td></tr>
</table>

2）焊接前应检查焊把线和电焊钳的连接，确认绝缘可靠。

3）使用中的焊接设备应随时检查，发现安全隐患必须立即停止使用；维修后的焊接设备，经检查确认安全后，方可继续使用。

4）焊接时引弧应在垫板、帮条或形成焊缝部位进行，不得烧伤主筋。

5）焊接作业现场应按消防部门的规定配置消防器材。

6）焊接辐射区有他人作业时，应用不可燃屏板隔离。

7）焊接作业现场周围10m范围内不得堆放易燃易爆物品，不能满足时，必须采取隔离措施。

8）接地线、焊把线不得搭在电弧、炽热焊件附近和锋利的物体上。

9）电焊机、电缆线、电焊钳应完好，绝缘性能良好，焊机防护装置齐全有效；使用前应检查，确认符合要求。

10）在潮湿地点焊接时，地面上应铺以干燥的绝缘材料，焊接工应站其上。

11）焊接前必须办理用火申报手续，经消防管理人员检查确认焊接作业安全技术措施落实，颁发用火证后，方可进行焊接作业。

12）作业后必须切断电源、锁闭电闸箱、清理场地、灭绝火种、消除焊料余热后方可离开现场。

13）露天焊接作业，焊接设备应设防护棚；焊接作业现场应设安全标志，非作业人员不得入内；焊接作业现场应通风良好，能及时排除有害气体、灰尘、烟雾。

14）所有焊缝必须进行外观检查，不得有裂纹、未熔合、夹碴、未填满弧坑和超出规定的缺陷；零部（杆）件的焊缝应在焊接24h后按技术规定进行无损检验。

15）作业时，电缆线应理顺，不得身背、臂夹、缠绕身体，严禁搭在电弧和炽热焊件附近与锋利的物体上。

16）作业后必须关机断电，并锁闭电闸箱。

（9）混凝土结构中的钢筋机械连接应采用A级接头，当环境温度低于-10℃时，应经试验确定；钢筋机械连接操作人员应经安全技术培训，考核合格方可上岗。

（10）带肋钢筋套筒挤压连接尚应符合下列要求：

1）作业前应检查挤压设备，并进行试压，确认符合设计要求。

2）高处作业必须支搭作业平台，压接钳应系保险绳，并应符合下列要求：搭设与拆除脚手架应符合脚手架安全技术交底具体要求；作业平台的脚手板必须铺满、铺稳；作业平台临边必须设防护栏杆，上下作业平台必须设安全梯、斜道等攀登设施；使用前应经检查、验收，确认合格并形成文件。使用中应随时检查，确认安全。

安全技术交底记录		编号	××× 共×页第×页
工程名称	××市政基础设施工程××标段		
施工单位	××市政建设集团		
交底提要	桥梁钢筋工程施工安全技术交底	交底日期	××年××月××日

（11）钢筋锥螺纹连接尚应符合下列要求：

1）使用力矩扳手不得加套管。

2）接头的端头距钢筋弯曲点长度不得小于钢筋直径的10倍。

3）拧紧接头必须用力矩扳手；力矩扳手应每半年用扭力仪检定一次。

4）高处作业应设作业平台，作业平台的脚手板必须铺满、铺稳；作业平台临边必须设防护栏杆；上下作业平台必须设安全梯、斜道等攀登设施；使用前应经检查、验收，确认合格并形成文件；使用中应随时检查，确认安全。

4.钢筋和钢筋骨架的运输与安装

（1）钢筋和钢筋骨架运输前应根据钢筋质量、钢筋骨架外形尺寸、现场环境和运输道路等情况，选择适宜的运输车辆和吊装机械；向基坑运送钢筋不得抛掷和碰撞坑壁。

（2）现场使用土坡道两侧边坡必须稳定；坡道应顺直，不宜设弯道；坡道土体应稳定、坚实，坡面宜硬化处理；坡道宽度应较运输车辆宽1m以上，坡度不宜陡于1∶6；作业中应经常维护，保持完好，并应采取防扬尘措施。

（3）现场使用斜道（马道）斜道应直顺，不宜设弯道；斜道脚手架必须置于坚实地基上，支搭必须牢固；斜道宽度应较运输车辆宽1m以上，坡度不宜陡于1∶6；斜道两侧应设防护栏杆，且进出口处横栏杆不得伸出栏柱；使用过程中应随时检查、维护，发现隐患必须及时采取措施，保持施工安全；施工前应根据运输车辆的载重、宽度和现场环境对斜道进行施工设计，其强度、刚度、稳定性应满足各施工阶段荷载的要求。

（4）钢筋骨架的刚度不能满足运输和吊装要求时，必须对其采取临时加固措施。

（5）焊接作业结束后，必须切断电源，并检查现场，确认无火险隐患后，方可离开现场。

（6）在箱梁模板内等狭小空间施焊时，必须强制通风，并设专人监护；施焊人员宜轮换作业。

（7）严禁在同一竖直位置上同时运送、绑扎和焊接钢筋。

（8）高处作业必须搭设作业平台，在作业平台上，钢筋应随用随运，分散码放，且不得在平台临边部位码放。钢筋不得在平台及其支架上推拉。

（9）更换作业场地，移动焊把线时，应切断电源，不得手持焊把线爬梯登高。

（10）在模板内焊接钢筋时，应在焊接部位下方设阻燃质托盘；焊接完成，必须待托盘中的焊渣冷却后，方可弃至指定地点。靠近木模板焊接钢筋时，应以阻燃材料相隔。

<table>
<tr><td colspan="2" rowspan="2">安全技术交底记录</td><td rowspan="2">编号</td><td>×××</td></tr>
<tr><td>共×页第×页</td></tr>
<tr><td>工程名称</td><td colspan="3">××市政基础设施工程××标段</td></tr>
<tr><td>施工单位</td><td colspan="3">××市政建设集团</td></tr>
<tr><td>交底提要</td><td>桥梁钢筋工程施工安全技术交底</td><td>交底日期</td><td>××年××月××日</td></tr>
<tr><td colspan="4">(11)安装高大钢筋骨架时，必须采取临时支撑措施，待骨架安装稳固后，方可撤除临时支撑。
(12)焊接前必须办理用火申报手续，经消防管理人员检查确认焊接作业安全技术措施落实，颁发用火证后，方可进行焊接作业。
(13)施焊人员不得站在钢筋骨架上作业，或攀登骨架上下。
(14)焊接作业现场应符合下列要求：
1)操作者必须经专业培训，持证上岗，数控、自动、半自动焊接设备应实行专人专机制度。
2)焊工作业时必须使用带有滤光镜的头罩或手持防护面罩，戴耐火的防护手套，穿焊接防护服，穿绝缘、阻燃、抗热防护鞋；清除焊渣时应戴护目镜。
3)露天焊接作业，焊接设备应设防护棚。
4)焊接作业现场应设安全标志，非作业人员不得入内。
5)焊接作业现场应按消防部门的规定配置消防器材。
6)焊接辐射区，有他人作业时，应用不可燃屏板隔离。
7)焊接作业现场应通风良好，能及时排除有害气体、灰尘、烟雾。
8)焊接作业现场周围10m范围内不得堆放易燃易爆物品，不能满足时，必须采取隔离措施。
(15)绑扎钢筋应符合下列要求：
1)绑扎钢筋的钢丝头应弯至钢筋骨架内侧。
2)绑扎钢筋应先固定两端，定位后方可全面绑扎。
3)绑扎钢筋前应检查模板、基坑、作业平台，确认安全。
4)绑扎钢筋作业结束后，应经检查，确认已绑扎的钢筋和骨架牢固后，方可离场。
5)绑扎基础、梁等部位钢筋时，应采取防失稳措施，待钢筋绑扎牢固，且整体稳定后，方可拆除临时加固措施。
6)绑扎墩柱等高大结构的竖向钢筋时，必须采取临时支撑措施，确认稳固方可作业；待竖筋连成整体、稳固后，方可拆除支撑设施。</td></tr>
</table>

审核人	交底人	接受交底人
×××	×××	×××、×××……

6.6.2 桥梁预应力筋施工安全技术交底

安全技术交底记录		编号	×××
			共×页第×页
工程名称	××市政基础设施工程××标段		
施工单位	××市政建设集团		
交底提要	桥梁预应力筋施工安全技术交底	交底日期	××年××月××日

交底内容：

1.一般要求

（1）预应力钢筋（钢丝、钢绞线和热处理钢筋）的技术条件和质量应符合现行国家标准的规定，进场后应分批验收，确认合格，并形成文件。

（2）张拉预应力筋时，两端均必须设防护挡板。张拉时，应严格控制加荷、卸荷速度。

（3）预应力钢筋的张拉方法、顺序和控制应力应符合施工设计的要求。

（4）预应力操作工必须经过安全技术培训，经考核合格方可上岗；预应力张拉施工应由主管施工技术人员主持，张拉作业应由作业组长指挥；张拉现场必须划定作业区，并设护栏，非施工人员严禁入内。

（5）张拉施工中出现断丝、滑丝、油表剧烈震动、漏油和电机声音异常等情况，必须立即停机检查并处理，经处理确认安全后，方可恢复施工。

（6）预应力锚具、夹具、连接器必须按设计要求选用，进场前必须有生产企业的质量证明文件。

（7）高处张拉作业必须搭设作业平台，搭设与拆除脚手架应符合脚手架施工安全技术交底的具体要求；作业平台临边必须设防护栏杆；作业平台的脚手板必须铺满、铺稳；使用前应经检查、验收，确认合格并形成文件；上下作业平台必须设安全梯、斜道等攀登设施；使用中应随时检查，确认安全。

（8）张拉锚固完毕，对锚具外端的钢束或钢筋应妥善保护，不得施压重物；严禁撞击锚具、钢束或钢筋。

（9）使用高压油泵应置于构件侧面；操作工必须戴防护镜和手套；操作工必须服从作业组长指挥，严禁擅离岗位；操作工应经安全技术培训，考核合格后方可上岗；油泵与千斤顶或拉伸机之间的所有连接部件必须完好，且连接牢固，压力表接头应用纱布包裹；高压油泵不得超载作业；停止作业时应先切断电源，再缓慢松开回油阀，待压力表退至零位时方可卸开通往千斤顶的油管接头，使千斤顶全部卸荷。

（10）使用起重机吊装预应力筋等，现场作业应符合下列要求：

1）作业前施工技术人员应了解现场环境、电力和通讯等架空线路、附近建（构）筑物等状况，选择适宜的起重机，并确定对吊装影响范围的架空线、建（构）筑物采取的挪移或保护措施。

<table>
<tr><td colspan="2" rowspan="2">安全技术交底记录</td><td rowspan="2">编号</td><td>×××</td></tr>
<tr><td>共×页第×页</td></tr>
<tr><td>工程名称</td><td colspan="3">××市政基础设施工程××标段</td></tr>
<tr><td>施工单位</td><td colspan="3">××市政建设集团</td></tr>
<tr><td>交底提要</td><td>桥梁预应力筋施工安全技术交底</td><td>交底日期</td><td>××年××月××日</td></tr>
</table>

2）吊装中遇地基沉陷、机体倾斜、吊具损坏或吊装困难等，必须立即停止作业，待处理并确认安全后方可继续作业。

3）吊装作业必须设信号工指挥。指挥人员必须检查吊索具、环境等状况，确认安全。

4）作业场地应平整、坚实。地面承载力不能满足起重机作业要求时，必须对地基进行加固处理，并经验收确认合格。

5）现场配合吊运的全体作业人员应站位于安全地方，待吊钩和被吊钢筋离就位点距离50cm时方可靠近作业，严禁位于起重机臂下。

6）现场及其附近有电力架空线路时应设专人监护，确认起重机作业符合安全距离要求。

7）吊装时，吊臂、吊钩运行范围，严禁人员入内；吊装中严禁超载；吊运作业前应划定作业区，设护栏和安全标志，严禁非作业人员入内；吊装时应先试吊，确认正常后方可正式吊装。

8）构件吊装就位，必须待构件稳固后，作业人员方可离开现场。

9）大雨、大雪、大雾、沙尘暴和风力六级（含）以上等恶劣天气，不得进行露天吊装。

2.先张法

（1）施工前，应根据全部张拉力对张拉台座进行施工设计，其强度、稳定性应满足张拉施工过程中的张拉要求。张拉横梁承力后的挠度不得大于 2mm；墩式承力结构的抗倾覆安全系数应大于 1.5，抗滑移安全系数应大于 1.3。

（2）预应力钢筋就位后，严禁使用电弧焊在钢筋上和模板等部位进行切割或焊接，防止短路火花灼伤预应力筋。

（3）安装模板、绑扎钢筋等作业，应在预应力筋的应力为控制应力的 80%～90%时进行。

（4）张拉阶段和放张前，非施工人员严禁进入防护挡板之间。

（5）张拉作业前应检查台座、横梁和张拉设备，确认正常；钢筋张拉后应持荷 3min～5min，确认安全后方可打紧夹具；张拉过程中活动横梁与固定横梁应始终保持平行；打紧锚具夹片人员必须位于横梁上或侧面，对准夹片中心击打。

（6）混凝土浇筑完成后，应立即按技术规定养护；作业中不得碰撞预应力钢筋。

（7）钢筋张拉完毕，确认合格并形成文件后，应连续作业，及时浇筑混凝土。

（8）高压油泵必须放在张拉台座的侧面。

<table>
<tr><td colspan="2">安全技术交底记录</td><td>编号</td><td>×××
共×页第×页</td></tr>
<tr><td>工程名称</td><td colspan="3">××市政基础设施工程××标段</td></tr>
<tr><td>施工单位</td><td colspan="3">××市政建设集团</td></tr>
<tr><td>交底提要</td><td>桥梁预应力筋施工安全技术交底</td><td>交底日期</td><td>××年××月××日</td></tr>
</table>

（9）预应力筋放张应符合下列要求：拆除锚具夹片时，应对准夹片轻轻敲击，对称进行；预应力筋应慢速放张，且均匀一致；预应力筋放张后，应从放张端开始向另端方向进行切割；混凝土强度应符合设计规定；当设计无规定时，不得低于混凝土设计强度的 75%；预应力筋的放张顺序应符合设计规定；设计无规定时，应分阶段、对称、交错进行；放张前应拆除限制位移的模板。

3.后张法

（1）张拉时构件混凝土强度应符合设计规定；设计无规定时，应不低于设计强度的75%；张拉前应将限制位移的模板拆除。

（2）张拉阶段，严禁非作业人员进入防护挡板与构件之间。

（3）往预应力孔道穿钢束应均匀、慢速牵引，遇异常应停止，经检查处理确认合格后，方可继续牵引。严禁使用机动翻斗车、推土机等牵引钢束。

（4）张拉前应根据设计要求实测孔道摩阻力，确定张拉控制应力和伸长值。

（5）预应力筋的张拉顺序应符合设计规定；设计无规定时，应根据分批、分阶段、对称的原则在施工组织设计中予以规定。

（6）预应力张拉后，孔道应及时灌浆；长期外露的金属锚具应采取防腐蚀措施。

（7）孔道灌浆前应依控制压力调整安全阀；灌浆嘴插入灌浆孔后，灌浆嘴胶垫应压紧在孔口上；负责灌浆嘴的操作工必须佩戴防护镜和手套、穿胶靴；输浆管道与灰浆泵应连接牢固，启动前应检查，确认合格；严禁超压灌浆；堵浆孔的操作工严禁站在浆孔迎面。

（8）张拉作业前应检查张拉设备、锚具，确认合格；张拉时，不得用手摸或脚踩被张拉钢筋，张拉和锚固端严禁有人；在张拉端测量钢筋伸长和进行锚固作业时，必须先停止张拉，且站位于被张拉钢筋的侧面；人工打紧锚具夹片时，应对准夹片均匀敲击，对称进行；张拉完毕锚固后应静观 3min，待确认正常后，方可卸张拉设备。

4.电热张拉法

（1）抗裂度要求较严的构件，不宜采用电热张拉法。用金属管和波纹管作预留孔道的构件，不得采用电热张拉法。

（2）电热张拉预应力筋的顺序应符合设计规定；设计无规定时，应分组、对称张拉。

（3）电热设备应采用安全电压，一次电压应小于 380V；二次电压应小于 65V。

（4）作业现场应设护栏，非作业人员严禁入内。

（5）使用锚具应符合设计规定；设计无规定，至少一端应为螺丝端杆锚。采用硫磺砂浆后张时，两端均应采用螺丝端杆锚。

<table>
<tr><td colspan="2" rowspan="2">安全技术交底记录</td><td rowspan="2">编号</td><td>×××</td></tr>
<tr><td>共×页第×页</td></tr>
<tr><td>工程名称</td><td colspan="3">××市政基础设施工程××标段</td></tr>
<tr><td>施工单位</td><td colspan="3">××市政建设集团</td></tr>
<tr><td>交底提要</td><td>桥梁预应力筋施工安全技术交底</td><td>交底日期</td><td>××年××月××日</td></tr>
<tr><td colspan="4">（6）作业时必须设专人控制二次电源，并服从作业组长指挥，严禁擅离岗位；作业人员必须穿绝缘胶鞋、戴绝缘手套。
（7）电气缆线的装拆必须由电工进行，并应符合施工用电安全技术交底的具体要求。
（8）用电热张拉法时，预应力钢材的电热温度不得超过 350℃，反复电热次数不宜超过三次。
（9）锚固后，构件端必须设防护设施，且严禁有人；张拉结束后应及时拆除电气设备。
5.无粘结预应力
（1）预应力筋外包层应完好无损，使用前应逐根检查，确认合格。
（2）无粘结预应力筋的锚固区，必须有可靠的密封防护措施。
（3）吊运、存放、安装等作业中严禁损坏预应力筋的外包层。
（4）张拉过程中，发生滑脱或断裂的钢丝数量不得超过同一截面内无粘结预应力筋总量的 2%。</td></tr>
</table>

审核人	交底人	接受交底人
×××	×××	×××、×××……

6.7 桥梁混凝土工程

6.7.1 桥梁混凝土拌制施工安全技术交底

<table>
<tr><td colspan="2" rowspan="2">安全技术交底记录</td><td rowspan="2">编号</td><td>×××</td></tr>
<tr><td>共×页第×页</td></tr>
<tr><td>工程名称</td><td colspan="3">××市政基础设施工程××标段</td></tr>
<tr><td>施工单位</td><td colspan="3">××市政建设集团</td></tr>
<tr><td>交底提要</td><td>桥梁混凝土拌制施工安全技术交底</td><td>交底日期</td><td>××年××月××日</td></tr>
</table>

交底内容：

1.搅拌站设置的各种电气接线必须由电工引接、拆卸；作业中发现漏电征兆、缆线破损等必须立即停机、断电，由电工处理；需进入搅拌筒内作业时，必须先关机、断电、固锁电闸箱，并在搅拌筒外设专人监护，严禁离开岗位。

2.手推车向搅拌机料斗内倾倒砂石料时，应设挡掩，严禁撒把倒料；手推车运输应平稳推行，空车让重车，不得抢道；作业人员向搅拌机料斗内倾倒水泥时，脚不得蹬踩料斗。

3.固定式搅拌机的料斗在轨道上移动提升（降落）时，严禁其下方有人，料具悬空放置时，必须锁固。

4.现场机拌混凝土应划定作业区，非施工人员不得入内；拌和机运行时，严禁人员进入贮料区和卸料斗下。

5.落地材料、积水应及时清扫，保持现场环境整洁；作业后应及时清理拌制场地，废水应排至规定地点，不得污染环境、河道，不得堵塞雨污水排放设施。

6.搬运袋装水泥必须自上而下顺序取运；堆放时，垫板应平稳、牢固；按层码垛整齐，高度不得超过10袋。

7.现场支搭集中式混凝土搅拌站时，应根据工程规模、现场环境等状况进行施工设计；搅拌平台、储料仓等设施的支搭，应符合施工设计的要求；支搭完成后应经验收，确认合格并形成文件，方可使用；搅拌设备应由专业操作工按施工设计和机械设备生产企业的安装、使用说明书规定进行安装和使用；机械设备安装完成后，应在施工技术人员主持下，组织调试、检查，确认各项技术性能指标全部符合施工设计和机械设备生产企业说明书的规定，并经验收合格，形成文件后，方可使用。

8.现场宜采用预拌混凝土。在城区、居民区、乡镇、村庄、机关、学校、企业、事业等人员密集区施工，不得现场机械拌制混凝土。

<table>
<tr><td colspan="2" rowspan="2">安全技术交底记录</td><td rowspan="2">编号</td><td>×××</td></tr>
<tr><td>共×页第×页</td></tr>
<tr><td>工程名称</td><td colspan="3">××市政基础设施工程××标段</td></tr>
<tr><td>施工单位</td><td colspan="3">××市政建设集团</td></tr>
<tr><td>交底提要</td><td>桥梁混凝土拌制施工安全技术交底</td><td>交底日期</td><td>××年××月××日</td></tr>
</table>

9.现场机械搅拌混凝土时，混凝土搅拌站搭设应符合下列要求：

（1）现场混凝土搅拌站应单独设置，具有良好的供电、供水、排水、通风等条件与环保措施，周围应设围挡。

（2）搅拌机等机械旁应设置机械操作程序牌；搅拌站应按消防部门的规定配置消防设施；现场应设废水预处理设施。

（3）搅拌机、输送装置等应完好，防护装置应齐全有效，电气接线应符合施工用电安全要求。

（4）施工前，应对搅拌站进行施工设计；平台、支架、储料仓的强度、刚度、稳定性应满足搅拌站在拌和水泥混凝土过程中荷载的要求。

（5）搅拌机等机电设备应设工作棚，棚应具有防雨（雪）、防风功能；搅拌站的作业平台应坚固、安装稳固并置于坚实的地基上。

（6）现场应按施工组织设计的规定布置混凝土搅拌机、各种料仓和原材料输送、计量装置，并形成运输、消防通道；搅拌站不得搭设在电力架空线路下方。

（7）搅拌站搭设完成，应经检查、验收确认合格，并形成文件后，方可使用。

10.机械运转过程中，机械操作工应精神集中，不得离岗；机械发生故障必须立即关机、断电；搅拌机运转中不得将手或木棒、工具等伸进搅拌筒或在筒口清理混凝土。

11.现场使用起重机吊装搅拌机械设备等，作业应符合下列要求：

（1）吊装中遇地基沉陷、机体倾斜、吊具损坏或吊装困难等，必须立即停止作业，待处理并确认安全后方可继续作业。

（2）作业前施工技术人员应了解现场环境、电力和通讯等架空线路、附近建（构）筑物和被吊机械等状况，选择适宜的起重机，并确定对吊装影响范围的架空线、建（构）筑物采取的挪移或保护措施。

（3）现场及其附近有电力架空线路时应设专人监护，确认机械与电力架空线路的最小距离必须符合表4-1-3的要求，构件吊运就位，必须待构件稳固后，作业人员方可离开现场。

（4）吊运作业必须设信号工指挥；指挥人员必须检查吊索具、环境等状况，确认安全。

（5）吊运时，吊臂、吊钩运行范围，严禁人员入内；吊运中严禁超载；吊运作业前应划定作业区，设护栏和安全标志，严禁非作业人员入内；吊运时应先试吊，确认正常后方可正式吊装。

<table>
<tr><td colspan="2" rowspan="2">安全技术交底记录</td><td rowspan="2">编号</td><td>×××</td></tr>
<tr><td>共×页第×页</td></tr>
<tr><td>工程名称</td><td colspan="3">××市政基础设施工程××标段</td></tr>
<tr><td>施工单位</td><td colspan="3">××市政建设集团</td></tr>
<tr><td>交底提要</td><td>桥梁混凝土拌制施工安全技术交底</td><td>交底日期</td><td>××年××月××日</td></tr>
<tr><td colspan="4">（6）现场配合吊运搅拌机械的全体作业人员应站位于安全地方，待吊钩和被吊机械离就位点距离50cm时方可靠近作业，严禁位于起重机臂下。
（7）大雨、大雪、大雾、沙尘暴和风力六级（含）以上等恶劣天气，不得进行露天吊装。
（8）作业场地应平整、坚实；地面承载力不能满足起重机作业要求时，必须对地基进行加固处理，并经验收确认合格。
12.使用外掺剂应加强管理，外掺剂应在库房中存放，专人保管；使用外掺剂应建立领发料制度；使用外掺剂应专人负责，正确使用；混凝土浇筑完成后，剩余外掺剂应交回库房保存。</td></tr>
</table>

审核人	交底人	接受交底人
×××	×××	×××、×××……

6.7.2 桥梁混凝土运输安全技术交底

安全技术交底记录		编号	×××
			共×页第×页
工程名称	××市政基础设施工程××标段		
施工单位	××市政建设集团		
交底提要	桥梁混凝土运输安全技术交底	交底日期	××年××月××日

交底内容：

1.使用混凝土搅拌运输车应符合下列要求：

（1）作业后应先将内燃机熄火，再对料槽、搅拌筒入口和托轮等处进行冲洗，并清除混凝土结块。当需进入搅拌筒清除结块时，必须取下内燃机开关钥匙，并设专人监护。

（2）搅拌筒由正转变为反转时，应先将操纵手柄放在中间位置，待搅拌筒停转后，再将操纵手柄放至反转位置。

（3）搅拌运输时，混凝土的装载量不得超过额定质量。

（4）行驶在不平路面或转弯处应降低车速至 15km / h 及以下，并暂停搅拌筒旋转；通过桥、洞、门等设施时，应确认运输车符合其限高和限宽规定。

（5）行驶中严禁超速，尽量选择平坦路面，避让坑洼、高坎、石块等，穿越明沟、铁路等处应减速。

（6）卸料时应听从现场指挥人员调度。在基坑边卸料应根据土质、坑深、支护和运输车载荷等确定与基坑的安全距离，且不得小于 1.5m，并挡掩牢固。

（7）运输前，排料槽应锁止在“行驶”位置，不得自由摆动；作业中搅拌筒应低速旋转，不得停转。

2.运输前应踏勘运输道路，检查路况、地下管线等构筑物和架空线路状况，确认安全；在社会道路上运输不得遗洒污染环境。

3.使用自卸汽车应符合下列安全要求：

（1）通过危险地区、河道和狭窄道路、便桥、通道时，应先停车检查，确认可以通过后，由有经验的人员指挥通过。

（2）行驶中遇有上坡、下坡、凹坑、明沟或通过铁路道口时,应提前减速，缓慢通过，不得中途换挡，不得靠近路边、沟旁行驶，严禁下坡空挡滑行。

（3）车辆临近基坑时，轮胎与基坑边距离应由坑深、土质和支护情况确定，且不得小于 1.5m，并设牢固挡掩。

（4）运载混凝土等粘结性物料后应将车厢内外清洗干净。

（5）装卸车时应听从现场指挥人员的指令，将车停稳，确认四周无人员来往，不得边卸料边行驶，严禁在斜坡侧向倾卸。

（6）卸料后应及时使车厢复位，方可起步，不得在车厢倾斜状态下行驶。

安全技术交底记录		编号	××× 共×页第×页
工程名称	××市政基础设施工程××标段		
施工单位	××市政建设集团		
交底提要	桥梁混凝土运输安全技术交底	交底日期	××年××月××日

（7）运载松散材料应采取遮盖措施。

（8）在泥泞、冰雪道路上行驶应降低车速，必要时应采取防滑措施。

（9）装料时，应拉紧手制动器；停放时应熄火、制动，并锁闭车门；自卸汽车不宜在架空线路下方卸料，需在其下方卸料时，卸料前必须确认车厢顶升后其与上方架空线路的距离符合安全规定；下坡停放应挂倒挡，上坡停放应挂一挡，并将车轮扌 契紧。

4.现场使用土坡道运输应符合下列要求：

（1）坡道土体应稳定、坚实，坡面宜硬化处理。

（2）坡道应顺直，不宜设弯道。

（3）坡道宽度应较运输车辆宽 1m 以上，坡度不宜陡于 1∶6。

（4）作业中应经常维护，保持完好，并应采取防扬尘措施。

（5）坡道两侧边坡必须稳定。

5.使用机动翻斗车应符合下列要求：

（1）行驶前必须将料斗锁牢，严禁在行驶中掉斗；严禁翻斗车载人；运转中或料斗内载荷时，严禁在车底下进行任何作业。

（2）装卸车时应听从现场指挥人员的指令；停车应选择安全地点，不得在坡道上停车；停放时应熄火、制动，并锁闭车门；下坡停放应挂倒挡，上坡停放应挂一挡，并将车轮扌 契紧。

（3）转弯时应提前减速，接近坑边时应减速，不得剧烈冲撞挡掩；制动时，应逐渐踩下制动踏板，避免紧急制动。

（4）多辆翻斗车纵队行驶时，前后车之间应保持 8m 以上的安全距离，在下雨或冰雪路面上，应再加大间距。

（5）通过危险地区、河道和狭窄道路、便桥、通道时，应先停车检查，确认可以通过后，由有经验的人员指挥通过。

（6）作业后应对车辆进行清洗，清除泥土和混凝土等粘结物。

（7）行驶中遇有上坡、下坡、凹坑、明沟或通过铁路道口时,应提前减速，缓慢通过，不得中途换挡，不得靠近路边、沟旁行驶，严禁下坡空挡滑行；不得在料斗卸料工况下行驶。

（8）启动前应检查信号和指示装置、制动系统、轮胎气压等,确认正常。

（9）车辆临近基坑时，轮胎与基坑边距离应由坑深、土质和支护情况确定，且不得小于 1.5m，并设牢固挡掩。

（10）在泥泞、冰雪道路上行驶应降低车速，必要时应采取防滑措施；重车下坡应倒车行驶。

<table>
<tr><td colspan="2" rowspan="2">安全技术交底记录</td><td rowspan="2">编号</td><td>×××</td></tr>
<tr><td>共×页第×页</td></tr>
<tr><td>工程名称</td><td colspan="3">××市政基础设施工程××标段</td></tr>
<tr><td>施工单位</td><td colspan="3">××市政建设集团</td></tr>
<tr><td>交底提要</td><td>桥梁混凝土运输安全技术交底</td><td>交底日期</td><td>××年××月××日</td></tr>
<tr><td colspan="4">（11）行驶时应从一挡起步，不得用离合器处于半结合状态来控制车速。
6.现场使用斜道（马道）运输应符合下列要求：
（1）斜道宽度应较运输车辆宽 1m 以上，坡度不宜陡于 1∶6。
（2）斜道脚手架必须置于坚实地基上，支搭必须牢固。
（3）使用过程中应随时检查、维护，发现隐患必须及时采取措施，保持施工安全。
（4）斜道两侧应设防护栏杆，进出口处横栏杆不得伸出栏柱。
（5）斜道应直顺，不宜设弯道。
（6）施工前应根据运输车辆的载重、宽度和现场环境对斜道进行施工设计，其强度、刚度、稳定性应满足各施工阶段荷载的要求。</td></tr>
</table>

审核人	交底人	接受交底人
×××	×××	×××、×××……

6.7.3 桥梁混凝土浇筑施工安全技术交底

安全技术交底记录		编号	××× 共×页第×页
工程名称	××市政基础设施工程××标段		
施工单位	××市政建设集团		
交底提要	桥梁混凝土浇筑施工安全技术交底	交底日期	××年××月××日

交底内容：

1.使用起重机吊运混凝土，装混凝土的容器结构应完好、坚固。

2.采用泵送混凝土应搅拌均匀，严格控制坍落度。当出现输送管道堵塞时，应在泵机卸载情况下拆管排除堵塞。排除的混凝土应及时清理，保持环境整洁。

3.使用手推车运送混凝土，必须装设车槽前挡板，装料应低于车槽至少10cm；卸料时应设牢固挡掩，并严禁撒把。

4.浇筑混凝土前，应检查模板、支架的稳定状况，且钢筋经验收合格，并形成文件后方可浇筑混凝土；浇筑混凝土应按施工设计规定的程序进行，不得擅自变更。

5.使用混凝土泵车时，现场应提供平整、坚实、位置适宜的场地停放泵车，现场有电力架空线时，应设专人监护，保持泵车及其布料杆在作业中的各位置均符合表 4-1-3 的要求，作业人员不得站位于布料杆下方。

6.人工现场倒运混凝土时，一次倒运高度不得超过 2m；平台倒料口设活动栏杆时，倒料人员不得站在倒料口处；作业平台上应设钢板放置混凝土；作业平台下方严禁有人；倒料完成后，必须立即将活动栏杆复位；混凝土入模应服从振捣人员的指令。

7.浇筑现场必须设专人指挥运输混凝土的车辆；指挥人员必须站在车辆的安全一侧。车辆卸料处必须设牢固的挡掩。

8.高处浇筑混凝土应支搭作业平台，搭设与拆除脚手架应符合脚手架安全技术交底具体要求；作业平台的脚手板必须铺满、铺稳；上下作业平台必须设安全梯、斜道等攀登设施；作业平台临边必须设防护栏杆；使用前应经检查、验收，确认合格并形成文件，使用中应随时检查，确认安全。

9.现场电气接线与拆卸必须由电工负责，应符合施工用电安全具体要求，混凝土浇筑过程中，应设电工值班。

10.使用起重机吊运混凝土，现场作业应符合下列要求：

（1）大雨、大雪、大雾、沙尘暴和风力六级（含）以上等恶劣天气，不得进行露天吊装。

（2）作业场地应平整、坚实，地面承载力不能满足起重机作业要求时，必须对地基进行加固处理，并经验收确认合格。

<table>
<tr><td colspan="2" rowspan="2">安全技术交底记录</td><td rowspan="2">编号</td><td>×××</td></tr>
<tr><td>共×页第×页</td></tr>
<tr><td>工程名称</td><td colspan="3">××市政基础设施工程××标段</td></tr>
<tr><td>施工单位</td><td colspan="3">××市政建设集团</td></tr>
<tr><td>交底提要</td><td>桥梁混凝土浇筑施工安全技术交底</td><td>交底日期</td><td>××年××月××日</td></tr>
</table>

（3）现场及其附近有电力架空线路时应设专人监护，确认机械与电力架空线路的最小距离符合安全要求。

（4）吊运作业必须设信号工指挥。指挥人员必须检查吊索具、环境等状况，确认安全。

（5）现场配合吊运混凝土的全体作业人员应站位于安全地方，待吊钩和吊斗离就位点距离 50cm 时方可靠近作业，严禁位于起重机臂下。

（6）吊运时，吊臂、吊钩运行范围，严禁人员入内；吊运中严禁超载；吊送前应先试吊，确认正常后方可正式吊装；吊运作业前应划定作业区，设防护栏和安全标志，严禁非作业人员入内。

（7）作业前机关人员应了解现场环境、电力和通讯等架空线路、附近建（构）筑物等状况，选择适宜的起重机，并确定对吊装影响范围的架空线、建（构）筑物采取的挪移或保护措施。

（8）吊运中遇地基沉陷、机体倾斜、吊具损坏或吊装困难等，必须立即停止作业，待处理并确认安全后方可继续作业。

11.使用插入式振动器进入模板仓内振捣时，应对缆线加强保护，防止磨损漏电；仓内照明必须使用 12V 电压。

12.使用龙门架或井架运送混凝土应符合下列要求：

（1）新制作的架体垂直偏差不得超过架体高度的 1.5‰；多次使用的架体不得超过 3‰，且不得超过 200mm；井架截面内，两对角线长度公差不得超过最大边长的名义尺寸的 3‰；导轨接头错位不得大于 1.5mm；吊篮导靴与导轨的间隙应为 5mm～10mm。

（2）附墙架的设置应符合产品技术文件要求，其间隔不宜大于 9m；附墙架和架体与构筑物之间，均应采用刚性件连接，形成稳定结构，不得连接在脚手架上，严禁使用铅丝绑扎。

（3）架体应远离现场电力架空线路；需靠近时，应符合施工用电安全技术交底的具体要求。

（4）基础应能可靠地承受作用在其上的全部荷载；架体基础结构应经设计确定；架体地基应高于附近地面，确保不积水。

（5）安装与拆除前，应根据设备情况和现场环境状况编制施工方案，制定安全技术措施；作业前，现场应设作业区，并设专人值守。

（6）架体各节点的连接螺栓必须符合孔径要求，严禁扩孔和开孔、漏装或以铅丝代替，螺栓必须紧固。

安全技术交底记录		编号	××× 共×页第×页
工程名称	××市政基础设施工程××标段		
施工单位	××市政建设集团		
交底提要	桥梁混凝土浇筑施工安全技术交底	交底日期	××年××月××日

（7）提升架宜由有资质的企业生产，具有质量合格证和相关的技术文件。

（8）地锚结构应根据土质和受力情况，经计算确定；一般宜采用水平式地锚；土质坚硬，地锚受力小于15kN时，可选用桩式地锚。

（9）安装与拆除架体应采用起重机，宜在白天进行，夜间作业必须设充足的照明；作业时必须设信号工指挥，并应符合起重机安全技术交底具体要求。

（10）卷扬机设置应符合下列要求：

1）钢丝绳在卷筒中间位置时，架体底部的导向滑轮应与卷筒轴心垂直，否则应设置辅助导向滑轮，并用地锚、钢丝绳连接牢固。

2）卷扬机必须与地锚连接牢固，严禁与树木、电杆、建（构）筑物连接。

3）宜选用可逆式卷扬机；提升高度超过了30m时，不得选用摩擦式卷扬机。

4）钢丝绳运行时应架起，不得拖地和被水浸泡；穿越道路时，应挖沟槽并设保护措施；严禁在钢丝绳穿行的区域内堆放物料。

5）卷扬机应安装在平整、坚实的地基上，宜远离作业区，视线应良好；由于条件限制，需安装在作业区内时，卷扬机操作棚的顶部应设防护棚，其结构强度应能承受10kPa的均布静荷载。

（11）提升机架体地面进料口的顶部必须设防护棚，其宽度应大于架体外缘；棚体结构应能承受10kPa的均布静荷载。

（12）提升机的总电源必须设短路保护和漏电保护装置；电动机的主回路上应同时装设短路、失压、过电流保护装置；电气设备的绝缘电阻值（含对地电阻值）必须大于0.5MΩ，运行中必须大于1000Ω/V。

（13）架体及其提升机安装完成后，必须经检查、试运行、验收合格，并形成文件后方可交付使用。

（14）使用提升机应符合下列要求：

1）运送混凝土的质量必须符合提升机的使用要求，严禁超载；严禁人员攀登、穿越提升机架体和吊篮上下。

2）使用前和使用中应对架体、附墙架、缆风绳、地锚、安全防护装置、电气设备、信号装置、钢丝绳等的安全状况进行检查，确认安全。

3）提升机运行时，必须设专人指挥，信号不清时不得开机，有人发出警急停车信号时应立即停机；提升高度超过30m时，应配备通讯装置进行上、下联系。

<table>
<tr><td colspan="2">安全技术交底记录</td><td>编号</td><td>×××
共×页第×页</td></tr>
<tr><td>工程名称</td><td colspan="3">××市政基础设施工程××标段</td></tr>
<tr><td>施工单位</td><td colspan="3">××市政建设集团</td></tr>
<tr><td>交底提要</td><td>桥梁混凝土浇筑施工安全技术交底</td><td>交底日期</td><td>××年××月××日</td></tr>
</table>

4）闭合主电源前或作业中突然断电时，必须将所有开关扳回零位，恢复作业前，必须在确认提升机动作正常后，方可使用。

5）采用摩擦式卷扬机为动力的提升机，吊篮下降时，应在吊篮降至离地面1m～2m处，控制缓慢落地，不得自由落下降至地面。

6）发现安全防护装置、通讯装置失灵时，必须立即停机。

7）使用前应制定操作规程，建立管理制度和检修制度；使用提升机必须配备具有资质的操作工，持证上岗。

8）作业后，应将吊篮降至地面，各控制开关扳至零位，切断主电源，固锁闸箱。

（15）提升高度在30m（含）以下，由于条件限制无法设置附墙架时，应采用缆风绳稳固架体；缆风绳应选用圆股钢丝绳，并经计算确定，且直径不得小于9.3mm；提升架在20m（含）以下时，缆风绳不得少于1组（4～8根）；超过20m时，不得少于2组；缆风绳与地面的夹角不得大于60°，其下端必须与地锚牢固连接。

（16）拆除提升机缆风绳或附墙架前，必须先设临时缆风绳或支撑，确保架体的自由高度得大于两个标准节（一般为8m）；拆除龙门架的天梁前，必须先对两个立柱采取稳固措施；作业中，严禁从高处向下抛掷物件。

（17）提升机的安全防护装置必须齐全、有效，符合产品技术文件的要求。

（18）安装架体时必须先将地梁与基础连接牢固。每安装两个标准节（一般不大于8m），必须采取临时支撑或临时缆风绳固定，并进行校正，确认稳固后方可继续安装。

（19）安装龙门架时，两边立柱必须交替进行，每安装两节，除将单支柱临时固定外，必须将两立柱横向连接一体。

13.用附着式振动器时，模板和振动器的安装应坚固牢靠，经试振动确认合格方可使用。

14.浇筑混凝土时，施工人员不得踏踩、碰撞模板及其支撑，不得在钢筋上行走，应设模板工监护，发现模板和支架、支撑出现位移、变形和异常声响，必须立即停止浇筑，施工人员撤离危险区域；排险必须在施工负责人的指挥下进行；排险结束后必须确认安全，方可恢复施工。

审核人	交底人	接受交底人
×××	×××	×××、×××……

6.7.4 桥梁混凝土养护安全技术交底

<table>
<tr><td colspan="2" rowspan="2">安全技术交底记录</td><td rowspan="2">编号</td><td>×××</td></tr>
<tr><td>共×页第×页</td></tr>
<tr><td>工程名称</td><td colspan="3">××市政基础设施工程××标段</td></tr>
<tr><td>施工单位</td><td colspan="3">××市政建设集团</td></tr>
<tr><td>交底提要</td><td>桥梁混凝土养护安全技术交底</td><td>交底日期</td><td>××年××月××日</td></tr>
<tr><td colspan="4">交底内容：
1.蒸汽养护时，锅炉安装、拆卸应符合下列要求：
（1）锅炉安装前应向主管部门提出申请，并经批准；锅炉房应单独设置，符合消防、环保要求。
（2）司炉工必须经专业培训，考试合格，持证上岗；承压锅炉必须由具有资质的企业安装和拆卸。
（3）锅炉必须选用有资质的企业生产的合格产品，具有合格证；生活锅炉宜选用常压锅炉。
（4）锅炉安装单位应按安全监察机构颁发的《工业锅炉安装工程质量证明书》（整装、散装）要求的技术文件规定，填写施工记录。
（5）锅炉在使用期间应由主管部门按规定进行检验，确认合格并形成文件，方可继续使用。
（6）锅炉安装后应经主管部门验收，确认合格并形成文件后，方可使用。
（7）锅炉运行期间，主管安全技术人员应经常对其检查，确认安全，并形成文件。
2.施工前应根据混凝土结构特点、施工工期和季节、现场环境等，规定适宜的养护方法。
3.养护和测温人员应选择安全行走路线，行走路线的夜间照明必须充足，需设便桥、斜道、平台时必须搭设牢固。
4.电热养护应符合下列要求：
（1）电热装置的电气接线必须由电工安装和拆卸，电热装置每次通电前，必须由电工检查，确认安全。
（2）测温人员必须按规定佩戴防护用品，应在规定路线行走、规定位置测温；电热区域内的金属结构和外露钢筋必须有接地装置，并缠裹绝缘材料。
（3）施工前应根据结构物特点、现场环境条件进行电热养护施工设计，选定相应环境下的安全电压。
（4）养护区必须设护栏，非作业人员禁止入内；养护结束后必须及时切断电源，拆除电热装置系统。
5.混凝土养护区内地面和结构水平面上的孔、洞必须封闭牢固；水养护现场应设养护用水配水管线，其敷设不得影响人员、车辆和施工安全；用水应适量，不得造成施工场地积水、泥泞；拉移输水胶管路线应直顺，不得倒退行走；养护覆盖材料应具有阻燃性，使用完毕应及时清理，运至规定地点。</td></tr>
</table>

审核人	交底人	接受交底人
×××	×××	×××、×××……

6.7.5 桥梁预制混凝土构件施工安全技术交底

<table>
<tr><td colspan="2" rowspan="2">安全技术交底记录</td><td rowspan="2">编号</td><td>×××</td></tr>
<tr><td>共×页第×页</td></tr>
<tr><td>工程名称</td><td colspan="3">××市政基础设施工程××标段</td></tr>
<tr><td>施工单位</td><td colspan="3">××市政建设集团</td></tr>
<tr><td>交底提要</td><td>桥梁预制混凝土构件施工安全技术交底</td><td>交底日期</td><td>××年××月××日</td></tr>
<tr><td colspan="4">交底内容：
1.预应力简支梁构件支座处的模板基础应予加强。
2.采用振动底模的方法振实混凝土时，底模应设在弹性支承上。
3.预制构件混凝土的拌制、运输、浇筑、养护尚应符合相应的安全技术交底的具体要求。
4.预制构件的吊环位置及其构造应符合设计要求；构件预制场地应平整、坚实，不积水。
5.桥上施工采用外吊架临边防护时，其预留孔或预埋件应随构件预制同步完成。
6.采用平卧重叠法预制构件时，下层构件混凝土强度达到设计强度的30%以上后，方可进行上层构件混凝土浇筑，上下层混凝土之间应有可靠的隔离措施。
7.拆模后处于不稳定状态的构件，在拆模、存放和运输前，必须采取防倾覆措施。</td></tr>
</table>

审核人	交底人	接受交底人
×××	×××	×××、×××……

6.8 砌体工程

<table>
<tr><td colspan="2" rowspan="2">安全技术交底记录</td><td rowspan="2">编号</td><td>×××</td></tr>
<tr><td>共×页第×页</td></tr>
<tr><td>工程名称</td><td colspan="3">××市政基础设施工程××标段</td></tr>
<tr><td>施工单位</td><td colspan="3">××市政建设集团</td></tr>
<tr><td>交底提要</td><td>砌体工程施工安全技术交底</td><td>交底日期</td><td>××年××月××日</td></tr>
</table>

交底内容：

1.施工组织设计中应规定砌体的施工方法、程序，选择适宜的机具，并规定相应的安全技术措施；砌体施工前应对地基进行检验，验收合格，并形成文件后方可砌筑。

2.向基坑内运送材料宜采用溜槽；运送砌块严禁抛掷，不得碰撞支护结构。

3.使用龙门架或井架物料提升机运输材料应符合相应安全技术交底具体要求。

4.运输前应检查运输道路，确认其能满足车辆运输安全要求。

5.现场使用土坡道运输应符合下列要求：

（1）坡道两侧边坡必须稳定。

（2）坡道应顺直，不宜设弯道。

（3）坡道土体应稳定、坚实，坡面宜硬化处理。

（4）坡道宽度应较运输车辆宽1m以上，坡度不宜陡于1∶6。

（5）作业中应经常维护，保持完好，并应采取防扬尘措施。

6.现场使用斜道（马道）运输应符合下列要求：

（1）斜道应直顺，不宜设弯道。

（2）斜道脚手架必须置于坚实地基上，支搭必须牢固。

（3）斜道宽度应较运输车辆宽1m以上，坡度不宜陡于1∶6。

（4）斜道两侧应设防护栏杆，且进出口处横栏杆不得伸出栏柱。

（5）使用过程中应随时检查、维护，发现隐患必须及时采取措施，保持施工安全。

（6）施工前应根据运输车辆的载重、宽度和现场环境对斜道进行施工设计，其强度、刚度、稳定性应满足各施工阶段荷载的要求。

7.使用专用夹具搬运砌块应符合下列要求：

（1）标准夹具应由具有资质的企业生产，并具有合格证。

（2）使用前应检查、试夹，确认完好；夹具应纳入工具管理范畴，保持完好状态。

（3）自制夹具宜轻巧，应经过结构计算确定，由专业技工加工，由质量管理人员跟踪检查，成品经试用，确认合格后方可投入使用。

8.使用起重机运送砌块、砂浆时应符合下列要求：

<table>
<tr><td colspan="2" rowspan="2">安全技术交底记录</td><td rowspan="2">编号</td><td>×××</td></tr>
<tr><td>共×页第×页</td></tr>
<tr><td>工程名称</td><td colspan="3">××市政基础设施工程××标段</td></tr>
<tr><td>施工单位</td><td colspan="3">××市政建设集团</td></tr>
<tr><td>交底提要</td><td>砌体工程施工安全技术交底</td><td>交底日期</td><td>××年××月××日</td></tr>
</table>

（1）作业前施工技术人员应了解现场环境、电力和通讯等架空线路、附近建（构）筑物等状况，选择适宜的起重机，并确定对吊运影响范围的架空线、建（构）筑物采取的挪移或保护措施。

（2）作业场地应平整、坚实。地面承载力不能满足起重机作业要求时，必须对地基进行加固处理，并经验收确认合格。

（3）现场及其附近有电力架空线路时应设专人监护，确认机械与电力架空线路的最小距离必须符合表4-1-3的要求。

（4）吊运中遇地基沉陷、机体倾斜、吊具损坏或吊运困难等，必须立即停止作业，待处理并确认安全后方可继续作业。

（5）吊梁作业前应划定作业区，设护栏和安全标志，严禁非作业人员入内；吊运中严禁超载；吊运时，吊臂、吊钩运行范围，严禁人员入内；吊运时应先试吊，确认正常后方可正式起吊。

(6)现场配合吊运的全体作业人员应站位于安全地方，待吊钩和吊斗离就位点距离50cm时方可靠近作业，严禁位于起重机臂下。

（7）大雨、大雪、大雾、沙尘暴和风力六级（含）以上等恶劣天气，不得进行露天吊运。

（8）吊运作业必须设信号工指挥，指挥人员必须检查吊索具、环境等状况，确认安全。

9.砌筑高度达1.2m时应支搭作业平台，在作业平台上码放材料应均匀，不得超载；搭设与拆除脚手架应符合脚手架相关安全技术交底；作业平台的脚手板必须铺满、铺稳；作业平台临边必须设防护栏杆；上下作业平台必须设安全梯、斜道等攀登设施；使用前应经检查、验收，确认合格并形成文件；使用中应随时检查，确认安全。

10.施工中，作业人员不得在砌体上行走、站立。

11.砌体的内外圈、上下层砌块应咬合紧密、竖缝错开。

12.砌筑材料应随砌随运，作业平台上应分散码放材料，严禁超过规定荷载。

13.分段砌筑时，相邻段的高差不宜超过1.2m；同一砌体当天连续砌筑高度不得超过1.2m。

14.砌石时不得在砌完的砌体上加工石料或用重锤锤击石料，搬卸石料时不得撞击砌体和石料。

15.现场拌制砂浆应有良好的排污条件，清理搅拌设备不得污染环境，不得堵塞雨、污水排放设施。

16.遇有侵蚀性水时，应按设计规定选用水泥种类；在地下水位以下或处于潮湿土壤中的砌体，应用水泥砂浆砌筑。

审核人	交底人	接受交底人
×××	×××	×××、×××……

6.9 混凝土梁桥浇筑施工

<table>
<tr><td colspan="2" rowspan="2">安全技术交底记录</td><td rowspan="2">编号</td><td>×××</td></tr>
<tr><td>共×页第×页</td></tr>
<tr><td>工程名称</td><td colspan="3">××市政基础设施工程××标段</td></tr>
<tr><td>施工单位</td><td colspan="3">××市政建设集团</td></tr>
<tr><td>交底提要</td><td>混凝土梁桥浇筑安全技术交底</td><td>交底日期</td><td>××年××月××日</td></tr>
</table>

交底内容：

1.在施工组织设计中，应根据梁桥结构、跨度、现场环境状况规定混凝土的运送与浇筑方法、程序和相应的安全技术措施。

2.模板支架、临时支架的地基强度和悬挑支架的支承结构应依施工荷载经计算确定。

3.浇筑混凝土前应清除模板内的泥土、杂物；采用压缩空气清除时，空压机电力缆线的引接与拆卸必须由电工操作，并符合施工用电安全技术要求；作业中严禁将喷嘴对向人、设备、设施。

4.高处作业必须搭设作业平台，搭设与拆除脚手架应符合脚手架安全技术交底的具体要求；上下作业平台必须设安全梯、斜道等攀登设施；作业平台临边必须设防护栏杆；使用前应经检查、验收，确认合格并形成文件；作业平台的脚手板必须铺满、铺稳；使用中应随时检查，确认安全。

5.临边作业必须设防护栏杆，作业前应对防护栏杆进行检查，并应符合下列要求：

（1）栏杆的整体构造和栏杆柱的固定，应使防护栏杆在任何处能承受任何方向的1000N外力。

（2）防护栏杆的底部必须设置牢固的、高度不低于18cm的挡脚板；挡脚板下的空隙不得大于1cm；挡脚板上有孔眼时，孔径不得大于2.5cm。

（3）高处临街的防护栏杆应加挂安全网，或采取其他全封闭措施。

（4）防护栏杆应由上、下两道栏杆和栏杆柱组成，上杆离地高度应为1.2m，下杆离地高度应为50cm～60cm；栏杆柱间距应经计算确定，且不得大于2m。

（5）栏杆柱的固定应符合下列要求：

1）在基坑四周固定时，可采用钢管并锤击沉入地下不小于50cm深；钢管离基坑边沿的距离，不得小于50cm。

2）在混凝土结构上固定，采用钢质材料时可用预埋件与钢管或钢筋焊牢；采用木栏杆时可在预埋件上焊接30cm长的50×5角钢，其上、下各设一孔，以直径10mm螺栓与木杆件拴牢。

3）在砌体上固定时，可预先砌入规格相适应的设预埋件的预制块，并按要求进行固定。

（6）杆件的规格与连接应符合下列要求：

安全技术交底记录		编号	×××
			共×页第×页
工程名称	××市政基础设施工程××标段		
施工单位	××市政建设集团		
交底提要	混凝土梁桥浇筑安全技术交底	交底日期	××年××月××日

1)木质栏杆上杆梢径不得小于7cm，下杆梢径不得小于6cm，栏杆柱梢径不得小于7.5cm，并以不小于12号的镀锌钢丝绑扎牢固，绑丝头应顺平向下。

2）钢筋横杆上杆直径不得小于16mm，下杆直径不得小于14mm，栏杆柱直径不得小于18mm，采用焊接或镀锌钢丝绑扎牢固，绑丝头应顺平向下。

3）钢管横杆、栏杆柱均应采用直径48mm×（2.75～3.5）mm的管材，以扣件固定或焊接牢固。

6.现场需焊接时，作业前应履行用火申报手续，经消防管理人员检查，确认防火措施落实，符合消防要求，并签发用火证后，方可施焊。

7.焊接作业现场应符合下列要求：

（1）操作者必须经专业培训，持证上岗。数控、自动、半自动焊接设备应实行专人专机制度。

（2）焊接前必须办理用火申报手续，经消防管理人员检查确认焊接作业安全技术措施落实，颁发用火证后，方可进行焊接作业。

（3）露天焊接作业，焊接设备应设防护棚。

（4）焊接作业现场应按消防部门的规定配置消防器材。

（5）焊接辐射区，有他人作业时，应用不可燃屏板隔离。

（6）焊接作业现场应设安全标志，非作业人员不得入内。

（7）焊接作业现场应通风良好，能及时排除有害气体、灰尘、烟雾。

（8）焊接作业现场周围10m范围内不得堆放易燃易爆物品，不能满足时，必须采取隔离措施。

（9）作业时，电缆线应理顺，不得身背、臂夹、缠绕身体，严禁搭在电弧和炽热焊件附近与锋利的物体上。

（10）电焊机、电缆线、电焊钳应完好，绝缘性能良好，焊机防护装置齐全有效；使用前应检查，确认符合要求。

（11）使用中的焊接设备应随时检查，发现安全隐患必须立即停止使用；维修后的焊接设备，经检查确认安全后方可继续使用。

（12）作业中电机出现声响异常、电缆线破损、漏电征兆时，必须立即关机断电，停止使用，维修后经检查确认安全，方可继续使用。

安全技术交底记录		编号	××× 共×页第×页
工程名称	××市政基础设施工程××标段		
施工单位	××市政建设集团		
交底提要	混凝土梁桥浇筑安全技术交底	交底日期	××年××月××日

（13）在狭小空间作业时必须采取通风措施，经检测确认氧气和有毒、有害气体浓度符合安全要求并记录后，方可进入作业；出入口必须设人监护，内外呼应，确认安全；作业人员应轮换作业；照明电压不得大于12V。

（14）焊工作业时必须使用带有滤光镜的头罩或手持防护面罩，戴耐火的防护手套，穿焊接防护服，穿绝缘、阻燃、抗热防护鞋；清除焊渣时应戴护目镜。

（15）作业后必须关机断电，并锁闭电闸箱。

8.现浇混凝土梁

（1）在基底刚性不同的支架上浇筑连续梁、悬臂梁混凝土时，应采取消除不均匀沉降的措施。

（2）双悬臂梁混凝土应自跨中和悬臂端同时向两墩台方向连续浇筑，在墩顶处交汇。

（3）桥上施工采用外吊架临边防护时，应在边梁浇筑时同步完成防护设施的预留孔或预埋件。

（4）悬臂梁加挂梁结构，浇筑挂梁混凝土时，悬臂梁混凝土应达到设计规定强度，设计无规定时应达到设计强度的75%以上；预应力悬臂梁的预应力张拉孔压浆应达到设计规定强度。

（5）梁桥混凝土浇筑过程中，应随时检查钢筋、波纹管和预埋件，发现位移或松动必须及时修复，且应设专人监测模板和支架、挂篮的稳定状况，发现异常必须立即停止浇筑，并及时采取安全技术措施，经检查确认合格后，方可恢复施工。

（6）混凝土梁桥悬臂浇筑应符合下列要求：

1）挂篮的抗倾覆、锚固和限位结构的安全系数均不得小于2。

2）墩身预埋件等应在施工过程中进行工序检查，确认位置准确和材质、规格符合施工设计要求。

3）施工前应对墩顶段浇筑托架、梁墩锚固、挂篮、梁段模板、挠度控制和合拢等进行施工设计。

4）挂篮行走滑道应平顺、无偏移；挂篮行走应缓慢，速度宜控制在0.1m / min以内，并应由专人指挥。

5）挂篮组拼后应检查锚固系统和各杆件的连接状况，经验收并进行承重试验确认合格，并形成文件后，方可投入使用。

6）浇筑墩顶段混凝土前，应对托架、模板进行检验和预压，消除杆件连接缝隙、地基沉降和其他非弹性变形。

<table>
<tr><td colspan="2" rowspan="2">安全技术交底记录</td><td rowspan="2">编号</td><td>×××</td></tr>
<tr><td>共×页第×页</td></tr>
<tr><td>工程名称</td><td colspan="3">××市政基础设施工程××标段</td></tr>
<tr><td>施工单位</td><td colspan="3">××市政建设集团</td></tr>
<tr><td>交底提要</td><td>混凝土梁桥浇筑安全技术交底</td><td>交底日期</td><td>××年××月××日</td></tr>
</table>

7）箱梁分两次浇筑成型时支点横梁两侧预应力束上弯部位应全断面一次浇筑；两次浇筑接缝处凿毛时混凝土强度不得低于 2.5MPa，且不得损坏波纹管。

8）多跨连梁宜整联浇筑，需分段浇筑而设计未规定时，宜在梁跨 1／4 处分段；分段浇筑需从两端跨开始，在中间跨合拢时，应按合拢设计规定处理；分段浇筑时宜自一端跨逐段向另端跨推进；逐孔浇筑时，应自每联的一端跨开始，逐跨向另端跨推进，第一次宜浇筑 1.2 跨。

（7）箱梁混凝土全断面一次浇筑成型应符合下列要求：

1）内模支撑应紧凑，确保箱内空间满足作业要求。

2）人员在箱梁内模中作业时，应有足够的照明，并在人孔顶部设人监护。

3)每跨箱梁的顶板上应预留两个人孔，人孔宜设在 1／4 跨附近，平面尺寸应不小于 70cm ×100cm。

9.联合梁混凝土桥面板浇筑

（1）在浇筑混凝土桥面板过程中，应随时监测钢梁、临时支架和落架设备的稳定状况，发现异常必须立即停止浇筑，并及时采取安全技术措施，经检查确认合格后，方可恢复施工。

（2）采用后落架方法浇筑混凝土桥面板前，应检查临时支架和落架设备，确认合格并形成文件；顺桥方向应自跨中开始浇筑，在支点处交汇，或由一端开始快速浇筑；浇筑混凝土时，应全断面连续一次浇筑；横向应先浇中梁后浇边梁，由中间向两侧展开。

（3）桥面板混凝土浇筑前钢梁安装、纵横向连接、临时支撑应完成，并经检查确认符合设计或施工设计的要求，并形成文件；钢梁顶面传剪器焊接完成，并经检查确认符合设计要求，并形成文件。

10.分段架设的连梁混凝土浇筑

（1）在浇筑混凝土过程中，应随时监测预制梁和临时支架的稳定状况，发现异常必须立即停止浇筑，并及时采取安全技术措施,经检查确认合格后，方可恢复施工。

（2）合拢段应采用补偿收缩混凝土，并应与横梁、桥面板混凝土同时浇筑。

（3）混凝土浇筑前预制梁的安装位置、预留钢筋，经检查确认符合设计要求，并形成文件；浇筑前预制梁的横向连接或临时支撑完成，经检查符合设计或施工设计的要求，并形成文件；浇筑前浇筑段（含横梁）内的模板及其支架、钢筋和预应力孔道预埋管安装就位，经检查确认符合设计要求，并形成文件。

11.叠合梁混凝土浇筑

（1）在浇筑混凝土过程中，应随时监测主梁和临时支架的稳定状况，发现异常必须立即停止浇筑，并及时采取安全技术措施，经检查确认合格后，方可恢复施工。

<table>
<tr><td colspan="2" rowspan="2">安全技术交底记录</td><td rowspan="2">编号</td><td>×××</td></tr>
<tr><td>共×页第×页</td></tr>
<tr><td>工程名称</td><td colspan="3">××市政基础设施工程××标段</td></tr>
<tr><td>施工单位</td><td colspan="3">××市政建设集团</td></tr>
<tr><td>交底提要</td><td>混凝土梁桥浇筑安全技术交底</td><td>交底日期</td><td>××年××月××日</td></tr>
<tr><td colspan="4">（2）叠合梁现浇桥面板混凝土和横向接头混凝土应快速、连续全断面一次浇筑。顺桥方向可自一端开始全宽同时浇筑，横向宜先中梁后边梁再悬臂板依序浇筑。
（3）混凝土浇筑前主梁的混凝土强度、安装位置、预留钢筋，经检查确认符合设计要求，并形成文件；主梁的横向连接或临时支撑应完成，经检查确认符合设计或施工设计的要求，并形成文件。</td></tr>
</table>

审核人	交底人	接受交底人
×××	×××	×××、×××……

6.10 混凝土梁桥架设施工

6.10.1 混凝土梁桥架设工程通用安全技术交底

安全技术交底记录		编号	×××
			共×页第×页
工程名称	××市政基础设施工程××标段		
施工单位	××市政建设集团		
交底提要	混凝土梁桥架设工程通用安全技术交底	交底日期	××年××月××日

交底内容：

1.构件吊装时，被吊构件上严禁有人和置物。

2.预制梁安装时，墩、台、支座垫石等部位的混凝土应达到设计强度。

3.构件接头和接缝处的连接钢筋、连接钢板的焊接应经验收，确认合格，并形成文件后，方可施工接头混凝土或砂浆。

4.承受内力的接头和接缝，宜浇筑快硬混凝土或砂浆，其强度不得低于构件设计强度。施工中应加强振捣和养护。

5.架梁设备的电气接线与拆卸必须由电工操作，并应符合施工用电安全要求；设备和线路的绝缘必须良好，电气部分应设防雨罩；外露传动部件必须设防护装置。

6.预制梁移运、吊装时，混凝土和预应力孔道浆体强度不得低于设计规定的吊装强度。设计无规定时，混凝土强度不得低于设计强度的 75%；预应力孔道浆体强度不得低于 20MPa。

7.使用定型架梁设备应遵守生产企业使用说明书的规定，正式吊装前应经试吊，确认合格并形成文件；非定型架梁设施应进行施工设计，其强度、刚度、稳定性应满足桥梁吊装过程中荷载的要求；组拼完成后应进行验收并形成文件；在正式吊装前应经试吊，确认合格并形成文件。

8.杆件焊接应符合下列要求：

（1）焊接作业现场应设安全标志，非作业人员不得入内。

（2）焊接作业现场应通风良好，能及时排除有害气体、灰尘、烟雾。

（3）焊接作业现场周围 10m 范围内不得堆放易燃易爆物品，不能满足时，必须采取隔离措施。

（4）操作者必须经专业培训，持证上岗，数控、自动、半自动焊接设备应实行专人专机制度；焊接作业现场应按消防部门的规定配置消防器材。

<table>
<tr><td colspan="2" rowspan="2">安全技术交底记录</td><td rowspan="2">编号</td><td>×××</td></tr>
<tr><td>共×页第×页</td></tr>
<tr><td>工程名称</td><td colspan="3">××市政基础设施工程××标段</td></tr>
<tr><td>施工单位</td><td colspan="3">××市政建设集团</td></tr>
<tr><td>交底提要</td><td>混凝土梁桥架设工程通用安全技术交底</td><td>交底日期</td><td>××年××月××日</td></tr>
</table>

（5）焊工作业时必须使用带有滤光镜的头罩或手持防护面罩，戴耐火的防护手套，穿焊接防护服，穿绝缘、阻燃、抗热防护鞋；清除焊渣时应戴护目镜。

（6）使用中的焊接设备应随时检查，发现安全隐患必须立即停止使用；维修后的焊接设备，经检查确认安全后，方可继续使用。

（7）电焊机、电缆线、电焊钳应完好，绝缘性能良好，焊机防护装置齐全有效；使用前应检查，确认符合要求。

（8）作业后必须关机断电，并锁闭电闸箱。

（9）露天焊接作业，焊接设备应设防护棚。

（10）二氧化碳气体保护焊露天焊接时，应设挡风屏板。

（11）焊接辐射区，有他人作业时，应用不可燃屏板隔离。

（12）电焊机的二次引出线、焊把线、电焊钳等的接头必须牢固。

（13）电焊机的电源缆线长不得大于5m，二次引出线长不得大于30m。

（14）长期停用的电焊机，使用前必须检验，绝缘电阻不得小于0.5MΩ，接线部分不得有腐蚀和受潮现象。

（15）焊接前必须办理用火申报手续，经消防管理人员检查确认焊接作业安全技术措施落实，颁发用火证后，方可进行焊接作业。

（16）作业中电机出现声响异常、电缆线破损、漏电征兆时，必须立即关机断电，停止使用，维修后经检查确认安全，方可继续使用。

（17）作业时，电缆线应理顺，不得身背、臂夹、缠绕身体，严禁搭在电弧和炽热焊件附近与锋利的物体上。

（18）所有焊缝必须进行外观检查，不得有裂纹、未熔合、夹碴、未填满弧坑和超出规定的缺陷。零部（杆）件的焊缝应在焊接24h后按技术规定进行无损检验。

（19）作业时不得使用受潮焊条；更换焊条必须戴绝缘手套；合开关时必须戴干燥的绝缘手套，且不得面向开关。

（20）在狭小空间作业时必须采取通风措施，经检测确认氧气和有毒、有害气体浓度符合安全要求并记录后，方可进入作业；出入口必须设人监护，内外呼应，确认安全；作业人员应轮换作业；照明电压不得大于12V。

9.分层分段安装构件时，应在先安装的构件已固定，且接头混凝土强度达到设计规定后，方可继续安装。设计无规定时，接头混凝土强度应达到设计强度的75%以上，方可继续安装。

<table>
<tr><td colspan="2">安全技术交底记录</td><td>编号</td><td>×××
共×页第×页</td></tr>
<tr><td>工程名称</td><td colspan="3">××市政基础设施工程××标段</td></tr>
<tr><td>施工单位</td><td colspan="3">××市政建设集团</td></tr>
<tr><td>交底提要</td><td>混凝土梁桥架设工程通用安全技术交底</td><td>交底日期</td><td>××年××月××日</td></tr>
</table>

10.桥梁吊装应使用起重机，现场作业应符合下列要求：

（1）作业前施工技术人员应了解现场环境、电力和通讯等架空线路、附近建（构）筑物和被吊梁等状况，选择适宜的起重机，并确定对吊装影响范围的架空线、建（构）筑物采取的挪移或保护措施。

（2）作业场地应平整、坚实。地面承载力不能满足起重机作业要求时，必须对地基进行加固处理，并经验收确认合格。

（3）现场及其附近有电力架空线路时应设专人监护，确认机械与电力架空线路的最小距离必须符合表 4-1-3 的要求。

（4）大雨、大雪、大雾、沙尘暴和风力六级（含）以上等恶劣天气，不得进行露天吊装。

（5）构件吊装就位，必须待构件稳固后，作业人员方可离开现场。

（6）吊装作业必须设信号工指挥。指挥人员必须检查吊索具、环境等状况，确认安全。

（7）吊装中遇地基沉陷、机体倾斜、吊具损坏或吊装困难等，必须立即停止作业，待处理并确认安全后方可继续作业。

（8）现场配合吊梁的全体作业人员应站位于安全地方，待吊钩和梁体离就位点距离 50cm 时方可靠近作业，严禁位于起重机臂下。

（9）吊梁作业前应划定作业区，设护栏和安全标志，严禁非作业人员入内；吊装中严禁超载；吊装时，吊臂、吊钩运行范围，严禁人员入内；吊装时应先试吊，确认正常后方可正式吊装。

11.在架梁过程中，起重机、运输车辆、大型构件等荷载需通过已安装或现浇梁时，必须进行验算，确认结构安全，并形成文件。

12.在桥梁改、扩建工程中，架梁作业需占用现况桥面时，宜断绝交通；不需断绝交通施工时，桥面、道路通行部分的宽度应满足交通要求；作业区与通行道之间应设围挡、安全标志、警示灯；施工期间应设专人疏导交通；施工前应与交通管理单位研究并制定疏导交通方案，经批准后实施。

13.高处作业必须搭设作业平台，搭设与拆除脚手架应符合脚手架安全技术交底要求；作业平台的脚手板必须铺满、铺稳；使用前应经检查、验收，确认合格并形成文件；使用中应随时检查，确认安全；作业平台临边必须设防护栏杆；上下作业平台必须设安全梯、斜道等攀登设施。

安全技术交底记录		编号	××× 共×页第×页
工程名称	××市政基础设施工程××标段		
施工单位	××市政建设集团		
交底提要	混凝土梁桥架设工程通用安全技术交底	交底日期	××年××月××日

14.大雨、大雪、大雾、沙尘暴和六级（含）风以上等恶劣天气必须停止架梁作业。

15.用千斤顶顶升（卸落）构件时，必须配备保险垫木待顶升（卸落）高度符合要求时立即在构件下放入垫木，并经检查确认稳固后，方可落下构件，严禁用千斤顶长时间承重。

16.桥上施工采用外吊架临边防护时，边梁吊装前应在边梁上按施工设计要求组装临边防护设施；临边防护设施组装后，必须进行检查、验收，确认合格并形成文件。

17.在架梁过程中，施工现场必须根据环境状况设作业区,并设护栏和安全标志，必要时应设专人值守，严禁非施工人员入内。

18.使用天然和人造纤维吊索等应符合下列要求：

（1）用纤维吊索捆绑刚性物体时，应用柔性物衬垫。

（2）纤维吊索等应由有资质的企业生产，具有合格证。

（3）纤维绳穿过滑轮使用时，轮槽宽度不得小于绳径。

（4）使用中，纤维吊索软索眼两绳间夹角不得超过30°。

（5）受力时，严禁超过材料使用说明书规定的允许拉力。

（6）使用潮湿聚酰胺纤维绳吊索等时，其极限工作载荷应减少15%。

（7）纤维制品吊索应存放在远离热源、通风干燥、无腐蚀性化学物品场所。

（8）纤维吊索等不得在地面拖拽摩擦，其表面不得沾污泥砂等锐利颗粒杂物。

（9）吊索等受腐蚀性介质污染后，应及时用清水冲洗；潮湿后不得加热烘干，只能在自然循环空气中晾干。

（10）纤维绳索等不得在产品使用说明书所规定的温度以外环境中使用，且不得在有热源、焊接作业场所使用。

（11）人造纤维吊索等材质应是聚酰胺、聚酯、聚丙烯；天然纤维中大麻、椰子皮纤维不得制作吊索；直径小于16mm细绳不得用做吊索；直径大于48mm粗绳不宜用做吊索。

（12）各类纤维吊索等应与使用环境相适应；禁止与使用说明书中规定的不可接触物质相接触，防止受到环境腐蚀作用；天然纤维不得接触酸、碱等腐蚀介质，人造纤维不得接触有机溶剂，聚酰胺纤维不得接触酸性溶液或气体，聚酯纤维不得接触碱性溶液。

（13）当纤维吊索出现下列情况之一时，应报废：

1）绳索捻距增大。

2）严重折弯或扭曲。

3）绳索表面过多点状疏松、腐蚀。

<table>
<tr><td colspan="2">安全技术交底记录</td><td>编号</td><td>×××
共×页第×页</td></tr>
<tr><td>工程名称</td><td colspan="3">××市政基础设施工程××标段</td></tr>
<tr><td>施工单位</td><td colspan="3">××市政建设集团</td></tr>
<tr><td>交底提要</td><td>混凝土梁桥架设工程通用安全技术交底</td><td>交底日期</td><td>××年××月××日</td></tr>
</table>

4）已报废的绳索严禁修补重新使用。

5）插接处破损、绳股拉出、索眼损坏。

6）绳索发霉变质、酸碱烧伤、热熔化或烧焦。

7）绳被切割、断股、严重擦伤、绳股松散或局部破裂。

8）绳索内部绳股间出现破断，有残存碎纤维或纤维颗粒。

9）绳表面纤维严重磨损，局部绳径变细或任一绳股磨损达原绳股 1／3。

10）纤维出现软化或老化，表面粗糙纤维极易剥落，弹性变小、强度减弱。

11）端部配件和短环链出现下列情况之一时：链环发生塑性变形，伸长达原长度 5%；链环之间和链环与端部配件连接接触部位磨损减少到原公称直径的 80%，其他部位磨损减少到原公称直径的 90%；裂纹或高拉应力区的深凹痕、锐利横向凹痕；链环修复后、未能平滑过渡，或直径减少大于原公称直径的 10%；扭曲、严重锈蚀和积垢不能加以排除；端部配件的危险断面磨损减少达原尺寸 10%；有开口度的端部配件，开口度比原尺寸增加 10%；卸扣不能闭锁。

19.使用卷扬机吊装，应符合下列要求：

（1）卷扬机作业应设信号工指挥。

（2）钢丝绳两侧应设护栏和安全标志，非作业人员不得入内。

（3）卷扬机及其锚固系统应安装稳固，经验收确认合格并形成文件。

（4）作业人员不得从张紧的钢丝绳上跨越，不得在起吊重物下穿行。

20.使用倒链应符合下列要求：

（1）倒链使用完毕应清洗干净，润滑保养后入库保管。

（2）重物需在空间暂时停留时，必须将小链拴系在大链上。

（3）需将链葫芦拴挂在建（构）筑物上起重时，必须对承力结构进行受力验算，确认结构安全。

（4）链葫芦外壳应有额定吨位标志，严禁超载；当气温在-10℃以下时，不得超过额定重量的一半。

（5）拉动链条必须由一人均匀、慢速操作，并与链盘方向一致，不得斜拉猛拽。严禁人员站在倒链正下方操作。

（6）使用前应检查吊架、轮轴、吊钩、链条、链盘等部件，发现裂纹、变形、锈蚀、损伤、传动不灵活等，严禁使用。

<table>
<tr><td colspan="2" rowspan="2">安全技术交底记录</td><td rowspan="2">编号</td><td>×××</td></tr>
<tr><td>共×页第×页</td></tr>
<tr><td>工程名称</td><td colspan="3">××市政基础设施工程××标段</td></tr>
<tr><td>施工单位</td><td colspan="3">××市政建设集团</td></tr>
<tr><td>交底提要</td><td>混凝土梁桥架设工程通用安全技术交底</td><td>交底日期</td><td>××年××月××日</td></tr>
</table>

（7）作业中应经常检查棘爪、棘爪弹簧和齿轮的技术状态，不符合要求应立即更换，防止制动失灵；齿轮应经常润滑保养。

（8）起重时应先慢拉牵引链条，待起重链承力后，检查齿轮中啮合和自锁装置的工作状态，确认正常后方可继续起重作业。

21.使用金属吊索具应符合下列要求：

（1）吊钩表面应光洁、无剥裂、锐角、毛刺、裂纹等。

（2）钢丝绳切断使用时，应在切断的两端进行防止松散的处理。

（3）吊索具应由具有资质的企业生产，具有合格证，作业前应经试吊，确认合格。

（4）钢丝绳使用完毕应及时清理干净、加油润滑、理顺盘好，放至库房妥善保管。

（5）严禁卡环侧向受力，起吊时封闭锁必须拧紧；不得使用有裂纹、变形的卡环；严禁用补焊方法修复卡环。

（6）钢丝绳采用编结固接时，编插段的长度不得小于钢丝绳直径的 20 倍，且不得小于 30cm。编插钢丝绳的强度应按原钢丝绳破断拉力的 70%计。

（7）严禁在吊钩上焊补、打孔，出现下列情况之一时，应报废。

1）扭转变形超过 10°。

2）开口度比原尺寸增加 15%。

3）危险断面磨损达原尺寸的 10%。

4）危险断面或钩颈产生塑性变形。

5）板钩衬套磨损达原尺寸的 50%，其心轴磨损达原尺寸的 5%。

（8）钢丝绳的安全系数不得小于下表 6-10-1 的要求：

表 6-10-1 钢丝绳安全系数

用途	安全系数	用途	安全系数
缆风绳	3.5	吊挂和捆绑用	6
支承动臂用	4	千斤绳	8～10
卷扬机用	5	缆索承重绳	3.75

22.使用千斤顶应符合下列要求：

（1）对于油压式千斤顶应检查其活塞阀门和油箱中的油量，确认良好、油量充足，一旦发现漏油和机件故障，应立即更换检修，使用前应检查千斤顶的机件，确认完好、灵活，如发现丝杆、螺母出现裂纹应禁止使用。

<table>
<tr><td colspan="2">安全技术交底记录</td><td>编号</td><td>×××
共×页第×页</td></tr>
<tr><td>工程名称</td><td colspan="3">××市政基础设施工程××标段</td></tr>
<tr><td>施工单位</td><td colspan="3">××市政建设集团</td></tr>
<tr><td>交底提要</td><td>混凝土梁桥架设工程通用安全技术交底</td><td>交底日期</td><td>××年××月××日</td></tr>
<tr><td colspan="4">（2）作业时应由专人指挥，明确分工，一台千斤顶顶升构件时必须掌握构件重心，防止倾倒；两台以上千斤顶顶升构件时，应选择规格型号一致的千斤顶，并保持受力均匀，顶升速度相同。
（3）作业时千斤顶应置于平整坚实的地方，并应用垫木垫平，千斤顶与顶升构件之间应垫以木垫，所顶部位必须坚实。
（4）千斤顶必须按规定的承重能力使用，最大工作行程，不得超过丝杆、活塞等总高度的75%，不得超载。
（5）千斤顶应放置在干燥和不受晒的地方，搬运时不得扔掷；油压千斤顶和油箱二者应拆开搬运。</td></tr>
</table>

审核人	交底人	接受交底人
×××	×××	×××、×××……

6.10.2 混凝土梁桥构件堆放与运输安全技术交底

<table>
<tr><td colspan="3" rowspan="2">安全技术交底记录</td><td rowspan="2">编号</td><td>×××</td></tr>
<tr><td>共×页第×页</td></tr>
<tr><td>工程名称</td><td colspan="4">××市政基础设施工程××标段</td></tr>
<tr><td>施工单位</td><td colspan="4">××市政建设集团</td></tr>
<tr><td>交底提要</td><td colspan="2">混凝土梁桥构件堆放与运输安全技术交底</td><td>交底日期</td><td>××年××月××日</td></tr>
</table>

交底内容：

1.构件运输前应根据其质量、外形尺寸选择适宜的运输车辆和吊装机械与专用工具。

2.构件堆放应符合下列要求：

（1）构件堆放场地应平整、坚实，不积水。

（2）构件堆放场地应设护栏，夜间应加设警示灯。

（3）堆放构件应根据构件受力情况、形状选择平放或立放。

（4）构件预留连接筋的端部应采取防止撞伤现场人员的措施。

（5）梁底垫木的断面尺寸应根据构件质量和地面承载能力确定，长度不得超过构件宽度的 30cm。堆放 T 梁、工字梁、桁架梁等大型构件时，必须设斜撑。

（6）构件堆放高度应依构件形状、强度、地面耐压力和堆放稳定状况而定，且梁不得超过二层；板不得超过 2m；垫木应放在吊点下，各层垫木的位置应在同一竖直线上，同一层垫木厚度应相等。

3.构件超高、超宽、超长、超重时，应制定专项运输方案，并经道路交通管理部门批准。

4.大型构件运输前应踏勘运输路线，确认运输道路的承载力（含桥梁和地下设施）、宽度、转弯半径和穿越桥梁、隧道的净空与架空线路的净高满足运输要求。确认运输机械与电力架空线路的最小距离必须符合表 4-1-3 的要求。

5.构件运输应符合下列要求：

（1）起重机应在车辆后方装卸。

（2）装卸构件前，机、车均应制动。

（3）车辆、机械停置场地应平整、坚实。

（4）运输车辆和吊装机械，严禁超规定使用和超载。

（5）运输薄壁构件，应设专用固定架，采用竖立或微倾放置方式。

（6）构件运输时的支承点应与吊点位置在同一竖直线上，支承必须牢固。

（7）运载超高构件应配电工跟车，随带工具保护途中架空线路，保证运输安全。

（8）运输 T 梁、工梁、桁架梁等易倾覆的大型构件，必须用斜撑牢固地支撑在梁腹上。

（9）构件应对称、均匀地放置在运输车辆上，支承点和相邻构件间应放置橡胶垫等垫块。

<table>
<tr><td colspan="2" rowspan="2">安全技术交底记录</td><td rowspan="2">编号</td><td>×××</td></tr>
<tr><td>共×页第×页</td></tr>
<tr><td>工程名称</td><td colspan="3">××市政基础设施工程××标段</td></tr>
<tr><td>施工单位</td><td colspan="3">××市政建设集团</td></tr>
<tr><td>交底提要</td><td>混凝土梁桥构件堆放与运输安全技术交底</td><td>交底日期</td><td>××年××月××日</td></tr>
</table>

（10）吊移构件时，吊点位置应符合设计规定，发现吊钩弯扭应矫正。吊绳夹角大于60° 时应设吊梁。

（11）构件装车后应用紧线器紧固于车体上，长距离运输途中应检查紧线器的牢固状况，发现松动必须停车紧固，确认牢固后方可继续运行。

（12）现场用拖排、小平车移运 T 型、工字型梁时，应划定作业区，非作业人员严禁入内；道路必须平整、坚实、直顺、坡缓；拖排、小平车应置于梁两端吊点区域，主梁两侧应设斜撑，且宜将梁与拖排、小平车摞牢，保持稳定。

审核人	交底人	接受交底人
×××	×××	×××、×××……

6.10.3 简支梁桥架设安全技术交底

<table>
<tr><td colspan="2" rowspan="2">安全技术交底记录</td><td rowspan="2">编号</td><td>××</td></tr>
<tr><td>共×页第×页</td></tr>
<tr><td>工程名称</td><td colspan="3">××市政基础设施工程××标段</td></tr>
<tr><td>施工单位</td><td colspan="3">××市政建设集团</td></tr>
<tr><td>交底提要</td><td>简支梁桥架设安全技术交底</td><td>交底日期</td><td>××年××月××日</td></tr>
</table>

交底内容：

1.使用龙门式吊梁车架梁应符合下列要求：

（1）吊梁车起落梁时，前后两吊点升降速度应一致。

（2）吊梁车运梁时应设专人沿途监护，严禁非作业人员靠近。

（3）导梁推移过程和吊梁车在导梁上行驶时，导梁下应划定防护区，禁止人员入内。

（4）桥头引道应填筑到与主梁顶面同高，引道与导梁或主梁接头处宜为坚实平整的砌筑结构。

（5）吊梁车运梁应慢速行驶。在导梁上行驶速度不宜大于5m / min，并及时纠偏，保持吊梁车在导梁轴线上行驶。

（6）导梁安装应平稳，导梁的节段连接采用栓接时，应采用专用螺栓，不得随意代替，安装后应检查、验收，确认合格。

（7）导梁结构应进行施工设计，经计算确定，其抗倾覆稳定安全系数不得小于1.5，导梁长度不得小于梁跨的2倍另加5m～10m引梁。

2.简支梁桥应根据现场条件，通航要求和河床情况，梁板外形尺寸、质量，桥梁宽度，桥墩高度，构件存放位置，施工季节和工期要求等因素选择适宜的架梁机械，制定合理的架设方案和相应的安全技术措施。

3.使用穿巷式架桥机架梁，尚应符合下列要求：

（1）龙门吊上起重小车行走梁的端部应设限位装置。

（2）龙门吊吊梁和装拆作业区应设护栏和安全标志，严禁非作业人员入内。

（3）龙门吊暂停作业时，应锁紧夹轨器，控制开关拨到零位，切断电源，锁闭操作室门窗。

（4）轨道应与导梁连接牢固；两条轨道轴线距离应符合要求；轨道接头应平顺，不得有错台。

（5）导梁宜在桥头引道上拼装，接头应连接牢固；就位后两列导梁顶面应水平、同高；就位后两列导梁轴线距离应符合要求。

（6）龙门吊宜在桥头引道拼装，拼装完成后应进行检查，经试吊确认符合要求，并形成文件后，方可推移至架桥孔使用。

<table>
<tr><td colspan="2" rowspan="2">安全技术交底记录</td><td rowspan="2">编号</td><td>×××</td></tr>
<tr><td>共×页第×页</td></tr>
<tr><td>工程名称</td><td colspan="3">××市政基础设施工程××标段</td></tr>
<tr><td>施工单位</td><td colspan="3">××市政建设集团</td></tr>
<tr><td>交底提要</td><td>简支梁桥架设安全技术交底</td><td>交底日期</td><td>××年××月××日</td></tr>
</table>

（7）龙门吊推移时应平稳，后配重抗倾覆安全系数不得小于1.5，就位后应用方木支垫前后支点，并用缆风绳固定于桥墩两侧。

（8）拆除龙门吊应在桥头进行。拆除前必须切断电源。拆除龙门吊时底部应垫牢，顶部应设缆风绳，并采取临时连接措施。

（9）龙门吊吊梁在导梁上纵移时，起重小车应停在龙门架跨中；起重小车吊梁应垂直起落，不得斜拉；前后龙门吊应同步行驶；起重小车吊梁横移时，两龙门吊上的小车速度应一致。

4.使用汽车、轮胎、履带式起重机吊梁，现场作业应符合下列要求：

（1）构件吊装就位，必须待构件稳固后，作业人员方可离开现场。

（2）吊装作业必须设信号工指挥。指挥人员必须检查吊索具、环境等状况，确认安全。

（3）大雨、大雪、大雾、沙尘暴和风力六级（含）以上等恶劣天气，不得进行露天吊装。

（4）作业场地应平整、坚实。地面承载力不能满足起重机作业要求时，必须对地基进行加固处理，并经验收确认合格。

（5）现场配合吊梁的全体作业人员应站位于安全地方，待吊钩和梁体离就位点距离50cm时方可靠近作业，严禁位于起重机臂下。

（6）作业前施工技术人员应了解现场环境、电力和通讯等架空线路、附近建（构）筑物和被吊梁等状况，选择适宜的起重机，并确定对吊装影响范围的架空线、建（构）筑物采取的挪移或保护措施。

（7）吊梁作业前应划定作业区，设护栏和安全标志，严禁非作业人员入内；吊装时，吊臂、吊钩运行范围，严禁人员入内；吊装中严禁超载；吊装时应先试吊，确认正常后方可正式吊装。

（8）吊装中遇地基沉陷、机体倾斜、吊具损坏或吊装困难等，必须立即停止作业，待处理并确认安全后方可继续作业。

（9）现场及其附近有电力架空线路时应设专人监护，确认运输机械与电力架空线路的最小距离必须符合表4-1-3的要求。

5.模板、支架跨越铁路应符合下列要求：

（1）施工过程中必须遵守铁路管理部门的规定。

（2）列车通过时，严禁安装模板、支架和在铁路限界内作业。

（3）模板、支架的净高、跨度必须依铁路管理部门的要求确定。

<table>
<tr><td colspan="2" rowspan="2">安全技术交底记录</td><td rowspan="2">编号</td><td>×××</td></tr>
<tr><td>共×页第×页</td></tr>
<tr><td>工程名称</td><td colspan="3">××市政基础设施工程××标段</td></tr>
<tr><td>施工单位</td><td colspan="3">××市政建设集团</td></tr>
<tr><td>交底提要</td><td>简支梁桥架设安全技术交底</td><td>交底日期</td><td>××年××月××日</td></tr>
<tr><td colspan="4">（4）模板、支架安装前，铁路管理单位派出的监护人员必须到场。
（5）施工前，应制定模板、支架支设方案，并经铁路管理部门批准。
（6）铁路管理部门允许施工作业的限界，应采取封闭措施，保持铁路正常运行和现场人员的安全。
6.模板、支架跨越道路、公路应符合下列要求：
（1）安装时必须设专人疏导交通。
（2）施工期间应设专人随时检查支架和防护设施，确认符合方案要求。
（3）施工前，应制定模板、支架支设方案和交通疏导方案，并经道路交通管理部门批准。
（4）模板、支架的净高、跨度应依道路交通管理部门的要求确定，并设相应的防撞设施和安全标志。
（5）位于路面上的支架四周和路面边缘的支架靠路面一侧，必须设防护桩和安全标志，阴暗时和夜间必须设警示灯。</td></tr>
</table>

审核人	交底人	接受交底人
×××	×××	×××、×××……

6.10.4 预应力混凝土梁桥悬臂拼装安全技术交底

<table>
<tr><td colspan="2" rowspan="2">安全技术交底记录</td><td rowspan="2">编号</td><td>×××</td></tr>
<tr><td>共×页第×页</td></tr>
<tr><td>工程名称</td><td colspan="3">××市政基础设施工程××标段</td></tr>
<tr><td>施工单位</td><td colspan="3">××市政建设集团</td></tr>
<tr><td>交底提要</td><td>预应力混凝土梁桥悬臂拼装安全技术交底</td><td>交底日期</td><td>××年××月××日</td></tr>
<tr><td colspan="4">交底内容：
1.预制梁段起吊前应经检查，确认吊环符合要求、梁段上无浮置物件。
2.预制梁段应平稳起吊，就位时不得碰撞已安装的梁段和其他作业设施。
3.桥墩两侧悬拼施工进度应一致，保持对称、平衡，不平衡偏差必须符合设计规定。
4.预制梁段吊离运输工具后，运输工具应迅速撤出。运输工具撤出后方可继续起吊。
5.梁段拼装完毕后，应按设计规定程序拆除拼装施工临时设施，拆除时不得碰撞梁体。
6.梁段拼装完毕后，明槽混凝土应由悬臂向根部对称浇筑。如有挂孔，应在挂梁架设完毕后立即浇筑明槽混凝土。
7.梁段拼装过程中，应按挠度控制设计的规定控制梁段安装高程，随时检测、随时调整，确认符合允许误差要求。
8.悬臂梁的挂孔架设中，移运挂孔预制梁需经过悬臂端时，应对悬臂梁结构进行验算，确认符合设计要求，并形成文件。
9.硫磺水泥砂浆临时支承，在用电热方法撤除时，电热丝不得与其他金属接触；硫磺水泥砂浆块与支座之间必须设隔热设施；作业人员应站在上风向。
10.悬拼法架设连续梁、悬臂梁时，墩顶现浇段与桥墩之间应设临时锚固或临时支承，使其能承受悬拼施工阶段产生的不平衡力矩，待全部块件安装完毕方可拆除临时锚固或支承。
11.悬拼吊装前应对悬拼吊装系统进行检查、试运转，并按 130%设计荷载进行试吊，确认符合要求并形成文件后，方可正式起吊。吊机每次移位后必须检查其定位和锚固，确认符合要求后，方可起吊。
12.梁段接缝采用胶拼时，应根据设计要求选择胶粘剂。使用胶粘剂应遵守材料说明书规定。配置胶粘剂的现场应通风良好，作业人员应佩戴规定的防护用品，不得裸露身体作业。作业现场应按消防部门要求设消防器材。
13.梁段预应力张拉过程中，应随时观察、检测各梁段变化和明槽钢束的稳定情况。发现异常必须立即停止张拉，采取措施处理并确认合格后，方可继续张拉；胶拼梁段拼装完成后应立即检查，确认合格，并张拉部分预应力束，使胶拼缝处预压应力大于 0.2MPa；梁段拼装完毕，应经检查，确认符合设计要求。现浇接头混凝土强度应达到设计规定方可张拉，设计无规定时，张拉强度不得小于梁段混凝土设计强度标准值的 75%。</td></tr>
</table>

<table>
<tr><td colspan="3" rowspan="2">安全技术交底记录</td><td rowspan="2">编号</td><td>×××</td></tr>
<tr><td>共×页第×页</td></tr>
<tr><td>工程名称</td><td colspan="4">××市政基础设施工程××标段</td></tr>
<tr><td>施工单位</td><td colspan="4">××市政建设集团</td></tr>
<tr><td>交底提要</td><td colspan="2">预应力混凝土梁桥悬臂拼装安全技术交底</td><td>交底日期</td><td>××年××月××日</td></tr>
<tr><td colspan="5">14.墩顶临时支承采用硫磺水泥砂浆时，应符合下列要求：
（1）吊运硫磺水泥砂浆时，吊运范围内严禁有人。
（2）熬制完成，作业人员离开岗位前，必须熄灭余火。
（3）熬制硫磺砂浆不得在架空线路下方熬制；应在室外进行，并应位于施工现场的下风方向，远离生活区。
（4）熬制时，严禁在猛火空锅中投料和中途投放大块硫磺，溶液不得超过锅容量的3/4，作业人员严禁离开岗位。
（5）熬制前必须履行用火申报手续，经消防管理人员检查，确认防火措施落实，并签发用火证后，方可点火作业。
（6）运输时，严禁用锡焊制品盛装硫磺砂浆，装溶液量不得超过容器容量的2／3，速度应缓慢、均匀，不得忽快忽慢，并应避开人员。</td></tr>
<tr><td colspan="2">审核人</td><td colspan="2">交底人</td><td>接受交底人</td></tr>
<tr><td colspan="2">×××</td><td colspan="2">×××</td><td>×××、×××……</td></tr>
</table>

6.10.5 顶推法架梁安全技术交底

<table>
<tr><td colspan="2" rowspan="2">安全技术交底记录</td><td rowspan="2">编号</td><td>×××</td></tr>
<tr><td>共×页第×页</td></tr>
<tr><td>工程名称</td><td colspan="3">××市政基础设施工程××标段</td></tr>
<tr><td>施工单位</td><td colspan="3">××市政建设集团</td></tr>
<tr><td>交底提要</td><td>顶推法架梁安全技术交底</td><td>交底日期</td><td>××年××月××日</td></tr>
<tr><td colspan="4">交底内容：
1.梁段顶推应符合下列要求：
（1）油泵与千斤顶应配套标定。
（2）顶推千斤顶的额定顶力和拉杆的容许拉力均不得小于设计最大顶力的 2 倍。
（3）顶推过程中应按设计要求进行导向、纠偏等监控工作，确认偏差符合设计要求。
（4）顶推过程中应及时在滑座后插入补充滑块，插入的滑块应排列紧凑，其最大间隙不得超过 20cm。
（5）顶推千斤顶用的油泵应配备同步控制系统。两侧顶推时，左右应同步；多点顶推时各千斤顶纵横向应同步。
2.顶推法施工的机具设备使用前应经检查、试运行，确认合格。
3.模板、钢筋、预应力、混凝土施工应符合相应安全技术交底的具体要求。
4.顶推过程中应随时检测桥墩墩顶变位，其纵、横向位移均不得超过设计规定。
5.不得在电力架空线路下方设置预制台座，预制台座一侧有电力架空线路时，其水平距离应符合施工用电安全要求。
6.预制梁段混凝土浇筑前应将导梁安装就位，导梁与梁段连接的埋件应安装牢固，经检查验收，确认符合设计要求并形成文件后，方可浇筑梁段混凝土。
7.顶推过程中出现拉杆变形、拉锚松动、主梁预应力锚具松动、导梁变形等异常情况，必须停止顶推，妥善处理，确认符合要求后方可继续顶推。
8.落梁前拆除滑动装置时，各支点应均匀顶起，同一墩台上的千斤顶应同步进行，同墩上两侧梁底顶起高差不得大于 1mm；相邻墩、台上梁底顶起高差不得大于 5mm。
9.顶推法架梁施工前应对临时墩、导梁、制梁台座进行施工设计，其强度、刚度、稳定性应满足施工安全要求；使用前应经验收，确认合格并形成文件；使用中应随时检查，发现隐患必须及时排除，确认安全后方可继续使用。</td></tr>
</table>

审核人	交底人	接受交底人
×××	×××	×××、×××……

6.11 拱桥工程

6.11.1 砌筑拱圈施工安全技术交底

<table>
<tr><td colspan="2" rowspan="2">安全技术交底记录</td><td rowspan="2">编号</td><td>×××</td></tr>
<tr><td>共×页第×页</td></tr>
<tr><td>工程名称</td><td colspan="3">××市政基础设施工程××标段</td></tr>
<tr><td>施工单位</td><td colspan="3">××市政建设集团</td></tr>
<tr><td>交底提要</td><td>砌筑拱圈施工安全技术交底</td><td>交底日期</td><td>××年××月××日</td></tr>
</table>

交底内容：

1.拱上结构砌筑应符合下列要求：

（1）拱上结构在卸落拱架前砌筑时，封拱砂浆强度应达到设计强度30%，方可进行。

（2）拱上结构在卸落拱架后砌筑时，封拱砂浆强度应达到设计强度的70%，方可进行。

（3）分环砌筑的拱圈，应待最上环封拱砂浆达到设计强度的70%，方可落架，砌筑拱上结构。

（4）拱圈采用预施压力调整应力时，应待封拱砂浆达到设计强度后，方可落架，砌筑拱上结构。

2.拱圈砌筑应严格按施工组织设计规定的作业程序进行。

3.模板及其支架和拱架、钢筋、混凝土、砌体施工应符合相应的安全技术交底的具体要求。

4.拱圈砌筑前应检查支架、拱架和模板的安装质量，经验收合格，并形成文件后，方可进行砌筑作业。

5.使用起重机、卷扬机、金属吊索具、倒链、天然和人造纤维吊索应符合相应安全技术交底的具体要求。

6.拱圈砌筑过程中应随时观测拱架、支架变形情况，发现变形超过规定，必须立即停砌，采取安全技术措施，并验收合格后，方可继续砌筑。

7.拱桥上施工采用外吊架临边防护时，在拱圈结构施工中应同步完成临边防护设施的预留孔或预埋件，并在拱圈完成并达到规定强度后，安设临边防护设施。

8.拱圈封拱合拢时砌体砂浆强度应达到设计规定。设计无规定时砌体砂浆达到设计强度的 50%后，方可封拱合拢；封拱合拢前采用千斤顶施压调整拱圈应力时，拱圈砂浆必须达到设计强度后方可进行。

9.高处作业必须搭设作业平台，搭设与拆除脚手架应符合脚手架安全技术交底具体要求；作业平台临边必须设防护栏杆；作业平台的脚手板必须铺满、铺稳；使用前应经检查、验收，确认合格并形成文件。使用中应随时检查，确认安全；上下作业平台必须设安全梯、斜道等攀登设施。

审核人	交底人	接受交底人
×××	×××	×××、×××……

6.11.2 拱架上浇筑混凝土拱圈安全技术交底

<table>
<tr><td colspan="2" rowspan="2">安全技术交底记录</td><td rowspan="2">编号</td><td>×××</td></tr>
<tr><td>共×页第×页</td></tr>
<tr><td>工程名称</td><td colspan="3">××市政基础设施工程××标段</td></tr>
<tr><td>施工单位</td><td colspan="3">××市政建设集团</td></tr>
<tr><td>交底提要</td><td>拱架上浇筑混凝土拱圈安全技术交底</td><td>交底日期</td><td>××年××月××日</td></tr>
</table>

交底内容：

1.拱架上浇筑混凝土拱圈，应检查支架、拱架和模板的安装质量，经验收确认合格，并形成文件后方可浇筑混凝土。

2.分段浇筑的混凝土拱圈强度达到设计强度 75%后，方可由拱脚向拱顶对称浇筑间隔槽混凝土。

3.拱桥上施工采用外吊架临边防护时，在拱圈结构施工中应同步完成临边防护设施的预留孔或预埋件，并在拱圈完成并达到规定强度后，安设临边防护设施。

4.拱架上浇筑混凝土，无论连续浇筑或分段浇筑均应从拱脚向拱顶对称进行。大跨度拱圈混凝土分段浇筑时，应在施工组织设计中规定浇筑程序和监控措施。

5.拱圈封拱合拢时混凝土强度应达到设计规定。设计无规定时分段浇筑的拱圈混凝土应达到设计强度 75%后，方可封拱合拢；封拱合拢前采用千斤顶施压调整拱圈应力时，拱圈和已浇筑的间隔槽混凝土必须达到设计强度，方可封拱合拢。

6.拱圈混凝土浇筑过程中应随时观测支架、拱架变形情况，发现变形超过规定，必须立即停止浇筑，采取安全技术措施，并验收合格后，方可继续浇筑。

7.模板及其支架和拱架、钢筋、混凝土、砌体施工应符合相应的安全技术交底的具体要求。

8.高处作业必须搭设作业平台，搭设与拆除脚手架应符合脚手架安全技术交底具体要求；作业平台的脚手板必须铺满、铺稳；作业平台临边必须设防护栏杆；使用中应随时检查，确认安全；使用前应经检查、验收，确认合格并形成文件；上下作业平台必须设安全梯、斜道等攀登设施。

9.使用起重机、卷扬机、金属吊索具、倒链、天然和人造纤维吊索应符合相应安全技术交底的具体要求。

审核人	交底人	接受交底人
×××	×××	×××、×××……

6.11.3 劲性骨架浇筑混凝土拱圈安全技术交底

<table>
<tr><td colspan="2" rowspan="2">安全技术交底记录</td><td rowspan="2">编号</td><td>×××</td></tr>
<tr><td>共×页第×页</td></tr>
<tr><td>工程名称</td><td colspan="3">××市政基础设施工程××标段</td></tr>
<tr><td>施工单位</td><td colspan="3">××市政建设集团</td></tr>
<tr><td>交底提要</td><td>劲性骨架浇筑混凝土拱圈安全技术交底</td><td>交底日期</td><td>××年××月××日</td></tr>
</table>

交底内容：

1.分环多工作面浇筑拱圈混凝土时，各工作面的浇筑顺序应对称、同步、均衡。

2.分环、分段浇筑拱圈混凝土时，同时浇筑的两个工作段浇筑顺序应对称、同步、均衡。

3.模板及其支架和拱架、钢筋、混凝土、砌体施工应符合相应的安全技术交底的具体要求。

4.拱圈混凝土浇筑过程中，应随时跟踪监测，出现异常应及时按监控方案调整，使拱轴线位置符合设计要求。

5.拱桥上施工采用外吊架临边防护时，在拱圈结构施工中应同步完成临边防护设施的预留孔或预埋件，并在拱圈完成并达到规定强度后，安设临边防护设施。

6.施工前应根据设计文件和现场环境条件规定拱圈混凝土浇筑方法、程序和监控方法。并对劲性骨架的强度、刚度和稳定性进行验算，确认符合施工各阶段的要求。

7.高处作业必须搭设作业平台，并应符合下列要求：

（1）作业平台的脚手板必须铺满、铺稳。搭设与拆除脚手架应符合脚手架安全技术要求。

（2）使用前应经检查、验收，确认合格并形成文件。使用中应随时检查，确认安全。

（3）临边作业必须设防护栏杆，防护栏杆应由上、下两道栏杆和栏杆柱组成，上杆离地高度应为1.2m，下杆离地高度应为50cm～60cm，栏杆柱间距应经计算确定，且不得大于2m。

（4）栏杆的整体构造和栏杆柱的固定，应使防护栏杆在任何处能承受任何方向的1000N外力；防护栏杆的底部必须设置牢固的、高度不低于18cm的挡脚板；挡脚板下的空隙不得大于1cm；挡脚板上有孔眼时，孔径不得大于2.5cm；高处临街的防护栏杆应加挂安全网，或采取其他全封闭措施。

8.上下作业平台必须设安全梯、斜道等攀登设施；采用固定式直爬梯时，爬梯应用金属材料制成。梯宽且为50cm，埋设与焊接必须牢固。梯子顶端应设1.0m～1.5m高的扶手。攀登高度超过7m以上部分宜加设护笼；超过13m时，必须设梯间平台；人员上下梯子时，必须面向梯子，双手扶梯；梯子上有人时，他人不宜上梯；采用斜道（马道）时，脚手架必须置于坚固的地基上，斜道宽度不得小于1m，纵坡不得陡于1∶3，支搭必须牢固。

9.使用起重机、卷扬机、金属吊索具、倒链、天然和人造纤维吊索应符合相应安全技术交底的具体要求。

审核人	交底人	接受交底人
×××	×××	×××、×××……

6.11.4 装配式混凝土拱桥安全技术交底

安全技术交底记录		编号	××× 共×页第×页
工程名称	××市政基础设施工程××标段		
施工单位	××市政建设集团		
交底提要	装配式混凝土拱桥安全技术交底	交底日期	××年××月××日

交底内容：

1.悬吊设施和起重设备安装完毕后，应经试运转、试吊确认合格，并形成文件后方可投入使用。

2.卧式预制桁架，拱片起吊前应对其薄弱部位采取临时加固措施；起吊过程中应保持各点受力均匀，拱片保持平面状态，不得扭曲。

3.安装前，墩、台、支承结构和预制构件应经检查、验收，确认符合设计要求并形成文件，且混凝土强度达到允许吊装强度，方可吊装。

4.拱圈、拱肋采用无支架安装应符合下列要求：

（1）拱肋分段吊装时，除拱顶段外，每段拱肋应各设一组扣索悬挂。

（2）拱圈跨径大于80m，或横向稳定系数小于4时，应采取双基肋或多基肋合拢。

（3）多孔拱桥吊装宜由桥台或单向推力墩开始依次进行，并应遵守设计加载程序规定。

（4）中小跨拱圈、拱肋分两段或整根吊装时，如横向稳定系数大于4（含），可单肋合拢。

（5）拱肋分段吊装，应待吊装段与已就位段连接后，并设扣索和风缆临时固定后方可摘除起重索。

（6）起重设备、设施应经过施工设计确定，施工前应根据河床、地形、跨径、吊装设备等情况选择合理方案。

（7）各拱肋松索前，拱轴线位置和各接头位置应经校正符合设计要求；松索应自拱脚向拱顶进行，先松拱脚段扣索一次，然后按比例、对称、均匀进行；每次松索应监测拱轴线平面的垂直度和接头高程，防止非对称变形造成的拱肋失稳；合拢温度应符合设计规定，设计无规定时宜在气温接近年平均气温时合拢。

（8）扣索、扣架应布置合理，扣架底座应与墩、台固定，扣架顶部应设风缆，扣索、扣架的强度和稳定性应经验算符合施工安全要求；各扣索位置必须与所吊拱肋在同一竖直面内。

（9）拱肋分段吊装，由扣索悬挂时，必须设风缆。每对风缆与拱肋水平投影的夹角不宜小于 50°；拱肋分三段或五段拼装时，至少应保持两根基肋设置固定风缆；固定风缆应待全孔合拢、横系梁强度达到设计规定后，方可撤除。

<table>
<tr><td colspan="2">安全技术交底记录</td><td>编号</td><td>×××
共×页第×页</td></tr>
<tr><td>工程名称</td><td colspan="3">××市政基础设施工程××标段</td></tr>
<tr><td>施工单位</td><td colspan="3">××市政建设集团</td></tr>
<tr><td>交底提要</td><td>装配式混凝土拱桥安全技术交底</td><td>交底日期</td><td>××年××月××日</td></tr>
</table>

（10）缆索吊机架设应符合下列要求：

1）吊机组装完毕后，应进行全面检查，并经试运转、试吊，确认合格并形成文件后，方可投入使用。

2）承重主索、塔架、索鞍、风缆、地锚等设施的强度和稳定性与地基承载力均应按有关规定验算，确认安全。

3）塔架应设风缆，风缆地端必须系在地锚上，严禁与电杆、树木、脚手架和建（构）筑物相连。风缆不得少于 3 根，其与地面夹角不宜大于 45°。

5.拱圈、拱肋采用少支架安装应符合下列要求：

（1）拱肋分段吊装到支架上后，应及时安设支撑和横向联系。

（2）支架基础应有足够的承载力，且不得受冲刷、冻胀影响。

（3）分段拱肋的接头与合拢应按设计规定进行，并应采用补偿收缩混凝土。拱圈横系梁宜与接头混凝土一并浇筑。

（4）支架结构设计应满足施工过程中各个施工阶段最大荷载组合的要求。支架顶部的落架装置应能够满足多次落架的需要。

（5）支架卸落应符合下列要求：

1）支架卸落宜分次逐渐进行。

2）台后填土应符合设计要求和技术规定。

3）已合拢的拱圈，经检查混凝土强度和拱轴线符合设计要求后，方可卸落。

4）拱肋接头和横系梁混凝土强度达到设计强度的 75%以上或达到设计规定后，方可卸落。

5）卸落支架时应对拱圈变形、墩台变位进行观测，若超过设计规定应及时与设计商定加固措施，并形成文件。

6）多跨拱桥应在所有孔的拱肋合拢后落架，若需提前落架，必须验算，确认桥墩能承受不平衡推力，并形成文件后方可进行。

审核人	交底人	接受交底人
×××	×××	×××、×××……

6.12 钢桥制造与安装工程

6.12.1 钢桥制造安全技术交底

安全技术交底记录		编号	××× 共×页第×页
工程名称	××市政基础设施工程××标段		
施工单位	××市政建设集团		
交底提要	钢桥制造安全技术交底	交底日期	××年××月××日

交底内容：

1.剪冲或切割后的工件，应倒钝，并将飞边、毛刺、挂渣、飞溅物等锐利物清除干净。操作人员不得用手清除。

2.经矫正符合设计要求的杆件应堆放在平整、坚实、不积水的场地上，并应按施工设计规定设置支墩；支墩必须稳固。

3.放样应在坚固的放样台上进行；作业中，严禁抛掷工具；燃割工件时，应合理布置垫块，且不得使用方木等易燃物作垫块，确保工件燃割后的稳定。

4.钢材堆放场地应平整、坚实、不积水，并设防雨、雪设施；码垛高度应由地基承载力确定，且不宜超过 1.2m；钢材应按品种、型号、规格分类整齐码放；每排垛之间应有安全通道，其宽度应满足运输车辆要求，且不小于 1.5m；每层应隔垫，确保吊装穿绳的安全操作。

5.切削作业时操作人员应站在切屑飞溅范围之外，刀具未停止运转之前操作人员不得触摸工件；加工的工件上不得放置工具和其他杂物，切削作业中不得改变切削方式，不得测量工件；采用刨边机加工坡口，压紧装置必须灵敏可靠，压紧器必须有足够的夹紧力；装卸工件时必须将刀具退到安全位置。大型工件装卸时应使用起重设备，当工件平稳地放置在平台上并卡牢后，方可摘钩。

6.加工钢桥使用的钢材、焊接材料、涂装材料和紧固件应符合设计要求和现行国家标准的规定。材料进场时应有生产企业的质量合格证明书，并应按合同要求和国家标准进行检查和验收，确认合格，形成文件；钢桥应在具有资质的钢结构制造企业制造，并按提前编制好的方案，规定杆件制作、组装、试拼装、涂装的工艺和相应的安全技术措施；在钢桥制作的同时应加工制作桥上施工临边防护设施，并履行质量验收手续，确认合格，并形成文件。

7.钢桥制作场地应平整、坚实，宜采用刚性地面，其承载力应满足要求，不得有影响钢材吊装的建（构）筑物、架空线等障碍物；在露天场地制作，应有防雨、雪设施，周围应设护栏，非施工人员禁止入内；钢桥制作宜在具备相应条件的车间内加工；加工机具、材料、工件等应合理布置，电气接线与拆卸必须由电工负责，并应符合施工用电安全技术交底具体要求；钢桥制作场地应经检查、验收合格后，方可投入使用。

<table>
<tr><td colspan="2" rowspan="2">安全技术交底记录</td><td rowspan="2">编号</td><td>×××</td></tr>
<tr><td>共×页第×页</td></tr>
<tr><td>工程名称</td><td colspan="3">××市政基础设施工程××标段</td></tr>
<tr><td>施工单位</td><td colspan="3">××市政建设集团</td></tr>
<tr><td>交底提要</td><td>钢桥制造安全技术交底</td><td>交底日期</td><td>××年××月××日</td></tr>
</table>

8.钢桥制作使用的工作台和工装胎具应满足钢桥制作要求，其强度、刚度和稳定性应满足钢桥制作中的安全要求；工作台和工装胎具应按施工组织设计规定制作；制作完成后，必须经验收确认合格，并形成文件；工装胎具和加工杆件总高度在2m（含）以上应设临边防护设施；必要时应在工装胎具侧面支搭作业平台，支搭作业平台应符合下列要求：

（1）作业平台的脚手板必须铺满、铺稳。

（2）搭设与拆除脚手架应符合脚手架安全技术交底具体要求。

（3）使用前应经检查、验收，确认合格并形成文件。使用中应随时检查，确认安全。

（4）作业平台临边必须按要求设防护栏杆；上下作业平台必须设安全梯、斜道等攀登设施。

9.剪切、冲裁工件作业时，应根据钢板的尺寸和质量确定吊具和操作人数；两人（含）以上作业时，应由一人指挥；剪切窄板时，应使用宽度、厚度符合要求的压垫板压紧；不得将数层钢板叠在一起剪切和冲裁，并应根据加工钢板的厚度调整剪刃间隙；操作人员双手距刃口或冲模应保持20cm以上的距离，不得将手置于压紧装置或待压工件的下部；送料时必须在剪刀、冲刀停止动作后进行；作业过程中出现异常情况，必须立即关机断电；排除故障后，应经检查确认安全方可继续作业。严禁机械带病作业。

10.安装、使用加工机械应符合下列要求：

（1）使用期间应建立维护、保养、检查制度，保持完好。

（2）机械操作人员和配合作业人员应协调一致，相互配合。

（3）加工机械应在使用说明书规定的适用范围内，按操作规程操作。

（4）机械周围不得有影响操作的障碍物，室外作业应设防雨、雪棚。

（5）加工机械应设专人管理，操作人员必须经安全技术培训，考核合格方可上岗。

（6）两班以上作业应建立交接班制度，确认安全并形成文件；作业后必须关机断电，清洁机械、清扫现场。

（7）机械应安装在坚实的基础上，安装完毕后应按机械说明书的规定进行检测和试运转，经验收合格后方可使用；机械的防护装置应齐全、有效。

（8）机械运行中发现异常或故障，必须立即关机断电，并进行检修；检修后应经检查、试运行确认安全，方可继续使用；严禁机械带病运转和在运转中维修。

11.气割加工现场应符合下列要求：

（1）气割作业场地周围10m范围内不得堆放易燃易爆物品，不能满足时，必须采取隔离措施；加工现场必须按消防部门的规定配置消防器材。

<table>
<tr><td colspan="2" rowspan="2">安全技术交底记录</td><td rowspan="2">编号</td><td>×××</td></tr>
<tr><td>共×页第×页</td></tr>
<tr><td>工程名称</td><td colspan="3">××市政基础设施工程××标段</td></tr>
<tr><td>施工单位</td><td colspan="3">××市政建设集团</td></tr>
<tr><td>交底提要</td><td>钢桥制造安全技术交底</td><td>交底日期</td><td>××年××月××日</td></tr>
</table>

（2）作业现场用气量应随用随供，不宜多存。露天作业时，乙炔瓶、氧气瓶等应搭设防护棚；风力五级（含）以上天气不得露天作业。

（3）现场宜设各种气瓶的专用库，并建立领发料制度；气割作业现场应通风良好，能及时排除有害气体、灰尘、烟雾。

（4）作业前应履行用火申报手续，经消防管理人员检查，确认防火措施落实，并签发用火证。作业中应随时检查，确认无隐患。作业后必须清除火种，作业人员方可离开现场。

12.使用钢丝绳吊装钢板时，应采取防止钢丝绳滑移的措施；钢丝绳与钢板棱边间应采用塑性材料垫衬；吊装钢板、型钢应使用专用吊具，并保持两吊索夹角不大于 120°，大型钢板应采用横吊梁吊装；用自制吊具安装构件时，应符合下列要求：

（1）自制吊具应纳入机具管理范畴，由专人管理，定期检修、维护，保持完好。

（2）使用前作业人员必须对其进行外观检查、试用，确认安全。

（3）自制吊具应由专业技术人员设计，由项目经理部技术负责人核准；自制吊具宜在加工厂由专业技工制作，经质量管理人员跟踪检查，确认各工序合格，并形成文件；制作完成后必须经验收、试吊，确认合格，并形成文件。

13.钢桥试拼装应符合下列要求：

（1）试拼装场地应平整、坚实，面积和承载力应满足试拼装要求。

（2）试拼装应由具有经验的专业技术人员主持；吊装作业必须由信号工指挥。

（3）试拼装现场附近有电力架空线路时，应设专人监护，确认运输机械与电力架空线路的最小距离必须符合表 4-1-3 的要求。

（4）吊装时，被吊杆件（梁段）上严禁有人；杆件四角应加设缆风绳，保持稳定；起重机吊装应符合起重机相关安全技术交底具体要求。

（5）对孔时，应用冲钉探孔，严禁手指探入。

（6）作业前应根据杆件形状、尺寸、质量选择适宜的起重机。

（7）试拼装现场应划定作业区，非作业人员严禁入内；试拼装时应采取防倾覆措施。

（8）试拼装时必须在前杆件（梁段）拼装稳固，确认安全后方可进行后杆件（梁段）的拼装。

（9）杆件（梁段）就位应缓慢、平稳、准确。在距离就位点 5cm～10cm 的空间位置应暂停，使用工具辅助就位；严禁碰撞已装杆件（梁段）；严禁手推、脚蹬辅助就位。

14.运输、储存氧气瓶和乙炔瓶应符合下列要求：

（1）油脂和油污等易燃物品不得与氧气同车运输。

<table>
<tr><td colspan="2" rowspan="2">安全技术交底记录</td><td rowspan="2">编号</td><td>×××</td></tr>
<tr><td>共×页第×页</td></tr>
<tr><td>工程名称</td><td colspan="3">××市政基础设施工程××标段</td></tr>
<tr><td>施工单位</td><td colspan="3">××市政建设集团</td></tr>
<tr><td>交底提要</td><td>钢桥制造安全技术交底</td><td>交底日期</td><td>××年××月××日</td></tr>
</table>

（2）乙炔气瓶必须按规定期限储存，不得放置在有射线辐射的场所。

（3）运输气瓶应挂“危险品”标志；并严禁在车辆、行人稠密地区、学校、娱乐和危险场所停置。

（4）运输气瓶时应检查瓶帽，确认旋紧，并应轻装、轻卸，严禁用肩扛、背负、拖拉、抛滑等易造成碰、撞的搬运方法，严禁用吊车吊运氧气瓶。

（5）汽车运输气瓶应妥善固定，宜头朝同一方向横向放置，不得超过车厢高度；车厢内严禁乘人，严禁烟火，并随车备有灭火器材和防毒面具；夏季应有遮阳措施，严禁暴晒。

（6）储存气瓶的库房必须专人管理，并建立管理制度；储存气瓶的库房必须符合消防有关规定；储存气瓶的库房，地面应平坦、防滑、有良好通风条件，且温度不得超过40℃；照明设施应具有防爆性能，电气开关和熔断器等应设在库房外，并应设避雷装置。

（7）气瓶入库前必须进行检查，确认符合规定要求；气瓶在库中应放置整齐，妥善固定，并留有通道；卧放时应头朝同一方向，挡掩牢固；气瓶在储存时必须与易燃、可燃物隔离，且与易引燃的材料（如木屑、纸张、油脂等）距离6m以上，或用高于1.6m的不可燃屏板隔离。

15.机械矫正工件应符合下列要求：

（1）使用滚（平）板机矫正钢板时，操作人员必须站在机床两侧.严禁站在机床前后或站在钢板上。

（2）矫正小块钢板时，应在其下垫以能满足机械要求的钢垫扳，垫板一端与轧辊距离不得小于30cm，并不得偏斜。

（3）矫正大型工件时，操作人员不得用手把持工件，应站在工件可能偏斜、偏移、翻滚的范围之外，发现异常情况应立即关机，及时采取措施，并确认工件稳固。

（4）作业结束后必须关机断电，保养机械，清扫现场。

（5）使用压力矫正工件时，工件应放置在承压台正中；遇有偏心和斜面的工件，应压在工件的重心位置上，并应对工件采取稳定措施。

（6）机械矫正时，工件应放置平稳，设专人指挥；工件表面应保持清洁，不得有熔焊的金属渣；钢板出现滚偏时，必须关机断电后方可进行调正。

16.杆件矫正必须由作业组长统一指挥；矫正前杆件应放置稳固，矫正过程中应随时观察，确认正常；发现异常情况，必须立即停止矫正，经处理确认杆件稳定后，方可继续矫正；采用冷矫工艺应符合机械矫正工件相应要求，并应缓慢加压，随时观察杆件的变形情况，保持杆件的稳定；采用燃炬加热矫正应符合气割加工设备相应安全要求，采用多台（个）燃炬加热时，操作人员必须相互照应,并保持3m以上的作业距离。

<table>
<tr><td colspan="2" rowspan="2">安全技术交底记录</td><td rowspan="2">编号</td><td>×××</td></tr>
<tr><td>共×页第×页</td></tr>
<tr><td>工程名称</td><td colspan="3">××市政基础设施工程××标段</td></tr>
<tr><td>施工单位</td><td colspan="3">××市政建设集团</td></tr>
<tr><td>交底提要</td><td>钢桥制造安全技术交底</td><td>交底日期</td><td>××年××月××日</td></tr>
</table>

17.气割加工设备应符合下列要求：

（1）作业结束后必须关闭氧气瓶、旋紧安全阀，并将使用设备放置在安全处，检查作业场地，确认无火灾隐患，方可离场。

（2）操作者必须经专业培训，持证上岗；数控、自动、半自动切割加工设备应实行专人专机制度；作业人员必须按规定穿戴工作服、手套、护目镜等防护用品。

（3）气瓶及其附件、软管、气阀与割炬的连接处应牢固，不得漏气；使用前和作业中应用皂水检查，确认严密；严禁用明火检漏；气割胶管应妥善固定，禁止与焊接电缆、钢丝绳等绞在一起。

（4）作业中氧气瓶、乙炔瓶和割炬相互间的距离不得小于 10m；同一处有两个以上乙炔瓶时，其相互间距不得小于 10m；不能满足上述要求时，应采取隔离措施；作业中不得手持连接胶管的割炬爬梯、登高，胶管不得缠身；严禁割具对向人、设备和设施。

18.制孔应符合下列要求：

（1）严禁触摸旋转的刀具和在刀具下翻转、卡压、测量工件。

（2）后孔法制孔，必须将杆（工）件和制孔设备支垫稳固；制孔设备应有足够的作业空间。

（3）制孔前，应检查钻床和夹具，确认安全；制孔时，钢板必须卡牢，钢板不得有位移和震动；工件上、机床上不得放置其他物件。

（4）手动进钻、退钻时，应逐渐增压或减压，不得在手柄上加套管进钻；钻头上缠有铁屑时，应停车用刷子清除，不得直接用手清除。

（5）制孔结束后必须关机断电，待钻床与工件脱离后，方可吊装杆（工）件；制孔后的飞刺、铁屑、污垢应及时清除。

（6）铰孔、扩孔或量测孔径拨取量棒（量规）时，不得用力过猛；使用摇臂钻制孔，横臂必须卡紧，横臂回转范围不得有障碍物。

19.杆件焊接应符合下列要求：

（1）焊接前必须办理用火申报手续，经消防管理人员检查确认焊接作业安全技术措施落实，颁发用火证后，方可进行焊接作业。

（2）所有焊缝必须进行外观检查，不得有裂纹、未熔合、夹碴、未填满弧坑和超出规定的缺陷。零部（杆）件的焊缝应在焊接 24h 后按技术规定进行无损检验。

（3）焊接施工作业现场应符合下列要求：

1）露天焊接作业，焊接设备应设防护棚。

<table>
<tr><td colspan="2" rowspan="2">安全技术交底记录</td><td rowspan="2">编号</td><td>×××</td></tr>
<tr><td>共×页第×页</td></tr>
<tr><td>工程名称</td><td colspan="3">××市政基础设施工程××标段</td></tr>
<tr><td>施工单位</td><td colspan="3">××市政建设集团</td></tr>
<tr><td>交底提要</td><td>钢桥制造安全技术交底</td><td>交底日期</td><td>××年××月××日</td></tr>
</table>

2）二氧化碳气体保护焊露天焊接时，应设挡风屏板。

3）焊接作业现场应按消防部门的规定配置消防器材。

4）焊接辐射区，有他人作业时，应用不可燃屏板隔离。

5）焊接作业现场应设安全标志，非作业人员不得入内。

6）焊接作业现场应通风良好，能及时排除有害气体、灰尘、烟雾。

7）焊接作业现场周围10m范围内不得堆放易燃易爆物品，不能满足时，必须采取隔离措施。

（4）焊接作业应符合下列要求：

1）电焊机的二次引出线、焊把线、电焊钳等的接头必须牢固。

2）电焊机的电源缆线长不得大于5m，二次引出线长不得大于30m。

3）长期停用的电焊机，使用前必须检验，绝缘电阻不得小于0.5MΩ，接线部分不得有腐蚀和受潮现象。

4）作业时，电缆线应理顺，不得身背、臂夹、缠绕身体，严禁搭在电弧和炽热焊件附近与锋利的物体上。

5）使用中的焊接设备应随时检查，发现安全隐患必须立即停止使用；维修后的焊接设备，经检查确认安全后，方可继续使用。

6）操作者必须经专业培训，持证上岗。数控、自动、半自动焊接设备应实行专人专机制度；焊工作业时必须使用带有滤光镜的头罩或手持防护面罩，戴耐火的防护手套，穿焊接防护服，穿绝缘、阻燃、抗热防护鞋；清除焊渣时应戴护目镜。

7）电焊机、电缆线、电焊钳应完好，绝缘性能良好，焊机防护装置齐全有效；使用前应检查，确认符合要求。

8）作业时不得使用受潮焊条；更换焊条必须戴绝缘手套；合开关时必须戴干燥的绝缘手套，且不得面向开关。

9）作业中电机出现声响异常、电缆线破损、漏电征兆时，必须立即关机断电，停止使用，维修后经检查确认安全，方可继续使用。

10）在狭小空间作业时必须采取通风措施，经检测确认氧气和有毒、有害气体浓度符合安全要求并记录后，方可进入作业；出入口必须设人监护，内外呼应，确认安全；作业人员应轮换作业；照明电压不得大于12V。

11）作业后必须关机断电，并锁闭电闸箱。

<table>
<tr><td colspan="2" rowspan="2">安全技术交底记录</td><td rowspan="2">编号</td><td>×××</td></tr>
<tr><td>共×页第×页</td></tr>
<tr><td>工程名称</td><td colspan="3">××市政基础设施工程××标段</td></tr>
<tr><td>施工单位</td><td colspan="3">××市政建设集团</td></tr>
<tr><td>交底提要</td><td>钢桥制造安全技术交底</td><td>交底日期</td><td>××年××月××日</td></tr>
</table>

20.焊缝无损检测人员必须经无损探伤专业培训，取得无损检测资格；放射检测时现场应设屏蔽，在放射源周围应设明显标志，严禁人员靠近；检测人员必须按规定佩戴专用防护用品；放射检测应远距离操作，工作地点应置于辐射强度最小的部位，避免在辐射流的正前方工作。

21.杆件组装应符合下列要求：

（1）楔具应焊牢，拆楔应切割、磨平，不得锤击打落。

（2）主梁上翼板未组装封盖前严禁人员站在腹板上作业。

（3）人孔和梁端部位应设安全标志，夜间和阴暗时应设警示灯。

（4）向工装胎具上搬运小型工件和工具，应直接传递，不得抛掷。

（5）工件和临时装置的锐边、锐角应倒钝，飞边、毛刺、污垢应清除。

（6）杆件组装时，必须使用刚性材料临时固定，严禁使用钢丝绳固定工件。

（7）组装大型杆件应使用起重设备，起落工件应缓慢、匀速，避免工装胎具受冲击荷载或集中荷载。

（8）在胎具上铺设直立、斜置、上置的工件时，应在胎具上设防止工件倾倒、翻转、坠落、位移的临时固定装置。

（9）杆件组装时，应由作业组长统一指挥，各工位协调配合；杆件组装应按施工方案、工艺规定设临时支撑和紧固件。

22.拆除杆件应由起重机械进行，拆除前应检查环境，确认安全；拆除工作应由专业技术人员主持、信号工指挥；拆除现场应设作业区，非作业人员不得入内；拆除杆件的堆放应在平整、坚实、不积水的场地上，并应按施工设计规定设置支墩，支墩必须稳固。

审核人	交底人	接受交底人
×××	×××	×××、×××……

6.12.2 钢梁涂装安全技术交底

<table>
<tr><td colspan="2" rowspan="2">安全技术交底记录</td><td rowspan="2">编号</td><td>×××</td></tr>
<tr><td>共×页第×页</td></tr>
<tr><td>工程名称</td><td colspan="3">××市政基础设施工程××标段</td></tr>
<tr><td>施工单位</td><td colspan="3">××市政建设集团</td></tr>
<tr><td>交底提要</td><td>钢梁涂装安全技术交底</td><td>交底日期</td><td>××年××月××日</td></tr>
</table>

交底内容：

1.涂漆作业应划定作业区，非施工人员不得入内。

2.涂漆作业前应检查钢梁杆件固定状况，确认稳固后，方可作业。

3.压力罐、气泵、空压机等压力容器必须经检测符合压力容器的安全规定；作业前应经检查，确认安全。

4.涂漆作业人员应按规定穿防护服、戴防护眼镜或长管面具；使用涂料、溶剂或稀释剂不得与皮肤接触。

5.涂料和辅料入场时，应有完整、清晰的包装标志、检验合格证和说明书；调配涂料应在专用调配室进行，应随用随配，每次配料不得超过20kg；涂料需加热时，必须使用热水、蒸汽等热源，严禁使用火炉、电炉、煤气炉等明火。

6.检修涂料设备、贮存容器、排风管道等，需采用电焊、气焊、喷灯等明火作业时，必须将其中的易燃物清除干净；作业前，必须履行用火申报手续，经消防管理人员检查，确认防火措施落实并颁发用火证后，方可作业。

7.涂漆前应进行除锈处理，采用机械除锈应用真空喷砂、湿喷砂等；手工除锈相邻操作人员的间距应大于1m；除油污应采用水基型清洗液、碱液等，严禁使用苯；各种打磨工具，作业前应进行检查或试运转，确认安全。

8.喷涂作业人员必须经安全技术培训，考核合格方可上岗；作业中，严禁喷枪嘴对人、设备和设施，不得触摸喷嘴和窥视喷嘴口；多支喷枪同时作业时，必须保持5m（含）以上间距，并按同一方向喷涂；喷枪停止使用时必须固锁安全装置，清洁喷枪时，必须先卸压、关机、断电；喷涂作业结束后，剩余涂料和辅料应及时送回仓库，不得随意乱放，作业人员应及时撤离现场，喷涂作业场所的各种可燃残留物和受其污染的垃圾、棉纱等必须及时清理，并放入带盖的金属桶内，妥善处理。

9.涂漆作业场所应符合下列要求：

（1）涂漆区禁止明火，并应设禁止烟火的标志；涂漆作业场所的耐火等级、防火间距、防爆和安全疏散措施。

（2）涂漆作业场所应通风良好，宜在室外；在室内作业应采取通风措施；涂漆区必须按消防部门规定设置消防器材，并定期检查、更换，保持有效状态。

（3）涂漆作业场地出入口至少应有两个，且其中之一必须直接通向露天，门应向外开，其内的通道宽度不得小于1.2m。

安全技术交底记录		编号	××× 共×页第×页
工程名称	××市政基础设施工程××标段		
施工单位	××市政建设集团		
交底提要	钢梁涂装安全技术交底	交底日期	××年××月××日

（4）在密闭、狭窄、通风不良的空间进行涂漆作业应符合下列要求：

1）作业照明不得大于 12V，且为防爆型灯具。

2）该空间只有一个出入口时应增开一个工艺口。

3）作业时，进出口处必须设专人监护，内外呼应。

4）作业中应动态监测，定时检测该空间内氧气含量和可燃、有毒、有害气体浓度，确认符合安全要求，并记录。

5）作业人员进入该空间前，应进行通风和空气检测，确认该空间内空气中氧气浓度、可燃气体浓度符合现行国家标准的规定，有毒、有害气体浓度不超过允许值。

审核人	交底人	接受交底人
×××	×××	×××、×××……

6.12.3 钢梁现场安装安全技术交底

<table>
<tr><td colspan="2" rowspan="2">安全技术交底记录</td><td rowspan="2">编号</td><td>×××</td></tr>
<tr><td>共×页第×页</td></tr>
<tr><td>工程名称</td><td colspan="3">××市政基础设施工程××标段</td></tr>
<tr><td>施工单位</td><td colspan="3">××市政建设集团</td></tr>
<tr><td>交底提要</td><td>钢梁现场安装安全技术交底</td><td>交底日期</td><td>××年××月××日</td></tr>
</table>

交底内容：

1.吊装方案应规定吊装方法、程序、运输方式和路线、交通疏导、机械设备、辅助设施和相应安全技术措施。施工辅助设施应经结构计算确定；钢梁安装应由具有吊装施工经验的施工技术人员主持，吊装作业必须由信号工指挥。

2.钢梁按规定进行试拼装合格后，方可运至施工现场。大型钢梁杆件（梁段）运至施工现场后宜直接吊装就位，如需现场堆放应堆放在平整、坚实、不积水的场地上，并应按施工设计规定设置支墩。支墩必须稳固。

3.吊装前，主管施工技术人员必须向所有作业人员进行安全技术交底，使吊装指挥人员、机械操作工、配合安装的作业人员了解杆件（梁段）的质量、重心位置，掌握杆件（梁段）安全就位的方法、措施。

4.钢梁运输前应完成以下准备工作：

（1）跨越铁路架梁时，架设方案应经铁路管理部门批准。

（2）施工组织设计中规定的运输车辆和配套吊装机械准备就绪，经检查符合要求。

（3）杆件若超长、超高、超宽、超重时，应先与道路交通管理部门研究确定运输方案，并经批准。

（4）在社会道路、公路上或跨越道路、公路架梁时，应编制交通疏导方案和相应安全措施，并经道路交通管理部门批准。

（5）实地踏勘确定运输路线。运输道路的承载力（含桥梁、地下设施）、宽度、转弯半径应满足运输要求；穿过的桥梁和隧道的限高和净跨应满足运输的安全要求；跨路架空线的净高应满足安全规定。

5.钢梁杆件（梁段）吊装前应进行以下检查工作，确认安全：

（1）各种辅助设施应符合施工设计要求。

（2）各种吊装机具应完好，防护装置应齐全有效。

（3）吊点的位置、构造应符合设计要求，吊装孔应按设计规定进行结构补强。

（4）现场应无障碍物，现场及其附近有电力架空线路时，确认运输机械与电力架空线路的最小距离必须符合表 4-1-3 的要求。

6.支搭临时支墩应符合下列要求：

（1）现场应设作业区，非作业人员严禁入内。

安全技术交底记录		编号	××× 共×页第×页
工程名称	××市政基础设施工程××标段		
施工单位	××市政建设集团		
交底提要	钢梁现场安装安全技术交底	交底日期	××年××月××日

（2）支墩上的千斤顶、砂箱等临时支承设施应与支墩连接牢固。

（3）支墩必须支设牢固，使用前应经验收确认合格，并形成文件。

（4）道路范围内的支墩边缘应设安全标志，夜间和阴暗时应设警示灯。

（5）支墩应设在坚实平整的地基上，地基承载力不能满足要求时，应对地基进行加固。

（6）支墩应进行施工设计，其结构的强度、刚度、稳定性应满足施工过程中最不利施工荷载的要求。

（7）高处作业必须支搭作业平台，搭设与拆除脚手架应符合脚手架相关安全交底具体要求；作业平台的脚手板必须铺满、铺稳；作业平台临边必须设防护栏杆；上下作业平台必须设安全梯、斜道等攀登设施；使用前应经检查、验收，确认合格并形成文件，使用中应随时检查，确认安全。

7.钢梁架设完成后，应及时安装桥梁地袱、栏杆。栏杆未安装前，桥两端必须封闭。严禁非作业人员入内，严禁开放交通。

8.钢梁杆件（梁段）吊装就位应符合下列要求：

（1）桥上施工临边防护设施必须在钢梁安装中同步安装。

（2）现场必须划定作业区，设护栏或派人值守，非作业人员严禁入内。

（3）杆件吊装全过程，应设专人跟踪检查辅助设施稳定状况，确认安全；发现异常必须立即停止吊装，排除隐患确认安全后，方可恢复吊装作业。

（4）高处作业必须支搭作业平台，作业平台临边必须设防护栏杆；搭设与拆除脚手架应符合脚手架相关安全交底具体要求；作业平台的脚手板必须铺满、铺稳；上下作业平台必须设安全梯、斜道等攀登设施；使用前应经检查、验收，确认合格并形成文件，使用中应随时检查，确认安全。

9.使用手动力矩扳手拧紧高强螺栓时，不得加套管施拧。各种作业工具应放置在安全地点，严禁将工具放在杆件上，手持工具应系保险绳。

10.钢梁架设中的临时墩等施工设施，使用功能完成后应及时拆除。拆除现场必须划定作业区，非作业人员严禁入内；拆除作业应按拆除方案规定的方法、程序自上而下拆除，严禁采用机械推拉；有社会交通时，应设专人疏导交通；拆除后应将拆除的物料立即运至规定地点，清理现场，满足交通要求。

11.现场使用风动铆接工具时风管的耐风压应为0.8MPa以上，接头应无泄漏；风压宜为0.7MPa，最低不得小于0.5MPa；作业中严禁随意开风门（放空枪）或铆冷钉；风动铆枪作业时，应两人操作并密切配合。作业时应先进行试铆，确认无误后方可正式铆接；风动工具使用完毕，应清洗并干燥后入库保管，不得随意堆放。

<table>
<tr><td colspan="2" rowspan="2">安全技术交底记录</td><td rowspan="2">编号</td><td>×××</td></tr>
<tr><td>共×页第×页</td></tr>
<tr><td>工程名称</td><td colspan="3">××市政基础设施工程××标段</td></tr>
<tr><td>施工单位</td><td colspan="3">××市政建设集团</td></tr>
<tr><td>交底提要</td><td>钢梁现场安装安全技术交底</td><td>交底日期</td><td>××年××月××日</td></tr>
</table>

12.主梁的杆件（梁段）吊装就位后，应及时按设计要求进行结构体系转换（落梁），作业时应由主管施工技术人员现场指挥；用千斤顶落梁时应设保险支座，千斤顶放置位置应符合设计规定，不得随意更改；卸落砂箱时应定时、定量、对称、同步进行，保持钢梁平稳下落；落梁中应观察梁体、支点位移、跨中挠度等情况，并及时调整起落高度。

13.现场采用焊接方法连接杆件应符合下列要求：

（1）焊接部位顺序应符合设计文件规定，设计无规定时，纵向宜从跨中向两端对称进行；横向宜从中线向两侧对称进行。

（2）焊接前必须办理用火申报手续，经消防管理人员检查确认焊接作业安全技术措施落实，颁发用火证后，方可进行焊接作业。

（3）施焊部位应设防风设施；雨雪天气不得施焊钢梁外接缝；在钢箱梁内施焊必须采取通风措施，应轮换作业，并设人监护。

（4）所有焊缝必须进行外观检查，不得有裂纹、未熔合、夹碴、未填满弧坑和超出规定的缺陷。零部（杆）件的焊缝应在焊接 24h 后按技术规定进行无损检验。

（5）焊接作业现场应符合下列要求：

1）操作者必须经专业培训，持证上岗。数控、自动、半自动焊接设备应实行专人专机制度。

2）焊工作业时必须使用带有滤光镜的头罩或手持防护面罩，戴耐火的防护手套，穿焊接防护服，穿绝缘、阻燃、抗热防护鞋；露天焊接作业，焊接设备应设防护棚；清除焊渣时应戴护目镜；焊接作业现场应按消防部门的规定配置消防器材。

3）作业后必须关机断电，并锁闭电闸箱。

4）作业中电机出现声响异常、电缆线破损、漏电征兆时，必须立即关机断电，停止使用，维修后经检查确认安全，方可继续使用。

5）焊接作业现场应通风良好，能及时排除有害气体、灰尘、烟雾；焊接作业现场应设安全标志，非作业人员不得入内；焊接辐射区，有他人作业时，应用不可燃屏板隔离。

6）作业时不得使用受潮焊条；更换焊条必须戴绝缘手套；合开关时必须戴干燥的绝缘手套，且不得面向开关；焊接作业现场周围 10m 范围内不得堆放易燃易爆物品，不能满足时，必须采取隔离措施。

7）电焊机的电源缆线长不得大于 5m，二次引出线长不得大于 30m；电焊机的二次引出线、焊把线、电焊钳等的接头必须牢固；作业时，电缆线应理顺，不得身背、臂夹、缠绕身体，严禁搭在电弧和炽热焊件附近与锋利的物体上。

<table>
<tr><td colspan="2" rowspan="2">安全技术交底记录</td><td rowspan="2">编号</td><td>×××</td></tr>
<tr><td>共×页第×页</td></tr>
<tr><td>工程名称</td><td colspan="3">××市政基础设施工程××标段</td></tr>
<tr><td>施工单位</td><td colspan="3">××市政建设集团</td></tr>
<tr><td>交底提要</td><td>钢梁现场安装安全技术交底</td><td>交底日期</td><td>××年××月××日</td></tr>
<tr><td colspan="4">8）使用中的焊接设备应随时检查，发现安全隐患必须立即停止使用；维修后的焊接设备，经检查确认安全后，方可继续使用；电焊机、电缆线、电焊钳应完好，绝缘性能良好，焊机防护装置齐全有效；使用前应检查，确认符合要求；长期停用的电焊机，使用前必须检验，绝缘电阻不得小于0.5MΩ，接线部分不得有腐蚀和受潮现象。
9）在狭小空间作业时必须采取通风措施，经检测确认氧气和有毒、有害气体浓度符合安全要求并记录后，方可进入作业；出入口必须设人监护，内外呼应，确认安全；作业人员应轮换作业；照明电压不得大于12V。</td></tr>
</table>

审核人	交底人	接受交底人
×××	×××	×××、×××……

6.13 斜拉桥与悬索桥工程

<table>
<tr><td colspan="2" rowspan="2">安全技术交底记录</td><td rowspan="2">编号</td><td>×××</td></tr>
<tr><td>共×页第×页</td></tr>
<tr><td>工程名称</td><td colspan="3">××市政基础设施工程××标段</td></tr>
<tr><td>施工单位</td><td colspan="3">××市政建设集团</td></tr>
<tr><td>交底提要</td><td>斜拉桥与悬索桥安全技术交底</td><td>交底日期</td><td>××年××月××日</td></tr>
</table>

交底内容：

1.一般要求

（1）在河湖地区施工应配备水上救助船。

（2）模板、钢筋、预应力、混凝土施工应符合相应安全技术交底具体要求。

（3）施工期间应与当地气象台建立联系，掌握天气状况，做好灾害性天气的预防工作。

（4）施工材料应符合设计要求，严格执行国家或行业标准规定，重要构件应由具有资质的企业加工。材料、构配件进场前应进行检测，确认合格并形成文件。

（5）施工中应根据施工组织设计中规定的安全技术措施，结合结构和作业特点制定安全操作细则，并贯彻执行；每一工序均应进行隐蔽工程验收，确认合格并形成文件。

（6）施工中应加强与设计人员的联系，随时解决施工中出现的设计配合问题，使施工阶段结构变形符合设计规定，并及时向设计提供调整结构变形和内力的依据，保持安全施工。

（7）高处作业必须支搭作业平台，搭设与拆除脚手架应符合脚手架相关安全交底具体要求；作业平台的脚手板必须铺满、铺稳；作业平台临边必须设防护栏杆；上下作业平台必须设安全梯、斜道等攀登设施；使用前应经检查、验收，确认合格并形成文件，使用中应随时检查，确认安全。

2.索塔

（1）索塔应设置避雷器，其接地电阻不得大于10Ω。

（2）不同类型基础施工应符合相应安全技术交底具体要求。

（3）索塔的倾斜度不得大于塔高的1／3000，且不得大于30mm或设计规定；施工中应及时检测，确认合格，并记录。

（4）索塔施工应设置相应的塔式起重机或施工升降机，起重机或施工升降机操作过程应符合相应安全技术交底具体要求。

（5）钢结构索塔应在厂内分段制造，立体试拼装，合格后方可出厂；现场组装时应严格控制误差，及时调整轴线和方位。

（6）钢筋混凝土索塔施工应符合下列要求：

1）施工过程中应及时检查模板及其支撑系统的工作状态，确认牢固、稳定。

2）索塔柱施工中，必须对各个施工阶段塔柱的强度和变形进行验算，并分高度设置横撑，使其线形、应力、倾斜度符合设计要求。

<table>
<tr><td colspan="2" rowspan="2">安全技术交底记录</td><td rowspan="2">编号</td><td>×××</td></tr>
<tr><td>共×页第×页</td></tr>
<tr><td>工程名称</td><td colspan="3">××市政基础设施工程××标段</td></tr>
<tr><td>施工单位</td><td colspan="3">××市政建设集团</td></tr>
<tr><td>交底提要</td><td>斜拉桥与悬索桥安全技术交底</td><td>交底日期</td><td>××年××月××日</td></tr>
</table>

3）塔柱内宜设劲性钢骨架。劲性骨架应在工厂内加工，现场分阶段超前拼装，并精确定位，供测量放样、立模、索管定位和施工受力使用。

4）模板及其支撑系统的施工设计应根据结构自重、高度、风力、施工荷载，并考虑其弹性和非弹性变形、支承下沉、温差和日照的影响，经计算确定。

3.斜拉桥的主梁与拉索

（1）拉索在运输、堆放中应采取保护措施，保持完好。

（2）拉索、锚具应由具有资质的企业制作，具有合格证和其他相关技术资料。

（3）与索塔不固结的主梁，施工时必须将塔、梁临时固结，并随时观察，确认牢固；拆除临时固结应符合设计规定的方法、程序。

（4）主梁施工过程中必须对梁体每一施工阶段的塔、梁的变形、应力和环境温度进行监控测试、分析验算，并确定下一施工阶段拉索张拉量值和主梁线形、高程和索塔位移控制量，直至合拢为止。

（5）安装拉索应符合下列要求：

1）展平的缆索不得在地面上拖磨，不得堆压、弯折。

2）施工中发现缆索保护层和锚头损伤应及时修补，并记入档案。

3）成品缆索放索时应设制动设施，防止卷盘的缆索自由散开伤人。

4）安装过程中缆索应保持直顺，不得扭曲。锚头螺纹应包裹，防止损伤。

5）锚头和缆索穿入塔、梁索管时，应采取限位器等防止偏位和损伤的措施。

6）安装拉索应根据塔高、布索方式、索长、索径和施工现场状况等选择架设方法和设备。

7）施工中不得用起重钩等易于对缆索产生集中力的吊具直接挂扣缆索，宜用带胶垫的管形夹具或尼龙吊带等多点起吊方法，防止损伤缆索保护层。

（6）现场自制拉索应符合下列要求：

1）编束时宜用梳型板梳编，每1.5m～2.0m段用铁丝绑扎，防止扭曲。

2）冷铸墩头锚在环氧树脂高温固化时，应确保温控仪的精密度和实际通电时间。

3）对制成的拉索应进行预拉，确认冷铸锚合格，并测定每索钢丝拉力、延伸和回缩并记录，以便正式张拉时校核。

4.悬索桥的锚碇、主缆与加劲梁

（1）山峒式锚碇施工时，锚体混凝土中的预埋件应符合设计规定；隧道开挖需爆破时应采用小型爆破法，不得损坏围岩；锚体混凝土必须与岩体结合良好，宜采用微膨胀混凝土。

安全技术交底记录		编号	×××
			共×页第×页
工程名称	××市政基础设施工程××标段		
施工单位	××市政建设集团		
交底提要	斜拉桥与悬索桥安全技术交底	交底日期	××年××月××日

（2）安装索鞍必须选择在白天、晴朗时连续完成；严格控制推顶量，确保安全、准确就位。

（3）重力式锚碇施工应符合下列要求：

1）基坑施工应符合相应安全技术交底的具体要求，需爆破岩层时应使用小型爆破法。

2）预应力锚固体系的焊件必须进行超声波和磁粉探伤检查，锚头应安装防护套，并注入防护性油脂。

3）锚体混凝土施工尚应根据锚碇型式、尺寸等分块施工，块间预留接缝内宜浇筑微膨胀混凝土；浇筑混凝土时应采取温度控制措施，防止混凝土出现裂缝；浇筑后应控制混凝土内外温差在25℃以内。

4）主缆施工应符合下列要求：

①主缆缠丝应密贴，缠丝张力应符合设计要求。

②猫道中作业人员不得集中，避免步调一致，形成共振。

③索股线形和索力调整、紧缆工作与主缆的防护应符合设计规定。

④主缆施工前应检查、验收牵引系统和施工猫道，确认符合要求，并形成文件。

⑤在索鞍区段内，索股整形应在松弛状态下进行，保持钢丝平顺，不得交叉、扭转、损伤。

⑥索股牵引过程中应对索股施加反拉力；牵引中发现绑扎带连续两处被切断时，必须停机处理，发现索股扭转必须纠正；牵引之初宜低速牵引，对牵引系统进行检查和调整，并确认正常；横移索股向索鞍上就位时，应统一指挥，作业人员协调一致，严禁人员位于索股下方。

（4）加劲梁应符合下列要求：

1）钢箱梁安装应符合下列要求：

①每一梁段安装就位后必须连接牢固；吊装中不得碰撞已安装就位的梁段。

②安装作业应在索夹、吊索安装完毕，经检查确认合格，并形成文件后进行。

③安装前，吊装机械及其辅助设备应安装就位，并经检查、试吊，确认正常。

④安装作业应在索塔两端对称均衡进行，控制索塔两端水平力之差符合设计规定。

⑤吊装中应观测索塔变位情况，根据塔顶位移量，按设计要求分阶段调整索鞍偏移量。

⑥桥下为铁路、道路、公路、河湖或施工范围内有架空线时，应与有关管理单位联系，制定设施保护、交通疏导方案，并经同意。吊装前在桥下应划定防护区，设护栏和安全标志，并设人值守。

<table>
<tr><td colspan="2" rowspan="2">安全技术交底记录</td><td rowspan="2">编号</td><td>×××</td></tr>
<tr><td>共×页第×页</td></tr>
<tr><td>工程名称</td><td colspan="3">××市政基础设施工程××标段</td></tr>
<tr><td>施工单位</td><td colspan="3">××市政建设集团</td></tr>
<tr><td>交底提要</td><td>斜拉桥与悬索桥安全技术交底</td><td>交底日期</td><td>××年××月××日</td></tr>
</table>

2）梁段之间焊接连接时应符合下列要求：

①箱梁内焊接时必须采取排烟措施。

②雨天箱外不得施焊；施焊部位应对称进行。

③焊缝应按设计规定进行无损检验，确认合格。

④焊接作业应在风力小于5级，温度高于5℃，湿度小于85%的环境中进行。

（5）施工猫道

1）猫道面层宜由两层大、小方格钢丝网组成。

2）猫道承重索可用钢丝绳或钢绞线，其安全系数不得小于3.0。

3）猫道应按施工组织设计规定设风缆，采用钢丝绳作风缆时，使用前应进行预张拉。

4）承重索架设应对称、连续进行，保持边跨与中跨作业均衡，并控制塔顶变位、扭转值在设计规定范围内。

5）猫道面层铺设应由索塔向跨中和锚碇方向对称均衡进行，且上、下游两幅猫道应对称、平衡铺设。施工中应控制索塔两侧水平力之差在设计规定范围内。

6）猫道形状和各部尺寸应满足主缆工程施工的需要；猫道临边必须设防护栏杆，其高度宜为1.5m；栏杆的水平杆不得少于三道，且均匀设置；立杆间距不宜大于70cm；各节点必须连接牢固。

7）猫道采用钢丝绳作承重索时，必须进行预张拉，消除非弹性变形。预张拉荷载不得小于各索破断力的1/2；承重索按规定长度切断后，其端部应灌铸锚头；锚头应进行静载检验，确认合格并记录。

（6）索夹与吊索安装应符合下列要求：

1）吊索安装应采取防扭转措施，保持直顺。

2）索夹和吊索在运输安装过程中应采取保护措施，不得碰撞损坏。

3）索夹及其连接螺栓应经检查合格后方可使用；索夹应与主索连接紧密，确保吊索承载后不滑移；紧固同一索夹螺栓时，必须保持各螺栓受力均匀。

审核人	交底人	接受交底人
×××	×××	×××、×××……

6.14 桥面防水与桥面系工程

<table>
<tr><td colspan="2" rowspan="2">安全技术交底记录</td><td rowspan="2">编号</td><td>×××</td></tr>
<tr><td>共×页第×页</td></tr>
<tr><td>工程名称</td><td colspan="3">××市政基础设施工程××标段</td></tr>
<tr><td>施工单位</td><td colspan="3">××市政建设集团</td></tr>
<tr><td>交底提要</td><td>桥面防水与桥面系施工安全技术交底</td><td>交底日期</td><td>××年××月××日</td></tr>
</table>

交底内容：

1.地袱、栏杆、隔离墩

（1）地袱施工完毕应及时进行栏杆施工。

（2）地袱、栏杆施工过程中，应在桥下设防护区，有社会交通的施工区域应设专人疏导交通。

（3）现浇混凝土和砌体栏杆，在混凝土和砂浆达设计规定强度前应在内侧桥面上设立并保持安全标志。

（4）预制栏杆安装应随安装随固定，并在内侧桥面上设安全标志。混凝土预制栏杆应待砂浆达到规定强度方可拆除标志；钢制栏杆应焊接牢固后方可拆除标志。

（5）组焊加工的金属栏杆安装前，应将毛刺磨平。栏杆焊接必须由电焊工进行，且作业点及其下方 10m 范围内不得堆放易燃、易爆物。

（6）地袱、栏杆施工前，必须在桥外侧搭设作业平台，其宽度不得小于 1m，搭设与拆除脚手架应符合脚手架相关安全技术交底具体要求；上下作业平台必须设安全梯、斜道等攀登设施；作业平台临边必须设防护栏杆；作业平台的脚手板必须铺满、铺稳；使用前应经检查、验收，确认合格并形成文件，使用中应随时检查，确认安全。

（7）用自制吊具安装构件时，应符合下列要求：

1）制作完成后必须经验收、试吊，确认合格，并形成文件。

2）使用前作业人员必须对其进行外观检查、试用，确认安全。

3）自制吊具应纳入机具管理范畴，由专人管理，定期检修、维护，保持完好。

4）自制吊具应由专业技术人员设计，由项目经理部技术负责人核准。

5）自制吊具宜在加工厂由专业技工制作，经质量管理人员跟踪检查，确认各工序合格，并形成文件。

（8）不锈钢栏杆焊制应符合下列要求：

1）等离子切割必须符合氩弧焊的安全操作要求，焊弧停止后不得立即检查焊缝。

2）使用砂轮打磨焊缝坡口和清除焊渣前，必须经检查确认机具完好，砂轮片安装牢固；操作人员必须戴护目镜。

<table>
<tr><td colspan="2" rowspan="2">安全技术交底记录</td><td rowspan="2">编号</td><td>×××</td></tr>
<tr><td>共×页第×页</td></tr>
<tr><td>工程名称</td><td colspan="3">××市政基础设施工程××标段</td></tr>
<tr><td>施工单位</td><td colspan="3">××市政建设集团</td></tr>
<tr><td>交底提要</td><td>桥面防水与桥面系施工安全技术交底</td><td>交底日期</td><td>××年××月××日</td></tr>
</table>

3）不锈钢焊工除应具备电焊工的安全操作技能外，还必须熟练地掌握氩弧焊、等离子切割、不锈钢酸洗钝化等方面的安全防护和操作技能。

4）打磨钨极棒时，必须戴防护口罩和护目镜，接触钨极棒的手必须及时清洗，钨极棒必须存放在有盖的铅盒内，由专人保管。

5）不锈钢焊接采用“反接极”，即工件接负极，必须确认焊机的正负极性后方可操作，不得误接；停止作业时必须将焊条头取下或将焊把挂起，严禁乱放，造成焊条药皮脱落。

（9）氩弧焊应符合下列要求：

1）手工钨极氩弧焊，电源应采用直流正接，工件接正，钨极接负。

2）用交流钨极氩弧焊机焊接，应采用高频为稳弧措施，并应采取防止高频电磁场刺激操作人员双手的措施。

3）加工场所必须有良好的自然通风或换气装置，露天作业时操作人员应位于上风向，并应间歇作业。

（10）酸洗和钝化应符合下列要求：

1）患呼吸系统疾病者，不宜从事酸洗操作。

2）酸洗钝化后的废液必须经专门处理，严禁乱倒。

3）氢氟酸等化学物品必须妥善保管，有严格的领料手续。

4）酸洗钝化作业中使用钢丝刷子刷焊缝时，应由里向外刷，不得来回刷。

5）操作人员必须穿防酸工作服，戴防护口罩、护目眼镜、乳胶手套和穿胶鞋。

2.桥面伸缩装置

（1）安装伸缩装置时应按当时的气温确定安装定位值。

（2）采用热拌材料填充伸缩缝隙时，作业人员应按规定佩戴防护用品。

（3）伸缩装置应从桥的一端向另端逐条安装牢固。锚固段混凝土应振捣密实，强度符合设计规定。

（4）伸缩装置安装前，应检查、修整梁端预留缝间隙，缝宽应符合设计要求，上下应贯通，不得堵塞。

（5）桥面伸缩装置施工过程中，应在施工区外设围挡或护栏和安全标志，夜间和阴暗时应加设警示灯。

（6）桥面伸缩装置应与桥梁伸缩量相匹配；伸缩装置应具有足够的强度，能承受与桥梁设计标准相一致的荷载；城市桥梁伸缩装置应具有良好的防水、防噪音性能。

<table>
<tr><td colspan="2" rowspan="2">安全技术交底记录</td><td rowspan="2">编号</td><td>×××</td></tr>
<tr><td>共×页第×页</td></tr>
<tr><td>工程名称</td><td colspan="3">××市政基础设施工程××标段</td></tr>
<tr><td>施工单位</td><td colspan="3">××市政建设集团</td></tr>
<tr><td>交底提要</td><td>桥面防水与桥面系施工安全技术交底</td><td>交底日期</td><td>××年××月××日</td></tr>
</table>

（7）施工中应根据伸缩装置的质量、长度选择适宜的运输车辆和吊装机械。运输超长伸缩装置前，应与道路交通管理部门研定运输方案，并经批准。使用运输车辆应符合运输车辆安全技术交底的具体要求。

（8）在通行桥梁上安装伸缩缝装置时，宜断绝交通施工。需边通车、边施工时，在施工期间必须在作业区边缘设围挡或护栏和安全标志，阴暗和夜间尚须设警示灯；作业中应设专人疏导交通。

（9）施工中应根据伸缩装置的质量、长度选择适宜的吊装机械，吊装作业应符合以下要求：

1）作业前施工技术人员应了解现场环境、电力和通讯等架空线路、附近建（构）筑物等状况，选择适宜的起重机，并确定对吊装影响范围的架空线、建（构）筑物采取的挪移或保护措施。

2）吊装中严禁超载。

3）吊装时应先试吊，确认正常后方可正式吊装。

4）吊装时，吊臂、吊钩运行范围，严禁人员入内。

5）构件吊装就位，必须待构件稳固后，作业人员方可离开现场。

6）吊装作业前应划定作业区，设护栏和安全标志，严禁非作业人员入内。

7）吊装作业必须设信号工指挥。指挥人员必须检查吊索具、环境等状况，确认安全。

8）大雨、大雪、大雾、沙尘暴和风力六级（含）以上等恶劣天气，不得进行露天吊装。

9）作业场地应平整、坚实。地面承载力不能满足起重机作业要求时，必须对地基进行加固处理，并经验收确认合格。

10）吊装中遇地基沉陷、机体倾斜、吊具损坏或吊装困难等，必须立即停止作业，待处理并确认安全后方可继续作业。

11）现场及其附近有电力架空线路时应设专人监护，确认运输机械与电力架空线路的最小距离必须符合表 4-1-3 的要求。

12）现场配合吊装的全体作业人员应站位于安全地方，待吊钩和被吊伸缩装置离就位点距离 50cm 时方可靠近作业，严禁位于起重机臂下。

（10）在施工过程中，施工人需跨越伸缩缝时，应支搭临时便桥，并符合以下要求：

1）便桥两端必须设限载标志。

2）在使用过程中，应随时检查和维护，保持完好。

<table>
<tr><td colspan="2">安全技术交底记录</td><td>编号</td><td>×××
共×页第×页</td></tr>
<tr><td>工程名称</td><td colspan="3">××市政基础设施工程××标段</td></tr>
<tr><td>施工单位</td><td colspan="3">××市政建设集团</td></tr>
<tr><td>交底提要</td><td>桥面防水与桥面系施工安全技术交底</td><td>交底日期</td><td>××年××月××日</td></tr>
</table>

3）便桥桥面应具有良好的防滑性能，钢质桥面应设防滑层。

4）便桥搭设完成后应经验收，确认合格并形成文件后，方可使用。

5）便桥两侧必须设不低于1.2m的防护栏杆，其底部设挡脚板。栏杆、挡脚板应安设牢固。

6）施工机械、机动车与行人便桥宽度应据现场交通量、机械和车辆的宽度，在施工设计中确定：人行便桥宽不得小于80cm；手推车便桥宽不得小于1.5m；机动翻斗车便桥宽不得小于2.5m；汽车便桥宽不得小于3.5m。

3.桥面与人行道铺装

（1）沥青混凝土桥面铺装，应使用静作用压路机，严禁使用振动型压路机。

（2）水泥混凝土桥面铺装，其厚度、强度和钢筋位置应严格执行设计规定。

（3）人行步道铺装应平整、粗糙、具有良好的防滑性能，其施工应在栏杆安装完成，并达到规定强度方可进行；施工时铺装材料应码放整齐，高度不得超过1m。

（4）塑胶桥面铺装应符合下列要求：

1）作业人员必须按规定佩戴防护用品。

2）材料应存放在专用库房，由专人管理。

3）作业现场应按消防部门规定配备消防器材，严禁烟火。

4）施工前应学习塑胶原材料产品说明书，并根据原材料的物理、化学性能采取相应的安全技术和防护措施。

4.桥面防水

（1）桥面防水宜采用冷作法施工。

（2）防水工必须经专业培训，持证上岗。

（3）清洗工具未用完的溶剂必须装入容器，并将盖盖严。

（4）防水材料应存放在专用库房，严禁烟火并有醒目的标志和防火措施。

（5）防水卷材采用热熔粘接时，现场应配有灭火器材，周围30m范围内不得有易燃物。

（6）在桥下有社会交通时，桥面防水施工中，应在桥下设防护区，并设专人疏导交通。

（7）患有皮肤病、眼病和刺激过敏者不得参加防水作业。施工中发生恶心、头晕、过敏等应停止作业。

（8）桥面防水施工宜在桥栏杆安装完成并验收合格后进行。需在栏杆安装前施工时，必须在桥梁临边侧设防护设施。

<table>
<tr><td colspan="2">安全技术交底记录</td><td>编号</td><td>×××
共×页第×页</td></tr>
<tr><td>工程名称</td><td colspan="3">××市政基础设施工程××标段</td></tr>
<tr><td>施工单位</td><td colspan="3">××市政建设集团</td></tr>
<tr><td>交底提要</td><td>桥面防水与桥面系施工安全技术交底</td><td>交底日期</td><td>××年××月××日</td></tr>
<tr><td colspan="4">（9）装卸盛溶剂（如苯、汽油等）的容器，必须配软垫，搬运时不得猛推、猛撞。取用溶剂后，容器盖必须及时盖严。
（10）严禁非作业人员进入防水作业区，涂料作业操作人员应站位于上风向，且不得在雨、雪和五级（含）风天气操作。
（11）作业时操作人员应穿软底鞋、工作服应扎紧袖口，并佩戴手套和鞋盖。涂刷处理剂和粘接剂时必须戴防护口罩和防护眼镜。
（12）需热沥青防水作业应符合下列要求：
1）高温天气不宜作业。
2）热沥青宜由沥青加工厂配置。
3）作业人员必须按规定佩戴防护用品。
4）装运热沥青不得超过容器盛装量的2/3。
5）使用喷灯时应清除作业场地内的易燃物，并按消防部门的规定配备消防器材。
6）热沥青防水施工必须纳入现场用火管理范畴，用火作业前必须申报，经消防管理人员检查，确认现场消防安全措施落实，并签发用火证后，方可进行用火作业；作业后必须熄火，确认安全后，作业人员方可离开现场。</td></tr>
</table>

审核人	交底人	接受交底人
×××	×××	×××、×××……

6.15 顶进桥涵工程

安全技术交底记录		编号	×××
			共×页第×页
工程名称	××市政基础设施工程××标段		
施工单位	××市政建设集团		
交底提要	顶进桥涵施工安全技术交底	交底日期	××年××月××日

交底内容：

1.一般要求

（1）顶进桥涵施工范围应设围挡，非施工人员不得入内。

（2）铁路、道路、公路范围内的顶进、降水等施工应遵守有关管理单位的规定，保持运行安全。

（3）顶进桥涵施工中的模板支架、钢筋、预应力、混凝土和砌体等施工应符合相应安全技术交底具体要求。

（4）工作坑附近需改移架空线、地下管线等建（构）筑物应在工作坑开挖前完成，并经检查，确认合格，并形成文件。

（5）桥涵顶进施工前应建立测控系统，施工中应设专人观测施工影响范围内的房屋、地下管线等建（构）筑物的沉降、位移、变形，发现超出允许范围时应及时采取安全技术措施。

（6）工作坑外，施工机械设备、料具的临边安全距离应根据荷载、土质、坑壁坡度或支护情况和基坑深度等确定，且不得小于1.5m。工作坑靠路基一侧严禁停置机具、堆土、堆料。

（7）在铁路下顶进桥涵前，应按铁路加固设计，进行铁路线路加固和采取防止线路推移的措施，经铁路管理单位检验合格，并形成文件。在道路、公路下顶进桥涵前，应按加固设计进行路基和有关管线加固，并经道路、公路等管理单位检验合格，形成文件。

（8）在现况顶进桥位上进行改建施工时，应符合下列要求：

1）施工前应查阅现况箱涵的竣工图，掌握其结构状况。

2）新箱涵顶进中应边顶进，边拆除旧箱涵结构，其长度应符合方案规定。

3）采用爆破方法拆除旧箱涵结构时，应采用小药量，不得影响新箱涵的结构安全。

4）新箱涵具备顶进条件后，应按施工方案要求先顶入土体中承载，为拆除旧箱涵提供条件。

5）改建施工应断绝现况交通。施工前应与道路交通管理单位研究制定交通绕行方案，经批准后实施。

<table>
<tr><td colspan="2">安全技术交底记录</td><td>编号</td><td>×××
共×页第×页</td></tr>
<tr><td>工程名称</td><td colspan="3">××市政基础设施工程××标段</td></tr>
<tr><td>施工单位</td><td colspan="3">××市政建设集团</td></tr>
<tr><td>交底提要</td><td>顶进桥涵施工安全技术交底</td><td>交底日期</td><td>××年××月××日</td></tr>
</table>

6）施工前应根据设计文件、现况箱涵结构、穿越铁路、道路、公路的交通和现场环境状况，制定专项施工方案，规定拆除方法、分次顶进长度与拆除旧箱涵的长度，采取相应的安全技术措施。

2.顶进后背

（1）顶进后背必须有足够的强度和稳定性。

（2）紧贴土壁安装后背时，土壁应竖直、平整。

（3）顶进后背完成后应经验收，形成文件后方可投入使用。

（4）采用埋置法修筑板桩墙后背，肥槽应用砂砾或半刚性材料回填夯实。

（5）顶进后背上和施工设计规定范围内不得堆放材料、机具和停放机械设备。

（6）采用装配式钢筋混凝土后背，墙后肥槽应用半刚性材料回填夯实，梁顶以上的土方边坡应采取稳定措施。

（7）在工作坑内开挖后背基槽，应有确保坑、槽壁稳定的措施，并应设专人观察坑壁的稳定情况；发现边坡裂缝、支护松动等异常情况，必须立即停工，人、机撤至安全地方，采取加固措施，经检查确认安全后，方可继续开挖。

3.工作坑

（1）工作坑基底平面尺寸应满足桥涵预制与顶进设备安装的安全要求。

（2）有地下水时，工作坑土方开挖前应采取降排水措施。水位应降至基底50cm以下。

（3）工作坑边坡应视坡顶活荷载和土质情况而定，边坡应在施工过程中保持稳定。

（4）工作坑完成后应经验收，确认土基符合要求、边坡稳定，并形成文件后方可进行下一工序的施工。

（5）施工中应根据现场条件在工作坑的适宜位置设置临时通道，供施工人员、运输车辆和机械设备使用。

（6）工作坑的位置应满足铁路、道路、公路和管线管理单位的要求；靠路基一侧边坡坡度不宜陡于1∶1.5，顶进铁路桥涵工作坑上口至近侧的边股铁路中心不得小于3.2m。

4.箱涵制作

（1）滑板和箱涵顶板润滑层石蜡涂敷时，应采取防火、防烫伤措施。明火作业前，必须履行用火申报手续，经消防管理人员检查，确认防火措施落实，并颁发用火证。

（2）高处作业必须支搭作业平台，搭设与拆除脚手架应符合脚手架相关安全技术交底具体要求；作业平台的脚手板必须铺满、铺稳；作业平台临边必须设防护栏杆；上下作业平台必须设安全梯、斜道等攀登设施；使用前应经检查、验收，确认合格并形成文件；使用中应随时检查，确认安全。

<table>
<tr><td colspan="2" rowspan="2">安全技术交底记录</td><td rowspan="2">编号</td><td>×××</td></tr>
<tr><td>共×页第×页</td></tr>
<tr><td>工程名称</td><td colspan="3">××市政基础设施工程××标段</td></tr>
<tr><td>施工单位</td><td colspan="3">××市政建设集团</td></tr>
<tr><td>交底提要</td><td>顶进桥涵施工安全技术交底</td><td>交底日期</td><td>××年××月××日</td></tr>
</table>

5.顶进

（1）桥涵顶进应由主管施工技术人员现场指挥，连续施工，不得中断。

（2）桥涵和基坑内运输道路应平坦、无障碍，跨路电缆线应套钢管保护。

（3）桥涵顶进中，应设专人指挥机械和车辆，协调挖土、运土和顶进操作人员的相互配合关系。指挥人员应位于安全地点，随时观察机械、车辆周围状况及时疏导人员，维护现场人员的安全。

（4）穿越道路、公路的桥涵顶进施工中，应在道路、公路上设专人值守；值守人员必须按顶进指挥人员的指令控制交通，严禁擅离工作岗位；特殊情况，需开放交通时，应先取得指挥人员的同意。

（5）桥涵顶进前应具备下列条件：

1）桥涵顶进中的应急物资已准备就绪。

2）桥涵结构已经验收确认合格，并形成文件。

3）顶进作业区的地下水位已降至基底 50cm 以下。

4）铁路或道路、公路加固已按加固设计完成，并经其管理单位验收合格，形成文件。

5）顶进铁路桥涵时，铁路加固设施的监护、调整人员已到位，列车慢行调令已下达。

6）后背和顶进设备已安装完毕，经验收和试运转确认合格，并形成文件；现浇混凝土或砌体结构后背的强度已达到设计规定，并形成文件。

（6）挖土应符合下列要求：

1）挖土必须符合铁路或道路、公路管理部门的规定。

2）严格按施工组织设计的规定开挖，土体开挖坡度应符合规定，严禁超挖。

3）挖土必须在火车运行间隙或道路、公路暂停通行时进行；火车、汽车通过时施工人员应暂离开挖面。

4）挖土施工中应随时观测土体稳定状况，发现异常应及时采取措施，当发现路基塌方影响行车安全时，必须立即停止挖土，报告铁路或道路、公路管理部门，并组织抢险，保持路基稳定。

（7）桥涵顶进应符合下列要求：

1）顶进中，不得进行挖土作业。

2）采用解体方法进行桥涵顶进时，接缝处应设置钢板遮盖。

3）顶进必须在火车运行间隙或道路、公路暂停通行时进行。

4）顶进中，非施工人员不得进入工作坑内，施工人员不得靠近顶铁。

<table>
<tr><td colspan="2" rowspan="2">安全技术交底记录</td><td rowspan="2">编号</td><td>×××</td></tr>
<tr><td>共×页第×页</td></tr>
<tr><td>工程名称</td><td colspan="3">××市政基础设施工程××标段</td></tr>
<tr><td>施工单位</td><td colspan="3">××市政建设集团</td></tr>
<tr><td>交底提要</td><td>顶进桥涵施工安全技术交底</td><td>交底日期</td><td>××年××月××日</td></tr>
</table>

5）液压泵站应经空载试运转，确认电气、液压系统、监测仪表、传力系统正常后，方可开始顶进。

6）千斤顶与传力结构顶紧后，应暂停加压，再次检查顶进设备和后背，确认正常后，方可逐级加压顶进。

7）采用顶拉法作业时，拉杆两侧和两端均不得有人；每一顶程结束后，应检查拉杆的锚固情况，确认正常后方可进行下一循环顶进。

8）顶进中，不得对千斤顶、传力柱、顶铁进行调整；不得敲击垫铁；调整或置换传力柱、顶铁、垫铁时，必须将千斤顶退回零位。

9）铁路桥涵顶进作业应与铁路加固作业密切配合，顶进前铁路加固人员应及时松开桥涵顶部加固的支承木楔，减少摩阻，防止路线推移；火车到达前应打紧木楔。

10）顶进中，监测人员应严密监测千斤顶、传力柱、顶铁、钢横梁、后背、滑板、桥涵结构等各部位的变形情况，发现异常情况，必须立即停止顶进，待采取措施确认安全后，方可继续顶进。

6.顶进设备

（1）液压系统应按生产企业提供的使用说明书操作。

（2）液压泵站应设置在与顶进、运输无干扰的位置。

（3）顶进设备安装完成后，应经检查、验收，并经试运转确认合格，方可投入使用。

（4）顶进设备安装前应经检查，确认液压动力系统无漏油、仪表灵敏可靠；传力系统结构符合设计规定；电气接线符合施工用电安全技术交底具体要求。

（5）传力系统配置应符合下列要求：

1）千斤顶不得直接与顶铁或传力柱顶接，应通过钢横梁传力。

2）传力柱、顶铁、钢横梁、拉杆和锚具应按施工设计规定布置。

3）传力柱、顶铁、钢横梁的强度、刚度和稳定性应满足最大顶力的要求。

4）传力柱、顶铁的中心线应与顶力轴线一致，钢横梁应与顶力轴线垂直。

5）顶铁与传力柱相接处、两节传力柱对接处，应设置钢横梁，加强横向约束，保持纵向稳定。

审核人	交底人	接受交底人
×××	×××	×××、×××……

第7章

供热与燃气管道工程安全技术交底

7.1 附件加工

<table>
<tr><td colspan="2" rowspan="2">安全技术交底记录</td><td rowspan="2">编号</td><td>×××</td></tr>
<tr><td>共×页第×页</td></tr>
<tr><td>工程名称</td><td colspan="3">××市政基础设施工程××标段</td></tr>
<tr><td>施工单位</td><td colspan="3">××市政建设集团</td></tr>
<tr><td>交底提要</td><td>附件加工安全技术交底</td><td>交底日期</td><td>××年××月××日</td></tr>
</table>

交底内容：

1.一般要求

（1）管件、支架等附件宜由有资质的企业集中加工制作。

（2）施工机具使用前应检查、试运行，确认安全、有效。

（3）机具运行中不得检查、移动工件，需要时必须停机、断电后方可进行。

（4）作业中，操作和辅助人员应按规定佩戴劳动保护用品，长发应紧束不得外露。

（5）现场加工管件、支架等附件应根据设计规定选定制作的材料。管材加工、安装前应逐根检查，确认合格。

（6）现场加工场地设置应符合下列要求：

1）各机械旁应设置机械操作程序牌。

2）加工场不得设在电力架空线路下方。

3）操作台应坚固、安装稳固并置于坚实的地基上。

4）加工机具应设工作棚，棚应具有防雨（雪）、防风功能。

5）含有木材等易燃物的模板加工场，必须设置严禁吸烟和防火标志。

6）加工场必须配置有效的消防器材，不得存放油、脂和棉丝等易燃品。

7）加工场搭设完成，应经检查、验收，确认合格并形成文件后，方可使用。

8）加工场应单独设置，不得与材料库、生活区、办公区混合设置，场区周围应设围挡。

9）现场应按施工组织设计要求布置加工机具、料场与废料场，并形成运输、消防通道。

10）加工机具应完好，防护装置应齐全有效，电气接线应符合施工用电安全技术交底具体要求`。

（7）使用汽车、机动翻斗车运输应符合相关安全技术交底具体要求。使用手推车应符合下列要求：

1）卸车时应均衡卸料，严禁撒把。

2）装车物料码放应均衡，保持车辆平稳。

3）运输模板、钢筋、小构件等应捆绑牢固。

4）下坡前方不得有人；运输行驶应缓慢，控制速度。

5）在沟槽边卸料时，距沟槽边缘距离不得小于1m，车轮应挡掩牢固，槽下卸料范围内不得有人。

<table>
<tr><td colspan="2" rowspan="2">安全技术交底记录</td><td rowspan="2">编号</td><td>×××</td></tr>
<tr><td>共×页第×页</td></tr>
<tr><td>工程名称</td><td colspan="3">××市政基础设施工程××标段</td></tr>
<tr><td>施工单位</td><td colspan="3">××市政建设集团</td></tr>
<tr><td>交底提要</td><td>附件加工安全技术交底</td><td>交底日期</td><td>××年××月××日</td></tr>
<tr><td colspan="4">2.坡口加工
（1）切断管子或坡口加工时，被加工管子和切下管段应采取承拖措施，不得自由下落。
（2）管子切口刃处不得直接用手摸触，切口应倒钝；切断管子宜使用切管机，不宜使用砂轮锯。
（3）管子坡口加工现场应设标志，周围不得有易燃物，非作业人员不得靠近；坡口加工完成后，管口应采取措施保护。
（4）切管机、坡口机等电气接线、拆卸必须由电工操作；作业中应保护缆线完好无损，发现缆线破损、漏电征兆时，必须立即关机、断电，由电工检查处理。
（5）用手锯切管时工作台应安置稳固；切断时用力应均衡，不得过猛，手脸必须避离锯刃、切口处；加工件应垫平、卡牢；手锯锯片应为合格产品；切断部位应采取承托措施。
3.管件与支架制作
（1）管件与支架等制作应事先制定方案，采取相应的安全技术措施。
（2）管件对接时主管必须垫牢，调整精度过程中，严禁摘钩，严禁将手放在管口间。
（3）现场组焊固定支架采用起重机具时，支架施焊未完成前严禁摘钩。
（4）弯管机弯管时，应采取防止被夹持管子失稳和防夹手的保护措施。
（5）在主管道上直接开孔焊接分支管道时，应对被切除部分采取防坠落措施。
（6）使用机械切板、投孔时，应将工件固定牢固；手不得直接触摸切口、孔口和机械传动机构。
（7）高处作业必须设作业平台，并应符合下列要求：
1）施工过程中，应经常检查、维护，确认安全。
2）作业平台上的脚手板应铺满、铺稳，宽度应满足作业安全要求。
3）支、拆作业平台时，应划定作业区，由作业组长指挥，非作业人员严禁入内。
4）作业平台支搭完成后，应经检查、验收，确认合格并形成文件后，方可投入使用。
5）脚手架应置于坚实、平整的地基上，支搭必须牢固；支搭后应经验收确认合格，形成文件方可使用。
6）作业平台临边必须设防护栏杆，作业平台边缘应设安全梯等攀登设施，作业人员上下平台必须走安全梯等攀登设施。</td></tr>
</table>

审核人	交底人	接受交底人
×××	×××	×××、×××……

7.2 钢管与附件防腐

安全技术交底记录		编号	××× 共×页第×页
工程名称	××市政基础设施工程××标段		
施工单位	××市政建设集团		
交底提要	钢管与附件防腐安全技术交底	交底日期	××年××月××日

交底内容：

1.一般要求

（1）钢管和附件除锈、防腐宜由有资质的企业集中进行。

（2）除锈、防腐机具应完好，使用前应检查、试运行，确认正常。

（3）防腐施工现场应按消防部门的要求配置消防设施，严禁烟火。

（4）除锈、防腐作业人员应经安全技术培训，考核合格，方可上岗。

（5）需现场防腐时，施工组织设计中应确定施工方法、程序和规定安全技术措施。

（6）施工前，应学习防腐材料使用说明书，了解材料性能，并采取相应的防护措施。

（7）电力架空线路下方不得码放管材，需在其一侧堆放时，必须保证用电安全距离。

（8）防腐作业中，剩余的残渣、废液、边角料等，应及时清理妥善处置，不得随意丢弃、掩埋或焚烧。

（9）搬运管材时，作业人员应相互呼应，协调配合；从管堆上取管时，必须从上向下顺序进行，严禁先由下方取出。

（10）作业人员应根据作业场地环境、使用的机具、材料、防腐结构等，按规定佩戴劳动保护用品。禁止裸露身体作业。

（11）易燃和有毒材料应分类别贮存在阴凉、通风的库房内，由专人管理，严禁将这些材料混存或堆放在施工现场。库房区域必须按消防部门的规定配备消防器材。

（12）进入管沟、容器等通风不良的环境内作业，必须符合下列要求：

1）作业人员不得穿戴钉鞋和化纤工作服。

2）进入时，严禁携带火种和其他易产生火花、静电的物品。

3）进入前，必须对管沟、容器等先采取通风措施，保持作业环境通风良好。

4）在自然采光不足的环境和容器内作业时，必须设不大于24V电压的照明。

5）作业时，进出口处应设专人监护；作业时间较长时，作业人员应轮换作业。

6）作业过程中，必须对作业环境的空气质量状况进行动态监测，确认符合要求并记录。

7）进入前，必须检测并确认空气中氧气浓度符合现行国家标准的规定，有害气体和粉尘的最高允许浓度不得超过下表7-2-1的要求，且应做好记录；经检测确认作业环境内空气质量合格后，应立即进入，如未进入，当再进入前，应重新检测，确认合格，并记录。

<table>
<tr><td colspan="2">安全技术交底记录</td><td>编号</td><td>×××
共×页第×页</td></tr>
<tr><td>工程名称</td><td colspan="3">××市政基础设施工程××标段</td></tr>
<tr><td>施工单位</td><td colspan="3">××市政建设集团</td></tr>
<tr><td>交底提要</td><td>钢管与附件防腐安全技术交底</td><td>交底日期</td><td>××年××月××日</td></tr>
</table>

表 7-2-1 施工现场有害气体、粉尘的最高允许浓度

物质名称	最高允许浓度（mg/m^3）	物质名称	最高允许浓度（mg/m^3）
二甲苯	100	丙酮	400
甲苯	100	溶剂汽油	300
苯乙烯	40	含 50%～80%游离二氧化硅粉尘	1.5
乙醇	1500	含 80%以上游离二氧化硅粉尘	1
环已酮	50		

2.除锈

（1）现场宜采用除锈机除锈。除锈作业中，应根据环境状况采取防噪音、降尘和消防措施。除锈机应有防护罩，周围不得有易燃物。

（2）施工现场不宜使用喷砂除锈。现场需使用时，应采用真空喷砂、湿喷砂等，且必须采取除尘和隔音措施，并在操作范围内设安全标志。

（3）人工除锈时，应按规定佩戴口罩、眼镜、手套等劳动保护用品；场地应平整，通风良好；管子应挡掩牢固，不得在不稳定的管身上除锈。

3.阴极（牺牲阳极）保护防腐

（1）阴极保护防腐施工，应遵守设计的规定。

（2）阴极保护施工应划定作业区，并设护栏，非作业人员不得入内。

（3）阴极保护防腐施工中的电气设备与装置的安装，必须由电工操作，并应符合施工用电安全技术交底具体要求。

（4）阴极保护电缆与管道连接处裸露部分的防腐、绝缘施工，应符合设计的要求。防腐绝缘验收合格并形成文件后，应及时回填土。

4.沥青纤维布防腐

（1）沥青纤维布防腐，宜在专业加工厂集中进行。

（2）人工缠绕沥青纤维布防腐作业时，应两人配合进行。

（3）需在现场防腐时，作业前应划定作业区，并设护栏，非作业人员不得入内。

（4）环氧沥青纤维布防腐作业时，涂料配制应遵守产品说明书的规定；作业区应通风良好。

（5）沥青熬制宜由有资质的企业集中加工；特殊情况下，由于条件限制，需现场熬制时，应符合沥青熬制相关安全技术交底的具体要求。

安全技术交底记录		编号	×××
			共×页第×页
工程名称	××市政基础设施工程××标段		
施工单位	××市政建设集团		
交底提要	钢管与附件防腐安全技术交底	交底日期	××年××月××日

5.涂料防腐

（1）涂料应按材料使用说明书的要求存放、配制。

（2）喷涂作业人员应位于上风向，五级（含）风以上时，不得施工。

（3）现场防腐作业应划定作业区并设护栏，非作业人员不得入内。

（4）涂料防腐施工中，作业人员必须按规定佩戴防护镜、口罩等劳动保护用品；施作中应避免皮肤直接接触涂料。

（5）手持机具喷涂作业中，严禁将喷头对向人、设备；出现故障或喷头发生堵塞，必须立即停机、断电、卸压，方可处理；作业后必须关机、断电，及时清洗喷头；清洗废料和余料应妥善处置。

（6）配制涂料宜使用机械搅拌，搅拌器内拌和料体积不得超过其容积的 3 / 4；机械运行时，严禁将手、工具放入搅拌器内；搅拌中应采取防涂料飞溅措施；作业中发生故障，必须立即停机、断电后，方可处理。

6.聚合物防腐

（1）聚合物防腐作业应遵守产品说明书的规定。

（2）采用加热方法进行接口防腐时，其温度高于 40℃以上，不得直接用手触摸。

（3）电气接线与拆卸必须由电工操作，并应符合施工安全用电具体要求；使用专用热熔、电熔机具时，应遵守热熔、电熔机具说明书的规定。

（4）使用喷灯作业，应清除作业场地周围的易燃物，按消防部门的规定配备消防器材；作业前，必须履行用火申报手续，经消防管理人员检查，确认防火措施落实，并颁发用火证后，方可作业。

审核人	交底人	接受交底人
×××	×××	×××、×××……

7.3 管材吊运

7.3.1 管材运输安全技术交底

安全技术交底记录		编号	×××
			共×页第×页
工程名称	××市政基础设施工程××标段		
施工单位	××市政建设集团		
交底提要	管材运输安全技术交底	交底日期	××年××月××日

交底内容：

1.运输道路应平整、坚实，无障碍物。沿线桥涵、便桥和管道等地下设施的承载力与穿越桥梁、通讯架空线路等的净空应满足车辆运输要求；电力架空线路的净空应符合安全技术交底具体要求。运输前，应实地踏勘，确认符合运输和设施的安全要求。

2.卸车时，必须检查管子、管件状况，确认稳固，方可卸管；卸放应缓慢，保持重心平衡，不得抛、摔、滚等。

3.施工现场运输时，应根据现场和载物状况确定车速；倒车应先鸣笛，确认车辆后方无人、无障碍物，方可倒车。

4.车辆运输，装车时管子、管件必须挡掩牢固，管体与车厢应打摽牢固连成一体；严禁车厢内乘人；预制的直埋供热管、包敷防腐层的燃气管等管子吊运时，应使用专用吊带。

5.运输前，应根据管子质量、长度选择适宜的运输车辆；车辆载管高度应符合道路交通运输的有关规定。严禁超高、超载运输。运输时应采取防止管子变形、损伤管外防腐层的措施。

6.用绞车和卷扬机牵引运输应符合下列要求：

（1）牵引路线应直顺，道路应平整、坚实。

（2）钢丝绳通过道路、地面时，应采取保护措施。

（3）作业时，严禁人员靠近、跨越牵引管子的钢丝绳。

（4）作业现场应划定作业区，设专人值守，非作业人员严禁入内。

（5）作业场地范围应满足通视要求，操作人员应能看清指挥人员和拖动的管子等物。

（6）绞车或卷扬机应置于平整、坚实的地方，机械应完好，防护装置必须齐全有效，电气接线与拆卸必须由电工操作，并应符合施工用电安全技术交底的具体要求，地锚应坚固。

（7）装载管子的小车应坚固、重心低，管子必须挡掩固定。并与小车打摽牢固。

（8）现场应设信号工指挥。指挥人员和机械操作工与配合人员应统一信号，协调配合；绞车或卷扬机启动前，指挥人员必须检查装载管节的小车、钢丝绳、道路、道口及其值守人员等各个环节的安全状况，待确认安全后，方可向机械操作工发出启动指令的信号。

<table>
<tr><td colspan="2" rowspan="2">安全技术交底记录</td><td rowspan="2">编号</td><td>×××</td></tr>
<tr><td>共×页第×页</td></tr>
<tr><td>工程名称</td><td colspan="3">××市政基础设施工程××标段</td></tr>
<tr><td>施工单位</td><td colspan="3">××市政建设集团</td></tr>
<tr><td>交底提要</td><td>管材运输安全技术交底</td><td>交底日期</td><td>××年××月××日</td></tr>
<tr><td colspan="4">7.人工运输应符合下列要求：
（1）雨、雪天必须采取防滑措施。
（2）现场运输时应避让车辆、人员。
（3）作业时应设专人指挥，作业人员应听从指挥，协调配合。
（4）装卸、搬运管子时，人工抬运、推动、起落应步调一致。
（5）手推车运输时，管子放置应均衡、绑扎必须牢固；行驶应缓慢、匀速，并应采取防倾覆措施。
（6）滚杠运输无防腐层的管子时，作业人员应站在管子两侧，严禁用脚在管子前进方向调整滚杠，严禁直接用手操作，严禁管子滚动前方有人。
（7）人工推运管子时，应速度缓慢、均匀，保持重心平衡；上坡道时应设专人在管后方一侧备掩木；下坡道应采用控制绳控制速度；管前方严禁有人。</td></tr>
</table>

审核人	交底人	接受交底人
×××	×××	×××、×××……

7.3.2 管材码放施工安全技术交底

<table>
<tr><td colspan="2" rowspan="2">安全技术交底记录</td><td rowspan="2">编号</td><td>×××</td></tr>
<tr><td>共×页第×页</td></tr>
<tr><td>工程名称</td><td colspan="3">××市政基础设施工程××标段</td></tr>
<tr><td>施工单位</td><td colspan="3">××市政建设集团</td></tr>
<tr><td>交底提要</td><td>管材码放施工安全技术交底</td><td>交底日期</td><td>××年××月××日</td></tr>
<tr><td colspan="4">交底内容：
1.现场管子宜随用随运。需堆放时，码放高度不得大于2m。
2.管子码放场地应平整、坚实、不积水，能满足运输车辆和起重机通行、吊卸管子的要求；管子应分类码放排列整齐，各堆放层底部必须挡掩牢固。
3.不得直接靠建（构）筑物码放管子，在其附近堆放时，必须保持1m以上的安全距离，且码放高度不得大于1m。
4.需要在社会道路上码放管子时，必须征得交通管理部门同意，并按其规定设围挡和安全标志，夜间和阴暗时尚须加设警示灯。
5.管子码放应设专人指挥，作业人员应协调配合；管子必须在下层挡掩牢固后，方可码放上层。取用管子必须自上而下逐层进行，并应及时将码放的管子挡掩牢固。
6.不得在电力架空线路下方码放管子；需在其一侧堆放且采用起重机吊装时，机械（含吊物、载物）与电力架空线路的最小距离必须符合表4-1-3的要求。</td></tr>
</table>

审核人	交底人	接受交底人
×××	×××	×××、×××……

7.3.3 管材吊装安全技术交底

安全技术交底记录		编号	×××
			共×页第×页
工程名称	××市政基础设施工程××标段		
施工单位	××市政建设集团		
交底提要	管材吊装安全技术交底	交底日期	××年××月××日

交底内容：

1.吊装场地应平整、坚实，无障碍物，能满足作业安全要求。

2.吊装作业前应划定作业区，设人警戒，非作业人员严禁入内。

3.大雨、大雪、大雾、沙尘暴和六级（含）风以上的恶劣天气，必须停止露天吊装作业。

4.施工组织设计中，应根据管子质量、长度、作业环境，确定吊装方法、使用机具和安全技术措施。吊索具应据管子质量、吊装方法经计算确定。

5.吊装作业应由主管施工技术人员主持，作业前，主管施工技术人员必须向信号工、起重机械操作工和其他作业人员进行安全技术交底，并形成文件。

6.指挥人员在吊装前，必须检查吊索具和作业环境，确认吊索具处于安全状态、起重机基础无沉陷、起重机吊装范围内无任何障碍物、无架空线、作业人员站位安全、被吊管子与其他物件无连接、警戒人员就位后，方可向机械操作工发出起吊信号。

7.吊装作业必须设信号工统一指挥，配合机械作业人员必须精神集中，服从指挥人员的指令，指挥人员应了解周围环境、架空线路、建（构）筑物、被吊管子质量与形状等情况，掌握吊装要点，并应向机械操作工和配合人员明确安全责任。

8.作业现场附近有电力架空线路时，必须设专人监护，严禁起重机、挖掘机、桩工机械在电力架空线路下方作业，需在其一侧作业时，机械（含吊物、载物）与电力架空线路的最小距离必须符合表 4-1-3 的要求。

9.作业中使用金属吊索具应符合下列要求：

（1）吊钩表面应光洁，无剥裂、锐角、毛刺、裂纹等缺陷。

（2）钢丝绳切断时，应在切断的两端采取防止松散的措施。

（3）钢丝绳使用完毕，应及时清理干净、加油润滑、理顺盘好，放至库房妥善保管。

（4）吊索具应由有资质的企业生产，具有合格证，应经试吊，确认合格，并形成文件。

（5）严禁卡环侧向受力，起吊时封闭锁必须拧紧；不得使用有裂纹、变形的卡环；严禁用补焊方法修复卡环。

（6）严禁在吊钩上焊补、打孔，出现下列情况之一时，应予报废：扭转变形超过 10°；开口度比原尺寸增加 15%；危险断面磨损达原尺寸的 10%；危险断面或吊钩颈部产生塑性变形；板钩衬套磨损达原尺寸的 50%，其心轴磨损达原尺寸的 5%。

安全技术交底记录		编号	××× 共×页第×页
工程名称	××市政基础设施工程××标段		
施工单位	××市政建设集团		
交底提要	管材吊装安全技术交底	交底日期	××年××月××日

（7）编插钢丝绳索具宜用6×37的钢丝绳，编插段的长度不得小于钢丝绳直径的20倍，且不得小于300mm。编插钢丝绳的强度应按原钢丝绳破断拉力的70%计。

（8）钢丝绳应根据使用要求有足够的安全系数。安全系数不得小于下表7-3-1的要求。

表7-3-1 钢丝绳安全系数表

用途	安全系数	用途	安全系数
缆风绳	3.5	吊挂和捆绑用	
支承动臂用	4	千斤绳	8～10
卷扬机用	5		

（9）凡表面磨损、腐蚀、断丝超过标准规定或有死弯、断股、油芯外露者不得使用，钢丝绳的检验和报废应符合现行《起重机械用钢丝绳检验和报废实用规范》的有关要求。

10.作业中使用天然和人造纤维吊索、吊带时，应符合下列要求：

（1）用纤维吊索捆绑刚性物体时，应用柔性物衬垫。

（2）纤维绳穿过滑轮使用时，轮槽宽度不得小于绳径。

（3）纤维吊索、吊带应由有资质的企业生产，具有合格证。

（4）使用中受力时，严禁超过材料使用说明书规定的允许拉力。

（5）使用潮湿聚酰胺纤维绳吊索、吊带时，其极限工作载荷商减少15%。

（6）纤维制品吊索应存放在远离热源、通风干燥、无腐蚀性化学物品场所。

（7）纤维吊索、吊带不得在地面拖拽摩擦，其表面不得沾污泥砂等锐利颗粒杂物。

（8）使用中，纤维吊索软索眼两绳间夹角不得超过30°；吊带软索眼处夹角不得超过20°。

（9）吊索和吊带受腐蚀性介质污染后，应及时用清水冲洗；潮湿后不得加热烘干，必须在自然循环空气中晾干。

（10）纤维绳索、吊带不得在产品使用说明书所规定温度以外环境使用，且不得在有热源、焊接作业场所使用。

（11）人造纤维吊索、吊带的材质应是聚酰胺、聚酯、聚丙烯；大麻、椰子皮纤维不得制作吊索；直径小于16mm细绳不得用作吊索；直径大于48mm粗绳不宜用作吊索。

（12）各类纤维吊索、吊带应与使用环境相适应，禁止与使用说明书所规定的不可接触的物质相接触防止受到环境腐蚀作用，天然纤维不得接触酸、碱等腐蚀介质；人造纤维不得接触有机溶剂，聚酰胺纤维不得接触酸性溶液或气体，聚酯纤维不得接触碱性溶液。

<table>
<tr><td colspan="2" rowspan="2">安全技术交底记录</td><td rowspan="2">编号</td><td>×××</td></tr>
<tr><td>共×页第×页</td></tr>
<tr><td>工程名称</td><td colspan="3">××市政基础设施工程××标段</td></tr>
<tr><td>施工单位</td><td colspan="3">××市政建设集团</td></tr>
<tr><td>交底提要</td><td>管材吊装安全技术交底</td><td>交底日期</td><td>××年××月××日</td></tr>
</table>

（13）当吊带出现下列情况之一时，应报废：吊带出现死结；纤维表面粗糙易剥落；承载接缝绽开、缝线磨断；带有红色警戒线吊带的警戒线裸露；吊带纤维软化、老化、弹性变小、强度减弱；织带（含保护套）严重磨损、穿孔、切口、撕断；吊带表面有过多的点状疏松、腐蚀、酸碱烧损以及热熔化或烧焦。

（14）当纤维吊索出现下列情况之一时，应报废：

1）绳索捻距增大。

2）严重折弯或扭曲。

3）绳索表面过多点状疏松、腐蚀。

4）插接处破损、绳股拉出、索眼损坏。

5）绳索发霉变质、酸碱烧伤、热熔化或烧焦。

6）绳被切割、断股、严重擦伤、绳股松散或局部破裂。

7）绳索内部绳股间出现破断，有残存碎纤维或纤维颗粒。

8）绳表面纤维严重磨损，局部绳径变细或任一绳股磨损达原绳股 1/3。

9）纤维出现软化或老化，表面粗糙纤维极易剥落，弹性变小、强度减弱。

11.使用三角架、倒链吊装应符合下列要求：

（1）吊装过程中，管子下方严禁有人。

（2）暂停作业时应将倒链降至地面或平台等安全处。

（3）在沟槽上方使用两个或多个三角架组成吊装组进行吊装时，必须由一名信号工统一指挥，同步作业，保持管子水平。

（4）人工移动三脚架时，应先卸除倒链，移动时，必须由作业组长指挥，每个支脚必须设人控制，移动应平稳、步调一致。

（5）三角架的支腿应根据被吊装管子的质量进行受力计算确定；三角架应置于坚实的地基上，支垫稳固；底脚宜呈等边三角形，支腿应用横杆件连成整体，底脚处应加设木垫板；三支腿顶部连接点必须牢固。

（6）在沟槽上方架空吊装时，跨越沟槽的横梁、作业平台应经计算确定，临边部分应设防护栏杆。作业中，平台下方严禁有人。

（7）倒链安装应牢固，并符合下列要求：

1）吊物需在空间暂时停留时，必须将小链拴系在大链上。

2）使用前应检查吊架、吊钩、链条、轮轴、链盘等部件，确认完好。

<table>
<tr><td colspan="2" rowspan="2">安全技术交底记录</td><td rowspan="2">编号</td><td>×××</td></tr>
<tr><td>共×页第×页</td></tr>
<tr><td>工程名称</td><td colspan="3">××市政基础设施工程××标段</td></tr>
<tr><td>施工单位</td><td colspan="3">××市政建设集团</td></tr>
<tr><td>交底提要</td><td>管材吊装安全技术交底</td><td>交底日期</td><td>××年××月××日</td></tr>
<tr><td colspan="4">3）作业中应经常检查棘爪、棘爪弹簧和齿轮状况，确认制动有效；齿轮应经常加油润滑。
4）倒链使用完毕，应拆卸清洗干净，注加润滑油，组装完好，放至库房妥善保管，保持链条不锈蚀。
5）使用的链葫芦外壳应有额定吨位标记，严禁超载；气温在 10℃以下，不得超过其额定起重量的一半。
6）拉动链条必须一人操作，严禁两人以上猛拉；作业时应均匀缓进，并与链轮方向一致，不得斜向拽动。严禁人员站在倒链的正下方。
7）使用时，应先松链条、挂牢起吊物、缓慢拉动牵引链条；起重链条受力后，应检查齿轮啮合和自锁装置的工作状况，确认合格后，方可继续起吊作业。</td></tr>
</table>

审核人	交底人	接受交底人
×××	×××	×××、×××……

7.4 供热管道安装

7.4.1 管道安装通用安全技术交底

<table>
<tr><td colspan="2" rowspan="2">安全技术交底记录</td><td rowspan="2">编号</td><td>×××</td></tr>
<tr><td>共×页第×页</td></tr>
<tr><td>工程名称</td><td colspan="3">××市政基础设施工程××标段</td></tr>
<tr><td>施工单位</td><td colspan="3">××市政建设集团</td></tr>
<tr><td>交底提要</td><td>管道安装通用安全技术交底</td><td>交底日期</td><td>××年××月××日</td></tr>
</table>

交底内容：

1.沟槽作业应设安全梯或土坡道。

2.作业人员应按规定佩戴劳动保护用品。

3.管道工应经专业培训，考核合格，方可上岗。

4.安装机具使用前，应经检查、试运行，确认正常。

5.管道安装临时中断作业时，应将管口两端临时封堵。

6.安装作业的现场应划定作业区，设标志，非作业人员严禁入内。

7.作业场地应平整、无障碍物、满足机具设备和操作人员安全作业的需要。

8.安装供热管道施工，应根据施工组织设计中供热管道安装方案制定的具体施工措施，结合供热管道的介质、压力、管径、材质、设备、附件、现场环境等具体情况，采取安全措施。

9.进入沟槽前，必须检查沟槽边坡稳定状况，确认安全。在沟槽内作业过程中，应随时观察边坡稳定状况，发现坍塌征兆时，必须立即停止作业，撤离危险区，待加固处理，确认合格后，方可继续作业。

10.高处作业必须设作业平台，在高处实测中线、高程等作业时，必须设高凳、安全梯等设施。梯、凳必须坚实，放置稳固；作业平台应符合下列要求：

（1）施工过程中，应经常检查、维护，确认安全。

（2）作业平台上的脚手板应铺满、铺稳，宽度应满足作业安全要求。

（3）支、拆作业平台时，应划定作业区，由作业组长指挥，非作业人员严禁入内。

（4）作业平台支搭完成后，应经检查、验收，确认合格并形成文件后，方可投入使用。

（5）作业平台临边必须设防护栏杆；平台边缘应设安全梯等攀登设施。下、下平台必须走安全梯等攀登设施。

（6）脚手架应置于坚实、平整的地基上，支搭必须牢固，搭后应经验收确认合格，形成文件方可使用。

审核人	交底人	接受交底人
×××	×××	×××、×××……

7.4.2 下管与铺管施工安全技术交底

安全技术交底记录		编号	×××
			共×页第×页
工程名称	××市政基础设施工程××标段		
施工单位	××市政建设集团		
交底提要	下管与铺管施工安全技术交底	交底日期	××年××月××日

交底内容：

1.排管、下管应使用起重机具进行，严禁将管子直接扔入沟槽内。

2.下管前，必须检查沟槽边坡状况，确认稳定；下管中，应在沟槽内采取防止管子摆动的措施和设临时支墩。

3.在沟槽外排管时，场地应平坦、不积水；管子与槽边的距离应根据管子质量、土质、槽深确定，且不得小于1m；管子应挡掩牢固。

4.管段较长，使用多个起重机或多个倒链下管时，必须由一名信号工统一指挥；管段各支承点的高程应一致，各个作业点应协调作业，保持管段水平下落。

5.在沟墙上方架空排管时，排管用的横梁两端在沟墙上的搭置长度不得超过墙外缘，排管所使用的横梁断面尺寸、长度、间距，应经计算确定；严禁使用糟朽、劈裂、有疖疤的木材作横梁；支承每根管子的横梁顶面应水平，且同高程；排管下方严禁有人。

6.起重机具下管应将管子下放至距管沟基面或沟槽底50cm后，作业人员方可在管道两侧辅助作业，管子落稳后方可摘钩。

7.对口作业应符合下列要求：

（1）对口后，应及时将管身挡掩，并点焊固定。

（2）对口时，严禁将手脚放在管口或法兰连接处。

（3）采用机具配合对口时，机具操作工必须听从管工指令。

（4）人工调整管子位置时必须由专人指挥，作业人员应精神集中，配合协调。

（5）点焊时，施焊人员应按规定佩戴面具等劳动保护用品，非施焊人员必须避开电弧光和火花。

8.管道穿越河道施工时，应符合下列要求：

（1）过河管道宜在枯水季节施工。

（2）管道验收合格后应及时回填沟槽。

（3）施工中，过河管道两端检查井井口应盖牢或设围挡。

（4）施工前，应向河道管理部门申办施工手续，并经批准。

（5）作业区临水边应设护栏和安全标志，阴暗和夜间时应加设警示灯。

（6）进入水深超过1.2m的水域作业时，应选派熟悉水性的人员，并应采取防止溺水的安全措施。

<table>
<tr><td colspan="2">安全技术交底记录</td><td>编号</td><td>×××
共×页第×页</td></tr>
<tr><td>工程名称</td><td colspan="3">××市政基础设施工程××标段</td></tr>
<tr><td>施工单位</td><td colspan="3">××市政建设集团</td></tr>
<tr><td>交底提要</td><td>下管与铺管施工安全技术交底</td><td>交底日期</td><td>××年××月××日</td></tr>
</table>

（7）施工前，应对河道和现场环境进行调查，掌握现场的工程地质、地下水状况和河道宽度、水深、流速、最高洪水位、上下游闸堤、施工范围内的地上与地下设施等现况，编制过河管道施工方案，制定相应的安全技术措施。

（8）采用渡管导流方法施工时，应符合下列要求：渡管必须稳定嵌固于坝体中；筑坝范围应满足过河管道施工安全作业的要求；当渡管大于或等于两排时，渡管净距应大于或等于2倍管径；渡管应采用钢管焊制，上下游坝体范围内管外壁应设止水环；人工运渡管及其就位应统一指挥，上、下游作业人员应协调配合；渡管过水断面、筑坝高度与断面应经水力计算确定。坝顶的高度应比施工期间可能出现的最高水位高70cm以上。

（9）采用土袋围堰时，水深1.5m以内、流速1.0m／s以内、河床土质渗透系数较小时可采用土袋围堰；堰顶宽宜为1m～2m，围堰中心部分可填筑黏土和黏土芯墙；堰外边坡宜为1∶1～1∶0.5；草袋或编织袋内应装填松散的黏土或砂夹黏土；堰内边坡宜为1∶0.5～1∶0.2，坡脚与基坑边缘距离应据河床土质和基坑深度而定，且不得小于1m；水流速度较大处，堰外边坡草袋或编织袋内宜装填粗砂砾或砾石；堆码土袋时，上下层和内外层应相互错缝、堆码密实且平整；黏土心墙的填土应分层夯实。

（10）采用土围堰时，水深1.5m以内、流速50cm／s以内、河床土质渗透系数较小时，可筑土围堰；筑堰土质宜采用松散的粘性土或砂夹黏土，填土出水面后应进行夯实；填土应自上游开始至下游合拢；堰顶宽度宜为1m～2m，堰内坡脚与基坑边缘距离应据河床土质和基坑深度而定，且不得小于1m；由于筑堰引起流速增大，堰外坡面可能受冲刷危险时，应在围堰外坡用土袋、片石等防护。

（11）围堰断面应据水力状况确定，其强度、稳定性应满足最高水位、最大流速时的水力要求，围堰不得渗漏；筑堰应自上游起，至下游合拢；围堰外侧迎水面应采取防冲刷措施；围堰内的面积应满足沟槽施工和设置排水设施的要求；围堰顶面应高出施工期间可能出现的最高水位70cm以上；拆除坝体、围堰应先清除施工区内影响航运和污染水体的物质，并应通知河道管理部门。拆除时应从河道中心向两岸进行，将坝体、围堰等拆除干净。

9.架空管道安装应符合下列要求：

（1）高处作业下方可能坠落范围内严禁有人。

（2）大雨、大雪、大雾、沙尘暴和六级（含）以上大风天气应停止露天作业。

（3）高处作业人员携带的小工具、管件等，应放在工具袋内，放置安全；不得使用上下抛掷方法传送工具和材料等。

<table>
<tr><td colspan="2" rowspan="2">安全技术交底记录</td><td rowspan="2">编号</td><td>×××</td></tr>
<tr><td>共×页第×页</td></tr>
<tr><td>工程名称</td><td colspan="3">××市政基础设施工程××标段</td></tr>
<tr><td>施工单位</td><td colspan="3">××市政建设集团</td></tr>
<tr><td>交底提要</td><td>下管与铺管施工安全技术交底</td><td>交底日期</td><td>××年××月××日</td></tr>
</table>

（4）支架结构施工完成，并经验收，确认合格，方可在其上架设管子；严禁利用支架作地锚、后背等临时受力结构使用。

（5）临时支架必须支设牢固，不得与支架结构相连；支设完成后，应进行检查、验收，确认符合施工设计的要求并形成文件后，方可安装管子。

（6）作业前，应根据架空管节的长度和质量、管径、支架间距与现场环境等状况，对临时支架进行施工设计，其强度、刚度、稳定性应符合管道架设过程中荷载的要求。

10.在沟槽上方架空排管时，应符合下列要求：

（1）排管下方严禁有人。

（2）沟槽顶部宽度不宜大于2m。

（3）支承每根管子的横梁顶面应水平，且同高程。

（4）排管所使用的横梁断面尺寸、长度、间距，应经计算确定；严禁使用糟朽、劈裂、有疖疤的木材作横梁。

（5）排管用的横梁两端应置于平整、坚实的地基上，并以方木支垫，其在沟槽上的搭置长度，每侧不得小于80cm。

审核人	交底人	接受交底人
×××	×××	×××、×××……

7.4.3 焊接施工安全技术交底

<table>
<tr><td colspan="2" rowspan="2">安全技术交底记录</td><td rowspan="2">编号</td><td>×××</td></tr>
<tr><td>共×页第×页</td></tr>
<tr><td>工程名称</td><td colspan="3">××市政基础设施工程××标段</td></tr>
<tr><td>施工单位</td><td colspan="3">××市政建设集团</td></tr>
<tr><td>交底提要</td><td>焊接施工安全技术交底</td><td>交底日期</td><td>××年××月××日</td></tr>
<tr><td colspan="4">交底内容：
1.作业现场应划定作业区，并设安全标志，非作业人员不得入内。
2.焊工应经专业培训、考试合格，取得焊接操作证和锅炉压力容器压力管道特种设备操作人员资格证，方可上岗作业。
3.凡患有中枢神经系统器质性疾病、植物神经功能紊乱、活动性肺结核、肺气肿、精神病或神经官能症者，不得从事焊接作业。
4.焊接（切割）作业中涉及的电气安装引接、拆卸、检查必须由电工操作，严禁非电工作业，并应符合施工用电安全技术交底具体要求。
5.高处作业必须设作业平台，宽度不得小于80cm，高处作业下方不得有易燃、易爆物，且严禁下方有人；作业时，应设专人值守。
6.焊接（切割）作业后必须整理缆线、锁闭闸箱、清理现场、熄灭火种，待焊、割件余热消除后，方可离开现场。
7.焊接作业必须纳入现场用火管理范畴；现场必须根据工程规模、结构特点、施工季节和环境状况，按消防管理部门的规定配备消防器材，采取防火措施，保持安全；作业前必须履行用火申报手续，经消防管理人员检查，确认现场消防安全措施落实后，方可签发用火证；作业人员持用火证后，方可焊接作业。
8.焊接作业场所应符合下列要求：
（1）作业场所必须有良好的天然采光或充足的安全照明。
（2）现场地面上的井坑、孔洞必须采取加盖或围挡等措施，夜间和阴暗时尚须加设警示灯。
（3）焊接设备、焊机、切割机具、气瓶、电缆和其他器具等必须放置稳妥有序，并不得对附近的作业与人员构成妨碍。
（4）作业场地应平整、清洁、干燥，无障碍物，通风良好，空气中氧气和有毒、有害气体的浓度应符合国家现行有关标准的规定。
（5）施焊区周围10m范围内，不得放置气瓶、木材等易燃易爆物；不能满足时，应采用阻燃物或耐火屏板（或屏罩）隔离防护，并设安全标志。
9.高处作业必须设作业平台，并应符合下列要求：
（1）施工过程中，应经常检查、维护，确认安全。</td></tr>
</table>

<table>
<tr><td colspan="2">安全技术交底记录</td><td rowspan="2">编号</td><td>×××</td></tr>
<tr><td colspan="2"></td><td>共×页第×页</td></tr>
<tr><td>工程名称</td><td colspan="3">××市政基础设施工程××标段</td></tr>
<tr><td>施工单位</td><td colspan="3">××市政建设集团</td></tr>
<tr><td>交底提要</td><td>焊接施工安全技术交底</td><td>交底日期</td><td>××年××月××日</td></tr>
</table>

（2）作业平台上的脚手板应铺满、铺稳，宽度应满足作业安全要求。

（3）支、拆作业平台时，应划定作业区，由作业组长指挥，非作业人员严禁入内。

（4）作业平台支搭完成后，应经检查、验收，确认合格并形成文件后，方可投入使用。

（5）作业平台临边必须设防护栏杆，作业平台边缘应设安全梯等攀登设施，作业人员上下平台必须走安全梯等攀登设施。

（6）脚手架应置于坚实、平整的地基上，支搭必须牢固，支搭后应经验收确认合格，形成文件方可使用。

10.作业人员必须按规定佩戴齐全的防护用品，并符合下列要求：

（1）焊工作业必须佩戴耐火、状态良好、足够干燥的防护手套。

（2）作业人员应根据具体的焊接（切割）操作特点选择穿戴防护服。

（3）需要对腿做附加保护时，必须使用耐火的护腿或其他等效的用具。

（4）作业人员身体前部需要对火花和辐射做附加保护时，必须使用经久耐火的皮制或其他材质的围裙。

（5）当现场噪声无法控制在规定的允许声级范围内时，必须采取保护装置（耳套、耳塞）或其他适用的保护方式。

（6）在仰焊、切割等操作中，必要时必须佩戴皮制或其他耐火材质的套袖或披肩罩，也可在头罩下佩戴耐火质的防灼伤的斗篷。

（7）防护用品必须干燥、完好，严禁使用潮湿和破损的防护用品；在潮湿地带作业时，作业人员必须站在铺有绝缘的垫物上，并穿绝缘胶鞋。

（8）施焊中，利用送风手段无法将作业区域内的空气污染降至允许限值或这类控制手段无法实施时，必须使用呼吸保护装置，如长管面具、防毒面具和防护微粒口罩等。

（9）作业人员观察电弧时必须使用带有滤光镜的头罩或手持面罩，或佩戴安全镜、护目镜，或其他合适的眼镜；登高焊接时应戴头盔式面罩和阻燃安全带；辅助人员应佩戴类似的眼保护装置。

（10）焊工防护鞋应具有绝缘、抗热、阻燃、耐磨损和防滑性能；电焊工穿的防护橡胶鞋底应经耐规定电压试验，确认合格，鞋底不得有鞋钉；积水地面作业时，焊工应穿经耐规定电压试验，并确认合格的防水胶鞋。

11.不锈钢焊接时，应符合下列要求：

（1）不锈钢在用等离子切割过程中，必须遵守氩弧焊接的安全技术规定；当电弧停止时，不得立即去检测焊缝。

<table>
<tr><td colspan="2" rowspan="2">安全技术交底记录</td><td rowspan="2">编号</td><td>×××</td></tr>
<tr><td>共×页第×页</td></tr>
<tr><td>工程名称</td><td colspan="3">××市政基础设施工程××标段</td></tr>
<tr><td>施工单位</td><td colspan="3">××市政建设集团</td></tr>
<tr><td>交底提要</td><td>焊接施工安全技术交底</td><td>交底日期</td><td>××年××月××日</td></tr>
</table>

（2）施焊中，使用砂轮打磨坡口和清理焊缝前，必须检查砂轮片及其紧固状况，确认砂轮片完好、紧固，并佩戴护目镜。

（3）使用直流焊机焊接应采用“反接法”，即工件接负极；焊机正负标记不清或转钮与标记不符时，使用前必须用万能电用表检测，确认正负极后，方可操作；停焊后，必须将焊条头取出或将焊钳挂牢在规定处，严禁乱放。

（4）酸洗和钝化不锈钢工件应符合下列要求：

1）凡患呼吸系统疾病者不宜从事酸洗作业。

2）酸洗钝化后的废液必须经专门处理，严禁乱弃倒。

3）使用不锈钢丝刷清刷焊缝时，应由里向外推刷，不得来回刷。

4）酸洗时，作业人员必须穿戴防酸工作服、口罩、防护眼镜、乳胶手套和胶鞋。

5）氢氟酸等化学物品必须在专用库房内妥善保管，并建立相应的管理制度，专人领用，余料及时退库存放。

（5）氩弧焊接应符合下列要求：

1）手工钨极氩弧焊接时，电源应采用直流正接。

2）施焊现场应具有良好的自然通风，或配置能及时排除有毒、有害气体和烟尘的换气装置，保持作业点空气流通；施焊时作业人员应位于上风处，并应间歇轮流作业。

3）施焊中，作业人员必须按规定穿戴防护用品；在容器内施焊时应戴送风式头盔、送风式口罩或防毒口罩等防护用品。

4）钨极棒应放置封闭的铅盒内，专人保管不得乱放；打磨钨极棒时，必须戴防尘口罩和眼镜。接触钨极后，应及时洗手、漱口。

5）使用交流钨极氩弧焊机，应采用高频稳弧措施，将焊枪和焊接导线用金属纺织线屏蔽，并采取预防高频电磁场危及双手的措施。

12.电弧焊（切割）应符合下列要求：

（1）焊接预热件时，应采取防止辐射热的措施。

（2）在木模板上施焊时，应在施焊部位下面垫隔热阻燃材料。

（3）闭合开关时，作业人员必须戴干燥完好的手套，并不得面向开关。

（4）严禁对承压状态的压力容器和管道、带电设备、承载结构的受力部位与装有易燃、易爆物品的容器进行焊接和切割。

（5）在喷刷涂料的环境内施焊前，必须制定专项安全技术措施，并经专家论证，确认安全并形成文件后，方可进行；严禁在未采取措施的情况下施焊。

<table>
<tr><td colspan="2" rowspan="2">安全技术交底记录</td><td rowspan="2">编号</td><td>×××</td></tr>
<tr><td>共×页第×页</td></tr>
<tr><td>工程名称</td><td colspan="3">××市政基础设施工程××标段</td></tr>
<tr><td>施工单位</td><td colspan="3">××市政建设集团</td></tr>
<tr><td>交底提要</td><td>焊接施工安全技术交底</td><td>交底日期</td><td>××年××月××日</td></tr>
</table>

（6）需施焊受压容器、密封容器、油桶、管道、沾有可燃气体和溶液的工件时，必须先按介质特性采取相应的方法消除其内压力、消除可燃气体和溶液、并冲洗有毒、有害、易燃物质，确认合格后，方可进行。

（7）作业中，遇下列情况之一时，必须立即停机，切断电源：变换作业地点、移动焊机前；焊接中突然停电；更换电极或喷嘴前；施焊中，遇电焊机出现故障、响声异常、电缆线破损、漏电征兆、更换或修复电缆等情况；改变接线方式前；停止作业后。

（8）施焊存贮易燃、易爆物的容器、管道前，必须打开盖口，根据存贮的介质性质，按其技术规定进行置换和清洗，经检测，确认合格并记录，方可进行；施焊中尚须采取严格地强制通风和监护措施；对存有残余油脂的容器，应先用蒸汽、碱水冲洗，确认干净，并灌满清水后，方可施焊。

（9）使用电弧焊设备应符合下列要求：

1）露天作业使用的电焊机应设防护设施。

2）焊机的电源开关必须单独设置，并设自动断电装置。

3）多台焊机作业时，应保持间距 50cm 以上，不得多台焊机串联接地。

4）受潮设备使用前，必须彻底干燥，并经电工检验，确认合格，并记录。

5）作业结束后，电焊设备应经清理，停置在清洁、干燥的地方，并加遮盖。

6）作业中，裸露导电部分必须有防护罩和防护设施，严禁与人员和车辆、起重机、吊钩等金属物体相接触。

7）焊接设备的工作环境应与其说明书的规定相符合，安放在通风、干燥、无碰撞、无剧烈震动、无高温、无易燃品存在的地方。

8）在特殊环境条件下（室外的雨雪中，温度、湿度、气压超出正常范围或具有腐蚀、爆炸危险的环境），必须对设备采取特殊的防护措施。

9）作业时，严禁把接地线连接在管道、机械设备、建（构）筑物金属构架和轨道上，接地电阻不得大于 4Ω，现场应设专人检查，确认安全。

10）长期停用的焊机恢复使用时必须检验，其绝缘电阻不得小于 0.5MΩ，接线部分不得有腐蚀和受潮现象，使用前，必须经检查，确认合格，并记录。

（10）使用焊钳、焊枪等应符合下列要求：

1）焊钳不得在水中浸透冷却。

2）电焊机二次侧引出线、焊把线、电焊钳的接头必须牢固。

3）作业中，严禁焊条或焊钳上带电部件与作业人员身体接触。

<table>
<tr><td colspan="2" rowspan="2">安全技术交底记录</td><td rowspan="2">编号</td><td>×××</td></tr>
<tr><td>共×页第×页</td></tr>
<tr><td>工程名称</td><td colspan="3">××市政基础设施工程××标段</td></tr>
<tr><td>施工单位</td><td colspan="3">××市政建设集团</td></tr>
<tr><td>交底提要</td><td>焊接施工安全技术交底</td><td>交底日期</td><td>××年××月××日</td></tr>
</table>

4）作业中不得身背、臂夹电焊缆线和焊钳，不得使焊钳重力撞击受损。

5）作业中不得使用受潮焊条；更换焊条必须戴绝缘手套，手不得与电极接触。

6）金属焊条和焊极不使用时，必须从焊钳上取下。焊钳不使用时，必须置于与人员、导电体、易燃物体或压缩空气瓶不接触处。

7）电焊钳必须具备良好的绝缘和隔热性能，并维护正常；焊钳握柄必须绝缘良好，握柄与导线连接应牢靠，接触良好，连接处应采用绝缘布包严，不得外露。

（11）构成焊接（切割）回路的焊接电缆必须适合焊接的实际操作条件，并应符合下列要求：

1）电缆禁止搭在气瓶等易燃物上；禁止与油脂等易燃物质接触。

2）焊接缆线应理顺，严禁搭在电弧和炽热的焊件附近和锋利的物体上。

3）电焊缆线长度不宜大于30m，需要加长时，应相应增加导线的截面。

4）焊机接线完成后，操作前，必须检查每一个接头，确认线路连接正确、良好，接地符合规定要求。

5）作业中，焊接电缆必须经常进行检查；损坏的电缆必须及时更换或修复，并经检查，确认符合要求，方可使用。

6）能导电的物体（如管道、轨道、金属支架、暖气设备等）不得用作焊接电路；锁链、钢丝绳、起重机、卷扬机或升降机不得用于传输焊接电流。

7）电焊缆线穿越道路时，必须采取保护措施（如设防护套管等）；通过轨道时，必须从轨道下穿过；缆线受损或断股时，必须立即更换，并确认完好。

8）构成焊接回路的焊接电缆外皮必须完整、绝缘良好（绝缘电阻大于1MΩ），不得将其放在高温物体附近；焊接电缆宜使用整根导线，需接长时，接头处必须连接牢固、绝缘良好。

（12）进入容器、管道、管沟、小室等封闭空间内作业时，应符合下列要求：

1）照明电压不得大于12V。

2）作业人员应轮换至空间外休息。

3）焊工身体应用干燥的绝缘材料与焊件和可能导电的地面相隔。

4）施焊用气瓶和焊接电源必须放置在封闭空间的外面，严禁将正在燃烧的焊割具放在其内。

5）施焊时，出入口处必须设人监护，内外呼应，保持联系，确认安全，严禁单人作业；监护人员必须具有能在紧急状态下迅速救出和保护里面作业人员的救护措施、能力和设备。

<table>
<tr><td colspan="2" rowspan="2">安全技术交底记录</td><td rowspan="2">编号</td><td>×××</td></tr>
<tr><td>共×页第×页</td></tr>
<tr><td>工程名称</td><td colspan="3">××市政基础设施工程××标段</td></tr>
<tr><td>施工单位</td><td colspan="3">××市政建设集团</td></tr>
<tr><td>交底提要</td><td>焊接施工安全技术交底</td><td>交底日期</td><td>××年××月××日</td></tr>
</table>

6）现场必须配备完好的氧气和有毒、有害气体浓度检测仪器；仪器应由具有生产资质的企业制造，并按规定校正，确认合格并记录，方可使用。

7）进入封闭空间前，必须先打开拟进及其相邻近的盖（板），进行通风换气；通风设备应完好、有效，风管应为不可燃材质，风量应满足相应空间的要求，且设进、出风口。

8）经检测确认封闭空间内空气质量合格后，应立即进入作业，如未进入，当再进入前，应重新检测，确认合格，并记录。

9）作业中，必须对作业环境的空气质量状况进行动态监测，确认电焊烟尘的浓度不超过 $6mg/m^3$，氧气和有毒、有害气体浓度符合要求，并记录。

10）通风不能满足要求，又持续产生有毒、有害气体时，必须佩戴满足使用要求的供气呼吸器；供给呼吸器或呼吸设备的压缩空气必须满足作业人员正常的呼吸要求，压缩空气必须采用专用输送管道，不得与其他管路相连接，除空气外，氧气、其他气体或混合气不得用于送风。

13.氧燃气焊接（切割）应符合下列要求：

（1）作业中不得使用原材料为电石的乙炔发生器。

（2）作业中氧气瓶与乙炔气瓶的距离不得小于 10m。

（3）气瓶必须专用，并应配置手轮或专用扳手启闭瓶阀。

（4）作业中禁止在带压或带电压的容器、管道等上施焊。

（5）气焊作业人员必须佩戴工作服、手套、护目镜等安全防护用品。

（6）现场应根据气焊工作量安排相应的气瓶用量计划，随用随供，现场不宜多存。

（7）作业中，严禁使用氧气代替压缩空气；用于氧气的气瓶、管线等严禁用于其他气体。

（8）所有与乙炔相接触的部件（仪表、管路附件等）不得由铜、银以及铜或银含量超过 70%的合金制成。

（9）现场应设各种气瓶专用库房，各种气瓶不使用时应存放库房，并应建立领发气瓶管理制度，由专人领用和退回。

（10）气瓶使用时必须稳固竖立或装在专用车（架）或固定装置上；气瓶不得作为滚动支架，禁止使用各种气瓶作登高支架或支撑重物的衬垫、支架。

（11）气瓶及其附件、软管、气阀与焊（割）炬的连接处应牢固，不得漏气；使用前和作业中应检查、试验，确认严密；检查严密性时应采用肥皂水，严禁使用明火。

（12）氧气瓶、气瓶阀、接头、减压器、软管和设备必须与油、润滑脂和其他可燃物、爆炸物相隔离；严禁用沾有油污的手、带有油迹的手套触碰气瓶或氧气设备。

<table>
<tr><td colspan="2" rowspan="2">安全技术交底记录</td><td rowspan="2">编号</td><td>×××</td></tr>
<tr><td>共×页第×页</td></tr>
<tr><td>工程名称</td><td colspan="3">××市政基础设施工程××标段</td></tr>
<tr><td>施工单位</td><td colspan="3">××市政建设集团</td></tr>
<tr><td>交底提要</td><td>焊接施工安全技术交底</td><td>交底日期</td><td>××年××月××日</td></tr>
<tr><td colspan="4">（13）用于焊接和气割输送气体的软管应妥善固定，禁止将胶管缠绕在身上作业；作业中，应经常检查，保持软管完好，禁止使用泄漏、烧坏、磨损、老化或有其他缺陷的软管；禁止将气体胶管与焊接电缆、钢丝绳绞在一起；作业中不得手持连接胶管的焊炬爬梯、登高。
（14）使用焊炬、割炬必须按使用说明书规定的焊、割炬点火和调节与熄火的程序操作；点火前，应检查，确认焊、割炬的气路通畅、射吸能力和气密性等符合要求；点火应使用摩擦打火机、固定的点火器或其他适宜的火种；焊割炬不得指向人、设施和可燃物。
（15）氧气、乙炔等气瓶必须按规定期限贮存；气瓶必须储放在远离电梯、楼梯或过道，不被其他物碰翻或损坏的指定地点；气瓶必须储存在不得遭受物理损坏，或使气瓶内储存物的温度超过 40℃的地方；气瓶储放时，必须与可燃物、易燃液体隔离，并远离易引燃的材料（木材、纸张、包装材料、油脂等）至少 6m 以上，或用至少 1.6m 高的不可燃隔板隔离。
（16）氧气、乙炔等气瓶运输必须符合下列要求：
1）易燃、油脂和油污物品，严禁与氧气瓶同车运输。
2）运输车辆在道路、公路上行驶时，应挂有“危险品”标志，严禁在车、行人稠密地区、学校、娱乐和危险性场所停置。
3）搬运气瓶时，必须关紧气瓶阀，旋紧瓶帽，不得提拉气瓶上的阀门保护帽；轻装、轻卸，避免可能损伤瓶体、瓶阀或安全装置的剧烈碰撞；严禁采用肩扛、背负、拖拉、抛滑及其他易造成损伤、碰撞等的搬运方法；气瓶不得使用吊钩、钢索或电磁吸盘吊运。
4）用车装运气瓶应妥善固定。汽车装运气瓶宜横向，且头部朝一向放置，不得超过车厢高度。装运气瓶的车厢应固定，且通风良好。车厢内禁止乘人和严禁烟火，并必须按所装气瓶种类备有相应的灭火器材和防毒器具。
5）使用载重汽车运输氧气瓶时，其装载、包装、遮盖必须符合有关的安全规定；途中应避开火源、火种、居民区、建筑群等；炎热季节应选择阴凉处停放，不得受阳光暴晒；装卸时严禁火种；装运时，车厢底面应置用减轻氧气瓶振动的软垫层；装载质量不得超过额定载重量的 70%；装运前，车厢板的油污应清除干净，严禁混装有油料或盛油容器或备用燃油。
（17）使用气瓶应符合下列要求：
1）禁止用电极敲击气瓶，在气瓶上引弧。
2）气瓶不得作为滚动支架和支撑重物的托架。
3）气瓶必须距离实际焊接（切割）作业点 5m 以上。
4）气瓶必须远离散热器、管路系统、电路排线等。
5）气瓶必须稳固竖立，或装在专用车（架）上，或固定装置上。</td></tr>
</table>

<table>
<tr><td colspan="2" rowspan="2">安全技术交底记录</td><td rowspan="2">编号</td><td>×××</td></tr>
<tr><td>共×页第×页</td></tr>
<tr><td>工程名称</td><td colspan="3">××市政基础设施工程××标段</td></tr>
<tr><td>施工单位</td><td colspan="3">××市政建设集团</td></tr>
<tr><td>交底提要</td><td>焊接施工安全技术交底</td><td>交底日期</td><td>××年××月××日</td></tr>
<tr><td colspan="4">6）气瓶不得置于受阳光暴晒、热源辐射和可能受到电击的地方。
7）气瓶使用后禁止放空，必须留有不小于 98kPa～196kPa 表压的余气。
8）严禁用沾有油污的手或带有油迹的手套触碰氧气瓶或氧气设备等。
9）气瓶上的压力表必须经检测，确认合格，并在使用中保持完好、有效。
10）使用中的气瓶应进行定期检查，使用期满或送检未合格的气瓶禁止继续使用。
11）气瓶冻结时，不得在阀门或阀门保护帽下面用撬杠撬动气瓶使其松动；应使用 40℃以下的温水解冻。
12）作业结束后，必须关闭气瓶阀、旋紧安全阀，放置安全处，检查作业场地，确认无燃火隐患，方可离开。
（18）严禁使用未安装减压器的氧气瓶。使用减压器应符合下列要求：
1）减压器应完好，使用前应检查，确认合格，并符合使用气体特性及其压力。
2）减压器的连接螺纹和接头必须保证减压器与气瓶阀或软管连接良好、无泄漏。
3）从气瓶上拆卸减压器前，必须将气瓶阀关闭，并将减压器内的剩余气体释放干净。
4）同时使用两种气体进行焊接或切割时，不同气瓶减压器的出口端，都应各自装设防止气流相互倒灌的单向阀。
5）减压器在气瓶上应安装合理、牢固。采用螺纹连接时，应拧足五个螺扣以上；采用专用的夹具压紧时，卡具安装应平整牢固。</td></tr>
</table>

审核人	交底人	接受交底人
×××	×××	×××、×××……

7.4.4 管路附件安装安全技术交底

<table>
<tr><td colspan="2" rowspan="2">安全技术交底记录</td><td rowspan="2">编号</td><td>×××</td></tr>
<tr><td>共×页第×页</td></tr>
<tr><td>工程名称</td><td colspan="3">××市政基础设施工程××标段</td></tr>
<tr><td>施工单位</td><td colspan="3">××市政建设集团</td></tr>
<tr><td>交底提要</td><td>管路附件安装安全技术交底</td><td>交底日期</td><td>××年××月××日</td></tr>
</table>

交底内容：

1.安装作业中，严禁蹬、踩附件和管道。

2.阀门、套筒、管路附件等安装前，应经检查，确认合格。

3.人工安装管路附件应由专人指挥，作业人员应互相照应，协调一致。

4.管道支架、支座的结构应符合设计要求，安装后应经验收，确认合格，并形成文件。

5.附件安装前，应学习设计文件和产品说明书，掌握安装要求，确定吊装方案，选择吊装机具和吊点，制定相应的安全技术措施。

6.套筒补偿器、波纹补偿器安装时，临时支承设施必须牢固。补偿器与管道连接固定后，方可拆除临时支承设施。

7.采用机具安装法兰时，必须待法兰临时固定后，方可松绳；作业高度大于 1.2m 时，应按安全要求设作业平台；穿装螺栓时，身体应避开螺栓孔；紧固时应施力对称、均匀，不得过猛，严禁加长扳手手柄。

8.阀门安装应符合下列要求：

（1）吊装阀门未稳固前，严禁吊具松绳。

（2）阀门经检验确认合格后，方可安装。

（3）阀门未安装前，应放置稳固，运输中应捆绑牢固。

（4）阀门安装完毕，确认稳固后方可拆除临时支承设施。

（5）吊装阀门不得以阀门的手轮、手柄或传动机构作支、吊点。

（6）两人以上运输、安装质量较大阀门时，应统一指挥，动作协调。

（7）阀门安装螺栓应均匀、对称施力紧固，不得过猛；紧固时，严禁加长扳手手柄。

9.安全阀、压力表、温度计等安装应符合下列要求：

（1）安装过程中，应采取措施保护，严禁碰撞、损坏。

（2）安装时，应按设计和产品说明书的要求进行，位置正确、安装牢固、附件齐全、质量合格。

（3）安装后，安全阀、压力表等应经验收，确认合格并记录；使用中应保持完好，并按规定定期检验，确认合格。

（4）安全阀安装时，严禁加装附件；安装完毕，应按设计规定进行压力值调整，经验收确认合格后锁定，并形成文件。

<table>
<tr><td colspan="2" rowspan="2">安全技术交底记录</td><td rowspan="2">编号</td><td>×××</td></tr>
<tr><td>共×页第×页</td></tr>
<tr><td>工程名称</td><td colspan="3">××市政基础设施工程××标段</td></tr>
<tr><td>施工单位</td><td colspan="3">××市政建设集团</td></tr>
<tr><td>交底提要</td><td>管路附件安装安全技术交底</td><td>交底日期</td><td>××年××月××日</td></tr>
</table>

（5）施工前，应按设计要求选择有资质的企业生产的产品，具有合格证，并应根据设计和建设单位的要求，经有资质的企业检验、标定，确认合格，且形成文件。

10.方形补偿器安装应符合下列要求：

（1）施加预应力机具应完好，作业前应检查，确认符合要求。

（2）方形补偿器制作、安装位置、预加应力应符合设计和施工设计规定。

（3）补偿器与管道焊接前，严禁人员蹬、踩千斤顶传力系统、补偿器和管道。

（4）使用螺栓施加预应力装置的结构应经计算确定；施力时应对称、缓慢、均匀；施加预应力装置安装应牢固；施力螺杆应对称、均匀分布；补偿器与管道连接前，严禁人员碰撞施力装置。

（5）使用千斤顶施加预应力应符合下列要求：

1）使用时，应专人指挥，作业人员协调配合。

2）补偿器受力处垫板应与管体贴实，并与管道轴线垂直。

3）千斤顶应置于平整坚实的基础或后背上，并以垫木垫实。

4）千斤顶应放置在干燥和不受暴晒、雨淋的地方，搬运时不得扔掷。

5）施力应均匀，不得过猛；作业中应对千斤顶和传力装置采取防失稳措施，作业人员应位于安全处。

6）千斤顶必须按规定的承载力使用，不得超载；最大工作行程不得超过丝杆或活塞总高度的 75%。

7）千斤顶支架和千斤顶应安装稳固；千斤顶和传力装置与管道轴线应平行；千斤顶与管子间应以木垫垫牢。

8）使用一台千斤顶管时，应掌握重心，保持平稳；二台以上时，宜选用规格型式一致的千斤顶，并保持受力均匀，顶速相同。

9）使用前应检查，确认千斤顶的机件无损坏、无漏油、灵活、有效；禁止使用有裂纹的丝杆、螺母。遇漏油或机件故障，应立即更换检修。

审核人	交底人	接受交底人
×××	×××	×××、×××……

7.4.5 保温施工安全技术交底

安全技术交底记录		编号	×××
			共×页第×页
工程名称	××市政基础设施工程××标段		
施工单位	××市政建设集团		
交底提要	保温施工安全技术交底	交底日期	××年××月××日

交底内容：

1.采用保温绳、带施工时，宜两人配合作业。

2.作业时，作业人员应按规定佩戴相应的劳动保护用品。

3.施工前，应根据保温材料的特性，采取相应的安全技术措施。

4.施工中，剩余原材料应回收，散落物应及时清除、妥善处置，保持环境清洁。

5.采用粉状、散状材料填充保温时，施工中必须采取防止粉尘散落、飞扬的措施。

6.施作金属套保护层应箍紧，纵向接口不得外翘、开裂，徒手不得触摸接口刃处。

7.采用聚氨酯等材料灌填保温，作业环境应通风良好；模具应完好，安装支设牢固。

8.使用铁丝捆绑保温瓦壳结构时，应将绑丝由上向下贴管壁捆绑，操作工应注意避离绑丝，严禁将绑丝头朝外。作业人员不得在保温壳上操作或行走。

9.原材料应在专用库房内分类贮存，易燃和有毒材料应分类别储存在阴凉、通风的库房内，由专人负责管理，严禁将这些材料混存或堆放在施工现场，库房区域必须按消防部门的规定配备消防器材。

10.作业高度大于1.5m（含）时，必须设作业平台，并应符合下列要求：

（1）施工过程中，应经常检查、维护，确认安全。

（2）作业平台上的脚手板应铺满、铺稳，宽度应满足作业安全要求。

（3）支、拆作业平台时，应划定作业区，由作业组长指挥，非作业人员严禁入内。

（4）作业平台支搭完成后，应经检查、验收，确认合格并形成文件后，方可投入使用。

（5）脚手架应置于坚实、平整的地基上，支搭必须牢固，支搭后应经验收确认合格，形成文件方可使用。

（6）作业平台临边必须设防护栏杆；作业平台边缘应设安全梯等攀登设施，作业人员上下平台必须走安全梯等攀登设施。

11.使用喷涂法施作保温结构应符合下列要求：

（1）喷涂中不得超过规定的控制压力。

（2）五级（含）风以上天气，不得露天施工。

（3）作业时，不得把喷枪对向人、设备和设施。

（4）机具设备和管路发生故障或检修时，必须停机断电、卸压后方可进行。

（5）喷涂机具应完好，管路应通畅、接口应严密；压力表、安全阀等应灵敏有效；作业前应经试喷，确认合格。

审核人	交底人	接受交底人
×××	×××	×××、×××……

7.5 燃气管道安装

7.5.1 下管与铺管施工安全技术交底

<table>
<tr><td colspan="2" rowspan="2">安全技术交底记录</td><td rowspan="2">编号</td><td>×××</td></tr>
<tr><td>共×页第×页</td></tr>
<tr><td>工程名称</td><td colspan="3">××市政基础设施工程××标段</td></tr>
<tr><td>施工单位</td><td colspan="3">××市政建设集团</td></tr>
<tr><td>交底提要</td><td>下管与铺管施工安全技术交底</td><td>交底日期</td><td>××年××月××日</td></tr>
<tr><td colspan="4">交底内容：
1.燃气管道与地上地下建（构）筑物和其他管道之间的水平与垂直净距，应按设计规定保持安全距离；任何情况下，不得将燃气管道与动力或照明电缆同沟铺设。
2.聚乙烯管安装应符合下列要求：
（1）施工中严禁明火；热熔、电熔连接时，不得用手直接触摸接口。
（2）管材和管材粘接材料应专库存放，并建立管理制度，余料应回收。
（3）接口机具的电气接线与拆卸必须由电工负责，并符合施工用电安全技术交底具体要求。作业中应保护电缆线完好无损，发现破损、漏电征兆时，必须立即停机、断电，由电工处理。
3.管道穿越河道施工时，应符合下列要求：
（1）过河管道宜在枯水季节施工。
（2）施工前，应向河道管理部门申办施工手续，并经批准。
（3）作业区临水边应设护栏和安全标志，阴暗和夜间时应加设警示灯。
（4）进入水深超过 1.2m 的水域作业时，应选派熟悉水性的人员，并应采取防止溺水的安全措施。
（5）施工前，应对河道和现场环境进行调查，掌握现场的工程地质、地下水状况和河道宽度、水深、流速、最高洪水位、上下游闸堤、施工范围内的地上与地下设施等现况，编制过河管道施工方案，制定相应的安全技术措施。
（6）施工中，过河管道两端检查井井口应盖牢或设围挡。
（7）管道验收合格后应及时回填沟槽；回填应符合回填安全技术交底具体要求。
（8）围堰施工应符合下列要求：
1）筑堰应自上游起，至下游合拢。
2）围堰外侧迎水面应采取防冲刷措施。
3）围堰内的面积应满足沟槽施工和设置排水设施的要求。
4）围堰顶面应高出施工期间可能出现的最高水位 70cm 以上。</td></tr>
</table>

<table>
<tr><td colspan="2" rowspan="2">安全技术交底记录</td><td rowspan="2">编号</td><td>×××</td></tr>
<tr><td>共×页第×页</td></tr>
<tr><td>工程名称</td><td colspan="3">××市政基础设施工程××标段</td></tr>
<tr><td>施工单位</td><td colspan="3">××市政建设集团</td></tr>
<tr><td>交底提要</td><td>下管与铺管施工安全技术交底</td><td>交底日期</td><td>××年××月××日</td></tr>
</table>

5）围堰断面应据水力状况确定，其强度、稳定性应满足最高水位、最大流速时的水力要求。围堰不得渗漏。

6）拆除坝体、围堰应先清除施工区内影响航运和污染水体的物质，并应通知河道管理部门。拆除时应从河道中心向两岸进行，将坝体、围堰等拆除干净。

（9）采用渡管导流方法施工应符合下列要求：

1）渡管必须稳定嵌固于坝体中。

2）筑坝范围应满足过河管道施工安全作业的要求。

3）渡管应采用钢管焊制，上下游坝体范围内管外壁应设止水环。

4）当渡管大于或等于两排时，渡管净距应大于或等于 2 倍管径。

5）人工运渡管及其就位应统一指挥，上、下游作业人员应协调配合。

6）渡管过水断面、筑坝高度与断面应经水力计算确定。坝顶的高度应比施工期间可能出现的最高水位高 70cm 以上。

（10）采用土袋围堰应符合下列要求：

1）水深 1.5m 以内、流速 1.0m/s 以内、河床土质渗透系数较小时可采用土袋围堰。

2）堰顶宽宜为 1m～2m，围堰中心部分可填筑黏土和黏土芯墙。堰外边坡宜为 1∶1～1∶0.5；堰内边坡宜为 1∶0.5～1∶0.2，坡脚与基坑边缘距离应据河床土质和基坑深度而定，且不得小于 1m。

3）黏土心墙的填土应分层夯实。

4）草袋或编织袋内应装填松散的黏土或砂夹黏土。

5）堆码土袋时，上下层和内外层应相互错缝、堆码密实且平整。

6）水流速度较大处，堰外边坡草袋或编织袋内宜装填粗砂砾或砾石。

（11）采用土围堰应符合下列要求：

1）水深 1.5m 以内、流速 50cm/s 以内、河床土质渗透系数较小时，可筑土围堰。

2）由于筑堰引起流速增大，堰外坡面可能受冲刷危险时，应在围堰外坡用土袋、片石等防护。

3）堰顶宽度宜为 1m～2m，堰内坡脚与基坑边缘距离应据河床土质和基坑深度而定，且不得小于 1m。

4）筑堰土质宜采用松散的粘性土或砂夹黏土，填土出水面后应进行夯实。填土应自上游开始至下游合拢。

4.采用水平定向钻进等非明挖方法敷设管子时，应符合下列要求：

<table>
<tr><td colspan="2" rowspan="2">安全技术交底记录</td><td rowspan="2">编号</td><td>×××</td></tr>
<tr><td>共×页第×页</td></tr>
<tr><td>工程名称</td><td colspan="3">××市政基础设施工程××标段</td></tr>
<tr><td>施工单位</td><td colspan="3">××市政建设集团</td></tr>
<tr><td>交底提要</td><td>下管与铺管施工安全技术交底</td><td>交底日期</td><td>××年××月××日</td></tr>
<tr><td colspan="4">（1）管线敷设完成后，应及时按施工设计规定回填，恢复原地貌。
（2）施工中应设专人指挥，各工序应定员定岗，明确职责，同时做好通讯联系工作。
（3）施工中所使用的专用机具，应遵守原产品使用说明书的规定，并遵守相应的安全操作规程。
（4）作业中所需机具、设备应完好，安全装置应齐全有效，安装应稳固，使用前应检查、试运转，确认合格。
（5）施工工艺需采用泥浆时，应设泥浆沉淀池，池体结构应坚固，其周围应设防护栏杆；泥水不得随地漫流，污泥应妥善处理。
（6）施工前，应根据设计文件、工程地质、水文地质、地上地下管线等建（构）筑物、交通和现场环境状况，编制施工方案，确定施工工艺，选择工作坑位置，制定安全技术措施。
（7）作业前必须根据设计文件和作业现场勘察情况，调查、复核新敷设管道与沿线现况地下管线等建（构）筑物的距离，确认安全；不符合安全要求时，必须采取可靠措施处理，确认安全并形成文件后，方可施工。
（8）施工前应根据施工工艺要求设工作坑，并应符合下列要求：
1）人员上下工作坑应设安全梯或土坡道。
2）两端工作坑的作业人员应密切联系，步调一致。
3）地下水位高于工作坑底部时，应采取降水措施，保持干槽作业。
4）工作坑基础应坚实、平整，满足施工需要，并经验收，确认合格。
5）坑口外 2m 范围内不得有障碍物，周围应设围挡，非作业人员严禁入内。
6）工作坑宜选择在现况道路之外，不影响居民出行的地方；需在现况道路内时，必须在施工前编制交通导行方案，并经交通管理部门批准。施工中必须设专人疏导交通和清理现场。
7）工作坑坑沿部位不得有松动的石块、砖、工具等物，坑壁必须稳定；需支护时，其结构应经结构计算确定，并形成文件。
8）工作坑不宜设在电力架空线路下方；需设在电力架空线路下方时，施工中严禁使用起重机、钻孔机、挖掘机等；需在其一侧作业时，机械（含吊物、载物）与电力架空线路的最小距离必须符合表 4-1-3 的要求。</td></tr>
</table>

审核人	交底人	接受交底人
×××	×××	×××、×××……

7.5.2 焊接施工安全技术交底

<table>
<tr><td colspan="2" rowspan="2">安全技术交底记录</td><td rowspan="2">编号</td><td>×××</td></tr>
<tr><td>共×页第×页</td></tr>
<tr><td>工程名称</td><td colspan="3">××市政基础设施工程××标段</td></tr>
<tr><td>施工单位</td><td colspan="3">××市政建设集团</td></tr>
<tr><td>交底提要</td><td>焊接施工安全技术交底</td><td>交底日期</td><td>××年××月××日</td></tr>
</table>

交底内容：

1.燃气管道采用手工氩弧焊等焊接工艺时，弧光区应实行封闭；焊接时应加强通风；对焊机高频回路和高压缆线的电气绝缘应加强检查，确认绝缘符合规定。

2.在沟槽内焊接钢管固定口时，应挖工作坑；工作坑应满足施焊人员安全操作的要求，其尺寸不得小于下表 7-5-1 的要求。

表 7-5-1 焊接钢管固定口工作坑尺寸

管径（mm）	宽度（cm）	长度（cm）		深度（cm）
		焊口前	焊口后	
125～200	D+50×2	30	60	40
250～700	D+60×2	30	90	50

注：1）表中管径当开挖分支管工作坑时，应以分支管管径计；

2）表中工作坑尺寸应以工人坑底部计；

3）表中 D 表示管外径（cm）。

3.使用无损探伤法检测焊缝应符合下列要求：

（1）检测设备周围必须设围挡。

（2）仪表设施出现故障时，必须关机、断电后方可处理。

（3）使用超声波探伤仪作业时，仪器通电后严禁打开保护盖。

（4）无损探伤的检测人员应经专业技术培训，考试合格，持证上岗。

（5）长期从事射线探伤的检测人员应按劳动保护规定，定期检查身体。

（6）现场应划定作业区，设安全标志；作业时，应派人值守，非检测人员严禁入内。

（7）检测设备及其防护装置应完好、有效；使用前应经具有资质的检测单位检测，确认合格，并形成文件。

（8）x、γ射线射源运输、使用过程中，必须按其说明书规定采取可靠的防护措施；x、γ射线探伤人员必须按规定佩戴防射线劳动保护用品，并应在防射线屏蔽保护下操作。

（9）检测设备的电气接线和拆卸必须由电工操作，并符合施工用电安全技术交底的具体要求。检测中应保护缆线完好无损，发现缆线破损、漏电征兆时，必须立即停机、断电，由电工处理。

（10）现场作业使用射线探伤仪时，应设射线屏蔽防护遮挡和醒目的安全标志；射源必须根据探伤仪和防射线要求设有足够的屏蔽保护，确认安全，并应由专人管理、使用；现场放置和作业后必须置于安全、可靠的地方，避离人员；作业后必须及时收回专用库房存放。

审核人	交底人	接受交底人
×××	×××	×××、×××……

7.5.3 管路附件安装施工安全技术交底

安全技术交底记录		编号	×××
			共×页第×页
工程名称	××市政基础设施工程××标段		
施工单位	××市政建设集团		
交底提要	管路附件安装施工安全技术交底	交底日期	××年××月××日

交底内容：

1.阀门、套筒、管路附件等安装前，应经检查，确认合格。

2.人工搬运、安装附件应由专人指挥，作业人员协调配合，并采取防碰伤措施。

3.设备和附件安装前，应学习设计文件和产品说明书，掌握安装要求，确定吊装方案、吊点位置，选择吊装机具，制定相应的安全技术措施。

4.流量计、压力表安装应符合下列要求：

（1）安装过程中，应采取措施保护，严禁碰撞、损坏。

（2）安装时，应按设计和产品说明书的要求进行，位置正确、安装牢固、附件齐全、质量合格。

（3）安装后，安全阀、压力表等应经验收，确认合格并记录；使用中应保持完好，并按规定定期检验，确认合格。

（4）安全阀安装时，严禁加装附件；安装完毕，应按设计规定进行压力值调整，经验收确认合格后锁定，并形成文件。

（5）施工前，应按设计要求选择有资质的企业生产的产品，具有合格证，并应根据设计和建设单位的要求，经有资质的企业检验、标定，确认合格，且形成文件。

5.需安装凝水器时应符合下列要求：

（1）凝水器应按设计规定加工制作。

（2）加工焊制完成经验收合格后，方可安装；凝水器安装时，作业人员手脚应避离其底部。

（3）安装中需灌注沥青时，使用“热作法”应符合下列要求：

1）沥青倾注应缓慢、适量。

2）在作业平台上作业时，严禁下方同时作业。

3）热沥青宜由专业生产企业加工，运至现场使用。

4）作业人员应相互配合，浇、刷沥青人员必须听从卷材操作人员的指挥。

5）装运热沥青所使用的沥青勺、桶、壶等用具，严禁用锡材和锡焊制作。

6）运输沥青的道路应平坦，容器应加盖，盛装量不得超过容器容积的2/3。

7）人工向沟槽内系运沥青时应缓慢、匀速，绳具应坚固，吊点应连接牢固，下方严禁有人。

<table>
<tr><td colspan="2" rowspan="2">安全技术交底记录</td><td rowspan="2">编号</td><td>×××</td></tr>
<tr><td>共×页第×页</td></tr>
<tr><td>工程名称</td><td colspan="3">××市政基础设施工程××标段</td></tr>
<tr><td>施工单位</td><td colspan="3">××市政建设集团</td></tr>
<tr><td>交底提要</td><td>管路附件安装施工安全技术交底</td><td>交底日期</td><td>××年××月××日</td></tr>
<tr><td colspan="4">6.阀门安装应符合下列要求：
（1）吊装阀门未稳固前，严禁吊具松绳。
（2）阀门经检验确认合格后，方可安装。
（3）阀门未安装前，应放置稳固，运输中应捆绑牢固。
（4）阀门安装完毕，确认稳固后方可拆除临时支承设施。
（5）吊装阀门不得以阀门的手轮、手柄或传动机构作支、吊点。
（6）两人以上运输、安装质量较大阀门时，应统一指挥，动作协调。
（7）阀门安装螺栓应均匀、对称施力紧固，不得过猛。紧固时，严禁加长扳手手柄。</td></tr>
</table>

审核人	交底人	接受交底人
×××	×××	×××、×××……

7.6 管道试验、清洗与试运行

安全技术交底记录		编号	×××
			共×页第×页
工程名称	××市政基础设施工程××标段		
施工单位	××市政建设集团		
交底提要	管道试验、清洗与试运行安全技术交底	交底日期	××年××月××日

交底内容：

1.一般要求

（1）上下沟槽、检查井（室）应设安全梯或土坡道、直爬梯。

（2）作业中，应设专人指挥，统一信号，并配备通讯和交通联络工具。

（3）作业场地应平整、无障碍物，满足机具设备和操作工安全作业的需要。

（4）作业中，机械设备和管件设施等发生故障必须关机、断电、卸压后，方可处理。

（5）管道试验、清洗和试运行工作应由主管施工技术人员主持。试验前应向作业人员交底，明确职责和安全要求。

（6）试验、清洗机具及其仪表应完好，使用前应检查、试运行，确认正常；油泵、千斤顶、压力表等应经标定后，方可使用。

（7）作业中应设人值守，夜间和阴暗时必须加设警示灯。

（8）试验、清洗和试运行现场应划定作业区，设安全标志，非作业人员严禁入内。

（9）施工前，应根据管道的介质、压力、管径、材质、设备、附件、现场环境等，编制管道试验、清洗和试运行方案，选择适用的试验机具，制定相应的安全技术措施。

2.管道试验

（1）管道卸压后方可进行检修、处理。

（2）管道试验应分级进行，缓慢升压，间断稳压，严禁超压。

（3）气压试验时，检查管道接口严密状况应采用肥皂水涂刷，严禁使用明火。

（4）试验设备应安装稳固，并安设在管道一侧，不得安装在堵板的支撑端前方区域。

（5）严密性试验合格且管道验收后，应及时按要求进行还土。

（6）试验中，作业人员不得位于承压堵板的支撑端前方和承压支撑结构的侧面。

（7）管道试验的受压堵板、后背支撑和临时加固的附件等结构，应根据管径、材质、试验压力等经计算确定。

（8）堵板焊接、后背支撑系统必须牢固，排气阀位置应符合施工设计要求；试验前必须全面检查，确认符合安全技术要求，并形成文件。

（9）管道强度和严密性试验应遵守设计的规定。当管道较长时应随管道安装分段进行，分段试验合格后，方可进行系统试验；系统试验时，应在支线后和仪表前加盲板等隔离设施。

<table>
<tr><td colspan="2" rowspan="2">安全技术交底记录</td><td rowspan="2">编号</td><td>×××</td></tr>
<tr><td>共×页第×页</td></tr>
<tr><td>工程名称</td><td colspan="3">××市政基础设施工程××标段</td></tr>
<tr><td>施工单位</td><td colspan="3">××市政建设集团</td></tr>
<tr><td>交底提要</td><td>管道试验、清洗与试运行安全技术交底</td><td>交底日期</td><td>××年××月××日</td></tr>
</table>

（10）试验过程中，不得敲击受压状态下的管道、设备和附件，发现管道接口或附件渗漏应作标记，严禁当场处理；必要时，对上述部位应采取保护措施。

（11）试验过程中，试压后背、临时加固点、试验堵板等处应设专人值守观察，发现管道后背支承系统、临时加固装置失稳和受压堵板变形，必须立即停止试压，关机、断电，并采取安全技术措施。

（12）燃气管道严密性试验应采用气密方法，试验前，管道两侧应回填夯实，管顶应覆土 50cm 以上。气密性试验应先稳压，待确认安全后，方可观测压力降。总体强度试验合格，且阀门、凝水器等附件安装完成，并确认合格后，方可进行气密性试验。

3.供热管道清洗

（1）清洗水、汽出口处的管段必须采取加固措施。

（2）管道总体试压合格具备清洗条件后，应及时进行管道清洗。

（3）管道清洗时，应缓慢开启进水或进汽阀门，逐渐加大至控制流量。

（4）清洗出口的朝向、高度、倾角应符合安全技术要求，严禁对向人、设备、建（构）筑物。

（5）管道清洗完毕确认合格后，应及时临时封堵保护；预留口堵板焊接必须牢固，经验收确认合格，并记录。

（6）清洗管道进、出口范围应划定禁区并设围挡和安全标志，夜间和阴暗时必须加设警示灯和照明，并设人值守，非作业人员严禁入内。

（7）清洗前，应检查管道冲洗安全技术措施落实情况，确认加固部位及其设施符合要求，不得与管道同时清洗的设备和附件与管道已隔开。

（8）清洗的排水或排气管，应引至地面并能满足排放要求的安全地点，严禁排水冲向道路、公路、房屋、铁路、轨道交通、杆线等建（构）筑物和人员活动、出行的场所。

（9）蒸汽吹洗尚应符合下列要求：

1）吹洗中，试验人员严禁触摸管道。检查管道清洗质量取样时，严禁用手直取。

2）蒸汽吹洗用排气管应简短，设控制阀，端部应支撑牢固。

3）蒸汽吹洗前，应根据有关要求进行检查，确认合格，并形成文件。

4）用热蒸汽吹洗时，应先预热管道，管道温度一致后，方可按规定加大蒸汽流量。

5）蒸汽冷凝水排放时应控制压力，并设专人负责（检查室内不得少于 2 人）；冷凝水排净后，必须立即关闭阀门，迅速撤离现场，检查室内严禁有人。

4.热网试运行

安全技术交底记录		编号	×××
			共×页第×页
工程名称	××市政基础设施工程××标段		
施工单位	××市政建设集团		
交底提要	管道试验、清洗与试运行安全技术交底	交底日期	××年××月××日

（1）试运行中不得敲击受压状态下的管道、设备和附件。

（2）试运行前，必须对供热管道进行全面检查，清除隐患，确认合格，并形成文件。

（3）试运行中，发生管道、附件损坏和泄漏等影响试运行的安全状况，必须立即停止作业和试运行。

（4）供热管道总体试压、清洗合格和热源工程具备供热条件后，在热网正式运行前，应及时进行试运行。

（5）试运行中应设专人对沿线各检查井（室）内管路、管路附件的安全状况进行巡察，掌握试运行情况，确认正常。

（6）开机时应缓慢开启热源阀门，按运行方案规定预热，逐步升温、升压至设计控制温度和压力。严禁超温、超压试运行。

（7）试运行前，应在建设单位组织下，成立由设计、监理、管理、施工等单位参加的指挥系统，研究并确定安全作业的各项准备工作和各单位的分工，明确职责。

（8）试运行中，作业人员进入检查井、管沟检查和调试附件应符合下列要求：

1）运行中遇积水需使用潜水泵时，人员严禁入内。

2）作业中，应采取防烫伤、防坠落、防碰撞、防窒息的安全措施。

3）试运行中，小室、管沟外应设专人监护，内外保持联系，确认安全。

4）作业时严禁使用明火照明，电气接线必须符合施工用电安全技术交底的具体要求。

5）进入前，必须先打开井、沟盖（板）通风，经检测小室、管沟内空气中氧气和有毒、有害气体浓度符合规定并记录，方可作业。

（9）试运行必须具备下列条件：

1）管道清理干净。

2）建立了通讯联系网络。

3）应急抢险物资、抢修人员落实。

4）与热源管道连接完成并确认合格。

5）指挥系统的各级人员到岗，职责明确。

6）试运行前，已向作业人员进行了安全技术交底。

7）固定支架、滑动支架、井（室）爬梯等应牢固可靠。

8）管道系统的监测、限压、限位等装置安装完成，经检查、验收，确认合格。

9）阀门应灵活、可靠，泄水和排气阀严密，系统阀门状态应符合运行方案要求。

5.燃气管道吹扫

安全技术交底记录		编号	××× 共×页第×页
工程名称	××市政基础设施工程××标段		
施工单位	××市政建设集团		
交底提要	管道试验、清洗与试运行安全技术交底	交底日期	××年××月××日

（1）吹扫应逐步升压至吹扫规定压力。

（2）吹扫工作应在白天，不得在夜间进行。

（3）吹扫口应按施工设计规定安装临时控制阀，安装必须牢固。

（4）通球从进球口装入后，入口处必须封闭牢固，确认符合要求，并记录。

（5）聚乙烯管道吹扫时，应采用不含粉尘的洁净吹扫介质，并采取防静电措施。

（6）吹扫作业中，严禁紧固螺栓、敲击管道；严禁用火柴、打火机等检查管道接口严密状况。

（7）排放口为敞开时，应在排放口设置安全网袋；非开放式时必须控制压差，符合施工设计规定。

（8）管道设预留口时，预留口堵板结构应经计算确定，焊接必须牢固，焊接质量应经验收确认合格，并形成文件。

（9）吹扫中应跟踪通球运行状况；通球出现堵塞时，必须关机、断电、卸压，方可处理；处理完毕，确认合格后，方可恢复吹扫。

（10）通球从收球口取出前，必须关机、断电、卸压，待确认无压后，方可打开收球口取球，并清除污物；清除合格后，应将管口临时封堵保护。

（11）吹扫排放口应选择在空旷地区，必须避开房屋、架空线、道路、公路、铁路、轨道交通、观光河道等建（构）筑物和公园、居民区等人员活动、出行的地方。

（12）管道与排放口的连接应牢固；吹扫排放口应采取加固措施，现场应设禁区，周围设围挡和安全标志，非施工人员严禁入内；夜间和阴暗时必须加设警示灯。

（13）吹扫方案应规定吹扫压力、进出口处设施配置、吹扫程序和相应的安全技术措施。吹扫压力不得超过燃气管道试验压力；收发球装置结构应经设计或施工设计确定。

（14）吹扫前应完成下列准备工作：

1）吹扫进出口安全措施已落实。

2）对作业人员进行了安全技术交底。

3）确认各岗位人员，职责明确，建立了通讯网络。

4）紧急处置措施已落实，必要的社会联系工作完成。

5）收发球装置安装前应检查，并验收合格；安装后应检查，确认符合设计或施工设计要求，并记录。

审核人	交底人	接受交底人
×××	×××	×××、×××……

第8章

暗挖工程安全技术交底

8.1 地下水控制

<table>
<tr><td colspan="2" rowspan="2">安全技术交底记录</td><td rowspan="2">编号</td><td>×××</td></tr>
<tr><td>共×页第×页</td></tr>
<tr><td>工程名称</td><td colspan="3">××市政基础设施工程××标段</td></tr>
<tr><td>施工单位</td><td colspan="3">××市政建设集团</td></tr>
<tr><td>交底提要</td><td>地下水控制施工安全技术交底</td><td>交底日期</td><td>××年××月××日</td></tr>
</table>

交底内容：

1.一般要求

（1）施工场地应平整，并能满足排降水施工机械的作业要求。

（2）水泵的电力缆线引接与拆卸必须由电工负责，并符合施工用电安全要求。

（3）施工排、降水抽升的水流应引入附近雨水管道、排水渠道，并排至排降水影响范围以外。不得漫流影响环境。

（4）暗挖施工必须充分考虑对地下水进行治理，采取排水、降水或堵水、隔水措施，防止地下水渗入到作业场地。

（5）由工程结构及其止水装置实施堵水时，工程结构必须符合相应的抗渗要求，止水装置安装必须经隐蔽工程验收合格，并形成文件。

（6）施工过程中，应设专人对降水影响区域内的交通设施、管线、建（构）筑物等的沉降、位移、倾斜等进行观测，发现问题应及时采取措施。

（7）对临近建（构）筑物的排降水施工设计应进行安全论证，确认能保证建（构）筑物的结构安全稳定；暗挖施工需排、降、堵、隔水时，在施工组织设计中应根据工程、水文地质和现场环境情况进行施工设计，编制施工方案，规定安全技术措施。

（8）吊装水泵等宜采用起重机进行，作业时应符合下列要求：

1）起重机与竖井边缘的安全距离，应根据土质、井深、支护、起重机及其吊装物件的质量确定，且不得小于1.5m。

2）作业前施工技术人员应对现场环境、电力架空线路、建（构）筑物和被吊重物等情况进行全面了解，选择适宜的起重机。

3）配合起重机的作业人员应站位于安全地方，待被吊物与就位点的距离小于 50cm 时方可靠近作业，严禁位于起重机臂下。

4）起重机作业场地应平整坚实，地面承载力不能满足起重机作业要求时，必须对地基进行加固处理，并经验收确认合格，形成文件。

5）起重机吊装作业必须设信号工指挥。作业前，指挥人员应检查起重机地基或基础、吊索具、被吊物的捆绑情况、架空线、周围环境、警戒人员上岗情况和作业人员的站位情况等，确认安全，方可向机械操作工发出起吊信号。

<table>
<tr><td colspan="2" rowspan="2">安全技术交底记录</td><td rowspan="2">编号</td><td>×××</td></tr>
<tr><td>共×页第×页</td></tr>
<tr><td>工程名称</td><td colspan="3">××市政基础设施工程××标段</td></tr>
<tr><td>施工单位</td><td colspan="3">××市政建设集团</td></tr>
<tr><td>交底提要</td><td>地下水控制施工安全技术交底</td><td>交底日期</td><td>××年××月××日</td></tr>
</table>

6）严禁起重机在电力架空线路下方作业，需在其一侧作业时，应设专人监护，机械（含吊物、载物）与电力架空线路的最小距离必须符合表4-1-3的要求。

（9）排、降水施工结束后，应清理恢复地貌，地面遗留的孔洞应及时用砂石等材料回填密实。

（10）遇无法排、降水的地层和难以加固的含水软弱地层时，可采用冻结等方法固结土壤进行施工。施工前必须对方案进行安全论证，确认符合施工安全要求，并选择有施工经验的专业企业施工。施工时应先试验，确认有效后，方可施工。施工中必须严格按工艺要求操作，履行隐蔽工程验收手续，并对施工全过程进行监测，发现异常必须立即处理。

2.水平与倾斜井点

（1）钻机在原状土或渣堆上作业时，土台和渣堆应平整、稳固。

（2）井点成孔作业前，必须检查围岩和支护结构，确认稳定、无危裂土（石）块方可作业。作业时，应设专人随时监护围岩稳定状况，确认安全。

（3）采用套管成孔，用顶推方法拔套管时，必须有牢固的后背；用倒链牵引方法拔套管时，必须有牢固的锚固点。后背和锚固结构应经受力验算，确认安全。

（4）成孔作业应符合下列要求：

1）钻孔应连续作业，直至达到施工设计的深度要求。

2）钻孔时，严禁人员触摸钻杆，人员应避离钻机后方和下方。

3）钻机应安设稳固，小型钻机需辅助后背时，应与后背支撑牢固。

4）采用高压射水辅助钻孔时，排出的泥水、残渣应及时清理，妥善处置。

5）钻机采用轨道移位时，轨道应安装稳固、水平、顺直，两轨高差、轨距应符合说明书的规定，钻机定位后应锁紧止轮器。

（5）钻机需在作业平台上作业时，作业平台结构应经计算确定；平台临边必须设防护栏杆，平台临边防护栏杆应符合下列要求：

1）栏杆的整体构造和栏杆柱的固定，应使防护栏杆在任何处能承受任何方向的1000N外力。

2）防护栏杆的底部必须设置牢固的、高度不低于18cm的挡脚板；挡脚板下的空隙不得大于1cm；竖井口防护栏杆的底部宜设高50cm的挡墙。

3）防护栏杆应由上、下两道栏杆和栏杆柱组成，上杆离地高度应为1.2m，下杆离地高度应为50cm～60cm。栏杆柱间距应经计算确定，且不得大于2m。

<table>
<tr><td colspan="2">安全技术交底记录</td><td>编号</td><td>×××
共×页第×页</td></tr>
<tr><td>工程名称</td><td colspan="3">××市政基础设施工程××标段</td></tr>
<tr><td>施工单位</td><td colspan="3">××市政建设集团</td></tr>
<tr><td>交底提要</td><td>地下水控制施工安全技术交底</td><td>交底日期</td><td>××年××月××日</td></tr>
</table>

4）在混凝土结构上固定栏杆柱时，采用钢质材料时可用预埋件与钢管或钢筋焊牢；在砌体上固定栏杆柱时，可预先砌入规格相适应的设预埋件的预制块，并按要求进行固定；在竖井、工作坑四周固定栏杆柱时，可采用钢管并锤击沉入地下不小于 50cm 深。钢管离井、坑边沿的距离，不得小于 50cm；采用木栏杆时可在预埋件上焊接 30cm 长的 50×5 角钢，其上、下各设一孔，以直径 10mm 螺栓与木杆件拴牢。

5）钢管横杆、栏杆柱均应采用 ϕ48×（2.75～3.5）的管材，以扣件固定或焊接牢固；木质栏杆上杆梢径不得小于 7cm，下杆梢径不得小于 6cm，栏杆柱梢径不得小于 7.5cm，并以不小于 12 号的镀锌钢丝绑扎牢固，绑丝头应顺平向下；钢筋横杆上杆直径不得小于 16mm，下杆直径不得小于 14mm，栏杆柱直径不得小于 18mm，采用焊接或镀锌钢丝绑扎牢固，绑丝头应顺平向下。

（6）上下高处平台和沟槽（基坑），要设安全梯等攀登设施，应符合下列要求：

1）采购的安全梯应符合现行国家标准。

2）人员上下梯子时，必须面向梯子，双手扶梯；梯子上有人时，他人不宜上梯。

3）采用斜道（马道）时，脚手架必须置于坚固的地基上，斜道宽度不得小于 1m，纵坡不得陡于 1∶3，支搭必须牢固。

4）现场自制安全梯梯子需接长使用时，必须有可靠的连接措施，且接头不得超过一处。连接后的梯梁强度、刚度，不得低于单梯梯梁的强度、刚度；梯子结构必须坚固，梯梁与踏板的连接必须牢固；梯子结构应根据材料性能进行受力验算，经计算确定；攀登高度不宜超过 8m；梯子踏板间距宜为 30cm，不得缺档；梯子净宽宜为 40cm～50cm；梯子工作角度宜为 75°±5°；梯脚应置于坚实基面上，放置牢固，不得垫高使用。梯子上端应有固定措施。

5）梯道宜使用钢材焊制，钢材不得腐蚀、断裂、变形；梯道临边侧必须设栏杆。栏杆下横杆高应为 40cm，立柱水平距离不宜大于 1.2m，并应符合临边防护栏杆具体要求；梯道宽度不宜小于 70cm；坡度不宜陡于 50°；踏板每步高度不宜大于 25cm，休息平台面积不宜小于 1.5m^2；严禁使用钢筋做踏板。

3.排水井

（1）排水井周围 1m 范围内不得堆放材料、机具和土方，井口应采取防坠落、防滑措施。

（2）安装预制井筒时，井内不得有人；井深大于 1.5m，井内掏挖作业时，井上应设专人监护。

（3）在不稳定的土层中施做排水井时，排水井井壁及其进水口，应根据土质状况采取相应的支护措施。

<table>
<tr><td colspan="2" rowspan="2">安全技术交底记录</td><td rowspan="2">编号</td><td>×××</td></tr>
<tr><td>共×页第×页</td></tr>
<tr><td>工程名称</td><td colspan="3">××市政基础设施工程××标段</td></tr>
<tr><td>施工单位</td><td colspan="3">××市政建设集团</td></tr>
<tr><td>交底提要</td><td>地下水控制施工安全技术交底</td><td>交底日期</td><td>××年××月××日</td></tr>
</table>

（4）上、下井筒应走安全梯；井内作业环境恶劣时，人工掏挖应轮换作业，每次下井作业不宜超过 1h。

（5）利用排水的间歇时间掏挖排水井时，井下掏挖作业人员应与水泵操作工密切配合，并穿绝缘胶靴。

（6）井内掏挖作业时，应随时观察井壁、支护的稳定状况，当土壁有坍塌征兆、井筒发生扭斜或支护位移、变形较大时，必须立即停止作业，撤至安全处，待采取安全技术措施，确认安全后方可继续作业。

4.砂井

（1）道路范围内的砂井顶部应恢复原道路结构。道路以外的砂井顶部应夯填厚度不小于 50cm 的非渗透性材料至原地面标高。

（2）采用套管成孔，吊拔套管应垂直向上，边吊拔边填装砂滤料，不得将砂滤料填满后吊拔套管。吊拔套管困难时应采取振动、顶升等辅助措施，不得强行吊拔。

（3）机械钻孔施工作业，应符合下列要求：

1）施工现场应划定作业区，非施工人员禁止入内；严禁人员进入孔内作业；钻孔应连续作业，建立交接班制度，并形成文件。

2）现场及其附近有电力架空线路时，作业中必须设专人监护，确认机械与电力架空线路的最小距离必须符合要求。

3）作业时，人员应位于安全处，不得靠近钻杆；禁止人员触摸运行中的钻杆、钻具。钻具悬空时，禁止下方有人。

4）钻孔过程中，应随时检查钻渣，并与地质剖面图核对，发现异常应及时采取措施或调整钻进方法，保持正常钻进。

5）钻孔中因故停钻时，必须将钻具提至孔外置于地面上，关机、断电，并应保持孔内护壁措施有效；孔口应采取防护措施。

6）施工场地应平整、坚实。钻孔机械使用轨道移位时，轨道应铺设稳固，其坡度、轨距、高差应符合机械说明书的规定，机械就位后应锁紧止轮器。

7）钻孔作业中，发生塌孔和护筒周围冒浆等故障时必须立即停钻；钻机有倒塌危险时，必须立即将人员和钻机撤至安全位置，经技术处理确认安全后，方可继续作业。

8）同时钻孔的两孔间距和钻孔与未达到设计或施工设计规定强度的灌注桩的间距，应根据工程地质、水文地质、孔深、地面荷载、现场环境等状况而定，且不宜小于 5m。

<table>
<tr><td colspan="2" rowspan="2">安全技术交底记录</td><td rowspan="2">编号</td><td>×××</td></tr>
<tr><td>共×页第×页</td></tr>
<tr><td>工程名称</td><td colspan="3">××市政基础设施工程××标段</td></tr>
<tr><td>施工单位</td><td colspan="3">××市政建设集团</td></tr>
<tr><td>交底提要</td><td>地下水控制施工安全技术交底</td><td>交底日期</td><td>××年××月××日</td></tr>
</table>

9）泥浆护壁成孔时，孔口应设护筒，护筒内径应较孔径大20cm；护筒埋深，粘性土不宜小于地面下1.5m；砂性土应将护筒周围不小于50cm和筒底以下50cm范围换填粘性土并夯实；护筒顶应高于周围地面30cm以上。

10)除能自行造浆的土层外，均应选用性能合格的黏土或符合环保要求的材料制备泥浆；泥浆不断循环使用过程中应加强管理，始终保持泥浆性能符合要求；现场应设泥浆沉淀池，废泥浆渣应妥善处理，不得污染环境等。

5.管井

（1）拆除井管应垂直向上提升或顶升，不得斜拉、硬拔。

（2）在大范围内采用管井降水，且降水时间较长时，对抽升的地下水应采取回灌措施。

（3）施工中，应在施工区域内设置降水观测井，观测水位变化情况，确定土方开挖时间。

（4）成孔后应及时安装井管，因故未能及时安装井管时，必须对孔口采取防护措施并设安全标志。

（5）井管安装宜由起重机进行，吊装时吊点应正确，拴系应牢固；往井孔吊放井管时，严禁将手、脚置于井孔口上。

（6）井管口应高出地面50cm以上，必须封闭并设安全标志；当环境不允许管口高出地面时，管口应设在防护井内，防护井盖应与地面同高并盖牢。

6.盲管排水

（1）挖掘施工中应经常疏通盲管，保持排水畅通。

（2）盲管宜采用无砂水泥管，每节长度不宜超过1m。

（3）在隧道内采用盲管排水应进行施工设计，合理布置检查井的位置。

（4）盲管应紧跟开挖面、逐节快速埋设，保持土体稳定和掘进面无水作业。

（5）作业中检查井需敞口时，井口必须设护栏和警示灯；检查井应用井盖盖牢。

（6）检查井需设泵抽水时，电缆线和出水管应加保护，不得被车辆、机械碾压。

审核人	交底人	接受交底人
×××	×××	×××、×××……

8.2 竖井（工作坑）施工与垂直运输

8.2.1 竖井（工作坑）施工通用安全技术交底

<table>
<tr><td colspan="2" rowspan="2">安全技术交底记录</td><td rowspan="2">编号</td><td>×××</td></tr>
<tr><td>共×页第×页</td></tr>
<tr><td>工程名称</td><td colspan="3">××市政基础设施工程××标段</td></tr>
<tr><td>施工单位</td><td colspan="3">××市政建设集团</td></tr>
<tr><td>交底提要</td><td>竖井（工作坑）施工通用安全技术交底</td><td>交底日期</td><td>××年××月××日</td></tr>
<tr><td colspan="4">交底内容：
1.竖井内必须设安全梯或梯道，严禁攀登支撑等上下。
2.竖井壁在隧（管）道穿过的部位宜施作封门。封门应采取易于拆除的结构。
3.竖井临近建（构）筑物时，应对建（构）筑物进行安全验算，并按要求进行加固。
4.竖井应位于便于设备、材料和渣土运输的地方，竖井范围内不得有架空线路和各种管线穿越。
5.施作竖井封门上的马头门结构时，在其拱脚处应加大结构尺寸，并采取锚杆等防止沉降的措施。
6.竖井距铁路和道路、公路路基的距离，应根据路基的安全坡度确定，并应遵守管理单位的规定。
7.竖井井壁结构与地上、地下建（构）筑物外缘的距离不宜小于 2m，与运输道路边缘的距离不宜小于 3m。
8.施工机械、运输车辆距竖井边缘的距离，应根据土质、井深、支护情况和地面荷载经验算确定，且其最外着力点与井边距离不得小于 1.5m。
9.地质条件差的竖井，当井口或井身采用模筑混凝土分节衬砌时，每节混凝土结构底部应加大尺寸分散压力，防止开挖下层土方时发生沉降。
10.在施工组织设计中，应根据设计文件、环境条件选择竖井位置。设计无规定时，应对竖井结构及其底部平面布置进行施工设计，满足施工安全的要求。
11.竖井施工和使用过程中应随时检查土壁、支护结构的稳定状况，确认安全；发现安全隐患必须及时处理；遇裂缝、倾斜、变形等危及人员安全时，必须立即撤出井内人员，并采取安全技术措施。
12.竖井口作业区应符合下列要求：
（1）井口周围 2m 范围不得堆放材料。
（2）作业区内应有保持环境卫生和防止污染环境的措施和设施。</td></tr>
</table>

<table>
<tr><td colspan="2">安全技术交底记录</td><td>编号</td><td>×××
共×页第×页</td></tr>
<tr><td>工程名称</td><td colspan="3">××市政基础设施工程××标段</td></tr>
<tr><td>施工单位</td><td colspan="3">××市政建设集团</td></tr>
<tr><td>交底提要</td><td>竖井（工作坑）施工通用安全技术交底</td><td>交底日期</td><td>××年××月××日</td></tr>
</table>

（3）井口作业区必须设围挡，非施工人员禁止入内，并建立人员出入竖井的管理制度。

（4）施工竖井不得设在低洼处，且井口应比周围地面高 30cm 以上；地面排水系统应完好、畅通。

（5）不设作业平台的竖井口周围（除梯道出入口外），必须设防护栏杆。除水平运输通道处防护栏杆的高度不得小于 1.0m 外，栏杆底部 50cm 应采取封闭措施。

13.使用起重机吊装，应符合下列要求：

（1）作业现场及其附近有电力架空线路时，应设专人监护，确认起重机的作业符合安全用电要求。

（2）起重机与竖井边缘的安全距离，应根据土质、井深、支护、起重机及其吊装物件的质量确定，且不得小于 1.5m。

（3）作业前施工技术人员应对现场环境、电力架空线路、建（构）筑物和被吊重物等情况进行全面了解，选择适宜的起重机。

（4）配合起重机的作业人员应站位于安全地方，待被吊物与就位点的距离小于 50cm 时方可靠近作业，严禁位于起重机臂下。

（5）起重机作业场地应平整坚实，地面承载力不能满足起重机作业要求时，必须对地基进行加固处理，并经验收确认合格，形成文件。

（6）起重机吊装作业必须设信号工指挥；作业前，指挥人员应检查起重机地基或基础、吊索具、被吊物的捆绑情况、架空线、周围环境、警戒人员上岗情况和作业人员的站位情况等，确认安全，方可向机械操作工发出起吊信号。

14.特殊情况下，竖井需在电力架空线路附近设置时，竖井施工使用的施工机械与电力架空线路的距离应符合表 4-1-3 的要求。

审核人	交底人	接受交底人
×××	×××	×××、×××……

8.2.2 土方施工安全技术交底

<table>
<tr><td colspan="2" rowspan="2">安全技术交底记录</td><td rowspan="2">编号</td><td>×××</td></tr>
<tr><td>共×页第×页</td></tr>
<tr><td>工程名称</td><td colspan="3">××市政基础设施工程××标段</td></tr>
<tr><td>施工单位</td><td colspan="3">××市政建设集团</td></tr>
<tr><td>交底提要</td><td>土方施工安全技术交底</td><td>交底日期</td><td>××年××月××日</td></tr>
<tr><td colspan="4">交底内容：
1.土方开挖前，应再次核实地下管线、建（构）筑物情况，确认安全。
2.竖井开挖过程中，井壁遇突出的石头、混凝土块和碎砖瓦块等，应及时清除。
3.土壤中有水时，必须先对水采取控制措施，待符合施工设计要求后，方可开挖。
4.在距各类管道 1m 范围内，应人工开挖，不得机械开挖，并宜请管理单位派人现场监护。
5.在距直埋缆线 2m 范围内，必须人工开挖，严禁机械开挖，并应请管理单位派人现场监护。
6.竖井采取先支护后开挖时，应待支护结构完成，并达设计或施工设计规定的强度后，方可开挖竖井土方。
7.挖土过程中，遇有工程地质与设计文件不符时，应办理设计变更，或经监理工程师同意修改施工设计；未经批准的变更设计严禁施工。
8.竖井内人工开挖土方吊装出土时，必须统一指挥；土方容器升降前，井下人员必须撤至安全位置；当土方容器下降落稳后，方可靠近作业。
9.竖井采用先开挖后支护时，应按施工组织设计的规定，由上至下分层进行，随开挖随支护。支护结构达到规定要求后，方可开挖下一层土方。
10.竖井邻近各类管线、建（构）筑物时，土方开挖前应按施工组织设计规定对管线、建（构）筑物采取加固措施，并经检查确认符合规定，形成文件，方可开挖。
11.竖井开挖过程中，施工人员应随时观察井壁和支护结构的稳定状况；发现井壁土体出现裂缝、位移或支护结构出现变形等坍塌征兆时，必须停止作业，人员撤至安全地带，经处理确认安全，方可继续作业。
12.堆土应距竖井边 2m 以外，其高度不得超过 1.5m，并采取防扬尘措施；堆土不得占压检查井、消火栓等设施，并应保持其维修道路畅通；推土机向竖井内推土时，机身、铲刀应与竖井边缘保持安全距离；自卸汽车、机动翻斗车、轮胎式装载机、手推车卸土时竖井边必须设牢固的车轮挡掩；向竖井内卸土时，应设专人指挥，井内人员必须撤至安全位置；用手推车向井内卸土时，应稳倾、稳倒，严禁撒把倒土。
13.施工前应根据旧路结构和现场环境状况，选择适宜的机具；作业人员应避离运转中的机具；现场应划定作业区，设安全标志，非作业人员不得入内；使用液压振动锤作业时应避离人、设备和设施；挖除的渣块应及时清运出场。</td></tr>
</table>

审核人	交底人	接受交底人
×××	×××	×××、×××……

8.2.3 混凝土灌注桩支护安全技术交底

<table>
<tr><td colspan="2" rowspan="2">安全技术交底记录</td><td rowspan="2">编号</td><td>×××</td></tr>
<tr><td>共×页第×页</td></tr>
<tr><td>工程名称</td><td colspan="3">××市政基础设施工程××标段</td></tr>
<tr><td>施工单位</td><td colspan="3">××市政建设集团</td></tr>
<tr><td>交底提要</td><td>混凝土灌注桩支护安全技术交底</td><td>交底日期</td><td>××年××月××日</td></tr>
</table>

交底内容：

1.混凝土运输前应现场踏勘运输道路，确认安全。

2.成孔后，应及时吊入钢筋骨架、浇筑混凝土，并连续完成。

3.施工前应根据工程水文地质、桩长、桩径和现场环境选择钻孔机械。

4.钻孔前应完成充分的准备工作，保持钻孔和浇筑混凝土施工正常进行。

5.成孔后未浇筑混凝土前，孔口应设围挡或护栏和安全标志，孔口附近不得堆放重物。

6.竖井口应设钢筋混凝土圈梁，当支护桩和圈梁混凝土达到施工设计规定强度后，方可开挖竖井土方。

7.当桩长小于25m，桩径800mm～2000mm，且施工现场不具备机械钻孔条件时，可以采用人工挖孔方法施工。

8.机械钻孔施工应符合下列要求：

（1）施工现场应划定作业区，非施工人员禁止入内。

（2）施工场地应平整、坚实。钻孔机械使用轨道移位时，轨道应铺设稳固，其坡度、轨距、高差应符合机械说明书的规定，机械就位后应锁紧止轮器。

（3）现场及其附近有电力架空线路时，作业中必须设专人监护，施工机械与电力架空线路的距离应符合表4-1-3的要求。

（4）泥浆护壁成孔时，孔口应设护筒。护筒内径应较孔径大20cm；护筒顶应高于周围地面30cm以上；护筒埋深，粘性土不宜小于地面下1.5m；砂性土应将护筒周围不小于50cm和筒底以下50cm范围换填粘性土并夯实。

（5）除能自行造浆的土层外，均应选用性能合格的黏土或符合环保要求的材料制备泥浆；泥浆不断循环使用过程中应加强管理，始终保持泥浆性能符合要求；现场应设泥浆沉淀池，废泥浆渣应妥善处理，不得污染环境等。

（6）严禁人员进入孔内作业；钻孔应连续作业，建立交接班制度，并形成文件。

（7）作业时，人员应位于安全处，不得靠近钻杆。禁止人员触摸运行中的钻杆、钻具。钻具悬空时，禁止下方有人。

（8）钻孔中因故停钻时，必须将钻具提至孔外置于地面上，关机、断电，并应保持孔内护壁措施有效；孔口应采取防护措施。

安全技术交底记录		编号	×××
			共×页第×页
工程名称	××市政基础设施工程××标段		
施工单位	××市政建设集团		
交底提要	混凝土灌注桩支护安全技术交底	交底日期	××年××月××日

（9）钻孔过程中，应随时检查钻渣，并与地质剖面图核对，发现异常应及时采取措施或调整钻进方法，保持正常钻进。

（10）钻孔作业中，发生塌孔和护筒周围冒浆等故障时必须立即停钻；钻机有倒塌危险时，必须立即将人员和钻机撤至安全位置，经技术处理确认安全后，方可继续作业。

（11）同时钻孔的两孔间距和钻孔与未达到设计或施工设计规定强度的灌注桩的间距，应根据工程地质、水文地质、孔深、地面荷载、现场环境等状况而定，且不宜小于5m。

9.钢筋骨架施工应符合下列要求：

（1）吊装钢筋骨架应根据钢筋骨架分节长度、质量选择适宜的起重机。

（2）钢筋骨架分节长度超过10m时，吊装时应采取竖向临时加固措施。

（3）在钢筋骨架纵筋之外应设不小于　16的钢筋箍加固，其间距不宜大于2.5m。

（4）钢筋骨架入孔后进行竖向焊接时，起重机不得松绳、摘钩，且操作人员不得离开驾驶室。骨架焊接完成，经验收合格方可松绳、摘钩。

10.需现场拌和混凝土时，现场混凝土搅拌站搭设应符合下列要求：

（1）现场应设废水预处理设施。

（2）搅拌站不得搭设在电力架空线路下方。

（3）搅拌机等机械旁应设置机械操作程序牌。

（4）搅拌站应按消防部门的规定配置消防设施。

（5）搅拌站的作业平台应坚固、安装稳固并置于坚实的地基上。

（6）搅拌机等机电设备应设工作棚，棚应具有防雨（雪）、防风功能。

（7）搅拌站搭设完成，应经检查、验收，确认合格，并形成文件后，方可使用。

（8）搅拌机、输送装置等应完好，防护装置应齐全有效，电气接线应符合安全用电的具体要求。

（9）现场混凝土搅拌站应单独设置，具有良好的供电、供水、排水、通风等条件与环保措施，周围应设围挡。

（10）现场应按施工组织设计的规定布置混凝土搅拌机、各种料仓和原材料输送、计量装置，并形成运输、消防通道。

（11）施工前应对搅拌站进行施工设计。平台、支架、储料仓的强度、刚度、稳定性应满足搅拌站在拌和水泥混凝土过程中荷载的要求。

11.浇筑水下混凝土应符合下列要求：

（1）水下混凝土必须连续浇筑，不得中断。

<table>
<tr><td colspan="2" rowspan="2">安全技术交底记录</td><td rowspan="2">编号</td><td>×××</td></tr>
<tr><td>共×页第×页</td></tr>
<tr><td>工程名称</td><td colspan="3">××市政基础设施工程××标段</td></tr>
<tr><td>施工单位</td><td colspan="3">××市政建设集团</td></tr>
<tr><td>交底提要</td><td>混凝土灌注桩支护安全技术交底</td><td>交底日期</td><td>××年××月××日</td></tr>
<tr><td colspan="4">（2）浇筑混凝土应由作业组长指挥，按技术规定吊拔导管。
（3）浇筑混凝土必须支搭作业平台，其结构应依施工荷载，经计算确定。
（4）桩孔完成经验收合格后，应连续作业，尽快浇筑水下混凝土。
（5）使用混凝土泵车时，遇电力架空线路，应符合安全用电相关要求。
（6）发现导管进水或阻塞、埋管、坍孔等情况应及时处理；坍孔严重应回填重钻。
（7）大雨、大雪、大雾、沙尘暴和六级（含）风以上等恶劣天气不得进行水下混凝土施工。
（8）导管应采用机械吊装。吊装导管时必须由信号工指挥，非作业人员不得进入吊装区。导管在护筒中就位后，必须临时固定牢固方可摘钩。
（9）混凝土运输车辆进入现场后，必须设专人指挥；卸料时，指挥人员必须站位于车辆侧面，车轮应挡掩牢固。</td></tr>
</table>

审核人	交底人	接受交底人
×××	×××	×××、×××……

8.2.4 钢木支护安全技术交底

<table>
<tr><td colspan="2" rowspan="2">安全技术交底记录</td><td rowspan="2">编号</td><td>×××</td></tr>
<tr><td>共×页第×页</td></tr>
<tr><td>工程名称</td><td colspan="3">××市政基础设施工程××标段</td></tr>
<tr><td>施工单位</td><td colspan="3">××市政建设集团</td></tr>
<tr><td>交底提要</td><td>钢木支护安全技术交底</td><td>交底日期</td><td>××年××月××日</td></tr>
</table>

交底内容：

1.挡土板应随土方开挖分层设置；挡土板应与支护桩贴靠密实，随即将其背后空隙填实；挡土板拼接应严密；每层挡土板安设完成并确认牢固后，方可开挖下层土方；挡土板两端支承长度不得小于施工设计的规定值。

2.使用起重机向井下运送支护材料，竖井上应划定作业区，非作业人员禁止入内。吊运时，井下人员应撤至安全处；吊物距现况井底50cm时，作业人员方可靠近；吊物落地，确认稳固后方可摘钩。

3.钻孔应连续完成，成孔后应及时埋桩至施工设计规定的高度；起重机吊桩时，吊点应符合施工设计的规定，并应用控制绳保持桩的平稳；向钻孔内送桩时，严禁手脚伸入桩与孔之间；相邻两桩的间隙，应在土方开挖过程中按技术规定及时安设挡土板，或喷射混凝土支护。

4.支护材料应随搬运随使用，不得集中堆放在竖井边上。

5.机械锤击沉桩支护施工现场应划定作业区，非作业人员禁止入内；在沉桩振动影响范围内的地下管线和建（构）筑物，应采取保护措施；沉桩机作业场地应平整坚实，承载不足时，应进行加固，并经检查，确认合格；在城区、居民区、乡镇、村庄、机关、学校、企业、事业单位等人员密集区不得采用机械锤击方式沉桩；现场及其附近有电力架空线路时，作业中必须设专人监护，确认作业现场符合表4-1-3的要求。

6.人工方法向竖井内运送支护材料，应用溜槽溜放或绳索系放，下方严禁有人。严禁抛掷和倾卸。

7.支护材料的材质、规格、型号应满足施工设计要求；木质支护材料的材质应均匀，严禁使用劈裂、腐朽和变形的木料；严禁使用腐蚀、断裂和变形的钢材。

8.支护桩设环撑时应与挖土密切配合，当开挖至环撑位置或施工设计规定的位置时，应及时安设环撑，并应及时安设角撑保持环撑结构稳定。

9.在施工组织设计中应根据竖井平面形状、深度、土质、邻近的地上和地下建（构）筑物状况，对支护结构进行施工设计，其强度、刚度、稳定性应满足各个施工阶段荷载的要求。

10.拆除支护结构应遵守下列要求：

（1）现场必须由作业组长统一指挥。

（2）现场应设作业区，非作业人员严禁入内。

<table>
<tr><td colspan="2" rowspan="2">安全技术交底记录</td><td rowspan="2">编号</td><td>×××</td></tr>
<tr><td>共×页第×页</td></tr>
<tr><td>工程名称</td><td colspan="3">××市政基础设施工程××标段</td></tr>
<tr><td>施工单位</td><td colspan="3">××市政建设集团</td></tr>
<tr><td>交底提要</td><td>钢木支护安全技术交底</td><td>交底日期</td><td>××年××月××日</td></tr>
<tr><td colspan="4">（3）拆除的支护材料，应及时集中到指定场地，分类码放整齐。
（4）拆除支护结构应与竖井回填土紧密结合，自下而上逐层进行。
（5）拆除底层环撑后应及时回填土至其上层环撑下 30cm 或施工设计规定的位置，方可拆除上一层环撑。
（6）拆除支护前，应对井壁土体和支护结构的稳定性与附近建（构）筑物的安全状态进行分析，制定相应的拆除方案。
（7）拆除支护过程中，应设专人检查，发现井壁出现裂缝、位移或支护结构出现劈裂、变形等情况，必须及时加固处理。
（8）采用起重机拆除支护桩前，应用千斤顶将桩松动，严禁吊拔尚与土层固结的支护桩。起吊支护桩至桩长一半时，应系控制绳，保持桩的稳定。</td></tr>
</table>

审核人	交底人	接受交底人
×××	×××	×××、×××……

8.2.5 喷锚支护安全技术交底

<table>
<tr><td colspan="2" rowspan="2">安全技术交底记录</td><td rowspan="2">编号</td><td>×××</td></tr>
<tr><td>共×页第×页</td></tr>
<tr><td>工程名称</td><td colspan="3">××市政基础设施工程××标段</td></tr>
<tr><td>施工单位</td><td colspan="3">××市政建设集团</td></tr>
<tr><td>交底提要</td><td>喷锚支护安全技术交底</td><td>交底日期</td><td>××年××月××日</td></tr>
</table>

交底内容：

1.喷锚支护施工中应采取防尘、降尘措施。

2.喷射混凝土宜采用潮喷和湿喷工艺，不宜采用干喷工艺。

3.竖井口宜设钢筋混凝土圈梁，当其达到施工设计规定强度后，方可开挖竖井土方。

4.喷射混凝土作业，应划定作业区，非作业人员不得进入；各种管道通过道路应加以保护，严禁机械、车辆碾压。喷嘴前方严禁有人。

5.喷射混凝土支护后，必须待混凝土强度达到施工设计规定，方可开挖竖井下层土方。有爆破作业时，喷射混凝土终凝距下次爆破间隔时间不得小于 3h。

6.喷射混凝土作业中，围岩出现异常必须立即停止喷射作业，待采取安全技术措施，确认安全后，方可继续喷射作业。

7.安骨架前应清理作业面松土和危石，确认土壁稳定；安骨架应和挖掘紧密结合，从上至下分层进行。每层骨架应及时形成闭合框架；挂网应及时，并与骨架连接牢固。

8.在Ⅳ、Ⅴ级围岩中进行喷锚支护施工时，喷锚支护必须紧跟开挖面；喷射作业中应设专人随时观察围岩变化情况，确认安全；应先喷后锚，喷射混凝土厚度不得小于 5cm；锚杆施工应在喷射混凝土终凝 3h 后进行。

9.锚杆进行拉拔试验时，张拉前方严禁有人。

10.锚杆施工应符合下列要求：

（1）锚杆施工应在本层喷射混凝土支护完成，且达到规定强度后，方可进行。

（2）钻机应在土台或作业平台上支设稳固。土台宜为经平整的原状土。作业平台结构应依钻机质量确定；支搭应稳固；平台临边必须设防护栏杆。

（3）钻孔和注浆前，应检查喷层表面，确认无异常。作业中应设专人监护支护结构的稳定状况，发现异常必须立即停止作业，人员必须撤至安全地带，待采取安全技术措施，确认支护稳定后，方可继续作业。

11.预应力锚杆施工作业前必须检查张拉设备状况，经试运行确认合格；锚杆张拉前应对张拉设备进行标定；现场应划定作业区，并设专人值守，锚杆张拉时前方严禁有人；锚杆锁定 48h 内，发现有明显的应力松弛时，应补张拉；锚杆张拉应按施工设计规定的程序进行；封孔浆体达到设计强度方可放张，未放张前不得在锚杆端部悬挂重物或碰撞锚具。

审核人	交底人	接受交底人
×××	×××	×××、×××……

8.2.6 竖井口平台与提升架、井架安全技术交底

安全技术交底记录		编号	××× 共×页第×页
工程名称	××市政基础设施工程××标段		
施工单位	××市政建设集团		
交底提要	竖井口平台与提升架、井架安全技术交底	交底日期	××年××月××日

交底内容：

1.竖井（工作坑）附近有电力架空线路时，提升架、井架与电力架空线的距离应符合施工用电安全技术交底的具体要求。

2.平台上的提升孔周围和梯道孔周围（除出入口外）必须设防护栏杆，除提升孔进出料端防护栏杆的高度不得小于1.0m外，平台临边防护栏杆应符合下列要求：

（1）在混凝土结构上固定栏杆柱时，采用钢质材料时可用预埋件与钢管或钢筋焊牢；在砌体上固定栏杆柱时，可预先砌入规格相适应的设预埋件的预制块，并按要求进行固定；在竖井、工作坑四周固定栏杆柱时，可采用钢管并锤击沉入地下不小于50cm深。钢管离井、坑边沿的距离，不得小于50cm；采用木栏杆时可在预埋件上焊接30cm长的50×5角钢，其上、下各设一孔，以直径10mm螺栓与木杆件拴牢。

（2）防护栏杆的底部必须设置牢固的、高度不低于18cm的挡脚板；挡脚板下的空隙不得大于1cm；竖井口防护栏杆的底部宜设高50cm的挡墙。

（3）防护栏杆应由上、下两道栏杆和栏杆柱组成，上杆离地高度应为1.2m，下杆离地高度应为50cm～60cm。栏杆柱间距应经计算确定，且不得大于2m。

（4）钢管横杆、栏杆柱均应采用　48×（2.75～3.5）的管材，以扣件固定或焊接牢固；木质栏杆上杆梢径不得小于7cm，下杆梢径不得小于6cm，栏杆柱梢径不得小于7.5cm，并以不小于12号的镀锌钢丝绑扎牢固，绑丝头应顺平向下；钢筋横杆上杆直径不得小于16mm，下杆直径不得小于14mm，栏杆柱直径不得小于18mm，采用焊接或镀锌钢丝绑扎牢固，绑丝头应顺平向下。

（5）栏杆的整体构造和栏杆柱的固定，应使防护栏杆在任何处能承受任何方向的1000N外力。

3.平台和提升架、井架应按施工中最大荷载进行施工设计，平台主梁两端宜支承在方木上；主梁与井口地面搭接长度不得小于1.2m；平台必须满铺板，并覆盖至井壁外50cm以上。提升架、井架上应支搭防护棚。

4.平台上提升设备不具备水平运输功能时，提升孔处必须设活动盖板，活动盖板必须设限位和锁定装置。

5.上下高处平台和沟槽（基坑），要设安全梯等攀登设施，应符合下列要求：

<table>
<tr><td colspan="2" rowspan="2">安全技术交底记录</td><td rowspan="2">编号</td><td>×××</td></tr>
<tr><td>共×页第×页</td></tr>
<tr><td>工程名称</td><td colspan="3">××市政基础设施工程××标段</td></tr>
<tr><td>施工单位</td><td colspan="3">××市政建设集团</td></tr>
<tr><td>交底提要</td><td>竖井口平台与提升架、井架安全技术交底</td><td>交底日期</td><td>××年××月××日</td></tr>
<tr><td colspan="4">（1）现场自制安全梯梯子需接长使用时，必须有可靠的连接措施，且接头不得超过一处。连接后的梯梁强度、刚度，不得低于单梯梯梁的强度、刚度；梯子结构必须坚固，梯梁与踏板的连接必须牢固；梯子结构应根据材料性能进行受力验算，经计算确定；攀登高度不宜超过 8m；梯子踏板间距宜为 30cm，不得缺档；梯子净宽宜为 40cm～50cm；梯子工作角度宜为 75°±5°；梯脚应置于坚实基面上，放置牢固，不得垫高使用；梯子上端应有固定措施。
（2）采购的安全梯应符合现行国家标准。
（3）采用固定式直爬梯时，爬梯应用金属材料制成。梯宽宜为 50cm，埋设与焊接必须牢固。梯子顶端应设 1.0m～1.5m 高的扶手。攀登高度超过 7m 以上部分宜加设护笼；超过 13m 时，必须设梯间平台。
（4）梯道宜使用钢材焊制，钢材不得腐蚀、断裂、变形；梯道临边侧必须设栏杆。栏杆下横杆高应为 40cm，立柱水平距离不宜大于 1.2m，并应符合临边防护栏杆具体要求；梯道宽度不宜小于 70cm；坡度不宜陡于 50°；踏板每步高度不宜大于 25cm，休息平台面积不宜小于 1.5m²；严禁使用钢筋做踏板。
（5）人员上下梯子时，必须面向梯子，双手扶梯；梯子上有人时，他人不宜上梯。
（6）采用斜道（马道）时，脚手架必须置于坚固的地基上，斜道宽度不得小于 1m，纵坡不得陡于 1∶3，支搭必须牢固。
6.支搭和拆除平台、提升架、井架宜使用起重机进行。施工前应划定作业区，非作业人员禁止入内。
7.平台和提升架、井架支搭完成，必须经检查、负荷能力检验，确认符合施工设计要求并形成文件后，方可投入使用。</td></tr>
</table>

审核人	交底人	接受交底人
×××	×××	×××、×××……

8.2.7 压浆混凝土桩支护安全技术交底

安全技术交底记录		编号	××× 共×页第×页
工程名称	××市政基础设施工程××标段		
施工单位	××市政建设集团		
交底提要	压浆混凝土桩支护安全技术交底	交底日期	××年××月××日

交底内容：

1.竖井口应设钢筋混凝土圈梁，当支护桩和圈梁混凝土达到施工设计规定强度后，方可开挖竖井土方。

2.成孔完成并验收合格后，应及时并连续进行以后的各工序施工。

3.压浆作业应逐级升压至控制压力值，不得超压；拆除压浆管前必须卸压、断电；水泥浆应搅拌均匀，并经过滤网后方可注入压浆管；压浆应分两次进行；首次压浆应边提钻、边下碎石、边压浆；成桩之后应进行第二次压浆；两次压浆时间间隔不得超过45min。

4.钻孔深度和配筋应符合施工设计的要求。

5.在施工组织设计中应根据竖井深度、土质、地面荷载，对支护桩进行施工设计，确定桩径、桩长和配筋。

6.桩的成孔间距应依土质、孔深而定。

7.钢筋笼入孔前应检查绑于其内侧的注浆管，确认浆管顺直、绑扎牢固、接头严密、喷浆孔畅通。

8.机械钻孔施工应符合下列要求：

（1）严禁人员进入孔内作业；钻孔应连续作业，建立交接班制度，并形成文件。

（2）施工现场应划定作业区，非施工人员禁止入内。

（3）现场及其附近有电力架空线路时，作业中必须设专人监护，确认作业现场符合表4-1-3的要求。

（4）钻孔作业中，发生塌孔和护筒周围冒浆等故障时必须立即停钻；钻机有倒塌危险时，必须立即将人员和钻机撤至安全位置，经技术处理确认安全后，方可继续作业。

（5）钻孔过程中，应随时检查钻渣，并与地质剖面图核对，发现异常应及时采取措施或调整钻进方法，保持正常钻进。

（6）同时钻孔的两孔间距和钻孔与未达到设计或施工设计规定强度的灌注桩的间距，应根据工程地质、水文地质、孔深、地面荷载、现场环境等状况而定，且不宜小于5m。

（7）泥浆护壁成孔时，孔口应设护筒。护筒内径应较孔径大20cm；护筒顶应高于周围地面30cm以上；护筒埋深，粘性土不宜小于地面下1.5m；砂性土应将护筒周围不小于50cm和筒底以下50cm范围换填粘性土并夯实。

<table>
<tr><td colspan="2" rowspan="2">安全技术交底记录</td><td rowspan="2">编号</td><td>×××</td></tr>
<tr><td>共×页第×页</td></tr>
<tr><td>工程名称</td><td colspan="3">××市政基础设施工程××标段</td></tr>
<tr><td>施工单位</td><td colspan="3">××市政建设集团</td></tr>
<tr><td>交底提要</td><td>压浆混凝土桩支护安全技术交底</td><td>交底日期</td><td>××年××月××日</td></tr>
<tr><td colspan="4">（8）作业时，人员应位于安全处，不得靠近钻杆；禁止人员触摸运行中的钻杆、钻具。钻具悬空时，禁止下方有人。
（9）护壁泥浆不断循环使用过程中应加强管理，始终保持泥浆性能符合要求，除能自行造浆的土层外，均应选用性能合格的黏土或符合环保要求的材料制备泥浆；现场应设泥浆沉淀池，废泥浆渣应妥善处理，不得污染环境等。
（10）钻孔中因故停钻时，必须将钻具提至孔外置于地面上，关机、断电，并应保持孔内护壁措施有效；孔口应采取防护措施。
（11）施工场地应平整、坚实。钻孔机械使用轨道移位时，轨道应铺设稳固，其坡度、轨距、高差应符合机械说明书的规定，机械就位后应锁紧止轮器。</td></tr>
</table>

审核人	交底人	接受交底人
×××	×××	×××、×××……

8.2.8 垂直运输安全技术交底

安全技术交底记录		编号	×××
			共×页第×页
工程名称	××市政基础设施工程××标段		
施工单位	××市政建设集团		
交底提要	垂直运输安全技术交底	交底日期	××年××月××日

交底内容：

1.提升设备操作工，必须经过专业培训，持证上岗。

2.垂直运输进行中，井上、井下人员必须位于安全地带。

3.提升设备必须由具有资质的企业生产的合格产品，具有合格证。

4.提升设备使用前，应根据设备使用说明书的规定制定安全操作规程，并在作业中认真执行。

5.施工前，应结合井下和井口的运输方式、换装设施和提升架的结构，选择提升设备和吊索具，并采取相应的安全技术措施。

6.竖井运输应设专人指挥，协调井上、井下作业人员的配合关系，并应建立井上、井下专用联络信号或通讯设备。作业前指挥人员必须检查井内、井上各环节的状况，确认安全。

7.电动提升设备的电气接线与拆卸必须由电工操作，并遵守施工用电安全技术交底的具体要求。作业中提升设备操作工应保护缆线等电气设施，遇电缆破损、漏电征兆，必须停止作业，由电工处理。

8.提升设备及其吊索具、吊运物料的容器、轨道、地锚等和各种保险装置，使用前必须按设备管理的规定进行检查和空载、满载或超载试运行，确认合格并形成文件。使用过程中每天应由专职人员检查一次，确认安全，且记录；并应定期检测和保养。检查、检测中发现问题必须立即停机处理，处理后经试运行合格方可恢复使用。

9.主要提升装置应具备下列资料：提升设备使用说明书；制动装置结构图和制动系统图；安全保护装置试验记录；提升设备总装图；事故记录；电气系统图；岗位责任制和设备完好标准；钢丝绳检验和更换记录；绞车、钢丝绳、吊运物料的容器等提升装置的检验记录；操作规程。

10.使用简易罐笼运输应符合下列要求：

（1）人与物料必须分运。

（2）提升钢丝绳偏角不得超过 1.5°。

（3）罐笼的允许荷载和限乘人数应明示，严禁超载。

（4）罐笼安全门开关控制系统必须与提升控制系统连锁。

（5）罐顶应设钢制顶盖，罐底必须满铺钢板并不得有孔。

（6）升降速度不得超过 3m/s，加速度不得超过 $0.25m/s^2$。

安全技术交底记录		编号	××× 共×页第×页
工程名称	××市政基础设施工程××标段		
施工单位	××市政建设集团		
交底提要	垂直运输安全技术交底	交底日期	××年××月××日

（7）升降车辆的罐笼内必须设阻车器，车辆进入后必须锁定阻车器。

11.使用卷扬机运输应符合下列要求：

（1）卷扬机提升必须设信号工指挥，并明确联系信号。

（2）严禁卷扬机超载运行。严禁用人力打开电制动器放绳。

（3）作业后，钢丝绳应处于放松状态，切断电源，固锁电闸箱。

（4）作业前应检查制动器、钢丝绳接头、各紧固件和机体安装情况，确认合格。

（5）卷扬机钢丝绳在卷筒上的安全圈数应不少于 3 圈，钢丝绳末端固定应牢固可靠。

（6）操作工应按指挥信号操作，但作业中无论何人发出紧急停车信号，应立即执行。

（7）卷扬机运转中，钢丝绳不得与地面或任何物体摩擦，任何人员不得跨越钢丝绳。

（8）作业中遇停电时，应切断电源，将控制器手柄置于零位，并采取措施将重物降下。

（9）卷扬机与提升重物之间不得有障碍物。钢丝绳穿过道路时，应设保护装置，不得被碾压。

（10）卷扬机安装地点应平整、坚实、不积水，地锚应埋设牢固。卷扬机与基础或底架的连接应牢固，并符合使用说明书的规定，保证运转时机身无位移和明显振动。

（11）卷扬机的卷筒应与定滑轮对中，钢丝绳出绳偏角 α 应符合：自然排绳 α ≤1° 30′；排绳器排绳 α ≤2°。

（12）钢丝绳在卷筒上必须排列整齐，出现重叠或斜绕时，应停机调整，严禁运转中手拉、脚踩钢丝绳。

12.使用吊桶运输应符合下列要求：

（1）严禁人员乘坐吊桶。

（2）提升钢丝绳偏角不得超过 1.5°。

（3）吊桶的允许荷载应明示，严禁超载。

（4）不设罐道的吊桶升降距离不得超过 40m。

（5）使用自动翻转式吊桶时，必须设锁定装置。

（6）吊桶与钢丝绳应采用钩头连接，并设防脱钩装置。

（7）无稳绳的吊桶速度不得超过 2m/s，接近井口和井底时应减速。

13.使用电葫芦运输应符合下列要求：

（1）露天作业，应搭设防护棚。

（2）电葫芦应设缓冲器，轨道两端应设挡板。

（3）作业后，必须将吊钩升至安全位置并切断电源。

安全技术交底记录		编号	××× 共×页第×页
工程名称	××市政基础设施工程××标段		
施工单位	××市政建设集团		
交底提要	垂直运输安全技术交底	交底日期	××年××月××日

（4）起吊重物不得急速升降，吊物不得长时间悬空停留。

（5）作业时，操作工应集中精力，手不离控制器，眼不离吊运物。

（6）轨道梁材质、型号和安装与电葫芦安装应符合设备管理的要求。

（7）严禁电葫芦超载起吊。起吊重物时，钢丝绳必须保持垂直，严禁斜吊。

（8）起吊中由于故障造成重物失控下滑时，必须采取紧急措施，向无人处下放重物。

（9）电葫芦作业中发生异味、高温等异常情况，应立即停机检查，排除故障后方可继续使用。

（10）严禁非作业人员进入吊运作业区，配合吊运作业的人员应站在安全处，不得在吊物下穿行。

（11）作业前应检查设备及其电气、防护装置等，确认完好、无漏电，并经试运行，确认合格并形成文件。

（12）电葫芦水平运输时，严禁吊物从人和设备上方通过，行走应平稳，重物离地不宜超过 1.5m，空载时吊钩应离地面 2m 以上。

14.提升设备的连接装置和吊具应符合下列要求：

（1）吊钩表面应光洁，无剥裂、锐角、毛刺、裂纹等。

（2）连接器、钩环、吊耳、插销等连接装置的安全系数：升降物料的不得小于 10，升降人员的不得小于 13。

（3）吊具应由具有资质的企业生产，具有合格证。作业前应经试吊，确认合格。

（4）严禁在吊钩上焊补、打孔。出现下列情况之一时应报废：扭转变形超过 10°；开口度比原尺寸增加 15%；危险断面磨损达原尺寸的 10%；危险断面和吊钩颈部产生塑性变形；板钩衬套磨损达原尺寸的 50%，其心轴磨损达原尺寸的 5%。

（5）严禁卡环侧向受力，起吊时封闭锁必须拧紧。严禁用补焊方法修复卡环。

15.钢丝绳应加强检查、检验，并应符合下列要求：

（1）提升钢丝绳，自悬挂之日起，每隔 6 个月应检验一次，确认合格并形成文件；悬挂吊盘用的钢丝绳每隔 12 个月应检验一次，确认合格并形成文件。

（2）提升和罐道钢丝绳，应每日检查一次，确认合格并记录；平衡、防坠、悬吊钢丝绳应每周检查一次，确认合格并记录。发现易损、断丝或锈蚀较多的部位，必须停车详细检查，确认安全，断丝突出部分必须在检查时剪下，检查结果应记录备案。

（3）提升钢丝绳必须有生产企业的产品合格证，新绳在悬挂前必须对每根绳的钢丝进行试验，确认合格并形成文件后，方可使用；库存超过一年的钢丝绳，使用前应进行检验，确认合格并形成文件后方可使用。

<table>
<tr><td colspan="2" rowspan="2">安全技术交底记录</td><td rowspan="2">编号</td><td>×××</td></tr>
<tr><td>共×页第×页</td></tr>
<tr><td>工程名称</td><td colspan="3">××市政基础设施工程××标段</td></tr>
<tr><td>施工单位</td><td colspan="3">××市政建设集团</td></tr>
<tr><td>交底提要</td><td>垂直运输安全技术交底</td><td>交底日期</td><td>××年××月××日</td></tr>
</table>

（4）提升与制动钢丝绳出现下列情况之一，必须更换：

1）钢丝绳锈蚀严重、点蚀麻坑形成沟纹、外层钢丝松动时。

2）钢丝绳磨损直径差：提升式制动钢丝绳大于10%；罐笼钢丝绳大于15%。

3）钢丝绳遭受卡绳、突然停车等猛烈拉力时应停车检查，发现遭受猛拉的一段有损坏或伸长增加0.5%以上时。

4）在一个捻距内断丝截面积同钢丝总面积之比，升降物料的达10%时，升降人员的达5%时，罐道用的达15%时。

5）钢丝绳使用后期，断丝数或伸长发展突然加快（例如连续三天出现显著伸长，或某一捻距内每天都有断丝出现）。

6）使用中的钢丝绳在定期检查中发现升降人员的钢丝绳安全系数小于7；升降人员和物料的钢丝绳安全系数在升降人员时小于7，升降物料时小于6；升降物料和悬挂吊盘的钢丝绳安全系数小于5。

16.提升设备应根据井深、设备性能设以下相应的保护装置：

（1）事故停车保护装置。

（2）短路和断电保护装置。

（3）超负荷和欠电压保护装置。

（4）提升绞车应装设深度指示器和开始减速时自动示警的警铃。

（5）满仓保护装置：箕斗提升时，其井口渣仓满仓时能自动报警或断电。

（6）松绳保护装置：缠绕式提升装置必须设松绳报警装置并接入安全回路。

（7）防止过速保护装置：当提升速度超过最大速度15%时，能自动断电，并制动。

（8）防止过卷保护装置：当提升容器超过正常停止位置50cm时，能自动断电，并制动。

（9）限速保护装置：当提升速度超过3m / s时，必须装限速器，确保提升容器在达到井口时速度不超过2m / s。

17.使用门式起重机运输应符合下列要求：

（1）严禁吊物从人和设备上方通过。空载时，吊钩应离地面2m以上。

（2）使用电缆的门式起重机，应设有电缆卷筒，配电箱应靠近轨道中部设置。

（3）轨道应平直，鱼尾板连接螺栓应无松动，轨道和起重机运行范围内应无障碍物。

（4）用滑线供电的门式起重机，应在各滑线的两端标有鲜明的颜色，滑线应设防护栏杆。

<table>
<tr><td colspan="2" rowspan="2">安全技术交底记录</td><td rowspan="2">编号</td><td>×××</td></tr>
<tr><td>共×页第×页</td></tr>
<tr><td>工程名称</td><td colspan="3">××市政基础设施工程××标段</td></tr>
<tr><td>施工单位</td><td colspan="3">××市政建设集团</td></tr>
<tr><td>交底提要</td><td>垂直运输安全技术交底</td><td>交底日期</td><td>××年××月××日</td></tr>
<tr><td colspan="4">（5）起重机行走时，两侧驱动轮应同步，发现偏移应停止作业，经调整合格后方可继续使用。
（6）操作人员由操作室进入桥架或进行保养检修时。应有自动断电联锁装置或事先切断电源。
（7）严禁非作业人员进入吊运作业区，配合吊运作业的人员应站在安全处，不得在吊物下穿行。
（8）操作室内应垫木板或绝缘板；接通电源后经测试，确认无漏电方可上机；上、下操作室应使用专用梯。
（9）作业前必须检查机械、吊索具、轨道和各安全限位装置，经试运行确认运转正常、制动可靠、安全装置灵敏有效。
（10）起重机路基和轨道的铺设应符合生产企业机械使用说明书的规定；轨道必须接保护零线，接地电阻不宜大于4Ω。
（11）作业后起重机应停放在停机线上，将吊钩升到上部，将控制开关置于零位、切断电源、固锁操作室门窗、锁紧夹轨器。露天作业的电葫芦应置于防护棚下。
（12）启动前，应先鸣铃示意；吊物应慢速行驶，行驶中不得突然变速或倒退；提升和下降操作应平稳、匀速；落放吊物应鸣铃示意；提升大件不得用快速，并应用拉绳防止摆动。
（13）露天作业，遇大雨、大雪、大雾、沙尘暴及风力六级（含）以上等恶劣天气时，应停止作业，并锁定夹轨器。</td></tr>
</table>

审核人	交底人	接受交底人
×××	×××	×××、×××……

8.3 斜井施工与运输

<table>
<tr><td colspan="2" rowspan="2">安全技术交底记录</td><td rowspan="2">编号</td><td>×××</td></tr>
<tr><td>共×页第×页</td></tr>
<tr><td>工程名称</td><td colspan="3">××市政基础设施工程××标段</td></tr>
<tr><td>施工单位</td><td colspan="3">××市政建设集团</td></tr>
<tr><td>交底提要</td><td>斜井施工与运输安全技术交底</td><td>交底日期</td><td>××年××月××日</td></tr>
</table>

交底内容：

1.运送长大料具必须制定专项安全技术措施。

2.斜井井口作业区内应有保持环境卫生和防止污染环境的措施和设施；施工斜井不得设在低洼处，且井口应高出周围地面 30cm 以上，地面排水应完好、畅通；作业区必须设围挡，非作业人员禁止入内，并建立人员出入斜井的管理制度。

3.井口、井下、调车场、装卸渣台和机房应有明显的声、色联系信号和连锁装置，作业中应设专人指挥。

4.车辆在斜井中行驶时，人员应避至安全处；严禁人员走道心和扒乘箕斗、车辆、输送带。

5.当斜井的深度大于 50m 时，应设运送人员的专用车辆（人车）；车辆必须设顶盖和自动与手动防溜装置。运送人员前，应检查车辆的连接装置、保险链和防溜装置。乘员和携带的工具、器材不得超出车厢，并不得超重。

6.暗挖隧道埋置不深、地质条件较好、地貌条件允许的地段，可以采用斜井运输。

7.提升设备及其吊索具、吊运物料的容器、轨道、地锚等和各种保险装置，使用前必须按设备管理的规定进行检查和空载、满载或超载试运行，确认合格并形成文件。使用过程中每天应由专职人员检查一次，确认安全，且记录；并应定期检测和保养；检查、检测中发现问题必须立即停机处理，处理后经试运行合格方可恢复使用。

8.斜井采用喷锚暗挖方法施工时，超前支护导管的倾角，应与斜井倾角相匹配；斜井宜采用喷锚支护；挖掘角度应与斜井倾斜角度保持一致；当倾角不大于 25° 时，可采用构件支护，其立柱斜度应为斜井倾角之半，且不得大于 9° ；挖掘机械的位置和固定装置必须牢固，每移位一次，必须检查一次，确认合格并记录；衬砌支护的斜井，当倾角大于 30° 且地质条件较差时，墙基末端的底部宜做成台阶状。

9.施工前，必须结合井下和井口的运输方式和换装设施，确定斜井运输方案；倾角小于 16° ，提升量大，使用时间长，宜用胶带输送机运输；倾角小于 25° ，提升量较小，宜用串车运输；倾角小于 25° ，提升量较大，宜用侧卸式斗车运输；倾角小于 35° ，且大于 25° ，提升量大，宜用箕斗运输。

10.斜井开挖前，应按设计要求完成洞门支护，并达到设计或施工设计规定的强度。

11.提升设备应根据井深、设备性能设以下相应的保护装置：

<table>
<tr><td colspan="2" rowspan="2">安全技术交底记录</td><td rowspan="2">编号</td><td>×××</td></tr>
<tr><td>共×页第×页</td></tr>
<tr><td>工程名称</td><td colspan="3">××市政基础设施工程××标段</td></tr>
<tr><td>施工单位</td><td colspan="3">××市政建设集团</td></tr>
<tr><td>交底提要</td><td>斜井施工与运输安全技术交底</td><td>交底日期</td><td>××年××月××日</td></tr>
</table>

1）事故停车保护装置。

2）防止过速保护装置：当提升速度超过最大速度15%时，能自动断电，并制动。

3）限速保护装置：当提升速度超过3m / s时，必须装限速器，确保提升容器在达到井口时速度不超过2m / s。

4）超负荷和欠电压保护装置。

5）满仓保护装置：箕斗提升时，其井口渣仓满仓时能自动报警或断电。

6）松绳保护装置：缠绕式提升装置必须设松绳报警装置并接入安全回路。

7）提升绞车应装设深度指示器和开始减速时自动示警的警铃。

8）防止过卷保护装置：当提升容器超过正常停止位置50cm时，能自动断电，并制动。

9）短路和断电保护装置。

12.斜井运输速度不得大于3.5m / s，当接近井口和井底时速度不得大于2m / s，升降加速度不得超过0.5m / s2。

13.斜井运输设施应符合下列要求：

1）斜井口必须设置阻车器，并设专人管理。除放置车辆外，阻车器应处于锁闭状态。

2）采用箕斗和皮带输送机的斜井，在井下的渣仓进口格栅周围应设栏杆。禁止人员进入。禁止人员靠近井上、井下的渣仓出口。

3）车辆连挂运输时，应设可靠的连挂保险装置和断绳保险器。

4）斜井的两侧，每隔30m～50m应设作业人员的避车洞。

5）牵引钢丝绳应用地滚承托，同时应采取慢起动、慢停车措施，避免发生车辆“蹬钩”与“蹬绳”。

6）运输轨道端部应设挡车设施。斜井倾角大于15°时，轨道必须设防爬设施。

7）斜井两侧的管道、电缆与轨道运输车辆外缘之间的距离不得小于25cm，与皮带运输机外缘距离不得小于40cm；双线运输车辆的净距不得小于20cm。

8）斜井一侧应设宽度不小于70cm的人行道，且宜设台阶。

审核人	交底人	接受交底人
×××	×××	×××、×××……

8.4 围岩加固注浆与填充注浆

<table>
<tr><td colspan="2" rowspan="2">安全技术交底记录</td><td rowspan="2">编号</td><td>×××</td></tr>
<tr><td>共×页第×页</td></tr>
<tr><td>工程名称</td><td colspan="3">××市政基础设施工程××标段</td></tr>
<tr><td>施工单位</td><td colspan="3">××市政建设集团</td></tr>
<tr><td>交底提要</td><td>围岩加固注浆与填充注浆安全技术交底</td><td>交底日期</td><td>××年××月××日</td></tr>
</table>

交底内容：

1.在室内、竖（斜）井和隧道内配制浆液，应采取通风措施。

2.暗挖施工的隧道、管道结构与围岩间的缝隙，应及时注浆填充。

3.作业和试验人员应按规定佩戴安全防护用品，严禁裸露身体作业。

4.作业中注浆罐内应保持一定数量的浆液，防止放空后浆液喷出伤人。

5.作业中遗洒的浆液和刷洗机具、器皿的废液，应及时清理，妥善处置。

6.现场拌制砂浆应有良好的排污、通风条件，清洗搅拌设备不得污染环境。

7.制浆、注浆机械设备和管路发生故障或检修时，必须在关机、断电、卸压后进行。

8.在建（构）筑物附近进行加固和填充注浆时，应对建（构）筑物进行变形、位移等监测。

9.注浆初始压力不得大于 0.1MPa。作业中应分级、逐步升压至控制压力；填充注浆压力宜控制在 0.1MPa～0.3MPa。

10.注浆的材料、配比和控制压力等，必须根据土质情况、施工工艺、设计要求，通过试验确定；浆液材料应符合环境保护要求。

11.向竖井和隧道开挖面进行加固注浆时，应对井壁和开挖面采取喷射混凝土等支护措施；注浆前，注浆嘴与土壤或结构间的空隙，应用黏土或水泥砂浆封堵。

12.浆液原材料中有强酸、强碱等材料时应设专人管理；储存、运输、配制应符合下列要求：

（1）现场应配备应急药品和器械。

（2）余料必须及时退回库房储存。

（3）配制溶液时，应采取防溅和降温措施。

（4）施工中应按照配制工艺规定的程序作业。

（5）采用敞口容器装料时，不得超过容器高度的 3／4。

（6）强酸、强碱材料必须储存在专用库房内，并建立领发料制度。

13.敞开式暗挖施工遇到下列情况，应采取注浆加固围岩措施：

（1）穿越有渗水的土层。

（2）穿越地层为非原状土。

（3）穿越地层为砂或砂砾石。

（4）穿越地层为呈软塑或流塑状态土壤。

审核人	交底人	接受交底人
×××	×××	×××、×××……

8.5 顶管工程

<table>
<tr><td colspan="2" rowspan="2">安全技术交底记录</td><td rowspan="2">编号</td><td>×××</td></tr>
<tr><td>共×页第×页</td></tr>
<tr><td>工程名称</td><td colspan="3">××市政基础设施工程××标段</td></tr>
<tr><td>施工单位</td><td colspan="3">××市政建设集团</td></tr>
<tr><td>交底提要</td><td>顶管施工安全技术交底</td><td>交底日期</td><td>××年××月××日</td></tr>
</table>

交底内容：

1.一般要求

（1）管径小于、等于800mm时，不得采用人工方法掘进。

（2）采用敞开式掘进顶管，土层中有水时，必须采取降水等控制措施。

（3）人工挖土，土质为砂、砂砾石时，应采用工具管或注浆加固土层的措施。

（4）顶管施工中，渗漏、遗洒的液压油和清洗废液等应及时清理，保持环境清洁。

（5）采用密闭式掘进顶管，管口与掘进机、中继间的连接和管道间的接口必须严密，不得漏水。

（6）施工前，应根据顶进方法、管径、最大顶力等对后背结构、顶进设备、中继间等进行施工设计，确定安全技术措施，并制定监控量测方案。

（7）利用已完成顶进的管段作后背时，顶力中心应与已完成管段中心重合；顶力必须小于已完成管段与周边土壤之间的摩擦阻力；后背管口应衬垫可塑性材料保护。

（8）在城区、居民区、乡镇、机关、学校、企业、事业单位等人员密集区和穿越房屋、轨道交通、铁路、道路、公路和地下管道等建（构）筑物时，宜采用密闭式机械掘进顶管。

（9）施工过程中应按监控量测方案的要求布设监测点，设专人对施工影响区内的地面、地下管线和建（构）筑物的沉降、倾斜、裂缝等进行观察量测并记录，确认正常；发现异常应及时分析，采取相应的安全技术措施。

2.设备与辅助装置

（1）施工前，应根据顶进中的最大顶力选择顶进设备和辅助装置。

（2）施工前，必须对顶进设备和辅助装置进行检查，经试运行，确认合格。

（3）安装导轨应安装在稳固的基础上；导轨应安装直顺、牢固；设在混凝土底板上的导轨，应在混凝土达到设计强度的50%，且不得低于5MPa时，方可安装。

（4）拆除顶进设备必须在停机、断电、卸压后进行；拆除的设备和材料，应随时运走或按指定地点码放整齐。

（5）顶进设备和辅助装置应完好；防护装置应齐全有效；后背结构及其安装应符合施工设计的要求；油泵压力表使用前应经具有资质的检测单位标定，并形成文件。

<table>
<tr><td colspan="2">安全技术交底记录</td><td rowspan="2">编号</td><td>×××</td></tr>
<tr><td colspan="2"></td><td>共×页第×页</td></tr>
<tr><td>工程名称</td><td colspan="3">××市政基础设施工程××标段</td></tr>
<tr><td>施工单位</td><td colspan="3">××市政建设集团</td></tr>
<tr><td>交底提要</td><td>顶管施工安全技术交底</td><td>交底日期</td><td>××年××月××日</td></tr>
</table>

（6）安装后背墙体应平整，并与管道顶进轴线垂直；方木、型钢等组装的后背，组装件之间应连接牢固；后背墙体应与后背土体贴实，缝隙应用粗砂等料填充密实；现浇混凝土后背的结构尺寸和强度应符合施工设计要求；后背墙体埋入工作坑底板以下的深度应符合施工设计要求，且不得小于 50cm。

（7）安装（或拆除）洞口密封装置需高处作业时，应支设作业平台，不得垂直交叉作业；脚手架应置于坚实的地基上，搭设稳固；脚手架的宽度应满足施工安全的要求，在宽度范围内应满铺脚手板，并稳固；上下平台应设供作业人员使用的安全梯；平台临边必须设防护栏杆；作业中应随时检查，确认安全。

（8）安装顶铁前，应检查顶铁的外观和结构尺寸，确认完好和符合施工设计要求；顶铁应安装平顺，不得出现弯曲和错位现象；顶铁、千斤顶轴线的中心线应在通过管道轴线的铅垂面上；安装前，应将顶铁表面和导轨顶面的泥土、油污擦拭干净；顶铁与管口顶接处应采用带有柔性衬垫的弧形顶铁；顶铁顺向使用长度，应根据顶铁的截面尺寸确定；当采用 20cm×30cm 顶铁时，单行顺向使用的长度不得大于 1.5m；双行使用时应在顺向 1.2m 处设横向顶铁，顺向总长度不得大于 2.5m。

（9）安装工具管和顶管机底板混凝土应达到设计强度；导轨应安装牢固，符合设计要求；安装管径 2000mm（含）以上的工具管、顶管机时，应支搭作业平台；工具管、顶管机安装完成后，应检查其主要尺寸、紧固或焊接质量，确认合格；油、气、水等管路应经检查，确认畅通、严密；机械设备经调试和试运行，确认合格，并形成文件后方可使用；顶进设备应按照设备使用说明书的要求安装。

（10）使用液压千斤顶前应检查其活塞阀门和管路，确认完好、无漏油；一旦损坏和漏油应立即更换检修；千斤顶必须按规定的顶力使用，不得超载。其使用顶力应按额定顶力的 70%计算；最大工作行程不得超过活塞总长度的 75%；千斤顶应放置在干燥，且不受暴晒的地方，搬运时不得扔掷，千斤顶和油箱应单独搬运；顶管同时使用的各台千斤顶的规格型号应一致。

（11）安装液压千斤顶、液压泵、管路和控制系统的配置，应符合施工设计规定；使用一台液压千斤顶时，其顶力线应位于通过管道轴线的铅垂面上，且与后背保持垂直；使用多台液压千斤顶时，宜对称布置在钢制支架上，支架中心线应位于通过管道轴线的铅垂面上，且与后背保持垂直；千斤顶液压系统应采取并联方式，且每台千斤顶都应有独立的控制装置。

（12）使用起重机吊装，应符合下列要求：

1）作业现场及其附近有电力架空线路时，应设专人监护，确认作业现场符合施工用电安全要求。

安全技术交底记录		编号	×××
			共×页第×页
工程名称	××市政基础设施工程××标段		
施工单位	××市政建设集团		
交底提要	顶管施工安全技术交底	交底日期	××年××月××日

2）起重机与竖井边缘的安全距离，应根据土质、井深、支护、起重机及其吊装物件的质量确定，且不得小于1.5m。

3）作业前施工技术人员应对现场环境、电力架空线路、建（构）筑物和被吊重物等情况进行全面了解，选择适宜的起重机。

4）配合起重机的作业人员应站位于安全地方，待被吊物与就位点的距离小于50cm时方可靠近作业，严禁位于起重机臂下。

5）起重机作业场地应平整坚实，地面承载力不能满足起重机作业要求时，必须对地基进行加固处理，并经验收确认合格，形成文件。

6）起重机吊装作业必须设信号工指挥。作业前，指挥人员应检查起重机地基或基础、吊索具、被吊物的捆绑情况、架空线、周围环境、警戒人员上岗情况和作业人员的站位情况等，确认安全，方可向机械操作工发出起吊信号。

3.顶进施工

（1）顶进前现场工作坑起重系统、工作坑口平台、顶管机械和配套设备、管路与配电线路应完好；机械设备安装应稳固，防护装置应齐全有效。使用前应经检查、试运行，确认合格；穿越铁路、轨道交通、道路、公路、房屋等建（构）筑物时，加固、防护措施已完成，顶进作业已得到管理单位的同意；监测点已按监控量测方案的要求布设完成，并明确了专人负责。

（2）顶进中，施工人员不得站在顶铁上或两侧。

（3）土质松软、管径较大时，封门宜在空顶完成后拆除。

（4）顶进开始后，应连续作业，实行交接班制度，并形成文件。

（5）穿越铁路、轨道交通顶管，列车通行时，轨道范围内严禁挖掘、顶进作业。

（6）开始顶进时，千斤顶应缓慢地启动，待各个接触部位密贴后，方可正常顶进。

（7）拆除封门应编制方案，规定拆除程序和安全技术措施。封门宜采用静力法拆除。

（8）每班作业前，应对机械、设备进行检查和试运行，确认合格并记录后，方可作业。

（9）顶进过程中，严禁工作坑内进行竖向运输作业；进行竖向运输作业时，必须停止顶进作业。

（10）封门拆除后，应立即将首节管或工具管、顶管机顶入土体内。洞口与管道之间的空隙应采取密封措施。

（11）掘进过程中，必须由作业组长统一指挥，协调掘进、管内水平运输、顶进和竖向运输等各个环节的关系。

<table>
<tr><td colspan="2" rowspan="2">安全技术交底记录</td><td rowspan="2">编号</td><td>×××</td></tr>
<tr><td>共×页第×页</td></tr>
<tr><td>工程名称</td><td colspan="3">××市政基础设施工程××标段</td></tr>
<tr><td>施工单位</td><td colspan="3">××市政建设集团</td></tr>
<tr><td>交底提要</td><td>顶管施工安全技术交底</td><td>交底日期</td><td>××年××月××日</td></tr>
</table>

（12）一个顶进段结束后，管道与周边土壤间的缝隙，应及时填充注浆；填充注浆应遵守本规程第 10 章的有关规定。

（13）顶进过程中，应对监控量测情况随时分析，确认正常，当发现异常时，应及时调整施工方法或采取安全技术措施。

（14）掘进中，拆接电路、油管和泥、浆、水管时，必须在卸压、断电后进行；接长的管路不得进入运输限界，并及时固定在规定位置；管路拆接后，应检查接口密封状况，确认无渗漏方可使用；拆接泥、浆、水管时，应在作业点采取控制和收集遗洒物的措施。

（15）采用敞开式掘进顶管应符合下列要求：

1）敞开式掘进顶管，严禁带水作业。

2）每一循环掘进完成后，应立即将管道推至开挖面前壁。

3）掘进过程中，人员必须在管道内或工具管刃脚内作业。

4）使用设有格孔和正面支撑装置的工具管时，应在施工组织设计中规定挖掘程序。

5）当土质较松软时，宜在管道前端安装带有刃脚的工具管；掘进过程中，必须保持刃脚切入土体内。

6）管端前挖土长度，土质良好时，不得大于 50cm，不良土质地段不得大于 30cm；铁路下顶进，轨道下不得大于 10cm，道轨外不得大于 30cm，且必须遵守铁路管理部门的规定。

7）掘进时，管顶部位超挖量不得大于 15mm；管底部 135° 范围内不得超挖；在不允许土层沉降的地段，管子周围均不得超挖。

（16）顶进过程中出现下列情况之一时，必须立即停止顶进，待采取安全技术措施并确认安全后，方可恢复顶进：

1）开挖面发生严重塌方。

2）遇到障碍物无法掘进。

3）后背变形、位移超过规定。

4）顶铁出现弯曲、错位现象。

5）顶力骤然增大或超过控制顶力。

6）管道接口出现错位、劈裂或管道出现裂缝。

7）影响区内地面、地下管线、建（构）筑物的沉降、倾斜度、结构裂缝和变形等量测数据有突变或超过限值。

8）密闭式掘进机械的切削功率（或切削扭矩）和密封舱的压力大于额定值。

（17）采用密闭式机械掘进顶管应符合下列要求：

<table>
<tr><td colspan="2" rowspan="2">安全技术交底记录</td><td rowspan="2">编号</td><td>×××</td></tr>
<tr><td>共×页第×页</td></tr>
<tr><td>工程名称</td><td colspan="3">××市政基础设施工程××标段</td></tr>
<tr><td>施工单位</td><td colspan="3">××市政建设集团</td></tr>
<tr><td>交底提要</td><td>顶管施工安全技术交底</td><td>交底日期</td><td>××年××月××日</td></tr>
</table>

1）顶管设备操作工必须听从掘进机械操作工的指令。

2）掘进机械操作工，必须按照机械使用说明书的规定程序操作。

3）顶进时，应设专人观察管道状况，确认管口无错位、损伤等情况。

4）使用泥水平衡掘进机械时，应设泥水分离装置和排水设施，不得泥水漫流。

5）掘进过程中，应随时观察密封舱压力，并保持压力稳定，且不得大于控制压力。

6）顶管设备和掘进机械操作工必须经安全技术培训，考核合格方可上岗；严禁未经培训人员上岗操作。

7）掘进时，应随时观测掘进机械切削功率变化情况，并进行控制，保持切削功率稳定，且不得大于额定功率。

8）掘进机械运行中，出现故障必须立即报告项目经理部主管领导研究处理；处理故障前必须编制方案，针对处理中可能出现的不安全状况采取相应的安全技术措施。

4.中继顶压站（中继间）

（1）中继顶压站的运输道路（轨道）接顺后，运输车辆方可通过。

（2）启动中继顶压站前，应检查其电气、液压系统情况，确认合格。

（3）中继顶压站拼装前应检查各组成部件、配件，确认符合施工设计的要求。

（4）中继顶压站顶进中，作业人员不宜进入站内，人员必须避离油泵和千斤顶油管接头。

（5）在工作坑内顶进和中继顶压站的顶进作业，应由作业组长统一指挥、协调，有序进行。

（6）拼装中继顶压站的壳体宜在工作坑外拼装；壳体各组成部件和配件应拼装牢固，经验收确认符合施工设计要求，并形成文件；拼装时，壳体应挡掩牢固；拼装管径大于1600mm的壳体时应支搭作业平台；拼装作业应由作业组长统一指挥，作业人员协调一致。

（7）三角架的三支腿应根据被吊设备的质量进行受力验算，确认符合要求；三角架应立于坚实的地基上，并支垫稳固；三角架的三支腿宜用杆件连成等边状态；吊装作业和移动三角架必须设专人指挥；三角架顶部连接点必须连接牢固。

（8）使用倒链应符合下列要求：

1）重物需暂时在空间停留时，必须将小链拴系在大链上。

2）需将链葫芦拴挂在建（构）筑物上起重时，必须对承力结构进行受力验算，确认结构安全。

3）链葫芦外壳应有额定吨位标识，严禁超载。当气温在-10℃以下时，不得超过额定重量的一半。

安全技术交底记录		编号	×××
			共×页第×页
工程名称	××市政基础设施工程××标段		
施工单位	××市政建设集团		
交底提要	顶管施工安全技术交底	交底日期	××年××月××日

4）拉动链条必须由一人均匀、慢速操作，并与链盘方向一致，不得斜拉猛拽；严禁人员站在倒链正下方操作。

5）使用前应检查吊架、吊钩、链条、轮轴、链盘等部件，发现锈蚀、裂纹、损伤、变形、传动不灵活等，严禁使用。

6）起重时应先慢拉牵引链条，待起重链承力后，应检查齿轮啮合和自锁装置的工作状态，确认正常后方可继续吊装作业。

7）作业中应经常检查棘爪、棘爪弹簧和齿轮的技术状态，不符合要求应立即更换，防止制动失灵。齿轮应经常润滑保养。

8）倒链使用完毕应清洗干净，润滑保养后入库保管。

9）中继顶压站的千斤顶必须安装牢固，油泵压力表安装前必须经具有资质的检测单位标定，并形成文件。

10）中继顶压站顶进设备出现故障或检修时，必须在断电、卸压后进行，严禁带电、带压作业。

11）多级中继顶压站作业时，前中继顶压站一个循环顶进完成，并卸压处于自由回程状态时，后中继顶压站方可开始顶进，其一个循环顶进长度，不得大于前中继顶压站千斤顶的行程。

12）中继顶压站开始顶进时，其千斤顶应与前后管道端部处于紧密顶接状态；工作坑中的千斤顶应与管道端部处于紧密顶接状态。

13）当顶进段中设一个中继顶压站时，中继顶压站一个循环顶进完成，并卸压处于自由回程状态时，工作坑顶进设备方可开始顶进，其一个循环顶进的长度，不得大于中继顶压站千斤顶的行程。

14）中继顶压站宜设独立的液压系统和电气系统，当与工作坑顶进设备的液压系统和电气系统并用，并集中控制时，中继顶压站应设手动控制装置。

15）拆除中继顶压站作业应设经验丰富的技工指挥；拆除设备前，必须断电、卸压；当管径大于 1600mm 时，应支搭作业平台；拆除千斤顶和导向壳体的配件，应自上而下进行；拆除中继顶压站壳体应符合下列要求：

①拆除壳体必须按施工设计规定的程序进行。

②拆除壳体和空挡推拢，宜控制在 3h 以内完成。

③拆除前，必须向全体作业人员进行安全技术交底，并形成文件。

④当土壤松软或拆除壳体和空挡推拢不能在3h内完成时，必须采取临时支护空挡的措施。

<table>
<tr><td colspan="2" rowspan="2">安全技术交底记录</td><td rowspan="2">编号</td><td>×××</td></tr>
<tr><td>共×页第×页</td></tr>
<tr><td>工程名称</td><td colspan="3">××市政基础设施工程××标段</td></tr>
<tr><td>施工单位</td><td colspan="3">××市政建设集团</td></tr>
<tr><td>交底提要</td><td>顶管施工安全技术交底</td><td>交底日期</td><td>××年××月××日</td></tr>
<tr><td colspan="4">⑤采用千斤顶推顶方法拆除壳体时，必须设牢固的后背；采用倒链牵引方法拆除时，必须设牢固的锚固点。
5.触变泥浆
（1）注浆压力不得超过控制压力值。
（2）泥浆池周围应设护栏和安全标志。
（3）注浆过程中出现故障，必须在停机、断电、卸压后处理。
（4）注浆作业中应及时清理遗洒浆液，作业后的余浆应妥善处置。
（5）补浆顺序应保持向顶进方向逐个进行，不得与顶进方向相反。
（6）顶进过程中，应设专人观察注浆压力表，当表值低于规定压力时，应进行补浆。
（7）注浆前，应检查泥浆搅拌设备、空气压缩机、注浆泵、压力表、安全阀和管路等状况，确认完好、有效。
（8）注浆施工应具备下列条件：
1）控制压力值已确定。
2）压力表已经检测单位检测、标定。
3）封门洞口与管道之间的缝隙已密封。
4）经检查，确认机械设备完好，输浆管接口严密，防护装置齐全有效。</td></tr>
</table>

审核人	交底人	接受交底人
×××	×××	×××、×××……

8.6 盾构掘进工程

安全技术交底记录		编号	×××
			共×页第×页
工程名称	××市政基础设施工程××标段		
施工单位	××市政建设集团		
交底提要	盾构掘进施工安全技术交底	交底日期	××年××月××日

交底内容：

1.一般要求

（1）采用敞开式盾构掘进，土层中有水时，必须采取降水等控制措施。

（2）设备的电气接线与拆卸必须由电工操作，使用前应由电工检查，确认合格。

（3）穿越铁路、轨道交通、房屋等建（构）筑物时，应采取防护措施，并经管理单位同意方可施工。

（4）盾构掘进施工宜使用盾构机，施工前应根据工程与水文地质情况、设备供应情况，选择适宜的盾构机械类型。

（5）盾构施工中，渗漏、遗洒的液压油和各种浆液等应及时处理，保持作业环境清洁，且不得堵塞排污管道和污染地下水。

（6）盾构进出竖井前应对隧道洞口的土体进行加固，并完成封门施工；土体加固范围应根据地质条件和隧道埋深确定，且长度不得小于盾构长度，宽度不得小于盾构两侧外各2m。

（7）盾构及其部件在吊运中应加强保护，不得损坏和变形；盾构设备在现场总装调试合格并形成文件后，应试掘进 50m～100m，待确认正常后，方可正式投入使用；盾构在使用中应定期检查、维修和保养。

（8）盾构在保养和维修中严禁自行更换、改装原有配件，配件有损坏时应采用原生产企业提供的备用件或经设计部门、上级主管部门批准使用的加工件，盾构的保养和维修必须在完全停机，并采取安全技术措施情况下进行。

（9）施工过程中，必须按监控量测方案的规定，布设监测点，设专人对下列情况进行观察量测并记录，随时分析，确认正常：

1）成洞管片隆陷、裂缝和变形。

2）影响区内地面和地下管线等构筑物隆陷。

3）影响区内地上建筑物的隆陷、位移、裂缝、倾斜等。

2.设备与辅助装置

（1）始发竖井上起重设备宜采用门式起重机。

（2）后背结构的安装、拆除应采用始发竖井的起重设备进行。

安全技术交底记录		编号	××× 共×页第×页
工程名称	××市政基础设施工程××标段		
施工单位	××市政建设集团		
交底提要	盾构掘进施工安全技术交底	交底日期	××年××月××日

（3）盾构设备进入接收竖井并就位后，应立即关机、断电、卸压。

（4）后背结构应根据盾构最大顶力进行施工设计，经计算确定；后背结构应安装牢固、与竖井壁贴实，并与顶力轴线垂直，符合施工设计要求；拆除后背应符合下列要求：

1）拆除时，非作业人员严禁进入竖井。

2）拆除的设备和材料应及时运走或按指定地点码放整齐。

3）当成洞管片与周围土壤间的总摩擦力大于最大顶力后，方可拆除后背。

4）安装盾构设备前竖井支护结构和基座混凝土应达到设计强度；导轨安装应经验收，确认合格；安装盾构设备，应采用起重机进行；高处作业应支搭作业平台；安装盾构设备必须严格按设备使用说明书的规定进行。

（5）竖井内采用组装管片传递反力时，应符合下列要求：

1）组装管片端面应与隧道轴线垂直。

2）组装管片环向应圆顺，拴接应牢固。

3）组装管片应固定牢固，与后背之间应贴实。

4）位于提升口处的组装管片，应采取加强措施和防撞保护。

5）施工中应随时对管片进行检查，发现管片紧固螺栓有松动，应及时紧固；发现管片有错台、劈裂、掉角和其他损坏现象，应及时更换。

（6）安装、拆除传力柱应符合下列要求：

1）装拆传力柱时，竖井内不得进行其他作业。

2）传力柱轴线应在通过盾构轴线的铅垂面上。

3）传力柱之间应连接牢固，并应安设锁定装置。

4）传力柱与盾尾管片顶接处，应安设带有柔性衬垫的弧形顶块。

（7）基座和导轨施工应符合下列要求：

1）导轨应根据盾构质量选择相应的型号。

2）基座宜采用现浇钢筋混凝土结构，并与施工竖井底板连接牢固。

3）基座混凝土应达到设计强度的50%，且不得低于5MPa，方可安装导轨。

4）导轨应牢固地安装在基座上，并应安装直顺，与竖井侧壁之间应支撑牢固。

5）导轨端头与封门间应留有安装、调整密封装置的操作间隙，其间隙不宜小于50cm。

6）基座应根据盾构的质量、尺寸、导轨和施工荷载进行设计，其强度、刚度应满足盾构安装、施工、拆除和检修的要求。

（8）拆除盾构设备，应符合下列要求：

<table>
<tr><td colspan="2" rowspan="2">安全技术交底记录</td><td rowspan="2">编号</td><td>×××</td></tr>
<tr><td>共×页第×页</td></tr>
<tr><td>工程名称</td><td colspan="3">××市政基础设施工程××标段</td></tr>
<tr><td>施工单位</td><td colspan="3">××市政建设集团</td></tr>
<tr><td>交底提要</td><td>盾构掘进施工安全技术交底</td><td>交底日期</td><td>××年××月××日</td></tr>
<tr><td colspan="4">
1）拆除盾构设备应采用起重机进行。
2）设备拆除前必须先拆除其电气接线。
3）拆除的盾构设备，应及时运至指定地点码放整齐。
4）盾构设备具备拆除条件后，应及时拆除并撤出接收竖井。
3.掘进
（1）盾构掘进前应具备下列条件：
1）封门已按规定拆除。
2）已经对作业人员进行了安全技术交底，并形成文件。
3）掘进起始段已经完成土体加固，强度达到施工设计规定的要求。
4）影响区内地面、管线、建（构）筑物的监测点布设完毕，并明确了专人负责。
5）浆液配制和输送系统安装完毕，经检查、试运行、验收，确认合格并形成文件。
6）竖井运输系统安装完毕、盾构设备安装完毕、后背和传力柱安装完毕并与盾构连接紧密，经验收确认合格并形成文件。
（2）掘进过程中必须根据监控量测情况，及时调整施工方法，确认正常。
（3）从事盾构掘进施工的作业人员，必须经过安全技术培训，经考核合格方可上岗。
（4）拆除竖井封门应编制方案，规定拆除程序和相应的安全技术措施。封门宜采用静力法拆除。
（5）掘进过程中，应由专业技术人员担任施工现场指挥，根据掘进情况，及时、准确地向岗位发出操作指令。
（6）拆除始发竖井封门后，应及时将盾构切入土体，并将洞口与盾构之间的间隙密封；当盾构全部进入土体后，应及时调整密封装置，使洞口与管片环间的间隙密封。
（7）盾构掘进应连续作业，实行交接班制度，交接时应对盾构设备进行检查，确认合格并记录后，方可继续作业。
（8）盾构进入接收竖井前，接收竖井应按设计要求完成，结构强度应达到设计规定。
（9）盾构进入接收竖井土体加固段前，土体加固应完成，且其强度应达到施工设计的规定。
（10）盾构推进至接收竖井封门附近时应停止推进，拆除封门。拆除封门后，盾构应立即推进，尽快通过洞口，并及时将洞口与盾构之间的间隙密封。当盾构全部进入接收竖井后，应立即将洞口与管片环间的间隙密封。
（11）采用盾构机掘进应符合下列要求：
</td></tr>
</table>

<table>
<tr><td colspan="2" rowspan="2">安全技术交底记录</td><td rowspan="2">编号</td><td>×××</td></tr>
<tr><td>共×页第×页</td></tr>
<tr><td>工程名称</td><td colspan="3">××市政基础设施工程××标段</td></tr>
<tr><td>施工单位</td><td colspan="3">××市政建设集团</td></tr>
<tr><td>交底提要</td><td>盾构掘进施工安全技术交底</td><td>交底日期</td><td>××年××月××日</td></tr>
<tr><td colspan="4">1）每一循环进尺长度，应满足安装一环管片的要求。
2）盾构机操作工，必须按照机械使用说明书的规定程序操作。
3）使用泥水平衡盾构机时，应设泥水分离装置和排水设施，不得泥水漫流。
4）掘进过程中，应随时观察密封舱压力，并保持压力稳定，且不得大于控制压力。
5）掘进中应随时观测盾构机切削功率变化情况，并进行控制，保持切削功率稳定，且不得大于额定功率。
6）盾构机运行中，出现故障必须立即报告项目经理部主管领导研究处理。处理故障前必须编制方案，针对处理中可能出现的不安全状况采取相应的安全技术措施。方案应按施工组织设计管理规定的程序进行审批后，方可实施。
（12）掘进过程中出现下列情况之一时，必须立即停止掘进作业，经过分析，采取措施，确认安全后，方可恢复掘进作业：
1）开挖面发生严重塌方。
2）遇到障碍物无法掘进。
3）传力柱发生弯曲或扭曲。
4）后背变形、位移超过规定。
5）顶力骤然增大或超过控制顶力。
6）成洞管片出现裂缝或接口出现劈裂、错位。
7）成洞管片沉降值、沉降速率和变形大于设计规定。
8）盾构机的切削功率（或切削扭矩）和密封舱压力大于额定值。
9）影响区内地面、地下管线、建（构）筑物的沉降、倾斜度、结构裂缝和变形等量测数据有突变或超过限值。
（13）采用敞开式盾构掘进应符合下列要求：
1）敞开式盾构严禁带水掘进。
2）掘进过程中，顶力不得大于控制值。
3）掘进过程中，人员必须在盾构壳内作业。
4）用管片衬砌时，每一循环进尺，应满足安装一环管片的要求。
5）在盾构刃脚切入土体后方可掘进，掘进中刃脚应始终保持切入土体内。
6）当使用设有格孔装置和正面支撑的盾构时，施工组织设计中应规定挖掘程序。
7）在不稳定的围岩中因故中断掘进时，应根据围岩状况对开挖面采取临时支护或封堵措施。</td></tr>
</table>

<table>
<tr><td colspan="2" rowspan="2">安全技术交底记录</td><td rowspan="2">编号</td><td>×××</td></tr>
<tr><td>共×页第×页</td></tr>
<tr><td>工程名称</td><td colspan="3">××市政基础设施工程××标段</td></tr>
<tr><td>施工单位</td><td colspan="3">××市政建设集团</td></tr>
<tr><td>交底提要</td><td>盾构掘进施工安全技术交底</td><td>交底日期</td><td>××年××月××日</td></tr>
<tr><td colspan="4">4.隧道衬砌
（1）衬砌与周边土壤间的缝隙，应及时注浆填充。每次注浆自盾尾起不得超过5环管片，且不得大于5m。当地面或衬砌的沉降值仍有增大趋势时，应及时二次补浆。
（2）采用管片作隧道衬砌应符合下列要求：
1）管片达到设计强度时，方可吊运和拼装。
2）管片连接螺栓必须使用设计规定扭矩的扳手紧固。
3）安装管片时，应按照安装顺序，将盾构相应千斤顶收缩，但不得全部收回。
4）安装管片时，应先安装底部管片，然后左右两侧交替拼装，最后插入锁合块。
5）安装管片前，应逐块检查防水密封条的状况，确认合格；安装时不得损坏密封条。
6）吊运、堆放管片应将内弧面朝上，堆放不得超过四层；吊运应使用专用工具或吊具。
7）施工过程中应随时检查盾尾外20环范围以内的成洞管片状况，发现螺栓松动，必须及时紧固；遇有渗漏必须及时进行嵌缝防水处理。
8）管片宜使用拼装机安装，管片拼装机应设防止管片滑落的安全装置；拼装管片前，应对拼装机性能和完好情况进行检查，经试运行，确认安全；安装管片时，拼装机回转范围内不得有人，插装螺栓时，手应避离孔眼。
9）人工安装管片时，管片分块尺寸和质量应满足人工安装的安全要求；托举、插装顶部锁合块时，应待锁合块插牢后，方可松手；搬运管片应使用专用工具；安装管片时，手指不得伸入管片拼接缝内；采用千斤顶安装锁合块时，应待锁合块调平后，方可顶进。</td></tr>
</table>

审核人	交底人	接受交底人
×××	×××	×××、×××……

8.7 隧道喷锚暗挖工程

8.7.1 隧道喷锚暗挖施工通用安全技术交底

<table>
<tr><td colspan="2" rowspan="2">安全技术交底记录</td><td rowspan="2">编号</td><td>×××</td></tr>
<tr><td>共×页第×页</td></tr>
<tr><td>工程名称</td><td colspan="3">××市政基础设施工程××标段</td></tr>
<tr><td>施工单位</td><td colspan="3">××市政建设集团</td></tr>
<tr><td>交底提要</td><td>隧道喷锚暗挖施工通用安全技术交底</td><td>交底日期</td><td>××年××月××日</td></tr>
</table>

交底内容：

1.施工前，必须按施工组织设计中的抢险预案备齐应急物资，并建立抢险专业队伍。

2.施工中必须按监控量测方案要求布设监测点，设专人进行观察量测，确认正常；发现异常，应及时处理。

3.隧道穿越或靠近房屋、铁路、轨道交通、道路、公路、地下管线等建（构）筑物时，应采取防护措施，并经有关管理单位同意方可施工。

4.有地下水时必须采取降排水等控制措施。降水应使地下水位保持在基底以下0.5m，且开挖面水疏干后方可施工；施工中严禁中断降水。

5.在自稳能力较差的围岩中施工时，应遵循防塌、防位移超限的“十八字方针”，即“管超前、严注浆、短开挖、强支护、快封闭、勤量测”的原则。

6.施工中应严格按照设计文件规定的断面尺寸和结构要求进行作业；遇水文、地质、环境等情况变化，需修改设计时，应对开挖面采取临时支护措施，并按程序变更设计。

7.在施工组织设计中，应根据工程地质、覆盖层厚度、结构断面、地面环境等确定开挖方法与程序、支护方法与程序、监控量测方案、局部不良地质情况的处理预案和相应的安全技术措施等。

8.喷锚暗挖施工，开挖后应及时施工初期支护结构，并尽快闭合；当围岩自稳时间不能满足初期支护结构施工要求时，必须采取超前支护或注浆加固围岩的措施。

9.施工前应对各岗位作业人员、机具、物资和作业环境进行检查，确认安全；施工中应按工序，结合环境状况进行安全技术检查，确认安全；作业班组应进行交接班检查，确认安全；检查中发现安全隐患，必须立即纠正，并确认安全，形成文件。

审核人	交底人	接受交底人
×××	×××	×××、×××……

8.7.2 掘进施工安全技术交底

安全技术交底记录		编号	×××
			共×页第×页
工程名称	××市政基础设施工程××标段		
施工单位	××市政建设集团		
交底提要	掘进施工安全技术交底	交底日期	××年××月××日

交底内容：

1.隧道的变断面、两隧道交叉等处开挖时应采取加强措施。

2.大型机械化作业或断面较小的稳定围岩中施工时，宜采用全断面法开挖。

3.两条平行隧道（含导洞）相距小于 1 倍洞跨时，其开挖面前后错开距离不得小于 15m。

4.隧道掘进应连续作业，因故停止掘进时，对不稳定的围岩应采取临时封堵或支护措施。

5.在不稳定的围岩中人工开挖时，开挖面以外的围岩裸露部分宜用喷射混凝土或其他方式做临时支护。

6.同一隧道内相对开挖（非爆破方法）的两开挖面距离为 2 倍洞跨且不小于 10m 时，一端应停止掘进，并保持开挖面稳定。

7.隧道掘进时，应设专人监视围岩稳定情况，发现局部坍塌，应及时采取支护措施；严重塌方时，必须立即停止作业，人员和机具必须撤离到安全地段，待塌方处理完毕，经检查确认安全后，方可恢复施工。

8.隧道支护结构应根据围岩的性能、施工方法和机械确定。隧道开挖循环进尺应满足支护设计要求，在稳定围岩中宜为 3m～5m；中等稳定围岩中宜为 1.2m～3m；不稳定围岩中宜为 0.5m～1.2m。

9.隧道掘进前应具备下列条件：

（1）排险物资到场，并有足够的储备。

（2）支护材料齐备，能满足进度要求。

（3）对作业人员已完成安全技术交底，并形成文件。

（4）需要加固的围岩已完成加固，其强度已达到设计要求。

（5）施工机具和通风、供电、供水、压缩空气等系统设备齐全、完好。

（6）影响区内地面、管线、建（构）筑物的监测点布设完毕，并明确了专人负责。

10.中、小型机具作业的中等稳定围岩中施工时，宜采取台阶法开挖，并应符合下列要求：

（1）短台阶法开挖适用于较差的围岩，上台阶长度宜为 1～1.5 倍洞跨。

（2）长台阶法开挖适用于较好的围岩，上台阶长度宜大于 5 倍洞跨以上。

（3）超短台阶法开挖适用于机械化作业程度不高的较差围岩，上台阶长度宜小于 1 倍洞跨，特殊情况可为 3m～5m。

<table>
<tr><td colspan="2" rowspan="2">安全技术交底记录</td><td rowspan="2">编号</td><td>×××</td></tr>
<tr><td>共×页第×页</td></tr>
<tr><td>工程名称</td><td colspan="3">××市政基础设施工程××标段</td></tr>
<tr><td>施工单位</td><td colspan="3">××市政建设集团</td></tr>
<tr><td>交底提要</td><td>掘进施工安全技术交底</td><td>交底日期</td><td>××年××月××日</td></tr>
</table>

（4）下部断面开挖应在上部初期支护基本稳定，且喷射混凝土达到设计强度的70%以上时进行，一次循环开挖长度应视围岩稳定状况而定，稳定岩体不得大于4m，土层和不稳定岩体不得大于2m；边墙应采用单侧或双侧交错开挖，不得使上部支护结构同时悬空；边墙挖至设计高程后，必须立即安装钢筋格栅架并喷射混凝土；仰拱应根据监控量测结果及时施作，封闭成环。

11.在不稳定的岩体中进行浅埋、大跨隧道施工时，宜采用环形留核心土法、分部开挖法和台阶法相结合的方法施工，并符合下列要求：

（1）单侧壁导洞法，先施工导洞，其长度宜为30m～50m，导洞跨度不宜大于0.5倍的洞跨。

（2）双侧壁导洞法，先施工导洞，其长度宜为30m～50m，导洞跨度不宜大于0.3倍的洞跨。施工时左右导洞前后错开距离不得小于15m。

（3）双侧壁及梁、柱导洞法，其导洞跨度不宜大于0.3倍洞跨，导洞断面尺寸应满足梁、柱施工安全的要求；施工时相邻导洞前后错开距离不得小于15m。

（4）双侧壁边桩导洞法，其导洞断面尺寸应满足边桩施工安全的要求。施工时应先完成边桩，再开挖上台阶，待完成拱部初期支护结构后，方可按逆筑法施工下台阶部分，至封底。

（5）双侧壁桩及梁、柱导洞法，其导洞断面尺寸应满足桩、梁、柱施工安全的要求；设计有底梁时，各小导洞施工步距不得小于15m，并增大量测频率，视情况采取相应的安全技术措施。

（6）环形留核心土法，应先开挖上台阶的环形拱部，并及时施工初期支护结构，再开挖核心土。循环进尺宜为0.5m～1.0m，核心土面积不得小于断面的1／2，核心土的边缘应设安全坡度。

（7）中隔壁法（CD法）：中壁两侧宜各分为两或三部，先施工中壁一侧，再施工另一侧；每部施工时，应及时施作仰拱，封闭成环；每部开挖高度宜为3.5m，左右两侧纵向施工间距宜为30m～50m，开挖与钢架安装、锚喷工序应紧跟，量测应及时。

（8）交叉中隔壁法（CRD法）：中壁两侧宜各分为两或三部，先施工中壁一侧的一或两部，再施工另一侧的一或两部，然后交错施工其余部分。各部施工时，应及时施工其底部临时仰拱，封闭成环，减少地面下沉和围岩位移。每部开挖高度宜为3.5m，左右两侧纵向施工间距宜为30m～50m。开挖与钢架安装、锚喷工序应紧跟，量测应及时。

12.使用凿岩机钻孔应符合下列要求：

安全技术交底记录		编号	×××
			共×页第×页
工程名称	××市政基础设施工程××标段		
施工单位	××市政建设集团		
交底提要	掘进施工安全技术交底	交底日期	××年××月××日

（1）作业面应有足够照明。

（2）钻孔作业时应加通风，并采取湿式作业。

（3）开钻前应检查作业面，确认无松动石块、遗留瞎炮，并将场地清理平整、干净。

（4）作业时应根据围岩稳定状况和施工要求采取设置边坡、顶撑或支护等安全措施。

13.掘进中处理塌方应符合下列要求：

（1）有水流浸入地段，必须切断水源，并采取疏导和排降水措施。

（2）遇塌方时必须先按预案采取防止继续坍塌的措施，并迅速完成临时支护。

（3）抢险中必须设专人对塌方范围及其附近的地面、隧道结构进行严密监测，发现险情，必须将人员立即撤至安全地区。

（4）隧道塌方危及地面上交通和建（构）筑物安全时，在相应地面上必须划定险区范围，设围挡或护栏和安全标志，阴暗时和夜间须加设警示灯，严禁社会车辆和人员进入，必要时应设人值守。

（5）排险后，应在观测塌方范围、形状、地质、水文情况的基础上，制定处理方案，处理中应采取减少振动的措施；处理中必须先清理出安全通道，并保持畅通；先对与塌方段相接的隧道施作临时加固支护结构；处理完成后，应经检查、验收，确认合格，并形成文件；抢险和处理塌方应由专人指挥，安排技术熟练的工人作业；处理后的塌方段，应加强量测并记录，随时进行分析，确认安全；当塌方范围得到有效控制后，应边清碴、边置换临时支护和变形支护为正式支护。

14.爆破施工应符合下列要求：

（1）爆破作业人员不得穿戴产生静电的衣物。

（2）施工前必须对爆破器材进行检查、试用，确认合格并记录。

（3）隧道内遇有流沙、泥流未经妥善处理，或有可能出现大量溶洞涌水时，严禁爆破。

（4）爆破施工必须由具有相应爆破施工资质的企业承担，由经过爆破专业培训、具有爆破作业上岗资格的人员操作。

（5）爆破前必须根据设计规定的警戒范围，在边界设明显的安全标志，并派专人警戒。警戒人员必须按规定的地点坚守岗位。

（6）爆破前应根据爆破规模和环境状况建立爆破指挥系统，明确人员分工及其职责，进行充分的爆破准备工作，检查落实，确认合格，并记录。

（7）施工前，应由具有相应爆破设计资质的企业进行爆破设计，编制爆破设计书或爆破说明书，并制定专项施工方案，规定相应的安全技术措施，经市、区政府主管部门批准，方可实施。

<table>
<tr><td colspan="2" rowspan="2">安全技术交底记录</td><td rowspan="2">编号</td><td>×××</td></tr>
<tr><td>共×页第×页</td></tr>
<tr><td>工程名称</td><td colspan="3">××市政基础设施工程××标段</td></tr>
<tr><td>施工单位</td><td colspan="3">××市政建设集团</td></tr>
<tr><td>交底提要</td><td>掘进施工安全技术交底</td><td>交底日期</td><td>××年××月××日</td></tr>
<tr><td colspan="4">（8）两开挖面接近贯通时，应加强联系，统一指挥。两开挖面距离为 8 倍循环进尺，且不小于 15m 时，应停止一端工作，人员和机械均应撤至安全地区，并在安全距离处设安全标志。
（9）爆破后必须充分通风排烟，保持作业场所通风良好，经过设计规定的安全等待时间，且不得少于 15min 后，检查人员方可进入爆破区，经检查确认无“盲炮”、残余炸药和雷管，工作面无松动石块，支护无损坏、变形后，方可解除警戒。
（10）隧道内爆破时，所有人员必须撤离，撤离的安全距离不得小于以下要求：
1）独头巷道 200m。
2）相邻上下坑道 100m。
3）相邻坑道、横通道和横洞间 50m。
4）大跨（6m 以上）隧道的全断面开挖时 500m。
5）大跨（6m 以上）隧道的上半断面开挖时 400m。
15.使用小型挖掘、装载机械作业应符合下列要求：
（1）作业时应设专人指挥。
（2）作业区的地面应随时保持平整。
（3）机械移动、回转范围内严禁有人。
（4）不得装载超过铲斗容积的大块岩石。
（5）使用柴油机械应设净化装置，汽油机械严禁进洞。
（6）机械启动前应观察周围环境，确认安全，并鸣笛示警。
（7）使用电动机械应设专人收放电缆，严禁机械、车辆碾压电缆。
（8）施工中临时修理机械前，必须关机断电，制动车轮并挡掩牢固。</td></tr>
</table>

审核人	交底人	接受交底人
×××	×××	×××、×××……

8.7.3 喷射混凝土初期支护

<table>
<tr><td colspan="2" rowspan="2">安全技术交底记录</td><td rowspan="2">编号</td><td>×××</td></tr>
<tr><td>共×页第×页</td></tr>
<tr><td>工程名称</td><td colspan="3">××市政基础设施工程××标段</td></tr>
<tr><td>施工单位</td><td colspan="3">××市政建设集团</td></tr>
<tr><td>交底提要</td><td>喷射混凝土初期支护</td><td>交底日期</td><td>××年××月××日</td></tr>
<tr><td colspan="4">交底内容：
1.隧道在稳定岩体中可先开挖后支护，支护结构距开挖面不宜大于 10m；在不稳定岩体中，支护必须紧跟开挖土方工序。
2.安装钢筋格栅拱架应遵守下列规定：
（1）运抬钢筋格栅拱架时，应互相呼应、行动一致。
（2）使用车辆运输时，应将钢筋格栅拱架绑扎牢固，运输道路应平整、无障碍物。
（3）钢筋格栅拱架就位后，必须支撑稳固，及时按设计要求焊（栓）连接成稳定整体。在软弱围岩地段，拱脚、边墙、立柱底部必须垫实，必要时应加底梁支承。
（4）安装钢筋格栅拱架时，应设专人监护围岩的稳定状况，确认安全。
（5）高处作业，应符合规定。
3.隧道初期支护应预埋注浆管，结构完成后，应及时进行填充注浆。填充注浆滞后开挖面距离不得大于 5m。</td></tr>
</table>

审核人	交底人	接受交底人
×××	×××	×××、×××……

8.7.4 超前导管与管棚施工安全技术交底

<table>
<tr><td colspan="2" rowspan="2">安全技术交底记录</td><td rowspan="2">编号</td><td>×××</td></tr>
<tr><td>共×页第×页</td></tr>
<tr><td>工程名称</td><td colspan="3">××市政基础设施工程××标段</td></tr>
<tr><td>施工单位</td><td colspan="3">××市政建设集团</td></tr>
<tr><td>交底提要</td><td>超前导管与管棚施工安全技术交底</td><td>交底日期</td><td>××年××月××日</td></tr>
</table>

交底内容：

1.钻孔机运行中，严禁人员触摸钻杆和机械传动部分。

2.作业前，现场应划定作业区，非作业人员禁止入内。

3.管材规格、材质和加工应符合设计或施工设计的要求。

4.机械在原状土或碴堆上作业，土台或碴堆应平整、稳固。

5.钻孔和注浆作业中，应设专人观察作业面稳定状况，确认安全。

6.使用多台凿岩机在同一作业面作业时，应保持1.5m以上的安全操作距离。

7.使用凿岩机冲顶安设钢管时，应先钻引孔，待钢管安设稳定后，方可冲顶。

8.钻孔中遇到障碍，必须停止钻进作业，待采取措施，并确认安全后，方可继续钻进，严禁强行钻进。

9.围岩自稳时间小于完成支护时间的地段，应根据地质条件、开挖方式、进度要求、使用机械情况，对围岩采取锚杆或小导管超前支护、小导管周边注浆等安全技术措施；当围岩整体稳定难以控制时或上部有特殊要求可采用管棚支护。

10.高处作业必须支设作业平台，并应符合下列要求：

（1）作业中应随时检查，确认安全。

（2）脚手架应置于坚实的地基上，搭设稳固。

（3）平台临边必须设防护栏杆；上下平台应设供作业人员使用的安全梯。

（4）脚手架的宽度应满足施工安全的要求，在宽度范围内应满铺脚手板，并稳固。

审核人	交底人	接受交底人
×××	×××	×××、×××……

8.7.5 结构防水层施工安全技术交底

<table>
<tr><td colspan="2" rowspan="2">安全技术交底记录</td><td rowspan="2">编号</td><td>×××</td></tr>
<tr><td>共×页第×页</td></tr>
<tr><td>工程名称</td><td colspan="3">××市政基础设施工程××标段</td></tr>
<tr><td>施工单位</td><td colspan="3">××市政建设集团</td></tr>
<tr><td>交底提要</td><td>结构防水层施工安全技术交底</td><td>交底日期</td><td>××年××月××日</td></tr>
</table>

交底内容：

1.作业人员应根据所用机具、材料和环境情况，按规定佩戴防护用品，禁止裸露身体作业。

2.防水层应在初期支护结构基本稳定，基面坚实、平顺、无露筋、无漏水情况下，经隐检合格，并形成文件后方可施作。

3.作业高度超过1.5m，必须支搭作业平台；脚手架应置于坚实的地基上，搭设稳固；脚手架的宽度应满足施工安全的要求，在宽度范围内应满铺脚手板，并稳固；平台临边必须设防护栏杆；上下平台应设供作业人员使用的安全梯；作业中应随时检查，确认安全。

4.防水材料应符合环保要求。施工前应学习材料使用说明书，了解材料技术性能。

5.作业现场严禁烟火，当需用明火时，必须严格遵守用火管理的规定。用火前必须履行申报手续，经消防管理人员检查核实，确认消防安全措施落实，并签发用火证后，方可明火作业。作业中必须由消防人员跟踪检查、监控，确认安全；作业后，必须熄火。

6.施工现场应有通风排气设备，现场有害气体、粉尘浓度应符合下表7-2-1的要求：

7.防水层的原材料，应分门别类贮存在通风且温度符合规定的库房内，严禁将易燃、易爆和相互接触后能引起燃烧、爆炸的材料混放在一起。库房应严禁烟火，并应按消防部门的规定配备消防器材。

8.作业中遗洒和剩余的废渣、边角料与清洗器具的残渣、废液，应及时清理，妥善处置，不得随意丢弃、掩埋或焚烧。

9.高分子类卷材防水施工应符合下列要求：

（1）热合机、手持熔接器等机具的电气接线和拆卸应由电工操作。

（2）热合机、手持熔接器等操作手，应经安全技术培训，考核合格方可上岗。

（3）粘接机具设备应完好，防护装置应齐全有效。作业前应进行检查，经试运行，确认合格。

（4）熔接器应设专人管理；使用前，应对熔接器进行检查，经试运行，确认合格；熔接器的热风口不得对向人。

（5）射钉枪应设专人管理；作业时，应将射钉枪垂直压紧在工作面上；枪口不得对向人；严禁用手掌推压钉管；更换零件或断开射钉枪之前，射枪内不得装有射钉弹。

10.高分子类涂料防水施工应符合下列要求：

<table>
<tr><td colspan="2" rowspan="2">安全技术交底记录</td><td rowspan="2">编号</td><td>×××</td></tr>
<tr><td>共×页第×页</td></tr>
<tr><td>工程名称</td><td colspan="3">××市政基础设施工程××标段</td></tr>
<tr><td>施工单位</td><td colspan="3">××市政建设集团</td></tr>
<tr><td>交底提要</td><td>结构防水层施工安全技术交底</td><td>交底日期</td><td>××年××月××日</td></tr>
<tr><td colspan="4">（1）现场应划定作业区，非作业人员禁止入内。
（2）材料配制、涂刷或喷涂时，作业人员应在上风向操作。
（3）喷涂机等操作工，应经安全技术培训，考核合格方可上岗。
（4）作业中高压软管不得在地面或尖锐物体上摩擦，严禁车辆碾压。
（5）机械设备出现故障和管路发生堵塞，必须停机卸压后，方可检修和处理。
（6）喷涂机、空气压缩机、管路及其接头应完好，防护装置应齐全有效，安装应牢固。作业前应进行检查、试运行，确认合格。
（7）喷涂机运行时，严禁将喷头对向人和设备；喷涂间隙应随手关闭喷枪开关，当停歇时间较长时，应停机卸压，将喷嘴部位放入溶剂内。</td></tr>
</table>

审核人	交底人	接受交底人
×××	×××	×××、×××……

8.7.6 现浇混凝土二次衬砌施工安全技术交底

<table>
<tr><td colspan="2" rowspan="2">安全技术交底记录</td><td rowspan="2">编号</td><td>×××</td></tr>
<tr><td>共×页第×页</td></tr>
<tr><td>工程名称</td><td colspan="3">××市政基础设施工程××标段</td></tr>
<tr><td>施工单位</td><td colspan="3">××市政建设集团</td></tr>
<tr><td>交底提要</td><td>现浇混凝土二次衬砌施工安全技术交底</td><td>交底日期</td><td>××年××月××日</td></tr>
<tr><td colspan="4">交底内容：
1.混凝土施工应符合下列要求：
（1）浇筑侧墙和拱部混凝土应自两侧拱脚开始，对称进行。
（2）隧道中有爆破作业，模板台车浇筑混凝土时，台车距爆破处不得小于 260m。
（3）隧道外运输混凝土，应先踏勘运输道路，确认道路平整、坚实；沿线通过的地下构筑物具有足够的承载力，能满足车辆运输安全的要求；沿线穿越桥涵、架空线的净空满足车辆通行的安全要求；遇电力架空线时，其净高应符合施工现场安全用电具体要求。
（4）混凝土运输车辆进入现场后，应设专人指挥；指挥人员必须站位于车辆侧面；卸料时，车辆轮胎应挡掩牢固。
（5）使用手推车运输混凝土，运输道路应坚实、平坦；车辆应设挡板；卸料时车轮应挡掩牢固，严禁撒把。
（6）浇筑侧墙和拱部混凝土时，每仓端部和浇筑口封堵模板必须安装牢固，不得漏浆；作业中应配备模板工监护模板，发现位移或变形，必须立即停止浇筑，经修理、加固，确认安全后，方可恢复作业。
（7）混凝土覆盖养护应使用阻燃性材料；用后应及时清理、集中堆放到指定地点，废弃物应及时妥善处置。
（8）混凝土浇筑宜采用压力密实混凝土；加压时，严禁施工人员进入混凝土浇筑区；模板设计，应考虑压力密实混凝土所产生的附加压力；加压时，应缓慢升压，且不得大于施工设计规定的控制压力。
（9）使用插入式混凝土振捣器振实混凝土时，电力缆线的引接与拆卸必须由电工操作，并符合本规程第 4 章的有关要求；振捣器应设专人操作，操作前应进行安全技术培训，考核合格；作业中，振动器操作人员应保护缆线完好，发现漏电征兆，必须停止作业，交电工处理。
2.现场宜采用预拌混凝土，如现场设搅拌站拌制混凝土，现场混凝土搅拌站搭设应符合下列要求：
（1）现场应设废水预处理设施。
（2）搅拌站不得搭设在电力架空线路下方。
（3）搅拌机等机械旁应设置机械操作程序牌。
（4）搅拌站应按消防部门的规定配置消防设施。</td></tr>
</table>

安全技术交底记录		编号	××× 共×页第×页
工程名称	××市政基础设施工程××标段		
施工单位	××市政建设集团		
交底提要	现浇混凝土二次衬砌施工安全技术交底	交底日期	××年××月××日

（5）搅拌站的作业平台应坚固、安装稳固并置于坚实的地基上。

（6）搅拌机等机电设备应设工作棚，棚应具有防雨（雪）、防风功能。

（7）搅拌站搭设完成，应经检查、验收，确认合格，并形成文件后，方可使用。

（8）搅拌机、输送装置等应完好，防护装置应齐全有效，电气接线应符合施工现场安全用电具体要求。

（9）现场混凝土搅拌站应单独设置，具有良好的供电、供水、排水、通风等条件与环保措施，周围应设围挡。

（10）现场应按施工组织设计的规定布置混凝土搅拌机、各种料仓和原材料输送、计量装置，并形成运输、消防通道。

（11）施工前应对搅拌站进行施工设计；平台、支架、储料仓的强度、刚度、稳定性应满足搅拌站在拌和水泥混凝土过程中荷载的要求。

3.钢筋施工应符合下列要求：

（1）钢筋的规格型号应符合设计规定，需要修改设计时，应办理变更设计手续。

（2）使用车辆运输钢筋，现场应设专人指挥。指挥人员必须位于车辆侧面。

（3）绑扎钢筋中，钢筋骨架呈不稳定状态时，必须设临时支撑架。支撑架必须安设稳固，必要时应经验算确认安全。钢筋骨架未形成整体且稳定前，严禁拆除临时支撑架。

（4）加工钢筋和骨架应在隧道外进行，照明灯具，应安设防护网罩；各种机械、设备，应由专人管理；加工中人员不得触摸机械传动部位；加工前应检查加工机械，经试运行确认合格；加工中机械出现故障，必须在停机、断电后修理；加工操作台上不得堆放工具和余料。操作台上应保持清洁，铁屑、铁锈和废料头等应及时清除或回收。

（5）人工搬运钢筋时，作业人员应前后呼应，动作一致；上、下坡和拐弯时，作业人员应相互提醒；搬运过程中，应随时注意架空线路，确认环境安全；卸料应按指定地点堆放，并码放整齐，不得乱扔乱放；需在作业平台上码放钢筋时，必须按照作业平台的承重能力分散码放；上、下传递钢筋时作业人员站位必须安全，上、下方人员不得站在同一竖直位置上。

（6）钢筋焊接作业时，焊工必须经专业培训，持证上岗；电气接线、拆卸必须由电工负责；接地线、焊把线不得搭在电弧、炽热焊件附近和锋利的物体上；焊接前应进行现场条件下的焊接性能试验，确认合格，并形成文件；在潮湿地点施焊时，地面上应铺以干燥的绝缘材料，焊接操作工应站其上；作业人员应按规定佩戴防护镜、工作服、绝缘鞋、绝缘手套等劳动保护用品；施焊作业时，配合焊接的作业人员必须背向焊接处，并采取防止火花烫伤的措施；焊接作业现场周围 10m 范围内不得堆放易燃、易爆物品；不能满足时，必须采取安全防护措施；作业后，必须关机、切断电源、固锁电闸箱、清理场地、灭绝火种，待消除焊料余热后，方可离开现场；施焊前必须履行用火申报手续，经消防管理人员检查，确认消防措施落实并签发用火证；作业中应随时检查周围环境，确认安全。

安全技术交底记录		编号	×××
			共×页第×页
工程名称	××市政基础设施工程××标段		
施工单位	××市政建设集团		
交底提要	现浇混凝土二次衬砌施工安全技术交底	交底日期	××年××月××日

4.现场模板与钢筋加工场搭设应符合下列要求：

（1）各机械旁应设置机械操作程序牌。

（2）加工场不得设在电力架空线路下方。

（3）操作台应坚固、安装稳固并置于坚实的地基上。

（4）加工机具应设工作棚，工作棚应具有防雨（雪）、防风功能。

（5）含有木材等易燃物的模板加工场，必须设置严禁吸烟和防火标志。

（6）加工场必须配置有效的消防器材，不得存放油、脂和棉丝等易燃品。

（7）加工场搭设完成，应经检查、验收，确认合格并形成文件后，方可使用。

（8）加工机具应完好，防护装置应齐全有效，电气接线应符合施工现场用电安全要求。

（9）现场应按施工组织设计要求布置加工机具、料场与废料场，并形成运输、消防通道。

（10）加工场应单独设置，不得与材料库、生活区、办公区混合设置，场区周围应设围挡。

5.模板施工应符合下列要求：

（1）模板及其支撑体系应经施工设计，其强度、刚度、稳定性应满足各施工阶段荷载的要求，并应制定支设、移动、拆除作业的安全技术措施。

（2）模板制作应在隧道外进行，腐蚀、扭曲、开裂的钢、木材料不得使用；有疖疤的木料，不得在承重模板和支柱部位使用；模板加工的原材料、半成品等应按规格、品种分别码放整齐；操作台和作业场地的木屑、刨花、余料等，应随时清理，保持清洁，并妥善处置；使用旧木料，必须先拔掉木料中的钉子，清除木料表面的泥沙、水泥浆、混凝土等粘结物。

（3）模板安装前，钢筋工序应完成且稳固，经验收确认合格，并形成文件；安装前现场应划定作业区，非作业人员禁止入内；拱架支稳并确认牢固后，方可在拱架上安装模板；侧模立稳后，应及时固定；上下传递模板和配件时，站位必须安全，相互照应，模板应随安随传送，不得集中堆放在作业平台上，中途停歇，必须将活动部件固定牢固；移运大型模板，应由作业组长统一指挥；移运速度应缓慢、均匀，并应采取防倾覆措施；模板及其支撑体系支设完成后，应进行检查、验收，确认合格并形成文件后，方可浇筑混凝土。

（4）拆除模板应符合下列要求：下班前必须将松动模板固定牢固；拆除前现场应划定作业区，非作业人员禁止入内；拆模后，平面上等处危及人员安全的预留孔应采取封闭措施；组装模板宜整体拆除。拆除时应先确认模板吊装牢固后，方可作业；在高处拆除的模板，应随拆随用溜槽或绳索系下，禁止投掷和堆放在作业平台上；拆除模板应按施工设计规定的程序进行，不得采取硬撬、硬砸、拉（或推）倒方法拆除；混凝土结构拆模时间，不承重结构强度应达 2.5MPa；承重结构必须达设计强度的 70%以上；拆除的模板，应及时拆除连接件，并运到指定地点码放整齐、放置稳定。木模板应及时拔除钉子。

<table>
<tr><td colspan="2" rowspan="2">安全技术交底记录</td><td rowspan="2">编号</td><td>×××</td></tr>
<tr><td>共×页第×页</td></tr>
<tr><td>工程名称</td><td colspan="3">××市政基础设施工程××标段</td></tr>
<tr><td>施工单位</td><td colspan="3">××市政建设集团</td></tr>
<tr><td>交底提要</td><td>现浇混凝土二次衬砌施工安全技术交底</td><td>交底日期</td><td>××年××月××日</td></tr>
</table>

（5）使用模板台车和滑模时，导轨基础应坚实，导轨规格、材质、轨距和高程应符合施工设计规定，安装后，应经验收确认合格，并形成文件；操作人员必须经过安全技术培训，考核合格方可上岗；模板台车和滑模的安装与拆除应遵守设备使用说明书或施工设计的规定；安装后，应经试运行、验收，确认合格，并形成文件；台车、滑模运行和浇筑混凝土过程中，应设专人监护，严禁人员和车辆从下方穿过；台车、滑模就位后应及时制动；人员作业处应设作业平台、防护栏杆，上、下台车应走安全梯；台车、滑模两端必须安设安全标志和警示灯；台车、滑模应设专人维护，台车、滑模移动前，应对导轨进行检查、调整，确认符合要求；车上不得堆放料具，非操作人员不得上车；车就位后应立即切断驱动电源。

6.高处作业必须支设作业平台，脚手架应置于坚实的地基上，搭设稳固；脚手架的宽度应满足施工安全的要求，在宽度范围内应满铺脚手板，并稳固；平台临边必须设防护栏杆；上、下平台应设供作业人员使用的安全梯；作业中应随时检查，确认安全。

7.高处作业时，工具、配件应放在工具袋里，不得乱放；传送配件、材料、工具等不得抛扔。

审核人	交底人	接受交底人
×××	×××	×××、×××……

8.8 盖挖逆筑工程

安全技术交底记录		编号	×××
			共×页第×页
工程名称	××市政基础设施工程××标段		
施工单位	××市政建设集团		
交底提要	盖挖逆筑施工安全技术交底	交底日期	××年××月××日

交底内容：

1.一般要求

（1）施工过程中，严禁各种机械和运输车辆碰撞支承和支撑结构。

（2）施工过程中，临时交通便线应设专人维护管理，保持整洁、畅通。

（3）围护结构内的土方开挖过程中，围护墙体，出现渗漏水，应及时采取封堵措施。

（4）顶板结构完成、强度达到设计要求，且其防水层施工完成，应及时恢复路面或地面结构。

（5）有地下水时，围护结构内的土方开挖前应采取降排水等控制措施，保持地下水位稳定在施工部位 50cm 以下；施工过程中严禁中断降水。

（6）施工过程中应按监控量测方案的规定，布设监控点，并设专人按方案规定进行观察量测并记录，确认符合要求；发现变形、位移等量测值超限时，必须及时与设计人员联系，书面如实反馈情况，研究处理，并暂停危险范围的作业。当设计人员允许继续作业并形成文件或隐患处理完毕并验收合格形成文件后，方可继续施工。

2.结构防水

（1）使用喷灯作业前，应清除作业场地周围的易燃物，并按消防部门规定配备消防器材；作业前必须履行用火申报手续，经消防管理人员检查，确认消防措施落实，并颁发用火证。

（2）沥青和沥青卷材防水施工宜采用冷作业方法，并应符合下列要求：

1）材料应存放在专用库房，严禁烟火并有醒目的安全标志和防火措施。

2）装卸溶剂（如苯、汽油）的容器必须配软垫，不得猛推猛撞。使用容器后其盖必须及时盖严。

3）患有皮肤病、眼病、刺激过敏者不得参加防水作业；施工中发生头晕、过敏等应停止作业。

4）操作人员应穿软底鞋并戴鞋盖、工作服并扎紧袖口、佩戴手套；涂刷处理剂和粘接剂时必须戴防毒口罩和护目镜。

3.主体结构施工

（1）混凝土振动器的电力缆线引接与拆卸，必须由电工操作，振动器应由专人操作，作业人员应经安全技术培训，考核合格；使用中应保护缆线等电气设施，发现缆线破损、漏电征兆，必须立即停止作业，由电工处理。

安全技术交底记录		编号	×××
			共×页第×页
工程名称	××市政基础设施工程××标段		
施工单位	××市政建设集团		
交底提要	盖挖逆筑施工安全技术交底	交底日期	××年××月××日

（2）进入桩孔内安装结构柱的定位装置时，应符合下列要求：

1）桩孔内必须设防护套管，管口应高于地面 50cm 以上。防护套管结构必须进行施工设计，经计算确定，其强度、刚度应符合各施工阶段的要求。

2）防护套管就位后，管口必须设盖，周围设护栏和安全标志，阴暗时和夜间设警示灯。

3）防护套管应设专人管理，严禁非作业人员进入。

4）防护套管口必须设专人监护，监护人严禁离开管口；向管内传送工具应用绳索、吊篮系下，严禁抛扔；作业时，应先清除管内泥水、杂物；作业人员必须按规定佩戴防护用品，系安全绳；作业过程中必须保持正常送风，并用检测仪器跟踪检测，确认合格，并记录；上、下防护套管必须使用具有防坠保护装置的吊篮，吊篮上部必须设保护伞。

（3）现场宜采用预拌混凝土，现场混凝土搅拌站搭设应符合下列要求：

1）现场应设废水预处理设施。

2）搅拌站不得搭设在电力架空线路下方。

3）搅拌机等机械旁应设置机械操作程序牌。

4）搅拌站应按消防部门的规定配置消防设施。

5）搅拌站的作业平台应坚固、安装稳固并置于坚实的地基上。

6）搅拌机等机电设备应设工作棚，工作棚应具有防雨（雪）、防风功能。

7）搅拌站搭设完成，应经检查、验收，确认合格，并形成文件后，方可使用。

8）搅拌机、输送装置等应完好，防护装置应齐全有效，电气接线应符合安全用电相关要求。

9）现场混凝土搅拌站应单独设置，具有良好的供电、供水、排水、通风等条件与环保措施，周围应设围挡。

10）现场应按施工组织设计的规定布置混凝土搅拌机、各种料仓和原材料输送、计量装置，并形成运输、消防通道。

11）施工前应对搅拌站进行施工设计，平台、支架、储料仓的强度、刚度、稳定性应满足搅拌站在拌和水泥混凝土过程中荷载的要求。

（4）顶板结构采用混凝土模或砖模时应符合下列要求：

1）向底模上运送钢筋应轻卸、轻放，严禁抛掷。

2）隔离层强度达到要求后方可进行钢筋工序作业。

3）模板上应设坚固的隔离层。隔离层应具有速凝、坚固、耐磨和与结构混凝土不易粘接的特性。

<table>
<tr><td colspan="2" rowspan="2">安全技术交底记录</td><td rowspan="2">编号</td><td>×××</td></tr>
<tr><td>共×页第×页</td></tr>
<tr><td>工程名称</td><td colspan="3">××市政基础设施工程××标段</td></tr>
<tr><td>施工单位</td><td colspan="3">××市政建设集团</td></tr>
<tr><td>交底提要</td><td>盖挖逆筑施工安全技术交底</td><td>交底日期</td><td>××年××月××日</td></tr>
</table>

（5）顶板混凝土施工应符合下列要求：

1）浇筑现场应划定作业区，非施工人员不得入内。

2）混凝土运输车辆进场后应设专人指挥，指挥人员必须站位于车辆侧面。

3）混凝土覆盖养护应使用阻燃性材料，用后应及时清理出场到指定地点。

4）需支搭脚手架运送混凝土时，脚手架支搭应符合脚手架安全技术交底具体要求，支搭完成后，应经验收，确认合格，并形成文件。

5）运输车辆卸料时，车辆与基坑的距离应依土质、坑深而定，且不得小于1.5m，车轮应挡掩牢固。

6）现场及其附近有电力架空线路，采用混凝土泵车或起重机输送混凝土时，现场应设专人监护，确认泵车布料杆或起重机臂杆与电力架空线路的距离符合表4-1-3的要求。

（6）结构柱的基础为混凝土灌注桩时，结构柱应采取定位装置定位，确保其位置、垂直度满足设计要求。

（7）混凝土运输前应踏勘运输道路，混凝土施工应符合下列要求：

1）现场宜采用预拌混凝土。

2）浇筑侧墙和拱部混凝土应自两侧拱脚开始，对称进行。

3）隧道中有爆破作业，模板台车浇筑混凝土时，台车距爆破处不得小于260m。

4）使用手推车运输混凝土，运输道路应坚实、平坦；车辆应设挡板；卸料时车轮应挡掩牢固，严禁撒把。

5）混凝土覆盖养护应使用阻燃性材料；用后应及时清理、集中堆放到指定地点，废弃物应及时妥善处置。

6）混凝土运输车辆进入现场后，应设专人指挥。指挥人员必须站位于车辆侧面。卸料时，车辆轮胎应挡掩牢固。

7）隧道外运输混凝土，应先踏勘运输道路，确认道路平整、坚实；沿线通过的地下构筑物具有足够的承载力，能满足车辆运输安全的要求；沿线穿越桥涵、架空线的净空满足车辆通行的安全要求；遇电力架空线时，其净高应符合安全具体要求。

8）混凝土浇筑宜采用压力密实混凝土。模板设计时，应考虑压力密实混凝土所产生的附加压力；加压时，应缓慢升压，且不得大于施工设计规定的控制压力；加压时，严禁施工人员进入混凝土浇筑区。

9）浇筑侧墙和拱部混凝土时，每仓端部和浇筑口封堵模板必须安装牢固，不得漏浆；作业中应配备模板工监护模板，发现位移或变形，必须立即停止浇筑，经修理、加固，确认安全后，方可恢复作业。

<table>
<tr><td colspan="2" rowspan="2">安全技术交底记录</td><td rowspan="2">编号</td><td>×××</td></tr>
<tr><td>共×页第×页</td></tr>
<tr><td>工程名称</td><td colspan="3">××市政基础设施工程××标段</td></tr>
<tr><td>施工单位</td><td colspan="3">××市政建设集团</td></tr>
<tr><td>交底提要</td><td>盖挖逆筑施工安全技术交底</td><td>交底日期</td><td>××年××月××日</td></tr>
</table>

10）使用插入式混凝土振捣器振实混凝土时，电力缆线的引接与拆卸必须由电工操作，并符合施工用电相关要求；振捣器应设专人操作，操作前应进行安全技术培训，考核合格；作业中，振捣器操作人员应保护缆线完好，发现漏电征兆，必须停止作业，交电工处理。

（8）各层主体结构混凝土施工应符合下列要求：

1）混凝土浇筑中应设模板工和架子工对模板及其支撑系统和脚手架、作业平台进行监护，确认安全。

2）施工时，应先施工底板后施工墙壁，待底板混凝土达施工设计规定强度后，方可施工墙壁混凝土。

3）墙壁模板及其支撑系统支搭完成后，应进行检查、验收，确认合格并形成文件后，方可浇筑墙壁混凝土。

4）各层主体结构应待本层土方、围护结构的支撑或锚杆全部完成，达到设计规定强度，且围护和支撑结构的沉降、位移趋于稳定后，方可施工。

5）高处作业必须支设作业平台，脚手架应置于坚实的地基上，搭设稳固；脚手架的宽度应满足施工安全的要求，在宽度范围内应满铺脚手板，并稳固；平台临边必须设防护栏杆；上、下平台应设供作业人员使用的安全梯；作业中应随时检查，确认安全。

使用前应进行检查、验收，确认合格并形成文件。

6）在结构板上预留混凝土下料口时，下料口应设专人管理，随时检查其防护设施，确认完好、有效；不使用时，必须把下料口用盖板盖牢，并采取防位移措施，或者对下料口采取围挡措施，并设安全标志,阴暗时和夜间设警示灯；下料口的结构预留钢筋临时折弯处理应符合作业安全的要求；混凝土下料口以下各层施工完成后，应及时封堵下料口。

4.土方开挖

（1）各层土方挖至基底应及时施作底板结构。

（2）下层结构的土方应待上一层结构完成，强度达到设计要求，且沉降、位移趋于稳定，方可开挖。

（3）土方开挖过程中，应随时分析围护结构与支承系统的稳定状况，发现问题，必须及时处理；处理完成，应经检查确认安全后，方可继续施工。

（4）在土方开挖过程中，围护结构需设临时水平支撑时应符合设计规定，水平撑的支设应与挖土密切配合，当土方挖至支承梁的底面高程时应及时安设撑梁，并与围护结构支撑牢固，下层土方开挖中不得碰撞支撑梁。

（5）顶板下土方开挖应具备下列条件：

<table>
<tr><td colspan="2" rowspan="2">安全技术交底记录</td><td rowspan="2">编号</td><td>×××</td></tr>
<tr><td>共×页第×页</td></tr>
<tr><td>工程名称</td><td colspan="3">××市政基础设施工程××标段</td></tr>
<tr><td>施工单位</td><td colspan="3">××市政建设集团</td></tr>
<tr><td>交底提要</td><td>盖挖逆筑施工安全技术交底</td><td>交底日期</td><td>××年××月××日</td></tr>
</table>

1）地下水位已降至土方开挖部位基底50cm以下。

2）挖掘、运输等施工机具完好，防护装置齐全有效。

3）通风、供电、供水设施已完成，经验收，确认合格。

4）支护材料和抢险等物资已到现场，并有足够的储备。

5）监控量测方案规定设置的量测点已经布设完毕，准备工作已完成。

6）施工竖井和运输通道已完成，经验收，确认合格，并形成文件。

7）顶板及其支承结构已完成，结构强度达到设计规定，经验收确认符合设计要求，并形成文件。

（6）顶板下土方开挖应符合下列要求：

1）每一结构层土方应按施工设计的规定分部、分层开挖。

2）开挖时，应先挖出拆除顶板底模的作业空间，用长把工具将顶板的混凝土或砖底模撬掉后，方可继续开挖，防止其脱落伤害人员和机械。

3）开挖临近围护桩土方时，开挖进度应与喷射混凝土支护施工密切配合，并及时将围护桩间土壁喷射混凝土，尽量减少桩间土壁暴露时间。

4）人工开挖层高不得大于2m，层间纵向应设平台，平台长度不宜小于3m；挖深5m内开挖面的坡度（高宽比）：黏土和干黄土可直壁开挖20∶1；亚黏土为1∶0.33；亚砂土为1∶0.5；砂土为1∶0.75；开挖面宽度大于4m宜两人以上同方向开挖，且两人横向间距不得小于2m。严禁掏洞（底）挖土和狭小断面纵深开挖。

5）使用小型挖掘机械应分层开挖，每层高度应根据土质、机械性能、工艺要求确定。作业时应设专人指挥；作业区的地面应随时保持平整；机械移动、回转范围内严禁有人；不得装载超过铲斗容积的大块岩石；使用柴油机械应设净化装置，汽油机械严禁进洞；机械启动前应观察周围环境，确认安全，并鸣笛示警；使用电动机械应设专人收放电缆，严禁机械、车辆碾压电缆；施工中临时修理机械前，必须关机断电，制动车轮并挡掩牢固。

5.围护结构与支承桩、柱

（1）使用起重机吊装，应符合下列要求：

1）作业现场及其附近有电力架空线路时，应设专人监护，确认起重机的作业符合施工用电安全相关规定。

2）起重机与竖井边缘的安全距离，应根据土质、井深、支护、起重机及其吊装物件的质量确定，且不得小于1.5m。

3）作业前施工技术人员应对现场环境、电力架空线路、建（构）筑物和被吊重物等情况进行全面了解，选择适宜的起重机。

<table>
<tr><td colspan="2" rowspan="2">安全技术交底记录</td><td rowspan="2">编号</td><td>×××</td></tr>
<tr><td>共×页第×页</td></tr>
<tr><td>工程名称</td><td colspan="3">××市政基础设施工程××标段</td></tr>
<tr><td>施工单位</td><td colspan="3">××市政建设集团</td></tr>
<tr><td>交底提要</td><td>盖挖逆筑施工安全技术交底</td><td>交底日期</td><td>××年××月××日</td></tr>
<tr><td colspan="4">4）起重机作业场地应平整坚实，地面承载力不能满足起重机作业要求时，必须对地基进行加固处理，并经验收确认合格，形成文件。
5）配合起重机的作业人员应站位于安全地方，待被吊物与就位点的距离小于 50cm 时方可靠近作业，严禁位于起重机臂下。
6）起重机吊装作业必须设信号工指挥，作业前，指挥人员应检查起重机地基或基础、吊索具、被吊物的捆绑情况、架空线、周围环境、警戒人员上岗情况和作业人员的站位情况等，确认安全，方可向机械操作工发出起吊信号。
（2）地下连续墙围护结构施工应符合下列要求：
1）挖槽宜选择专业机械进行。
2）护壁泥浆面不得低于导墙顶面 30cm。
3）清底和置换泥浆后，应及时进行下道工序，直至完成浇筑混凝土。
4）导墙挖槽后至连续墙混凝土浇筑之前，槽边应安设护栏，并设安全标志。
5）挖槽应按连续墙单元段的设置，分段进行且连续开挖，直到本节段完成。
6）挖槽过程中应加强观测，发现槽壁坍塌、槽沟偏斜等，应查明原因，采取措施予以排除。
7）使用泥浆护壁挖槽时，应先构筑导墙，导墙支撑间隔不宜大于 1.5m；采用预制导墙块时，接缝处必须采取防渗漏措施；导墙宜采用钢筋混凝土结构，混凝土等级不宜低于 C20；导墙的断面形式应根据土质选择，墙体厚度应满足施工要求；导墙需分段施工时，其段落划分应与地下连续墙划分的节段错开；混凝土导墙浇筑和养护时，重型机械和车辆不得在附近作业和行驶；导墙的平面轴线应与地下连续墙轴线平行，两导墙的内侧间距宜比地下连续墙体厚度大 4cm～6cm；导墙底端埋入土内深度宜大于 1m，基底应夯实，墙后填土应密实；导墙顶端应高出周围地面 30cm 以上；导墙顶面应保持水平，内墙面应保持竖直。</td></tr>
</table>

审核人	交底人	接受交底人
×××	×××	×××、×××……

8.9 隧（管）道内水平运输

<table>
<tr><td colspan="2" rowspan="2">安全技术交底记录</td><td rowspan="2">编号</td><td>×××</td></tr>
<tr><td>共×页第×页</td></tr>
<tr><td>工程名称</td><td colspan="3">××市政基础设施工程××标段</td></tr>
<tr><td>施工单位</td><td colspan="3">××市政建设集团</td></tr>
<tr><td>交底提要</td><td>隧（管）道内水平运输安全技术交底</td><td>交底日期</td><td>××年××月××日</td></tr>
</table>

交底内容：

1.一般要求

（1）各种摘挂作业，应专人操作。

（2）运输车辆装载，严禁超高、超宽和超载。

（3）漏斗装渣应设防止超量装渣的装置，满仓时能自动断电。漏斗下方严禁有人。

（4）隧（管）道内悬挂的电力缆线和水、风管等设施应按施工设计布设。严禁占用运输和行走限界。

（5）隧（管）道内宜设人行道。混行时行人应避让车辆，严禁行人走道心、与车辆抢道、扒车、追车和强行搭车。

（6）进入隧（管）道内的车辆应与道路、轨道、装卸设备相匹配；车辆应处于完好状态，制动有效。严禁运输物资的车辆乘人。

（7）隧（管）道内宜选用电力驱动的施工机械和车辆。使用内燃机械和车辆时，应选用带净化装置的柴油机。严禁使用汽油机械和车辆。

（8）斗车运输，应待斗车停稳并制动后，人员方可装卸；严禁站在斗车内装卸；解除制动应使用工具；启动前应鸣笛示警。

（9）道路或道轨，应设专人维护，保持通畅、平坦、整洁；道路或道轨上的遗撒物应及时清理，道旁堆料应码放整齐，不得影响行车和行人安全。

（10）装运超长大物料时，应设专人指挥，捆绑、打摞牢固，并设边界警示灯。

（11）机械装渣施工前应根据隧（管）道断面选择适宜的机械；小型装渣机上的电缆或高压胶管，应设专人收放；运输车辆装车时，严禁铲斗从驾驶室上方越过，铲斗不得碰撞车辆；机械回转和移动范围内严禁有人。

2.有轨运输

（1）人力推单斗车运输应符合下列要求：

1）在坡道上停车，应用止轮器将车刹紧。

2）在视线不良和有障碍物的施工地段推车，应及时鸣笛并减速。

<table>
<tr><td colspan="2" rowspan="2">安全技术交底记录</td><td rowspan="2">编号</td><td>×××</td></tr>
<tr><td>共×页第×页</td></tr>
<tr><td>工程名称</td><td colspan="3">××市政基础设施工程××标段</td></tr>
<tr><td>施工单位</td><td colspan="3">××市政建设集团</td></tr>
<tr><td>交底提要</td><td>隧（管）道内水平运输安全技术交底</td><td>交底日期</td><td>××年××月××日</td></tr>
<tr><td colspan="4">3）斗车应完好，刹车应处于良好状态，翻转式斗车应有卡锁，装车和运行时必须锁定卡锁。运行前应检查，确认安全。
4）人力推斗车时，应在斗车后方推行，严禁在斗车两侧推行，不得用肩扛推；上坡时，可以在斗车前方用绳索辅助拉行，且必须随时检查绳索，确认坚固；下坡时严禁溜放。
（2）轨道铺设应符合下列要求：
1）碎石道床厚度不得小于 20cm。
2）钢轨应根据车辆最大轴重和牵引方式选择。
3）卸渣场线路，应设大于 1%的上坡道，车轮应设牢固的挡掩。
4）隧道内平面曲线半径不得小于车辆最大轴距的 7 倍，洞外应为 10 倍。
5）轨枕间距不得大于 70cm，枕长为轨距加 60cm，道岔处轨枕应相应加长。
6）隧道内设双线运输时，两线上列车净距应大于 40cm；单线运输时，宜设会车道。
7）钢轨接头高差不得大于 2mm，间隙不得大于 5mm，扣件应齐全、牢固，并与轨型相符。
8）轨距允许误差为+5mm～-2mm，直线段两轨水平误差不得大于 4mm；曲线段应按规定设加宽和超高。
（3）机动车牵引运输应符合下列要求：
1）非值班驾驶员不得驾驶机动车。
2）正常运行时，机动车应在前端牵引。
3）机动车行驶路段上，不得行驶非机动车。
4）机动车驾驶员必须经过专业培训，持证上岗。
5）除机动车驾驶员、调车员、信号员、联络员外，其他人严禁搭乘机动车。
6）隧（管）道内列车和单独行驶的机动车运行或中途停车时均必须打开前后照明灯。
7）机动车制动性能必须良好。制动距离，运物料时不得超过 40m；运送人员时不得超过 20m。
8）接近风门、道岔、洞口、横向通道口、较大坡度地段、施工作业地段和前面有障碍时，必须减速、鸣笛。
9）车辆连接装置应完好，防护装置应齐全有效；使用前应经试运行，确认闸、灯、警铃或喇叭等符合要求。</td></tr>
</table>

<table>
<tr><td rowspan="2">安全技术交底记录</td><td rowspan="2">编号</td><td>×××</td></tr>
<tr><td>共×页第×页</td></tr>
<tr><td>工程名称</td><td colspan="3">××市政基础设施工程××标段</td></tr>
<tr><td>施工单位</td><td colspan="3">××市政建设集团</td></tr>
<tr><td>交底提要</td><td>隧（管）道内水平运输安全技术交底</td><td>交底日期</td><td>××年××月××日</td></tr>
</table>

10）驾驶员不得擅离工作岗位，应听从调车员的指挥；启动车辆前必须发出信号，运行中严禁将头、手伸出车外；驾驶员离开座位时，必须切断驱动系统的电源，取下控制手柄，扳紧车闸，不得关闭车灯或警示灯。

（4）行车速度与车辆间距，应符合下表8-9-1的要求：

表8-9-1 隧（管）道内外行车速度与车辆间距离

序号	牵引方式	最大时速（km/h）		车辆距离（m）	备注
		隧道外和建成隧道	施工中的隧道		
1	人力	5	5	>20	行人速度为5km/h
2	机动	15	5	>60	—

3.无轨运输

（1）机动车辆运输应符合下列要求：

1）车辆使用前，应经检查、试运行，确认合格。严禁带病车辆运行；同向行驶的车辆之间距离不得小于20m；能见度较差时，应亮雾灯，减速行驶；隧道内，严禁超车；车辆启动前，应观察环境，确认安全，并鸣笛示警。进出隧道口应鸣笛示警，但不得使用高音喇叭；会车时，车辆应减速行驶，空车应让重车，下坡车应让上坡车，两车厢间的距离不得小于50cm；在隧道内倒车、转向，必须亮灯、鸣笛示警，或设专人指挥；隧道内车辆相遇和发现有行人时，应关闭大光灯，改用小光灯或近光灯。

2）隧道口、平交道口和施工狭窄地段，宜设专人指挥，并应设缓行标志。

3）凡靠近运行限界的施工机械设备，均应在其外缘设置边界警示灯。

4）行驶速度应符合下表8-9-2的要求：

表8-9-2 运输车辆在隧道内的限制速度（km/h）

序号	项目	作业地段	非作业地段	建成隧道
1	正常行车	10	20	20
2	有牵引车	5	20	15
3	会车	5	10	10

（2）手推车运输拱架、支撑、模板等物品时，应摽紧、绑牢；车辆会车时，应减速；手推车行驶速度不得大于5km / h；在坡度较大的隧（管）道中，手推车应有刹车装置，严禁下坡溜放。

（3）运输道路应坚实、平整、畅通，机动车卸渣路段应设4%的上坡，并在卸渣场边缘内80cm处设置挡车木。

审核人	交底人	接受交底人
×××	×××	×××、×××……

8.10 隧（管）道内施工环境治理

<table>
<tr><td colspan="2" rowspan="2">安全技术交底记录</td><td rowspan="2">编号</td><td>×××</td></tr>
<tr><td>共×页第×页</td></tr>
<tr><td>工程名称</td><td colspan="3">××市政基础设施工程××标段</td></tr>
<tr><td>施工单位</td><td colspan="3">××市政建设集团</td></tr>
<tr><td>交底提要</td><td>隧（管）道内施工环境治理安全技术交底</td><td>交底日期</td><td>××年××月××日</td></tr>
</table>

交底内容：

1.一般规定

（1）隧（管）道内作业环境应符合下列规定：

1）氧气不得低于20%（按体积计）。

2）粉尘允许浓度为每立方米空气中含有10%以上游离二氧化硅的粉尘必须在2mg以下。

3）有害气体浓度：

①一氧化碳浓度不得大于30mg/m^3；在特殊情况下人员必须进入超过规定浓度的作业面时，浓度不得大于100mg/m^3，其作业时间不得大于30min；

②二氧化碳不得大于0.5%（按体积计）；

③氮氧化物（换算成二氧化氮）浓度不得大于5mg/m^3；

④二氧化硫浓度不得大于15mg/m^3；

⑤硫化氢浓度不得大于10mg/m^3；

⑥氨的浓度不得大于30mg/m^3。

4）气温不得高于281。

5）噪音不得大于90dB。

6）当发现瓦斯时，必须按规定采取相应的安全技术措施。

（2）隧道中有喷射混凝土、凿岩、爆破等施工时，应定期检测粉尘和有毒有害气体的浓度，发现超过上述有关规定时，应加强施工通风。

（3）隧（管）道从燃气、污水等地下管道和设施下穿过，或与其平行距离小于5m时，应加强隧（管）道内空气中有毒有害气体浓度的检测，发现其超过上述的有关规定或发现甲烷时，必须立即采取相应的安全防护措施。

2.施工通风

（1）具有竖井或斜井的隧（管）道内施工应采用机械通风。通风方式应根据隧（管）道长度、施工方法和设备条件等确定。

（2）通风机能力应能满足隧（管）道内各项作业所需要的最大风量。风量应按每人每分钟供给3m^{3}新鲜空气计算，使用内燃机作业时，供风量不宜小于3m^3/kW·min（或2.2m^3/hP·min）。

<table>
<tr><td colspan="2" rowspan="2">安全技术交底记录</td><td rowspan="2">编号</td><td>×××</td></tr>
<tr><td>共×页第×页</td></tr>
<tr><td>工程名称</td><td colspan="3">××市政基础设施工程××标段</td></tr>
<tr><td>施工单位</td><td colspan="3">××市政建设集团</td></tr>
<tr><td>交底提要</td><td>隧（管）道内施工环境治理安全技术交底</td><td>交底日期</td><td>××年××月××日</td></tr>
</table>

（3）通风的风速，全断面开挖不得小于0.15m/s，分部开挖不得小于0.25m/s，且均不得大于6m/s。

（4）风管直径应根据隧（管）道内每分钟所需风量经计算确定。管路应直顺，接头应严密，不得有急弯。风管安装不得妨碍人员行走和车辆通行。架空安装的支点和吊挂应牢固可靠。

（5）采用压入式通风时，风管的风口距作业面，不宜大于15m；吸出式风口距作业面，不宜大于5m；混合式通风，两组通风管的风口交错距离宜为20~30m。

（6）采用压人式或吸出式通风时，压入风管或吸出风管均宜布置在隧（管）道上部。

（7）采用混合式通风时，吸出风管宜布置在隧（管）道上部，出风口应引入主风流循环的回风流中。压入风管宜布置在隧（管）道下部，且吸出风量应比压入风量大20%—30%。

（8）单独压入式风管进风口和吸出式风管出风口均应设在竖井外或隧（管）道外地面上，前者宜在20m以外，后者应做成烟囱式。

（9）进出风口危及人员安全时，必须设护栏和安全标志，夜间和阴暗时尚需设警示灯，严禁人员进入护栏内。

（10）通风机停止运转时，人员不得靠近软风管，防止启动时造成伤害。

（11）通风管应经常检查，发现破损时应立即停机处理。

（12）有爆破作业的隧道内，靠近工作面的风管应采取保护措施。

（13）使用通风机应遵守下列规定：

1）通风机及其管道的安装，应保持风机在高速运转情况下稳定牢固。通风机不得露天安装，作业处必须有防火设施。

2）通风机应设保险装置，发生故障时能自动停机。

3）通风机和通风管宜装有风压水柱表，并应随时检查通风情况，确认正常。

4）通风机启动前，应经检查确认各部螺栓紧固、风扇转动平稳、防护装置齐全有效、电气接线符合有关规定。

5）通风机运行中应随时检查，确认运转平稳、无异响，如发现异常应立即停机检修。当电动机温升超过铭牌规定时，应停机降温。

6）运行中不得检修。对无逆止装置的通风机，应待风道回风消失后方可检修。

7）严禁在通风机和风管上放置、悬挂任何物件。

8）作业后应切断电源，固锁电闸箱。长期停用时，应存放在干燥的室内。

安全技术交底记录		编号	××× 共×页第×页
工程名称	××市政基础设施工程××标段		
施工单位	××市政建设集团		
交底提要	隧（管）道内施工环境治理安全技术交底	交底日期	××年××月××日

9）通风机运转中宜采取消音措施。

3.防尘与除尘

（1）喷射混凝土宜选用湿喷方法。采用干喷方法时，必须采取减小粉尘浓度和除尘措施。

（2）凿岩时，宜用湿式凿岩机；出渣前，应用水淋湿渣堆。

（3）爆破后，必须喷雾洒水净化粉尘，或采用水封爆破。

（4）运输道路干燥时，应经常洒水湿润。

（5）喷射混凝土、凿岩、爆破施工应加强通风。

（6）作业人员应按规定佩戴防护用品。

4.瓦斯治理

（1）隧道施工过程中，通过检测，发现隧道内存在瓦斯时，必须按瓦斯隧道的要求进行动态监测，当浓度达到0.3%时，应按瓦斯隧道的要求组织施工。

（2）瓦斯隧道、含瓦斯地段的分类和分级应符合现行《铁路瓦斯隧道技术规范》（TB10120）的有关规定。

（3）瓦斯隧道施工应建立专门机构进行通风和防瓦斯突出、防爆与瓦斯检测工作，并设置消防设施和救护队。

（4）开工前必须对施工管理人员和作业人员进行安全技术培训。爆破、电工、瓦斯检测等特种作业人员必须持证上岗。

（5）施工前，必须编制瓦斯隧道施工通风设计，并考虑贯通后的风流调整和防爆要求。

（6）施工期间，应建立瓦斯通风监控、检测的组织系统，测定气象、瓦斯浓度、风速、风量等参数。低瓦斯隧道、地段可用便携式瓦斯检测仪，高瓦斯和瓦斯突出隧道、地段除用便携式瓦斯检测仪外，尚应配置高浓度瓦斯检测仪和瓦斯自动检测报警断电装置。

（7）隧道内高瓦斯和瓦斯突出地段必须采用安全防爆型机电设备。非防爆型行走机械严禁驶人高瓦斯和瓦斯突出地段。

（8）严禁火源进入瓦斯隧道。任何人员进入隧道前必须在洞口进行登记并接受值守人员的检查，进入瓦斯突出地段的作业人员必须携带个人自救器。

（9）一旦发生瓦斯事故，必须立即向企业负责人和政府主管部门报告，并组织人员尽快探明事故性质、原因、范围、遇难人数和事故地点所在位置与洞内瓦斯以及通风情况，制订抢救方案，认真组织实施。

审核人	交底人	接受交底人
×××	×××	×××、×××……

8.11 隧道内施工供风、供水

<table>
<tr><td colspan="2" rowspan="2">安全技术交底记录</td><td rowspan="2">编号</td><td>×××</td></tr>
<tr><td>共×页第×页</td></tr>
<tr><td>工程名称</td><td colspan="3">××市政基础设施工程××标段</td></tr>
<tr><td>施工单位</td><td colspan="3">××市政建设集团</td></tr>
<tr><td>交底提要</td><td>隧道内施工供风、供水安全技术交底</td><td>交底日期</td><td>××年××月××日</td></tr>
</table>

交底内容：

1.供风

（1）高压风管应敷设平顺，接头严密，不漏风，洞内工作风压不得小于 0.5MPa。

（2）在洞外地段，当风管长度大于 100m 和温度变化较大时宜安装伸缩器，靠近空压机 150m 以内，风管的法兰盘接头宜用石棉衬垫。长度大于 1000m 时，应在最低处设置油水分离器，定时放出管中的积油和水。

（3）洞内高压风管应敷设在电力缆线相对的一侧，不得占入运输限界。供风管的前端至开挖面的距离应保持 30m，并用分风器连接高压软风管。当采用导坑或台阶法开挖时，软风管的使用长度不宜大于 50m。

（4）各种阀门在安装前应拆开清洗，阀门应进行水压强度试验，合格后方可使用。

（5）高压风管在安装前应进行检查，当有裂纹、创伤、凹陷等现象不得使用。管内不得保留有残余物和其他脏物。

（6）高压风管使用中应设专人进行检查、养护，保持完好。

2.供水

（1）供水管路应敷设平顺，接头严密、不漏水，并设专人进行检查、维护。

（2）洞内供水管路应敷设在电力缆线相对的一侧，不得占入运输限界。供水管路与排水沟同侧时，不得影响排水。

（3）供水钢管在安装前应检查，并确认无裂纹、创伤凹陷等现象。

（4）隧道开挖面的水压不得小于 0.3MPa，主管路每隔 300—500m 应分装阀门。

（5）供水钢管前端至开挖面宜保持 30m 距离，并用高压软管连接分水器。洞内软管长度不宜大于 50m。

审核人	交底人	接受交底人
×××	×××	×××、×××……

第9章

给水与排水工程安全技术交底

9.1 给排水工程管材吊装与运输

<table>
<tr><td colspan="2" rowspan="2">安全技术交底记录</td><td rowspan="2">编号</td><td>×××</td></tr>
<tr><td>共×页第×页</td></tr>
<tr><td>工程名称</td><td colspan="3">××市政基础设施工程××标段</td></tr>
<tr><td>施工单位</td><td colspan="3">××市政建设集团</td></tr>
<tr><td>交底提要</td><td>给排水工程管材吊装与运输安全技术交底</td><td>交底日期</td><td>××年××月××日</td></tr>
</table>

交底内容：

1.给排水工程管材运输

（1）运输塑料管时，不得抛、摔、滚、拖和碰触尖硬物。

（2）运输车辆应完好，防护装置应齐全有效。运输前应检查，确认正常。

（3）卸车时，必须检查管子、管件状况，确认无坍塌、无滚动危险，方可卸车。

（4）施工现场运输时，应遵守现场限速规定；倒车应先鸣笛，确认车辆后方无人、无障碍物，方可倒车。

（5）使用滚杠运输无防腐层的管子时，作业人员应站在管子两侧，严禁将脚放在管子前进方向调整滚杠，严禁直接用手操作，管子滚动前方严禁有人。

（6）装车时，管子、管件必须挡掩，管体与车厢必须捆绑连成一体，打摽牢固；严禁车厢内乘人。

（7）运输道路应平整、坚实、无障碍物。沿线电力架空线路的净高应符合安全用电要求的高度；通讯等架空线应满足运输净空要求；桥涵、便桥和管道等地下设施的承载力应满足车辆运输要求。运输前，应实地踏勘，确认符合运输和设施安全。

（8）人工推移管材应设专人指挥，推行速度不得超过行走速度；管前方严禁有人。上坡道应设专人在管子后方一侧备掩木，下坡道应用拉绳控制速度；管子转向时，作业人员不得站在管子前方或贴靠两侧。

（9）运输前，应根据管径、质量、长度选择适宜的运输车辆。严禁超载、超高运输，并应采取防止管子变形、损伤管外防腐层的措施。

（10）机动车、轮式机械在社会道路、公路上行驶应遵守现行《中华人民共和国道路交通安全法》、《中华人民共和国道路交通安全法实施条例》的有关规定；在施工现场道路上行驶时，应遵守现场限速等交通标志的管理规定；超宽、超长、超高运输应经交通管理部门批准后方可进行。

（11）人工运输管材宜采用与管材相适应的专用车辆；作业时应设专人指挥，作业人员应听从指挥，动作一致；行驶应缓慢、均匀，采取防倾覆措施，并应避让车辆、行人；装卸管子时，抬运、起落管子应步调一致，放置应均衡，绑扎必须牢固；雨雪天必须对运输道路采取防滑措施。

（12）卷扬机牵引运输时，应符合下列要求：

<table>
<tr><td colspan="2" rowspan="2">安全技术交底记录</td><td rowspan="2">编号</td><td>×××</td></tr>
<tr><td>共×页第×页</td></tr>
<tr><td>工程名称</td><td colspan="3">××市政基础设施工程××标段</td></tr>
<tr><td>施工单位</td><td colspan="3">××市政建设集团</td></tr>
<tr><td>交底提要</td><td>给排水工程管材吊装与运输安全技术交底</td><td>交底日期</td><td>××年××月××日</td></tr>
</table>

1）卷扬机操作工应经安全技术培训，考核合格，方可上岗。

2）卷扬机制动操作杆的行程范围内，不得有障碍物或阻卡现象。

3）作业时必须设信号工指挥，作业人员应精神集中，步调一致。

4）卷扬机应搭设工作棚。操作人员应能看清指挥人员和拖动的管子。

5）运行前方和两侧必须划定作业区、设安全标志，严禁非作业人员进入。

6）使用皮带或开式齿轮传动的部分，均应设防护罩，导向滑轮不得用开拉板式滑轮。

7）作业中，严禁任何人跨越正在作业的钢丝绳，卷扬机工作状态时，操作人员禁止离开卷扬机。

8）双筒卷扬机两个卷筒同时工作时，每个卷筒的起重量不得超过额定起重量的 50%，严禁超载作业。

9）作业前，应检查卷扬机的弹性联轴器、制动装置、安全防护装置、电气线路及其接零或接地线和钢丝绳等，均确认合格后，方可使用。

10）卷扬机前方设导向滑轮时，导向滑轮至卷扬机的距离不得小于卷筒长度的15倍，并应使钢丝绳与卷筒轴保持垂直。

2.给排水工程管材码放

(1) 在电力架空线路下方不得码放管子。

(2) 在槽边码放管子时，管子不得与沟槽平行，码放高度不得大于 2m，管子距槽边的距离不得小于 2m。

(3) 需要在社会道路上码放管子时，应征得交通管理部门同意，并在管子周围设围挡或护栏和安全标志。

(4) 运输道路应通畅，周围应设护栏和安全标志；管子码放场地应平整、坚实、不积水，管子应分类码放排列整齐，各堆放层底部必须挡掩牢固。

(5) 不得直接靠建（构）筑物码放管子；在其附近堆放时，必须保持 1m 以上的安全距离；直径 1m（含）以上的管子应单层放置，直径 1m 以下的管子码放高度不得大于 1m。

(6) 管子码放应由专人指挥，作业人员应协调配合，码放时必须在下层挡掩牢固后，方可码放上层。每层管子均应挡掩牢固，取用管子必须自上而下逐层进行，并应及时将未取管子挡掩牢固。严禁从下方取管。

(7) 管子码放高度应符合下表 9-1-1 的要求：

<table>
<tr><td colspan="2" rowspan="2">安全技术交底记录</td><td rowspan="2">编号</td><td>×××</td></tr>
<tr><td>共×页第×页</td></tr>
<tr><td>工程名称</td><td colspan="3">××市政基础设施工程××标段</td></tr>
<tr><td>施工单位</td><td colspan="3">××市政建设集团</td></tr>
<tr><td>交底提要</td><td>给排水工程管材吊装与运输安全技术交底</td><td>交底日期</td><td>××年××月××日</td></tr>
</table>

表 9-1-1 管子码放高度

管材种类	管径（mm）				
	300～400	>400～500	600～800	900～1200	≥1400
混凝土及钢筋混凝土管	4 层	4 层	3 层	2 层	1 层
预应力混凝土管	—	4 层	3 层	2 层	1 层
铸铁、球墨铸铁管	≤3m				
钢管	≤2m				
塑料管	≤1.5m				

注：①承插口应交错平行堆放，承口部位应悬出插口端部。

②塑料管、管件应存放在温度不大于 40℃及通风良好的库房内，不得在露天和阳光下暴晒。存放点距热源不得小于 1m。

③与塑料管材配套的橡胶圈、管件不得与管材分开放置。

3.给排水工程管材吊装

（1）吊装场地应平整、坚实、无障碍物，能满足作业安全要求。

（2）吊装作业前应划定作业区，设人值守，非作业人员严禁入内。

（3）吊装机具、吊索具应完好，防护装置应齐全有效，支设应稳固。作业前应检查、试吊，确认正常。

（4）施工组织设计中，应根据管径、质量、长度、作业环境进行吊装验算，确定吊装方法、使用机具和相应的安全技术措施。

（5）吊装管子、管件应采用兜身吊带或专用吊具起吊，装卸时应轻装轻放。吊塑料管时不得损坏管壁，打捆应牢固，严禁拖拉、抛滑管子。

（6）吊装作业中使用金属吊索具应符合下列要求：

1）严禁在吊钩上焊补、打孔。

2）吊钩表面应光洁，无剥裂、锐角、毛刺、裂纹等。

3）钢丝绳切断时，应在切断的两端采取防止松散的措施。

4）钢丝绳使用完毕，应及时清理干净、加油润滑、理顺盘好，放至库房妥善保管。

5）吊索具应由有资质的生产厂生产，具有合格证，并经试吊，确认合格并形成文件。

6）严禁卡环侧向受力，起吊时封闭锁必须拧紧；不得使用有裂纹、变形的卡环。严禁用补焊方法修复卡环。

7）出现下列情况之一时，应报废：危险断面或吊钩颈部产生塑性变形；危险断面磨损达原尺寸的 10%；扭转变形超过 10°；开口度比原尺寸增加 15%；板钩衬套磨损达原尺寸的 50%，其心轴磨损达原尺寸的 5%。

<table>
<tr><td colspan="2" rowspan="2">安全技术交底记录</td><td rowspan="2">编号</td><td>×××</td></tr>
<tr><td>共×页第×页</td></tr>
<tr><td>工程名称</td><td colspan="3">××市政基础设施工程××标段</td></tr>
<tr><td>施工单位</td><td colspan="3">××市政建设集团</td></tr>
<tr><td>交底提要</td><td>给排水工程管材吊装与运输安全技术交底</td><td>交底日期</td><td>××年××月××日</td></tr>
</table>

8）编插钢丝绳索具宜用6×37的钢丝绳。编插段的长度不得小于钢丝绳直径的20倍，且不得小于300mm。编插钢丝绳的强度应按原钢丝绳破断拉力的70%计。

9）钢丝绳的安全系数不得小于表7-3-1的要求。

（7）吊装作业应符合下列要求：

1）严禁采用两木搭吊装。

2）吊点位置应符合施工设计规定。

3）吊装应缓起、缓移、缓转，速度均匀。

4）穿绳时，不得将手臂伸至吊物的下方。

5）挂绳应保持管子平衡，超长的管子，宜采用卡环锁紧吊绳。

6）大雨、大雪、大雾、沙尘暴和六级（含）以上风力的恶劣天气必须停止露天作业。

7）吊装作业时，管子下方严禁有人，当管子距离承重面50cm时，作业人员方可靠近；手、脚必须避离管子底部；管子就位必须固定或卡牢后，方可松绳、摘钩。

8）作业时，必须由信号工统一指挥。作业人员必须精神集中，服从指挥人员的指令。指挥人员在吊装前，应检查作业环境，确认吊装区域内无障碍、作业人员站位安全、被吊管材与其他物件无连接等后，方可向机具操作工发出起吊信号。

（8）吊装作业中使用天然和人造纤维吊索、吊带时，应符合下列要求：

1）用纤维吊索捆绑刚性物体时，应用柔性物衬垫。

2）使用中受力时，严禁超过材料使用说明书规定的允许拉力。

3）纤维吊索、吊带应由有专业资质的生产厂生产，具有合格证。

4）使用潮湿聚酰胺纤维绳吊索、吊带时，其极限工作载荷应减少15%。

5）纤维制品吊索应存放在远离热源、通风干燥、无腐蚀性化学物品场所。

6）纤维吊索、吊带不得在地面拖拽摩擦，其表面不得沾污泥砂等锐利颗粒杂物。

7）使用中，纤维吊索软索眼两绳间夹角不得超过30°，吊带软索眼处夹角不得超过20°。

8）纤维绳穿过滑轮使用时，轮槽宽度不得小于绳径，且滑轮直径（从槽底测得）与绳径比不得小于5∶1。

9）人造纤维吊索、吊带的材质应是聚酰胺、聚酯、聚丙烯；大麻、椰子皮纤维不得制作吊索；直径小于16mm细绳不得用做吊索；直径大于48mm粗绳不宜用做吊索。

10）吊索和吊带受腐蚀性介质污染后，应及时用清水冲洗；潮湿后不得加热烘干，必须在自然循环空气中晾干。

11）各类纤维吊索、吊带应与使用环境相适应，禁止与使用说明书所规定的不可接触的物质相接触，防止受到环境腐蚀作用，天然纤维不得接触酸、碱等腐蚀介质；人造纤维不得接触有机溶剂，聚酰胺纤维不得接触酸性溶液或气体，聚酯纤维不得接触碱性溶液。

<table>
<tr><td colspan="2" rowspan="2">安全技术交底记录</td><td rowspan="2">编号</td><td>×××</td></tr>
<tr><td>共×页第×页</td></tr>
<tr><td>工程名称</td><td colspan="3">××市政基础设施工程××标段</td></tr>
<tr><td>施工单位</td><td colspan="3">××市政建设集团</td></tr>
<tr><td>交底提要</td><td>给排水工程管材吊装与运输安全技术交底</td><td>交底日期</td><td>××年××月××日</td></tr>
</table>

12）纤维绳索、吊带不得在产品使用说明书所规定温度范围以外环境中使用，且不得在有热源、焊接作业场所使用。

13）当纤维吊索出现下列情况之一时，应报废：严重折弯或扭曲；绳索捻距增大；插接处破损、绳股拉出、索眼损坏；绳索表面过多点状疏松、腐蚀；绳被切割、断股、严重擦伤、绳股松散或局部破裂；绳索内部绳股间出现破断，有残存碎纤维或纤维颗粒；绳表面纤维严重磨损，局部绳径变细或任一绳股磨损达原绳股 1/3；纤维出现软化或老化，表面粗糙纤维极易剥落，弹性变小、强度减弱；绳索发霉变质、酸碱烧伤、热熔化或烧焦；已报废的绳索严禁修补重新使用。

14）当吊带出现下列情况之一时，应报废：吊带出现死结；纤维表面粗糙易剥落；承载接缝绽开、缝线磨断；带有红色警戒线吊带的警戒线裸露；吊带纤维软化、老化、弹性变小、强度减弱；织带（含保护套）严重磨损、穿孔、切口、撕断；吊带表面有过多的点状疏松、腐蚀、酸碱烧损以及热熔化或烧焦。

（9）使用三角架倒链吊装应符合下列要求：

1）拆除三角架时，应先摘除倒链。

2）暂停作业应将倒链降至地面或平台等安全处。

3）吊装过程中，管子下方严禁有人。

4）三角架的支腿应根据被吊装管子的质量进行受力验算，确认符合要求；三角架的支腿顶部连接必须牢固；三角架应立于坚实的地基上，支垫稳固，底脚宜呈等边三角形，支腿应用横杆连成整体，底脚处应加设垫板；三角架顶端绑扎绳以上伸出长度不得小于 60cm，捆绑点以下三杆长度应相等并用钢丝绳连接牢固，底部三脚距离相等，且为架高的 1/3 至 2/3；相邻两杆用排木连接，排木间距不得大于 1.5m。

5）倒链安装应牢固，吊物需暂时在空间停留时，必须将小链拴在大链上；使用前应检查吊架、吊钩、链条、轮轴、链盘等部件，确认完好；使用时应经常检查棘爪、棘爪弹簧和齿轮状况，确认制动有效。齿轮应经常加油润滑；使用的链葫芦外壳应有额定吨位标记，严禁超载。气温在-10℃以下，不得超过其额定起重量的一半；倒链使用完毕，应拆卸清洗干净，重新注加润滑油，组装完好，放至库房妥善保管，保持链条不锈蚀；拉动链条必须一人操作，严禁两人以上猛拉。作业时应均匀缓进，并与链轮方向一致，不得斜向拽动。严禁人员站在倒链的正下方；使用时，应先松链条、挂牢起吊物、缓慢拉动牵引链条，待起重链条受力后，再检查齿轮啮合和自锁装置的工作状况，确认合格后，方可继续起吊作业。

6）人工移动三角架前应拆除倒链，移动时，必须由作业组长指挥，每支脚必须设人控制，移动应平稳、步调一致。

审核人	交底人	接受交底人
×××	×××	×××、×××……

9.2 排水（重力流）管道安装与铺设

<table>
<tr><td colspan="2" rowspan="2">安全技术交底记录</td><td rowspan="2">编号</td><td>×××</td></tr>
<tr><td>共×页第×页</td></tr>
<tr><td>工程名称</td><td colspan="3">××市政基础设施工程××标段</td></tr>
<tr><td>施工单位</td><td colspan="3">××市政建设集团</td></tr>
<tr><td>交底提要</td><td>排水（重力流）管道安装与铺设安全技术交底</td><td>交底日期</td><td>××年××月××日</td></tr>
</table>

交底内容：

1.一般要求

（1）上下沟槽应走安全梯或土坡道、斜道。

（2）安装作业现场应划定作业区，设安全标志，非作业人员不得入内。

（3）管径大于 1500mm 时，作业人员应使用安全梯上下管子，严禁从沟槽底或从沟槽帮上的安全梯扒、跳至管顶。

（4）进入沟槽前，必须检查沟槽边坡稳定状况，确认安全后方可进行作业；在沟槽内作业过程中，应随时观察边坡稳定状况，发现坍塌征兆时，必须立即停止作业撤离危险区，待加固处理，确认合格，方可继续作业。

（5）进入管道内作业应符合下列要求：

1）作业过程中，管道内应通风良好，随作业随清理，保持管道内清洁。

2）作业时一旦发生意外情况，管外监护人员必须立即将作业人员拽出管外抢救。

3）进入管道内作业，管道外必须设专人监护，管道内外人员应相互呼应保持联系，确认安全。

4）管径小于 700mm 时，人不宜进入管道内清理，需进入时，应采用行走灵活的轮式工具小车。小车必须拴牢安全绳索；由管外监护人控制。

5）进入管道内作业前，必须打开井盖进行通风。进入前，必须先检测其内部空气中的氧气和有毒有害气体浓度，确认空气质量符合安全要求，并记录后方可进入作业。如未立即进入作业，当再次进入前应重新检测，确认合格并记录。作业中必须对作业环境的空气质量进行动态监测，确认合格并记录。

（6）高处作业必须设作业平台，平台必须牢固并应符合下列要求：

1）支搭、拆除作业必须由架子操作工负责。

2）在斜面上作业宜架设可移动式的作业平台。

3）脚手架、作业平台不得与模板及其支承系统相连。

4）作业平台、脚手架各节点的连接必须牢固、可靠。

5）脚手架应根据施工时最大荷载和风力进行施工设计，支搭必须牢固。

<table>
<tr><td colspan="2">安全技术交底记录</td><td>编号</td><td>×××
共×页第×页</td></tr>
<tr><td>工程名称</td><td colspan="3">××市政基础设施工程××标段</td></tr>
<tr><td>施工单位</td><td colspan="3">××市政建设集团</td></tr>
<tr><td>交底提要</td><td>排水（重力流）管道安装与铺设安全技术交底</td><td>交底日期</td><td>××年××月××日</td></tr>
</table>

6）作业平台临边必须设防护栏杆，上下作业平台应设安全梯或斜道等设施。

7）作业平台宽度应满足施工安全要求，在平台范围内应铺满、铺稳脚手板。

8）脚手架和作业平台，使用前应进行检查、验收，确认合格，并形成文件；使用中应设专人随时检查，发现变形、位移应及时采取安全措施并确认安全。

2.下管与稳管

（1）稳管作业，管子两侧作业人员不通视时，应设专人指挥。

（2）在砂砾石基础上采用三角架倒链或起重机稳管，调整基础高程时，不得将手臂伸入管子下方。

（3）施工前应根据管径、材质、长度、质量和现场环境状况确定下管、稳管的方法，选择适宜的机械和工具，制订相应的安全技术措施。

（4）调整管子中心、高程时，作业人员应协调一致，并应采取防止管子滚动的措施，手、脚不得伸入管子的端部和底部；管子稳定后，必须挡掩牢固。

（5）施工中，排管、下管宜使用起重机具进行，严禁将管子直接推入沟槽内。管子吊下至距槽底50cm时，作业人员方可在管道两侧辅助作业，管子落稳后方可松绳、摘钩。

（6）三角架倒链吊装下管，应符合下列要求：

1）将管子放在梁上时，两边应用木楔楔紧。

2）跨越沟槽的作业平台临边必须设防护栏杆。

3）跨越沟槽架设管子的排木或钢梁应据管子质量、沟槽宽度经计算确定；梁在槽边与土基的搭接长度，应视土质和沟槽边坡确定，且不得小于80cm；排木或钢梁安设后应检查，确认合格，并形成文件。

（7）人工下钢筋混凝土管应符合下列要求：

1）下管前方严禁站人。

2）管径小于或等于500mm的管子可用溜绳法下管。

3）下管必须由作业组长统一指挥、统一信号、分工明确、协调作业。

4）使用大绳下管时，作业人员应用力一致，放绳均匀，保持管体平稳。

3.管道接口

（1）接口采用橡胶圈密封的塑料管，气温低于-10℃不得进行接口施工。

（2）承插式管接口安装机具应根据接口类型选取，顶拉设施宜采用倒链和装在特制小车上的顶镐等。

<table>
<tr><td colspan="2">安全技术交底记录</td><td rowspan="2">编号</td><td>×××</td></tr>
<tr><td colspan="2"></td><td>共×页第×页</td></tr>
<tr><td>工程名称</td><td colspan="3">××市政基础设施工程××标段</td></tr>
<tr><td>施工单位</td><td colspan="3">××市政建设集团</td></tr>
<tr><td>交底提要</td><td>排水（重力流）管道安装与铺设安全技术交底</td><td>交底日期</td><td>××年××月××日</td></tr>
</table>

（3）管道接口中需断管或管端边缘凿毛时，锤柄必须安牢，錾子无飞刺，握錾的手必须戴手套，打锤应稳，用力不得过猛。

（4）在管基上人工移送管子、调整管子位置与高程、管子对口，应由作业组长指挥，作业人员的动作应协调一致，手、脚不得放在管子下面和管口接合处。

（5）承插式柔性接口安装时，应由作业组长统一指挥，非作业人员不得进入安装区域，作业人员动作应协调一致，顶拉速度应缓慢、均匀。

（6）安装承插式管时，在承插口部位应挖工作坑；工作坑的尺寸应符合下表 9-2-1 的要求：

表 9-2-1 接口工作坑尺寸

<table>
<tr><td rowspan="3">接口类型</td><td rowspan="3">管径（mm）</td><td colspan="5">工作坑尺寸（m）</td></tr>
<tr><td colspan="2" rowspan="2">宽度</td><td colspan="2">长度</td><td rowspan="2">深度</td></tr>
<tr><td>承口前</td><td>承口后</td></tr>
<tr><td rowspan="3">刚性口</td><td>75～300</td><td colspan="2">管径+0.6</td><td>0.8</td><td>0.2</td><td>0.3</td></tr>
<tr><td>400～700</td><td colspan="2">管径+1.2</td><td>1.0</td><td>0.3</td><td>0.4</td></tr>
<tr><td>800～1200</td><td colspan="2">管径+1.2</td><td>1.0</td><td>0.3</td><td>0.5</td></tr>
<tr><td rowspan="4">滑入式柔性接口</td><td>≤500</td><td rowspan="4">承口外径加</td><td>0.8</td><td rowspan="4">0.5</td><td rowspan="4">承口长度加 0.2</td><td>0.2</td></tr>
<tr><td>600～1000</td><td>1.0</td><td>0.4</td></tr>
<tr><td>1100～1500</td><td>1.6</td><td>0.45</td></tr>
<tr><td>≥1600</td><td>1.8</td><td>0.50</td></tr>
</table>

（7）采用电熔法连接的塑料管接口施工应符合下列要求：

1）熔接面应洁净、干燥。

2）熔接时不得用手触摸接口。

3）熔接时气温不得低于 5℃。

4）通电熔接时，严禁电缆线受力。

5）电熔设备、电极接线和熔接时间应符合塑料管生产企业的规定。

6）电气接线、拆卸作业必须由电工负责，并符合施工用电安全技术交底的具体要求。

（8）采用粘结剂粘结的塑料管接口施工应符合下列要求：

<table>
<tr><td colspan="2">安全技术交底记录</td><td>编号</td><td>×××
共×页第×页</td></tr>
<tr><td>工程名称</td><td colspan="3">××市政基础设施工程××标段</td></tr>
<tr><td>施工单位</td><td colspan="3">××市政建设集团</td></tr>
<tr><td>交底提要</td><td>排水（重力流）管道安装与铺设安全技术交底</td><td>交底日期</td><td>××年××月××日</td></tr>
</table>

1）粘结剂、丙酮等易燃物，必须存放在危险品仓库中；运输、使用时必须远离火源，严禁明火。

2）粘结接口作业时作业人员应佩戴防护用品，严禁明火，严禁用电炉加热粘结剂；气温低于5℃不得进行粘结接口施工。

4.管道勾头

（1）夜间施工应备有充足的照明。

（2）工作坑或检查井周围应设护栏、安全标志、警示灯。

（3）下井作业时，井上应有人监护，内外呼应，确认安全。

（4）作业前必须打开拟勾头、打堵的井口和邻近的井口送风。

（5）在勾头、打堵中使用水泵时，电气接线与拆卸必须由电工操作。

（6）在勾头、打堵作业过程中应对井内、管道内的氧气和有毒有害气体浓度进行动态监测，确认安全并记录。

（7）管道打堵，宜在低水位时进行；需在高水位打堵时，宜在上游采取分流、导流措施。管道断面较大、水位较高时，不宜人工打堵。

（8）施工前应根据设计文件，了解并掌握管道堵板结构，结合现场实际情况，编制勾头与打堵方案（含应急预案），经批准后实施；施工前必须向作业人员进行安全技术交底，并形成文件，未经交底严禁作业。

（9）下检查井前，必须对井内空气中氧气和有毒有害气体浓度进行检测，确认安全后方可进行勾头、打堵作业，遇有危及人身安全的异常情况，必须立即停止作业，分析原因，待采取安全技术措施后，方可恢复作业。

（10）管道打堵作业应符合下列要求：

1）打堵作业必须设专人指挥。

2）作业中必须采取防溺水措施。

3）打堵作业应由具有施工经验的技术工人操作。

4）井内作业人员应穿戴劳动保护用品，系安全绳。

5）井内照明电压不得大于12V，宜采用防水灯具。

审核人	交底人	接受交底人
×××	×××	×××、×××……

9.3 给水（压力流）管道安装与铺设

9.3.1 下管与稳管施工安全技术交底

安全技术交底记录		编号	×××
			共×页第×页
工程名称	××市政基础设施工程××标段		
施工单位	××市政建设集团		
交底提要	下管与稳管施工安全技术交底	交底日期	××年××月××日

交底内容：

1.施工过程中，临时中断作业应将管口两端临时封堵。

2.排管应根据管道设计及其沿线变坡点、折点、附件等的位置结合现场环境状况安排管子，并放置稳定，挡掩牢固。

3.钢管段较长采用多个三角架倒链等起重机具下管时，应由一个信号工统一指挥，同步作业，保持管段水平下落。

4.在沟槽外排管时，场地应平坦、不积水，并应根据土质、槽深确定管子与沟槽边缘的距离，且不得小于1m，管子应挡掩牢固。

5.使用手持电动砂轮机打磨管子坡口时，现场应划定作业区，非作业人员不得靠近。使用坡口机作业中，不得俯身近视工件，严禁用手触摸坡口和擦拭铁屑；工件过长时，应加装辅助托架；检查坡口质量时必须停机、断电；刀排、刀具安装必须吻合、牢固。

6.在沟槽上方架空排管时，应符合下列要求：

（1）排管下方严禁有人。

（2）沟槽顶部宽度不宜大于2m。

（3）支承每根管子的横梁顶面高程应相同。

（4）排管用的横梁两端在沟槽上与土基的搭接长度，每侧不得小于80cm。

（5）排管所使用的横梁断面尺寸、长度、间距应经计算确定；严禁使用糟朽、劈裂、有疖疤的木材作横梁。横梁安设后应检查，确认符合施工设计要求，并形成文件。

7.使用三角架倒链吊装应符合下列要求：

（1）三角架支搭应根据被吊装管子的质量进行受力验算，确认符合要求；三角架应立于坚实的地基上，支垫稳固，底脚宜呈等边三角形，支腿应用横杆连成整体，底脚处应加设垫板；三支腿顶部连接必须牢固。

（2）吊装过程中，管子下方严禁有人；暂停作业应将倒链降至地面或平台等安全处；拆除三角架时，应先摘除倒链。

<table>
<tr><td colspan="2">安全技术交底记录</td><td rowspan="2">编号</td><td>×××</td></tr>
<tr><td colspan="2"></td><td>共×页第×页</td></tr>
<tr><td>工程名称</td><td colspan="3">××市政基础设施工程××标段</td></tr>
<tr><td>施工单位</td><td colspan="3">××市政建设集团</td></tr>
<tr><td>交底提要</td><td>下管与稳管施工安全技术交底</td><td>交底日期</td><td>××年××月××日</td></tr>
</table>

（3）人工移动三角架前应拆除倒链，移动时，必须由作业组长指挥，每支脚必须设人控制，移动应平稳、步调一致。

（4）倒链安装应牢固，并符合下列要求：

1）吊物需暂时在空间停留时，必须将小链拴在大链上。

2）使用前应检查吊架、吊钩、链条、轮轴、链盘等部件，确认完好。

3）使用时应经常检查棘爪、棘爪弹簧和齿轮状况，确认制动有效。齿轮应经常加油润滑。

4）使用的链葫芦外壳应有额定吨位标记，严禁超载；气温在-10℃以下，不得超过其额定起重量的一半。

5）倒链使用完毕，应拆卸清洗干净，重新注加润滑油，组装完好，放至库房妥善保管，保持链条不锈蚀。

6）拉动链条必须一人操作，严禁两人以上猛拉；作业时应均匀缓进，并与链轮方向一致，不得斜向拽动；严禁人员站在倒链的正下方。

7）使用时，应先松链条、挂牢起吊物、缓慢拉动牵引链条，待起重链条受力后，再检查齿轮啮合和自锁装置的工作状况，确认合格后，方可继续起吊作业。

8.切断钢管应符合下列要求：

（1）不宜采用砂轮锯切管；切管后应将切口倒钝。

（2）使用切管机切管，作业中应按使用说明书操作；切管时进刀应平稳、匀速，不得过快；作业中应用刷子清除切屑，不得直接用手清除；机具设备必须安置在稳固的基础上；加工件两端应支平、卡牢；加工件的管径或椭圆度较大时，必须分两次进刀。

（3）使用手锯、切管器等切断时，工作台应安置稳固；加工件应垫平、卡牢；切断时用力应均衡，不得过猛；切断部位应采取承托措施。

9.钢管对口作业应符合下列要求：

（1）对口后，应及时将管身挡掩，并点焊固定。

（2）对口时，严禁将手脚放在管口或法兰连接处。

（3）采用机具对口时，机具操作工必须听从管工指令。

（4）人工调整管子位置必须由专人指挥，作业人员应精神集中，配合协调。

（5）点焊时，施焊人员应按规定佩戴面具等劳动保护用品，非施焊人员必须避开电弧光和火花。

<table>
<tr><td colspan="2" rowspan="2">安全技术交底记录</td><td rowspan="2">编号</td><td>×××</td></tr>
<tr><td>共×页第×页</td></tr>
<tr><td>工程名称</td><td colspan="3">××市政基础设施工程××标段</td></tr>
<tr><td>施工单位</td><td colspan="3">××市政建设集团</td></tr>
<tr><td>交底提要</td><td>下管与稳管施工安全技术交底</td><td>交底日期</td><td>××年××月××日</td></tr>
</table>

10.管道接口部位应挖接口工作坑，工作坑的尺寸应符合下表 9-3-1 的要求：

表 9-3-1 接口工作坑尺寸

<table>
<tr><td rowspan="3">接口类型</td><td rowspan="3">管径（mm）</td><td colspan="5">工作坑尺寸（m）</td></tr>
<tr><td colspan="2" rowspan="2">宽度</td><td colspan="2">长度</td><td rowspan="2">深度</td></tr>
<tr><td>承口前</td><td>承口后</td></tr>
<tr><td rowspan="3">刚性口</td><td>75～300</td><td colspan="2">管径+0.6</td><td>0.8</td><td>0.2</td><td>0.3</td></tr>
<tr><td>400～700</td><td colspan="2">管径+1.2</td><td>1.0</td><td>0.3</td><td>0.4</td></tr>
<tr><td>800～1200</td><td colspan="2">管径+1.2</td><td>1.0</td><td>0.3</td><td>0.5</td></tr>
<tr><td rowspan="4">滑入式柔性接口</td><td>≤500</td><td rowspan="4">承口外径加</td><td>0.8</td><td rowspan="4">0.5</td><td rowspan="4">承口长度加 0.2</td><td>0.2</td></tr>
<tr><td>600～1000</td><td>1.0</td><td>0.4</td></tr>
<tr><td>1100～1500</td><td>1.6</td><td>0.45</td></tr>
<tr><td>≥1600</td><td>1.8</td><td>0.50</td></tr>
</table>

审核人	交底人	接受交底人
×××	×××	×××、×××……

9.3.2 钢管焊接与切割施工安全技术交底

<table>
<tr><td colspan="2" rowspan="2">安全技术交底记录</td><td rowspan="2">编号</td><td>×××</td></tr>
<tr><td>共×页第×页</td></tr>
<tr><td>工程名称</td><td colspan="3">××市政基础设施工程××标段</td></tr>
<tr><td>施工单位</td><td colspan="3">××市政建设集团</td></tr>
<tr><td>交底提要</td><td>钢管焊接与切割施工安全技术交底</td><td>交底日期</td><td>××年××月××日</td></tr>
<tr><td colspan="4">交底内容：
1.作业现场应划定作业区，并设安全标志，非作业人员不得入内。
2.焊接（切割）作业后必须整理缆线、锁闭闸箱、清理现场、熄灭火种，待焊、割件余热消除后，方可离开现场。
3.焊工应经专业培训、考试合格，取得焊接操作证和锅炉压力容器压力管道特种设备操作人员资格证，方可上岗作业。
4.凡患有中枢神经系统器质性疾病、植物神经功能紊乱、活动性肺结核、肺气肿、精神病或神经官能症者，不宜从事焊接作业。
5.焊接（切割）作业中涉及的电气安装引接、拆卸、检查必须由电工操作，严禁非电工作业，并应符合施工用电安全技术交底具体要求。
6.采用手工氩弧焊等焊接工艺时，弧光区应实行封闭；焊接时应加强通风；对焊机高频回路和高压缆线的电气绝缘应加强检查，确认绝缘符合规定。
7.焊接作业必须纳入现场用火管理范畴。现场必须根据工程规模、结构特点、施工季节和环境状况，按消防管理部门的规定配备消防器材，采取防火措施，保持安全，作业前必须履行用火申报手续，经消防管理人员检查，确认现场消防安全措施落实后，方可签发用火证。作业人员持用火证后，方可焊接作业。
8.作业人员必须按规定佩戴齐全的防护用品，并符合下列要求：
（1）焊工作业必须佩戴耐火、状态良好、足够干燥的防护手套。
（2）作业人员应根据具体的焊接（切割）操作特点选择穿戴防护服。
（3）需要对腿做附加保护时，必须使用耐火的护腿或其他等效的用具。
（4）作业人员身体前部需要对火花和辐射做附加保护时，必须使用经久耐火的皮制或其他材质的围裙。
（5）当现场噪声无法控制在规定的允许声级范围内时，必须采取保护装置（耳套、耳塞）或其他适用的保护方式。
（6）施焊中，利用通风手段无法将作业区域内的空气污染降至允许限值或这类控制手段无法实施时，必须使用呼吸保护装置，如长管面具、防毒面具和防护微粒口罩等。</td></tr>
</table>

<table>
<tr><td colspan="2" rowspan="2">安全技术交底记录</td><td rowspan="2">编号</td><td>×××</td></tr>
<tr><td>共×页第×页</td></tr>
<tr><td>工程名称</td><td colspan="3">××市政基础设施工程××标段</td></tr>
<tr><td>施工单位</td><td colspan="3">××市政建设集团</td></tr>
<tr><td>交底提要</td><td>钢管焊接与切割施工安全技术交底</td><td>交底日期</td><td>××年××月××日</td></tr>
<tr><td colspan="4">（7）在仰焊、切割等操作中，必要时应佩戴皮制或其他耐火材质的套袖或披肩罩，也可在头罩下佩戴耐火质的防灼伤的斗篷。
（8）作业人员观察电弧时必须使用带有滤光镜的头罩或手持面罩，或佩戴安全镜、护目镜，或其他合适的眼镜，登高焊接时应戴头盔式面罩和阻燃安全带，辅助人员应佩戴类似的眼保护装置。
（9）焊工防护鞋应具有绝缘、抗热、阻燃、耐磨损和防滑性能。电焊工穿的防护橡胶鞋底应经耐规定电压试验，确认合格，鞋底不得有鞋钉，积水地面作业时，焊工应穿经耐规定电压试验，并确认合格的防水胶鞋。
（10）防护用品必须干燥、完好，严禁使用潮湿和破损的防护用品。在潮湿地带作业时，作业人员必须站在铺有绝缘的垫物上，并穿绝缘胶鞋。
9.高处作业必须设作业平台，宽度不得小于80cm，高处作业下方不得有易燃、易爆物，且严禁下方有人。作业时，应设专人值守。高处作业搭设作业平台，并符合下列要求：
（1）支搭、拆除作业必须由架子操作工负责。
（2）在斜面上作业宜架设可移动式的作业平台。
（3）脚手架、作业平台不得与模板及其支承系统相连。
（4）作业平台、脚手架，各节点的连接必须牢固、可靠。
（5）脚手架应根据施工时最大荷载和风力进行施工设计，支搭必须牢固。
（6）作业平台宽度应满足施工安全要求，在平台范围内应铺满、铺稳脚手板。
（7）作业平台临边必须设防护栏杆，上下作业平台应设安全梯或斜道等设施。
（8）脚手架和作业平台，使用前应进行检查、验收，确认合格，并形成文件；使用中应设专人随时检查，发现变形、位移应及时采取安全措施并确认安全。
10.焊接作业场所应符合下列要求：
（1）作业场所必须有良好的天然采光或充足的人工照明。
（2）作业场地应平整、清洁、干燥，无障碍物，通风良好。
（3）现场地面上的井坑、孔洞必须采取加盖或围挡等措施，夜间和阴暗时尚须加设警示灯。
（4）焊接设备、焊机、切割机具、气瓶、电缆和其他器具等必须放置稳妥有序，并不得对附近的作业与人员构成妨碍。
（5）施焊区周围10m范围内，不得放置气瓶、木材等易燃易爆物；不能满足时，应采用阻燃物或耐火屏板（或屏罩）隔离防护，并设安全标志。</td></tr>
</table>

<table>
<tr><td colspan="2" rowspan="2">安全技术交底记录</td><td rowspan="2">编号</td><td>×××</td></tr>
<tr><td>共×页第×页</td></tr>
<tr><td>工程名称</td><td colspan="3">××市政基础设施工程××标段</td></tr>
<tr><td>施工单位</td><td colspan="3">××市政建设集团</td></tr>
<tr><td>交底提要</td><td>钢管焊接与切割施工安全技术交底</td><td>交底日期</td><td>××年××月××日</td></tr>
</table>

11.使用电弧焊设备应符合下列要求：

（1）露天作业使用的电焊机应设防护设施。

（2）焊机的电源开关必须单独设置，并设自动断电装置。

（3）多台焊机作业时，应保持间距 50cm 以上，不得多台焊机串联接地。

（4）受潮设备使用前，必须彻底干燥，并经电工检验，确认合格，并记录。

（5）作业结束后，电焊设备应经清理，停置在清洁、干燥的地方，并加遮盖。

（6）作业中，裸露导电部分必须有防护罩和防护设施，严禁与人员和车辆、起重机、吊钩等金属物体相接触。

（7）焊接设备的工作环境应与其说明书的规定相符合，安放在通风、干燥、无碰撞、无剧烈震动、无高温、无易燃品存在的地方。

（8）在特殊环境条件下（室外的雨雪中，温度、湿度、气压超出正常范围或具有腐蚀、爆炸危险的环境），必须对设备采取特殊的防护措施。

（9）作业时，严禁把接地线连接在管道、机械设备、建（构）筑物金属构架和轨道上，接地电阻不得大于 4Ω，现场应设专人检查，确认安全。

（10）长期停用的焊机恢复使用时必须检验，其绝缘电阻不得小于 0.5MΩ，接线部分不得有腐蚀和受潮现象。使用前，必须经检查，确认合格，并记录。

12.焊缝检查应符合下列要求：

（1）检测设备周围必须设围挡。

（2）仪表设施出现故障时，必须关机、断电后方可处理。

（3）使用超声波探伤仪作业时，仪器通电后严禁打开保护盖。

（4）长期从事射线探伤的检测人员应按劳动保护规定，定期检查身体。

（5）无损探伤的检测人员应经专业技术培训，考试合格，持证上岗。

（6）无损探伤检测现场应划定作业区，设安全标志。作业时，应派人值守，非检测人员严禁入内。

（7）检测设备及其防护装置应完好、有效。使用前应经具有资质的检测单位检测，确认合格，并形成文件。

（8）检测设备的电气接线和拆卸必须由电工操作，检测中应保护缆线完好无损，发现缆线破损、漏电征兆时，必须立即停机、断电，由电工处理。

（9）x、γ射线探伤人员必须按规定佩戴防射线劳动保护用品，并应在防射线屏蔽保护下操作；x、γ射线射源运输、使用过程中，必须按其说明书规定采取可靠的防护措施。

<table>
<tr><td colspan="2" rowspan="2">安全技术交底记录</td><td rowspan="2">编号</td><td>×××</td></tr>
<tr><td>共×页第×页</td></tr>
<tr><td>工程名称</td><td colspan="3">××市政基础设施工程××标段</td></tr>
<tr><td>施工单位</td><td colspan="3">××市政建设集团</td></tr>
<tr><td>交底提要</td><td>钢管焊接与切割施工安全技术交底</td><td>交底日期</td><td>××年××月××日</td></tr>
</table>

（10）现场作业使用射线探伤仪时，应设射线屏蔽防护遮挡和醒目的安全标志。射源必须根据探伤仪和防射线要求设有足够的屏蔽保护，确认安全，并应由专人管理、使用；现场放置和作业后必须置于安全、可靠的地方，避离人员；作业后必须及时收回专用库房存放。

13.构成焊接（切割）回路的焊接电缆必须适合焊接的实际操作条件，并应符合下列要求：

（1）电缆禁止搭在气瓶等易燃物上；禁止与油脂等易燃物质接触。

（2）电焊缆线长度不宜大于30m，需要加长时，应相应增加导线的截面。

（3）焊接缆线应理顺，严禁搭在电弧和炽热的焊件附近和锋利的物体上。

（4）焊机接线完成后，操作前，必须检查每一个接头，确认线路连接正确、良好，接地符合规定要求。

（5）作业中，焊接电缆必须经常进行检查；损坏的电缆必须及时更换或修复，并经检查，确认符合要求，方可使用。

（6）能导电的物体（如管道、轨道、金属支架、暖气设备等）不得用作焊接电路；锁链、钢丝绳、起重机、卷扬机或升降机不得用于传输焊接电流。

（7）电焊缆线穿越道路时，必须采取保护措施（如设防护套管等）；通过轨道时，必须从轨道下穿过。缆线受损或断股时，必须立即更换，并确认完好。

（8）构成焊接回路的焊接电缆外皮必须完整、绝缘良好（绝缘电阻大于 1MΩ），不得将其放在高温物体附近。焊接电缆宜使用整根导线，需接长时，接头处必须连接牢固、绝缘良好。

14.使用焊钳、焊枪等应符合下列要求：

（1）焊钳不得在水中浸透冷却。

（2）电焊机二次侧引出线、焊把线、电焊钳的接头必须牢固。

（3）作业中，严禁焊条或焊钳上带电部件与作业人员身体接触。

（4）作业中不得身背、臂夹电焊缆线和焊钳，不得使焊钳受重力撞击受损。

（5）作业中不得使用受潮焊条。更换焊条必须戴绝缘手套，手不得与电极接触。

（6）焊钳不使用时，必须置于与人员、导电体、易燃物体或压缩空气瓶不接触处；金属焊条和焊极不使用时，必须从焊钳上取下。

（7）焊钳握柄必须绝缘良好，握柄与导线连接应牢靠，接触良好，连接处应采用绝缘布包严，不得外露；电焊钳必须具备良好的绝缘和隔热性能，并维护正常。

安全技术交底记录		编号	××× 共×页第×页
工程名称	××市政基础设施工程××标段		
施工单位	××市政建设集团		
交底提要	钢管焊接与切割施工安全技术交底	交底日期	××年××月××日

15.电弧焊（切割）应符合下列要求：

（1）焊接预热件时，应采取防止辐射热的措施。

（2）在木模板上施焊时，应在施焊部位下面垫隔热阻燃材料。

（3）闭合开关时，作业人员必须戴干燥完好的手套，并不得面向开关。

（4）严禁对承压状态下的压力容器和管道、带电设备、承载结构的受力部位与装有易燃、易爆物品的容器进行焊接和切割。

（5）在喷刷涂料的环境内施焊前，必须制订专项安全技术措施，并经专家论证，确认安全并形成文件后，方可进行；严禁在未采取措施的情况下施焊。

（6）需施焊受压容器、密封容器、油桶、管道、沾有可燃气体和溶液的工件时，必须先消除其内压力；消除可燃气体和溶液；并冲洗有毒、有害、易燃物质，确认合格后，方可进行。

（7）施焊存贮易燃、易爆物的容器、管道前，必须打开盖口，根据存贮的介质性质，按其技术规定进行置换和清洗，经检测，确认合格并记录，方可进行；施焊中尚须采取严格地强制风和监护措施；对存有残余油脂的容器，应先用蒸汽、碱水冲洗，确认干净，并灌满清水后，方可施焊。

（8）作业中，如需变换作业地点、移动焊机、更换电极或喷嘴、改变接线方式或焊接中突然停电；电焊机出现故障、响声异常、电缆线破损、漏电征兆、更换或修复电缆等情况停止作业后，必须立即停机，切断电源。

16.进入容器、管道、管渠（沟）、小室等封闭空间内作业时应符合下列要求：

（1）照明电压不得大于12V。

（2）作业人员应轮换至空间外休息。

（3）作业时，作业环境的空气中电焊烟尘的浓度不超过6mg / m^3。

（4）焊工身体应用干燥的绝缘材料与焊件和可能导电的地面相隔。

（5）进入封闭空间前，必须先打开拟进及其相邻近的盖板或井孔，进行通风。

（6）施焊用气瓶和焊接电源必须放置在封闭空间的外面，严禁将正在燃烧的焊割具放在其内。

（7）现场必须配备氧气和有毒、有害气体浓度检测仪器；仪器应由具有资质的检测部门按规定校正，确认合格，方可使用。

（8）施焊时，出入口处必须设人监护，内外呼应，保持联系，确认安全，严禁单人作业。监护人员必须具有能在紧急状态下迅速救出和保护里面作业人员的救护措施、能力和设备。

安全技术交底记录		编号	××× 共×页第×页
工程名称	××市政基础设施工程××标段		
施工单位	××市政建设集团		
交底提要	钢管焊接与切割施工安全技术交底	交底日期	××年××月××日

（9）当作业环境中有毒有害气体超过允许浓度，而必须进入作业时，作业人员必须佩戴满足安全要求的供气呼吸器。供给呼吸器或呼吸设备的压缩空气必须满足作业人员正常的呼吸要求。

17.氧燃气焊接（切割）应符合下列要求：

（1）作业中不得使用原材料为电石的乙炔发生器。

（2）作业中氧气瓶与乙炔气瓶的距离不得小于10m。

（3）气瓶必须专用，并应配置手轮或专用扳手启闭瓶阀。

（4）作业中禁止在带压或带电压的容器、管道等上施焊。

（5）现场应根据气焊工作量安排相应的气瓶用量计划，随用随供，现场不宜多存。

（6）作业中，严禁使用氧气代替压缩空气，用于氧气的气瓶、管线等严禁用于其他气体。

（7）所有与乙炔相接触的部件（仪表、管路附件等）不得由铜、银以及铜或银含量超过70%的合金制成。

（8）气焊作业人员必须穿工作服、佩戴手套、护目镜等安全防护用品，个人防护用品应符合国家标准具体规定。

（9）氧气瓶、气瓶阀、接头、减压器、软管和设备必须与油、润滑脂和其他可燃物、爆炸物相隔离。严禁用沾有油污的手、带有油迹的手套触碰气瓶或氧气设备。

（10）现场应设各种气瓶专用库房，各种气瓶不使用时应存放库房，并应建立领发气瓶管理制度，由专人领用和退回。

（11）使用焊炬、割炬必须按使用说明书规定的焊、割炬点火和调节与熄火的程序操作；点火前，应检查，确认焊、割炬的气路通畅、射吸能力和气密性等符合要求；点火应使用摩擦打火机、固定的点火器或其他适宜的火种；焊、割炬不得指向人、设施和可燃物。

（12）气瓶及其附件、软管、气阀与焊（割）炬的连接处应牢固，不得漏气；使用前和作业中应检查、试验，确认严密；检查严密性时应采用肥皂水，严禁使用明火。

（13）气瓶使用时必须稳固竖立或装在专用车（架）或固定装置上；气瓶不得作为滚动支架，禁止使用各种气瓶作登高支架或支撑重物的衬垫、支架。

（14）氧气、乙炔等气瓶必须按规定期限贮存，气瓶必须储放在远离电梯、楼梯或过道等不被其他物碰翻或损坏的指定地点；气瓶储放不得遭受物理损坏，储放地点的温度不得超过40℃；气瓶储放时，必须与可燃物、易燃液体隔离，并远离易引燃的材料（木材、纸张、包装材料、油脂等）至少6m以上，或用至少1.6m高的不可燃隔板隔离。

<table>
<tr><td colspan="2">安全技术交底记录</td><td>编号</td><td>×××
共×页第×页</td></tr>
<tr><td>工程名称</td><td colspan="3">××市政基础设施工程××标段</td></tr>
<tr><td>施工单位</td><td colspan="3">××市政建设集团</td></tr>
<tr><td>交底提要</td><td>钢管焊接与切割施工安全技术交底</td><td>交底日期</td><td>××年××月××日</td></tr>
</table>

（15）严禁使用未安装减压器的氧气瓶，减压器应完好，使用前应检查，确认合格，并符合使用气体特性及其压力；从气瓶上拆卸减压器前，必须将气瓶阀关闭，并将减压器内的剩余气体释放干净；减压器的连接螺纹和接头必须保证减压器与气瓶阀或软管连接良好、无泄漏；减压器在气瓶上应安装合理、牢固。采用螺纹连接时，应拧足五个螺扣以上；采用专用的夹具压紧时，卡具安装应平整牢固；同时使用两种气体进行焊接或切割时，不同气瓶减压器的出口端，都应各自装设防止气流相互倒灌的单向阀。

（16）作业中，应经常检查用于焊接和气割输送气体的软管，保持软管完好，禁止使用泄漏、烧坏、磨损、老化或有其他缺陷的软管；焊接胶管应妥善固定，禁止将胶管缠绕身上作业；禁止将气体胶管与焊接电缆、钢丝绳绞在一起；作业中不得手持连接胶管的焊炬爬梯、登高。

（17）使用气瓶应符合下列要求：

1）禁止用电极敲击气瓶，在气瓶上引弧。

2）气瓶不得作为滚动支架和支撑重物的托架。

3）气瓶必须远离散热器、管路系统、电路排线等。

4）气瓶必须距离实际焊接（切割）作业点5m以上。

5）气瓶必须稳固竖立，装在专用车（架）或固定装置上。

6）气瓶不得置于受阳光暴晒、热源辐射和可能受到电击的地方。

7）严禁用沾有油污的手或带有油迹的手套触碰氧气瓶或氧气设备等。

8）气瓶使用后禁止放空，必须留有不小于98kPa～196kPa表压的余气。

9）气瓶上安装的压力表必须经检测，确认合格，并在使用中保持完好。

10）使用中的气瓶应进行定期检查，使用期满或送检未合格的气瓶禁止继续使用。

11）气瓶冻住时，不得在阀门或阀门保护帽下面用撬杠撬动气瓶松动；应使用40℃以下的温水解冻。

12）作业结束后，必须关闭气瓶阀、旋紧安全阀，放置安全处，检查作业场地，确认无燃火隐患，方可离开。

（18）氧气、乙炔等气瓶运输必须符合下列要求：

1）易燃、油脂和油污物品，严禁与氧气瓶同车运输。

2）运输车辆在道路、公路上行驶时，应挂有“危险品”标志，严禁在车、行人稠密地区、学校、娱乐和危险性场所停置。

3）搬运气瓶时，必须关紧气瓶阀，旋紧瓶帽，不得提拉气瓶上的阀门保护帽；严禁采用肩扛、背负、拖拉、抛滑及其他易造成损伤、碰撞等的搬运方法；轻装、轻卸，避免可能损伤瓶体、瓶阀或安全装置的剧烈碰撞；气瓶不得使用吊钩、钢索或电磁吸盘吊运。

<table>
<tr><td colspan="2" rowspan="2">安全技术交底记录</td><td rowspan="2">编号</td><td>×××</td></tr>
<tr><td>共×页第×页</td></tr>
<tr><td>工程名称</td><td colspan="3">××市政基础设施工程××标段</td></tr>
<tr><td>施工单位</td><td colspan="3">××市政建设集团</td></tr>
<tr><td>交底提要</td><td>钢管焊接与切割施工安全技术交底</td><td>交底日期</td><td>××年××月××日</td></tr>
</table>

4）用车装运气瓶应妥善固定，汽车装运气瓶宜横向，且头部朝一向放置，不得超过车厢高度，装运气瓶的车厢应固定，且通风良好，车厢内禁止乘人和严禁烟火，并必须按所装气瓶种类备有相应的灭火器材和防毒器具。

5）使用载重汽车运输氧气瓶时，其装载、包装、遮盖必须符合有关的安全规定；装载质量不得超过额定载重量的 70%；途中应避开火源、火种、居民区、建筑群等；装运时，车厢底面应置用减轻氧气瓶振动的软垫层；炎热季节应选择阴凉处停放，不得受阳光暴晒；装卸时严禁火种；装运前，车厢板的油污应清除干净，严禁混装有油料或盛油容器或备用燃油。

18.不锈钢焊接时，尚应符合下列要求：

（1）不锈钢在用等离子切割过程中，必须遵守氩弧焊接的安全技术规定。当电弧停止时，不得立即去检测焊缝。

（2）氩弧焊接施焊现场应具有良好的自然通风，或配置能及时排除有毒有害气体和烟尘的换气装置，保持作业点空气流通。施焊时作业人员应位于上风处，并应间歇轮流作业；打磨钨极棒时，必须戴防尘口罩和眼镜。接触钨极后，应及时洗手、漱口。钨极棒应放置封闭的铅盒内，专人保管不得乱放；手工钨极氩弧焊接时，电源应采用直流正接；施焊中，作业人员必须按规定穿戴防护用品。在容器内施焊时应戴送风式头盔、送风式口罩或防毒口罩等防护用品；使用交流钨极氩弧焊机，应采用高频稳弧措施，将焊枪和焊接导线用金属纺织线屏蔽，并采取预防高频电磁场危及双手的措施。

（3）使用直流焊机焊接应采用“反接法”，即工件接负极。焊机正负标记不清或转钮与标记不符时，使用前必须用万能电用表检测，确认正负极后，方可操作。停焊后，必须将焊条头取出或将焊钳挂牢在规定处，严禁乱放。

（4）施焊中，使用砂轮打磨坡口和清理焊缝前，必须检查砂轮片及其紧固状况，确认砂轮片完好、紧固，并佩戴护目镜。

（5）酸洗和钝化不锈钢工件应符合下列要求：

1）凡患呼吸系统疾病者不宜从事酸洗作业。

2）使用不锈钢丝刷清刷焊缝时，应由里向外推刷，不得来回刷。

3）酸洗时，作业人员必须穿戴防酸工作服、口罩、防护眼镜、乳胶手套和胶鞋。

4）氢氟酸等化学物品必须在专用库房内妥善保管，并建立相应的管理制度，专人领用，余料及时退库存放。

5）酸洗钝化后的废液必须经专项处理，严禁乱弃倒。

审核人	交底人	接受交底人
×××	×××	×××、×××……

9.3.3 管道接口施工安全技术交底

<table>
<tr><td colspan="2" rowspan="2">安全技术交底记录</td><td rowspan="2">编号</td><td>×××</td></tr>
<tr><td>共×页第×页</td></tr>
<tr><td>工程名称</td><td colspan="3">××市政基础设施工程××标段</td></tr>
<tr><td>施工单位</td><td colspan="3">××市政建设集团</td></tr>
<tr><td>交底提要</td><td>管道接口施工安全技术交底</td><td>交底日期</td><td>××年××月××日</td></tr>
</table>

交底内容：

1.用于给水管道的接口密封圈、粘结剂、滑润剂、清洗剂等，不得有碍水质卫生，影响人体健康。

2.胶圈接口安装前应检查倒链、钢丝绳、索具等工具，确认合格，方可作业；撞口时，手必须离开管口位置。

3.油麻、水泥等填料接口作业应符合下列要求：

（1）拌和与填打填料时，应佩戴手套、眼镜、口罩。

（2）蘸油麻时，应戴防护手套；使用夹具应轻拿轻放。

（3）作业前应检查锤子、錾子等工具，确认完好，锤头连接牢固，锤柄无糟朽、裂痕，錾子无裂纹毛刺。

4.机械接口作业应符合下列要求：

（1）法兰压盖应与法兰盘平行。

（2）法兰螺栓安装方向应一致，且应将可旋紧螺母的一端安装在承口的前方。

（3）旋紧螺母时，应沿圆周方向两两螺母对称轮换旋紧。

（4）旋紧螺母时，不得随意加长扳手的把柄，宜采用测力扳手旋紧。

5.高处作业应设作业平台，应符合下列要求：

（1）支搭、拆除作业必须由架子操作工负责。

（2）在斜面上作业宜架设可移动式的作业平台。

（3）脚手架、作业平台不得与模板及其支承系统相连。

（4）作业平台、脚手架，各节点的连接必须牢固、可靠。

（5）脚手架应根据施工时最大荷载和风力进行施工设计，支搭必须牢固。

（6）作业平台宽度应满足施工安全要求，在平台范围内应铺满、铺稳脚手板。

（7）作业平台临边必须设防护栏杆，上下作业平台应设安全梯或斜道等设施。

（8）脚手架和作业平台，使用前，应进行检查、验收，确认合格，并形成文件；使用中应设专人随时检查，发现变形、位移应及时采取安全措施并确认安全。

6.铅接口作业应符合下列要求：

（1）装铅液的容器不得用锡焊制。

（2）作业时应设专人指挥，分工明确，互相呼应。

安全技术交底记录		编号	××× 共×页第×页
工程名称	××市政基础设施工程××标段		
施工单位	××市政建设集团		
交底提要	管道接口施工安全技术交底	交底日期	××年××月××日

(3)容器灌装铅液量,不得超过容器高度的2/3。

(4)熔铅作业时严禁将水或潮湿的铅块放入已熔化的铅液内。

(5)安装长箍前,必须将管口内的水分吹干;灌铅口必须留在管子的正上方。长箍应安牢,四周必须用泥封严。

(6)灌铅作业人员应戴防护面具和穿戴全身防护用品,站在管顶,灌铅口应朝外;灌注时应从一侧徐徐灌入,随灌随排气;一旦发生爆声,必须立即停止作业。

(7)抬运铅液的道路应平坦,从沟槽上到灌铅的管顶,应搭设平稳牢固的操作平台、斜道,人行土坡道系沟槽(基坑)边坡侧采取挖(填)土石方的方法修筑成的斜向临时道路。市政基础设施工程施工工地常采用土坡道供施工人员上下沟槽(基坑)或运输施工物资、构件之用。

审核人	交底人	接受交底人
×××	×××	×××、×××……

9.3.4 管道勾头施工安全技术交底

<table>
<tr><td colspan="2" rowspan="2">安全技术交底记录</td><td rowspan="2">编号</td><td>×××</td></tr>
<tr><td>共×页第×页</td></tr>
<tr><td>工程名称</td><td colspan="3">××市政基础设施工程××标段</td></tr>
<tr><td>施工单位</td><td colspan="3">××市政建设集团</td></tr>
<tr><td>交底提要</td><td>管道勾头施工安全技术交底</td><td>交底日期</td><td>××年××月××日</td></tr>
<tr><td colspan="4">交底内容：
1.勾头施工应在约定的停水期限内完成。
2.闸门关闭、开启工作应由管理单位的人员操作。
3.切管后新装的管件应按设计或管理单位要求砌筑支墩。
4.新建与已建管道连通后，开闸放水时应采取排气措施。
5.切管时应将被截管段支牢或吊装固定；卸盖堵时应将盖堵悬吊或支牢。
6.勾头施工应统一指挥，明确分工，与管理单位派至现场的人员密切配合。
7.新装闸门与已建管道之间的管件，应在清除污物并消毒合格后，方可安装。
8.切管或卸盖堵时，应及时排水，控制管道中的水量，始终保持集水坑水面低于管底。
9.工作坑边坡应稳定，不得塌方，排水设施应齐全，排水路线通畅，且不得影响交通和居民的生活。
10.勾头前应根据管径、埋深和现场环境状况编制勾头方案，规定工作坑尺寸、排水措施、勾头方法、程序和相应的安全技术措施，并经管理单位签认。
11.关闸后，应开启停水管段内的消火栓或用户水龙头放水；管段内仍有水压时，应检查原因，采取降压措施。</td></tr>
</table>

审核人	交底人	接受交底人
×××	×××	×××、×××……

9.3.5 附件安装施工安全技术交底

安全技术交底记录		编号	×××
			共×页第×页
工程名称	××市政基础设施工程××标段		
施工单位	××市政建设集团		
交底提要	附件安装施工安全技术交底	交底日期	××年××月××日

交底内容：

1.人工安装附件应由专人指挥，作业人员应协调一致，并应采取防挤手的措施。

2.附件安装前，应学习设计文件和产品说明书，掌握吊点位置和安装要求，确定吊装方案，选择吊装机具，制订相应的安全技术措施。

3.法兰安装应符合下列要求：

（1）法兰压盖应与法兰盘平行。

（2）穿螺栓时，身体应避开螺栓孔。

（3）旋紧螺母时，应沿圆周方向两两螺母对称轮换旋紧。

（4）采用机具安装时，必须待法兰临时固定后，方可松绳。

（5）作业高度大于1.2m时，应设牢固的作业平台和安全梯。

（6）旋紧螺母时，不得随意加长扳手的把柄，宜采用测力扳手旋紧。

（7）法兰螺栓安装方向应一致，且应将可旋紧螺母的一端安装在承口的前方。

4.阀门安装应符合下列要求：

（1）吊装阀门未稳固前，严禁吊具松绳。

（2）阀门安装完毕，确认稳固后方可拆除临时支承设施。

（3）吊装阀门不得以阀门的手轮、手柄或传动机构做支、吊点。

（4）阀门安装螺栓应均匀、对称紧固，不得施力过猛；紧固时，严禁加长扳手手柄。

（5）安全阀、水锤消除器、压力表等安装应符合下列要求：

1）安装过程中，应采取保护措施，严禁碰撞、损坏。

2）施工前，应按设计要求选择具有资质的企业生产的合格产品，并具有合格证书。

3）安装后应经检查验收，确认合格并记录；使用中应保持完好，并定期检验，确认合格。

4）安全阀、水锤消除器安装时严禁加装附件；安装完毕，应按设计规定进行压力值调定，并经验收后锁定。

5）安装时，应按设计和产品说明书的要求进行；附件应齐全，位置应正确，安装应牢固，质量应符合规定。

审核人	交底人	接受交底人
×××	×××	×××、×××……

9.3.6 过河管道施工安全技术交底

安全技术交底记录		编号	×××
			共×页第×页
工程名称	××市政基础设施工程××标段		
施工单位	××市政建设集团		
交底提要	过河管道施工安全技术交底	交底日期	××年××月××日

交底内容：

1.过河管道宜在枯水季节施工。

2.管道验收合格后应及时回填沟槽。

3.作业区临水边缘应设护栏和安全标志。

4.过河管道施工，应向河道管理部门申办施工手续，经批准后方可施工。

5.需到超过 1.2m 深的水域作业时，应选派熟悉水性的人员操作，并应采取防溺水的安全措施。

6.施工前应调查河道的水文和工程地质资料与最高洪水位、流量、流速、上下游闸堤建筑、通航情况及施工范围内的地上、地下设施等河道现况；据此，编制施工组织设计，并制订相应的安全技术措施。

7.河水完成导流，围堰或坝内疏干后，方可开挖管道土方；作业中应随时观察坝、围堰的稳定、渗漏情况；发现渗漏必须及时处理；发现坍塌征兆必须立即停止作业，将机械、人员撤至安全地点，并抢修坝、围堰。

8.导流渡管施工时渡管的过水断面应经水力计算确定；安装双排以上渡管时，渡管之间的净距应大于或等于 2 倍管径；渡管应采用钢管焊接，上下游坝体范围内的管外壁应设止水环；渡管吊装应采用起重机进行；人工运渡管、就位应统一指挥，上下游作业人员应协调配合；渡管必须稳定地嵌固于坝体内。

9.采用筑坝或围堰施工应符合下列要求：

（1）筑堰应自上游开始至下游合拢，堰顶填出水面后应分层夯实。

（2）坝、堰顶的高度应比施工期间可能出现的最高水位高 70cm 以上。

（3）坝、围堰的设置应满足过河管道开槽、安装作业、施工排水等要求。

（4）围堰外形的确定应考虑河道断面被压缩后流速增大，引起对堰体、河床冲刷等因素的影响。

（5）坝或围堰断面应根据坝、堰体高度和迎水面水深、沟槽深度、河床地质情况与施工时的运土、堆土、排水设施等因素确定；坝或围堰断面应满足在施工期间最大流量、流速时，坝或堰体稳定性的要求。

（6）拆除坝和围堰应事先通知河道管理部门，拆除时应从河道中心向两岸进行，将坝和围堰拆除干净，不得影响航运和污染水体。

10.沉管法施工应符合下列要求：

安全技术交底记录		编号	××× 共×页第×页
工程名称	××市政基础设施工程××标段		
施工单位	××市政建设集团		
交底提要	过河管道施工安全技术交底	交底日期	××年××月××日

（1）钢管吊点应据吊装应力与变形进行验算确定。

（2）管段在水中采用浮箱法分段连接时，浮箱必须止水严密。

（3）水下回填时，应投抛砂砾石，将管道拐弯处固定后，再均匀回填沟槽。

（4）在河道内进行管道浮运、拖运、沉放等作业，应符合河道、航道等管理部门的规定，并应在航道管理部门的监护下进行。

（5）沉管时应在上游设拉结绳；管道充水时应同时排气；下沉速度不得过快；吊装沉管的两端起重设备，应同步沉放，保持管道水平，待管段在槽底就位稳固后，方可摘除吊钩。

（6）沉管作业前应进行下列准备工作：

1）在岸上组装的钢管段应进行水压试验，确认合格。

2）沉管作业船舶必须锚固保持船体平稳。

4）沉管必须用缆绳捆绑牢固。

5）灌水设备和排气阀门应完好、有效。

6）潜水员的潜水准备工作完成，并经检查，确认合格。

（7）牵引起重设备应完好且安装完毕，经试运转确认合格；在岸边设卷扬机进行牵引作业时，应符合下列要求：

1）卷扬机操作工应经安全技术培训，考核合格，方可上岗。

2）作业时必须设信号工指挥，作业人员应精神集中，步调一致。

3）卷扬机制动操作杆的行程范围内，不得有障碍物或阻卡现象。

4）卷扬机应搭设工作棚。操作人员应能看清指挥人员和拖动的管子。

5）运行前方和两侧必须划定作业区、设安全标志，严禁非作业人员进入。

6）使用皮带或开式齿轮传动的部分，均应设防护罩，导向滑轮不得用开拉板式滑轮。

7）作业中，严禁任何人跨越正在作业的钢丝绳；卷扬机工作时，操作人员禁止离开卷扬机。

8）双筒卷扬机两个卷筒同时工作时，每个卷筒的起重量不得超过额定起重量的50%，严禁超载作业。

9）作业前，应检查卷扬机的弹性联轴器、制动装置、安全防护装置、电气线路及其接零或接地线和钢丝绳等，均确认合格后，方可使用。

10）卷扬机前方设导向滑轮时，导向滑轮至卷扬机的距离不得小于卷筒长度的15倍，并应使钢丝绳与卷筒轴保持垂直。

审核人	交底人	接受交底人
×××	×××	×××、×××……

9.4 管道附属构筑物工程

<table>
<tr><td colspan="2" rowspan="2">安全技术交底记录</td><td rowspan="2">编号</td><td>×××</td></tr>
<tr><td>共×页第×页</td></tr>
<tr><td>工程名称</td><td colspan="3">××市政基础设施工程××标段</td></tr>
<tr><td>施工单位</td><td colspan="3">××市政建设集团</td></tr>
<tr><td>交底提要</td><td>管道附属构筑物施工安全技术交底</td><td>交底日期</td><td>××年××月××日</td></tr>
<tr><td colspan="4">交底内容：
1.一般要求
（1）上下沟槽、基坑必须走安全梯或土坡道、斜道。
（2）管道检查井、闸室的井盖品种，应与管道的类别一致；道路上井盖的额定承重荷载不得小于道路的交通荷载，并应有锁固装置。
（3）进入沟槽前，必须检查土壁的稳定性，确认安全后方可进入作业；作业中发现土壁出现裂缝等坍塌征兆时，必须立即撤离危险地段，待处理完毕、确认安全后方可继续作业。
（4）施工前，应先检查地基，确认符合设计文件规定后方可实施。
（5）高处作业应设作业平台，并符合下列要求：
1）作业平台宽度应满足施工安全要求，在平台范围内应铺满、铺稳脚手板。
2）在斜面上作业宜架设可移动式的作业平台。
3）作业平台临边必须设防护栏杆，上下作业平台应设安全梯或斜道等设施。
4）脚手架、作业平台不得与模板及其支承系统相连。
5）脚手架应根据施工时最大荷载和风力进行施工设计，支搭必须牢固。
6）作业平台、脚手架，各节点的连接必须牢固、可靠。
7）支搭、拆除作业必须由架子操作工负责。
8）脚手架和作业平台，使用前，应进行检查、验收，确认合格，并形成文件；使用中应设专人随时检查，发现变形、位移应及时采取安全措施并确认安全。
（6）进入已建管道或井、室内作业前，必须打开井盖进行通风。进入前，必须先检测其内部空气中的氧气和有毒有害气体浓度，确认空气质量符合安全要求，并记录后方可进入作业。如未立即进入作业，当再次进入前应重新检测，确认合格并记录。作业中必须对作业环境的空气质量进行动态监测，确认合格并记录。
（7）管道检查井、闸室的井盖应由有资质的企业生产，具有合格证，并经验收，确认合格后方可使用。
（8）上下高处和沟槽（基坑）必须设攀登设施，并应符合下列要求：
1）采购的安全梯应符合现行国家标准。</td></tr>
</table>

安全技术交底记录		编号	××× 共×页第×页
工程名称	××市政基础设施工程××标段		
施工单位	××市政建设集团		
交底提要	管道附属构筑物施工安全技术交底	交底日期	××年××月××日

2）采用固定式直爬梯时，爬梯应用金属材料制成；梯宽宜为50cm，埋设与焊接必须牢固；梯子顶端应设1.0m～1.5m高的扶手；攀登高度超过7m以上部分宜加设护笼；超过13m时，必须设梯间平台。

3）沟槽、基坑施工现场可根据环境状况修筑人行土坡道供施工人员使用。

4）人行土坡道宽度不宜小于1m，纵坡不宜陡于1∶3；施工中应采取防扬尘措施，并经常维护，保持完好；坡道土体应稳定、坚实，宜设阶梯，表层宜硬化处理，无障碍物；两侧应设边坡，沟槽（基坑）侧无条件设边坡时，应根据现场情况设防护栏杆。

5）现场自制安全梯结构必须坚固，梯梁与踏板的连接必须牢固。梯子应根据材料性能进行受力验算，其强度、刚度、稳定性应符合相关结构设计要求；梯脚应置于坚实基面上，放置牢固，不得垫高使用。梯子上端应有固定措施；攀登高度不宜超过8m；梯子踏板间距宜为30cm，不得缺档；梯子净宽宜为40m～50cm；梯子工作角度宜为75° ±5°；梯子需接长使用时，必须有可靠的连接措施，且接头不得超过一处；连接后的梯梁强度、刚度，不得低于单梯梯梁的强度、刚度。

6）采用斜道（马道）时，脚手架必须置于坚固的地基上，斜道宽度不得小于1m，纵坡不得陡于1∶3，支搭必须牢固。

7）人员上下梯子时，必须面向梯子，双手扶梯；梯子上有人时，他人不宜上梯。

2.检查井、闸室（井、室）

（1）井、室的踏步材料规格、安置位置，应符合设计规定；作业中应随砌随安，不得砌筑完成后，再凿孔后安装。

（2）井、室完成后，应及时回填土，清理现场；当日回填土不能完成时，必须设围挡或护栏，并加安全标志。

（3）井、室施工作业现场应设护栏和安全标志。

（4）井、室完成后，应及时安装井盖。施工中断未安井盖的井、室，必须临时加盖或设围挡、护栏，并加安全标志。

（5）位于道路上的井、室井盖安装，应符合下列要求：

1）与道路等工程同时施工的井、室，其井筒的加高与降低，应与道路等施工进度协调一致，快速完成。

2）井盖应与道路齐平。

3）井盖的品种、材质、规格、额定承重荷载，应符合设计文件规定；安装井盖时，尚应核对井盖品种与管道类别并符合道路功能要求。

<table>
<tr><td colspan="2" rowspan="2">安全技术交底记录</td><td rowspan="2">编号</td><td>×××</td></tr>
<tr><td>共×页第×页</td></tr>
<tr><td>工程名称</td><td colspan="3">××市政基础设施工程××标段</td></tr>
<tr><td>施工单位</td><td colspan="3">××市政建设集团</td></tr>
<tr><td>交底提要</td><td>管道附属构筑物施工安全技术交底</td><td>交底日期</td><td>××年××月××日</td></tr>
</table>

4）加高与降低电力、信息管道井、室时，应邀请管道管理单位赴现场监护，并对井、室内设施采取保护措施。

3.止推墩、翼墙、出水口

（1）管道、管件的止推墩（锚固墩）、翼墙、出水口等，应符合设计文件的规定。

（2）管道临河道的出水口宜在枯水期施工。

（3）管道、管件的止推墩、锚固墩采用现浇混凝土结构时，混凝土必须浇筑在原状土土层上；采用砌筑结构的止推墩，砌筑墙体与原状土层间，应用混凝土或砂浆填筑密实。

（4）止推墩的强度未达设计规定强度前不得承受外力振动。

审核人	交底人	接受交底人
×××	×××	×××、×××……

9.5 防腐与防水工程

9.5.1 防腐与防水施工通用安全技术交底

<table>
<tr><td colspan="2" rowspan="2">安全技术交底记录</td><td rowspan="2">编号</td><td>×××</td></tr>
<tr><td>共×页第×页</td></tr>
<tr><td>工程名称</td><td colspan="3">××市政基础设施工程××标段</td></tr>
<tr><td>施工单位</td><td colspan="3">××市政建设集团</td></tr>
<tr><td>交底提要</td><td>防腐与防水施工通用安全技术交底</td><td>交底日期</td><td>××年××月××日</td></tr>
</table>

交底内容：

1.钢管及其附件除锈、防腐宜在工厂集中进行。

2.除锈、防腐、防水作业人员应经安全技术培训，考核合格，方可上岗。

3.施工前，应学习材料使用说明书，了解材料性能，并采取相应防护措施。

4.施工组织设计中应规定防腐、防水施工的安全技术措施，并在施工中执行。

5.防腐、防水材料应由专业资质的企业生产，具有合格证，经检验，确认合格后使用。

6.作业人员应根据现场环境、使用的机具、材料等，按规定佩戴劳动保护用品。禁止裸露身体作业。

7.易燃和有毒材料应分类别贮存在阴凉、通风的库房内，由专人管理；严禁将材料混存或堆放在施工现场。

8.防腐、防水作业中，剩余的残渣、废液、边角料等，应及时清理、妥善处理，不得随意丢弃、掩埋或焚烧。

9.除锈、防腐、防水机具应完好，安装稳固，防护装置应齐全有效，电气接线应符合本施工用电安全技术交底的具体要求，使用前应检查、试运行，确认正常。

10.搬运管材时，作业人员应相互呼应，协调配合，动作一致；从管垛上取管时，必须从上向下顺序进行，严禁由下方取管。

11.凡患有皮肤病、眼病、刺激过敏者不得从事防腐、防水作业；作业中发生恶心、头晕、过敏反应时，应立即避离施工现场。

12.现场使用的与有毒材料接触过的工具、器材，下班后应用清洗剂清洗，严禁带入宿舍、餐厅、办公室等施工人员工作、生活的场所。

13.在通风不良的容器、构筑物、管道内施工时，必须采取强制通风、轮换作业，作业现场外面应设专人监护。进入容器、构筑物或管道内作业前，必须打开井盖进行通风；进入前，必须先检测其内部空气中的氧气、有毒有害气体浓度，确认合格方可进入作业；当再次进入前应重新检测，确认合格并记录；作业中必须对作业环境的空气质量进行动态监测，确认合格并记录。

<table>
<tr><td colspan="2" rowspan="2">安全技术交底记录</td><td rowspan="2">编号</td><td>×××</td></tr>
<tr><td>共×页第×页</td></tr>
<tr><td>工程名称</td><td colspan="3">××市政基础设施工程××标段</td></tr>
<tr><td>施工单位</td><td colspan="3">××市政建设集团</td></tr>
<tr><td>交底提要</td><td>防腐与防水施工通用安全技术交底</td><td>交底日期</td><td>××年××月××日</td></tr>
</table>

14.防腐、防水施工现场应按消防部门的要求配置消防设施，并设“严禁烟火”标志牌。施工现场存放易燃、可燃材料的库房和防腐、防水作业现场，不得使用明露高热强光源灯具。

15.高处作业应设作业平台，并符合下列要求：

（1）在斜面上作业宜架设可移动式的作业平台。

（2）作业平台宽度应满足施工安全要求；在平台范围内应铺满、铺稳脚手板。

（3）脚手架、作业平台不得与模板及其支承系统相连。

（4）作业平台、脚手架，各节点的连接必须牢固、可靠。

（5）支搭、拆除作业必须由架子操作工负责。

（6）作业平台临边必须设防护栏杆；上下作业平台应设安全梯或斜道等设施。

（7）脚手架应根据施工时最大荷载和风力进行施工设计，支搭必须牢固。

（8）脚手架和作业平台，使用前，应进行检查、验收，确认合格，并形成文件；使用中应设专人随时检查，发现变形、位移应及时采取安全措施并确认安全。

审核人	交底人	接受交底人
×××	×××	×××、×××……

9.5.2 钢管沥青纤维布防腐施工安全技术交底

<table>
<tr><td colspan="2" rowspan="2">安全技术交底记录</td><td rowspan="2">编号</td><td>×××</td></tr>
<tr><td>共×页第×页</td></tr>
<tr><td>工程名称</td><td colspan="3">××市政基础设施工程××标段</td></tr>
<tr><td>施工单位</td><td colspan="3">××市政建设集团</td></tr>
<tr><td>交底提要</td><td>钢管沥青纤维布防腐施工安全技术交底</td><td>交底日期</td><td>××年××月××日</td></tr>
</table>

交底内容：

1.热沥青作业必须采取预防烫伤的措施。

2.钢管沥青纤维布防腐宜在专业加工厂集中进行。

3.现场作业应划定作业区，并设安全标志，非作业人员不得入内。

4.使用喷灯时，必须事先清除作业场地周围的易燃物，并按消防部门的规定配备消防器材。

5.人工缠绕沥青纤维布防腐作业应两人配合进行，供沥青的作业人员应听从缠布人员的指令。

6.需现场防腐作业时，宜采用冷作业；现场需进行热作业时，热沥青宜由专业生产企业加工，运至现场使用。

7.装运熔化沥青的用具，不得用锡焊制；盛装量不得超过容器的 2 / 3；采用手工运输时应双人肩挑；手推车运输时道路应平坦，速度应缓慢、均匀；人工吊运时，绳具应牢固，下方不得有人。

8.现场明火作业时，作业前必须履行用火申请手续，经消防管理人员检查，确认防火措施落实，并签发用火证；作业中，消防人员必须现场监控，确认安全；作业后必须熄火，待确认余火熄灭后，作业人员方可离开现场。

9.配制冷底子油宜采用冷配法，需用热配法时，配制场地严禁烟火；熬制的沥青温度不得大于 80℃；配制量不得超过容器盛装量的 1 / 2；必须将熬好的沥青徐徐倒入稀释剂中，严禁将稀释剂倒入沥青中，并随倒随搅拌，直至搅拌均匀为止。

10.现场需熔化沥青时应符合下列要求：

（1）熔化沥青前，应将锅内杂质和积水清理干净。

（2）沥青锅内盛装沥青量，不得超过锅容量的 2 / 3。

（3）操作人员应穿工作服戴口罩、护目镜、手套、鞋盖。

（4）熬制沥青应由经过安全技术培训的专业技术工人负责。

（5）熔化沥青应遵守北京市市政府关于熬制沥青区域的规定。

（6）沥青一旦着火，应用干砂、湿麻袋等灭火，严禁在着火的沥青中浇水。

（7）投料入锅应缓慢溜放，严禁大块投放；熬制过程中，应随时测量油温，油温不得高于 250℃。

<table>
<tr><td colspan="2">安全技术交底记录</td><td>编号</td><td>×××
共×页第×页</td></tr>
<tr><td>工程名称</td><td colspan="3">××市政基础设施工程××标段</td></tr>
<tr><td>施工单位</td><td colspan="3">××市政建设集团</td></tr>
<tr><td>交底提要</td><td>钢管沥青纤维布防腐施工安全技术交底</td><td>交底日期</td><td>××年××月××日</td></tr>
<tr><td colspan="4">（8）熔化沥青的地点应设在下风处，不得设置在电力架空线路的下方，且距建筑物不得小于 15m；沥青锅与烟囱的净距应大于 80cm；锅与锅的净距应大于 2m；火口顶部与锅边应设置高度为 70cm 的隔离设施。
（9）熔化桶装沥青时，应先将桶盖和气眼打开，用钢条串通后，方可烘烤；烘烤时，应对油孔和气眼疏通，使熔化了的沥青顺利流淌；严禁火焰与沥青直接接触。
（10）作业结束后，应熄火关闭炉门，将锅盖严。</td></tr>
</table>

审核人	交底人	接受交底人
×××	×××	×××、×××……

9.5.3 钢管除锈施工安全技术交底

<table>
<tr><td colspan="2" rowspan="2">安全技术交底记录</td><td rowspan="2">编号</td><td>×××</td></tr>
<tr><td>共×页第×页</td></tr>
<tr><td>工程名称</td><td colspan="3">××市政基础设施工程××标段</td></tr>
<tr><td>施工单位</td><td colspan="3">××市政建设集团</td></tr>
<tr><td>交底提要</td><td>钢管除锈施工安全技术交底</td><td>交底日期</td><td>××年××月××日</td></tr>
<tr><td colspan="4">交底内容：
1.使用除锈机应符合下列要求：
（1）作业前，钢管、管件等应安装稳固。
（2）作业中，机械或工件运行前方不得有人。
（3）除锈机应设防护罩，周围不得有易燃物。
（4）除锈时，现场应根据工作环境采取相应降尘、防噪音措施。
（5）装卸管子、管件等工件和机械出现故障时，必须停机、断电。
2.人工除锈应符合下列要求：
（1）场地应平整，通风良好。
（2）按规定佩戴口罩、眼镜、手套等劳动保护用品。
（3）管子应挡掩固定，不得在不稳定的管身上除锈。
3.喷砂除锈不宜在施工现场进行，需要时应采用真空喷砂、湿喷砂等，应符合下列要求：
（1）作业中应采取除尘和隔音措施。
（2）翻动管子或管件时，必须先停止喷砂作业。
（3）作业时，空压机操作工应服从喷枪手的指令。
（4）作业人员必须佩戴防护工作服和防护面罩等劳动保护用品。
（5）作业时，操作工应紧握喷枪对准工件，严禁喷枪对向人、设备和设施等。</td></tr>
</table>

审核人	交底人	接受交底人
×××	×××	×××、×××……

9.5.4 钢管阴极保护（牺牲阳极）防腐施工安全技术交底

<table>
<tr><td colspan="2" rowspan="2">安全技术交底记录</td><td rowspan="2">编号</td><td>×××</td></tr>
<tr><td>共×页第×页</td></tr>
<tr><td>工程名称</td><td colspan="3">××市政基础设施工程××标段</td></tr>
<tr><td>施工单位</td><td colspan="3">××市政建设集团</td></tr>
<tr><td>交底提要</td><td>钢管阴极保护（牺牲阳极）防腐施工安全技术交底</td><td>交底日期</td><td>××年××月××日</td></tr>
</table>

交底内容：

1.安装后的测试桩应设护栏，并设安全标志。

2.施工过程中，对受保护的管段应保证其导电的连续性。

3.钢管阴极保护（牺牲阳极）施工应划定作业区，并设护栏，非作业人员不得入内。

4.阴极保护（牺牲阳极）防腐工程，在送电前应进行检查、验收，确认合格并形成文件。

5.阴极保护（牺牲阳极）防腐采用的电气设备与装置的安装，应由电工操作，并符合设计要求。

6.阴极保护（牺牲阳极）装置与管道连接采用电焊施工时，接头部位的防腐绝缘处理，应符合设计规定。

7.阴极保护（牺牲阳极）的电气设备与装置、电缆、极板材料和构造、各接头部位的绝缘材料与处理工艺应符合设计文件的规定。

8.绝缘法兰安装应符合下列要求：

（1）绝缘法兰不得浸泡在水中。

（2）绝缘法兰不得安装在管道的转弯处。

（3）绝缘法兰不得安装在有可燃气体的封闭场所。

（4）绝缘法兰两侧应设防雷击和过电流保护装置。

（5）安装前应预组装，经检验合格，并形成文件后方可安装。

审核人	交底人	接受交底人
×××	×××	×××、×××……

9.5.5 构筑物防水与防腐施工安全技术交底

<table>
<tr><td colspan="2">安全技术交底记录</td><td>编号</td><td>×××
共×页第×页</td></tr>
<tr><td>工程名称</td><td colspan="3">××市政基础设施工程××标段</td></tr>
<tr><td>施工单位</td><td colspan="3">××市政建设集团</td></tr>
<tr><td>交底提要</td><td>构筑物防水与防腐施工安全技术交底</td><td>交底日期</td><td>××年××月××日</td></tr>
</table>

交底内容：

1.施作涂膜时，应符合下列要求：

（1）人工配制、搅拌、涂刷作业时，应背风向操作；避免皮肤直接接触有毒性的涂料。

（2）采用机械喷涂作业时，应划定作业区，非作业人员禁止入内；喷射机运行和检查时，严禁将喷头对着人或设备、设施；机械设备出现故障或喷头发生堵塞，必须停机、断电、卸压后，方可进行检修和处理。

（3）配制涂膜使用桨叶式搅拌器进行搅拌作业时，搅拌器内拌和料体积不得超过其容积的3／4；搅拌中应采取防涂料飞溅措施；机械运行时，严禁将手、工具放入搅拌器内；设备发生故障，必须立即停机，断电后方可处理。

2.施作树脂类砂浆应符合下列要求：

（1）操作人员应采用轮班制作业。

（2）施工现场必须保持良好的通风。

（3）施工现场应备充足的冲洗水和擦洗剂。

（4）施工前应制定安全防护措施和防毒、防火、防爆的应急预案。

（5）施工人员应穿工作服，戴防尘口罩、防护镜、手套等；工作完毕后应冲洗、淋浴。

（6）配制、使用醇、苯、酮、胺等易燃材料的施工现场必须严禁烟火，并按消防部门的规定配备消防器材。

（7）配制硫酸乙酯应将硫酸徐徐倒入酒精中充分搅拌，温度不得超过 60℃，配制量较大时，应备间接冷却装置（循环水浴）。

3.高分子卷材铺设时，应符合下列要求：

（1）粘贴材料配制，应严格按生产企业说明书或施工组织设计规定的配方和工艺程序进行。

（2）使用射钉枪钉铺防水层时，射钉枪、射钉弹头应设置专人使用和管理，射钉枪的枪口不得对人。

（3）采用热熔粘接时，热熔粘接机械设备应完好，防护装置应齐全、有效；电气接线与拆卸必须由电工负责，作业前，经检查、试运行，确认安全；作业时，热熔粘接机具设备操作工和辅助配合人员，必须按规定穿绝缘鞋和佩戴绝缘手套等劳动保护用品；热熔粘接机具应设置专人使用和管理。

<table>
<tr><td colspan="2">安全技术交底记录</td><td>编号</td><td>×××
共×页第×页</td></tr>
<tr><td>工程名称</td><td colspan="3">××市政基础设施工程××标段</td></tr>
<tr><td>施工单位</td><td colspan="3">××市政建设集团</td></tr>
<tr><td>交底提要</td><td>构筑物防水与防腐施工安全技术交底</td><td>交底日期</td><td>××年××月××日</td></tr>
</table>

（4）施作块状铺砌材料时，块材加工机械应有防护罩；电气接线与拆卸必须由电工操作，并应符合施工用电安全技术交底具体要求；防腐胶结材料配制和施工过程中应采取防毒、防酸、防碱的防护措施，操作人员应穿戴防酸、碱的防护用具、戴护目镜。

（5）石油沥青卷材施工使用“热作法”应符合下列要求：

1）沥青浇筑应缓慢、适量；不得上下竖直交叉作业。

2）作业人员应相互配合，浇、刷沥青人员必须听从卷材操作人员的指挥。

3）使用喷灯时，必须事先清除作业场地周围的易燃物，并按消防部门的规定配备消防器材。

4）投料入锅应缓慢溜放，严禁大块投放。熬制过程中，应随时测量油温、油温不得大于250℃。

5）现场需明火作业时，作业前必须履行用火申请手续，经消防管理人员检查，确认防火措施落实，并签发用火证；作业中，消防人员必须现场监控，确认安全；作业后必须熄火，待确认余火熄灭后，作业人员方可离开现场。

6）现场需熬制热沥青前，应将锅内杂质和积水清理干净；操作人员应穿工作服、戴口罩、护目镜、手套、鞋盖；沥青锅内盛装沥青量，不得超过锅容量的2／3；熬制沥青应由经过安全技术培训的专业技术工人负责；沥青一旦着火，应用干砂、湿麻袋等灭火，严禁在着火的沥青中浇水。

7）熔化沥青的地点应设在下风处，不得设置在电力架空线路的下方，且距建筑物不得小于15m；沥青锅与烟囱的净距应大于80cm；锅与锅的净距应大于2m；火口顶部与锅边应设置高度为70cm的隔离设施。

8）熔化桶装沥青时，应先将桶盖和气眼打开，用钢条串通后，方可烘烤。烘烤时，应对油孔和气眼疏通，使熔化了的沥青顺利流淌。严禁火焰与沥青直接接触。

9）作业结束后，应熄火关闭炉门，将锅盖严。

4.施作水玻璃防腐层应符合下列要求：

（1）施工现场应保持良好的通风。

（2）搅拌粉状材料时，应在密封搅拌仓内进行。

（3）稀释硫酸时，必须将浓硫酸徐徐倒入水中，严禁将水倒入浓硫酸内。

（4）养护后进行酸化处理时，作业人员应穿戴防酸护具（防酸靴、手套、防护服）、戴护目镜，并备稀碱中和溶液。

（5）氟硅酸钠应做出标记，存放在专用库房内，由专人保管。使用时应专人负责，定量发放，余料及时回收库房内保存。

审核人	交底人	接受交底人
×××	×××	×××、×××……

9.5.6 钢管聚合物防腐施工安全技术交底

<table>
<tr><td colspan="2" rowspan="2">安全技术交底记录</td><td rowspan="2">编号</td><td>×××</td></tr>
<tr><td>共×页第×页</td></tr>
<tr><td>工程名称</td><td colspan="3">××市政基础设施工程××标段</td></tr>
<tr><td>施工单位</td><td colspan="3">××市政建设集团</td></tr>
<tr><td>交底提要</td><td>钢管聚合物防腐施工安全技术交底</td><td>交底日期</td><td>××年××月××日</td></tr>
</table>

交底内容：

1.作业空间必须满足作业人员安全操作需要。

2.现场应划定作业区，非作业人员不得入内。

3.现场作业区内的易燃物和杂物应清理干净。

4.施工现场应根据其产品说明书或施工组织设计规定的安全要求进行作业。

5.使用喷灯时，必须事先清除作业场地周围的易燃物，并按消防部门的规定配备消防器材。

6.现场明火作业时，作业前必须履行用火申请手续，经消防管理人员检查，确认防火措施落实，并签发用火证；作业中，消防人员必须现场监控，确认安全；作业后必须熄火，待确认余火熄灭后，作业人员方可离开现场。

7.采用热熔机械粘接时，符合下列要求：

（1）粘贴材料配制，应严格按生产企业说明书或施工组织设计规定的配方和工艺程序进行。

（2）使用射钉枪钉铺防水层时，射钉枪、射钉弹头应设置专人使用和管理，射钉枪的枪口不得对人。

（3）采用热熔粘接时，应符合下列要求：

1）热熔粘接机具应设置专人使用和管理。

2）作业时，热熔粘接机具设备操作工和辅助配合人员，必须按规定穿绝缘鞋和佩戴绝缘手套等劳动保护用品。

3）热熔粘接机械设备应完好，防护装置应齐全、有效，电气接线与拆卸必须由电工负责，并符合施工用电安全技术交底的具体要求。作业前，经检查、试运行，确认安全。

审核人	交底人	接受交底人
×××	×××	×××、×××……

9.5.7 钢管水泥砂浆内防腐施工安全技术交底

<table>
<tr><td colspan="2" rowspan="2">安全技术交底记录</td><td rowspan="2">编号</td><td>×××</td></tr>
<tr><td>共×页第×页</td></tr>
<tr><td>工程名称</td><td colspan="3">××市政基础设施工程××标段</td></tr>
<tr><td>施工单位</td><td colspan="3">××市政建设集团</td></tr>
<tr><td>交底提要</td><td>钢管水泥砂浆内防腐施工安全技术交底</td><td>交底日期</td><td>××年××月××日</td></tr>
</table>

交底内容：

1.水泥砂浆喷涂机管路发生故障时，必须立即停机、断电、卸压后方可处理。

2.下班或作业中断时，管道出入口处，必须采取防行人坠落和保证行车安全的措施。

3.现场施工的水泥砂浆内防腐进行养护时，管道上的井口必须盖牢，坑口必须设围挡、安全标志。

4.管道内防腐作业下班后，指挥人员应立即清点作业人员数量，确认管道内人员全部撤出后方可离开现场。

5.作业时，必须由作业组长指挥，地面出入口应由专人监护并设安全标志，管内外应保持联系，互相呼应，协调一致。

6.在管道内进行现场水泥砂浆内防腐作业时，管道内必须通风良好；进入管道内作业前，必须打开井盖进行通风。进入前，必须先检测其内部空气中的氧气、有毒、有害气体浓度，确认空气中氧气和有毒有害气体浓度合格后，方可进入作业；如未立即进入作业，当再次进入前应重新检测，确认合格并记录；作业中必须对作业环境的空气质量进行动态监测，确认合格并记录。

7.采用离心预制法进行管节砂浆内防腐施工时，预制场地应排水通畅，不得污染环境，不得扰民；离心机设备应进行施工设计，绘制施工图纸；机械设备安装应稳固、安全装置应齐全有效，电气接线必须符合施工用电安全技术交底的具体要求。

8.水泥砂浆内防腐材料应符合下列要求：

（1）给水管道不得使用污染水质，有碍人体健康的外加剂。

（2）施工中不得使用对管道具有腐蚀性和污染水质的防腐材料。

（3）砂浆拌和水应采用对水泥砂浆强度、耐久性无影响的洁净水。

审核人	交底人	接受交底人
×××	×××	×××、×××……

9.5.8 涂料防腐与防水施工安全技术交底

安全技术交底记录		编号	××× 共×页第×页
工程名称	××市政基础设施工程××标段		
施工单位	××市政建设集团		
交底提要	涂料防腐与防水施工安全技术交底	交底日期	××年××月××日

交底内容：

1.涂料作业现场应划定作业区并设护栏，非作业人员不得入内。

2.喷涂作业人员应位于上风向，五级（含）风以上时，不得施工。

3.涂料施工中，作业人员必须穿工作服、佩戴防护镜、防毒口罩、鞋盖等劳动保护用品。施作中应避免皮肤直接接触涂料。

4.配制涂料宜使用机械搅拌，并应符合下列要求：

（1）搅拌中应采取防涂料飞溅措施。

（2）搅拌器内拌和料体积不得超过其容积的3／4。

（3）机械运行时，严禁将手、工具放入搅拌器内。

（4）设备发生故障，必须立即停机，断电后方可处理。

（5）手持机具喷涂作业应符合下列要求：

1）作业中，严禁将喷头对向人、设备。

2）作业后必须关机、断电，及时清洗喷头；清洗的废料和余料应妥善处置。

3）机具设备出现故障或喷头发生堵塞，应立即停机、卸压、断电，方可处理。

审核人	交底人	接受交底人
×××	×××	×××、×××……

9.6 装配式钢筋混凝土水池与管渠工程

<table>
<tr><td colspan="2" rowspan="2">安全技术交底记录</td><td rowspan="2">编号</td><td>×××</td></tr>
<tr><td>共×页第×页</td></tr>
<tr><td>工程名称</td><td colspan="3">××市政基础设施工程××标段</td></tr>
<tr><td>施工单位</td><td colspan="3">××市政建设集团</td></tr>
<tr><td>交底提要</td><td>装配式钢筋混凝土水池与管渠施工安全技术交底</td><td>交底日期</td><td>××年××月××日</td></tr>
</table>

交底内容：

1.一般要求

（1）吊装作业现场必须划定作业区，非作业人员严禁入内。

（2）安装作业场地应坚实、平整，遇地基松软应进行技术处理，并经检查，确认合格。

（3）壁板等预制构件运输安装应由具有施工经验的施工技术人员主持；施工前应向全体作业人员进行安全技术交底，并形成文件。

（4）在施工组织设计中，应根据预制构件的形状、尺寸、质量和吊装机械的供应、现场环境状况，规定吊装方法和程序与使用的吊装机械、运输车辆以及相应的安全技术措施。

（5）钢筋混凝土预制构件吊装时，混凝土强度和预应力孔道压浆强度，不得低于设计规定，且混凝土强度不得低于设计强度的 75%，预应力孔道压浆强度不得低于 20MPa。

2.预制构件运输

（1）装车时，构件应对称、均匀地放置在运输车辆上，支承点和相邻构件间应设置木垫块。构件装车后必须挡掩，摽、戗牢固。

（2）构件超高、超宽、超长时，应与道路交通等有关管理单位联系、协商，制定专项运输方案，办理申报手续，经批准后，方可进行运输。

（3）施工前应依构件的形状、尺寸、质量确定适宜的运输车辆；车辆应完好、防护装置应齐全有效，使用前应检查、试运行，确认安全。

（4）运输构件，应控制车速，均匀行驶，严禁拐小弯、死弯；长距离运输，途中应检查紧线器等的牢固状况，发现松动，必须停车紧固，待确认牢固后，方可继续行进。

（5）装卸车应使用起重机，夜间作业必须有充足的照明。

（6）施工前应踏勘构件运输道路，确认路况良好、沿线桥涵的承载力、穿越桥涵的净空和架空线的净高，能满足车辆运输安全的要求。

（7）卸车前，必须检查构件，确认稳固，方可松摽；卸车时，应从边到中对称进行，保持构件、车辆稳定。

（8）装运易倒、易变形、易损坏的构件，应使用专用托架；托架结构应进行验算，经计算确定。使用前，应进行检查、验收，确认合格，并形成文件。

<table>
<tr><td rowspan="2">安全技术交底记录</td><td rowspan="2">编号</td><td>×××</td></tr>
<tr><td>共×页第×页</td></tr>
<tr><td>工程名称</td><td colspan="3">××市政基础设施工程××标段</td></tr>
<tr><td>施工单位</td><td colspan="3">××市政建设集团</td></tr>
<tr><td>交底提要</td><td>装配式钢筋混凝土水池与管渠施工安全技术交底</td><td>交底日期</td><td>××年××月××日</td></tr>
</table>

3.预制构件堆放

（1）堆放构件应根据构件受力情况选择平放或立放。

（2）构件预留连接筋的端部应采取防止撞伤现场人员的措施。

（3）构件堆放场地周围应设围挡或护栏和安全标志，夜间应设警示灯。

（4）靠放构件下端必须压在与靠放支架相连的垫木上，吊装时严禁从中间抽吊。

（5）堆放时，应按照类型、规格分垛码放，垛与垛之间的间隙应满足安全作业要求。

（6）堆放场地应平整、坚实、不积水、道路畅通，作业空间应能够满足吊装、运输的安全作业要求。

（7）构件堆放高度应依构件形状、质量、地面承载能力而定，且梁不得超过两层；板不得超过 2m。垫木应放在吊点处，各层垫木的位置应在同一竖直线上，同一层垫木厚度应相等。

（8）堆放 T 梁、工字梁、桁架梁等大型构件时，必须设支撑，成排堆放的梁宜连成整体。垫木的断面尺寸应根据构件质量确定，长度不得超过构件宽度的 30cm。

（9）需要靠放、插放板式构件时，靠放、插放支架应进行施工设计。支架立杆埋入地下深度不得小于 50cm，立杆间应据具体情况设水平撑杆、斜撑、剪刀撑、抛撑，支设应稳固。使用前应进行检查，确认安全。

（10）靠放构件的靠放高度应为构件高度的 2／3 以上，倾斜度不得陡于 1∶8，两侧靠放时应对称，堆放的块数应符合支架设计的规定，且两侧堆放的差数不得超过一块。

4.预制构件安装

（1）吊装构件时，禁止在构件上面放置不稳定的浮摆物件。

（2）壁板、立柱高度超过 6m，安装就位后应设临时支撑。

（3）悬挑构件安装就位后呈不稳定状态时，必须采取临时固定措施。

（4）预制构件固定牢固后，应及时将影响人员安全的吊环割除或弯平。

（5）调整柱子、壁板等构件的高程或位置时，手脚不得伸入到构件与基础的缝隙中。

（6）在梯子上操作时，离梯子顶端距离不得少于 1.0m，严禁站在梯子最上一层作业。

（7）人员上下构筑物必须走安全梯或斜道，禁止沿着绳索，吊车大臂杆和随同起吊构件上、下。

（8）安装作业区周围应安设护栏，并设安全标志；作业时应派专人值守，非作业人员禁止入内。

<table>
<tr><td colspan="2" rowspan="2">安全技术交底记录</td><td rowspan="2">编号</td><td>×××</td></tr>
<tr><td>共×页第×页</td></tr>
<tr><td>工程名称</td><td colspan="3">××市政基础设施工程××标段</td></tr>
<tr><td>施工单位</td><td colspan="3">××市政建设集团</td></tr>
<tr><td>交底提要</td><td>装配式钢筋混凝土水池与管渠施工安全技术交底</td><td>交底日期</td><td>××年××月××日</td></tr>
</table>

(9) 吊装作业应尽量避开夜间，需要时，应制订专项安全技术措施，作业场地必须安设足够的照明。

(10) 吊装前，应检查现场，吊装场地应平整、坚实，作业空间应满足起重机械回转和安全操作的需要。

(11) 构件安装就位时，不得用手推动或用脚蹬踢构件，严禁在浮摆的壁板、梁等构件和临时支撑、拉杆上行走和作业。

(12) 构件就位后，必须待构件放稳、焊接牢固或采取临时措施，将构件拉结、支撑、楔锚牢固后，方可摘钩。

(13) 构件安装就位后，必须对预留孔、洞口等危及人身安全的部位，设盖板盖牢，或设围挡（护栏）和安全标志。

(14) 高处作业使用的工具和安装使用的垫铁、焊条、螺栓等物件，应装人工具袋内，或安置妥善处。禁止采用上下抛掷方法传递。

(15) 定型安装设备必须遵守其使用说明书的规定。正式吊装前应经试吊，确认安全；非定型安装设施应进行施工设计，其强度、刚度、稳定性应符合施工安全要求；拼装完成后，应进行验收，确认合格，并形成文件；正式吊装前应经试吊确认安全，并形成文件。

(16) 吊装作业应缓起、缓落、缓转，并应使用缆绳控制构件，保持平稳。控制缆绳应质地坚固；系绳位置应正确；系点应牢固；持绳人应服从指挥人员的指令；持绳人员应与吊物保持安全距离。

(17) 安装盖板就位应平稳，每侧搭接长度应符合设计规定；严禁作业人员站在壁板上支搭盖板；管渠、检查井等敞口部位必须盖牢或围挡；盖板固定牢固后，应及时将吊环突起部分切割或弯平；作业人员不得在已安的盖板上倒退行走。

(18) 安装预制壁板应符合下列要求：

1) 柔性杯口宜采用冷作业密封胶泥，作业时应符合产品说明书的要求。

2) 壁板与基础采用钢件焊接连接时，必须待连接件焊接牢固后，方可摘钩。

3) 壁板安装就位后，应按施工组织设计的规定填注杯口和壁板接缝处的填料。

4) 杯口或壁板接缝采用混凝土（砂浆）时，其终凝后应立即按施工组织设计的规定养护。

5) 管渠壁板采用支撑器临时固定时，应待板缝和杯口混凝土达到规定强度后方可拆除支撑器。

<table>
<tr><td colspan="2" rowspan="2">安全技术交底记录</td><td rowspan="2">编号</td><td>×××</td></tr>
<tr><td>共×页第×页</td></tr>
<tr><td>工程名称</td><td colspan="3">××市政基础设施工程××标段</td></tr>
<tr><td>施工单位</td><td colspan="3">××市政建设集团</td></tr>
<tr><td>交底提要</td><td>装配式钢筋混凝土水池与管渠
施工安全技术交底</td><td>交底日期</td><td>××年××月××日</td></tr>
</table>

6）池壁杯口的填注应视杯口的性质、施加预应力工艺的要求，依设计和施工设计规定的程序实施。

7）使用空气压缩机（气泵）清除异物时，机械应设工作棚，周围应设护栏，非作业人员不得入内。

8）杯口或接缝混凝土（砂浆）填注完毕，混凝土（砂浆）未达设计规定强度前，不得振动或承受外力，严禁松动楔块、拆除临时支撑。

9）壁板与基础采用杯口连接时，安装前应清除杯口中的杂物、污物；壁板就位后，每侧应各放两个楔块固定，待临时支撑牢固后方可摘钩。

（19）混凝土浇筑后应及时养护，并应符合下列安全要求：

1）养护区的孔洞必须盖牢。

2）水池采用蓄水养护，应采取防溺水措施。

3）养护用覆盖材料应具有阻燃性。混凝土养护完成后的覆盖材料应及时清理，集中至指定地点存放。废弃物应及时妥善处理。

4）作业中，养护与测温人员应选择安全行走路线；夜间照明必须充足；使用便桥、作业平台、斜道等时，必须搭设牢固。

5）水养护时用水应适量，不得造成施工场地积水；拉移输水胶管应顺直，不得扭结，不得倒退行走；现场应设养护用配水管线，其敷设不得影响人员、车辆和施工安全。

6）使用前应检查电热毯，确认完好、不漏电；养护完毕必须及时断电、拆除电缆，并放至指定地点；电热毯上面不得承压重物，不得用金属丝捆绑，严禁折叠；现场应划定作业区，周围设护栏和安全标志，非作业人员不得进入养护区。

7）养护混凝土应使用低压饱和蒸汽；加热用的蒸汽管路应使用保温材料包裹；管路布置不得危及人身安全；现场预制构件在养护池内养护时，禁止作业人员在混凝土养护池边上站立、行走；养护池的盖板、孔洞应盖牢、盖严，严防失足跌落；封闭养护池前应鸣笛示警，确认池内无人滞留，方可封闭。

审核人	交底人	接受交底人
×××	×××	×××、×××……

9.7 现浇钢筋混凝土水池与管渠工程

9.7.1 现浇钢筋混凝土水池与管渠通用安全技术交底

安全技术交底记录		编号	××× 共×页第×页
工程名称	××市政基础设施工程××标段		
施工单位	××市政建设集团		
交底提要	现浇钢筋混凝土水池与管渠通用安全技术交底	交底日期	××年××月××日

交底内容：

1.进入基坑、沟槽前和作业中，应检查土壁和支护结构，确认土壁无裂缝、无坍塌，支护稳固。

2.不得在基坑、沟槽临边1m范围内堆物、堆料和运料，在1m范围以外堆物、堆料应进行边坡稳定验算，确认安全。

3.大型、群体、综合性水池和管渠，应根据构筑物相互间的距离、高差和气候状况按先地下后地上、先深后浅的原则部署施工。

4.水池、管渠底部和顶部预留的孔洞，必须用盖板盖牢，并应采取防挪移的措施或设围挡、安全标志；变形缝、后浇带作业前必须设围挡；预留钢筋、预埋件应设置明显的安全标志。

5.大型、群体、综合性水池、管渠施工中，应根据工艺要求，在各层施工范围内的内外、上下层之间设置施工通道；通道交叉时，交错部位的上下通道防护栏杆内侧，应立挂密目安全网；安全网必须与栏杆连接牢固。

6.水池、管渠底板施工前应具备下列要求：

（1）底板地基经检查、验收，确认合格，并形成文件。

（2）底板下方的进出水管道、廊道、管渠等地下构筑物和回填土施工完毕，经验收确认合格，并形成文件。

（3）底板位于地下水位以下时，施工前验算施工阶段的抗浮稳定性，当不能满足抗浮要求时，必须采取抗浮措施。

7.设置通道应符合下列要求：

（1）通道上方有施工作业的区段，必须设置防护棚。

（2）在水池、管渠底部和顶部结构面上设通道，宜避开结构上的预留钢筋、孔洞等障碍物。

（3）上下层通道中有高差的部位之间必须设防滑坡道或安全梯；坡道应顺直，不宜设弯道。

<table>
<tr><td colspan="2">安全技术交底记录</td><td>编号</td><td>×××
共×页第×页</td></tr>
<tr><td>工程名称</td><td colspan="3">××市政基础设施工程××标段</td></tr>
<tr><td>施工单位</td><td colspan="3">××市政建设集团</td></tr>
<tr><td>交底提要</td><td>现浇钢筋混凝土水池与管渠通用安全技术交底</td><td>交底日期</td><td>××年××月××日</td></tr>
</table>

（4）通道应根据运输车辆的种类、载重和现场环境状况进行施工设计，其强度、刚度、稳定性应满足施工安全的要求。

（5）脚手架通道应满铺脚手板；脚手板必须固定牢固，不得悬空放置；通道两侧应设高度不低于1.2m的防护栏杆和高18cm的挡脚板；进出口处防护栏杆的横杆不得伸出栏杆柱。

（6）通道的宽度应据施工期间交通量和运输车辆的宽度确定；人行通道宽度不得小于1.5m，坡度不得陡于1∶3；行车的通道宽度不得小于车辆宽度加1.4m，且坡度不得陡于1∶6。

8.水池施工应尽量避开上下层同时作业，当条件所限需同时作业时，上下交叉作业时的下作业层顶部和临时通行孔道的顶部必须设置防护棚，并应符合下列要求：

（1）防护棚应支搭牢固、严密。

（2）防护棚应坚固，其结构应经施工设计确定，能承受风荷载。采用木板时，其厚度不得小于5cm。

（3）防护棚的长度与宽度应依下层作业面的上方可能坠落物的高度情况而定：上方高度为2m～5m时，不得小于3m；上方高度大于5m小于15m时，不得小于4m；上方高度在15m～30m时，不得小于5m；上方高度大于30m时，不得小于6m。

9.高处作业应设作业平台，并应符合下列要求：

（1）支搭、拆除作业必须由架子操作工负责。

（2）在斜面上作业宜架设可移动式的作业平台。

（3）脚手架、作业平台不得与模板及其支承系统相连。

（4）作业平台、脚手架各节点的连接必须牢固、可靠。

（5）脚手架应根据施工时最大荷载和风力进行施工设计，支搭必须牢固。

（6）作业平台临边必须设防护栏杆，上下作业平台应设安全梯或斜道等设施。

（7）作业平台宽度应满足施工安全要求。在平台范围内应铺满、铺稳脚手板。

（8）脚手架和作业平台使用前应进行检查、验收，确认合格，并形成文件；使用中应设专人随时检查，发现变形、位移应及时采取安全措施并确认安全。

审核人	交底人	接受交底人
×××	×××	×××、×××……

9.7.2 模板施工安全技术交底

<table>
<tr><td colspan="2" rowspan="2">安全技术交底记录</td><td rowspan="2">编号</td><td>×××</td></tr>
<tr><td>共×页第×页</td></tr>
<tr><td>工程名称</td><td colspan="3">××市政基础设施工程××标段</td></tr>
<tr><td>施工单位</td><td colspan="3">××市政建设集团</td></tr>
<tr><td>交底提要</td><td>模板施工安全技术交底</td><td>交底日期</td><td>××年××月××日</td></tr>
</table>

交底内容：

1.模板宜采用标准化、系列化的组合模板，并由加工厂集中加工制作。

2.使用 QM 和 SZ 钢支架做模板支架时，应进行施工设计，其强度、刚度、稳定性应满足施工安全要求；地基应验算，必要时应加固；杆件、顶托、底托的规格应匹配；顶托和底托的螺旋丝杠插入立柱的长度不得小于丝杠全长的 2 / 3；连接螺栓必须齐全，并紧固。

3.连接螺栓、模板拉杆的间距、直径、根数应通过计算确定。采用附着式振动器振捣混凝土时，模板的连接螺栓应采取防螺母松动的措施。

4.设计文件规定在池壁顶部安设栏杆时，应在池壁脚手架拆除前完成栏杆安装，并经检查、验收，确认合格。

5.模板及其支架支设完成后，必须进行检查、验收，确认合格并形成文件。

6.模板及其支承体系应根据工程结构形式、荷载、材料供应商、现场环境等条件进行施工设计，其强度、刚度、稳定性应符合施工安全要求，能承受浇筑混凝土的自重、侧压力、施工过程中的附加荷载和风荷载等。

7.使用砖砌体做侧模时，施工前应根据槽深、土质、现场环境状况等对侧模进行验算，其强度、稳定性应符合施工安全要求；砌体水泥砂浆未达到设计规定强度时，严禁侧模受外力，作业人员不得进入槽内。

8.模板及其支承系统应按施工设计制作，严禁擅自改动。

9.模板加工应符合下列要求：

（1）木模板加工场内严禁烟火，易燃物必须集中存放在指定位置，下班前应及时清运出场。

（2）机械运行中严禁跨越机械转动部分传递工件、工具等；排除故障、拆装刀具时，必须切断电源，待机械停稳后，方可进行。操作人员与辅助人员应密切配合，协调一致。

（3）加工机械设备应完好，安全装置应齐全有效，机械部件应连接牢固，电气接线应符合施工用电安全技术交底具体要求。加工作业前应检查、试运转，确认正常。

（4）严禁在机械运行中测量工件尺寸和清理机械上面和作业平台上的木屑、刨花和杂物。

（5）模板、支撑和材料码放应平稳；码放高度不得大于 2m。圆木垛高度不得大于 3m，垛距不得小于 1.5m；成材垛高不得大于 4m，垛距不得小于 1m；钢材垛高应由地基承载力验算确定；且不宜大于 1.2m。

安全技术交底记录		编号	×××
			共×页第×页
工程名称	××市政基础设施工程××标段		
施工单位	××市政建设集团		
交底提要	模板施工安全技术交底	交底日期	××年××月××日

（6）作业后，必须切断电源，锁固闸箱，并擦拭、滑润机械、清除木屑、刨花。

（7）模板加工场应符合下列要求：

1）各机械旁应设置机械操作程序牌。

2）加工场不得设在电力架空线路下方。

3）操作台应坚固，安装稳固并置于坚实的地基上。

4）加工机具应设工作棚，棚应具防雨（雪）、防风功能。

5）含有木材等易燃物的模板加工场，必须设置严禁吸烟和防火标志。

6）加工场必须配置有效的消防器材，不得存放油、脂和棉丝等易燃品。

7）加工场搭设完成，应经检查、验收，确认合格并形成文件后，方可使用。

8）加工场应单独设置，不得与材料库、生活区、办公区混合设置，场区周围应设围挡。

9）现场应按施工组织设计要求布置加工机具、料场与废料场，并形成运输、消防通道。

10）加工机具应完好，防护装置应齐全有效，电气接线应符合施工用电安全技术交底具体要求。

10.模板及其支承系统的安装应符合下列要求：

（1）施工中严禁攀登拉杆、支撑。

（2）已安装的模板，下班前必须固定。

（3）安装水平模板遇有预留孔洞应临时封闭。

（4）直壁整体模板应用斜撑固定，斜撑两端必须支牢。

（5）柱墙模板立稳后应及时用拉杆或撑杆固定或临时固定。

（6）模板排架的拉杆或撑杆，不得支靠在脚手架和不稳定的物体上。

（7）模板及其支承系统安装，必须按施工设计实施，严禁任意改动。

（8）支设圆形和倒拱形的内模，应采取抗混凝土内压顶升力的措施。

（9）施工前应根据模板、支架的状况和现场环境条件确定安装方法，选择适宜的安装机具。

（10）支搭较大模板，应有专人指挥，操作人员必须站在安全可靠的地方，严禁施工人员站在模板上随大模板同时起吊。

（11）在基坑、沟槽内支模应检查土壁边坡稳定情况，发现有坍塌征兆必须采取加固措施后方能作业。

（12）模板支架的地基应平整、坚实、排水良好，立柱应垂直，立柱与地基间应加垫木，拉杆和剪刀撑等杆件的节点应连接牢固。

<table>
<tr><td colspan="2" rowspan="2">安全技术交底记录</td><td rowspan="2">编号</td><td>×××</td></tr>
<tr><td>共×页第×页</td></tr>
<tr><td>工程名称</td><td colspan="3">××市政基础设施工程××标段</td></tr>
<tr><td>施工单位</td><td colspan="3">××市政建设集团</td></tr>
<tr><td>交底提要</td><td>模板施工安全技术交底</td><td>交底日期</td><td>××年××月××日</td></tr>
</table>

（13）基坑、沟槽边不得堆放模板和木料、钢材等，模板、散料和工具不得在高处浮搁；脚手架上不得集中堆放模板，钢模堆放不宜超过 3 层。

（14）向基坑、沟槽内运输模板及其配件时，应与坑、槽内人员相互呼应；吊运时，下方不得有人；下到基坑、沟槽内的模板、材料应平放稳固，不得靠立在土壁上。

（15）管渠侧墙和池壁与其顶板混凝土连续浇筑时，侧墙和池壁内模的立柱不得同时作为顶板模板的立柱。顶板支撑的斜杆或横向连杆不得与侧墙、池壁模板的杆件相连。

（16）采用分层模板或安装浇筑混凝土的窗口模板时，层高或窗口竖向间距不得大于 1.5m，并应采取防止杂物坠入模板仓内的措施。

（17）圆锥形水池斜壁模板及其排架应符合下列要求：

1）支承外模的排架必须按施工设计的位置与高程架设，排架的撑杆与拉杆必须固定牢靠，梯形排架的底脚与地基间应用木质垫板找平。

2）内外模板、排架、螺栓拉杆及其支撑结构应根据池壁混凝土结构尺寸与浇筑速度进行强度、刚度、稳定性的验算确定。

3）斜壁内模应进行抗混凝土内压顶升力的验算；采用钢梁插模时，斜壁内模的工字钢梁的上下端应固定；梁间插放的模板，两端应用木楔卡牢；采用整体钢模时，应采用撑杆将整体钢模撑牢并预留混凝土浇筑窗口。

（18）圆形水池直壁模板应符合下列要求：

1）直壁内外模板宜采用钢制模板。

2）内外模板间应用对拉螺栓锁紧。

3）钢制骨架、卡具应根据浇筑混凝土的侧压力通过计算确定。

4）内外模板的外侧应采用环形钢制骨架支承，骨架与模板间应采用特制卡具连接牢固，并用环形箍和内撑固定卡牢。

11.模板及其支承体系的材料应符合施工设计要求，并应符合下列要求：

（1）木质的横梁、立木不得使用拼接材料。

（2）脆性木材和过分潮湿易引起变形的木材不得使用。

（3）标准模板必须具有出厂合格证，非标准模板应进行荷载试验，确认符合模板设计要求，并形成文件后方可使用。

12.采用扣件式钢管脚手架做模板支架，应符合下列要求：

（1）支架立杆应竖直设置，2m 高的垂直允许偏差不得大于 15mm。

（2）采用单根立杆做支架时，立杆应设在梁模板中心线处，其偏心距不得大于 25mm。

<table>
<tr><td colspan="2" rowspan="2">安全技术交底记录</td><td rowspan="2">编号</td><td>×××</td></tr>
<tr><td>共×页第×页</td></tr>
<tr><td>工程名称</td><td colspan="3">××市政基础设施工程××标段</td></tr>
<tr><td>施工单位</td><td colspan="3">××市政建设集团</td></tr>
<tr><td>交底提要</td><td>模板施工安全技术交底</td><td>交底日期</td><td>××年××月××日</td></tr>
</table>

（3）设在支架立杆根部的可调底座，当其伸出长度超过 30cm 时，应采取可靠的固定措施。

（4）施工前应对模板支架进行施工设计，其强度、刚度、稳定性应满足施工安全要求；地基应验算，承载力不足时，应加固。

（5）满堂红模板支架四边与中间，每隔四排立杆应设置一道纵向剪刀撑，由底至顶连续设置；高于 4m 的模板支架，其两端与中间每隔四排立杆从顶层开始向下每隔两步设置一道水平剪刀撑；剪刀撑设置应符合下列要求：

1）高度在 24m 以上的双排脚手架，应在外侧立面整个长度和高度上连续设置剪刀撑。

2）剪刀撑斜杆应用旋转扣件固定在与之相交的横向水平杆的伸出端或立杆上，旋转扣件中心线至主节点的距离不宜大于 15cm。

3）高度在 24m 以下的单、双排脚手架，必须在外侧立面的两端各设置一道剪刀撑，并应由底至顶连续设置；中间各道剪刀撑之间的净跨不得大于 15m。

4）每道剪刀撑跨越立杆的根数应符合下表 9-7-1 的要求；每道剪刀撑宽度不得小于 4 跨，且不得小于 6m，斜杆与地面的倾角宜在 45°～60°之间。

表 9-7-1 剪刀撑跨越立杆的最多根数

剪刀撑斜杆的倾角	45°	50°	60°
剪刀撑跨越立杆的最多根数	7	6	5

5）剪刀撑斜杆的接长宜采用搭接。搭接时，其长度不得小于 1m，并应采用不少于 2 个旋转扣件固定，端部扣件盖板的边缘至杆端距离不得小于 10cm。

13.管渠墙体水平拉模施工时，应符合下列要求：

（1）拉模运行中，严禁人员和车辆从中穿过。

（2）轨枕基应坚实，枕木符合施工设计要求。

（3）操作人员必须经过安全技术培训，考核合格后方可上岗。

（4）导轨安装与拆除应由专人指挥，作业人员应相互配合，动作一致。

（5）导轨、拉模等使用期间，应设置专人维护；拉模移动前，应对所通过导轨进行检查，确认合格。

（6）拉模安装前，应学习生产企业的设备使用说明书，掌握设备性能和安装工艺并按照说明书的要求进行安装。

（7）导轨连接应牢固，材质、轨距和高程应符合施工设计规定，经检查、验收，确认合格并形成文件后，方可使用。

<table>
<tr><td colspan="2">安全技术交底记录</td><td rowspan="2">编号</td><td>×××</td></tr>
<tr><td colspan="2"></td><td>共×页第×页</td></tr>
<tr><td>工程名称</td><td colspan="3">××市政基础设施工程××标段</td></tr>
<tr><td>施工单位</td><td colspan="3">××市政建设集团</td></tr>
<tr><td>交底提要</td><td>模板施工安全技术交底</td><td>交底日期</td><td>××年××月××日</td></tr>
</table>

（8）拉模设备应完好，防护装置应齐全、有效，电气接线应符合施工用电安全技术交底具体要求。使用前，应进行检查、试运行，确认正常并形成文件。

14.采用门式钢管脚手架做模板支架，应符合下列要求：

（1）门架用于整体式平台模板时，门架立杆、调节架应设置锁臂，模板系统与门架支撑应有满足吊运要求的可靠连接。

（2）可调底座调节螺杆伸出长度不宜超过 20cm；当超过 20cm 时，一榀门架承载力的设计值应进行修正：伸出长度为 30cm 时，修正系数为 0.90；伸出长度超过 30cm 时，修正系数为 0.80。

（3）构造设计上，宜以立杆直接传递荷载。当荷载作用于门架横杆上时，门架的承载能力应乘以折减系数：当荷载对称作用于立杆与加强杆范围内时，应取 0.9；当荷载对称作用在加强杆顶部时，应取 0.70；当荷载集中作用于横杆中间时，应取 0.30。

（4）施工前应对模板支架进行施工设计，其强度、刚度、稳定性应满足施工安全要求。地基应验算，承载力不足时应加固。

（5）门架用于顶板模板支架时，门架间距与跨距应由计算确定，在支架的周边顶层、底层和中间每 5 列、5 排应通长连续设置水平加固杆；支架高度大于 10m 时，在支架外侧周边和内部每隔 15m 间距设置剪刀撑，其宽度不得大于 4 个跨距或间距；斜杆与地面的倾角宜为 45°～60°。

（6）用于梁模板支撑的门架，应采用平行或垂直于梁轴线的布置方式；平行于梁轴线时，两门架应采用交叉支撑或梁底横小楞连接牢固；垂直于梁轴线时，门架两侧应设置交叉支撑。

15.模板运输应符合下列要求：

（1）运输前应根据模板、支架的质量和形状选择适宜的运输车辆和吊装机械。

（2）使用载重汽车运输模板，应打摞稳固，支架应捆绑、牢靠，严禁人员攀爬或坐卧在模板、支架上，严禁超宽、超高。

（3）在坡道上应缓慢行驶、控制速度，下坡时前方不得有人；使用手推车运输模板等，装车应均衡，捆绑应牢固，卸车应均衡、有序，严禁撒把卸车。

（4）运输道路应坚实、平整、无障碍物；穿越桥涵、架空线的净空应满足运输安全要求；沿线桥涵、地下管线等构筑物应具有足够的承载力；遇电力架空线路时，其净高应符合施工用电安全技术交底具体要求。

16.构筑物的变形缝、预留后浇带应与模板同步设置并应符合下列要求：

<table>
<tr><td colspan="2" rowspan="2">安全技术交底记录</td><td rowspan="2">编号</td><td>×××</td></tr>
<tr><td>共×页第×页</td></tr>
<tr><td>工程名称</td><td colspan="3">××市政基础设施工程××标段</td></tr>
<tr><td>施工单位</td><td colspan="3">××市政建设集团</td></tr>
<tr><td>交底提要</td><td>模板施工安全技术交底</td><td>交底日期</td><td>××年××月××日</td></tr>
</table>

（1）变形缝和预留后浇带的构造应符合设计要求。

（2）变形缝、预留后浇带应按设计或施工设计规定的位置设置，未经设计同意不得随意改变。

（3）变形缝设有止水带时，止水带的固定应进行专项施工设计；固定止水带的侧模应支撑牢固。

（4）止水带接缝粘结和安设应选派经过安全技术培训、考核合格的人员操作；配制粘结料和粘结接缝现场应通风良好，现场易燃物品应清除干净；作业时严禁烟火；热风焊接使用的空气压缩机压力不宜大于0.5MPa，压缩空气必须经滤清器过滤，储气罐稳压后方可将热风送至焊枪使用。

17.严禁在组合钢模板上架设和使用36V以上的电力缆线和电动工具；在支承系统安装未完成前安装大模板，必须采取临时支撑措施保持稳定；大模板安装时，应按施工设计规定的吊点位置起吊。垂直吊运应采取两个以上的吊点；水平吊运应采取四个吊点。

18.模板及其支承系统拆除应符合下列要求：

（1）大模板放置时，模板下面不得压电力缆线和气焊缆线。

（2）平板与墙体上危及人员安全的预留孔洞，应在模板拆除后封闭、盖严。

（3）拆除间歇时，应将已活动的模板、拉杆、支撑等固定牢固，不得留有松动或悬挂的模板。

（4）复杂结构和高处作业应有专人指挥，并按拆除方案规定的程序、方法和安全技术措施进行。

（5）拆除模板及其支承系统应标示出作业区，严禁非作业人员进入作业区，必要时应设专人看守。

（6）拆除模板及其支承系统，应进行混凝土试块强度检验，确认混凝土已达到拆模强度时，方可拆除。

（7）不得使用氧气割炬切割、烧烤模板拉杆，已拆除的模板、拉杆、支撑应及时运走，妥善堆放。拆下带钉木料，应随时将钉子拔掉。

（8）拆除大模板应采用起重机进行，吊点应符合施工设计的规定，垂直吊运应采用两个以上吊点，水平吊运应采用四个吊点。

（9）高处作业时，作业人员必须在作业平台上操作；连接件、工具和扳手等应放在工具袋内，不得放在模板或脚手板上，严禁抛掷。

<table>
<tr><td colspan="2" rowspan="2">安全技术交底记录</td><td rowspan="2">编号</td><td>×××</td></tr>
<tr><td>共×页第×页</td></tr>
<tr><td>工程名称</td><td colspan="3">××市政基础设施工程××标段</td></tr>
<tr><td>施工单位</td><td colspan="3">××市政建设集团</td></tr>
<tr><td>交底提要</td><td>模板施工安全技术交底</td><td>交底日期</td><td>××年××月××日</td></tr>
<tr><td colspan="4">（10）上下传接模板及其杆件应精神集中、相互照应，模板应随拆除随传运，不得堆放在脚手板上。中途停歇，必须将活动部件固定牢靠。
（11）拼装的大模板拆除时，应先挂牢吊索，待支撑和相邻模板连接件被拆除，确认模板离开结构表面后方可起吊；拆除模板未安放稳定前，不得摘钩；拆除过程中，必须随时采取临时支撑措施，确保未拆除模板的稳定性；预制拼装的大模板应整体拆除。</td></tr>
</table>

审核人	交底人	接受交底人
×××	×××	×××、×××……

9.7.3 钢筋施工安全技术交底

安全技术交底记录		编号	×××
			共×页第×页
工程名称	××市政基础设施工程××标段		
施工单位	××市政建设集团		
交底提要	钢筋施工安全技术交底	交底日期	××年××月××日

交底内容：

1.预制构件的吊环，应采用未经冷拉的Ⅰ级热轧钢筋，严禁以其他钢筋代替。

2.钢筋正式焊接前，应根据施工条件进行试焊，焊件经钢筋焊接性能试验合格方可正式施焊。

3.进行钢筋焊接作业，操作人员必须按规定佩戴护目镜、电焊工作服、面罩、手套、绝缘鞋。

4.钢筋加工机械应设专人管理，使用前应进行检查、试运转，确认机械设备运行符合安全要求；下班后，必须切断电源，锁固电闸箱，并清理场地。

5.钢筋加工场加工机械布局应满足安全生产、方便操作等要求，符合消防部门的规定；加工机械应置于坚实的地基基础上，防护装置应齐全有效，电气接线应符合施工用电安全技术交底具体要求；室外设置应设机棚。

6.钢筋除锈现场应通风良好；操作人员应戴防尘口罩、护目镜和手套；操作人员应站在钢丝刷或喷砂器的侧面；严禁触摸正在旋转的钢丝刷和将喷砂嘴对人；除锈应在钢筋调直后进行；带钩的钢筋不得由除锈机除锈。

7.钢筋码放时，不得锈蚀和污染，应保留铭牌；应按规格，牌号、分类码放；应按施工平面布置图的规定码放；加工成型的钢筋、钢筋网、钢筋骨架，应放置稳定，码放高度不得超过 2m，码放层数不宜超过 3 层，直径大于 1m 的笼式钢筋骨架不得双层码放；整捆码垛高度不宜超过 2m，散捆码垛高度不宜超过 1.2m。

8.人工搬运钢筋应符合下列要求：

（1）向沟槽、基坑内运送钢筋不得抛掷。

（2）人工搬运钢筋时，应前后呼应，动作一致。

（3）卸料时，应指定地点堆放并码放整齐，不得乱扔乱放。

（4）上下坡和拐弯时，前方人员应提前向后方人员传递信息。

（5）高处人工竖向搬运钢筋时，应走斜道，斜道上严禁堆放钢筋。

（6）需在作业平台上放置钢筋时，必须按脚手架的承载能力分散码放钢筋。

（7）向模板上吊运钢筋时应分散放置，随用随运，不得在同一部位超载堆放。

（8）搬运过程中，应随时注视上方架空线，左右障碍物和地上突起物，避开障碍物。

<table>
<tr><td colspan="2" rowspan="2">安全技术交底记录</td><td rowspan="2">编号</td><td>×××</td></tr>
<tr><td>共×页第×页</td></tr>
<tr><td>工程名称</td><td colspan="3">××市政基础设施工程××标段</td></tr>
<tr><td>施工单位</td><td colspan="3">××市政建设集团</td></tr>
<tr><td>交底提要</td><td>钢筋施工安全技术交底</td><td>交底日期</td><td>××年××月××日</td></tr>
<tr><td colspan="4">（9）上下传递钢筋时，上边传接人员必须挂好安全带，不得探身传接料，下面垂直方向不得站人。
9.钢筋冷拉应符合下列要求：
（1）用控制冷拉率方法冷拉钢筋时，冷拉率应经试验确定。
（2）卷扬机等冷拉设备应根据冷拉钢筋的直径选用；卷扬机位置必须保证卷扬机操作人员能观察整个冷拉场地，并距冷拉中心线距离不小于5m；钢丝绳应经过封闭式导向滑轮并与被拉钢筋方向呈直角；钢丝绳、滑轮组、钢筋夹具、电气设备应完好，防护装置应齐全有效。
（3）地锚应经施工设计并应符合下列要求：
1）锚固钢丝绳的方向应与地锚受力方向一致。
2）地锚埋设场地应平坦、土质坚硬，不得积水。
3）地锚使用前必须进行试拉，确认安全后，方可投入使用。
4）使用过程中，发现土体变形应立即停止使用，经加固处理确认符合要求后，方可恢复使用。
5）地锚横置木前应埋放挡板，挡板应紧贴原状土壁，地锚坑内回填土必须夯实到规定的密实度。
6）木质地锚应使用剥皮落叶松或杉木、严禁使用油松、杨木、柳木、桦木、椴木，且不得使用腐朽、有疖疤的木料。
（4）冷拉作业应符合下列要求：
1）控制延伸率的装置必须设明显的限位标志。
2）当环境温度低于-15℃时，不宜进行冷拉作业。
3）冷拉场夜间工作照明设施，应设在冷拉危险区以外。
4）冷拉作业发现滑丝等情况，必须立即停机，待放松后方可进行处理。
5）冷拉场地在两端地锚外必须设防护挡板和安全标志，严禁人员在此停留。
6）冷拉作业时应设专人值守，严禁钢筋两侧2m内和冷拉线两端有人，严禁跨越钢筋或钢丝绳。
7）作业后和作业中遇停电时，必须将卷扬机控制手柄或按钮置于零位，放松钢丝绳、落下配重、切断电源、锁好闸箱。
8）作业前应检查冷拉夹具、夹齿是否完好，滑轮、拖拉小车应灵活，拉钩、地锚、防护装置应齐全完好，确认合格方可作业。</td></tr>
</table>

安全技术交底记录		编号	×××
			共×页第×页
工程名称	××市政基础设施工程××标段		
施工单位	××市政建设集团		
交底提要	钢筋施工安全技术交底	交底日期	××年××月××日

9）冷拉作业必须由作业组长统一指挥，作业前，指挥人员必须检查设备和环境，确认设备、环境安全、钢筋卡牢后，方可发出冷拉信号。

10.钢筋加工场搭设应符合下列要求：

（1）各机械旁应设置机械操作程序牌。

（2）加工场不得设在电力架空线路下方。

（3）操作台应坚固，安装稳固并置于坚实的地基上。

（4）加工机具应设工作棚，棚应具防雨（雪）、防风功能。

（5）含有木材等易燃物的模板加工场，必须设置严禁吸烟和防火标志。

（6）加工场必须配置有效的消防器材，不得存放油、脂和棉丝等易燃品。

（7）加工场搭设完成，应经检查、验收，确认合格并形成文件后，方可使用。

（8）加工场应单独设置，不得与材料库、生活区、办公区混合设置，场区周围应设围挡。

（9）现场应按施工组织设计要求布置加工机具、料场与废料场，并形成运输、消防通道。

（10）加工机具应完好，防护装置应齐全有效，电气接线应符合施工用电安全技术交底具体要求。

11.钢筋绑扎应符合下列要求：

（1）绑扎池壁、管渠侧墙钢筋时，应先固定两端，再绑扎中间。

（2）绑扎钢筋前应检查并确认模板、作业平台稳固，基坑、沟槽的土壁稳定。

（3）在水池、管渠的底板和顶板钢筋骨架上作业时应铺脚手板，不得蹬踩钢筋作业。

（4）水池、管渠底板上设置的各种预埋钢筋、预埋件等突出物应设明显的安全标志。

（5）在模板、作业平台、脚手架等上码放钢筋，不得集中、不得超载；高处作业时，钢筋不得临边码放。

（6）在坡面上绑扎钢筋时，坡面上宜搭设作业平台；作业平台应牢固，不得滑移，作业人员应穿防滑鞋。

（7）钢筋骨架应有足够的刚度，绑扎过程中必须采取防止钢筋骨架失稳的临时支撑措施。钢筋骨架稳固前，严禁拆除临时支撑。

（8）绑扎高处、深槽、深坑的立柱或墙的钢筋时，应搭设脚手架；作业时，不得站在钢筋骨架上，不得攀登钢筋骨架上下；高于4m的钢筋骨架应设临时支撑。

12.钢筋和钢筋骨架运输应符合下列要求：

<table>
<tr><td colspan="2" rowspan="2">安全技术交底记录</td><td rowspan="2">编号</td><td>×××</td></tr>
<tr><td>共×页第×页</td></tr>
<tr><td>工程名称</td><td colspan="3">××市政基础设施工程××标段</td></tr>
<tr><td>施工单位</td><td colspan="3">××市政建设集团</td></tr>
<tr><td>交底提要</td><td>钢筋施工安全技术交底</td><td>交底日期</td><td>××年××月××日</td></tr>
<tr><td colspan="4">（1）车辆运输时钢筋和骨架应捆绑、打摽牢固，严禁超载。
（2）钢筋骨架绑扎、焊接点应牢固；钢筋骨架应具有足够的刚度和稳定性，运输中应采取防骨架失稳的措施。
（3）运输前应根据施工现场周围环境、作业条件、运输道路、架空线路和钢筋质量、钢筋骨架外形尺寸等，选择适宜的运输车辆和吊装设备。
（4）采用起重机吊装配合运输时应符合下列要求：
1）吊运时起重机臂杆下严禁有人。
2）吊运钢筋或骨架，应设两根绳索控制，避免摇摆和碰撞。
3）钢筋或骨架较长时，应多点捆绑牢固，捆绳间距不宜大于2m。
4）吊装骨架时，必须待骨架降落至距地面50cm时，作业人员方可靠近扶正就位，安装稳定后方可摘钩。
5）严禁在电力架空线路下方吊装，需在电力架空线路近旁吊装时，应符合施工用电安全技术交底具体要求。
6）作业中应经常对所使用的钢丝绳进行检查，发现断丝和断面磨损超过规定时，应立即停止作业，更换后，方可继续吊运。</td></tr>
</table>

审核人	交底人	接受交底人
×××	×××	×××、×××……

9.7.4 混凝土施工安全技术交底

<table>
<tr><td colspan="2" rowspan="2">安全技术交底记录</td><td rowspan="2">编号</td><td>×××</td></tr>
<tr><td>共×页第×页</td></tr>
<tr><td>工程名称</td><td colspan="3">××市政基础设施工程××标段</td></tr>
<tr><td>施工单位</td><td colspan="3">××市政建设集团</td></tr>
<tr><td>交底提要</td><td>混凝土施工安全技术交底</td><td>交底日期</td><td>××年××月××日</td></tr>
</table>

交底内容：

1.混凝土的配合比应符合施工设计的规定，不得随意更改；用于输送或贮存饮用水的管渠、水池等构筑物，混凝土中的外加剂不得污染水质，有碍人体健康。

2.混凝土浇筑前应清除模板内的泥土杂物；采用空气压力清除时，空压机电气接线与拆卸必须由电工操作，严禁将气嘴对向人、设备、设施。

3.混凝土运输前应踏勘运输道路，检查路况、地下管线等构筑物和架空线路状况，确认安全；在社会道路上运输不得遗洒，污染环境；使用手推车运送混凝土，装料应低于车槽10cm以上，车槽前必须装设挡板；卸料时应设挡掩，严禁撒把。

4.混凝土拌和应符合下列安全要求：

（1）搅拌机运行时，严禁人员进入贮料区和卸料斗下。

（2）作业人员向搅拌机料斗内倾倒水泥时，脚不得蹬踩料斗。

（3）搅拌站边界应设护栏和安全标志，非施工人员不得入内。

（4）手推车向搅拌机料斗内倾倒砂石料时，应设挡掩，严禁撒把倒料。

（5）现场需机械拌和混凝土时，搅拌站应根据环境状况采取防噪音、防尘措施。

（6）严禁在搅拌机运转时将手或木棒、工具等伸进搅拌筒或在筒口清理混凝土。

（7）机械运转过程中，机械操作工应精神集中，严禁离岗；机械发生故障必须立即关机、断电。

（8）作业后应及时清理拌和场地，废水应排至规定地点，不得污染环境，不得堵塞雨污水排放设施。

（9）需进入搅拌筒内作业时，必须先关机、断电、固锁电闸箱，并在搅拌筒外设专人监护，严禁离开岗位。

（10）固定式搅拌机的料斗在轨道上提升（降落）时，严禁其下方有人；料斗需悬空放置时，必须将料斗固锁。

（11）现场宜采用预拌混凝土；在城区、居民区、乡镇、机关、事业等单位人员密集区施工，不得现场机械拌和混凝土，减少噪音污染。

（12）搅拌站机械设备的各种电气设施必须由电工引接、拆卸；作业中发现漏电征兆、缆线破损等必须立即停机、断电，由电工处理。

安全技术交底记录		编号	××× 共×页第×页
工程名称	××市政基础设施工程××标段		
施工单位	××市政建设集团		
交底提要	混凝土施工安全技术交底	交底日期	××年××月××日

（13）使用外掺剂应加强管理，外掺剂应在库房中存放，专人管理；使用外掺剂应专人负责，正确使用；使用外掺剂应建立领发料制度；混凝土浇筑完成后，剩余外掺剂应交回库房保存。

（14）现场支搭集中式混凝土搅拌站时，应根据工程规模、现场环境等状况进行施工设计；支搭搅拌平台、储料仓等设施应符合施工设计的要求；支搭完成后，应经检查、验收，确认合格并形成文件，方可使用；搅拌设备应由专业操作工按施工设计和机械设备生产企业的安装、使用说明书规定进行安装和使用；机械设备安装完成后，应在施工技术人员主持下，组织调试、检查，确认各项技术性能指标全部符合施工设计和机械设备生产企业说明书的规定，并经验收合格，形成文件后方可使用。

5.现场混凝土搅拌站安全管理应符合下列要求：

（1）现场应设废水预处理设施。

（2）搅拌站不得搭设在电力架空线路下方。

（3）搅拌机等机械旁应设置机械操作程序牌。

（4）搅拌站应按消防部门的规定配置消防设施。

（5）搅拌站的作业平台应坚固，安装稳固并置于坚实的地基上。

（6）搅拌机等机电设备应设工作棚，棚应具有防雨（雪）、防风功能。

（7）搅拌站搭设完成，应经检查、验收，确认合格，并形成文件后，方可使用。

（8）搅拌机、输送装置等应完好，防护装置应齐全有效，电气接线应符合施工用电安全技术交底具体要求。

（9）现场混凝土搅拌站应单独设置，具有良好的供电、供水、排水、通风等条件与环保措施，周围应设围挡。

（10）现场应按施工组织设计的规定布置混凝土搅拌机、各种料仓和原材料输送、计量装置，并形成运输、消防通道。

（11）施工前，应对搅拌站进行施工设计；平台、支架、储料仓的强度、刚度、稳定性应满足搅拌站在拌和混凝土过程中荷载的要求。

6.混凝土浇筑应符合下列要求：

（1）浇筑作业人员应穿戴防护服、防护靴。

（2）夜间或在模板仓内浇筑混凝土应设12V照明。

（3）使用插入式振动器进入仓内振捣时，应对缆线加强保护，防止磨损漏电。

（4）浇筑水池斜壁混凝土时，宜设可移动的作业平台，作业人员应站在平台上操作。

<table>
<tr><td colspan="2" rowspan="2">安全技术交底记录</td><td rowspan="2">编号</td><td>×××</td></tr>
<tr><td>共×页第×页</td></tr>
<tr><td>工程名称</td><td colspan="3">××市政基础设施工程××标段</td></tr>
<tr><td>施工单位</td><td colspan="3">××市政建设集团</td></tr>
<tr><td>交底提要</td><td>混凝土施工安全技术交底</td><td>交底日期</td><td>××年××月××日</td></tr>
</table>

（5）混凝土浇筑应在模板及其支架支设完成，经验收确认合格，并形成文件后方可进行。

（6）从高处向模板仓内浇筑混凝土时，应使用溜槽或串筒；溜槽和串筒应连接牢固。严禁攀登溜槽或串筒作业。

（7）混凝土振捣设备应完好，电气接线与拆卸必须由电工操作，使用前必须由电工进行检查，确认合格方可使用。

（8）人工现场倒运混凝土时，一次倒运高度不得超过2m；作业平台上应设钢板放置混凝土；混凝土入模应服从振捣人员的指令；平台倒料口设活动栏杆时，倒料人员不得站在倒料口处。倒料完成后，必须立即将活动栏杆复位；作业平台下方严禁有人。

（9）浇筑壁、柱、梁、板、漏斗混凝土时，应搭设作业平台；严禁站在壁、柱、梁、板、漏斗的模板及其支撑上操作。严禁在钢筋上踩踏、行走。

（10）浇筑、振捣作业应设专人指挥，分工明确，并按施工方案规定的顺序、层次进行；作业人员应协调配合，浇筑人员应听从振捣人员的指令。

（11）浇筑倒拱或封闭式吊模构筑物应先从一侧浇筑混凝土，待低处模底混凝土浇满，并从另侧溢出浆液后，方可从另侧浇筑混凝土；浇筑过程中应严防倒拱或吊模上浮、位移。

（12）浇筑前应对水池、管渠底板和侧墙内预留的插筋、钢筋头、预埋件作出明显的标志。钢筋端部应采取保护措施。孔洞、变形缝、预留后浇带应盖牢，并应采取防移动措施。

（13）混凝土振捣设备应设专人操作；操作人员应在施工前进行安全技术培训，考核合格；作业中应保护电缆，严防振动器电缆磨损漏电，使用中出现异常必须立即关机、断电，并由电工处理。

（14）浇筑混凝土过程中，必须设模板工和架子工对模板及其支承系统和脚手架进行监护，随时观察模板及其支承系统和脚手架的位移、变形情况，出现异常，必须及时采取加固措施；当模板及其支承系统和脚手架，出现坍塌征兆时，必须立即组织现场施工人员离开危险区，并及时分析原因，采取安全技术措施进行处理。

（15）使用混凝土泵车浇筑混凝土应符合下列要求：

1）车辆进入现场后，应设专人指挥。

2）泵车行驶道路和停置场地应平整、坚实。

3）向模板内泵送混凝土时，布料杆下方，严禁有人。

4）泵送管接口必须安装牢固；泵送混凝土时，宜设2名以上人员牵引布料杆。

5）混凝土搅拌运输车卸料时，车轮应挡掩牢固；指挥人员必须站在车辆侧面。

<table>
<tr><td colspan="2" rowspan="2">安全技术交底记录</td><td rowspan="2">编号</td><td>×××</td></tr>
<tr><td>共×页第×页</td></tr>
<tr><td>工程名称</td><td colspan="3">××市政基础设施工程××标段</td></tr>
<tr><td>施工单位</td><td colspan="3">××市政建设集团</td></tr>
<tr><td>交底提要</td><td>混凝土施工安全技术交底</td><td>交底日期</td><td>××年××月××日</td></tr>
</table>

6）泵车卸混凝土时应设专人站在明显的位置指挥，泵车操作者应服从指挥人员的指令。

（16）采用起重机吊装罐体浇筑混凝土应符合下列要求：

1）卸料时吊罐距浇筑面不得大于 1.2m.

2）作业现场应划定作业区，设专人值守，非施工人员禁止入内。

3）使用自制吊罐吊索具和连接装置应完好，作业前应进行检查、试吊，确认安全。

4）作业时应由专人指挥，吊罐升降应听从指挥；转向、行走应缓慢，不得急刹车，吊罐下方严禁有人。

7.混凝土浇筑后应及时养护，并应符合下列要求：

（1）养护区的孔洞必须盖牢；水池采用蓄水养护，应采取防溺水措施。

（2）作业中，养护与测温人员应选择安全行走路线；夜间照明必须充足；使用便桥、作业平台、斜道等时，必须搭设牢固。

（3）养护用覆盖材料应具有阻燃性，混凝土养护完成后的覆盖材料应及时清理，集中至指定地点存放，废弃物应及时妥善处理。

（4）水养护现场应设养护用配水管线，其敷设不得影响人员、车辆和施工安全；拉移输水胶管应顺直，不得扭结，不得倒退行走；用水应适量，不得造成施工场地积水。

（5）使用电热毯养护应划定作业区，周围设护栏和安全标志，非作业人员不得进入养护区；电热毯上面不得承压重物，不得用金属丝捆绑，严禁折叠；使用前应检查电热毯，确认完好、不漏电；养护完毕必须及时断电、拆除电缆，并放至指定地点。

（6）采用蒸汽养护混凝土时应使用低压饱和蒸汽；加热用的蒸汽管路应使用保温材料包裹；管路布置不得危及人身安全；现场预制构件在养护池内养护时，禁止作业人员在混凝土养护池边上站立、行走；养护池的盖板、孔洞应盖牢、盖严，严防失足跌落；封闭养护池前应鸣笛示警，确认池内无人滞留，方可封闭。

审核人	交底人	接受交底人
×××	×××	×××、×××……

9.8 管道强度、严密性试验与冲洗消毒

安全技术交底记录		编号	×××
			共×页第×页
工程名称	××市政基础设施工程××标段		
施工单位	××市政建设集团		
交底提要	管道强度、严密性试验与冲洗消毒安全技术交底	交底日期	××年××月××日

交底内容：

1.管径小于或等于 700mm 的管道，人不宜进入管道中进行修补作业。需进入时，应采用行走灵活的轮式工具小车。小车必须拴牢安全绳索，由管外监护人控制。

2.管道强度、严密性试验与冲洗消毒前应根据工程特点、现场环境和管理单位的要求编制施工方案，规定水源引接和排水疏导路线，确定人员组织结构，制订安全技术措施。

3.放水口下游的排水能力应满足放水要求；放水口与泄水路线不得影响交通和居民生活与建（构）筑物的安全；放水口处应设围挡、安全标志，夜间应设警示灯和照明并设专人值守。

4.排水（重力流）管道闭气试验前，管道试验段必须划定作业区，并设围挡或护栏和安全标志，非施工人员不得入内；向管道内充气与试验过程中，作业人员严禁位于堵板的正前方；安装堵板时，止推器必须撑紧，确保堵板能承受试验气压和气体温度膨胀产生的组合压力。

5.排水（重力流）管道闭水试验安全注意事项：

（1）试验管段的检查井和危险部位，夜间应设警示灯。

（2）闭水试验期间，无关人员不得进入临时便桥接近观测井。

（3）闭水试验合格后，应及时排出试验管段和检查井内的水，并拆除堵板。

（4）闭水试验合格并排出管、井内的水后，必须盖牢检查井盖，并进行管道回填土。

（5）试验管段两端的堵板应经验算，能承受闭水试验的内水压力；堵板上应设进出水闸阀。

（6）管道结构达到设计强度，外观验收合格后，沟槽未还土的条件下应及时进行闭水试验。

（7）管端封堵前和向管段内放水前，必须检查管道内状况，确认管道内无人后方可封堵或放水。

（8）试验人员由沟槽至检查井观测渗水量时，不得站在井壁上操作，应按下列要求架设临时便桥：

1）便桥两端必须设限载标志。

安全技术交底记录		编号	×××
			共×页第×页
工程名称	××市政基础设施工程××标段		
施工单位	××市政建设集团		
交底提要	管道强度、严密性试验与冲洗消毒安全技术交底	交底日期	××年××月××日

2）在使用过程中，应随时检查和维护，保持完好。

3）便桥桥面应具有良好的防滑性能，钢质桥面应设防滑层。

4）便桥搭设完成后应经验收，确认合格并形成文件后，方可使用。

5）便桥两侧必须设不低于1.2m的防护栏杆，其底部设挡脚板。栏杆、挡脚板应安设牢固。

6）施工机械、机动车与行人便桥宽度应据现场交通量、机械和车辆的宽度，在施工设计中确定，人行便桥宽不得小于80cm；手推车便桥宽不得小于1.5m；机动翻斗车便桥宽不得小于2.5m；汽车便桥宽不得小于3.5m。

6.给水管道冲洗、消毒安全事项：

（1）管道冲洗后，应按规定进行消毒，经验收确认合格后形成文件。

（2）冲洗消毒完成后，应及时拆除进、出口的临时管道，恢复原况。

（3）放水口应采取防冲刷措施，冲洗口和放水口周围均应设围挡和安全标志。

（4）引接水源需打开检查井时，必须在检查井周围设围挡或护栏，并设安全标志。

（5）冲洗、消毒中应由管道的管理单位设专人负责水源的阀门开启与关闭作业；作业人员不得擅自离开岗位。

（6）作业中各岗位人员应配备通讯联络工具进行联系，并设专人巡逻检查，确认正常，遇异常情况应及时处理。

（7）冲洗方案应规定冲洗水源位置、临时管道的走向和管径、相应的安全技术措施，并经给水管道管理单位签认后实施。

（8）消毒液必须存放在库房内，指派专人管理，发放时应履行领料手续，余料收回；使用时，消毒液操作人员必须佩戴口罩、手套等防护用品。

（9）给水管道冲洗前，建设单位应邀请管理、施工单位研究冲洗、消毒方案及其配合事宜，并成立指挥机构，明确各方分工，责任到人，并检查，确认落实。

（10）冲洗用的临时管道设置在道路上时，应对临时管道采取保护措施，并与道路顺接，满足车辆、行人的安全要求；夜间和阴暗时，现场应设充足的照明的警示灯。

7.给水（压力流）管道水压试验安全注意事项：

（1）严禁以气压法代替水压试验。

（2）试验管段所有敞口应堵严，不得有渗水现象。

（3）水压试验宜采用手摇泵或柱塞泵试压，不得采用离心泵。

安全技术交底记录		编号	××× 共×页第×页
工程名称	××市政基础设施工程××标段		
施工单位	××市政建设集团		
交底提要	管道强度、严密性试验与冲洗消毒安全技术交底	交底日期	××年××月××日

（4）试验管段内，不得含有消火栓，水锤消除器，安全阀等附件。

（5）试验管段端部堵板拆除前应先确认管段内已无压力，方可实施。

（6）试验完成后，应及时排除管内的水，并拆除临时管道，恢复原况。

（7）水泵、压力计应安装在试验段下游的端部与管道轴线相垂直的支管上。

（8）试验前应划定作业区，设围挡或护栏、安全标志，阴暗和夜间尚应设警示灯。

（9）引接水源需打开检查井盖时，必须在检查井周围设围挡或护栏，并设安全标志。

（10）试验管段充水应从下游进水口灌入；灌水时应同时打开试验管段上的各排气孔排气。

（11）水压试验前，除接口外，管道两侧和管顶以上必须进行回填，其回填土厚度不得小于50cm。

（12）压力计的精度不得低于1.5级，最大量程宜为试验压力的1.3～1.5倍，表壳的公称直径不得小于150mm，使用前应校正。

（13）管径大于或等于600mm的刚性接口的管道，与堵板相邻的第一个接口应采用柔性接口，如不设柔性接口，应采用柔口堵板。

（14）后背与堵板间的撑木应对称，撑木与千斤顶的合力中心线应与水压力的合力中心线在一条直线上，且与后背、堵板的平面相垂直。

（15）水压试验的临时管道设置在道路上时，应对临时管道采取保护措施，并与道路顺接，满足车辆、行人的安全要求；夜间和阴暗时，现场应设充足的照明和警示灯。

（16）管道试压用的堵板、后背应根据试验压力、管径、接口种类进行强度、刚度、稳定性验算确定，满足试压安全要求，构造上应满足灌水、放水、放气等需要，并在实施中严格执行，不得擅自改动。

（17）水压试验应在管件支墩、锚固设施等结构已达到设计强度后进行；未设支墩和锚固设施的管件应采取加固措施，并经验收合格形成文件后，方可进行水压试验。

（18）采用天然土体做试验后背，其预留土体的长度和宽度应进行验算；土体后背应满足水压试验时的稳定性要求；后背土质松软，不能满足试压要求时，必须加固并经验收合格形成文件后,方可使用。

（19）管道系统试压应成立指挥机构进行统一指挥；各附件处应设专人值守，确认符合要求；作业中应设专人巡视检查，确认正常。

（20）管道水压试验作业应符合下列要求：

<table>
<tr><td colspan="2">安全技术交底记录</td><td>编号</td><td>×××
共×页第×页</td></tr>
<tr><td>工程名称</td><td colspan="3">××市政基础设施工程××标段</td></tr>
<tr><td>施工单位</td><td colspan="3">××市政建设集团</td></tr>
<tr><td>交底提要</td><td>管道强度、严密性试验与冲洗消毒安全技术交底</td><td>交底日期</td><td>××年××月××日</td></tr>
<tr><td colspan="4">1）试验中作业人员必须位于安全地带，严禁位于承压堵板支撑端的前方和支撑结构的侧面等危险区域。
2）水压试验过程中，严禁对管身、接口进行敲打或修补缺陷，遇有缺陷时应作出标记，卸压后方可进行修补。
3）管道进行正式试压时，应分级升压，每级升压停止时应检查后背支撑、支墩、管端、管身和接口，确认无异常现象时，方可继续下一级升压，试压完成后应及时降压。
4）管道正式进行水压试验时，应先进行预试压；预试压的水压力最高不得大于试验压力的 70%。预试压应分级升压；每升一级应检查后背支撑系统、支墩、管端、管身和接口，确认安全、不得漏水。</td></tr>
</table>

审核人	交底人	接受交底人
×××	×××	×××、×××……

9.9 预应力钢筋张拉工程

9.9.1 预应力钢筋张拉通用安全技术交底

<table>
<tr><td colspan="2" rowspan="2">安全技术交底记录</td><td rowspan="2">编号</td><td>×××</td></tr>
<tr><td>共×页第×页</td></tr>
<tr><td>工程名称</td><td colspan="3">××市政基础设施工程××标段</td></tr>
<tr><td>施工单位</td><td colspan="3">××市政建设集团</td></tr>
<tr><td>交底提要</td><td>预应力钢筋张拉通用安全技术交底</td><td>交底日期</td><td>××年××月××日</td></tr>
</table>

交底内容：

1.张拉设备操作工必须经过安全技术培训，经考核确认合格后，方可上岗。

2.张拉作业前，结构混凝土强度应达到设计文件或施工组织设计的规定值。

3.预应力筋（束）必须按照设计规定的控制应力值进行张拉，严禁超控制应力张拉。

4.施加预应力的机具设备、锚具、夹具、连接器和预应力钢丝、钢绞线或钢筋应相互匹配。

5.预应力钢筋张拉应由具有施工经验的施工技术人员主持；张拉作业应由作业组长统一指挥。

6.预应力筋（束）张拉作业，应按照设计或施工组织设计规定的顺序，分阶段、分部位对称张拉。

7.钢丝、钢绞线、热处理钢筋和冷拉Ⅳ级钢筋，宜采用砂轮锯或切断机断料，不得采用电弧切割。

8.穿筋（束）、张拉、灌浆等设备和量测仪表应设置专人负责使用和管理，按照规定期限进行维护和标定。

9.施工前应根据设计文件和现场环境状况编制张拉方案，规定张拉程序、控制应力、伸长值，选择适宜的张拉机具，制定相应的安全技术措施。

10.遇有千斤顶经过拆卸或修理、千斤顶搁置时间超过标定期、压力表损坏或出现失灵现象、更换压力表、张拉过程中预应力筋发生多根断筋事故或张拉伸长值误差超过施工设计规定等情况时，应对压力表重新进行标定，另外张拉设备使用期限超过6个月或超过设计规定的期限都应重新进行标定。

11.张拉作业现场必须划定作业区，设专人值守，非作业人员禁止入内；在张拉构件的两端，必须设置防护设施，并设安全标志。

12.当圆形水池池壁进行预应力钢筋张拉时，沿池壁周围应搭设安全防护脚手架；脚手架的内脚手杆与壁板的间距应满足施工安全操作的需要。

<table>
<tr><td colspan="2">安全技术交底记录</td><td>编号</td><td>×××
共×页第×页</td></tr>
<tr><td>工程名称</td><td colspan="3">××市政基础设施工程××标段</td></tr>
<tr><td>施工单位</td><td colspan="3">××市政建设集团</td></tr>
<tr><td>交底提要</td><td>预应力钢筋张拉通用安全技术交底</td><td>交底日期</td><td>××年××月××日</td></tr>
</table>

13.预应力筋（束）穿筋（束）、张拉、灌浆等作业的机具设备应完好，安全装置应齐全、有效，电气接线与拆卸应符合施工用电安全技术交底具体要求；作业前，经检查、测试、试运行，确认安全。

14.预应力筋（束）张拉作业高度超过1.5m，应按下列要求支搭作业平台：

（1）支搭、拆除作业必须由架子操作工负责。

（2）在斜面上作业宜架设可移动式的作业平台。

（3）脚手架、作业平台不得与模板及其支承系统相连。

（4）作业平台、脚手架，各节点的连接必须牢固、可靠。

（5）脚手架应根据施工时最大荷载和风力进行施工设计，支搭必须牢固。

（6）作业平台宽度应满足施工安全要求；在平台范围内应铺满、铺稳脚手板。

（7）作业平台临边必须设防护栏杆，上下作业平台应设安全梯或斜道等设施。

（8）脚手架和作业平台，使用前应进行检查、验收，确认合格，并形成文件；使用中应设专人随时检查，发现变形、位移应及时采取安全措施并确认安全。

审核人	交底人	接受交底人
×××	×××	×××、×××……

9.9.2 缠丝机张拉安全技术交底

<table>
<tr><td colspan="2" rowspan="2">安全技术交底记录</td><td rowspan="2">编号</td><td>×××</td></tr>
<tr><td>共×页第×页</td></tr>
<tr><td>工程名称</td><td colspan="3">××市政基础设施工程××标段</td></tr>
<tr><td>施工单位</td><td colspan="3">××市政建设集团</td></tr>
<tr><td>交底提要</td><td>缠丝机张拉安全技术交底</td><td>交底日期</td><td>××年××月××日</td></tr>
<tr><td colspan="4">交底内容：
1.作业中严禁用尖硬或重物撞击已缠绕的钢筋。
2.壁板留有孔洞的部位，孔洞两侧应加设钢筋锚固点。
3.缠丝过程中，机械出现故障必须停机、断电后，方可进行处理。
4.施工前应向作业人员进行安全技术交底，使其掌握操作中的安全要求。
5.缠丝应按照设计规定的程序进行，并严格控制预应力筋排列间距和张拉应力。
6.施工前应严格检查钢筋，确认钢筋无锈蚀划痕现象，材质及其力学性能符合设计要求。
7.缠丝机启动、运行、保养，应遵守缠丝机生产企业的技术文件和施工组织设计的规定。
8.缠丝机张拉应由主管施工技术人员主持；张拉作业应设作业组长统一指挥，作业人员应协调一致。
9.缠丝过程中，应设专人按照设计或施工组织设计的规定设置测点，量测预应力钢筋张拉应力，发现问题应及时采取安全技术措施。
10.缠丝过程中，应随时对缠丝机中心柱、回转臂、回转吊臂、缠丝小车吊架等连接部位的牢固情况和动力设备、安全装置等状态进行检查，发现问题必须及时采取安全技术措施。
11.每根钢筋的端头和末尾必须锚固牢固，在缠丝的过程中尚应按照设计规定的长度或位置安设锚具，并随时对已经锚固好的前3个锚固点进行检查，发现松动，应停止作业，及时采取处理措施。
12.缠丝机小车行走轨迹外2.5m处，必须搭设防止断筋弹出的防护栏杆柱，经检查确认安全；作业现场必须设置围挡和醒目的安全标志，并设置专人警戒，非作业人员禁止进入围挡内。
13.缠丝机及其配套装置应完好，安全装置应齐全有效；缠丝机安装应按照生产企业的技术文件或施工组织设计的规定进行；中心柱安装应准确，中心柱、回转臂、回转吊臂、缠丝小车吊架等各部的连接应牢固、可靠，电气接线与拆卸必须由电工操作，并应符合施工用电安全技术交底的具体要求。作业前应检查、试运行，确认正常。
14.预应力钢筋的接头宜采用电动绑扎机进行。绑扎前，应先安设锚具将预应力钢筋锚固，绑扎接头位置距离锚固槽中心不得小于1.5m；搭接长度不得小于预应力钢筋直径的50倍；绕丝绑扎的长度不得小于预应力钢筋直径的40倍。</td></tr>
</table>

<table>
<tr><td colspan="2" rowspan="2">安全技术交底记录</td><td rowspan="2">编号</td><td>×××</td></tr>
<tr><td>共×页第×页</td></tr>
<tr><td>工程名称</td><td colspan="3">××市政基础设施工程××标段</td></tr>
<tr><td>施工单位</td><td colspan="3">××市政建设集团</td></tr>
<tr><td>交底提要</td><td>缠丝机张拉安全技术交底</td><td>交底日期</td><td>××年××月××日</td></tr>
<tr><td colspan="4">15.应待水泥砂浆保护层达到设计或施工组织设计规定的强度后再切断孔洞处预应力钢筋，作业前，孔洞处应安设防止预应力钢筋切断后回弹伤人的安全防护措施；剪切预应力钢筋时，应站在孔洞侧面，避开预应力钢筋回弹方向；剪切应自孔洞中心位置开始，上下对称或交错进行。
16.缠丝机操作应符合下列要求：
（1）操作台不得超载。
（2）操作人员必须穿戴绝缘鞋和绝缘手套。
（3）更换螺距前，必须搬紧刹车闸防止溜车。
（4）操作人员必须经安全技术培训，考核合格，方可上岗。
（5）作业前应检查工地周围作业空间，确认符合缠丝机安全作业要求。
（6）操作人员应随时观察机件各部位的滑润度，每绕完一盘钢筋后应及时加油。
（7）首次开车前，应松开小车上棘轮机构的棘爪，行车正常后再搬入，防止电机倒转。
（8）操作人员应按缠丝机说明书规定的程序进行操作；缠丝机运行中操作人员不得交谈。
（9）每次接好钢筋再启动时，应松开牵制器，空车运转，待正常运行后，方可再压紧牵制器。
（10）每次使用前必须检测其电气设备的绝缘情况，其绝缘电阻不得低于 0.4MΩ，对地电阻不得大于 4MΩ。
（11）遇雨和下班后应用防雨布将机械盖牢。</td></tr>
</table>

审核人	交底人	接受交底人
×××	×××	×××、×××……

9.9.3 电热法张拉安全技术交底

<table>
<tr><td colspan="2" rowspan="2">安全技术交底记录</td><td rowspan="2">编号</td><td>×××</td></tr>
<tr><td>共×页第×页</td></tr>
<tr><td>工程名称</td><td colspan="3">××市政基础设施工程××标段</td></tr>
<tr><td>施工单位</td><td colspan="3">××市政建设集团</td></tr>
<tr><td>交底提要</td><td>电热法张拉安全技术交底</td><td>交底日期</td><td>××年××月××日</td></tr>
</table>

交底内容：

1.通电作业必须统一指挥，专人负责。

2.采用预埋金属管道作张拉孔道的结构，不得进行电热法张拉。

3.电热张拉宜选用安全电压、大电流、大容量的三相变压器进行。

4.张拉前必须按照电热张拉系统线路图安装电热设备和连接导线。

5.张拉作业时，操作人员应站在张拉端的侧面，不得站在正前方。

6.张拉时，作业人员必须按规定佩戴绝缘手套、绝缘鞋等劳动保护用品。

7.安装预应力筋前应检测钢筋的每个接头，确认连接牢固，符合质量要求。

8.预应力筋（束）的电热张拉温度不得大于350℃；重复张拉不得超过3次。

9.预应力钢筋电热法张拉断电、锚固后，钢筋端部应按施工设计的规定设置防钢筋端头弹出锚固肋的锁固装置。

10.电热张拉前，应在预应力钢筋固定肋的两侧1.0m处，分别设置预防钢筋弹出的防护架及其挡板。

11.施工前，必须根据结构预应力筋（束）、规格、长度和同时张拉的根数等条件选择电热设备，并进行电热张拉系统线路设计。

12.正式张拉前，应进行试张拉，检查测试系统线路、二次电压、预应力筋（束）的电流密度和电压降，待符合施工设计规定后，方可正式张拉。

13.张拉过程中，系统线路或预应力筋（束）发生碰火现象，应立即切断电源，查找分析原因，经采取措施确认正常后，方可恢复作业。

14.张拉过程中，应设置专人检查和测试电热设备、一次和二次导线的电压、电流、预应力筋和（束）张拉孔道的温度、通电时间等，发现不符合施工设计规定应及时进行处理，采取安全技术措施。

15.电热设备应完好，二次线路导电夹具与预应力筋连接应紧密，预应力筋（束）的绝缘处理应良好；电气接线与拆卸必须由电工操作，并应符合施工用电安全技术交底具体要求。张拉作业前应检查、测试、试运行，确认合格。

审核人	交底人	接受交底人
×××	×××	×××、×××……

9.9.4 后张法张拉安全技术交底

<table>
<tr><td colspan="2" rowspan="2">安全技术交底记录</td><td rowspan="2">编号</td><td>×××</td></tr>
<tr><td>共×页第×页</td></tr>
<tr><td>工程名称</td><td colspan="3">××市政基础设施工程××标段</td></tr>
<tr><td>施工单位</td><td colspan="3">××市政建设集团</td></tr>
<tr><td>交底提要</td><td>后张法张拉安全技术交底</td><td>交底日期</td><td>××年××月××日</td></tr>
</table>

交底内容：

1.张拉前应对预留孔道进行检查，孔道应定位准确、内壁光滑、通顺，端部位置正确；孔道内的灰渣等杂物应吹扫或冲洗干净；孔口预埋锚座钢板应与孔道中心线垂直；孔道应预留灌浆排气孔。

2.预应力筋（束）张拉应符合下列要求：

（1）油泵运行中和液压系统带压状态，严禁拆卸压力表与管路系统。

（2）张拉作业时，预应力筋（束）的两端严禁站人；张拉操作人员必须站在千斤顶和预应力筋的侧面。

（3）油泵运行过程中，严禁操作工离开岗位；需要离开岗位时，必须停止油泵运行，并切断油路和电源。

（4）张拉作业中发生异常响声或发现断丝、锚楔滑移和碎裂时，必须停止张拉，查明原因，待采取处理措施后，方可恢复张拉。

（5）张拉作业应按施工设计规定逐级、缓慢、均匀地升压加荷至设计或施工组织设计规定的控制伸长值和控制张拉吨位的压力表读数范围内。

（6）安装张拉设备时，对于直线预应力筋（束），应使张拉力的作用线与孔道中心线重合；对于曲线预应力筋（束）应使张拉力的作用线与孔道中心线末端的切线重合。

（7）采取应力控制方法张拉时，应校核预应力筋（束）的伸长值；如实际伸长大于计算值10%或小于计算值5%，应停止张拉，待查明原因并采取措施调整后，方可继续张拉。

（8）张拉过程中，应逐根量测预应力筋（束）的伸长值和观测张拉吨位相应压力表读数，当伸长值和压力表读数与施工组织设计规定的控制值出入较大时，应停止张拉，待查明原因并采取措施调整后，方可继续张拉。

（9）张拉作业结束后，应尽快灌浆。

3.穿预应力筋（束）应符合下列要求：

（1）穿筋（束）时，送入端筋（束）应保持水平状态，直至穿筋（束）到位。

（2）穿引器或穿束机引线时，另一端作业人员应站在孔道口侧面接应，禁止站在孔口正前方作业。

（3）穿筋（束）过程中，出现拖拉力过大或卡阻现象时，应立即停止穿筋（束），待查明原因并采取措施消除后，方可继续进行；严禁强拉硬拽。

<table>
<tr><td colspan="2" rowspan="2">安全技术交底记录</td><td rowspan="2">编号</td><td>×××</td></tr>
<tr><td>共×页第×页</td></tr>
<tr><td>工程名称</td><td colspan="3">××市政基础设施工程××标段</td></tr>
<tr><td>施工单位</td><td colspan="3">××市政建设集团</td></tr>
<tr><td>交底提要</td><td>后张法张拉安全技术交底</td><td>交底日期</td><td>××年××月××日</td></tr>
</table>

（4）穿筋（束）使用卷扬机、穿束机械时，应安装在稳固的基座上并埋设牢固的地锚；卷扬机、穿束机操作人员的作业位置应能看清拖动引线，不能直视时，应专设信号工并明确联络信号。

4.孔道灌浆应符合下列要求：

（1）灌浆应连续进行，不得中断。

（2）灌浆时，张拉孔道预留排气孔应通畅。

（3）灌注水泥浆材料、配比应符合设计或施工组织设计的要求。

（4）孔道灌浆过程中，严禁随意踩踏、敲击锚头和外露预应力筋（束）。

（5）注浆过程中遗洒的残渣、废液和注浆管排除的废水，应及时清理、妥善处理。

（6）灌浆过程和关闭排气孔或出浆口时，操作人员应佩戴防护镜，避开孔口方向作业。

（7）灌浆过程中，设备出现故障或注浆管堵塞需要检修、处理时，必须停机、断电和卸压后，方可进行。处理注浆管堵塞时，严禁将管口对向人或设备、设施。

（8）灌浆应由孔道最低处的灌浆孔开始压浆，灌浆初始压力不宜超过 0.1MPa；灌浆应逐级、缓慢升压至设计或施工组织设计规定的控制压力，不得超过控制压力灌浆。

审核人	交底人	接受交底人
×××	×××	×××、×××……

9.9.5 预应力钢丝（筋）保护层安全技术交底

<table>
<tr><td colspan="2" rowspan="2">安全技术交底记录</td><td rowspan="2">编号</td><td>×××</td></tr>
<tr><td>共×页第×页</td></tr>
<tr><td>工程名称</td><td colspan="3">××市政基础设施工程××标段</td></tr>
<tr><td>施工单位</td><td colspan="3">××市政建设集团</td></tr>
<tr><td>交底提要</td><td>预应力钢丝（筋）保护层安全技术交底</td><td>交底日期</td><td>××年××月××日</td></tr>
</table>

交底内容：

1.喷射机等操作工，应进行安全技术培训，考试合格后方可上岗。

2.脚手架、作业平台、防护栏杆必须牢固，作业前应检查，确认安全，并形成文件。

3.作业前应划定作业区，周围搭设防断丝弹出的防护栏杆，禁止非作业人员进入作业区内。操作人员应佩戴防护用品。

4.喷射机、空气压缩机管路及其接头应完好，防护装置应齐全、有效，安装应牢固，电气接线应符合施工用电安全技术交底具体要求；作业前应试运转，确认安全。

5.喷浆作业应符合下列要求：

（1）遗洒浆料应及时清除。

（2）严禁将喷射机的喷头对向人或设备。

（3）喷浆后严禁用抹子找平喷涂的水泥砂浆面层。

（4）水泥砂浆的配合比应符合设计要求，并经试验确定。

（5）喷浆时应连环旋喷，出浆量应稳定连续，不得滞射、扫射。

（6）保护层砂浆达到设计规定强度后，方可拆除防断丝的防护栏杆。

（7）喷枪应与喷射面保持垂直，当受障碍物影响时，喷射角宜为70°～110°。

（8）机械设备出现故障和管路发生堵塞，必须停机、断电，卸压后，方可进行检修。

（9）喷浆宜在气温高于15℃时进行，当有六级（含）以上大风、大雨、大雾、沙尘暴时不得进行喷射作业。

（10）喷口至受喷面的距离，应以喷层密实回弹物较少为原则确定。

（11）喷浆机罐内压力不得超过额定压力，宜为0.4MPa；供水应适当，输料管长度不宜小于10m，管径不宜小于25mm。

审核人	交底人	接受交底人
×××	×××	×××、×××……

9.10 高耸构筑物工程

9.10.1 高耸构筑物施工通用安全技术交底

安全技术交底记录		编号	×××
			共×页第×页
工程名称	××市政基础设施工程××标段		
施工单位	××市政建设集团		
交底提要	高耸构筑物施工通用安全技术交底	交底日期	××年××月××日

交底内容：

1.作业平台上的施工荷载不得超过施工设计规定，不得偏载。

2.雨期施工，应结合构筑物特征和周围环境状况安设可靠的避雷装置。

3.作业平台上应设足够的灭火器和消防设施；作业平台上不得存放易燃物。

4.高处作业人员，应将裤腿扎紧，不得穿硬底鞋和带有钉子的皮鞋登高作业。

5.构筑物施工脚手架的高度超过施工区域附近的地面 50m，应设航空指示信号灯。

6.高耸构筑物施工时，上下联系应有可靠的通讯设施，保持联络通畅。

7.高耸构筑物施工应由施工经验丰富的施工技术人员主持，操作人员应经专业培训考试合格后，方可上岗。

8.遇有雷、雨、大雪、沙尘暴和六级（含）以上的大风天气，必须停止作业，施工人员应撤离到地面，并应切断电源。

9.作业平台上便携式照明灯具应采用 36V 电压；高于 36V 的固定照明灯，应在线路上设置漏电保护器，灯泡应设防雨罩。

10.采用施工升降机、塔式起重机垂直运输机械及汽车、机动翻斗车等水平运输车辆时应符合相关安全技术交底的具体要求。

11.凡从事高耸构筑物施工的作业人员应进行身体检查，患有高血压、心脏病、恐高症、癫痫症、精神不正常者，严禁进行作业。

12.作业平台防护栏杆内侧应挂安全网，并连接牢固；作业平台使用前必须进行检查、验收，确认合格并形成文件；使用中应随时检查，确认安全。

13.在编制施工组织设计中，应对混凝土浇筑、垂直运输、模板、起重架、提升设备、作业平台及其内外脚手架等进行施工设计和制订各施工工序的安全技术措施。

14.施工中应在距地面 3.0m 和每隔 10m 各设一道水平安全网；安全网宽度，构筑物高度在 20m（含）以下时，宽度不得小于 3m；大于 20m 时，不得小于 6m。

<table>
<tr><td colspan="2" rowspan="2">安全技术交底记录</td><td rowspan="2">编号</td><td>×××</td></tr>
<tr><td>共×页第×页</td></tr>
<tr><td>工程名称</td><td colspan="3">××市政基础设施工程××标段</td></tr>
<tr><td>施工单位</td><td colspan="3">××市政建设集团</td></tr>
<tr><td>交底提要</td><td>高耸构筑物施工通用安全技术交底</td><td>交底日期</td><td>××年××月××日</td></tr>
</table>

15.施工前，现场周围应划定警戒区，其边缘至在施构筑物外壁的距离不得小于施工结构高度的1／10，且不得小于10m，警戒区边缘必须设围挡和安全标志，实行封闭管理，非施工人员严禁入内；警戒区内，不得堆放器材和搭设临时设施，施工人员不得在警戒区内休息。

16.施工中应尽量避开上下交叉作业，需上下交叉作业时必须在下作业层顶部设防护棚；在施构筑物的出入口和垂直运输机具的物料进出口、邻近重要道口，必须搭设防护棚。防护棚应坚固，其结构应经施工设计确定，能承受风荷载；采用木板时，其厚度不得小于5cm；防护棚的长度与宽度应依下层作业面的上方可能坠落物的高度情况而定：上方高度为2m～5m时，不得小于3m；上方高度大于5m小于15m时，不得小于4m；上方高度在15m～30m时，不得小于5m；上方高度大于30m时，不得小于6m；防护棚应支搭牢固、严密。

17.施工过程中应按施工设计的规定支搭作业平台，并应符合下列要求：

（1）支搭、拆除作业必须由架子操作工负责。

（2）在斜面上作业宜架设可移动式的作业平台。

（3）脚手架、作业平台不得与模板及其支承系统相连。

（4）作业平台、脚手架，各节点的连接必须牢固、可靠。

（5）脚手架应根据施工时最大荷载和风力进行施工设计，支搭必须牢固。

（6）作业平台宽度应满足施工安全要求，在平台范围内应铺满、铺稳脚手板。

（7）作业平台临边必须设防护栏杆，上下作业平台应设安全梯或斜道等设施。

（8）脚手架和作业平台，使用前，应进行检查、验收，确认合格，并形成文件；使用中应设专人随时检查，发现变形，位移应及时采取安全措施并确认安全。

18.使用龙门架或井架物料提升机，应符合下列要求：

（1）提升机应与防雷装置的引下线相连；提升架宜由有资质的企业生产，具有质量合格证和相关的技术文件；提升机的安全防护装置必须齐全、有效，符合产品技术文件的要求。

（2）架体应远离现场电力架空线路；需靠近时，应满足用电安全距离具体要求。

（3）架体各节点的连接螺栓必须符合孔径要求，严禁扩孔和开孔、漏装或以铅丝代替，螺栓必须紧固。

（4）架体及其提升机安装完成后，必须经检查、试运行、验收合格，并形成文件后方可交付使用。

（5）安装与拆除架体应采用起重机，宜在白天进行，夜间作业必须设充足的照明；作业时必须设信号工指挥。

<table>
<tr><td colspan="2" rowspan="2">安全技术交底记录</td><td rowspan="2">编号</td><td>×××</td></tr>
<tr><td>共×页第×页</td></tr>
<tr><td>工程名称</td><td colspan="3">××市政基础设施工程××标段</td></tr>
<tr><td>施工单位</td><td colspan="3">××市政建设集团</td></tr>
<tr><td>交底提要</td><td>高耸构筑物施工通用安全技术交底</td><td>交底日期</td><td>××年××月××日</td></tr>
</table>

（6）安装龙门架时，两边立柱必须交替进行，每安装2节，除将单支柱临时固定外，尚须将两立柱横向连接一体。

（7）安装架体时必须先将地梁与基础连接牢固；每安装2个标准节（一般不大于8m)，必须采取临时支撑或临时缆风绳固定，并进行校正，确认稳固后方可继续安装。

（8）附墙架的设置应符合产品技术文件要求，其间隔不宜大于9m；附墙架和架体与构筑物之间，均应采用刚性件连接，形成稳定结构，不得连接在脚手架上，严禁使用铅丝绑扎。

（9）提升机架体地面进料口的上方必须设防护棚，其宽度应大于架体外缘；棚体结构应能承受10kPa的均布静荷载。

（10）架体基础结构应经计算确定；基础应能可靠地承受作用在其上的全部荷载；架体地基应高于附近地面，确保不积水。

（11）安装与拆除前，应根据设备情况和现场环境状况编制施工方案，制订安全技术措施。作业前，现场应设作业区，并设专人值守。

（12）地锚结构应根据土质和受力情况，经计算确定；一般宜采用水平式地锚；土质坚硬，地锚受力小于15kN时，可选用桩式地锚。

（13）新制作的架体垂直偏差不得超过架体高度的1.5‰；多次使用的架体不得超过3‰，且不得超过200mm；井架截面内，两对角线长度公差不得超过最大边长的名义尺寸的3‰；导轨接头错位不得大于1.5mm；吊篮导靴与导轨的间隙应为5mm～10mm。

（14）提升高度在30m（含）以下，由于条件限制无法设置附墙架时，应采用缆风绳稳固架体；缆风绳应选用圆股钢丝绳，并经计算确定，且直径不得小于9.3mm；提升架在20m（含）以下时，缆风绳不得少于1组（4～8根）；超过20m时，不得少于2组；缆风绳与地面的夹角不得大于60°，其下端必须与地锚牢固连接。

（15）提升机的总电源必须设短路保护和漏电保护装置；电动机的主回路上应同时装设短路、失压、过电流保护装置；电气设备的绝缘电阻值（含对地电阻值）必须大于0.5MΩ，运行中必须大于1000Ω / V。

（16）拆除提升机拆除缆风绳或附墙架前，必须先设临时缆风绳或支撑，确保架体的自由高度不得大于2个标准节（一般为8m)；拆除龙门架的天梁前，必须先对两个立柱采取稳固措施；作业中，严禁从高处向下抛掷物件。

（17）卷扬机设置应符合下列要求：

1）卷扬机必须与地锚连接牢固，严禁与树木、电杆、建（构）筑物连接。

<table>
<tr><td colspan="2" rowspan="2">安全技术交底记录</td><td rowspan="2">编号</td><td>×××</td></tr>
<tr><td>共×页第×页</td></tr>
<tr><td>工程名称</td><td colspan="3">××市政基础设施工程××标段</td></tr>
<tr><td>施工单位</td><td colspan="3">××市政建设集团</td></tr>
<tr><td>交底提要</td><td>高耸构筑物施工通用安全技术交底</td><td>交底日期</td><td>××年××月××日</td></tr>
<tr><td colspan="4">
2）宜选用可逆式卷扬机；提升高度超过 30m 时，不得选用摩擦式卷扬机。
3）钢丝绳在卷筒中间位置时，架体底部的导向滑轮应与卷筒轴心垂直，否则应设置辅助导向滑轮，并用地锚、钢丝绳连接牢固。
4）钢丝绳运行时应架起，不得拖地和被水浸泡；穿越道路时，应挖沟槽并采取保护措施；严禁在钢丝绳穿行的区域内堆放物料。
5）卷扬机应安装在平整、坚实的地基上，宜远离作业区，视线应良好；由于条件限制，需安装在作业区内时，卷扬机操作棚的顶部应设防护棚，其结构强度应能承受 10kPa 的均布静荷载。
（18）使用提升机应符合下列要求：
1）严禁人员攀登、穿越提升机架体或乘坐吊篮上下。
2）使用前应制定操作规程，建立管理制度和检修制度。
3）使用提升机必须配备具有资质的操作工，持证上岗。
4）发现安全防护装置、通讯装置失灵时，必须立即停机。
5）提升高度超过 30m 时，应配备通讯装置进行上、下联系。
6）运送混凝土等材料的质量必须符合提升机的使用要求，严禁超载。
7）作业后，应将吊篮降至地面，各控制开关扳至零位，切断主电源，固锁闸箱。
8）提升机运行时，必须设专人指挥，信号不清时不得开机，有人发出紧急停车信号时应立即停机。
9）闭合主电源前或作业中突然断电时，必须将所有开关扳回零位；恢复作业前，必须在确认提升机动作正常后，方可使用。
10）采用摩擦式卷扬机为动力的提升机，吊篮下降时，应在吊篮降至离地面 1m～2m 处，控制缓慢落地，不得自由落下降至地面。
11）使用前和使用中应对架体、附墙架、缆风绳、地锚、安全防护装置、电气设备、信号装置、钢丝绳等的安全状况进行检查，确认安全。
</td></tr>
</table>

审核人	交底人	接受交底人
×××	×××	×××、×××……

9.10.2 滑模施工安全技术交底

<table>
<tr><td colspan="2" rowspan="2">安全技术交底记录</td><td rowspan="2">编号</td><td>×××</td></tr>
<tr><td>共×页第×页</td></tr>
<tr><td>工程名称</td><td colspan="3">××市政基础设施工程××标段</td></tr>
<tr><td>施工单位</td><td colspan="3">××市政建设集团</td></tr>
<tr><td>交底提要</td><td>滑模施工安全技术交底</td><td>交底日期</td><td>××年××月××日</td></tr>
<tr><td colspan="4">交底内容：
1.滑动模板施工不宜在冬期进行。
2.作业平台上施工人员不得多人聚集一处。
3.模板拆除应均衡对称，拆下的模板、设备应用绳索吊放，不得投扔。
4.混凝土出模强度宜控制在0.2MPa～0.4MPa；或贯入阻值为0.3～1.05kN／cm^2。
5.施工中宜设备用电源；没有备用电源时，必须制定停电时的安全技术措施。
6.模板滑空时，应先验算支承杆的稳定性，当不能满足稳定要求时，应对支承杆进行加固，并确认安全。
7.工程设计应适合滑模施工的特点，施工前应与设计单位共同商定施工程序和保持结构稳定的安全技术措施。
8.全部滑模设备组装完毕后，必须组织相关人员对滑模设备组装的质量进行全面检查验收，确认合格，并形成文件后，方可进行滑升。
9.围圈截面尺寸应据承受的施工荷载，经计算确定；在使用荷载作用下，两个提升架之间，围圈的垂直与水平方向变形，不得大于跨度的1／500。
10.安装滑模装置提升系统、垂直运输系统、支承杆和水、电、通讯、信号、精度控制与观测装置，应符合施工设计要求，使用前必须检查、试验，确认合格并形成文件。
11.混凝土出模后应及时整修、养护；喷水前应与作业层以下人员联系，疏导人员至安全区域；喷水养护水压不宜过大；作业中应加强供水管路管理，供水控制阀门应及时关闭，管路连接应严密。
12.从地面向操作平台上供电的电缆应以操作平台上的拉索为依托固定；电缆和拉索的长度应大于操作平台的最大滑升高度加10m，电缆在拉索上每隔2m应设一个固定点，电缆的下端应理顺并加保护措施。
13.提升架的结构应具有足够的刚度，其截面应据实际承受的垂直和水平荷载经计算确定，且提升架宜用钢材制作；横梁与立柱必须采用刚性连接，两者轴线应在同一平面内，在施工荷载作用下，立柱的侧面变形不得大于2mm。
14.混凝土配合比除满足设计规定的强度外，尚应满足抗渗、抗冻等耐久性的要求；构筑物宜采用硅酸盐水泥或普通硅酸盐水泥；混凝土早期强度的增长速度必须满足滑模、滑升速度的需要；饮水构筑物混凝土中掺入外加剂不得污染水质。外加剂的掺入量和品种应经试验确定。</td></tr>
</table>

<table>
<tr><td colspan="2" rowspan="2">安全技术交底记录</td><td rowspan="2">编号</td><td>×××</td></tr>
<tr><td>共×页第×页</td></tr>
<tr><td>工程名称</td><td colspan="3">××市政基础设施工程××标段</td></tr>
<tr><td>施工单位</td><td colspan="3">××市政建设集团</td></tr>
<tr><td>交底提要</td><td>滑模施工安全技术交底</td><td>交底日期</td><td>××年××月××日</td></tr>
</table>

15.滑模装置应根据其施工阶段的不利荷载组合进行施工设计；滑模装置应包括模板系统：模板、围圈、提升架；作业平台系统：作业平台、吊脚手架；液压提升系统：液压控制台、油管、千斤顶、支承杆；施工精度控制系统：同步千斤顶、筒体轴线、垂直度，控制设施。

16.滑模组装应根据施工设计的要求与顺序组装；滑模安装完毕的模板应上口大、下口小，倾斜度应符合施工设计的要求；模板高 1／2 处的净间距应与结构截面等宽；当天未组装完的部件应用支撑临时固定。

17.滑动模板应采用钢模板且具有通用性、拆装方便和足够的刚度，拼缝连接应严密、牢固；板面平整、边直角正，无卷边、翘曲、孔洞和毛刺；钢板厚度不得小于 1.5mm，加强肋的角钢不宜小于 L30×40。

18.液压千斤顶必须经过检验、标定，千斤顶应耐压 12MPa，持压 5min，各密封处无渗漏；卡头应锁固牢靠，放松灵活；在 1.2 倍额定荷载的作用下，卡头锁固时的回降量：滚珠式千斤顶不得大于 5mm；卡块式千斤顶不得大于 3mm；同组千斤顶在相同荷载作用下行程差不得大于 2mm。

19.支承杆支设应符合下列要求：

（1）支承杆上的油污应清洗干净。

（2）支承杆穿过较高洞口或模板滑空时，应对支承杆加固。

（3）工具式支承杆的下端应套钢靴；非工具式支承杆的下端应垫小钢板。

（4）当支承杆发生失稳、被千斤顶带起或弯曲等现象时，必须立即加固处理。

（5）第一批插入千斤顶的支承杆，应配制四种不同长度的支承杆；两相邻支承杆高差不得小于 1m，同一高度上支承杆接头数量不得大于总量的 1／4，并按长度变化，顺序排列，将接头相互错开。

（6）采用平头对接、榫接或丝扣接头的非工具式支承杆，当千斤顶通过接头部位后，应及时将接头焊接加固；用于筒壁结构施工的非工具式支承杆，当千斤顶通过后，应与横向钢筋连接，点焊间距不宜大于 50cm。

20.作业平台及其吊脚手架的结构，应根据施工荷载经计算确定，其构造应符合下列要求：

（1）吊脚手架铺板宽度宜为 50cm～80cm，钢吊杆的直径不得小于 16mm。

（2）吊杆螺栓必须采用双螺帽；吊脚手架临边必须设防护栏杆，满挂安全网。

（3）外挑脚手架或作业平台的外挑宽度不宜大于 100cm，并应在其外侧设安全防护栏杆。

<table>
<tr><td colspan="2" rowspan="2">安全技术交底记录</td><td rowspan="2">编号</td><td>×××</td></tr>
<tr><td>共×页第×页</td></tr>
<tr><td>工程名称</td><td colspan="3">××市政基础设施工程××标段</td></tr>
<tr><td>施工单位</td><td colspan="3">××市政建设集团</td></tr>
<tr><td>交底提要</td><td>滑模施工安全技术交底</td><td>交底日期</td><td>××年××月××日</td></tr>
</table>

（4）作业平台的桁架或梁应与提升架或围圈连成整体；当作业平台的桁架或梁置于围圈上时，必须在支承处设置支托或支架。

21.混凝土浇筑应符合下列要求：

（1）在模板滑动过程中不得振捣混凝土。

（2）预留孔洞、变形缝等两侧混凝土，应对称、均衡浇筑。

（3）振捣混凝土时，振动器不得直接触及支承杆、钢筋或模板。

（4）必须分层、均匀、交圈浇筑；每一浇筑层，混凝土表面应在一个水平面上；浇筑中应匀称地改变浇筑方向。

（5）分层浇筑厚度宜为 20cm～30cm，各层间隔时间不得大于混凝土的凝结时间（贯入阻力值 $0.35N/cm^2$），超过凝结时间，接茬处应按施工缝处理。

22.支承杆的数量、接头形式和截面，应根据施工荷载经计算确定，其构造应符合下列要求：

（1）支承杆的接头不得集中在滑升方向的同一水平面上。

（2）支承杆应采用调直、除锈、I 级、光面的圆钢制成，长度宜为 3m～5m。

（3）当采用工具式支承杆时，应在提升架横梁下，设置内径比支承杆直径大 2mm～5mm 的套管，其长度应达模板的下缘。

（4）支承杆应采用焊接接头，表面光滑，不得妨碍千斤顶的提升；采用工具式支承杆时，应用螺纹连接，丝纹宜为 M16，丝扣长度不宜小于 20mm。

23.模板滑升应符合下列要求：

（1）千斤顶进入现场前应标定，确认合格。

（2）滑升中，两次提升时间间隔不得超过 1.5h。

（3）自动控制台应置于不受雨淋、暴晒和强烈振动的地点。

（4）每次滑升时应进行试滑，经检查确认装置正常后，方可滑升。

（5）启动千斤顶使模板滑升，必须由专人指挥，使千斤顶同步提升。

（6）初滑阶段必须对滑模装置和混凝土凝结状态进行检查，确认正常。

（7）应经常保持千斤顶清洁，混凝土沿支承杆流入千斤顶内时应及时清理。

（8）所有千斤顶安装完毕，在未插入支承杆前，应逐个进行行程调整与排气工作。

（9）滑升过程中，应及时清理粘结在模板上的砂浆，对被污染钢筋和混凝土应及时清理。

（10）千斤顶与作业台固定时，应使油管接头与软管连接成直线；液压软管不得扭曲，应有较大的弧度。

<table>
<tr><td colspan="2" rowspan="2">安全技术交底记录</td><td rowspan="2">编号</td><td>×××</td></tr>
<tr><td>共×页第×页</td></tr>
<tr><td>工程名称</td><td colspan="3">××市政基础设施工程××标段</td></tr>
<tr><td>施工单位</td><td colspan="3">××市政建设集团</td></tr>
<tr><td>交底提要</td><td>滑模施工安全技术交底</td><td>交底日期</td><td>××年××月××日</td></tr>
<tr><td colspan="4">（11）作业前应检查并确认各油管接头连接牢固，无渗漏、油箱油位适当、电气部分不得漏电、接地或接零可靠。
（12）滑升过程中，作业平台应保持水平；各千斤顶的相对标高差值不得大于 4cm；两个相邻提升架上的千斤顶的升差不得大于 2cm。
（13）提升过程中，如出现油压增至正常滑升油压的 1.2 倍，尚不能使全部液压千斤顶升起时，应停止操作，立即查明原因，及时进行处理。
（14）滑升过程中，应跟踪观察记录结构垂直度、扭转和结构截面尺寸等偏差值，且每提升一个浇筑层应检查一次；圆形筒壁结构任意 3m 高上的扭转值不得大于 3cm。
（15）施工中应按生产企业使用说明书规定的操作程序操纵控制台，对自动控制器的时间继电器应进行延时调整；用手动控制器操作时，作业人员应密切配合，统一指挥。
（16）下班应清理作业平台、整理料具。</td></tr>
</table>

审核人	交底人	接受交底人
×××	×××	×××、×××……

9.10.3 支模施工安全技术交底

安全技术交底记录		编号	××× 共×页第×页
工程名称	××市政基础设施工程××标段		
施工单位	××市政建设集团		
交底提要	支模施工安全技术交底	交底日期	××年××月××日

交底内容：

1.模板宜采用钢质材料，内外模应采用钢制骨架支承，并用环形钢箍和内撑固定牢固；模板、支承骨架、钢箍、内撑等模板及其支承系统的结构应据浇筑中混凝土的侧压力经计算确定。

2.浇筑的混凝土达到设计规定的强度后，方可拆除模板；拆除模板应设专人指挥。

3.浇筑混凝土时，应设模板工和架子工监护模板和脚手架，确认安全；发现异常应及时处理；遇坍塌征兆必须立即停止作业，撤出人员至安全区域，并及时处理。

4.模板及其支承系统支设完成后，必须进行检查、验收，确认合格，并形成文件。使用中应进行检查，确认稳固。

5.插入式混凝土振动器应由专人使用，使用前应经安全技术培训，考核合格。

6.插入式混凝土振动器的电力缆线必须由电工引接与拆卸；使用前应经检测，确认不漏电。使用中应维护缆线，发现破损或漏电征兆，必须立即停止作业，由电工处理。

7.脚手架支搭与拆除必须由架子工进行，使用前应进行检查、验收，确认合格，并形成文件。

8.现浇混凝土施工、预制构件安装、预应力钢筋混凝土施工、预应力钢筋张拉等施工应符合相关安全技术交底的具体要求进行施工。

9.支模浇筑施工混凝土应分节进行，分节高度以3m为宜。

审核人	交底人	接受交底人
×××	×××	×××、×××……

9.11 水处理工艺结构工程

<table>
<tr><td colspan="2" rowspan="2">安全技术交底记录</td><td rowspan="2">编号</td><td>×××</td></tr>
<tr><td>共×页第×页</td></tr>
<tr><td>工程名称</td><td colspan="3">××市政基础设施工程××标段</td></tr>
<tr><td>施工单位</td><td colspan="3">××市政建设集团</td></tr>
<tr><td>交底提要</td><td>水处理工艺结构施工安全技术交底</td><td>交底日期</td><td>××年××月××日</td></tr>
</table>

交底内容：

1.一般要求

（1）阴暗和夜间时，应设充足的照明。

（2）在高处和斜面上作业应支搭作业平台，上下必须走安全梯或斜道。

（3）池内有水时，夏季应采取排水和防溺水措施，冬季尚应采取破冰措施。

（4）在斜面上支脚手架时，立于斜面上的杆件底部必须固定牢固，防止滑移。

（5）结构上的预埋管、预埋件应固定牢固，其突出物应设护栏和安全标志。

（6）作业现场通风应良好，通风不良时应采取送风措施，在封闭、狭窄场所作业前应按要求检测作业环境空气质量，并在作业中进行动态监测，确认安全。

（7）综合性水池的水处理工艺结构相邻施工点同时作业时，应采取防止相互影响的安全措施；多工种施工时，应采取防止作业人员相互影响的安全措施；作业前检查现场环境安全状况时，除检查作业现场外，尚须检查可能危及作业人员安全的相邻水池相应部位的环境安全状况，确认安全。

（8）池体内部水处理工艺结构施工，应按先内后外、先下后上的原则安排施工工序；施工前应根据工程特点、机具供应、环境状况编制施工方案，规定施工方法、程序、机具和安全技术措施。

（9）分布在平面、斜面等危及人员安全的溢流、排放，进水的孔、洞、堰口必须封闭；作业中需临时敞口时，必须设围挡或护栏和安全标志，作业后必须立即恢复封闭设施。

（10）上下交叉作业时的下作业层顶部和临时通行孔道的顶部必须设置防护棚，防护棚应支搭牢固、严密；防护棚应坚固，其结构应经施工设计确定，能承受风荷载；采用木板时，其厚度不得小于5cm；防护棚的长度与宽度应依下层作业面的上方可能坠落物的高度情况而定，上方高度为2m～5m时，不得小于3m；上方高度大于5m小于15m时，不得小于4m；上方高度在15m～30m时，不得小于5m；上方高度大于30m时，不得小于6m。

（11）施工通道应畅通，作业前应检查，确认符合要求，施工中应经常检查，确认合格，设置通道应符合下列要求：

1）通道上方有施工作业的区段，必须设置防护棚。

<table>
<tr><td colspan="2" rowspan="2">安全技术交底记录</td><td rowspan="2">编号</td><td>×××</td></tr>
<tr><td>共×页第×页</td></tr>
<tr><td>工程名称</td><td colspan="3">××市政基础设施工程××标段</td></tr>
<tr><td>施工单位</td><td colspan="3">××市政建设集团</td></tr>
<tr><td>交底提要</td><td>水处理工艺结构施工安全技术交底</td><td>交底日期</td><td>××年××月××日</td></tr>
</table>

2）上下层通道中有高差的部位之间必须设防滑坡道或安全梯；坡道应顺直，不宜设弯道。

3）在水池、管渠底部和顶部结构面上设通道，宜避开结构上的预留钢筋、孔洞等障碍物。

4）通道应根据运输车辆的种类、载重和现场环境状况进行施工设计，其强度、刚度、稳定性应满足施工安全的要求。

5）脚手架通道应满铺脚手板；脚手板必须固定牢固，不得悬空放置；通道两侧应设高度不低于1.2m的防护栏杆和高18cm的挡脚板；进出口处防护栏杆的横杆不得伸出栏杆柱。

6）通道的宽度应据施工期间交通量和运输车辆的宽度确定；人行通道宽度不得小于1.5m，坡度不得陡于1∶3；行车的通道宽度不得小于车辆宽度加1.4m，且坡度不得陡于1∶6。

2.预制构件安装

（1）构件安装后，应割除吊环或弯平处理。

（2）安装现场应划定作业区，非作业人员不得入内。

（3）给水厂的防腐材料不得污染饮用水水质，有碍人体健康。

（4）采用起重机吊装时，现场作业空间应满足机械作业的安全要求。

（5）人工传递小管时，应速度缓慢，作业人员协调配合，防止砸伤手脚。

（6）人工抬运小构件时，作业中应统一指挥，作业人员应相互呼应，配合协调，动作一致。

（7）在现浇混凝土和砌体上面安装预制构件时，应待混凝土和砌体砂浆强度达设计规定后，方可安装。

（8）预制构件采用结构上预设的锚环做吊点进行安装时，作业前应查阅设计或施工设计图纸，经外观检查，确认安全。

（9）需在水池内运输或移送构件时，运输道路宽度应满足作业安全的要求，道路应畅通，作业前应检查，确认符合要求。

（10）安装作业应设信号工指挥；作业前，指挥人员应检查机具、吊索具、各岗位作业人员、周围环境等状况，确认安全。

（11）悬挑结构，安装后处于不稳定状态时，必须对构件采取临时支承或拉结措施；在结构未稳定前，严禁拆除临时支承或拉结设施。

<table>
<tr><td colspan="2">安全技术交底记录</td><td rowspan="2">编号</td><td>×××</td></tr>
<tr><td colspan="2"></td><td>共×页第×页</td></tr>
<tr><td>工程名称</td><td colspan="3">××市政基础设施工程××标段</td></tr>
<tr><td>施工单位</td><td colspan="3">××市政建设集团</td></tr>
<tr><td>交底提要</td><td>水处理工艺结构施工安全技术交底</td><td>交底日期</td><td>××年××月××日</td></tr>
</table>

（12）热塑性塑料板材下料不宜在低于-15℃温度的环境下进行加工、安装，不得使用高速机具切割和打磨坡口；采用电热烘箱或气热烘箱等加热设备加热或成型时，电气接线与拆卸必须由电工按施工用电安全技术交底具体要求进行操作；采用热风焊接时，应符合下列要求：

1）焊接现场不得存放易燃、易爆材料和物品。

2）焊接使用空气压缩机的压力不宜大于0.5MPa。

3）焊接现场必须有良好通风环境，通风环境不良时，应安设通风设施。

4）焊工和热风系统机械工应经过安全技术培训，考核合格后，方可上岗操作。

5）压缩空气必须经滤清器过滤，待储气罐稳压后，方可送至热风焊枪加热使用。

6）焊接前，应检查机电设备，确认完好，热风系统的送风管路应连接牢固、严密，焊枪把线应绝缘良好，电气接线应符合施工用电安全技术交底具体要求，并经试运行，确认合格。

3.现浇混凝土与砌体施工

（1）水泥混凝土施工及砌体施工必须符合相关的安全技术交底的具体要求。

（2）混凝土插入式振动器应由专人操作；作业前应经安全技术培训，考核合格。

（3）脚手架的支搭与拆除必须由架子工操作，使用前应经检查、验收，确认合格，并形成文件。

（4）设计文件中规定混凝土墙顶安设栏杆等时，宜在混凝土墙脚手架拆除前完成安装工作，并检查、验收，确认合格并形成文件。

（5）混凝土插入式振动器的电力缆线必须由电工引接与拆卸；使用前应经检测，确认不漏电。使用中应维护缆线，发现破损或漏电征兆，必须立即停止作业，由电工处理。

（6）钢筋采用电弧焊接连接时，电力缆线的引接与拆卸必须由电工负责，并符合施工用电安全技术交底具体要求；钢筋采用螺纹等机械连接时，环境温度不宜低于-10℃。

（7）预埋件、预留孔洞宜在浇筑混凝土或砌体砌筑时完成；预埋件、预留孔洞的埋设位置和构造应符合设计规定，埋设应牢固；预埋件外露部分较长、稳定性较差时，应采取临时支撑或拉结措施。

（8）浇筑混凝土过程中，应设模板工、架子工对模板、架子进行监护，确认安全；作业中，发现异常应及时进行处理；遇坍塌征兆必须立即停止作业，人员撤至安全区域，并及时处理。

<table>
<tr><td colspan="2" rowspan="2">安全技术交底记录</td><td rowspan="2">编号</td><td>×××</td></tr>
<tr><td>共×页第×页</td></tr>
<tr><td>工程名称</td><td colspan="3">××市政基础设施工程××标段</td></tr>
<tr><td>施工单位</td><td colspan="3">××市政建设集团</td></tr>
<tr><td>交底提要</td><td>水处理工艺结构施工安全技术交底</td><td>交底日期</td><td>××年××月××日</td></tr>
</table>

（9）施工中需支搭脚手架做混凝土、砌体施工材料的运输通道时，脚手架结构应进行设计，并应符合脚手架安全技术交底具体要求；支搭完成，应进行检查、验收，确认合格并形成文件后，方可使用。

（10）模板及其支撑系统应在施工前进行施工设计；侧模板采用螺栓拉结时，其直径、间距应根据浇筑混凝土的侧压力计算确定；模板支设完成后应进行检查、验收，确认合格并形成文件，方可进入下一工序的施工。

4.滤料层铺设应符合下列要求：

（1）作业人员应按规定佩戴劳保用品。

（2）滤料铺装时，不得将污染物洒落在滤层中。

（3）冲洗滤池前，应检查排水槽、排水管，确认畅通。

（4）向池中输送滤料时，池上、池下人员应密切配合，池下作业人员应避离下料方向。

（5）无烟煤、活性炭等干燥滤料的运输、筛分，宜采用湿法作业，且应采取防止扬尘的措施。

5.加氯、投药间

（1）设备安装期间，非作业人员不得进入加氯、投药间；设备安装完成后，加氯、投药间应实行封闭管理。

（2）使用氯瓶应符合下列要求：

1）防止水或潮气进入氯瓶。

2）氯瓶的阀门任何情况下不得被淋水。

3）瓶内氯气必须留有余气，其值不得小于原瓶装量的1%。

4）使用氯瓶加氯，必须配有台秤，液氯消耗量应以质量为准。

5）宜选用小储量的液氯瓶，每个液氯瓶使用时间不得超过2个月。

6）正在使用的、备用的或已用完的氯瓶，不得被日光直晒、淋雨。

7）当气温较低时，可采用温水喷淋氯瓶提供气化热量，严禁用火烘烤。

8）使用中的氯瓶上应挂“正常使用”的标牌；空瓶应挂有“空瓶”的标牌。

9）严禁将油类、棉纱等易燃物和与氯气易发生化学反应的物品放在氯瓶附近。

（3）投氯消毒调试应符合下列要求：

1）输氯管道应2～3个月清理和检修一次。

2）投氯人员必须熟悉加氯设备和操作规程。

<table>
<tr><td colspan="2" rowspan="2">安全技术交底记录</td><td rowspan="2">编号</td><td>×××</td></tr>
<tr><td>共×页第×页</td></tr>
<tr><td>工程名称</td><td colspan="3">××市政基础设施工程××标段</td></tr>
<tr><td>施工单位</td><td colspan="3">××市政建设集团</td></tr>
<tr><td>交底提要</td><td>水处理工艺结构施工安全技术交底</td><td>交底日期</td><td>××年××月××日</td></tr>
</table>

3）氯瓶阀门的开启活动间隔时间不宜超过20天。

4）加氯系统应配备台秤、压力表、加注计量仪表和氨水瓶。

5）每日应用氨水检查加氯系统接口等处严密状况，确认不泄漏。

6）加氯间和氯库内应配有防毒面具，并置于明显的、固定的位置。

7）开关氯瓶阀门应配备固定扳手，且应置于明显的、固定的位置。

8）施工前应建立加氯系统岗位责任制、交接班制度，并建立交接班记录、维修记录和氯瓶使用登记记录。

（4）加氯系统安装应符合下列要求：

1）加氯系统应按设计文件规定安装。

2）严密性试验介质应使用氮气，不得使用空气试验。

3）检查加氯管道泄漏应用氨水，严禁用水溶液检漏。

4）加氯管道与加氯设备连接前，应使用氮气对管道进行吹扫，清除管道中的杂物。

5）加氯系统各部件的连接应牢固、密封可靠，严禁漏气；管道安装后应进行严密性试验，确认合格，并形成文件。

（5）加氯、加药系统调试前，应具备下列条件：

1）投药点应进行安装验收，确认合格。

2）调试前管路系统应用氮气吹扫干净。

3）氯库、加氯间应有氯气泄漏事故处理预案。

4）向作业人员进行了安全技术交底，并形成文件。

5）供电、自动化仪表应进行单机系统试验，确认合格。

6）调试前，管道系统应进行压力与严密性试验，确认合格。

7）调试前，加氯、加药的设备应进行单机空载试验，确认合格。

审核人	交底人	接受交底人
×××	×××	×××、×××……

9.12 取水构筑物工程

<table>
<tr><td colspan="2" rowspan="2">安全技术交底记录</td><td rowspan="2">编号</td><td>×××</td></tr>
<tr><td>共×页第×页</td></tr>
<tr><td>工程名称</td><td colspan="3">××市政基础设施工程××标段</td></tr>
<tr><td>施工单位</td><td colspan="3">××市政建设集团</td></tr>
<tr><td>交底提要</td><td>取水构筑物施工安全技术交底</td><td>交底日期</td><td>××年××月××日</td></tr>
</table>

交底内容：

1.一般要求

（1）施工现场应划定作业区，周围应设围挡，非施工人员不得入内。

（2）钢筋混凝土现浇结构施工、预制构件安装和预应力钢筋张拉、砌体结构施工、管道施工应符合相关安全技术交底具体要求。

（3）施工前应根据结构特点、工程地质、工程水文、气候和现场环境状况编制施工组织设计，规定施工方法、机械设备和相应的安全技术措施。

（4）高处作业应设作业平台，并应符合下列要求：

1）支搭、拆除作业必须由架子操作工负责。

2）在斜面上作业宜架设可移动式的作业平台。

3）脚手架、作业平台不得与模板及其支承系统相连。

4）作业平台、脚手架，各节点的连接必须牢固、可靠。

5）脚手架应根据施工时最大荷载和风力进行施工设计，支搭必须牢固。

6）作业平台宽度应满足施工安全要求。在平台范围内应铺满、铺稳脚手板。

7）作业平台临边必须设防护栏杆，上下作业平台应设安全梯或斜道等设施。

8）脚手架和作业平台，使用前，应进行检查、验收，确认合格，并形成文件；使用中应设专人随时检查，发现变形，位移应及时采取安全措施并确认安全。

2.地表取水

（1）临近河湖、水库部分的构筑物宜在枯水季节施工。

（2）施工区域临水部位，必须设置安全标志；阴暗地区和夜间应设警示灯；作业中必须采取防溺水措施。

（3）从河湖取水时，取水头部完成后，应按设计或河湖航运部门的规定设立航行标志和安全保护设施。

（4）施工期间应与河湖、水库管理单位密切联系，及时掌握河湖、水库水位变化情况，并采取相应的安全技术措施。

（5）联络段预留岩塞长度应根据工程地质、工程水文和河湖、水库端部相应的水深而定。施工中应按设计的规定预留。

安全技术交底记录		编号	××× 共×页第×页
工程名称	××市政基础设施工程××标段		
施工单位	××市政建设集团		
交底提要	取水构筑物施工安全技术交底	交底日期	××年××月××日

（6）岸边固定式取水构筑物施工采用围堰施工、灌注桩施工、沉入桩施工、沉井施工时，应符合相关安全技术交底具体要求。

（7）施工前应了解并掌握施工期间河湖、水库可能出现的最高水位，作为编制施工组织设计的基本依据。施工组织设计应由河湖、水库管理单位认可后方可实施。

（8）施工场地布置、土石方堆弃和排泥等，不得影响河道的航运与航道、水库运行，不得影响堤岸和附近建（构）筑物的稳定；施工中的废料、废液不得污染环境。

（9）施工船舶的停靠、锚泊、作业等，应经航政、航道等部门的同意；当对航道有影响时，应制定安全技术措施，经航政、航道部门批准后实施，保证施工和航行的安全。

（10）岩塞爆破，必须根据工程地质、水文地质和河湖、水库现况由具有相应爆破设计资质的企业进行爆破设计，编制爆破设计书，规定爆破方法、顺序、炸药用量；施工前必须制订专项施工方案，规定相应的安全技术措施，经市、区政府主管部门批准，方可实施。

（11）岩塞爆破放水应符合下列要求：

1）爆破作业人员不得穿戴产生静电的衣物。

2）放水方案应经有关河湖、水库管理单位同意，方可实施。

3）施工前必须对爆破器材进行检查、试用，确认合格并记录。

4）岩塞爆破前必须清查隧道，确认无人滞留，方可发出爆破放水指令。

5）在联络段末端清理石块、杂物时，必须由作业组长统一指挥，并采取防溺水措施。

6）爆破施工必须由具有相应爆破施工资质的企业承担，由经过爆破专业培训、具有爆破作业上岗资格的人员操作。

7）放水前联络段沿线供水管道及其构筑物、水厂必须施工完毕，并经验收，确认合格，符合设计要求，并形成文件。

8）爆破前必须根据设计规定的警戒范围，在边界设明显的安全标志，并派专人警戒；警戒人员必须按规定的地点坚守岗位。

9）放水中，沿线工程部位，应设专人值守，确认正常；发现异常，必须立即与指挥机构联系，及时采取相应的安全技术措施并确认安全。

10）爆破前应由建设单位邀请政府主管部门和附近建（构）筑物、管线等有关管理单位协商研究爆破施工中应对现场环境和相关设施采取的安全技术措施。

11）放水前，应由建设单位成立指挥机构，明确各有关单位的职责分工，制定放水方案，针对放水中可能出现的安全问题，采取应急措施。指挥系统应配备通讯器材，保持联络通畅。

（12）移动式取水构筑物施工应符合下列要求：

安全技术交底记录		编号	××× 共×页第×页
工程名称	××市政基础设施工程××标段		
施工单位	××市政建设集团		
交底提要	取水构筑物施工安全技术交底	交底日期	××年××月××日

1）摇臂管安装前应按设计要求测定挠度，确认合格后，方可安装。

2）摇臂管接头应在岸上进行组装、调试，确认上、下、左、右转动灵活。

3）摇臂管及其接头，组装前应按设计规定进行水压试验并记录，确认合格。

4）摇臂管安装时的河水流速不宜超过 1m / s；岸、船两端的摇臂接头应组装就位，调试完成；浮船上、下游应锚固稳定，并能按施工要求移动泊位；避开雨天、雪天和五级（含）风以上天气。

5）浮船上的设备安装应采用起重机进行，设备安装完成后，应进行检查、试运转、验收，确认合格，并联动调试合格，形成文件；进水口处应有漂浮物收集装置和清理设备；船舷外侧应有防撞击设施；浮船上应按消防部门的要求配备防火器材；抛锚位置应正确，锚链、锚绳的材质、截面、规格应符合设计规定。

6）浮船与摇臂管安装完成，并验收合格后，应进行联合试运转，确认合格，并形成文件。试运转前应制定安全措施，并向作业人员进行安全交底，形成文件。

（13）缆车式取水构筑物施工应符合下列要求：

1）水泵安装完成后应按规定调试，确认合格并形成文件。

2）轨道铺设精度应符合设计规定。施工完成后，应经验收，确认合格并形成文件。

3）缆车试运行前应制定安全措施，并向全体作业人员进行安全技术交底，形成文件。

4）缆车、斜坡管、进水管安装完成后，应进行检查、试运行、验收，确认合格，并形成文件。

5）岸边固定式取水构筑物采用围堰施工、灌注桩、沉入桩、沉井等方法施工时应符合相关安全技术交底具体要求，施工完成后，应经验收，确认符合设计要求，并形成文件。

6）缆车牵引系统、卷扬机、钢丝绳及其配件应按设计规定，选择由具有生产资质的企业生产的产品，并具有产品合格证书；卷扬机的地锚施工，应符合设计规定，施工完成后应经验收，确认符合设计要求，并形成文件。

3.地下取水

（1）构筑物临近河湖时，宜避开雨期施工。

（2）洗井时，泥浆水应收集、沉淀，不得漫流污染环境。

（3）井管安装完成，洗井合格后，应及时安装水泵，并进行泵房施工。

（4）施工前应了解、掌握现场架空和地下管线等构筑物状况，确认安全。

（5）井孔附近有地下管线时，井孔中心与地下管线的距离不宜小于 3m。

（6）滤料填充厚度应符合设计要求；采用手推车运输滤料，卸车时应挡掩牢固，严禁撒把倾倒。

<table>
<tr><td colspan="2" rowspan="2">安全技术交底记录</td><td rowspan="2">编号</td><td>×××</td></tr>
<tr><td>共×页第×页</td></tr>
<tr><td>工程名称</td><td colspan="3">××市政基础设施工程××标段</td></tr>
<tr><td>施工单位</td><td colspan="3">××市政建设集团</td></tr>
<tr><td>交底提要</td><td>取水构筑物施工安全技术交底</td><td>交底日期</td><td>××年××月××日</td></tr>
</table>

（7）在架空线路下方及其附近严禁进行钻井。机械在电力架空线路附近作业时，钻机外缘与电力架空线路的最小距离应符合表4-1-3的要求。

（8）冲击钻井口护筒应比井孔直径大300mm～500mm，长度宜为1.5m～2m，不得小于1m；回转钻，井口护筒的直径应比井的直径大100mm～150mm，长度不得小于1m；井口护筒外应用黏土填实。

（9）钻机的地基应平整坚实，其承载力应满足钻机自重与工作荷载的要求；当地基表层为充水的淤泥、细沙、流沙或软弱不均易下沉的土层时，应在钻机地基上横铺方木、钢轨等方法进行处理，确认安全方可架设；井位位于河滩、地势低洼、易受地表水冲灌的地区应修筑基台，在基台上安装钻机。

（10）钻塔附属设施的设置应符合下列要求：

1）雷雨季节或雷击区钻井场地应设避雷装置。

2）钻塔安装活动作业平台时，应设制动、防坠等安全装置。

3）机械设备的传动系统和运转突出部位必须安装防护罩或防护栏杆。

4）电力装置必须设接地保护，其电气接线的开关箱必须设漏电保护。

5）钻孔采用泥浆护壁时，应设置泥浆循环、净化和排放系统；集水池、泥浆池应设护栏；循环槽应有足够的长度和断面尺寸；循环净化、排放系统的坡度宜为1／100～1／80。

（11）井管安装应符合下列要求：

1）卸管卡时，手不得放在管卡下面。

2）分节井管之间焊接时，必须对称焊接。

3）井管安装应使用起重机具进行，设信号工指挥。

4）下管过程中应始终保持井孔中水位不低于地面以下0.5m。

5）分节安装，管节连接作业时，吊管机具的吊钩严禁松动、移动。

6）提吊井管时，应轻拉轻放，下管受阻时，应排除阻力，不得强行压入。

7）安装前应检查吊装机具的制动装置、吊索具等，确认安全后方可进行操作。

8）安装过程中，指挥人员应注视井管吊装状况，确认安全；发现异常必须停止作业，进行处理。

（12）钻机安装应符合下列要求：

1）塔架应固定于基台上，用垫块垫牢。

2）上下钻架必须走安全梯；高处作业必须佩戴安全带。

3）安装钻塔时，任何人不得在钻塔起落范围内通过和停留。

<table>
<tr><td colspan="2" rowspan="2">安全技术交底记录</td><td rowspan="2">编号</td><td>×××</td></tr>
<tr><td>共×页第×页</td></tr>
<tr><td>工程名称</td><td colspan="3">××市政基础设施工程××标段</td></tr>
<tr><td>施工单位</td><td colspan="3">××市政建设集团</td></tr>
<tr><td>交底提要</td><td>取水构筑物施工安全技术交底</td><td>交底日期</td><td>××年××月××日</td></tr>
</table>

4）各种型号钻机的安装与拆除应严格按产品说明书的规定操作。

5）遇六级（含）以上大风、雷、雨和沙尘暴等恶劣天气不得进行安装或拆卸钻机。

6）钻机安装应水平、竖直、稳固，冲击钻的主绳或回转钻机的动滑车大钩应对准钻孔中心。

7）缆风绳应对称安设，地锚埋设应牢固并用紧绳器绷紧，缆风绳与地面夹角不得大于45°。

8）携带工具上钻架，工具应放入工具袋内；工具用完后应放回原处，不得将工具放在钻架上。

9）钻机安装前应对钻机各部位进行检查，确认动力系统、升降系统、钻塔各部件和辅助设备，处于正常状态。

10）整体起落钻塔时，操作应平稳、准确；钻机卷扬机或绞车应低速运转，使塔架平稳升降，严防塔架突然倾倒。

（13）冲击钻钻进应符合下列要求：

1）缆风绳在钻进中不得随意变动。

2）钻头应根据地层性质和井深选择。

3）井孔泥浆液面，应高出地下水位1.0m以上。

4）钻进中发现塌孔、扁孔、斜孔、缩孔必须停止作业，并及时处理。

5）提钻时，应观察或测量钢丝绳的位移，当超过规定时，应及时纠正。

6）钻具进入钻孔后，应盖牢井盖板，使钢丝绳置于两块盖板中间的绳孔中，并在地面设置安全标志。

7）下钻时，应将钻头垂吊稳定后再导正下入井孔，进入井孔后不得全松刹车、高速下放。提钻时，开始应缓慢，提离孔底数米未遇阻力后，方可按正常速度提升；发现有阻力时，应将钻具下放转动钻头方向后再提，不得强行提拉。

（14）大口井施工应符合下列要求：

1）土方开挖应连续进行。

2）井孔成型宜采用沉井法施工。

3）采用机械挖掘时，井内严禁有人。

4）作业人员必须穿防水服，并轮换作业。

5）井孔完成后，应及时完成井口设施，并经验收，确认合格，形成文件。

6）井孔周边必须搭设防护栏杆，孔口周边1m范围内不得堆土、置放堆积物和行走载重汽车。

<table>
<tr><td colspan="2" rowspan="2">安全技术交底记录</td><td rowspan="2">编号</td><td>×××</td></tr>
<tr><td>共×页第×页</td></tr>
<tr><td>工程名称</td><td colspan="3">××市政基础设施工程××标段</td></tr>
<tr><td>施工单位</td><td colspan="3">××市政建设集团</td></tr>
<tr><td>交底提要</td><td>取水构筑物施工安全技术交底</td><td>交底日期</td><td>××年××月××日</td></tr>
</table>

7）下井作业前和作业中，应按要求检测空气中的氧气、有毒、有害气体浓度，确认合格，方可进入作业。

8）施工人员应经过安全技术培训，熟悉井孔开挖技术，并具有应急监测和自我防护能力的专业施工人员施工。

9）作业后，井口地面临边部位必须设防护栏杆或围挡、护栏等防护设施和安全标志；夜间和阴暗时须设警示灯。

10）施工前必须按工程地质、水文地质和现场环境状况制定详细的施工方案，采取防止人员坠入、物体打击、塌孔、溺水和人员窒息的安全技术措施。

11）施工中必须设专人监护井壁的稳定和人员安全状况，确认安全；发现井壁变形、土壁坍塌征兆和人员中毒等危险时，必须立即将井内人员撤离至地安全地带。

（15）钻机装卸和运输应符合下列要求：

1）装卸、搬运应由专人指挥，作业人员应协调一致。

2）装卸应平稳，固定必须牢靠，运输途中应设专人监护。

3）拖运移动钻机时，车速不得超过产品说明书规定的速度。

4）长距离运输时，牵引连接处应系保护钢丝绳，不得使牵引自由摆动。

5）小型工具和易损物件均应装箱，钻具和管件丝扣部分，应采取保护措施。

6）采用跳板装卸时，跳板结构应经过验算确定，且木板不得有劈裂、腐朽等缺陷；跳板的坡度不得大于 30°，下端支点应设防滑装置，被装卸的设备应系保护绳。

7）机动车、轮式机械在社会道路、公路上行驶应遵守现行《中华人民共和国道路交通安全法》、《中华人民共和国道路交通安全法实施条例》的有关规定；在施工现场道路上行驶时，应遵守现场限速等交通标志的管理规定。

（16）回转钻钻进应符合下列要求：

1）泥浆指标应据当地水文地质条件确定。

2）放倒钻杆时，应使钻杆提篮锁环向上；作业人员应站在钻杆侧面的安全位置。

3）下钻杆时，应缓慢；用机械卸钻杆时，不得猛挂离合器；更换钻头时，必须将钻杆丝扣拧紧。

4）开钻前应检查给水阀门、动滑车、高压皮管和钻机的传动、操纵机构，确认正常，方可开钻。

5）钻机操作工应根据转盘的声音、电流、进尺速度和循环槽的岩样判断地层变化情况，及时采集真实岩样。取样时，不得停止泥浆泵运转。

<table>
<tr><td colspan="2" rowspan="2">安全技术交底记录</td><td rowspan="2">编号</td><td>×××</td></tr>
<tr><td>共×页第×页</td></tr>
<tr><td>工程名称</td><td colspan="3">××市政基础设施工程××标段</td></tr>
<tr><td>施工单位</td><td colspan="3">××市政建设集团</td></tr>
<tr><td>交底提要</td><td>取水构筑物施工安全技术交底</td><td>交底日期</td><td>××年××月××日</td></tr>
<tr><td colspan="4">6）泥浆泵停止工作时，井孔的泥浆液面不得低于地面50cm，同时应将钻具提升到钻机说明书中规定的安全高度，且泥浆泵应不大于2h循环一次泥浆，保持泥浆护壁有效。
7）钻进中遇有基岩时，应根据岩性、钻孔直径、深度更换钻杆、钻具；钻进过程中给水阀门应保证转动灵活，防止送水胶管缠绕钻杆；钻具在井孔中不得停止泥浆泵运转，当泥浆泵发生故障时，应将钻杆提至钻机说明书规定的安全高度；必须经常冲洗孔底保持孔底清洁，孔内残留岩粉高度不得大于30cm；开孔时孔底压力不宜过大；钻进基岩时变径或由钻进覆盖层变为钻基岩时，应加扶正器。</td></tr>
</table>

审核人	交底人	接受交底人
×××	×××	×××、×××……

9.13 砌体水池与管渠工程

<table>
<tr><td colspan="2" rowspan="2">安全技术交底记录</td><td rowspan="2">编号</td><td>×××</td></tr>
<tr><td>共×页第×页</td></tr>
<tr><td>工程名称</td><td colspan="3">××市政基础设施工程××标段</td></tr>
<tr><td>施工单位</td><td colspan="3">××市政建设集团</td></tr>
<tr><td>交底提要</td><td>砌体水池与管渠施工安全技术交底</td><td>交底日期</td><td>××年××月××日</td></tr>
</table>

交底内容：

1.砌块码放高度不得超过1.5m。

2.在脚手架上砌筑墙体时，使用的工具应放在稳妥的地方。

3.砌块应码放整齐，取用砌块应先取高处后取低处，顺序进行。

4.上下脚手架应走斜道或安全梯，不得站在墙体上砌筑和行走。

5.脚手架上放砌块应均匀摆放，总载重不得超过脚手架施工设计的承载能力。

6.每日连续砌筑高度不宜超过1.2m；分段砌筑时，相邻段的高差不宜超过1.2m。

7.手推车在基坑、沟槽边卸料，应距坑、沟边缘1.5m以上；车轮应挡掩牢固，严禁撒把。

8.墙的转角和交接处不得留直茬；砌筑中断时，应留梯形接茬并将已砌完的空隙用砂浆填满。

9.进入基坑、沟槽前，应检查土壁或支护的稳定状况，确认无裂缝和无坍塌等征兆，支护结构稳固。

10.基坑、沟槽边1m内不得堆放或运输砌筑材料；1m范围以外堆放物料应进行边坡稳定验算，确认安全。

11.施工组织设计中应根据水池、管渠的结构特点、现场环境，规定施工方法、程序、脚手架设置、材料运输施工机具和安全技术措施。

12.手推车运砌块，装料高度不得超过车帮高度；装车应由后到前，卸车应由前到后，顺序装卸。推车不得猛跑，前后车水平距离不得小于2m；坡道行车，应空车让重车，重车下坡严禁溜放。

13.汽车、机动翻斗车在基坑、沟槽边卸料，应与坑、槽边缘保持安全距离；安全距离应依坑、槽的土质、深度和土壁支护情况确定，且不得小于1.5m；卸料时，应设专人指挥，车轮应挡掩牢固；车辆下方严禁有人。

14.搬运砌筑石料前应检查搬运机具、绳索，确认安全可靠，方可使用；石料应拿稳放牢；用车运送石料时，不得装得过满；用手推车运送石料，应掌握车的重心，不得超载；装卸石料时，应互相呼应，步伐一致。

15.砌块运输道路应平整、坚实，无障碍物，沿线电力架空线路的净高应符合施工用电安全技术交底具体要求；桥梁、便桥和管道等地下设施的承载力，应满足车辆荷载要求。运输前应实地路勘，确认符合运输和设施安全要求。

<table>
<tr><td colspan="2" rowspan="2">安全技术交底记录</td><td rowspan="2">编号</td><td>×××</td></tr>
<tr><td>共×页第×页</td></tr>
<tr><td>工程名称</td><td colspan="3">××市政基础设施工程××标段</td></tr>
<tr><td>施工单位</td><td colspan="3">××市政建设集团</td></tr>
<tr><td>交底提要</td><td>砌体水池与管渠施工安全技术交底</td><td>交底日期</td><td>××年××月××日</td></tr>
</table>

16.手工向基坑、沟槽内运送砌块时，应使用溜槽。溜槽的坡度不得过陡；禁止采用抛掷方法运输；如用人工传递时，应稳递稳接，上下操作人员站立位置应错开。

17.拱券砌筑应符合下列要求：

（1）拱环上不得堆置器材。

（2）支搭拱胎应稳固，便于拆卸。

（3）拱胎应按施工设计图支设，不得更改。

（4）不得使用碎料砌拱环，拱环应当日封顶。

（5）砌筑前应检查拱胎及其支承系统状况，确认安全。

（6）拱券砌筑后，砂浆达到设计规定的抗压强度，方可在无振动条件下拆除拱胎。

（7）砌筑时应自两侧同时向拱顶中心推进，灰缝砂浆应填满，保证拱心砌块位置正确。

18.砌筑墙体和抹面高度超过 1.2m 时，应支搭作业平台；作业平台的搭设应符合下列要求：

（1）支搭、拆除作业必须由架子操作工负责。

（2）在斜面上作业宜架设可移动式的作业平台。

（3）脚手架、作业平台不得与模板及其支承系统相连。

（4）作业平台、脚手架，各节点的连接必须牢固、可靠。

（5）脚手架应根据施工时最大荷载和风力进行施工设计，支搭必须牢固。

（6）作业平台宽度应满足施工安全要求。在平台范围内应铺满、铺稳脚手板。

（7）作业平台临边必须设防护栏杆；上下作业平台应设安全梯或斜道等设施。

（8）脚手架和作业平台，使用前，应进行检查、验收，确认合格，并形成文件；使用中应设专人随时检查，发现变形、位移应及时采取安全措施并确认安全。

19.石料砌筑应符合下列要求：

（1）不得采用外面侧立石块、中间填心的方法砌筑。

（2）砌筑过程中，不得在砌体上使用大锤锤击石料。

（3）采用分段砌筑时，相邻高差不得大于 1.2m，分段位置应设在变形缝处。

（4）块石砌体的首层和转角处、交叉处、洞口处，应采取较大平整的块石砌筑。

（5）墙体应采用铺浆法分层砌筑。水池、管渠各层石块应满铺满挤，灰浆饱满，安放稳固。

（6）墙体砌筑时，石块应分层卧砌、大小搭配，交错咬砌，坐浆饱满，不得出现通缝；每 $0.70m^2$ 墙面内应设拉结石一块；在同层内的拉结石，中距不得大于 2m。

审核人	交底人	接受交底人
×××	×××	×××、×××……

9.14 水池满水试验与消化池气密试验

<table>
<tr><td colspan="2" rowspan="2">安全技术交底记录</td><td rowspan="2">编号</td><td>×××</td></tr>
<tr><td>共×页第×页</td></tr>
<tr><td>工程名称</td><td colspan="3">××市政基础设施工程××标段</td></tr>
<tr><td>施工单位</td><td colspan="3">××市政建设集团</td></tr>
<tr><td>交底提要</td><td>水池满水试验与消化池气密试验安全技术交底</td><td>交底日期</td><td>××年××月××日</td></tr>
</table>

交底内容：

1.满水试验

（1）夜间作业应设充足的照明。

（2）向池内注水期间和蓄水后，严禁擅自下水。

（3）向下水道、河道或明渠内排水应先向主管单位申报，经同意后方可排放。

（4）放水应安设排水管道或沟渠，将放出的水引入邻近排水管道或渠道，不得随意漫流。

（5）满水试验过程中，应对池壁预应力钢筋采取保护措施，严禁用尖硬物、重物撞击钢丝。

（6）水池满水试验的池壁周围应划定作业区，设防护栏杆和安全标志，非施工人员不得入内。

（7）满水试验完成后应及时放水，并按照设计或施工组织设计规定的放水速度和分次放水的水位标高进行放水。

（8）满水试验过程中，应设置专人随时对水池外观、预留管道和孔洞的临时封闭部位进行检查，发现渗漏或可能破坏的征兆时，应及时采取处理措施。

（9）水池满水试验前，结构强度应达到设计强度 100%或设计规定值；按照设计规定的位置布设水池沉降观测点，并对观测点进行校核、标定，记录初始数据；构筑物预留管道和孔洞的封闭部位应严密，受压堵板构造应符合施工设计规定，可承受满水时的水头压力。

（10）满水试验应根据环境状况设观测作业平台、安全梯和工作便桥，观测平台、工作便桥临边必须设高度不小于 1.2m 的栏杆，并满铺稳固的脚手板，栏杆下缘应设高度不小于 18cm 的挡脚板；安全梯两侧应设栏杆，观测作业平台、工作便桥、安全梯必须采取防滑措施；安全梯、作业平台、工作便桥使用前应检查、验收，确认合格，并形成文件。

（11）满水试验观测水位的人员应设两人，工作时必须走安全梯、作业平台、工作便桥、系安全绳。观测人员应位于作业平台上，两人相互配合，一人观测另一人对观测人员进行监护。需在水中作业时，应选派熟悉水性的人员操作，并采取防溺水措施。

（12）向水池内灌水宜分三次进行：第一次灌水为设计水深的 1/3；第二次灌水为设计水深的 2/3；第三次灌水至设计水深。对大、中型水池，宜先灌水至池壁底部的施工缝以上，经检查池壁底部无明显的渗漏时，再继续灌水直至第一次灌水深度；灌水时，水位上升速度不宜超过 2m/d。相邻两次灌水的间隔时间，不得小于 24h。

<table>
<tr><td colspan="2" rowspan="2">安全技术交底记录</td><td rowspan="2">编号</td><td>×××</td></tr>
<tr><td>共×页第×页</td></tr>
<tr><td>工程名称</td><td colspan="3">××市政基础设施工程××标段</td></tr>
<tr><td>施工单位</td><td colspan="3">××市政建设集团</td></tr>
<tr><td>交底提要</td><td>水池满水试验与消化池气密试验安全技术交底</td><td>交底日期</td><td>××年××月××日</td></tr>
<tr><td colspan="4">

（13）水池灌水过程中，应设置专人按设计或施工组织设计规定的频率，对水池水位下降值、沉降速率、不均匀沉降、结构变形或位移进行量测并作记录；当发现水位下降速度过快和水池沉降速率、不均匀沉降、结构变形大于设计规定值时，应停止灌水，采取处理措施。

（14）满水试验前应按下列内容要求编制试验方案和相应的安全技术措施：

1）防溺水措施。

2）供电系统布置。

3）孔洞封堵措施。

4）水池灌水速度的规定。

5）水池漏水、开裂的紧急处理措施。

6）制订满水试验值班和观测人员守则。

7）满水试验供水的引接和排放疏导系统设计。

8）满水试验水位观测作业平台、安全梯和工作便桥施工设计。

9）满水试验水位、池体沉降和地表影响区沉降的观测规定。

（15）满水试验工序的安排应符合下列要求：

1）试验前池体的混凝土或砌体的砂浆应达到设计规定的强度。

2）预应力钢筋混凝土满水试验应在预应力施加以后，保护层喷浆以前。

3）现浇钢筋混凝土水池满水试验应在防水层、防腐层施工和池外回填土以前。

4）砌体水池满水试验应在砌筑水池砂浆勾缝和防水层施工完毕，并经验收合格以后进行，池外回填土工序的先后安排应符合设计规定。

2.气密试验

（1）消化池经满水试验合格后，方可进行气密试验。

（2）消化池气密试验的试验压力、气室容积应符合设计文件的规定。

（3）安装、拆除池顶的堵板，作业人员应系安全带并设监护人员值守。

（4）消化池气密试验前，必须将气室内可燃气体排除，经检测确认合格后方可进行气密试验。

（5）试验前，必须在消化池危险区的周围设置围挡、安全标志；试验时必须派人警戒，禁止非作业人员入内。

（6）气密试验前，必须严格按照试验方案的规定焊接堵板；安设供气管路和排气阀（跑风），并对质量进行检查、验收，确认符合规定，并形成文件。

</td></tr>
</table>

安全技术交底记录		编号	××× 共×页第×页
工程名称	××市政基础设施工程××标段		
施工单位	××市政建设集团		
交底提要	水池满水试验与消化池气密试验安全技术交底	交底日期	××年××月××日

（7）试验用供气管路应采用金属管，不得使用软管；试验中使用U型表时，U型表和水银应由专人保管，防止水银散落；试验中使用的压力表、安全阀等，必须经过标定、合格后方可使用。

（8）气密试验前应按下列内容编制试验方案和相应的安全技术措施：

1）空压机、照明和供电系统的布置。

2）规定升压制度和应观测的有关数据。

3）置换气室内有毒、可燃气体的方案。

4）观测用作业平台、工作便桥和安全梯。

5）制定气密试验值班制度和观测人员守则。

6）堵板必须设置进、排气阀，并明确规定排气阀的规格，安装位置。

7）消化池和供气管路一旦发生漏气、开裂和接头滑脱时的紧急处理措施。

8）消化池堵板必须根据气密试验的试验压力进行结构设计，其安全系数不得小于3.0。

（9）试验作业应符合下列要求：

1）试验时，升压应分级、分步缓慢进行，逐步达到试验压力。

2）必须按照设计文件的规定施加试验压力，严禁随意提高试验压力值。

3）试验开始升压时，作业人员严禁站在受压堵板和供气管路接头的正前方。

4）修补池外缺陷前必须将其排气阀打开排气，经检测确认气室内无可燃、可爆危险，方可进行修补。

5）试验过程中，所有受压堵板均应设专人在有防护措施的条件下进行观察，发现问题应及时采取处理措施。

6）气密试验时观测人员进行观测和外观检查，必须走安全梯和工作便桥，且应在工作平台上进行仪表读数记录等。

7）气密试验过程中发现漏气点必须做出标记，严禁敲击；消化池处于承压状态时，禁止对其任何部位或附件进行修理。

8）气密试验过程中必须密切观察由于气温、太阳直射等因素引起的消化池内压力骤升现象，必要时，应采取降压措施。

审核人	交底人	接受交底人
×××	×××	×××、×××……

9.15 给水水厂与污水处理厂总体调试

<table>
<tr><td colspan="2" rowspan="2">安全技术交底记录</td><td rowspan="2">编号</td><td>×××</td></tr>
<tr><td>共×页第×页</td></tr>
<tr><td>工程名称</td><td colspan="3">××市政基础设施工程××标段</td></tr>
<tr><td>施工单位</td><td colspan="3">××市政建设集团</td></tr>
<tr><td>交底提要</td><td>给水水厂与污水处理厂总体调试安全技术交底</td><td>交底日期</td><td>××年××月××日</td></tr>
</table>

交底内容：

1.调试中必须按方案规定的步骤进行，不得擅自变更。

2.现场必须实行封闭管理；重要构筑物应设专人值守，实行出入证制度。

3.各岗位间应建立有效的通信联络方式，调试中发现异常应及时报告，并采取控制措施，确认正常。

4.调试中应设专职安全技术管理人员，进行现场监控，确认安全。发现违章必须立即纠正，发现隐患必须立即排除。

5.调试作业前，施工单位必须根据调试指挥机构的要求，成立有效的作业指挥组，各岗位操作人员必须坚守岗位，听从指挥人员的指令。

6.调试中，构筑物可能危及人员安全的敞开的孔口部位必须设围挡或防护栏杆、护栏和安全标志，夜间和阴暗时，须加设警示灯，必要时应设专人值守。

7.总体调试开始前，必须检查水厂、污水处理厂各构筑物工艺管（渠）道系统和相应的机械设备、阀门等状况，确认处于调试方案规定的工况状态，并确认无人滞留在构筑物、管（渠）道内。

8.调试前应据指挥机构的会议要求，编制调试方案、规定设备负荷联动（系统）试运行程序、人员分工与岗位职责、调试中可能发生的安全事故（事件）的应急处理预案和调度中应采取的安全技术措施。

9.总体调试前应由建设单位组织设计、监理、管理、施工等单位人员参加的配合协调会，成立调试指挥机构，确定各单位职责、分工，分析研究调试工作中的主要事宜、可能发生的安全问题，制订准备工作计划，并检查、落实。

10.调试前所有供、排水管渠系统必须通畅；所有构筑物应验收合格，并形成文件；调试中的安全技术措施经检查，确认落实；各工艺管道系统均已验收合格，并形成文件；各机电设备均已单机调试合格，并形成文件；已向参加调试的施工人员进行了安全技术交底，并形成文件。

11.调试完成后，应由建设单位组织有关单位验收，确认合格，并形成文件。

审核人	交底人	接受交底人
×××	×××	×××、×××……

参 考 文 献

1 中华人民共和国住房和城乡建设部．JGJ130-2011 建筑施工扣件式钢管脚手架安全技术规范．北京：中国建筑工业出版社，2011

2 中华人民共和国住房和城乡建设部．JGJ128-2010 建筑施工门式钢管脚手架安全技术规范．北京：中国建筑工业出版社，2010

3 中华人民共和国住房和城乡建设部．JGJ166-2008 建筑施工碗扣式钢管脚手架安全技术规范．北京：中国建筑工业出版社，2008

4 中华人民共和国住房和城乡建设部．JGJ231-2010 建筑施工承插型盘扣式钢管支架安全技术规程．北京：中国建筑工业出版社，2010

5 中华人民共和国住房和城乡建设部．JGJ162-2008 建筑施工模板安全技术规范．北京：中国建筑工业出版社，2008

6 中华人民共和国住房和城乡建设部．JGJ33-2012 建筑机械使用安全技术规程．北京：中国建筑工业出版社，2012

7 中华人民共和国住房和城乡建设部．JGJ46-2005 施工现场临时用电安全技术规范．北京：中国建筑工业出版社，2011

8 中华人民共和国住房和城乡建设部．GB50720-2011 建设工程施工现场消防安全技术规范．北京：中国计划出版社，2011

9 北京市市政工程总公司．DBJ01-84-2004 北京市道路工程施工安全技术规程．北京：中国市场出版社，2004

10 北京市市政工程总公司．DBJ01-85-2004 北京市桥梁工程施工安全技术规程．北京：中国市场出版社，2004

11 北京市市政工程总公司．DBJ01-86-2004 北京市供热与燃气管道工程施工安全技术规程．北京：中国市场出版社，2004

12 北京市市政工程总公司．DBJ01-87-2005 北京市市政基础设施工程暗挖施工安全技术规程．北京：中国市场出版社，2005

13 北京市市政工程总公司．DBJ01-88-2005 北京市给水与排水工程施工安全技术规程．北京：中国市场出版社，2005